신판 선형대수학

박승안

KM 경문사

머 리 말

원래 선형대수학(線型代數學, Linear Algebra)은 연립일차방정식을 푸는 문제와 행렬식을 계산하는 문제에 기초를 두고 탄생된 학문이지만, 현대에 이르러서는 엄밀한 이론적인 전개 과정을 거쳐 더욱 폭 넓게 발전되어 체(體, field)와 벡터공간(vector space)이라는 추상적 개념의 연구로부터 출발하게 되었다. 이러한 현대적인 선형대수학은 수학의 모든 분야뿐만 아니라 자연과학, 정보과학, 이산수학(離散數學, discrete mathematics)과 암호학(暗號學, cryptology), 부호이론(符號理論, coding theory) 그리고 인문·사회과학 등 여러 분야의 연구에 유용하게 응용된다.

이 책의 주된 목적은 추상적인 대상을 처음으로 학습하게 되는 대학생에게 선형대수학의 주요 내용을 다루는 방법과 여러 방면의 활용을 소개함으로써 수학적 능력을 높여 주고 앞으로 학습하게 될 현대대수학(現代代數學)이 어떻게 구성되어 있는지를 보여 주는 데 있다. 이 목적을 달성하기 위하여 이 책에서는 정리의 증명을 엄밀히 논하고 정리에 대한 많은 보기를 제시함으로써 독자로 하여금 선형대수학에 관한 기초 개념과 정리의 증명 방법을 이해하게 하고 문제 해결력을 가지도록 하고 이론을 활용할 수 있도록 하였다.

그리고, 학생들의 학습 능력과 여러 가지 실정을 고려하여 선형대수학의 기초 사항을 상세히 설명하고 이론의 증명과 내용을 보다 이해하기 쉽도록 설명하였으며 두 학기에 강의하는 데 어려움이 없도록 내용을 전개하였다.

이 책은 10 개의 장으로 이루어져 있다.

제 1 장에서는, 선형대수학을 공부하는 데 기초가 되는 사항을 다룬다.

이 장에서는, 실수와 복소수의 연산에 관한 특성을 근거로 하여 '體'라는 개념을 도입하여 실수체 $\mathbb{R}$ 와 복소수체 $\mathbb{C}$ 라는 용어를 사용한다. 또한, 다항식, 방정식, 복소수에 관한 사항을 간단히 소개한다.

제 2 장에서는, 행렬과 연립일차방정식에 대하여 논한다.

실제로, 행렬의 연산에 관한 성질을 논하고 특히 정사각행렬의 연산에 관한 성질을 상세히 논하고 행렬의 기본 행 변형을 이용하여 연립일차방정식의 해를 구하는 방법을 소개한다.

그리고, 행렬의 기본 행 변형을 이용한 LU 변형을 소개하고 행렬의 곱셈과 관련하여 그래프 이론의 기본을 소개한다.

제 3 장에서는, 행렬식을 정의하고 행렬식의 여러 가지 성질을 소개한다.
그리고, 유클리드 공간 $\mathscr{E}^n$ 을 도입하여 유클리드 공간의 대수학적 성질과 기하학적 성질을 논하여 이 책의 다른 장에서 활용할 수 있도록 한다.
행렬식의 성질에 대한 자세한 증명은 [해설 3] 에서 논하기로 한다.

제 4 장에서는, 벡터공간을 추상적으로 정의하고 또 정의를 바탕으로 하여 벡터공간의 부분공간, 일차독립성과 일차종속성, 기저와 차원에 대하여 논하고 행렬의 행공간과 열공간에 대하여 논하고 이 결과를 동차 연립일차방정식의 해공간을 이해하는 데 이용한다. 또, 이 장에서 논한 정리를 활용하기 위하여 유한체를 간단히 도입하여 선형부호와 Nim 게임을 간단히 소개한다.

제 5 장에서는, 선형사상과 선형변환의 성질에 대하여 논하고 벡터공간 동형사상에 대하여 논한다. 그리고, 두 벡터공간 사이의 선형사상 전체의 집합과 벡터공간 위에서의 선형변환 전체의 집합의 대수적 성질을 논하고, 벡터공간 F^n 위의 선형변환 전체와 n 차의 행렬 전체 사이의 관계를 논하고 벡터공간의 쌍대공간에 대하여 논한다.

제 6 장에서는, 행렬의 고유치, 고유벡터, 고유공간, 고유다항식에 관한 여러 가지 성질과 행렬의 대각화 문제를 다루고 멱영행렬의 특성에 대하여 논한다.
그리고, 멱등행렬과 사영에 대하여 논하고 벡터공간을 두 부분공간의 직합으로 분해하는 문제와 사영과의 관계를 논한다. 또한, 행렬의 대각화 문제와 관련하여 동차 선형점화수열을 소개하고 행렬의 무한급수에 대하여 논한다.
선형변환의 고유치, 고유공간에 관한 정리와 유한차원 벡터공간에서의 선형변환의 대각화 문제에 대해서는 제 9 장에서 상세히 논한다.

제 7 장에서는, 제 3 장에 이어 유클리드 공간 $\mathscr{E}^n$ 의 직교기저와 직교정규기저, Gram-Schmidt 의 직교화 과정, 직교행렬과 직교변환, 대칭행렬과 이차형식, 이차곡선과 이차곡면 그리고 양의 정부호 대칭행렬에 대하여 논한다.
또한, 행렬의 QR 분해 문제, 대칭행렬의 특성을 이용한 행렬의 분해문제와 사영평면에 대하여 간단히 소개한다.

제 8 장에서는, 유니테리 공간 $\mathscr{C}^n$ 을 도입하여 유클리드 공간의 경우와 마찬가지로 직교정규기저, Gram-Schmidt 의 직교화 과정을 논하고, 유니테리 행렬과 유니테리 변환, 에르미트 행렬, 에르미트 변환, 정규행렬과 정규변환에 대하여 논한다. 그리고, 일반적인 내적공간에 대한 정의와 정리에 대하여 논하고 벡터공간 $\mathbb{R}^n$ 의 내적 전체를 규명하고 일반 내적공간 위의 선형변환에 대하여 논한다. 또, 폐구간 위에 정의된 연속함수 전체로 이루어진 벡터공간과 이 벡터공간의 내적에 대하여 간단히 논한다.

제 9 장에서는, 제 5 장과 제 6 장에 이어 일반적인 벡터공간 위의 선형변환과 행렬과의 관계에 대하여 논하고, 선형변환의 고유치, 고유벡터, 고유공간, 고유다항식과 선형변환의 대각화 문제를 논하며 벡터공간을 여러 개의 부분공간의 직합으로 분해하는 문제와 선형변환의 대각화 가능성에 대하여 논한다.

제 10장에서는, 선형변환의 불변 부분공간, 순환 부분공간, Cayley-Hamiton 의 정리, 최소다항식과 고유다항식과의 관계에 대하여 논하고, 또 선형변환과 행렬의 유리 표준형과 Jordan 표준형에 대하여 구체적으로 논한다.

다음 그림은 이 책의 각 장 사이의 관련성을 나타내는 계통도이다.

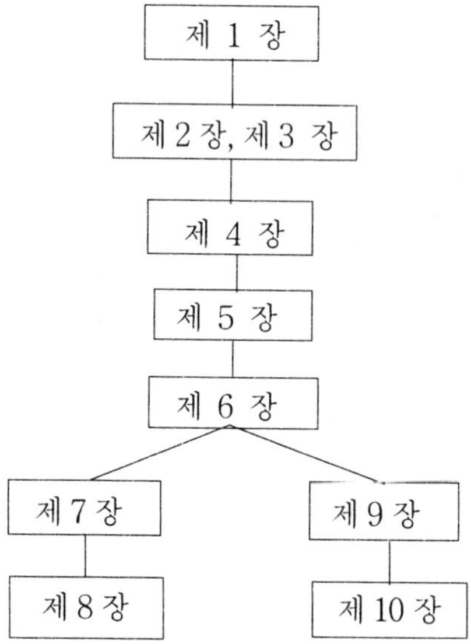

각 장의 앞에서는 그 장의 내용을 간단히 소개하고, 또 각 절의 마지막에는 많은 연습문제를 실었다.

그리고, 본문에 대한 해설과 보충문제 그리고 연습문제 풀이와 보충문제 풀이를 pdf 파일로

북이오 (https://buk.io/@kb4045)

에 올려놓아 학습에 도움이 되도록 하였다.

오랜 세월 동안 보관해 두었던 '**호글** 97'과 32 bit version PC를 이용하여 이 책의 본문과 그림(이차곡면의 그림 제외)을 직접 입력하고 편집하였고 또한 해설 및 보충문제와 연습문제풀이, 보충문제풀이를 입력하여 출판사에 보낼 수 있었던 것을 기쁘게 생각한다. 그리고, 여러 친우들과 처의 열렬한 응원과 격려에 감사하고 경문사의 박종화 상무의 끊임없는 열성에 감사 드린다.

2020 년 8 월

박 승 안

차 례

제 8 장 유니테리 공간과 내적공간

제 9 장 벡터공간과 선형변환

제 10 장 선형변환과 행렬의 표준형

그리스 문자

A	α	(alpha)	I	ι	(iota)	P	ρ	(rho)
B	β	(beta)	K	κ	(kappa)	Σ	σ	(sigma)
Γ	γ	(alpha)	Λ	λ	(lambda)	T	τ	(tau)
Δ	δ	(delta)	M	μ	(mu)	Y	υ	(upsilon)
E	ε	(epsilon)	N	ν	(nu)	Φ	φ, ϕ	(phi)
Z	ζ	(zeta)	Ξ	ξ	(xi)	X	χ	(chi)
H	η		O	o	(omicron)	Ψ	ψ	(psi)
Θ	θ		Π	π	(pi)	Ω	ω	(omega)

제 1 장

기초 사항

이 장에서는 집합과 사상(함수)에 대하여 간단히 논하고 또 실수와 복소수의 덧셈과 곱셈에 관한 기본 성질을 근거로 하여 '체(體, field)라는 대수적 체계를 도입하여 실수체(實數體) $\mathbb{R}$ 와 복소수체(複素數體) $\mathbb{C}$ 라는 용어를 사용한다.

또, 다항식, 방정식, 복소수와 삼각함수에 관련된 사항을 간단히 논한다.

§1.1 집합과 사상

집합 A 에 대하여 x 가 A 의 원소(元素, element) 일 때, 이 사실을 $x \in A$ 또는 $A \ni x$ 로 나타내고, 또 x 가 A 의 원소가 아닐 때 이 사실을 $x \notin A$ 또는 $A \not\ni x$ 로 나타낸다. 그리고, 집합 B 가 집합 A 의 부분집합(部分集合, subset) 일 때 이 사실을 $B \subseteq A$ 또는 $A \supseteq B$ 로 나타내고, 특히 B 가 A 의 진부분집합(眞部分集合, proper subset)일 때 이 사실을

$$B \subsetneq A,\ A \supsetneq B \quad \text{또는} \quad B \subset A,\ A \supset B$$

로 나타낸다. 그리고, 집합 A 가 유한 개의 원소로 이루어진 집합일 때, A 를 유한집합(有限集合, finiteset)이라 하고 A 에 속해 있는 원소 전체의 개수를 $|A|$ 로 나타낸다. 또, 공집합(空集合, empty set) 은 $\varnothing$ 로 나타낸다.

조건 $p(x)$ 를 만족시키는 원소 전체의 집합을 $\{x \mid p(x)\}$ 로 나타내고, 특히 집합 A 의 원소 중에서 조건 $p(x)$ 를 만족시키는 원소 전체의 집합을

$$\{x \mid x \in A,\ p(x)\} \quad \text{또는} \quad \{x \in A \mid p(x)\}$$

로 나타낸다. 그리고, 두 집합 A, B 에 대하여

$$A \cup B = \{x \mid x \in A \text{ 또는 } x \in B\},$$
$$A \cap B = \{x \mid x \in A,\ x \in B\},$$
$$A - B = \{x \in A \mid x \notin B\}$$

을 각각 A, B 의 합집합(合集合, union), 교집합(交集合, intersection), 찻집합(差集合, difference)이라 하고, 특히 $A \cap B = \varnothing$ 일 때 A 와 B 는 서로 소(disjoint)라고 한다.

참인 명제 'p 이면, q 이다.' 를 $p \Longrightarrow q$ 로 나타내며 p 를 q 의 (q 이기 위한) 충분조건(充分條件, sufficient condition)이라 하고 q 를 p 의 (p 이기 위한) 필요조건(必要條件, necessary condition)이라고 한다.

특히, $p \Longrightarrow q$ 인 동시에 $q \Longrightarrow p$ 일 때, 이 사실을 $p \Longleftrightarrow q$ 로 나타내고 이것을 'p 일 때 그리고 이때에만 q 이다(p if and only if q)' 라고 말하고 p 와 q 는 서로 **동치**(同値, equivalent) 인 명제라고 한다.

또, $p \Longleftrightarrow q$ 인 경우에 p 를 q 의 (q 이기 위한) 필요충분조건이라 하고 q 를 p 의 (p 이기 위한) 필요충분조건이라고 한다. 그리고, $p \Longleftrightarrow q$ 일 때,

공집합이 아닌 집합 $A_1, \cdots, A_n$ 에 대하여 원소 $a_1 \in A_1, \cdots, a_n \in A_n$ 을 이 순서대로 늘어놓아 괄호로 한 데 묶은 $(a_1, \cdots, a_n)$ 을 **순서 *n* 조** (ordered n-tuple) 라고 한다. 그리고, 이와 같은 순서 n 조 전체로 이루어진 집합을 $A_1, \cdots, A_n$ 의 **곱집합** 또는 **데카르트 곱**(Cartesian product)이라 하고 이 집합을 $A_1 \times \cdots \times A_n$ 으로 나타낸다. 즉,

$$A_1 \times \cdots \times A_n = \{(a_1, \cdots, a_n) \mid a_1 \in A_1, \cdots, a_n \in A_n\}$$

$$(a_1, \cdots, a_n) = (b_1, \cdots, b_n) \Longleftrightarrow a_1 = b_1, \cdots, a_n = b_n$$

공집합이 아닌 집합 A 와 양의 정수 n 에 대하여 A^n 은 다음과 같은 집합이다.

$$A^n = \{(a_1, \cdots, a_n) \mid a_1, \cdots, a_n \in A\}$$

특히, 두 집합 A, B 에 대하여 원소 $a \in A$, $b \in B$ 를 이 순서대로 늘어놓아 괄호로 한 데 묶은 (a, b) 를 순서쌍(順序雙, ordered pair)이라 하고 이러한 순서쌍 전체로 이루어진 A, B 의 곱집합을 $A \times B$ 로 나타낸다. 즉,

$$A \times B = \{(a, b) \mid a \in A,\ b \in B\},$$

$$(a, b) = (c, d) \Longleftrightarrow a = c,\ b = d$$

함수 $f : A \longrightarrow B$ 를 흔히 **사상**(寫像, map, mapping) 이라고 한다. 여기서, A, B 를 각각 사상 f 의 정의역(定義域, domain), 공역(共域, codomain)이라 하고 f 에 의한 x 의 상을 $f(x)$ 로 나타낸다. 또, f 에 의한 상 전체의 집합을 $\operatorname{im} f$ 또는 $f(A)$ 로 나타내고 이것을 f 의 **상**(像, image)이라고 한다. 즉,

$$\operatorname{im} f = f(A) = \{f(x) \mid x \in A\}$$

두 사상 $f : A \longrightarrow B$, $g : A \longrightarrow B$ 에서

모든 원소 $x \in A$ 에 대하여 $f(x) = g(x)$

일 때, f 와 g 는 서로 같다고 하고 이 사실을 $f = g$ 로 나타낸다. 또, 사상

$$1_A : A \longrightarrow A,\quad 1_A(x) = x$$

를 A 위의 **항등사상**(恒等寫像, identity map) 또는 **항등함수**라고 한다.

정의 1.1.1 두 사상 $f: A \longrightarrow B$, $g: B \longrightarrow C$ 에 대하여 사상

$g \circ f: A \rightarrow C$, $(g \circ f)(x) = g(f(x))$

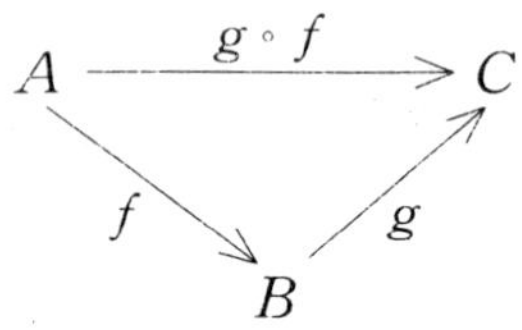

를 f 와 g 의 **합성사상**(合成寫象, composite) 또는 **합성함수**(合性函數)라고 한다.

다음 정리가 성립함을 쉽게 알 수 있다.

정리 1.1.2 세 사상 $f: A \longrightarrow B$,

$g: B \longrightarrow C$, $h: C \longrightarrow D$

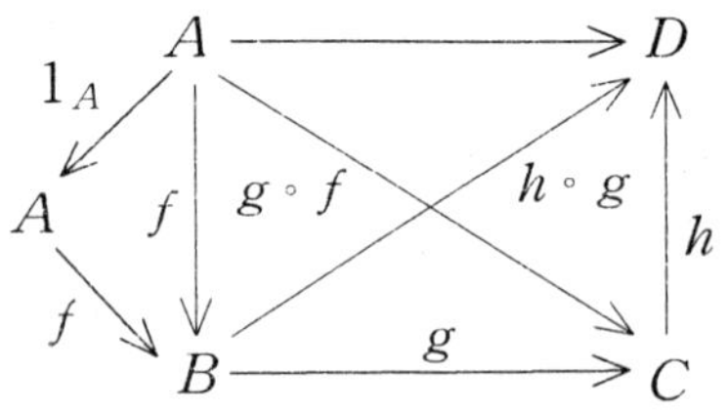

에 대하여 다음이 성립한다.

(1) $f \circ 1_A = f$, $\quad 1_B \circ f = f$

(2) $(h \circ g) \circ f = h \circ (g \circ f)$

정의 1.1.3 사상 $f: A \longrightarrow B$ 에서, 임의의 원소 $x_1, x_2 \in A$ 에 대하여

$$x_1 \neq x_2 \Longrightarrow f(x_1) \neq f(x_2)$$

즉
$$f(x_1) = f(x_2) \Longrightarrow x_1 = x_2$$

일 때 f 를 **일대일 사상**(一對一 寫像, injection, injective map, one-to-one map)이라 하고, 또

$$\operatorname{im} f = B \quad \text{즉} \quad \{f(x) \mid x \in A\} = B$$

일 때 f 를 **위로의 사상**(onto map, surjective map, surjection)이라고 한다.

그리고, f 가 일대일사상인 동시에 위로의 사상일 때, f 를 **일대일 대응**(一對一 對應, one-to-one correspondence)이라고 한다.

정리 1.1.4 사상 $f: A \longrightarrow B$, $g: B \longrightarrow C$ 에 대하여 다음이 성립한다.

(1) f 와 g 가 모두 일대일사상이면, $g \circ f: A \longrightarrow C$ 는 일대일사상이다.

(2) f 와 g 가 모두 위로의 사상이면, $g \circ f: A \longrightarrow C$ 는 위로의 사상이다.

(3) f 와 g 가 모두 일대일 대응이면, $g \circ f: A \longrightarrow C$ 는 일대일 대응이다.

증 명 (1) 두 사상 f, g 가 일대일 사상일 때, 원소 $x_1, x_2 \in A$ 에 대하여

$(g \circ f)(x_1) = (g \circ f)(x_2)$ 이라고 가정하면 $g(f(x_1)) = g(f(x_2))$ 이므로 $f(x_1) = f(x_2)$ 이고 따라서 $x_1 = x_2$ 이므로, $g \circ f$ 는 일대일 사상이다.

(2) 두 사상 f, g 가 모두 위로의 사상이면,

$$(g \circ f)(A) = g(f(A)) = g(B) = C$$

이므로 $g \circ f$ 는 위로의 사상이다.

(3) 위의 (1), (2) 에 의하여 (3) 이 성립한다.

정리 1.1.5 사상 $f : A \longrightarrow B$, $g : B \longrightarrow C$ 에 대하여 다음이 성립한다.

(1) $g \circ f : A \longrightarrow C$ 가 일대일 사상이면, f 는 일대일 사상이다.

(2) $g \circ f : A \longrightarrow C$ 가 위로의 사상이면, g 는 위로의 사상이다.

증 명 (1) 합성사상 $g \circ f : A \longrightarrow C$ 가 일대일 사상일 때, $x_1, x_2 \in A$ 에 대하여 $f(x_1) = f(x_2)$ 이면 $g(f(x_1)) = g(f(x_2))$ 이므로

$$(g \circ f)(x_1) = (g \circ f)(x_2)$$

이고 따라서 $x_1 = x_2$ 이다. 그러므로, f 는 일대일 사상이다.

(2) 합성사상 $g \circ f$ 가 위로의 사상이면, $(g \circ f)(A) = C$ 이므로

$$C = g(f(A)) \subseteq g(B) \subseteq C$$

이고 따라서 $g(B) = C$ 이므로 g 는 위로의 사상이다.

정리 1.1.6 두 사상 $f : A \longrightarrow B$, $g : B \longrightarrow A$ 에 대하여

$$g \circ f = 1_A, \quad f \circ g = 1_B$$

이면, f 와 g 는 모두 일대일 대응이다.

그리고, 사상 $f : A \longrightarrow B$ 가 일대일 대응이면, $g \circ f = 1_A$, $f \circ g = 1_B$ 인 일대일 대응 $g : B \longrightarrow A$ 가 단 하나 존재한다.

증 명 정리 1.1.5 에 의하여 첫째 명제가 성립한다.

이제 사상 $f : A \longrightarrow B$ 가 일대일 대응이라고 하자. 이 때, 각 $b \in B$ 에 대하여 $b = f(a)$ 인 원소 $a \in A$ 가 존재하고 또 이러한 원소 a 는 단 하나 뿐이므로, 사상 $g : B \longrightarrow A$ 를 다음과 같이 정의할 수 있다.

$$g(b) = a \Longleftrightarrow f(a) = b \qquad (b \in B)$$

이와 같이 정의하면, 임의의 원소 $a \in A$ 와 $b \in B$ 에 대하여

$$(g \circ f)(a) = g(f(a)) = a, \quad (f \circ g)(b) = f(g(b)) = b$$

이므로 $g \circ f = 1_A$, $f \circ g = 1_B$ 이다.

그리고, 임의의 원소 $a \in A$ 에 대하여 $f(a) = b$ 이라고 하면, $g(b) = a$ 이므로 g 는 위로의 사상이고, 두 원소 $b_1, b_2 \in B$ 에 대하여

$$g(b_1) = g(b_2) \Longrightarrow f(g(b_1)) = f(g(b_2)) \Longrightarrow b_1 = b_2$$

이므로 g 는 일대일 사상이다. 따라서 사상 g 는 일대일 대응이다.

더욱이, 사상 $g' : B \longrightarrow A$ 에 대하여

$$g' \circ f = 1_A, \quad f \circ g' = 1_B$$

이면,

$$g' = 1_A \circ g' = (g \circ f) \circ g' = g \circ (f \circ g') = g \circ 1_B = g$$

이므로 $g \circ f = 1_A$, $f \circ g = 1_B$ 인 사상 g 는 단 하나뿐이다.

정의 1.1.7 사상 $f : A \longrightarrow B$ 가 일대일 대응일 때,

$$g \circ f = 1_A, \quad f \circ g = 1_B$$

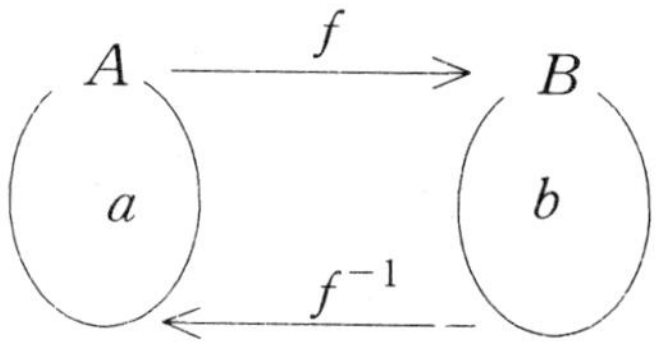

인 일대일 대응 $g : B \longrightarrow A$ 를 f 의 **역사상**(逆寫象, inverse) 또는 **역함수**라 하고 g 를 f^{-1} 로 나타낸다. 즉,

$$f(a) = b \Longleftrightarrow f^{-1}(b) = a \qquad (a \in A,\ b \in B)$$

$$f^{-1}(f(a)) = a, \quad f(f^{-1}(b)) = b \qquad (a \in A,\ b \in B)$$

$$f^{-1} \circ f = 1_A,\ f \circ f^{-1} = 1_B, \quad (f^{-1})^{-1} = f$$

정리 1.1.8 두 유한집합 A, B 에서 $|A| = |B|$ 일 때, 사상 $f : A \longrightarrow B$ 에 대하여 다음 세 조건은 서로 동치이다.

(1) f 는 일대일 사상이다.

(2) f 는 위로의 사상이다.

(3) f 는 일대일 대응이다.

증 명 이제 $A = \{a_1, a_2, \cdots, a_n\}$, $|A| = |B| = n$ 이라고 하자.

먼저 사상 $f: A \longrightarrow B$ 가 일대일 사상이면, $f(a_1), f(a_2), \cdots, f(a_n)$ 은 모두 서로 다르고 또

$$\{f(a_1), f(a_2), \cdots, f(a_n)\} \subseteq B, \quad |B| = n$$

이므로 $\{f(a_1), f(a_2), \cdots, f(a_n)\} = B$ 이고 따라서 f는 위로의 사상이고 또 f는 일대일 대응이다.

그리고, $f: A \longrightarrow B$가 위로의 사상이면,

$$\{f(a_1), f(a_2), \cdots, f(a_n)\} = B, \qquad |B| = n$$

이므로 $f(a_1), f(a_2), \cdots, f(a_n)$ 은 모두 서로 다르므로 f 는 일대일 사상이고 따라서 f 는 일대일 대응이다.

또, f가 일대일 대응이면, f 는 일대일 사상인 동시에 위로의 사상이다.

집합 A $(\neq \varnothing)$ 에서 각 순서쌍 $(x, y) \in A \times A$ 에 대하여 A 의 단 하나의 원소 z 를 대응시키는 사상

$$f: A \times A \longrightarrow A, \quad f(x, y) = z$$

를 A 위의 **이항연산**(二項演算, binary operation) 또는 간단히 **연산**이라 하고, $f(x, y)$ 를 x, y 의

합(合, sum), 곱(product) 또는 합성(合成, composite)

이라고 한다. 그리고, $\circ$ 와 같은 기호를 사용하여 $f(x, y) = z$ 를 $x \circ y = z$ 로 나타내고

'A 위에 연산 $\circ$이 **정의되어 있다**(defined)'

고 한다. 이항연산을 나타내는 기호로서는 $+$, $\times$, $\cdot$, $\circ$, $*$ 등이 쓰인다.

집합 A 위에 연산 $\circ$ 이 정의되어 있을 때, A 의 부분집합 B 에 대하여

$$b, c \in B \Longrightarrow b \circ c \in B$$

인 경우에 B 는 연산 $\circ$ 에 관하여 **닫혀 있다**(closed)고 한다.

§1.2 실수체와 복소수체

정수 전체의 집합 $\mathbb{Z}$는 덧셈과 곱셈에 관하여 좋은 성질을 가지고 있으며, 정수는 양의 정수, 0, 음의 정수로 분류된다.

양의 정수 전체의 집합을 $\mathbb{N}$으로 나타내면, $\mathbb{N}$은 다음 성질을 가지고 있다.

I (수학적 귀납법(數學的 歸納法)의 원리) 양의 정수 전체의 집합을 $\mathbb{N}$의 부분집합 S에 대하여 다음 두 조건이 성립한다고 하자.

(i) $1 \in S$

(ii) $n \in S$이면, $n+1 \in S$ 이다

이 때, $S = \mathbb{N}$ 이다.

정리 1.2.1 (수학적 귀납법) 양의 정수 n에 관한 명제 $p(n)$에 대하여 다음 두 조건이 성립한다고 하자.

(i) $p(1)$ 은 참이다.

(ii) 양의 정수 k에 대하여 $p(k)$ 가 참이면, $p(k+1)$ 도 참이다.

이 때, 모든 양의 정수 n에 대하여 $p(n)$ 은 참이다.

정리 1.2.2 (나눗셈 알고리즘) 두 정수 a, b $(b>0)$에 대하여

$$a = qb + r, \qquad 0 \le r < b$$

인 두 정수 q, r가 존재하고 이와 같은 정수 q, r는 유일하다.

이러한 정수 q, r를 각각 a를 b로 나누었을 때의 **몫**, **나머지**라고 한다.

정의 1.2.3 두 정수 a, b에 대하여

$$b = ac$$

인 정수 c가 존재할 때, a를 b의 **약수**(約數, divisor) 또는 **인수**(因數, factor)라 하고 b를 a의 **배수**(倍數, multiple)라고 하며 이 사실을 $a \mid b$로 나타낸다.

앞으로, 실수 전체의 집합을 $\mathbb{R}$ 로 나타내자. 집합 $\mathbb{R}$ 위에는 덧셈과 곱셈 그리고 순서관계 $<$ 가 정의되어 있고 또 이에 관하여 다음 두 정리가 성립한다.

정리 1.2.4 실수 전체의 집합 $\mathbb{R}$ 위에 덧셈과 곱셈이 정의되어 있고 또 이 두 연산에 관하여 다음 성질을 만족시킨다.

(1) $(a+b)+c=a+(b+c)$

(2) $a+b=b+a$

(3) 특정한 원소 $0\in\mathbb{R}$ 이 존재하여, 모든 원소 $a\in\mathbb{R}$ 에 대하여 등식 $a+0=0+a=a$ 가 성립한다.

(4) 각 $a\in\mathbb{R}$ 에 대하여 $a+(-a)=(-a)+a=0$ 인 원소 $-a\in\mathbb{R}$ 가 존재한다.

(5) $(ab)c=a(bc)$

(6) $ab=ba$

(7) 특정한 원소 $1\in\mathbb{R}$, $1\neq 0$ 이 존재하여, 모든 $a\in\mathbb{R}$ 에 대하여 등식 $a1=1a=a$ 가 성립한다.

(8) 각 $a\in\mathbb{R}$, $a\neq 0$ 에 대하여 $aa^{-1}=a^{-1}a=1$ 인 원소 $a^{-1}\in\mathbb{R}$ 가 존재한다.

(9) $a(b+c)=ab+ac$, $(a+b)c=ac+bc$

정리 1.2.5 실수 전체의 집합 $\mathbb{R}$ 에는 순서관계 $<$ 가 정의되어 있고, 임의의 실수 a, b, c 에 대하여 다음이 성립한다.

(1) (三一律, trichotomy) 다음 중에서 하나 그리고 단 하나가 성립한다.

(i) $a<b$ (ii) $a=b$ (iii) $b<a$

(2) $a<b$, $b<c$ 이면, $a<c$ 이다.

(3) $a<b$, $0<c$ 이면, $a+c<b+c$, $ac<bc$ 이다.

두 실수 a, b 에 대하여 $a\leq b$ 는 '$a<b$ 또는 $a=b$' 임을 뜻하고, 또 $a\geq b$ 는 '$a>b$ 또는 $a=b$' 임을 뜻한다.

실수 a 의 **絶代값**(absolute value) $|a|$ 를

$$|a| = \begin{cases} a & (a \geq 0 \text{ 일 때}) \\ -a & (a < 0 \text{ 일 때}) \end{cases}$$

으로 정하면, 임의의 두 실수 a, b 에 대하여 $|ab| = |a||b|$ 이다.

두 정수 a, b $(b \neq 0)$ 에 대하여 $\frac{a}{b}$ 와 같은 분수의 꼴로 나타내어지는 수를 유리수(有理數, rational number)라고 한다. 정수 a 는 $a = \frac{a}{1}$ 로 나타낼 수 있으므로 정수는 유리수이며, 유리수는 물론 실수(實數, real number)이기도 하므로 유리수 전체의 집합을 $\mathbb{Q}$ 로 나타내면, 다음이 성립한다.

$$\mathbb{Q} = \{\frac{a}{b} \mid a, b \text{는 정수}, b \neq 0\}, \quad \mathbb{Z} \subset \mathbb{Q} \subset \mathbb{R}$$

$$\frac{a}{b} = \frac{c}{d} \Longleftrightarrow ad = bc$$

$$\frac{a}{b} + \frac{c}{d} = \frac{bc + ad}{bd}, \quad \frac{a}{b} \cdot \frac{c}{d} = \frac{ac}{bd}$$

$\mathbb{R}$
|
$\mathbb{Q}$
|
$\mathbb{Z}$

유리수 전체의 집합 $\mathbb{Q}$ 는 덧셈과 곱셈에 관하여 정리 1.2.4 의 A.1 ~ A.4, M.1 ~ M.4, D 가 성립한다.

실수체 $\mathbb{R}$ 안에는 이차방정식 $x^2 + 1 = 0$ 의 근이 존재하지 않는다. 이제 이 방정식이 근을 가지도록 $i^2 = -1$ 인 새로운 수 i 를 도입하여

$$a + bi \qquad (a, b \text{는 실수})$$

와 같은 꼴의 수를 복소수(複素數, complex number) 라 하고, 복소수 전체의 집합을 $\mathbb{C}$ 로 나타내고 상등관계 및 덧셈과 곱셈을 다음과 같이 정한다.

$$a + bi = c + di \Longleftrightarrow a = c, \ b = d$$

$$(a + bi) + (c + di) = (a + c) + (b + d)i,$$

$$(a + bi)(c + di) = (ac - bd) + (ad + bc)i$$

$\mathbb{C}$
|
$\mathbb{R}$

그리고, 복소수 $\alpha = a + bi$ 에 대하여

$$\bar{\alpha} = a - bi, \quad N(\alpha) = \alpha\bar{\alpha} = a^2 + b^2, \quad |\alpha| = \sqrt{N(\alpha)}$$

를 각각 α 의 **켤레복소수**, **노름**(독일어, Norm), **絶代값**이라고 한다.

두 복소수 $\alpha = a = bi,\ \beta = c + di$ 에 대하여 다음이 성립한다.

(1) $N(\alpha) = 0 \Longleftrightarrow a = b = 0 \Longleftrightarrow \alpha = 0$

(2) $\overline{\alpha + \beta} = \overline{\alpha} + \overline{\beta}, \qquad \overline{\alpha\beta} = \overline{\alpha}\,\overline{\beta}$

(3) $N(\alpha\beta) = \alpha\beta\,\overline{\alpha\beta} = \alpha\beta\,\overline{\alpha}\,\overline{\beta} = (\alpha\overline{\alpha})(\beta\overline{\beta}) = N(\alpha)\,N(\beta)$

(4) $-\alpha = (-a) + (-b)\,i$

(5) $\alpha \neq 0$ 일 때, $\alpha^{-1} = \dfrac{\overline{\alpha}}{N(\alpha)} = \dfrac{a}{a^2 + b^2} + \dfrac{-b}{a^2 + b^2}\,i$ 이다.

복소수 전체의 집합 $\mathbb{C}$ 는 덧셈과 곱셈에 관하여 정리 1.2.4 의 A.1 ~ A.4, M.1 ~ M.4, D 가 성립한다. 그러나, 복소수 전체의 집합 $\mathbb{C}$ 에는 순서관계가 정의되지 않는다.

앞에서 논한 실수와 복소수의 덧셈과 곱셈에 관한 성질을 근거로 하여 다음과 같은 대수적 체계(代數的 體系, algebraic structure)를 도입하기로 한다.

정의 1.2.6 집합 F 위에 덧셈 $+$ 와 곱셈 $\cdot$ 이 정의되어 있고, 임의의 원소 $a, b, c \in F$ 에 대하여 다음이 성립할 때, F 를 **체**(體, field)라고 한다.

A.1 : $(a + b) + c = a + (b + c)$ (덧셈에 관한 결합법칙)

A.2 : $a + b = b + a$ (덧셈에 관한 교환법칙)

A.3 : 특정한 원소 $0 \in F$ 이 존재하여, 모든 원소 $a \in F$ 에 대하여 등식 $a + 0 = 0 + a = a$ 가 성립한다.

A.4 : 각 원소 $a \in F$ 에 대하여 $a + (-a) = (-a) + a = 0$ 인 원소 $-a \in F$ 가 존재한다. 이러한 원소 $-a$ 를 a 의 덧셈에 관한 **역원**(逆元, additive inverse)이라고 한다.

M.1 : $(a\,b)\,c = a\,(b\,c)$ (곱셈에 관한 결합법칙)

M.2 : $a\,b = b\,a$ (곱셈에 관한 교환법칙)

M.3 : 특정한 원소 $1 \in F,\ 1 \neq 0$ 이 존재하여, 모든 원소 $a \in F$ 에 대하여 등식 $a1 = 1a = a$ 가 성립한다.

M.4 : 각 원소 $a \in F,\ a \neq 0$ 에 대하여 $a\,a^{-1} = a^{-1}a = 1$ 인 원소 $a^{-1} \in F$ 가 존재한다. 이러한 원소 a^{-1} 를 a 의 곱셈에 관한 **역원**(multiplicative inverse)이라고 한다.

D : $a\,(b + c) = a\,b + a\,c,\ \ (a + b)\,c = a\,c + b\,c$ (분배법칙)

체 F 위의 뺄셈과 나눗셈은 각각 다음과 같이 정의된다.

$$a-b=a+(-b), \qquad a\div b=\frac{a}{b}=ab^{-1} \ (b\neq 0)$$

이미 앞에서 논한 바와 같이, 유리수 전체의 집합 $\mathbb{Q}$, 실수 전체의 집합 $\mathbb{R}$, 복소수 전체의 집합 $\mathbb{C}$는 흔히 사용하는 덧셈과 곱셈에 관하여 체를 이룬다. 이러한 의미에서 $\mathbb{Q}$, $\mathbb{R}$, $\mathbb{C}$를 각각 **유리수체**(有理數體, rational number field), **실수체**(實數體, real number field), **복소수체**(複素數體, complex number field)라고 한다.

이 책에서는, 주로 실수체 $\mathbb{R}$와 복소수체 $\mathbb{C}$와 관련된 사항에 대하여 논하고 §4.8, §4.9, §7.10 에서만 특수한 체에 대한 사항을 논한다.

정의 1.2.7 양의 정수 n에 대하여 곱

$$n!=1\cdot 2\cdot \cdots \cdot n$$

을 n의 **계승**(繼承, factorial)이라 하고 또 $0!=1$로 정한다.

그리고, $0\leq r\leq n$인 정수 r에 대하여 다음과 같이 정의된 양의 정수를 **이항계수**(二項係數, binomial coefficient)라고 한다.

$$\binom{n}{r}=\frac{n!}{r!\,(n-r)!}={}_n\mathrm{C}_r$$

양의 정수 n과 $0\leq r\leq n-1$인 정수 r에 대하여 다음이 성립한다.

$$\binom{n}{0}=1, \quad \binom{n}{r}=\binom{n}{n-r}, \quad \binom{n+1}{r+1}=\binom{n}{r}+\binom{n}{r+1}$$

그리고, 다음 정리를 쉽게 증명할 수 있다.

정리 1.2.8 (이항정리(二項定理, binomial theorem)) 체 F의 임의의 원소 a, b와 양의 정수 n에 대하여 다음이 성립한다.

$$\begin{aligned}(a+b)^n &= \sum_{r=0}^{n}\binom{n}{r}a^{n-r}b^r=\sum_{r=0}^{n}\binom{n}{r}a^r b^{n-r}\\ &= a^n+\binom{n}{1}a^{n-1}b+\cdots+\binom{n}{r}a^{n-r}b^r+\cdots+b^n\end{aligned}$$

§1.3 다항식과 방정식

체 F 의 원소와 부정원(不定元, indeterminate) x 로 이루어진 다음과 같은 꼴의 형식적 무한합(形式的 無限合, formal infinite sum)을 체 F 위의 (x 에 관한) **다항식**(多項式, polynomial)이라고 한다.

$$f(x) = a_0 + a_1 x + \cdots + a_n x_n + \cdots \qquad (a_i \in F)$$

(유한 개를 제외한 모든 i 에 대하여 $a_i = 0$)

여기서, $i \geq n$ 인 모든 i 에 대하여 $a_i = 0$ 일 때, $f(x)$ 를

$$f(x) = a_0 + a_1 x + \cdots + a_n x_n$$

으로 나타내며 $a_0, a_1, \cdots, a_n$ 을 다항식 $f(x)$ 의 **계수**(係數, coefficient) 라 하고 $a_0, a_1 x, \cdots, a_n x_n$ 을 $f(x)$ 의 **항**(項, term)이라고 하며 특히 a_0 를 **상수항**(常數項, constant term)이라고 한다. 그리고, 상수항을 제외한 항의 계수가 모두 0 인 다항식을 **상수다항식**(constant polynomial)이라 하고, 특히 모든 항의 계수가 0 인 다항식을 **영다항식**(零多項式, zero polynomial)이라고 한다.

체 F 위의 x 에 관한 다항식 전체의 집합을 $F[x]$ 로 나타낸다. 그리고, 두 다항식 $f(x), g(x) \in F[x]$ 와 $a \in F$ 가 주어져 있을 때, 필요하다면 계수가 0 인 항을 첨가하여 이들 두 다항식을

$$f(x) = a_0 + a_1 x + \cdots + a_n x^n, \quad g(x) = b_0 + b_1 x + \cdots + b_n x^n$$

의 꼴로 나타낼 수 있고 이때 다음과 같이 정의한다.

$$f(x) = g(x) \Leftrightarrow a_0 = b_0,\ a_1 = b_1,\ \cdots,\ a_n = b_n$$

$$f(x) + g(x) = (a_0 + b_0) + (a_1 + b_1)x + \cdots + (a_n + b_n)x^n,$$

$$f(x)\, g(x) = c_0 + c_1 x + \cdots + c_{n+m} x^{n+n},$$

$$c_i = \sum_{k=0}^{i} a_k b_{i-k} = a_0 b_i + a_1 b_{i-1} + \cdots + a_i b_0$$

$$a\, f(x) = a\, a_0 + a\, a_1 x + \cdots + a\, a_n x^n$$

$$-f(x) = (-1) f(x) = -a_0 - a_1 x - \cdots - a_n x^n$$

다항식에 대하여 다음 정리가 성립함을 쉽게 알 수 있다.

정리 1.3.1 체 F 위의 다항식 전체의 집합 $F[x]$ 에서 다항식 $f(x)$, $g(x)$, $h(x)$ 와 원소 $a, b \in F$ 에 대하여 다음이 성립한다.

(1) $(f(x)+g(x)) + h(x) = f(x) + (g(x)+h(x))$

(2) $f(x) + g(x) = g(x) + f(x))$

(3) $f(x) + 0 = 0 + f(x) = f(x)$ (0 은 영다항식)

(4) $f(x) + (-f(x)) = (-f(x) + f(x)) = 0$

(5) $(f(x)\, g(x))\, h(x) = f(x)\, (g(x)\, h(x))$

(6) $f(x)\, g(x) = g(x)\, f(x)$

(7) $f(x)\, (g(x)+h(x)) = f(x)\, g(x) + f(x)\, h(x)$,
$(f(x)+g(x))\, h(x)) = f(x)\, h(x) + g(x)\, h(x)$

(8) $(a+b)\, f(x) = af(x) + bf(x)$, $(a\, b)\, f(x) = a\,(b\, f(x))$,
$a\,(f(x)+g(x)) = af(x) + a\,g(x)$, $1 \cdot f(x) = f(x)$

(9) $a\,(f(x)\, g(x)) = (a\, f(x))\, g(x) = f(x)\, (a\, g(x))$

집합 $F[x]$ 위의 뺄셈은 다음과 같이 정한다.

$$f(x) - g(x) = f(x) + (-g(x))$$

정의 1.3.2 영다항식이 아닌 다항식

$$f(x) = a_0 + a_1 x + \cdots + a_n x^n, \quad a_n \neq 0$$

에서 n 을 $f(x)$ 의 **차수**(次數, degree)라 하고 이 사실을 $n = \deg f(x)$ 으로 나타내며 $f(x)$ 를 ***n* 차의 다항식**이라고 한다. 그리고, a_n 을 $f(x)$ 의 **최고차항의 계수**(最高次 項의 係數, leading coefficient)라고 한다.
특히, $a_n = 1$ 일 때, $f(x)$ 를 **모닉**(monic) 다항식이라고 한다.

위의 정의에 의하여 영다항식이 아닌 상수다항식의 차수는 0 이고, 영다항식의 차수는 $-\infty$ 로 정한다. 그리고, 정수의 경우와 마찬가지로, 다항식에 대해서도 다음과 같은 정리와 정의를 생각할 수 있다(정리 1.2.2, 정의 1.2.3).

정리 1.3.3 체 F 위에서 다항식 $f(x)$ 와 영다항식이 아닌 다항식 $g(x)$ 에 대하여 다음과 같은 다항식 $q(x),\ r(x) \in F[x]$ 가 단 하나씩 존재한다.

$$f(x) = q(x)\,g(x) + r(x),$$

$$r(x) \text{ 는 영다항식 또는 } 0 \leq \deg r(x) < \deg g(x)$$

여기서, 두 다항식

$$q(x), \quad r(x)$$

를 각각 $f(x)$ 를 $g(x)$ 로 나누었을 때의 **몫**, **나머지**라고 한다.

$$\begin{array}{r|l} & b_m^{-1} a_n x^{n-m} + \cdots \\ \hline g(x) & f(x) \\ & a_n x^n + \cdots \\ \hline & \quad \vdots \\ \hline & \quad r(x) \end{array}$$

정의 1.3.4 체 F 위의 다항식 $f(x),\ g(x)$ 에 대하여

$$f(x) = g(x)\,h(x)$$

인 다항식 $h(x) \in F[x]$ 가 존재할 때, $g(x)$ 를 $f(x)$ 의 **약수**(約數, divisor) 또는 **인수**(因數, factor)라 하고 $f(x)$ 를 $g(x)$ 의 **배수**(倍數, multiple)라고 하며 이 사실을 $g(x) \mid f(x)$ 로 나타낸다.

정의 1.3.5 체 F 위의 다항식

$$f(x) = a_n x^n + a_{n-1} x^{n-1} + \cdots + a_1 x + a_0$$

와 원소 $u \in F$ 에 대하여 $f(u)$ 는 다음과 같은 F 의 원소를 나타낸다.

$$f(u) = a_n u^n + a_{n-1} u^{n-1} + \cdots + a_1 u + a_0$$

그리고, $f(u) = 0$ 일 때, u 를 다항식 $f(x)$ 의 **근**(根, root) 또는 방정식 $f(x) = 0$ 의 근이라고 한다.

정리 1.3.6 체 F 위의 다항식

$$f(x) = a_n x^n + a_{n-1} x^{n-1} + \cdots + a_1 x + a_0$$

와 $u \in F$ 에 대하여

$$f(x) = (x - u)\,g(x) + r$$

인 다항식 $g(x) \in F[x]$ 와 $r \in F$ 가 존재하고 이때 $r = f(u)$ 이다.

특히, $f(u) = 0$ 이면, $f(x) = (x - u)g(x)$ 이다.

체 F 위의 다항식 $f(x) = a_n x^n + \cdots + a_1 x + a_0$ 와 $u \in F$ 에 대하여

$$f(x) = (x-u)(b_{n-1}x^{n-1} + \cdots + b_1 x + b_0) + r$$

이라고 할 때, 우변을 전개하여 계수를 비교하면

$$a_n = b_{n-1},\ a_{n-1} = b_{n-2} - ub_{n-1},\ \cdots,\ a_1 = b_0 - ub_1,\ a_0 = r - ub_0$$

이므로 다음 결과를 얻는다.

$$b_{n-1} = a_n,\ b_{n-2} = a_{n-1} + ub_{n-1},\ \cdots,\ b_0 = a_1 + ub_1,\ r = a_0 + ub_0$$

오른쪽 표를 이용하여

$$b_{m-1},\ \cdots,\ b_1,\ b_0,\ r$$

를 구하는 방법을 **조립제법**(組立除法, synthetic division)이라고 한다.

u	a_n	a_{n-1}	a_{n-2}	$\cdots\cdots$	a_1	a_0
		ub_{n-1}	ub_{n-2}	$\cdots\cdots$	ub_1	ub_0
	b_{n-1} $(= a_n)$	b_{n-2}	b_{n-3}	$\cdots$	b_1 b_0	r

보기 1.3.1 실수체 $\mathbb{R}$ 위의 다항식

$$f(x) = x^3 + 2x - 11$$

를 다항식 $x-2$ 로 나누었을 때의 몫과 나머지는 각각 다음과 같다.

$$g(x) = x^2 + 2x + 6,\ f(2) = 1$$

2	1	0	2	-11
		2	4	12
	1	2	6	1

정의 1.3.7 체 F 위의 n 차의 다항식 $f(x)$ 에 대하여 원소 $\lambda \in F$ 가 방정식 $f(x) = 0$ 의 근일 때, 다음과 같은 다항식 $h(x) \in F[x]$ 가 존재한다.

$$f(x) = (x-\lambda)^m h(x) \qquad (m \geq 1,\ h(\lambda) \neq 0)$$

이 때, m 을 근 $x = \lambda$ 의 **중복도**(重複度, complexity)라고 한다.

특히, $m = 1$ 인 경우에 근 $x = \lambda$ 를 **단근**(單根, simple root)이라 하고, 또 $m \geq 2$ 인 경우에 근 $x = \lambda$ 를 ***m* 중근**(重根, multiple root)이라고 한다.

정리 1.3.8 (Gausss 의 정리, 대수학의 기본 정리) 복소수체 $\mathbb{C}$ 위에서 n 차의 방정식은 중복을 허락하여 n 개의 복소수 근을 가진다.

다음 두 정리는 이미 잘 알고 있는 등식을 모아놓은 것이다.

정리 1.3.9 두 실수 θ, ϕ에 대하여 다음이 성립한다.

(1) $\sin(-\theta) = -\sin\theta, \quad \cos(-\theta) = \cos\theta,$

$\sin^2\theta + \cos^2\theta = 1$

(2) $\sin(\theta+\phi) = \sin\theta\cos\phi + \cos\theta\sin\phi,$

$\cos(\theta+\phi) = \cos\theta\cos\phi - \sin\theta\sin\phi$

(3) $\sin 2\theta = 2\sin\theta\cos\theta,$

$\cos 2\theta = 2\cos^2\theta - 1 = 1 - 2\sin^2\theta$

$\sin^2\theta = \dfrac{1-\cos 2\theta}{2}, \quad \cos^2\theta = \dfrac{1+\cos 2\theta}{2}$

(4) $\sin 3\theta = 3\sin\theta - 4\sin^3\theta, \quad \cos 3\theta = 4\cos^3\theta - 3\cos\theta$

정리 1.3.10 두 실수 θ, ϕ에 대하여 다음이 성립한다.

(1) $\sin\theta\sin\phi = -\dfrac{1}{2}\{\cos(\theta+\phi) - \cos(\theta-\phi)\},$

(2) $\sin\theta\cos\phi = \dfrac{1}{2}\{\sin(\theta+\phi) + \sin(\theta-\phi)\},$

(3) $\cos\theta\cos\phi = \dfrac{1}{2}\{\cos(\theta+\phi) + \cos(\theta-\phi)\}$

복소수 $\alpha = a + bi \ (\alpha \neq 0)$를

$$\alpha = \sqrt{a^2+b^2}\left(\frac{a}{\sqrt{a^2+b^2}} + \frac{b}{\sqrt{a^2+b^2}}\,i\right)$$

으로 나타낼 수 있고,

$$\frac{a}{\sqrt{a^2+b^2}} = \cos\theta,$$

$$\frac{b}{\sqrt{a^2+b^2}} = \sin\theta$$

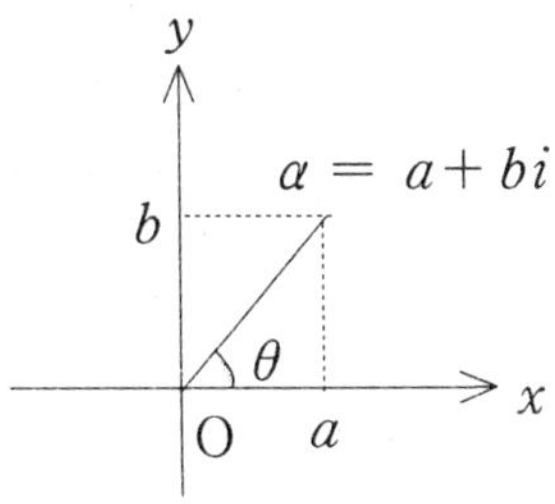

인 실수 θ가 존재하며 이때

$$\alpha = |\alpha|(\cos\theta + i\sin\theta)$$

로 나타낸다. 복소수를 이와 같이 나타낸 것을 **극형식**이라고 한다.

정의 1.3.11 임의의 실수 θ에 대하여 $e^{i\theta}$를

$$e^{i\theta} = \cos\theta + i\sin\theta$$

으로 정한다. 그리고, $e^{i\theta}$를 흔히 $\exp i\theta$로 나타내기도 한다.

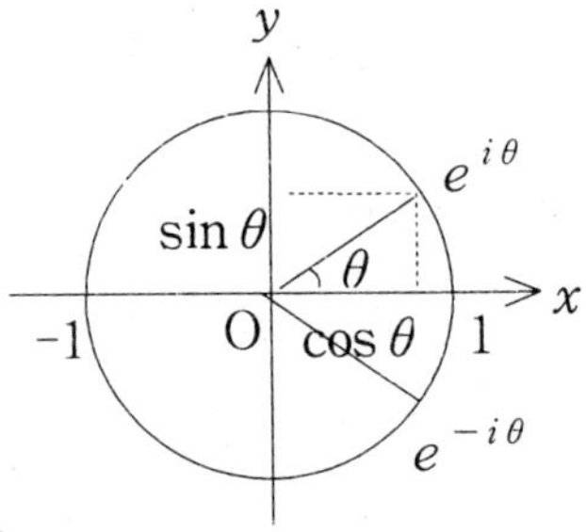

정리 1.3.12 임의의 두 실수 θ, ϕ와 양의 정수 n에 대하여 다음 등식이 성립한다.

(1) $(\cos\theta + i\sin\theta)(\cos\phi + i\sin\phi) = \cos(\theta+\phi) + i\sin(\theta+\phi)$

(2) $(\cos\theta + i\sin\theta)^{-1} = \cos(-\theta) + i\sin(-\theta)$

(3) $(\cos\theta + i\sin\theta)^{n} = \cos n\theta + i\sin n\theta$ (De Moivre의 정리)

즉, $e^{i\theta}e^{i\phi} = e^{i(\theta+\phi)}$, $(e^{i\theta})^{-1} = e^{-i\theta}$, $(e^{i\theta})^{n} = e^{in\theta}$

증 명 정리 1.3.10에 의하여 다음 등식이 성립한다.

(1)
$$\begin{aligned}&(\cos\theta + i\sin\theta)(\cos\phi + i\sin\phi)\\ &= (\cos\theta\cos\phi - \sin\theta\sin\phi) + i(\cos\theta\sin\phi + \sin\theta\cos\phi)\\ &= \cos(\theta+\phi) + i\sin(\theta+\phi)\end{aligned}$$

(2)
$$\begin{aligned}(\cos\theta + i\sin\theta)^{-1} &= \frac{1}{\cos\theta + i\sin\theta}\\ &= \frac{\cos\theta - i\sin\theta}{(\cos\theta + i\sin\theta)(\cos\theta - i\sin\theta)}\\ &= \frac{\cos\theta - i\sin\theta}{\cos^2\theta + \sin^2\theta} = \cos\theta - i\sin\theta\\ &= \cos(-\theta) + i\sin(-\theta)\end{aligned}$$

(3) 분명히 $n = 1$일 때 등식 (3)이 성립한다. 또, 양의 정수 k에 대하여

$$(\cos\theta + i\sin\theta)^{k} = \cos k\theta + i\sin k\theta$$

이라고 가정하면, 위의 (1)에 의하여 다음이 성립한다.

$$\begin{aligned}(\cos\theta + i\sin\theta)^{k+1} &= (\cos\theta + i\sin\theta)^{k}(\cos\theta + i\sin\theta)\\ &= (\cos k\theta + i\sin k\theta)(\cos\theta + i\sin\theta)\\ &= (\cos(k+1)\theta + i\sin(k+1)\theta)\end{aligned}$$

따라서 수학적 귀납법에 의하여 등식 (3)이 성립한다.

제 2 장

행렬과 연립일차방정식

이 장에서는, 행렬의 여러 가지 연산에 관한 성질에 대하여 논하고 연립일차방정식의 풀이에 대하여 논한다.

실제로, 행렬의 연산에 관한 성질을 증명하고, 특히 정사각행렬의 연산에 관한 성질을 상세히 논하고, 행렬의 기본 행 변형을 이용하여 연립일차방정식의 해를 구하는 방법에 대하여 논한다.

그리고, 행렬의 기본 행 변형을 이용한 LU 변형에 대하여 논하고 행렬과 관련된 그래프 이론을 소개한다.

§2.1 행 렬

체(體)는 덧셈과 곱셈에 관하여 좋은 성질을 가지고 있다(정의 1.2.6). 체 F 의 원소로 이루어진 순서 n조 $(x_1, \cdots, x_n)$ 전체의 집합

$$F^n = \{(x_1, \cdots, x_n) \mid x_1, \cdots, x_n \in F\}$$

에서, 임의의 두 원소 $v = (a_1, \cdots, a_n)$, $w = (b_1, \cdots, b_n)$ 와 $a \in F$ 에 대하여 다음과 같이 정의한다.

$$(a_1, \cdots, a_n) = (b_1, \cdots, b_n) \Longleftrightarrow a_1 = b_1, \cdots, a_n = b_n$$

$$v + w = (a_1 + b_1, \cdots, a_n + b_n),$$

$$av = a(a_1, \cdots, a_n) = (a a_1, \cdots, a a_n)$$

$$-v = (-1)(a_1, \cdots, a_n) = (-a_1, \cdots, -a_n)$$

특히, $(0, \cdots, 0)$ 을 $\mathbf{0}$ 으로 나타낸다. 즉, $\mathbf{0} = (0, \cdots, 0)$ 이다.

집합 F^n 에서 다음이 성립함을 쉽게 알 수 있다.

정리 2.1.1 체 F 의 원소로 이루어진 순서 n조 전체의 집합 F^n 에서 임의의 원소 $v, w, u \in F^n$ 와 $a, b \in F$ 에 대하여 다음이 성립한다.

(1) $(v + w) + u = v + (w + u)$

(2) $v + w = w + v$

(3) $v + \mathbf{0} = \mathbf{0} + v = v$

(4) $v + (-v) = (-v) + v = \mathbf{0}$

(5) $a(v + w) = av + aw$, $\quad (a + b)v = av + bv$,
$(ab)v = a(bv)$, $\quad 1v = v$

보기 2.1.1 집합 $\mathbb{R}^3$ 에서 다음이 성립한다.

$$(1,2,3) + (4,-2,0) = (5,0,3), \quad 4(1,2,3) = (4,8,12),$$

$$3(1,2,3) + 2(1,-2,0) = (3,6,9) + (2,-4,0) = (5,2,9)$$

집합 F^n 위의 뺄셈은 덧셈을 이용하여 정한다. 즉, F^n의 임의의 두 원소 $v = (a_1, \cdots, a_n)$, $w = (b_1, \cdots, b_n)$에 대하여 $v - w$는 다음과 같다.

$$v - w = v + (-w) = (a_1 - b_1, \cdots, a_n - b_n)$$

체 F의 mn개의 원소 a_{ij} $(1 \le i \le m, 1 \le j \le n)$를 아래와 같이 직사각형 모양으로 늘어놓아 괄호로 한 데 묶어놓은 것을 체 F 위의 $\boldsymbol{m \times n}$ **행렬**(行列, matrix) 또는 **크기가** $\boldsymbol{m \times n}$ **인 행렬**이라고 한다.

$$A = \begin{bmatrix} a_{11} & a_{12} & \cdots & a_{1n} \\ a_{21} & a_{22} & \cdots & a_{2n} \\ \vdots & \vdots & \cdots & \vdots \\ a_{m1} & a_{m2} & \cdots & a_{mn} \end{bmatrix}$$

위의 행렬을 간단히 $A = [a_{ij}]_{m \times n}$로 나타낸다.

행렬 $A = [a_{ij}]_{m \times n}$에서 각 원소 a_{ij}를 A의 (i, j) **성분**(成分, component, entry)이라고 한다. 여기서,

$$a_{i1}, a_{i2}, \cdots, a_{in} \qquad (1 \le i \le m)$$

은 행렬 A의 제 i 행(i-th row)를 이루고

$$a_{1j}, a_{2j}, \cdots, a_{mj} \qquad (1 \le j \le n)$$

는 A의 제 j 열(j-th column)을 이룬다.

특히, 모든 성분이 0인 행렬을 **영행렬**(零行列, zero matrix)이라 하고, 또 $m \times n$ 영행렬을 $O_{m \times n}$ 또는 O로 나타낸다.

체 F 위의 $m \times n$ 행렬 전체의 집합을 $\mathrm{Mat}_{m \times n}(F)$로 나타낸다. 즉,

$$\mathrm{Mat}_{m \times n}(F) = \{[a_{ij}]_{m \times n} \mid a_{ij} \in F,\ 1 \le i \le m,\ 1 \le j \le n\}$$

그리고, $\mathrm{Mat}_{m \times n}(F)$의 원소 $A = [a_{ij}]_{m \times n}$, $B = [b_{ij}]_{m \times n}$와 $a \in F$에 대하여 다음과 같이 정의한다.

$$A = B \Longleftrightarrow a_{ij} = b_{ij} \quad (1 \le i \le m,\ 1 \le j \le n)$$

$$A + B = [a_{ij}]_{m \times n} + [b_{ij}]_{m \times n} = [a_{ij} + b_{ij}]_{m \times n},$$

$$aA = a[a_{ij}]_{m \times n} = [a\,a_{ij}]_{m \times n}$$

$$-A = (-1)[a_{ij}]_{m \times n} = [-a_{ij}]_{m \times n}$$

$$\begin{bmatrix} a_{11} & a_{12} & a_{13} \\ a_{21} & a_{22} & a_{23} \end{bmatrix} + \begin{bmatrix} b_{11} & b_{12} & b_{13} \\ b_{21} & b_{22} & b_{23} \end{bmatrix} = \begin{bmatrix} a_{11}+b_{11} & a_{12}+b_{12} & a_{13}+b_{13} \\ a_{21}+b_{21} & a_{22}+b_{22} & a_{23}+b_{23} \end{bmatrix},$$

$$a\begin{bmatrix} a_{11} & a_{12} & a_{13} \\ a_{21} & a_{22} & a_{23} \end{bmatrix} = \begin{bmatrix} a\,a_{11} & a\,a_{12} & a\,a_{13} \\ a\,a_{21} & a\,a_{22} & a\,a_{23} \end{bmatrix}$$

두 집합 $\mathrm{Mat}_{1\times n}(F)$, F^n 의 연산은 본질적으로 동일하다. 그리고, 한 원소 a로 이루어진 1×1 행렬 $[a]$는 원소 a와 동일시(同一視, identify)한다.

책에 따라서는 행렬을 나타낼 때 각괄호 [ ] 대신에

둥근 괄호 ( ) 또는 두 줄 ‖ ‖

을 써서 나타내기도 한다.

보기 2.1.2 집합 $\mathrm{Mat}_{2\times 3}(\mathbb{R})$ 에서 다음이 성립한다.

(1) $\begin{bmatrix} 1 & 2 \\ 3 & 4 \\ 4 & 5 \\ 0 & 1 \end{bmatrix} + \begin{bmatrix} 2 & 0 \\ 1 & 2 \\ 3 & 4 \\ 2 & 3 \end{bmatrix} = \begin{bmatrix} 3 & 2 \\ 4 & 6 \\ 7 & 9 \\ 2 & 4 \end{bmatrix}$

(2) $4\begin{bmatrix} 1 & 2 \\ 3 & 4 \\ 4 & 5 \end{bmatrix} = \begin{bmatrix} 4 & 8 \\ 12 & 16 \\ 16 & 20 \end{bmatrix}, \quad -\begin{bmatrix} 5 & 0 \\ 0 & -4 \\ 1 & 2 \end{bmatrix} = \begin{bmatrix} -5 & 0 \\ 0 & 4 \\ -1 & -2 \end{bmatrix}$

집합 $\mathrm{Mat}_{m\times n}(F)$ 에 대하여 다음 정리가 성립함을 쉽게 확인할 수 있다.

정리 2.1.2 체 F 위의 $m\times n$ 행렬 전체의 집합 $\mathrm{Mat}_{m\times n}(F)$ 에서 임의의 A, B, C와 $a, b\in F$에 대하여 다음이 성립한다.

(1) $(A+B)+C = A+(B+C)$

(2) $A+B = B+A$

(3) $A+O_{m\times n} = O_{m\times n}+A = A$

(4) $A+(-A) = (-A)+A = O_{m\times n}$

(5) $a(A+B) = aA+aB$, $\quad (a+b)A = aA+bA$,
$(ab)A = a(bA)$, $\quad 1A = A$

집합 Mat $_{m\times n}(F)$ 위의 뺄셈은 덧셈을 이용하여 정한다. 즉, 임의의 두 행렬 $A=[a_{ij}]_{m\times n}$, $B=[b_{ij}]_{m\times n}$에 대하여 $A-B$는 다음과 같다.

$$A-B=A+(-B)=[a_{ij}-b_{ij}]_{m\times n}$$

정의 2.1.3 체 F 위의 $m\times n$ 행렬 $A=[a_{ij}]_{m\times n}$에 대하여 각 (i,j) 성분이 a_{ji}인 $n\times m$ 행렬을 A의 **전치행렬**(轉置行列, transpose)이라 하고 이 행렬을 A^T로 나타낸다. 즉,

$$A^T=[a_{ij}']_{n\times m},\qquad a_{ij}'=a_{ji}\quad(1\le i\le n,\ 1\le j\le m)$$

$$A^T=\begin{bmatrix} a_{11} & a_{21} & \cdots & a_{m1} \\ a_{12} & a_{22} & \cdots & a_{m2} \\ \vdots & \vdots & \cdots & \vdots \\ a_{1n} & a_{2n} & \cdots & a_{mn} \end{bmatrix}$$

보기 2.1.3 두 집합 Mat $_{2\times3}(\mathbb{R})$, Mat $_{3\times2}(\mathbb{R})$에서 다음이 성립한다.

$$\begin{bmatrix} 1 & 2 & 3 \\ 4 & 5 & 6 \end{bmatrix}+\begin{bmatrix} 0 & 1 & 4 \\ 1 & 3 & 2 \end{bmatrix}=\begin{bmatrix} 1 & 3 & 7 \\ 5 & 8 & 8 \end{bmatrix},\quad 3\begin{bmatrix} 1 & 2 & 3 \\ 0 & 1 & 2 \end{bmatrix}=\begin{bmatrix} 3 & 6 & 9 \\ 0 & 3 & 6 \end{bmatrix}$$

$$\begin{bmatrix} 1 & 4 \\ 2 & 5 \\ 3 & 6 \end{bmatrix}+\begin{bmatrix} 0 & 1 \\ 1 & 3 \\ 4 & 2 \end{bmatrix}=\begin{bmatrix} 1 & 5 \\ 3 & 8 \\ 7 & 8 \end{bmatrix},\quad 3\begin{bmatrix} 1 & 0 \\ 2 & 1 \\ 3 & 2 \end{bmatrix}=\begin{bmatrix} 3 & 0 \\ 6 & 3 \\ 9 & 6 \end{bmatrix}$$

정리 2.1.4 체 F 위의 $m\times n$ 행렬 A,B와 $a\in F$에 대하여 다음이 성립한다.

(1) $(A^T)^T=A$,

(2) $(A+B)^T=A^T+B^T$, $(aA)^T=aA^T$

(3) 다음과 같이 정의된 사상 ϕ는 일대일 대응이다.

$$\phi:\ \text{Mat}_{m\times n}(F)\longrightarrow\text{Mat}_{n\times m}(F),\quad \phi(A)=A^T$$

증 명 정의에 의하여 (1), (2)가 성립함을 쉽게 알 수 있다.
그리고, $A,B\in$ Mat $_{m\times n}(F)$에 대하여

$$A^T=B^T\Longrightarrow(A^T)^T=(B^T)^T\Longrightarrow A=B$$

이므로 ϕ는 일대일 사상이다(정의 1.1.3).

그리고, 임의의 $C \in \mathrm{Mat}_{n\times m}(F)$ 에 대하여 $C^T \in \mathrm{Mat}_{m\times n}(F)$ 이고 또

$$\phi(C^T) = (C^T)^T = C$$

이므로 ϕ는 위로의 사상이다. 따라서 ϕ는 일대일 대응이다(정의 1.1.3).

정의 2.1.5 체 F 위의 $m\times n$ 행렬 $A=[a_{ij}]_{m\times n}$ 와 $n\times r$ 행렬 $B=[b_{ij}]_{n\times r}$ 에 대하여 곱 AB는 다음과 같이 정의된 $m\times r$ 행렬이다.

$$AB=[c_{ij}]_{m\times r}, \qquad c_{ij}=\sum_{k=1}^{n} a_{ik}b_{kj} = a_{i1}b_{ij}+\cdots+a_{in}b_{nj}$$

$$(1\le i\le m,\ 1\le j\le r)$$

$$\begin{bmatrix} a_{11} & \cdots & a_{1j} & \cdots & a_{1n} \\ \vdots & \cdots & \vdots & & \vdots \\ a_{i1} & \cdots & a_{ij} & \cdots & a_{in} \\ \vdots & \cdots & \vdots & \cdots & \vdots \\ a_{m1} & \cdots & a_{nj} & \cdots & a_{mn} \end{bmatrix} \begin{bmatrix} b_{11} & \cdots & b_{1j} & \cdots & b_{1r} \\ b_2 & \cdots & b_{2j} & \cdots & b_{2r} \\ \vdots & \cdots & \vdots & \cdots & \vdots \\ b_{i1} & \cdots & b_{ij} & \cdots & b_{ir} \\ \vdots & \cdots & \vdots & \cdots & \vdots \\ b_{n1} & \cdots & b_{nj} & \cdots & b_{nr} \end{bmatrix}$$

보기 2.1.4 실수체 $\mathbb{R}$ 위의 행렬에 대하여 다음이 성립한다.

(1) $\begin{bmatrix} 1 & 1 \\ 2 & 0 \end{bmatrix}\begin{bmatrix} 1 & 3 \\ 2 & 4 \end{bmatrix} = \begin{bmatrix} 3 & 7 \\ 2 & 6 \end{bmatrix}$, $\quad \begin{bmatrix} 1 & 3 \\ 2 & 4 \end{bmatrix}\begin{bmatrix} 1 & 1 \\ 2 & 0 \end{bmatrix} = \begin{bmatrix} 7 & 1 \\ 10 & 2 \end{bmatrix}$

(2) $\begin{bmatrix} 0 & 1 \\ 1 & 0 \end{bmatrix}\begin{bmatrix} 1 & 3 & 5 \\ 2 & 4 & 6 \end{bmatrix} = \begin{bmatrix} 2 & 4 & 6 \\ 1 & 3 & 5 \end{bmatrix}$

(3) $\begin{bmatrix} 1 \\ 2 \end{bmatrix}[2\ \ 3\ \ 4] = \begin{bmatrix} 2 & 3 & 4 \\ 4 & 6 & 8 \end{bmatrix}$, $\quad [1\ \ 2]\begin{bmatrix} 2 & 3 \\ 3 & 1 \end{bmatrix} = [8\ \ 5]$

(4) $[2\ \ 3\ \ 4]\begin{bmatrix} x \\ y \\ z \end{bmatrix} = 2x+3+4z,$

$$[1\ \ 2\ \ 3\ \ 4]\begin{bmatrix} a & x \\ b & y \\ c & s \\ d & u \end{bmatrix} = [\,a+2b+3c+4d \quad x+2y+3z+4u\,]$$

정리 2.1.6 체 F 위의 행렬 $A=[a_{ij}]_{m\times n}$, $B=[b_{ij}]_{n\times r}$, $C=[c_{ij}]_{r\times s}$, $D=[d_{ij}]_{n\times r}$ 와 $a\in F$ 에 대하여 다음이 성립한다.

(1) $(AB)C=A(BC)$

(2) $A(B+D)=AB+AD,\quad (B+D)C=BC+DC$

(3) $a(AB)=(aA)B=A(aB)$

(4) $AO_{n\times r}=O_{m\times r},\quad O_{r\times m}A=O_{r\times n}$

(5) $(AB)^T=B^TA^T$

증 명 (1) 행렬 $(AB)C$ 와 행렬 $A(BC)$ 의 (i, j) 성분은

$$\sum_{s=1}^{r}\left(\sum_{k=1}^{n}a_{ik}b_{ks}\right)c_{sj},\qquad \sum_{k=1}^{n}a_{ik}\left(\sum_{s=1}^{r}b_{ks}c_{sj}\right)$$

이고 이 두 성분은 서로 같으므로 $(AB)C=A(BC)$ 이다.

(2) 두 행렬 $A(B+D)$, $AB+AD$ 의 (i, j) 성분은 각각

$$\sum_{k=1}^{n}a_{ik}(b_{kj}+d_{kj}),\qquad \sum_{k=1}^{n}a_{ik}b_{kj}+\sum_{k=1}^{n}a_{ik}d_{kj}$$

이고 이 두 성분은 같으므로 $A(B+D)=AB+AD$ 이다.

마찬가지로, $(B+D)C=BC+DC$ 이다.

(3) 세 행렬 $a(AB)$, $(aA)B$, $A(aB)$ 의 (i, j) 성분은 각각

$$a\sum_{k=1}^{n}a_{ik}b_{kj},\qquad \sum_{k=1}^{n}(a\,a_{ik})b_{kja},\qquad \sum_{k=1}^{n}a_{ik}(a\,b_{kj})$$

이고 이들은 모두 서로 같으므로 $a(AB)=(aA)B=A(aB)$ 이다.

(4) 분명히 (4) 가 성립한다.

(5) $(AB)^T$ 의 (i, j) 성분은 AB 의 (j, i) 성분 $\sum_{k=1}^{n}a_{jk}b_{ki}$ 와 같다. 또,

$$A^T=[a_{ij}']_{n\times m},\qquad B^T=[b_{ij}']_{r\times n}$$

이라고 하면, B^TA^T 는 $r\times m$ 행렬이고 그 (i, j) 성분은

$$\sum_{k=1}^{n}b_{ik}'a_{kj}'=\sum_{k=1}^{n}b_{ki}a_{jk}=\sum_{k=1}^{n}a_{jk}b_{ki}$$

이므로 $(AB)^T$ 의 (i, j) 성분과 동일하다. 따라서 $(AB)^T=B^TA^T$ 이다.

보기 2.1.5 실수체 ℝ 위의 두 행렬

$$A=\begin{bmatrix}1 & 2\\ 1 & 1\end{bmatrix},\qquad B=\begin{bmatrix}1 & 0 & 3\\ 1 & 1 & 0\end{bmatrix}$$

에 대하여 다음이 성립한다.

$$AB=\begin{bmatrix}3 & 2 & 3\\ 2 & 1 & 3\end{bmatrix},\qquad (AB)^T=\begin{bmatrix}3 & 2\\ 2 & 1\\ 3 & 3\end{bmatrix},$$

$$A^T=\begin{bmatrix}1 & 1\\ 2 & 1\end{bmatrix},\qquad B^T=\begin{bmatrix}1 & 1\\ 0 & 1\\ 3 & 0\end{bmatrix},$$

$$B^TA^T=\begin{bmatrix}3 & 2\\ 2 & 1\\ 3 & 3\end{bmatrix}=(AB)^T$$

그러나, A^T와 B^T는 각각 2×2 행렬, 3×2 행렬이므로 A^T와 B^T의 곱 A^TB^T는 정의조차 되지 않는다.

정의 2.1.7 행렬

$$A=[a_{ij}]_{m\times n},\quad B=[b_{ij}]_{m\times r},\quad C=[c_{ij}]_{s\times n},\quad D=[d_{ij}]_{s\times r}$$

에 대하여 다음과 같이 이들 행렬의 대응하는 열과 또는 행을 차례로 연이어 놓아 만든 행렬을 **덧붙인 행렬**(augmented matrix)이라고 한다.

$$[A\,|\,B]=\left[\begin{array}{ccc|ccc}a_{11} & \cdots & a_{1n} & b_{11} & \cdots & b_{1r}\\ a_{21} & \cdots & a_{2n} & b_{21} & \cdots & b_{2r}\\ \vdots & \vdots & \vdots & \vdots & \vdots & \vdots\\ a_{m1} & \cdots & a_{mn} & b_{m1} & \cdots & b_{mr}\end{array}\right],$$

$$\begin{bmatrix}A\\ C\end{bmatrix}=\left[\begin{array}{ccc}a_{11} & \cdots & a_{1n}\\ a_{21} & \cdots & a_{2n}\\ \vdots & \vdots & \vdots\\ a_{m1} & \cdots & a_{mn}\\ \hline c_{11} & \cdots & c_{1n}\\ c_{21} & \cdots & c_{2n}\\ \vdots & \vdots & \vdots\\ c_{s1} & \cdots & c_{sn}\end{array}\right],\qquad \begin{bmatrix}A & B\\ C & D\end{bmatrix}=\left[\begin{array}{ccc|ccc}a_{11} & \cdots & a_{1n} & b_{11} & \cdots & b_{1r}\\ a_{21} & \cdots & a_{2n} & b_{21} & \cdots & b_{2r}\\ \vdots & \vdots & \vdots & \vdots & \vdots & \vdots\\ a_{m1} & \cdots & a_{mn} & b_{m1} & \cdots & b_{mr}\\ \hline c_{11} & \cdots & c_{1n} & d_{11} & \cdots & d_{1r}\\ c_{21} & \cdots & c_{2n} & d_{21} & \cdots & d_{2r}\\ \vdots & \vdots & \vdots & \vdots & \vdots & \vdots\\ c_{s1} & \cdots & c_{sn} & d_{s1} & \cdots & d_{sr}\end{array}\right]$$

이와는 반대로, 한 행렬 A 를 앞에서와 같이 여러 개의 행렬로 나누어 놓은 것을 A 의 **분할**(分割, partition) 이라고 한다.

보기 2.1.6 실수체 $\mathbb{R}$ 위에서 다음 두 행렬의 곱을 생각해 보자.

$$A = \left[\begin{array}{ccc:c} 1 & 2 & 3 & 0 \\ 2 & 3 & 4 & 5 \\ \hdashline 0 & 2 & 4 & 6 \end{array}\right], \quad B = \left[\begin{array}{cc} 1 & 0 \\ 2 & 1 \\ 3 & 1 \\ \hdashline 1 & 2 \end{array}\right]$$

이 두 행렬을 위에서와 같이 크기에 맞추어 분할한 것을 각각

$$A = \begin{bmatrix} A_{11} & A_{12} \\ A_{21} & A_{22} \end{bmatrix}, \qquad B = \begin{bmatrix} B_{11} \\ B_{21} \end{bmatrix}$$

으로 나타내면 AB 는 다음과 같다.

$$AB = \begin{bmatrix} A_{11}B_{11} + A_{12}B_{21} \\ A_{21}B_{11} + A_{22}B_{21} \end{bmatrix} = \begin{bmatrix} 14 & 5 \\ 25 & 17 \\ 17 & 18 \end{bmatrix}$$

실제로, 다음과 같이 계산하여 AB 를 얻는다.

$$\begin{aligned} A_{11}B_{11} + A_{12}B_{21} &= \begin{bmatrix} 1 & 2 & 3 \\ 2 & 3 & 4 \end{bmatrix} \begin{bmatrix} 1 & 0 \\ 2 & 1 \\ 3 & 1 \end{bmatrix} + \begin{bmatrix} 0 \\ 5 \end{bmatrix} [\, 1 \quad 2 \,] \\ &= \begin{bmatrix} 14 & 5 \\ 20 & 7 \end{bmatrix} + \begin{bmatrix} 0 & 0 \\ 5 & 10 \end{bmatrix} = \begin{bmatrix} 14 & 5 \\ 25 & 17 \end{bmatrix} \\ A_{21}B_{11} + A_{22}B_{21} &= [\, 0 \quad 2 \quad 4 \,] \begin{bmatrix} 1 & 0 \\ 2 & 1 \\ 3 & 1 \end{bmatrix} + [\, 6 \,][\, 1 \quad 2 \,] \\ &= [\, 11 \quad 6 \,] + [\, 6 \quad 12 \,] = [\, 17 \quad 18 \,] \end{aligned}$$

보기 2.1.7 실수체 $\mathbb{R}$ 위에서 다음 두 행렬의 곱을 생각해 보자.

$$A = \left[\begin{array}{c:c:c} a_{11} & a_{12} & a_{13} \\ a_{21} & a_{22} & a_{23} \\ a_{31} & a_{32} & a_{33} \\ a_{41} & a_{42} & a_{43} \end{array}\right] \qquad B = \left[\begin{array}{cc} b_{11} & b_{12} \\ \hdashline b_{21} & b_{22} \\ \hdashline b_{31} & b_{32} \end{array}\right]$$

위에서와 같이 곱셈이 가능하도록 두 행렬을 분할한 후에 곱 AB 를 행하면,

아래와 같이 곱하여 구할 수 있다.

$$AB = \begin{bmatrix} a_{11} \\ a_{21} \\ a_{31} \\ a_{41} \end{bmatrix} [b_{11} \quad b_{12}] + \begin{bmatrix} a_{12} \\ a_{22} \\ a_{32} \\ a_{42} \end{bmatrix} [b_{21} \quad b_{22}] + \begin{bmatrix} a_{13} \\ a_{23} \\ a_{33} \\ a_{43} \end{bmatrix} [b_{31} \quad b_{32}]$$

보기 2.1.8 체 F 위의 두 행렬에 관한 등식

$$\begin{bmatrix} y_1 \\ y_2 \\ \vdots \\ y_m \end{bmatrix} = \left[\begin{array}{c:c:c:c} a_{11} & a_{12} & \cdots & a_{1n} \\ a_{21} & a_{22} & \cdots & a_{2n} \\ \vdots & \vdots & \cdots & \vdots \\ a_{m1} & a_{m2} & \cdots & a_{mn} \end{array}\right] \left[\begin{array}{c} x_1 \\ \hdashline x_2 \\ \hdashline \vdots \\ \hdashline x_n \end{array}\right]$$

에서 우변의 두 행렬을 분할한 후에 곱을 행하면 위의 등식은 다음과 같은 등식으로 나타낼 수 있다.

$$\begin{bmatrix} y_1 \\ y_2 \\ \vdots \\ y_m \end{bmatrix} = x_1 \begin{bmatrix} a_{11} \\ a_{21} \\ \vdots \\ a_{m1} \end{bmatrix} + x_2 \begin{bmatrix} a_{12} \\ a_{22} \\ \vdots \\ a_{m2} \end{bmatrix} + \cdots + x_n \begin{bmatrix} a_{1n} \\ a_{2n} \\ \vdots \\ a_{mn} \end{bmatrix}$$

연 습 문 제 (2.1)

1. 실수체 $\mathbb{R}$ 위에서 다음을 구하여라.

(1) $(2, 1, 0, 1) + (1, 0, 1, 0)$ (2) $3(2, 1, 0, 1)$

(3) $(1, 2, 3, 4) + (2, 0, 5, 1)$ (4) $(2, 1, 0, 1) - (1, 0, 1, 0)$

(5) $4(1, 2, 3) + 5(1, 2, 3)$ (6) $3(1, 2, 3) - 2(1, 2, 3)$

2. 실수체 $\mathbb{R}$ 위에서 다음을 구하여라.

(1) $\begin{bmatrix} 2 & 5 & 3 \\ 1 & 0 & 7 \end{bmatrix} + \begin{bmatrix} 4 & 2 & 5 \\ 5 & 3 & 2 \end{bmatrix}$ (2) $4\begin{bmatrix} 2 & 5 & 3 \\ 1 & 0 & 7 \end{bmatrix}$

(3) $\begin{bmatrix} 1 & 2 & 3 \\ 4 & 5 & 6 \end{bmatrix} - \begin{bmatrix} 0 & 1 & 4 \\ 1 & -3 & 2 \end{bmatrix}$ (4) $2\begin{bmatrix} 1 & 2 & 3 \\ 5 & 0 & 8 \end{bmatrix} - 3\begin{bmatrix} 0 & 2 & 1 \\ 2 & 4 & 5 \end{bmatrix}$

3. 실수체 $\mathbb{R}$ 위에서 다음을 구하여라.

(1) $\begin{bmatrix} 2 & -3 \\ 0 & -1 \end{bmatrix}\begin{bmatrix} 2 \\ 1 \end{bmatrix}$ (2) $\begin{bmatrix} 1 & 1 & 1 \\ 1 & 1 & 1 \end{bmatrix}\begin{bmatrix} 1 & 2 \\ 0 & 4 \\ 3 & 0 \end{bmatrix}$

4. 실수체 $\mathbb{R}$ 위에서 다음을 구하여라.

(1) $\begin{bmatrix} 2 & 0 & 3 & 3 \\ 0 & 4 & 1 & 2 \end{bmatrix}\begin{bmatrix} 1 \\ 0 \\ 2 \\ 1 \end{bmatrix}$ (2) $\begin{bmatrix} 1 & 0 \\ 0 & 1 \\ 1 & 2 \\ 1 & 1 \end{bmatrix}\begin{bmatrix} 1 & 2 \\ 3 & 4 \end{bmatrix}$

5. 실수체 $\mathbb{R}$ 위의 행렬

$$A = \begin{bmatrix} 1 & 0 \\ 3 & 1 \end{bmatrix}, \quad B = \begin{bmatrix} 1 & 2 & 0 \\ 2 & 1 & 3 \end{bmatrix}, \quad C = \begin{bmatrix} -1 & 0 & 2 \\ 0 & 2 & 1 \end{bmatrix}$$

에 대하여 $AB + AC$ 와 $A(B+C)$ 를 비교하여라.

6. 실수체 $\mathbb{R}$ 위의 행렬

$$A = \begin{bmatrix} 1 & 0 \\ 1 & 1 \end{bmatrix}, \qquad B = \begin{bmatrix} 1 & 2 \\ 3 & 4 \end{bmatrix}$$

에 대하여 $(AB)^T$ 와 $A^T B^T$, $B^T A^T$ 를 비교하여라.

7. 실수체 $\mathbb{R}$ 위의 두 행렬

$$A = \begin{bmatrix} 1 & 2 \\ 0 & -1 \end{bmatrix}, \quad B = \begin{bmatrix} 1 & 2 & 0 & 0 \\ 0 & -1 & 0 & 0 \\ 1 & 0 & -1 & -2 \\ 0 & 1 & 0 & 1 \end{bmatrix}$$

에 대하여 $A^2 = I_2$ 임을 밝히고 이를 이용하여 $B^2 = I_4$ 임을 밝혀라.

8. 실수체 $\mathbb{R}$ 위에서 행렬에 관한 다음 세 등식을 한 등식으로 나타내어라.

$$A\begin{bmatrix} 1 \\ 2 \\ 3 \end{bmatrix} = \begin{bmatrix} 0 \\ 3 \end{bmatrix}, \quad A\begin{bmatrix} 4 \\ 5 \\ 6 \end{bmatrix} = \begin{bmatrix} 1 \\ 4 \end{bmatrix}, \quad A\begin{bmatrix} 7 \\ 8 \\ 9 \end{bmatrix} = \begin{bmatrix} 2 \\ 5 \end{bmatrix}$$

§2.2 정사각행렬

체 F 위의 행렬 중에서 $n \times n$ 행렬

$$A = \begin{bmatrix} a_{11} & a_{12} & \cdots & a_{1n} \\ a_{21} & a_{22} & \cdots & a_{2n} \\ \vdots & \vdots & \cdots & \vdots \\ a_{n1} & a_{n2} & \cdots & a_{nn} \end{bmatrix} = [a_{ij}]_{n \times n}$$

을 **n 차의 정사각행렬**(正四角行列, square matrix) 또는 **n 차의 행렬**이라고 하고, 체 F 위의 n 차의 행렬 전체의 집합을 $\mathrm{Mat}_n(F)$ 로 나타낸다. 즉,

$$\mathrm{Mat}_n(F) = \mathrm{Mat}_{n \times n}(F) = \{ [a_{ij}]_{n \times n} \mid a_{ij} \in F,\ 1 \le i, j \le n \}$$

특히, n 차의 행렬 중에서 주대각선(主對角線, main diagonal) 위의 성분은 모두 1 이고 그 밖의 성분은 모두 0 인 행렬을 n 차의 **항등행렬**(恒等行列, identity matrix) 또는 **단위행렬**(單位行列, unit matrix, 독어 Einheit)이라 하고 이 행렬을 I_n, I, E_n, E 등으로 나타낸다. 그리고, n 차의 영행렬을 O_n 또는 O 로 나타낸다.

$$I_n = \begin{bmatrix} 1 & 0 & \cdots & 0 \\ 0 & 1 & \cdots & 0 \\ \vdots & \vdots & \ddots & \vdots \\ 0 & 0 & \cdots & 1 \end{bmatrix}$$

집합 $\mathrm{Mat}_n(F)$ 위에서 상등관계와 연산은 다음과 같이 정의된다.

$$[a_{ij}]_{n \times n} = [b_{ij}]_{n \times n} \Longleftrightarrow a_{ij} = b_{ij} \quad (1 \le i, j \le n)$$

$$[a_{ij}]_{n \times n} + [b_{ij}]_{n \times n} = [a_{ij} + b_{ij}]_{n \times n},$$

$$[a_{ij}]_{n \times n} [b_{ij}]_{n \times n} = [c_{ij}]_{n \times n},$$

$$c_{ij} = \sum_{k=1}^{n} a_{ik} b_{kj} \quad (1 \le i, j \le n)$$

$$a\,[a_{ij}]_{n \times n} = [a\, a_{ij}]_{n \times n}$$

$$-[a_{ij}]_{n \times n} = (-1)\,[a_{ij}]_{n \times n} = [-a_{ij}]_{n \times n}$$

그리고, $A = [a_{ij}]_{n \times n}$ 의 전치행렬 $A^T = [a_{ji}]_{n \times n}$ 도 n 차의 행렬이다.

다음 정리는 §2.1 에서 논한 결과를 다시 쓴 것이다.

정리 2.2.1 체 F 위의 n 차의 행렬 전체의 집합 $\mathrm{Mat}_n(F)$ 에서 임의의 행렬 $A, B, C \in \mathrm{Mat}_n(F)$ 와 $a, b \in F$ 에 대하여 다음이 성립한다.

(1) $(A+B)+C = A+(B+C)$, $A+B = B+A$

(2) $A+O_n = O_n+A = A$, $A+(-A) = (-A)+A = O_n$

(3) $(AB)C = A(BC)$, $AI_n = I_nA = A$

(4) $A(B+C) = AB+AC$, $(A+B)C = AC+BC$

(5) $a(A+B) = aA+aB$, $(a+b)A = aA+bA$

$(ab)A = a(bA)$, $1A = A$

(6) $a(AB) = (aA)B = A(aB)$

정리 2.2.2 체 F 위의 n 차의 행렬 A, B 와 $a \in F$ 에 대하여 다음이 성립한다.

(1) $(A^T)^T = A$

(2) $(A+B)^T = A^T + B^T$, $(aA)^T = aA^T$

(3) $(AB)^T = B^T A^T$

보기 2.2.1 체 F 위의 n 차의 행렬 A 에 대하여

$$AO_n = O_nA = O_n, \quad AI_n = I_nA = A$$

이지만, 두 n 차의 A, B 에 대하여 $AB \neq BA$ 일 수 있다.

예를 들면, 실수체 $\mathbb{R}$ 위의 두 2 차의 행렬

$$A = \begin{bmatrix} 1 & 0 \\ 0 & 0 \end{bmatrix}, \quad B = \begin{bmatrix} 0 & 1 \\ 0 & 0 \end{bmatrix}$$

에 대하여 $AB \neq BA$ 이다.

실제로, AB 와 BA 는 다음과 같다.

$$AB = \begin{bmatrix} 0 & 1 \\ 0 & 0 \end{bmatrix}, \quad BA = \begin{bmatrix} 0 & 0 \\ 0 & 0 \end{bmatrix}$$

정의 2.2.3 체 F 위의 행렬 $A \in \mathrm{Mat}_n(F)$ 와 양의 정수 m 에 대하여 A^m 을 다음과 같이 귀납적으로 정한다.

$$A^1 = A,\ \ A^2 = AA,\ \cdots.\ \ A^m = A^{m-1}A$$

수학적 귀납법을 이용하여 다음 정리가 성립함을 밝힐 수 있다(정리 1.2.1).

정리 2.2.4 체 F 위의 n 차의 행렬 A 와 양의 정수 m, k 에 대하여 다음 등식이 성립한다.

$$A^m A^k = A^{m+k}, \quad (A^m)^k = A^{mk}, \quad (A^T)^m = (A^m)^T$$

보기 2.2.2 실수 θ 에 대하여

$$A_\theta = \begin{bmatrix} \cos\theta & -\sin\theta \\ \sin\theta & \cos\theta \end{bmatrix}$$

이라고 하자. 이 때, 임의의 실수 θ, ϕ 에 대하여 $A_\theta A_\phi = A_{\theta+\phi}$ 이다.

실제로, 다음 등식이 성립한다(정리 1.3.9 참조).

$$\begin{aligned} A_\theta A_\phi &= \begin{bmatrix} \cos\theta & -\sin\theta \\ \sin\theta & \cos\theta \end{bmatrix}\begin{bmatrix} \cos\phi & -\sin\phi \\ \sin\phi & \cos\phi \end{bmatrix} \\ &= \begin{bmatrix} \cos\theta\cos\phi - \sin\theta\sin\phi & -\cos\theta\sin\phi - \sin\theta\cos\phi \\ \sin\theta\cos\phi + \cos\theta\sin\phi & -\sin\theta\sin\phi + \cos\theta\cos\phi \end{bmatrix} \\ &= \begin{bmatrix} \cos(\theta+\phi) & -\sin(\theta+\phi) \\ \sin(\theta+\phi) & \cos(\theta+\phi) \end{bmatrix} = A_{\theta+\phi} \end{aligned}$$

따라서 양의 정수 m 에 대하여 다음이 성립함을 증명할 수 있다(문제 3).

$$A_\theta{}^m = \begin{bmatrix} \cos m\theta & -\sin m\theta \\ \sin m\theta & \cos m\theta \end{bmatrix} = A_{m\theta},$$

$$(A_\theta{}^T)^m = \begin{bmatrix} \cos m\theta & \sin m\theta \\ -\sin m\theta & \cos m\theta \end{bmatrix} = (A_{m\theta})^T$$

보기 2.2.3 실수체 $\mathbb{R}$ 또는 복소수체 $\mathbb{C}$ 위의 n 차의 행렬 A, B 에 대하여 $AB = BA$ 일 때,

$$(A+B)(A-B) = A^2 - AB + BA - B^2 = A^2 - B^2,$$
$$(A+B)^2 = A^2 + AB + BA + B^2 = A^2 + 2AB + B^2$$

이고, $AB = BA$ 일 때 양의 정수 m 에 대하여 다음이 성립한다(정리 1.2.8).

$$\begin{aligned}(A+B)^m &= \sum_{r=0}^{m} \binom{m}{r} A^{m-r}B^r \\ &= A^m + \binom{m}{1} A^{m-1}B + \cdots + \binom{m}{r} A^{m-r}B^r + \cdots + B^m\end{aligned}$$

정의 2.2.5 체 F 위의 행렬 $A \in \mathrm{Mat}_n(F)$ 에 대하여 $AB = BA = I_n$ 인 $B \in \mathrm{Mat}_n(F)$ 가 존재할 때, A 를 **정칙행렬**(正則行列, nonsingular matrix)이라 하며 B 를 A 의 **역행렬**(逆行列, inverse)이라 하고 A^{-1} 로 나타낸다. 즉,

$$AA^{-1} = A^{-1}A = I_n$$

행렬 A 가 정칙행렬일 때, $A \neq O_n$ 이고 또 A 의 역행렬은 단 하나뿐이다. 실제로, $B, C \in \mathrm{Mat}_n(F)$ 에 대하여 $AB = BA = I_n$, $AC = CA = I_n$ 이라고 가정하면, $B = BI_n = B(AC) = (BA)C = I_nC = C$ 이다.

정의 2.2.6 체 F 위의 n 차의 행렬 $A\ (\neq O_n)$ 에 대하여

$$AB = O_n \quad \text{또는} \quad BA = O_n$$

인 $B \in \mathrm{Mat}_n(F)$, $B \neq O_n$ 가 존재할 때, A 를 **영인자**(零因子, zero-divisor)라고 한다.

보기 2.2.4 체 F 위에서 두 행렬

$$A = \begin{bmatrix} a & b \\ c & d \end{bmatrix}, \quad A' = \begin{bmatrix} d & -b \\ -c & a \end{bmatrix}$$

에 대하여 다음 등식이 성립한다.

$$AA' = A'A = \begin{bmatrix} ad-bc & 0 \\ 0 & ad-bc \end{bmatrix}$$

여기서, $\Delta = ad-bc$를 A의 **행렬식**(行列式, determinant)이라고 한다.

먼저 $\Delta \neq 0$ 이면, $A \neq O_2$, $A' \neq O_2$ 이고 또

$$B = \frac{1}{\Delta}A' = \begin{bmatrix} \frac{d}{\Delta} & \frac{-b}{\Delta} \\ \frac{-c}{\Delta} & \frac{a}{\Delta} \end{bmatrix}$$

이라고 하면 $AB = BA = I_2$ 이므로 A는 정칙행렬이고 $A^{-1} = B$ 이다.

그리고, $A \neq O_2$ 일 때, $\Delta = 0$ 이면 $AA' = O_2$, $A'A = O_2$, $A' \neq O_2$ 이므로 A는 영인자이다.

따라서 $\mathrm{Mat}_2(F)$ 에서 영행렬 이외의 행렬은 정칙행렬 또는 영인자뿐이다.

보기 2.2.5 집합 $\mathrm{Mat}_2(\mathbb{R})$ 에서 다음이 성립한다.

$$\begin{bmatrix} 2 & 1 \\ 5 & 3 \end{bmatrix}^{-1} = \begin{bmatrix} 3 & -1 \\ -5 & 2 \end{bmatrix},$$

$$\begin{bmatrix} 1 & 2 \\ 3 & 6 \end{bmatrix}\begin{bmatrix} 6 & 2 \\ -3 & 1 \end{bmatrix} = \begin{bmatrix} 0 & 0 \\ 0 & 0 \end{bmatrix}, \quad \begin{bmatrix} 6 & 2 \\ -3 & 1 \end{bmatrix}\begin{bmatrix} 1 & 2 \\ 3 & 6 \end{bmatrix} = \begin{bmatrix} 0 & 0 \\ 0 & 0 \end{bmatrix}$$

정리 2.2.7 체 F 위의 n차의 행렬 A, B에 대하여 다음이 성립한다.

(1) A, B가 정칙행렬이면, AB도 정칙행렬이고 $(AB)^{-1} = B^{-1}A^{-1}$ 이다.

(2) 항등행렬 I_n은 정칙행렬이고 $I_n^{-1} = I_n$ 이다.

(3) A가 정칙행렬이면, A^{-1}는 정칙행렬이고 $(A^{-1})^{-1} = A$ 이다.

(4) A가 정칙행렬이면, A^T는 정칙행렬이고 $(A^T)^{-1} = (A^{-1})^T$ 이다.

증 명 (1) 행렬 A, B가 정칙행렬이면, 역행렬 A^{-1}와 B^{-1}가 존재하고

$$(AB)(B^{-1}A^{-1}) = A(BB^{-1})A^{-1} = AI_nA^{-1} = AA^{-1} = I_n,$$

$$(B^{-1}A^{-1})(AB) = B^{-1}(A^{-1}A)B = B^{-1}I_nB = B^{-1}B = I_n$$

이므로 AB 는 정칙행렬이고 $(AB)^{-1} = B^{-1}A^{-1}$ 이다.

(2) 분명히 $I_n I_n = I_n$ 이므로 I_n 은 정칙행렬이고 $I_n{}^{-1} = I_n$ 이다.

(3) 행렬 A 가 정칙행렬이면, $AA^{-1} = A^{-1}A = I_n$ 이므로 정의에 의하여 A^{-1} 는 정칙행렬이고 $(A^{-1})^{-1} = A$ 이다.

(4) 행렬 A 가 정칙행렬이면, $AA^{-1} = A^{-1}A = I_n$ 이므로

$$(AA^{-1})^T = (A^{-1}A)^T = I_n{}^T,\ (A^{-1})^T A^T = A^T (A^{-1})^T = I_n$$

이고 따라서 A^T 는 정칙행렬이고 $(A^T)^{-1} = (A^{-1})^T$ 이다.

보기 2.2.6 실수체 $\mathbb{R}$ 위에서 2 차의 정칙행렬

$$A = \begin{bmatrix} 1 & 2 \\ 0 & 1 \end{bmatrix}, \qquad B = \begin{bmatrix} 1 & 3 \\ 2 & 5 \end{bmatrix}$$

에 대하여 다음이 성립한다.

$$A^{-1} = \begin{bmatrix} 1 & -2 \\ 0 & 1 \end{bmatrix}, \qquad B^{-1} = \begin{bmatrix} -5 & 3 \\ 2 & -1 \end{bmatrix},$$

$$AB = \begin{bmatrix} 5 & 13 \\ 2 & 5 \end{bmatrix}, \qquad (AB)^{-1} = \begin{bmatrix} -5 & 13 \\ 2 & -5 \end{bmatrix} = B^{-1}A^{-1},$$

$$A^T = \begin{bmatrix} 1 & 0 \\ 2 & 1 \end{bmatrix}, \qquad (A^T)^{-1} = \begin{bmatrix} 1 & 0 \\ -2 & 1 \end{bmatrix} = (A^{-1})^T$$

보기 2.2.7 실수체 $\mathbb{R}$ 위에서 다음과 같은 행렬을 생각해 보자.

$$A_\theta = \begin{bmatrix} \cos\theta & -\sin\theta \\ \sin\theta & \cos\theta \end{bmatrix}$$

이 행렬에서 $\cos^2\theta + \sin^2\theta = 1 \neq 0$ 이므로 A_θ 는 정칙행렬이며

$$A_\theta{}^{-1} = \begin{bmatrix} \cos\theta & \sin\theta \\ -\sin\theta & \cos\theta \end{bmatrix} = \begin{bmatrix} \cos(-\theta) & -\sin(-\theta) \\ \sin(-\theta) & \cos(-\theta) \end{bmatrix} = A_{-\theta}$$

이고, 따라서 양의 정수 m 에 대하여 다음이 성립한다(보기 2.2.2).

$$(A_{\theta}^{-1})^{m} = \begin{bmatrix} \cos(-m\theta) & -\sin(-m\theta) \\ \sin(-m\theta) & \cos(-m\theta) \end{bmatrix} = A_{-m\theta}$$

정의 2.2.8 체 F 위의 n 차의 행렬 $A = [a_{ij}]_{n \times n}$ 에서 A 의 주대각선 위의 성분의 합을 A 의 **트레이스**(trace)라 하고 이것을 $\mathrm{tr}\, A$로 나타낸다. 즉,

$$\mathrm{tr}\, A = \sum_{i=1}^{n} a_{ii} = a_{11} + a_{22} + \cdots + a_{nn}$$

정리 2.2.9 체 F 위의 n 차의 행렬 $A = [a_{ij}]_{n \times n}$, $B = [b_{ij}]_{n \times n}$ 와 원소 $a \in F$ 에 대하여 다음이 성립한다.

(1) $\mathrm{tr}\, A^{T} = \mathrm{tr}\, A$

(2) $\mathrm{tr}\,(A+B) = \mathrm{tr}\, A + \mathrm{tr}\, B$, $\quad \mathrm{tr}\,(aA) = a\, \mathrm{tr} A$

(3) $\mathrm{tr}\,(AB) = \mathrm{tr}\,(BA)$

증 명 (1) 전치행렬 A^{T} 의 대각선 위의 원소도 역시 $a_{11}, a_{22}, \cdots, a_{nn}$ 이므로 $\mathrm{tr}\, A^{T} = a_{11} + \cdots + a_{nn} = \mathrm{tr}\, A$ 이다.

(2) 정의에 의하여 다음이 성립한다.

$$\begin{aligned} \mathrm{tr}\,(A+B) &= (a_{11} + b_{11}) + \cdots + (a_{nn} + b_{nn}) \\ &= (a_{11} + \cdots + a_{nn}) + (b_{11} + \cdots + b_{nn}) \\ &= \mathrm{tr}\, A + \mathrm{tr}\, B, \end{aligned}$$

$$\mathrm{tr}\,(aA) = a a_{11} + \cdots + a a_{nn} = a(a_{11} + \cdots + a_{nn}) = a\, \mathrm{tr}\, A$$

(3) 행렬 AB 의 (i, i) 성분과 행렬 BA 의 (i, i) 성분은 각각

$$\sum_{k=1}^{n} a_{ik} b_{ki}, \qquad \sum_{k=1}^{n} b_{ik} a_{ki} \qquad\qquad (1 \le i \le n)$$

이므로

$$\mathrm{tr}\,(AB) = \sum_{i=1}^{n} \Big(\sum_{k=1}^{n} a_{ik} b_{ki} \Big),$$

$$\mathrm{tr}\,(BA) = \sum_{i=1}^{n} \Big(\sum_{k=1}^{n} b_{ik} a_{ki} \Big) = \sum_{i=1}^{n} \Big(\sum_{k=1}^{n} a_{ki} b_{ik} \Big) = \sum_{k=1}^{n} \Big(\sum_{i=1}^{n} a_{ik} b_{ki} \Big)$$

이고 따라서 $\mathrm{tr}(AB) = \mathrm{tr}(BA)$ 이다.

보기 2.2.8 실수체 $\mathbb{R}$ 위의 두 2차의 행렬

$$A = \begin{bmatrix} 1 & 2 \\ 3 & 4 \end{bmatrix}, \qquad B = \begin{bmatrix} -1 & 0 \\ 1 & 2 \end{bmatrix}$$

에 대하여 다음이 성립한다.

$$AB = \begin{bmatrix} 1 & 4 \\ 1 & 8 \end{bmatrix}, \qquad BA = \begin{bmatrix} -1 & -2 \\ 7 & 10 \end{bmatrix}$$

$$\mathrm{tr}\,(AB) = 1 + 8 = 9, \quad \mathrm{tr}\,(BA) = -1 + 10 = 9$$

보기 2.2.9 체 F 위의 정사각행렬 A 가 다음과 같이 분할되어 있다고 하자.

$$A = \begin{bmatrix} A_{11} & A_{12} \\ O_{m\times n} & A_{22} \end{bmatrix}$$

여기서, A_{11} 는 n 차의 행렬, A_{22} 는 m 차의 행렬이고 A_{12} 는 $n\times m$ 행렬이다. 이 때, A 의 역행렬이 존재한다고 가정하고

$$\begin{bmatrix} A_{11} & A_{12} \\ O_{m\times n} & A_{22} \end{bmatrix}\begin{bmatrix} B_{11} & B_{12} \\ B_{21} & B_{22} \end{bmatrix} = \begin{bmatrix} I_n & O_{n\times m} \\ O_{m\times n} & I_m \end{bmatrix}$$

이라고 하면,

$$\begin{aligned} A_{11}B_{11} + A_{12}B_{21} &= I_n, \\ A_{11}B_{12} + A_{12}B_{22} &= O_{n\times m}, \\ A_{22}B_{21} = O_{m\times n}, \quad A_{22}B_{22} &= I_m \end{aligned}$$

이고 따라서 A_{22} 는 정칙행렬이고 다음이 성립한다.

$$B_{22} = A_{22}^{-1}, \quad B_{21} = O_{m\times n} \quad A_{11}B_{11} = I_n, \; B_{11} = A_{11}^{-1}$$

$$A_{11}B_{12} = -A_{12}B_{22} = -A_{12}A_{22}^{-1}, \quad B_{12} = -A_{11}^{-1}A_{12}A_{22}^{-1}$$

역으로, A_{11} 과 A_{22} 가 정칙행렬이면, A 는 정칙행렬이고 A^{-1} 는 다음과 같다.

$$A^{-1} = \begin{bmatrix} A_{11}^{-1} & -A_{11}^{-1}A_{12}A_{22}^{-1} \\ O_{m\times n} & A_{22}^{-1} \end{bmatrix}$$

정의 2.2.10 정사각행렬 $A = [a_{ij}]_{n\times n}$ 에서

$$A^T = A \quad 즉 \quad a_{ji} = a_{ij} \quad (1 \le i, j \le n)$$

일 때 A 를 **대칭행렬**(對稱行列, symmetric matrix)이라고 한다. 또, $A = [a_{ij}]_{n\times n}$ 에서

$$A^T = -A \quad 즉 \quad a_{ji} = -a_{ij} \quad (1 \le i, j \le n)$$

일 때 A 를 **교대행렬**(交代行列, alternating matrix) 이라고 한다.

$$A = \begin{bmatrix} a_{11} & a & \cdots & b \\ a & a_{22} & \cdots & c \\ \vdots & \vdots & \ddots & \vdots \\ b & c & \cdots & a_{nn} \end{bmatrix}$$

특히, 실수체 $\mathbb{R}$ 또는 복소수체 $\mathbb{C}$ 위의 교대행렬은 오른쪽과 같은 꼴이다.

$$A = \begin{bmatrix} 0 & a & \cdots & b \\ -a & 0 & \cdots & c \\ \vdots & \vdots & \ddots & \vdots \\ -b & -c & \cdots & 0 \end{bmatrix}$$

정의 2.2.11 정사각행렬 $A = [a_{ij}]_{n\times n}$ 에서 주대각선 아래에 [위에] 있는 성분이 모두 0 일 때, A 를 **상[하]삼각행렬**(上[下] 三角行列, upper [lower] triangular matrix)이라 하고 또 이러한 행렬을 통틀어 **삼각행렬**이라고 한다.

$$A = \begin{bmatrix} a_{11} & a_{12} & \cdots & a_{1n} \\ 0 & a_{22} & \cdots & a_{2n} \\ \vdots & \vdots & \ddots & \vdots \\ 0 & 0 & \cdots & a_{nn} \end{bmatrix}$$

행렬 $D = [d_{ij}]_{n\times n}$ 에서 주대각선 위의 성분 $d_{11}, d_{22}, \cdots, d_{nn}$ 을 제외한 성분이 모두 0 일 때, D 를 **대각행렬**(對角行列, diagonal matrix)이라 하고 이 행렬을 $D = \mathrm{diag}\{d_{11}, d_{22}, \cdots, d_{nn}\}$ 으로 나타낸다.

특히, $aI_n = \mathrm{diag}\{a, a, \cdots, a\}$ 를 **스칼라 행렬**(scalar matrix)이라고 한다.

연 습 문 제 (2.2)

1. 임의의 실수 a 에 대하여

$$A_a = \begin{bmatrix} 1 & 0 \\ a & 1 \end{bmatrix}$$

이라고 할 때, 실수 a, b 와 양의 정수 m 에 대하여 다음이 성립함을 밝혀라.

$$A_a A_b = A_{a+b}, \quad (A_a)^m = A_{ma}, \quad (A_a{}^T)^m = (A_a{}^m)^T$$

2. 실수체 $\mathbb{R}$ 위의 행렬 A가 다음과 같을 때, 양의 정수 m에 대하여 mA, A^m을 구하여라.

(1) $A = \begin{bmatrix} 0 & 0 & 0 \\ 1 & 0 & 0 \\ 0 & 1 & 0 \end{bmatrix}$ (2) $A = \begin{bmatrix} 0 & 0 & 1 \\ 0 & 1 & 0 \\ 1 & 0 & 0 \end{bmatrix}$

3. 실수체 $\mathbb{R}$ 위의 행렬 A가 다음과 같을 때, 양의 정수 m에 대하여 mA, A^m을 구하여라.

(1) $A = \begin{bmatrix} a & 0 & 0 \\ 0 & b & 0 \\ 0 & 0 & c \end{bmatrix}$ (2) $A = \begin{bmatrix} 0 & 0 & 0 \\ a & 0 & 0 \\ 0 & b & 0 \end{bmatrix}$

4. 실수체 $\mathbb{R}$ 위의 행렬 A가 다음과 같을 때, 양의 정수 m에 대하여 A^m를 구하여라.

$$A = \begin{bmatrix} 1 & 0 \\ a & 1 \end{bmatrix}$$

5. 체 F 위에서 다음 행렬이 정칙행렬이기 위한 필요충분조건을 구하고 또 이 행렬이 정칙행렬인 경우에 그 역행렬을 구하여라.

(1) $A = \begin{bmatrix} a & 0 & 0 \\ 0 & b & 0 \\ 0 & 0 & c \end{bmatrix}$ (2) $A = \begin{bmatrix} 0 & 0 & a \\ 0 & b & 0 \\ c & 0 & 0 \end{bmatrix}$

6. 체 F 위의 정사각행렬 A에서 한 행 또는 한 열의 성분이 모두 0이면, A는 정칙행렬이 아니다. 다음 행렬을 이용하여 이 사실을 증명하여라.

(1) $A = \begin{bmatrix} a_{11} & a_{12} & \cdots & a_{1n} \\ a_{21} & a_{22} & \cdots & a_{2n} \\ \vdots & \vdots & \cdots & \vdots \\ 0 & 0 & \cdots & 0 \end{bmatrix}$ (2) $A = \begin{bmatrix} 0 & a_{12} & \cdots & a_{1n} \\ 0 & a_{22} & \cdots & a_{2n} \\ \vdots & \vdots & \cdots & \vdots \\ 0 & a_{n2} & \cdots & a_{nn} \end{bmatrix}$

7. 실수체 $\mathbb{R}$ 위의 다음 행렬이 정칙행렬이기 위한 필요충분조건을 구하고, 또 정칙행렬인 경우에 그 역행렬을 구하여라.

(1) $A = \begin{bmatrix} 1 & 0 & 0 \\ a & 1 & 0 \\ 0 & a & 1 \end{bmatrix}$ (2) $A = \begin{bmatrix} a & 1 & 0 \\ 0 & a & 1 \\ 0 & 0 & a \end{bmatrix}$

8. 체 F 위의 n차의 대각행렬 $D = \text{diag}\{d_1, d_2, \cdots, d_n\}$가 정칙행렬이기 위한 필요충분조건을 구하고, 또 D가 정칙행렬인 경우에 그 역행렬을 구하여라.

9. 체 F 위의 n차의 행렬 A가 정칙행렬일 때 다음이 성립함을 밝혀라.

(1) 체 F 위의 $n \times r$ 행렬 [$r \times m$ 행렬] B, C에 대하여

$$AB = AC \Longrightarrow B = C \qquad [BA = CA \Longrightarrow B = C]$$

(2) 체 F 위의 $n \times r$ 행렬 [$r \times m$ 행렬] X, B에 대하여

$$AX = B \Longrightarrow X = A^{-1}B \qquad [XA = B \Longrightarrow X = BA^{-1}]$$

(3) 체 F 위의 n차의 행렬 X에 대하여

$$AX = A \Longrightarrow X = I_n \qquad [XA = A \Longrightarrow X = I_n]$$

10. 실수체 $\mathbb{R}$ 또는 복소수체 $\mathbb{C}$ 위의 n차의 행렬 A는 단 한 가지 방법으로

$$A = B + C \quad (B\text{는 대칭행렬, } C\text{는 교대행렬})$$

와 같은 꼴로 나타내어짐을 밝혀라.

11. 체 F 위의 n차의 행렬 A가 정칙행렬일 때, 다음이 성립함을 밝혀라.

(1) A가 대칭행렬이면, A^{-1}도 대칭행렬이다.

(2) A가 교대행렬이면, A^{-1}도 교대행렬이다.

12. 체 F 위의 임의의 n차의 행렬 A, B에 대하여 $2n$차의 행렬

$$X = \begin{bmatrix} I_n & O_n \\ A & I_n \end{bmatrix}, \qquad Y = \begin{bmatrix} A & O_n \\ O_n & B \end{bmatrix}$$

에서 X, Y가 정칙행렬일 때, 그 역행렬을 구하여라.

13. 체 F 위에서 n차의 행렬 B_{11}이 정칙행렬일 때, 다음 등식을 만족시키는 n차의 행렬 X, Y, D_{22}를 $B_{11}, \cdots, B_{32}$에 관한 식으로 나타내어라.

$$\begin{bmatrix} I_n & O_n & O_n \\ X & I_n & O_n \\ Y & O_n & I_n \end{bmatrix} \begin{bmatrix} B_{11} & B_{12} \\ B_{21} & B_{22} \\ B_{31} & B_{32} \end{bmatrix} = \begin{bmatrix} D_{11} & D_{12} \\ O_n & D_{22} \\ O_n & D_{32} \end{bmatrix}$$

§2.3 행렬의 기본변형

이 절에서는, 행렬의 행과 열에 대한 변형에 대하여 논한다.

정의 2.3.1 체 F 위의 $m\times n$ 행렬 $A=[a_{ij}]_{m\times n}$에 대하여 행 [열] 에 관한 다음과 같은 변형을 **기본 행 [열] 변형**(基本 行[列] 變形, elementary row [column] operation)이라 하고, 또 이러한 변형을 통틀어 **기본변형**(基本變形)이라고 한다. 여기서, $i\neq j$, $a\in F$, $a\neq 0$ 이다.

제 I 변형 : A 의 제 i 행과 제 j 행[제 i 열과 제 j 열]을 서로 맞바꾼다.

제 II 변형 : A 의 제 i 행 [제 i 열]을 서로 a 배 한다.

제 III 변형 : A 의 제 i 행 [제 j 열]에 제 j 행 [제 i 열]의 a 배를 더한다.

그리고, 다음과 같이 n 차의 항등행렬 I_n 에 기본 행 변형 I, II, III 를 시행하여 얻은 행렬을 n 차의 **기본행렬**(基本行列, elementary matrix)이라고 한다.

$$C_{ij}=\begin{bmatrix} 1 & \cdots & 0 & \cdots & 0 & \cdots & 0 \\ \vdots & & \vdots & & \vdots & & \vdots \\ 0 & \cdots & 0 & \cdots & 1 & \cdots & 0 \\ \vdots & & \vdots & & \vdots & & \vdots \\ 0 & \cdots & 1 & \cdots & 0 & \cdots & 0 \\ \vdots & & \vdots & & \vdots & & \vdots \\ 0 & \cdots & 0 & \cdots & 0 & \cdots & 1 \end{bmatrix}\begin{matrix} \\ \\ i \\ \\ j \\ \\ \\ \end{matrix}$$

$$D_{ii}(a)=\begin{bmatrix} 1 & \cdots & 0 & \cdots & 0 & \cdots & 0 \\ \vdots & & \vdots & & \vdots & & \vdots \\ 0 & \cdots & a & \cdots & 0 & \cdots & 0 \\ \vdots & & \vdots & & \vdots & & \vdots \\ 0 & \cdots & 0 & \cdots & 1 & \cdots & 0 \\ \vdots & & \vdots & & \vdots & & \vdots \\ 0 & \cdots & 0 & \cdots & 0 & \cdots & 1 \end{bmatrix}\begin{matrix} \\ \\ i \\ \\ \\ \\ \\ \end{matrix}$$

$$E_{ij}(a)=\begin{bmatrix} 1 & \cdots & 0 & \cdots & 0 & \cdots & 0 \\ \vdots & & \vdots & & \vdots & & \vdots \\ 0 & \cdots & 1 & \cdots & a & \cdots & 0 \\ \vdots & & \vdots & & \vdots & & \vdots \\ 0 & \cdots & 0 & \cdots & 1 & \cdots & 0 \\ \vdots & & \vdots & & \vdots & & \vdots \\ 0 & \cdots & 0 & \cdots & 0 & \cdots & 1 \end{bmatrix}\begin{matrix} \\ \\ i \\ \\ j \\ \\ \\ \end{matrix}$$

보기 2.3.1 집합 $\mathrm{Mat}_2(F)$ 에서 다음 등식이 성립한다($a \neq 0,\ b \neq 0$).

$$C_{12} = \begin{bmatrix} 0 & 1 \\ 1 & 0 \end{bmatrix} = C_{21}, \quad C_{12}{}^T = \begin{bmatrix} 0 & 1 \\ 1 & 0 \end{bmatrix} = C_{12}{}^{-1} = C_{12},$$

$$D_{22}(a) = \begin{bmatrix} 1 & 0 \\ 0 & a \end{bmatrix}, \quad D_{22}{}^T = \begin{bmatrix} 1 & 0 \\ 0 & a \end{bmatrix} = D_{22}(a),$$

$$D_{22}(a)^{-1} = \begin{bmatrix} 1 & 0 \\ 0 & a^{-1} \end{bmatrix} = D_{22}(a^{-1}),$$

$$E_{12}(a) = \begin{bmatrix} 1 & a \\ 0 & 1 \end{bmatrix}, \quad E_{12}(a)^T = \begin{bmatrix} 1 & 0 \\ a & 1 \end{bmatrix} = E_{21}(a),$$

$$E_{12}(a)^{-1} = \begin{bmatrix} 1 & -a \\ 0 & 1 \end{bmatrix} = E_{12}(-a)$$

보기 2.3.2 집합 $\mathrm{Mat}_3(F)$ 에서 다음 등식이 성립한다($a \neq 0,\ b \neq 0$).

$$C_{12} = \begin{bmatrix} 0 & 1 & 0 \\ 1 & 0 & 0 \\ 0 & 0 & 1 \end{bmatrix} = C_{21}, \quad C_{12}{}^T = \begin{bmatrix} 0 & 1 & 0 \\ 1 & 0 & 0 \\ 0 & 0 & 1 \end{bmatrix} = C_{12}{}^{-1} = C_{12},$$

$$D_{33}(a) = \begin{bmatrix} 1 & 0 & 0 \\ 0 & 1 & 0 \\ 0 & 0 & a \end{bmatrix}, \quad D_{33}(a)^T = \begin{bmatrix} 1 & 0 & 0 \\ 0 & 1 & 0 \\ 0 & 0 & a \end{bmatrix} = D_{33}(a),$$

$$D_{33}(a)^{-1} = \begin{bmatrix} 1 & 0 & 0 \\ 0 & 1 & 0 \\ 0 & 0 & a^{-1} \end{bmatrix} = D_{33}(a^{-1}),$$

$$E_{21}(a) = \begin{bmatrix} 1 & 0 & 0 \\ a & 1 & 0 \\ 0 & 0 & 1 \end{bmatrix}, \quad E_{21}(a)^T = \begin{bmatrix} 1 & a & 0 \\ 0 & 1 & 0 \\ 0 & 0 & 1 \end{bmatrix} = E_{12}(a),$$

$$E_{21}(a)^{-1} = \begin{bmatrix} 1 & 0 & 0 \\ -a & 1 & 0 \\ 0 & 0 & 1 \end{bmatrix} = E_{21}(-a)$$

위의 두 보기에서 본 바와 같이, 다음 정리가 성립함을 쉽게 알 수 있다.

정리 2.3.2 체 F 위의 n차의 행렬 E가 기본행렬이면, E는 정칙행렬이고 또 E^T와 E^{-1}도 또한 E와 동일한 유형의 기본행렬이다. 즉,

$$C_{ij}{}^T = C_{ji} = C_{ij}, \qquad C_{ij}{}^{-1} = C_{ji} = C_{ij},$$
$$D_{ii}(a)^T = D_{ii}(a), \qquad D_{ii}(a)^{-1} = D_{ii}(a^{-1}),$$
$$E_{ij}(a)^T = E_{ji}(a), \qquad E_{ij}(a)^{-1} = E_{ij}(-a)$$

보기 2.3.3 체 F 위에서 다음이 성립한다($a \neq 0$, $b \neq 0$).

(1) $$C_{23}\begin{bmatrix} x_1 & y_1 \\ x_2 & y_2 \\ x_3 & y_3 \end{bmatrix} = \begin{bmatrix} 1 & 0 & 0 \\ 0 & 0 & 1 \\ 0 & 1 & 0 \end{bmatrix}\begin{bmatrix} x_1 & y_1 \\ x_2 & y_2 \\ x_3 & y_3 \end{bmatrix} = \begin{bmatrix} x_1 & y_1 \\ x_3 & y_3 \\ x_2 & y_2 \end{bmatrix},$$

$$\begin{bmatrix} x_1 & x_2 & x_3 \\ y_1 & y_2 & y_3 \end{bmatrix} C_{23} = \begin{bmatrix} x_1 & x_3 & x_2 \\ y_1 & y_3 & y_2 \end{bmatrix}$$

(2) $$D_{22}(a)\begin{bmatrix} x_1 \\ x_2 \\ x_3 \end{bmatrix} = \begin{bmatrix} 1 & 0 & 0 \\ 0 & a & 0 \\ 0 & 0 & 1 \end{bmatrix}\begin{bmatrix} x_1 \\ x_2 \\ x_3 \end{bmatrix} = \begin{bmatrix} x_1 \\ ax_2 \\ x_3 \end{bmatrix},$$

$$\begin{bmatrix} x_1 & x_2 & x_3 \\ y_1 & y_2 & y_3 \end{bmatrix} D_{22}(a) = \begin{bmatrix} x_1 & ax_2 & x_3 \\ y_1 & ay_2 & y_3 \end{bmatrix}$$

(3) $$E_{23}(b)\begin{bmatrix} x_1 \\ x_2 \\ x_3 \end{bmatrix} = \begin{bmatrix} 1 & 0 & 0 \\ 0 & 1 & b \\ 0 & 0 & 1 \end{bmatrix}\begin{bmatrix} x_1 \\ x_2 \\ x_3 \end{bmatrix} = \begin{bmatrix} x_1 \\ x_2 + bx_3 \\ x_3 \end{bmatrix},$$

$$\begin{bmatrix} x_1 & x_2 & x_3 \\ y_1 & y_2 & y_3 \end{bmatrix} E_{23}(b) = \begin{bmatrix} x_1 & x_2 & x_3 + bx_2 \\ y_1 & y_2 & y_3 + by_2 \end{bmatrix}$$

위에서와 같이 체 F 위의 $m \times n$ 행렬 $A = [a_{ij}]_{m \times n}$에 기본 행 [열] 변형 I, II, III를 한 번 시행할 때, 이들 기본변형에 대응하는 m차의 [n차의] 기본행렬을 각각 C_{ij}, $D_{ii}(a)$, $E_{ij}(b)$ 라고 하면, A는 각각

$$C_{ij}A, \ D_{ii}(a)A. \ E_{ij}(b)A \quad [AC_{ij}, \ AD_{ii}(a), \ AE_{ij}(b)]$$

으로 변형된다. 이 사실로부터 다음 정리가 성립함을 알 수 있다.

정리 2.3.3 체 F 위의 $m\times n$ 행렬 A 에 기본 행 [열] 변형을 유한 번 시행하여 얻은 행렬을 B 라고 할 때, 이러한 기본변형에 대응하는 m 차의 [n 차의] 기본행렬을 차례로 E_1, E_2, $\cdots$, E_s 라고 하면

$$B = E_s \cdots E_2 E_1 A \qquad [\, B = A E_1 E_2 \cdots E_s \,]$$

이고 또 행렬 $P = E_s \cdots E_2 E_1$ [$Q = E_1 E_2 \cdots E_s$] 는 정칙행렬이다.

보기 2.3.4 다음은 실수체 $\mathbb{R}$ 위의 행렬 A 에 기본 행 변형을 유한 번 시행하여 행렬 B 를 얻는 과정을 보여 주고 있다.

$$A = \begin{bmatrix} 2 & 6 & 16 \\ 3 & 8 & 22 \end{bmatrix} \longrightarrow \begin{bmatrix} 2 & 6 & 16 \\ 1 & 2 & 6 \end{bmatrix} \longrightarrow \begin{bmatrix} 1 & 2 & 6 \\ 2 & 6 & 16 \end{bmatrix}$$

$$\longrightarrow \begin{bmatrix} 1 & 2 & 6 \\ 0 & 2 & 4 \end{bmatrix} \longrightarrow \begin{bmatrix} 1 & 2 & 6 \\ 0 & 1 & 2 \end{bmatrix} \longrightarrow \begin{bmatrix} 1 & 0 & 2 \\ 0 & 1 & 2 \end{bmatrix} = B$$

$$B = E_{12}(-2)\, D_{22}(2^{-1})\, E_{21}(-2)\, C_{12} E_{21}(-1)\, A$$

정의 2.3.4 다음 두 조건 (i), (ii) 를 만족시키는 행렬을 **행 사다리꼴 행렬**(matrix in row-echelon form)이라 하고, 세 조건 (i), (ii), (iii) 를 만족시키는 행렬을 **기약**(旣約) **행 사다리꼴 행렬**(matrix in reduced row-echelon form)이라고 한다. 또, 영행렬도 기약 행 사다리꼴 행렬이라고 생각하기로 한다.

(i) 행 중에서 0 만으로 이루어진 행은 아래쪽에 놓여 있다.

(ii) 각 행에서 선두성분(leading component) 즉 처음으로 0 이 아닌 성분은 1 이고, 이러한 1 은 행의 번호가 커질수록 오른쪽으로 더 치우쳐 놓여 있다.

(iii) 각 행의 선두성분 1 을 포함하는 열의 나머지 성분은 모두 0 이다.

보기 2.3.5 다음 행렬은 모두 행 사다리꼴 행렬이고, 또 마지막 행렬을 제외한 행렬은 모두 기약 행 사다리꼴 행렬이다.

$$\begin{bmatrix} \mathbf{1} & \mathbf{0} & 2 \\ 0 & \mathbf{1} & 3 \end{bmatrix} \qquad \begin{bmatrix} \mathbf{1} & 2 & \mathbf{0} & 0 & 3 \\ 0 & 0 & \mathbf{1} & 0 & 4 \end{bmatrix} \qquad \begin{bmatrix} 0 & \mathbf{1} & \mathbf{0} & 2 & 3 \\ 0 & 0 & \mathbf{1} & 0 & 4 \end{bmatrix}$$

$$\begin{bmatrix} \mathbf{1} & \mathbf{0} & 4 \\ 0 & \mathbf{1} & 2 \\ 0 & 0 & 0 \end{bmatrix} \qquad \begin{bmatrix} \mathbf{1} & 2 & \mathbf{0} & 4 & 3 \\ 0 & 0 & \mathbf{1} & 0 & 3 \\ 0 & 0 & 0 & 0 & 0 \end{bmatrix} \qquad \begin{bmatrix} \mathbf{1} & \mathbf{0} & 2 & \mathbf{3} \\ 0 & \mathbf{1} & 4 & \mathbf{5} \\ 0 & 0 & 0 & \mathbf{1} \end{bmatrix}$$

체 F 위의 행렬 A에 기본 행 변형을 유한 번 시행하여 기약 행 사다리꼴 행렬 A'으로 변형시키는 방법은 여러 가지가 있으나, 이러한 방법에 관계없이 A'은 유일하게 결정된다(증명 생략).

보기 2.3.6 다음은 실수체 $\mathbb{R}$ 위의 행렬 A에 적당한 기본 행 변형을 시행하여 A를 기약 행 사다리꼴 행렬 A'으로 변형시키는 과정을 보여 준다.

$$A = \begin{bmatrix} 1 & 3 & -2 & 0 \\ 2 & 6 & -3 & 4 \\ 3 & 9 & -4 & 8 \end{bmatrix} \longrightarrow \begin{bmatrix} 1 & 3 & -2 & 0 \\ \mathbf{0} & \mathbf{0} & 1 & 4 \\ 3 & 9 & -4 & 8 \end{bmatrix} \longrightarrow \begin{bmatrix} 1 & 3 & -2 & 0 \\ \mathbf{0} & \mathbf{0} & 1 & 4 \\ \mathbf{0} & \mathbf{0} & 2 & 8 \end{bmatrix}$$

$$\longrightarrow \begin{bmatrix} 1 & 3 & -2 & 0 \\ \mathbf{0} & \mathbf{0} & 1 & 4 \\ \mathbf{0} & \mathbf{0} & \mathbf{0} & \mathbf{0} \end{bmatrix} \longrightarrow \begin{bmatrix} 1 & 3 & \mathbf{0} & 8 \\ \mathbf{0} & \mathbf{0} & 1 & 4 \\ \mathbf{0} & \mathbf{0} & \mathbf{0} & \mathbf{0} \end{bmatrix} = A'$$

정리 2.3.3 에 의하여 다음 정리가 성립한다.

정리 2.3.5 체 F 위의 $m \times n$ 행렬 A에 기본 행 변형을 유한 번 시행하여 얻은 기약 행 사다리꼴 행렬을 A' 이라고 할 때, 이들 기본 행 변형에 대응하는 m 차의 기본행렬을 차례로 $E_1, E_2, \cdots, E_s$ 라고 하면

$$A' = E_s \cdots E_2 E_1 A$$

이고 또 $P = E_s \cdots E_2 E_1$ 는 정칙행렬이다.

위의 정리에서 $m \times n$ 행렬 A와 m 차의 항등행렬 I_m은 각각 다음과 같이 변형된다.

$$A \longrightarrow E_1 A \longrightarrow E_2 E_1 A \longrightarrow \cdots \longrightarrow E_s \cdots E_2 E_1 A = A'$$

$$I_m \longrightarrow E_1 \longrightarrow E_2 E_1 \longrightarrow \cdots \longrightarrow E_s \cdots E_2 E_1 = P$$

위의 두 변형을 덧붙인 행렬을 써서 하나로 나타내면, 덧붙인 행렬

$$[A \mid I_m]$$

은 다음과 같은 덧붙인 행렬로 변형된다(정의 2.1.7 참조).

$$[A \mid I_m] \longrightarrow [E_1 A \mid E_1] \longrightarrow [E_2 E_1 A \mid E_2 E_1] \longrightarrow \cdots \longrightarrow [A' \mid P]$$

여기서 $A' = PA$ 이고, 이러한 정칙행렬 P는 여러 개 존재할 수 있다.

보기 2.3.7 실수체 $\mathbb{R}$ 위에서 다음과 같은 행렬을 생각해 보자.

$$A = \begin{bmatrix} 1 & 3 & 2 & 0 \\ 2 & 6 & 5 & 4 \\ 3 & 9 & 8 & 8 \end{bmatrix}$$

덧붙인 행렬 $[A \mid I_3]$는 기본 행 변형에 의하여 다음과 같이 변형된다.

$$[A \mid I_3] = \left[\begin{array}{cccc|ccc} 1 & 3 & 2 & 0 & 1 & 0 & 0 \\ 2 & 6 & 5 & 4 & 0 & 1 & 0 \\ 3 & 9 & 8 & 8 & 0 & 0 & 1 \end{array}\right] \longrightarrow \left[\begin{array}{cccc|ccc} 1 & 3 & 2 & 0 & 1 & 0 & 0 \\ 0 & 0 & 1 & 4 & -2 & 1 & 0 \\ 0 & 0 & 2 & 8 & -3 & 0 & 1 \end{array}\right]$$

$$\longrightarrow \left[\begin{array}{cccc|ccc} 1 & 3 & 0 & -8 & 5 & -2 & 0 \\ 0 & 0 & 1 & 4 & -2 & 1 & 0 \\ 0 & 0 & 0 & 0 & 1 & -2 & 1 \end{array}\right] = [A' \mid P]$$

한편, $[A' \mid P]$의 제 1 행에서 제 3 행을 빼면 다음과 같이 변형된다.

$$[A' \mid P] \longrightarrow \left[\begin{array}{cccc|ccc} 1 & 3 & 0 & -8 & 4 & 0 & -1 \\ 0 & 0 & 1 & 4 & -2 & 1 & 0 \\ 0 & 0 & 0 & 0 & 1 & -2 & 1 \end{array}\right] = [A' \mid Q]$$

여기서, $A' = PA = QA$ 이고 P와 Q는 정칙행렬이다.

$$A' = \begin{bmatrix} 1 & 3 & 0 & -8 \\ 0 & 0 & 1 & 4 \\ 0 & 0 & 0 & 0 \end{bmatrix},\ P = \begin{bmatrix} 5 & -2 & 0 \\ -2 & 1 & 0 \\ 1 & -2 & 1 \end{bmatrix},\ Q = \begin{bmatrix} 6 & 0 & 1 \\ -2 & 1 & 0 \\ 1 & -2 & 1 \end{bmatrix}$$

정의 2.3.6 체 F 위의 $m \times n$ 행렬 $A\ (\neq O_{m\times n})$에 기본 행 변형을 유한 번 시행하여 얻은 기약 행 사다리꼴 행렬 A' 에서 선두성분 1 이 들어 있는 행의 개수를 A 의 **계급수**(階級數, rank) 라 하고 이것을 $r(A)$ 로 나타낸다.

$$A' = \begin{bmatrix} 1 & * & 0 & * & \cdots & * & 0 & * & \cdots & * \\ 0 & 0 & 1 & * & \cdots & * & 0 & * & \cdots & * \\ \vdots & & & \vdots & & \vdots & \vdots & \vdots & & \vdots \\ 0 & 0 & 0 & 0 & \cdots & 0 & 1 & * & \cdots & * \\ 0 & 0 & 0 & 0 & \cdots & 0 & 0 & 0 & \cdots & 0 \\ \vdots & & & \vdots & & \vdots & \vdots & \vdots & & \vdots \\ 0 & 0 & 0 & 0 & \cdots & 0 & 0 & 0 & \cdots & 0 \end{bmatrix} r$$

$r(A) = r(A') = (A'$ 에서 선두 성분 1 이 들어 있는 행의 개수$)$
$\quad = (A'$ 에서 선두 성분 1 이 들어 있는 열의 개수$)$

$0 \leq r(A) \leq m, \quad 0 \leq r(A) \leq n$

그리고, 영행렬의 계급수는 0 으로 정한다.

정리 2.3.7 체 F 위의 n차의 행렬 $A = [a_{ij}]_{n\times n}$에 기본 행 변형을 유한 번 시행하여 얻은 기약 행 사다리꼴 행렬을 A'이라고 할 때, 다음 네 조건은 서로 동치이다.

(1) A는 정칙행렬이다.

(2) $A' = I_n$

(3) $r(A) = n$

(4) A는 유한 개의 기본행렬의 곱으로 나타내어진다.

증 명 정리 2.3.5에 의하면, 적당한 n차의 기본행렬 $E_1, E_2, \cdots, E_s$에 대하여 $A' = E_s \cdots E_2 E_1 A$이고 이때 $P = E_s \cdots E_2 E_1$는 정칙행렬이다.

(1) $\Longrightarrow$ (2) 행렬 A가 정칙행렬이면, $A' = PA$는 정칙행렬이고(정리 2.2.7) 따라서 A'에는 0만으로 이루어진 행은 없으므로 $A' = I_n$이다(문제 2.2.6).

(2) $\Longleftrightarrow$ (3) 위의 행렬에서 보는 바와 같이 $A' = I_n$일 때 그리고 이때에만 $r(A) = r(A') = n$이다.

(2) $\Longrightarrow$ (4) 조건 (2)가 성립하면, $E_s \cdots E_2 E_1 A = A' = I_n$이므로

$$A = (E_s \cdots E_2 E_1)^{-1} = E_1^{-1} E_2^{-1} \cdots E_s^{-1}$$

이고 또 $E_1^{-1}, E_2^{-1}, \cdots, E_s^{-1}$는 기본행렬이다(정리 2.2.7, 정리 2.3.2).

(4) $\Longrightarrow$ (1) 기본행렬 $E_1, E_2, \cdots, E_s$에 대하여 $A = E_1 E_2 \cdots E_s$일 때, 기본행렬 $E_1, E_2, \cdots, E_s$는 모두 정칙행렬이므로 A는 정칙행렬이다(정리 2.3.2, 정리 2.2.7).

체 F 위의 n차의 행렬 A에 적당한 기본 행 변형을 유한 번 시행하여 얻은 기약 행 사다리꼴 행렬이 A'일 때, 이러한 기본 행 변형에 대응하는 기본행렬을 차례로 $E_1, E_2, \cdots, E_s$라고 하면 A와 항등행렬 I_n의 덧붙인 행렬 $[A \mid I_n]$은 이러한 변형에 의하여

$$[A \mid I_n] \longrightarrow [E_1 A \mid E_1] \longrightarrow [E_2 E_1 A \mid E_1] \longrightarrow \cdots \longrightarrow [A' \mid P]$$

로 변형되고 또 정리 2.3.7에 의하여 A가 정칙행렬일 때 그리고 이때에만 $A' = I_n$이다. 그리고, A가 정칙행렬이면, $PA = A' = I_n$, $P = A^{-1}$

이고 따라서 덧붙인 행렬 $[A \mid I_n]$ 은 다음과 같이 변형된다.

$$[A \mid I_n] \longrightarrow [E_1 A \mid E_1] \longrightarrow [E_2 E_1 A \mid E_1] \longrightarrow \cdots \longrightarrow [I_n \mid A^{-1}]$$

특히, n 차의 행렬 A 가 정칙행렬이면, $n \times m$ 행렬 B 에 대하여 $[A \mid B]$ 는

$$[A \mid B] \longrightarrow [E_1 A \mid E_1 B] \longrightarrow \cdots \longrightarrow [I_n \mid A^{-1}B]$$

로 변형되고, 등식 $AX = B$ 를 만족시키는 행렬 X 는 $X = A^{-1}B$ 이므로 덧붙인 행렬 $[A \mid B]$ 에 기본 행 변형을 시행하여 X 를 구할 수 있다.

보기 2.3.8 실수체 $\mathbb{R}$ 위에서 다음 두 행렬을 생각해 보자.

$$A = \begin{bmatrix} 1 & 2 & 1 \\ 2 & 5 & 1 \\ 2 & 4 & 1 \end{bmatrix}$$

덧붙인 행렬 $[A \mid I_3]$ 는 다음과 같이 변형된다.

$$[A \mid I_3] = \left[\begin{array}{ccc|ccc} 1 & 2 & 1 & 1 & 0 & 0 \\ 2 & 5 & 1 & 0 & 1 & 0 \\ 2 & 4 & 1 & 0 & 0 & 1 \end{array}\right] \longrightarrow \left[\begin{array}{ccc|ccc} 1 & 2 & 1 & 1 & 0 & 0 \\ 0 & 1 & -1 & -2 & 1 & 0 \\ 0 & 0 & -1 & -2 & 0 & 1 \end{array}\right]$$

$$\longrightarrow \left[\begin{array}{ccc|ccc} 1 & 2 & 1 & 1 & 0 & 0 \\ 0 & 1 & -1 & -2 & 1 & 0 \\ 0 & 0 & 1 & 2 & 0 & -1 \end{array}\right] \longrightarrow \left[\begin{array}{ccc|ccc} 1 & 2 & 0 & -1 & 0 & 1 \\ 0 & 1 & 0 & 0 & 1 & -1 \\ 0 & 0 & 1 & 2 & 0 & -1 \end{array}\right]$$

$$\longrightarrow \left[\begin{array}{ccc|ccc} 1 & 0 & 0 & -1 & -2 & 3 \\ 0 & 1 & 0 & 0 & 1 & -1 \\ 0 & 0 & 1 & 2 & 0 & -1 \end{array}\right] = [I_3 \mid A^{-1}]$$

따라서 A 는 정칙행렬이고 A^{-1} 는 다음과 같다.

$$A^{-1} = \begin{bmatrix} -1 & -2 & 3 \\ 0 & 1 & -1 \\ 2 & 0 & -1 \end{bmatrix}$$

보기 2.3.9 실수체 $\mathbb{R}$ 위에서 다음 두 행렬

$$A = \begin{bmatrix} 1 & 2 & 1 \\ 2 & 5 & 1 \\ 2 & 4 & 1 \end{bmatrix}, \qquad B = \begin{bmatrix} 2 & -1 \\ 1 & 3 \\ 0 & 2 \end{bmatrix}$$

에 대하여 $AX = B$ 인 행렬 X 를 구할 수 있는지 알아보자.

덧붙인 행렬 $[A \mid B]$ 에 기본 행 변형을 시행하면 다음과 같이 변형된다.

$$[A \mid B] = \left[\begin{array}{ccc|cc} 1 & 2 & 1 & 2 & -1 \\ 2 & 5 & 1 & 1 & 3 \\ 2 & 4 & 1 & 0 & 2 \end{array}\right] \longrightarrow \left[\begin{array}{ccc|cc} 1 & 2 & 1 & 2 & -1 \\ 0 & 1 & -1 & -3 & 5 \\ 0 & 0 & -1 & -4 & 4 \end{array}\right]$$

$$\longrightarrow \left[\begin{array}{ccc|cc} 1 & 2 & 1 & 2 & -1 \\ 0 & 1 & -1 & -3 & 5 \\ 0 & 0 & 1 & 4 & -4 \end{array}\right] \longrightarrow \left[\begin{array}{ccc|cc} 1 & 2 & 0 & -2 & 3 \\ 0 & 1 & 0 & 1 & 1 \\ 0 & 0 & 1 & 4 & -4 \end{array}\right]$$

$$\longrightarrow \left[\begin{array}{ccc|cc} 1 & 0 & 0 & -4 & 1 \\ 0 & 1 & 0 & 1 & 1 \\ 0 & 0 & 1 & 4 & -4 \end{array}\right] = [I_3 \mid A^{-1}B]$$

따라서 A 는 정칙행렬이고 $AX = B$ 인 행렬 X 는 다음과 같다.

$$X = A^{-1}B = \begin{bmatrix} -4 & 1 \\ 1 & 1 \\ 4 & -4 \end{bmatrix}$$

보기 2.3.10 실수체 $\mathbb{R}$ 위에서 다음과 같은 행렬을 생각해 보자.

$$A = \begin{bmatrix} 1 & 4 & 6 \\ 2 & -1 & 4 \\ 1 & 4 & 6 \end{bmatrix}$$

덧붙인 행렬 $[A \mid I_3]$ 는 기본 행 변형에 의하여 오른쪽 행렬과 같이 변형되므로 A 는 정칙행렬이 아니다.

$$\left[\begin{array}{ccc|ccc} 1 & 4 & 6 & 1 & 0 & 0 \\ 0 & -9 & -8 & -2 & 1 & 0 \\ 0 & 0 & 0 & -1 & 0 & 1 \end{array}\right]$$

체 F 위의 2 차의 행렬에 대해서는 [해설 2] 를 참조하기 바란다.

연 습 문 제 (2.3)

1. 다음 기호를 $\mathrm{Mat}_4(\mathbb{R})$ 의 행렬로 나타내고 그 역행렬을 기호로 나타내어라.

   (1) C_{24} (2) $D_{33}(5)$ (3) $E_{14}(2)$ (4) $E_{41}(2)$

2. 실수체 $\mathbb{R}$ 위에서 다음 행렬 A 에 유한 번의 기본 행 변형을 시행하여 A 를 기약 행 사다리꼴 행렬 A' 으로 변형하고 $A' = PA$ 인 정칙행렬 P 를 구하여라.

   (1) $A = \begin{bmatrix} 2 & -1 & 1 \\ 1 & 2 & 3 \end{bmatrix}$ (2) $A = \begin{bmatrix} 1 & 1 \\ 2 & 2 \end{bmatrix}$

3. 실수체 $\mathbb{R}$ 위에서 다음 행렬 A에 유한 번의 기본 행 변형을 시행하여 A를 기약 행 사다리꼴 행렬 A'으로 변형하고 $A' = PA$인 정칙행렬 P를 구하여라.

(1) $A = \begin{bmatrix} 1 & 4 & 1 & 3 \\ 2 & 8 & 3 & 5 \\ 1 & 4 & 2 & 7 \end{bmatrix}$ (2) $A = \begin{bmatrix} 1 & 2 & 4 & 3 \\ 2 & 4 & 3 & 5 \\ 3 & 4 & 2 & 0 \\ 1 & 3 & 0 & 2 \end{bmatrix}$

4. 실수체 $\mathbb{R}$ 위에서 다음 정칙행렬을 기본행렬의 곱으로 나타내어라.

(1) $A = \begin{bmatrix} 0 & 3 \\ 5 & 10 \end{bmatrix}$ (2) $A = \begin{bmatrix} 2 & 1 \\ 3 & 2 \end{bmatrix}$

5. 실수체 $\mathbb{R}$ 위에서 다음 정칙행렬을 기본행렬의 곱으로 나타내어라.

(1) $A = \begin{bmatrix} 0 & 1 & 0 \\ 0 & 0 & 2 \\ 3 & 0 & 0 \end{bmatrix}$ (2) $A = \begin{bmatrix} 2 & 1 & 1 \\ 0 & 1 & 1 \\ 1 & 0 & 1 \end{bmatrix}$

6. 실수체 $\mathbb{R}$ 위에서 다음 행렬 A의 역행렬 A^{-1}가 존재하는 경우에 행렬 A에 기본 행 변형을 시행하여 A^{-1}를 구하여라.

(1) $A = \begin{bmatrix} 1 & 0 & 0 \\ 2 & 1 & 0 \\ 3 & 2 & 1 \end{bmatrix}$ (2) $A = \begin{bmatrix} 0 & 2 & 0 \\ 0 & 1 & 0 \\ 1 & 0 & 0 \end{bmatrix}$

7. 실수체 $\mathbb{R}$ 위에서 다음 행렬 A가 정칙행렬인 경우에 행렬 A에 기본 행 변형을 시행하여 A^{-1}를 구하여라.

(1) $A = \begin{bmatrix} 2 & 1 & 2 \\ 4 & 0 & 1 \\ 2 & 3 & 4 \end{bmatrix}$ (2) $A = \begin{bmatrix} 6 & 2 & 3 \\ 1 & 1 & 0 \\ 8 & 4 & 3 \end{bmatrix}$

8. 실수체 $\mathbb{R}$ 위에서 다음 행렬 A가 정칙행렬인 경우에 행렬 A에 기본 행 변형을 시행하여 A^{-1}를 구하여라.

(1) $A = \begin{bmatrix} 2 & 1 & 0 & 2 \\ 0 & 0 & 1 & 0 \\ 4 & 0 & 0 & 1 \\ 2 & 3 & 0 & 4 \end{bmatrix}$ (2) $A = \begin{bmatrix} 1 & 1 & 0 & 1 \\ 0 & 1 & 1 & 0 \\ 1 & 1 & 0 & 0 \\ 1 & 1 & 1 & 1 \end{bmatrix}$

§2.4 연립일차방정식

체 F의 원소 $a_1, a_2, \cdots, a_n, b$와 미지수 $x_1, x_2, \cdots, x_n$에 대하여

$$a_1x_1 + a_2x_2 + \cdots + a_nx_n = b$$

$$(a_1, a_2, \cdots, a_n \text{ 중에서 적어도 하나는 } \neq 0)$$

와 같은 꼴의 방정식을 미지수 $x_1, x_2, \cdots, x_n$에 관한 **일차방정식**(一次方程式, linear equation)이라고 한다. 그리고, 체 F 위의 $x_1, x_2, \cdots, x_n$에 관한 m개의 일차방정식으로 이루어진 연립방정식

$$\begin{cases} a_{11}x_1 + a_{12}x_2 + \cdots + a_{1n}x_n = b_1 \\ a_{21}x_1 + a_{22}x_2 + \cdots + a_{2n}x_n = b_2 \\ \quad \vdots \qquad\quad \vdots \qquad \cdots \qquad \vdots \qquad\quad \vdots \\ a_{m1}x_1 + a_{m2}x_2 + \cdots + a_{mn}x_n = b_n \end{cases} \qquad (a_{ij,}\ b_j \in F)$$

을 체 F 위의 $x_1, x_2, \cdots, x_n$에 관한 **연립일차방정식**(聯立一次方程式, system of linear equations)이라고 한다($m = 1$인 경우도 포함하여). 이제

$$A = \begin{bmatrix} a_{11} & a_{12} & \cdots & a_{1n} \\ a_{21} & a_{22} & \cdots & a_{2n} \\ \vdots & \vdots & \cdots & \vdots \\ a_{m1} & a_{m2} & \cdots & a_{mn} \end{bmatrix}, \quad X = \begin{bmatrix} x_1 \\ \vdots \\ x_n \end{bmatrix}, \quad B = \begin{bmatrix} b_1 \\ \vdots \\ b_m \end{bmatrix}$$

이라고 하면, $A \neq O_{m \times n}$이고 연립일차방정식 (*)는 등식

$$AX = B$$

으로 나타내어진다. 여기서, $m \times n$ 행렬 $A = [a_{ij}]_{m \times n}$를 연립일차방정식 (*)의 **계수행렬**(係數行列, coefficient matrix)이라 하고

$$[A \mid B] = \left[\begin{array}{cccc|c} a_{11} & a_{12} & \cdots & a_{1n} & b_1 \\ a_{21} & a_{22} & \cdots & a_{2n} & b_2 \\ \vdots & \vdots & \cdots & \vdots & \vdots \\ a_{m1} & a_{m2} & \cdots & a_{mn} & b_m \end{array}\right]$$

를 연립일차방정식 (*)의 **덧붙인 행렬**(augmented matrix)이라고 한다.

체 F의 원소 $c_1, \cdots, c_n$에 대하여 $x_1 = c_1, \cdots, x_n = c_n$가 주어진 연립일차방정식의 모든 일차방정식을 동시에 만족시킬 때, $(c_1, \cdots, c_n) \in F^n$을 이 연립일차방정식의 **해**(解, solution)라 하고 이 해를 다음과 같이 나타낸다.

$$\begin{cases} x_1 = c_1 \\ \vdots \\ x_n = c_n \end{cases} \quad \text{또는} \quad \begin{bmatrix} x_1 \\ \vdots \\ x_n \end{bmatrix} = \begin{bmatrix} c_1 \\ \vdots \\ c_n \end{bmatrix} \quad \text{또는} \quad (x_1, \cdots, x_n) = (c_1, \cdots, c_n)$$

보기 2.4.1 실수체 $\mathbb{R}$에서 다음 연립일차방정식의 해를 구해 보자.

연립일차방정식	덧붙인 행렬
$\begin{cases} 2x_1 + x_2 = 8 \cdots ① \\ x_1 + 3x_2 = 9 \cdots ② \end{cases}$	$\left[\begin{array}{cc:c} 2 & 1 & 8 \\ 1 & 3 & 9 \end{array}\right]$
① 과 ②를 서로 바꾼다.	제 1 행과 제 2 행을 서로 바꾼다.
$\begin{cases} x_1 + 3x_2 = 9 \cdots ①' \\ 2x_1 + x_2 = 8 \cdots ②' \end{cases}$	$\left[\begin{array}{cc:c} \mathbf{1} & 3 & 9 \\ 2 & 1 & 8 \end{array}\right]$
$②' + ①' \times (-2)$	제 2 행에 제 1 행의 (-2) 배를 더한다.
$\begin{cases} x_1 + 3x_2 = 9 \cdots ①'' \\ -5x_2 = -10 \cdots ②'' \end{cases}$	$\left[\begin{array}{cc:c} \mathbf{1} & 3 & 9 \\ \mathbf{0} & -5 & -10 \end{array}\right]$
$②'' \times (-\frac{1}{5})$	제 2 행을 $-\frac{1}{5}$ 배 한다.
$\begin{cases} x_1 + 3x_2 = 9 \cdots ①''' \\ x_2 = 2 \cdots ②''' \end{cases}$	$\left[\begin{array}{cc:c} \mathbf{1} & 3 & 9 \\ \mathbf{0} & \mathbf{1} & 2 \end{array}\right]$
$①''' + ②''' \times (-3)$	제 1 행에 제 2 행의 (-3) 배를 더한다.
$\begin{cases} x_1 = 3 \\ x_2 = 2 \end{cases}$	$\left[\begin{array}{cc:c} \mathbf{1} & \mathbf{0} & 3 \\ \mathbf{0} & \mathbf{1} & 2 \end{array}\right]$

따라서 위의 연립일차방정식의 해는 다음과 같이 나타낼 수 있다.

$$\begin{cases} x_1 = 3 \\ x_2 = 2 \end{cases} \quad \text{또는} \quad \begin{bmatrix} x_1 \\ x_2 \end{bmatrix} = \begin{bmatrix} 3 \\ 2 \end{bmatrix} \quad \text{또는} \quad (x_1, x_2) = (3, 2)$$

연립일차방정식의 해 전체로 이루어진 집합을 이 연립일차방정식의 **해집합**(解集合, solution set)이라 하고, 또 주어진 연립일차방정식의 해집합을 구하는 것을 이 **연립일차방정식을 푼다**(solve)고 한다.

두 연립일차방정식의 해집합이 일치할 때, 이들 두 연립일차방정식은 **동치**(同値, equivalent)라고 한다. 연립일차방정식을 풀 때에는, 다음과 같은 유형의 기본 변형을 유한 번 시행하여 동치인 연립일차방정식으로 고친다.

(1) 서로 다른 두 방정식을 맞바꾸어 놓는다.

(2) 한 방정식을 a 배한다($a \in F$, $a \neq 0$).

(3) 한 방정식에 다른 방정식의 a 배를 더한다($a \in F$, $a \neq 0$).

그런데, 연립일차방정식 $AX = B$ 에 기본변형 (1), (2), (3) 을 시행한다는 것은 덧붙인 행렬 $[A \mid B]$ 에 기본 행 변형 I, II, III 를 시행한다는 것과 마찬가지이다(정의 2.3.1).

보기 2.4.2 실수체 $\mathbb{R}$ 에서 다음 연립일차방정식의 해를 구해 보자.

$$(*) \qquad \begin{cases} 3x_1 + 4x_2 + 2x_3 = 8 \\ 2x_1 + 3x_2 + \ \ x_3 = 5 \end{cases}$$

위의 연립일차방정식의 계수행렬과 덧붙인 행렬을 각각 A, $[A \mid B]$ 라고 할 때, $[A \mid B]$ 는 기본 행 변형에 의하여 오른쪽과 같이 기약 행 사다리꼴 행렬로 변형된다. 따라서

$$[A \mid B] = \left[\begin{array}{ccc|c} 3 & 4 & 2 & 8 \\ 2 & 3 & 1 & 5 \end{array}\right] \longrightarrow \left[\begin{array}{ccc|c} 1 & 1 & 1 & 3 \\ 2 & 3 & 1 & 5 \end{array}\right] \longrightarrow \left[\begin{array}{ccc|c} 1 & 1 & 1 & 3 \\ 0 & 1 & -1 & -1 \end{array}\right] \longrightarrow \left[\begin{array}{ccc|c} 1 & 0 & 2 & 4 \\ 0 & 1 & -1 & -1 \end{array}\right]$$

$$r([A \mid B]) = r(A) = 2$$

이고, 이 기약 행 사다리꼴 행렬에 대응하는 연립일차방정식은 다음과 같다.

$$\begin{cases} x_1 + 2x_3 = \ \ 4 \\ x_2 - \ \ x_3 = -1 \end{cases} \quad \text{즉} \quad \begin{cases} x_1 = \ \ 4 - 2x_3 \\ x_2 = -1 + \ \ x_3 \end{cases}$$

따라서 연립일차방정식 (*) 는 위의 연립일차방정식과 동치이고, 임의의 실수 t 에 대하여 $x_3 = t$ 라고 하면 이에 따라 결정되는 x_1, x_2, x_3 는 (*) 의 해이므로 주어진 연립일차방정식의 해 전체는 다음과 같이 나타내어진다.

$$\begin{cases} x_1 = \quad 4 - 2t \\ x_2 = -1 + \quad t \\ x_3 = \qquad\quad t \end{cases} \quad 즉 \quad \begin{bmatrix} x_1 \\ x_2 \\ x_3 \end{bmatrix} = \begin{bmatrix} 4 \\ -1 \\ 0 \end{bmatrix} + t\begin{bmatrix} 2 \\ 1 \\ 1 \end{bmatrix} \quad (t \in \mathbb{R})$$

$$(x_1, x_2, x_3) = (4, -1, 0) + t(-2, 1, 1) \quad (t \in \mathbb{R})$$

여기서, t 를 **매개변수**(媒介變數, parameter) 라고 한다.

보기 2.4.3 실수체 $\mathbb{R}$ 에서 다음 연립일차방정식의 해를 구해 보자.

$$(*) \qquad \begin{cases} x_1 - 3x_2 - 2x_3 \qquad\quad = 1 \\ 2x_1 - 6x_2 - 3x_3 + 4x_4 = 4 \\ 3x_1 - 9x_2 - 4x_3 + 8x_4 = 7 \end{cases}$$

위의 연립일차방정식의 계수행렬과 덧붙인 행렬을 각각 A, $[A \mid B]$ 라고 하면, $[A \mid B]$ 는 기본 행 변형에 의하여 오른쪽과 같이 기약 행 사다리꼴 행렬로 변형되므로

$$r([A \mid B]) = r(A) = 2$$

이고, $(*)$ 는 다음과 동치이다.

$$[A \mid B] = \left[\begin{array}{cccc|c} 1 & -3 & -2 & 0 & 1 \\ 2 & -6 & -3 & 4 & 4 \\ 3 & -9 & -4 & 8 & 7 \end{array}\right]$$

$$\rightarrow \left[\begin{array}{cccc|c} 1 & -3 & -2 & 0 & 1 \\ 0 & 0 & 1 & 4 & 2 \\ 0 & 0 & 2 & 8 & 4 \end{array}\right]$$

$$\rightarrow \left[\begin{array}{cccc|c} 1 & -3 & 0 & 8 & 5 \\ 0 & 0 & 1 & 4 & 2 \\ 0 & 0 & 0 & 0 & 0 \end{array}\right]$$

$$\begin{cases} x_1 - 3x_2 \qquad + 8x_4 = 5 \\ \qquad\qquad x_3 + 4x_4 = 2 \end{cases} \quad 즉 \quad \begin{cases} x_1 = 5 + 3x_2 - 8x_4 \\ x_3 = 2 \qquad\quad - 4x_4 \end{cases}$$

따라서 두 매개변수 t_1, t_2 를 도입하여 연립일차방정식 $(*)$ 의 해 전체를 다음과 같이 나타낼 수 있다.

$$\begin{cases} x_1 = 5 + 3t_1 - 8t_2 \\ x_2 = \qquad t_1 \\ x_3 = 2 \qquad\quad - 4t_2 \\ x_4 = \qquad\qquad\quad t_2 \end{cases} \qquad (t_1, t_2 \in \mathbb{R})$$

$$\begin{bmatrix} x_1 \\ x_2 \\ x_3 \\ x_4 \end{bmatrix} = \begin{bmatrix} 5 \\ 0 \\ 2 \\ 0 \end{bmatrix} + t_1\begin{bmatrix} 3 \\ 1 \\ 0 \\ 0 \end{bmatrix} + t_2\begin{bmatrix} -8 \\ 0 \\ -4 \\ 1 \end{bmatrix} \qquad (t_1, t_2 \in \mathbb{R})$$

$$(x_1, x_2, x_3, x_4) = (5, 0, 2, 0) + t_1(3, 1, 0, 0) + t_2(-8, 0, -4, 1) \qquad (t_1, t_2 \in \mathbb{R})$$

보기 2.4.4 실수체 $\mathbb{R}$에서 다음 연립일차방정식의 해를 구해 보자.

$$\begin{cases} 3x_1 + 4x_2 - 2x_3 = 4 \\ 2x_1 + 3x_2 + 2x_3 = 1 \\ 4x_1 + 5x_2 - 6x_3 = 8 \end{cases}$$

위의 연립일차방정식의 계수행렬과 덧붙인 행렬을 각각 A, $[A \mid B]$ 이라 고 하면, $[A \mid B]$는 기본 행 변형에 의하여 오른쪽과 같이 기약 행 사다리꼴 행렬로 변형되므로

$$[A \mid B] = \left[\begin{array}{ccc|c} 3 & 4 & -2 & 4 \\ 2 & 3 & 2 & 1 \\ 4 & 5 & -6 & 8 \end{array}\right] \longrightarrow \left[\begin{array}{ccc|c} 1 & 1 & -4 & 3 \\ 2 & 3 & 2 & 1 \\ 4 & 5 & -6 & 8 \end{array}\right] \longrightarrow \left[\begin{array}{ccc|c} 1 & 1 & -4 & 3 \\ 0 & 1 & 10 & -5 \\ 0 & 1 & 10 & -4 \end{array}\right] \longrightarrow \left[\begin{array}{ccc|c} 1 & 0 & -14 & 8 \\ 0 & 1 & 10 & -5 \\ 0 & 0 & 0 & 1 \end{array}\right]$$

$$r([A \mid B]) = 3 \neq 2 = r(A)$$

이고 이에 대응하는 연립일차방정식은

$$\begin{cases} x_1 \qquad - 14x_3 = 0 \\ \qquad x_2 + 10x_3 = 0 \\ \qquad\qquad 0x_3 = 1 \end{cases}$$

이므로 주어진 연립일차방정식의 해는 존재하지 않는다.

주어진 연립일차방정식의 계수행렬과 덧붙인 행렬이 각각 A, $[A \mid B]$일 때, $[A \mid B]$에 기본 행 변형을 유한 번 시행하여 얻은 기약 행 사다리꼴 행렬을 $[A' \mid B']$이라고 하면, 이에 대응하는 두 연립일차방정식

$$A\begin{bmatrix} x_1 \\ \vdots \\ x_n \end{bmatrix} = B, \qquad A'\begin{bmatrix} x_1 \\ \vdots \\ x_n \end{bmatrix} = B'$$

는 동치이므로 둘째 연립일차방정식을 이용하여 주어진 연립일차방정식의 해 전체를 구하거나 또는 해의 존재 여부를 판정할 수 있다.

앞의 보기에서 본 바와 같이 $r([A \mid B]) = r(A) = r$이면, 이 연립일차방정식의 해는 존재하고 해 전체는 $n-r$개의 매개변수로 나타내어진다.

한편, $r([A \mid B]) \neq r(A)$ 이면, 연립일차방정식의 해는 존재하지 않는다.

이와 같은 방법으로 연립일차방정식을 푸는 방법을 **가우스-조르당 소거법** (Gauss-Jordan 消去法, ellimination method)이라고 한다.

체 F의 원소 $a_1, a_2, \cdots, a_n$과 미지수 $x_1, x_2, \cdots, x_n$에 대하여

$$a_1x_1 + a_2x_2 + \cdots + a_nx_n = 0$$

$$(a_1, a_2, \cdots, a_n \text{ 중에서 적어도 하나는 } \neq 0)$$

과 같이 상수항이 0인 일차방정식을 $x_1, x_2, \cdots, x_n$에 관한 **동차 일차방정식**(同次 一次方程式, homogeneous linear equations)이라고 한다. 그리고, n개의 미지수에 관한 m개의 동차 일차방정식으로 이루어진 연립방정식

$$\begin{cases} a_{11}x_1 + a_{12}x_2 + \cdots + a_{1n}x_n = 0 \\ a_{21}x_1 + a_{22}x_2 + \cdots + a_{2n}x_n = 0 \\ \quad \vdots \qquad\quad \vdots \qquad\quad \cdots \qquad \vdots \qquad \vdots \\ a_{m1}x_1 + a_{m2}x_2 + \cdots + a_{mn}x_n = 0 \end{cases} \qquad (a_{ij} \in F)$$

을 체 F 위의 **동차 연립일차방정식**(同次 聯立一次方程式, homogeneous system of linear equations)이라고 한다($m = 1$ 인 경우도 포함하여).

이 동차 연립일차방정식은 적어도 한 개의 해 $(0, 0, \cdots, 0)$을 가진다. 이 해 $(0, 0, \cdots, 0)$를 동차 연립일차방정식의 **자명한 해**(自明한 解, trivial solution)라고 한다.

다음 보기에서 보는 바와 같이 동차 연립일차방정식을 소거법을 써서 풀 때에는 덧붙인 행렬을 생각할 필요가 없다.

보기 2.4.5 실수체 $\mathbb{R}$에서 다음 동차 연립일차방정식의 해를 구해 보자.

$$\begin{cases} x_1 - 2x_2 + x_3 + 2x_4 = 0 \\ 2x_1 - 3x_2 \qquad\quad + 4x_4 = 0 \end{cases}$$

이 동차 연립일차방정식의 계수 행렬 A는 기본 행 변형에 의하여 오른쪽과 같이 기약 행 사다리꼴 행렬 A'으로 변형되므로

$$r(A) = r(A') = 2$$

이고 또 A'에 대응하는 동차 연립일차방정식은 다음과 같다.

$$A = \begin{bmatrix} 1 & -2 & 1 & 2 \\ 2 & -3 & 0 & 4 \end{bmatrix} \to \begin{bmatrix} 1 & -2 & 1 & 2 \\ 0 & 1 & -2 & 0 \end{bmatrix} \to \begin{bmatrix} 1 & 0 & -3 & 2 \\ 0 & 1 & -2 & 0 \end{bmatrix} = A'$$

$$\begin{cases} x_1 \quad -3x_3 + 2x_4 = 0 \\ x_2 - 2x_3 \qquad = 0 \end{cases} \quad \text{즉} \quad \begin{cases} x_1 = 3x_3 - 2x_4 \\ x_2 = 2x_3 \end{cases}$$

따라서 주어진 동차 연립일차방정식의 해 전체는 다음과 같다.

$$\begin{cases} x_1 = 3t_1 - 2t_2 \\ x_2 = 2t_1 \\ x_3 = \quad t_1 \\ x_4 = \qquad\quad t_2 \end{cases} \quad \text{즉} \quad \begin{bmatrix} x_1 \\ x_2 \\ x_3 \\ x_4 \end{bmatrix} = t_1 \begin{bmatrix} 3 \\ 2 \\ 1 \\ 0 \end{bmatrix} + t_2 \begin{bmatrix} -2 \\ 0 \\ 0 \\ 1 \end{bmatrix} \quad (t_1,\ t_2 \in \mathbb{R})$$

$$(x_1, x_2, x_3, x_4) = t_1(3,2,1,0) + t_2(-2,0,0,1) \qquad (t_1,\ t_2 \in \mathbb{R})$$

보기 2.4.6 실수체 $\mathbb{R}$ 위의 다음 동차 연립일차방정식의 해를 구해 보자.

$$\begin{cases} x_1 + 2x_2 = 0 \\ 2x_1 + 5x_2 = 0 \\ 3x_1 + 8x_2 = 0 \end{cases}$$

이 동차 연립일차방정식의 계수행렬 A 는 기본 행 변형에 의하여 오른쪽과 같이 기약 행 사다리꼴 행렬 A' 으로 변형되므로

$$r(A) = r(A') = 2$$

이고 위의 연립일차방정식의 해는 자명한 해 $(x_1, x_2) = (0, 0)$ 뿐이다.

$$A = \begin{bmatrix} 1 & 2 \\ 2 & 5 \\ 3 & 8 \end{bmatrix} \longrightarrow \begin{bmatrix} 1 & 2 \\ 0 & 1 \\ 0 & 2 \end{bmatrix} \longrightarrow \begin{bmatrix} 1 & 0 \\ 0 & 1 \\ 0 & 0 \end{bmatrix} = A'$$

체 F 위의 행렬 $A = [a_{ij}]_{m \times n} \neq O_{m \times n}$ 을 계수행렬로 가지는 동차 연립일차방정식의 해를 생각해 보자.

행렬 A 에 기본 행 변형을 유한 번 시행하여 얻은 기약 행 사다리꼴 행렬을 A' 이라고 하면 다음 두 연립일차방정식과 동치이다.

$$A \begin{bmatrix} x_1 \\ \vdots \\ x_n \end{bmatrix} = \begin{bmatrix} 0 \\ \vdots \\ 0 \end{bmatrix}, \qquad A' \begin{bmatrix} x_1 \\ \vdots \\ x_n \end{bmatrix} = \begin{bmatrix} 0 \\ \vdots \\ 0 \end{bmatrix}$$

이제 $r(A) = r(A') = r$ 이라고 하면, $1 \leq r \leq n$ 이다.

그런데, $r = n$ 이면, 기약 행 사다리꼴 행렬 A' 은

$$A' = \begin{bmatrix} I_n \\ \\ O \end{bmatrix}$$

이므로 이 동차 연립일차방정식의 해는 자명한 해 $(0, 0, \cdots, 0)$ 뿐이다.

다음에 $1 \le r < n$ 인 경우에 필요하다면, 미지수 $x_1, x_2, \cdots, x_n$ 의 순서를 바꾸어 A' 을 아래와 같은 꼴이라고 할 수 있다.

$$A' = \begin{bmatrix} 1 & 0 & \cdots & 0 & c_1 & \cdots & d_1 \\ 0 & 1 & \cdots & 0 & c_2 & \cdots & d_2 \\ \vdots & \vdots & \ddots & \vdots & \vdots & & \vdots \\ 0 & 0 & \cdots & 1 & c_r & \cdots & d_r \\ 0 & 0 & \cdots & 0 & 0 & \cdots & 0 \\ \vdots & \vdots & & \vdots & \vdots & & \vdots \\ 0 & 0 & \cdots & 0 & 0 & \cdots & 0 \end{bmatrix} r$$

이 때, 주어진 동차 연립일차방정식은 동차 연립일차방정식

$$\begin{cases} x_1 + c_1x_{r+1} + \cdots + d_1x_n = 0 \\ x_2 + c_2x_{r+1} + \cdots + d_2x_n = 0 \\ \quad\vdots \\ x_r + c_rx_{r+1} + \cdots + d_rx_n = 0 \end{cases} \quad \text{즉} \quad \begin{cases} x_1 = -c_1x_{r+1} - \cdots - d_1x_n \\ x_2 = -c_2x_{r+1} - \cdots + d_2x_n \\ \quad\vdots \\ x_r = -c_rx_{r+1} - \cdots - d_rx_n \end{cases}$$

과 동치이므로 이 동차 연립일차방정식의 해 전체는 다음과 같다.

$$\begin{cases} x_1 = -c_1t_1 - \cdots - d_1t_{n-r} \\ x_2 = -c_2t_1 - \cdots - d_2t_{n-r} \\ \quad\vdots \\ x_r = -c_rt_1 - \cdots - d_rt_{n-r} \\ x_{r+1} = \quad t_1 \\ \quad\vdots \\ x_n = \qquad\qquad t_{n-r} \end{cases} \qquad (t_1, \cdots, t_{n-r} \in F)$$

$$\begin{bmatrix} x_1 \\ x_2 \\ \vdots \\ x_r \\ x_{r+1} \\ \vdots \\ x_n \end{bmatrix} = t_1 \begin{bmatrix} -c_1 \\ -c_2 \\ \vdots \\ -c_r \\ 1 \\ \vdots \\ 0 \end{bmatrix} + \cdots + t_{n-r} \begin{bmatrix} -d_1 \\ -d_2 \\ \vdots \\ -d_r \\ 0 \\ \vdots \\ 1 \end{bmatrix} \qquad (t_1, \cdots, t_{n-r} \in F)$$

위에서 얻은 결과로부터 다음 정리를 얻는다.

정리 2.4.1 체 F 에서 n 개의 미지수 $x_1, x_2, \cdots, x_n$ 에 관한 m 개의 동차 일차방정식으로 이루어진 동차 연립일차방정식

$$\begin{cases} a_{11}x_1 + a_{12}x_2 + \cdots + a_{1n}x_n = 0 \\ a_{21}x_1 + a_{22}x_2 + \cdots + a_{2n}x_n = 0 \\ \quad\vdots \qquad\quad \vdots \qquad \cdots \qquad \vdots \qquad \vdots \\ a_{m1}x_1 + a_{m2}x_2 + \cdots + a_{mn}x_n = 0 \end{cases} \qquad (a_{ij} \in F)$$

에 대하여 $A = [a_{ij}]_{m\times n} \neq O_{m\times n}$ 이라 하고 $r(A) = r$ 이라고 할 때 다음이 성립한다.

(1) $r = n$ 이면, 이 동차 연립일차방정식의 해는 자명한 해 $(0, 0, \cdots, 0)$ 뿐이다.

(2) $1 \leq r < n$ 이면, 이 동차 연립일차방정식의 해는 $n - r$ 개의 매개변수로 나타내어지고 따라서 자명한 해 $(0, \cdots, 0)$ 이외의 해를 가진다.

보기 2.4.7 실수체 $\mathbb{R}$ 에서 다음 연립일차방정식의 해를 구해 보자.

$$(1)\ \begin{cases} x_1 + 2x_2 - 2x_3 = 0 \\ 2x_1 + 5x_2 + x_3 = 0 \end{cases} \qquad (2)\ \begin{cases} x_1 + 2x_2 - 2x_3 = 1 \\ 2x_1 + 5x_2 + x_3 = 4 \end{cases}$$

먼저 (2) 의 덧붙인 행렬은 다음과 같이 기약 행 사다리꼴 행렬로 변형된다.

$$\left[\begin{array}{ccc|c} 1 & 2 & -2 & 1 \\ 2 & 5 & 1 & 4 \end{array}\right] \longrightarrow \left[\begin{array}{ccc|c} 1 & 2 & -2 & 1 \\ 0 & 1 & 5 & 2 \end{array}\right] \longrightarrow \left[\begin{array}{ccc|c} 1 & 0 & -12 & -3 \\ 0 & 1 & 5 & 2 \end{array}\right]$$

따라서 위의 두 연립일차방정식의 해는 각각 다음과 같다.

$$(x_1, x_2, x_3) = t\,(12, -5, 1) \qquad (t \in \mathbb{R})$$
$$(x_1, x_2, x_3) = (-3, 2, 0) + t\,(12, -5, 1) \qquad (t \in \mathbb{R})$$

여기서, (2) 의 해는 특수한 해 $(-3, 2, 0)$ 와 동차 연립일차방정식 (1) 의 해를 합한 것이다. 그런데, $(-3, 2, 0) + (12, -5, 1) = (9, -3, 1)$ 도 또한 (2) 의 특수한 해이므로 (1) 과 (2) 의 해를 다음과 같이 나타낼 수도 있다.

$$(x_1, x_2, x_3) = s\,(24, -10, 2) \qquad (s \in \mathbb{R})$$
$$(x_1, x_2, x_3) = (9, -3.1) + s\,(24, -10, 2) \qquad (s \in \mathbb{R})$$

정리 2.4.1 과 정리 2.3.7 에 의하여 다음 정리가 성립한다.

정리 2.4.2 체 F 에서의 n 개의 미지수 $x_1, x_2, \cdots, x_n$ 에 관한 n 개의 동차 일차방정식으로 이루어진 동차 연립일차방정식

$$\begin{cases} a_{11}x_1 + a_{12}x_2 + \cdots + a_{1n}x_n = 0 \\ a_{21}x_1 + a_{22}x_2 + \cdots + a_{2n}x_n = 0 \\ \quad\vdots \qquad\quad \vdots \qquad\quad \cdots \qquad \vdots \qquad\quad \vdots \\ a_{n1}x_1 + a_{n2}x_2 + \cdots + a_{nn}x_n = 0 \end{cases} \qquad (a_{ij} \in F)$$

에서 $A = [a_{ij}]_{n\times n} \neq O_{m\times n}$ 이라고 할 때, 다음 세 조건은 서로 동치이다.

(1) A 는 정칙행렬이다.

(2) $r(A) = n$

(3) 위의 동차 연립일차방정식의 해는 자명한 해 $(0, 0, \cdots, 0)$ 뿐이다.

연 습 문 제 (2.4)

1. 실수체 $\mathbb{R}$ 위에서 다음 연립일차방정식을 풀어라.

(1) $\begin{cases} x_1 + x_2 + x_3 = -1 \\ 2x_1 + x_2 - 2x_3 = 2 \end{cases}$ (2) $\begin{cases} 5x_1 + x_2 + x_3 = 7 \\ 3x_1 + x_2 - 2x_3 = 2 \end{cases}$

2. 실수체 $\mathbb{R}$ 위에서 다음 연립일차방정식을 풀어라.

(1) $\begin{cases} x_1 + x_2 = 2 \\ 3x_1 - x_2 = 2 \\ x_1 - x_2 = 0 \end{cases}$ (2) $\begin{cases} x_1 + 2x_2 + x_3 = 0 \\ x_1 - x_2 - x_3 = 0 \end{cases}$

3. 실수체 $\mathbb{R}$ 위에서 다음 연립일차방정식을 풀어라.

$$\begin{cases} x_1 + x_2 + x_3 + x_4 = 0 \\ 2x_1 + 3x_2 + 2x_3 + x_4 = 0 \\ 3x_1 + 4x_2 + 3x_3 + 2x_4 = 0 \end{cases}$$

4. 실수체 $\mathbb{R}$ 위에서 다음 연립일차방정식의 해를 구하여라.

$$\begin{cases} x_1 + 2x_2 - x_3 + 2x_4 + x_5 = 2 \\ -x_1 - 2x_2 + x_3 + 2x_4 + 3x_5 = 6 \\ 2x_1 + 4x_2 - 3x_3 + 2x_4 = 3 \\ -3x_1 - 6x_2 + 2x_3 + 3x_5 = 9 \end{cases}$$

5. 실수체 $\mathbb{R}$ 위에서 다음 일차방정식의 해를 구하여라.

(1) $x_1 + 3x_2 - 2x_3 = 0$ (2) $x_1 + 3x_2 - 2x_3 = 4$

6. 실수체 $\mathbb{R}$ 위의 행렬

$$A = \begin{bmatrix} 3 & 1 & -1 \\ 2 & 2 & -1 \\ 2 & 2 & 0 \end{bmatrix}, \quad X = \begin{bmatrix} x_1 \\ x_2 \\ x_3 \end{bmatrix}$$

에 대하여 다음 물음에 답하여라.

(1) 등식 $AX = X$를 만족시키는 X를 구하여라.

(2) 등식 $(2I_3 - A)X = O_3$를 만족시키는 X를 구하여라.

7. 다음 연립방정식에서 두 변수 x', y'을 x, y에 관한 식으로 나타내어라.

(1) $\begin{cases} x = 3x' - 4y' \\ y = 4x' - 3y' \end{cases}$ (2) $\begin{cases} x = 2x' + 3y' \\ y = 5x' + 4y' \end{cases}$

8. 다음 연립일차방정식이 해를 가지도록 실수 k의 값을 정하여라.

$$\begin{cases} 3x_1 - 6x_2 + 2x_3 - 2x_4 = -9 \\ 2x_1 - 4x_2 + 3x_3 - 3x_4 = 4 \\ 5x_1 - 10x_2 + 7x_3 - 7x_4 = k \end{cases}$$

§2.5 행렬의 LU분해

실수체 ℝ 위에서 다음과 같은 3×4 행렬을 생각해 보자.

$$A=\begin{bmatrix} 2 & -2 & 2 & 4 \\ -2 & 4 & 2 & -1 \\ 6 & -2 & 4 & 14 \end{bmatrix}$$

이 행렬에 행에 관한 제 III 변형만을 위쪽 행에서 아래쪽 행의 순으로 유한 번 시행하여 얻은 행렬을 U라고 하자.

$$A=\begin{bmatrix} 2 & -2 & 2 & 4 \\ -2 & 4 & 2 & -1 \\ 6 & -2 & 4 & 14 \end{bmatrix} \xrightarrow[E_{21}(1),\ E_{31}(-3)]{} \begin{bmatrix} 2 & -2 & 2 & 4 \\ 0 & 2 & 4 & 3 \\ 0 & 4 & -2 & 2 \end{bmatrix}$$

$$\xrightarrow[E_{32}(-2)]{} \begin{bmatrix} 2 & -2 & 2 & 4 \\ 0 & 2 & 4 & 3 \\ 0 & 0 & -10 & -4 \end{bmatrix} = U$$

여기서, $E_{21}(1)$, $E_{31}(-3)$, $E_{32}(-2)$ 는 모두 $E_{ij}(a)$ $(i>j)$ 와 같은 꼴의 기본행렬이고 이 기본행렬의 둘째 첨자는 1, 1, 2 와 같이 크기 순이다. 또,

$$U=PA,\quad P=E_{32}(-2)\,E_{31}(-3)\,E_{21}(1)$$

이고 P는 정칙행렬이며, U는 上삼각행렬과 유사한 모양의 행렬이다(정의 2.3.1, 정리 2.3.3). 그리고, $L=P^{-1}$ 이라고 놓으면, $E_{ij}(a)^{-1}=E_{ij}(-a)$ 이므로

$$L=E_{21}(1)^{-1}E_{31}(-3)^{-1}E_{32}(-2)^{-1}=E_{21}(-1)\,E_{31}(3)\,E_{32}(2)$$

$$=\begin{bmatrix} 1 & 0 & 0 \\ -1 & 1 & 0 \\ 0 & 0 & 1 \end{bmatrix}\begin{bmatrix} 1 & 0 & 0 \\ 0 & 1 & 0 \\ 3 & 0 & 1 \end{bmatrix}\begin{bmatrix} 1 & 0 & 0 \\ 0 & 1 & 0 \\ 0 & 2 & 1 \end{bmatrix}=\begin{bmatrix} 1 & 0 & 0 \\ -1 & 1 & 0 \\ 3 & 2 & 1 \end{bmatrix}$$

와 같이 L은 대각선의 성분이 모두 1 인 下삼각행렬이고 $A=LU$이다. 즉,

$$A=LU=\begin{bmatrix} 1 & 0 & 0 \\ -1 & 1 & 0 \\ 3 & 2 & 1 \end{bmatrix}\begin{bmatrix} 2 & -2 & 2 & 4 \\ 0 & 2 & 4 & 3 \\ 0 & 0 & -10 & -4 \end{bmatrix}$$

여기서, 행에 관한 세 기본변형에 대응하는 행렬은 차례로

$$E_{21}(1),\quad E_{31}(-3),\quad E_{32}(-2)$$

이며, 下삼각행렬 L 의 대각선의 성분은 모두 1, 1, 1 이고 대각선 아래 성분은 $a_{21} = -1$, $a_{31} = 3$, $a_{32} = 2$ 이다.

$$L = \begin{bmatrix} 1 & 0 & 0 \\ a_{21} & 1 & 0 \\ a_{31} & a_{32} & 1 \end{bmatrix} = \begin{bmatrix} 1 & 0 & 0 \\ -1 & 1 & 0 \\ 3 & 2 & 1 \end{bmatrix}$$

그리고, 앞 면의 행렬에서 망을 친 부분을 생각하면 L 의 제 1 열과 제 2 열, 제 3 열이 어떤 꼴인지 알 수 있다.

$$\frac{1}{2}\begin{bmatrix} 2 \\ -2 \\ 6 \end{bmatrix} = \begin{bmatrix} 1 \\ -1 \\ 3 \end{bmatrix}, \quad \frac{1}{2}\begin{bmatrix} 2 \\ \\ 4 \end{bmatrix} = \begin{bmatrix} 1 \\ \\ 2 \end{bmatrix}, \quad -\frac{1}{10}[-10] = [1]$$

행렬 A 에 행에 관한 제 III 변형만을 위쪽 행에서 아래쪽 행의 순으로 유한 번 시행하여 대각선의 성분이 모두 1 인 下삼각행렬(Lower triangular matrix)인 행렬 P 와 上삼각행렬(Upper triangular matrix)과 유사한 꼴의 행렬 U 의 곱으로 나타내는 것을 A 의 **LU 분해**(分解, factorization)라고 한다.

보기 2.5.1 실수체 $\mathbb{R}$ 위에서 다음과 같은 3 차의 행렬을 생각해 보자.

$$A = \begin{bmatrix} 1 & 2 & 2 \\ 1 & 1 & 1 \\ 3 & 3 & 2 \end{bmatrix}$$

$$A \xrightarrow[E_{21}(-1),\ E_{31}(-3)]{} \begin{bmatrix} 1 & 2 & 2 \\ 0 & -1 & -1 \\ 0 & -3 & -4 \end{bmatrix} \xrightarrow[E_{32}(-3)]{} \begin{bmatrix} 1 & 2 & 2 \\ 0 & -1 & -1 \\ 0 & 0 & -1 \end{bmatrix} = U$$

$$U = PA, \quad P = E_{32}(-3)\,E_{31}(-3)\,E_{21}(-1)$$

$$L = E_{21}(-1)^{-1}E_{31}(-3)^{-1}E_{32}(-3)^{-1} = E_{21}(1)\,E_{31}(3)\,E_{32}(3)$$

$$= \begin{bmatrix} 1 & 0 & 0 \\ 1 & 1 & 0 \\ 0 & 0 & 1 \end{bmatrix}\begin{bmatrix} 1 & 0 & 0 \\ 0 & 1 & 0 \\ 3 & 0 & 1 \end{bmatrix}\begin{bmatrix} 1 & 0 & 0 \\ 0 & 1 & 0 \\ 0 & 3 & 1 \end{bmatrix} = \begin{bmatrix} 1 & 0 & 0 \\ 1 & 1 & 0 \\ 3 & 3 & 1 \end{bmatrix}$$

$$A = LU, \quad L = \begin{bmatrix} 1 & 0 & 0 \\ 1 & 1 & 0 \\ 3 & 3 & 1 \end{bmatrix}, \quad U = \begin{bmatrix} 1 & 2 & 2 \\ 0 & -1 & -1 \\ 0 & 0 & -1 \end{bmatrix}$$

그러나, 아래와 같이 제 2 행 다음에 제 1 행의 순으로 제 III 변형을 시행하면 U 는 동일하나 L 과는 다른 정칙행렬을 얻게 된다.

$$A \xrightarrow[E_{32}(-3)]{} \begin{bmatrix} 1 & 2 & 2 \\ 1 & 1 & 1 \\ 0 & 0 & -1 \end{bmatrix} \xrightarrow[E_{21}(-1)]{} \begin{bmatrix} 1 & 2 & 2 \\ 0 & -1 & -1 \\ 0 & 0 & -1 \end{bmatrix} = U$$

$$U = PA, \quad P = E_{32}(-3)\,E_{21}(-1)$$

$$P^{-1} = E_{21}(-1)^{-1} E_{32}(-3)^{-1} = E_{21}(1)\,E_{32}(3)$$

$$= \begin{bmatrix} 1 & 0 & 0 \\ 1 & 1 & 0 \\ 0 & 0 & 1 \end{bmatrix} \begin{bmatrix} 1 & 0 & 0 \\ 0 & 1 & 0 \\ 0 & 3 & 1 \end{bmatrix} = \begin{bmatrix} 1 & 0 & 0 \\ 1 & 1 & 0 \\ 0 & 3 & 1 \end{bmatrix} \neq \begin{bmatrix} 1 & 0 & 0 \\ 1 & 1 & 0 \\ 3 & 3 & 1 \end{bmatrix} = L$$

체 F 위의 n 차의 행렬 A가 정칙행렬일 때, 앞에서와 같이 $A = LU$으로 분해하면 L과 U는 모두 n차의 정칙행렬이고 또 $n \times r$ 행렬 B에 대하여 등식 $AX = B$를 만족시키는 행렬 X는 $X = A^{-1}B$이다. 이러한 행렬 X를 보기 2.3.9 에서와 같이 직접 구하는 대신에 행렬 Y를 도입하여

$$AX = B \quad 즉 \quad LUX = B$$

를 $LY = B$, $UX = Y$로 고쳐서 등식 $UY = B$를 만족시키는 Y를 구한 다음에 등식 $UX = Y$를 만족시키는 X를 구하면 삼각행렬의 특성상 계산이 훨씬 간편해진다.

보기 2.5.2 실수체 ℝ 위의 4 차의 행렬과 4×1 행렬

$$A = \begin{bmatrix} 3 & -7 & -2 & 2 \\ -3 & 5 & 1 & 0 \\ 6 & -4 & 0 & -5 \\ -9 & 5 & -5 & 12 \end{bmatrix}, \quad B = \begin{bmatrix} -9 \\ 5 \\ 7 \\ 11 \end{bmatrix}$$

에 대하여 등식 $AX = B$을 만족시키는 행렬 X를 구해 보자.

먼저 A에 제 III 변형을 시행하여 U와 L을 얻는다.

$$A = \begin{bmatrix} 3 & -7 & -2 & 2 \\ -3 & 5 & 1 & 0 \\ 6 & -4 & 0 & -5 \\ -9 & 5 & -5 & 12 \end{bmatrix} \longrightarrow \begin{bmatrix} 3 & -7 & -2 & 2 \\ 0 & -2 & -1 & 2 \\ 0 & 10 & 4 & -9 \\ 0 & -16 & -11 & 18 \end{bmatrix}$$

$$\longrightarrow \begin{bmatrix} 3 & -7 & -2 & 2 \\ 0 & -2 & -1 & 2 \\ 0 & 0 & -1 & 1 \\ 0 & 0 & -3 & 2 \end{bmatrix} \longrightarrow \begin{bmatrix} 3 & -7 & -2 & 2 \\ 0 & -2 & -1 & 2 \\ 0 & 0 & -1 & 1 \\ 0 & 0 & 0 & -1 \end{bmatrix} = U$$

$$L = \begin{bmatrix} 1 & 0 & 0 & 0 \\ -1 & 1 & 0 & 0 \\ 2 & -5 & 1 & 0 \\ -3 & 8 & 3 & 1 \end{bmatrix},$$

$$A = LU = \begin{bmatrix} 1 & 0 & 0 & 0 \\ -1 & 1 & 0 & 0 \\ 2 & -5 & 1 & 0 \\ -3 & 8 & 3 & 1 \end{bmatrix} \begin{bmatrix} 3 & -7 & -2 & 2 \\ 0 & -2 & -1 & 2 \\ 0 & 0 & -1 & 1 \\ 0 & 0 & 0 & -1 \end{bmatrix}$$

그리고, 등식

$$LY = B, \qquad UX = Y$$

를 만족시키는 Y, X를 차례로 구한다.

$$[L \mid B] = \left[\begin{array}{cccc|c} 1 & 0 & 0 & 0 & -9 \\ -1 & 1 & 0 & 0 & 5 \\ 2 & -5 & 1 & 0 & 7 \\ -3 & 8 & 3 & 1 & 11 \end{array}\right] \longrightarrow \left[\begin{array}{cccc|c} 1 & 0 & 0 & 0 & -9 \\ 0 & 1 & 0 & 0 & -4 \\ 0 & -5 & 1 & 0 & 25 \\ 0 & 8 & 3 & 1 & -16 \end{array}\right]$$

$$\longrightarrow \left[\begin{array}{cccc|c} 1 & 0 & 0 & 0 & -9 \\ 0 & 1 & 0 & 0 & -4 \\ 0 & 0 & 1 & 0 & 5 \\ 0 & 0 & 3 & 1 & 16 \end{array}\right] \longrightarrow \left[\begin{array}{cccc|c} 1 & 0 & 0 & 0 & -9 \\ 0 & 1 & 0 & 0 & -4 \\ 0 & 0 & 1 & 0 & 5 \\ 0 & 0 & 0 & 1 & 1 \end{array}\right] = [I_4 \mid Y]$$

$$[U \mid Y] = \left[\begin{array}{cccc|c} 3 & -7 & -2 & 2 & -9 \\ 0 & -2 & -1 & 2 & -4 \\ 0 & 0 & -1 & 1 & 5 \\ 0 & 0 & 0 & -1 & 1 \end{array}\right]$$

$$\longrightarrow \left[\begin{array}{cccc|c} 3 & -7 & -2 & 0 & -7 \\ 0 & -2 & -1 & 0 & -2 \\ 0 & 0 & -1 & 0 & 6 \\ 0 & 0 & 0 & -1 & 1 \end{array}\right] \longrightarrow \left[\begin{array}{cccc|c} 3 & -7 & 0 & 0 & -19 \\ 0 & -2 & 0 & 0 & -8 \\ 0 & 0 & -1 & 0 & 6 \\ 0 & 0 & 0 & -1 & 1 \end{array}\right]$$

$$\longrightarrow \left[\begin{array}{cccc|c} 3 & 0 & 0 & 0 & 9 \\ 0 & 1 & 0 & 0 & 4 \\ 0 & 0 & -1 & 0 & 6 \\ 0 & 0 & 0 & -1 & 1 \end{array}\right] \longrightarrow \left[\begin{array}{cccc|c} 1 & 0 & 0 & 0 & 3 \\ 0 & 1 & 0 & 0 & 4 \\ 0 & 0 & 1 & 0 & -6 \\ 0 & 0 & 0 & 1 & -1 \end{array}\right] = [I_4 \mid X]$$

따라서 구하는 X는 다음과 같다.

$$X = \begin{bmatrix} 3 \\ 4 \\ -6 \\ -1 \end{bmatrix}$$

연 습 문 제 (2.5)

1. 실수체 $\mathbb{R}$ 위의 두 행렬

$$A = \begin{bmatrix} 2 & 1 & 3 \\ 4 & -1 & 3 \\ -2 & 5 & 5 \end{bmatrix}, \qquad B = \begin{bmatrix} 1 \\ -4 \\ 9 \end{bmatrix}$$

에 대하여 다음 물음에 답하여라.

(1) 행렬 A 에 제 III 변형만을 시행하여 U로 변형하고 $U = PA$ 인 정칙행렬 P와 $A = LU$인 정칙행렬 L을 구하여라.

(2) 위의 (1)의 결과를 이용하여 $AX = B$인 행렬 X를 구하여라.

2. 실수체 $\mathbb{R}$ 위의 다음 행렬 A를 $A = LU$로 나타내어라.

(1) $A = \begin{bmatrix} -2 & 1 \\ 2 & 5 \end{bmatrix}$ (2) $A = \begin{bmatrix} 1 & 2 \\ -3 & -1 \end{bmatrix}$

3. 실수체 $\mathbb{R}$ 위의 행렬

$$A = \begin{bmatrix} 3 & 1 & 3 & -4 \\ 6 & 4 & 8 & -10 \\ 3 & 2 & 5 & -1 \\ -9 & 5 & -2 & -4 \end{bmatrix}$$

에 제 III 변형만을 시행하여 U로 변형하고 또 $A = LU$인 정칙행렬 L을 구하여라.

4. 실수체 $\mathbb{R}$ 위의 다음 행렬 A를 $A = LU$로 분해하여라.

(1) $A = \begin{bmatrix} 1 & 2 & 3 \\ 4 & 5 & 6 \\ 8 & 7 & 9 \end{bmatrix}$ (2) $A = \begin{bmatrix} 3 & 1 & 3 & -4 \\ 6 & 4 & 8 & -10 \\ 3 & 2 & 5 & -1 \\ -9 & 5 & -2 & -4 \end{bmatrix}$

5. 실수체 $\mathbb{R}$ 위의 다음 행렬 A를 $A = LU$로 분해하여라.

$$A = \begin{bmatrix} 1 & 2 & 0 & -1 & 1 \\ -2 & -7 & 3 & 8 & -2 \\ 1 & 1 & 3 & 5 & 2 \\ 0 & 3 & -3 & -6 & 0 \end{bmatrix}$$

§2.6 그래프와 행렬

실생활에서는 유한 개의 대상 사이의 관계를 연구하는 일이 중요하다. 이 절에서는, 그래프에 대하여 간단히 논한다. 그래프 이론(graph theory)에 관한 상세한 설명은 [7] 을 참조하기 바란다.

정의 2.6.1 집합 V, E에 대하여 다음 두 조건이 성립할 때, $G=(V, E)$를 **그래프**(graph, undirected graph)라고 한다.

(i) V는 공집합이 아닌 유한집합이다.

(ii) E는 $\{v, w\}$ $(v, w \in V)$들로 이루어진 유한집합이다.

그리고, V의 원소를 **꼭지점**(vertex)이라 하고 E의 원소 $\{v, w\}$를 **모서리**(edge)라고 한다.

여기서, $\{v, w\} = \{w, v\}$이고 이것을 두 꼭지점 v, w를 **이은 모서리**라고 하며 v, w를 이 모서리의 **끝점**(terminal vertex)이라고 한다.

모서리 $\{v, w\}$에서 $v = w$일 수도 있으며 이와 같은 모서리를 **고리**(loop)라고 한다.

보기 2.6.1 다음과 같이 정의된 $G=(V, E)$는 그래프이다.

$$V = \{v_1, v_2, v_3, v_4\}, \quad E = \{e_1, e_2, e_3, e_4\}$$

$$e_1 = \{v_1, v_2\}, \quad e_2 = \{v_1, v_3\},$$

$$e_3 = \{v_1, v_3\}, \quad e_4 = \{v_3, v_3\}$$

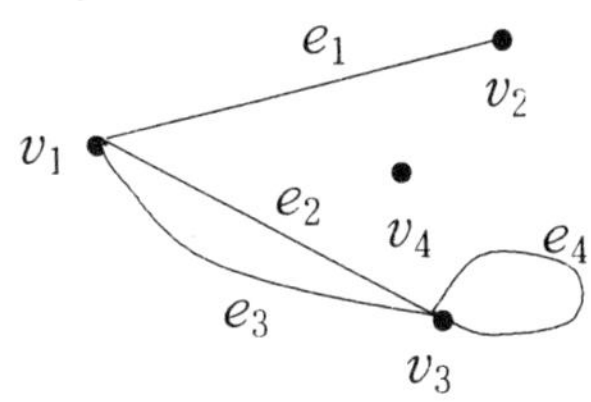

여기서 e_2와 e_3는 두 꼭지점 v_1, v_3를 이은 모서리이다. 그리고, e_4는 v_3를 끝점으로 가지는 고리이다.

정의 2.6.2 그래프 $G=(V, E)$에 고리도 없고 다중 모서리도 없는 경우에 이 그래프를 **단순**(單純) **그래프**(simple graph)라고 한다.

정의 2.6.3 그래프 $G = (V, E)$ 에서 $V = \{v_1, v_2, \cdots, v_n\}$, $|V| = n$ 일 때, 두 꼭지점 v, w 를 이은 모서리가 존재할 때 v, w 를 서로 **인접한 꼭지점**(adjacent vertex)이라고 한다.

그리고, 다음과 같이 정의된 n차의 행렬 $A = [a_{ij}]_{n\times n}$ 를 그래프 G 의 **인접행렬**(隣接行列, adjacency matrix)이라고 한다.

$$A = \begin{bmatrix} a_{11} & a_{12} & \cdots & a_{1n} \\ a_{21} & a_{22} & \cdots & a_{2n} \\ \vdots & \vdots & \cdots & \vdots \\ a_{n1} & a_{n2} & \cdots & a_{nn} \end{bmatrix}$$

$$a_{ij} = (v_i, v_j \text{를 이은 모서리의 개수})$$

그래프의 인접행렬은 그 꼭지점의 순서에 따라 달라진다.

위의 정의에서 $a_{ij} = a_{ji}\ (1 \le i, j \le n)$ 이므로 A 는 대칭행렬이다.

보기 2.6.2 아래 그림이 나타내는 단순그래프 $G = (V, E)$ 의 인접행렬 A 는 오른쪽 행렬과 같다.

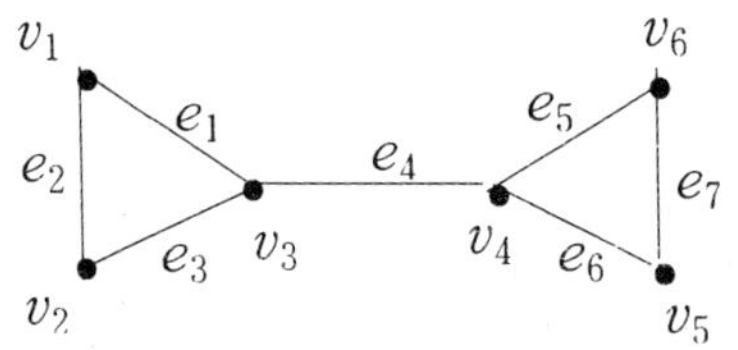

$$A = \begin{bmatrix} 0 & 1 & 1 & 0 & 0 & 0 \\ 1 & 0 & 1 & 0 & 0 & 0 \\ 1 & 1 & 0 & 1 & 0 & 0 \\ 0 & 0 & 1 & 0 & 1 & 1 \\ 0 & 0 & 0 & 1 & 0 & 1 \\ 0 & 0 & 0 & 1 & 1 & 0 \end{bmatrix}$$

여기서, 제 1 행의 원소들의 합 $0+1+1+0+0+0 = 2$ 는 꼭지점 v_1 을 지나는 모서리의 개수를 나타낸다.

정의 2.6.4 그래프 $G = (V, E)$ 에서

$$(*) \qquad \{v_0, v_1\},\ \{v_1, v_2\},\ \{v_2, v_3\},\ \cdots,\ \{v_{k-1}, v_k\} \qquad (k \ge 1)$$

와 같이 k 개의 연이은 모서리로 이루어진 열을 v_0 에서 v_k 까지의 **길**(walk)이라 하고 k 를 이 길의 **길이**(length)라고 한다.

특히, G 가 단순그래프일 때, 두 꼭지점를 이은 모서리는 유일하게 결정되므로 위의 길 (*) 를 간단히 $v_0\ v_1\ v_2 \cdots v_k$ 로 나타낸다.

정리 2.6.5 단순그래프 $G = (V, E)$ 에서 $V = \{v_1, \cdots, v_n\}$, $|V| = n$ 일 때, $A = [a_{ij}]_{n \times n}$ 를 G 의 인접행렬이라고 하면 임의의 양의 정수 m 에 대하여 행렬 A^m 의 (i, j) 성분은 꼭지점 v_i 에서 꼭지점 v_j 까지의 길이 m 인 길 전체의 개수와 일치한다.

증 명 행렬 $A = [a_{ij}]_{n \times n}$ 는 단순그래프의 인접행렬이므로 A 는 대칭행렬이고 $a_{ij} = 0$ 또는 $a_{ij} = 1$ 이며 또한 $a_{ij} = 1 \Longleftrightarrow \{v_i, v_j\} \in E$ 이다.

따라서 a_{ij} 는 v_i 에서 v_j 까지의 길이가 1 인 서로 다른 길 전체의 개수와 일치하므로, $m = 1$ 일 때 정리가 성립한다.

이제 행렬 A^2 의 (i, j) 성분을 c_{ij} 이라고 하면,

$$c_{ij} = a_{i1}a_{1j} + a_{i2}a_{2j} + \cdots + a_{in}a_{nj} \qquad (1 \le i, j \le n)$$

이고 또 각 k $(1 \le k \le n)$ 에 대하여 다음이 성립한다.

$$a_{ik}a_{kj} \neq 0 \Longleftrightarrow a_{ik}a_{kj} = 1 \Longleftrightarrow a_{ik} = a_{kj} = 1$$

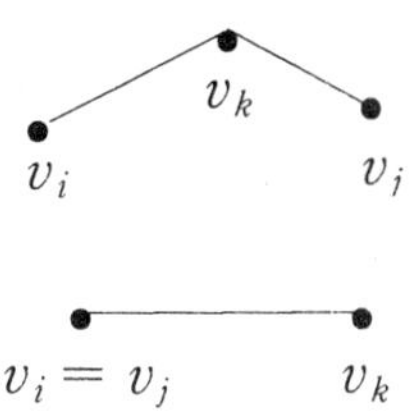

한편, $a_{ik} = a_{kj} = 1$ 이면, $\{v_i, v_k\}$ 와 $\{v_k, v_j\}$ 는 모서리이고 또 $v_i\ v_k\ v_j$ 는 v_i 에서 v_j 까지의 길이가 2 인 길이다. 따라서 c_{ij} 는 v_i 에서 v_j 까지의 길이가 2 인 길 전체의 개수와 일치하고, 특히 다음이 성립한다.

$$\begin{aligned} c_{ii} &= a_{i1}a_{1i} + a_{i2}a_{2i} + \cdots + a_{in}a_{ni} \\ &= a_{i1}^2 + a_{i2}^2 + \cdots + a_{in}^2 \\ &= a_{i1} + a_{i2} + \cdots + a_{in} \end{aligned}$$

마찬가지로, $A^{m+1} = A^m A$ 에 대하여 정리가 성립함을 밝힐 수 있다.

보기 2.6.3 아래 그림이 나타내는 그래프를 $G = (V, E)$ 이라고 할 때, G 의 인접행렬 A 는 다음과 같다.

$$A = \begin{bmatrix} 0 & 0 & 0 & 1 & 0 \\ 0 & 0 & 0 & 1 & 1 \\ 0 & 0 & 0 & 0 & 0 \\ 1 & 1 & 0 & 0 & 1 \\ 0 & 1 & 0 & 1 & 0 \end{bmatrix}$$

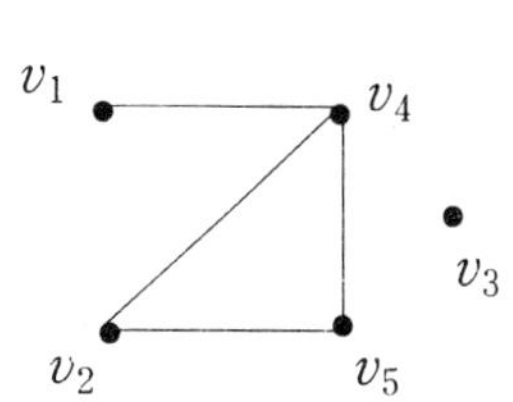

먼저 행렬 A^2 의 (2, 4) 성분은

$$A^2 = \begin{bmatrix} 1 & 1 & 0 & 0 & 1 \\ 1 & 2 & 0 & 1 & 1 \\ 0 & 0 & 0 & 0 & 0 \\ 0 & 1 & 0 & 3 & 1 \\ 1 & 1 & 0 & 1 & 2 \end{bmatrix}$$

$$0 \cdot 1 + 0 \cdot 1 + 0 \cdot 0 + 1 \cdot 0 + 1 \cdot 1 = 1$$

이므로 v_2 에서 v_4 까지의 길이가 2 인 길은 한 가지 뿐이고 그 길은 $v_2 \ v_5 \ v_4$ 이다.

그리고, A^2 의 (5, 5) 성분은

$$0 \cdot 0 + 1 \cdot 1 + 0 \cdot 0 + 1 \cdot 1 + 0 \cdot 0 = 2$$

이므로 v_5 에서 v_5 까지의 길은 2 가지이고 그 길은 다음과 같다.

(1) $v_5 \ v_2 \ v_5$ (2) $v_5 \ v_4 \ v_5$

한편 $A^3 = A^2 A$ 의 (2, 5) 성분은

$$A^3 = \begin{bmatrix} 0 & 1 & 0 & 3 & 1 \\ 1 & 2 & 0 & 4 & 3 \\ 0 & 0 & 0 & 0 & 0 \\ 3 & 4 & 0 & 2 & 4 \\ 1 & 3 & 0 & 4 & 2 \end{bmatrix}$$

$$1 \cdot 0 + 2 \cdot 1 + 0 \cdot 0 + 1 \cdot 1 + 1 \cdot 0 = 3$$

이므로 v_2 에서 v_5 까지의 길이가 3 인 길은 다음 3 가지뿐이다.

(1) $v_2 \ v_4 \ v_2 \ v_5$ (2) $v_2 \ v_5 \ v_2 \ v_5$ (3) $v_2 \ v_5 \ v_4 \ v_5$

오른쪽 그림이 나타내는 그래프에서 각 모서리에는 화살표가 그려져 있다. 예를 들면, 모서리 e 에는 v_1 에서 v_4 의 방향으로 화살표가 그려져 있다. 이러한 사실을 명시하기 위하여 모서리 e 를 $\{v_1, v_4\}$ 대신에 순서쌍 (v_1, v_4) 로 나타낸다.

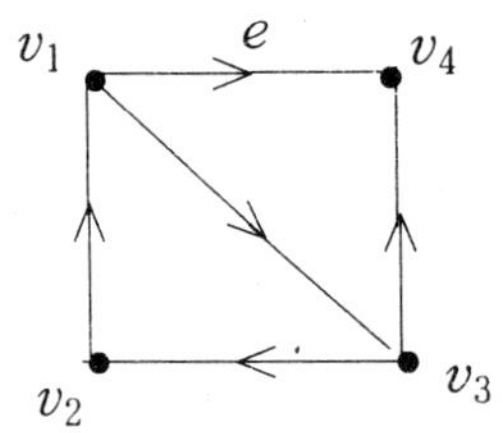

정의 2.6.6 다음 두 조건을 만족시킬 때, $D = (V, E)$ 를 **유향 그래프**(有向그래프, directed graph, digraph)라고 한다.

(i) V 는 공집합이 아닌 유한집합이다.

(ii) E 는 V 의 원소 $v, w \in V$ 의 순서쌍 (v, w) 로 이루어진 유한집합이다.

그리고, V 의 원소를 **꼭지점**이라 하고, E 의 원소를 **호**(弧, arc)라고 한다. 또, 호 (v, w) 에서 v 와 w 를 각각 이 호의 **시점**(始點, initial vertex), **종점**(終點, terminal vertex)이라고 한다.

정의 2.6.7 유향 그래프 $D=(V, E)$에서 $V=\{v_1, \cdots, v_n\}$, $|V|=n$일 때, 다음과 같이 정의된 n차의 행렬 A를 D의 **인접행렬**이라고 한다.

$$A=\begin{bmatrix} a_{11} & a_{12} & \cdots & a_{1n} \\ a_{21} & a_{22} & \cdots & a_{2n} \\ \vdots & \vdots & \cdots & \vdots \\ a_{n1} & a_{n2} & \cdots & a_{nn} \end{bmatrix}$$

$$a_{ij}=(\text{시점이 } v_i \text{이고 종점이 } v_j\text{인 호의 개수})$$

보기 2.6.4 아래 그림의 유향 그래프 $D=(V, E)$는 선수 $v_1, v_2, \cdots, v_5$가 경기를 마친 결과를 나타낸다. 예를 들어,

$$v_1 \longrightarrow v_2$$

는 v_1과 v_2와의 경기에서 v_1이 이겼음을 나타낸다.

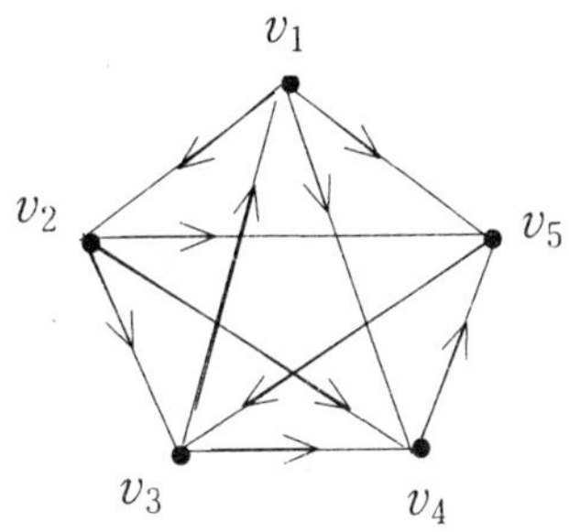

이 그래프의 인접행렬은 다음과 같다.

$$A=\begin{bmatrix} 0 & 1 & 0 & 1 & 1 \\ 0 & 0 & 1 & 1 & 1 \\ 1 & 0 & 0 & 1 & 0 \\ 0 & 0 & 0 & 0 & 1 \\ 0 & 0 & 1 & 0 & 0 \end{bmatrix}$$

이 때,

$$A\begin{bmatrix} 1 \\ 1 \\ 1 \\ 1 \\ 1 \end{bmatrix}=\begin{bmatrix} 0 & 1 & 0 & 1 & 1 \\ 0 & 0 & 1 & 1 & 1 \\ 1 & 0 & 0 & 1 & 0 \\ 0 & 0 & 0 & 0 & 1 \\ 0 & 0 & 1 & 0 & 0 \end{bmatrix}=\begin{bmatrix} 3 \\ 3 \\ 2 \\ 1 \\ 1 \end{bmatrix}$$

이므로 가장 많이 이긴 사람은 v_1, v_2 두 선수이다.

그러나. v_1는 v_2와의 경기를 이겼으므로 v_1이 이 경기의 승자라고 생각해도 좋을 듯하다. 한편, v_1은 직접적으로는 v_3에게 졌지만

$$v_1 \longrightarrow v_2 \longrightarrow v_3$$

을 통해서 간접적으로 v_3에게 이겼다는 사실을 감안하여 A와 A^2을 계산하여 얻은 결과를 생각한다. 실제로,

$$(A+A^2)\begin{bmatrix}1\\1\\1\\1\\1\end{bmatrix}=\left(\begin{bmatrix}0&1&0&1&1\\0&0&1&1&1\\1&0&0&1&0\\0&0&0&0&1\\0&0&1&0&0\end{bmatrix}+\begin{bmatrix}0&0&2&1&2\\1&0&1&1&1\\0&1&0&1&2\\0&0&1&0&0\\1&0&0&1&0\end{bmatrix}\right)=\begin{bmatrix}8\\7\\6\\2\\3\end{bmatrix}$$

이므로 이 경기의 승자를 v_1, v_2, v_3, v_5, v_4 순으로 매기는 것이 합당하다.

연 습 문 제 (2.6)

1. 다음 그래프의 인접행렬을 구하여라.

(1) 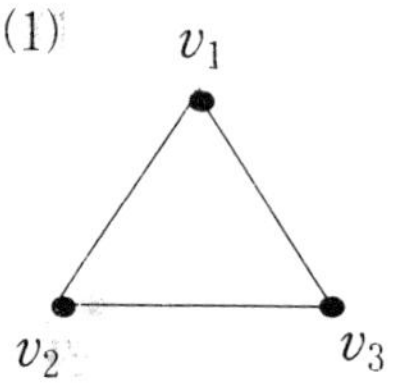

(2) 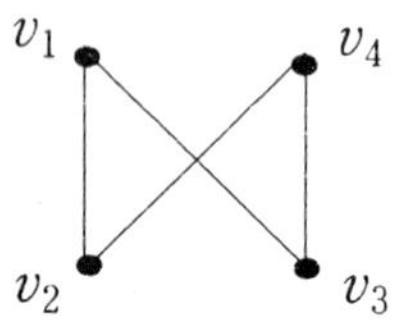

(3) 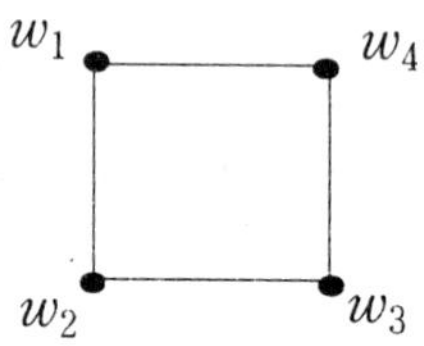

2. 다음 그림이 나타내는 그래프의 인접행렬 A를 구하여라.

(1) 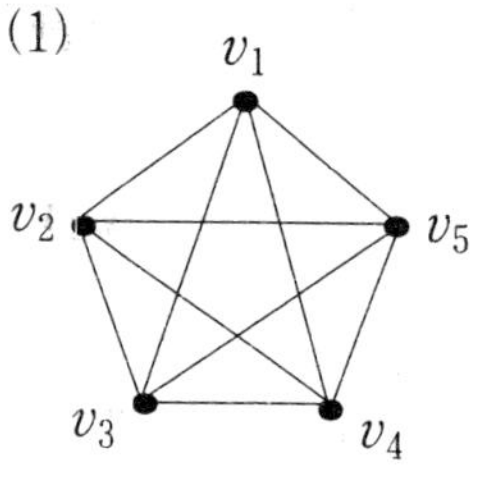

(2) 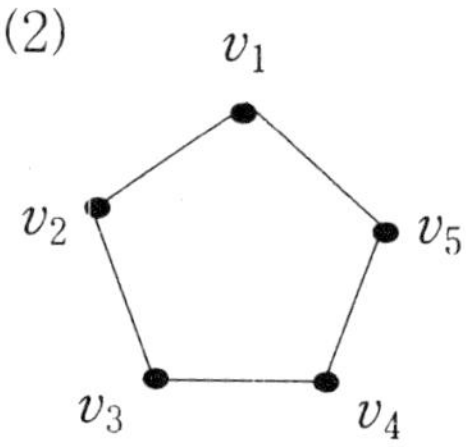

(3) 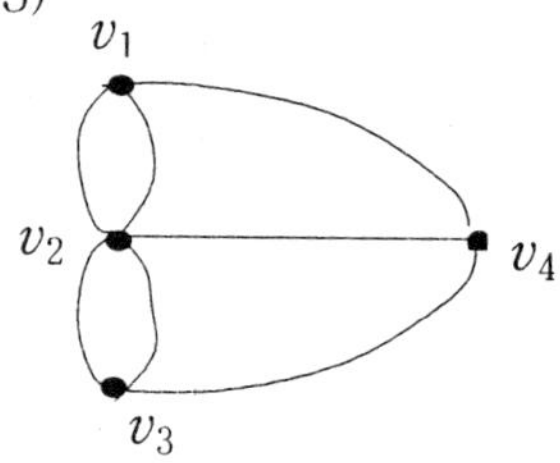

3. 오른쪽 그림의 그래프에 대하여 다음 물음에 답하여라.

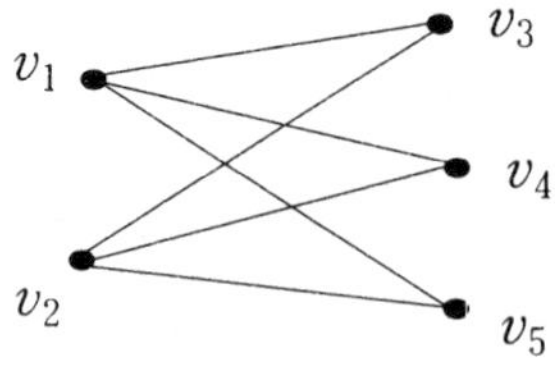

(1) 인접행렬 A를 구하고, 또 A^2, A^3를 구하여라.

(2) v_1에서 v_2까지의 길이가 2인 길을 모두 구하여라.

(3) v_1에서 v_4까지의 길이가 3인 길을 모두 구하여라.

제 3 장

행렬식과
유클리드 공간

이 장에서는, 행렬식을 정의하고 행렬식의 여러 가지 성질을 간단히 소개하고, 유클리드 공간 $\mathscr{E}^n$ 의 대수학적 성질과 기하학적 성질을 논한다.

행렬식의 성질에 대한 상세한 증명은 [해설 3] 에서 논한다.

§3.1 행렬식

자연수 $1, 2, \cdots, n$ 을 일렬로 늘어놓은 순열(順列, permutation) 전체의 개수는 $n!$ 개이다. 이러한 순열

$$\sigma : j_1, j_2, j_3, \cdots, j_n$$

에 대하여 다음과 같은 $\frac{n(n-1)}{2}$ 개의 순서쌍을 생각해 보자.

$$\begin{aligned} (j_1, j_2),\ (j_1, j_3),\ &\cdots,\ (j_1, j_n), \\ (j_2, j_3),\ &\cdots,\ (j_2, j_n), \\ &\cdots\cdots\cdots\cdots, \\ &(j_{n-1}, j_n) \end{aligned}$$

위의 순서쌍 중에서 크기의 순으로 되어 있지 않은 순서쌍이 있을 때, σ 에 **전도**(轉倒, inversion)가 있다고 하고, 이러한 전도가 일어난 개수를 $\mu(\sigma)$ 로 나타낸다. 그리고, $\mu(\sigma)$ 가 짝수일 때 σ 를 **우순열**(偶順列, even permutation)이라 하고 $\mu(\sigma)$ 가 홀수일 때 σ 를 **기순열**(奇順列, odd permutation)이라고 하며 다음과 같이 정의된 $\operatorname{sgn}\sigma$ 를 σ 의 **부호**(符號, sign, signum)라고 한다.

$$\operatorname{sgn}\sigma = (-1)^{\mu(\sigma)} = \begin{cases} 1 & (\sigma \text{ 가 우순열일 때}) \\ -1 & (\sigma \text{ 가 기순열일 때}) \end{cases}$$

보기 3.1.1 자연수 $1, 2, 3, 4, 5$ 의 한 순열

$$\sigma : 4, 1, 3, 5, 2$$

를 생각해 보자.

이 순열에서 전도가 일어난 순서쌍은 다음과 같은 5 개의 순서쌍뿐이다.

$(4, 1),\ (4, 3),\ (4, 2),\ (3, 2),\ (5, 2)$

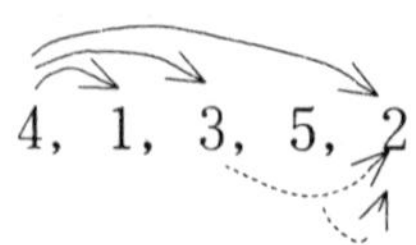

따라서 $\mu(\sigma) = 5$ 이므로 σ 는 기순열이고 $\operatorname{sgn}\sigma = -1$ 이다.

체 F 위의 n 차의 행렬

$$A = \begin{bmatrix} a_{11} & a_{12} & \cdots & a_{1n} \\ a_{21} & a_{22} & \cdots & a_{2n} \\ \vdots & \vdots & \cdots & \vdots \\ a_{n1} & a_{n2} & \cdots & a_{nn} \end{bmatrix}$$

에 대하여, A 의 제 1 행, 제 2 행, …, 제 n 행의 원소 중에서 한 개씩 택하되 제 1 열, 제 2 열, …, 제 n 열에서도 한 개씩만 나오도록 택한 원소를 각각

$$a_{1j_1},\ a_{2j_2},\ \cdots,\ a_{nj_n}$$

이라고 하면 $j_1, j_2, \cdots, j_n$ 는 $1, 2, \cdots, n$ 의 순열이다. 역으로, $1, 2, \cdots, n$ 의 순열 $j_1, j_2, \cdots, j_n$ 에 대하여 $a_{1j_1}, a_{2j_2}, \cdots, a_{nj_n}$ 은 A 의 각 행과 각 열에서 한 개씩만 택한 원소들이다.

정의 3.1.1 체 F 위의 n 차의 행렬 $A = [a_{ij}]_{n \times n}$ 에 대하여 다음과 같이 정의된 $\det A$ 를 A 의 **행렬식**(行列式, determinant)이라고 한다.

$$\det A = \sum_{\sigma} (\operatorname{sgn} \sigma)\, a_{1j_1} a_{2j_2} \cdots a_{nj_n}$$

여기서, σ 는 $1, 2, \cdots, n$ 의 순열 $j_1, j_2, \cdots, j_n$ 을 타나내며 $\sum$ 는 이와 같은 $n!$ 개의 순열 σ 전체에 대한 총합을 나타낸다. 그리고, n 차의 행렬의 행렬식 $\det A$ 를 ***n* 차의 행렬식**이라 하고 이 행렬식을

$$|A| \quad \text{또는} \quad \begin{vmatrix} a_{11} & a_{12} & \cdots & a_{1n} \\ a_{21} & a_{22} & \cdots & a_{2n} \\ \vdots & \vdots & \cdots & \vdots \\ a_{n1} & a_{n2} & \cdots & a_{nn} \end{vmatrix}$$

특히, 1 차의 행렬 $[a]$ 의 행렬식은 a 와 동일하다고 생각한다.

보기 3.1.2 오른쪽 표는 1, 2 의 모든 순열을 분류한 표이며, 이로부터 다음 결과를 얻는다.

순열 σ	$\mu(\sigma)$	
1, 2	0	우순열
2, 1	1	기순열

$$\begin{vmatrix} a_{11} & a_{12} \\ a_{21} & a_{22} \end{vmatrix} = \sum_{\sigma} a_{1j_1} a_{2j_2} = a_{11}a_{22} - a_{12}a_{21}$$

보기 3.1.3 다음 표는 1, 2, 3 의 모든 순열을 분류한 표이다.

순열 σ	$\mu(\sigma)$		순열 σ	$\mu(\sigma)$	
1, 2, 3	0	우순열	2, 3, 1	2	우순열
1, 3, 2	1	기순열	3, 1, 2	2	우순열
2, 1, 3	1	기순열	3, 2, 1	3	기순열

체 F 위의 3 차의 행렬식은 다음과 같다.

$$\begin{vmatrix} a_{11} & a_{12} & a_{13} \\ a_{21} & a_{22} & a_{23} \\ a_{31} & a_{32} & a_{33} \end{vmatrix} = \sum_{\sigma} (\operatorname{sgn}\sigma)\, a_{1j_1} a_{2j_2} a_{3j_3}$$
$$= a_{11}a_{22}a_{33} + a_{12}a_{23}a_{31} + a_{13}a_{21}a_{32} - a_{11}a_{23}a_{32} - a_{12}a_{21}a_{33} - a_{13}a_{22}a_{31}$$

다음 두 그림은 2 차와 3 차의 행렬식을 구하는 방법을 보여 주고 있다. 그러나, 4 차 이상의 행렬식은 이와 같은 그림으로 구할 수 없다.

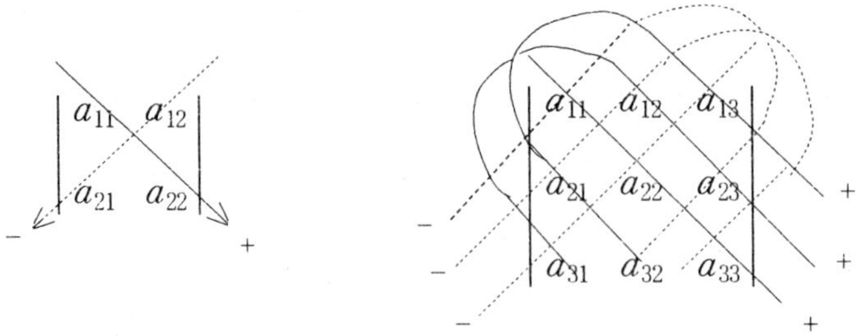

보기 3.1.4 다음 행렬식의 값을 구해 보자.

$$\begin{vmatrix} 0 & a_{12} & 0 & 0 \\ 0 & 0 & a_{23} & 0 \\ 0 & 0 & 0 & a_{34} \\ a_{41} & 0 & 0 & 0 \end{vmatrix}$$

이 행렬식의 항 중에서 0 이 아닌 항은 다음 항뿐이다.

$$(\operatorname{sgn}\sigma)\, a_{12}a_{23}a_{34}a_{41} \qquad (\text{단}, \ \sigma : \ 2, 3, 4, 1)$$

순열 σ 에서 전도가 일어나는 순서쌍은 (2, 1), (3, 1), (4, 1) 뿐이므로 $\mu(\sigma) = 3$, $\operatorname{sgn}\sigma = -1$ 이고 따라서 이 행렬식의 값은 $-a_{12}a_{23}a_{34}a_{41}$ 이다.

아래에 소개할 네 정리에 대한 증명은 [해설 3] 을 참조하기 바란다.
다음 정리에 의하면 행렬식의 행에 대한 성질은 열에 대해서도 성립한다.

정리 3.1.2 체 F 위의 n 차의 행렬 A 에 대하여 $\det A^T = \det A$ 이다.

$$\begin{vmatrix} a_{11} & a_{21} & \cdots & a_{n1} \\ a_{12} & a_{22} & \cdots & a_{n2} \\ \vdots & \vdots & \cdots & \vdots \\ a_{1n} & a_{2n} & \cdots & a_{nn} \end{vmatrix} = \begin{vmatrix} a_{11} & a_{12} & \cdots & a_{1n} \\ a_{21} & a_{22} & \cdots & a_{2n} \\ \cdots & \cdots & \cdots & \cdots \\ \cdots & \cdots & \cdots & \cdots \\ a_{n1} & a_{n2} & \cdots & a_{nn} \end{vmatrix}$$

정리 3.1.3 체 F 위의 행렬 $A = [a_{ij}]_{n\times n}$ 에서 서로 다른 두 행 [두 열]을 서로 바꾸어 놓은 행렬을 B 라고 하면, $\det B = -\det A$ 이다.

$$\begin{vmatrix} a_{11} & a_{12} & \cdots & a_{1n} \\ \cdots & \cdots & \cdots & \cdots \\ a_{s1} & a_{s2} & \cdots & a_{sn} \\ \cdots & \cdots & \cdots & \cdots \\ a_{r1} & a_{r2} & \cdots & a_{rn} \\ \cdots & \cdots & \cdots & \cdots \\ a_{n1} & a_{n2} & \cdots & a_{nn} \end{vmatrix} = - \begin{vmatrix} a_{11} & a_{12} & \cdots & a_{1n} \\ \cdots & \cdots & \cdots & \cdots \\ a_{r1} & a_{r2} & \cdots & a_{rn} \\ \cdots & \cdots & \cdots & \cdots \\ a_{s1} & a_{s2} & \cdots & a_{sn} \\ \cdots & \cdots & \cdots & \cdots \\ a_{n1} & a_{n2} & \cdots & a_{nn} \end{vmatrix}$$

즉, $\det C_{rs} A = -\det A, \qquad \det A\, C_{rs} = -\det A$

또, A 의 서로 다른 두 행 [두 열]의 성분이 일치하면, $\det A = 0$ 이다.

정리 3.1.4 체 F 위의 행렬 $A = [a_{ij}]_{n\times n}$ 에 대하여 A 의 한 행 [한 열]을 k 배 하여 얻은 행렬을 B 이라고 하면 $\det B = k \det A$ 이다.

$$\begin{vmatrix} a_{11} & a_{12} & \cdots & a_{1n} \\ \cdots & \cdots & \cdots & \cdots \\ ka_{r1} & ka_{r2} & \cdots & ka_{rn} \\ \cdots & \cdots & \cdots & \cdots \\ a_{n1} & a_{n2} & \cdots & a_{nn} \end{vmatrix} = k \begin{vmatrix} a_{11} & a_{12} & \cdots & a_{1n} \\ \cdots & \cdots & \cdots & \cdots \\ a_{r1} & a_{r2} & \cdots & a_{rn} \\ \cdots & \cdots & \cdots & \cdots \\ a_{n1} & a_{n2} & \cdots & a_{nn} \end{vmatrix}$$

즉, $\det D_{rr}(k) A = k \det A, \qquad \det A\, D_{rr}(k) = k \det A$

정리 3.1.5 체 F 위의 행렬 A 에서 한 행 [한 열]의 각 성분이 합인 경우에 $\det A$ 는 두 행렬식의 합으로 분리된다.

$$\begin{vmatrix} a_{11} & a_{12} & \cdots & a_{1n} \\ \cdots & \cdots & \cdots & \cdots \\ b_1 + c_1 & b_2 + c_2 & \cdots & b_n + c_n \\ \cdots & \cdots & \cdots & \cdots \\ a_{n1} & a_{n2} & \cdots & a_{nn} \end{vmatrix} = \begin{vmatrix} a_{11} & a_{12} & \cdots & a_{1n} \\ \cdots & \cdots & \cdots & \cdots \\ b_1 & b_2 & \cdots & b_n \\ \cdots & \cdots & \cdots & \cdots \\ a_{n1} & a_{n2} & \cdots & a_{nn} \end{vmatrix} + \begin{vmatrix} a_{11} & a_{12} & \cdots & a_{1n} \\ \cdots & \cdots & \cdots & \cdots \\ c_1 & c_2 & \cdots & c_n \\ \cdots & \cdots & \cdots & \cdots \\ a_{n1} & a_{n2} & \cdots & a_{nn} \end{vmatrix}$$

앞의 정리 3.1.3 ~ 정리 3.1.5 를 이용하면 다음 정리를 증명할 수 있다.

정리 3.1.6 체 F 위의 행렬 $A = [a_{ij}]_{n\times n}$ 에 대하여 다음이 성립한다.

(1) A 의 서로 다른 두 행 [두 열]의 대응하는 성분이 비례하거나 또는 일치하면, $\det A = 0$ 이다.

$$\begin{vmatrix} a_{11} & a_{12} & \cdots & a_{1n} \\ \vdots & \vdots & & \vdots \\ a_{r1} & a_{r2} & \cdots & a_{rn} \\ \vdots & \vdots & & \vdots \\ ka_{r1} & ka_{r2} & \cdots & ka_{rn} \\ \vdots & \vdots & & \vdots \\ a_{n1} & a_{n2} & \cdots & a_{nn} \end{vmatrix} = k \begin{vmatrix} a_{11} & a_{12} & \cdots & a_{1n} \\ \vdots & \vdots & & \vdots \\ a_{r1} & a_{r2} & \cdots & a_{rn} \\ \vdots & \vdots & & \vdots \\ a_{r1} & a_{r2} & \cdots & a_{rn} \\ \vdots & \vdots & & \vdots \\ a_{n1} & a_{n2} & \cdots & a_{nn} \end{vmatrix} = 0$$

특히, A 의 한 행 [열] 의 성분이 0 이면, $\det A = 0$ 이다.

(2) $\det(kA) = k^n \det A, \quad \det(-A) = (-1)^n \det A$

(3) A 의 한 행 [한 열] 에 다른 행 [다른 열] 의 k 배를 더하여 얻은 행렬을 B 라고 하면, $\det B = \det A$ 이다.

$$\begin{vmatrix} a_{11} & a_{12} & \cdots & a_{1n} \\ \vdots & \vdots & & \vdots \\ a_{r1}+ka_{s1} & a_{r2}+ka_{s2} & \cdots & a_{rn}+ka_{sn} \\ \vdots & \vdots & & \vdots \\ a_{s1} & a_{s2} & \cdots & a_{sn} \\ \vdots & \vdots & & \vdots \\ a_{n1} & a_{n2} & \cdots & a_{nn} \end{vmatrix} = \begin{vmatrix} a_{11} & a_{12} & \cdots & a_{1n} \\ \vdots & \vdots & & \vdots \\ a_{r1} & a_{r2} & \cdots & a_{rn} \\ \vdots & \vdots & & \vdots \\ a_{s1} & a_{s2} & \cdots & a_{sn} \\ \vdots & \vdots & & \vdots \\ a_{n1} & a_{n2} & \cdots & a_{nn} \end{vmatrix}$$

즉, $\det E_{rs}(k)\, A = \det A, \quad \det A\, E_{rs}(k) = \det A$

정리 3.1.7 체 F 위의 행렬 $A = [a_{ij}]_{n\times n}$ 가 下 삼각행렬이거나 또는 上 삼각행렬이면, $\det A = a_{11}a_{22}\cdots a_{nn}$ 이다. 즉,

$$\begin{vmatrix} a_{11} & 0 & \cdots & 0 \\ a_{21} & a_{22} & \cdots & 0 \\ \vdots & \vdots & \ddots & \vdots \\ a_{n1} & a_{n2} & \cdots & a_{nn} \end{vmatrix} = \begin{vmatrix} a_{11} & a_{12} & \cdots & a_{1n} \\ 0 & a_{22} & \cdots & a_{2n} \\ \vdots & \vdots & \ddots & \vdots \\ 0 & 0 & \cdots & a_{nn} \end{vmatrix} = a_{11}a_{22}\cdots a_{nn}$$

특히, $A = \mathrm{diag}\{a_{11}, a_{22}, \cdots, a_{nn}\}$ 이면, $\det A = a_{11}a_{22}\cdots a_{nn}$ 이다.

증 명 행렬 A 가 下 삼각행렬이면,

$$\det A = \sum_{\sigma} (\operatorname{sgn} \sigma)\, a_{1j_1} a_{2j_2} \cdots a_{nj_n}$$

에서 0 이 아닌 항은 $a_{11} a_{22} \cdots a_{nn}$ 뿐이므로 $\det A = a_{11} a_{22} \cdots a_{nn}$ 이다.

그리고, A 가 上 삼각행렬이면, A^T 는 下 삼각행렬이므로 정리 3.1.2 와 위의 결과에 의하여 $\det A = \det A^T = a_{11} a_{22} \cdots a_{nn}$ 이다.

보기 3.1.5 실수체 ℝ 위에서 다음이 성립한다(정리 3.1.3, 정리 3.1.6).

$$\begin{vmatrix} 2 & 8 & 7 \\ 1 & 1 & 2 \\ -3 & 5 & 1 \end{vmatrix} = -\begin{vmatrix} 1 & 1 & 2 \\ 2 & 8 & 7 \\ -3 & 5 & 1 \end{vmatrix} = -\begin{vmatrix} 1 & 1 & 2 \\ 0 & 6 & 3 \\ 0 & 8 & 7 \end{vmatrix}$$

$$= -3\begin{vmatrix} 1 & 1 & 2 \\ 0 & 2 & 1 \\ 0 & 8 & 7 \end{vmatrix} = -3\begin{vmatrix} 1 & 1 & 2 \\ 0 & 2 & 1 \\ 0 & 0 & 3 \end{vmatrix} = -18$$

보기 3.1.6 체 F 위에서 다음이 성립한다(정리 3.1.6, 정리 3.1.4).

$$\begin{vmatrix} 1 & a & b & c+d \\ 1 & b & c & d+a \\ 1 & c & d & a+b \\ 1 & d & a & b+c \end{vmatrix} = \begin{vmatrix} 1 & a & b & a+b+c+d \\ 1 & b & c & b+c+d+a \\ 1 & c & d & c+d+a+b \\ 1 & d & a & d+a+b+c \end{vmatrix}$$

$$= (a+b+c+d)\begin{vmatrix} 1 & a & b & 1 \\ 1 & b & c & 1 \\ 1 & c & d & 1 \\ 1 & d & a & 1 \end{vmatrix} = 0$$

정리 3.1.8 체 F 위의 n 차의 행렬 A, B 에 대하여 다음이 성립한다.

(1) $\det I_n = 1$, $\det C_{ij} = -1$, $\det D_{ii}(k) = k$, $\det E_{ij}(k) = 1$

(2) E 가 기본행렬이면, $\det EA = (\det E)(\det A)$ 이다.

(3) A 가 정칙행렬일 때 그리고 이때에만 $\det A \neq 0$ 이다.

(4) $\det AB = (\det A)(\det B)$ 즉 $|AB| = |A||B|$

증 명 (1), (2) 정리 3.1.3 ~ 정리 3.1.7 에 의하여 (1) 이 성립한다.

(3), (4) 먼저 행렬 A 가 정칙행렬이면, 적당한 기본행렬 $E_1, E_2, \cdots, E_s$ 에 대하여 $A = E_1 E_2 \cdots E_s$ 이다(정리 2.3.7).

따라서 (1) 에 의하여

$$\det A = \det (E_1 E_2 \cdots E_s) = (\det E_1)(\det E_2 \cdots E_s)$$
$$= \cdots = (\det E_1)(\det E_2) \cdots (\det E_s)$$

이므로 $\det A \neq 0$ 이고, 또 다음이 성립한다.

$$\begin{aligned} \det (AB) &= \det (E_1 E_2 \cdots E_s B) \\ &= (\det E_1)(\det E_2 \cdots E_s B) \\ &= (\det E_1)(\det E_2) \cdots (\det E_s)(\det B) \\ &= (\det A)(\det B) \end{aligned}$$

다음에 A 가 정칙행렬이 아니라고 하자.

이 때, A 에 기본 행 변형을 시행하여 얻은 기약 행 사다리꼴 행렬을 A' 이라고 하면, $A' = PA$ 인 정칙행렬 P 가 존재한다(정리 2.3.5). 그런데, A 는 정칙행렬이 아니므로 $r(A) < n$ 이고 따라서 A' 의 마지막 행은 0 만으로 이루어져 있다(정리 2.3.7). 그러므로, $A'B$ 의 마지막 행도 0 만으로 이루어진 행렬이므로 $\det A' = 0$, $\det A'B = 0$ 이다(정리 3.1.6). 그런데, P 는 정칙행렬이므로 앞의 결과에 의하여 $\det P \neq 0$ 이고 또

$$(\det P)(\det A) = \det PA = \det A' = 0,$$
$$(\det P)(\det AB) = \det P(AB) = \det (PA)B = \det A'B = 0$$

이므로 $\det A = 0$, $\det AB = 0$ 이고 따라서 다음 등식이 성립한다.

$$\det AB = 0 = 0 \cdot \det B = (\det A)(\det B)$$

그러므로, 정리의 (3), (4) 가 성립한다.

정리 3.1.9 체 F 위의 n 차의 행렬 A, B 에 대하여 다음이 성립한다.

(1) A 가 정칙행렬이면, $\det A^{-1} = (\det A)^{-1}$ 이다.

(2) $AB = I_n$ 이면, A 는 정칙행렬이고 $A^{-1} = B$ 이다.

$BA = I_n$ 이면, A 는 정칙행렬이고 $A^{-1} = B$ 이다.

증 명 (1) A 가 정칙행렬일 때, $AA^{-1} = I_n$ 이므로 정리 3.1.9 에 의하여

$$(\det A)(\det A^{-1}) = \det AA^{-1} = \det I_n = 1$$

이고 $\det A \neq 0$ 이고 따라서 $\det A^{-1} = (\det A)^{-1}$ 이다.

(2) $AB = I_n$ 이면, $(\det A)(\det B) = \det I_n = 1$ 이고(정리 3.1.8), 따라서 $\det A \neq 0$ 이므로 A 는 정칙행렬이고 $A^{-1} = B$ 이다.

마찬가지로, $BA = I_n$ 이면, A 는 정칙행렬이고 $A^{-1} = B$ 이다.

정리 2.3.7, 정리 3.1.8 과 정리 2.4.1 에 의하여 다음이 성립한다.

정리 3.1.10 체 F 위의 n 차의 행렬 $A\ (\neq O_n)$ 에 대하여 다음 네 조건은 서로 동치이다.

(1) A 는 정칙행렬이다.

(2) $\det A \neq 0$

(3) $r(A) = n$

(4) 다음 동차 연립일차방정식의 해는 자명한 해 $(0, 0, \cdots, 0)$ 뿐이다.

$$A\begin{bmatrix} x_1 \\ \vdots \\ x_n \end{bmatrix} = \begin{bmatrix} 0 \\ \vdots \\ 0 \end{bmatrix}$$

따라서 $\det A = 0$ 일 때 그리고 이때에만 위의 동차 연립일차방정식은 자명한 해 $(0, \cdots, 0)$ 이외의 해를 가진다.

보기 3.1.7 실수체 $\mathbb{R}$ 위의 다음 연립일차방정식을 생각해 보자.

$$\begin{cases} 3x_1 + \ x_2 = kx_1 \\ 2x_1 + 2x_2 = kx_2 \end{cases} \quad 즉 \quad \begin{cases} (3-k)\,x_1 + \qquad\qquad x_2 = 0 \\ \qquad 2\,x_1 + (2-k)\,x_2 = 0 \end{cases}$$

위의 연립일차방정식에서

$$\begin{vmatrix} 3-k & 1 \\ 2 & 2-k \end{vmatrix} = (3-k)(2-k) - 2 = k^2 - 5k + 4$$
$$= (k-1)(k-4)$$

이고 따라서 정리 3.1.10 에 의하여 위의 연립일차방정식이 자명한 해 이외의 해를 가질 필요충분조건은 $k = 1$ 또는 $k = 4$ 인 것이다.

정리 3.1.11 (Vandermonde 의 행렬식) 체 F 위에서 다음이 성립한다.

$$V = \begin{vmatrix} 1 & 1 & \cdots & 1 \\ x_1 & x_2 & \cdots & x_n \\ x_1^2 & x_2^2 & \cdots & x_n^2 \\ \vdots & \vdots & \ddots & \vdots \\ x_1^{n-1} & x_2^{n-1} & \cdots & x_n^{n-1} \end{vmatrix} = (-1)^{\frac{(n-1)n}{2}} \prod_{i<j} (x_i - x_j)$$

즉,
$$V = (-1)^{\frac{(n-1)n}{2}} (x_1 - x_2)(x_1 - x_3)\cdots(x_1 - x_n)$$
$$(x_2 - x_3)\cdots(x_2 - x_n)$$
$$\cdots\cdots\cdots\cdots$$
$$(x_{n-1} - x_n)$$

증 명 행렬식 V 는 $x_1, x_2, \cdots, x_n$ 에 관한 다항식으로 볼 수 있다. 그런데, $1 \le i < j \le n$ 일 때, V 에서 x_i 대신에 x_j 를 대입하면, 정리 3.1.6 에 의하여 $V = 0$ 이므로 V 는 $x_i - x_j$ 를 인수로 가진다(정리 1.3.6).

그러므로, 적당한 $k \in F$ 에 대하여 $V = k \prod_{i<j} (x_i - x_j)$ 이고, 이 등식의 양변에서 $x_2 x_3^2 \cdots x_n^{n-1}$ 의 계수를 비교하면 k 는 다음과 같다.

$$k = (-1)^{1+2+\cdots+(n-1)} = (-1)^{\frac{(n-1)n}{2}}$$

보기 3.1.8 체 F 의 임의의 원소 a, b, c 에 대하여 다음이 성립한다.

$$\begin{vmatrix} 1 & 1 & 1 \\ a & b & c \\ a^2 & b^2 & c^2 \end{vmatrix} = \begin{vmatrix} 1 & a & a^2 \\ 1 & b & b^2 \\ 1 & c & c^2 \end{vmatrix} = (a-b)(b-c)(c-a)$$

연 습 문 제 (3.1)

1. 실수체 $\mathbb{R}$ 위에서 다음 행렬식의 값을 구하여라.

(1) $\begin{vmatrix} 1 & 2 & 3 \\ 2 & 4 & 6 \\ 3 & 4 & 2 \end{vmatrix}$　　(2) $\begin{vmatrix} 4 & 4 & 0 \\ 2 & 2 & 0 \\ 9 & 7 & 2 \end{vmatrix}$　　(3) $\begin{vmatrix} 3 & 4 & 0 \\ 1 & 2 & 0 \\ 9 & 7 & 2 \end{vmatrix}$

2. 실수체 ℝ 위에서 다음 행렬식의 값을 구하여라.

(1) $\begin{vmatrix} 2 & 4 & 6 & 4 \\ 1 & 2 & 3 & 2 \\ 0 & 1 & 1 & 0 \\ 1 & 2 & 0 & 2 \end{vmatrix}$ (2) $\begin{vmatrix} 2 & 1 & 5 & 7 \\ 3 & 0 & 1 & -1 \\ 2 & 0 & 0 & 0 \\ 1 & 0 & 3 & 2 \end{vmatrix}$ (3) $\begin{vmatrix} 1 & 1 & 1 & 1 \\ a & b & c & d \\ a^2 & b^2 & c^2 & d^2 \\ a^3 & b^3 & c^3 & d^3 \end{vmatrix}$

3. 실수체 ℝ 위에서 다음 등식이 성립함을 밝혀라.

(1) $\begin{vmatrix} 1+a & 1 & 1 \\ 1 & 1+b & 1 \\ 1 & 1 & 1+c \end{vmatrix} = abc + ab + ac + bc$

(2) $\begin{vmatrix} (b+c)^2 & a^2 & 1 \\ (c+a)^2 & b^2 & 1 \\ (a+b)^2 & c^2 & 1 \end{vmatrix} = -2(a+b+c)(a-b)(b-c)(c-a)$

4. 실수체 ℝ 위에서 다음이 성립함을 증명하여라.

(1) $\begin{vmatrix} a & b & b & b \\ a & b & a & a \\ a & a & b & a \\ b & b & b & a \end{vmatrix} = -(a-b)^4$

(2) $\begin{vmatrix} x & a_1 & a_2 & 1 \\ a_1 & x & a_2 & 1 \\ a_1 & a_2 & x & 1 \\ a_1 & a_2 & a_3 & 1 \end{vmatrix} = (x-a_1)(x-a_2)(x-a_3)$

5. 실수체 ℝ 또는 복소수체 ℂ 위의 n 차의 행렬 A 가 교대행렬일 때, n 이 홀수이면 $\det A = 0$ 임을 밝혀라.

6. 체 F 위의 $m\times n$ 행렬 A 와 $n\times m$ 행렬 B 에 대하여 AB 는 m 차의 행렬이므로 $\det AB$ 가 정의된다. 이 경우에 $m > n$ 이면, $\det AB = 0$ 임을 밝혀라. 이 결과에 의하여 $\det AB \neq 0$ 이면, $m \leq n$ 이다.

7. 실수체 ℝ 위에서의 다음 동차 연립일차방정식이 자명한 해 이외의 해를 가지도록 k 의 값을 정하여라.

(1) $\begin{cases} x_1 + 4x_2 = kx_1 \\ x_1 + x_2 = kx_2 \end{cases}$ (2) $\begin{cases} kx_1 + x_2 + x_3 = 0 \\ x_1 + kx_2 + x_3 = 0 \\ x_1 + x_2 + kx_3 = 0 \end{cases}$

§3.2 행렬식의 전개

이 절에서는, §3.1 에 이어 행렬식의 전개에 대하여 논한다.

정의 3.2.1 체 F 위의 n 차의 행렬 $A = [a_{ij}]_{n\times n}$ 에 대하여 행렬식 $\det A$ 를 제 i 행의 원소에 관하여 다음과 같이 전개할 수 있다.

$$\det A = a_{i1}A_{i1} + \cdots + a_{ij}A_{ij} + \cdots + a_{in}A_{in}$$

위의 등식을 $\det A$ 의 제 i 행에 관한 **전개식**(展開式, expansion)이라 하고, A_{ij} 를 a_{ij} 의 **여인수**(餘因數, cofacor)라고 한다. 그리고, a_{ij} 의 여인수 A_{ij} 를 (i, j) 성분으로 가지는 n 차의 행렬 $[A_{ij}]_{n\times n}$ 를 A 의 **여인수 행렬**(餘因數行列, cofactor matrix)이라 하고 여인수 행렬의 전치행렬을 A 의 (古典的) **수반행렬**(隨伴行列, classical adjoint)이라고 하며 이 행렬을 $\operatorname{adj} A$ 로 나타낸다. 즉,

$$\operatorname{adj} A = [A_{ij}]_{n\times n}{}^{T} = \begin{bmatrix} A_{11} & A_{21} & \cdots & A_{n1} \\ A_{12} & A_{22} & \cdots & A_{n2} \\ \vdots & \vdots & & \vdots \\ A_{1n} & A_{2n} & \cdots & A_{nn} \end{bmatrix}$$

체 F 위의 행렬 $A = [a_{ij}]_{n\times n}$ 에서 원소 a_{ij} 가 들어 있는 제 i 행과 제 j 열을 없애어 얻은 소행렬식(小行列式, minor) 을 M_{ij} 로 나타내면 다음이 성립한다([해설 3] 참조).

$$M_{ij} = \begin{vmatrix} a_{11} & a_{12} & \cdots & a_{1j} & \cdots & a_{1n} \\ a_{21} & a_{22} & \cdots & a_{2j} & \cdots & a_{2n} \\ \vdots & \vdots & & \vdots & & \\ a_{i1} & a_{i2} & \cdots & a_{ij} & \cdots & a_{in} \\ \vdots & \vdots & & \vdots & & \\ a_{n1} & a_{n2} & \cdots & a_{nj} & \cdots & a_{nn} \end{vmatrix}$$

$$A_{ij} = (-1)^{i+j} M_{ij}$$

체 F 위의 3 차의 행렬 $A = [a_{ij}]_{3\times 3}$ 의 행렬식은 다음과 같다.

$$\det A = \begin{vmatrix} a_{11} & a_{12} & a_{13} \\ a_{21} & a_{22} & a_{23} \\ a_{31} & a_{32} & a_{33} \end{vmatrix} = a_{11}a_{22}a_{33} + a_{12}a_{23}a_{31} + a_{13}a_{21}a_{32} \\ - a_{11}a_{23}a_{32} - a_{12}a_{21}a_{33} - a_{13}a_{22}a_{31}$$

행렬식 $\det A$ 를 제 1 행에 관하여 전개한 식

$$\det A = a_{11}A_{11} + a_{12}A_{12} + a_{13}A_{13}$$
$$= a_{11}(a_{22}a_{33} - a_{23}a_{32}) + a_{12}(a_{23}a_{31} - a_{21}a_{33}) + a_{13}(a_{21}a_{32} - a_{22}a_{31})$$

에서 다음이 성립한다.

$$A_{11} = a_{22}a_{33} - a_{23}a_{32} = \begin{vmatrix} a_{22} & a_{23} \\ a_{32} & a_{23} \end{vmatrix} = M_{11},$$

$$A_{12} = a_{23}a_{31} - a_{21}a_{33} = -\begin{vmatrix} a_{21} & a_{23} \\ a_{31} & a_{33} \end{vmatrix} = -M_{12},$$

$$A_{13} = a_{21}a_{32} - a_{22}a_{31} = \begin{vmatrix} a_{21} & a_{22} \\ a_{31} & a_{32} \end{vmatrix} = M_{13}$$

$$\det A = a_{11}\begin{vmatrix} a_{22} & a_{23} \\ a_{32} & a_{33} \end{vmatrix} - a_{12}\begin{vmatrix} a_{21} & a_{23} \\ a_{31} & a_{33} \end{vmatrix} + a_{13}\begin{vmatrix} a_{21} & a_{22} \\ a_{31} & a_{32} \end{vmatrix}$$

마찬가지로, $\det A$ 를 제 2 행과 제 3 행에 관하여 전개한 식은 다음과 같다.

$$\det A = a_{21}(a_{13}a_{32} - a_{12}a_{33}) + a_{22}(a_{11}a_{33} - a_{13}a_{31})$$
$$+ a_{23}(a_{12}a_{31} - a_{11}a_{32})$$
$$= a_{21}A_{21} + a_{22}A_{22} + a_{23}A_{23} = -a_{21}M_{21} + a_{22}M_{22} - a_{23}M_{23},$$
$$\det A = a_{31}A_{31} + a_{32}A_{32} + a_{33}A_{33} = a_{31}M_{31} - a_{32}M_{32} + a_{33}M_{33}$$

정리 3.2.2 체 F 위의 행렬 $A = [a_{ij}]_{n\times n}$ 에 대하여 다음이 성립한다.

(1) 제 i 행에 관한 전개식 $(1 \le i \le n)$

$$\det A = a_{i1}A_{i1} + a_{i2}A_{i2} + \cdots + a_{ij}A_{ij} + \cdots + a_{in}A_{in}$$

(2) 제 j 열에 관한 전개식 $(1 \le j \le n)$

$$\det A = a_{1j}A_{1j} + a_{2j}A_{2j} + \cdots + a_{ij}A_{ij} + \cdots + a_{nj}A_{nj}$$

증 명 정의 3.2.1 에 의하여 (1) 이 성립한다.

그리고, 정리 3.1.2 에 의하여 $\det A^T = \det A$ 이고 또 A^T 의 제 j 행은 A 의 제 j 열과 동일하므로 (1) 에 의하여 (2) 가 성립한다.

다음 정리에서 δ_{ij} 는 Kronecker delta 이다.

정리 3.2.3 체 F 위의 행렬 $A = [a_{ij}]_{n\times n}$ 에 대하여 다음이 성립한다.

(1) $a_{i1}A_{j1} + a_{i2}A_{j2} + \cdots + a_{in}A_{jn} = \delta_{ij} \det A \quad (1 \le i,\ j \le n)$

(2) $a_{1i}A_{1j} + a_{2i}A_{2j} + \cdots + a_{ni}A_{nj} = \delta_{ij} \det A \quad (1 \le i,\ j \le n)$

(3) $A(\operatorname{adj} A) = (\operatorname{adj} A)A = (\det A)I_n = \begin{bmatrix} |A| & 0 & \cdots & 0 \\ 0 & |A| & \cdots & 0 \\ \vdots & \vdots & \ddots & \vdots \\ 0 & 0 & \cdots & |A| \end{bmatrix}$

(4) $\det A \neq 0$ 이면, A 와 $\operatorname{adj} A$ 는 정칙행렬이고 그 역행렬은 다음과 같다.

$$A^{-1} = (\det A)^{-1} \operatorname{adj} A, \quad (\operatorname{adj} A)^{-1} = (\det A)^{-1} A$$

증 명 (1), (2) 등식 $\det A = a_{j1}A_{j1} + a_{j2}A_{j2} + \cdots + a_{jn}A_{jn}$ 의 양변에서 $a_{j1}, a_{j2}, \cdots, a_{jn}$ 대신에 각각 $a_{i1}, a_{i2}, \cdots, a_{in}$ 을 대입하면

$$\begin{vmatrix} a_{11} & a_{12} & \cdots & a_{1n} \\ \hline a_{i1} & a_{i2} & \cdots & a_{in} \\ \hline a_{i1} & a_{i2} & \cdots & a_{in} \\ \hline a_{n1} & a_{n2} & \cdots & a_{nn} \end{vmatrix} \begin{matrix} \\ i \\ j \\ \\ \end{matrix} = a_{i1}A_{j1} + a_{i2}A_{j2} + \cdots + a_{in}A_{jn}$$

이므로 정리 3.2.2 와 정리 3.1.3 에 의하여 (1) 이 성립한다.

마찬가지 방법으로 (2) 가 성립함을 증명할 수 있다.

(3) 행렬 $A(\operatorname{adj} A)$ 의 (i, j) 성분과 행렬 $(\operatorname{adj} A)A$ 의 (i, j) 성분은 각각

$$\sum_{k=1}^{n} a_{ik}A_{jk} = \delta_{ij} \det A, \qquad \sum_{k=1}^{n} A_{ki}a_{kj} = \delta_{ij} \det A$$

이므로 $A(\operatorname{adj} A) = (\operatorname{adj} A)A = (\det A)I_n$ 이다.

(4) $\det A \neq 0$ 이면, (3) 에 의하여

$$A((\det A)^{-1} \operatorname{adj} A) = ((\det A)^{-1} \operatorname{adj} A)A = I_n$$

이므로 A 와 $\operatorname{adj} A$ 는 정칙행렬이고 그 역행렬은 다음과 같다(정리 3.1.9).

$$A^{-1} = (\det A)^{-1} \operatorname{adj} A, \quad (\operatorname{adj} A)^{-1} = (\det A)^{-1} A$$

보기 3.2.1 체 F 위의 행렬

$$A = \begin{bmatrix} a & b \\ c & d \end{bmatrix}$$

에 대하여 $\det A = ad - bc$ 이다.

그리고, $\det A \neq 0$ 일 때, A^{-1} 는 다음과 같다(보기 2.2.4).

$$A^{-1} = \frac{1}{\det A} \operatorname{adj} A = \frac{1}{ad-bc} \begin{bmatrix} d & -b \\ -c & a \end{bmatrix}$$

보기 3.2.2 실수체 $\mathbb{R}$ 위의 3 차의 행렬

$$A = \begin{bmatrix} 1 & 2 & 3 \\ 4 & 5 & 6 \\ 7 & 8 & 10 \end{bmatrix}$$

에 대하여 다음이 성립한다.

$$\begin{aligned} &A_{11} = 2, && A_{21} = 4, && A_{31} = -3, \\ &A_{12} = 2, && A_{22} = -11, && A_{32} = 6, \\ &A_{13} = -3, && A_{23} = 6, && A_{33} = -3 \end{aligned}$$

$$\operatorname{adj} A = \begin{bmatrix} 2 & 4 & -3 \\ 2 & -11 & 6 \\ -3 & 6 & -3 \end{bmatrix}, \quad A^{-1} = -\frac{1}{3} \operatorname{adj} A$$

$$\begin{aligned} &1 \cdot 2 + 2 \cdot 2 + 3 \cdot (-3) = -3 = \det A, \\ &4 \cdot 4 + 5 \cdot (-11) + 6 \cdot 6 = -3 = \det A \\ &1 \cdot 4 + 2 \cdot (-11) + 3 \cdot 6 = 0 \end{aligned}$$

보기 3.2.3 체 F 위에서 다음이 성립한다.

$$\begin{vmatrix} 1 & 0 & 0 & 0 & 0 \\ 0 & 1 & 0 & 0 & 0 \\ b_1 & b_2 & b_{11} & b_{12} & b_{13} \\ c_1 & c_2 & b_{21} & b_{22} & b_{23} \\ d_1 & d_2 & b_{31} & b_{32} & b_{33} \end{vmatrix} = \begin{vmatrix} 1 & 0 & 0 & 0 \\ b_2 & b_{11} & b_{12} & b_{13} \\ c_2 & b_{21} & b_{22} & b_{23} \\ d_2 & b_{31} & b_{32} & b_{33} \end{vmatrix} = \begin{vmatrix} b_{11} & b_{12} & b_{13} \\ b_{21} & b_{22} & b_{23} \\ b_{31} & b_{32} & b_{33} \end{vmatrix}$$

(제 1 행에 관한 전개)　　　(제 1 행에 관한 전개)

보기 3.2.4 체 F 위에서 다음이 성립한다.

$$\begin{vmatrix} a_{11} & a_{12} & c_1 & c_2 \\ a_{21} & a_{22} & d_1 & d_2 \\ 0 & 0 & 1 & 0 \\ 0 & 0 & 0 & 1 \end{vmatrix} = \begin{vmatrix} a_{11} & a_{12} & c_1 \\ a_{21} & a_{22} & d_1 \\ 0 & 0 & 1 \end{vmatrix} = \begin{vmatrix} a_{11} & a_{12} \\ a_{21} & a_{22} \end{vmatrix}$$

(제 4 행에 관한 전개) (제 3 행에 관한 전개)

정리 3.2.4 체 F 위에서 다음이 성립한다.

(1) $$\begin{vmatrix} a_{11} & \cdots & a_{1m} & c_{11} & \cdots & c_{1n} \\ \vdots & & \vdots & \vdots & & \vdots \\ a_{m1} & \cdots & a_{mm} & c_{m1} & \cdots & c_{mn} \\ 0 & \cdots & 0 & b_{11} & \cdots & b_{1n} \\ \vdots & & \vdots & \vdots & & \vdots \\ 0 & \cdots & 0 & b_{n1} & \cdots & b_{nn} \end{vmatrix} = \begin{vmatrix} a_{11} & \cdots & a_{1m} \\ \vdots & & \vdots \\ a_{m1} & \cdots & a_{mm} \end{vmatrix} \begin{vmatrix} b_{11} & \cdots & b_{1n} \\ \vdots & & \vdots \\ b_{n1} & \cdots & b_{nn} \end{vmatrix}$$

(2) $$\begin{vmatrix} a_{11} & \cdots & a_{1m} & 0 & \cdots & 0 \\ \vdots & & \vdots & \vdots & & \vdots \\ a_{m1} & \cdots & a_{mm} & 0 & \cdots & 0 \\ d_{11} & \cdots & d_{1m} & b_{11} & \cdots & b_{1n} \\ \vdots & & \vdots & \vdots & & \vdots \\ d_{n1} & \cdots & d_{nm} & b_{n1} & \cdots & b_{nn} \end{vmatrix} = \begin{vmatrix} a_{11} & \cdots & a_{1m} \\ \vdots & & \vdots \\ a_{m1} & \cdots & a_{mm} \end{vmatrix} \begin{vmatrix} b_{11} & \cdots & b_{1n} \\ \vdots & & \vdots \\ b_{n1} & \cdots & b_{nn} \end{vmatrix}$$

증 명 위의 행렬식에서

$$A = [a_{ij}]_{m\times m},\ B = [b_{ij}]_{n\times n},\ C = [c_{ij}]_{m\times n},\ D = [d_{ij}]_{n\times m},$$

$O = O_{n\times m}$, $O' = O_{m\times n}$ 이라고 하면 다음이 성립한다(보기 2.1.6 참조).

$$\begin{bmatrix} I_m & O' \\ O & B \end{bmatrix}\begin{bmatrix} A & C \\ O & I_n \end{bmatrix} = \begin{bmatrix} A & C \\ O & B \end{bmatrix},\quad \begin{bmatrix} A & O' \\ D & I_n \end{bmatrix}\begin{bmatrix} I_m & O' \\ O & B \end{bmatrix} = \begin{bmatrix} A & O' \\ D & B \end{bmatrix}$$

이므로, 정리 3.1.8 에 의하여 다음이 성립한다(보기 3.2.3, 보기 3.2.4 참조).

$$\begin{vmatrix} A & C \\ O & B \end{vmatrix} = \begin{vmatrix} I_m & O' \\ O & B \end{vmatrix}\begin{vmatrix} A & C \\ O & I_n \end{vmatrix} = |B||A| = |A||B|,$$

$$\begin{vmatrix} A & O' \\ D & B \end{vmatrix} = \begin{vmatrix} A & O' \\ D & I_n \end{vmatrix}\begin{vmatrix} I_m & O' \\ O & B \end{vmatrix} = |A||B|$$

정리 3.2.5 (Cramer 의 공식) 체 F 위에서 n 개의 미지수 $x_1, x_2, \cdots, x_n$ 에 관한 n 개의 일차방정식으로 이루어진 연립일차방정식

$$\begin{cases} a_{11}x_1 + a_{12}x_2 + \cdots + a_{1n}x_n = b_1 \\ a_{21}x_1 + a_{22}x_2 + \cdots + a_{2n}x_n = b_2 \\ \quad\vdots \qquad\quad \vdots \qquad\quad \cdots \qquad \vdots \qquad \vdots \\ a_{n1}x_1 + a_{n2}x_2 + \cdots + a_{nn}x_n = b_n \end{cases}$$

에서 계수행렬 $A = [a_{ij}]_{n\times n}$ 가 정칙행렬일 때, 즉 $|A| \neq 0$ 일 때, 이 연립일차방식은 단 한 개의 해를 가지며 그 해는 다음 식으로 주어진다.

$$x_j = \frac{\begin{vmatrix} a_{11} & a_{12} & \cdots & b_1 & \cdots & a_{1n} \\ a_{21} & a_{22} & \cdots & b_2 & \cdots & a_{2n} \\ \vdots & \vdots & & \vdots & & \vdots \\ a_{n1} & a_{n2} & \cdots & b_n & \cdots & a_{nn} \end{vmatrix}}{\begin{vmatrix} a_{11} & a_{12} & \cdots & a_{1j} & \cdots & a_{1n} \\ a_{21} & a_{22} & \cdots & a_{2j} & \cdots & a_{2n} \\ \vdots & \vdots & & \vdots & & \vdots \\ a_{n1} & a_{n2} & \cdots & \underset{j}{a_{nj}} & \cdots & a_{nn} \end{vmatrix}} \qquad (1 \leq j \leq n)$$

증 명 주어진 연립일차방정식

$$A\begin{bmatrix} x_1 \\ \vdots \\ x_n \end{bmatrix} = \begin{bmatrix} b_1 \\ \vdots \\ b_n \end{bmatrix}$$

에서 A 가 정칙행렬일 때,

$$\begin{bmatrix} x_1 \\ \vdots \\ x_n \end{bmatrix} = A^{-1}\begin{bmatrix} b_1 \\ \vdots \\ b_n \end{bmatrix} = \frac{1}{\det A}\begin{bmatrix} A_{11} & A_{21} & \cdots & A_{n1} \\ A_{12} & A_{22} & \cdots & A_{n2} \\ \vdots & \vdots & & \vdots \\ A_{1n} & A_{2n} & \cdots & A_{nn} \end{bmatrix}\begin{bmatrix} b_1 \\ \vdots \\ b_n \end{bmatrix}$$

이므로

$$x_j = \frac{b_1A_{1j} + b_2A_{2j} + \cdots + b_nA_{nj}}{|A|} \qquad (1 \leq j \leq n)$$

이고 또 정리 3.2.2에 의하여

$$b_1A_{1j}+b_2A_{2j}+\cdots+b_nA_{nj}=\begin{vmatrix} a_{11} & \cdots & b_1 & \cdots & a_{1n} \\ a_{21} & \cdots & b_2 & \cdots & a_{2n} \\ \vdots & & \vdots & & \vdots \\ a_{n1} & \cdots & b_n & \cdots & a_{nn} \end{vmatrix}$$

이므로 정리의 결과를 얻는다.

보기 3.2.5 실수체 $\mathbb{R}$ 위에서 다음 연립일차방정식의 해를 구해 보자.

$$\begin{cases} 7x - y + z = 0 \\ 10x - 2y - z = 8 \\ 6x + 3y + 2z = 7 \end{cases}$$

먼저 다음 결과를 얻는다.

$$\begin{vmatrix} 7 & -1 & 1 \\ 10 & -2 & -1 \\ 6 & 3 & 2 \end{vmatrix} = \begin{vmatrix} 1 & -4 & -1 \\ 10 & -2 & -1 \\ 6 & 3 & 2 \end{vmatrix} = \begin{vmatrix} 1 & -4 & -1 \\ 0 & 38 & 9 \\ 0 & 27 & 8 \end{vmatrix}$$

$$= \begin{vmatrix} 38 & 9 \\ 27 & 8 \end{vmatrix} = 304-243 = 61 \neq 0$$

$$\begin{vmatrix} 0 & -1 & 1 \\ 8 & -2 & -1 \\ 7 & 3 & 2 \end{vmatrix} = \begin{vmatrix} 0 & 0 & 1 \\ 8 & -3 & -1 \\ 7 & 5 & 2 \end{vmatrix} = \begin{vmatrix} 8 & -3 \\ 7 & 5 \end{vmatrix} = 61,$$

$$\begin{vmatrix} 7 & 0 & 1 \\ 10 & 8 & -1 \\ 6 & 7 & 2 \end{vmatrix} = \begin{vmatrix} 0 & 0 & 1 \\ 17 & 8 & -1 \\ -8 & 7 & 2 \end{vmatrix} = \begin{vmatrix} 17 & 8 \\ -8 & 7 \end{vmatrix} = 183,$$

$$\begin{vmatrix} 7 & -1 & 0 \\ 10 & -2 & 8 \\ 6 & 3 & 7 \end{vmatrix} = \begin{vmatrix} 0 & -1 & 0 \\ -4 & -2 & 8 \\ 27 & 3 & 7 \end{vmatrix} = \begin{vmatrix} -4 & 8 \\ 27 & 7 \end{vmatrix} = -244$$

따라서 구하는 해는 다음과 같다.

$$x=\frac{61}{61}=1,\ y=\frac{183}{61}=3,\ z=-\frac{244}{61}=-4$$

연 습 문 제 (3.2)

1. 실수체 ℝ 위에서 다음 행렬의 수반행렬과 역행렬을 구하여라.

(1) $A=\begin{bmatrix}1 & 0 & 0\\ 4 & 2 & 0\\ 5 & 6 & 3\end{bmatrix}$ (2) $A=\begin{bmatrix}2 & 0 & 0\\ 0 & 3 & 0\\ 0 & 0 & 4\end{bmatrix}$

2. 실수체 ℝ 위에서 다음 행렬식의 값을 구하여라.

(1) $\begin{vmatrix}7 & 4 & 11\\ 13 & 10 & 15\\ 3 & 6 & 9\end{vmatrix}$ (2) $\begin{vmatrix}2 & 3 & -7\\ 5 & 4 & 6\\ 9 & -3 & -11\end{vmatrix}$

3. 실수체 ℝ 위에서 다음 행렬식의 값을 구하여라.

(1) $\begin{vmatrix}2 & 5 & 2 & 6\\ 1 & 1 & 0 & 3\\ 0 & 2 & 0 & 0\\ 1 & 3 & 2 & 1\end{vmatrix}$ (2) $\begin{vmatrix}2 & 0 & 1 & 1\\ 1 & 0 & 2 & 0\\ 0 & 3 & 4 & 5\\ 1 & 0 & 1 & 1\end{vmatrix}$

4. 실수체 ℝ 위에서 다음이 성립함을 밝혀라.

(1) $\begin{vmatrix}(b+c)^2 & ab & ca\\ ab & (c+a)^2 & bc\\ ca & bc & (a+b)^2\end{vmatrix}=2abc(a+b+c)^3$

(2) $\begin{vmatrix}a+b+c & -c & -b\\ -c & a+b+c & -a\\ -b & -a & a+b+c\end{vmatrix}=2(a+b)(a+c)(b+c)$

5. 실수체 ℝ 위에서 다음이 성립함을 밝혀라.

(1) $\begin{vmatrix}0 & a & b & c\\ -a & 0 & d & e\\ -b & -d & 0 & f\\ -c & -e & -f & 0\end{vmatrix}=(af-be+cd)^2$

(2) $\begin{vmatrix}a & b & c & d\\ -b & a & -d & c\\ -c & d & a & -b\\ -d & -c & b & a\end{vmatrix}=(a^2+b^2+c^2+d^2)^2$

6. 실수체 $\mathbb{R}$ 위의 n 차의 $(n \geq 2)$ 행렬

$$K = \begin{bmatrix} n-1 & -1 & -1 & \cdots & -1 & -1 \\ -1 & n-1 & -1 & \cdots & -1 & -1 \\ \vdots & \vdots & \vdots & \cdots & \vdots & \vdots \\ -1 & -1 & -1 & \cdots & n-1 & -1 \\ -1 & -1 & -1 & \cdots & -1 & n-1 \end{bmatrix}$$

에서 $\det K = 0$ 이고 K 의 $(1,1)$ 성분의 여인수는 n^{n-2} 임을 밝혀라.

7. 체 F 위에서 $A = [a_{ij}]_{m\times m}$, $B = [b_{ij}]_{n\times n}$, $C = [c_{ij}]_{m\times n}$, $D = [d_{ij}]_{n\times m}$, $O = O_{n\times m}$, $O' = O_{m\times n}$ 에 대하여 다음이 성립함을 밝혀라.

(1) $\begin{vmatrix} C & A \\ B & O \end{vmatrix} = (-1)^{mn}|A||B|$ (2) $\begin{vmatrix} O' & A \\ B & D \end{vmatrix} = (-1)^{mn}|A||B|$

8. 체 F 위의 n 차의 행렬 $A = [a_{ij}]_{n\times n}$, $B = [b_{ij}]_{n\times n}$ 에 대하여 다음 등식이 성립함을 증명하여라.

$$\begin{vmatrix} A & B \\ B & A \end{vmatrix} = |A+B||A-B|$$

9. 행렬 A 가 정수를 성분으로 가지는 n 차의 정칙행렬일 때, A 의 역행렬 A^{-1} 의 성분이 모두 정수이기 위한 필요충분조건은 $\det A = \pm 1$ 인 것임을 증명하여라.

10. 다음 연립방정식에서 두 변수 x', y' 을 x, y 에 관한 식으로 나타내어라.

(1) $\begin{cases} x = 2x' + 5y' \\ y = 3x' + 4y' \end{cases}$ (2) $\begin{cases} x = x'\cos\theta - y'\sin\theta \\ y = x'\sin\theta + y'\cos\theta \end{cases}$

11. 다음 연립일차방정식의 해를 구하여라. 여기서, a, b, c 는 서로 다른 실수이다.

(1) $\begin{cases} x + y + z = 1 \\ ax + by + cz = k \\ a^2x + b^2y + c^2z = k^2 \end{cases}$ (2) $\begin{cases} 3x_1 - 5x_2 - 2x_3 = 1 \\ x_1 - x_2 - x_3 = 4 \\ -x_1 + 2x_2 + x_3 = 5 \end{cases}$

§3.3 유클리드 공간

실수체 $\mathbb{R}$의 곱집합

$$\mathbb{R}^n = \{(x_1, \cdots, x_n) \mid x_1, \cdots, x_n \in \mathbb{R}\}$$

에서 임의의 원소 $v = (a_1, \cdots, a_n)$, $w = (b_1, \cdots, b_n)$와 실수 a에 대하여

$$v + w = (a_1 + b_1, \cdots, a_n + b_n),$$

$$a v = a(a_1, \cdots, a_n) = (a a_1, \cdots, a a_n)$$

으로 정의하면, 임의의 $v, w, u \in \mathbb{R}^n$와 임의의 실수 $a, b \in \mathbb{R}$에 대하여 다음이 성립한다(정리 2.1.1).

$$(v + w) + u = v + (w + u), \qquad v + w = w + v$$

$$v + \mathbf{0} = \mathbf{0} + v = v, \qquad v + (-v) = (-v) + v = \mathbf{0}$$

$$a(v + w) = av + aw, \qquad (a + b)v = av + bv$$

$$(ab)v = a(bv), \qquad 1v = v$$

위의 등식이 성립한다는 의미에서, $\mathbb{R}^n$을 실수체 $\mathbb{R}$ 위의 $\boldsymbol{n}$**차원 벡터공간**(n-dimensional vector space)이라 하고 벡터공간 $\mathbb{R}^n$의 원소를 **벡터**(vector)라고 한다. 특히, $\mathbf{0} = (0, \cdots, 0)$을 **영벡터**라고 한다.

정의 3.3.1 벡터공간 $\mathbb{R}^n = \{(x_1, \cdots, x_n) \mid x_1, \cdots, x_n \in \mathbb{R}\}$에서 임의의 두 벡터 $v = (a_1, \cdots, a_n)$, $w = (b_1, \cdots, b_n)$에 대하여 $v \cdot w$를

$$v \cdot w = \sum_{i=1}^{n} a_i b_i = a_1 b_1 + \cdots + a_n b_n$$

으로 정의하고, 또 사상

$$\mathbb{R}^n \times \mathbb{R}^n \longrightarrow \mathbb{R}, \quad (v, w) \longmapsto v \cdot w$$

를 벡터공간 $\mathbb{R}^n$의 **표준내적**(標準內積, standard inner product) 또는 **스칼라곱**(scalar product, dot product)이라고 한다. 그리고, 표준내적이 정의되어 있는 벡터공간 $\mathbb{R}^n$을 **유클리드** $\boldsymbol{n}$ **차원 공간**(Euclidean space)이라 하고 이것을 $\mathscr{E}^n$으로 나타낸다. 특히, 유클리드 공간 $\mathscr{E}^2$을 **유클리드 평면**이라고 한다.

정리 3.3.2 유클리드 공간 $\mathscr{E}^n$ 에서 벡터 v, w, u 와 실수 a 에 대하여 다음이 성립한다.

I.1 : $(v+w)\cdot u = v\cdot u + w\cdot u$, $(av)\cdot w = a(v\cdot w)$

I.2 : $u\cdot(v+w) = u\cdot v + u\cdot w$, $v\cdot(aw) = a(v\cdot w)$

I.3 : $v\cdot w = w\cdot v$

I.4 : $v\cdot v \ge 0$ 이고, 또 $v\cdot v = 0 \Leftrightarrow v = \mathbf{0}$ 이다.

증 명 이제 $v = (a_1, \cdots, a_n)$, $w = (b_1, \cdots, b_n)$, $u = (c, \cdots, c_n)$ 이라고 할 때, 다음이 성립한다.

I.1 :
$$\begin{aligned}(v+w)\cdot u &= (a_1+b_1, \cdots, a_n+b_n)\cdot(c_1, \cdots, c_n)\\ &= (a_1+b_1)c_1 + \cdots + (a_n+b_n)c_n\\ &= a_1c_1 + \cdots + a_nc_n + b_1c_1 + \cdots + b_nc_n\\ &= v\cdot u + w\cdot u,\end{aligned}$$
$$\begin{aligned}(av)\cdot w &= (aa_1, \cdots, aa_n)\cdot(b_1, \cdots, b_n)\\ &= aa_1b_1 + \cdots + aa_nb_n\\ &= a(a_1b_1 + \cdots + a_nb_n) = a(v\cdot w)\end{aligned}$$

I.2 : 위의 I.1 과 마찬가지 방법으로 I.2 를 증명할 수 있다.

I.3 : $v\cdot w = a_1b_1 + \cdots + a_nb_n = b_1a_1 + \cdots + b_na_n = w\cdot v$

I.4 : $v\cdot v = a_1^2 + \cdots + a_n^2 \ge 0$,
$$\begin{aligned}v\cdot v = 0 &\Leftrightarrow a_1^2 + \cdots + a_n^2 = 0\\ &\Leftrightarrow a_1 = \cdots = a_n = 0 \Leftrightarrow v = \mathbf{0}\end{aligned}$$

앞의 정리를 이용하여 다음 정리를 증명할 수 있다.

정리 3.3.3 유클리드 공간 $\mathscr{E}^n$ 에서 벡터 $v, w, v_1, \cdots, v_n, w_1, \cdots, w_n$ 과 실수 $a_1, \cdots, a_n$ 에 대하여 다음이 성립한다.

(1) $v\cdot\mathbf{0} = \mathbf{0}\cdot w = 0$, $(-v)\cdot w = -v\cdot w = v\cdot(-w)$

(2) $(\sum_{i=1}^{n} a_iv_i)\cdot w = \sum_{i=1}^{n} a_i(v_i\cdot w)$, $v\cdot(\sum_{i=1}^{n} a_iw_i) = \sum_{i=1}^{n} a_i(v\cdot w_i)$

직교좌표계 O- $x_1 x_2$ 가 도입되어 있는 좌표평면(座標平面, coordinate plane)에서 벡터 $v = (a_1, a_2)$ 는 점 $\mathrm{A}(a_1, a_2)$ 를 나타내기도 하고 기하학적 벡터 $\overrightarrow{\mathrm{OA}}$ 를 나타내기도 한다. 그리고, 임의의 실수 k 에 대하여 벡터 $kv = (ka_1, ka_2)$ 는 점 $\mathrm{A}'(ka_1, ka_2)$ 를 나타내기도 하고 또한 기하학적 벡터 $\overrightarrow{\mathrm{OA}'}$ 을 나타내기도 한다.

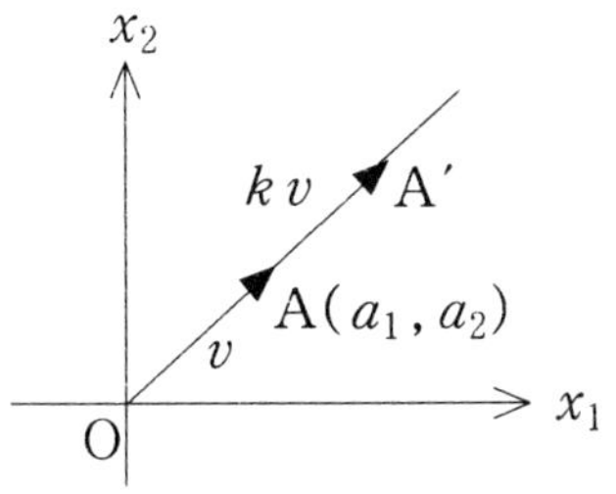

두 벡터 $v = (a_1, a_2)$, $w = (b_1, b_2)$ 에 대하여 점 O(0,0) 와 세 점

$\mathrm{A}(a_1, a_2)$, $\mathrm{B}(b_1, b_2)$, $\mathrm{C}(c_1, c_2)$

가 오른쪽 그림과 같이 평행사변형을 이루면, $c_1 = a_1 + b_1$, $c_2 = a_2 + b_2$ 이므로

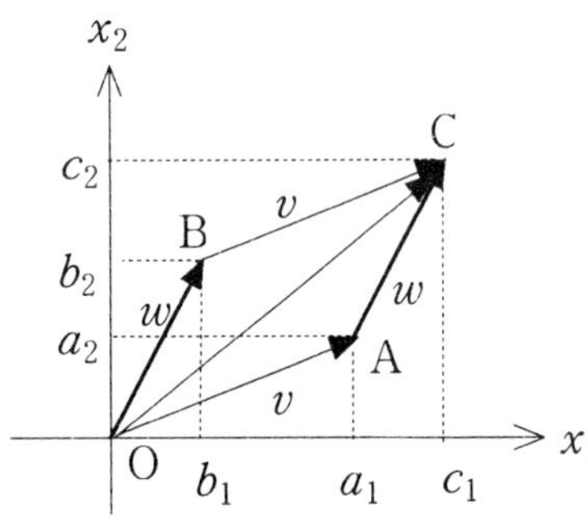

$$\overrightarrow{\mathrm{OC}} = (c_1, c_2) = (a_1, a_2) + (b_1, b_2) = \overrightarrow{\mathrm{OA}} + \overrightarrow{\mathrm{OB}} = v + w$$

이고, 따라서 $\overrightarrow{\mathrm{BC}} = \overrightarrow{\mathrm{OA}}$ 라고 정하면 다음이 성립한다.

$$\overrightarrow{\mathrm{BC}} = \overrightarrow{\mathrm{OA}} = \overrightarrow{\mathrm{OC}} - \overrightarrow{\mathrm{OB}} = (c_1 - b_1,\ c_2 - b_2)$$

또, 직교좌표계 O- $x_1 x_2 x_3$ 가 도입되어 있는 좌표공간(座標空間, coordinate space)에서 벡터 $v = (a_1, a_2, a_3)$ 는 점 $\mathrm{A}(a_1, a_2, a_3)$ 를 나타내기도 하고 또 기하학적 벡터 $\overrightarrow{\mathrm{OA}}$ 를 나타내기도 한다. 그리고, 두 벡터 v, w 에 대하여 $v + w$ 와 kv 는 아래 그림과 같이 결정되는 벡터를 나타낸다.

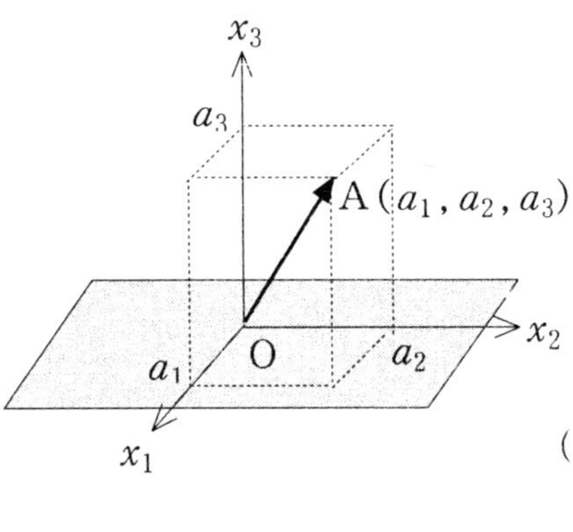

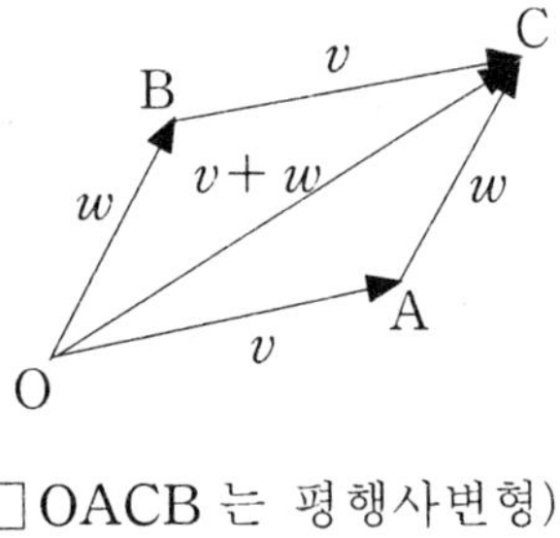

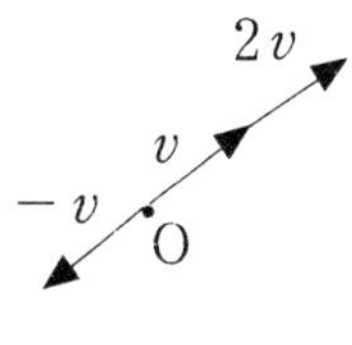

(□OACB 는 평행사변형).

그런데, $n>3$ 인 경우에는 유클리드 공간 $\mathscr{E}^n$ 을 기하학적으로 나타낼 수는 없으나, 앞에서 얻은 결과를 근거로 하여 직교좌표계 O-$x_1 \cdots x_n$ 이 도입되어 있는 좌표 n 공간(coordinate n-space) 에서 각 벡터 $v=(a_1,\cdots,a_n)$ 는 점 $\mathrm{A}(a_1,\cdots,a_n)$ 를 나타내기도 하고 또 기하학적 벡터 $\overrightarrow{\mathrm{OA}}=(a_1,\cdots,a_n)$ 를 나타낸다고 생각한다. 그리고, 두 점 $\mathrm{B}(b_1,\cdots,b_n)$, $\mathrm{C}(c_1,\cdots,c_n)$ 에 대하여 $\overrightarrow{\mathrm{BC}}=\overrightarrow{\mathrm{OC}}-\overrightarrow{\mathrm{OB}}=(c_1-b_1,\cdots,c_n-b_n)$ 로 정한다.

정의 3.3.4 유클리드 공간 $\mathscr{E}^n$ 에서 벡터 $v=(a_1,\cdots,a_n)$ 에 대하여

$$\|v\|=\sqrt{v\cdot v}=\sqrt{a_1^2+\cdots+a_n^2}$$

를 v 의 **노름**(Norm, 독일어) 또는 **길이**(length) 라고 한다.

특히, $\|v\|=1$ 일 때, v 를 **단위벡터**(單位벡터, unit vector)라고 한다.

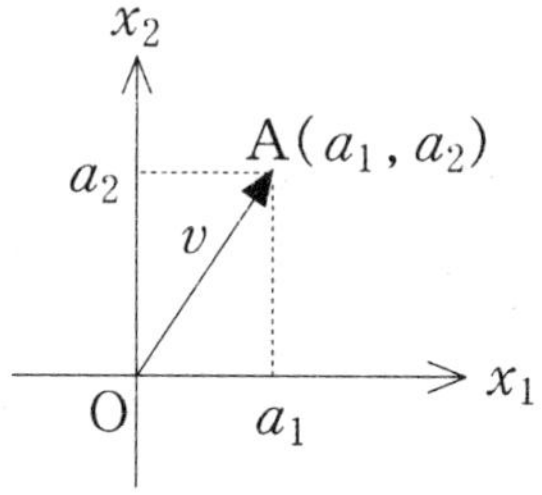

정리 3.3.5 유클리드 공간 $\mathscr{E}^n$ 에서 $v=(a_1,\cdots,a_n)$, $w=(b_1,\cdots,b_n)$ 에 대하여 다음이 성립한다(Cauchy-Schwartz 의 부등식).

$$|v\cdot w|\le\|v\|\,\|w\|$$

그리고, 위의 부등식에서 적당한 실수 k 에 대하여 $w=kv$ 일 때 그리고 이때에만 등호가 성립한다.

증 명 먼저 $n=1$ 이면, $|v\cdot w|=|a_1b_1|=|a_1||b_1|=\|v\|\|w\|$ 이고, 적당한 실수 k 에 대하여 $w=kv$ 이다.

다음에 $n\ge 2$ 이라고 하자. 이 때,

$$\begin{aligned}&\|v\|^2\|w\|^2-(v\cdot w)^2\\&=(a_1^2+\cdots+a_n^2)(b_1^2+\cdots+b_n^2)-(a_1b_1+\cdots+a_nb_n)^2\\&=\sum_{i=1}^{n}\sum_{j=1}^{n}a_i^2b_j^2-\sum_{i=}^{n}\sum_{j=1}^{n}a_ib_ia_jb_j=\sum_{i\ne j}^{n}a_i^2b_j^2-\sum_{i\ne j}a_ib_ia_jb_j\\&=\sum_{i<j}^{n}(a_i^2b_j^2+a_j^2b_i^2-2a_ib_ia_jb_j)=\sum_{i<j}^{n}(a_ib_j-a_jb_i)^2\ge 0\end{aligned}$$

이고 따라서 $\|v\|^2\|w\|^2 \geq |v\cdot w|^2$ 즉 $|v\cdot w| \leq \|v\|\|w\|$ 이다. 그리고,

$$a_ib_j - a_jb_i = 0 \quad (1 \leq i < j \leq n) \text{ 즉 } \frac{b_1}{a_1} = \cdots = \frac{b_n}{a_n}$$

일 때 그리고 이때에만 등호가 성립한다.

정리 3.3.6 유클리드 공간 $\mathscr{E}^n$ 에서 두 벡터 v, w 와 실수 a 에 대하여 다음이 성립한다.

N.1 : $\|v\| \geq 0$ 이고, 또 $\|v\| = 0 \Leftrightarrow v = \mathbf{0}$ 이다.

N.2 : $\|av\| = |a|\|v\|$ 이고, 특히 $\|-v\| = \|v\|$ 이다.

그리고, $v \neq \mathbf{0}$ 일 때, $\frac{v}{\|v\|}$ 는 단위벡터이다.

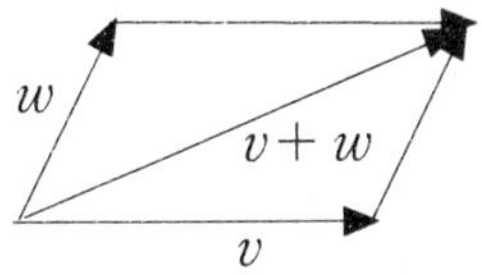

N.3 : $\|v+w\| \leq \|v\| + \|w\|$ (삼각형의 부등식)

증 명 N.1 : 정리 3.3.2 의 I.4 에 의하여 N.1 이 성립한다.

N.2 : 정리 3.3.2 에 의하여

$$\|av\|^2 = (av)\cdot(av) = a^2(v\cdot v) = a^2\|v\|^2$$

이므로 $\|av\| = |a|\|v\|$ 이다. 특히, $\|-v\| = |-1|\|v\| = \|v\|$ 이다.

그리고, $v \neq \mathbf{0}$ 일 때, $\left\|\frac{v}{\|v\|}\right\| = \frac{1}{\|v\|}\|v\| = 1$ 는 단위벡터이다.

N.3 : 정리 3.3.2 와 Cauchy-Schwartz 의 부등식에 의하여

$$\begin{aligned}\|v+w\|^2 &= (v+w)\cdot(v+w)\\ &= v\cdot v + v\cdot w + w\cdot v + w\cdot w\\ &= \|v\|^2 + 2v\cdot w + \|w\|^2\\ &\leq \|v\|^2 + 2\|v\|\|w\| + \|w\|^2 = (\|v\| + |w\|)^2\end{aligned}$$

이고, 따라서 $\|v+w\| \leq \|v\| + \|w\|$ 이다.

보기 3.3.1 Cauchy-Schwartz 의 부등식과 삼각형의 부등식에 의하면, 임의의 실수 $a_1, \cdots, a_n, b_1, \cdots, b_n$ 에 대하여 다음이 성립한다.

$$(\sum_{i=1}^n a_ib_i)^2 \leq \{\sum_{i=1}^n a_i^2\}\{\sum_{i=1}^n b_i^2\},$$

$$\left\{\sum_{i=1}^n (a_i+b_i)^2\right\}^{\frac{1}{2}} \leq \left\{\sum_{i=1}^n a_i^2\right\}^{\frac{1}{2}} + \left\{\sum_{i=1}^n b_i^2\right\}^{\frac{1}{2}}$$

특히, 임의의 실수 $a, b, c,\ x, y, z$ 에 대하여 다음 부등식이 성립한다.

$$(ax+by)^2 \le (a^2+b^2)(x^2+y^2),$$

$$(ax+by+cz)^2 \le (a^2+b^2+c^2)(x^2+y^2+z^2),$$

$$\{(a+x)^2+(b+y)^2\}^{\frac{1}{2}} \le (a^2+b^2)^{\frac{1}{2}} + (x^2+y^2)^{\frac{1}{2}}$$

정의 3.3.7 유클리드 공간 $\mathscr{E}^n$ 에서 벡터 v, w 에 대하여

$$d(v, w) = \| w-v \|$$

를 v 와 w 사이의 **거리**(distance)라고 한다.

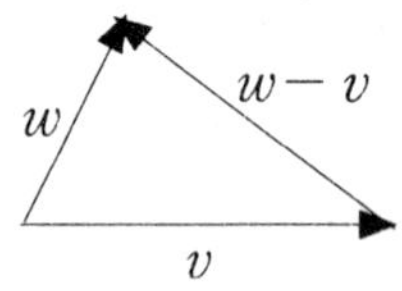

정리 3.3.8 유클리드 공간 $\mathscr{E}^n$ 에서 벡터 v, w, u 에 대하여 다음이 성립한다.

D.1 : $d(v, w) \ge 0$ 이고, 또 $d(v, w) = 0 \Leftrightarrow v = w$ 이다.

D.2 : $d(v, w) = d(w, v)$

D.3 : $d(v, w) \le d(v, u) + d(u, w)$

증 명 정리 3.3.6 을 이용하여 정리를 증명한다.

D.1 : $d(v, w) = \|w-v\| \ge 0$ 이고, 또 다음이 성립한다.

$$d(v, w) = 0 \Leftrightarrow \|w-v\| = 0 \Leftrightarrow w-v = \mathbf{0} \Leftrightarrow v = w$$

D.2 : $d(v, w) = \|w-v\| = \|v-w\| = d(w, v)$

D.3 : $d(v, w) = \|w-v\| = \|(u-v)+(w-u)\|$

$$\le \|u-v\| + \|w-u\| = d(v, u) + d(u, w)$$

정의 3.3.9 유클리드 공간 $\mathscr{E}^n$ 에서 두 벡터 v, w 가 영벡터가 아닌 경우에 Cauchy-Schwartz 의 부등식에 의하여 $-1 \le \dfrac{v \cdot w}{\|v\|\|w\|} \le 1$ 이므로

$$\cos\theta = \frac{v \cdot w}{\|v\|\|w\|} \quad 즉 \quad v \cdot w = \|v\|\|w\|\cos\theta$$

인 실수 $\theta\ (0 \le \theta < \pi)$ 가 단 하나 존재한다.

이러한 θ 를 v, w 사이의 **각의 크기**라고 한다.

특히, $v \cdot w = 0 \Leftrightarrow \theta = \dfrac{\pi}{2}$ 이다.

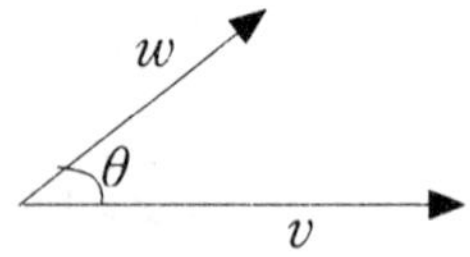

정의 3.3.10 유클리드 공간 $\mathscr{E}^n$에서 두 벡터 v, w 에 대하여 $v \cdot w = 0$ 즉 $w \cdot v = 0$ 일 때, 두 벡터 v, w 는 서로 **직교한다**(直交, orthogonal) 또는 **수직이다**(垂直, perpendicular)라고 한다. 또, 적당한 실수 k 에 대하여

$$w = kv \quad \text{또는} \quad v = kw$$

일 때, v, w 는 서로 **평행하다**(平行, parallel)고 한다. 영벡터는 모든 벡터와 직교하고 평행하다.

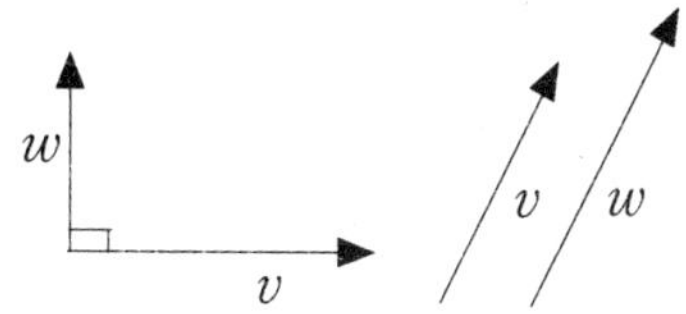

정리 3.3.11 (피타고라스의 정리) 유클리드 공간 $\mathscr{E}^n$ 에서 벡터 v, w 가 서로 직교하면, 다음이 성립한다.

$$\|v+w\|^2 = \|v\|^2 + \|w\|^2$$

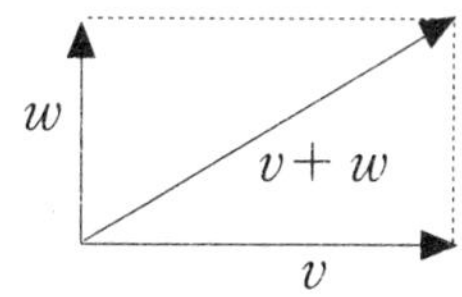

증 명 $v \cdot w = w \cdot v = 0$ 이므로 다음이 성립한다.

$$\begin{aligned}\|v+w\|^2 &= (v+w)\cdot(v+w) \\ &= v\cdot v + v\cdot w + w\cdot v + w\cdot w \\ &= v\cdot v + w\cdot w = \|v\|^2 + \|w\|^2\end{aligned}$$

유클리드 공간 $\mathscr{E}^n$ 에서 서로 다른 두 점

$$\mathrm{A}(a_1, \cdots, a_n), \ \mathrm{B}(b_1, \cdots, b_n)$$

에 대하여 다음과 같이 정의된 $\overline{\mathrm{AB}}$ 를 **선분**(線分, line segment)이라고 한다. 즉,

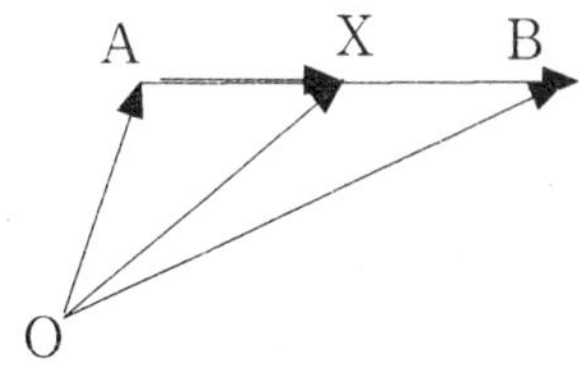

$$\overline{\mathrm{AB}} = \{\mathrm{X} \in \mathscr{E}^n \mid \overrightarrow{\mathrm{OX}} = \overrightarrow{\mathrm{OA}} + t\overrightarrow{\mathrm{AB}},\ 0 \le t \le 1\}$$

그런데, $\overrightarrow{\mathrm{OX}} = \overrightarrow{\mathrm{OA}} + t(\overrightarrow{\mathrm{OB}} - \overrightarrow{\mathrm{OA}}) = (1-t)\overrightarrow{\mathrm{OA}} + t\overrightarrow{\mathrm{OB}}$ 이므로

$$\overline{\mathrm{AB}} = \{(1-t)(a_1, \cdots, a_n) + t(b_1, \cdots, b_n) \mid 0 \le t \le 1\}$$

이며, $\overrightarrow{\mathrm{AB}}$ 의 길이를 두 점 A, B 사이의 **거리** 또는 $\overline{\mathrm{AB}}$ 의 **길이**라 하고 이것을 $d(\mathrm{A}, \mathrm{B})$ 로 나타낸다. 즉,

$$d(\mathrm{A}, \mathrm{B}) = \sqrt{(b_1 - a_1)^2 + \cdots + (b_n - a_n)^2}$$

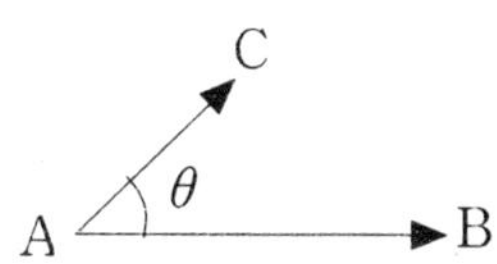

또, 서로 다른 세 점 A, B, C에 대하여 $\overrightarrow{\mathrm{AB}}$ 와 $\overrightarrow{\mathrm{AC}}$ 가 이루는 각의 크기를 $\overline{\mathrm{AB}}$, $\overline{\mathrm{AC}}$ 가 이루는 **각의 크기**라고 한다.

한 점 $P(p_1, \cdots, p_n)$와 벡터 $v = (a_1, \cdots, a_n) \neq \mathbf{0}$에 대하여 벡터 $\overrightarrow{PX}$가 v에 평행하게 되는 점 $X(x_1, \cdots, x_n)$ 전체의 집합은 다음과 같다.

$$\{(x_1, \cdots, x_n) \in \mathscr{E}^n \mid (x_1, \cdots, x_n) = (p_1, \cdots, p_n) + t(a_1, \cdots, a_n),\ t \in \mathbb{R}\}$$

이 집합을 점 P를 지나 벡터 v에 평행한 **직선**(直線, line)이라 하고, 다음의 각 방정식을 이 **직선의 방정식**(方程式, equation)이라고 한다.

$$(x_1, \cdots, x_n) = (p_1, \cdots, p_n) + t(a_1, \cdots, a_n)$$

$$\begin{bmatrix} x_1 \\ \vdots \\ x_n \end{bmatrix} = \begin{bmatrix} p_1 \\ \vdots \\ p_n \end{bmatrix} + t \begin{bmatrix} a_1 \\ \vdots \\ a_n \end{bmatrix} \quad (t \in \mathbb{R})$$

$$\begin{cases} x_1 = p_1 + t a_1 \\ \vdots \\ x_n = p_n + t a_n \end{cases} \quad (t \in \mathbb{R})$$

$$\frac{x_1 - p_1}{a_1} = \frac{x_2 - p_2}{a_2} \cdots = \frac{x_n - p_n}{a_n}$$

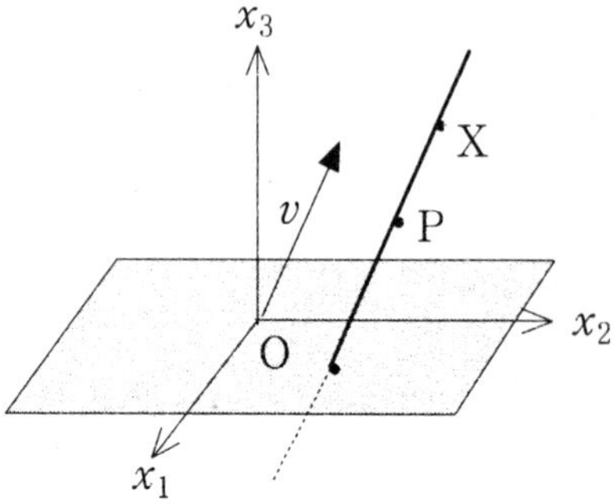

보기 3.3.2 유클리드 평면 $\mathscr{E}^2$에서 서로 다른 두 점 $A(a_1, a_2)$, $B(b_1, b_2)$를 지나는 직선의 방정식을 $Ax_1 + Bx_2 + C = 0$이라 하고 점 $X(x_1, x_2)$를 이 직선 위의 임의의 점이라고 하자. 이 때,

$$Ax_1 + Bx_2 + C = 0$$
$$Aa_1 + Ba_2 + C = 0$$
$$Ab_1 + Bb_2 + C = 0$$

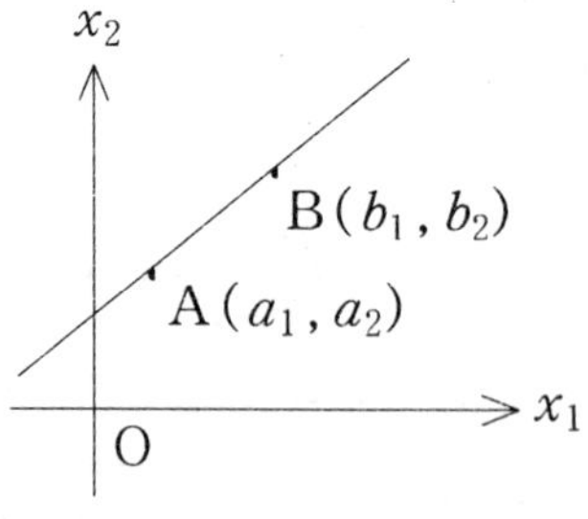

이고, 이것을 A, B, C에 관한 연립일차 방정식으로 생각할 때 $A \neq 0$ 또는 $B \neq 0$이므로 다음이 성립한다(정리 3.2.6).

$$\begin{vmatrix} x_1 & x_2 & 1 \\ a_1 & a_2 & 1 \\ b_1 & b_2 & 1 \end{vmatrix} = 0$$

즉 $$(a_2 - b_2)x_1 - (a_1 - b_1)x_2 + a_1 b_2 - a_2 b_1 = 0$$

여기서, $a_1 \neq b_1$ 또는 $a_2 \neq b_2$이므로 위의 방정식은 직선의 방정식이다.

유클리드 공간 $\mathscr{E}^n$ 에서 점 $\mathrm{P}(p_1, \cdots, p_n)$ 와 벡터 $v = (a_1, \cdots, a_n) \neq \mathbf{0}$ 에 대하여 벡터 $\overrightarrow{\mathrm{PX}}$ 가 v 에 수직으로 되는 점 $\mathrm{X}(x_1, \cdots, x_n)$ 전체의 집합은 다음과 같다.

$$\{(x_1, \cdots, x_n) \in \mathscr{E}^n \mid a_1(x_1 - p_1) + \cdots + a_n(x_n - p_n) = 0\}$$

이 집합을 점 P 를 지나 벡터 v 에 수직인 **초평면**(超平面, hyperplane)이라 하고 v 를 이 초평면의 **법벡터**(法벡터, normal vector)라고 하며, 다음 방정식을 이 **초평면의 방정식**이라고 한다.

$$a_1(x_1 - p_1) + \cdots + a_n(x_n - p_n) = 0$$

즉, $$a_1x_1 + \cdots + a_nx_n = k \qquad (k = p_1 + \cdots + p_n)$$

유클리드 공간 $\mathscr{E}^3$ 에서 방정식

$$ax_1 + bx_2 + cx_3 = d$$

는 벡터 $v = (a, b, c) \neq (0, 0, 0)$ 에 수직인 평면을 나타낸다.

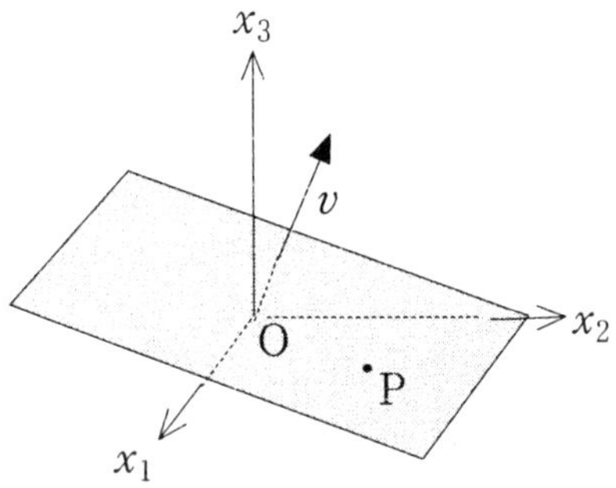

또, 유클리드 평면 $\mathscr{E}^2$ 에서 방정식

$$ax_1 + bx_2 = c$$

은 벡터 $v = (a, b) \neq (0, 0)$ 에 수직인 직선을 나타낸다. 그런데,

$$w = (b, -a) \neq (0, 0)$$

이라고 하면, $v \cdot w = 0$ 이므로 이 직선은 벡터 w 에 평행한 직선이다.

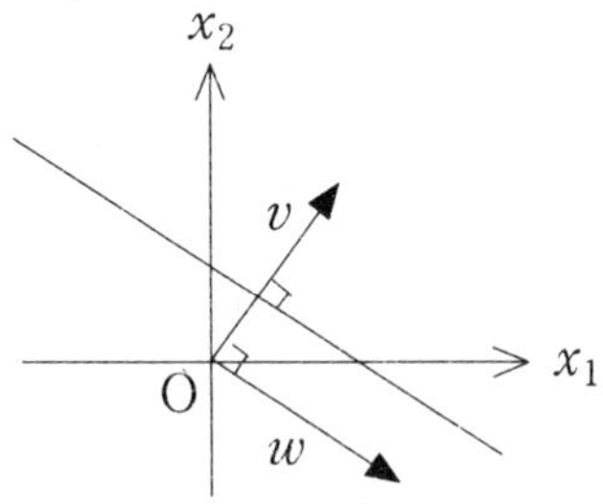

연 습 문 제 (3.3)

1. 유클리드 공간 $\mathscr{E}^n$ 에서 두 벡터 v, w 에 대하여 다음이 성립함을 증명하여라(평행사변형의 법칙).

$$\| v + w \|^2 + \| v - w \|^2 = 2(\| v \|^2 + \| w \|^2)$$

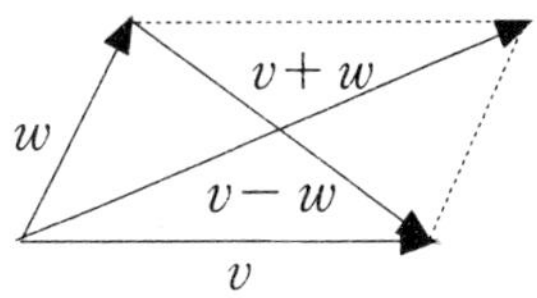

2. 유클리드 공간 $\mathscr{E}^n$ 에서 두 벡터 v, w 에 대하여 다음이 성립함을 증명하여라.

$$(v+w)\cdot(v-w)=0 \Leftrightarrow \|v\|=\|w\|$$

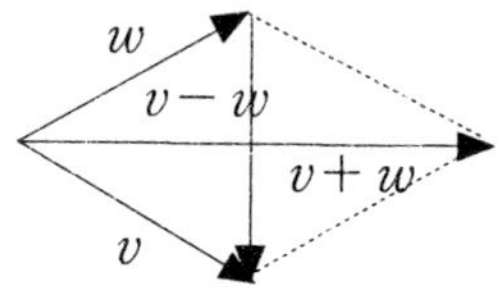

3. 유클리드 공간 $\mathscr{E}^n$ 에서 영벡터가 아닌 두 벡터 v, w 가 이루는 각의 크기가 θ $(0<\theta<\pi)$ 일 때, 다음이 성립함을 증명하여라(코사인의 제 2 법칙).

$$\|v-w\|^2=\|v\|^2+\|w\|^2-2\|v\|\|w\|\cos\theta$$

4. 유클리드 공간 $\mathscr{E}^n$ 에서 두 벡터 v, w 에 대하여 다음 등식이 성립함을 증명하여라(극 항등식, polar identity).

$$v\cdot w=\frac{1}{4}\{\|v+w\|^2-\|v-w\|^2\}$$

5. 유클리드 평면 $\mathscr{E}^2$ 에서 점 $\mathrm{P}=(2,3)$ 을 지나 벡터 $v=(4,5)$ 에 수직인 직선의 방정식을 구하여라.

6. 유클리드 공간 $\mathscr{E}^2$ 에서 두 직선의 방정식이

$$a_1x_1+a_2x_2=c, \qquad b_1x_1+b_2x_2=d$$

일 때, 다음이 성립함을 밝혀라.

(1) $a_1b_2\neq a_2b_1$이면, 두 직선은 한 점에서 만난다.

(2) $a_1b_2=a_2b_1$ 즉 $\dfrac{a_1}{b_1}=\dfrac{a_2}{b_2}$ 이면, 이 두 직선은 평행하거나 일치한다.

7. 유클리드 평면 $\mathscr{E}^2$ 에서 직선의 방정식이

$$a_1x_1+a_2x_2+c=0$$

일 때, 한 점 $\mathrm{A}(x_1, x_2)$ 에서 이 직선에 내린 수선의 발을 H 라고 할 때,

$$|\overline{\mathrm{AH}}|=\frac{|a_1x_1+a_2x_2+c|}{\sqrt{a_1^2+a_2^2}}$$

임을 증명하여라.

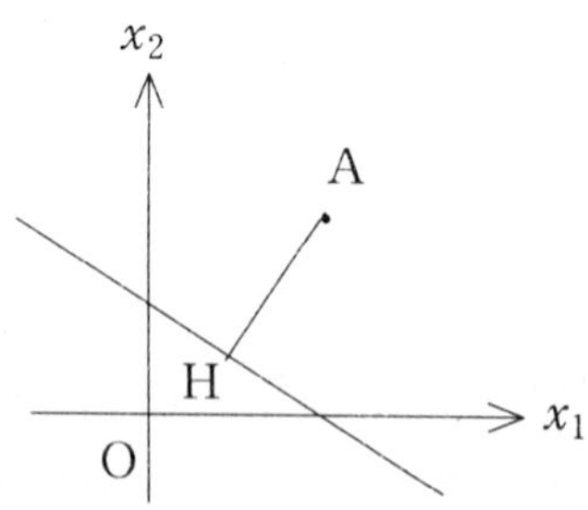

§3.4 유클리드 공간 $\mathscr{E}^3$

이 절에서는, 유클리드 공간 $\mathscr{E}^3$ 에서의 평면과 직선에 대하여 논한다.

보기 3.4.1 유클리드 공간 $\mathscr{E}^3$ 에서 평면의 방정식이

$$a_1x_1 + a_2x_2 + a_3x_3 + c = 0$$

일 때, 한 점 $\mathrm{A}(x_1, x_2, x_3)$ 에서 이 평면에 내린 수선의 발을 H 라고 하자.

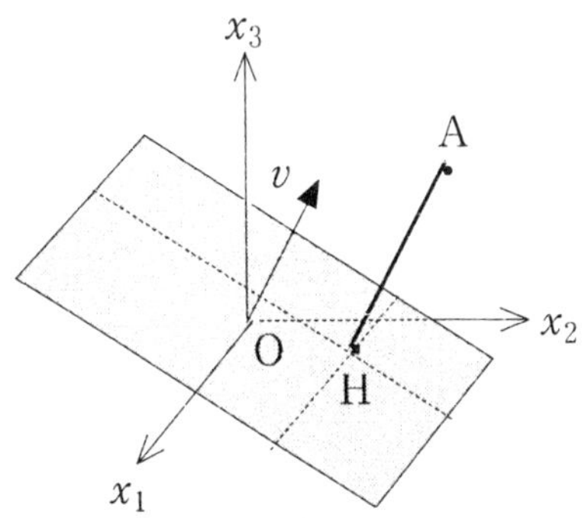

이 때, 벡터 $\overrightarrow{\mathrm{AH}}$ 는 이 평면의 법벡터

$$v = (a_1, a_2, a_3)$$

와 평행하므로 적당한 실수 k 에 대하여

$$\overrightarrow{\mathrm{AH}} = kv = (ka_1, ka_2, ka_3)$$

이고 따라서 H 의 좌표는 $(x_1 + ka_1, x_2 + ka_2, x_3 + ka_3)$ 이고 H 는 이 평면 위의 점이므로 다음이 성립한다.

$$a_1(x_1 + ka_1) + a_2(x_2 + ka_2) + a_3(x_3 + ka_3) + c = 0$$

즉, $$k(a_1^2 + a_2^2 + a_3^2) + a_1x_1 + a_2x_2 + a_3x_3 + c = 0$$

그런데, $a_1^2 + a_2^2 + a_3^2 = \|v\|^2 > 0$ 이고, 또 $|\overline{\mathrm{AH}}| = \|\overrightarrow{\mathrm{AH}}\| = |k|\,\|v\|$ 이므로 $|\overline{\mathrm{AH}}|$ 는 다음과 같다.

$$|\overline{\mathrm{AH}}| = |k|\sqrt{a_1^2 + a_2^2 + a_3^2} = \frac{|a_1x_1 + a_2x_2 + a_3x_3 + c|}{\sqrt{a_1^2 + a_2^2 + a_3^2}}$$

보기 3.4.2 유클리드 평면 $\mathscr{E}^2$ 에서 영벡터가 아닌 두 벡터 $v = (a_1, a_2)$, $w = (b_1, b_2)$ 가 이루는 각의 크기를 θ $(0 < \theta < \pi)$ 라고 할 때, 벡터 $u = (b_2, -b_1)$ 를 택하면,

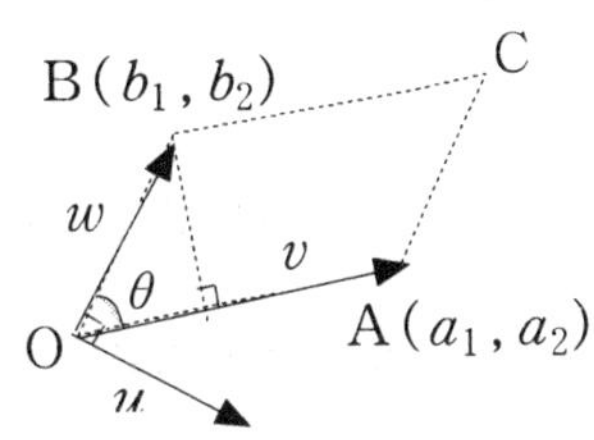

$$\|u\| = \|w\|, \quad w \cdot u = 0$$

이므로, 앞 그림의 □OACB 의 넓이는 다음과 같다.

$$\square \mathrm{OACB} = \|v\|\|w\| \sin\theta = \|v\|\|u\| \cos\left(\frac{\pi}{2} \pm \theta\right)$$
$$= \pm v \cdot u = \pm(a_1 b_2 - a_2 b_1) = \pm \begin{vmatrix} a_1 & a_2 \\ b_1 & b_2 \end{vmatrix}$$

정의 3.4.1 유클리드 공간 $\mathscr{E}^3$ 의 벡터 $v = (a_1, a_2, a_3)$, $w = (b_1, b_2, b_3)$ 에 대하여 벡터

$$v \times w = \left(\begin{vmatrix} a_2 & a_3 \\ b_2 & b_3 \end{vmatrix}, - \begin{vmatrix} a_1 & a_3 \\ b_1 & b_3 \end{vmatrix}, \begin{vmatrix} a_1 & a_2 \\ b_1 & b_2 \end{vmatrix} \right)$$

를 v, w 의 **외적**(外積, cross product)이라고 한다.

그리고, 유클리드 공간 $\mathscr{E}^3$ 의 세 벡터 v, w, u 에 대하여

$$[v, w, u] = v \cdot (w \times u)$$

를 v, w, u 의 **Grassmann 의 곱**이라고 한다.

정리 3.4.2 유클리드 공간 $\mathscr{E}^3$ 의 벡터 $v = (a_1, a_2, a_3)$, $w = (b_1, b_2, b_3)$, $u = (c_1, c_2, c_3)$ 에 대하여 다음이 성립한다.

(1) $[v, w, u] = \begin{vmatrix} a_1 & a_2 & a_3 \\ b_1 & b_2 & b_3 \\ c_1 & c_2 & c_3 \end{vmatrix}$

(2) $[v, w, u] = -[w, v, u] = -[u, w, v] = -[v, u, w]$

$[v, w, u] = [w, u, v] = [u, v, w]$

$[v, v, w] = [w, v, w] = [v, w, w] = [v, w, v] = 0$

(3) $v \times w$ 는 v, w 와 직교한다. 즉,

$$v \cdot (v \times w) = 0, \quad w \cdot (v \times w) = 0$$

(4) $v \times w = (0,0,0) \Longleftrightarrow \dfrac{a_1}{b_1} = \dfrac{a_2}{b_2} = \dfrac{a_3}{b_3}$

(5) $v \times w \neq (0,0,0)$ 일 때, $\|v \times w\|$ 는 v, w 가 결정하는 평행사변형의 넓이와 같다.

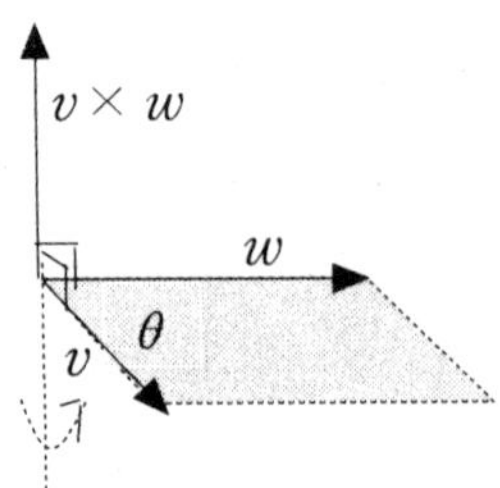

증 명 (1) 정의에 의하여 다음이 성립한다(p. 85 참조).

$$[v, w, u] = a_1\begin{vmatrix} b_2 & b_3 \\ c_2 & c_3 \end{vmatrix} - a_2\begin{vmatrix} b_1 & b_3 \\ c_1 & c_3 \end{vmatrix} + a_3\begin{vmatrix} b_1 & b_2 \\ c_1 & c_2 \end{vmatrix}$$

$$= \begin{vmatrix} a_1 & a_2 & a_3 \\ b_1 & b_2 & b_3 \\ c_1 & c_2 & c_3 \end{vmatrix}$$

(2) 위의 (1) 과 정리 3.1.6 에 의하여 (2) 가 성립한다.

(3) 위의 (2) 에 의하여

$$v \cdot (v \times w) = [v, v, w] = 0, \quad w \cdot (v \times w) = [w, v, w] = 0$$

이므로 $v \times w$ 는 v, w 와 직교한다.

(4) 정의 3.4.1 에 의하여 (4) 가 성립한다.

(5) 정의 3.3.9 에 의하여 $v \cdot w = \|v\|\|w\| \cos\theta$ 이고, 따라서

$$\|v \times w\|^2 = \begin{vmatrix} a_2 & a_3 \\ b_2 & b_3 \end{vmatrix}^2 + \begin{vmatrix} a_1 & a_3 \\ b_1 & b_3 \end{vmatrix}^2 + \begin{vmatrix} a_1 & a_2 \\ b_1 & b_2 \end{vmatrix}^2$$

$$= (a_1^2 + a_2^2 + a_3^2)(b_1^2 + b_2^2 + b_3^2) - (a_1 b_1 + a_2 b_2 + a_3 b_3)^2$$

$$= \|v\|^2 \|w\|^2 - (v \cdot w)^2 \qquad \text{(정리 3.3.5 의 증명)}$$

$$= \|v\|^2 \|w\|^2 - \|v\|^2 \|w\|^2 \cos^2\theta$$

$$= \|v\|^2 \|w\|^2 (1 - \cos^2\theta)$$

$$= \|v\|^2 \|w\|^2 \sin^2\theta, \qquad \sin\theta \geq 0$$

이므로 $\|v \times w\| = \|v\|\|w\| \sin\theta$ 이다.

보기 3.4.3 유클리드 공간 $\mathscr{E}^3$ 에서 영벡터가 아닌 세 벡터

$$v = (a_1, a_2, a_3), \quad w = (b_1, b_2, b_3), \quad u = (c_1, c_2, c_3)$$

가 오른쪽 그림과 같이 평행육면체를 결정할 때, 그 부피는 다음과 같다.

$$\pm\begin{vmatrix} a_1 & a_2 & a_3 \\ b_1 & b_2 & b_3 \\ c_1 & c_2 & c_3 \end{vmatrix}$$

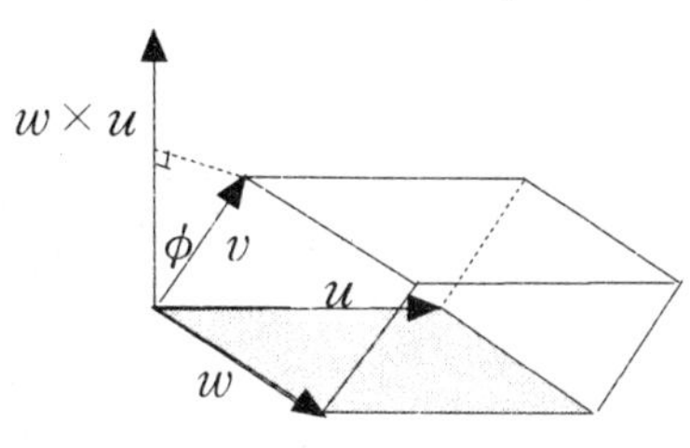

실제로, 두 벡터 v, $w\times u$ 가 이루는 각의 크기를 ϕ 라고 하면, 이 평행육면체의 부피는 $\|v\|\|w\times u\|(\pm\cos\phi)$ 이다. 따라서 정의 3.3.9 와 정리 3.4.2 에 의하여 이 평행육면체의 부피는 다음과 같다.

$$\|v\|\|w\times u\|(\pm\cos\phi) = \pm v\cdot(w\times u) = \pm[v, w, u]$$
$$= \pm\begin{vmatrix} a_1 & a_2 & a_3 \\ b_1 & b_2 & b_3 \\ c_1 & c_2 & c_3 \end{vmatrix}$$

보기 3.4.4 유클리드 공간 $\mathscr{E}^3$ 에서 두 평면의 방정식이

$$x_1 + 2x_2 + x_3 = 4,$$
$$2x_1 + 5x_2 - x_3 = 6$$

일 때, 이들 두 일차방정식으로 이루어진 연립일차방정식의 해 전체는 다음과 같다.

$$\begin{cases} x_1 = \ \ \ 8 - 7t \\ x_2 = -2 + 3t \quad (t\in\mathbb{R}) \\ x_3 = \ \ \ 0 + \ \ t \end{cases}$$

$$\left[\begin{array}{ccc|c} 1 & 2 & 1 & 4 \\ 2 & 5 & -1 & 6 \end{array}\right] \longrightarrow \left[\begin{array}{ccc|c} 1 & 2 & 1 & 4 \\ 0 & 1 & -3 & -2 \end{array}\right] \longrightarrow \left[\begin{array}{ccc|c} 1 & 0 & 7 & 8 \\ 0 & 1 & -3 & -2 \end{array}\right]$$

따라서 주어진 두 평면이 만나는 직선의 방정식은 위와 같으며, 이 직선은 점 $A(8, -2, 0)$ 을 지나 벡터 $(-7, 3, 1)$ 과 평행한 직선이다. 한편, 두 벡터 $v_1 = (1, 2, 1)$, $v_2 = (2, 5, -1)$ 는 각각 주어진 두 평면의 법벡터이므로 이 두 평면이 만나는 직선은 $v_1\times v_2$ 에 평행하고 벡터 $v_1\times v_2$ 는 다음과 같다.

$$v_1\times v_2 = \left(\begin{vmatrix} 2 & 1 \\ 5 & -1 \end{vmatrix}, -\begin{vmatrix} 1 & 1 \\ 2 & -1 \end{vmatrix}, \begin{vmatrix} 1 & 2 \\ 2 & 5 \end{vmatrix}\right) = (-7, 3, 1)$$

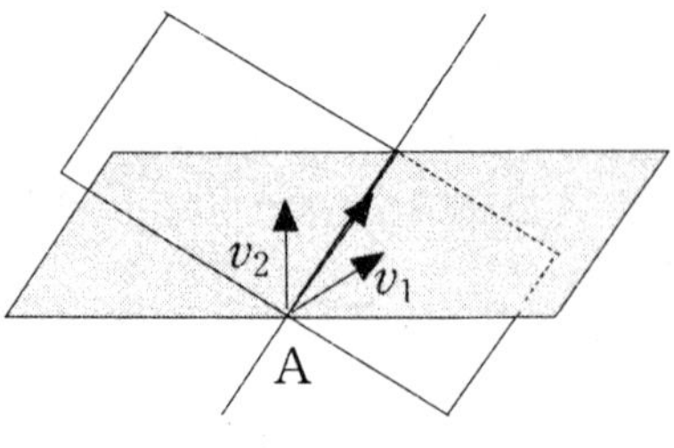

일반적으로, 유클리드 공간 $\mathscr{E}^3$ 에서 두 평면의 방정식이

$$a_1x_1 + a_2x_2 + a_3x_3 = c,$$
$$b_1x_1 + b_2x_2 + b_3x_3 = d$$

일 때, $v = (a_1, a_2, a_3)$, $w = (b_1, b_2, b_3)$ 이라고 하면 v, w 는 각각 이 두 평면의 법벡터이고 또

$$v \times w = \left(\begin{vmatrix} a_2 & a_3 \\ b_2 & b_3 \end{vmatrix}, -\begin{vmatrix} a_1 & a_3 \\ b_1 & b_3 \end{vmatrix}, \begin{vmatrix} a_1 & a_2 \\ b_1 & b_2 \end{vmatrix} \right)$$

는 이 두 벡터와 수직이다. 따라서 다음이 성립한다.

(1) $v \times w \neq (0,0,0)$ 일 때, 두 평면은 한 직선에서 만나고 이 직선은 벡터 $v \times w$ 에 평행하다.

(2) $v \times w = (0,0,0)$ 즉 $\dfrac{a_1}{b_1} = \dfrac{a_2}{b_2} = \dfrac{a_3}{b_3}$ 이면, 이 두 평면은 평행하다.

연 습 문 제 (3.4)

1. 유클리드 평면 $\mathscr{E}^2$ 에서 세 점

$$\mathrm{A}(a_1, a_2),\ \mathrm{B}(b_1, b_2),\ \mathrm{C}(c_1, c_2)$$

가 오른쪽 그림과 같이 삼각형을 이룰 때, △ ABC 의 넓이는 다음과 같음을 밝혀라.

$$\triangle \mathrm{ABC} = \pm \frac{1}{2} \begin{vmatrix} a_1 & a_2 & 1 \\ b_1 & b_2 & 1 \\ c_1 & c_2 & 1 \end{vmatrix}$$

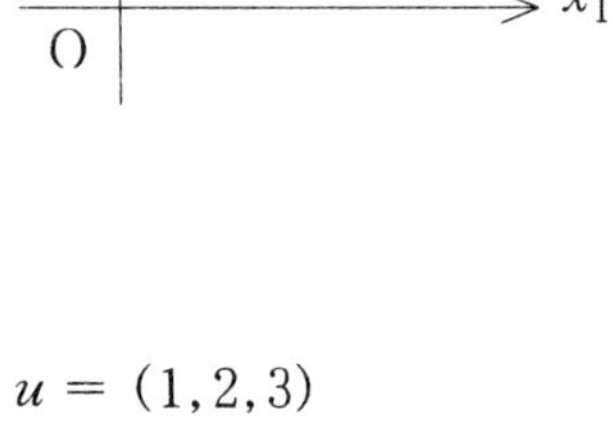

2. 유클리드 공간 $\mathscr{E}^3$ 에서 세 벡터

$$v = (1,2,0),\quad w = (1,0,1),\quad u = (1,2,3)$$

에 대하여 다음 물음에 답하여라.

(1) $\|v\|$, $\|w\|$, $\|v \times w\|$ 를 구하여라.

(2) $[v, w, u]$, $[u, w, v]$, $[w, u, v]$ 를 구하여라.

3. 유클리드 공간 $\mathscr{E}^3$ 에서 두 평면의 방정식이 각각

$$2x_1 + 3x_2 + x_3 = 6,$$
$$3x_1 + 2x_2 - 4x_3 = 1$$

일 때 다음 물음에 답하여라.

(1) 이 두 평면이 만나는 직선의 방정식을 구하여라.

(2) 원점을 지나고 이 두 평면에 수직인 평면의 방정식을 구하여라.

4. 유클리드 공간 $\mathscr{E}^3$ 에서 두 평면의 방정식이 각각

$$2x_1 - 3x_2 + x_3 = 0,$$
$$3x_1 + 4x_2 - 7x_3 = 0$$

일 때, 이들 두 평면이 만나는 직선의 방정식을 구하여라.

5. 유클리드 공간 $\mathscr{E}^3$ 에서 서로 다른 세 점

$\mathrm{O}(0,0,0)$, $\mathrm{P}(a_1, a_2, a_3)$, $\mathrm{Q}(b_1, b_2, b_3)$

가 한 직선 위에 있지 않을 때, 이들 세 점을 지나는 평면의 방정식은 다음과 같음을 증명하여라.

$$\begin{vmatrix} x_1 & x_2 & x_3 \\ a_1 & a_2 & a_3 \\ b_1 & b_2 & b_3 \end{vmatrix} = 0$$

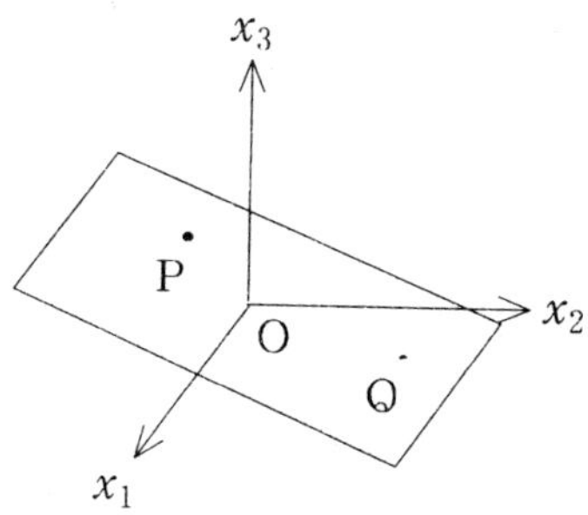

6. 유클리드 공간 $\mathscr{E}^3$ 에서 서로 다른 두 직선의 방정식이

$$\frac{x_1}{a_1} = \frac{x_2}{a_2} = \frac{x_3}{a_3},$$
$$\frac{x_1}{b_1} = \frac{x_2}{b_2} = \frac{x_3}{b_3}$$

일 때, 이 두 직선을 동시에 포함하는 평면의 방정식을 구하여라.

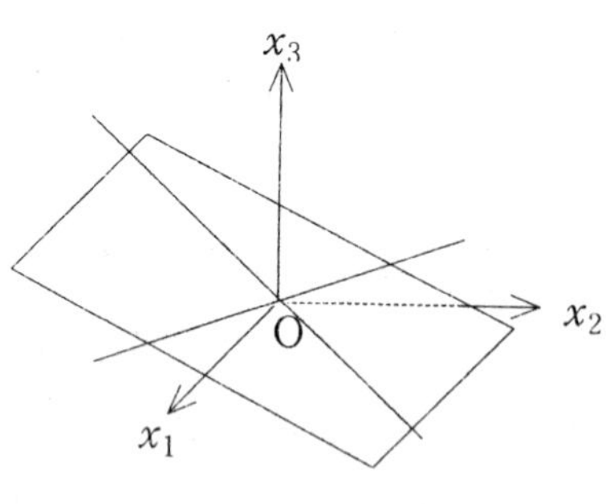

제 4 장

벡 터 공 간

한 집합 위에 이항연산(들)이 정의되어 있으면서 이들 연산에 관하여 특정한 공리계(公理系, system of axioms)를 만족시킬 때, 이 집합과 연산(들)을 함께 묶어 놓은 것을 대수적 체계(代數的 體系, algebraic system)라고 한다.

이 장에서는, 벡터공간과 부분공간을 정의하고 이들의 특성과 기저에 대하여 논하고 또 행렬의 행공간과 열공간 동차 연립일차방정식의 해공간에 대하여 논한다.

그리고, 유한체 $\mathbb{Z}_p = \{0, 1, \cdots, p-1\}$를 도입하여 선형부호를 간단히 소개하고 Nim 게임을 소개한다.

§4.1 벡터공간

이 절에서는, 벡터공간을 정의하고 여러 가지 보기를 들기로 한다.

정의 4.1.1 체 F 위에서 $V(\neq \emptyset)$가 다음 조건을 만족시킬 때, V를 체 F 위의 **벡터공간**(벡터空間, vector space over F) 또는 **F-벡터공간**이라고 한다.

(1) 집합 V 위에 덧셈 $+$ 가 정의되어 있고, 또 임의의 $v, w, u \in V$에 대하여 다음이 성립한다.

A.1 : $(v+w)+u = v+(w+u)$ (덧셈에 관한 결합법칙)

A.2 : $v+w = w+v$ (덧셈에 관한 교환법칙)

A.3 : 특정한 원소 $\mathbf{0} \in V$가 존재하여, 모든 원소 $v \in V$에 대하여 등식 $v+\mathbf{0} = \mathbf{0}+v = v$가 성립한다.

A.4 : 각 $v \in V$에 대하여

$$v+(-v) = (-v)+v = \mathbf{0}$$

인 $-v \in V$가 존재한다.

(2) **스칼라 곱셈**(scalar multiplication)

$$F \times V \longrightarrow V, \quad (a, v) \longmapsto av$$

가 정의되어 있고 임의의 $v, w \in V$와 $a, b \in F$에 대하여 다음이 성립한다.

SM.1 : $a(v+w) = av+aw$ SM.3 : $(ab)v = a(bv)$

SM.2 : $(a+b)v = av+bw$ SM.4 : $1v = v$

벡터공간 V의 각 원소를 **벡터**(vector)라 하고 $\mathbf{0}$을 **영벡터**(zero vector)라고 한다. 또, 체 F를 벡터공간 V의 **기초체**(基礎體, ground field)라 하고 F의 원소를 **스칼라**(scalar)라 하며 av를 a에 의한 v의 **스칼라 배**(scalar multiple)라 한다.

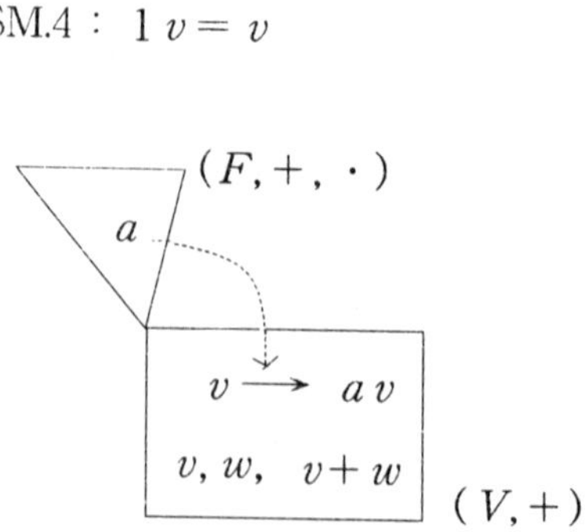

벡터공간이란 정의 4.1.1 의 조건을 만족시키는 집합이고, 또 벡터는 이러한 벡터공간의 원소일 뿐이지 어떤 물리적인 의미를 가진 대상일 필요는 없다.

그리고, 벡터공간에서의 뺄셈은 덧셈을 이용하여 다음과 같이 정한다.

$$v - w = v + (-w)$$

보기 4.1.1 체 F 와 양의 정수 n 에 대하여 F 의 곱집합

$$F^n = \{(x_1, \cdots, x_n) \mid x_1, \cdots, x_n \in F\}$$

는 다음과 같이 정의된 덧셈과 스칼라 곱셈에 관하여 체 F 위의 벡터공간을 이룬다(정리 2.1.1 참조).

$$(a_1, \cdots, a_n) + (b_1, \cdots, b_n) = (a_1 + b_1, \cdots, a_n + b_n),$$

$$a(a_1, \cdots, a_n) = (a\,a_1, \cdots, a\,a_n)$$

보기 4.1.2 체 F 위의 $m \times n$ 행렬 전체로 이루어진 집합

$$\mathrm{Mat}_{m\times n}(F) = \{[a_{ij}]_{m\times n} \mid a_{ij} \in F,\ 1 \le i \le m,\ 1 \le j \le n\}$$

는 다음과 같이 정의된 덧셈과 스칼라 곱셈에 관하여 체 F 위의 벡터공간을 이룬다(정리 2.1.2 참조).

$$[a_{ij}]_{m\times n} + [b_{ij}]_{m\times n} = [a_{ij} + b_{ij}]_{m\times n},$$

$$a\,[a_{ij}]_{m\times n} = [a\,a_{ij}]_{m\times n}$$

특히, 체 F 위의 n 차의 행렬 전체로 이루어진 집합

$$\mathrm{Mat}_n(F) = \{[a_{ij}]_{n\times n} \mid a_{ij} \in F,\ 1 \le i, j \le n\}$$

는 체 F 위의 벡터공간이다.

보기 4.1.3 체 F 위의 다항식 전체의 집합 $F[x]$ 는 덧셈과 스칼라 곱셈에 관하여 체 F 위의 벡터공간을 이룬다(정리 1.3.1).

벡터공간 $F[x]$ 에서 영벡터는 영다항식 0 이고, 또 각 다항식

$$f(x) = a_0 + a_1 x + \cdots + a_n x^n \in F[x]$$

에 대하여 $-f(x)$ 는 다음과 같은 다항식이다.

$$-f(x) = (-1)f(x) = -a_0 - a_1 x - \cdots - a_n x^n$$

보기 4.1.4 체 F의 원소 $a_0, a_1, \cdots, a_n, \cdots$ 에 대하여

$$A(x) = \sum_{n=0}^{\infty} a_n x^n = a_0 + a_1 x + a_2 x^2 + a_3 x^3 + \cdots$$

를 체 F 위의 (x에 관한) **형식적 멱급수**(形式的 冪級數, formal power series)라 하고 이러한 형식적 멱급수 전체의 집합을 $F[[x]]$ 로 나타낸다.

그리고, 체 F 위의 두 형식적 멱급수

$$A(x) = \sum_{n=0}^{\infty} a_n x^n, \quad B(x) = \sum_{n=0}^{\infty} b_n x^n$$

와 $a \in F$ 에 대하여 다음과 같이 정의한다.

$$A(x) = B(x) \iff a_n = b_n \quad (n = 0, 1, 2, 3, \cdots)$$

$$A(x) + B(x) = \sum_{i=0}^{\infty} (a_n + b_n) x^n,$$

$$a A(x) = \sum_{i=0}^{\infty} a\, a_n x^n$$

집합 $F[[x]]$ 는 이와 같이 정의된 덧셈과 스칼라 곱셈에 관하여 체 F 위의 벡터공간을 이룬다.

보기 4.1.5 체 F의 원소 $a_0, a_1, a_2, \cdots, a_n, \cdots$ 으로 이루어진 무한수열(無限數列, infinite sequence)을

$$\{a_n\} : \ a_0, a_1, a_2, \cdots, a_n, \cdots$$

으로 나타내고 $\{a_n\}$ 의 각 원소를 이 무한수열의 **항**(項, term)이라고 한다.

모든 항이 c 인 무한수열

$$\{c\} : \ c, c, c, c, c, \cdots$$

을 **상수수열**(常數數列, constant sequence)이라 하고, 특히 $\{0\}$ 을 **영수열**(零數列, zero sequence)이라고 한다.

체 F 위의 무한수열 전체의 집합을 F^{ω} 로 나타내고, 임의의 두 무한수열 $\{a_n\}, \{b_n\} \in F^{\omega}$ 와 $a \in F$ 에 대하여 다음과 같이 정의한다.

$$\{a_n\} = \{b_n\} \iff a_n = b_n \quad (n = 0, 1, 2, 3, \cdots)$$

$$\{a_n\} + \{b_n\} = \{a_n + b_n\}, \quad a\{a_n\} = \{a\, a_n\}$$

이 때, 집합 F^{ω} 는 체 F 위의 벡터공간을 이룬다.

정리 4.1.2 체 F 위의 벡터공간 V에서 벡터 $v, w, u \in V$와 $a \in F$에 대하여 다음이 성립한다.

(1) $v + u = w + u$ 이면, $v = w$ 이다.

(2) $-(-v) = v$

(3) $a\mathbf{0} = \mathbf{0}$, $a(-v) = -av$,

$0v = \mathbf{0}$, $(-a)v = -a$

(4) $av = \mathbf{0}$ 이면, $a = 0$ 또는 $v = \mathbf{0}$ 이다.

증 명 정의 4.1.1 을 이용하여 증명한다.

(1) $v + u = w + u$ 이면,

$$(v + u) + (-u) = (w + u) + (-u)$$

이므로

$$v + \{u + (-u)\} = w + \{u + (-u)\}$$

이고 따라서 $v + \mathbf{0} = w + \mathbf{0}$ 이므로 $v = w$ 이다.

(2) $v + (-v) = (-v) + v = \mathbf{0}$ 이므로 $-(-v) = v$ 이다.

(3) 분명히

$$a\mathbf{0} + a\mathbf{0} = a(\mathbf{0} + \mathbf{0}) = a\mathbf{0} = \mathbf{0} + a\mathbf{0}$$

이므로 (1) 에 의하여 $a\mathbf{0} = \mathbf{0}$ 이다. 그리고,

$$av + a(-v) = a\{v + (-v)\} = a\mathbf{0} = \mathbf{0},$$

$$a(-v) + av = a\{(-v) + v\} = a\mathbf{0} = \mathbf{0}$$

이므로 $a(-v) = -av$ 이다.

마찬가지 방법으로, $0v = \mathbf{0}$, $(-a)v = -av$ 임을 증명할 수 있다.

(4) $av = \mathbf{0}$ 일 때, $a \neq 0$ 이라고 하자.

이 때, F는 체이므로 $a^{-1} \in F$가 존재하고(정의 1.2.6) 따라서

$$a^{-1}(av) = a^{-1}\mathbf{0}, \quad (a^{-1}a)v = \mathbf{0}$$

이므로 $1v = \mathbf{0}$ 즉 $v = \mathbf{0}$ 이다.

연 습 문 제 (4.1)

1. 실수체 $\mathbb{R}$ 위의 벡터공간 $\mathbb{R}^4$ 에서 벡터 $v = (1, 2, 3, 4)$, $w = (0, 1, -2, 3)$ 에 대하여 $v + w$, $3v$, $v - w$, $2v + 3w$ 를 구하여라.

2. 벡터공간 $\mathrm{Mat}_2(\mathbb{R})$ 에서 다음을 구하여라.

(1) $\begin{bmatrix} 1 & 2 \\ 3 & 4 \end{bmatrix} + \begin{bmatrix} 2 & 1 \\ 5 & 2 \end{bmatrix}$ (2) $\begin{bmatrix} 1 & 2 \\ 3 & 4 \end{bmatrix} - \begin{bmatrix} 2 & 1 \\ 5 & 2 \end{bmatrix}$

3. 실수체 $\mathbb{R}$ 위의 벡터공간 $\mathbb{R}^\omega$ 에서 두 무한수열

$\{a_n\}$: 1, 2, 3, 4, 5, $\cdots$

$\{b_n\}$: 1^2, 2^2, 3^2, 4^2, 5^2, $\cdots$

에 대하여 $\{a_n\} + \{b_n\}$, $-\{a_n\}$ 를 구하여라.

4. 체 F 위의 벡터공간 V 에서 벡터 $v, w \in V$ 와 $a, b \in F$ 에 대하여 다음이 성립함을 밝혀라.

(1) $v + w = \mathbf{0}$ 이면, $w = -v$ 이다.

(2) $v + w = v$ 이면, $w = \mathbf{0}$ 이다.

(3) $v + v = v$ 이면, $v = \mathbf{0}$ 이다.

(4) $av = bv$ 이면, $a = b$ 또는 $v = w$ 이다.

(5) $av = aw$ 이면, $a = 0$ 또는 $v = w$ 이다.

5. 집합 $\mathbb{R}^2 = \{(x_1, x_2) \mid x_1, x_2 \in \mathbb{R}\}$ 는 다음과 같이 정의된 덧셈과 스칼라 곱셈에 관하여 실수체 $\mathbb{R}$ 위의 벡터공간이 아니다. 그 이유를 말하여라.

(1) $(a_1, a_2) + (b_1, b_2) = (a_1 + b_1, a_2 + b_2)$, $a(a_1, a_2) = (aa_1, a_2)$

(2) $(a_1, a_2) + (b_1, b_2) = (a_1 + b_1, a_2 + b_2)$, $a(a_1, a_2) = (aa_1, 0)$

(3) $(a_1, a_2) + (b_1, b_2) = (a_1 + b_1, a_2 + b_2)$, $a(a_1, a_2) = (0, a_2)$

(4) $(a_1, a_2) + (b_1, b_2) = (a_1 - b_1, a_2 - b_2)$, $a(a_1, a_2) = (aa_1, aa_2)$

(5) $(a_1, a_2) + (b_1, b_2) = (a_1 b_1, a_2 b_2)$, $a(a_1, a_2) = (aa_1, aa_2)$

§4.2 부분공간

이 절에서는, 벡터공간의 특수한 부분집합에 대하여 논한다.

정의 4.2.1 체 F 위의 벡터공간 V 에서 V 의 부분집합 $W\ (\neq \varnothing)$ 가 V 의 덧셈과 스칼라 곱셈에 관하여 체 F 위의 벡터공간을 이룰 때, W 를 벡터공간 V 의 **부분공간**(部分空間, subspace)이라고 한다.

벡터공간 V 에서 V 자신과 $\{\mathbf{0}\}$ 은 V 의 부분공간이다.

정리 4.2.2 체 F 위의 벡터공간 V 에서, V 의 부분집합 $W\ (\neq \varnothing)$ 에 대하여 다음 네 조건은 서로 동치이다.

(1) W 는 V 의 부분공간이다.

(2) W 는 V 의 덧셈과 스칼라 곱셈에 관하여 닫혀 있다. 즉,

$$w_1,\ w_2 \in W \Longrightarrow w_1 + w_2 \in W, \qquad a \in F,\ w \in W \Longrightarrow aw \in W$$

(3) $w_1,\ w_2 \in W \Longrightarrow w_1 - w_2 \in W, \qquad a \in F,\ w \in W \Longrightarrow aw \in W$

증 명 (1) $\Longleftrightarrow$ (2) 분명히 (1) 이 성립하면 (2) 가 성립한다.

역으로, (2) 가 성립한다고 가정하자. 이 때, W 에서 정의 4.1.1 의 A.1, A.2 와 SM.1 ~ SM.4 가 성립하고, 임의의 $w \in W$ 에 대하여

$$\mathbf{0} = 0\,w \in W, \qquad -w = (-1)\,w \in W$$

이고(정리 4.1.2) 따라서 W 에서 A.3, A.4 가 성립하므로 W 는 V 의 부분공간이다.

(2) $\Longleftrightarrow$ (3) 먼저 (2) 가 성립하면, 임의의 $w_1,\ w_2 \in W$ 에 대하여

$$-w_2 = (-1)\,w_2 \in W, \quad w_1 - w_2 = w_1 + (-w_2) \in W$$

이므로 (3) 이 성립한다.

그리고, (3) 이 성립하면, 임의의 $w_1,\ w_2 \in W$ 에 대하여

$$-w_2 = (-1)\,w_2 \in W, \quad w_1 + w_2 = w_1 - (-w_2) \in W$$

이므로 (2) 가 성립한다.

보기 4.2.1 체 F 위의 벡터공간 $\mathrm{Mat}_2(F)$ 에서 집합

$$W = \left\{ \begin{bmatrix} a & b \\ c & 0 \end{bmatrix} \mid a, b, c \in F \right\}$$

는 $\mathrm{Mat}_2(F)$ 의 부분공간을 이룬다(보기 4.1.2). 실제로, 다음이 성립한다.

$$\begin{bmatrix} a_1 & b_1 \\ c_1 & 0 \end{bmatrix} + \begin{bmatrix} a_2 & b_2 \\ c_2 & 0 \end{bmatrix} = \begin{bmatrix} a_1 + a_2 & b_1 + b_2 \\ c_1 + c_2 & 0 \end{bmatrix} \in W,$$

$$k \begin{bmatrix} a & b \\ c & 0 \end{bmatrix} = \begin{bmatrix} ka & kb \\ kc & 0 \end{bmatrix} \in W \qquad (k \in F)$$

보기 4.2.2 체 F 위의 $m \times n$ 행렬 A 에 대하여

$$U = \left\{ (x_1, \cdots, x_n) \in F^n \mid A \begin{bmatrix} x_1 \\ \vdots \\ x_n \end{bmatrix} = \begin{bmatrix} 0 \\ \vdots \\ 0 \end{bmatrix} \right\}$$

이라고 할 때, U 는 벡터공간 F^n 의 부분공간임을 증명하여 보자.

먼저 $A = O_{m \times n}$ 이면, $U = F^n$ 이므로 U 는 F^n 의 부분공간이다.

이제 $A \neq O_{m \times n}$ 이라고 하자. 이 때, $(0, \cdots, 0) \in U$ 이므로 $U \neq \varnothing$ 이다. 또, $w = (c_1, \cdots, c_n) \in U$, $u = (d_1, \cdots, d_n) \in U$, $a \in F$ 이라고 하면,

$$A \begin{bmatrix} c_1 \\ \vdots \\ c_n \end{bmatrix} = \begin{bmatrix} 0 \\ \vdots \\ 0 \end{bmatrix}, \qquad A \begin{bmatrix} d_1 \\ \vdots \\ d_n \end{bmatrix} = \begin{bmatrix} 0 \\ \vdots \\ 0 \end{bmatrix}$$

이므로

$$A \begin{bmatrix} c_1 + d_1 \\ \vdots \\ c_n + d_n \end{bmatrix} = A \begin{bmatrix} c_1 \\ \vdots \\ c_n \end{bmatrix} + A \begin{bmatrix} d_1 \\ \vdots \\ d_n \end{bmatrix} = \begin{bmatrix} 0 \\ \vdots \\ 0 \end{bmatrix} + \begin{bmatrix} 0 \\ \vdots \\ 0 \end{bmatrix} = \begin{bmatrix} 0 \\ \vdots \\ 0 \end{bmatrix},$$

$$A \begin{bmatrix} ac_1 \\ \vdots \\ ac_n \end{bmatrix} = aA \begin{bmatrix} c_1 \\ \vdots \\ c_n \end{bmatrix} = a \begin{bmatrix} 0 \\ \vdots \\ 0 \end{bmatrix} = \begin{bmatrix} 0 \\ \vdots \\ 0 \end{bmatrix}$$

이고 따라서

$$v+w=(c_1+d_1, \cdots, c_n+d_n) \in U, \quad av=(ac_1, \cdots, ac_n) \in U$$

이므로 U 는 벡터공간 F^n 의 부분공간이다.

실제로, $A=[a_{ij}]_{m\times n} \neq O_{m\times n}$ 일 때, U 는 동차 연립일차방정식

$$A\begin{bmatrix} x_1 \\ \vdots \\ x_n \end{bmatrix} = \begin{bmatrix} 0 \\ \vdots \\ 0 \end{bmatrix} \quad \text{즉} \quad \begin{cases} a_{11}x_1 + a_{12}x_2 + \cdots + a_{1n}x_n = 0 \\ a_{21}x_1 + a_{22}x_2 + \cdots + a_{2n}x_n = 0 \\ \quad\vdots \qquad\quad \vdots \qquad\quad \cdots \qquad \vdots \qquad \vdots \\ a_{m1}x_1 + a_{m2}x_2 + \cdots + a_{mn}x_n = 0 \end{cases}$$

의 해 전체로 이루어진 부분공간이다. 이러한 의미에서 U를 위의 동차 연립일차방정식의 **해공간**(解空間, solution space)이라고 한다.

보기 4.2.3 체 F 위의 동차 일차방정식

$$a_1x_1 + \cdots + a_nx_n = 0$$

의 해 전체로 이루어진 해공간은 벡터공간 F^n 의 부분공간이다. 그러나,

$$a_1x_1 + \cdots + a_nx_n = c \qquad (c \in F,\ c \neq 0)$$

의 해 전체의 집합을 W이라고 하면, $(0, \cdots, 0) \notin W$ 이므로 W는 벡터공간 F^n 의 부분공간이 아니다.

보기 4.2.4 벡터공간 $\mathbb{R}^2$ 에서 다음 집합을 생각해 보자.

$$W=\{(x_1, x_2) \in \mathbb{R}^2 \mid x_1 \geq 0,\ x_2 \geq 0\}$$

분명히 $(0,0) \in W$ 이므로 $W \neq \varnothing$ 이다. 그리고, W 의 두 원소 $w_1=(a_1, a_2)$, $w_2=(b_1, b_2)$ 에 대하여

$$w_1+w_2=(a_1+b_1,\ a_2+b_2) \in W$$

이므로 W 는 덧셈에 관하여 닫혀 있다.

그러나, 예를 들어 $w=(1,3) \in W$ 에 대하여 $-w=(-1,-3) \notin W$ 이므로 W 는 벡터공간 $\mathbb{R}^2$ 의 부분공간이 아니다.

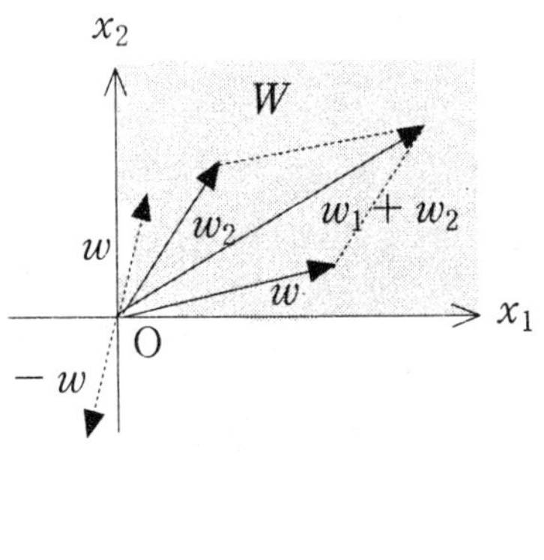

정리 4.2.3 체 F 위의 벡터공간 V 에서 V 의 부분공간 $W_1, \cdots, W_m$ 에 대하여 다음 두 집합은 V 의 부분공간이다.

$$W = W_1 \cap \cdots \cap W_m = \{ w \mid w \in W_1, \cdots, w \in W_m \}$$
$$U = W_1 + \cdots + W_m = \{ w_1 + \cdots + w_m \mid w_1 \in W_1, \cdots, w_m \in W_m \}$$

증 명 (1) 먼저 $\mathbf{0} \in W_1, \cdots, \mathbf{0} \in W_m$ 이므로 $\mathbf{0} \in W$ 이고 따라서 $W \neq \varnothing$ 이다. 그리고, $v, w \in W$, $a \in F$ 이라고 하면, 모든 i $(1 \leq i \leq m)$ 에 대하여 $v, w \in W_i$ 이므로 정리 4.2.2 에 의하여 $v + w \in W_i$, $a v \in W_i$ 이고 따라서 $v + w, a v \in W$ 이다. 그러므로 W 는 V 의 부분공간이다(정리 4.2.2).

(2) 분명히

$$\mathbf{0} = \mathbf{0} + \cdots + \mathbf{0} \qquad (\mathbf{0} \in W_i)$$

이므로 $\mathbf{0} \in U$ 이고 따라서 $U \neq \varnothing$ 이다.

그리고, $v, w \in U$, $a \in F$ 이라고 하면, v 와 w 는

$$v = v_1 + \cdots + v_m, \quad w = w_1 + \cdots + w_m \qquad (v_i, w_i \in W_i)$$

의 꼴로 나타내어지고 이때

$$v + w = (v_1 + w_1) + \cdots + (v_m + w_m) \qquad (v_i + w_i \in W_i)$$
$$a v = (a v_1) + \cdots + (a v_m) \qquad (a v_i \in W_i)$$

이므로 $v + w \in U$, $a v \in U$ 이다.

따라서 U 는 V 의 부분공간이다(정리 4.2.2).

따름정리 4.2.4 체 F 위의 벡터공간 V 에서 V 의 두 부분공간 W_1, W_2 에 대하여

$$W_1 \cap W_2 = \{ w \mid w \in W_1, w \in W_2 \},$$
$$W_1 + W_2 = \{ w_1 + w_2 \mid w_1 \in W_1, w_2 \in W_2 \}$$

는 V 의 부분공간이고, 또 다음이 성립한다.

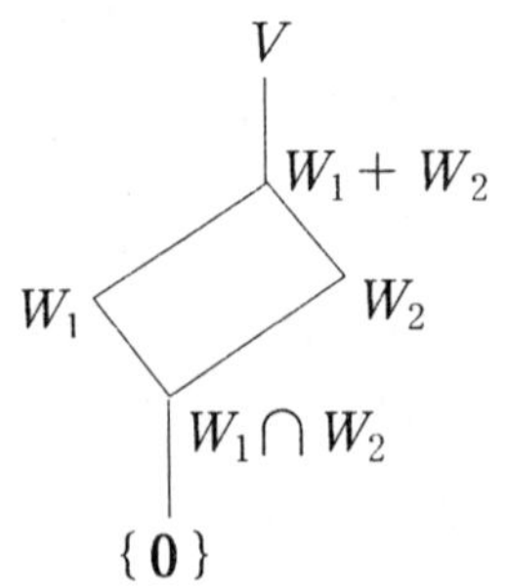

(1) $W_1 \subseteq W_1 + W_2$, $\quad W_2 \subseteq W_1 + W_2$

(2) V 의 부분공간 W 가 W_1, W_2 를 포함하면, $W_1 + W_2 \subseteq W$ 이다.

증 명 정리 4.2.3에 의하여 $W_1 \cap W_2$, $W_1 + W_2$는 V의 부분공간이다.

(1) 임의의 $w_1 \in W_1$, $w_2 \in W_2$에 대하여 $w_1 = w_1 + \mathbf{0}$, $w_2 = \mathbf{0} + w_2$이므로 $W_1 \subseteq W_1 + W_2$, $W_2 \subseteq W_1 + W_2$이다.

(2) 부분공간 W가 W_1, W_2를 포함하면, 임의의 벡터 $w_1 \in W_1$, $w_2 \in W_2$에 대하여 $w_1 + w_2 \in W$이고 따라서 $W_1 + W_2 \subseteq W$이다.

보기 4.2.5 실수체 $\mathbb{R}$ 위의 벡터공간 $\mathbb{R}^3$에서 두 부분공간

$$W_1 = \{(x_1, x_2, x_3) \in \mathbb{R}^3 \mid x_1 + x_2 - x_3 = 0\},$$

$$W_2 = \{(x_1, x_2, x_3) \in \mathbb{R}^3 \mid 2x_1 + 3x_2 + x_3 = 0\}$$

에 대하여 $W_1 \cap W_2$는 동차 연립일차방정식

$$\begin{cases} x_1 + \ \ x_2 + x_3 = 0 \\ 2x_1 + 3x_2 + x_3 = 0 \end{cases}$$

의 해공간이다. 그런데, 이 동차 연립일차방정식은

$$\begin{cases} x_1 = -2x_3 \\ x_2 = \quad\ \ x_3 \end{cases}$$

와 동치이므로 해 전체는 다음과 같다(§2.4 참조).

$$\begin{bmatrix} 1 & 1 & 1 \\ 2 & 3 & 1 \end{bmatrix} \to \begin{bmatrix} 1 & 0 & 2 \\ 0 & 1 & -1 \end{bmatrix}$$

$$\begin{bmatrix} x_1 \\ x_2 \\ x_3 \end{bmatrix} = t \begin{bmatrix} -2 \\ 1 \\ 1 \end{bmatrix} \qquad (t \in \mathbb{R})$$

따라서 $W_1 \cap W_2 = \{t(-2, 1, 1) \mid t \in \mathbb{R}\}$이다.

정의 4.2.5 체 F 위의 벡터공간 V에서 벡터 $v_1, \cdots, v_n \in V$에 대하여

$$v = a_1 v_1 + \cdots + a_n v_n \qquad (a_1, \cdots, a_n \in F)$$

와 같은 꼴의 벡터 v를 $v_1, \cdots, v_n$의 **일차결합**(一次結合, linear combination)이라 하고 이러한 일차결합 전체의 집합을 $\langle v_1, \cdots, v_n \rangle$로 나타낸다. 즉,

$$\langle v_1, \cdots, v_n \rangle = \{a_1 v_1 + \cdots + a_n v_n \mid a_1, \cdots, a_n \in F\}$$

정리 4.2.6 체 F 위의 벡터공간 V 에서 벡터 $v_1, \cdots, v_n \in V$ 에 대하여

$$\langle v_1, \cdots, v_n \rangle = \{a_1 v_1 + \cdots + a_n v_n \mid a_1, \cdots, a_n \in F\}$$

는 V 의 부분공간이고 또 다음이 성립한다.

(1) $v_1, \cdots, v_n \in \langle v_1, \cdots, v_n \rangle$

(2) V 의 부분공간 W가 $v_1, \cdots, v_n$ 을 포함하면, $\langle v_1, \cdots, v_n \rangle \subseteq W$ 이다.

증 명 두 벡터 $v, w \in \langle v_1, \cdots, v_n \rangle$ 에 대하여

$$v = a_1 v_1 + \cdots + a_n v_n, \quad w = b_1 v_1 + \cdots + b_n v_n \qquad (a_i, b_i \in F)$$

이라 하고 $a \in F$ 이라고 하면,

$$v + w = (a_1 + b_1) v_1 + \cdots + (a_n + b_n) v_n \qquad (a_i + b_i \in F)$$

$$av = a a_1 v_1 + \cdots + a a_n v_n \qquad (a a_i \in F)$$

이므로 $v + w, a v \in \langle v_1, \cdots, v_n \rangle$ 이고, 따라서 $\langle v_1, \cdots, v_n \rangle$ 은 V 의 부분공간이다(정리 4.2.2). 또, 각 i $(1 \le i \le n)$ 에 대하여 다음이 성립한다.

$$v_i = 0 v_1 + \cdots + 1 v_i + \cdots + 0 v_n \in \langle v_1, \cdots, v_n \rangle$$

그리고, V 의 부분공간 W 가 $v_1, \cdots, v_n$ 을 포함하면, 임의의 $a_1, \cdots, a_n \in F$ 에 대하여 $a_1 v_1 + \cdots + a_n v_n \in W$ 이므로 $\langle v_1, \cdots, v_n \rangle \subseteq W$ 이다

정의 4.2.7 체 F 위의 벡터공간 V 에서 벡터 $v_1, \cdots, v_n \in V$ 에 대하여

$$\langle v_1, \cdots, v_n \rangle = \{a_1 v_1 + \cdots + a_n v_n \mid a_1, \cdots, a_n \in F\}$$

을 $v_1, \cdots, v_n$ 에 의하여 **생성된**(generated, spanned) 부분공간이라고 한다.

특히, $V = \langle v_1, \cdots, v_n \rangle$ 일 때, V 는 $v_1, \cdots, v_n$에 의하여 **생성된다**고 하고 또 $v_1, \cdots, v_n$ 을 V 의 **생성원**(生成元, generator)이라고 한다.

위의 정의에서, 예를 들어

$$a_1 v_1 + a_2 v_2 + \cdots + a_n v_n = a_2 v_2 + a_1 v_1 + \cdots + a_n v_n$$

이므로 $\langle v_1, v_2, \cdots, v_n \rangle$ 은 $v_1, v_2, \cdots, v_n$ 의 순서에 관계없이 정의된다. 즉,

$$\langle v_1, v_2, \cdots, v_n \rangle = \langle v_2, v_1, \cdots, v_n \rangle = \cdots = \langle v_n, v_1, \cdots, v_{n-1} \rangle$$

그리고, 벡터 $v \in V$ 에 대하여

$$\langle v \rangle = \{tv \mid t \in F\}$$

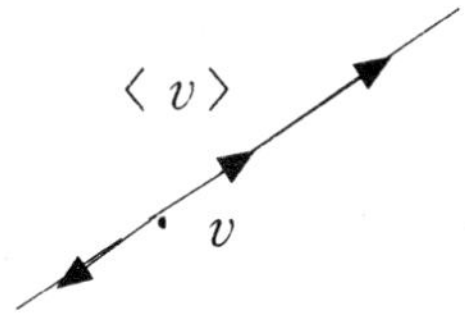

이고, 또 다음이 성립한다.

$$\begin{aligned}\langle v_1, v_2 \rangle &= \{a_1 v_1 + a_2 v_2 \mid a_1, a_2 \in F\} \\ &= \{a_2 v_2 + a_1 v_1 \mid a_1, a_2 \in F\} \\ &= \langle v_2, v_1 \rangle\end{aligned}$$

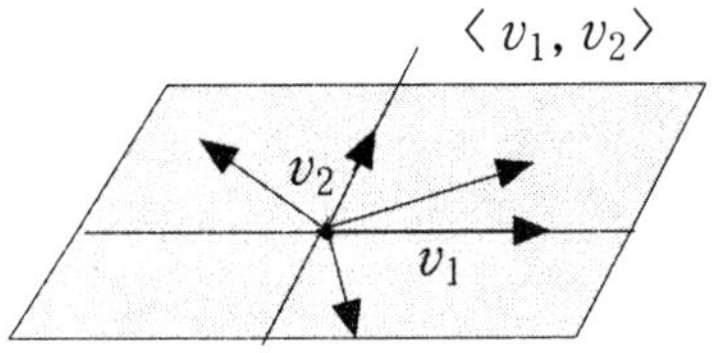

정리 4.2.8 체 F 위의 벡터공간 V 에서 벡터 $w_1, \cdots, w_r, u_1, \cdots, u_s \in V$ 에 대하여 다음이 성립한다.

$$\langle w_1, \cdots, w_r \rangle + \langle u_1, \cdots, u_s \rangle = \langle w_1, \cdots, w_r, u_1, \cdots, u_s \rangle$$

증 명 임의의 $a_1, \cdots, a_r, b_1, \cdots, b_s \in F$ 에 대하여

$$\begin{aligned}&(a_1 w_1 + \cdots + a_r w_r) + (b_1 u_1 + \cdots + b_s u_s) \\ &= a_1 w_1 + \cdots + a_r w_r + b_1 u_1 + \cdots + b_s u_s\end{aligned}$$

이므로 정리가 성립한다.

보기 4.2.6 벡터공간 $\mathbb{R}^2$ 에서 두 부분공간

$$W_1 = \langle (2,2) \rangle, \quad W_2 = \langle (1,3) \rangle$$

에 대하여 다음이 성립한다.

$$W_1 + W_2 = \mathbb{R}^2, \quad W_1 \cap W_2 = \{(0,0)\}$$

실제로, $W_1 + W_2 = \langle (2,2), (1,3) \rangle$ 이고,

또 임의의 $(x_1, x_2) \in \mathbb{R}^2$ 에 대하여

$$(x_1, x_2) = a(2, 2) + b(1, 3) \quad (a, b \in \mathbb{R})$$

이라고 하면,

$$\begin{cases} 2a + b = x_1 \\ 2a + 3b = x_2 \end{cases}$$

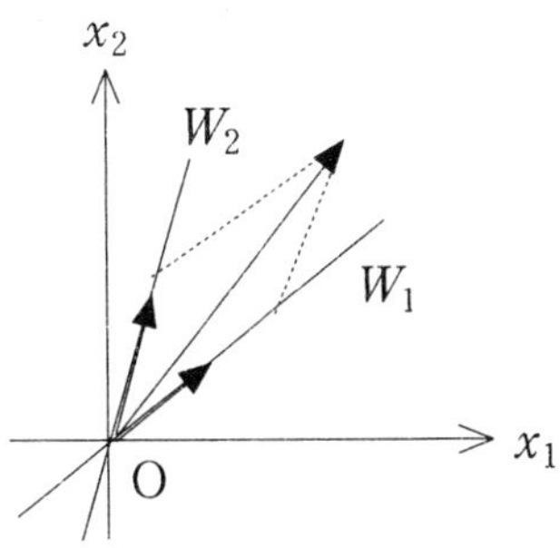

이고 이 연립일차방정식의 해는 다음과 같다.

$$a = \frac{3x_1 - x_2}{4}, \quad b = \frac{-x_1 + x_2}{2}$$

그러므로, 임의의 $(x_1, x_2) \in \mathbb{R}^2$ 에 대하여

$$(x_1, x_2) = \frac{3x_1 - x_2}{4}(2, 2) + \frac{-x_1 + x_2}{2}(1, 3)$$

이므로 $W_1 + W_2 = \langle (2,2), (1,3) \rangle = \mathbb{R}^2$ 이다.

그리고, $w \in W_1 \cap W_2$ 이라고 하면, 적당한 실수 a, b 에 대하여

$$w = a(2, 2) = b(1, 3) \quad 즉 \quad 2a = b,\ 2a = 3b$$

이고 이때 $a = b = 0$ 이므로 $w = (0, 0)$ 이다.

따라서 $W_1 \cap W_2 = \{(0,0)\}$ 이다.

연 습 문 제 (4.2)

1. 다음 집합이 벡터공간 $\mathbb{R}^2$ 의 부분공간인지를 판정하여라.

(1) $W = \{(a, a+1) \in \mathbb{R}^2 \mid a \in \mathbb{R}\}$

(2) $W = \{(x_1, x_2) \in \mathbb{R}^2 \mid x_1 + x_2 = 1\}$

(3) $W = \{(a, b+1) \in \mathbb{R}^2 \mid a, b \in \mathbb{R}\}$

(4) $W = \{(a+2b, 5b) \in \mathbb{R}^2 \mid a, b \in \mathbb{R}\}$

2. 벡터공간 $\mathbb{R}^2$ 에서 집합

$$W = \{(a, b) \mid a, b \in \mathbb{Q}\}$$

는 $\mathbb{R}^2$ 의 부분공간이 아님을 확인하여라. 여기서, $\mathbb{Q}$ 는 유리수체이다.

3. 체 F 위의 벡터공간 $\mathrm{Mat}_2(F)$ 에서 다음 집합이 부분공간인지를 판정하여라.

$$W = \left\{ \begin{bmatrix} a & b \\ c & a \end{bmatrix} \mid a, b, c \in F \right\},$$

$$U = \left\{ \begin{bmatrix} 0 & a \\ -a & b \end{bmatrix} \mid a, b \in F \right\}$$

4. 벡터공간 $\mathbb{R}^3$ 에서 두 부분공간

$$W_1 = \{(x_1, x_2, x_3) \in \mathbb{R}^3 \mid x_1 + x_2 - x_3 = 0\},$$
$$W_2 = \{(x_1, x_2, x_3) \in \mathbb{R}^3 \mid 3x_1 - x_2 - 5x_3 = 0\}$$

에 대하여 부분공간 $W_1 \cap W_2$ 를 구하여라.

5. 벡터공간 $\mathbb{R}^2$ 에서 두 부분공간 $W_1 = \langle (1,2) \rangle$, $W_2 = \langle (3,5) \rangle$ 에 대하여 $W_1 + W_2 = \mathbb{R}^2$, $W_1 \cap W_2 = \{(0,0)\}$ 임을 밝혀라.

6. 체 F 위의 벡터공간 V 에서 V 의 부분집합 $W(\neq \varnothing)$ 가 V 의 부분공간이기 위한 필요충분조건은 임의의 벡터 $w_1, w_2 \in W$ 와 원소 $a_1, a_2 \in F$ 에 대하여 $aw_1 + a_2 w_2 \in W$ 인 것임을 증명하여라.

7. 실수체 $\mathbb{R}$ 위의 벡터공간 $\mathrm{Mat}_n(\mathbb{R})$ 에서 대칭행렬 전체의 집합과 교대행렬 전체의 집합을 각각 $\mathrm{Sym}_n(\mathbb{R})$, $\mathrm{Alt}_n(\mathbb{R})$ 라고 할 때, $\mathrm{Sym}_n(\mathbb{R})$ 와 $\mathrm{Alt}_n(\mathbb{R})$ 는 벡터공간 $\mathrm{Mat}_n(\mathbb{R})$ 의 부분공간임을 증명하여라.

8. 벡터공간 V 의 두 부분공간 W_1, W_2 에 대하여 $W_1 \cup W_2$ 가 V 의 부분공간이면,

$$W_1 \subseteq W_2 \quad \text{또는} \quad W_2 \subseteq W_1$$

임을 증명하여라.

9. 체 F 위의 다항식 전체로 이루어진 벡터공간 $F[x]$ 에서 임의의 양의 정수 n 에 대하여

$$F_n[x] = \{a_0 + a_1 x + \cdots + a_{n-1}x^{n-1} \mid a_0, a_1, \cdots, a_{n-1} \in F\}$$

이라고 할 때, $F_n[x]$ 는 벡터공간 $F[x]$ 의 부분공간임을 밝혀라.

10. 체 F 위의 벡터공간 $F[x]$ 의 두 부분공간

$$W_1 = \{a + bx + cx^3 \mid a, b, c \in F\},$$
$$W_2 = \{a + bx^2 + cx^4 \mid a, b, c \in F\}$$

에 대하여 $W_1 + W_2$ 와 $W_1 \cap W_2$ 를 구하여라.

§4.3 일차독립과 일차종속

이 절에서는, 벡터공간에서 벡터들 사이의 관계에 대하여 논하기로 한다.

정의 4.3.1 체 F 위의 벡터공간 V 에서 벡터 $v_1, \cdots, v_n \in V$ 에 대하여 적어도 하나는 0 이 아닌(not all zero) $a_1, \cdots, a_n \in F$ 에 대하여

$$a_1 v_1 + \cdots + a_n v_n = \mathbf{0}$$

일 때, $v_1, \cdots, v_n$ 은 **일차종속**(一次從屬, linearly dependent)이라고 한다.

한편, 벡터 $v_1, \cdots, v_n$ 이 일차종속이 아닐 때, 즉

$$a_1 v_1 + \cdots + a_n v_n = \mathbf{0} \ \ (a_1, \cdots, a_n \in F) \Longrightarrow a_1 = \cdots = a_n = 0$$

일 때, $v_1, \cdots, v_n$ 은 **일차독립**(一次獨立, linearly independent)이라고 한다.

위의 정의에서 벡터의 일차종속性과 일차독립性은 이들 벡터의 순서에 관계가 없다. 예를 들어, v_1, v_2, v_3 가 일차종속이면, v_2, v_1, v_3 도 일차종속이고 또 v_3, v_1, v_2 도 일차종속이다.

보기 4.3.1 벡터공간 $\mathbb{R}^2$ 에서 두 벡터 $(2, 1)$, $(4, 2)$ 는 일차종속이다.
실제로, $2(2, 1) + (-1)(4, 2) = (0, 0)$ 이다.
한편, 벡터공간 $\mathbb{R}^2$ 에서 $v = (2, 1)$, $w = (3, 4)$ 는 일차독립이다.
실제로, 실수 a, b 에 대하여

$$a(2, 1) + b(3, 4) = (0, 0)$$

이라고 가정하면,

$$\begin{cases} 2a + 3b = 0 \\ a + 4b = 0 \end{cases} \qquad \begin{vmatrix} 2 & 3 \\ 1 & 4 \end{vmatrix} = 5 \neq 0$$

이므로 $a = b = 0$ 이다(정리 3.2.5 참조).
따라서 두 벡터 v, w 는 일차독립이다.

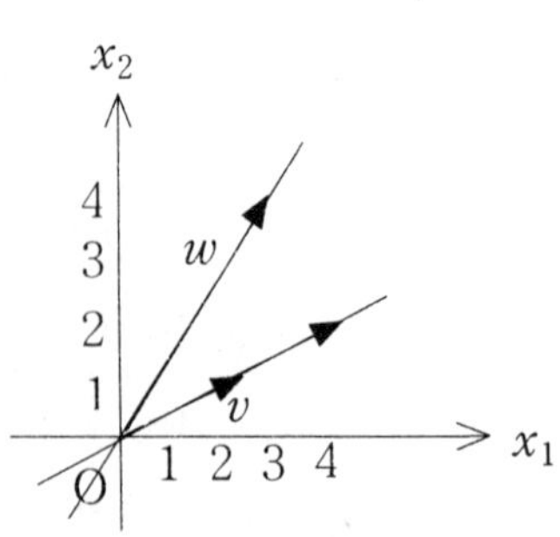

보기 4.3.2 벡터공간 $\mathbb{R}^2$ 에서 세 벡터 $(1,2)$, $(1,3)$, $(3,7)$ 에 대하여

$$a_1(1,2)+a_2(1,3)+a_3(3,7)=(0,0) \qquad (a_1, a_2, a_3 \in \mathbb{R})$$

이라고 하자. 이 때,

$$a_1\begin{bmatrix}1\\2\end{bmatrix}+a_2\begin{bmatrix}1\\3\end{bmatrix}+a_3\begin{bmatrix}3\\7\end{bmatrix}=\begin{bmatrix}0\\0\end{bmatrix} \quad \text{즉} \quad \begin{bmatrix}1&1&3\\2&3&7\end{bmatrix}\begin{bmatrix}a_1\\a_2\\a_3\end{bmatrix}=\begin{bmatrix}0\\0\end{bmatrix}$$

이고, 이 동차 연립일차방정식의 해 전체는 다음과 같다.

$$\begin{bmatrix}a_1\\a_2\\a_3\end{bmatrix}=t\begin{bmatrix}-2\\-1\\1\end{bmatrix} \qquad (t\in\mathbb{R})$$

$$\begin{bmatrix}1&1&3\\2&3&7\end{bmatrix} \longrightarrow \begin{bmatrix}1&0&2\\0&1&1\end{bmatrix}$$

특히, $a_1=-2$, $a_2=-1$, $a_3=1$ 은 해이므로

$$-2\,(1,2)-1\,(1,3)+(3,7)=(0,0)$$

이고 따라서 세 벡터 $(1,2)$, $(1,3)$, $(3,7)$ 은 일차종속이다.

정리 4.3.2 체 F 위의 n 차의 행렬 $A=[a_{ij}]_{n\times n}$ 에 대하여

$$v_i=(a_{i1}, a_{i2}, \cdots, a_{in}) \qquad (1\le i\le n)$$

$$w_j=(a_{1j}, a_{2j}, \cdots, a_{nj}) \qquad (1\le j\le n)$$

이라고 할 때, 다음 조건은 서로 동치이다.

(1) A 는 정칙행렬이다. 즉, $\det A\neq 0$ 이다.

(2) A^T 는 정칙행렬이다. 즉, $\det A^T\neq 0$ 이다.

(3) 벡터공간 F^n 에서 벡터 $w_1, w_2, \cdots, w_n$ 은 일차독립이다.

(4) 벡터공간 F^n 에서 벡터 $v_1, v_2, \cdots, v_n$ 은 일차독립이다.

증 명 행렬 A 가 정칙행렬일 때 그리고 이때에만 $\det A\neq 0$ 이고, 또 $\det A=\det A^T$ 이므로 (1) 과 (2) 는 동치이다(정리 3.1.10, 정리 3.1.2).

그리고, 적당한 $x_1, x_2, \cdots, x_n\in F$ 에 대하여

$$x_1w_1+x_2w_2+\cdots+x_nw_n=(0,0,\cdots,0)$$

이라고 가정하면, 다음이 성립한다(보기 2.1.8 참조).

$$x_1\begin{bmatrix} a_{11} \\ a_{21} \\ \vdots \\ a_{n1} \end{bmatrix} + x_2\begin{bmatrix} a_{12} \\ a_{22} \\ \vdots \\ a_{n2} \end{bmatrix} + \cdots + x_n\begin{bmatrix} a_{1n} \\ a_{2n} \\ \vdots \\ a_{nn} \end{bmatrix} = \begin{bmatrix} 0 \\ 0 \\ \vdots \\ 0 \end{bmatrix}$$

즉
$$\begin{bmatrix} a_{11} & a_{12} & \cdots & a_{1n} \\ a_{21} & a_{22} & \cdots & a_{2n} \\ \vdots & \vdots & \cdots & \vdots \\ a_{n1} & a_{n2} & \cdots & a_{nn} \end{bmatrix}\begin{bmatrix} x_1 \\ x_2 \\ \vdots \\ x_n \end{bmatrix} = \begin{bmatrix} 0 \\ 0 \\ \vdots \\ 0 \end{bmatrix}$$

그런데, 위의 동차 연립일차방정식은 A 가 정칙행렬일 때 그리고 이때에만 자명한 해 $(x_1, x_2, \cdots, x_n) = (0, 0, \cdots, 0)$ 을 가진다(정리 3.1.10).

따라서 (1) 과 (3) 은 동치이다. 마찬가지로, (2) 와 (4) 는 동치이다.

보기 4.3.3 벡터공간 $\mathbb{R}^3$ 의 세 벡터 $(1,1,0)$, $(0,1,1)$, $(1,0,1)$ 에 대하여

$$\begin{vmatrix} 1 & 1 & 0 \\ 0 & 1 & 1 \\ 1 & 0 & 1 \end{vmatrix} = \begin{vmatrix} 1 & 0 & 1 \\ 1 & 1 & 0 \\ 0 & 1 & 1 \end{vmatrix} = 2 \neq 0$$

이므로 이들 세 벡터는 일차독립이다.

정리 4.3.3 체 F 위의 벡터공간 V 에서 벡터 $v_1, \cdots, v_n, v \in V$ 에 대하여 다음이 성립한다.

(1) $v \neq \mathbf{0}$ 일 때 그리고 이때에만 v 는 일차독립이다.

(2) $v_1, \cdots, v_n$ 중에서 한 벡터가 영벡터이거나 또는 두 벡터가 서로 같으면, $v_1, \cdots, v_n$ 은 일차종속이다.

(3) $v \in \langle v_1, \cdots, v_n \rangle$ 이면, $v_1, \cdots, v_n, v$ 는 일차종속이다.

증 명 (1) 먼저 $v \neq \mathbf{0}$ 일 때, 적당한 $a \in F$ 에 대하여 $av = \mathbf{0}$ 이라고 가정하면 $a = 0$ 이므로 v 는 일차독립이다(정리 4.1.2 (4) 참조).

한편, $v = \mathbf{0}$ 이면, $1v = v = \mathbf{0}$, $1 \neq 0$ 이므로 v 는 일차종속이다.

(2) 예를 들어, $v_1 = \mathbf{0}$ 이면

$$1v_1 + 0v_2 + \cdots + 0v_n = \mathbf{0}, \quad 1 \neq 0$$

이므로 $v_1, v_2, \cdots, v_n$ 은 일차종속이다. 그리고, 예를 들어 $v_1 = v_2$ 이면,

$$1v_1 + (-1)v_2 + \cdots + 0v_n = \mathbf{0}, \quad 1 \neq 0$$

이므로 $v_1, v_2, \cdots, v_n$ 은 일차종속이다.

(3) $v \in \langle v_1, \cdots, v_n \rangle$ 이면, 적당한 $a_1, \cdots, a_n \in F$ 에 대하여

$$v = a_1 v_1 + \cdots + a_n v_n$$

이고 이때

$$a_1 v_1 + \cdots + a_n v_n + (-1)v = \mathbf{0}, \quad -1 \neq 0$$

이므로 $v_1, \cdots, v_n, v$ 는 일차종속이다.

정리 4.3.4 체 F 위의 벡터공간 V 에서 벡터 $v_1, \cdots, v_n, v \in V$ 에 대하여 다음이 성립한다.

(1) 벡터 $v_1, \cdots, v_n, v$ 가 일차독립이면, 벡터 $v_1, \cdots, v_n$ 은 일차독립이다.

(2) 벡터 $v_1, \cdots, v_n$ 이 일차독립이면, 모든 정수 k $(1 \leq k \leq n)$ 에 대하여 $v_1, \cdots, v_k$ 는 일차독립이다.

증 명 (1) 벡터 $v_1, \cdots, v_n, v$ 가 일차독립이라고 하자. 이 때,

$$a_1 v_1 + \cdots + a_n v_n = \mathbf{0} \qquad (a_1, \cdots, a_n \in F)$$

이라고 가정하면, $a_1 v_1 + \cdots + a_n v_n + 0v = \mathbf{0}$ 이고 또 $v_1, \cdots, v_n, v$ 는 일차독립이므로 $a_1 = \cdots = a_n = 0$ 이다. 따라서 $v_1, \cdots, v_n$ 은 일차독립이다.

(2) 위의 (1) 에 의하여 (2) 가 성립한다.

위의 정리에 의하여 다음 정리가 성립한다.

정리 4.3.5 체 F 위의 벡터공간 V 에서 벡터 $v_1, \cdots, v_n, v \in V$ 에 대하여 다음이 성립한다.

(1) 벡터 $v_1, \cdots, v_n$ 이 일차종속이면, 벡터 $v_1, \cdots, v_n, v$ 는 일차종속이다.

(2) 적당한 정수 k $(1 \leq k \leq n)$ 에 대하여 벡터 $v_1, \cdots, v_k$ 가 일차종속이면 $v_1, \cdots, v_n$ 은 일차종속이다.

정리 4.3.6 체 F 위의 벡터공간 V에서 벡터 $v_1, \cdots, v_n \in V$에 대하여 다음 두 조건은 서로 동치이다.

(1) $v_1, \cdots, v_n$은 일차종속이다.

(2) $v_1 = \mathbf{0}$ 또는 적당한 $j\ (2 \le j \le n)$에 대하여 $v_j \in \langle v_1, \cdots, v_{j-1} \rangle$ 이다.

증 명 먼저 벡터 $v_1, \cdots, v_n$이 일차종속이라고 하자. 이 때, 적어도 하나는 0이 아닌 $a_1, \cdots, a_n \in F$에 대하여 $a_1 v_1 + \cdots + a_n v_n = \mathbf{0}$ 이다.
여기서 $j = \max\{k \mid a_k \ne 0,\ 1 \le k \le n\}$이라고 하면, 다음이 성립한다.

$$a_1 v_1 + \cdots + a_j v_j = 0, \qquad a_j \ne 0$$

그런데, $j = 1$이면 $a_1 v_1 = \mathbf{0}$, $a_1 \ne 0$ 이므로 $v_1 = \mathbf{0}$ 이고(정리 4.1.2), 또 $2 \le j \le n$이면 $v_j = a_j^{-1} a_1 v_1 + \cdots + a_j^{-1} a_{j-1} v_{j-1} \in \langle v_1, \cdots, v_{j-1} \rangle$ 이다.
역으로, $v_1 = \mathbf{0}$이면, $v_1, \cdots, v_n$ 은 일차종속이다(정리 4.3.3). 또, 적당한 $j\ (2 \le j \le n)$에 대하여 $v_j \in \langle v_1, \cdots, v_{j-1} \rangle$ 이면, $v_1, \cdots, v_{j-1}, v_j$ 는 일차종속이므로 $v_1, \cdots, v_j, \cdots, v_n$은 일차종속이다(정리 4.3.3, 정리 4.3.5).

앞의 정리에 의하여 다음 정리가 성립한다.

정리 4.3.7 체 F 위의 벡터공간 V에서 벡터 $v_1, \cdots, v_n$이 일차독립이기 위한 필요충분조건은 $v_1 \ne \mathbf{0}$, $v_j \notin \langle v_1, \cdots, v_{j-1} \rangle$ $(2 \le j \le n)$ 인 것이다. 즉,

$$v_1 \ne \mathbf{0},\ v_2 \notin \langle v_1 \rangle,\ v_3 \notin \langle v_1, v_2 \rangle,\ \cdots,\ v_n \notin \langle v_1, v_2, \cdots, v_{n-1} \rangle$$

보기 4.3.4 벡터공간 $\mathbb{R}^3$에서 세 벡터

$v_1 = (1,1,0)$, $v_2 = (0,1,1)$, $v_3 = (1,0,1)$

는 일차독립이다(보기 4.3.3). 실제로,

$v_1 \ne (0,0,0)$, $v_2 = (0,1,1) \notin \langle v_1 \rangle$,

$v_3 \notin \langle v_1, v_2 \rangle = \{(a, a+b, b) \mid a, b \in \mathbb{R}\}$ 이다.

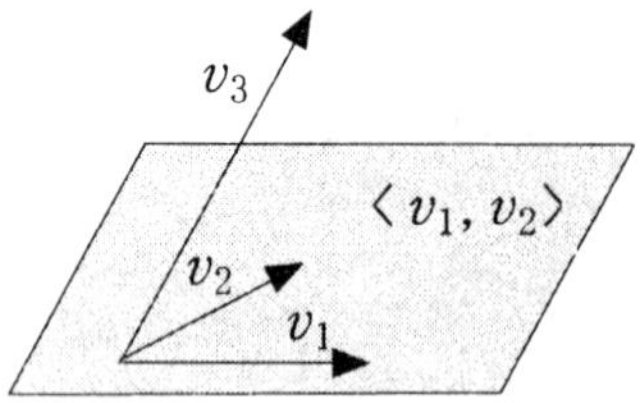

정리 4.3.7 과 정리 4.3.5 에 의하여 다음 정리가 성립한다.

정리 4.3.8 체 F 위의 벡터공간 V 에서 벡터 $v_1, \cdots, v_n \in V$이 일차독립일 때, 벡터 $v \in V$에 대하여 다음이 성립한다.

(1) $v \notin \langle v_1, \cdots, v_n \rangle$ 일 때 그리고 이때에만 $v_1, \cdots, v_n, v$ 는 일차독립이다.

(2) $v \in \langle v_1, \cdots, v_n \rangle$ 일 때 그리고 이때에만 $v_1, \cdots, v_n, v$ 는 일차종속이다.

정리 4.3.9 체 F 위의 벡터공간 V 에서 벡터 $v_1, \cdots, v_n, v \in V$ 에 대하여 다음 두 조건은 서로 동치이다.

(1) $v \in \langle v_1, \cdots, v_n \rangle$

(2) $\langle v_1, \cdots, v_n, v \rangle = \langle v_1, \cdots, v_n \rangle$

증 명 먼저 $v \in \langle v_1, \cdots, v_n \rangle$ 이라고 하자. 이 때,

$$v = a_1 v_1 + \cdots + a_n v_n \qquad (a_1, \cdots, a_n \in F)$$

이라고 하면, 임의의 $b_1, \cdots, b_n, b \in F$ 에 대하여

$$\begin{aligned} & b_1 v_1 + \cdots + b_n v_n + b v \\ &= b_1 v_1 + \cdots + b_n v_n + b a_1 v_1 + \cdots + b a_n v_n \\ &= (b_1 + b a_1) v_1 + \cdots + (b_n + b a_n) \in \langle v_1, \cdots, v_n \rangle \end{aligned}$$

이므로 $\langle v_1, \cdots, v_n, v \rangle \subseteq \langle v_1, \cdots, v_n \rangle$ 이다.

그리고, 정리 4.2.6 에 의하여 $\langle v_1, \cdots, v_n \rangle \subseteq \langle v_1, \cdots, v_n, v \rangle$ 이다.

따라서 $\langle v_1, \cdots, v_n, v \rangle = \langle v_1, \cdots, v_n \rangle$ 이다.

역으로, $\langle v_1, \cdots, v_n, v \rangle = \langle v_1, \cdots, v_n \rangle$ 이면, $v \in \langle v_1, \cdots, v_n \rangle$ 이다.

연 습 문 제 (4.3)

1. 정의에 따라 벡터공간 $\mathbb{R}^3$ 에서 다음 벡터들이 일차독립인지를 판정하여라.

(1) $(2, -1, 3), (4, -2, 6)$ (2) $(1, 0, 1), (4, 2, 6), (1, 1, 2)$

(3) $(1, 2, 3), (0, 4, 5)$ (4) $(1, 1, 0), (0, 1, 1), (-1, 0, 2)$

2. 벡터공간 $\mathbb{R}^3$ 에서 다음이 일차독립이기 위한 필요충분조건을 구하여라.

(1) $(1, a, 2)$, $(1, 1, b)$ (2) $(1, 2, 0)$, $(a, b, 2)$, $(1, 0, 1)$

3. 벡터공간 $\mathbb{R}^2$ 에서 벡터 $v_1 = (2, -4)$, $v_2 = (1, 3)$, $v_3 = (6, 3)$ 는 일차종속임을 밝히고, 또 $\langle v_1, v_2 \rangle = \mathbb{R}^2$ 임을 밝혀라.

4. 벡터공간 $\mathbb{R}^3$ 에서 벡터

$$v_1 = (6, 2, -3),\ v_2 = (-2, -4, 1),\ v_3 = (4, -7, -2)$$

에 대하여 다음이 성립함을 증명하여라.

(1) v_1, v_2, v_3 는 일차종속이다.

(2) $(0, 0, 1) \notin \langle v_1, v_2, v_3 \rangle$ 이고, 따라서 $\langle v_1, v_2, v_3 \rangle \neq \mathbb{R}^3$ 이다.

5. 실수체 $\mathbb{R}$ 위의 벡터공간 V 에서 다음이 성립함을 증명하여라.

(1) 두 벡터 v, w 가 일차독립이면, 두 벡터 $v+w$, $v-w$ 는 일차독립이다.

(2) 두 벡터 $v, v+w$ 가 일차독립이면, 두 벡터 v, w 는 일차독립이다.

(3) 세 벡터 u, v, w 가 일차독립이면, 세 벡터 $u+v$, $u+w$, $v+w$ 는 일차독립이다.

6. 체 F 위의 벡터공간 V 에서 벡터 $v_1, v_2, \cdots, v_n$ 이 일차독립일 때, 영이 아닌 임의의 원소 $c_1, c_2, \cdots, c_n \in F$ 에 대하여 $c_1 v_1, c_2 v_2, \cdots, c_n v_n$ 은 일차독립임을 증명하여라.

7. 체 F 위의 벡터공간 F^n 의 r 개의 벡터

$$v_1 = (a_{11}, a_{12}, *, \cdots, *, a_{1s}, *),\ \cdots,\ v_r = (a_{r1}, a_{r2}, *, \cdots, *, a_{rs}, *)$$

에서 일정한 규칙에 따라 s 개의 성분만을 남겨 만든 벡터를

$$w_1 = (a_{11}, a_{12}, \cdots, a_{1s}),\ \cdots,\ w_r = (a_{r1}, a_r, \cdots, a_{rs})$$

이라고 할 때, 벡터 $w_1, \cdots, w_r$ 가 벡터공간 F^s 에서 일차독립이면, 본래의 벡터 $v_1, \cdots, v_r$ 는 벡터공간 F^n 에서 일차독립임을 밝혀라.

§4.4 벡터공간의 기저와 차원

이 절에서는, 앞 절에 이어 벡터공간의 특성에 대하여 논한다.

정의 4.4.1 체 F 위의 벡터공간 V 에서 다음 두 조건을 만족시키는 유한 부분집합 $\mathscr{B}=\{v_1, \cdots, v_n\}$ 가 존재할 때, $\mathscr{B}$를 벡터공간 V 의 (유한) **기저**(有限 基底, finite basis)라고 한다.

(i) $V=\langle v_1, \cdots, v_n\rangle$ 즉, 각 벡터 $v\in V$는 $v_1, \cdots, v_n$ 의 일차결합

$$v=a_1v_1+\cdots+a_nv_n \qquad (a_1, \cdots, a_n\in F)$$

의 꼴로 나타내어진다.

(ii) 벡터 $v_1, \cdots, v_n$ 은 일차독립이다. 즉,

$$a_1v_1+\cdots+a_nv_n=\mathbf{0} \qquad (a_1, \cdots, a_n\in F)$$

이면, $a_1=\cdots=a_n=0$ 이다.

위의 정의에서 $\mathscr{B}=\{v_1, \cdots, v_n\}$ 가 V 의 기저일 때, $v_1, \cdots, v_n$ 은 모두 영벡터가 아니고 또 서로 다르므로 $|\mathscr{B}|=n$ 이다(정리 4.3.3).

보기 4.4.1 체 F 위의 벡터공간 $F^n=\{(x_1, \cdots, x_n)\mid x_1, \cdots, x_n\in F\}$ 에서

$$e_1=(1,0,\cdots,0),\ e_2=(0,1,\cdots,0),\ \cdots,\ e_n=(0,\cdots,0,1)$$

이라고 할 때, $\mathscr{B}=\{e_1, \cdots, e_n\}$ 는 벡터공간 F^n 의 기저이다.

실제로, 임의의 $(a_1, \cdots, a_n)\in F^n$ 에 대하여

$$(a_1, \cdots, a_n)=(a_1, \cdots, 0)+\cdots+(0, \cdots, a_n)=a_1e_1+\cdots+a_ne_n$$

이고, 또 $a_1e_1+\cdots+a_ne_n=\mathbf{0}$ 이라고 가정하면 $(a_1, \cdots, a_n)=(0, \cdots, 0)$ 이므로 $a_1=\cdots=a_n=0$ 이다.

기저 $\mathscr{B}$를 벡터공간 F^n의 **표준기저**(標準基底, standard basis)라고 한다.

보기 4.4.2 체 F 위의 $m\times n$ 행렬 중에서 (i, j) 성분은 1 이고 그 밖의 성분은 모두 0 인 행렬을 E_{ij} 로 나타내면

$$E_{ij} = \begin{bmatrix} 0 & \cdots & 0 & \cdots & 0 \\ \vdots & & \vdots & & \vdots \\ 0 & \cdots & 1 & \cdots & 0 \\ \vdots & & \vdots & & \vdots \\ 0 & \cdots & 0 & \cdots & 0 \end{bmatrix} \begin{matrix} \\ \\ i \\ \\ \\ \end{matrix}$$

(1 은 j 열, i 행)

$$\mathscr{B} = \{\, E_{ij} \mid 1 \le i \le m,\ 1 \le j \le n\}$$

는 $\mathrm{Mat}_{m\times n}(F)$ 의 기저이다.

실제로, $A = [a_{ij}]_{m\times n} \in \mathrm{Mat}_{m\times n}(F)$ 는 $A = \sum_{i=1}^{m}\sum_{j=1}^{n} a_{ij}E_{ij}$ 이고, 또

$$\sum_{i=1}^{m}\sum_{j=1}^{n} a_{ij}E_{ij} = O_{m\times n} \qquad (a_{ij} \in F)$$

이라고 가정하면 $[a_{ij}]_{m\times n} = O_{m\times n}$ 이므로 $a_{ij} = 0\ (1 \le i \le m,\ 1 \le j \le n)$ 이다.

기저 $\mathscr{B}$ 를 벡터공간 $\mathrm{Mat}_{m\times n}(F)$ 의 **표준기저**라고 한다.

정리 4.4.2 체 F 위의 벡터공간 V 에서 $\mathscr{B} = \{v_1, \cdots, v_n\} \subseteq V$ 에 대하여 다음 두 조건은 서로 동치이다.

(1) $\mathscr{B} = \{v_1, \cdots, v_n\}$ 는 V 의 기저이다.

(2) 각 벡터 $v \in V$ 는 단 한 가지 방법으로 $v_1, \cdots, v_n$ 의 일차결합

$$v = a_1v_1 + \cdots + a_nv_n \qquad (a_1, \cdots, a_n \in F)$$

의 꼴로 나타내어진다.

증 명 (1) $\Longrightarrow$ (2) 집합 $\mathscr{B} = \{v_1, \cdots, v_n\}$ 가 V 의 기저라고 하자.

이 때, $V = \langle v_1, \cdots, v_n\rangle$ 이므로 각 벡터 $v \in V$ 는 $v_1, \cdots, v_n$ 의 일차결합으로 나타내어진다. 그리고,

$$v = a_1v_1 + \cdots + a_nv_n = b_1v_1 + \cdots + b_nv_n \qquad (a_i, b_i \in F)$$

이라고 가정하면,

$$(a_1 - b_1)v_1 + \cdots + (a_n - b_n)v_n = \mathbf{0}$$

이고 $v_1, \cdots, v_n$ 은 일차독립이므로 $a_1 - b_1 = \cdots = a_n - b_n = 0$ 이고 따라서 $a_1 = b_1, \cdots, a_n = b_n$ 이다. 그러므로, (2) 가 성립한다.

(2) $\Longrightarrow$ (1) 조건 (2) 가 성립한다고 하자. 이 때, 각 $v \in V$ 는 $v_1, \cdots, v_n$ 의 일차결합으로 나타내어지므로 $V = \langle v_1, \cdots, v_n \rangle$ 이다. 그리고,

$$a_1 v_1 + \cdots + a_n v_n = \mathbf{0} \qquad (a_1, \cdots, a_n \in F)$$

이라고 가정하면, $a_1 v_1 + \cdots + a_n v_n = \mathbf{0} = 0 v_1 + \cdots + 0 v_n$ 이므로 조건 (2) 에 의하여 $a_1 = \cdots = a_n = 0$ 이다.

그러므로, $\mathscr{B} = \{v_1, \cdots, v_n\}$ 는 V 의 기저이다.

이 책을 처음 읽을 때에는 다음 정리의 내용만을 이해하여도 좋다.

정리 4.4.3 체 F 위의 벡터공간 $V\,(\neq \{\mathbf{0}\})$ 에서 $V = \langle v_1, \cdots, v_n \rangle$ 일 때, 다음이 성립한다.

(1) 적당한 정수 $r\ (1 \le r \le n)$ 에 대하여 벡터 $v_1, \cdots, v_r$ 가 일차독립이면, $\{v_1, \cdots, v_r\} \subseteq \mathscr{B} \subseteq \{v_1, \cdots, v_n\}$ 인 V 의 기저 $\mathscr{B}$ 가 존재한다.

(2) $\mathscr{B} \subseteq \{v_1, \cdots, v_n\}$ 인 V 의 기저 $\mathscr{B}$ 가 존재한다.

증 명 (1) 먼저 $V = \langle v_1, \cdots, v_r \rangle$ 이면, $\mathscr{B} = \{v_1, \cdots, v_r\}$ 는 V 의 기저이고 $\{v_1, \cdots, v_r\} \subseteq \mathscr{B} \subseteq \{v_1, \cdots, v_n\}$ 이다.

이제 $\langle v_1, \cdots, v_r \rangle \subsetneq V = \langle v_1, \cdots, v_n \rangle$ 이라고 하자. 이 때, $r < n$ 이다. 그리고, $v_{r+1}, \cdots, v_n \in \langle v_1, \cdots, v_r \rangle$ 이라고 가정하면, 정리 4.3.9 에 의하여

$$V = \langle v_1, \cdots, v_r, v_{r+1}, \cdots, v_n \rangle = \langle v_1, \cdots, v_r \rangle$$

로 되어 모순이 생긴다. 따라서 $v_{r+1}, \cdots, v_n$ 중에는 $\langle v_1, \cdots, v_r \rangle$ 에 속하지 않는 벡터가 적어도 하나 존재한다.

그런데, $v_1, \cdots, v_r$ 는 일차독립이므로, 각 정수 $i\ (r+1 \le i \le n)$ 에 대하여 $v_i \notin \langle v_1, \cdots, v_r \rangle$ 일 때 그리고 이때에만 벡터 $v_1, \cdots, v_r, v_i$ 는 일차독립이다(정리 4.3.8). 따라서 $v_{r+1}, \cdots, v_n$ 중에 다음 두 조건을 만족시키는 벡터 $u_1, \cdots, u_s$ 가 존재한다.

(i) $v_1, \cdots, v_r, u_1, \cdots, u_s$ 는 일차독립이다.

(ii) $v_{r+1}, \cdots, v_n \in \langle v_1, \cdots, v_r, u_1, \cdots, u_s \rangle$

또, 조건 (ii) 와 정리 4.3.9 에 의하여

$$V = \langle v_1, \cdots, v_r, v_{r+1}, \cdots, v_n \rangle = \langle v_1, \cdots, v_r, u_1, \cdots, u_s \rangle$$

이므로 조건 (i) 에 의하여 $\mathscr{B} = \{v_1, \cdots, v_r, u_1, \cdots, u_s\}$ 는 V 의 기저이다.

(2) 가정에 의하여 $\langle v_1, \cdots, v_n \rangle = V \neq \{\mathbf{0}\}$ 이므로 $v_1, \cdots, v_n$ 중에는 $\mathbf{0}$ 이 아닌 벡터가 존재한다. 이제 필요하다면, 첨자의 번호를 재조정하여 $v_1 \neq \mathbf{0}$ 이라고 하자. 이 때, v_1 은 일차독립이고(정리 4.3.3), 따라서 위의 (1) 에 의하여 $\{v_1\} \subseteq \mathscr{B} \subseteq \{v_1, \cdots, v_n\}$ 인 기저 $\mathscr{B}$ 가 존재한다.

보기 4.4.3 벡터공간 $\mathbb{R}^3$ 가 네 벡터

$$(2,3,4),\ (6,9,12),\ (1,0,1),\ (0,2,-1),\ (4,1,7)$$

에 의하여 생성된다. 이들 벡터에서 $\mathbb{R}^3$ 의 기저를 구해 보자(보기 4.6.4 참조).

먼저 벡터 $v_1 = (2,3,4)$ 을 택하면,

$$(6,9,12) = 3(2,3,4) = 3v_1 \in \langle v \rangle$$

이므로 $\langle v_1, (6,9,12) \rangle = \langle v_1 \rangle$ 이고

$$v_2 = (1,0,1) \notin \langle (2,3,4) \rangle = \langle v_1 \rangle$$

이므로 v_1, v_2 는 일차독립이다(정리 4.3.7). 또, $v_3 = (0,2,-1)$ 에 대하여

$$\begin{vmatrix} 2 & 3 & 4 \\ 1 & 0 & 1 \\ 0 & 2 & -1 \end{vmatrix} = 8 - 4 + 3 = 7 \neq 0$$

이므로 v_1, v_2, v_3 는 일차독립이다(정리 4.3.2). 더욱이

$$(4,1,7) = (2,3,4) + 2(1,0,1) - (0,2,-1) \in \langle v_1, v_2, v_3 \rangle$$

이므로, $\mathscr{B} = \{v_1, v_2, v_3\}$ 는 벡터공간 $\mathbb{R}^3$ 의 기저이다.

이 책을 처음 읽을 때에는 다음 정리의 증명은 생략하여도 좋다.

정리 4.4.4 체 F 위의 벡터공간 V 에서 $V = \langle v_1, \cdots, v_n \rangle$ 일 때, V 의 r 개의 벡터 $w_1, \cdots, w_r$ 가 일차독립이면 $r \leq n$ 이고 따라서 V 의 $n+1$ 개 이상의 벡터는 일차종속이다.

증 명 벡터공간 V 의 r 개의 벡터 $w_1, \cdots, w_r$ 가 일차독립이라고 하자.

먼저 $r = 1$ 이면 분명히 $r = 1 \le n$ 이므로 $r \ge 2$ 이라고 하자.

이 때, $w_1 \in V = \langle v_1, \cdots, v_n \rangle$ 이므로, 정리 4.3.8 에 의하여 $w_1, v_1, \cdots, v_n$ 은 일차종속이고 또

$$V = \langle v_1, \cdots, v_n \rangle \subseteq \langle w_1, v_1, \cdots, v_n \rangle \subseteq V$$

이므로 $\langle w_1, v_1, \cdots, v_n \rangle = \langle v_1, \cdots, v_n \rangle = V$ 이다. 그리고, $w_1, \cdots, w_r$ 는 일차독립이므로 w_1 은 일차독립이다(정리 4.3.4). 따라서 정리 4.4.3 에 의하여 다음과 같은 꼴의 V 의 기저 S_1 이 존재한다.

$$S_1 = \{ w_1, v_{i_1}, \cdots, v_{i_k} \} \subseteq \{ w_1, v_1, \cdots, v_n \}$$

여기서 $k+1$ 개의 벡터 $w_1, v_{i_1}, \cdots, v_{i_k}$ 는 일차독립이고 $w_1, v_1, \cdots, v_n$ 은 일차종속이므로 $k < n$ 즉 $k \le n-1$ 이다.

이 때, $w_2 \in V = \langle w_1, v_{i_1}, \cdots, v_{i_k} \rangle$ 이므로, 앞에서 논한 바와 마찬가지로 $w_2, w_1, v_{i_1}, \cdots, v_{i_k}$ 는 일차 종속이고 또 다음이 성립함을 알 수 있다.

$$\langle w_1, w_2, v_{i_1}, \cdots, v_{i_k} \rangle = \langle w_1, v_{i_1}, \cdots, v_{i_k} \rangle = V$$

한편, 벡터 $w_1, w_2, \cdots, w_r$ 는 일차독립이므로 두 벡터 w_1, w_2 는 일차독립이고, 따라서 다음과 같은 꼴의 기저 S_2 가 존재한다(정리 4.3.4, 정리 4.4.3).

$$S_2 = \{ w_1, w_2, v_{j_1}, \cdots, v_{j_t} \} \subseteq \{ w_1, w_2, v_{i_1}, \cdots, v_{i_k} \}$$

여기서, $t+2$ 개의 벡터 $w_1, w_2, v_{j_1}, \cdots, v_{j_t}$ 는 일차독립이지만 $k+2$ 개의 벡터 $w_1, w_2, v_{i_1}, \cdots, v_{i_k}$ 는 일차종속이므로 $t < k$ 즉 $t \le k-1 \le n-2$ 이다.

이와 같은 과정을 되풀이하면, 다음과 같은 꼴의 V 의 기저를 얻는다.

$$S_{r-1} = \{ w_1, w_2, \cdots, w_{r-1}, v_{l_1}, \cdots, v_{l_s} \}, \quad s \le n-(r-1)$$

한편, 가정에 의하여 $w_1, w_2, \cdots, w_r$ 는 일차독립이므로 정리 4.3.8 에 의하여 $w_r \notin \langle w_1, w_2, \cdots, w_{r-1} \rangle$ 이고 따라서 $\langle w_1, w_2, \cdots, w_{r-1} \rangle \subsetneq V$ 이다.

그런데, 이 사실은 $S_{r-1} \neq \{ w_1, w_2, \cdots, w_{r-1} \}$ 임을 뜻한다.

그러므로, $s \ge 1$ 이고 따라서 $1 \le s \le n-(r-1)$ 이므로 $r \le n$ 이다.

정리 4.4.5 체 F 위의 벡터공간 $V\ (\neq \{\mathbf{0}\})$ 가 유한 개의 벡터에 의하여 생성될 때, V 는 유한 기저를 가지며 V 의 기저에 속해 있는 벡터의 개수는 그 기저에 관계없이 일정하다. 다시 말하면,

$$\mathscr{B} = \{v_1, \cdots, v_n\}, \quad \mathscr{C} = \{w_1, \cdots, w_m\}$$

가 V 의 기저이면 $n = m$ 이다.

증 명 먼저 정리 4.4.3 에 의하여 V 는 유한 기저를 가진다.

다음에 $\mathscr{B} = \{v_1, \cdots, v_n\}$, $\mathscr{C} = \{w_1, \cdots, w_m\}$ 가 V 의 기저라고 하자.

이 때, $V = \langle v_1, \cdots, v_n \rangle$ 이고 $w_1, \cdots, w_m$ 은 일차독립이므로 정리 4.4.4 에 의하여 $m \leq n$ 이다.

마찬가지로, $V = \langle w_1, \cdots, w_m \rangle$ 이고 $v_1, \cdots, v_n$ 은 일차독립이므로 $n \leq m$ 이다. 그러므로, $n = m$ 이다.

이제까지 얻은 결과에 근거하여 다음과 같은 정의를 내릴 수 있다.

정의 4.4.6 체 F 위의 벡터공간 V 가 n 개의 벡터 $v_1, \cdots, v_n$ 으로 이루어진 기저 $\mathscr{B} = \{v_1, \cdots, v_n\}$ 를 가질 때, 벡터공간 V 를 체 F 위의 **n 차원 벡터공간**(n-dimensional vector space)이라 하고 n 을 벡터공간 V 의 **차원**(次元, dimension)이라고 하며 이 사실을

$$n = \dim_F V \quad \text{또는} \quad n = \dim V$$

로 나타낸다. 그리고, 이와 같이 유한기저를 가지는 벡터공간 V 를 체 F 위의 **유한차원**(有限次元, finite dimensional) **벡터공간**이라고 한다.

한편, $V = \{\mathbf{0}\}$ 인 경우에는 공집합 $\varnothing$ 를 그 기저로 생각하여 $\dim_F V = 0$ 으로 정하고, $V = \{\mathbf{0}\}$ 도 유한차원 벡터공간으로 생각한다.

또, 체 F 위의 벡터공간 V 가 유한기저를 가지지 않을 때, V 를 **무한차원**(無限次元, infinite dimensional) **벡터공간**이라고 한다.

앞으로, n 차원 벡터공간을 논할 때에는 $n \geq 1$ 이라고 생각한다.

정의 4.4.6 과 정리 4.4.3 에 의하여 다음 정리가 성립한다.

정리 4.4.7 체 F 위의 벡터공간 $V\,(\neq\{\mathbf{0}\})$가 n개의 벡터 $v_1, \cdots, v_n$에 의하여 생성되면, V는 유한차원 벡터공간이고 $1 \leq \dim_F V \leq n$이다.

또한, 체 F 위의 벡터공간 V가 유한 개의 벡터에 의하여 생성되지 않으면, V는 무한차원 벡터공간이다.

보기 4.4.4 체 F 위의 벡터공간 F^n은 $\mathscr{B}=\{e_1, \cdots, e_n\}$를 기저로 가지는 n차원 벡터공간이다(보기 4.4.1). 또, 체 F 위의 벡터공간 $\mathrm{Mat}_{m\times n}(F)$는

$$\mathscr{B}=\{E_1, \cdots, E_{1n}. \cdots, \cdots, E_{m1}, \cdots, E_{mn}\}$$

를 기저로 가지는 mn차원 벡터공간이다(보기 4.4.2). 즉,

$$\dim_F F^n = n, \quad \dim_F \mathrm{Mat}_{m\times n}(F) = mn, \quad \dim_F \mathrm{Mat}_n(F) = n^2$$

보기 4.4.5 체 F 위의 다항식 전체로 이루어진 벡터공간 $F[x]$는 무한차원 벡터공간이다(문제 8 참조).

이 책을 저음 읽을 때에는 다음 정리의 증명은 생략하여도 좋다.

정리 4.4.8 체 F 위의 벡터공간 V가 n차원 벡터공간일 때, 다음이 성립한다.

(1) V의 r개의 벡터 $w_1, \cdots, w_r$가 일차독립이면 $r \leq n$이다.

따라서 $n < r$이면, V의 임의의 r개의 벡터는 일차종속이다.

(2) V의 n개의 벡터 $w_1, \cdots, w_n$이 일차독립이면, $\mathscr{C}=\{w_1, \cdots, w_n\}$는 V의 기저이다.

(3) $V=\langle w_1, \cdots, w_r\rangle$이면, $n \leq r$이다.

특히, $V=\langle w_1, \cdots, w_n\rangle$이면, $\mathscr{C}=\{w_1, \cdots, w_n\}$는 V의 기저이다.

(4) r개의 벡터 $w_1, \cdots, w_r \in V$가 일차독립일 때, $r<n$이면 $w_1, \cdots, w_r$에 적당한 s개의 벡터 $u_1, \cdots, u_s$를 첨가하여 V의 기저

$$\mathscr{C}=\{w_1, \cdots, w_r, u_1, \cdots, u_s\}$$

를 얻을 수 있다. 여기서, $r+s=n$이다.

증 명 (1) 가정에 따라 벡터공간 V에는 n개의 벡터로 이루어진 기저 $\mathscr{B} = \{v_1, \cdots, v_n\}$가 존재하고 이때 $V = \langle v_1, \cdots, v_n \rangle$이므로 정리 4.4.4에 의하여 (1)이 성립한다.

(2) V의 n개의 벡터 $w_1, \cdots, w_n$이 일차독립이라고 하자.

이 때, 벡터 v를 V의 임의의 벡터라고 하면, (1)에 의하여 $n+1$개의 벡터 $v, w_1, \cdots, w_n$은 일차종속이고 또 $w_1, \cdots, w_n$은 일차독립이므로 정리 4.3.8에 의하여 $v \in \langle w_1, \cdots, w_n \rangle$이다.

따라서 $V = \langle w_1, \cdots, w_n \rangle$이므로 $\mathscr{C} = \{w_1, \cdots, w_n\}$는 V의 기저이다.

(3) $V = \langle w_1, \cdots, w_r \rangle$이면, 정리 4.4.3에 의하여 $\mathscr{C} \subseteq \{w_1, \cdots, w_r\}$인 V의 기저 $\mathscr{C}$가 존재하고 또 $|\mathscr{C}| = n$이므로 $n \le r$이다.

특히, $V = \langle w_1, \cdots, w_n \rangle$이면, $\mathscr{C} = \{w_1, \cdots, w_n\}$는 V의 기저이다.

(4) V의 r개의 벡터 $w_1, \cdots, w_r$이 일차독립이고 $r < n$이라고 하자.

이 때, $\mathscr{B} = \{v_1, \cdots, v_n\}$를 V의 기저라고 하면,

$$V = \langle v_1, \cdots, v_n \rangle \subseteq \langle w_1, \cdots, w_r, v_1, \cdots, v_n \rangle \subseteq V$$

이므로 $V = \langle w_1, \cdots, w_r, v_1, \cdots, v_n \rangle$이고 따라서 정리 3.4.3에 의하여

$$\{w_1, \cdots, w_r\} \subseteq \mathscr{C} \subseteq \{w_1, \cdots, w_r, v_1, \cdots, v_n\}$$

인 V의 기저 $\mathscr{C}$가 존재한다. 또, 정리 4.4.5에 의하여 $|\mathscr{C}| = n > r$이므로 적당한 $u_1, \cdots, u_s \in \{v_1, \cdots, v_n\}$에 대하여

$$\mathscr{C} = \{w_1, \cdots, w_r, u_1, \cdots, u_s\}$$

이고, 여기서 $\dim_F V = n$이므로 $r + s = n$이다.

보기 4.4.6 실수체 $\mathbb{R}$ 위의 벡터공간 $\mathbb{R}^3$은 실수체 $\mathbb{R}$ 위의 3차원 벡터공간이다(보기 4.4.4). 따라서 벡터공간 $\mathbb{R}^3$에서 네 벡터

$$(1, 0, 0),\ (1, 1, 0),\ (1, 1, 1),\ (4, 1, 2)$$

는 일차종속이다. 실제로, 다음 두 등식이 성립함을 알 수 있다.

$$(4, 1, 2) = 3(1, 0, 0) - (1, 1, 0) + 2(1, 1, 1),$$
$$3(1, 0, 0) - (1, 1, 0) + 2(1, 1, 1) - (4, 1, 2) = (0, 0, 0)$$

정리 4.4.9 체 F 위의 n차의 행렬 $A=[a_{ij}]_{n\times n}$ 에 대하여

$$v_i = (a_{i1}, a_{i2}, \cdots, a_{in}) \qquad (1 \le i \le n)$$

$$w_j = (a_{1j}, a_{2j}, \cdots, a_{nj}) \qquad (1 \le j \le n)$$

이라고 할 때, 다음 조건은 서로 동치이다.

(1) A는 정칙행렬이다. 즉, $\det A \neq 0$ 이다.

(2) A^T는 정칙행렬이다. 즉, $\det A^T \neq 0$ 이다.

(3) 벡터공간 F^n 에서 벡터 $w_1, w_2, \cdots, w_n$ 은 일차독립이다.

(4) 벡터공간 F^n 에서 벡터 $v_1, v_2, \cdots, v_n$ 은 일차독립이다.

(5) $\{w_1, w_2, \cdots, w_n\}$ 은 벡터공간 F^n 의 기저이다.

(6) $\{v_1, v_2, \cdots, v_n\}$ 은 벡터공간 F^n 의 기저이다.

증 명 정리 4.3.2 에 의하여 (1), (2), (3), (4)는 모두 서로 동치이다. 그리고, $\dim_F F^n = n$ 이므로 정리 4.4.9에 의하여 (3) $\Longleftrightarrow$ (5), (4) $\Longleftrightarrow$ (6) 이다.

보기 4.4.7 벡터공간 F^2 의 두 벡터 $v=(a_1, a_2)$, $w=(b_1, b_2)$ 에 대하여

$$\begin{vmatrix} a_1 & a_2 \\ b_1 & b_2 \end{vmatrix} \neq 0 \quad 즉 \quad \begin{vmatrix} a_1 & b_1 \\ a_2 & b_2 \end{vmatrix} \neq 0$$

일 때 그리고 이때에만 $\mathscr{C} = \{v, w\}$는 벡터공간 F^2 의 기저이다.

그리고, 벡터공간 F^3 의 세 벡터

$$v=(a_1, a_2, a_3), \quad w=(b_1, b_2, b_3), \quad u=(c_1, c_2, c_3)$$

에 대하여

$$\begin{vmatrix} a_1 & b_1 & c_1 \\ a_2 & b_2 & c_2 \\ a_3 & b_3 & c_3 \end{vmatrix} \neq 0 \quad 즉 \quad \begin{vmatrix} a_1 & a_2 & a_3 \\ b_1 & b_2 & b_3 \\ c_1 & c_2 & c_3 \end{vmatrix} \neq 0$$

일 때 그리고 이때에만 $\mathscr{C} = \{v, w, u\}$는 벡터공간 F^3 의 기저이다.

연 습 문 제 (4.4)

1. 정의에 따라 다음 집합이 벡터공간 $\mathbb{R}^2$ 의 기저임을 밝혀라.

   (1) $S = \{(2, 5),\ (1, 3)\}$ (2) $S = \{(1, -2),\ (5, 6)\}$

2. 정의에 따라 다음 집합이 벡터공간 $\mathbb{R}^3$ 의 기저인지를 판정하여라.

   (1) $S = \{(1, 1, 0),\ (0, 1, 1),\ (-1, 0, 2)\}$

   (2) $S = \{(1, 0, 0),\ (1, 1, 0),\ (1, 1, 1)\}$

3. 벡터공간 $\mathbb{R}^4$ 에서 네 벡터

   $v_1 = (0, 1, 1, 1),\ v_2 = (0, 0, 1, 1),\ v_3 = (0, 0, 0, 1),\ v_4 = (1, 1, 1, 1)$

   에 대하여 $\mathscr{B} = \{v_1, v_2, v_3, v_4\}$ 가 벡터공간 $\mathbb{R}^4$ 의 기저임을 증명하여라.

4. 벡터공간 $\mathrm{Mat}_2(\mathbb{R})$ 에서 다음 집합이 $\mathrm{Mat}_2(\mathbb{R})$ 의 기저임을 밝혀라.

$$S = \left\{ \begin{bmatrix} 0 & 1 \\ 0 & 0 \end{bmatrix}, \begin{bmatrix} 0 & 0 \\ 1 & 0 \end{bmatrix}, \begin{bmatrix} 1 & 0 \\ 0 & 1 \end{bmatrix}, \begin{bmatrix} 1 & 0 \\ 0 & -1 \end{bmatrix} \right\}$$

5. 체 F 위의 n 차원 벡터공간 V 에서 $\mathscr{B} = \{v_1, v_2, \cdots, v_n\}$ 가 V 의 기저일 때, 영이 아닌 임의의 원소 $c_1, c_2, \cdots, c_n \in F$ 에 대하여

$$\mathscr{C} = \{c_1 v_1, c_2 v_2, \cdots, c_n v_n\}$$

   는 V 의 기저임을 밝혀라.

6. 실수체 $\mathbb{R}$ 위의 벡터공간 V 에서 $\mathscr{B} = \{v_1, v_2\}$ 가 기저이면, $\mathscr{C} = \{v_1, v_1 + v_2\}$ 는 V 의 기저임을 밝혀라.

7. 실수체 $\mathbb{R}$ 위의 벡터공간 V 에서 벡터 v_1, v_2, v_3 에 대하여 $\mathscr{B} = \{v_1, v_2, v_3\}$ 가 V 의 기저일 때, $\mathscr{C} = \{v_1, v_1 + v_2, v_1 + v_2 + v_3\}$ 는 V 의 기저임을 밝혀라.

8. 체 F 위의 다항식 전체로 이루어진 벡터공간 $F[x]$ 는 무한차원 벡터공간임을 증명하여라.

9. 정리 4.4.9를 이용하여 다음 집합이 벡터공간 $\mathbb{R}^3$의 기저인지를 판정하여라.

(1) $S = \{(1, 2, 3), (0, 1, 4), (0, 0, 5)\}$

(2) $S = \{(1, 0, -1), (0, -4, 3), (2, 5, 1)\}$

10. 벡터공간 $\mathbb{R}^3$에서 두 벡터 $(2, -1, 3)$, $(4, 1, 1)$을 포함하는 $\mathbb{R}^3$의 기저를 두 개만 구하여라.

11. 벡터공간 $\mathbb{R}^3$에서 네 벡터

$$w_1 = (1, 0, 0),\ \ w_2 = (1, 1, 0),\ \ w_3 = (3, 1, 0),\ \ w_4 = (1, 1, 1)$$

에 대하여 $W = \langle w_1, w_2, w_3, w_4 \rangle$ 임을 이용하여 $\{w_1, w_2, w_3, w_4\}$에 포함되는 W의 기저 $\mathscr{C}$를 구하여라.

12. 체 F는 체 F 위의 벡터공간으로 볼 수 있다.

실제로, 두 원소 $v, w \in F$의 합은 체 F에서의 합 $v + w$로 정하고 체 F의 원소 a에 의한 원소 v의 스칼라 배는 F에서의 곱 av로 정하면, F는 체 F 위의 벡터공간을 이룬다. 이 때, $\dim_F F = 1$ 임을 밝혀라.

13. 복소수체 $\mathbb{C}$는 실수체 $\mathbb{R}$ 위의 벡터공간으로 볼 수 있다. 실제로, $\alpha, \beta \in \mathbb{C}$의 합은 복소수체 $\mathbb{C}$에서의 합 $\alpha + \beta$로 정하고, $a \in \mathbb{R}$에 의한 α의 스칼라 배는 곱 $a\alpha \in \mathbb{C}$로 정하면, 복소수체 $\mathbb{C}$는 실수체 $\mathbb{R}$ 위의 벡터공간을 이룬다.

이 때, $\mathscr{B} = \{1, i\}$가 $\mathbb{C}$의 기저임을 밝혀 $\dim_{\mathbb{R}} \mathbb{C} = 2$ 임을 증명하여라.

14. 체 F 위의 두 벡터공간 V, W에 대하여 곱집합

$$V \times W = \{(v, w) \mid v \in V,\ w \in W\}$$

위에 덧셈과 스칼라 곱셈을 다음과 같이 정의하자.

$$(v, w) + (v', w') = (v + v', w + w'),$$
$$a(v, w) = (av, aw) \qquad (a \in F)$$

이 때, 다음이 성립함을 증명하여라.

(1) $V \times W$는 체 F 위의 벡터공간이다.

(2) V, W가 모두 유한차원 벡터공간이면, $V \times W$는 유한차원 벡터공간이고 $\dim_F (V \times W) = \dim_F V + \dim_F W$ 임을 증명하여라.

§4.5 부분공간의 차원

이 절에서는, 유한차원 벡터공간의 부분공간에 대하여 논한다.

정리 4.5.1 체 F 위의 벡터공간 V가 유한차원 벡터공간일 때, V의 부분공간 W는 유한차원 벡터공간이고 또 다음이 성립한다.

(1) $0 \leq \dim_F W \leq \dim_F V$

(2) $\dim_F W = 0 \Leftrightarrow W = \{\mathbf{0}\}$, $\dim_F W = \dim_F V \Leftrightarrow W = V$

증 명 정의에 따라 $W = \{\mathbf{0}\} \Leftrightarrow \dim_F W = 0$ 이다(정의 4.4.6 참조).

다음에 $\{\mathbf{0}\} \subsetneq W \subseteq V$ 이라고 하자.

이 때, W 에는 벡터 $w_1 \neq \mathbf{0}$ 이 존재하고 w_1 은 일차독립이다(정리 4.3.3). 이 사실을 이용하여 다음 두 조건을 만족시키는 벡터 $w_1, \cdots, w_r \in W$가 존재함을 알 수 있다(정리 4.4.8).

(i) $w_1, \cdots, w_r$ 는 일차독립이다.

(ii) 모든 벡터 $w \in W$에 대하여 $w_1, \cdots, w_r, w$ 는 일차종속이다.

이 때, 정리 4.3.8 에 의하여 모든 $w \in W$ 에 대하여 $w \in \langle w_1, \cdots, w_r \rangle$ 이므로 $W = \langle w_1, \cdots, w_r \rangle$ 이고, 따라서 $\mathscr{C} = \{w_1, \cdots, w_r\}$ 는 W 의 기저이므로 $\dim_F W = r$ 이다. 한편, $\dim_F W = r \leq \dim_F V$ 이다(정리 4.4.8).

그리고, $\dim_F W = \dim_F V = n$ 이면, W 는 n 개의 벡터로 이루어진 기저 $\{w_1, \cdots, w_n\}$ 을 가지므로 $W = \langle w_1, \cdots, w_n \rangle = V$ 이다.

따름정리 4.5.2 체 F 위의 유한차원 벡터공간 V 에서 V의 두 부분공간 W_1, W_2 에 대하여 다음이 성립한다.

(1) $W_1 \subseteq W_2$ 이면, $\dim_F W_1 \leq \dim_F W_2$ 이다.

(2) $W_1 \subseteq W_2$ 일 때, $\dim_F W_1 = \dim_F W_2$ 이면 $W_1 = W_2$ 이다.

증 명 정리 4.5.1 에 의하여 W_1 과 W_2 는 유한차원 벡터공간이다.

그리고, $W_1 \subseteq W_2$ 이면, 분명히 W_1 은 벡터공간 W_2 의 부분공간이기도 하므로 정리 4.5.1 에 의하여 (1), (2) 가 성립한다.

보기 4.5.1 체 F 위의 벡터공간 V 에서 벡터 $w_1, \cdots, w_r \in V$가 일차독립이면, 이들 r개의 벡터에 의하여 생성된 V 의 부분공간 $W = \langle w_1, \cdots, w_r \rangle$ 는 $\mathscr{C} = \{w_1, \cdots, w_r\}$ 를 기저로 가지는 r차원 부분공간이다.

특히, $\mathscr{B} = \{v_1, \cdots, v_n\}$ 가 벡터공간 V 의 기저이면, 부분공간

$$\{\mathbf{0}\} \subset \langle v_1 \rangle \subset \cdots \subset \langle v_1, \cdots, v_{n-1} \rangle \subset \langle v_1, \cdots, v_{n-1}, v_n \rangle = V$$

의 차원은 각각 $0, 1, \cdots, n-1, n$ 이다.

보기 4.5.2 체 F 위의 벡터공간 V 에서 각 벡터 $v \in V,\ v \neq \mathbf{0}$ 에 대하여

$$\langle v \rangle = \{kv \mid k \in F\}$$

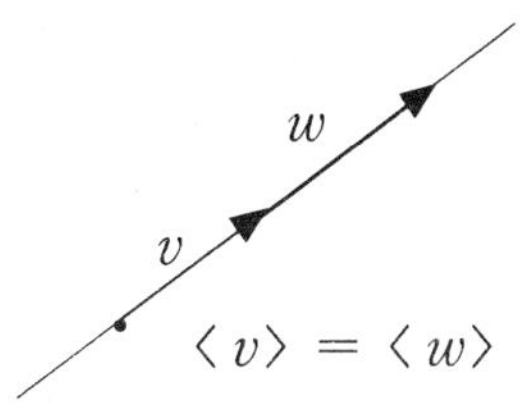

는 V 의 1 차원 부분공간이고 또 V 의 1 차원 부분공간은 모두 이와 같은 꼴로 나타내어지며, V 의 영벡터가 아닌 벡터 v, w 에 대하여 다음이 성립한다.

$$\langle v \rangle = \langle w \rangle \iff w = kv \quad (k \in F,\ k \neq 0)$$

예를 들면, 체 F 위의 2 차원 벡터공간

$$F^2 = \{(x_1, x_2) \mid x_1, x_2 \in F\}$$

에서 각 벡터 $(x_1, x_2) \neq (0, 0)$ 에 대하여 $\langle (x_1, x_2) \rangle$ 는 F^2 의 1 차원 부분공간이고 F^2 의 1 차원 부분공간은 단 한 가지 방법으로 다음과 같은 꼴로 나타내어진다.

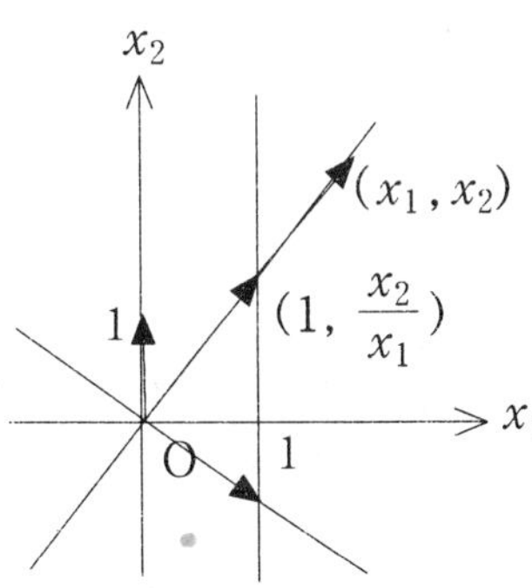

$$\langle (x_1, x_2) \rangle = \begin{cases} \langle (0, 1) \rangle & (x_1 = 0 \text{ 인 경우}) \\ \langle (1, \dfrac{x_2}{x_1}) \rangle & (x_1 \neq 0 \text{ 인 경우}) \end{cases}$$

보기 4.5.3 체 F 위의 벡터공간 F^3 에서

$$W = \{(a, b, a+b) \in F^3 \mid a, b \in F\}$$

는 2 차원 부분공간이다. 실제로, 임의의 $a, b \in F$ 에 대하여

$$(a, b, a+b) = a(1,0,1) + b(0,1,1)$$

이므로 $W = \langle (1,0,1), (0,1,1) \rangle$ 이다. 그리고,

$$a(1,0,1) + b(0,1,1) = (0,0,0) \qquad (a, b \in F)$$

이라고 가정하면, $a = b = 0$ 이므로 $(1,0,1), (0,1,1)$ 은 일차독립이다.

그러므로, $\mathscr{C} = \{(1,0,1), (0,1,1)\}$ 는 W 의 기저이다.

정리 4.5.3 체 F 위의 유한차원 벡터공간 V 에서 W_1, W_2 를 V 의 부분공간이라고 하자.

(1) $W_1 \cap W_2 = \{\mathbf{0}\}$ 이면, $\dim_F(W_1 + W_2) = \dim_F W_1 + \dim_F W_2$ 이다.

실제로, $\mathscr{C}_1, \mathscr{C}_2$ 가 각각 W_1, W_2 의 기저이면, $\mathscr{C}_1 \cup \mathscr{C}_2$ 는 $W_1 + W_2$ 의 기저이다.

(2) $W_1 \cap W_2 \neq \{\mathbf{0}\}$ 이면, 다음 등식이 성립한다.

$$\dim_F(W_1 + W_2) = \dim_F W_1 + \dim_F W_2 - \dim_F(W_1 \cap W_2)$$

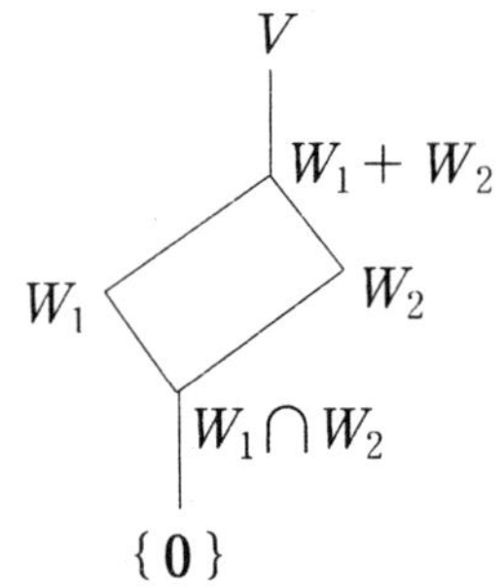

증 명 (1) $W_1 \cap W_2 = \{\mathbf{0}\}$ 이라고 하자.

이 때, $W_1 = \{\mathbf{0}\}$ 이면, $\mathscr{C}_1 = \varnothing$, $W_1 + W_2 = W_2$, $\dim_F W_1 = 0$ 이므로 (1) 이 성립하고, 또 $W_2 = \{\mathbf{0}\}$ 인 경우에도 (1) 이 성립한다(정의 4.4.6 참조).

다음에 $W_1 \neq \{\mathbf{0}\}$, $W_2 \neq \{\mathbf{0}\}$ 일 때, $\dim_F W_1 = r$, $\dim_F W_2 = s$ 이라 하고 $\mathscr{C}_1 = \{w_1, \cdots, w_r\}$, $\mathscr{C}_2 = \{u_1, \cdots, u_s\}$ 를 각각 W_1, W_2 의 기저라고 하자. 이 때, 정리 4.2.8 에 의하여 다음이 성립한다.

$$W_1 + W_2 = \langle w_1, \cdots, w_r \rangle + \langle u_1, \cdots, u_s \rangle = \langle w_1, \cdots, w_r, u_1, \cdots, u_s \rangle$$

그리고, 적당한 원소 $a_1, \cdots, a_r, b_1, \cdots, b_s \in F$ 에 대하여

$$a_1 w_1 + \cdots + a_r w_r + b_1 u_1 + \cdots + b_s u_s = \mathbf{0}$$

이라고 가정하면,

$$a_1 w_1 + \cdots + a_r w_r = -(b_1 + \cdots + b_s u_s)$$

이므로 이 벡터는 W_1 과 W_2 에 속하고 또 $W_1 \cap W_2 = \{\mathbf{0}\}$ 이므로

$$a_1 w_1 + \cdots + a_r w_r = \mathbf{0}, \quad b_1 u_1 + \cdots + b_s u_s = \mathbf{0}$$

이고 $w_1, \cdots, w_r$ 는 일차독립이므로 $a_1 = \cdots = a_r = 0$ 이고 또 $u_1, \cdots, u_s$ 은 일차독립이므로 $b_1 = \cdots = b_s = 0$ 이다. 그러므로, $w_1, \cdots, w_r, u_1, \cdots, u_s$ 은 일차독립이고 따라서 $\mathscr{C} = \mathscr{C}_1 \cup \mathscr{C}_2$ 는 $W_1 + W_2$ 의 기저이다.

따라서 $\dim_F (W_1 + W_2) = r + s = \dim_F W_1 + \dim_F W_2$ 이다.

(2) $W_1 \cap W_2 \neq \{\mathbf{0}\}$ 이라고 하자.

이 때, $W_1 \subseteq W_2$ 이면, $W_1 + W_2 = W_2$, $W_1 \cap W_2 = W_1$ 이므로

$$\dim_F (W_1 + W_2) = \dim_F W_2, \quad \dim_F (W_1 \cap W_2) = \dim_F W_1$$

이므로 $\dim_F (W_1 + W_2) = \dim_F W_1 + \dim_F W_2 - \dim_F (W_1 \cap W_2)$ 이다.

마찬가지로, $W_2 \subseteq W_1$ 인 경우에도 위의 등식이 성립한다.

다음에 $\{\mathbf{0}\} \subsetneq W_1 \cap W_2 \subsetneq W_1$, $\{\mathbf{0}\} \subsetneq W_1 \cap W_2 \subsetneq W_2$ 이라고 하자. 이 때, $\dim_F (W_1 \cap W_2) = m \geq 1$ 이라 하고 $\mathscr{D} = \{v_1, \cdots, v_m\}$ 를 $W_1 \cap W_2$ 의 기저라고 하면, $\mathscr{D}$ 에 적당한 r 개의 벡터를 추가하여 W_1 의 기저

$$\mathscr{C}_1 = \{v_1, \cdots, v_m, w_1, \cdots, w_r\}$$

를 얻고 또 $\mathscr{D}$ 에 적당한 s 개의 벡터를 추가하여 W_2 의 기저

$$\mathscr{C}_2 = \{v_1, \cdots, v_m, u_1, \cdots, u_s\}$$

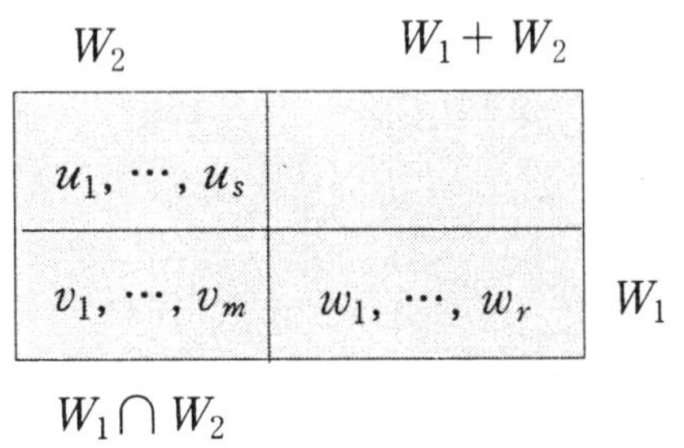

를 얻는다(정리 4.4.8). 이 경우에 다음이 성립한다(정리 4.2.8).

$$\begin{aligned} W_1 + W_2 &= \langle v_1, \cdots, v_m, w_1, \cdots, w_r \rangle + \langle v_1, \cdots, v_m, u_1, \cdots, u_s \rangle \\ &= \langle v_1, \cdots, v_m, w_1, \cdots, w_r, u_1, \cdots, u_s \rangle \end{aligned}$$

그리고, 적당한 원소 $a_1, \cdots, a_m, b_1, \cdots, b_r, c_1, \cdots, c_s \in F$ 에 대하여

$$a_1 v_1 + \cdots + a_m v_m + b_1 w_1 + \cdots + b_r w_r + c_1 u_1 + \cdots + c_s u_s = \mathbf{0}$$

이라고 가정하면,

$$a_1 v_1 + \cdots + a_m v_m + b_1 w_1 + \cdots + b_r w_r = -c_1 u_1 - \cdots - c_s u_s$$

이므로 좌변의 벡타와 우변의 벡터는 $W_1 \cap W_2$ 에 속하므로 다음이 성립한다.

$$-c_1 u_1 - \cdots - c_s u_s = d_1 v_1 + \cdots + d_m v_m \qquad (d_1, \cdots, d_m \in F)$$

그런데, $v_1, \cdots, v_m, u_1, \cdots, u_s$ 는 일차독립이므로 $c_1 = \cdots = c_s = 0$ 이고 따라서 $a_1 v_1 + \cdots + a_m v_m + b_1 w_1 + b_r w_r = \mathbf{0}$ 이고 $v_1, \cdots, v_m, w_1, \cdots, w_r$ 는 일차독립이므로 $a_1 = \cdots = a_m = b_1 = \cdots = b_r = 0$ 이다.

그러므로, $v_1, \cdots, v_m, w_1, \cdots, w_r, u_1, \cdots, u_s$ 는 일차독립이다.

따라서 $\mathscr{C} = \mathscr{C}_1 \cup \mathscr{C}_2$ 는 $W_1 + W_2$ 의 기저이므로 다음이 성립한다.

$$\begin{aligned}\dim_F(W_1 + W_2) &= m + r + s = (m + r) + (m + s) - m \\ &= \dim_F W_1 + \dim_F W_2 - \dim_F(W_1 \cap W_2)\end{aligned}$$

보기 4.5.4 벡터공간 $\mathbb{R}^3$ 에서 두 부분공간

$$W_1 = \{(a, b, a+b) \in \mathbb{R}^3 \mid a, b \in \mathbb{R}\},$$

$$W_2 = \{(a, 0, b) \in \mathbb{R}^3 \mid a, b \in \mathbb{R}\}$$

는 모두 2 차원 부분공간이다(보기 4.5.3).

또, $W_1 \cap W_2 = \langle (1,0,1) \rangle$ 이므로

$$\begin{aligned}&\dim(W_1 + W_2) \\ &= \dim W_1 + \dim W_2 - \dim(W_1 \cap W_2) \\ &= 2 + 2 - 1 = 3 = \dim \mathbb{R}^3\end{aligned}$$

이고 따라서 $W_1 + W_2 = \mathbb{R}^3$ 이다.

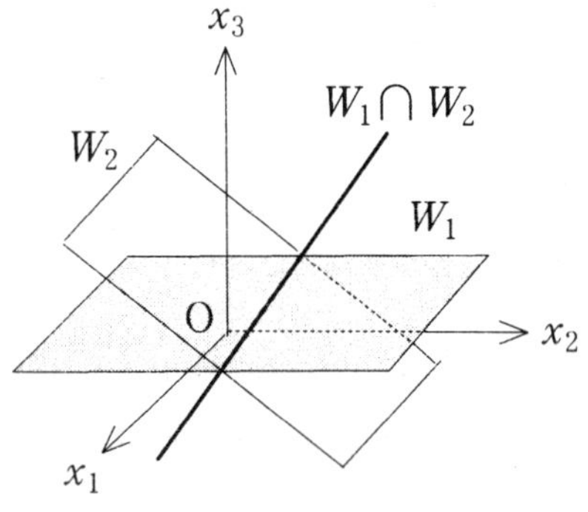

연 습 문 제 (4.5)

1. 벡터공간 $\mathbb{R}^3$ 에서 다음 부분공간의 차원을 말하여라.

(1) $W = \langle (3,6,9), (1,2,3) \rangle$ (2) $W = \langle (1,2,3), (3,0,1) \rangle$

2. 벡터공간 $\mathbb{R}^3$ 에서 동차 일차방정식 $x_1+3x_2-2x_3=0$ 의 해 전체의 집합은 2 차원 부분공간을 이룸을 증명하여라.

3. 체 F 위의 벡터공간 $\text{Mat}_{2\times3}(F)$ 에서

$$W=\left\{\begin{bmatrix} a & 0 & b \\ c & 2a-b & 0 \end{bmatrix} \mid a, b, c\in F\right\}$$

는 벡터공간 $\text{Mat}_{2\times3}(F)$ 의 3 차원 부분공간임을 밝혀라.

4. 체 F 위의 벡터공간 $\text{Mat}_2(F)$ 에서 두 부분공간

$$W=\left\{\begin{bmatrix} a & b \\ c & a \end{bmatrix} \mid a, b, c\in F\right\},\quad U=\left\{\begin{bmatrix} 0 & a \\ -a & b \end{bmatrix} \mid a, b\in F\right\}$$

에 대하여 W, U, $W\cap U$, $W+U$ 를 구하고 그 차원을 구하여라.

5. 체 F 위의 벡터공간 $F[x]$ 에서 임의의 양의 정수 n 에 대하여

$$F_n[x]=\{a_0+a_1x+\cdots+a_{n-1}x^{n-1} \mid a_0, a_1, \cdots, a_{n-1}\in F\}$$

이라고 할 때, $F_n[x]$ 는 $F[x]$ 의 n 차원 부분공간임을 밝혀라(문제 4.2.9).

6. 벡터공간 $\mathbb{R}_3[x]$ 에서 다음 집합이 $\mathbb{R}_3[x]$ 의 기저인지를 판정하여라.

(1) $S=\{x,\ 1-x,\ 3x^2\}$　　　(2) $S=\{x,\ 4x,\ x^2\}$

7. 벡터공간 $\mathbb{R}^2$ 에서 두 부분공간 $W_1=\langle(1, 2)\rangle$, $W_2=\langle(-1,1)\rangle$ 에 대하여 $\mathbb{R}^2=W_1+W_2$, $W_1\cap W_2=\{\mathbf{0}\}$ 임을 밝혀라.

8. 체 F 위의 벡터공간 $\text{Mat}_n(F)$ 에서 上 삼각행렬 전체와 下 삼각행렬 전체로 이루어진 부분공간을 각각 W_1, W_2 라고 할 때, 부분공간 W_1, W_2, $W_1\cap W_2$ 의 차원을 말하여라.

9. 체 F 위의 벡터공간 V 에서 $\dim_F V=n\geq 2$ 일 때, W_1 과 W_2 가 V 의 서로 다른 $n-1$ 차원 부분공간이면 $V=W_1+W_2$, $\dim_F(W_1\cap W_2)=n-2$ 임을 증명하여라.

§4.6 행렬의 행공간과 열공간

이 절에서는, 행렬과 관련하여 벡터공간 F^n 의 부분공간에 대하여 논한다.

정의 4.6.1 체 F 위의 $m \times n$ 행렬 $A = [a_{ij}]_{m \times n}$ 에 대하여 A 의 각 행의 성분으로 이루어진 벡터공간 F^n 의 벡터

$$v_1 = (a_{11}, a_{12}, \cdots, a_{1n}),$$
$$v_2 = (a_{21}, a_{22}, \cdots, a_{2n}),$$
$$\vdots$$
$$v_m = (a_{m1}, a_{m2}, \cdots, a_{mn})$$

$$A = \begin{bmatrix} a_{11} & a_{12} & \cdots & a_{1n} \\ a_{21} & a_{22} & \cdots & a_{2n} \\ \vdots & \vdots & \cdots & \vdots \\ a_{m1} & a_{m2} & \cdots & a_{mn} \end{bmatrix} \begin{matrix} \leftarrow v_1 \\ \leftarrow v_2 \\ \\ \leftarrow v_m \end{matrix}$$
$$\begin{matrix} \uparrow & \uparrow & & \uparrow \\ w_1 & w_2 & & w_n \end{matrix}$$

를 A 의 **행벡터**(行벡터, row vector)라 하고 A 의 각 열의 성분으로 이루어진 벡터공간 F^m 의 벡터

$$w_1 = (a_{11}, a_{21}, \cdots, a_{m1}),$$
$$w_2 = (a_{12}, a_{22}, \cdots, a_{m2}),$$
$$\vdots$$
$$w_n = (a_{1n}, a_{2n}, \cdots, a_{mn})$$

$$A^T = \begin{bmatrix} a_{11} & a_{21} & \cdots & a_{m1} \\ a_{12} & a_{22} & \cdots & a_{m2} \\ \vdots & \vdots & \cdots & \vdots \\ a_{1n} & a_{2n} & \cdots & a_{mn} \end{bmatrix} \begin{matrix} \leftarrow w_1 \\ \leftarrow w_2 \\ \\ \leftarrow w_n \end{matrix}$$
$$\begin{matrix} \uparrow & \uparrow & & \uparrow \\ v_1 & v_2 & & v_m \end{matrix}$$

를 A 의 **열벡터**(列벡터, column vector)라고 한다.

또, 벡터공간 F^n 에서 A 의 행벡터 $v_1, \cdots, v_m$ 에 의하여 생성된 부분공간

$$\langle v_1, \cdots, v_m \rangle = \{a_1 v_1 + \cdots + a_m v_m \mid a_1, \cdots, a_m \in F\} \subseteq F^n$$

를 행렬 A 의 **행공간**(行空間, row space)이라 하고 벡터공간 F^m 에서 A 의 열벡터 $w_1, \cdots, w_n$ 에 의하여 생성된 부분공간

$$\langle w_1, \cdots, w_n \rangle = \{a_1 w_1 + \cdots + a_n w_n \mid a_1, \cdots, a_n \in F\} \subseteq F^m$$

를 A 의 **열공간**(列空間, column space)이라고 한다.

행렬 A 의 행벡터 [열벡터]는 A^T의 열벡터 [행벡터]이므로 다음이 성립한다.

(A 의 행공간) = (A^T의 열공간), (A 의 열공간) = (A^T의 행공간)

그리고, A 의 행벡터 $v_i = (a_{i1}, a_{i2}, \cdots, a_{in})$ 에 대하여

$$\sum_{i=1}^{m} a_i v_i = (b_1, b_2, \cdots, b_n)$$

$$\iff \sum_{i=1}^{m} a_i (a_{i1}, a_{i2}, \cdots, a_{in}) = (b_1, b_2, \cdots, b_n)$$

$$\iff [a_1\ a_2\ \cdots\ a_m] A = [b_1\ b_2\ \cdots\ b_n]$$

이므로, A 의 행공간은 위의 $(b_1, b_2, \cdots, b_n)$ 전체로 이루어진 부분공간이다.

보기 4.6.1 실수체 $\mathbb{R}$ 위의 행렬

$$A = \begin{bmatrix} 1 & 0 & 3 \\ 0 & 1 & 2 \end{bmatrix}, \qquad A^T = \begin{bmatrix} 1 & 0 \\ 0 & 1 \\ 3 & 2 \end{bmatrix}$$

에 대하여 $r(A) = r(A^T) = 2$ 이고 또 다음이 성립한다.

(A 의 행공간) = (A^T 의 열공간) = $\langle (1, 0, 3), (0, 1, 2) \rangle \subseteq \mathbb{R}^3$

(A 의 열공간) = (A^T 의 행공간) = $\langle (1, 0), (0, 1), (3, 2) \rangle = \mathbb{R}^2$

$$2(1, 0, 3) + 5(0, 1, 2) = (2, 5, 16), \quad [2\ \ 5] \begin{bmatrix} 1 & 0 & 3 \\ 0 & 1 & 2 \end{bmatrix} = [2\ \ 5\ \ 16]$$

정리 4.6.2 체 F 위의 벡터공간 V 에서 $v_1, \cdots, v_m \in V$ 일 때, 양의 정수 i, j $(1 \le i \ne j \le m)$ 와 $a \in F$, $a \ne 0$ 에 대하여 다음이 성립한다.

(1) $\langle v_1, \cdots, v_i, \cdots, v_j, \cdots, v_m \rangle = \langle v_1, \cdots, v_j, \cdots, v_i, \cdots, v_m \rangle$

(2) $\langle v_1, \cdots, v_i, \cdots, v_m \rangle = \langle v_1, \cdots, a v_i, \cdots, v_m \rangle$

(3) $\langle v_1, \cdots, v_i, \cdots, v_j, \cdots, v_m \rangle = \langle v_1, \cdots, v_i + a v_j, \cdots, v_j, \cdots, v_m \rangle$

증 명 임의의 $a_1, \cdots, a_m, b_1, \cdots, b_m \in F$ 에 대하여 다음 등식이 성립한다.

(1) $a_1 v_1 + \cdots + a_i v_i + \cdots + a_j v_j + \cdots + a_m v_m$

$= a_1 v_1 + \cdots + a_j v_j + \cdots + a_i v_i + \cdots + a_m v_m$

(2) $a_1 v_1 + \cdots + a_i v_i + \cdots + a_m v_m$

$= a_1 v_1 + \cdots + a_i a^{-1} (a v_i) + \cdots + a_m v_m$

$$\begin{aligned} & b_1 v_1 + \cdots + b_i (a v_i) + \cdots + b_m v_m \\ = \; & b_1 v_1 + \cdots + (b_i a) v_i + \cdots + b_m v_m \end{aligned}$$

(3) $a_1 v_1 + \cdots + a_i v_i + \cdots + a_j v_j + \cdots + a_m v_m$
$= a_1 v_1 + \cdots + a_i (v_i + a v_j) + \cdots + (a_j - a_i a) v_j + \cdots + a_m v_m$

$$\begin{aligned} & b_1 v_1 + \cdots + b_i (v_i + a v_j) + \cdots + b_j v_j + \cdots + b_m v_m \\ = \; & b_1 v_1 + \cdots + b_i v_i + \cdots + (b_j + b_i a) v_j + \cdots + b_m v_m \end{aligned}$$

따라서 정리의 (1), (2), (3) 이 성립한다.

정리 4.6.3 체 F 위의 $m \times n$ 행렬 $A = [a_{ij}]_{m \times n}$ 에 기본 행 [열] 변형을 유한 번 시행하여 얻은 행렬을 B 라고 할 때, 이러한 기본변형에 대응하는 m 차의 [n 차의] 기본행렬을 차례로 $E_1, \cdots, E_s$ 라고 하면 다음이 성립한다.

$$B = E_s \cdots E_1 A \qquad [\, B = A E_1 \cdots E_s \,]$$

(A 의 행공간) = (B 의 행공간) [(A 의 열공간) = (B 의 열공간)]

증 명 정리 2.3.3 에 의하여 $B = E_s \cdots E_1 A$ [$B = A E_1 \cdots E_s$] 이다.

그런데, m 차의 [n 차의] 기본행렬 E 는 C_{ij}, $D_{ii}(a)$, $E_{ij}(a)$ 와 같은 유형의 행렬이다. 그리고, 행렬 A 의 행벡터를 차례로 $v_1, \cdots, v_m$ 이라 하고 A 의 열벡터를 차례로 $w_1, \cdots, w_n$ 이라고 하면, 행렬

$$C_{ij} A, \; D_{ii}(a) A, \; E_{ij}(a) A \qquad [\, A C_{ij}, \; A D_{ii}(a), \; A E_{ij}(a) \,]$$

의 행벡터는 [열벡터는] 각각 다음과 같다.

$v_1, \cdots, v_j, \cdots, v_i, \cdots, v_m$	$[\, w_1, \cdots, w_j, \cdots, w_i, \cdots, w_n \,]$
$v_1, \cdots, a v_i, \cdots, v_m$	$[\, w_1, \cdots, a w_i, \cdots, w_n \,]$
$v_1, \cdots, v_i + a v_j, \cdots, v_j, \cdots, v_m$	$[\, w_1, \cdots, w_i, \cdots, w_j + a w_i, \cdots, w_n \,]$

그러므로, 정리 4.6.2 에 의하여 각 기본행렬 E 에 대하여

(A 의 행공간) = (EA 의 행공간)

[(A 의 열공간) = (AE 의 열공간)]

이고, 따라서 정리가 성립한다.

정리 4.6.4 체 F 위의 $m \times n$ 행렬 A 에 기본 행 변형을 유한 번 시행하여 얻은 기약 행 사다리꼴 행렬을 A' 이라고 하면 다음이 성립한다.

$$(A \text{ 의 행공간}) = (A' \text{ 의 행공간}), \quad (A \text{ 의 행공간의 차원}) = r(A)$$ r

증 명 먼저 $r(A) = 0$ 이면, $A = O_{m \times n} = A'$ 이고 또 그 행공간은 $\{\mathbf{0}\}$ 이므로 정리가 성립한다(정의 2.3.4, 정의 2.3.6).

다음에 $r(A) = r \geq 1$ 이라 하고 또 A' 이 오른쪽과 같은 기약 행 사다리꼴 행렬이라고 하면, 정리 4.6.3 에 의하여 A 의 행공간과 A' 의 행공간은 일치이다.

$$A' = \begin{bmatrix} 1 & * & 0 & * & \cdots & * & 0 & * & \cdots & * \\ 0 & 0 & 1 & * & \cdots & * & 0 & * & \cdots & * \\ \vdots & & \vdots & & & \vdots & \vdots & & & \\ 0 & 0 & 0 & 0 & \cdots & 0 & 1 & * & \cdots & * \\ 0 & 0 & 0 & 0 & \cdots & 0 & 0 & 0 & \cdots & 0 \\ \vdots & & \vdots & & & \vdots & \vdots & & & \\ 0 & 0 & 0 & 0 & \cdots & 0 & 0 & 0 & \cdots & 0 \end{bmatrix} r$$

그런데, 행렬 A' 의 처음 r 개의 행벡터를 $v_1', \cdots, v_r'$ 이라고 하면, 분명히 $(A' \text{ 의 행공간}) = \langle v_1', \cdots, v_r' \rangle$ 이고 또

$$v_1' = (1, *, 0, *, \cdots, *, 0, *, \cdots, *)$$
$$\vdots$$
$$v_r' = (0, 0, 0, 0, \cdots, 0, 1, *, \cdots, *)$$

은 일차독립이다(문제 4.3.7). 그러므로, $\mathscr{C} = \{v_1', \cdots, v_r'\}$ 는 (A 의 행공간)의 기저이고, 따라서 (A 의 행공간)의 차원은 $r = r(A)$ 이다.

보기 4.6.2 실수체 $\mathbb{R}$ 위의 3×4 행렬

$$A = \begin{bmatrix} 1 & 2 & -2 & 1 \\ 1 & 2 & -1 & 3 \\ 2 & 4 & 0 & 10 \end{bmatrix}$$

는 기본 행 변형에 의하여 오른쪽과 같이 기약 사다리꼴 행렬 A' 으로 변형되므로

$$A' = \begin{bmatrix} 1 & 2 & 0 & 5 \\ 0 & 0 & 1 & 2 \\ 0 & 0 & 0 & 0 \end{bmatrix}$$

$$r(A) = r(A') = 2, \quad (A \text{ 의 행공간}) = (A' \text{ 의 행공간})$$

이며 또한 $\mathscr{C} = \{(1, 2, 0, 5), (0, 0, 1, 2)\}$ 는 (A 의 행공간)의 기저이므로 (A 의 행공간)은 벡터공간 $\mathbb{R}^4$ 의 2 차원 부분공간이다.

정의 4.6.1 에 의하여 다음 정리가 성립한다.

정리 4.6.5 체 F 위의 벡터공간 F^n 에서 부분공간 W는 적당한 행렬의 행공간이다. 실제로, 부분공간 $W = \langle v_1, \cdots, v_m \rangle$ 에 대하여

$$v_i = (a_{i1}, a_{i2}, \cdots, a_{in}) \qquad (1 \leq i \leq m)$$

일 때, $A = [a_{ij}]_{m\times n}$ 이라고 하면 $W = (A$ 의 행공간$)$, $\dim_F W = r(A)$ 이다.

보기 4.6.3 벡터공간 $\mathbb{R}^4$ 에서 세 벡터

$$v_1 = (1, 2, -2, 1), \quad v_2 = (1, 2, -1, 3), \quad v_3 = (2, 4, 0, 10)$$

에 의하여 생성된 부분공간 $W = \langle w_1, w_2, w_3 \rangle$ 는 행렬

$$A = \begin{bmatrix} 1 & 2 & -2 & 1 \\ 1 & 2 & -1 & 3 \\ 2 & 4 & 0 & 10 \end{bmatrix}$$

의 행공간이고, 또 보기 4.6.2 에 의하여 W 는

$$A' = \begin{bmatrix} 1 & 2 & 0 & 5 \\ 0 & 0 & 1 & 2 \\ 0 & 0 & 0 & 0 \end{bmatrix}, \qquad G = \begin{bmatrix} 1 & 2 & 0 & 5 \\ \\ 0 & 0 & 1 & 2 \end{bmatrix}$$

의 행공간이기도 하며 $\dim W = r(A) = r(A') = 2$ 이다.

정리 4.6.6 체 F 위의 $m \times n$ 행렬 $A = [a_{ij}]_{m\times n}$에 대하여 다음이 성립한다

(1) (A 의 열공간의 차원) = (A 의 행공간의 차원) = $r(A)$

(2) $r(A) = r(A^T)$

증 명 먼저 $A = O_{m\times n}$ 이면, A 의 열공간의 차원은 $0 = r(A)$ 이다.

다음에 $A \neq O_{m\times n}$ 일 때, A 의 열벡터를 차례로 $w_1, \cdots, w_n$ 이라 하고 또 A 에 기본 행 변형을 유한 번 시행하여 얻은 기약 행 사다리꼴 행렬 A' 의 열벡터를 차례로 $w_1', \cdots, w_n'$ 이라고 하자.

이 때, $r(A) = r(A') = r \geq 1$ 이고, 또 A' 에서 선두성분 1 을 포함하는 r 개의 열벡터를 $w_{j_1}', w_{j_2}', \cdots, w_{j_r}'$ 이라고 하면,

$$w_{j_1}$$

$$w_{j_1}' = (1, 0, \cdots, 0, \cdots, 0),$$
$$w_{j_2}' = (0, 1, \cdots, 0, \cdots, 0),$$
$$\vdots$$
$$w_{j_r}' = (0, \cdots, 1, 0, \cdots, 0)$$

$$A' = \begin{bmatrix} 1 & * & 0 & * & \cdots & * & 0 & * \cdots & * \\ 0 & 0 & 1 & * & \cdots & * & 0 & * \cdots & * \\ \vdots & & \vdots & & \vdots & & \vdots & & \\ 0 & 0 & 0 & 0 & \cdots & 0 & 1 & * \cdots & * \\ 0 & 0 & 0 & 0 & \cdots & 0 & 0 & 0 \cdots & 0 \\ \vdots & & \vdots & & \vdots & & \vdots & & \\ 0 & 0 & 0 & 0 & \cdots & 0 & 0 & 0 \cdots & 0 \end{bmatrix} r$$
$$\quad w_{j_1} \quad w_{j_2} \qquad\qquad w_{j_r}$$

이므로 $w_{j_1}', w_{j_2}', \cdots, w_{j_r}'$ 은 일차독립이고

$$\langle w_{j_1}', w_{j_2}', \cdots, w_{j_r}' \rangle = \{(x_1, \cdots, x_r, 0, \cdots, 0) \mid x_1, \cdots, x_r \in F\},$$

$$w_1', w_2', \cdots, w_n' \in \{(x_1, \cdots, x_r, 0, \cdots, 0) \mid x_1, \cdots, x_r \in F\}$$

이므로 다음이 성립한다.

$$(A' \text{ 의 열공간}) = \langle w_1', w_2', \cdots, w_n' \rangle = \langle w_{j_1}', w_{j_2}', \cdots, w_{j_r}' \rangle$$

그러므로, $\mathscr{C}' = \{w_{j_1}', w_{j_2}', \cdots, w_{j_r}'\}$ 은 (A' 의 열공간)의 기저이고 또 이 열공간의 차원은 r 이다.

한편, 두 동차 연립일차방정식

$$A \begin{bmatrix} x_1 \\ \vdots \\ x_n \end{bmatrix} = \begin{bmatrix} 0 \\ \vdots \\ 0 \end{bmatrix}, \qquad A' \begin{bmatrix} x_1 \\ \vdots \\ x_n \end{bmatrix} = \begin{bmatrix} 0 \\ \vdots \\ 0 \end{bmatrix}$$

은 서로 동치이고,

$$w_j = (a_{1j}, a_{2j}, \cdots, a_{mj}) \in F^m \qquad (1 \leq j \leq n)$$

이므로 첫째 동차 연립일차방정식은 다음과 같이 고쳐 쓸 수 있다(보기 2.1.8).

$$x_1 \begin{bmatrix} a_{11} \\ \vdots \\ a_{m1} \end{bmatrix} + x_2 \begin{bmatrix} a_{12} \\ \vdots \\ a_{m2} \end{bmatrix} + \cdots + x_n \begin{bmatrix} a_{1n} \\ \vdots \\ a_{mn} \end{bmatrix} = \begin{bmatrix} 0 \\ \vdots \\ 0 \end{bmatrix}$$

즉,
$$x_1 w_1 + x_2 w_2 + \cdots + x_n w_n = \mathbf{0}$$

마찬가지로, 둘째 동차 연립일차방정식은

$$x_1 w_1' + x_2 w_2' + \cdots + x_n w_n' = \mathbf{0}$$

으로 고쳐 쓸 수 있고 위의 두 등식은 서로 동치이다.

따라서 $a_1, a_2, \cdots, a_r \in F$ 에 대하여 두 등식

$$a_1 w_{j_1} + a_2 w_{j_2} + \cdots + a_r w_{j_r} = \mathbf{0},$$
$$a_1 w_{j_1}' + a_2 w_{j_2}' + \cdots + a_r w_{j_r}' = \mathbf{0}$$

은 서로 동치이고(필요하다면, $\mathbf{0}$ 을 첨가하여) 또 $w_{j_1}', w_{j_2}', \cdots, w_{j_r}'$ 은 일차독립이므로 $w_{j_1}, w_{j_2}, \cdots, w_{j_r}$ 는 일차독립이다.

그리고,

$$w_j' \in \langle w_{j_1}', w_{j_2}', \cdots, w_{j_r}' \rangle \qquad (1 \le j \le n)$$

이므로 적당한 $b_1, b_2, \cdots, b_r \in F$ 에 대하여

$$w_j' = b_1 w_{j_1}' + b_2 w_{j_2}' + \cdots + b_r w_{j_r}'$$

이고 따라서 다음이 성립한다.

$$w_j = b_1 w_{j_1} + b_2 w_{j_2} + \cdots + b_r w_{j_r} \in \langle w_{j_1}, w_{j_2}, \cdots, w_{j_r} \rangle$$

그러므로,

$$(A \text{ 의 열공간}) = \langle w_1, w_2, \cdots, w_n \rangle = \langle w_{j_1}, w_{j_2}, \cdots, w_{j_r} \rangle$$

이므로 $\mathscr{C} = \{w_{j_1}, w_{j_2}, \cdots, w_{j_r}\}$ 는 (A 의 열공간) 의 기저이고 이 열공간의 차원은 A 의 행공간의 차원 $r(A) = r$ 와 일치한다.

그리고, 정의에 의하여 (A 의 열공간) $=$ (A^T 의 행공간) 이므로 위의 결과에 의하여 $r(A) = r(A^T)$ 이다.

일반적으로, (A' 의 열공간) 과 (A 의 열공간) 자체는 서로 다르다.

보기 4.6.4 벡터공간 $\mathbb{R}^4$ 에서 벡터

$$w_1 = (1, -1, 2, -3), \quad w_2 = (2, -2, 4, -6), \quad w_3 = (2, 2, 2, -3),$$
$$w_4 = (1, 3, 1, 0), \quad w_5 = (5, 7, 6, -6)$$

에 대하여 부분공간 $W = \langle w_1, w_2, w_3, w_4, w_5 \rangle$ 의 기저를 구해 보자.

이들 벡터를 열벡터로 가지는 행렬을 A 라고 하면,

$$A = \begin{bmatrix} 1 & 2 & 2 & 1 & 5 \\ -1 & -2 & 2 & 3 & 7 \\ 2 & 4 & 2 & 1 & 6 \\ -3 & -6 & -3 & 0 & -6 \end{bmatrix}, \qquad W = (A \text{ 의 열공간})$$

이고 또 A는 기본 행 변형에 의하여 오른쪽과 같이 기약 행 사다리꼴 행렬 A'으로 변형된다.

$$A \longrightarrow \begin{bmatrix} 1 & 2 & 2 & 1 & 5 \\ 0 & 0 & 1 & 1 & 3 \\ 0 & 0 & 0 & 1 & 2 \\ 0 & 0 & 0 & 0 & 0 \end{bmatrix} \longrightarrow \begin{bmatrix} 1 & 2 & 0 & 0 & 1 \\ 0 & 0 & 1 & 0 & 1 \\ 0 & 0 & 0 & 1 & 2 \\ 0 & 0 & 0 & 0 & 0 \end{bmatrix} = A$$

행렬 A'의 열벡터을 차례로

$$w_1', w_2', \cdots, w_5'$$

이라고 하면,

$$w_1' = (1,0,0,0), \quad w_3' = (0,1,0,0), \quad w_4' = (0,0,1,0),$$
$$w_2' = 2w_1', \qquad w_5' = w_1' + w_3' + 2w_4'$$

이므로 (A'의 열공간) $= \langle w_1', w_3', w_4' \rangle$ 이다.

따라서 w_1', w_3', w_4'에 대응하는 A의 열벡터 w_1, w_3, w_4는 일차독립이고

$$w_2 = 2w_1, \qquad w_5 = w_1 + w_3 + 2w_4$$

이며 $W = \langle w_1, w_3, w_4 \rangle$ 이므로 $\mathscr{C} = \{w_1, w_3, w_4\}$는 W의 기저이다.

정리 4.6.7 체 F 위의 $m \times n$ 행렬 $A = [a_{ij}]_{m \times n}$에 대하여 A의 행벡터를 $v_1, \cdots, v_m$이라고 하고 또 A의 열벡터를 $w_1, \cdots, w_n$이라고 하자.

[I] 다음 네 조건은 서로 동치이다.

(1) 벡터공간 F^n에서 $v_1, \cdots, v_m$은 일차독립이다.

(2) $r(A) = m$

(3) $w_1, \cdots, w_n$ 중에서 일차독립인 m개의 벡터가 존재한다.

(4) 행렬 A에서 m개의 열을 택하여 만든 m차의 소행렬식 중에 그 값이 0이 아닌 소행렬식이 적어도 하나 존재한다.

[II] 다음 네 조건은 서로 동치이다.

(1) 벡터공간 F^m에서 $w_1, \cdots, w_n$은 일차독립이다.

(2) $r(A) = n$

(3) $v_1, \cdots, v_m$ 중에서 일차독립인 n개의 벡터가 존재한다.

(4) 행렬 A에서 n개의 행을 택하여 만든 n차의 소행렬식 중에 그 값이 0이 아닌 소행렬식이 적어도 하나 존재한다.

증 명 [I] 이제 $W = \langle v_1, \cdots, v_m \rangle$, $U = \langle w_1, \cdots, w_n \rangle$ 이라고 하자. 이 때, 정리 4.6.6 에 의하여 다음이 성립한다.

$$\dim_F W = r(A) = \dim_F U, \quad r(A) \le m$$

(1) ⟺ (2) 먼저 $W = \langle v_1, \cdots, v_m \rangle$ 이므로 $v_1, \cdots, v_m$ 이 일차독립이면, $\{v_1, \cdots, v_m\}$ 은 W 의 기저이고 따라서 $r(A) = \dim_F W = m$ 이다.

역으로, $r(A) = m$ 이면, $W = \langle v_1, \cdots, v_m \rangle$ 이고 $\dim_F W = r(A) = m$ 이므로 $\{v_1, \cdots, v_m\}$ 은 W 의 기저이고 따라서 $v_1, \cdots, v_m$ 은 일차독립이다.

(2) ⟺ (3) 먼저 $r(A) = m$ 이면,

$$U = \langle w_1, \cdots, w_n \rangle, \quad \dim_F U = r(A) = m$$

이므로 $w_1, \cdots, w_n$ 중에서 일차독립인 m 개의 벡터가 존재한다(정리 4.4.3).

역으로, $w_1, \cdots, w_n$ 중에서 일차독립인 m 개의 벡터 $w_{i_1}, \cdots, w_{i_m}$ 이 존재하면, $\langle w_{i_1}, \cdots, w_{i_m} \rangle \subseteq U$ 이므로

$$m = \dim_F \langle w_{i_1}, \cdots, w_{i_m} \rangle \le \dim_F U = r(A) \le m$$

이고 따라서 $\dim_F U = m$ 이므로 $r(A) = m$ 이다.

(3) ⟺ (4) 정리 4.3.2 에 의하여 (3) ⟺ (4) 이다.

위의 증명에 의하여 네 조건 (1), (2), (3), (4) 는 서로 동치이다,
마찬가지로, [II} 의 네 조건 (1), (2), (3), (4) 는 서로 동치이다,

보기 4.6.5 실수체 $\mathbb{R}$ 위의 3×7 행렬

$$G = \begin{bmatrix} 1 & 0 & 0 & 2 & 0 & 1 & 2 \\ 0 & 1 & 0 & 3 & 1 & 3 & 0 \\ 1 & 0 & 2 & 4 & 2 & 0 & 3 \end{bmatrix}$$

에서 처음 세 열벡터로 이루어진 행렬의 행렬식의 값은

$$\begin{vmatrix} 1 & 0 & 0 \\ 0 & 1 & 0 \\ 1 & 0 & 2 \end{vmatrix} = 2 \neq 0$$

이므로 G 의 세 행벡터는 일차독립이고 따라서 $r(G) = 3$ 이다.

보기 4.6.6 실수체 ℝ 위의 3×5 행렬

$$H=\begin{bmatrix}1 & 2 & 1 & 0 & 0\\ 0 & 3 & 0 & 1 & 0\\ 3 & 4 & 0 & 0 & 1\end{bmatrix}$$

의 세 열벡터 $(1,0,0)$, $(0,1,0)$, $(0,0,1)$ 는 일차독립이므로 $r(H)=3$ 이다.

정리 4.6.8 체 F 위의 $m\times n$ 행렬 A 에 기본 행 [열] 변형을 유한 번 시행하여 얻은 행렬을 B 라고 하면, $r(A)=r(B)$ 이다.

그리고, P 와 Q 가 각각 체 F 위의 m 차의 정칙행렬, n 차의 정칙행렬일 때, 체 F 위의 $m\times n$ 행렬 A 에 대하여 다음이 성립한다.

(PA 의 행공간) = (A 의 행공간), $r(PA)=r(A)$

(AQ 의 열공간) = (A 의 열공간), $r(AQ)=r(A)$

증 명 정리 4.6.3, 정리 4.6.6 에 의하여 첫째 명제가 성립한다.

정리 2.3.7 에 의하여 정칙행렬은 유한 개의 기본행렬의 곱으로 나타내어지므로 정리 4.6.3 과 첫째 명제에 의하여 둘째 명제가 성립한다.

연 습 문 제 (4.6)

1. 실수체 ℝ 위에서 다음 행렬의 행공간의 기저와 차원을 구하여라.

(1) $A=\begin{bmatrix}2 & 1\\ 0 & 4\end{bmatrix}$ (2) $A=\begin{bmatrix}1 & 3\\ 1 & 4\end{bmatrix}$

2. 실수체 ℝ 위에서 다음 행렬의 행공간의 기저와 차원을 구하여라.

(1) $A=\begin{bmatrix}1 & 2 & 3\\ 3 & 6 & 1\end{bmatrix}$ (2) $A=\begin{bmatrix}2 & 1 & 0\\ 0 & 4 & 3\\ 3 & 1 & 0\end{bmatrix}$

3. 실수체 ℝ 위에서 다음 행렬의 행공간의 기저와 차원을 구하여라

(1) $A=\begin{bmatrix}3 & 6 & 1 & 5\\ 2 & 4 & 1 & 4\\ 4 & 8 & 2 & 8\end{bmatrix}$ (2) $A=\begin{bmatrix}1 & 1 & 0 & 1\\ 2 & 1 & 1 & 2\\ 1 & 1 & 1 & 4\end{bmatrix}$

4. 벡터공간 $\mathbb{R}^3$ 에서 세 벡터 $(1,2,3)$, $(2,4,5)$, $(4,8,11)$ 에 의하여 생성된 부분공간의 기저를 구하고, 또 이들 세 벡터가 일차독립인지를 판정하여라.

5. 벡터공간 $\mathbb{R}^3$ 에서 세 벡터

$$w_1 = (1,0,0),\ w_2 = (1,1,0),\ w_3 = (3,1,0),\ w_4 = (1,1,1)$$

에 대하여 $W = \langle w_1, w_2, w_3, w_4 \rangle$ 일 때, $\{w_1, w_2, w_3, w_4\}$ 에 포함되는 W 의 기저를 구하여라.

6. 벡터공간 $\mathbb{R}^4$ 에서 세 벡터

$$w_1 = (1,2,3,4),\ w_2 = (1,0,0,1),\ w_3 = (3,2,3,6)$$

에 대하여 $W = \langle w_1, w_2, w_3 \rangle$ 일 때, $\{w_1, w_2, w_3\}$ 에 포함되는 W 의 기저를 구하여라.

7. 체 F 위의 $2 \times n$ 행렬

$$A = \begin{bmatrix} a_1 & a_2 & \cdots & a_n \\ b_1 & b_2 & \cdots & b_n \end{bmatrix} \neq O_{2\times n}, \qquad n \geq 2$$

에 대하여 $r(A) = 1$ 이기 위한 필요충분조건과 $r(A) = 2$ 이기 위한 필요충분조건을 말하여라.

8. 실수체 $\mathbb{R}$ 위에서 다음 행렬의 계급수를 구하여라

(1) $G = \begin{bmatrix} 1 & 0 & 0 & 2 & 0 & 2 \\ 0 & 1 & 0 & 0 & 1 & 4 \\ 0 & 0 & 1 & 3 & 2 & 3 \end{bmatrix}$ (2) $H = \begin{bmatrix} 1 & 2 & 0 & 1 & 0 & 0 \\ 0 & 0 & 0 & 0 & 1 & 0 \\ 2 & 1 & 0 & 0 & 0 & 1 \\ 3 & 4 & 1 & 0 & 0 & 0 \end{bmatrix}$

9. 체 F 위의 $m \times n$ 행렬 A 에 대하여 $v_1, \cdots, v_m$ 과 $w_1, \cdots, w_n$ 을 각각 A 의 행벡터, 열벡터라고 할 때, 다음 명제 중에서 참인 명제를 찾아라.

(1) $r(A) < m$ 이면, 벡터공간 F^n 에서 $v_1, \cdots, v_m$ 은 일차종속이다.

(2) $r(A) < n$ 이면, 벡터공간 F^m 에서 $w_1, \cdots, w_n$ 은 일차종속이다.

(3) $n < m$ 이면, 벡터공간 F^n 에서 $v_1, \cdots, v_m$ 은 일차종속이다.

(4) $m < n$ 이면, 벡터공간 F^m 에서 $w_1, \cdots, w_n$ 은 일차종속이다.

§4.7 동차 연립일차방정식

이 절에서는, 동차 연립일차방정식에 대하여 논한다(§2.4 참조).

정리 4.7.1 체 F 위의 $m\times n$ 행렬 $A=[a_{ij}]_{m\times n}\neq O_{m\times n}$에 대하여 A를 계수행렬로 가지는 동차 연립일차방정식

$$A\begin{bmatrix} x_1 \\ \vdots \\ x_n \end{bmatrix} = \begin{bmatrix} 0 \\ \vdots \\ 0 \end{bmatrix}$$

의 해공간 U는 벡터공간 F^n의 부분공간이고 $\dim_F U = n - r(A)$ 이다.

(1) $r(A)=n$ 이면, $U=\{\mathbf{0}\}$ 이다.

그리고, $1\le r(A) < n$ 이면, $\dim_F U \ge 1$ 이다.

(2) $1\le m < n$ 이면, $\dim_F U = n-r(A) \ge n-m \ge 1$ 이다.

여기서, 부분공간 U를 행렬 A의 **퇴화공간**(退化空間, Null space)이라 하고 $n(A)=n-r(A)$를 A의 **퇴화차수**(退化次數, nullity)라고 한다.

증 명 해공간 U는 벡터공간 F^n의 부분공간이다(보기 4.2.2).

행렬 A에 기본 행 변형을 유한 번 시행하여 얻은 기약 행 사다리꼴 행렬을 A'이라 하고 $r(A)=r(A')=r$라고 하면 $1\le r\le m$, $1\le r\le n$이고 §4.6에서 논한 바와 같이 다음 결과를 얻는다.

먼저 $r=n$ 이면, $U=\{(0,0,\cdots,0)\}$ 이다.

다음에 $1\le r<n$ 일 때, 필요하다면, $x_1,\cdots,x_n$의 순서를 바꾸어 이 동차 연립일차방정식의 해를 다음과 같은 꼴로 나타낼 수 있다(§2.4, p.58 참조).

$$\begin{bmatrix} x_1 \\ \vdots \\ x_r \\ x_{r+1} \\ \vdots \\ x_n \end{bmatrix} = t_1\begin{bmatrix} -c_1 \\ \vdots \\ -c_r \\ 1 \\ \vdots \\ 0 \end{bmatrix} + \cdots + t_{n-r}\begin{bmatrix} -d_1 \\ \vdots \\ -d_r \\ 0 \\ \vdots \\ 1 \end{bmatrix} \quad (t_1,\cdots,t_{n-r}\in F)$$

$$(x_1, \cdots, x_r, x_{r+1} \cdots, x_n) = t_1(-c_1, \cdots, -c_r, 1, \cdots, 0) + \cdots + t_{n-r}(-d_1, \cdots, -d_r, 0, \cdots, 1) \quad (t_1, \cdots, t_{n-r} \in F)$$

그런데, 벡터공간 F^n 에서 $n-r$ 개의 벡터

$$(-c_1, \cdots, -c_r, 1, \cdots, 0), \ \cdots, \ (-d_1, \cdots, -d_r, 0, \cdots, 1)$$

는 일차독립이다(문제 4.3.7). 따라서 $\dim_F U = n-r \geq 1$ 이다.

특히, $1 \leq m < n$ 이면, $\dim_F U = n-r \geq n-m \geq 1$ 이다.

보기 4.7.1 실수체 $\mathbb{R}$ 에서의 동차 연립일차방정식

$$\begin{cases} x_1 - x_2 + 2x_3 = 0 \\ x_1 - x_2 + 3x_3 + 2x_4 = 0 \end{cases}$$

의 계수행렬 A 는 오른쪽과 같이 변형된다.

$$A = \begin{bmatrix} 1 & -1 & 2 & 0 \\ 1 & -1 & 3 & 2 \end{bmatrix} \longrightarrow \begin{bmatrix} 1 & -1 & 0 & -4 \\ 0 & 0 & 1 & 2 \end{bmatrix}$$

따라서 $r(A) = 2$ 이고, 이 동차 연립일차방정식은 동차 연립일차방정식

$$\begin{cases} x_1 - x_2 - 4x_4 = 0 \\ x_3 + 2x_4 = 0 \end{cases} \quad \text{즉} \quad \begin{cases} x_1 = x_2 + 4x_4 \\ x_3 = -2x_4 \end{cases}$$

과 동치이므로 그 해 전체는 다음과 같다.

$$\begin{cases} x_1 = t_1 + 4t_2 \\ x_2 = t_1 \\ x_3 = -2t_2 \\ x_4 = t_2 \end{cases} \quad \text{즉} \quad \begin{bmatrix} x_1 \\ x_2 \\ x_3 \\ x_4 \end{bmatrix} = t_1 \begin{bmatrix} 1 \\ 1 \\ 0 \\ 0 \end{bmatrix} + t_2 \begin{bmatrix} 4 \\ 0 \\ -2 \\ 1 \end{bmatrix} \quad (t_1, t_2 \in \mathbb{R})$$

따라서 U를 이 연립방정식의 해공간이라고 하면, 벡터공간 $\mathbb{R}^4$ 의 부분공간 U는 $\{(1, 1, 0, 0), (4, 0, -2, 1)\}$ 를 기저로 가지며 $\dim U = 2$ 이다.

보기 4.7.2 실수체 $\mathbb{R}$ 위에서 동차 일차방정식 $x_1 - 2x_2 + 3x_3 = 0$ 의 해는

$$\begin{cases} x_1 = 2t_1 - 3t_2 \\ x_2 = t_1 \\ x_3 = t_2 \end{cases} \quad \text{즉} \quad \begin{bmatrix} x_1 \\ x_2 \\ x_3 \end{bmatrix} = t_1 \begin{bmatrix} 2 \\ 1 \\ 0 \end{bmatrix} + t_2 \begin{bmatrix} -3 \\ 0 \\ 1 \end{bmatrix} \quad (t_1, t_2 \in \mathbb{R})$$

이므로, $\{(2, 1, 0), (-3, 0, 1)\}$ 는 이 동차 일차방정식의 해공간의 기저이다.

정리 4.7.2 체 F 위의 벡터공간 F^n 에서 동차 일차방정식

$$a_1x_1 + \cdots + a_nx_n = 0$$

의 해공간은 벡터공간 F^n 의 $n-1$ 차원 부분공간이다. 그리고, 벡터공간 F^n 의 $n-1$ 차원 부분공간 W 에서 $\mathscr{C} = \{v_2, \cdots, v_n\}$ 가 W 의 기저일 때,

$$v_i = (a_{i1}, a_{i2}, \cdots, a_{in}) \qquad (2 \le i \le n)$$

이라고 하면 W 는 다음 동차 일차방정식의 해공간이다.

$$\begin{vmatrix} x_1 & x_2 & \cdots & x_n \\ a_{21} & a_{22} & \cdots & a_{2n} \\ \vdots & \vdots & \cdots & \vdots \\ a_{n1} & a_{n2} & \cdots & a_{nn} \end{vmatrix} = 0$$

증 명 정리 4.7.1 에 의하여 정리의 첫째 부분이 성립한다.

벡터공간 F^n 의 $n-1$ 차원 부분공간 W 에 대하여 $\mathscr{C} = \{v_2, \cdots, v_n\}$ 가 W 의 기저라 하고

$$v_i = (a_{i1}, a_{i2}, \cdots, a_{in}) \qquad (2 \le i \le n)$$

이라고 하면, $W = \langle v_2, \cdots, v_n \rangle$ 이고 또 $v_2, \cdots, v_n$ 은 일차독립이므로 벡터 $v = (x_1, x_2, \cdots, x_n) \in F^n$ 에 대하여 다음이 성립한다(정리 4.3.8, 정리 4.3.2).

$$v \in W \iff v, v_2, \cdots, v_n \text{ 은 일차종속}$$

$$\iff \begin{vmatrix} x_1 & x_2 & \cdots & x_n \\ a_{21} & a_{22} & \cdots & a_{2n} \\ \vdots & \vdots & \cdots & \vdots \\ a_{n1} & a_{n2} & \cdots & a_{nn} \end{vmatrix} = 0$$

위의 행렬식에서 제 1 행의 원소 $x_1, \cdots, x_n$ 의 여인수를 각각 $a_1, \cdots, a_n$ 이라고 하자(정의 3.2.1). 이 때, 위의 행렬식은

$$a_1x_1 + \cdots + a_nx_n = 0$$

와 같고 $v_2, \cdots, v_n$ 은 일차독립이므로 정리 4.6.7 에 의하여 $a_1, \cdots, a_n$ 중에서 적어도 하나는 0 이 아니고 따라서 위의 방정식은 동차 일차방정식이다.

그러므로, W 는 이 동차 일차방정식의 해공간이다.

정리 4.7.3 체 F 위에서 n개의 미지수 $x_1, \cdots, x_n$에 관한 동차 연립일차 방정식의 해공간은 벡터공간 F^n의 부분공간이다.

그리고, 벡터공간 F^n의 부분공간 $W = \langle v_1, \cdots, v_m \rangle$, $\{\mathbf{0}\} \subsetneq W \subsetneq F^n$에 대하여 $\dim_F W = r$이면, W는 미지수 $x_1, \cdots, x_n$에 관한 $n-r$개의 동차 일차방정식으로 이루어진 동차 연립일차방정식의 해공간이다.

증 명 정리 4.7.1에 의하여 정리의 첫째 부분이 성립한다.

벡터공간 F^n의 부분공간 $W = \langle v_1, \cdots, v_m \rangle$, $\{\mathbf{0}\} \subsetneq W \subsetneq F^n$에 대하여

$$v_i = (a_{i1}, a_{i2}, \cdots, a_{in}) \qquad (1 \le i \le m)$$

이라 하고 $A = [a_{ij}]_{m \times n}$이라고 하면 다음이 성립한다(정의 4.6.1, 정리 4.6.4).

$$W = (A\text{의 행공간}), \quad \dim W = r(A) = r, \quad 1 \le r < n$$

그리고, U를 동차 연립일차방정식

$$(*) \qquad A \begin{bmatrix} x_1 \\ \vdots \\ x_n \end{bmatrix} = \begin{bmatrix} 0 \\ \vdots \\ 0 \end{bmatrix}$$

의 해공간이라고 하면, $\dim U = n - r(A) = n - r \ge 1$이다(정리 4.7.1).

이제 $s = n - r$라고 하면, $1 \le s < n$이고 U의 기저 $\mathscr{C} = \{u_1, \cdots, u_s\}$를 택하여

$$u_i = (b_{i1}, b_{i2}, \cdots, b_{in}) \qquad (1 \le i \le s)$$

이라 하고 $B = [b_{ij}]_{s \times n}$이라고 하자. 이 때, W'을 동차 연립일차방정식

$$(**) \qquad B \begin{bmatrix} x_1 \\ \vdots \\ x_n \end{bmatrix} = \begin{bmatrix} 0 \\ \vdots \\ 0 \end{bmatrix}$$

의 해공간이라고 하면, W'은 F^n의 부분공간이고 $\dim_F W' = n - s = r$이다(정리 4.7.1). 그런데, 각 u_j는 동차 연립일차방정식 $(*)$의 해이므로

$$A \begin{bmatrix} b_{j1} \\ \vdots \\ b_{jn} \end{bmatrix} = \begin{bmatrix} 0 \\ \vdots \\ 0 \end{bmatrix} \qquad (1 \le j \le s)$$

이고, 따라서 $AB^T = O_{m \times s}$ 이고 $BA^T = O_{s \times m}$ 이므로

$$B\begin{bmatrix} a_{i1} \\ \vdots \\ a_{in} \end{bmatrix} = \begin{bmatrix} 0 \\ \vdots \\ 0 \end{bmatrix} \qquad (1 \le i \le m)$$

이고 따라서 각 $v_i = (a_{i1}, a_{i2}, \cdots, a_{in})$ 는 (**) 의 해이다.

그러므로, $v_1, \cdots, v_m \in W'$ 이므로 $W = \langle w_1, w_2, \cdots, w_r \rangle \subseteq W'$ 이고, 또 $\dim_F W = r = \dim_F W'$ 이므로 $W = W'$ 이다.

따라서 W는 $n-r$개의 동차 일차방정식으로 이루어진 동차 연립일차방정식 (**) 의 해공간이다.

보기 4.7.3 벡터공간 $\mathbb{R}^4$ 에서 세 벡터

$$v_1 = (1, -1, 2, 1),\ v_2 = (1, -1, 3, 2),\ v_3 = (2, -2, 5, 3)$$

에 대하여 $W = \langle v_1, v_2, v_3 \rangle$ 이라 하고 v_1, v_2, v_3 를 행벡터로 가지는 행렬을 A 라고 하면, W 는 A 의 행공간이고 A 는 기본 행 변형에 의하여 오른쪽과 같이 기약 행 사다리꼴 행렬으로 변형되므로

$$A = \begin{bmatrix} 1 & -1 & 2 & 1 \\ 1 & -1 & 3 & 2 \\ 2 & -2 & 5 & 3 \end{bmatrix} \longrightarrow \begin{bmatrix} 1 & -1 & 2 & 1 \\ 0 & 0 & 1 & 1 \\ 0 & 0 & 1 & 1 \end{bmatrix} \longrightarrow \begin{bmatrix} 1 & -1 & 0 & -1 \\ 0 & 0 & 1 & 1 \\ 0 & 0 & 0 & 0 \end{bmatrix}$$

$$W = \langle (1, -1, 0, -1),\ (0, 0, 1, 1) \rangle$$

이고 $\dim W = r(A) = 2$ 이다. 따라서

$$G = \begin{bmatrix} 1 & -1 & 0 & -1 \\ 0 & 0 & 1 & 1 \end{bmatrix}$$

이라고 하면, $W =$ (G 의 행공간), $r(G) = 2$ 이다. 또, 동차 연립일차방정식

$$A\begin{bmatrix} x_1 \\ x_2 \\ x_3 \\ x_4 \end{bmatrix} = \begin{bmatrix} 0 \\ 0 \\ 0 \end{bmatrix} \quad \text{또는} \quad G\begin{bmatrix} x_1 \\ x_2 \\ x_3 \\ x_4 \end{bmatrix} = \begin{bmatrix} 0 \\ 0 \\ 0 \end{bmatrix}$$

의 해 전체는 다음과 같다.

$$\begin{cases} x_1 = t_1 + t_2 \\ x_2 = t_1 \\ x_3 = \quad\ - t_2 \\ x_4 = \quad\ \ t_2 \end{cases} \quad \text{즉} \quad \begin{bmatrix} x_1 \\ x_2 \\ x_3 \\ x_4 \end{bmatrix} = t_1\begin{bmatrix} 1 \\ 1 \\ 0 \\ 0 \end{bmatrix} + t_2\begin{bmatrix} 1 \\ 0 \\ -1 \\ 1 \end{bmatrix} \quad (t_1, t_2 \in \mathbb{R})$$

따라서 U를 앞의 동차 연립일차방정식의 해공간이라고 하면

$$U = \langle (1, 1, 0, 0), (1, 0, -1, 1) \rangle, \quad \dim U = 2$$

이고, 따라서

$$B = \begin{bmatrix} 1 & 1 & 0 & 0 \\ 1 & 0 & -1 & 1 \end{bmatrix}$$

이라고 하면 W는 다음 동차 연립일차방정식의 해공간이다.

$$B \begin{bmatrix} x_1 \\ x_2 \\ x_3 \\ x_4 \end{bmatrix} = \begin{bmatrix} 0 \\ 0 \end{bmatrix} \quad \text{즉} \quad \begin{cases} x_1 + x_2 \qquad\qquad = 0 \\ x_1 \qquad - x_3 + x_4 = 0 \end{cases}$$

정리 4.7.4 양의 정수 n, r, s에 대하여 $1 \leq r < n$, $s = n - r$일 때, 체 F 위의 $r \times n$ 행렬 $G = [a_{ij}]_{r \times n}$와 $s \times n$ 행렬 $H = [b_{ij}]_{s \times n}$에 대하여

$$r(G) = r, \quad r(H) = s, \quad GH^T = O_{r \times s} \text{ 즉 } HG^T = O_{s \times r}$$

인 경우에 $W = (G$의 행공간$)$, $U = (H$의 행공간$)$이라고 하면, W와 U는 벡터공간 F^n의 r차원, s차원 부분공간이고 또 W, U는 각각 다음 동차 연립일차방정식의 해공간이다.

$$H \begin{bmatrix} x_1 \\ \vdots \\ x_n \end{bmatrix} = \begin{bmatrix} 0 \\ \vdots \\ 0 \end{bmatrix}, \qquad G \begin{bmatrix} x_1 \\ \vdots \\ x_n \end{bmatrix} = \begin{bmatrix} 0 \\ \vdots \\ 0 \end{bmatrix}$$

증 명 본질적으로 정리 4.7.3의 증명과 동일한 방법으로 증명된다.

이제 $v_1, \cdots, v_r \in F^n$를 $G = [a_{ij}]_{r \times n}$의 행벡터라 하고 $u_1, \cdots, u_s \in F^n$를 $H = [b_{ij}]_{s \times n}$의 행벡터라고 하자. 그리고, 위의 두 동차 연립일차방정식의 해공간을 각각 W', U'이라고 하면 다음이 성립한다.

$$W = \langle v_1, \cdots, v_r \rangle, \qquad \dim_F W = r(G) = r,$$
$$U = \langle u_1, \cdots, u_s \rangle, \qquad \dim_F U = r(H) = s$$
$$\dim_F W' = n - s = r, \quad \dim_F U' = n - r = s$$

한편, $HG^T = O_{s \times r}$이므로

$$H\begin{bmatrix} a_{i1} \\ \vdots \\ a_{in} \end{bmatrix} = \begin{bmatrix} 0 \\ \vdots \\ 0 \end{bmatrix} \qquad (1 \le i \le r)$$

이므로 $v_1, \cdots, v_r \in W'$ 이고 따라서 $W = \langle v_1, \cdots, v_r \rangle \subseteq W'$ 이다. 그리고, $\dim_F W = r = \dim_F W'$ 이므로 $W = W'$ 이다.

마찬가지로, $GH^T = O_{r\times s}$ 임을 이용하여 $U = U'$ 임을 증명할 수 있다.

다음 정리는 정리 4.7.4 에 대한 예를 제시해 준다.

정리 4.7.5 양의 정수 n, r, s 에 대하여 $1 \le r < n$, $r+s=n$ 이라고 하자.

(1) 체 F 위의 $r\times s$ 행렬 $C = [c_{ij}]_{r\times s}$ 에 대하여

$$G = [I_r \mid C] = \left[\begin{array}{cccc|cccc} 1 & 0 & \cdots & 0 & c_{11} & c_{12} & \cdots & c_{1s} \\ 0 & 1 & \cdots & 0 & c_{21} & c_{22} & \cdots & d_{2s} \\ \vdots & \vdots & \ddots & \vdots & \vdots & \vdots & \cdots & \vdots \\ 0 & 0 & \cdots & 1 & c_{r1} & c_{r2} & \cdots & c_{rs} \end{array}\right],$$

$$H = [-C^T \mid I_s]$$

이라고 하면, $r(G) = r$, $r(H) = s$, $GH^T = O_{r\times s}$, $HG^T = O_{s\times r}$ 이다.

(2) 체 F 위의 $s\times r$ 행렬 $D = [d_{ij}]_{s\times r}$ 에 대하여

$$H = [D \mid I_s], \qquad G = [I_r \mid -D^T]$$

이라고 하면, $r(G) = r$, $r(H) = s$, $GH^T = O_{r\times s}$, $HG^T = O_{s\times r}$ 이다.

증 명 (1) 행렬 G 의 r 개의 행벡터는 일차독립이므로 $r(G) = r$ 이고, 또 행렬 H 의 s 개의 행벡터는 일차독립이므로 $r(H) = s$ 이다(정리 4.6.7).

$$GH^T = [I_r \mid C]\begin{bmatrix} -C \\ I_s \end{bmatrix}$$

$$= I_r(-C) + CI_s = -C + C = O_{r\times s},$$

$$HG^T = (GH^T)^T = O_{s\times r}$$

(2) 위와 마찬가지 방법으로 (2) 가 성립함을 증명할 수 있다.

보기 4.7.4 벡터공간 $\mathbb{R}^4$ 에서 1 차원 부분공간 $W = \langle(1, -2, 0, 3)\rangle$ 는 행렬 $G = [1 \ -2 \ 0 \ 3]$ 의 행공간이고 $r(G) = 1$ 이다. 그런데,

$$H = \left[\begin{array}{r|rrr} 2 & 1 & 0 & 0 \\ 0 & 0 & 1 & 0 \\ -3 & 0 & 0 & 1 \end{array}\right]$$

이라고 하면, $r(H) = 3$, $GH^T = O_{1\times3}$, $HG^T = O_{3\times1}$ 이므로 W 는 다음 동차 연립일차방정식의 해공간이다.

$$\begin{cases} 2x_1 + x_2 \qquad\qquad = 0 \\ \qquad\qquad x_3 \qquad = 0 \\ -3x_1 \qquad\qquad + x_4 = 0 \end{cases}$$

보기 4.7.5 벡터공간 $\mathbb{R}^7$ 에서 4×7 행렬

$$H = \left[\begin{array}{rrr|rrrr} 2 & 3 & 0 & 1 & 0 & 0 & 0 \\ 4 & 0 & 2 & 0 & 1 & 0 & 0 \\ 1 & -5 & 0 & 0 & 0 & 1 & 0 \\ 2 & -6 & 3 & 0 & 0 & 0 & 1 \end{array}\right]$$

의 계급수는 $r(H) = 4$ 이다. 따라서 H 를 계수행렬로 가지는 동차 연립일차방정식의 해공간을 U 라고 하면 U 는 벡터공간 $\mathbb{R}^7$ 의 3 차원 부분공간이고,

$$G = \left[\begin{array}{rrrr|rrr} 1 & 0 & 0 & -2 & -4 & -1 & -2 \\ 0 & 1 & 0 & -3 & 0 & 5 & 6 \\ 0 & 0 & 1 & 0 & -2 & 0 & -3 \end{array}\right]$$

이라고 하면 $U =$ (G 의 행공간) 이고 G 의 세 행벡터는 U 의 기저를 이룬다.

그리고, W 를 행렬 H 의 행공간이라고 하면, W 는 다음과 같이 G 를 계수행렬로 가지는 동차 연립일차방정식의 해공간이다.

$$\begin{cases} x_1 \qquad - 2x_4 - 4x_5 - x_6 - 2x_7 = 0 \\ \quad x_2 \quad - 3x_4 \qquad + 5x_6 + 6x_7 = 0 \\ \qquad x_3 \qquad - 2x_5 \qquad - 3x_7 = 0 \end{cases}$$

체 F 위의 벡터공간 F^3 에서 벡터 $(a_1, a_2, a_3) \neq (0,0,0)$ 에 대하여

$$\langle(a_1, a_2, a_3)\rangle = \{ t(a_1, a_2, a_3) \mid t \in F\}$$

는 1 차원 부분공간이고 또 F^3 의 1 차원 부분공간은 모두 이와 같은 꼴이다.

벡터공간 F^3 에서 동차 일차방정식

$$a_1x_1 + a_2x_2 + a_3x_3 = 0$$

의 해공간을 $[(a_1, a_2, a_3)]$ 로 나타내자. 이 때, $[(a_1, a_2, a_3)]$ 는 벡터공간 F^3 의 2 차원 부분공간이고 또 F^3 의 2 차원 부분공간은 모두 이와 같은 꼴로 나타내어진다. 그리고,

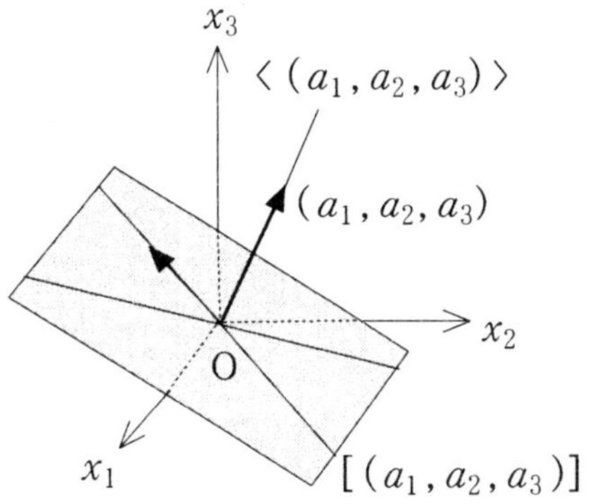

$$\langle(x_1, x_2, x_3)\rangle \subseteq [(a_1, a_2, a_3)] \Longleftrightarrow a_1x_1 + a_2x_2 + a_3x_3 = 0$$

이고, 또 1 차원 부분공간 $\langle(a_1, a_2, a_3)\rangle$, $\langle(b_1, b_2, b_3)\rangle$ 과 2 차원 부분공간 $[(a_1, a_2, a_3)]$, $[(b_1, b_2, b_3)]$ 에 대하여 다음이 성립한다.

$$\langle(a_1, a_2, a_3)\rangle = \langle(b_1, b_2, b_3)\rangle \Longleftrightarrow \text{적당한 } k \in F,\ k \neq 0 \text{ 에 대하여 } (b_1, b_2, b_3) = k(a_1, a_2, a_3)$$

$$[(a_1, a_2, a_3)] = [(b_1, b_2, b_3)] \Longleftrightarrow \text{적당한 } k \in F,\ k \neq 0 \text{ 에 대하여 } (b_1, b_2, b_3) = k(a_1, a_2, a_3)$$

정리 4.7.6 체 F 위의 3 차원 벡터공간 F^3 에서 다음이 성립한다.

(1) 서로 다른 두 1 차원 부분공간 $\langle(a_1, a_2, a_3)\rangle$, $\langle(b_1, b_2, b_3)\rangle$ 를 모두 포함하는 2 차원 부분공간은 다음과 같다.

$$\left[\left(\begin{vmatrix} a_2 & a_3 \\ b_2 & b_3 \end{vmatrix}, -\begin{vmatrix} a_1 & a_3 \\ b_1 & b_3 \end{vmatrix}, \begin{vmatrix} a_1 & a_2 \\ b_1 & b_2 \end{vmatrix}\right)\right]$$

(2) 서로 다른 2 차원 부분공간 $[(a_1, a_2, a_3)]$, $[(b_1, b_2, b_3)]$ 에 동시에 포함되는 1 차원 부분공간은 다음과 같다.

$$\left\langle\left(\begin{vmatrix} a_2 & a_3 \\ b_2 & b_3 \end{vmatrix}, -\begin{vmatrix} a_1 & a_3 \\ b_1 & b_3 \end{vmatrix}, \begin{vmatrix} a_1 & a_2 \\ b_1 & b_2 \end{vmatrix}\right)\right\rangle$$

(3) 네 부분공간 $\langle(1,0,0)\rangle$, $\langle(0,1,0)\rangle$, $\langle(0,0,1)\rangle$, $\langle(1,1,1)\rangle$ 중에서 어느 세 부분공간도 동일한 2 차원 부분공간에 포함되지 않는다.

증 명 (1) 벡터공간 F^3 에서 두 벡터 (a_1, a_2, a_3), (b_1, b_2, b_3) 는 일차독립이므로 $\langle(a_1, a_2, a_3)\rangle$, $\langle(b_1, b_2, b_3)\rangle$ 를 모두 포함하는 2 차원 부분공간은

$$W = \langle(a_1, a_2, a_3), (b_1, b_2, b_3)\rangle$$

이고 W 는 다음 동차 일차방정식의 해공간이다(정리 4.7.2).

$$\begin{vmatrix} x_1 & x_2 & x_3 \\ a_1 & a_2 & a_3 \\ b_1 & b_2 & b_3 \end{vmatrix} = 0$$

즉,
$$\begin{vmatrix} a_2 & a_3 \\ b_2 & b_3 \end{vmatrix} x_1 - \begin{vmatrix} a_1 & a_3 \\ b_1 & b_3 \end{vmatrix} x_2 + \begin{vmatrix} a_1 & a_2 \\ b_1 & b_2 \end{vmatrix} x_3 = 0$$

그런데, $\dfrac{a_1}{b_1} = \dfrac{a_2}{b_2} = \dfrac{a_3}{b_3}$ 가 아니므로 위의 식의 계수 중에서 적어도 하나는 0 이 아니므로 이 등식은 동차 일차방정식이다.

따라서 (1) 이 성립한다.

(2) 벡터공간 F^3 에서 $[(a_1, a_2, a_3)]$, $[(b_1, b_2, b_3)]$ 가 서로 다른 2 차원 부분공간일 때, 이 두 부분공간에 동시에 포함되는 1 차원 부분공간

$$U = [(a_1, a_2, a_3)] \cap [(b_1, b_2, b_3)]$$

는 다음 동차 연립일차방정식의 해공간이다.

$$\begin{cases} a_1x_1 + a_2x_2 + a_3x_3 = 0 \\ b_1x_1 + b_2x_2 + b_3x_3 = 0 \end{cases}$$

그런데, $\dfrac{a_1}{b_1} = \dfrac{a_2}{b_2} = \dfrac{a_3}{b_3}$ 가 아니므로 다음 중 하나가 성립한다.

$$\text{(i)} \begin{vmatrix} a_1 & a_2 \\ b_1 & b_2 \end{vmatrix} \neq 0 \qquad \text{(ii)} \begin{vmatrix} a_1 & a_3 \\ b_1 & b_3 \end{vmatrix} \neq 0 \qquad \text{(iii)} \begin{vmatrix} a_2 & a_3 \\ b_2 & b_3 \end{vmatrix} \neq 0$$

예를 들어 (i) 가 성립하는 경우에 Cramer 의 공식(정리 3.3.6) 에 의하여

$$x_1 = \frac{\begin{vmatrix} -a_3 & a_2 \\ -b_3 & b_2 \end{vmatrix}}{\begin{vmatrix} a_1 & a_2 \\ b_1 & b_2 \end{vmatrix}} x_3, \quad x_2 = \frac{\begin{vmatrix} a_1 & -a_3 \\ b_1 & -b_3 \end{vmatrix}}{\begin{vmatrix} a_1 & a_2 \\ b_1 & b_2 \end{vmatrix}} x_3$$

이므로 동차 연립일차방정식의 해 전체는

$$x_1 = \begin{vmatrix} a_2 & a_3 \\ b_2 & b_3 \end{vmatrix} t, \quad x_2 = -\begin{vmatrix} a_1 & a_3 \\ b_1 & b_3 \end{vmatrix} t, \quad x_3 = \begin{vmatrix} a_1 & a_2 \\ b_1 & b_2 \end{vmatrix} t \qquad (t \in F)$$

이고 따라서 다음이 성립한다.

$$U = \langle \left(\begin{vmatrix} a_2 & a_3 \\ b_2 & b_3 \end{vmatrix}, -\begin{vmatrix} a_1 & a_3 \\ b_1 & b_3 \end{vmatrix}, \begin{vmatrix} a_1 & a_2 \\ b_1 & b_2 \end{vmatrix} \right) \rangle$$

그 밖의 경우에도 같은 결과를 얻으므로 (2) 가 성립한다.

(3)

$$\begin{vmatrix} 1 & 0 & 0 \\ 0 & 1 & 0 \\ 0 & 0 & 1 \end{vmatrix} \neq 0, \quad \begin{vmatrix} 1 & 0 & 0 \\ 0 & 1 & 0 \\ 1 & 1 & 1 \end{vmatrix} \neq 0, \quad \begin{vmatrix} 1 & 0 & 0 \\ 0 & 0 & 1 \\ 1 & 1 & 1 \end{vmatrix} \neq 0, \quad \begin{vmatrix} 0 & 1 & 0 \\ 0 & 0 & 1 \\ 1 & 1 & 1 \end{vmatrix} \neq 0$$

이므로 (1) 에 의하여 (3) 이 성립한다.

보기 4.7.6 벡터공간 $\mathbb{R}^3$ 에서 두 부분공간 $\langle(5,2,-3)\rangle$, $\langle(2,1,0)\rangle$ 을 모두 포함하는 부분공간은 $W = \langle(5,2,-3),(2,1,0)\rangle$ 이고, 이 부분공간은 다음 동차 일차방정식의 해공간이다.

$$\begin{vmatrix} x_1 & x_2 & x_3 \\ 5 & 2 & -3 \\ 2 & 1 & 0 \end{vmatrix} = 0 \quad \text{즉} \quad 3x_1 - 6x_2 + x_3 = 0$$

그리고, 두 동차일차방정식

$$5x_1 + 2x_2 - 3x_3 = 0, \quad 2x_1 + x_2 = 0$$

의 해공간에 동시에 포함되는 1 차원 부분공간은 이들 두 일차방정식으로 이루어진 연립일차방정식의 해공간으로서 $\langle(3,-6,1)\rangle$ 이다.

연 습 문 제 (4.7)

1. 벡터공간 $\mathbb{R}^4$ 에서 다음 동차 연립일차방정식의 해공간의 기저를 구하여라.

$$\begin{cases} x_1 + x_2 - x_3 + 2x_4 = 0 \\ x_1 + x_2 + 2x_3 = 0 \\ 2x_1 + 2x_2 + x_3 + 2x_4 = 0 \end{cases}$$

2. 벡터공간 $\mathbb{R}^4$ 에서 $W = \{(x_1, x_2, x_3, x_4) \in \mathbb{R}^4 \mid x_1 + 2x_3 + x_4 = 0\}$ 의 기저와 차원을 구하여라.

3. 벡터공간 $\mathbb{R}^3$ 에서 다음 부분공간을 미지수 x_1, x_2, x_3 에 관한 동차 일차방정식의 해공간으로 나타내어라.

   (1) $W = \langle (3,2,1), (0,2,3) \rangle$ (2) $W = \langle (1,1,2), (0,2,4), (1,5,10) \rangle$

4. 벡터공간 $\mathbb{R}^4$ 에서 $W = \langle (-1,0,0,1), (0,3,5,-2), (1,0,-3,0) \rangle$ 를 네 미지수 x_1, x_2, x_3, x_4 에 관한 동차 일차방정식의 해공간으로 나타내어라.

5. 벡터공간 $\mathbb{R}^5$ 에서 $W = \langle (1,0,0,1,1), (2,3,5,-2,4), (0,1,2,3,0) \rangle$ 를 미지수 $x_1, \cdots, x_5$ 에 관한 동차 연립일차방정식의 해공간으로 나타내어라.

6. 다음과 같은 행렬 $G \in \mathrm{Mat}_{3\times 6}(\mathbb{R})$ 에 대하여 $r(H) = 2$, $GH^T = O$ 인 행렬 $H \in \mathrm{Mat}_{2\times 6}(\mathbb{R})$ 를 구하여라.

   (1) $G = \begin{bmatrix} 1 & 0 & 0 & 2 & 4 \\ 0 & 1 & 0 & 1 & 1 \\ 0 & 0 & 1 & 3 & 5 \end{bmatrix}$ (2) $G = \begin{bmatrix} 1 & 0 & 0 & 3 & -4 \\ 0 & 1 & 0 & 4 & 5 \\ 0 & 0 & 1 & 0 & 1 \end{bmatrix}$

7. 다음과 같은 행렬 $H \in \mathrm{Mat}_{2\times 5}(\mathbb{R})$ 에 대하여 $r(G) = 3$, $GH^T = O$ 인 행렬 $G \in \mathrm{Mat}_{3\times 5}(\mathbb{R})$ 를 구하여라.

   (1) $H = \begin{bmatrix} 3 & 0 & 4 & 1 & 0 \\ 6 & 5 & 2 & 0 & 1 \end{bmatrix}$ (2) $H = \begin{bmatrix} 1 & 2 & 0 & 1 & 0 \\ 3 & 4 & 0 & 0 & 1 \end{bmatrix}$

8. 벡터공간 $\mathbb{R}^3$ 에서 다음 물음에 답하여라.

   (1) 두 1 차원 부분공간 $\langle (2,-1,1) \rangle$, $\langle (0,2,3) \rangle$ 을 모두 포함하는 2 차원 부분공간을 구하여라.

   (2) 두 2 차원 부분공간 $[(2,-1,1)]$, $[(0,2,3)]$ 에 동시에 포함되는 1 차원 부분공간을 구하여라.

   (3) 세 1 차원 부분공간 $\langle (2,-1,1) \rangle$, $\langle (0,2,3) \rangle$, $\langle (6,-1,6) \rangle$ 은 모두 한 2 차원 부분공간에 포함됨을 밝혀라.

§4.8 선형부호

유한 개의 원소로 이루어진 체를 **유한체**(有限體, finite field)라고 한다. 유한체는 암호학, 부호이론, 전산학 등 여러 방면으로 이용된다. 유한체의 특성과 그 활용에 대한 상세한 이론은 [1], [6] 을 참조하기 바란다.

임의의 素數 p 에 대하여 $0, 1, \cdots, p-1$ 로 이루어진 집합

$$\mathbb{Z}_p = \{0, 1, \cdots, p-1\}$$

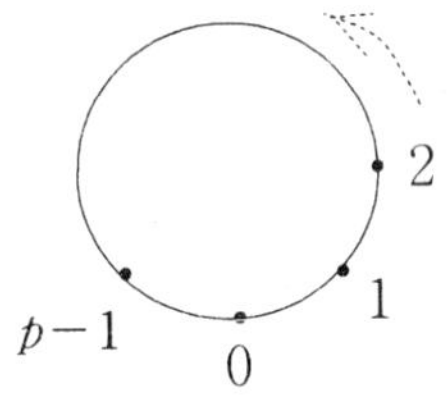

위에 덧셈과 곱셈을 다음과 같이 정의하자.

$$a + b = r, \qquad a \cdot b = s$$

여기서 r, s 는 각각 a, b 의 합과 곱을 p 로 나누었을 때의 나머지이다(정리 1.2.2 참조).

이 때, $\mathbb{Z}_p$ 는 이 두 연산에 관하여 체를 이룬다([1], 정리 3.3.2).

보기 4.8.1 체 $\mathbb{Z}_2 = \{0, 1\}$ 의 덧셈표와 곱셈표는 다음과 같다.

+	0	1
0	0	1
1	1	0

·	0	1
0	0	0
1	0	1

체 $\mathbb{Z}_2$ 에서 $1 + 1 = 0,\ -1 = 1,\ 1 \cdot 1 = 1,\ 1^{-1} = 1$ 이다.

보기 4.8.2 체 $\mathbb{Z}_3 = \{0, 1, 2\}$ 의 덧셈표와 곱셈표는 다음과 같다.

+	0	1	2
0	0	1	2
1	1	2	0
2	2	0	1

·	0	1	2
0	0	0	0
1	0	1	2
2	0	2	1

$1 + 1 = 2,\quad 1 + 2 = 0,$
$-1 = 2,\quad -2 = 1$
$2 \cdot 2 = 1,\quad 2^{-1} = 2$

체 $\mathbb{Z}_p$ 위의 n 차원 벡터공간

$$\mathbb{Z}_p{}^n = \{(x_1, \cdots, x_n) \mid x_1, \cdots, x_n \in \mathbb{Z}_p\}$$

는 p^n 개의 벡터로 이루어져 있다(보기 4.1.1).

보기 4.8.3 체 $\mathbb{Z}_2 = \{0, 1\}$ 위의 3 차원 벡터공간 $\mathbb{Z}_2{}^3$ 을 생각해 보자.

$$\mathbb{Z}_2{}^3 = \{(0,0,0), (0,0,1), (0,1,0), (0,1,1), (1,0,0), (1,0,1), (1,1,0), (1,1,1)\}$$

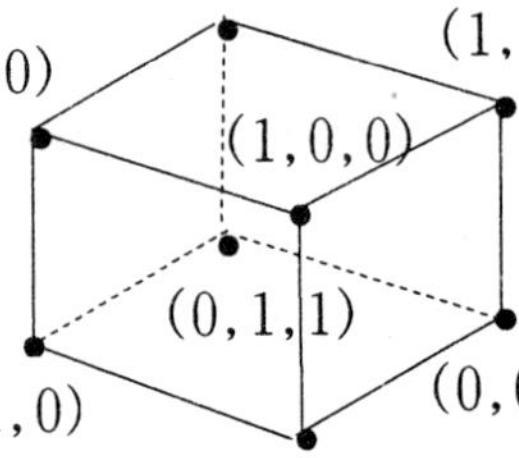

(1) $(1,1,0) + (0,1,1)$
$= (1+0, 1+1, 0+1) = (0,1,0)$,
$\langle(1,1,0)\rangle = \{(0,0,0), (1,1,0)\}$

(2) $(0,1,1) + (1,1,0) = (1,0,1)$,
$(1,1,1) + (1,1,1) = (0,0,0)$

부호이론(符號理論, coding theory) 은 1948 년에 Shannon 에 의하여 시작되어 1960 년대 이르러 활발히 연구되었다. 부호이론은 대수학을 토대로 하여 발전하여 왔으며, 암호학과 정보이론과 관련하여 그 중요성이 증대되고 있다.

상대방에게 비밀리에 전달해야 할 통신문(通信文)을 통신로(通信路)를 통하여 전달할 때 이 통신문을 통신로가 인식할 수 있도록 일정한 기호(記號, symbol)로 바꾸는 과정을 **부호화**(符號化, encoding)라고 하며 부호화된 언어를 **부호어**(符號語, codeword) 라 하고 전달 체계에 속하는 부호어 전체의 집합을 **부호**(符號, code)라고 한다.

통신로를 통하여 부호어가 송신되면 이를 수신하여 본래의 언어로 바꾸어 통신문의 내용을 알 수 있게 된다. 이 때, 수신된 내용을 이해할 수 있는 언어로 전환시키는 과정을 **복호**(復號, decoding)라고 한다. 통신문이나 부호어를 작성할 때 통신문을 조직적으로 부호화하고 복호할 수 있도록 하기 위해서는 적당한 유한체 F 를 선택하여 통신문은 F 에 속하는 k 개의 원소를 차례로 늘어놓아

$$(a_1, a_2, \cdots, a_k) \quad \text{또는} \quad a_1\, a_2 \cdots a_k$$

로 나타내고 부호어는 F 에 속하는 $n\ (\geq k)$ 개의 원소를 사용하여

$$(x_1, x_2, \cdots, x_n) \quad \text{또는} \quad x_1\, x_2 \cdots x_n$$

으로 나타낸다.

보기 4.8.4 체 $\mathbb{Z}_2 = \{0, 1\}$ 의 두 원소를 기호로 사용하여, 두 가지 정보 '예' 와 '아니오' 로 이루어진 정보 체계를 나타내어 보자.

(1) '예', '아니오' 를 각각 0, 1 로 나타내기로 하면, 0 과 1 은 부호어이고 이들 두 부호어로 이루어진 부호 $C = \{0, 1\}$ 는 $\mathbb{Z}_2$ 와 동일하다.

(2) '예', '아니오' 를 각각 $(0, 0)$, $(1, 1)$ 로 나타내기로 하면, $(0, 0)$ 과 $(1, 1)$ 은 부호어이고 두 부호어로 이루어진 부호 $C = \{(0, 0), (1, 1)\}$ 는 벡터공간

$$\mathbb{Z}_2^{\ 2} = \{(0, 0), (0, 1), (1, 0), (1, 1)\}$$

의 1 차원 부분공간이다.

보기 4.8.5 체 $\mathbb{Z}_2 = \{0, 1\}$ 의 두 원소를 기호로 사용하여, 네 가지 정보 '동', '서', '남', '북' 으로 이루어진 정보 체계를 나타내어 보자.

(1) '동', '서', '남', '북' 을 각각 부호어 $(0, 0)$, $(0, 1)$, $(1, 0)$, $(1, 1)$ 로 나타내기로 하면, 부호 $C = \{(0, 1), (1, 0), (1, 1)\}$ 는 벡터공간 $\mathbb{Z}_2^{\ 2}$ 와 동일하다.

(2) '동', '서', '남', '북' 을 각각 부호어

$$(0, 0, 0),\ (0, 1, 1),\ (1, 0, 1),\ (1, 1, 0)$$

으로 나타내기로 하면, 부호

$$C = \{(0, 0, 0), (0, 1, 1), (1, 0, 1), (1, 1, 0)\}$$

는 벡터공간 $\mathbb{Z}_2^{\ 3}$ 의 2 차원 부분공간이다.

보기 4.8.6 네 가지 통신문을 체 $\mathbb{Z}_2$ 위의 2 차원 벡터공간

$$\mathbb{Z}_2^{\ 2} = \{(0,0), (1,0), (0,1), (1,1)\}$$

에 속해 있는 벡터로 나타낸다고 가정하자. 이 때, 체 $\mathbb{Z}_2$ 위의 2×5 행렬

$$G = \begin{bmatrix} 0 & 1 & 1 & 0 & 1 \\ 1 & 0 & 1 & 1 & 0 \end{bmatrix}$$

을 이용하여 길이 2 인 통신문을 길이가 5 인 부호어로 변환시킬 수 있다.

실제로, 각 통신문 $(a_1, a_2) \in \mathbb{Z}_2^{\ 2}$ 에 대하여 $(x_1, x_2, x_3, x_4, x_5)$ 를

$$(x_1, x_2, x_3, x_4, x_5) = a_1(0, 1, 1, 0, 1) + a_2(1, 0, 1, 1, 0)$$

즉, $$[x_1\ x_2\ x_3\ x_4\ x_5] = [a_1\ \ a_2]\begin{bmatrix} 0 & 1 & 1 & 0 & 1 \\ 1 & 0 & 1 & 1 & 0 \end{bmatrix}$$

으로 정하자((§4.6, p. 149 참조). 이 때, 벡터공간 $\mathbb{Z}_2{}^2$ 에 속해 있는 통신문은

$$(0, 0) \longrightarrow (0,0,0,0,0), \qquad (1,0) \longrightarrow (0,1,1,0,1),$$
$$(0,1) \longrightarrow (1,0,1,1,0), \qquad (1,1) \longrightarrow (1,1,0,1,1)$$

와 같이 부호어로 변환되어 통신문 전체는

$$C = \{(0,0,0,0,0), (0,1,1,0,1), (1,0,1,1,0), (1,1,0,1,1)\}$$

에 속해 있는 부호어로 변환된다. 그런데,

$$C = (\,G\text{의 행공간}\,), \qquad r(G) = 2$$

이므로 C 는 5 차원 벡터공간 $\mathbb{Z}_2{}^5$ 의 2 차원 부분공간이다.

보기 4.8.7 통신문 전체를 체 $\mathbb{Z}_2$ 위의 4 차원 벡터공간 $\mathbb{Z}_2{}^4$ 에 속하는 2^4 개의 벡터로 나타낼 때, 체 $\mathbb{Z}_2$ 위의 3×7 행렬

$$H = \begin{bmatrix} 1 & 1 & 0 & 1 & 1 & 0 & 0 \\ 1 & 1 & 1 & 0 & 0 & 1 & 0 \\ 1 & 0 & 1 & 1 & 0 & 0 & 1 \end{bmatrix}$$

를 이용하여 각 통신문 $(a_1, a_2, a_3, a_4) \in \mathbb{Z}_2{}^4$ 를 다음 두 조건을 만족시키는 부호어 $(x_1, x_2, x_3, x_4, x_5, x_6, x_7) \in \mathbb{Z}_2{}^7$ 로 바꾸어 보자.

(i) $x_1 = a_1,\ x_2 = a_2,\ x_3 = a_3,\ x_4 = a_4$

(ii) $H\begin{bmatrix} x_1 \\ \vdots \\ x_7 \end{bmatrix} = \begin{bmatrix} 0 \\ 0 \\ 0 \end{bmatrix}$ 즉 $\begin{cases} x_1 + x_2 + x_4 + x_5 = 0 \\ x_1 + x_2 + x_3 + x_6 = 0 \\ x_1 + x_3 + x_4 + x_7 = 0 \end{cases}$

이 때, 체 $\mathbb{Z}_2$ 에서 $-1 = 1$ 이므로, 위의 동차 연립일차방정식은

$$\begin{cases} x_5 = x_1 + x_2 + x_4 \\ x_6 = x_1 + x_2 + x_3 \\ x_7 = x_1 + x_3 + x_4 \end{cases}$$

으로 고쳐 쓸 수 있고 따라서 각 통신문 $(a_1, a_2, a_3, a_4) \in \mathbb{Z}_2{}^4$ 에 대하여 (i) 와 같이 놓으면, $\mathbb{Z}_2{}^4$ 의 2^4 개의 원소는 $\mathbb{Z}_2{}^7$ 에 속하는 2^4 개의 부호어로 변환된다. 이러한 2^4 개의 부호어 전체로 이루어진 부호를 C 라고 하면, C 는 동차 연립일차방정식 (ii) 의 해공간이고 C 는 $\mathbb{Z}_2{}^7$ 의 4 차원 부분공간이다.

이제까지 논한 보기를 근거로 하여 부호를 다음과 같이 새로 정의한다.

정의 4.8.1 체 $\mathbb{Z}_p = \{0, 1, \cdots, p-1\}$ 위의 n 차원 벡터공간 $\mathbb{Z}_p{}^n$ 에서 이 벡터공간의 부분공간 C 를 체 $\mathbb{Z}_p$ 위의 **선형부호**(線型符號, linear code)라 하고 또 C 에 속하는 각 벡터를 **부호어**(符號語, codeword) 라고 한다.

그리고, 부호 C 가 벡터공간 $\mathbb{Z}_p{}^n$ 의 r 차원 부분공간일 때, C 를 체 $\mathbb{Z}_p$ 위의 **선형 (n, r) 부호**라고 한다.

특히, 체 $\mathbb{Z}_2 = \{0, 1\}$ 위의 부호 C 와 부호어를 각각 **이진부호**(二進符號, binary code), **이진부호어**(二進符號語, binary codeword) 라고 한다.

보기 4.8.8 체 $\mathbb{Z}_2$ 위의 5 차원 벡터공간 $\mathbb{Z}_2{}^5$ 에서

$$C = \{(0,0,0,0,0), (0,1,1,0,1), (1,0,1,1,0), (1,1,0,1,1)\}$$

는 2 차원 부분공간이다.

따라서 부호 C 는 이진 선형 (5, 2) 부호이다(보기 4.8.6).

정의 4.8.2 체 $\mathbb{Z}_p = \{0, 1, \cdots, p-1\}$ 위의 선형 (n, r) 부호 C 가 체 $\mathbb{Z}_p$ 위의 행렬 $G = [a_{ij}]_{m \times n}$ 의 행공간일 때, G 를 부호 C 의 **생성행렬**(生成行列, generator matrix)이라고 한다. 여기서, $r(G) = r$ 이다(정리 4.6.4).

특히, 부호 C 의 r 개의 벡터로 이루어진 기저 $\mathscr{C} = \{v_1, \cdots, v_r\}$ 를 택하여 $v_1, \cdots, v_r$ 를 행벡터로 가지는 $r \times n$ 행렬을 G 라고 하면,

$$C = (G\text{의 행공간})$$

이고 $r(G) = r$ 이다.

보기 4.8.9 체 $\mathbb{Z}_2 = \{0,1\}$ 위의 선형 (3, 2) 부호

$$C = \{(0,0,0),\ (1,0,1),\ (0,1,1),\ (1,1,0)\}$$

에 대하여, 다음과 같은 체 $\mathbb{Z}_2$ 위의 행렬은 모두 C의 생성행렬이다.

$$\begin{bmatrix} 1 & 0 & 1 \\ 0 & 1 & 1 \end{bmatrix},\quad \begin{bmatrix} 0 & 1 & 1 \\ 1 & 0 & 1 \end{bmatrix},\quad \begin{bmatrix} 0 & 1 & 1 \\ 1 & 1 & 0 \end{bmatrix},\quad \begin{bmatrix} 1 & 0 & 1 \\ 0 & 1 & 1 \\ 1 & 1 & 0 \end{bmatrix}$$

정의 4.8.3 Galois 체 $\mathbb{F}_q$ 위의 선형 (n, r) 부호 C가 동차 연립일차방정식

$$H\begin{bmatrix} x_1 \\ \vdots \\ x_n \end{bmatrix} = \begin{bmatrix} 0 \\ \vdots \\ 0 \end{bmatrix}$$

의 해공간일 때, 계수행렬 H를 C의 **홀짝 검사행렬**(檢査行列, parity-check matrix)이라고 한다. 여기서, $r(H) = n - r$이다(정리 4.7.1).

보기 4.8.10 체 $\mathbb{Z}_2 = \{0,1\}$ 위의 3×6 행렬 H가

$$H = \left[\begin{array}{ccc:ccc} 0 & 1 & 1 & 1 & 0 & 0 \\ 1 & 0 & 1 & 0 & 1 & 0 \\ 1 & 1 & 0 & 0 & 0 & 1 \end{array}\right]$$

일 때, C가 H를 홀짝 검사행렬로 가지는 이진부호이면 C는 다음과 같은 동차 연립일차방정식의 해공간이다.

$$H\begin{bmatrix} x_1 \\ \vdots \\ x_6 \end{bmatrix} = \begin{bmatrix} 0 \\ 0 \\ 0 \end{bmatrix} \quad \text{즉} \quad \begin{cases} x_2 + x_3 + x_4 = 0 \\ x_1 + x_3 + x_5 = 0 \\ x_1 + x_2 + x_6 = 0 \end{cases}$$

한편, $r(H) = 3$이므로 C는 체 $\mathbb{Z}_2$ 위의 6차원 벡터공간 $\mathbb{Z}_2{}^6$의 3차원 부분공간이고 따라서 C는 다음과 같은 체 $\mathbb{Z}_2$ 위의 선형 (6, 3) 부호이다.

$$\begin{aligned} C = \{&(0,0,0,0,0,0),\ (0,0,1,1,1,0),\ (0,1,0,1,0,1), \\ &(0,1,1,0,1,1),\ (1,0,0,0,1,1),\ (1,0,1,1,0,1), \\ &(1,1,0,1,1,0),\ (1,1,1,0,0,0)\} \end{aligned}$$

보기 4.8.11 체 $\mathbb{Z}_2$ 위에서 4×7 행렬

$$G = \begin{bmatrix} 1 & 1 & 1 & 1 & 1 & 1 & 1 \\ 1 & 0 & 0 & 0 & 1 & 0 & 1 \\ 1 & 1 & 0 & 0 & 0 & 1 & 0 \\ 0 & 1 & 1 & 0 & 0 & 0 & 1 \end{bmatrix}$$

는 기본 행 변형에 의하여 다음과 같이 변형된다.

$$G \longrightarrow G_1 = \begin{bmatrix} 1 & 1 & 1 & 1 & 1 & 1 & 1 \\ 0 & 1 & 1 & 1 & 0 & 1 & 0 \\ 0 & 0 & 1 & 1 & 1 & 0 & 1 \\ 0 & 1 & 1 & 0 & 0 & 0 & 1 \end{bmatrix} \longrightarrow G_2 = \begin{bmatrix} 1 & 0 & 0 & 0 & 1 & 0 & 1 \\ 0 & 1 & 1 & 1 & 0 & 1 & 0 \\ 0 & 0 & 1 & 1 & 1 & 0 & 1 \\ 0 & 0 & 0 & 1 & 0 & 1 & 1 \end{bmatrix}$$

$$\longrightarrow G_3 = \begin{bmatrix} 1 & 0 & 0 & 0 & 1 & 0 & 1 \\ 0 & 1 & 0 & 0 & 1 & 1 & 1 \\ 0 & 0 & 1 & 1 & 1 & 0 & 1 \\ 0 & 0 & 0 & 1 & 0 & 1 & 1 \end{bmatrix} \longrightarrow \begin{bmatrix} 1 & 0 & 0 & 0 & 1 & 0 & 1 \\ 0 & 1 & 0 & 0 & 1 & 1 & 1 \\ 0 & 0 & 1 & 0 & 1 & 1 & 0 \\ 0 & 0 & 0 & 1 & 0 & 1 & 1 \end{bmatrix} = G'$$

이 때, G를 생성행렬로 가지는 부호를 C이라고 하면, C는 행렬 G, G_1, G_2, G_3, G'의 행공간이기도 하고 $r(G) = 4$이다. 따라서 C는 체 $\mathbb{Z}_2$ 위의 선형 (7, 4) 부호이고 G, G_1, G_2, G_3, G'은 모두 부호 C의 생성행렬이다.

보기 4.8.12 체 $\mathbb{Z}_2 = \{0, 1\}$ 위의 3×4행렬

$$H = \begin{bmatrix} 0 & 1 & 1 & 1 \\ 1 & 0 & 1 & 0 \\ 1 & 1 & 0 & 1 \end{bmatrix}$$

는 기본 행 변형에 의하여 다음과 같이 기약 행 사다리꼴 행렬로 변형된다.

$$H = \begin{bmatrix} 0 & 1 & 1 & 1 \\ 1 & 0 & 1 & 0 \\ 1 & 1 & 0 & 1 \end{bmatrix} \rightarrow \begin{bmatrix} 1 & 0 & 1 & 0 \\ 0 & 1 & 1 & 1 \\ 1 & 1 & 0 & 1 \end{bmatrix} \rightarrow \begin{bmatrix} 1 & 0 & 1 & 0 \\ 0 & 1 & 1 & 1 \\ 0 & 0 & 0 & 0 \end{bmatrix} = H'$$

따라서 H를 홀짝 검사행렬로 가지는 이진부호를 C라고 하면, H와 H'은 부호 C의 홀짝 검사행렬이다. 그리고, $r(H) = r(H') = 2$이므로 C는 체 $\mathbb{Z}_2$ 위의 선형 (4, 2) 부호이다. 실제로, C는 동차 연립일차방정식

$$H\begin{bmatrix} x_1 \\ x_2 \\ x_3 \\ x_4 \end{bmatrix} = \begin{bmatrix} 0 \\ 0 \\ 0 \end{bmatrix} \quad \text{즉} \quad \begin{cases} x_1 + x_3 = 0 \\ x_2 + x_3 + x_4 = 0 \end{cases}$$

의 해공간이므로 $C = \{(0,0,0,0), (1,1,1,0), (0,1,0,1), (1,0,1,1)\}$이다.

정리 4.7.4에 의하여 다음 정리가 성립한다.

정리 4.8.4 양의 정수 n, r, s에 대하여 $1 \le r < n$, $s = n - r$이라고 할 때, 체 $\mathbb{Z}_p$ 위의 $r \times n$ 행렬 G와 $s \times n$ 행렬 H에 대하여

$$r(G) = r, \ r(H) = s, \ GH^T = O_{r \times s}, \ HG^T = O_{s \times r}$$

이면 다음이 성립한다.

(1) 부호 C가 행렬 G를 생성행렬로 가지는 부호이면, C는 체 $\mathbb{Z}_p$ 위의 선형 (n, k) 부호이고 또 H는 C의 홀짝 검사행렬이다.

(2) 부호 C가 행렬 H를 홀짝 검사행렬로 가지는 부호이면, C는 체 $\mathbb{Z}_p$ 위의 선형 (n, k) 부호이고 또 G는 C의 생성행렬이다.

정리 4.8.4와 정리 4.7.5에 의하여 다음 정리가 성립한다.

정리 4.8.5 양의 정수 n, r, m에 대하여 $1 \le r < n$, $s = n - r$이라고 할 때, 다음이 성립한다.

(1) 체 $\mathbb{Z}_p$ 위의 부호 C가 $r \times n$ 행렬

$$G = [I_r \mid C] = \left[\begin{array}{cccc:cccc} 1 & 0 & \cdots & 0 & c_{11} & c_{12} & \cdots & c_{1s} \\ 0 & 1 & \cdots & 0 & c_{21} & c_{22} & \cdots & d_{2s} \\ \vdots & \vdots & \ddots & \vdots & \vdots & \vdots & \cdots & \vdots \\ 0 & 0 & \cdots & 1 & c_{r1} & c_{r2} & \cdots & c_{rs} \end{array}\right]$$

를 생성행렬로 가지는 부호이면, C는 체 $\mathbb{Z}_p$ 위의 선형 (n, r) 부호이고 또 $r \times s$ 행렬 $H = [-C^T \mid I_s]$는 C의 홀짝 검사행렬이다.

(2) 체 $\mathbb{Z}_p$ 위의 부호 C가 $s \times n$ 행렬

$$H = [D \mid I_s] = \left[\begin{array}{ccc:cccc} d_{11} & \cdots & d_{1r} & 1 & 0 & \cdots & 0 \\ d_{21} & \cdots & d_{2r} & 0 & 1 & \cdots & 0 \\ \vdots & \vdots & \vdots & \vdots & \ddots & \vdots & \\ d_{s1} & \cdots & d_{sr} & 0 & 0 & \cdots & 1 \end{array}\right]$$

를 홀짝 검사행렬로 가지는 부호이면, C는 체 $\mathbb{Z}_p$ 위의 선형 (n, r) 부호이고 또 $G = [I_r \mid -D^T]$는 C의 생성행렬이다.

위의 정리의 행렬 G를 부호 C의 **표준 생성행렬**(標準 生成行列)이라 하고, 행렬 H를 부호 C의 **표준 홀짝 검사행렬**이라고 한다.

보기 4.8.13 체 $\mathbb{Z}_2=\{0,1\}$ 위의 부호 C가 체 $\mathbb{Z}_2$ 위의 3×7 행렬

$$G=\left[\begin{array}{ccc:cccc} 1 & 0 & 0 & 1 & 1 & 0 & 1 \\ 0 & 1 & 0 & 1 & 0 & 1 & 1 \\ 0 & 0 & 1 & 0 & 1 & 1 & 1 \end{array}\right]$$

를 생성행렬로 가지는 부호라고 하면, $r(G)=3$ 이므로 C는 체 $\mathbb{Z}_2$ 위의 선형 $(7, 3)$ 부호이고 체 $\mathbb{Z}_2$ 위의 4×7 행렬

$$H=\left[\begin{array}{ccc:cccc} 1 & 1 & 0 & 1 & 0 & 0 & 0 \\ 1 & 0 & 1 & 0 & 1 & 0 & 0 \\ 0 & 1 & 1 & 0 & 0 & 1 & 0 \\ 1 & 1 & 1 & 0 & 0 & 0 & 1 \end{array}\right]$$

는 부호 C의 홀짝 검사행렬이다.

보기 4.8.14 체 $\mathbb{Z}_3=\{0,1,2\}$ 위의 4×7 행렬

$$H=\left[\begin{array}{ccc:cccc} 1 & 2 & 0 & 1 & 0 & 0 & 0 \\ 2 & 0 & 2 & 0 & 1 & 0 & 0 \\ 0 & 1 & 0 & 0 & 0 & 1 & 0 \\ 0 & 2 & 0 & 0 & 0 & 0 & 1 \end{array}\right]$$

에 대하여 C가 H를 홀짝 검사행렬로 가지는 부호이면, C는 체 $\mathbb{Z}_3$ 위의 선형 $(7, 3)$ 부호이고, 체 $\mathbb{Z}_3$ 위의 3×7 행렬

$$G=\left[\begin{array}{ccc:cccc} 1 & 0 & 0 & -1 & -2 & 0 & 0 \\ 0 & 1 & 0 & -2 & 0 & -1 & -2 \\ 0 & 0 & 1 & 0 & -2 & 0 & 0 \end{array}\right]=\left[\begin{array}{ccc:cccc} 1 & 0 & 0 & 2 & 1 & 0 & 0 \\ 0 & 1 & 0 & 1 & 0 & 2 & 1 \\ 0 & 0 & 1 & 0 & 1 & 0 & 0 \end{array}\right]$$

는 C의 생성행렬이다.

체 $\mathbb{Z}_3=\{0, 1, 2\}$ 에서 $1+2=0$ 이므로 $-1=2$, $-2=1$ 이다.

부호이론에 대한 상세한 이론은 [6] 을 참조하기 바란다.

연 습 문 제 (4.8)

1. 체 $\mathbb{Z}_2 = \{0, 1\}$ 위의 4×7 행렬

$$G = \begin{bmatrix} 1 & 0 & 0 & 0 & 1 & 0 & 1 \\ 0 & 1 & 0 & 0 & 1 & 1 & 1 \\ 0 & 0 & 1 & 0 & 1 & 1 & 0 \\ 0 & 0 & 0 & 1 & 0 & 1 & 1 \end{bmatrix}$$

를 이용하여 통신문 $u = (a_1, a_2, a_3, a_4) \in \mathbb{Z}_2{}^4$ 를

$$[x_1\ x_2\ x_3\ x_4\ x_5\ x_6\ x_7] = [a_1\ a_2\ a_3\ a_4]\,G$$

으로 결정되는 부호어 $v = (x_1, x_2, x_3, x_4, x_5, x_6, x_7) \in \mathbb{Z}_2{}^7$ 로 변환할 때, 통신문 $(1, 0, 1, 0)$, $(1, 0, 1, 1)$ 는 어떤 부호어로 변환되는지 말하여라.

2. 체 $\mathbb{Z}_2 = \{0, 1\}$ 위의 선형부호 C가 동차 연립일차방정식

$$\begin{bmatrix} 0 & 0 & 0 & 1 & 1 & 1 & 1 \\ 0 & 1 & 1 & 0 & 0 & 1 & 1 \\ 1 & 0 & 1 & 0 & 1 & 0 & 1 \end{bmatrix} \begin{bmatrix} x_1 \\ x_2 \\ \vdots \\ x_7 \end{bmatrix} = \begin{bmatrix} 0 \\ 0 \\ 0 \end{bmatrix}$$

의 해공간일 때, C의 원소를 모두 구하여라.

3. 체 $\mathbb{Z}_2 = \{0, 1\}$ 위의 2×5 행렬

$$G = \begin{bmatrix} 1 & 0 & 1 & 0 & 1 \\ 0 & 1 & 1 & 1 & 0 \end{bmatrix}$$

를 생성행렬로 가지는 부호를 C라고 할 때, C에 속해 있는 부호어를 모두 구하고, C의 한 홀짝 검사행렬을 구하여라.

4. 체 $\mathbb{Z}_2 = \{0, 1\}$ 위의 3×5 행렬

$$G = \begin{bmatrix} 1 & 0 & 0 & 1 & 0 \\ 0 & 1 & 0 & 1 & 1 \\ 0 & 0 & 1 & 0 & 1 \end{bmatrix}$$

를 생성행렬로 가지는 부호를 C라고 할 때, C는 어떤 유형의 선형부호인지를 말하고 또 C의 한 홀짝 검사행렬을 구하여라.

§4.9 Nim 게임

아래 그림과 같이 동전이나 바둑알, 성냥개비와 같은 물건을 여러 묶음으로 쌓아놓고 A, B 두 사람이 이 순서대로 한 사람씩 이들 묶음 중에서 단 한 개의 묶음을 택한 다음에 이 묶음에 들어있는 물건의 전부 또는 일부를 제거하는 일을 행하고 이러한 과정을 되풀이하여 마지막으로 모든 묶음에서 모든 물건을 제거한 사람이 이기는 게임을 생각해 보자.

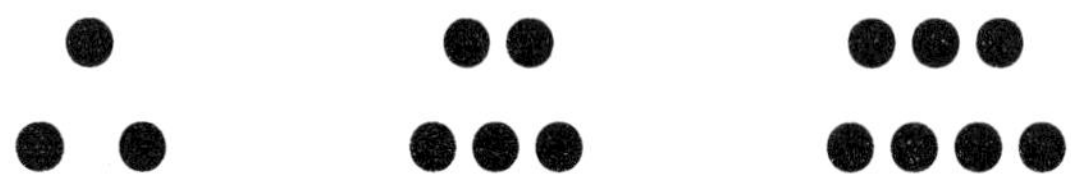

이러한 게임을 **Nim 게임**(Nim Game)이라고 한다. 여기서, nim은 '덜어내다'라는 뜻의 古語이며 미국의 수학자 Bouton이 1901년에 고안해낸 게임이다.

일반적으로, n_1개, n_2개, $\cdots$, n_t개의 물건이 들어 있는 t개의 묶음을

$$[n_1, n_2, \cdots, n_2, \cdots, n_t]$$

로 나타낼 때, 이 게임의 전략은 이들 묶음 중에서 s번째 묶음에서 전부 또는 일부를 제거하여 m_s $(0 \le m_s < n_s)$개의 물건이 남아 있도록 하는 것이며 이 경우에 위의 묶음을 $[n_1, n_2, \cdots, m_s, \cdots, n_t]$로 만들게 되고 이러한 과정을 되풀이하여 본래의 묶음을 $[0, 0, \cdots, 0, \cdots, 0]$이 되도록 하는 사람이 이 게임에 이긴다.

예를 들어, 첫 묶음 [3, 5, 7]으로부터 다음과 같이 행한다고 하자.

횟수	A	B
1	[3, 4, 7]	[3, 4, 5]
2	[2, 4, 5]	[1, 4, 5]
3	[1, 2, 5]	[1, 2, 3]
4	[1, 2, 2]	[0, 2, 2]
5	[0, 2, 0]	[0, 0, 0]

이 표의 제1회에 A는 첫 묶음 [3, 5, 7]의 둘째 묶음에서 1개를 제거하는 전략을 써서 [3, 4, 7]을 만들고 B는 이 묶음의 셋째 묶음에서 2개를 제거하여 [3, 4, 5]를 만든다.

그리고, 마지막 회에서 A 는 [0, 2, 2] 의 셋째 묶음에서 2 개를 제거해서 [0, 2, 0] 을 만들고 다음에 B 는 이 묶음의 둘 째 묶음에서 2 개를 제거하여 [0, 0, 0] 을 만든다.

이와 같이 행하면, 결국 B 는 이 게임에서 이긴다.

Nim 게임에 대한 수학적 이론을 생각해 보자.

양의 정수 n 에 대하여

$$2^{n-1} + \cdots + 2^2 + 2 + 1 = 2^n - 1$$

이므로 $0 \le a \le 2^n - 1$ 인 정수 a 는 단 한 가지 방법으로 다음과 같은 꼴로 나타내어진다.

$$a = a_{n-1} 2^{n-1} + \cdots + a_1 2 + a_0$$

$$a_i = 1 \ \text{또는}\ a_i = 0 \qquad (0 \le i \le n-1)$$

위의 식을 a 의 2 진법에 관한 전개식이라 하고 a 를

$$a = a_{n-1} \cdots a_1 a_{0\,(2)}$$

로 나타내며 이로부터 체 $\mathbb{Z}_2 = \{0, 1\}$ 위의 n 차원 벡터공간 $\mathbb{Z}_2{}^n$ 의 벡터 $\phi(a) = (a_{n-1}, \cdots, a_1, a_0)$ 가 정해진다. 따라서

$$\mathbb{Z}_{2^n} = \{0, 1, 2, \cdots, 2^n - 1\}$$

이라고 할 때, 사상 $\phi : \mathbb{Z}_{2^n} \longrightarrow \mathbb{Z}_2{}^n$ 가 정의되고 ϕ 는 일대일 대응이다.

두 정수 $a, b \in \mathbb{Z}_{2^n}$ 에 대하여

$$a = a_{n-1} \cdots a_1 a_{0\,(2)}, \quad b = b_{n-1} \cdots b_1 b_{0\,(2)}$$

일 때, 벡터공간 $\mathbb{Z}_2{}^n$ 에서

$$\phi(a) = (a_{n-1}, \cdots, a_1, a_0), \ \ \phi(b) = (b_{n-1}, \cdots, b_1, b_0)$$

$$\phi(a) + \phi(b) = (c_{n-1}, \cdots, c_1, c_0)$$

인 경우에 $a \oplus b = c$ 를 다음과 같이 정의하자.

$$a \oplus b = c = c_{n-1} 2^{n-1} + \cdots + c_1 2 + c_0$$

이와 같이 정의된 덧셈을 **Nim 덧셈**(Nim-addition)이라 하고 또 $a \oplus b$ 를 a 와 b 의 **Nim 합**(Nim-sum)이라고 한다.

보기 4.9.1 집합 $\mathbb{Z}_8 = \{0,1,2,\cdots,7\}$ 에서 다음이 성립한다.

$$
\begin{array}{ll}
0 = 000_{(2)} & \phi(0) = (0,0,0) \\
1 = 001_{(2)} & \phi(1) = (0,0,1) \\
2 = 010_{(2)} & \phi(2) = (0,1,0) \\
3 = 011_{(2)} & \phi(3) = (0,1,1) \\
4 = 100_{(2)} & \phi(4) = (1,0,0) \\
5 = 101_{(2)} & \phi(5) = (1,0,1) \\
6 = 110_{(2)} & \phi(6) = (1,1,0) \\
7 = 111_{(2)} & \phi(7) = (1,1,1)
\end{array}
$$

$$\phi(3) + \phi(5) = (0,1,1) + (1,0,1) = (1,1,0), \quad 3 \oplus 5 = 6$$
$$\phi(3) + \phi(7) = (0,1,1) + (1,1,1) = (1,0,0), \quad 3 \oplus 7 = 4$$
$$\phi(6) + \phi(7) = (1,1,0) + (1,1,1) = (0,0,1), \quad 5 \oplus 7 = 2$$
$$3 \oplus 5 \oplus 7 = 6 \oplus 7 = 1$$

다음 정리가 성립함을 쉽게 알 수 있다.

정리 4.9.1 양의 정수 n 에 대하여 집합 $\mathbb{Z}_{2^n} = \{0, 1, 2, \cdots, 2^n - 1\}$ 위에 정의된 nim 합에 대하여 다음이 성립한다.

(1) $a \oplus b = b \oplus a$

(2) $0 \oplus a = a \oplus 0 = a, \quad a \oplus a = 0$

(3) $(a \oplus b) \oplus c = a \oplus (b \oplus c)$

(4) $a \oplus a = 0$

(5) $0 \le 2^i < 2^j < 2^n$ 일 때, $2^i \oplus 2^j = 2^i + 2^j$ 이다.

벡터공간 $\mathbb{Z}_2^{\,n}$ 에서

$$(a_{n-1}, \cdots, a_1, a_0) + (a_{n-1}, \cdots, a_1, a_0) = (0,0, \cdots, 0)$$

이므로 $a \oplus a = 0$ 이다.

다음 정리에 대한 증명은 [7] 을 참조하기 바란다.

정리 4.9.2 Nim 게임에서 한 단계의 결과가 $[n_1, n_2, \cdots, n_t]$ 이고 그 Nim 합이 m 일 때 즉 $n_1 \oplus n_2 \oplus \cdots \oplus n_t = m$ 일 때, 다음이 성립한다.

(1) 그 다음 단계에서 어떠한 전략을 쓰더라도 그 결과의 Nim 합은 모두 m 과 다르다.

(2) 그 다음 단계에서 가능한 모든 전략에 의하여 얻게 되는 결과의 Nim 합 중에는 반드시 $0, 1, \cdots, m-1$ 이 홀수 개씩 나타난다.

따름정리 4.9.3 Nim 게임에서 다음이 성립한다.

(1) 한 단계의 결과에 대한 Nim 합이 0 이면, 이 다음 단계에서 어떠한 전략을 쓰더라도 이에 의한 결과의 Nim 합은 0 이 아니다.

(2) 한 단계의 결과에 대한 Nim 합이 0 이 아닐 때, 이 다음 단계에서 적당한 전략을 행하면 이에 의한 결과의 Nim 합이 0 이 되도록 할 수 있다.

보기 4.9.2 최초의 묶음 [3, 5, 7] 으로부터 다음과 같이 행한다고 하자.

횟수	A	B
1	[3, 4, 7]	[3, 4, 5]
2	[2, 4, 5]	[1, 4, 5]
3	[1, 2, 5]	[1, 2, 3]
4	[1, 2, 2]	[0, 2, 2]
5	[0, 2, 0]	[0, 0, 0]

(1-1) [3, 5, 7] 에 대한 Nim 합은 $3 \oplus 5 \oplus 7 = 6 \oplus 7 = 1$ 이다.

그런데, 3, 5, 7 의 2 진법으로 나타낸 것은

$$3 = 011_{(2)}, \quad 5 = 101_{(2)}, \quad 7 = 111_{(2)}$$

이고 여기서 1 의 자리의 수 0, 1 을 각각 1, 0 을 바꾸면, 이들 세 정수는

$$010_{(2)} = 2, \quad 100_{(2)} = 4, \quad 110_{(2)} = 6$$

으로 된다. 그러므로, A 가 [3, 5, 7] 로부터 그 Nim 합이 0 이 되도록 하는 방법은 [2, 5, 7], [3, 4, 7], [3, 5, 6] 등 3 가지 뿐이다.

앞의 표는 A 가 이들 중에서 [3, 4, 7] 을 만들었음을 보여 준다.

(1-2) [3, 4, 7] 에 대한 Nim 합은 $3 \oplus 4 \oplus 7 = 7 \oplus 7 = 0$ 이므로

B 가 어떠한 전략을 쓰더라도 그 결과의 Nim 합은 0 이 아니다. 앞의 표에서 B 는 [3, 4, 5] 를 만들었고 $3 \oplus 4 \oplus 5 = 7 \oplus 5 = 2 \neq 0$ 이다.

(2-1) A 가 [3, 4, 5] 로부터 그 Nim 합이 0 이 되도록 하는 방법은 [1, 4, 5] 뿐이다. 앞의 표는 A 가 이와 같이 만드는 전략을 쓰지 못하고 전략을 잘못 택하여 [2, 4, 5] 를 만들었음을 보여 준다.

이에 대한 Nim 합은 $2 \oplus 4 \oplus 5 = 6 \oplus 5 = 3 \neq 0$ 이다.

(2-2) B 가 [2, 4, 5] 로부터 그 Nim 합이 0 이 되도록 하는 방법은 [1, 4, 5] 뿐이다. 여기서, $1 \oplus 4 \oplus 5 = 5 \oplus 5 = 0$ 이다.

앞의 표는 B 가 올바른 전략을 택하였음을 보여 준다.

(3-1) [1, 4, 5] 에 대한 Nim 합은 0 이므로 A 가 어떤 전략을 쓰더라도 그 결과의 Nim 합은 0 이 아니다. 앞의 표에서 A 는 [1, 2, 5] 을 택하였고 $1 \oplus 2 \oplus 5 = 3 \oplus 5 = 6 \neq 0$ 이다.

(3-2) B 가 [1, 2, 5] 로부터 그 Nim 합이 0 이 되도록 하는 방법은 [1, 2, 3] 뿐이다. 앞의 표는 B 가 올바른 전략을 택하였음을 보여 준다.

(4-1) [1, 2, 3] 에 대한 Nim 합은 0 이므로 A 가 어떤 전략을 쓰더라도 그 결과의 Nim 합은 0 이 아니다. 앞의 표에서 A 는 [1, 2, 2] 을 택하였고 $1 \oplus 2 \oplus 2 = 1 \oplus 0 = 1 \neq 0$ 이다.

(4-2) B 가 [1, 2, 2] 로부터 그 Nim 합이 0 이 되도록 하는 방법은 [0, 2, 2] 뿐이다. 앞의 표는 B 가 올바른 전략을 택하였음을 보여 준다.

(5-1) [0, 2, 2] 에 대한 Nim 합은 0 이므로 A 가 어떤 전략을 쓰더라도 그 결과의 Nim 합은 0 이 아니다.

앞의 표에서 A 는 [0, 2, 0] 을 택하였고 $0 \oplus 2 \oplus 0 = 2 \neq 0$ 이다.

(5-2) B 가 [0, 2, 0] 으로부터 그 Nim 합이 0 이 되도록 하는 방법은 [0, 0, 0] 뿐이다.

앞의 표는 B 가 이 게임에서 이겼음을 보여 준다.

앞의 보기에서 [3, 5, 7] 에 대한 Nim 합은 $3 \oplus 5 \oplus 7 = 1 \neq 0$ 이므로 A 가 올바른 전략만을 썼더라면 이 게임을 이길 수 있었으나, 제 2 회에서 전략을 잘못 택한 결과로 게임에 졌음을 알 수 있다.

게임에 대한 일반적인 사항에 대해서는 [해설 4] 를 참조하기 바란다.

연 습 문 제 (4.9)

1. 집합 $\mathbb{Z}_{32} = \{0, 1, 2, 3, \cdots, 31\}$ 에서 다음 Nim 합을 구하여라.

(1) $17 \oplus 5 \oplus 13 \oplus 4$　　(2) $8 \oplus 3 \oplus 17$

(3) $1 \oplus 2 \oplus 2^2 \oplus 2^3 \oplus 2^4$　　(4) $11 \oplus 9 \oplus 10 \oplus 8$

2. 집합 $\mathbb{Z}_{2^{n+1}} = \{0, 1, 2, 3, \cdots, 2^{n+1}-1\}$ 에서

$$1 \oplus 2 \oplus 2^2 \oplus 2^3 \oplus \cdots \oplus 2^n$$

을 구하여라.

3. 보기 4.9.1 의 결과를 이용하여 다음 물음에 답하여라.

(1) Nim 게임에서 [3, 1, 4] 에 대한 Nim 합을 구하여라.

(2) 다음 각 전략에 대한 Nim 합을 구하여라.

[2, 1, 4], [1, 1, 4], [0, 1, 4]

(2) 다음 각 전략에 대한 Nim 합을 구하여라.

[3, 0, 4], [3, 1, 3], [3, 1, 2], [3, 1, 1], [3, 1, 0]

4. Nim 게임의 최초 묶음이 [17, 5, 13, 4] 일 때, A 와 B 가 다음 표와 같이 전략을 택하였다고 하자.

	A	B
1	[12, 5, 13, 4]	[11, 5, 13, 4]
2	[11, 5, 13, 3]	[11, 5, 12, 3]
3	[11, 5, 11, 3]	[11, 3, 11, 3]
4	기 권	

이 때, 집합 $\mathbb{Z}_{2^5} = \{0, 1, 2, \cdots, 31\}$ 에서의 Nim 합을 이용하여 A 와 B 의 전략이 올바른 전략인지를 판정하여라.

그리고, 마지막 단계에서 A 가 기권한 이유를 설명하여라.

제 5 장

선형사상과 선형변환

이 장에서는, 벡터공간 사이의 선형사상과 선형변환을 정의하고 선형사상의 핵과 상공간 그리고 동형사상의 성질에 대하여 논한다.

그리고, 두 벡터공간 사이의 선형사상 전체로 이루어진 집합과 한 벡터공간에서의 선형변환 전체로 이루어진 집합의 대수적 성질에 대하여 논하고, 특히 벡터공간 F^n 위의 선형변환과 n 차의 행렬 사이의 관계에 대하여 논한다.

§5.1 선형사상과 선형변환

앞으로, 집합 V 에서 집합 W 로의 사상(寫像, map) 을

$$T : V \longrightarrow W, \qquad \phi : V \longrightarrow W$$

와 같이 영문 대문자나 그리스 문자를 사용하여 나타낸다(§1.1 참조).

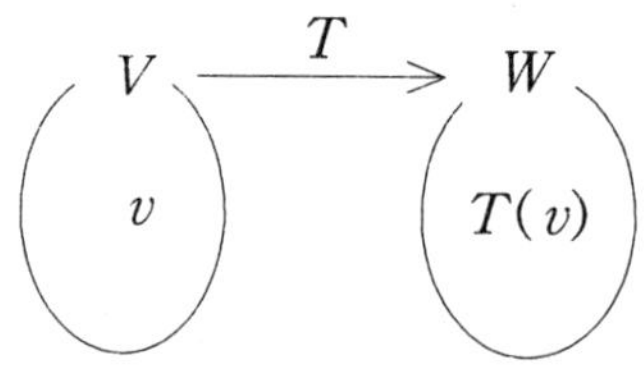

정의 5.1.1 체 F 위의 벡터공간 V, W 에 대하여 사상 $T : V \longrightarrow W$ 가 덧셈과 스칼라 곱셈을 보존시킬 때, 즉 임의의 $v, w \in V$ 와 $a \in F$ 에 대하여

$$T(v+w) = T(v) + T(w), \quad T(av) = aT(v)$$

가 성립할 때, T 를 **선형사상**(線型寫像, linear map) 또는 (벡터공간) **준동형사상**(準同型寫像, homomorphism)이라고 한다.

특히, 벡터공간 V 에서 V 로의 선형사상 $T : V \longrightarrow V$ 를 V 위의 **선형변환**(線型變換, linear transformation) 또는 **선형작용소**(線型作用素, linear operator) 라고 한다.

정리 5.1.2 체 F 위의 벡터공간 V, W 에 대하여 사상 $T : V \longrightarrow W$ 가 선형사상일 때, 임의의 벡터 $v, w, v_1, \cdots, v_n \in V$ 와 $a, b, a_1, \cdots, a_n \in F$ 에 대하여 다음이 성립한다.

(1) $T(\mathbf{0}) = \mathbf{0}$ ($\mathbf{0}$ 은 각각 V, W 의 영벡터)

$T(-v) = -T(v), \quad T(v-w) = T(v) - T(w)$

(2) $T(av+bw) = aT(v) + bT(w)$,

$T(a_1v_1 + \cdots + a_nv_n) = a_1T(v_1) + \cdots + a_nT(v_n)$

증 명 (1) 정의에 의하여

$$T(\mathbf{0}) = T(\mathbf{0}+\mathbf{0}) = T(\mathbf{0}) + T(\mathbf{0})$$

이고 따라서 $T(\mathbf{0}) = \mathbf{0}$ 이다(문제 4.1.5). 따라서

$$\mathbf{0} = T(\mathbf{0}) = T(v+(-v)) = T(v) + T(-v)$$

이므로 $T(-v) = -T(v)$ 이고 또 다음이 성립한다(문제 4.1.5).

$$\begin{aligned} T(v-w) &= T(v+(-w)) = T(v) + T(-w) \\ &= T(v) + (-T(w)) = T(v) - T(w) \end{aligned}$$

(2) 분명히

$$T(av+bw) = T(av) + T(bw) = a\,T(v) + b\,T(w)$$

이고, 이 결과를 이용하여 다음 등식이 성립함을 증명할 수 있다.

$$\begin{aligned} T(a_1v_1 + \cdots + a_nv_n) &= T(a_1v_1) + \cdots + T(a_nv_n) \\ &= a_1T(v_1) + \cdots + a_nT(v_n) \end{aligned}$$

보기 5.1.1 다음 두 사상은 모두 선형사상이 아니다.

$$S : \mathbb{R}^2 \longrightarrow \mathbb{R}^3,\ \ S(x_1, x_2) = (x_1{}^2, 0, x_1 + x_2)$$

$$R : \mathbb{R}^2 \longrightarrow \mathbb{R}^3,\ \ R(x_1, x_2) = (x_1 + 1, x_2, 2x_1 - x_2)$$

실제로, 다음이 성립한다.

$$\begin{aligned} &S(2(1,0)) = S(2,0) = (4,0,2), \\ &2S(1,0) = 2(1,0,1) = (2,0,2) \end{aligned}$$

이므로 $S(2(1,0) \neq 2S(1,0)$ 이고 $R(0,0) = (1,0,0) \neq (0,0)$ 이다.

정리 5.1.3 체 F 위의 $m\times n$ 행렬 $A = [a_{ij}]_{m\times n}$ 에 대하여 다음과 같이 정의된 사상은 선형사상이다.

$$L_A : F^n \longrightarrow F^m,\ \ (y_1, \cdots, y_m) = L_A(x_1, \cdots, x_n)$$

$$\begin{bmatrix} y_1 \\ \vdots \\ y_m \end{bmatrix} = A \begin{bmatrix} x_1 \\ \vdots \\ x_n \end{bmatrix} \quad \text{즉} \quad \begin{cases} y_1 = a_{11}x_1 + \cdots + a_{1n}x_n \\ y_2 = a_{21}x_1 + \cdots + a_{2n}x_n \\ \quad\vdots \\ y_m = a_{m1}x_1 + \cdots + a_{mn}x_n \end{cases}$$

증 명 (1) 임의의 $v = (a_1, \cdots, a_n)$, $w = (b_1, \cdots, b_n) \in F^n$ 와 $a \in F$ 에 대하여 $L_A(v) = (c_1, \cdots, c_m)$, $L_A(w) = (d_1, \cdots, d_m)$ 이라고 하면,

$$A\begin{bmatrix} a_1 \\ \vdots \\ a_n \end{bmatrix} = \begin{bmatrix} c_1 \\ \vdots \\ c_m \end{bmatrix}, \qquad A\begin{bmatrix} b_1 \\ \vdots \\ b_n \end{bmatrix} = \begin{bmatrix} d_1 \\ \vdots \\ d_m \end{bmatrix}$$

이므로

$$A\begin{bmatrix} a_1+b_1 \\ \vdots \\ a_n+b_n \end{bmatrix} = A\begin{bmatrix} a_1 \\ \vdots \\ a_n \end{bmatrix} + A\begin{bmatrix} b_1 \\ \vdots \\ b_n \end{bmatrix} = \begin{bmatrix} c_1 \\ \vdots \\ c_m \end{bmatrix} + \begin{bmatrix} d_1 \\ \vdots \\ d_m \end{bmatrix} = \begin{bmatrix} c_1+d_1 \\ \vdots \\ c_m+d_m \end{bmatrix},$$

$$A\begin{bmatrix} a a_1 \\ \vdots \\ a a_n \end{bmatrix} = aA\begin{bmatrix} a_1 \\ \vdots \\ a_n \end{bmatrix} = a\begin{bmatrix} c_1 \\ \vdots \\ c_m \end{bmatrix} = \begin{bmatrix} ac_1 \\ \vdots \\ ac_m \end{bmatrix}$$

이고 따라서 다음이 성립한다.

$$\begin{aligned} L_A(v+w) &= (c_1+d_1, \cdots, c_m+d_m) \\ &= (c_1, \cdots, c_m) + (d_1, \cdots, d_m) \\ &= L_A(v) + L_A(w), \end{aligned}$$

$$L_A(a\,v) = (a c_1, \cdots, ac_m) = a(c_1, \cdots, c_m) = a L_A(v)$$

그러므로, L_A 는 선형사상이다.

정리 5.1.4 체 F 위의 모든 $m\times n$ 행렬 A 에 대하여 $L_A : F^n \longrightarrow F^m$ 는 선형사상이다.

역으로, 체 F 위에서 사상 $T : F^n \longrightarrow F^m$ 가 선형사상일 때, 벡터공간 F^n 의 표준기저 $\mathscr{B} = \{e_1, \cdots, e_n\}$ 에 대하여 다음이 성립한다고 하자.

$$\begin{aligned} T(e_1) &= (a_{11}, a_{21}, \cdots, a_{m1}), \\ T(e_2) &= (a_{12}, a_{22}, \cdots, a_{m2}), \\ &\vdots \\ T(e_n) &= (a_{1n}, a_{2n}, \cdots, a_{mn}) \end{aligned}$$

$$A = \begin{bmatrix} a_{11} & a_{12} & \cdots & a_{1n} \\ a_{21} & a_{22} & \cdots & a_{2n} \\ \vdots & \vdots & \cdots & \vdots \\ a_{m1} & a_{m2} & \cdots & a_{mn} \end{bmatrix}$$
$$\quad\;\; \uparrow \qquad\; \uparrow \qquad\qquad \uparrow$$
$$\;\; T(e_1) \;\; T(e_2) \qquad T(e_n)$$

이 때, $A = [a_{ij}]_{m\times n}$ 이라고 하면,

$T = L_A$ 이다. 여기서, 행렬 A 를 선형사상 **T의 행렬**이라고 한다.

증 명 정리 5.1.3에 의하여 L_A는 선형사상이다.

다음에 선형사상 $T: F^n \longrightarrow F^m$에 대하여 $T(x_1, \cdots, x_n) = (y_1, \cdots, y_m)$이라고 하면, 조건에 의하여 다음이 성립한다.

$$\begin{aligned}(y_1, \cdots, y_m) &= T(x_1, \cdots, x_n) = T(\sum_{j=1}^{n} x_j e_j) \\ &= \sum_{j=1}^{n} x_j T(e_j) = \sum_{j=1}^{n} x_j (a_{1j}, a_{2j}, \cdots, a_{mj}) \\ &= \sum_{j=1}^{n} (a_{1j} x_j, \cdots, a_{ij} x_j, \cdots, a_{mj} x_j)\end{aligned}$$

따라서

$$y_i = \sum_{j=1}^{n} a_{ij} x_j \quad (1 \le i \le m) \quad 즉 \quad \begin{bmatrix} y_1 \\ \vdots \\ y_m \end{bmatrix} = A \begin{bmatrix} x_1 \\ \vdots \\ x_n \end{bmatrix}$$

이므로 $T = L_A$이다.

보기 5.1.2 다음과 같이 정의된 사상 T, S는 선형사상이다.

$$T: \mathbb{R}^3 \longrightarrow \mathbb{R}^2, \ T(x_1, x_2, x_3) = (x_1 + 2x_2 + x_3, 3x_1 + x_2)$$

$$S: \mathbb{R}^2 \longrightarrow \mathbb{R}^3, \ S(x_1, x_2) = (x_1 + 2x_2, x_2, -x_1 + 3x_2)$$

실제로,

$$\begin{aligned}&T(1,0,0) = (1, 3), \quad S(1, 0) = (1, 0, -1), \\ &T(0,1,0) = (2, 1), \quad S(0,1) = (2,1,3) \\ &T(0,0,1) = (1, 0)\end{aligned}$$

이므로 T, S는 다음과 같이 정의된다.

$$T: \mathbb{R}^3 \longrightarrow \mathbb{R}^2, \ (y_1, y_2) = T(x_1, x_2, x_3)$$

$$\begin{bmatrix} y_1 \\ y_2 \end{bmatrix} = A \begin{bmatrix} x_1 \\ x_2 \\ x_3 \end{bmatrix}, \quad A = \begin{bmatrix} 1 & 2 & 1 \\ 3 & 1 & 0 \end{bmatrix}$$

$$S: \mathbb{R}^2 \longrightarrow \mathbb{R}^3, \ (y_1, y_2, y_3) = S(x_1, x_2)$$

$$\begin{bmatrix} y_1 \\ y_2 \\ y_3 \end{bmatrix} = B \begin{bmatrix} x_1 \\ x_2 \end{bmatrix}, \quad B = \begin{bmatrix} 1 & 2 \\ 0 & 1 \\ -1 & 3 \end{bmatrix}$$

정리 5.1.5 체 F 위의 벡터공간 V, W, U 에 대하여 두 선형사상

$$T : V \longrightarrow W, \quad S : W \longrightarrow U$$

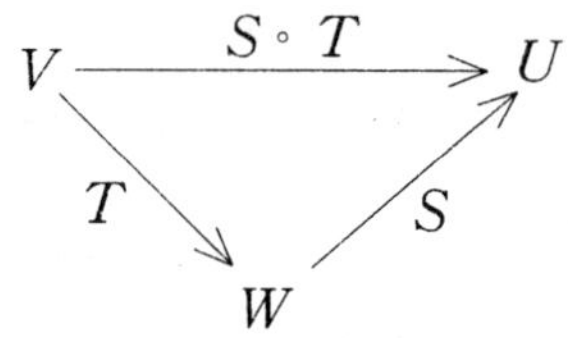

의 합성사상

$$S \circ T : V \longrightarrow U, \ (S \circ T)(v) = S(T(v))$$

는 선형사상이다.

증 명 임의의 $v_1, v_2, v \in V$ 와 $a \in F$ 에 대하여 다음이 성립한다.

$$\begin{aligned}(S \circ T)(v_1 + v_2) &= S(T(v_1 + v_2)) = S(T(v_1) + T(v_2)) \\ &= S(T(v_1)) + S(T(v_2)) \\ &= (S \circ T)(v_1) + (S \circ T)(v_2), \\ (S \circ T)(a\,v) &= S(T(a\,v)) = S(a\,T(v)) \\ &= a\,S(T(v)) = a(S \circ T)(v)\end{aligned}$$

따라서 $S \circ T$ 는 선형사상이다(정의 1.1.1 참조).

정리 5.1.6 체 F 위의 $m \times n$ 행렬 A 와 $r \times m$ 행렬 B 에 대하여 두 선형사상

$$L_A : F^n \longrightarrow F^m, \ L_B : F^m \longrightarrow F^r$$

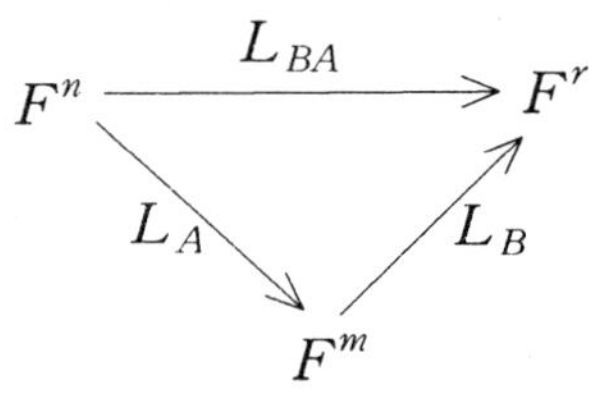

의 합성사상 $L_B \circ L_A : F^n \longrightarrow F^r$ 는 $L_{BA} : F^n \longrightarrow F^r$ 와 일치한다. 즉,

$$L_B \circ L_A = L_{BA}$$

증 명 $L_A(x_1, \cdots, x_n) = (y_1, \cdots, y_m)$, $L_B(y_1, \cdots, y_m) = (z_1, \cdots, z_r)$ 이라고 할 때, 다음이 성립한다.

$$\begin{aligned}(L_B \circ L_A)(x_1, \cdots, x_n) &= L_B(L_A(x_1, \cdots, x_n)) \\ &= L_B(y_1, \cdots, y_m) = (z_1, \cdots, y_r),\end{aligned}$$

$$\begin{bmatrix} z_1 \\ \vdots \\ z_r \end{bmatrix} = B \begin{bmatrix} y_1 \\ \vdots \\ y_m \end{bmatrix} = B(A \begin{bmatrix} x_1 \\ \vdots \\ x_n \end{bmatrix}) = BA \begin{bmatrix} x_1 \\ \vdots \\ x_n \end{bmatrix}$$

따라서 $L_B \circ L_A = L_{BA}$ 이다.

보기 5.1.3 다음과 같이 정의된 사상 T, S는 선형사상이다.

$$T : \mathbb{R}^2 \longrightarrow \mathbb{R}^2, \ (y_1, y_2) = S(x_1, x_2)$$

$$\begin{bmatrix} y_1 \\ y_2 \end{bmatrix} = \begin{bmatrix} 2 & 5 \\ 1 & 3 \end{bmatrix} \begin{bmatrix} x_1 \\ x_2 \end{bmatrix}$$

$$S : \mathbb{R}^2 \longrightarrow \mathbb{R}^3, \ (y_1, y_2) = T(x_1, x_2, x_3)$$

$$\begin{bmatrix} y_1 \\ \\ y_2 \end{bmatrix} = \begin{bmatrix} 1 & -1 \\ 2 & -1 \\ 1 & 1 \end{bmatrix} \begin{bmatrix} x_1 \\ \\ x_2 \end{bmatrix}$$

이 때,

$$A = \begin{bmatrix} 2 & 5 \\ 1 & 3 \end{bmatrix}, \quad B = \begin{bmatrix} 1 & -1 \\ 2 & -1 \\ 1 & 1 \end{bmatrix}, \quad BA = \begin{bmatrix} 1 & 2 \\ 3 & 7 \\ 3 & 8 \end{bmatrix}$$

이라고 하면, $T = L_A$, $S = L_B$ 이고 선형사상 $S \circ T : \mathbb{R}^2 \longrightarrow \mathbb{R}^3$ 에 대하여 $S \circ T = L_B \circ L_A = L_{BA}$ 이므로 다음 결과를 얻는다.

$$T(x_1, x_2) = (2x_1 + 5x_2, x_1 + 3x_2),$$
$$S(x_1, x_2) = (x_1 - x_2, 2x_1 - x_2, x_1 + x_2)$$
$$(S \circ T)(x_1, x_2) = (x_1 + 2x_2, 3x_1 + 7x_2, 3x_1 + 8x_2)$$

그러나, 곱 AB와 합성사상 $T \circ S$는 정의되지 않는다.

벡터공간 V에서 사상

$$1_V : V \longrightarrow V, \ 1_V(v) = v$$

는 분명히 선형변환이다. 이것을 V 위의 **항등 선형변환**이라고 한다.

선형사상에 대하여 다음이 성립한다(정리 1.1.2 참조).

정리 5.1.7 체 F 위의 벡터공간 V, W, U, X 에 대하여 $T : V \longrightarrow W$, $S : W \longrightarrow U$, $R : U \longrightarrow X$ 가 선형사상일 때 다음이 성립한다.

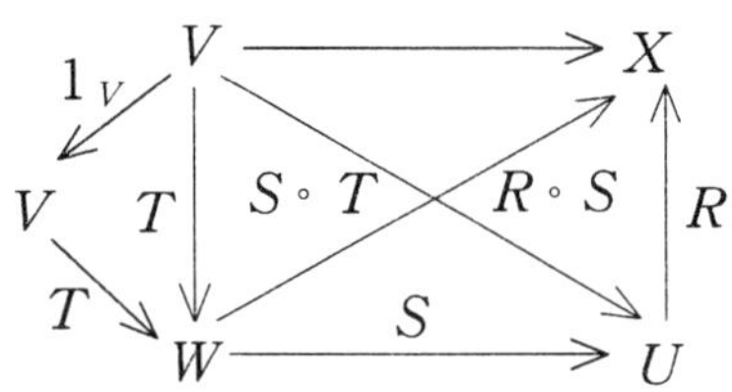

$$T \circ 1_V = T, \quad 1_W \circ T = T$$
$$R \circ (S \circ T) = (R \circ S) \circ T,$$

연 습 문 제 (5.1)

1. 다음 사상 중에서 선형사상인 것을 찾아라.

(1) $T : \mathbb{R}^3 \longrightarrow \mathbb{R}^2,\ T(x_1, x_2, x_3) = (3x_1 + 2x_3,\ x_2)$

(2) $T : \mathbb{R}^2 \longrightarrow \mathbb{R}^2,\ T(x_1, x_2) = (|x_1|,\ x_2)$

(3) $T : \mathbb{R}^2 \longrightarrow \mathbb{R}^2,\ T(x_1, x_2) = (x_1 + 1,\ x_1 + x_2)$

(4) $T : \mathbb{R}^2 \longrightarrow \mathbb{R}^2,\ T(x_1, x_2) = (x_1 + 3,\ x_2 + 3)$

(5) $T : \mathbb{R}^2 \longrightarrow \mathbb{R}^2,\ T(x_1, x_2) = (x_1,\ x_2)$

(6) $T : \mathbb{R}^2 \longrightarrow \mathbb{R}^2,\ T(x_1, x_2) = (0, 0)$

2. 다음 선형변환 $T : \mathbb{R}^2 \longrightarrow \mathbb{R}^2$ 에 대하여 $T(1, 0)$, $T(0, 1)$ 을 구하고 또 T 의 행렬을 구하여라.

(1) $T : \mathbb{R}^2 \longrightarrow \mathbb{R}^2,\ T(x_1, x_2) = (-x_1, -x_2)$

(2) $T : \mathbb{R}^2 \longrightarrow \mathbb{R}^2,\ T(x_1, x_2) = (x_1, 0)$

3. 다음과 같이 정의된 선형사상 T 의 행렬을 구하여라.

$$T : \mathbb{R}^4 \longrightarrow \mathbb{R}^3,\ (y_1, y_2, y_3) = T(x_1, x_2, x_3, x_4)$$

$$\begin{cases} y_1 = 4x_1 + 2x_2 - x_3 + x_4 \\ y_2 = \phantom{4x_1 + {}} 2x_2 + x_3 + x_4 \\ y_3 = x_1 \phantom{{}+ 2x_2 - x_3} + x_4 \end{cases}$$

4. 실수체 $\mathbb{R}$ 위의 두 행렬

$$A = \begin{bmatrix} 1 & 1 & 0 \\ 0 & 1 & 1 \end{bmatrix}, \quad B = \begin{bmatrix} 1 & 3 \\ 0 & 1 \end{bmatrix}$$

에 의하여 정의되는 선형사상 $L_A : \mathbb{R}^3 \longrightarrow \mathbb{R}^2$, $L_B : \mathbb{R}^2 \longrightarrow \mathbb{R}^2$ 에 대하여 $L_A(x_1, x_2, x_3)$, $L_B(x_1, x_2)$ 를 구하여라.

그리고, 선형사상 $L_B \circ L_A : \mathbb{R}^3 \longrightarrow \mathbb{R}^2$ 를 정의하여라.

5. 다음 두 선형변환에 대하여 $T \circ S$ 와 $S \circ T$ 를 정의하여라.

$$T : \mathbb{R}^2 \longrightarrow \mathbb{R}^2,\ T(x_1, x_2) = (x_1 + 2x_2,\ -x_1 + 4x_2),$$

$$S : \mathbb{R}^2 \longrightarrow \mathbb{R}^2,\ S(x_1, x_2) = (2x_1 - x_2,\ x_1 + 3x_2)$$

6. 체 F 위의 $m \times n$ 행렬 $A = [a_{ij}]_{m \times n}$ 에 대하여 다음과 같이 정의된 사상은 선형사상임을 밝혀라.

$$R_A : F^m \longrightarrow F^n,\ (y_1, \cdots, y_n) = R_A(x_1, \cdots, x_m)$$

$$[y_1 \ \cdots \ y_n] = [x_1 \ \cdots \ x_m] A$$

그리고, 체 F 위의 $m \times n$ 행렬 A 와 $n \times r$ 행렬 B 에 대하여 두 선형사상

$$R_A : F^m \longrightarrow F^n, \qquad R_B : F^n \longrightarrow F^r$$

의 합성사상 $R_B \circ R_A : F^m \longrightarrow F^r$ 는 $R_{AB} : F^m \longrightarrow F^r$ 와 일치함을 밝혀라.

7. 체 F 위의 고정된 $m \times n$ 행렬 $A = [a_{ij}]_{m \times n}$ 에 대하여 사상

$$\phi : \mathrm{Mat}_{n \times r}(F) \longrightarrow \mathrm{Mat}_{m \times r}(F),\quad \phi(X) = AX$$

는 선형사상임을 증명하여라.

8. 체 F 위의 다항식 $f(x) = a_0 + a_1 x + a_2 x^2 + \cdots + a_n x^n$ 에 대하여 다항식

$$f'(x) = a_1 + 2a_2 x + \cdots + n\, a_n x^{n-1}$$

를 $f(x)$ 의 **형식적 미분**(形式的 微分, formal derivative)이라고 한다. 사상

$$D : F[x] \longrightarrow F[x],\ D(f(x)) = f'(x)$$

는 벡터공간 $F[x]$ 위의 선형변환임을 밝혀라.

9. 실수체 $\mathbb{R}$ 위의 $\mathbb{R}[x]$ 에서 두 선형변환

$$D : \mathbb{R}[x] \longrightarrow \mathbb{R}[x],\ D(f(x)) = f'(x)$$

$$T : \mathbb{R}[x] \longrightarrow \mathbb{R}[x],\ T(f(x)) = xf(x)$$

에 대하여

$$D \circ T : \mathbb{R}[x] \longrightarrow \mathbb{R}[x],\quad T \circ D : \mathbb{R}[x] \longrightarrow \mathbb{R}[x]$$

를 정의하여라. 그리고, $D \circ T \neq T \circ D$ 임을 밝혀라.

§5.2 선형사상의 상공간과 핵

이 절에서는, 선형사상의 특성에 대하여 논한다.

정리 5.2.1 체 F 위의 벡터공간 V, W 에 대하여 $T : V \longrightarrow W$ 가 선형사상일 때, 다음이 성립한다.

(1) V 의 임의의 부분공간 U에 대하여 $T(U) = \{ T(u) \mid u \in U\}$ 는 W 의 부분공간이다. 특히,

$$\text{im}\, T = T(V) = \{T(v) \mid v \in V\}$$

는 W의 부분공간이다.

(2) $\ker T = \{v \in V \mid T(v) = \mathbf{0}\}$

는 V 의 부분공간이다.

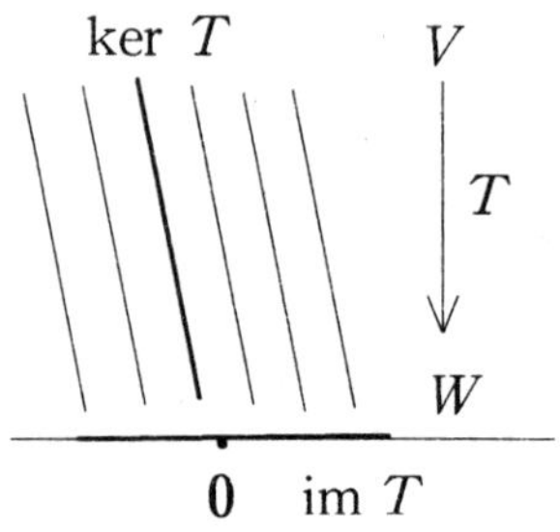

여기서, $\text{im}\, T$ 를 T 의 **상공간**(像空間, image space)이라 하고, $\ker T$ 를 T 의 **핵**(核, kernel) 또는 **퇴화공간**(退化空間, null space)이라고 한다.

증 명 (1) 먼저 $\mathbf{0} \in U$ 이고 $T(\mathbf{0}) = \mathbf{0}$ 이므로 $\mathbf{0} \in T(U) \neq \varnothing$ 이다.

그리고, 임의의 $u, w \in U$와 $a \in F$ 에 대하여

$$T(u) + T(w) = T(u+w), \qquad u+w \in U$$
$$a\,T(u) = T(a\,u), \qquad a u \in U$$

이므로 $T(u) + T(w) \in T(U)$, $a\,T(u) \in T(U)$ 이다.

따라서 $T(U)$ 는 W 의 부분공간이다.

(2) 먼저 $T(\mathbf{0}) = \mathbf{0}$ 이므로 $\mathbf{0} \in \ker T \neq \varnothing$ 이다.

그리고, $v, w \in \ker T$, $a \in F$ 이라고 하면,

$$T(v+w) = T(v) + T(w) = \mathbf{0} + \mathbf{0} = \mathbf{0},$$
$$T(a\,v) = a\,T(v) = a\,\mathbf{0} = \mathbf{0}$$

이므로 $v+w$, $a\,v \in \ker T$ 이고 따라서 $\ker T$ 는 V 의 부분공간이다.

보기 5.2.1 벡터공간 $\mathbb{R}^2$ 위의 선형변환

$$T:\ \mathbb{R}^2 \longrightarrow \mathbb{R}^2,\quad T(x_1, x_2) = (x_1, 0)$$

의 상공간과 핵은 각각 다음과 같다.

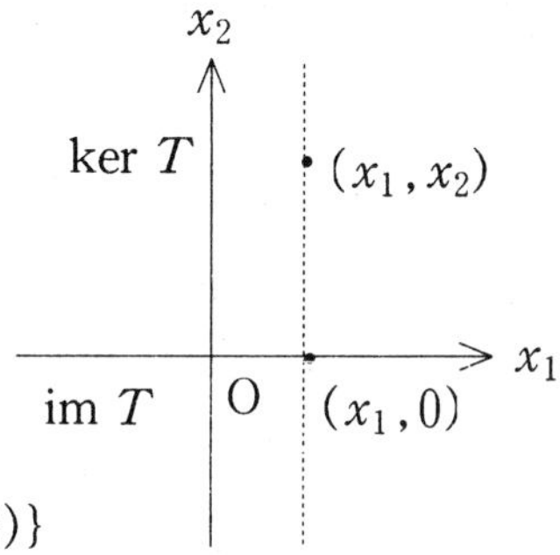

$$\begin{aligned}\text{im } T &= \{\, T(x_1, x_2) \mid (x_1, x_2) \in \mathbb{R}^2 \} \\ &= \{(x_1, 0) \mid x_1 \in \mathbb{R}\} = \langle (1, 0) \rangle\end{aligned}$$

$$\begin{aligned}\ker T &= \{(x_1, x_2) \in \mathbb{R}^2 \mid T(x_1, x_2) = (0, 0)\} \\ &= \{(0, x_2) \mid x_2 \in \mathbb{R}\} = \langle (0, 1) \rangle\end{aligned}$$

정리 5.2.2 체 F 위의 벡터공간 V, W에 대하여 $T:\ V \longrightarrow W$가 선형사상일 때, 다음이 성립한다.

(1) $\text{im } T = W$ 일 때 그리고 이때에만 T는 위로의 사상이다.

(2) $\ker T = \{\mathbf{0}\}$ 일 때 그리고 이때에만 T 는 일대일 사상이다.

(3) $T(v) = T(w) \iff v - w \in \ker T$

증 명 (1) 정의에 의하여 (1)이 성립한다(정의 1.1.3).

(2) 먼저 $\ker T = \{\mathbf{0}\}$ 이라고 하자.

이 때, $T(v) = T(w)$ 이라고 하면,

$$T(v - w) = T(v) - T(w) = \mathbf{0}$$

이므로 $v - w \in \ker T = \{\mathbf{0}\}$ 이고 따라서 $v - w = \mathbf{0}$ 즉 $v = w$ 이다.

그러므로, T는 일대일 사상이다(정의 1.1.3).

역으로, T가 일대일 사상일 때, $v \in \ker T$ 이라고 하면

$$T(v) = \mathbf{0} = T(\mathbf{0})$$

이므로 $v = \mathbf{0}$ 이고 따라서 $\ker T = \{\mathbf{0}\}$ 이다.

(3) $\ker T$ 의 정의에 의하여 다음이 성립한다.

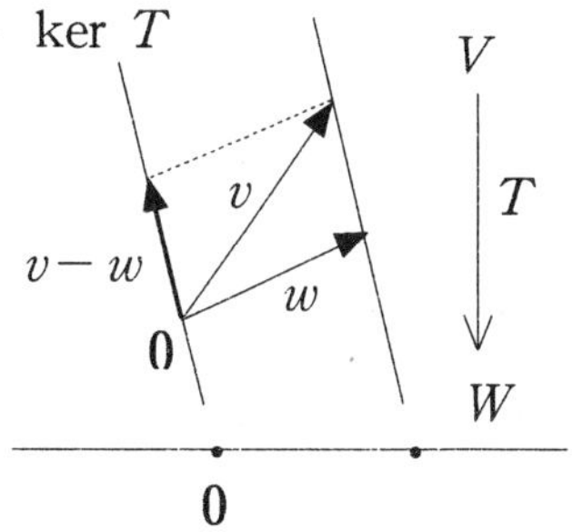

$$\begin{aligned}T(v) = T(w) &\iff T(v) - T(w) = \mathbf{0} \\ &\iff T(v - w) = \mathbf{0} \\ &\iff v - w \in \ker T\end{aligned}$$

보기 5.2.2 두 벡터공간 V, W에 대하여 선형사상

$$0 : V \longrightarrow W, \quad 0(v) = \mathbf{0}$$

을 **영 선형사상**(零線型寫像)이라고 한다.

선형사상 $T : V \longrightarrow W$ 에 대하여 다음이 성립한다.

$$T = 0 \Leftrightarrow \operatorname{im} T = \{\mathbf{0}\} \Leftrightarrow \ker T = V$$

정리 5.2.3 체 F 위의 벡터공간 V, W에 대하여 $T : V \longrightarrow W$가 선형사상일 때, $v_1, \cdots, v_m \in V$에 대하여 $U = \langle v_1, \cdots, v_m \rangle$ 이면 다음이 성립한다.

$$T(U) = T(\langle v_1, \cdots, v_m \rangle) = \langle T(v_1), \cdots, T(v_m) \rangle$$

특히, $V = \langle v_1, \cdots, v_n \rangle$ 이면, $\operatorname{im} T = \langle T(v_1), \cdots, T(v_n) \rangle$ 이다.

증 명 정의 4.2.7 과 정리 5.1.2 에 의하여

$$U = \langle v_1, \cdots, v_m \rangle = \{a_1 v_1 + \cdots + a_m v_m \mid a_1, \cdots, a_m \in F\},$$
$$T(a_1 v_1 + \cdots + a_m v_n) = a_1 T(v_1) + \cdots + a_m T(v_m)$$

이므로 $T(U) = T(\langle v_1, \cdots, v_m \rangle) = \langle T(v_1), \cdots, T(v_m) \rangle$ 이다.

정리 5.2.4 체 F 위의 벡터공간 V, W에 대하여 선형사상 $T : V \longrightarrow W$가 일대일 사상일 때, 즉 $\ker T = \{\mathbf{0}\}$ 일 때 다음이 성립한다.

(1) 벡터 $v_1, \cdots, v_m \in V$이 일차독립이면, 벡터 $T(v_1), \cdots, T(v_m) \in W$도 일차독립이다.

(2) U가 V의 유한차원 부분공간이면, $\dim_F T(U) = \dim_F U$이다.

특히, V가 유한차원 벡터공간이면, $\dim_F \operatorname{im} T = \dim_F V$이다.

증 명 (1) 벡터 $v_1, \cdots, v_m$ 이 일차독립일 때,

$$a_1 T(v_1) + \cdots + a_m T(v_m) = \mathbf{0} \qquad (a_1, \cdots, a_m \in F)$$

이라고 가정하면, $T(a_1 v_1 + \cdots + a_m v_m) = \mathbf{0}$ 이고 $\ker T = \{\mathbf{0}\}$ 이므로 $a_1 v_1 + \cdots + a_m v_m = \mathbf{0}$ 이고 따라서 $a_1 = \cdots = a_m = 0$ 이다.

그러므로, $T(v_1), \cdots, T(v_m)$ 은 일차독립이다.

(2) $\mathscr{C} = \{v_1, \cdots, v_m\}$ 를 U의 기저라고 하면, $U = \langle v_1, \cdots, v_m \rangle$ 이므로 정리 5.2.3 에 의하여 $T(U) = \langle T(v_1), \cdots, T(v_m) \rangle$ 이고 또 정리 5.2.4 에 의하여 $T(u_1), \cdots, T(u_m)$ 은 일차독립이므로 $\{T(u_1), \cdots, T(u_m)\}$ 는 $T(U)$ 의 기저이다. 따라서 $\dim_F T(U) = m = \dim_F U$ 이다.

정리 5.2.5 체 F 위의 벡터공간 V가 n차원 벡터공간일 때, 체 F 위의 벡터공간 W에 대하여 $T: V \to W$가 선형사상이면 $\text{im}\, T$ 와 $\ker T$ 는 각각 W, V의 유한차원 부분공간이고 다음이 성립한다.

$$\dim_F \text{im}\, T + \dim_F \ker T = n = \dim_F V$$

여기서,

$$r(T) = \dim_F \text{im}\, T, \quad n(T) = \dim_F \ker T$$

를 각각 T의 **계급수**(階級數, rank), **퇴화차수**(退化次數, nullity)라고 한다.

증 명 이제 $\dim_F V = n$ 이라고 하자. 이 때, $\ker T$는 V의 부분공간이므로 $\ker T$는 유한차원 부분공간이고 또 $0 \le n(T) \le n$ 이다(정리 4.5.1).

먼저 $n(T) = 0$ 이면, 분명히 $\ker T = \{\mathbf{0}\}$ 이고 따라서 정리 5.2.4 에 의하여 $\dim_F \text{im}\, T = n$ 이므로 $r(T) + n(T) = n + 0 = n$ 이다.

다음에 $n(T) = n$ 이면, $\ker T = V$ 이므로 $\text{im}\, T = \{\mathbf{0}\}$ 이고(보기 5.2.2) 따라서 $r(T) = 0$ 이므로 $r(T) + n(T) = n$ 이다.

이제 $1 \le n(T) < n$ 일 때, $n(T) = m$ 이라 하고 $\mathscr{C} = \{w_1, \cdots, w_m\}$ 를 $\ker T$ 의 기저라고 하자. 또, $\mathscr{C}$ 에 r 개의 적당한 벡터 $u_1, \cdots, u_r$ 를 첨가하여 얻은 V의 기저를

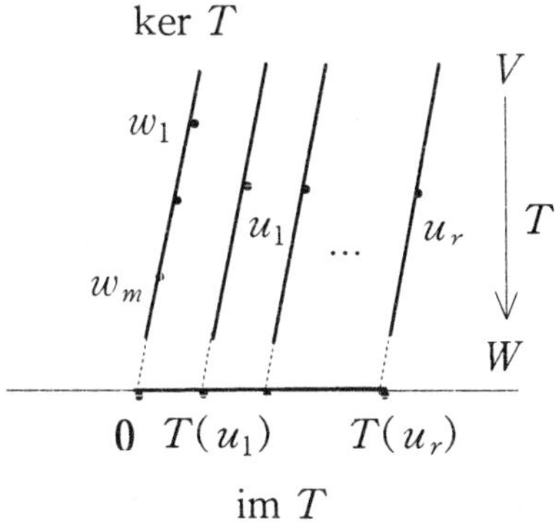

$$\mathscr{B} = \{w_1, \cdots, w_m, u_1, \cdots, u_r\}$$

라고 하자(정리 4.4.8). 이 때,

$$V = \langle w_1, \cdots, w_m, u_1, \cdots, u_r \rangle$$

이므로 다음이 성립한다(정리 5.2.3).

$$\begin{aligned}\text{im } T &= \langle T(w_1), \cdots, T(w_m), T(u_1), \cdots, T(u_r) \rangle \\ &= \langle \mathbf{0}, \cdots, \mathbf{0}, T(u_1), \cdots, T(u_r) \rangle \\ &= \langle T(u_1), \cdots, T(u_r) \rangle\end{aligned}$$

이제 적당한 $b_1, \cdots, b_r \in F$ 에 대하여

$$b_1 T(u_1) + \cdots + b_r T(u_r) = \mathbf{0}$$

이라고 가정하자. 이 때, $T(b_1 u_1 + \cdots + b_r u_r) = \mathbf{0}$ 이므로

$$b_1 u_1 + \cdots + b_r u_r \in \ker T$$

이고 따라서 적당한 $a_1, \cdots, a_m \in F$ 에 대하여

$$b_1 u_1 + \cdots + b_r u_r = a_1 w_1 + \cdots + a_m w_m$$

즉, $$a_1 w_1 + \cdots + a_m w_m + (-b_1) u_1 + \cdots + (-b_r) u_r = \mathbf{0}$$

이고 $w_1, \cdots, w_m, u_1, \cdots, u_r$ 는 일차독립이므로 $b_1 = \cdots = b_r = 0$ 이다.

따라서 $T(u_1), \cdots, T(u_r)$ 는 일차독립이다.

그러므로, $\{T(u_1), \cdots, T(u_r)\}$ 는 $\text{im } T$ 의 기저이므로 $\dim_F \text{im } T = r$ 이고, 따라서 $r(T) + n(T) = r + m = n$ 이다.

정리 5.2.6 체 F 위의 $m \times n$ 행렬 $A = [a_{ij}]_{m \times n}$ 에 의하여 정의된 선형사상 $L_A : F^n \longrightarrow F^m$ 에 대하여 다음이 성립한다.

(1) $\text{im } L_A =$ (A 의 열공간) $=$ (A^T 의 행공간),

$r(L_A) = r(A^T) = r(A)$

(2) $\ker L_A$ 는 동차 연립일차방정식

$$A \begin{bmatrix} x_1 \\ \vdots \\ x_n \end{bmatrix} = \begin{bmatrix} 0 \\ \vdots \\ 0 \end{bmatrix}$$

의 해공간이고 $n(L_A) = n - r(A) = n(A)$ 이다.

증 명 (1) 이제 $\mathscr{B} = \{e_1, \cdots, e_n\}$ 를 벡터공간 F^n 의 표준기저라고 하면

$$w_j = L_A(e_j) = (a_{1j}, a_{2j}, \cdots, a_{mj}) \qquad (1 \le j \le n)$$

는 A 의 열벡터이므로 다음이 성립한다(정리 5.1.3, 정리 5.2.3, 정리 4.6.6).

$$\operatorname{im} L_A = \langle w_1, \cdots, w_n \rangle = (A \text{ 의 열공간}) = (A^T \text{ 의 행공간}),$$

$$r(L_A) = \dim_F \operatorname{im} L_A = r(A^T) = r(A)$$

(2) 정의와 정리 4.7.1 에 의하여 (2) 가 성립한다.

보기 5.2.3 다음과 같이 정의된 선형사상을 생각해 보자.

$$T : \mathbb{R}^3 \longrightarrow \mathbb{R}^2, \quad T(x_1, x_2, x_3) = (x_1 + 3x_2 + x_3,\ 2x_1 + 7x_2 - x_3)$$

이제

$$A = \begin{bmatrix} 1 & 3 & 1 \\ 2 & 7 & -1 \end{bmatrix}$$

이라고 하면, $T = L_A$ 이고 또 A^T 는 기본 행변형에 의하여 오른쪽과 같이 기약 행 사다리꼴 행렬로 변형된다. 따라서 다음 결과를 얻는다.

$$A^T = \begin{bmatrix} 1 & 2 \\ 3 & 7 \\ 1 & -1 \end{bmatrix} \longrightarrow \begin{bmatrix} 1 & 2 \\ 0 & 1 \\ 0 & -3 \end{bmatrix} \longrightarrow \begin{bmatrix} 1 & 0 \\ 0 & 1 \\ 0 & 0 \end{bmatrix}$$

$$\operatorname{im} T = \langle (1, 0), (0, 1) \rangle = \mathbb{R}^2,$$

$$r(T) = 2 = r(A^T) = r(A)$$

한편, ker T 는 동차 연립일차방정식

$$A \begin{bmatrix} x_1 \\ x_2 \\ x_3 \end{bmatrix} = \begin{bmatrix} 0 \\ 0 \\ 0 \end{bmatrix}$$

의 해공간이고, A 는 오른쪽과 같이 기약 행 사다리꼴 행렬로 변형되므로 $r(A) = 2$ 이다.

$$A = \begin{bmatrix} 1 & 3 & 1 \\ 2 & 7 & -1 \end{bmatrix} \longrightarrow \begin{bmatrix} 1 & 3 & 1 \\ 0 & 1 & -3 \end{bmatrix} \longrightarrow \begin{bmatrix} 1 & 0 & 10 \\ 0 & 1 & -3 \end{bmatrix}$$

그리고, 위의 동차 연립일차방정식은

$$\begin{cases} x_1 \qquad + 10x_3 = 0 \\ \qquad x_2 - \ 3x_3 = 0 \end{cases} \quad \text{즉} \quad \begin{cases} x_1 = -10x_3 \\ x_2 = \quad 3x_3 \end{cases}$$

과 동치이므로 이 동차 연립일차방정식의 해 전체는

$$(x_1, x_2, x_3) = t(-10, 3, 1) \qquad (t \in \mathbb{R})$$

이고 따라서 ker $T = \langle (-10, 3, 1) \rangle$ 이고 $n(T) = 1 = n(A)$ 이다.

보기 5.2.4 체 F 위의 벡터공간 F^2 에서 다음 선형변환을 생각해 보자.

$$T: \quad F^2 \longrightarrow F^2, \quad (y_1, y_2) = T(x_1, x_2)$$

$$\begin{bmatrix} y_1 \\ y_2 \end{bmatrix} = A \begin{bmatrix} x_1 \\ x_2 \end{bmatrix}, \qquad A = \begin{bmatrix} a & b \\ c & d \end{bmatrix} \neq O_2$$

먼저 A 가 정칙행렬이면, 정리 3.1.11 에 의하여 $\det A \neq 0$ 이고 $r(A) = 2$ 이므로 $\operatorname{im} T = F^2$, $\ker T = \{\mathbf{0}\}$ 이다(정리 5.2.6).

한편, $\det A = 0$ 이면, $r(A) = r(A^T) = 1$ 이고 다음이 성립한다.

(1) $\operatorname{im} T = (A$ 의 열공간$) = \langle (a, c), (b, d) \rangle$, $\dim_F \operatorname{im} T = 1$

한편, A 의 두 열벡터 $(a, c), (b, d)$ 는 일차종속이다(정리 4.6.9). 따라서 $(a, c) \neq (0, 0)$ 이면 $\operatorname{im} T = \langle (a, c) \rangle$ 이고, $(b, d) \neq (0, 0)$ 이면 $\operatorname{im} T = \langle (b, d) \rangle$ 이다.

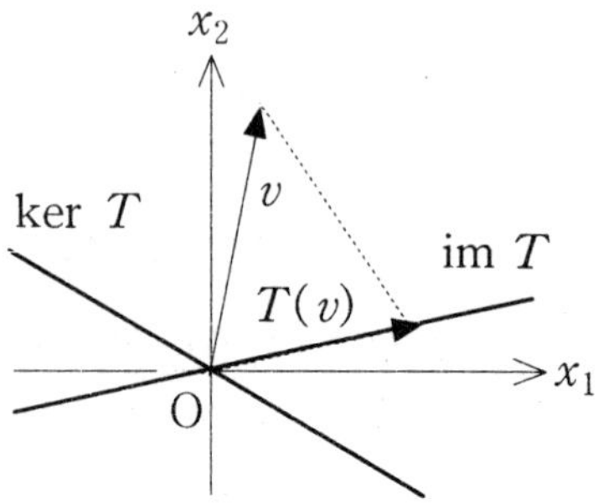

(2) $\ker T$ 는 동차 연립일차방정식

$$\begin{bmatrix} a & b \\ c & d \end{bmatrix} \begin{bmatrix} x_1 \\ x_2 \end{bmatrix} = \begin{bmatrix} 0 \\ 0 \end{bmatrix}$$

의 해공간이다. 그런데, 행렬 A 의 두 행벡터 $(a, b), (c, d)$ 는 일차종속이므로 $\ker T$ 는 동차 일차방정식

$$a x_1 + b x_2 = 0 \quad \text{또는} \quad c x_1 + d x_2 = 0$$

의 해공간이고 $\dim_F \ker T = 1$ 이다.

보기 5.2.5 다음과 같이 정의된 선형변환을 생각해 보자.

$$T: \quad \mathbb{R}^2 \longrightarrow \mathbb{R}^2, \quad (y_1, y_2) = T(x_1, x_2)$$

$$\begin{bmatrix} y_1 \\ y_2 \end{bmatrix} = \begin{bmatrix} 1 & 2 \\ 4 & 8 \end{bmatrix} \begin{bmatrix} x_1 \\ x_2 \end{bmatrix}$$

이 때, T 의 행렬을 A 라고 하면 다음이 성립한다.

$$A^T = \begin{bmatrix} 1 & 4 \\ 2 & 8 \end{bmatrix} \longrightarrow \begin{bmatrix} 1 & 4 \\ 0 & 0 \end{bmatrix}$$

$\operatorname{im} T = (A^T$ 의 행공간$) = \langle (1, 4) \rangle$,

$\dim \operatorname{im} T = 1 = r(A^T) = r(A)$

한편, ker T는 동차 일차방정식

$$x_1 + 2x_2 = 0$$

의 해공간과 일치하므로 ker T는 다음과 같다.

$$A = \begin{bmatrix} 1 & 2 \\ 4 & 8 \end{bmatrix} \longrightarrow \begin{bmatrix} 1 & 2 \\ 0 & 0 \end{bmatrix}$$

$$\ker T = \{\, t(-2,1) \mid t \in \mathbb{R} \,\} = \langle (-2,\ 1) \rangle$$

$$\dim \ker T = 1 = 2 - r(A) = n(A)$$

연 습 문 제 (5.2)

1. 다음 선형변환의 상공간과 핵을 구하여라.

(1) $T:\ \mathbb{R}^2 \longrightarrow \mathbb{R}^2,\ \ T(x_1, x_2) = (3x_1 - x_2,\ x_2 + 2x_3)$

(2) $T:\ \mathbb{R}^2 \longrightarrow \mathbb{R}^2,\ \ T(x_1, x_2) = (x_1 + 2x_2,\ 3x_1 + 6x_2)$

2. 다음 선형사상의 상공간과 핵을 구하여라.

(1) $T:\ \mathbb{R}^3 \longrightarrow \mathbb{R}^2,\ \ T(x_1, x_2, x_3) = (x_1 + 2x_2 + x_3,\ 3x_1 - x_2 + 2x_3)$

(2) $T:\ \mathbb{R}^3 \longrightarrow \mathbb{R}^3,\ \ T(x_1, x_2, x_3) = (3x_1 - 2x_2,\ x_2,\ 2x_2 + x_3)$

3. 다음 선형사상에 대하여 아래 물음에 답하여라.

$$T:\ \mathbb{R}^4 \longrightarrow \mathbb{R}^3,\ \ T(x_1, x_2, x_3, x_4) = (x_3 - 3x_4,\ 2x_1 + x_2,\ x_1 - x_4)$$

(1) 상공간 im T와 ker T를 구하여라.

(2) $T(1,0,1,0)$ 을 구하여라. 그리고, $T(x_1, x_2, x_3, x_4) = T(1,0,1,0)$ 인 벡터 $(x_1, x_2, x_3, x_4) \in \mathbb{R}^4$ 전체의 집합을 구하여라.

4. 다음 선형사상의 상공간의 차원과 핵의 차원을 구하여라.

(1) $T:\ \mathbb{R}_3[x] \longrightarrow \mathbb{R}[x],\ \ T(a + bx + cx^2) = a + (a-b)x^2$

(2) $T:\ \mathbb{R}^2 \longrightarrow \mathbb{R}_3[x],\ \ T(a,\ b) = a + 2b + (3a + 6b)x + (2a + 4b)x^2$

5. 다음 선형변환은 위로의 사상이지만 일대일 사상은 아님을 확인하여라.

$$D:\ \mathbb{R}[x] \longrightarrow \mathbb{R}[x],\ \ D(f(x)) = f'(x)$$

6. 벡터공간 $\mathbb{R}_3[x]$ 위에서 다음과 같이 정의된 선형변환은 일대일 사상도 아니고 위로의 사상도 아님을 확인하여라.

$$T : \mathbb{R}_3[x] \longrightarrow \mathbb{R}_3[x], \ T(a_0 + a_1 x + a_2 x^2) = a_1 + 2a_2 x$$

7. 체 F 위의 벡터공간 V, W 에 대하여 $T : V \longrightarrow W$ 가 선형사상일 때, W 의 벡터 $w_1, \cdots, w_r$ 가 일차독립이면

$$T(v_i) = w_i \qquad (1 \le i \le r)$$

인 벡터 $v_1, \cdots, v_r \in V$ 는 일차독립임을 증명하여라.

8. 체 F 위의 $m \times n$ 행렬 $A = [a_{ij}]_{m \times n}$ 의 행벡터를 $v_1, \cdots, v_m$ 이라고 할 때, 다음 세 조건은 서로 동치임을 밝혀라.

(1) $L_A : F^n \longrightarrow F^m$ 는 위로의 사상이다. 즉, $\text{im}\, L_A = F^m$ 이다.

(2) $r(A) = m$

(3) 벡터공간 F^n 에서 벡터 $v_1, \cdots, v_m$ 은 일차독립이다.

9. 체 F 위의 $m \times n$ 행렬 $A = [a_{ij}]_{m \times n}$ 의 열벡터를 $w_1, \cdots, w_n$ 이라고 할 때, 다음 세 조건은 서로 동치임을 밝혀라.

(1) $L_A : F^n \longrightarrow F^m$ 는 일대일 사상이다. 즉, $\ker L_A = \{\mathbf{0}\}$ 이다.

(2) $r(A) = n$

(3) 벡터공간 F^m 에서 벡터 $w_1, \cdots, w_n$ 은 일차독립이다.

10. 체 F 위의 벡터공간 V, W, U 가 모두 유한차원 벡터공간일 때, 두 선형사상 $T : V \longrightarrow W, \ S : W \longrightarrow U$ 에 대하여 다음이 성립함을 증명하여라.

(1) $r(S \circ T) \le r(S), \quad r(S \circ T) \le r(T)$

(2) T 가 위로의 사상이면, $r(S \circ T) = r(S)$ 이다.

(3) S 가 일대일 사상이면, $r(S \circ T) = r(T)$ 이다.

11. 체 F 위의 $m \times n$ 행렬 A 와 $n \times r$ 행렬 B 에 대하여 다음이 성립함을 밝혀라.

(1) $r(AB) \le r(A), \quad r(AB) \le r(B)$

(2) A 가 n 차의 정칙행렬이면, $r(AB) = r(B)$ 이다.

(3) B 가 n 차의 정칙행렬이면, $r(AB) = r(A)$ 이다.

§5.3 동형사상

이 절에서는, 본질적으로 동일한 벡터공간들에 대하여 논한다.

정의 5.3.1 체 F 위의 벡터공간 V, W 에서 $T : V \longrightarrow W$ 가 선형사상인 동시에 일대일 대응일 때, T 를 (벡터공간) **동형사상**(同型寫像, isomorphism) 또는 **F-동형사상**(F-isomorphism)이라고 한다.

그리고, 적당한 동형사상 $T : V \longrightarrow W$ 가 존재할 때, V 와 W 는 서로 **동형**인(同型, isomorphic) 벡터공간이라 하고 이 사실을 $V \cong W$ 로 나타낸다.

두 벡터공간 V, W 가 동형인 경우에 벡터공간으로서 V 와 W 는 동일하다고 생각하여 同一視한다(identify).

보기 5.3.1 체 F 위의 벡터공간 $\mathrm{Mat}_{m\times n}(F)$, $\mathrm{Mat}_{n\times m}(F)$ 에 대하여

$$\phi : \mathrm{Mat}_{m\times n}(F) \longrightarrow \mathrm{Mat}_{n\times m}(F), \quad \phi(A) = A^T$$

는 동형사상이고, 따라서 $\mathrm{Mat}_{m\times n}(F) \cong \mathrm{Mat}_{m\times n}(F)$ 이다(정리 2.1.4 참조).

실제로, 임의의 $A, B \in \mathrm{Mat}_{m\times n}(F)$ 와 $a \in F$ 에 대하여

$$\phi(A+B) = (A+B)^T = A^T + B^T = \phi(A) + \phi(B),$$
$$\phi(aA) = (aA)^T = aA^T = a\phi(A)$$

이므로 ϕ 는 선형사상이고, 또 ϕ 는 일대일 대응이다.

보기 5.3.2 체 F 위의 벡터공간 F^4 와 $\mathrm{Mat}_2(F)$ 에 대하여

$$T : F^4 \longrightarrow \mathrm{Mat}_2(F), \quad T(a, b, c, d) = \begin{bmatrix} a & b \\ c & d \end{bmatrix}$$

는 동형사상이고, 따라서 $F^4 \cong \mathrm{Mat}_2(F)$ 이다(문제 1 참조).

정리 5.2.2 에 의하여 다음 정리가 성립한다.

정리 5.3.2 체 F 위의 선형사상 $T : V \longrightarrow W$ 에 대하여 다음 세 조건은 서로 동치이다.

(1) T는 동형사상이다.

(2) T는 일대일 대응이다.

(3) $\ker T = \{\mathbf{0}\}$, $\operatorname{im} T = W$

체 F 위의 선형사상 $T : V \longrightarrow W$ 가 벡터공간 동형사상이면, T 의 역사상 $T^{-1} : W \longrightarrow V$ 가 정의된다(정의 1.1.7). 여기서,

$$T(v) = w \Longleftrightarrow T^{-1}(w) = v \qquad (v \in V,\ w \in W)$$

$$T^{-1} \circ T = 1_V, \quad T \circ T^{-1} = 1_W, \quad (T^{-1})^{-1} = T$$

정리 5.3.3 체 F 위의 벡터공간 V, W, U 에 대하여 다음이 성립한다.

(1) 항등 선형변환 $1_V : V \longrightarrow V$ 는 동형사상이고 ${1_V}^{-1} = 1_V$ 이다.

(2) $T : V \longrightarrow W$ 가 동형사상이면, T 의 역사상 $T^{-1} : W \longrightarrow V$ 는 동형사상이고 또 $(T^{-1})^{-1} = T$ 이다.

(3) $T : V \longrightarrow W$ 와 $S : W \longrightarrow U$ 가 동형사상이면, $S \circ T : V \longrightarrow U$ 는 동형사상이고 또 $(S \circ T)^{-1} = T^{-1} \circ S^{-1}$ 이다.

증 명 (1) 분명히 $1_V : V \longrightarrow V$ 는 동형사상이다.

(2) $T : V \longrightarrow W$ 가 동형사상이라고 하자.

이 때, $T^{-1} : W \longrightarrow V$ 는 일대일 대응이고 $(T^{-1})^{-1} = T$ 이다. 또, 임의의 $w_1, w_2 \in W$ 와 $a \in F$ 에 대하여

$$T^{-1}(w_1) = v_1, \quad T^{-1}(w_2) = v_2$$

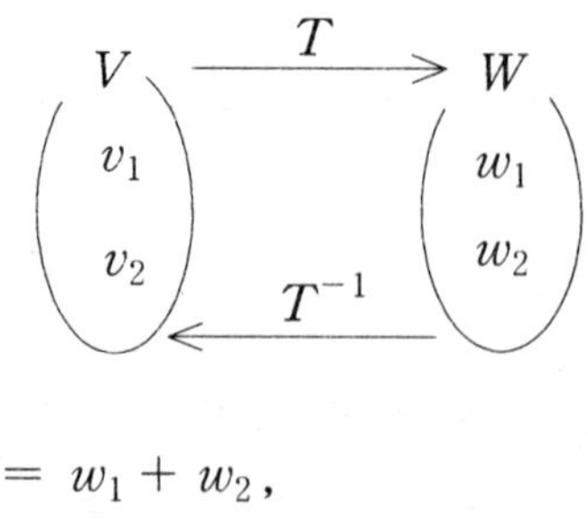

이라고 하면,

$$T(v_1) = w_1, \quad T(v_2) = w_2$$

이므로

$$T(v_1 + v_2) = T(v_1) + T(v_2) = w_1 + w_2,$$

$$T(a v_1) = a\,T(v_1) = a\,w_1$$

이고 따라서

$$T^{-1}(w_1+w_2) = v_1 + v_2 = T^{-1}(w_1) + T^{-1}(w_2),$$
$$T^{-1}(a\,w_1) = a\,v_1 = a\,T^{-1}(w_1)$$

이므로 T^{-1} 는 선형사상이고, 따라서 T^{-1} 는 동형사상이다.

(3) 두 사상 $T: V \longrightarrow W$, $S: W \longrightarrow U$ 가 동형사상이라고 하자.

이 때, $S \circ T : V \longrightarrow U$ 는 일대일 대응인 선형사상이므로 $S \circ T$ 는 동형사상이다(정리 1.1.4, 정리 5.1.5). 그리고,

$$(T^{-1} \circ S^{-1}) \circ (S \circ T) = 1_V, \quad (S \circ T) \circ (T^{-1} \circ S^{-1}) = 1_U$$

이므로 $(S \circ T)^{-1} = T^{-1} \circ S^{-1}$ 이다.

정리 5.3.3 에 의하여 다음 정리가 성립한다.

정리 5.3.4 체 F 위의 벡터공간 V, W, U 에 대하여 다음이 성립한다.

(1) $V \cong V$

(2) $V \cong W$ 이면, $W \cong V$ 이다.

(3) $V \cong W$, $W \cong U$ 이면, $V \cong U$ 이다.

정리 5.3.5 체 F 위의 벡터공간 V, W 가 모두 n 차원 벡터공간일 때, 선형사상 $T: V \longrightarrow W$ 에 대하여 다음 세 조건은 서로 동치이다.

(1) T 는 동형사상이다.

(2) T 는 일대일 사상이다. 즉 $\ker T = \{\mathbf{0}\}$ 이다.

(3) T 는 위로의 사상이다. 즉 $\operatorname{im} T = W$ 이다.

증 명 먼저 T 가 동형사상이면, T 는 일대일 사상이고 위로의 사상이다. 또, 정리 5.2.5 에 의하여 $n(T) + r(T) = n$ 이므로 다음이 성립한다.

$$\begin{aligned} \ker T = \{\mathbf{0}\} &\Longleftrightarrow n(T) = 0 \\ &\Longleftrightarrow r(T) = n \\ &\Longleftrightarrow \operatorname{im} T = W \end{aligned}$$

따라서 정리 5.3.2 에 의하여 (1), (2), (3) 은 서로 동치이다.

정리 5.3.6 (보편 사상 성질(普遍 寫像 性質), Universal Mapping Property)
체 F 위의 n 차원 벡터공간 V 에서 $\mathscr{B} = \{v_1, \cdots, v_n\}$ 가 V 의 기저일 때,
체 F 위의 임의의 벡터공간 W 와 임의의 벡터 $w_1, \cdots, w_n \in W$ 에 대하여

$$T(v_i) = w_i \qquad (1 \le i \le n)$$

인 선형사상 $T : V \longrightarrow W$ 가 단 하나 존재한다.
여기서, $w_1, \cdots, w_n$ 중에는 같은 것이 있을 수 있다.

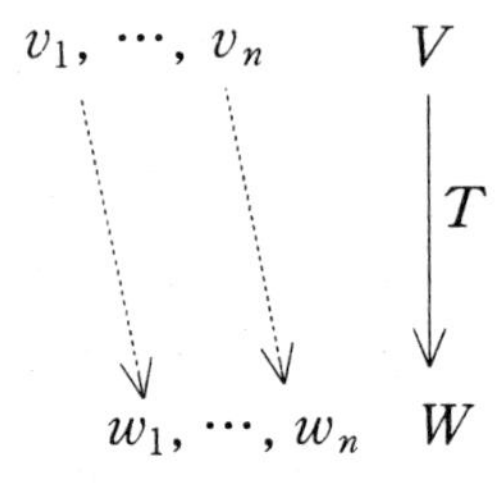

증 명 (1) 정리 4.4.2 에 의하여 각 벡터 $v \in V$ 는 단 한 가지 방법으로

$$v = a_1 v_1 + \cdots + a_n v_n = \sum_{i=1}^{n} a_i v_i \qquad (a_1, \cdots, a_n \in F)$$

의 꼴로 나타내어지므로 다음과 같은 사상이 정의된다.

$$T : V \longrightarrow W, \quad T(\sum_{i=1}^{n} a_i v_i) = \sum_{i=1}^{n} a_i w_i$$

이 때, $T(v_i) = w_i \ (1 \le i \le n)$ 이고, 또

$$\begin{aligned} T(\sum_{i=1}^{n} a_i v_i + \sum_{i=1}^{n} b_i v_i) &= T(\sum_{i=1}^{n} (a_i + b_i) v_i) \\ &= \sum_{i=1}^{n} (a_i + b_i) w_i = \sum_{i=1}^{n} a_i v_i + \sum_{i=1}^{n} b_i v_i \\ &= T(\sum_{i=1}^{n} a_i v_i) + T(\sum_{i=1}^{n} b_i v_i), \end{aligned}$$

$$\begin{aligned} T(a\sum_{i=1}^{n} a_i v_i) &= T(\sum_{i=1}^{n}(a\,a_i v_i) = \sum_{i=1}^{n}(a\,a_i) w_i \\ &= a\sum_{i=1}^{n} a_i w_i = a\,T(\sum_{i=1}^{n} a_i v_i) \end{aligned}$$

이므로 T 는 조건을 만족시키는 선형사상이다.
또, 선형사상 $S : V \longrightarrow W$ 에 대하여 $S(v_i) = w_i \ (1 \le i \le n)$ 이면,

$$S(\sum_{i=1}^{n} a_i v_i) = \sum_{i=1}^{n} a_i S(v_i) = \sum_{i=1}^{n} a_i w_i = T(\sum_{i=1}^{n} a_i v_i)$$

이므로 $S = T$ 이고, 따라서 조건을 만족시키는 선형사상은 T 뿐이다.

위의 정리의 증명에 의하여 다음 따름정리가 성립한다.

따름정리 5.3.7 체 F 위의 두 벡터공간 V, W 에서 V 가 n 차원 벡터공간이고 $\mathscr{B}=\{v_1, \cdots, v_n\}$ 가 V 의 기저이라고 하자.

이 때, 두 선형사상 $T: V \longrightarrow W$, $S: V \longrightarrow W$ 에 대하여

$$T(v_i) = S(v_i) \qquad (1 \le i \le n)$$

이면 $T = S$ 이다.

보기 5.3.3 벡터공간 $\mathbb{R}^3$ 에서 $\mathscr{B}=\{(1,0,0), (2,1,0), (1,-1,1)\}$ 는 기저이므로 다음과 같은 선형사상 $T: \mathbb{R}^3 \longrightarrow \mathbb{R}^2$ 가 단 하나 존재한다.

$$T(1,0,0) = (1,2), \quad T(2,1,0) = (1,2), \quad T(1,-1,1) = (2,5)$$

그런데, $\mathscr{B}$ 가 벡터공간 $\mathbb{R}^3$ 의 기저이므로 정리 4.4.9 에 의하여

$$P = \begin{bmatrix} 1 & 2 & 1 \\ 0 & 1 & -1 \\ 0 & 0 & 1 \end{bmatrix}$$

는 정칙행렬이다. 이제 A 를 $T = L_A$ 인 행렬이라고 하면,

$$A\begin{bmatrix} 1 \\ 0 \\ 0 \end{bmatrix} = \begin{bmatrix} 1 \\ \\ 2 \end{bmatrix}, \quad A\begin{bmatrix} 2 \\ 1 \\ 0 \end{bmatrix} = \begin{bmatrix} 1 \\ \\ 2 \end{bmatrix}, \quad A\begin{bmatrix} 1 \\ -1 \\ 1 \end{bmatrix} = \begin{bmatrix} 2 \\ \\ 5 \end{bmatrix}$$

이므로

$$AP = \begin{bmatrix} 1 & 1 & 2 \\ \\ 2 & 2 & 5 \end{bmatrix}, \quad A = \begin{bmatrix} 1 & 1 & 2 \\ \\ 2 & 2 & 5 \end{bmatrix} P^{-1} = \begin{bmatrix} 1 & -1 & 0 \\ \\ 2 & -2 & 1 \end{bmatrix}$$

이고 따라서 선형사상 $T: \mathbb{R}^3 \longrightarrow \mathbb{R}^2$ 는 다음과 같이 정의된다.

$$T(x_1, x_2, x_3) = (x_1 - x_2,\ 2x_1 - 2x_2 + x_3)$$

정리 5.3.8 체 F 위의 벡터공간 V, W 에서 V 가 유한차원 벡터공간일 때, 다음이 성립한다.

(1) $T: V \longrightarrow W$ 가 동형사상이면, V 의 임의의 기저 $\mathscr{B}=\{v_1, \cdots, v_n\}$ 에 대하여 $T(\mathscr{B}) = \{T(v_1), \cdots, T(v_n)\}$ 는 W의 기저이다.

(2) $V \cong W$ 이면, W 는 유한차원벡터공간이고 $\dim_F V = \dim_F W$ 이다.

증 명 벡터공간 V가 n차원 벡터공간이라 하고 $T: V \longrightarrow W$가 동형사상이라고 하자. 이 때, 정리 5.2.4 에 의하여 V의 임의의 기저 $\mathscr{B} = \{v_1, \cdots, v_n\}$에 대하여 $T(\mathscr{B}) = \{T(v_1), \cdots, T(v_n)\}$는 $\text{im}\, T$의 기저이고 또 $\text{im}\, T = W$이므로 $T(\mathscr{B})$는 W의 기저이다. 따라서 정리가 성립한다.

정리 5.3.9 체 F 위의 유한차원 벡터공간 V, W에 대하여 다음이 성립한다.

$$V \cong W \Longleftrightarrow \dim_F V = \dim_F W$$

증 명 먼저 $V \cong W$이면, 정리 5.3.8 에 의하여 $\dim_F V = \dim_F W$이다.

이제 $\dim_F V = \dim_F W = n$일 때, $\mathscr{B} = \{v_1, \cdots, v_n\}$, $\mathscr{C} = \{w_1, \cdots, w_n\}$를 각각 V, W의 기저라고 하면 정리 5.3.6 에 의하여 다음과 같은 선형사상 $T: V \longrightarrow W$가 단 하나 존재한다.

$$T(v_i) = w_i \qquad (1 \leq i \leq n)$$

그런데,

$$T(a_1 v_1 + \cdots + a_n v_n) = a_1 w_1 + \cdots + a_n w_n$$

이므로 $\text{im}\, T = \{a_1 w_1 + \cdots + a_n w_n \mid a_1, \cdots, a_n \in F\} = W$이다.

그리고, $v = a_1 v_1 + \cdots + a_n v_n \in \ker T$이라고 하면,

$$\mathbf{0} = T(v) = a_1 w_1 + \cdots + a_n w_n$$

이고 $w_1, \cdots, w_n$은 일차독립이므로 $a_1 = \cdots = a_n = 0$이고, 따라서 $v = \mathbf{0}$이므로 $\ker T = \{\mathbf{0}\}$이다. 그러므로, T는 동형사상이고 $V \cong W$이다.

따름정리 5.3.10 체 F 위의 벡터공간 V가 유한차원 벡터공간일 때,

$$V \cong F^n \Longleftrightarrow \dim_F V = n$$

이고 특히 $F^n \cong F^m \Longleftrightarrow n = m$이다.

증 명 먼저 $V \cong F^n$이면, 정리 5.3.9 에 의하여 $\dim_F V = \dim_F F^n = n$이다.

역으로, $\dim_F V = n$이면, V의 임의의 기저 $\mathscr{B} = \{v_1, \cdots, v_n\}$와 벡터공간

F^n 의 표준기저 $\mathscr{C} = \{e_1, \cdots, e_n\}$ 에 대하여 사상

$$T : V \longrightarrow F^n,$$

$$T(a_1 v_1 + \cdots + a_n v_n) = a_1 e_1 + \cdots + a_n e_n = (a_1, \cdots, a_n)$$

는 동형사상이고 따라서 $V \cong F^n$ 이다(정리 5.3.9 의 증명 참조).

보기 5.3.4 체 F 위의 벡터공간

$$F_n[x] = \{a_0 + a_1 x + \cdots + a_{n-1} x_{n-1} \mid a_0, a_1, \cdots, a_{n-1}\}$$

는 n 차원 벡터공간이고 따라서 $F_n[x] \cong F^n$ 이다.

실제로, 다음과 같이 정의된 사상 ϕ 는 동형사상이다.

$$\phi : F_n[x] \longrightarrow F^n, \ \phi_{\mathscr{B}}(a_0 + \cdots + a_{n-1} x^{n-1}) = (a_0, \cdots, a_{n-1})$$

보기 5.3.5 체 F 위의 벡터공간 $\text{Mat}_{m \times n}(F)$ 는 mn 차원 벡터공간이므로 다음이 성립한다.

$$\text{Mat}_{m \times n}(F) \cong F^{mn}, \quad \text{Mat}_{1 \times n}(F) \cong F^n \cong \text{Mat}_{n \times 1}(F)$$

실제로, 벡터공간 $\text{Mat}_{m \times n}(F)$ 의 표준기저

$$\mathscr{B} = \{E_{11}, E_{12}, \cdots, E_{1n}, E_{21}, E_{22}, \cdots, E_{2n}, \cdots, E_{m1}, E_{m2}, \cdots, E_{mn}\}$$

을 생각하면, 다음과 같이 정의된 사상 ϕ 는 동형사상이다(보기 4.4.2).

$$\phi : \text{Mat}_{m \times n}(F) \longrightarrow F^{mn},$$

$$\phi([a_{ij}]_{m \times n}) = (a_{11}, \cdots, a_{1n}, a_{21}, \cdots, a_{2n}, \cdots, a_{m1}, \cdots, a_{mn})$$

연 습 문 제 (5.3)

1. 다음 사상은 벡터공간 동형사상임을 밝혀라.

(1) $T : \text{Mat}_2(F) \longrightarrow \text{Mat}_2(F), \quad T\left(\begin{bmatrix} a & b \\ c & d \end{bmatrix}\right) = \begin{bmatrix} b & a \\ c & d \end{bmatrix}$

(2) $T : \text{Mat}_{1 \times n}(F) \longrightarrow F^n, \ T([a_1 \ a_2 \ \cdots \ a_n]) = (a_1, a_2, \cdots, a_n)$

2. 벡터공간 $\mathbb{R}^3$ 에 대하여 다음 사상은 동형사상임을 밝혀라.

(1) $T: \mathbb{R}^3 \longrightarrow \mathbb{R}^3,\ T(x_1, x_2, x_3) = (x_2, x_1, x_3)$

(2) $T: \mathbb{R}^3 \longrightarrow \mathbb{R}^3,\ T(x_1, x_2, x_3) = (x_1+x_2, x_2+x_3, x_1+x_3)$

3. 선형변환 $T: \mathbb{R}^2 \longrightarrow \mathbb{R}^2$ 에 대하여 $T(4,3) = (7,5)$, $T(2,2) = (3,2)$ 일 때, 임의의 벡터 $(x_1, x_2) \in \mathbb{R}^2$ 에 대하여 $T(x_1, x_2)$ 를 구하여라.

4. 선형변환 $T: \mathbb{R}^2 \longrightarrow \mathbb{R}^2$ 에 대하여 $T(1,0) = (2,3)$, $T(0,1) = (1,1)$ 일 때, $T(1,1)$ 과 $T(2,3)$ 을 구하여라.

5. 선형사상 $T: \mathbb{R}^3 \longrightarrow \mathbb{R}^2$ 에 대하여

$$T(1,1,0) = (1,0),\quad T(0,1,1) = (1,1),\quad T(1,0,1) = (2,4)$$

일 때, 임의의 벡터 $(x_1, x_2, x_3) \in \mathbb{R}^3$ 에 대하여 $T(x_1, x_2, x_3)$ 를 구하여라.

6. 체 F 위의 n^2 차원 벡터공간 $\mathrm{Mat}_n(F)$ 에 대하여 사상

$$\phi: \mathrm{Mat}_n(F) \longrightarrow F,\quad \phi(A) = \mathrm{tr}\,A$$

는 선형사상이고 또 $\ker\phi = \{A \in \mathrm{Mat}_n(F) \mid \mathrm{tr}\,A = 0\}$ 는 $\mathrm{Mat}_n(F)$ 의 n^2-1 차원 부분공간임을 밝혀라.

7. 체 F 위의 두 벡터공간 V, W 가 모두 유한차원 벡터공간일 때, 선형사상 $T: V \longrightarrow W$ 에 대하여 다음이 성립함을 증명하여라.

(1) $\dim_F V < \dim_F W$ 이면, T 는 위로의 사상이 아니다.

(2) $\dim_F V > \dim_F W$ 이면, T 는 일대일 사상이 아니다.

8. 체 F 위의 두 유한차원 벡터공간 V, W 에서 $\dim_F V = \dim_F W$ 일 때, 선형사상 $T: V \longrightarrow W$ 에 대하여 다음이 성립함을 증명하여라.

(1) $S \circ T = 1_V$ 인 선형사상 $S: W \longrightarrow V$ 가 존재하면, T 는 동형사상이고 또 $S = T^{-1}$ 이다.

(2) $T \circ S = 1_W$ 인 선형사상 $S: W \longrightarrow V$ 가 존재하면, T 는 동형사상이고 또 $S = T^{-1}$ 이다.

§5.4 두 벡터공간 사이의 선형사상

이 절에서는, 두 벡터공간 V, W 사이의 선형사상 전체에 대하여 논한다.

정리 5.4.1 체 F 위의 벡터공간 V, W 사이의 두 선형사상 $T : V \longrightarrow W$, $S : V \longrightarrow W$ 와 $a \in F$에 대하여 다음과 같이 정의된 사상은 선형사상이다.

$$\begin{aligned} T+S &: V \longrightarrow W, \quad (T+S)(v) = T(v) + S(v) \\ aT &: V \longrightarrow W, \quad (aT)(v) = aT(v) \\ -T &: V \longrightarrow W, \quad (-T)(v) = -T(v) \end{aligned}$$

그리고, V 에서 W 로의 선형사상 전체의 집합을 $\mathrm{Hom}_F(V, W)$ 로 나타내면, $\mathrm{Hom}_F(V, W)$ 는 체 F 위의 벡터공간을 이룬다.

증 명 임의의 벡터 $v, w \in V$ 와 $k \in F$ 에 대하여 다음이 성립한다.

$$\begin{aligned} (T+S)(v+w) &= T(v+w) + S(v+w) \\ &= T(v) + T(w) + S(v) + S(w) \\ &= T(v) + S(v) + T(w) + S(w) \\ &= (T+S)(v) + (T+S)(w) \end{aligned}$$

$$\begin{aligned} (T+S)(kv) &= T(kv) + S(kv) = kT(v) + kS(v) \\ &= k\{T(v) + S(v)\} = k\{(T+S)(v)\} \end{aligned}$$

$$\begin{aligned} (aT)(v+w) &= a(T(v+w)) = a(T(v) + T(w)) \\ &= aT(v) + aT(w) = (aT)(v) + (aT)(w) \end{aligned}$$

$$\begin{aligned} (aT)(kv) &= a(T(kv)) = a(kT(v)) \\ &= akT(v) = k(aT(v)) = k(aT)(v) \end{aligned}$$

따라서 $T+S$, aT, $-T = (-1)T$ 는 선형사상이다.

그리고, $T, S, R \in \mathrm{Hom}_F(V, W)$ 이라 하고 $a, b \in F$ 이라고 하면, 임의의 벡터 $v \in V$ 에 대하여 다음이 성립한다.

$$\begin{aligned} ((T+S)+R)(v) &= (T+S)(v) + R(v) = T(v) + S(v) + R(v) \\ &= T(v) + (S+R)(v) = (T+(S+R))(v), \end{aligned}$$

$$(T+S)(v) = T(v)+S(v) = S(v)+T(v) = (S+T)(v),$$
$$(T+0)(v) = T(v)+0(v) = T(v)+\mathbf{0} = T(v),$$
$$(T+(-T))(v) = T(v)+(-T)(v) = T(v)-T(v) = \mathbf{0},$$
$$\begin{aligned}(a(T+S))(v) &= a((T+S)(v)) \\ &= a(T(v)+S(v)) = aT(v)+aS(v) \\ &= (aT)(v)+(aS)(v) = (aT+aS)(v),\end{aligned}$$
$$\begin{aligned}((a+b)T)(v) &= (a+b)T(v) \\ &= aT(v)+bT(v) = (aT)(v)+(bT)(v) \\ &= (aT+bT)(v),\end{aligned}$$
$$\begin{aligned}((ab)T)(v) &= (ab)T(v) = a(bT(v)) \\ &= a((bT)(v)) = (a(bT))(v),\end{aligned}$$
$$(1T)(v) = 1T(v) = T(v)$$

따라서

$$(T+S)+R = T+(S+R),$$
$$T+S = S+T$$
$$T+0 = 0+T = T, \qquad T+(-T) = (-T)+T = 0$$
$$a(T+S) = aT+aS, \qquad (a+b)T = aT+bT$$
$$(ab)T = a(bT), \qquad 1T = T$$

이므로 $\mathrm{Hom}_F(V, W)$ 는 체 F 위의 벡터공간이다.

정리 5.4.2 체 F 위의 벡터공간 F^n, F^m 에 대하여 다음이 성립한다.

(1) $\mathrm{Hom}_F(F^n, F^m) = \{L_A \mid A \in \mathrm{Mat}_{m\times n}(F)\}$

(2) 다음과 같이 정의된 사상 Φ 는 벡터공간 동형사상이다.

$$\Phi : \mathrm{Mat}_{m\times n}(F) \longrightarrow \mathrm{Hom}_F(F^n, F^m), \quad \Phi(A) = L_A$$

즉, 임의의 $A, B \in \mathrm{Mat}_{m\times n}(F)$ 와 $a \in F$ 에 대하여 다음이 성립한다.

(i) $L_{A+B} = L_A + L_B$, $\quad L_{aA} = aL_A$

(ii) Φ 는 일대일 대응이다.

(3) $\mathrm{Hom}_F(F^n, F^m) \cong \mathrm{Mat}_{m\times n}(F)$, $\dim_F \mathrm{Hom}_F(F^n, F^m) = nm$

증 명 (1) 정리 5.1.4 에 의하여 (1) 이 성립한다.

(2) 임의의 $A, B \in \mathrm{Mat}_{m\times n}(F)$ 와 $a \in F$ 에 대하여

$$(A+B)\begin{bmatrix} x_1 \\ \vdots \\ x_n \end{bmatrix} = A\begin{bmatrix} x_1 \\ \vdots \\ x_n \end{bmatrix} + B\begin{bmatrix} x_1 \\ \vdots \\ x_n \end{bmatrix}, \quad (aA)\begin{bmatrix} x_1 \\ \vdots \\ x_n \end{bmatrix} = a\left(A\begin{bmatrix} x_1 \\ \vdots \\ x_n \end{bmatrix}\right)$$

이므로

$$\begin{aligned} L_{A+B}(x_1, \cdots, x_n) &= L_A(x_1, \cdots, x_n) + L_B(x_1, \cdots, x_n) \\ &= (L_A + L_B)(x_1, \cdots, x_n), \end{aligned}$$

$$(L_{aA})(x_1, \cdots, x_n) = a(L_A(x_1, \cdots, x_n)) = (a L_A)(x_1, \cdots, x_n)$$

이고 따라서 $L_{A+B} = L_A + L_B$, $L_{aA} = aL_A$ 이다.

그리고, $\mathscr{B} = \{e_1, \cdots, e_n\}$ 를 벡터공간 F^n 의 표준기저라고 하면,

$$\begin{aligned} L_A = L_B &\Longrightarrow L_A(e_j) = L_B(e_j) \qquad (1 \le j \le n) \\ &\Longrightarrow (a_{1j}, a_{2j}, \cdots, a_{nj}) = (b_{ij}, b_{2j}, \cdots, b_{nj}) \quad (1 \le j \le n) \\ &\Longrightarrow A = B \end{aligned}$$

이므로 Φ 는 일대일 사상이고 (1) 에 의하여 Φ 는 위로의 사상이다(정의 1.1.3).

(3) 위의 (2) 에 의하여 $\mathrm{Hom}_F(F^n, F^m) \cong \mathrm{Mat}_{m\times n}(F)$ 이고, 정리 5.3.8 에 의하여 다음이 성립한다(보기 4.4.2 참조).

$$\dim_F \mathrm{Hom}_F(F^n, F^m) = \dim_F \mathrm{Mat}_{m\times n}(F) = mn$$

보기 5.4.1 벡터공간 $\mathbb{R}^2$ 에서 벡터공간 $\mathbb{R}^3$ 으로의 선형사상

$$T : \mathbb{R}^2 \longrightarrow \mathbb{R}^3, \quad T(x_1, x_2) = (x_1 + 4x_2, 2x_1 + 3x_2, 2x_2)$$

$$S : \mathbb{R}^2 \longrightarrow \mathbb{R}^3, \quad S(x_1, x_2) = (2x_1 + x_2, 5x_2, 4x_1 - 2x_2)$$

에 대하여 $T+S$, $2T$ 는 각각 다음과 같이 정의된 선형사상이다.

$$T+S : \mathbb{R}^2 \longrightarrow \mathbb{R}^3, \quad (T+S)(x_1, x_2) = (3x_1 + 5x_2, 2x_1 + 8x_2, 4x_1)$$

$$2T : \mathbb{R}^2 \longrightarrow \mathbb{R}^3, \quad (2T)(x_1, x_2) = (2x_1 + 8x_2, 4x_1 + 6x_2, 2x_2)$$

한편,

$$A = \begin{bmatrix} 1 & 4 \\ 2 & 3 \\ 0 & 2 \end{bmatrix}, \qquad B = \begin{bmatrix} 2 & 1 \\ 0 & 5 \\ 4 & -2 \end{bmatrix}$$

이라고 하면, $T = L_A$, $S = L_B$ 이고 또

$$A+B = \begin{bmatrix} 3 & 5 \\ 2 & 8 \\ 4 & 0 \end{bmatrix}, \quad 2A = \begin{bmatrix} 2 & 8 \\ 4 & 6 \\ 0 & 4 \end{bmatrix}$$

이므로 $T+S = L_A + L_B = L_{A+B}$, $2T = 2L_A = L_{2A}$ 이다.

연 습 문 제 (5.4)

1. 다음 두 선형사상에 대하여 선형사상 $T+S$ 와 $2T$ 를 정의하여라.

$$T : \mathbb{R}^2 \longrightarrow \mathbb{R}_3[x],\ T(a, b) = a + bx + (a+b)x^2$$

$$S : \mathbb{R}^2 \longrightarrow \mathbb{R}_3[x],\ S(a, b) = ax + bx^2$$

2. 체 F 위의 두 벡터공간 F^2, $\mathrm{Mat}_2(F)$ 에 대하여 다음과 같이 정의된 사상 $T : F^2 \longrightarrow \mathrm{Mat}_2(F)$, $S : F^2 \longrightarrow \mathrm{Mat}_2(F)$ 가 선형사상임을 밝혀라.

$$T(a, b) = \begin{bmatrix} a & 0 \\ 0 & b \end{bmatrix}, \qquad S(a, b) = \begin{bmatrix} a & b \\ b & a \end{bmatrix}$$

그리고, 선형사상 $T+S$, $T-S$ 를 정의하여라.

3. 두 선형사상 T, S 가 다음과 같이 정의되어 있다고 하자.

$$T : \mathbb{R}^3 \longrightarrow \mathbb{R}^2,\ (y_1, y_2) = T(x_1, x_2, x_3)$$

$$\begin{bmatrix} y_1 \\ y_2 \end{bmatrix} = \begin{bmatrix} 4 & -2 & 5 \\ 3 & 1 & 0 \end{bmatrix} \begin{bmatrix} x_1 \\ x_2 \\ x_3 \end{bmatrix}$$

$$S : \mathbb{R}^3 \longrightarrow \mathbb{R}^2,\ (y_1, y_2) = S(x_1, x_2, x_3)$$

$$\begin{bmatrix} y_1 \\ y_2 \end{bmatrix} = \begin{bmatrix} 2 & 0 & 2 \\ 1 & 4 & 3 \end{bmatrix} \begin{bmatrix} x_1 \\ x_2 \\ x_3 \end{bmatrix}$$

이 때, 선형사상 $T+S$, $5T$, $2T-3S$ 를 정의하여라.

§5.5 선형변환 다원환

체 F 위의 n차의 행렬 전체의 집합 $\mathrm{Mat}_n(F)$는 다음 정리와 같은 성질을 가지고 있다(정리 2.2.1, 보기 4.4.4 참조).

정리 5.5.1 체 F 위의 n차의 행렬 전체의 집합 $\mathrm{Mat}_n(F)$ 위에는 덧셈, 스칼라 곱셈과 곱셈이 정의되어 있고, 또 임의의 행렬 $A, B, C \in \mathrm{Mat}_n(F)$와 $a, b \in F$에 대하여 다음이 성립한다.

A.1 : $(A+B)+C = A+(B+C)$ (덧셈에 관한 결합법칙)

A.2 : $A+B = B+A$ (덧셈에 관한 교환법칙)

A.3 : $A+O_n = O_n+A = A$

A.4 : $A+(-A) = (-A)+A = O_n$

M.1 : $(AB)C = A(BC)$ (곱셈에 관한 결합법칙)

M.2 : $AI_n = I_nA = A$

D : $A(B+C) = AB+AC,$

$(A+B)C = AC+BC$ (분배법칙)

SM.1 : $a(A+B) = aA+aB$ SM.2 : $(a+b)A = aA+bA$

SM.3 : $(ab)A = a(bA)$ SM4 : $1A = A$

M.SM : $a(AB) = (aA)B = A(aB)$

더욱이, $\mathrm{Mat}_n(F)$는 체 F 위의 n^2 차원 벡터공간이다.

위의 조건이 성립한다는 의미에서, 집합 $\mathrm{Mat}_n(F)$를 체 F 위의 ***n*** **차의 행렬다원환**(行列多元環, algebra of matrices over F)이라고 한다.

체 F 위의 다항식 전체의 집합 $F[x]$ 위에는 덧셈, 스칼라 곱셈과 곱셈이 정의되어 있고, 이들 연산에 관하여 위의 정리에서와 같이 A.1~A.4, M.1, M.2 D. SM.1 ~ SM4, M.SM 이 성립한다(정리 1.3.1).

다음에 벡터공간 V에서의 선형변환 전체에 대하여 생각해 보자.

벡터공간 V 위의 영 선형변환 0_V 와 항등 선형변환 1_V 는 각각 다음과 같이 정의된 선형변환이다.

$$0_V : V \longrightarrow V, \quad 0_V(v) = \mathbf{0}$$

$$1_V : V \longrightarrow V, \quad 1_V(v) = v$$

정리 5.5.2 체 F 위의 벡터공간 V 에서 V 위의 선형변환 전체의 집합을 $\mathrm{End}_F(V)$ 로 나타내자. 즉, $\mathrm{End}_F(V) = \mathrm{Hom}_F(V, V)$

그리고, 임의의 선형변환 $T, S \in \mathrm{End}_F(V)$ 와 $a \in F$ 에 대하여 선형변환 $T+S,\ aT,\ S \circ T \in \mathrm{End}_F(V)$ 를 다음과 같이 정의하자.

$$T+S : V \longrightarrow V, \quad (T+S)(v) = T(v) + S(v)$$

$$S \circ T : V \longrightarrow V, \quad (S \circ T)(v) = S(T(v))$$

$$aT : V \longrightarrow V, \quad (aT)(v) = aT(v)$$

이 때, 임의의 $T, S, R \in \mathrm{End}_F(V)$ 와 $a, b \in F$ 에 대하여 다음이 성립한다.

A.1 : $(T+S)+R = T+(S+R)$ (덧셈에 관한 결합법칙)

A.2 : $T+S = S+T$ (덧셈에 관한 교환법칙)

A.3 : $T + 0_V = 0_V + T = T$

A.4 : $T + (-T) = (-T) + T = 0_V$

M.1 : $R \circ (S \circ T) = (R \circ S) \circ T$ (곱셈에 관한 결합법칙)

M.2 : $1_V \circ T = T \circ 1_V = T$

D : $R \circ (T+S) = R \circ S + R \circ S,$

$(T+S) \circ R = T \circ R + S \circ R$ (분배법칙)

SM.1 : $a(T+S) = aT + aS$ SM.2 : $(a+b)T = aT + bT$

SM.3 : $(ab)T = a(bT)$ SM.4 : $1T = T$

M.SM : $a(S \circ T) = (aS) \circ T = S \circ (aT)$

특히, $\mathrm{End}_F(V)$ 는 체 F 위의 벡터공간을 이룬다.

위의 조건이 성립한다는 의미에서 $\mathrm{End}_F(V)$ 를 벡터공간 V 의 **선형변환 다원환**(線型變換 多元環, algebra of linear transformations)이라고 한다.

증 명 정리 5.4.2, 정리 5.1.5, 정리 5.1.7 에 의하여 A.1 ~ A.4, SM.1 ~ SM.4, M.1, M_2 가 성립한다. 그리고, 임의의 $v \in V$ 에 대하여

$$\begin{aligned}(R \circ (T+S))(v) &= R((T+S)(v)) = R(T(v) + S(v)) \\ &= R(T(v)) + R(S(v)) = (R \circ T(v) + (R \circ S)(v) \\ &= (R \circ T + R \circ S)(v) \\ ((T+S) \circ R))(v) &= (T+S)(R(v)) = T(R(v)) + S(R(v)) \\ &= (T \circ R)(v) + (S \circ R)(v) = (T \circ R + S \circ R)(v), \\ (a(S \circ T))(v) &= a((S \circ T)(v)) = a(S(T(v))), \\ ((aS) \circ T)(v) &= (aS)(T(v)) = a(S(T(v))), \\ (S \circ (aT))(v) &= S((aT)(v)) = S(a(S(v))) = a(S(T(v)))\end{aligned}$$

이므로 D, M.SM 이 성립한다.

정의 5.5.3 체 F 위의 벡터공간 V 에서 선형변환 $T \in \mathrm{End}_F(V)$ 와 양의 정수 m 에 대하여 T^m 을 다음과 같이 귀납적으로 정한다.

$$T^1 = T, \quad T^2 = T \circ T, \quad T^m = T^{m-1} \circ T$$

위의 정의에 의하여 다음이 성립함을 알 수 있다(정리 2.2.4 참조).

정리 5.5.4 체 F 위의 벡터공간 V 에서 선형변환 $T \in \mathrm{End}_F(V)$ 와 양의 정수 m, k 에 대하여 다음 등식이 성립한다.

$$T^m \circ T^k = T^{m+k}, \quad (T^m)^k = T^{mk}$$

정의 5.5.5 체 F 위의 벡터공간 V 에서 선형변환 $T : V \longrightarrow V$ 가 동형사상일 때, 즉 등식

$$T \circ T^{-1} = T^{-1} \circ T = 1_V$$

를 만족시키는 T 의 역사상 T^{-1} 가 존재할 때, T 를 **정칙 선형변환**(正則線型變換, non-singular linear transformation) 이라고 한다.

정리 5.3.3 과 정리 5.3.2, 정리 5.3.5 에 의하여 다음 세 정리가 성립한다.

정리 5.5.6 체 F 위의 벡터공간 V 에서 다음이 성립한다.

(1) 항등 선형변환 1_V 는 정칙 선형변환이고 $(1_V)^{-1} = 1_V$ 이다.

(2) T 가 V 위의 정칙 선형변환이면, T^{-1} 는 V 위의 정칙 선형변환이고 또 $(T^{-1})^{-1} = T$ 이다.

(3) T, S 가 V 위의 정칙 선형변환이면, $S \circ T$ 는 V 위의 정칙 선형변환이고 $(S \circ T)^{-1} = T^{-1} \circ S^{-1}$ 이다.

정리 5.5.7 체 F 위의 벡터공간 V 에서의 선형변환 $T : V \longrightarrow V$ 에 대하여 다음 두 조건은 서로 동치이다.

(1) T 는 정칙 선형변환이다.

(2) T 는 일대일 대응이다. 즉, $\ker T = \{\mathbf{0}\}$, $\operatorname{im} T = V$

정리 5.5.8 체 F 위의 벡터공간 V 가 유한차원 벡터공간일 때, 선형변환 $T : V \longrightarrow V$ 에 대하여 다음 세 조건은 서로 동치이다.

(1) T 는 정칙 선형변환이다.

(2) T 는 일대일 사상이다. 즉, $\ker T = \{\mathbf{0}\}$

(3) T 는 위로의 사상이다. 즉, $\operatorname{im} T = V$

정리 5.5.9 체 F 위의 벡터공간 F^n 에 대하여

$$\operatorname{End}_F(F^n) = \{L_A \mid A \in \operatorname{Mat}_n(F)\}$$

이고, 임의의 $A, B \in \operatorname{Mat}_n(F)$ 와 $a \in F$ 에 대하여 다음이 성립한다.

(i) $L_{A+B} = L_A + L_B$, $L_{aA} = aL_A$

(ii) $L_B \circ L_A = L_{BA}$, $L_{I_n} = 1_{F^n}$

(iii) A 가 정칙행렬일 때 그리고 이때에만 L_A 는 정칙 선형변환이다.

또, A 가 정칙행렬이면, ${L_A}^{-1} = L_{A^{-1}}$ 이다.

그리고, $\operatorname{End}_F(F^n) \cong \operatorname{Mat}_n(F)$, $\dim_F \operatorname{End}_F(F^n) = n^2$ 이다.

증 명 정리 5.4.2, 정리 5.1.6 에 의하여 (i), (ii) 가 성립하고 또

$$AB = BA = I_n \Longleftrightarrow L_A \circ L_B = L_B \circ L_A = 1_{F^n}$$

이므로 (iii) 가 성립한다. 따라서 사상

$$\Phi : \operatorname{Mat}_n(F) \longrightarrow \operatorname{End}_F(F^n), \quad \Phi(A) = L_A$$

는 벡터공간 동형사상이므로 정리가 성립한다.

보기 5.5.1 다음과 같이 정의된 선형변환을 생각해 보자.

$$T : \mathbb{R}^2 \longrightarrow \mathbb{R}^2, \quad (y_1, y_2) = T(x_1, x_2)$$

$$\begin{bmatrix} y_1 \\ y_2 \end{bmatrix} = A \begin{bmatrix} x_1 \\ x_2 \end{bmatrix}, \qquad A = \begin{bmatrix} 2 & 1 \\ 7 & 3 \end{bmatrix}$$

이 때, A 는 정칙행렬이고

$$A^{-1} = \begin{bmatrix} -3 & 1 \\ 7 & -2 \end{bmatrix}$$

이므로 T 는 정칙 선형변환이고 T^{-1} 는 다음과 같이 정의된 선형변환이다.

$$T^{-1} : \mathbb{R}^2 \longrightarrow \mathbb{R}^2, \quad T^{-1}(x_1, x_2) = (-3x_1 + x_2, 7x_1 - 2x_2)$$

보기 5.5.2 실수 θ 에 대하여 다음과 같이 정의된 선형변환을 생각해 보자.

$$R_\theta : \mathbb{R}^2 \longrightarrow \mathbb{R}^2, \ (y_1, y_2) = R_\theta(x_1, x_2)$$

$$\begin{bmatrix} y_1 \\ y_2 \end{bmatrix} = A_\theta \begin{bmatrix} x_1 \\ x_2 \end{bmatrix}, \qquad A_\theta = \begin{bmatrix} \cos\theta & -\sin\theta \\ \sin\theta & \cos\theta \end{bmatrix}$$

여기서, A_θ 는 정칙행렬이고, 임의의 실수 θ, ϕ 와 양의 정수 m 에 대하여

$$A_\theta A_\phi = A_{\theta+\phi} = A_\phi A_\theta, \quad {A_\theta}^m = A_{m\theta}, \quad {A_\theta}^{-1} = A_{-\theta}$$

이므로 다음이 성립한다(보기 2.2.2).

$$R_\phi \circ R_\theta = R_{\phi+\theta} = R_\theta \circ R_\phi,$$

$${R_\theta}^m = R_{m\theta}, \quad {R_\theta}^{-1} = R_{-\theta}$$

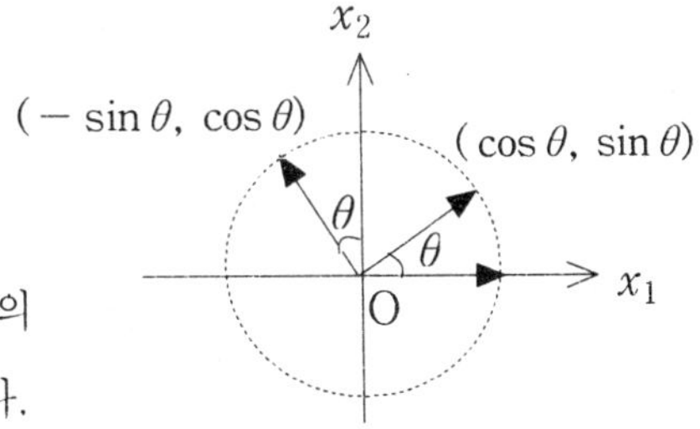

유클리드 평면 $\mathscr{E}^2$ 에서 R_θ 는 원점 둘레의 θ 만큼의 회전이동(回轉移動, rotation)이다.

보기 5.5.3 다음은 벡터공간 $V = \mathbb{R}^2$ 위의 선형변환이다($k \in \mathbb{R}, k \neq 0$).

(1) $T : \mathbb{R}^2 \longrightarrow \mathbb{R}^2$, $(y_1, y_2) = T(x_1, x_2)$

$$\begin{bmatrix} y_1 \\ y_2 \end{bmatrix} = \begin{bmatrix} 0 & 1 \\ 1 & 0 \end{bmatrix} \begin{bmatrix} x_1 \\ x_2 \end{bmatrix}$$

$$T^2 = 1_V, \quad T^{-1} = T$$

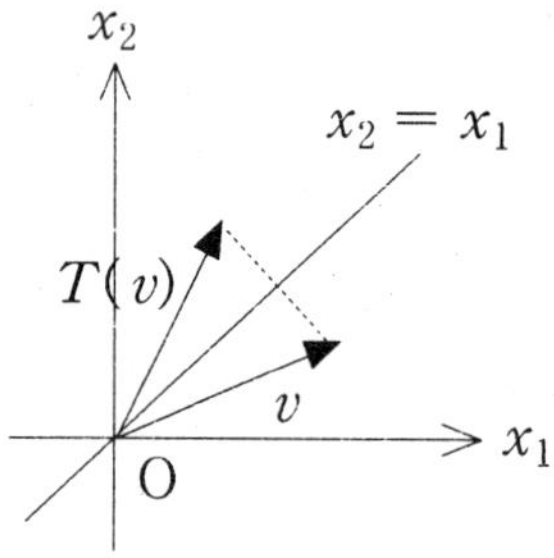

(2) $S : \mathbb{R}^2 \longrightarrow \mathbb{R}^2$, $(y_1, y_2) = S(x_1, x_2)$

$$\begin{bmatrix} y_1 \\ y_2 \end{bmatrix} = \begin{bmatrix} 1 & 0 \\ 0 & -1 \end{bmatrix} \begin{bmatrix} x_1 \\ x_2 \end{bmatrix}$$

$D_k : \mathbb{R}^2 \longrightarrow \mathbb{R}^2$, $(y_1, y_2) = D_k(x_1, x_2)$

$$\begin{bmatrix} y_1 \\ y_2 \end{bmatrix} = \begin{bmatrix} k & 0 \\ 0 & k \end{bmatrix} \begin{bmatrix} x_1 \\ x_2 \end{bmatrix}$$

$$S^2 = 1_V, \quad S^{-1} = S, \quad D_k{}^{-1} = D_{\frac{1}{k}}$$

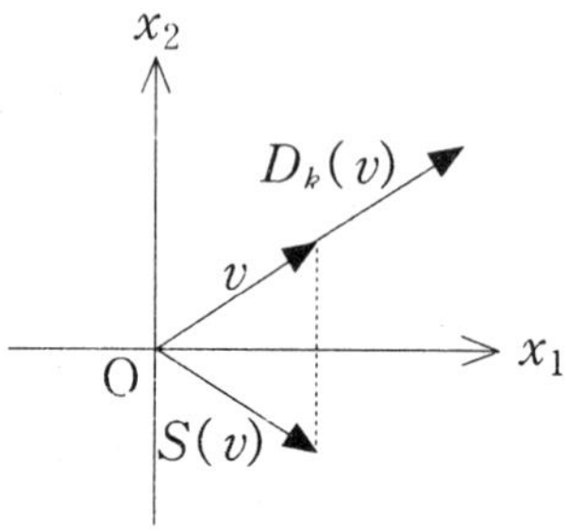

유클리드 평면 $\mathcal{E}^2$ 에서 T, S 는 각각 직선 $x_2 = x_1$ 과 x_1 축에 관한 반사이동(反射移動, reflection)이고 D_k 는 확대변환(擴大變換, dilatation) 이다.

정의 5.5.10 체 F 위의 다항식 $f(x) = a_m x^m + \cdots + a_1 x + a_0$ 와 체 F 위의 n 차의 행렬 A 에 대하여 $f(A)$ 는 다음과 같은 n 차의 행렬을 나타낸다.

$$f(A) = a_m A^m + a_{m-1} A^{m-1} + \cdots + a_1 A + a_0 I_n$$

마찬가지로, 체 F 위의 벡터공간 V 에서 선형변환 $T : V \longrightarrow V$ 에 대하여 $f(T) : V \longrightarrow V$ 는 다음과 같이 정의된 선형변환을 나타낸다.

$$f(T) = a_m T^m + a_{m-1} T^{m-1} + \cdots + a_1 T + a_0 1_V$$

보기 5.5.4 실수체 $\mathbb{R}$ 위의 n 차의 행렬 A 와 다항식 $f(x) = x^2 - 3x + 2$ 에 대하여 $f(x) = (x-1)(x-2)$ 이므로 다음이 성립한다.

$$f(A) = A^2 - 3A + 2I_n = (A - I_n)(A - 2I_n) = (A - 2I_n)(A - I_n)$$

연 습 문 제 (5.5)

1. 벡터공간 $\mathbb{R}^2$ 위에서 다음 선형변환이 정칙 선형변환인지를 판정하여라.

$$T : \mathbb{R}^2 \longrightarrow \mathbb{R}^2, \ T(x_1, x_2) = (2x_1 + 3x_2, 4x_1 + 6x_2)$$

2. 선형변환 $T : \mathbb{R}^2 \longrightarrow \mathbb{R}^2$ 에 대하여 $T(4,3) = (7,5)$, $T(2,2) = (3,2)$ 일 때, T는 정칙 선형변환임을 밝히고 T^{-1}를 정의하여라.

3. 벡터공간 $\mathbb{R}^2$ 위에서 다음 선형변환이 정칙 선형변환임을 밝혀라. 그리고, T의 역선형변환 T^{-1}를 정의하고 또 양의 정수 m에 대하여 T^m을 정의하여라.

(1) $T : \mathbb{R}^2 \longrightarrow \mathbb{R}^2, \ T(x_1, x_2) = (-\frac{1}{2}x_1 - \frac{\sqrt{3}}{2}x_2, \frac{\sqrt{3}}{2}x_1 - \frac{1}{2}x_2)$

(2) $T : \mathbb{R}^2 \longrightarrow \mathbb{R}^2, \ T(x_1, x_2) = (x_1, 2x_1 + x_2)$

4. 실수체 $\mathbb{R}$ 위에서 다음 세 행렬 사이의 관계식을 구하여라.

$$A = \begin{bmatrix} 1 & 0 \\ 0 & -1 \end{bmatrix}, \quad B = \begin{bmatrix} -1 & 0 \\ 0 & 1 \end{bmatrix}, \quad C = \begin{bmatrix} -1 & 0 \\ 0 & -1 \end{bmatrix}$$

그리고, 세 선형변환 $L_A : \mathbb{R}^2 \longrightarrow \mathbb{R}^2$, $L_B : \mathbb{R}^2 \longrightarrow \mathbb{R}^2$, $L_C : \mathbb{R}^2 \longrightarrow \mathbb{R}^2$를 정의하고, 또 이들 선형변환 사이의 관계식을 구하여라.

5. 실수체 $\mathbb{R}$ 위의 3차의 정칙행렬

$$A = \begin{bmatrix} 1 & 0 & 0 \\ 0 & 0 & -1 \\ 0 & 1 & 0 \end{bmatrix}$$

에 대하여 $B = A^2$, $C = A^3$이라고 할 때, 벡터공간 $\mathbb{R}^3$ 위에서의 선형변환 L_A, L_B, L_C를 정의하고 또 이들 선형변환의 역 선형변환을 정의하여라.

6. 벡터공간 V위의 선형변환 $T : V \longrightarrow V$에 대하여 다음이 성립함을 밝혀라.

(1) $T^2 = 0_V$일 때, $S = 1_V - T$는 정칙 선형변환이다.

(2) $T^3 = 0_V$일 때, $S = 1_V - T$는 정칙 선형변환이다.

§5.6 쌍대공간

체 F 는 F 위의 1 차원 벡터공간으로 볼 수 있다(문제 4.4.12).

정의 5.6.1 체 F 위의 벡터공간 V 에서 F 로의 선형사상 $f : V \longrightarrow F$ 를 V 위의 **선형범함수**(線型汎函數, linear functional)라고 한다.

그리고, V 위의 선형범함수 전체로 이루어진 벡터공간 $\mathrm{Hom}_F(V, F)$ 를 V 의 **쌍대공간**(雙對空間, dual space)라 하고 이 벡터공간을 V^* 로 나타낸다.

쌍대공간 V^* 에서 선형범함수 $f, g \in V^*$ 와 $a \in F$ 에 대하여 선형범함수 $f+g$, af 는 각각 다음과 같이 정의된다.

$$f+g : V \longrightarrow F, \quad (f+g)(v) = f(v) + g(v),$$
$$af : V \longrightarrow F, \quad (af)(v) = af(v)$$

보기 5.6.1 체 F 위의 벡터공간 F^n 에 대하여 다음이 성립한다(정리 5.4.2).

$$\mathrm{Hom}_F(F^n, F) \cong F^n, \quad \dim_F \mathrm{Hom}_F(F^n, F) = \dim_F F^n = n$$

그리고, 각 벡터 $(a_1, \cdots, a_n) \in F^n$ 에 대하여 사상

$$f : F^n \longrightarrow F, \quad f(x_1, \cdots, x_n) = a_1x_1 + \cdots + a_nx_n$$

는 벡터공간 F^n 위의 선형범함수이고, 또 선형범함수 $F^n \longrightarrow F$ 는 모두 이와 같은 꼴로 정의된다(정리 5.4.2).

정리 5.6.2 체 F 위의 n 차원 벡터공간 V 에서 $\mathscr{B} = \{v_1, \cdots, v_n\}$ 가 V 의 기저일 때, $i\ (1 \le i \le n)$ 에 대하여 사상

$$v_i^* : V \longrightarrow F, \quad v_i^*(x_1v_1 + \cdots + x_nv_n) = x_i$$

는 V 위의 선형범함수이고 또 $\mathscr{B}^* = \{v_1^*, \cdots, v_n^*\}$ 는 V^* 의 기저이다.

특히, $\dim_F V^* = \dim_F V = n$, $V^* \cong V$ 이다.

기저 $\mathscr{B}^*$ 를 기저 $\mathscr{B}$ 의 **쌍대기저**(雙對基底, dual basis)라고 한다.

증 명 (1) 분명히 각 i $(1 \le i \le n)$ 에 대하여 사상

$$v_i^* : V \longrightarrow F, \ v_i^*(x_1 v_1 + \cdots + x_n v_n) = x_i$$

는 V 위의 선형범함수이고 또 다음이 성립한다.

$$v_i^*(v_j) = \delta_{ij} \qquad\qquad (1 \le i, j \le n)$$

그리고, 임의의 선형범함수 $f \in V^*$ 에 대하여,

$$g = f(v_1)v_1^* + \cdots + f(v_n)v_n^*$$

이라고 하면, $g : V \longrightarrow F$ 는 선형범함수이고 각 j $(1 \le j \le n)$ 에 대하여

$$g(v_j) = f(v_1)v_1^*(v_j) + \cdots + f(v_n)v_n^*(v_j) = f(v_j)$$

이므로 $f = g = f(v_1)v_1^* + \cdots + f(v_n)v_n^*$ 이다(따름정리 5.3.7).

그러므로, $V^* = \langle v_1^*, \cdots, v_n^* \rangle$ 이다.

다음에 적당한 $a_1, \cdots, a_n \in F$ 에 대하여

$$a_1 v_1^* + \cdots + a_n v_n^* = 0 \qquad (0 \text{ 은 영 선형범함수})$$

이라고 하자. 이 때, 각 j $(1 \le j \le n)$ 에 대하여

$$a_1 v_1^*(v_j) + \cdots + a_n v_n^*(v_j) = 0 \qquad \text{즉} \qquad a_j v_j^*(v_j) = 0$$

이므로 $a_j = 0$ 이고, 따라서 $a_1 = \cdots = a_n = 0$ 이다.

따라서 $v_1^*, \cdots, v_n^*$ 는 일차독립이다.

그러므로, $\mathscr{B}^* = \{v_1^*, \cdots, v_n^*\}$ 는 쌍대공간 V^* 의 기저이다.

보기 5.6.2 벡터공간 $\mathbb{R}^2$ 의 기저 $\mathscr{B} = \{(1, 2), (1, 3)\}$ 에 대하여 V^* 에서 $\mathscr{B}$ 의 쌍대기저 $\mathscr{B}^*$ 를 구해 보자.

이제 $v_1 = (1, 2)$, $v_2 = (1, 3)$ 이라고 하면, v_1^*, v_2^* 는 각각 다음과 같은 꼴로 나타내어진다(보기 5.6.1).

$$v_1^* : \mathbb{R}^2 \longrightarrow \mathbb{R}, \ v_1^*(x_1, x_2) = a_1 x_1 + a_2 x_2$$

$$v_2^* : \mathbb{R}^2 \longrightarrow \mathbb{R}, \ v_2^*(x_1, x_2) = b_1 x_1 + b_2 x_2$$

그런데, 조건에 의하여

$$1 = v_1^*(1, 2) = a_1 + 2a_2, \quad 0 = v_2^*(1, 2) = b_1 + 2b_2,$$

$$0 = v_1^*(1, 3) = a_1 + 3a_2, \quad 1 = v_2^*(1, 3) = b_1 + 3b_2$$

이므로

$$a_1 = 3,\ a_2 = -1; \qquad b_1 = -2,\ b_2 = 1$$

이고, 따라서 v_1^*, v_2^*는 각각 다음과 같이 정의된 선형범함수이다.

$$v_1^* : \mathbb{R}^2 \longrightarrow \mathbb{R},\ v_1^*(x_1, x_2) = 3x_1 - x_2,$$

$$v_2^* : \mathbb{R}^2 \longrightarrow \mathbb{R},\ v_2^*(x_1, x_2) = -2x_1 + x_2$$

연 습 문 제 (5.6)

1. 벡터공간 $\mathbb{R}^3$ 위의 선형범함수

$$f : \mathbb{R}^3 \longrightarrow \mathbb{R},\ f(x_1, x_2, x_3) = x_1 + 2x_2 + 3x_3$$

의 $\ker f$와 $\operatorname{im} f$를 구하고 이들 부분공간의 차원을 구하여라.

2. 벡터공간 $V = \mathbb{R}^3$의 기저 $\mathscr{B} = \{(1, 0, 1), (1, 2, 1), (0, 0, 1)\}$에 대하여 V^*에서의 $\mathscr{B}$의 쌍대기저 $\mathscr{B}^*$를 구하여라.

3. 벡터공간 $V = \mathbb{R}^3$에서 f_1, f_2, f_3를 다음과 같이 정의된 선형범함수라고 하자.

$$f_1 : V \longrightarrow \mathbb{R},\ f_1(x_1, x_2, x_3) = x_1 - 2x_2$$

$$f_2 : V \longrightarrow \mathbb{R},\ f_2(x_1, x_2, x_3) = x_1 + x_2 + x_3$$

$$f_3 : V \longrightarrow \mathbb{R},\ f_3(x_1, x_2, x_3) = x_2 - 2x_3$$

이 때, $\{f_1, f_2, f_3\}$는 쌍대공간 V^*의 기저를 이룸을 증명하여라.

4. 체 F 위의 유한차원 벡터공간 V에서 벡터 $v \in V$에 대하여 다음이 성립함을 증명하여라.

(1) $v \neq \mathbf{0}$이면, $f(v) \neq 0$인 선형범함수 $f \in V^*$가 존재한다.

(2) 모든 $f \in V^*$에 대하여 $f(v) = 0$이면, $v = \mathbf{0}$이다.

제 6 장

행렬의 대각화

이 장에서는, 행렬의 고유치와 고유벡터, 고유공간, 고유다항식과 행렬의 대각화 문제, 멱영행렬에 대하여 논하고 멱등행렬과 사영의 특성과 벡터공간의 직합의 특성과 사영 사이의 관계를 논한다.

그리고, 대각화 문제와 관련하여 동차 선형점화수열을 소개하고 행렬의 무한급수에 대하여 논한다.

§6.1 좌표벡터와 기저 바꾸기

유한차원 벡터공간의 기저 $\mathscr{B}=\{v_1, \cdots, v_n\}$를 논할 때 기저에 속해 있는 벡터의 순서까지 생각하는 경우에 기저 $\mathscr{B}$를 V의 **순서기저**(順序基底, ordered basis)라고 한다.

정의 6.1.1 체 F 위의 n차원 벡터공간 V에서 $\mathscr{B}=\{v_1, \cdots, v_n\}$가 V의 순서기저일 때, 각 벡터 $v\in V$는 단 한 가지 방법으로 일차결합

$$v=a_1v_1+\cdots+a_nv_n \qquad (a_1, \cdots, a_n\in F)$$

으로 나타내어진다(정리 4.4.2). 이 때, $(a_1, \cdots, a_n)\in F^n$을 기저 $\mathscr{B}$에 관한 v의 **좌표벡터**(座標벡터, coordinate vector)라 하고 이것을 $(v)_{\mathscr{B}}$로 나타낸다.

$$(v)_{\mathscr{B}}=(a_1, \cdots, a_n) \Longleftrightarrow v=a_1v_1+\cdots+a_nv_n$$

보기 6.1.1 체 F 위의 벡터공간 F^n에서 $\mathscr{B}=\{e_1, \cdots, e_n\}$가 F^n의 표준기저일 때, 벡터 $v=(x_1, x_2, \cdots, x_n)\in F^n$의 기저 $\mathscr{B}$에 관한 좌표벡터는 v 자신이다. 실제로,

$$v=(x_1, x_2, \cdots, x_n)=x_1e_1+x_2e_2+\cdots+x_ne_n$$

이므로 $(v)_{\mathscr{B}}=(x_1, x_2, \cdots, a_n)=v$이다.

보기 6.1.2 벡터공간 $\mathbb{R}^2$의 두 순서기저

$$\mathscr{B}=\{e_1, e_2\},\quad \mathscr{C}=\{(3, 1), (1, 2)\}$$

에 대하여 $v=(5,5)$는

$$v=(5, 5)=5(1, 0)+5(0, 1)$$
$$v=(5, 5)=1(3, 1)+2(1, 2)$$

로 나타내어지므로 다음 결과를 얻는다.

$$(v)_{\mathscr{B}}=(5, 5)=v,\quad (v)_{\mathscr{C}}=(1, 2)$$

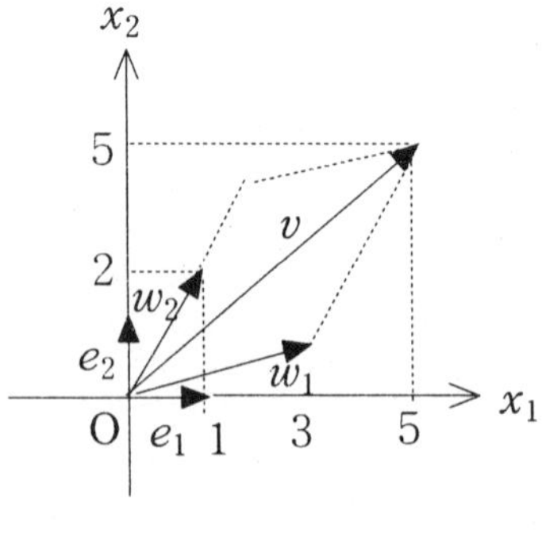

정의 6.1.2 체 F 위의 n 차원 벡터공간 V 에서 $\mathscr{B} = \{v_1, \cdots, v_n\}$ 가 V 의 순서기저일 때, 선형변환 $T: V \longrightarrow V$ 에 대하여 다음이 성립한다고 하자.

$$\begin{aligned} T(v_1) &= a_{11}v_1 + a_{21}v_2 + \cdots + a_{n1}v_n \\ T(v_2) &= a_{12}v_1 + a_{22}v_2 + \cdots + a_{n2}v_n \\ &\vdots \\ T(v_n) &= a_{1n}v_1 + a_{2n}v_2 + \cdots + a_{nn}v_n \end{aligned}$$

$$A = \begin{bmatrix} a_{11} & a_{12} & \cdots & a_{1n} \\ a_{21} & a_{22} & \cdots & a_{2n} \\ \vdots & \vdots & \cdots & \vdots \\ a_{n1} & a_{n2} & \cdots & a_{nn} \end{bmatrix}$$

$$\begin{matrix} \uparrow & \uparrow & & \uparrow \\ T(v_1) & T(v_2) & & T(v_n) \end{matrix}$$

이 때, 행렬 $A = [a_{ij}]_{n\times n}$ 을 **기저 $\mathscr{B}$ 에 관한 T 의 행렬**이라 하고 이 행렬을 $[T]_{\mathscr{B}}$ 로 나타낸다. 즉,

$$[T]_{\mathscr{B}} = [a_{ij}]_{n\times n} \iff T(v_j) = \sum_{i=1}^{n} a_{ij}v_i \quad (1 \leq j \leq n)$$

보기 6.1.3 체 F 위의 벡터공간 F^n 에서 $\mathscr{B} = \{e_1, \cdots, e_n\}$ 가 F^n 의 표준기저일 때, 체 F 위의 n 차의 행렬 $A = [a_{ij}]_{n\times n}$ 에 의하여 정의된 선형변환 $L_A : F^n \longrightarrow F^n$ 에 대하여

$$\begin{aligned} L_A(e_j) &= (a_{1j}, a_{2j}, \cdots, a_{nj}) \\ &= a_{1j}e_1 + a_{2j}e_2 + \cdots + a_{nj}e_n \qquad (1 \leq j \leq n) \end{aligned}$$

이므로 L_A 의 $\mathscr{B}$ 에 관한 행렬은 $[L_A]_{\mathscr{B}} = A$ 이다(정리 5.1.4).

보기 6.1.4 실수체 $\mathbb{R}$ 위의 2 차원 벡터공간 V 에서 $\mathscr{B} = \{v_1, v_2\}$ 가 순서기저일 때, 선형변환 $T: V \longrightarrow V$ 에 대하여

$$\begin{aligned} T(v_1) &= 2v_1 + 3v_2, \\ T(v_2) &= 4v_1 + 5v_2 \end{aligned}$$

일 때, T 의 기저 $\mathscr{B}$에 관한 행렬 $[T]_{\mathscr{B}}$ 는 다음과 같다.

$$[T]_{\mathscr{B}} = \begin{bmatrix} 2 & 4 \\ 3 & 5 \end{bmatrix}$$

다음 정리는 앞으로 자주 이용된다.

정리 6.1.3 체 F 위의 벡터공간 F^n 에서

$$w_j = (p_{1j}, p_{2j}, \cdots, p_{nj}) \quad (1 \le j \le n)$$

이라고 하면, $P = [p_{ij}]_{n\times n}$ 가 정칙행렬일 때 그리고 이때에만 $\mathscr{C} = \{w_1, \cdots, w_n\}$ 는 벡터공간 F^n 의 기저이다.

$$P = \begin{bmatrix} p_{11} & p_{12} & \cdots & p_{1n} \\ p_{21} & p_{22} & \cdots & p_{2n} \\ \vdots & \vdots & \cdots & \vdots \\ p_{n1} & p_{n2} & \cdots & p_{nn} \end{bmatrix}$$
$$\quad\ \uparrow \quad \uparrow \qquad\quad \uparrow$$
$$\quad\ w_1 \ \ w_2 \qquad\ \ w_n$$

또, $\mathscr{C} = \{w_1, \cdots, w_n\}$ 가 벡터공간 F^n 기저일 때, 다음이 성립한다.

(1) 임의의 $v = (x_1, \cdots, x_n) \in F^n$ 에 대하여

$$v = x_1' w_1 + \cdots + x_n' w_n \quad \text{즉} \quad (v)_{\mathscr{C}} = (x_1', \cdots, x_n')$$

이라고 하면, 다음 관계식이 성립한다.

$$\begin{bmatrix} x_1 \\ \vdots \\ x_n \end{bmatrix} = P \begin{bmatrix} x_1' \\ \vdots \\ x_n' \end{bmatrix}, \qquad \begin{bmatrix} x_1' \\ \vdots \\ x_n' \end{bmatrix} = P^{-1} \begin{bmatrix} x_1 \\ \vdots \\ x_n \end{bmatrix}$$

(2) 체 F 위의 n 차의 행렬 $A = [a_{ij}]_{n\times n}$ 에 대하여

$$L_A(w_j) = \sum_{i=1}^{n} b_{ij} w_i \qquad (1 \le j \le n)$$

일 때, $B = [L_A]_{\mathscr{C}} = [b_{ij}]_{n\times n}$ 이라고 하면 $B = P^{-1}AP$ 이다.

증 명 정리 4.4.9 에 의하여 정리의 첫 부분이 성립한다.

(1) 이제 $\mathscr{C} = \{w_1, \cdots, w_n\}$ 가 벡터공간 F^n 의 기저라고 하자.

이 때, $v = x_1' w_1 + \cdots + x_n' w_n$ 이라고 하면,

$$\begin{bmatrix} x_1 \\ x_2 \\ \vdots \\ x_n \end{bmatrix} = x_1' \begin{bmatrix} p_{11} \\ p_{21} \\ \vdots \\ p_{n1} \end{bmatrix} + x_2' \begin{bmatrix} p_{12} \\ p_{22} \\ \vdots \\ p_{n2} \end{bmatrix} + \cdots + x_n' \begin{bmatrix} p_{1n} \\ p_{2n} \\ \vdots \\ p_{nn} \end{bmatrix}$$

즉,
$$\begin{bmatrix} x_1 \\ x_2 \\ \vdots \\ x_n \end{bmatrix} = \begin{bmatrix} p_{11} & p_{12} & \cdots & p_{1n} \\ p_{21} & p_{22} & \cdots & p_{2n} \\ \vdots & \vdots & \cdots & \vdots \\ p_{n1} & p_{n2} & \cdots & p_{nn} \end{bmatrix} \begin{bmatrix} x_1' \\ x_2' \\ \vdots \\ x_n' \end{bmatrix} = P \begin{bmatrix} x_1' \\ x_2' \\ \vdots \\ x_n' \end{bmatrix}$$

이므로 (1) 이 성립한다(보기 2.1.8 참조).

(2) 체 F 위의 n 차의 행렬 A 에 대하여

$$L_A(w_j) = \sum_{i=1}^{n} b_{ij} w_i = (c_{1j}, c_{2j}, \cdots, c_{nj}) \qquad (1 \le j \le n)$$

일 때, $B = [b_{ij}]_{n\times n}$ 이라고 하면 정리 5.1.3 과 (1) 에 의하여

$$A\begin{bmatrix} p_{1j} \\ p_{2j} \\ \vdots \\ p_{nj} \end{bmatrix} = \begin{bmatrix} c_{1j} \\ c_{2j} \\ \vdots \\ c_{nj} \end{bmatrix}, \qquad \begin{bmatrix} c_{1j} \\ c_{2j} \\ \vdots \\ c_{nj} \end{bmatrix} = P\begin{bmatrix} b_{1j} \\ b_{2j} \\ \vdots \\ b_{nj} \end{bmatrix} \qquad (1 \le j \le n)$$

이므로

$$AP = A\begin{bmatrix} p_{11} & p_{12} & \cdots & p_{1n} \\ p_{21} & p_{22} & \cdots & p_{2n} \\ \vdots & \vdots & \cdots & \vdots \\ p_{n1} & p_{n2} & \cdots & p_{nn} \end{bmatrix} = \begin{bmatrix} c_{11} & c_{12} & \cdots & c_{1n} \\ c_{21} & c_{22} & \cdots & c_{2n} \\ \vdots & \vdots & \cdots & \vdots \\ c_{n1} & c_{n2} & \cdots & c_{nn} \end{bmatrix}$$

$$= P\begin{bmatrix} b_{11} & b_{12} & \cdots & b_{1n} \\ b_{21} & b_{22} & \cdots & b_{2n} \\ \vdots & \vdots & \cdots & \vdots \\ b_{n1} & b_{n2} & \cdots & b_{nn} \end{bmatrix} = PB$$

이고 따라서 $B = P^{-1}AP$ 이다.

보기 6.1.5 벡터공간 $\mathbb{R}^2$ 에서 $w_1 = (1, 1)$, $w_2 = (-1, 2)$ 에 대하여

$$P = \begin{bmatrix} 1 & -1 \\ 1 & 2 \end{bmatrix}$$

는 정칙행렬이므로 $\mathscr{C} = \{w_1, w_2\}$ 는 벡터공간 $\mathbb{R}^2$ 의 기저이다.

임의의 벡터 $v = (x_1, x_2) \in \mathbb{R}^2$ 에 대하여

$$v = x_1' w_1 + x_2' w_2 \quad \text{즉} \quad (v)_{\mathscr{C}} = (x_1', x_2')$$

이라고 하면, 두 좌표벡터 사이에 다음이 성립한다.

$$\begin{bmatrix} x_1 \\ x_2 \end{bmatrix} = P\begin{bmatrix} x_1' \\ x_2' \end{bmatrix}, \quad \begin{bmatrix} x_1' \\ x_2' \end{bmatrix} = P^{-1}\begin{bmatrix} x_1 \\ x_2 \end{bmatrix}, \quad P^{-1} = \begin{bmatrix} \frac{2}{3} & \frac{1}{3} \\ -\frac{1}{3} & \frac{2}{3} \end{bmatrix}$$

즉, $\begin{cases} x_1 = x_1' - x_2' \\ x_2 = x_1' + 2x_2' \end{cases}$ $\begin{cases} x_1' = \frac{2}{3}x_1 + \frac{1}{3}x_2 \\ x_2' = -\frac{1}{3}x_1 + \frac{1}{3}x_2 \end{cases}$

예를 들면, 벡터 $v = (3,9)$ 에 대하여 $(v)_{\mathscr{C}} = (5,2)$ 이다.

직교좌표계 O- x_1x_2 가 도입되어 있는 유클리드 평면 $\mathscr{E}^2$ 에서 아래 그림과 같이 w_1 방향과 w_2 방향을 각각 새로운 좌표축 x_1' 축, x_2' 축의 양의 방향으로 택하면, 좌표계 O- $x_1'x_2'$ 이 도입된다.

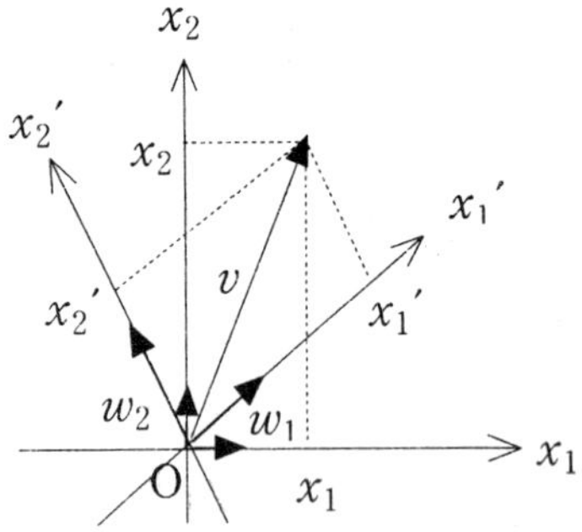

그런데, w_1, w_2 는 단위벡터도 아니고 서로 직교하지도 않으므로 O- $x_1'x_2'$ 은 직교좌표계가 아니다.

그리고, 예를 들어 행렬

$$A = \begin{bmatrix} 1 & 2 \\ 3 & 5 \end{bmatrix}$$

에 대하여

$$A\begin{bmatrix} 1 \\ 1 \end{bmatrix} = \begin{bmatrix} 3 \\ 8 \end{bmatrix}, \quad A\begin{bmatrix} -1 \\ 2 \end{bmatrix} = \begin{bmatrix} 3 \\ 7 \end{bmatrix}, \quad B = P^{-1}AP = \begin{bmatrix} \frac{14}{3} & \frac{13}{3} \\ \frac{5}{3} & \frac{4}{3} \end{bmatrix}$$

이므로 다음 결과를 얻는다(정리 6.1.3).

$$L_A(w_1) = (3,\ 8) = \frac{14}{3}(1,1) + \frac{5}{3}(-1,2)$$

$$L_A(w_2) = (3,7) = \frac{13}{3}(1,1) + \frac{4}{3}(-1,2)$$

보기 6.1.6 실수체 $\mathbb{R}$ 위에서 다음과 같은 2 차의 행렬을 생각해 보자.

$$A = \begin{bmatrix} -\frac{1}{2} & -\frac{\sqrt{3}}{2} \\ \frac{\sqrt{3}}{2} & -\frac{1}{2} \end{bmatrix} = \begin{bmatrix} \cos\frac{2\pi}{3} & -\sin\frac{2\pi}{3} \\ \sin\frac{2\pi}{3} & \cos\frac{2\pi}{3} \end{bmatrix}$$

선형변환 $L_A : \mathbb{R}^2 \longrightarrow \mathbb{R}^2$ 는 유클리드 평면에서 원점을 중심으로 하여 $\frac{2\pi}{3}$

만큼의 회전이동이다. 이제 $w_1 = (1, 0)$, $w_2 = (-\frac{1}{2}, \frac{\sqrt{3}}{2})$ 이라고 하면,

$$P = \begin{bmatrix} 1 & -\frac{1}{2} \\ 0 & \frac{\sqrt{3}}{2} \end{bmatrix}$$

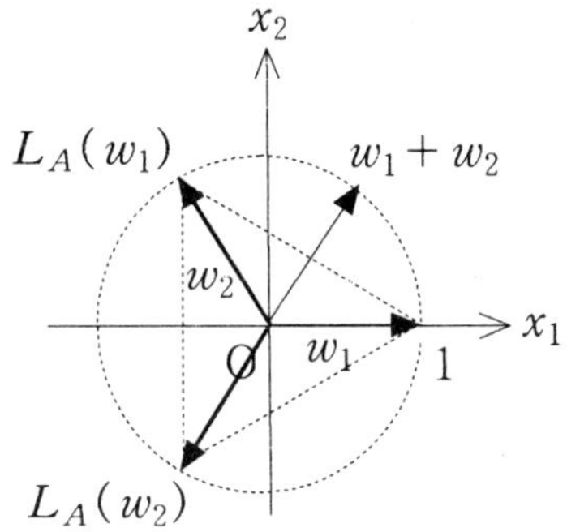

는 정칙행렬이므로 $\mathscr{C} = \{w_1, w_2\}$ 는 벡터공간 $\mathbb{R}^2$ 의 기저이고 또

$$L_A(w_1) = \qquad 1\,w_2$$
$$L_A(w_2) = -1\,w_1 - 1\,w_2$$

이므로 다음이 성립한다(그림 참조).

$$[L_A]_{\mathscr{C}} = \begin{bmatrix} 0 & -1 \\ 1 & -1 \end{bmatrix} = B, \qquad B = P^{-1}AP$$

정의 6.1.4 체 F 위의 n 차의 두 행렬 $A, B \in \mathrm{Mat}_n(F)$ 에 대하여

$$P^{-1}AP = B$$

인 정칙행렬 $P \in \mathrm{Mat}_n(F)$ 가 존재할 때, 행렬 A 는 B 와 **닮은 행렬**(similar matrix)이라고 한다.

보기 6.1.7 체 F 위의 행렬 $\lambda I_n = \mathrm{diag}\{\lambda, \cdots, \lambda\}$ 와 닮은 행렬은 λI_n 뿐이다. 실제로, 모든 정칙행렬 P 에 대하여 $P^{-1}(\lambda I_n)P = \lambda I_n$ 이다.

정리 6.1.5 체 F 위의 n 차의 행렬 A, B, C 에 대하여 다음이 성립한다.

(1) A 와 A 는 서로 닮은 행렬이다.

(2) A 와 B 가 서로 닮은 행렬이면, B 와 A 는 서로 닮은 행렬이다.

(3) A 와 B 그리고 B 와 C 가 닮은 행렬이면, A 와 C 는 닮은 행렬이다.

증 명 (1) $A = {I_n}^{-1}AI_n$ 이므로 (1) 이 성립한다.

(2) 적당한 정칙행렬 $P \in \mathrm{Mat}_n(F)$ 에 대하여 $B = P^{-1}AP$ 이라고 하면, $A = PBP^{-1} = (P^{-1})^{-1}B(P^{-1})$ 이다.

(3) 두 정칙행렬 P, Q 에 대하여 $B = P^{-1}AP$, $C = Q^{-1}BQ$ 이라고 하면, $(PQ)^{-1}A(PQ) = Q^{-1}(P^{-1}AP)Q = Q^{-1}BQ = C$ 이다.

보기 6.1.8 체 F 위에서 다음 행렬은 서로 닮은 행렬이다(정의 2.3.1 참조).

$$A = \begin{bmatrix} 1 & 0 & 0 \\ 0 & -1 & 0 \\ 0 & 0 & -1 \end{bmatrix}, \quad B = \begin{bmatrix} -1 & 0 & 0 \\ 0 & 1 & 0 \\ 0 & 0 & -1 \end{bmatrix}, \quad C = \begin{bmatrix} -1 & 0 & 0 \\ 0 & -1 & 0 \\ 0 & 0 & 1 \end{bmatrix}$$

$$C_{12}{}^{-1}AC_{12} = B, \quad C_{13}{}^{-1}AC_{13} = C, \quad C_{23}{}^{-1}BC_{23} = C$$

정리 6.1.6 체 F 위의 n 차의 행렬 A, B 에 대하여 다음이 성립한다.

(1) A, B 가 서로 닮은 행렬이면, A^T 와 B^T 는 서로 닮은 행렬이다.

(2) A 와 B 가 서로 닮은 행렬이면, 모든 양의 정수 m 에 대하여 A^m 과 B^m 은 서로 닮은 행렬이다.

(3) A 와 B 가 서로 닮은 행렬일 때, A 가 정칙행렬이면 B 도 정칙행렬이고 A^{-1} 와 B^{-1} 는 서로 닮은 행렬이다.

(4) A 와 B 가 서로 닮은 행렬이면, $\operatorname{tr} A = \operatorname{tr} B$, $\det A = \det B$ 이다.

증 명 (1) 적당한 정칙행렬 $P \in \operatorname{Mat}_n(F)$ 에 대하여 $B = P^{-1}AP$ 이면,

$$B^T = (P^{-1}AP)^T = P^T A^T (P^{-1})^T$$

이고 정리 2.2.6 에 의하여 $(P^T)^{-1} = (P^{-1})^T$ 이다.

따라서 $Q = (P^T)^{-1}$ 이라고 하면, $Q^{-1} = P^T$, $Q = (P^{-1})^T$ 이고

$$B^T = P^T A^T (P^{-1})^T = Q^{-1} A^T Q$$

이므로 A^T 와 B^T 는 서로 닮은 행렬이다.

(2) 적당한 정칙행렬 $P \in \operatorname{Mat}_n(F)$ 에 대하여 $B = P^{-1}AP$ 이라고 하자.

분명히, $B^1 = P^{-1}AP = P^{-1}A^1P$ 이다.

그리고, 양의 정수 k 에 대하여 $B^k = P^{-1}A^kP$ 이라고 가정하면,

$$B^{k+1} = B^k B = (P^{-1}A^kP)(P^{-1}AP) = P^{-1}A^kAP = P^{-1}A^{k+1}P$$

이므로 모든 양의 정수 m 에 대하여 $B^m = P^{-1}A^mP$ 이다.

(3) 정칙행렬 P에 대하여 $B = P^{-1}AP$ 일 때, A가 정칙행렬이면 B는 정칙행렬이고(정리 2.2.7) 또 $B^{-1} = (P^{-1}AP)^{-1} = P^{-1}A^{-1}P$이다.

(4) 정칙행렬 P에 대하여 $B = P^{-1}AP$ 일 때, 다음이 성립한다(정리 2.2.9, 정리 3.1.8, 정리 3.1.9 참조).

$$\begin{aligned} \operatorname{tr} B &= \operatorname{tr}(P^{-1}AP) = \operatorname{tr}(P^{-1}(AP)) \\ &= \operatorname{tr}((AP)P^{-1}) = \operatorname{tr}(A(PP^{-1})) = \operatorname{tr} A \\ \det B &= \det(P^{-1}AP) = ((\det P)^{-1})(\det A)(\det P) \\ &= \det A(\det P)^{-1}(\det P) = \det A \end{aligned}$$

연 습 문 제 (6.1)

1. 벡터공간 $\mathbb{R}^3$ 의 순서기저 $\mathscr{C} = \{(1,1,1), (1,2,1), (1,3,2)\}$ 에 관하여 벡터 $v = (4, 7, 5)$ 의 좌표벡터를 구하여라.

2. 벡터공간 $\mathbb{R}^2$ 에서 $\mathscr{C} = \{(3,1), (5,2)\}$ 가 $\mathbb{R}^2$ 의 기저임을 밝혀라. 그리고, 벡터 $v = (x_1, x_2)$ 의 $\mathscr{C}$ 에 관한 좌표벡터 $(v)_{\mathscr{C}}$ 를 구하여라.

3. 벡터공간 $\mathbb{R}^2$ 에서 $\mathscr{C} = \{(1,1), (-1,0)\}$ 가 $\mathbb{R}^2$ 의 기저임을 밝혀라. 또, 벡터 $v = (x_1, x_2)$ 의 기저 $\mathscr{C}$ 에 관한 좌표벡터 $(v)_{\mathscr{C}}$ 를 구하고, 선형변환

$$T:\ \mathbb{R}^2 \longrightarrow \mathbb{R}^2,\ \ T(x_1, x_2) = (4x_1 - x_2,\ 3x_1 + 2x_2)$$

의 기저 $\mathscr{C}$ 에 관한 행렬을 구하여라.

4. 벡터공간 $\mathbb{R}^3$ 의 표준기저 $\mathscr{B} = \{e_1,\ e_2,\ e_3\}$ 에 관하여 다음 선형변환 T의 행렬 $[T]_{\mathscr{B}}$ 를 구하여라.

$$T:\ \mathbb{R}^3 \longrightarrow \mathbb{R}^3,\ \ T(x_1, x_2, x_3) = (2x_1 + 4x_3,\ 3x_2,\ 4x_1 + 8x_3)$$

그리고, 벡터공간 $\mathbb{R}^3$ 의 순서기저

$$\mathscr{C} = \{(1,0,2),\ (0,2,0),\ (2,0,-1)\}$$

에 관한 T의 행렬 $[T]_{\mathscr{C}}$ 와 $[T]_{\mathscr{C}} = P^{-1}[T]_{\mathscr{B}}P$ 인 정칙행렬 P 를 구하여라.

5. 벡터공간 $\mathbb{R}^2$ 위의 선형변환 $T : \mathbb{R}^2 \to \mathbb{R}^2$ 에 대하여 벡터공간 $\mathbb{R}^2$ 의 순서기저 $\mathscr{C} = \{(2, 1), (5, 3)\}$ 에 관한 T 의 행렬이

$$[T]_{\mathscr{C}} = \begin{bmatrix} 1 & 1 \\ 3 & 2 \end{bmatrix}$$

일 때, 임의의 벡터 $(x_1, x_2) \in \mathbb{R}^2$ 에 대하여 $T(x_1, x_2)$ 를 정하여라.

6. 벡터공간 $\mathbb{R}_5[x]$ 의 표준기저 $\mathscr{B} = \{1, x, x^2, x^3, x^4\}$ 에 관한 선형변환

$$D : \mathbb{R}_n[x] \longrightarrow \mathbb{R}_n[x], \ D(f(x)) = f'(x)$$

의 행렬 $D_{\mathscr{B}}$ 를 구하여라.

7. 벡터공간 $\mathrm{Mat}_2(\mathbb{R})$ 의 기저 $\mathscr{B} = \{E_{11}, E_{12}, E_{21}, E_{22}\}$ 에 관한 선형변환

$$T : \mathrm{Mat}_2(\mathbb{R}) \longrightarrow \mathrm{Mat}_2(\mathbb{R}), \ T(A) = A^T$$

의 행렬 $[T]_{\mathscr{B}}$ 를 구하여라(보기 4.4.2 참조).

8. 벡터공간 $\mathbb{R}^2$ 에서 기저 $\mathscr{B} = \{(2, 1), (1, 1)\}$ 에 관하여 선형변환

$$T : \mathbb{R}^2 \to \mathbb{R}^2, \ T(x_1, x_2) = (2x_1 - x_2, x_1 + x_2)$$

의 행렬 $A = [T]_{\mathscr{B}}$ 를 구하여라.

9. 체 F 위의 n 차의 행렬 A, B 와 정칙행렬 P 에 대하여 $B = P^{-1}AP$ 일 때, 임의의 $k \in F$, $k \neq 0$ 에 대하여 $Q = kP$ 이라고 하면 Q 는 정칙행렬이고 또 $B = Q^{-1}AQ$ 임을 밝혀라.

10. 실수체 $\mathbb{R}$ 위의 다음 두 행렬이 서로 닮은 행렬인지를 판정하여라.

(1) $\begin{bmatrix} 0 & 1 \\ 1 & 0 \end{bmatrix}, \begin{bmatrix} 1 & 0 \\ 0 & -1 \end{bmatrix}$ (2) $\begin{bmatrix} 1 & 2 \\ 1 & 1 \end{bmatrix}, \begin{bmatrix} 1 & 2 \\ 0 & 1 \end{bmatrix}$

§6.2 고유치와 고유벡터

체 F 위의 n 차의 행렬 A 에 의하여 다음과 같은 선형변환 L_A 가 정의되고 또 벡터공간 F^n 위의 선형변환은 모두 이와 같이 정해진다(정리 5.5.9).

$$L_A : F^n \longrightarrow F^n, \quad (y_1, \cdots, y_n) = L_A(x_1, \cdots, x_n)$$

$$\begin{bmatrix} y_1 \\ \vdots \\ y_n \end{bmatrix} = A \begin{bmatrix} x_1 \\ \vdots \\ x_n \end{bmatrix}$$

정의 6.2.1 체 F 위의 n 차의 행렬 $A = [a_{ij}]_{n \times n}$ 와 $\lambda \in F$ 에 대하여

$$A \begin{bmatrix} x_1 \\ \vdots \\ x_n \end{bmatrix} = \lambda \begin{bmatrix} x_1 \\ \vdots \\ x_n \end{bmatrix} \quad \text{즉} \quad L_A(x_1, \cdots, x_n) = \lambda(x_1, \cdots, x_n)$$

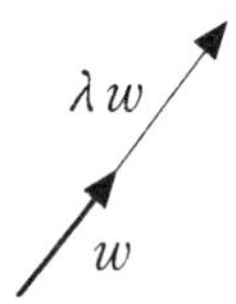

인 벡터 $w = (x_1, \cdots, x_n) \in F^n$, $w \neq \mathbf{0}$ 가 존재할 때, λ 를 A 의 [L_A 의] **고유치**(固有値, eigen value) 또는 **특성치**(特性値, characteristic value)라 하고 벡터 w ($\neq \mathbf{0}$) 를 고유치 λ 에 대응하는 A 의 [L_A 의] **고유벡터**(eigenvector) 또는 **특성벡터**(characteristic vector)라고 한다.

보기 6.2.1 실수체 $\mathbb{R}$ 위의 2 차의 행렬

$$A = \begin{bmatrix} 4 & 1 \\ 1 & 4 \end{bmatrix}$$

와 실수 $k \in \mathbb{R}$, $k \neq 0$ 에 대하여

$$A \begin{bmatrix} k \\ -k \end{bmatrix} = \begin{bmatrix} 4 & 1 \\ 1 & 4 \end{bmatrix} \begin{bmatrix} k \\ -k \end{bmatrix} = \begin{bmatrix} 3k \\ -3k \end{bmatrix} = 3 \begin{bmatrix} k \\ -k \end{bmatrix}$$

이므로 $\lambda = 3$ 은 A 의 고유치이고 $w = (k, -k) \in \mathbb{R}^2$ 는 고유치 $\lambda = 3$ 에 대응하는 A 의 고유벡터이다.

앞의 정의 6.2.1 에서 λ가 A의 고유치일 때, 등식

$$A\begin{bmatrix} x_1 \\ \vdots \\ x_n \end{bmatrix} = \lambda \begin{bmatrix} x_1 \\ \vdots \\ x_n \end{bmatrix} \quad \text{즉} \quad L_A(x_1, \cdots, x_n) = \lambda(x_1, \cdots, x_n)$$

는 다음과 같이 고쳐 쓸 수 있다.

$$(*) \qquad (\lambda I_n - A)\begin{bmatrix} x_1 \\ \vdots \\ x_n \end{bmatrix} = \begin{bmatrix} 0 \\ \vdots \\ 0 \end{bmatrix} \quad \text{또는} \quad (A - \lambda I_n)\begin{bmatrix} x_1 \\ \vdots \\ x_n \end{bmatrix} = \begin{bmatrix} 0 \\ \vdots \\ 0 \end{bmatrix}$$

정리 6.2.2 체 F 위의 n 차의 행렬 A와 $\lambda \in F$에 대하여

$$\mathrm{E}_\lambda = \{ w \in F^n \mid L_A(w) = \lambda w \}$$

는 벡터공간 F^n의 부분공간이고 $\dim_F \mathrm{E}_\lambda = n - r(\lambda I_n - A)$ 이며,

$$f(x) = \det(xI_n - A) = \begin{vmatrix} x - a_{11} & -a_{12} & \cdots & -a_{1n} \\ -a_{21} & x - a_{22} & \cdots & -a_{2n} \\ \vdots & \vdots & \ddots & \vdots \\ -a_{n1} & -a_{n2} & \cdots & x - a_{nn} \end{vmatrix}$$

$$= x^n + a_n x^{n-1} + \cdots + a_1 x + a_0$$

이라고 할 때, 다음 세 조건은 서로 동치이다.

(1) λ는 A의 [L_A의] 고유치이다.

(2) $\{\mathbf{0}\} \subsetneq \mathrm{E}_\lambda$

(3) $f(\lambda) = 0$ 즉 $\det(\lambda I_n - A) = 0$

증 명 먼저 E_λ는 동차 연립일차방정식 (*) 의 해공간이므로, E_λ는 벡터공간 F^n의 부분공간이고 $\dim_F \mathrm{E}_\lambda = n - r(\lambda I_n - A)$ 이다 (정리 5.2.6).

그리고, 동차 연립일차방정식 (*) 가 $(0, \cdots, 0)$ 이외에 해를 가지기 위한 필요충분조건은 $\det(\lambda I_n - A) = 0$ 인 것이므로 정리가 성립한다(정리 3.1.10).

위의 정리에서 E_λ를 고유치 λ에 대응하는 A의 [L_A의] **고유공간**(固有

空間, eigenspace) 또는 **특성공간**(特性空間, characteristic space)이라 하며 E_λ 는 고유치 λ 에 대응하는 A 의 고유벡터 전체와 영벡터로 이루어져 있다.

그리고, 다항식 $f(x)$ 를 A 의 [L_A 의] **고유다항식**(固有多項式, characteristic polynomial) 또는 **특성다항식**(特性多項式) 이라고 하고, 방정식 $f(x) = 0$ 을 A 의 [L_A 의] **고유방정식** 또는 **특성방정식**이라고 한다.

그리고, 고유치를 흔히 **고유근**(固有根, characteristic root)이라고도 한다.

정리 6.2.2 에 의하여 다음 정리가 성립한다(정리 1.3.7 참조).

정리 6.2.3 체 F 위의 n 차의 행렬 A 는 [L_A 는] 중복을 허락하여 n 개 이하의 고유치를 가진다.

특히, 복소수체 $\mathbb{C}$ 위의 n 차의 행렬 A 는 [L_A 는] 중복을 허락하여 꼭 n 개의 고유치를 가지며, 실수체 $\mathbb{R}$ 위의 n 차의 행렬 A 는 [L_A 는] 중복을 허락하여 n 개 이하의 (실수인) 고유치를 가진다.

보기 6.2.2 실수체 $\mathbb{R}$ 위에서 다음 행렬을 생각해 보자.

$$A = \begin{bmatrix} 0 & 1 \\ 1 & 0 \end{bmatrix}$$

행렬 A 의 [L_A 의] 고유다항식은

$$f(x) = \det(xI_2 - A) = \begin{vmatrix} x & -1 \\ -1 & x \end{vmatrix} = x^2 - 1$$

이므로 A 의 [L_A 의] 고유치는 $\lambda_1 = 1$, $\lambda_2 = -1$ 이다.

고유치 $\lambda_1 = 1$ 에 대응하는 A 의 고유공간 E_1 은 동차 연립일차방정식

$$\begin{bmatrix} 1 & -1 \\ -1 & 1 \end{bmatrix}\begin{bmatrix} x_1 \\ x_2 \end{bmatrix} = \begin{bmatrix} 0 \\ 0 \end{bmatrix}$$

$$I_2 - A = \begin{bmatrix} 1 & -1 \\ -1 & 1 \end{bmatrix} \longrightarrow \begin{bmatrix} 1 & -1 \\ 0 & 0 \end{bmatrix}$$

의 해공간이고 또 이 동차 연립일차방정식은 동차 일차방정식 $x_1 - x_2 = 0$ 과 동치이므로 해 전체는 다음과 같다(보기 5.2.4).

$$\begin{bmatrix} x_1 \\ x_2 \end{bmatrix} = t\begin{bmatrix} 1 \\ 1 \end{bmatrix} \qquad (t \in \mathbb{R})$$

따라서 $E_1 = \langle((1,1))\rangle$, $\dim E_1 = 1$ 이다.

$$-I_2 - A = \begin{bmatrix} -1 & -1 \\ -1 & -1 \end{bmatrix} \longrightarrow \begin{bmatrix} 1 & 1 \\ 0 & 0 \end{bmatrix}$$

마찬가지로, 고유치 $\lambda_2 = -1$ 에 대응하는 A 의 고유공간 E_2 는 다음과 같다.

$$E_2 = \langle(-1, 1)\rangle, \quad \dim E_2 = 1$$

이제 $w_1 = (1, 1)$, $w_2 = (-1, 1)$ 이라고 하면,

$$P = \begin{bmatrix} 1 & -1 \\ 1 & 1 \end{bmatrix}$$

는 정칙행렬이므로 $\mathscr{C} = \{w_1, w_2\}$ 는 벡터공간 $\mathbb{R}^2$ 의 기저이고, 또

$$L_A(w_1) = w_1$$
$$L_A(w_2) = -w_2$$

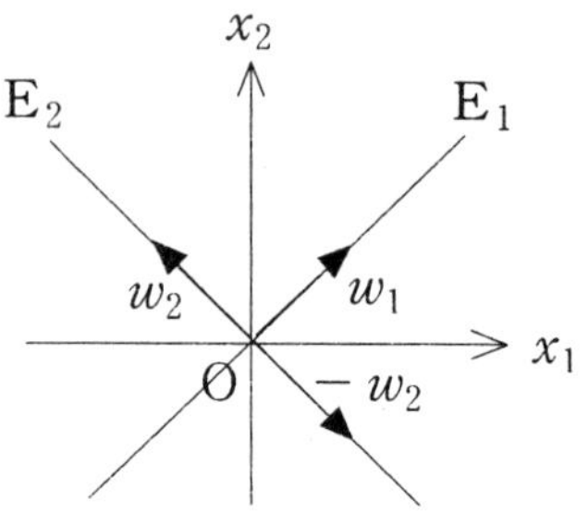

이므로 다음이 성립한다(정리 6.1.3).

$$[L_A]_{\mathscr{C}} = \begin{bmatrix} 1 & 0 \\ 0 & -1 \end{bmatrix} = D, \quad P^{-1}AP = D$$

정리 6.2.4 체 F 위의 n 차의 행렬 $A = [a_{ij}]_{n\times n}$ 에 대하여 $\lambda_1, \lambda_2 \in F$ 가 A 의 [L_A 의] 서로 다른 고유치일 때, λ_1 과 λ_2 에 대응하는 A 와 [L_A 의] 고유공간을 각각 E_1, E_2 이라고 하면 다음이 성립한다.

(1) $E_1 \cap E_2 = \{\mathbf{0}\}$

(2) $\mathscr{C}_1, \mathscr{C}_2$ 가 각각 E_1, E_2 의 기저이면, $\mathscr{C}_1 \cup \mathscr{C}_2$ 는 $E_1 + E_2$ 의 기저이다. 따라서 $\dim_F(E_1 + E_2) = \dim_F E_1 + \dim_F E_2$ 이다.

증 명 이제 $w \in E_1 \cap E_2$ 이라고 하면,

$$\lambda_1 w = L_A(w) = \lambda_2 w, \quad \lambda_1 \neq \lambda_2$$

이므로 $w = \mathbf{0}$ 이고 따라서 $E_1 \cap E_2 = \{\mathbf{0}\}$ 이다.

그러므로, 정리 4.5.3 에 의하여 정리의 (1), (2) 가 성립한다.

보기 6.2.3 실수체 ℝ 위에서 다음 행렬을 생각해 보자.

$$A = \begin{bmatrix} 3 & 1 & -1 \\ 2 & 2 & -1 \\ 2 & 2 & 0 \end{bmatrix}$$

행렬 A 의 [L_A 의] 고유다항식은

$$f(x) = \det(x I_3 - A) = \begin{vmatrix} x-3 & -1 & 1 \\ -2 & x-2 & 1 \\ -2 & -2 & x \end{vmatrix}$$

이고 따라서

$$f(x) = x^3 - 5x^2 + 8x - 4$$
$$= (x-1)(x-2)^2$$

1	1	-5	8	-4
		1	-4	4
	1	-4	4	0

이므로 A 의 고유치는 다음과 같다(문제 3 참조).

$$\lambda_1 = 1, \quad \lambda_2 = 2 \text{ (이중근)}$$

먼저 고유치 $\lambda_1 = 1$ 에 대응하는 A 의 고유공간을 E_1 이라고 하면, E_1 은

$$\begin{bmatrix} -2 & -1 & 1 \\ -2 & -1 & 1 \\ -2 & -2 & 1 \end{bmatrix}\begin{bmatrix} x_1 \\ x_2 \\ x_3 \end{bmatrix} = \begin{bmatrix} 0 \\ 0 \\ 0 \end{bmatrix}$$

$$I_3 - A = \begin{bmatrix} -2 & -1 & 1 \\ -2 & -1 & 1 \\ -2 & -2 & 1 \end{bmatrix} \longrightarrow \begin{bmatrix} 1 & 0 & -\frac{1}{2} \\ 0 & 1 & 0 \\ 0 & 0 & 0 \end{bmatrix}$$

의 해공간이고 그 해 전체는

$$\begin{bmatrix} x_1 \\ x_2 \\ x_3 \end{bmatrix} = t\begin{bmatrix} \frac{1}{2} \\ 0 \\ 1 \end{bmatrix} \quad (t \in \mathbb{R})$$

이므로 E_1 은 다음과 같다.

$$\mathrm{E}_1 = \langle (\tfrac{1}{2}, 0, 1) \rangle, \ \dim \mathrm{E}_1 = 1$$

$$2I_3 - A = \begin{bmatrix} -1 & -1 & 1 \\ -2 & 0 & 1 \\ -2 & -2 & 2 \end{bmatrix} \longrightarrow \begin{bmatrix} 1 & 0 & -\frac{1}{2} \\ 0 & 1 & -\frac{1}{2} \\ 0 & 0 & 0 \end{bmatrix}$$

마찬가지로, 고유치 $\lambda_2 = 2$ 에 대응하는 A 의 고유공간 E_2 는 다음과 같다.

$$\mathrm{E}_2 = \langle (\tfrac{1}{2}, \tfrac{1}{2}, 1) \rangle, \ \dim \mathrm{E}_2 = 1$$

그러므로, 다음이 성립한다.

$$\mathrm{E}_1 + \mathrm{E}_2 = \langle (\tfrac{1}{2}, 0, 1), (\tfrac{1}{2}, \tfrac{1}{2}, 1) \rangle, \quad \dim(\mathrm{E}_1 + \mathrm{E}_2) = 2$$

보기 6.2.4 체 F 위의 대각행렬 $D = \text{diag}\{\lambda_1, \cdots, \lambda_n\}$ 의 고유다항식은

$$f(x) = \begin{vmatrix} x-\lambda_1 & \cdots & 0 \\ \vdots & \ddots & \vdots \\ 0 & \cdots & x-\lambda_n \end{vmatrix} = (x-\lambda_1)\cdots(x-\lambda_n)$$

이고 따라서 D는 n 개의 고유치 $\lambda_1, \cdots, \lambda_n$ 을 가진다.

특히, 스칼라 행렬 $A = \lambda I_n$ 의 고유치는 λ 뿐이고, 모든 벡터 $v \in F^n$ 에 대하여 $L_A(v) = \lambda v$ 이므로 고유치 λ 에 대응하는 A 의 고유공간은 벡터공간 F^n 이다.

보기 6.2.5 실수체 $\mathbb{R}$ 위에서 다음 행렬을 생각해 보자.

$$A_\theta = \begin{bmatrix} \cos\theta & -\sin\theta \\ \sin\theta & \cos\theta \end{bmatrix} \qquad (0 \leq \theta < 2\pi)$$

행렬 A_θ 의 고유다항식은 $f(x) = x^2 - 2\cos\theta x + 1$ 이다.

먼저 $\theta \neq 0$, $\theta \neq \pi$ 일 때, 고유방정식 $f(x) = 0$ 의 판별식은

$$(2\cos\theta)^2 - 4 \cdot 1 = 4(\cos^2\theta - 1) < 0$$

이므로 실수체 $\mathbb{R}$ 안에서 방정식 $f(x) = 0$ 의 근은 없고 따라서 A_θ 의 고유치는 존재하지 않는다(보기 5.5.2).

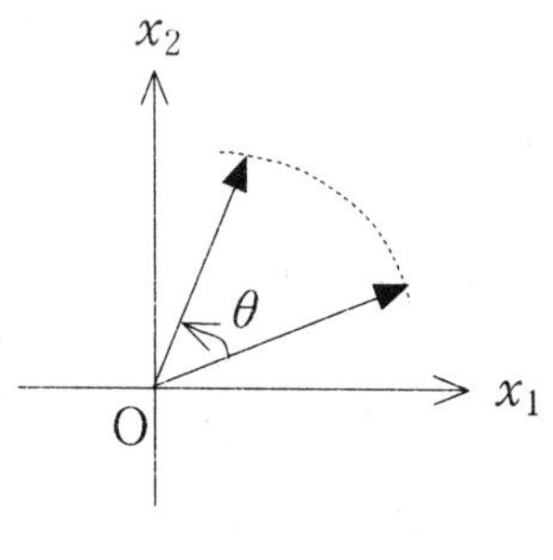

한편, $\theta = 0$ 이면, $A_\theta = I_2$ 이므로 A_θ 의 고유치는 1 뿐이고 이에 대응하는 고유공간은 $\mathbb{R}^2$ 이다. 또, $\theta = \pi$ 이면, $A_\theta = -I_2$ 이므로 A_θ 의 고유치는 -1 뿐이고 이에 대응하는 고유공간은 $\mathbb{R}^2$ 이다(보기 6.2.4).

정리 6.2.5 체 F 위의 n 차의 행렬 A, B 에 대하여 다음이 성립한다.

(1) A 의 고유다항식과 A^T 의 고유다항식은 일치한다.

(2) A 와 B 가 서로 닮은 행렬이면, A 의 고유다항식과 B 의 고유다항식은 일치하고 따라서 A 의 고유치와 B 의 고유치는 일치한다.

증 명 행렬식의 성질을 이용하여 정리를 증명한다(정리 3.1.2, 정리 3.1.9).

(1) $\det(xI_n - A^T) = \det\{(xI_n - A)^T\} = \det(xI_n - A)$

(2) 적당한 정칙행렬 P에 대하여 $B = P^{-1}AP$일 때 다음이 성립한다.

$$\begin{aligned}\det(xI_n - B) &= \det(xI_n - P^{-1}AP) = \det\{P^{-1}(xI_n - A)P\} \\ &= (\det P)^{-1}(\det(xI_n - A))(\det P) \\ &= (\det(xI_n - A))(\det P)^{-1}(\det P) = \det(xI_n - A)\end{aligned}$$

보기 6.2.6 앞의 보기 6.2.2 에 의하면, 실수체 $\mathbb{R}$ 위의 두 행렬

$$A = \begin{bmatrix} 0 & 1 \\ 1 & 0 \end{bmatrix}, \qquad D = \begin{bmatrix} 1 & 0 \\ 0 & -1 \end{bmatrix}$$

은 서로 닮은 행렬이며 A, D의 고유다항식은 $f(x) = x^2 - 1$ 이고 따라서 이들 행렬의 고유치는 $1, -1$ 이다.

고유치 $1, -1$ 에 대응하는 A의 고유공간은 각각 $\langle(1, 1)\rangle$, $\langle(-1, 1)\rangle$ 이지만, 고유치 $1, -1$ 에 대응하는 D의 고유공간은 각각 $\langle(1, 0)\rangle$, $\langle(0, 1)\rangle$ 이다(문제 4 참조).

정리 6.2.6 체 F 위의 n차의 행렬 A가 정칙행렬일 때 다음이 성립한다.

(1) $\lambda \in F$가 A의 고유치이면, $\lambda \neq 0$ 이다.

(2) $\lambda \in F$가 A의 고유치이면, λ^{-1}는 A^{-1}의 고유치이고 또 λ에 대응하는 A의 고유공간과 λ^{-1}에 대응하는 A^{-1}의 고유공간은 일치한다. 즉,

$$\{w \in F^n \mid L_A(w) = \lambda w\} = \{w \in F^n \mid L_{A^{-1}}(w) = \lambda^{-1} w\}$$

(3) A의 서로 다른 고유치 전체의 집합이 $\{\lambda_1, \cdots, \lambda_r\}$ 일 때, A^{-1}의 서로 다른 고유치 전체의 집합은 $\{\lambda_1{}^{-1}, \cdots, \lambda_r{}^{-1}\}$ 이다.

증 명 (1) 행렬 A가 정칙행렬이므로, $\det A \neq 0$ 이고(정리 3.1.8) 따라서 0 은 A의 고유치가 아니다(정리 6.2.2). 그러므로 (1) 이 성립한다.

(2) 행렬 A는 정칙행렬이므로 정리 5.5.9 에 의하여 $L_A : F^n \longrightarrow F^n$는 정칙 선형변환이고 $T = L_A$ 이라고 하면, $T^{-1} = L_A{}^{-1} = L_{A^{-1}}$ 이다.

또, $\lambda \in F$가 A의 고유치이면 (1)에 의하여 $\lambda \neq 0$이므로 $\lambda^{-1} \in F$이고

$$\begin{aligned} T(w) = \lambda w &\Leftrightarrow w = T^{-1}(\lambda w) \\ &\Leftrightarrow w = \lambda T^{-1}(w) \\ &\Leftrightarrow T^{-1}(w) = \lambda^{-1} w \end{aligned}$$

이므로 (2)가 성립한다.

(3) 위의 (2)에 의하여 λ가 A의 고유치이면, λ^{-1}는 A^{-1}의 고유치이고 또 $(A^{-1})^{-1} = A$이므로 μ가 A^{-1}의 고유치이면, μ^{-1}는 A의 고유치이고 $(\mu^{-1})^{-1} = \mu$이다. 따라서 (3)이 성립한다.

보기 6.2.7 실수체 $\mathbb{R}$ 위에서 다음 행렬을 다시 생각해 보자.

$$A = \begin{bmatrix} 3 & 1 & -1 \\ 2 & 2 & -1 \\ 2 & 2 & 0 \end{bmatrix}$$

보기 6.2.3에 의하면, 행렬 A의 고유치는 $\lambda_1 = 1$, $\lambda_2 = 2$ (이중근)이고 또 고유치 λ_1에 대응하는 A의 고유공간 E_1과 고유치 λ_2에 대응하는 A의 고유공간 E_2는 각각 다음과 같다.

$$\mathrm{E}_1 = \langle (\frac{1}{2}, 0, 1) \rangle, \quad \mathrm{E}_2 = \langle (\frac{1}{2}, \frac{1}{2}, 1) \rangle$$

한편, 덧붙인 행렬 $[A \mid I_3]$에 기본 행 변형을 시행하여 $[I_3 \mid A^{-1}]$을 얻으므로 A는 정칙행렬이고 A^{-1}는 다음과 같다(문제 4).

$$A^{-1} = \begin{bmatrix} \frac{1}{2} & -\frac{1}{2} & \frac{1}{4} \\ -\frac{1}{2} & \frac{1}{2} & \frac{1}{4} \\ 0 & -1 & 1 \end{bmatrix}$$

그리고, A^{-1}의 고유다항식은

$$g(x) = x^3 - 2x^2 + \frac{5}{4}x - \frac{1}{4} = \frac{1}{4}(x-1)(2x-1)^2$$

이므로 A^{-1}의 고유치는 $\mu_1 = 1 = \lambda_1$, $\mu_2 = \frac{1}{2} = \lambda_2{}^{-1}$ (이중근)이다.

또, 고유치 $\mu_1 = 1$에 대응하는 A^{-1}의 고유공간 W_1과 고유치 $\mu_2 = \frac{1}{2}$

에 대응하는 A 의 고유공간 W_2 는 각각 다음과 같다(문제 5).

$$W_1 = \langle (\frac{1}{2}, 0, 1) \rangle = E_1, \quad W_2 = \langle (\frac{1}{2}, \frac{1}{2}, 1) \rangle = E_2$$

보기 6.2.8 실수체 $\mathbb{R}$ 위에서 다음 행렬을 생각해 보자.

$$A = \begin{bmatrix} 0 & 1 \\ -1 & 1 \end{bmatrix}, \qquad A^{-1} = \begin{bmatrix} 1 & -1 \\ 1 & 0 \end{bmatrix}$$

두 행렬 $A,\ A^{-1}$ 의 고유다항식은 모두 $f(x) = x^2 - x + 1$ 이다. 그런데, 고유방정식 $f(x) = 0$ 의 실근(실수인 근)은 존재하지 않으므로 $A,\ A^{-1}$ 의 고유치와 고유벡터는 존재하지 않는다. 한편, $A,\ A^{-1}$ 를 복소수체 위의 행렬로 생각하면 이들 행렬은 서로 다른 두 복소수인 고유치를 가진다(문제 5).

연 습 문 제 (6.2)

1. 실수체 $\mathbb{R}$ 위에서 다음 행렬 A 와 A^T 의 고유치와 고유공간을 구하여라.

(1) $A = \begin{bmatrix} 10 & 4 \\ 9 & 2 \end{bmatrix}$ (2) $A = \begin{bmatrix} 1 & -1 \\ 0 & 2 \end{bmatrix}$ (3) $A = \begin{bmatrix} 5 & -1 \\ 2 & 2 \end{bmatrix}$

2. 체 F 위의 n 차의 행렬 A 에 대하여 $\lambda \in F$ 가 A 의 $[L_A]$ 고유치일 때, 벡터 $w \in F^n$ 가 λ 에 대응하는 A 의 $[L_A]$ 의 고유벡터이면 임의의 $k \in F,\ k \neq 0$ 에 대하여 kw 도 A 의 $[L_A]$ 의 고유벡터임을 증명하여라.

3. 체 F 위의 행렬 $A = [a_{ij}]_{3\times 3}$ 의 고유다항식이 $f(x) = x^3 + ax^2 + bx + c$ 일 때, 다음이 성립함을 밝혀라.

$$a = -\operatorname{tr} A,$$

$$b = \begin{vmatrix} a_{11} & a_{12} \\ a_{21} & a_{22} \end{vmatrix} + \begin{vmatrix} a_{11} & a_{13} \\ a_{31} & a_{33} \end{vmatrix} + \begin{vmatrix} a_{22} & a_{23} \\ a_{32} & a_{33} \end{vmatrix},$$

$$c = -\det A$$

4. 체 F 위의 n 차의 대각행렬 $D=\text{diag}\{\lambda_1, \lambda_2, \cdots, \lambda_n\}$ 에서 $\lambda_1, \lambda_2, \cdots, \lambda_n$ 이 모두 서로 다를 때, 고유치 $\lambda_1, \lambda_2, \cdots, \lambda_n$ 에 대응하는 D 의 고유공간은 각각

$$\langle(1,0,\cdots,0)\rangle,\ \langle(,0,1,\cdots,0)\rangle,\ \cdots,\ \langle(0,\cdots,0,1)\rangle$$

임을 증명하여라.

5. 보기 6.2.7 의 풀이를 완성하여라.

6. 보기 6.2.8 에서 행렬 A 와 A^{-1} 를 복소수체 $\mathbb{C}$ 위의 행렬로 생각하는 경우에 A 의 고유치와 고유공간을 구하고 A^{-1} 의 고유치와 고유공간을 구하여라.

7. 실수체 $\mathbb{R}$ 위에서 다음 행렬 A 와 A^{-1} 의 고유치와 고유공간을 구하여라.

(1) $A=\begin{bmatrix} 1 & 0 \\ 2 & 1 \end{bmatrix}$ (2) $A=\begin{bmatrix} 0 & 3 \\ 1 & 2 \end{bmatrix}$

8. 실수체 $\mathbb{R}$ 위에서 다음 행렬의 고유치와 이에 대응하는 고유공간을 구하여라.

(1) $A=\begin{bmatrix} 4 & 0 & 1 \\ 2 & 3 & 2 \\ 1 & 0 & 4 \end{bmatrix}$ (2) $A=\begin{bmatrix} 3 & 0 & 0 \\ 1 & 3 & 0 \\ 0 & 1 & 3 \end{bmatrix}$

(3) $A=\begin{bmatrix} 2 & 0 & 0 \\ 0 & 3 & 0 \\ 0 & 0 & 3 \end{bmatrix}$ (4) $A=\begin{bmatrix} 2 & 0 & 0 \\ 1 & 2 & 0 \\ 0 & 0 & 3 \end{bmatrix}$

9. 복소수체 $\mathbb{C}$ 위에서 다음 행렬의 고유치와 고유공간을 구하여라.

(1) $A=\begin{bmatrix} 1 & 1 \\ -1 & 0 \end{bmatrix}$ (2) $A=\begin{bmatrix} 1 & i \\ i & 1 \end{bmatrix}$

10. 다음과 같이 정의된 선형변환의 고유치와 고유공간을 구하여라.

(1) $T:\ \mathbb{R}^2 \longrightarrow \mathbb{R}^2,\ T(x_1, x_2)=(2x_1, 3x_2)$

(2) $T:\ \mathbb{R}^2 \longrightarrow \mathbb{R}^2,\ T(x_1, x_2)=(x_1, -2x_1+3x_2)$

§6.3 대각화 가능한 행렬

이 절에서는, 행렬의 대각화(對角化, diagonalization)하는 문제를 논한다.

정의 6.3.1 체 F 위의 n 차의 행렬 A 가 적당한 대각행렬 $D \in \mathrm{Mat}_n(F)$ 와 닮은 행렬일 때, 즉

$$P^{-1}AP = D$$

인 정칙행렬 $P \in \mathrm{Mat}_n(F)$ 가 존재할 때, A 를 **대각화 가능한**(對角化 可能한, diagonalizable) **행렬**이라고 한다.

보기 6.3.1 체 F 위의 대각행렬 $D = \mathrm{diag}\{\lambda_1, \lambda_2, \cdots, \lambda_n\}$ 는 대각화 가능한 행렬이다. 실제로, $I_n{}^{-1}DI_n = D$ 이다.

특히, 스칼라 행렬 $A = \lambda I_n$ 는 대각화 가능한 행렬이다. 실제로, $A = \lambda I_n$ 의 고유치는 λ 뿐이고 이에 대응하는 고유공간은 벡터공간 F^n 이다(보기 6.2.4).

정리 6.3.2 체 F 위의 n 차의 행렬 A 가 대각화 가능한 행렬이면, A 의 고유다항식 $f(x)$ 는 다음과 같은 꼴이다.

$$f(x) = (x - \lambda_1)^{n_1} \cdots (x - \lambda_r)^{n_r} \qquad (n_1 \geq 1, \cdots, n_r \geq 1)$$

여기서, $\lambda_1, \cdots, \lambda_r \in F$ 는 A 의 서로 다른 고유치 전체이다.

증 명 행렬 A 가 대각화 가능한 행렬이면, 적당한 정칙행렬 P 와 대각행렬 $D = \mathrm{diag}\{\lambda_1, \cdots, \lambda_n\}$ 에 대하여 $P^{-1}AP = D$ 이다. 그런데, 정리 6.2.4 에 의하여 A 의 고유다항식 $f(x)$ 는 D 의 고유다항식과 일치하고 따라서 $f(x)$ 는 다음과 같다(보기 6.2.5).

$$f(x) = \det(xI_n - D) = (x - \lambda_1)(x - \lambda_2)\cdots(x - \lambda_n)$$

그러므로, $f(x)$ 는 정리에서와 같은 꼴로 나타내어진다.

이 정리의 역은 성립하지 않는다(문제 6.4.3 참조).

보기 6.3.2 실수체 ℝ 위에서 다음과 같은 행렬을 생각해 보자.

$$A = \begin{bmatrix} 0 & 1 \\ -6 & 5 \end{bmatrix}$$

행렬 A 의 고유다항식은

$$f(x) = \begin{vmatrix} x & -1 \\ 6 & x-5 \end{vmatrix} = x^2 - 5x + 6 = (x-2)(x-3)$$

이므로 A 의 고유치는 $\lambda_1 = 2$, $\lambda_2 = 3$ 이고, 또 이들 고유치에 대응하는 고유공간 $\mathrm{E}_1, \mathrm{E}_2$ 는 각각 다음 동차 연립일차방정식의 해공간이다.

$$\begin{bmatrix} 2 & -1 \\ 6 & -3 \end{bmatrix}\begin{bmatrix} x_1 \\ x_2 \end{bmatrix} = \begin{bmatrix} 0 \\ 0 \end{bmatrix}, \qquad \begin{bmatrix} 3 & -1 \\ 6 & -2 \end{bmatrix}\begin{bmatrix} x_1 \\ x_2 \end{bmatrix} = \begin{bmatrix} 0 \\ 0 \end{bmatrix}$$

이 해공간은 각각 동차 일차방정식 $2x_1 - x_2 = 0$, $3x_1 - x_2 = 0$ 의 해공간과 일치하므로 그 해 전체는 각각 다음과 같다.

$$\begin{bmatrix} x_1 \\ x_2 \end{bmatrix} = t\begin{bmatrix} 1 \\ 2 \end{bmatrix} \quad (t \in \mathbb{R}), \qquad \begin{bmatrix} x_1 \\ x_2 \end{bmatrix} = t\begin{bmatrix} 1 \\ 3 \end{bmatrix} \quad (t \in \mathbb{R})$$

따라서 $\mathrm{E}_1 = \langle(1,2)\rangle$, $\mathrm{E}_2 = \langle(1,3)\rangle$ 이고 $w_1 = (1,2)$, $w_2 = (1.3)$ 이라고 하면

$$P = \begin{bmatrix} 1 & 1 \\ 2 & 3 \end{bmatrix}$$

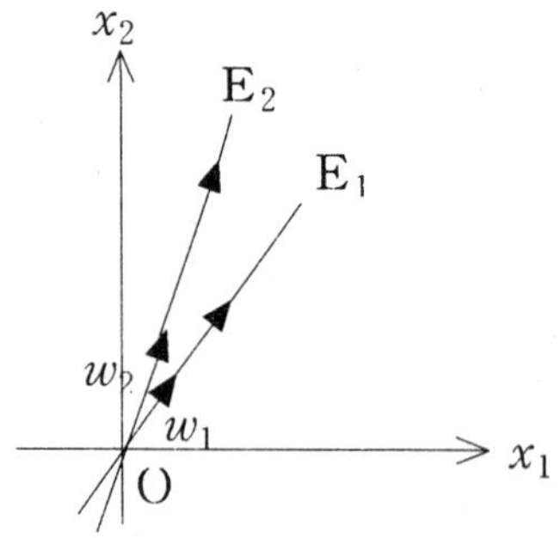

는 정칙행렬이므로 $\mathscr{C} = \{w_1, w_2\}$ 는 벡터 공간 $\mathbb{R}^2$ 의 기저이고 다음이 성립한다.

$$[L_A]_{\mathscr{C}} = \begin{bmatrix} 2 & 0 \\ 0 & 3 \end{bmatrix} = D, \qquad P^{-1}AP = D$$

따라서 A 는 대각화 가능한 행렬이다. 그리고, 모든 양의 정수 m 에 대하여 $P^{-1}A^mP = D^m$, $A^m = PD^mP^{-1}$ 이므로 A^m 은 다음과 같다.

$$A^m = PD^mP^{-1} = \begin{bmatrix} 1 & 1 \\ 2 & 3 \end{bmatrix}\begin{bmatrix} 2^m & 0 \\ 0 & 3^m \end{bmatrix}\begin{bmatrix} 3 & -1 \\ -2 & 1 \end{bmatrix}$$

즉, $$A^m = \begin{bmatrix} 3\cdot 2^m - 2\cdot 3^m & 3^m - 2^m \\ 3\cdot 2^{m+1} - 2\cdot 3^{m+1} & 3^{m+1} - 2^{m+1} \end{bmatrix}$$

보기 6.3.3 실수체 $\mathbb{R}$ 위에서 다음 행렬은 대각화 가능한 행렬이다.

$$A = \begin{bmatrix} 0 & 1 \\ 1 & 0 \end{bmatrix}$$

실제로, 보기 6.2.2 에 의하여

$$P^{-1}AP = \begin{bmatrix} 1 & 0 \\ 0 & -1 \end{bmatrix} = D, \qquad P = \begin{bmatrix} 1 & -1 \\ 1 & 1 \end{bmatrix}$$

이므로 모든 양의 정수 m 에 대하여 $P^{-1}A^mP = D^m$, $A^m = PD^mP^{-1}$ 이고 따라서 다음이 성립한다.

$$A^m = PD^mP^{-1} = \frac{1}{2}\begin{bmatrix} 1 & -1 \\ 1 & 1 \end{bmatrix}\begin{bmatrix} 1 & 0 \\ 0 & (-1)^m \end{bmatrix}\begin{bmatrix} 1 & 1 \\ -1 & 1 \end{bmatrix}$$
$$= \frac{1}{2}\begin{bmatrix} 1+(-1)^m & 1-(-1)^m \\ 1-(-1)^m & 1+(-1)^m \end{bmatrix}$$

정리 6.3.3 체 F 위의 n 차의 행렬 A 가 대각화 가능한 행렬일 때, 다음이 성립한다.

(1) A^T 는 대각화 가능한 행렬이다.

(2) 모든 양의 정수 m 에 대하여 A^m 은 대각화 가능한 행렬이다.

(3) A 가 정칙행렬이면, A^{-1} 도 대각화 가능한 행렬이다.

(4) A 와 닮은 행렬은 대각화 가능한 행렬이다.

증 명 행렬 A 가 대각화 가능한 행렬이라고 하면, 적당한 정칙행렬 P 와 대각행렬 $D = \mathrm{diag}\{\lambda_1, \cdots, \lambda_n\}$ 에 대하여 $P^{-1}AP = D$ 이다.

(1) $(P^{-1}AP)^T = D^T$ 즉 $P^TA^T(P^{-1})^T = D^T = D$ 이며 P^T 는 정칙행렬이고 $(P^T)^{-1} = (P^{-1})^T$ 이다(정리 2.2.7). 따라서 $Q = (P^T)^{-1}$ 이라고 하면 Q 는 정칙행렬이고 $Q^{-1}A^TQ = D$ 이므로 A^T 는 대각화 가능한 행렬이다.

(2) 모든 양의 정수 m에 대하여 $P^{-1}A^mP = D^m = \text{diag}\{\lambda_1{}^m, \cdots, \lambda_n{}^m\}$ 이고 따라서 A^m은 대각화 가능한 행렬이다.

(3) A가 정칙행렬이면, D도 정칙행렬이므로 $\lambda_1 \neq 0, \cdots, \lambda_n \neq 0$ 이고 또

$$(P^{-1}AP)^{-1} = D^{-1} \text{ 즉 } P^{-1}A^{-1}P = D^{-1} = \text{diag}\{\lambda_1{}^{-1}, \cdots, \lambda_n{}^{-1}\}$$

이고 따라서 A^{-1}는 대각화 가능한 행렬이다.

(4) 적당한 정칙행렬 Q에 대하여 $B = Q^{-1}AQ$이면, $QBQ^{-1} = A$ 이므로

$$P^{-1}QBQ^{-1}P = P^{-1}AP = D \quad \text{즉} \quad (Q^{-1}P)^{-1}B(Q^{-1}P) = D$$

이고 따라서 B는 대각화 가능한 행렬이다.

정리 6.3.4 체 F 위의 n차의 행렬 A가 대각화 가능한 행렬일 때 그리고 이때에만 벡터공간 F^n은 A의 고유벡터로 이루어진 기저를 가진다.

증 명 행렬 A가 대각화 가능한 행렬이라고 하자. 이 때, 적당한 정칙행렬 $P = [p_{ij}]_{n\times n}$와 대각행렬 $D = \text{diag}\{\lambda_1, \cdots, \lambda_n\}$에 대하여 $P^{-1}AP = D$이다. 그런데, P의 열벡터를 $w_1, \cdots, w_n$이라고 하면

$$w_j = (p_{1j}, p_{2j}, \cdots, p_{nj}) \qquad (1 \leq j \leq n)$$

이고, P는 정칙행렬이므로 정리 6.1.3에 의하여 $\mathscr{C} = \{w_1, \cdots, w_n\}$는 벡터공간 F^n의 기저이다. 그리고, $AP = PD$ 즉

$$A\begin{bmatrix} p_{11} & p_{12} & \cdots & p_{1n} \\ \vdots & \vdots & \cdots & \vdots \\ p_{n1} & p_{n2} & \cdots & p_{nn} \end{bmatrix} = \begin{bmatrix} p_{11} & p_{12} & \cdots & p_{1n} \\ \vdots & \vdots & \cdots & \vdots \\ p_{n1} & p_{n2} & \cdots & p_{nn} \end{bmatrix}\begin{bmatrix} \lambda_1 & 0 & \cdots & 0 \\ \vdots & \vdots & \ddots & \vdots \\ 0 & 0 & \cdots & \lambda_n \end{bmatrix}$$

이므로

$$A\begin{bmatrix} p_{1j} \\ \vdots \\ p_{nj} \end{bmatrix} = \lambda_j\begin{bmatrix} p_{1j} \\ \vdots \\ p_{nj} \end{bmatrix} \quad \text{즉} \quad L_A(w_j) = \lambda_j w_j \qquad (1 \leq j \leq n)$$

이고 따라서 $\mathscr{C} = \{w_1, \cdots, w_n\}$는 A의 고유벡터로 이루어진 기저이다.

역으로, 벡터공간 F^n에 A의 고유벡터로 이루어진 기저 $\mathscr{C} = \{w_1, \cdots, w_n\}$

가 존재할 때,

$$w_j = (p_{1j}, p_{2j}, \cdots, p_{nj}), \quad L_A(w_j) = \lambda_j w_j \qquad (1 \le j \le n)$$

이라고 하면 정리 6.1.3에 의하여 $P = [p_{ij}]_{n \times n}$ 는 정칙행렬이고 또

$$[L_A]_{\mathscr{C}} = \text{diag}\{\lambda_1, \cdots, \lambda_n\} = D, \qquad P^{-1}AP = D$$

이므로 A 는 대각화 가능한 행렬이다.

보기 6.3.4 실수체 $\mathbb{R}$ 위에서 다음 행렬을 생각해 보자.

$$A = \begin{bmatrix} 1 & 0 & 2 \\ 0 & 3 & 0 \\ 2 & 0 & 1 \end{bmatrix}$$

행렬 A 의 [L_A 의] 고유다항식은 다음과 같다.

$$f(x) = \begin{vmatrix} x-1 & 0 & -2 \\ 0 & x-3 & 0 \\ -2 & 0 & x-1 \end{vmatrix} = (x-3)\begin{vmatrix} x-1 & -2 \\ -2 & x-1 \end{vmatrix}$$

$$= (x-3)(x^2-2x-3) = (x+1)(x-3)^2$$

따라서 A 의 [L_A 의] 고유치는 $\lambda_1 = -1$, $\lambda_2 = 3$ (이중근) 이다.

먼저 고유치 $\lambda_1 = -1$ 에 대응하는 A 의 고유공간을 E_1 이라고 하면, E_1 은

$$\begin{bmatrix} -2 & 0 & -2 \\ 0 & -4 & 0 \\ -2 & 0 & -2 \end{bmatrix}\begin{bmatrix} x_1 \\ x_2 \\ x_3 \end{bmatrix} = \begin{bmatrix} 0 \\ 0 \\ 0 \end{bmatrix} \qquad -I_3 - A = \begin{bmatrix} -2 & 0 & -2 \\ 0 & -4 & 0 \\ -2 & 0 & -2 \end{bmatrix} \longrightarrow \begin{bmatrix} 1 & 0 & 1 \\ 0 & 1 & 0 \\ 0 & 0 & 0 \end{bmatrix}$$

의 해공간이고 그 해 전체는

$$\begin{bmatrix} x_1 \\ x_2 \\ x_3 \end{bmatrix} = t\begin{bmatrix} -1 \\ 0 \\ 1 \end{bmatrix} \qquad (t \in \mathbb{R})$$

이므로 $\mathrm{E}_1 = \langle(-1, 0, 1)\rangle$, $\dim \mathrm{E}_1 = 1$ 이다.

다음에 고유치 $\lambda_2 = 3$ 에 대응하는 A 의 고유공간을 E_2 라고 하면, E_2 는 동차 일차 방정식 $x_1 - x_3 = 0$ 의 해공간이고 그 해는

$$3I_3 - A = \begin{bmatrix} 2 & 0 & -2 \\ 0 & 0 & 0 \\ -2 & 0 & 2 \end{bmatrix} \longrightarrow \begin{bmatrix} 1 & 0 & -1 \\ 0 & 0 & 0 \\ 0 & 0 & 0 \end{bmatrix}$$

$$\begin{bmatrix} x_1 \\ x_2 \\ x_3 \end{bmatrix} = \begin{bmatrix} t_2 \\ t_1 \\ t_2 \end{bmatrix} = t_1\begin{bmatrix} 0 \\ 1 \\ 0 \end{bmatrix} + t_2\begin{bmatrix} 1 \\ 0 \\ 1 \end{bmatrix} \qquad (t_1, t_2 \in \mathbb{R})$$

이므로 $E_2 = \langle (0,1,0), (1,0,1) \rangle$, $\dim E_2 = 2$ 이다. 그리고,

$$w_1 = (-1,0,1),\ w_2 = (0,1,0),\ w_3 = (1,0,1)$$

이라고 하면, $\mathscr{C} = \{w_1, w_2, w_3\}$ 는 벡터공간 $\mathbb{R}^3$ 의 기저이므로 A 는 대각화 가능한 행렬이다. 실제로, 다음이 성립한다(정리 6.1.3).

$$P^{-1}AP = \begin{bmatrix} -1 & 0 & 0 \\ 0 & 3 & 0 \\ 0 & 0 & 3 \end{bmatrix}, \qquad P = \begin{bmatrix} -1 & 0 & 1 \\ 0 & 1 & 0 \\ 1 & 0 & 1 \end{bmatrix}$$

보기 6.3.5 실수체 $\mathbb{R}$ 위에서 다음 행렬을 생각해 보자.

$$A = \begin{bmatrix} 1 & 0 & 0 \\ 4 & 2 & -5 \\ 4 & 5 & -8 \end{bmatrix}$$

행렬 A 의 고유다항식은

$$f(x) = (x-1)\begin{vmatrix} x-2 & 5 \\ -5 & x+8 \end{vmatrix}$$
$$= (x-1)(x^2+6x+9) = (x-1)(x+3)^2$$

이므로 A 의 고유치는 $\lambda_1 = 1$, $\lambda_2 = -3$ (이중근) 이다.

고유치 $1, -3$ 에 대응하는 A 의 고유공간을 각각 E_1, E_2 이라고 하면, 다음이 성립한다(문제 3).

$$\dim E_1 = 1, \quad \dim E_2 = 1$$

$$\dim(E_1 + E_2) = 2 < 3$$

이므로 벡터공간 $\mathbb{R}^3$ 에는 A 의 고유벡터로 이루어진 기저가 없으므로 A 는 대각화 가능한 행렬이 아니다.

$$I_3 - A = \begin{bmatrix} 0 & 0 & 0 \\ -4 & -1 & 5 \\ -4 & -5 & 9 \end{bmatrix} \longrightarrow \begin{bmatrix} 1 & 0 & -1 \\ 0 & 1 & -1 \\ 0 & 0 & 0 \end{bmatrix}$$

$$-3I_3 - A = \begin{bmatrix} -4 & 0 & 0 \\ -4 & -5 & 5 \\ -4 & -5 & 5 \end{bmatrix} \longrightarrow \begin{bmatrix} 1 & 0 & 0 \\ 0 & 1 & -1 \\ 0 & 0 & 0 \end{bmatrix}$$

보기 6.3.6 실수체 $\mathbb{R}$ 위에서 다음 행렬을 생각해 보자.

$$A = \begin{bmatrix} 1 & 1 & 0 \\ 0 & 2 & 2 \\ 0 & 0 & 3 \end{bmatrix}$$

행렬 A 의 고유다항식은 $f(x) = (x-1)(x-2)(x-3)$ 이다.

따라서 A 의 고유치는 1, 2, 3 이고, 고유치 1, 2, 3 에 대응하는 A 의 고유공간 E_1, E_2, E_3 는 각각 다음과 같다.

$$I_3 - A = \begin{bmatrix} 0 & -1 & 0 \\ 0 & -1 & -2 \\ 0 & 0 & -2 \end{bmatrix} \longrightarrow \begin{bmatrix} 0 & 1 & 0 \\ 0 & 0 & 1 \\ 0 & 0 & 0 \end{bmatrix}$$

$$2I_3 - A = \begin{bmatrix} 1 & -1 & 0 \\ 0 & 0 & -2 \\ 0 & 0 & -1 \end{bmatrix} \longrightarrow \begin{bmatrix} 1 & -1 & 0 \\ 0 & 0 & 1 \\ 0 & 0 & 0 \end{bmatrix}$$

$$3I_3 - A = \begin{bmatrix} 2 & -1 & 0 \\ 0 & 1 & -2 \\ 0 & 0 & 0 \end{bmatrix} \longrightarrow \begin{bmatrix} 1 & 0 & -1 \\ 0 & 1 & -2 \\ 0 & 0 & 0 \end{bmatrix}$$

$E_1 = \langle (1,0,0) \rangle$, $\dim E_1 = 1$

$E_2 = \langle (1,1,0) \rangle$, $\dim E_2 = 1$

$E_3 = \langle (1,2,1) \rangle$, $\dim E_3 = 1$

이제 $w_1 = (1,0,0)$, $w_2 = (1,1,0)$, $w_3 = (1,2,1)$ 이라고 하면,

$$\mathscr{B} = \{w_1, w_2, w_3\}$$

는 벡터공간 $\mathbb{R}^3$ 의 기저이고 다음이 성립한다.

$$P^{-1}AP = \begin{bmatrix} 1 & 0 & 0 \\ 0 & 2 & 0 \\ 0 & 0 & 3 \end{bmatrix}, \quad P = \begin{bmatrix} 1 & 1 & 1 \\ 0 & 1 & 2 \\ 0 & 0 & 1 \end{bmatrix}$$

따라서 모든 양의 정수 m 에 대하여 $A^m = PD^mP^{-1}$ 이다. 즉,

$$A^m = \begin{bmatrix} 1 & 1 & 1 \\ 0 & 1 & 2 \\ 0 & 0 & 1 \end{bmatrix} \begin{bmatrix} 1 & 0 & 0 \\ 0 & 2^m & 0 \\ 0 & 0 & 3^m \end{bmatrix} \begin{bmatrix} 1 & -1 & 1 \\ 0 & 1 & -2 \\ 0 & 0 & 1 \end{bmatrix}$$

$$= \begin{bmatrix} 1 & 2^m-1 & 1-2^{m+1}+3^m \\ 0 & 2^m & -2^{m+1}+2\cdot 3^m \\ 0 & 0 & 3^m \end{bmatrix}.$$

보기 6.3.7 실수체 $\mathbb{R}$ 위에서 다음 행렬을 다시 생각해 보자(보기 6.2.3).

$$A = \begin{bmatrix} 3 & 1 & -1 \\ 2 & 2 & -1 \\ 2 & 2 & 0 \end{bmatrix}$$

행렬 A 의 고유치 1, 2 에 대응하는 A 의 고유공간을 E_1, E_2 이라고 하면,

$$E_1 + E_2 = \langle (\tfrac{1}{2}, 0, 1), (\tfrac{1}{2}, \tfrac{1}{2}, 1) \rangle, \quad \dim(E_1 + E_2) = 2 < 3$$

이므로, A 는 대각화 가능한 행렬이 아니다.

정의 6.3.5 체 F 위의 n차의 행렬 A가 적당한 양의 정수 m에 대하여

$$A^m = O_n$$

일 때, A를 **멱영행렬**(冪零行列, nilpotent matrix)이라고 한다.

그리고, 멱영행렬 $A\ (\neq O_n)$에 대하여 $A^m = O_n$, $A^{m-1} \neq O_n$인 양의 정수 m을 멱영행렬 A의 **지수**(指數, exponent) 라고 한다.

한편, 영행렬 O_n의 지수는 1로 정한다.

보기 6.3.8 체 F 위의 다음 5차의 행렬은 모두 멱영행렬이다.

$$N_1 = \begin{bmatrix} 0 & 0 & 0 & 0 & 0 \\ 1 & 0 & 0 & 0 & 0 \\ 0 & 1 & 0 & 0 & 0 \\ 0 & 0 & 1 & 0 & 0 \\ 0 & 0 & 0 & 1 & 0 \end{bmatrix}, \quad N_2 = \begin{bmatrix} 0 & 0 & 0 & 0 & 0 \\ 0 & 0 & 0 & 0 & 0 \\ 1 & 0 & 0 & 0 & 0 \\ 0 & 1 & 0 & 0 & 0 \\ 0 & 0 & 1 & 0 & 0 \end{bmatrix},$$

$$N_3 = \begin{bmatrix} 0 & 0 & 0 & 0 & 0 \\ 0 & 0 & 0 & 0 & 0 \\ 0 & 0 & 0 & 0 & 0 \\ 1 & 0 & 0 & 0 & 0 \\ 0 & 1 & 0 & 0 & 0 \end{bmatrix}, \quad N_4 = \begin{bmatrix} 0 & 0 & 0 & 0 & 0 \\ 0 & 0 & 0 & 0 & 0 \\ 0 & 0 & 0 & 0 & 0 \\ 0 & 0 & 0 & 0 & 0 \\ 1 & 0 & 0 & 0 & 0 \end{bmatrix}$$

실제 계산에 의하여 $N_1^{\ 2} = N_2$, $N_1^{\ 3} = N_3$, $N_1^{\ 4} = N_4$, $N_1^{\ 5} = O_5$ 이고 따라서 $N_2^{\ 3} = O_5$, $N_3^{\ 2} = O_5$, $N_4^{\ 2} = O_5$ 이므로 N_1, N_2, N_3, N_4는 각각 지수 5, 3, 2, 2 인 멱영행렬이며 고유다항식은 모두 $f(x) = x^5$ 이다.

정리 6.3.6 체 F 위의 벡터공간 V에서 선형변환 $T : V \longrightarrow V$와 $\lambda \in F$에 대하여 $T(w) = \lambda w$인 벡터 $w \in V$가 존재하면, 모든 양의 정수 m에 대하여 $T^m(w) = \lambda^m w$ 이다.

증 명 가정에 의하여 $T(w) = \lambda w$ 이다. 그리고, 양의 정수 k에 대하여 $T^k(w) = \lambda^k w$ 이라고 가정하면 다음이 성립한다.

$$\begin{aligned} T^{k+1}(w) &= T(T_k(w)) = T(\lambda^k w) \\ &= \lambda^k T(w) = \lambda^{k+1} w \end{aligned}$$

그러므로, 모든 양의 정수 m에 대하여 $T^m(w) = \lambda^m w$ 이다.

정리 6.3.7 체 F 위의 n차의 행렬 A가 멱영행렬일 때 다음이 성립한다.

(1) $A = O_n$ 이면, A의 고유치는 0 뿐이고 이에 대응하는 고유공간은 벡터 공간 F^n 이며 A는 대각화 가능한 행렬이다

(2) $A \neq O_n$ 이면, A의 고유치는 0 뿐이고 A는 대각화 가능한 행렬이 아니다.

증 명 (1) 보기 6.3.1 에 의하여 (1) 이 성립한다.

(2) $A \neq O_n$ 일 때, A를 지수 m인 멱영행렬이라고 하자. 이 때, $\lambda \in F$를 A의 고유치라 하고 또 $w \in F^n$, $w \neq \mathbf{0}$를 λ에 대응하는 A의 고유벡터라고 하면, $L_A(w) = \lambda w$, $L_A{}^m = 0_{F^n}$ 이므로 정리 6.3.6 에 의하여

$$\lambda^m w = L_A{}^m(w) = 0_{F^n}(w) = \mathbf{0} = 0\,w, \quad w \neq \mathbf{0}$$

이므로 $\lambda^m = 0$ 이고 따라서 $\lambda = 0$ 이다.

그런데, L_A가 일대일 사상이면, $L_A{}^m$ 도 일대일 사상이어야 하지만 $L_A{}^m$ 은 일대일 사상이 아니다(정리 1.1.4). 그러므로, L_A는 일대일 사상이 아니므로 정리 5.2.2 에 의하여 $\ker L_A \neq \{\mathbf{0}\}$ 이고 따라서 0 은 A의 고유치이다.

그러므로, A의 고유치는 0 뿐이며, 고유치 0 에 대응하는 고유공간은

$$\mathrm{E}_0 = \{w \in F^n \mid L_A(w) = 0\,w = \mathbf{0}\} = \ker L_A$$

이고 또 $A \neq O_n$ 이므로 $\ker L_A \neq F^n$ 이다.

따라서 A는 대각화 가능한 행렬이 아니다(정리 6.3.4).

실제로, n차의 멱영행렬 A의 고유다항식은 $f(x) = x^n$ 이고 또 $A^n = O_n$ 이므로 $m \leq n$ 이다(따름정리 10.2.8 참조).

보기 6.3.9 실수체 $\mathbb{R}$ 위에서 다음 행렬을 생각해 보자.

$$A = \begin{bmatrix} 0 & 0 & 0 & 0 \\ 1 & 0 & 0 & 0 \\ 0 & 1 & 0 & 0 \\ 0 & 0 & 1 & 0 \end{bmatrix}$$

이 행렬은 지수 4 인 멱영행렬이고 그 고유다항식은 $f(x) = x^4$ 이므로 A의 고유치는 0 뿐이다.

그런데, 고유치 0 에 대응하는 A 의 고유공간은 동차 연립일차방정식

$$\begin{bmatrix} 0 & 0 & 0 & 0 \\ 1 & 0 & 0 & 0 \\ 0 & 1 & 0 & 0 \\ 0 & 0 & 1 & 0 \end{bmatrix} \begin{bmatrix} x_1 \\ x_2 \\ x_3 \\ x_4 \end{bmatrix} = \begin{bmatrix} 0 \\ 0 \\ 0 \\ 0 \end{bmatrix} \quad \text{즉} \quad \begin{cases} x_1 = 0 \\ x_2 = 0 \\ x_3 = 0 \end{cases}$$

의 해공간이므로 0 에 대응하는 A 의 고유공간은 $\mathrm{E} = \langle (0,0,0,1) \rangle \neq \mathbb{R}^4$ 이므로 A 는 대각화 가능한 행렬이 아니다.

연 습 문 제 (6.3)

1. 실수체 $\mathbb{R}$ 위에서 다음 행렬 A 가 대각화 가능한 행렬인 경우에 $P^{-1}AP = D$ 인 정칙행렬 P 와 대각행렬 D 를 구하고 또 양의 정수 m 에 대하여 A^m 을 구하여라.

(1) $A = \begin{bmatrix} 1 & 2 \\ 0 & 1 \end{bmatrix}$ (2) $A = \begin{bmatrix} 1 & 4 \\ 1 & 1 \end{bmatrix}$

(3) $A = \begin{bmatrix} 0 & -2 \\ 1 & 3 \end{bmatrix}$ (4) $A = \begin{bmatrix} 3 & 4 \\ 2 & 1 \end{bmatrix}$

2. 실수체 $\mathbb{R}$ 위에서 다음 행렬 A 가 대각화 가능한 행렬인지를 판정하여라.
그리고, 대각화 가능한 행렬인 경우에 $P^{-1}AP = D$ 인 정칙행렬 P 와 대각행렬 D 를 구하여라.

(1) $A = \begin{bmatrix} 0 & 0 & 1 \\ 1 & 0 & 0 \\ 0 & 1 & 0 \end{bmatrix}$ (2) $A = \begin{bmatrix} 0 & 0 & 1 \\ 1 & 0 & 0 \\ 0 & 0 & 0 \end{bmatrix}$ (3) $A = \begin{bmatrix} 0 & 0 & 0 \\ 0 & 0 & 0 \\ 1 & 0 & 0 \end{bmatrix}$

3. 보기 6.3.5 에서 A 의 고유치 $1, -3$ 에 대응하는 고유공간을 구하여라.

4. 실수체 $\mathbb{R}$ 위에서 다음 행렬이 대각화 가능한 행렬인 경우에 $P^{-1}AP = D$ 인 정칙행렬 P 와 대각행렬 D 를 구하여라.

(1) $A = \begin{bmatrix} 2 & 1 & 0 \\ 0 & 2 & 1 \\ 0 & 0 & 2 \end{bmatrix}$ (2) $A = \begin{bmatrix} 0 & -2 & -3 \\ 1 & 3 & 3 \\ 0 & 0 & 1 \end{bmatrix}$

5. 실수체 $\mathbb{R}$ 위에서 다음 행렬 A가 대각화 가능한 행렬인 경우에 $P^{-1}AP = D$인 정칙행렬 P와 대각행렬 D를 구하여라.

(1) $A = \begin{bmatrix} 0 & -2 & -3 \\ -1 & 1 & -1 \\ 2 & 2 & 5 \end{bmatrix}$ (2) $A = \begin{bmatrix} 0 & 2 & 3 \\ -2 & 0 & 4 \\ -3 & -4 & 0 \end{bmatrix}$

6. 실수체 $\mathbb{R}$ 위에서 다음 행렬이 대각화 가능한 행렬인 경우에 $P^{-1}AP = D$인 정칙행렬 P와 대각행렬 D를 구하여라.

(1) $A = \begin{bmatrix} 0 & 0 & 2 \\ 1 & 0 & -1 \\ 0 & 1 & 2 \end{bmatrix}$ (2) $A = \begin{bmatrix} 0 & 0 & 0 \\ 1 & 0 & 0 \\ 0 & 1 & 4 \end{bmatrix}$

7. 복소수체 $\mathbb{C}$ 위의 행렬 A가 대각화 가능한 행렬인 경우에 $P^{-1}AP = D$인 정칙행렬 $P \in \mathrm{Mat}_2(\mathbb{C})$와 대각행렬 $D \in \mathrm{Mat}_2(\mathbb{C})$를 구하여라.

$$A = \begin{bmatrix} i & 1 \\ 2 & -i \end{bmatrix}$$

8. 실수체 $\mathbb{R}$ 위의 다음 행렬 A가 대각화 가능한 행렬이 되도록 실수 a, b의 값을 정하고, 이 경우에 A의 고유치와 이에 대응하는 고유공간을 구하여라.

(1) $A = \begin{bmatrix} 2 & 0 & 0 \\ a & 2 & 0 \\ 0 & b & 5 \end{bmatrix}$ (2) $A = \begin{bmatrix} 2 & a & 0 \\ 0 & 2 & b \\ 0 & 0 & 2 \end{bmatrix}$

9. 실수체 $\mathbb{R}$ 위의 다음 멱영행렬의 고유치와 이에 대응하는 고유공간을 구하여라.

(1) $A = \begin{bmatrix} 0 & 0 & 0 & 0 \\ 1 & 0 & 0 & 0 \\ 0 & 1 & 0 & 0 \\ 0 & 0 & 1 & 0 \end{bmatrix}$ (2) $A = \begin{bmatrix} 0 & 0 & 0 & 0 \\ 1 & 0 & 0 & 0 \\ 0 & 0 & 0 & 0 \\ 0 & 0 & 1 & 0 \end{bmatrix}$

10. 실수체 $\mathbb{R}$ 위의 행렬

$$A = \begin{bmatrix} \lambda & 0 & 0 & 0 \\ 1 & \lambda & 0 & 0 \\ 0 & 1 & \lambda & 0 \\ 0 & 0 & 1 & \lambda \end{bmatrix} = \begin{bmatrix} 0 & 0 & 0 & 0 \\ 1 & 0 & 0 & 0 \\ 0 & 1 & 0 & 0 \\ 0 & 0 & 1 & 0 \end{bmatrix} + \lambda I_4$$

에 대하여 A^3과 A^4을 구하여라.

§6.4 고유다항식과 고유공간

이 절에서는, 행렬의 고유다항식과 고유벡터에 대하여 생각해 보기로 한다.

정리 6.4.1 체 F 위의 n 차의 행렬 $A = [a_{ij}]_{n\times n}$ 의 고유다항식이

$$f(x) = x^n + a_{n-1}x^{n-1} + \cdots + a_1x + a_0$$

일 때 다음이 성립한다.

(1) $a_{n-1} = -\operatorname{tr} A, \quad a_0 = (-1)^n \det A$

(2) A 가 [L_A 가] 중복을 허락하여 n 개의 고유치 $\lambda_1, \cdots, \lambda_n$ 을 가질 때, $\operatorname{tr} A = \lambda_1 + \cdots + \lambda_n$, $\det A = \lambda_1 \cdots \lambda_n$ 이다.

증 명 (1) 다음 등식의 양변을 비교하여 결과를 얻는다.

$$\det(xI_n - A) = \begin{vmatrix} x-a_{11} & -a_{12} & \cdots & -a_{1n} \\ -a_{21} & x-a_{22} & \cdots & -a_{2n} \\ \vdots & \vdots & \cdots & \vdots \\ -a_{n1} & -a_{n2} & \cdots & x-a_{nn} \end{vmatrix}$$

$$= x^n + a_{n-1}x^{n-1} + \cdots + a_1x + a_0$$

먼저 x^{n-1} 의 계수 a_{n-1} 은 행렬식에서 $(x-a_{11})(x-a_{22})\cdots(x-a_{nn})$ 을 전개할 때 얻는 x^{n-1} 의 계수와 같으므로 다음 등식을 얻는다.

$$a_{n-1} = -(a_{11} + a_{22} + \cdots + a_{nn}) = -\operatorname{tr} A$$

그리고, 양변의 상수항을 비교하면 다음 등식을 얻는다(정리 3.1.6 참조).

$$a_0 = f(0) = \det(-A) = (-1)^n \det A$$

(2) 가정에 의하여 $f(x) = (x-\lambda_1)(x-\lambda_2)\cdots(x-\lambda_n)$ 이므로

$$a_{n-1} = -(\lambda_1 + \cdots + \lambda_n), \quad a_0 = f(0) = (-1)^n \lambda_1 \cdots \lambda_n$$

이고 따라서 (1) 에 의하여 $\operatorname{tr} A = \lambda_1 + \cdots + \lambda_n$, $\det A = \lambda_1 \cdots \lambda_n$ 이다.

정리 6.4.2 체 F 위의 n 차의 다항식

$$f(x) = c_0 + c_1 x + \cdots + c_{n-1} x^{n-1} + x^n$$

에 대하여

$$A = \begin{bmatrix} 0 & 0 & \cdots & 0 & -c_0 \\ 1 & 0 & \cdots & 0 & -c_1 \\ 0 & 1 & \cdots & 0 & -c_2 \\ \vdots & \vdots & \ddots & \vdots & \vdots \\ 0 & 0 & \cdots & 1 & -c_{n-1} \end{bmatrix}$$

이라고 할 때, 다음이 성립한다.

(1) $\det A = (-1)^n c_0$

(2) A 의 [L_A 의] 고유다항식은 $f(x)$ 이다.

행렬 A 를 $f(x)$ 의 **동반행렬**(同伴行列, companion matrix)이라고 한다.

증 명 (1) 행렬식 $\det A$ 를 제 1 행에 관하여 전개하면 다음 결과를 얻는다.

$$\det A = \begin{vmatrix} 0 & 0 & \cdots & 0 & -c_0 \\ 1 & 0 & \cdots & 0 & -c_1 \\ 0 & 1 & \cdots & 0 & -c_2 \\ \vdots & \vdots & \ddots & \vdots & \vdots \\ 0 & 0 & \cdots & 1 & -c_{n-1} \end{vmatrix} = (-1)^{n+1}(-c_0) \begin{vmatrix} 1 & 0 & \cdots & 0 \\ 0 & 1 & \cdots & 0 \\ \vdots & \vdots & \ddots & \vdots \\ 0 & 0 & \cdots & 1 \end{vmatrix} = (-1)^n c_0$$

(2) $f(x) = \det(xI_n - A)$ 이라고 하면 다음이 성립한다.

$$f(x) = \begin{vmatrix} x & 0 & \cdots & 0 & c_0 \\ -1 & x & \cdots & 0 & c_1 \\ 0 & -1 & \cdots & 0 & c_2 \\ \vdots & \vdots & \ddots & \vdots & \vdots \\ 0 & 0 & \cdots & -1 & x + c_{n-1} \end{vmatrix}$$

제 2 행의 x 배와 제 3 행의 x^2 배, $\cdots$, 제 n 행의 x^{n-1} 배를 제 1 행에 더한다.

$$= \begin{vmatrix} 0 & 0 & \cdots & 0 & f(x) \\ -1 & x & \cdots & 0 & c_1 \\ 0 & -1 & \cdots & 0 & c_2 \\ \vdots & \vdots & \ddots & \vdots & \vdots \\ 0 & 0 & \cdots & -1 & x + c_{n-1} \end{vmatrix}$$

제 1 행에 관하여 전개한다.

$$= (-1)^{n+1} f(x) \begin{vmatrix} -1 & x & \cdots & 0 \\ 0 & -1 & \cdots & 0 \\ \vdots & \vdots & \ddots & \vdots \\ 0 & 0 & \cdots & -1 \end{vmatrix}$$
$$= (-1)^{n+1} f(x) (-1)^{n-1} = f(x)$$

보기 6.4.1 실수체 $\mathbb{R}$ 위의 다항식 $f(x) = 2 - x + 4x^2 + x^3$ 의 동반행렬은

$$A = \begin{bmatrix} 0 & 0 & -2 \\ 1 & 0 & 1 \\ 0 & 1 & -4 \end{bmatrix}$$

이고, 행렬 A 의 고유다항식은 $f(x)$ 이다.

정리 6.4.3 체 F 위의 n 차의 행렬 A 에 대하여 $\lambda \in F$ 가 중복도 m 인 A 의 [L_A 의] 고유치일 때, E_λ 를 λ 에 대응하는 A 의 [L_A 의] 고유공간이라고 하면 $1 \leq \dim_F \mathrm{E}_\lambda \leq m$ 이다.

특히, λ 가 중복도 1 인 고유치이면, $\dim_F \mathrm{E}_\lambda = 1$ 이다.

증 명 먼저 $\{\mathbf{0}\} \subsetneq \mathrm{E}_\lambda$ 이므로 $\dim_F \mathrm{E}_\lambda = r$ 이라고 하면 $1 \leq r \leq n$ 이다.

먼저 $r = n$ 일 때, $\mathrm{E}_\lambda = F^n$ 이고 또 $\mathscr{B} = \{w_1, \cdots, w_n\}$ 를 E_λ 의 기저라고 하면,

$$L_A(w_j) = \lambda w_j \qquad (1 \leq j \leq n)$$

이므로

$$[L_A]_{\mathscr{B}} = D, \qquad D = \mathrm{diag}\{\lambda, \cdots, \lambda\} = \lambda I_n$$

이고 적당한 정칙행렬 P 에 대하여 $P^{-1}AP = D$ 이다(정리 6.1.3). 그러므로, A 의 고유다항식은 $f(x) = (x-\lambda)^n$ 이고 $r = n = m$ 이다(정리 6.2.5).

다음에 $1 \leq r < n$ 이라고 하자.

이 때, $\mathscr{C} = \{w_1, \cdots, w_r\}$ 를 E_λ 의 기저라 하고 $s = n - r \geq 1$ 이라고 하면, $\mathscr{C}$ 에 적당한 s 개의 벡터 $u_1, \cdots, u_s$ 를 첨가하여 n 차원 벡터공간 V 의 기저 $\mathscr{B} = \{w_1, \cdots, w_r, u_1, \cdots, u_s\}$ 를 얻는다(정리 4.4.8).

그런데, $L_A(w_i)$ 와 $L_A(u_j)$ 는 다음과 같은 꼴로 나타내어진다.

$$\begin{aligned}
L_A(w_1) &= \lambda w_1 \\
&\vdots \\
L_A(w_r) &= \qquad\qquad\quad \lambda w_r \\
L_A(u_1) &= b_{11} w_1 + \cdots + b_{r1} w_r + c_{11} u_1 + \cdots + c_{s1} u_s \\
&\vdots \\
L_A(u_s) &= b_{1s} w_1 + \cdots + b_{rs} w_r + c_{1s} u_1 + \cdots + c_{ss} u_s
\end{aligned}$$

이 때,

$$[L_A]_{\mathscr{B}} = \begin{bmatrix} \lambda & \cdots & 0 & b_{11} & \cdots & b_{1s} \\ 0 & \ddots & 0 & \vdots & \cdots & \vdots \\ 0 & \cdots & \lambda & b_{r1} & \cdots & b_{rs} \\ 0 & \cdots & 0 & c_{11} & \cdots & c_{1s} \\ \vdots & \cdots & \vdots & \vdots & \cdots & \vdots \\ 0 & \cdots & 0 & c_{s1} & \cdots & c_{ss} \end{bmatrix} = B$$

이고 적당한 정칙행렬 P에 대하여 $B = P^{-1}AP$ 이다(정리 6.1.3). 따라서 A 의 고유다항식 $f(x)$ 는 다음과 같다(정리 6.2.5).

$$f(x) = \begin{vmatrix} x-\lambda & \cdots & 0 & -b_{11} & \cdots & -b_{1s} \\ \vdots & \ddots & \vdots & \vdots & \cdots & \vdots \\ 0 & \cdots & x-\lambda & -b_{r1} & \cdots & -b_{rs} \\ 0 & \cdots & 0 & x-c_{11} & \cdots & -c_{1s} \\ \vdots & \cdots & \vdots & \vdots & \cdots & \vdots \\ 0 & \cdots & 0 & -c_{s1} & \cdots & x-c_{ss} \end{vmatrix}$$

위의 행렬식에서 분할을 생각하면, 정리 3.2.4 에 의하여

$$f(x) = \begin{vmatrix} x-\lambda & \cdots & 0 \\ \vdots & \ddots & \vdots \\ 0 & \cdots & x-\lambda \end{vmatrix} \begin{vmatrix} x-c_{11} & \cdots & -c_{1s} \\ \vdots & \ddots & \vdots \\ -c_{s1} & \cdots & x-c_{ss} \end{vmatrix}$$

이고 이 등식의 우변에서 첫째 행렬식은 $(x-r)^r$ 이고 둘째 행렬식은 x 에 관한 적당한 다항식 $g(x)$ 이므로 $f(x)$ 는 다음과 같다.

$$f(x) = (x-\lambda)^r g(x)$$

그런데, 가정에 의하여 λ 의 중복도는 m 이므로 $1 \leq r \leq m$ 이다(정의 1.3.7).

정리 6.4.4 체 F 위의 n 차의 행렬 A 에 대하여 $\lambda_1, \cdots, \lambda_r \in F$ 가 A 의 [L_A 의] 서로 다른 고유치일 때, 벡터 $w_1, \cdots, w_r$ 가 각각 $\lambda_1, \cdots, \lambda_r$ 에 대응하는 A 의 [L_A 의] 고유벡터이면 $w_1, \cdots, w_r$ 는 일차독립이다.

증 명 정리를 r 에 관한 수학적 귀납법으로 증명한다.

먼저 $r=1$ 인 경우에 $w_1 \neq \mathbf{0}$ 이므로 w_1 은 일차독립이다.

이제 $r \geq 2$ 일 때, $r-1$ 개의 서로 다른 고유치 $\lambda_1, \cdots, \lambda_{r-1}$ 에 대하여 (2) 가 성립한다고 가정하자. 그리고, 서로 다른 r 개의 고유치 $\lambda_1, \cdots, \lambda_r$ 에 대하여 $w_1, \cdots, w_r$ 를 각각 $\lambda_1, \cdots, \lambda_r$ 에 대응하는 고유벡터라고 하자.

이 때, 적당한 $a_1, \cdots, a_r \in F$ 에 대하여

$$(*) \qquad a_1 w_1 + \cdots + a_{r-1} w_{r-1} + a_r w_r = \mathbf{0}$$

이라고 가정하면,

$$L_A(w_i) = \lambda_i w_i \qquad (1 \leq i \leq r)$$

이므로 위의 등식의 양변의 L_A 에 의한 상을 구하면

$$\lambda_1 a_1 w_1 + \cdots + \lambda_{r-1} a_{r-1} w_{r-1} + \lambda_r a_r w_r = \mathbf{0}$$

을 얻고 또 (*) 의 양변에 λ_r 를 곱하면

$$\lambda_r a_1 w_1 + \cdots + \lambda_r a_{r-1} w_{r-1} + \lambda_r a_r w_r = \mathbf{0}$$

을 얻으며 이들 두 등식으로부터 다음 등식을 얻는다.

$$(\lambda_1 - \lambda_r) a_1 w_1 + \cdots + (\lambda_{r-1} - \lambda_r) a_{r-1} w_{r-1} = \mathbf{0}$$

그런데, 귀납법 가정에 의하여 $w_1, \cdots, w_{r-1}$ 는 일차독립이므로

$$(\lambda_1 - \lambda_r) a_1 = \cdots = (\lambda_{r-1} - \lambda_r) a_{r-1} = 0$$

이고 또 $\lambda_1, \cdots, \lambda_r$ 는 모두 서로 다르므로 $a_1 = \cdots = a_{r-1} = 0$ 이다.

따라서 등식 (*) 에서 $a_r w_r = \mathbf{0}$, $w_r \neq \mathbf{0}$ 이므로 $a_r = 0$ 이다.

그러므로, $w_1, \cdots, w_r$ 는 일차독립이다.

앞의 정리와 정리 6.3.4 에 의하여 다음 따름정리가 성립한다.

따름정리 6.4.5 체 F 위의 n 차의 행렬 A 가 서로 다른 n 개의 고유치 $\lambda_1, \cdots, \lambda_n \in F$ 을 가지면, A 는 다각화 가능한 행렬이다.

실제로, 이 경우에 $w_1, \cdots, w_n$ 을 각각 $\lambda_1, \cdots, \lambda_n$ 에 대응하는 A 의 고유벡터라고 하면 $\mathscr{C} = \{w_1, \cdots, w_n\}$ 는 벡터공간 F^n 의 기저이다.

보기 6.4.2 실수체 $\mathbb{R}$ 위에서 2 차의 대칭행렬을 생각해 보자.

$$A = \begin{bmatrix} a & b \\ b & d \end{bmatrix}$$

대칭행렬 A 의 고유다항식은 $f(x) = x^2 - (a+d)x + ad - b^2$ 이므로 A 의 고유방정식 $f(x) = 0$ 의 판별식은 다음과 같다.

$$\mathrm{D} = (a+d)^2 - 4(ad - b^2) = (a-d)^2 + 4b^2 \geq 0$$

먼저 $\mathrm{D} = 0$ 이면, $a = d$, $b = 0$ 이므로

$$A = \begin{bmatrix} a & 0 \\ 0 & a \end{bmatrix}$$

이고 따라서 A 는 대각화 가능한 행렬이다.

다음에 $\mathrm{D} > 0$ 이면 고유방정식 $f(x) = 0$ 은 서로 다른 두 실근 λ_1, λ_2 를 가지므로 A 는 서로 다른 두 고유치 λ_1, λ_2 를 가지며 따라서 A 는 대각화 가능한 행렬이고, 적당한 정칙행렬 $P \in \mathrm{Mat}_2(\mathbb{R})$ 에 대하여 다음이 성립한다.

$$P^{-1} A P = \begin{bmatrix} \lambda_1 & 0 \\ 0 & \lambda_2 \end{bmatrix}$$

그러므로, 어느 경우에나 대칭행렬 A 는 대각화 가능하다.

보기 6.4.3 실수체 $\mathbb{R}$ 위에서 다음과 같은 행렬을 생각해 보자.

$$A = \begin{bmatrix} 0 & 0 & 1 \\ 1 & 0 & 0 \\ 0 & 1 & 0 \end{bmatrix}$$

행렬 A 의 고유다항식은 $f(x) = x^3 - 1 = (x-1)(x^2+x+1)$ 이다.

한편, 고유방정식 $f(x) = 0$ 은 실수체 $\mathbb{R}$ 안에서 단 한 개의 근 1 을 가지므로 A 는 대각화 가능한 행렬이 아니다(정리 6.3.2).

그런데, 복소수체 $\mathbb{C}$ 안에서 고유방정식 $f(x) = 0$ 은 서로 다른 세 근

$$1,\ \omega,\ \omega^2 \qquad \left(\omega = \frac{-1+\sqrt{-3}}{2} \right)$$

을 가진다. 그러므로, A 를 복소수체 $\mathbb{C}$ 위의 행렬이라고 생각하면, A 는 서로 다른 고유치 $1,\ \omega,\ \omega^2$ 를 가지므로 A 는 대각화 가능한 행렬이다.

실제로, 적당한 정칙행렬 $P \in \mathrm{Mat}_3(\mathbb{C})$ 에 대하여 다음이 성립한다(문제 2).

$$P^{-1}AP = \begin{bmatrix} 1 & 0 & 0 \\ 0 & \omega & 0 \\ 0 & 0 & \omega^2 \end{bmatrix} = D$$

연 습 문 제 (6.4)

1. 실수체 $\mathbb{R}$ 위의 다음 다항식의 동반행렬을 구하여라.

(1) $f(x) = x^3 + 2x^2 + x + 1$ (2) $f(x) = x^4 + x^2 - 3x + 4$

2. 보기 6.4.3 에서 $P^{-1}AP = D$ 인 정칙행렬 P 를 구하여라.

3. 실수체 $\mathbb{R}$ 위에서 다음 행렬이 대각화 가능한 행렬인지를 판정하여라.

(1) $A = \begin{bmatrix} 0 & -1 \\ 1 & 0 \end{bmatrix}$ (2) $A = \begin{bmatrix} 1 & 3 \\ 0 & 2 \end{bmatrix}$

(3) $A = \begin{bmatrix} 1 & 4 & 6 \\ 0 & 2 & 5 \\ 0 & 0 & 3 \end{bmatrix}$ (4) $A = \begin{bmatrix} 1 & 0 & 6 \\ 0 & 2 & 0 \\ 0 & 0 & 3 \end{bmatrix}$

§6.5 멱등행렬과 사영

이 절에서는 특수한 행렬의 대각화에 대하여 논한다.

정의 6.5.1 체 F 위의 벡터공간 V 의 두 부분공간 W_1, W_2 에 대하여

$$V = W_1 + W_2, \quad W_1 \cap W_2 = \{\mathbf{0}\}$$

일 때, V 를 부분공간 W_1, W_2 의 **직합**(直合, direct sum)이라 하고, 이 사실을

$$V = W_1 \oplus W_2$$

로 나타낸다. 또, 이 경우에 W_1, W_2 를 V 의 **직합인자**(直合因子, direct summand)라고 한다.

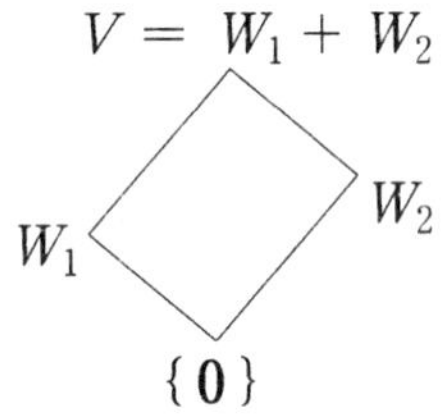

벡터공간 V 에서 $V = V \oplus \{\mathbf{0}\} = \{\mathbf{0}\} \oplus V$ 이다.
그리고, $V = W_1 \oplus W_2$ 이면, $V = W_2 \oplus W_1$ 이다.

정리 6.5.2 체 F 위의 벡터공간 V 의 두 부분공간 W_1, W_2 에 대하여 다음 두 조건은 서로 동치이다.

(1) $V = W_1 \oplus W_2$ 즉 $V = W_1 + W_2$, $W_1 \cap W_2 = \{\mathbf{0}\}$

(2) 각 $v \in V$ 는 단 한 가지 방법으로 다음과 같은 꼴로 나타내어진다.

$$v = w_1 + w_2 \qquad (w_1 \in W_1,\ w_2 \in W_2)$$

(3) $V = W_1 + W_2$ 이고, 또

$$w_1 + w_2 = \mathbf{0} \ \ (w_1 \in W_1,\ w_2 \in W_2) \text{ 이면 } w_1 = w_2 = \mathbf{0} \text{ 이다.}$$

증 명 (1) $\Longrightarrow$ (2) 이제 $V = W_1 \oplus W_2$ 이라고 하자. 이 때, $V = W_1 + W_2$ 이므로 각 벡터 $v \in V$ 는 (2) 와 같은 꼴로 나타내어진다. 그리고,

$$v = w_1 + w_2 = w_1' + w_2' \quad (w_1, w_1' \in W_1,\ w_2, w_2' \in W_2)$$

이라고 가정하면,

$$w_1 - w_1' = w_2' - w_2 \in W_1 \cap W_2 = \{\mathbf{0}\}$$

이므로 $w_1 - w_1' = w_2' - w_2 = \mathbf{0}$ 이고 따라서 $w_1 = w_1'$, $w_2 = w_2'$ 이다.

(2) $\Longrightarrow$ (3) 이제 조건 (2) 가 성립한다고 하자. 이 때, $V = W_1 + W_2$ 이다. 그리고, $w_1 + w_2 = \mathbf{0}$ $(w_1 \in W_1,\ w_2 \in W_2)$ 이라고 가정하면

$$w_1 + w_2 = \mathbf{0} = \mathbf{0} + \mathbf{0} \qquad (\mathbf{0} \in W_1,\ \mathbf{0} \in W_2)$$

이므로 조건 (2) 에 의하여 $w_1 = w_2 = \mathbf{0}$ 이다.

(3) $\Longrightarrow$ (1) 이제 조건 (3) 이 성립한다고 하자. 이 때, $w \in W_1 \cap W_2$ 이면,

$$w + (-w) = \mathbf{0} \qquad (w \in W_1,\ -w \in W_2)$$

이므로 $w = \mathbf{0}$ 이고, 따라서 $W_1 \cap W_2 = \{\mathbf{0}\}$ 이므로 (1) 이 성립한다.

앞의 정리로부터 다음 따름정리를 얻는다.

따름정리 6.5.3 체 F 위의 n 차원 벡터공간 V 에서 $\mathscr{B} = \{v_1, \cdots, v_n\}$ 가 V 의 기저일 때, $1 \le r < n$ 인 정수 r 에 대하여 다음이 성립한다.

$$V = \langle v_1, \cdots, v_r \rangle \oplus \langle v_{r+1}, \cdots, v_n \rangle$$

유한차원 벡터공간에 대해서는 다음 정리가 성립한다.

정리 6.5.4 체 F 위의 유한차원 벡터공간 V 의 두 부분공간 W_1, W_2 에 대하여 다음 조건 (1) ~ (5) 는 서로 동치이다.

(1) $V = W_1 \oplus W_2$ 즉, $V = W_1 + W_2$, $W_1 \cap W_2 = \{\mathbf{0}\}$

(2) 부분공간 W_1, W_2 의 임의의 기저 $\mathscr{C}_1, \mathscr{C}_2$ 에 대하여 $\mathscr{C} = \mathscr{C}_1 \cup \mathscr{C}_2$ 는 V 의 기저이고 또 $\mathscr{C}_1 \cap \mathscr{C}_2 = \varnothing$ 이다.

(3) 부분공간 W_1, W_2 의 특정한 기저 $\mathscr{B}_1$, $\mathscr{B}_2$ 에 대하여 $\mathscr{B} = \mathscr{B}_1 \cup \mathscr{B}_2$ 는 V 의 기저이고 또 $\mathscr{B}_1 \cap \mathscr{B}_2 = \varnothing$ 이다.

(4) $W_1 \cap W_2 = \{\mathbf{0}\}$, $\dim_F V = \dim_F W_1 + \dim_F W_2$

(5) $V = W_1 + W_2$, $\dim_F V = \dim_F W_1 + \dim_F W_2$

증 명 분명히 $W_1 = \{\mathbf{0}\}$ 또는 $W_2 = \{\mathbf{0}\}$ 인 경우에는 정리가 성립한다. 이제 $W_1 \neq \{\mathbf{0}\}$, $W_2 \neq \{\mathbf{0}\}$ 인 경우에 정리가 성립함을 증명한다.

(1) $\Longrightarrow$ (2) $V = W_1 \oplus W_2$ 일 때, 정리 4.5.3 에 의하여 (2) 가 성립한다.

(2) $\Longrightarrow$ (3) 이것은 분명하다.

(3) $\Longrightarrow$ (4) 부분공간 W_1, W_2 에 대하여 조건 (3) 이 성립한다고 하자. 이 때, 정리 4.2.8 에 의하여

$$\begin{aligned} V &= \langle w_1, \cdots, w_r, u_1, \cdots, u_s \rangle \\ &= \langle w_1, \cdots, w_r \rangle + \langle u_1, \cdots, u_s \rangle = W_1 + W_2 \end{aligned}$$

이므로 $\dim_F V = |\mathscr{B}| = |\mathscr{B}_1| + |\mathscr{B}_2| = \dim_F W_1 + \dim_F W_2$ 이다.

(4) $\Longleftrightarrow$ (5) $\Longrightarrow$ (1) 이제 $\dim_F V = \dim_F W_1 + \dim_F W_2$ 이라고 하자.

먼저 $W_1 \cap W_2 = \{\mathbf{0}\}$ 이면, 정리 4.5.3 에 의하여

$$\dim_F (W_1 + W_2) = \dim_F W_1 + \dim_F W_2 = \dim_F V$$

이므로 $V = W_1 + W_2$ 이다(정리 4.5.1).

따라서 $W_1 \cap W_2 = \{\mathbf{0}\}$ 이면, $V = W_1 \oplus W_2$ 이다.

한편, $V = W_1 + W_2$ 이면, 정리 4.5.3 에 의하여

$$\begin{aligned} \dim_F V &= \dim_F W_1 + \dim_F W_2 - \dim_F (W_1 \cap W_2) \\ &= \dim_F V - \dim_F (W_1 \cap W_2) \end{aligned}$$

이므로 $\dim_F (W_1 \cap W_2) = 0$ 이므로 $W_1 \cap W_2 = \{\mathbf{0}\}$ 이다.

따라서 $V = W_1 + W_2$ 이면, $W_1 \cap W_2 = \{\mathbf{0}\}$ 이다.

정의 6.5.5 체 F 위의 n 차의 행렬 A 가 등식

$$A^2 = A$$

를 만족시킬 때, A 를 **멱등행렬**(冪等行列, idempotent matrix)이라고 한다.

또, 체 F 위의 벡터공간 V 에서 선형변환 $T : V \longrightarrow V$ 가 등식

$$T^2 = T$$

를 만족시킬 때, T 를 **사영**(射影, projection) 또는 **멱등 선형변환**(冪等 線型變換, idempotent linear transformation)이라고 한다.

보기 6.5.1 체 F 위의 다음 행렬은 모두 멱등행렬이다.

$$\begin{bmatrix} 1 & 0 & 0 \\ 0 & 0 & 0 \\ 0 & 0 & 0 \end{bmatrix}, \begin{bmatrix} 0 & 0 & 0 \\ 0 & 1 & 0 \\ 0 & 0 & 0 \end{bmatrix}, \begin{bmatrix} 1 & 0 & 0 \\ 0 & 1 & 0 \\ 0 & 0 & 0 \end{bmatrix}, \begin{bmatrix} 0 & 0 & 0 \\ 0 & 1 & 0 \\ 0 & 0 & 1 \end{bmatrix}$$

그리고, n 차의 영행렬 O_n 과 항등행렬 I_n 은 멱등행렬이다.

또, 벡터공간 V 위의 영 선형변환 0_V 와 항등 선형변환 1_V 는 사영이다.

보기 6.5.2 체 F 위의 n 차의 행렬 A 가 멱등행렬일 때, $B = I_n - A$ 이라고 하면 B 는 멱등행렬이고 $A+B = I_n$, $AB = BA = O_n$ 이고 선형변환 $L_A : F^n \longrightarrow F^n$, $L_B : F^n \longrightarrow F^n$ 는 모두 사영이다. 실제로,

$$B^2 = (I_n - A)(I_n - A) = I_n - A - A - A^2 = I_n - A = B,$$

$$A + B = A + I_n - A = I_n,$$

$$AB = A(I_n - A) = A - A^2 = A - A = O_n,$$

$$BA = (I_n - A)A = A - A^2 = A - A = O_n$$

이므로 B 는 멱등행렬이고 $A + B = I_n$, $AB = BA = O_n$ 이다.

그리고, 정리 5.5.9 에 의하여

$$L_A{}^2 = L_{A^2} = L_A, \quad L_B{}^2 = L_{B^2} = L_B$$

이므로 L_A, L_B 는 모두 사영이다.

정리 6.5.6 체 F 위의 벡터공간 V 에서 선형변환 $T : V \longrightarrow V$ 가 사영일 때, $S = 1_V - T$ 이라고 하면 S 는 사영이고 다음이 성립한다.

$$V = \operatorname{im} T \oplus \ker T, \qquad V = \operatorname{im} S \oplus \ker S,$$

$$\operatorname{im} T = \{ w \in V \mid T(w) = w \} = \ker S,$$

$$\ker T = \operatorname{im} S = \{ w \in V \mid S(w) = w \}$$

증 명 먼저 S 는 선형변환이고

$$S^2 = (1_V - T) \circ (1_V - T) = 1_V - T - T + T^2 = 1_V - T = S$$

이므로 S 는 사영이다. 또, $T + S = 1_V$ 이므로 임의의 $v \in V$ 에 대하여

$$(*) \qquad v = T(v) + S(v)$$

이고 따라서 $V = \operatorname{im} T + \operatorname{im} S$ 이다. 이제

$$\mathrm{E}_T = \{ w \in V \mid T(w) = w \},$$
$$\mathrm{E}_S = \{ w \in V \mid S(w) = w \}$$

이라고 하자. 이 때, 분명히 $\mathrm{E}_T \subseteq \operatorname{im} T$ 이고 또 $T(T(v)) = T(v)$ 이므로 $\operatorname{im} T \subseteq \mathrm{E}_T$ 이다. 따라서 $\operatorname{im} T = \mathrm{E}_T$ 이다. 마찬가지로, $\operatorname{im} S = \mathrm{E}_S$ 이다.

또, 위의 $(*)$ 에 의하여

$$v \in \mathrm{E}_T \Longleftrightarrow T(v) = v \Longleftrightarrow S(v) = \mathbf{0} \Longleftrightarrow v \in \ker S$$

이고 따라서 $\operatorname{im} T = \mathrm{E}_T = \ker S$ 이다. 마찬가지로, $\operatorname{im} S = \mathrm{E}_S = \ker T$ 이고 따라서 다음이 성립한다.

$$V = \operatorname{im} T + \operatorname{im} S = \operatorname{im} T + \ker T, \qquad V = \operatorname{im} S + \ker S$$

그리고, $\operatorname{im} T = \mathrm{E}_T$ 이므로 $v \in \operatorname{im} T \cap \ker T$ 이면 $v = T(v) = \mathbf{0}$ 이고 따라서 $\operatorname{im} T \cap \ker T = \{\mathbf{0}\}$ 이고 또 $\operatorname{im} S \cap \ker S = \{\mathbf{0}\}$ 이다.

그러므로, $V = \operatorname{im} T \oplus \ker T$, $V = \operatorname{im} S \oplus \ker S$ 이다.

정리 6.5.7 체 F 위의 n 차의 행렬 A 가 멱등행렬일 때, 다음이 성립한다.

(1) $\lambda \in F$ 가 A 의 $[L_A$ 의$]$ 고유치이면, $\lambda = 0$ 또는 $\lambda = 1$ 이다.

(2) $r(A) = 0$ 이면, $A = O_n$ 이고 A 의 고유치는 0 뿐이며 이에 대응하는 고유공간은 벡터공간 F^n 이다. 그리고, $r(A) = n$ 이면, $A = I_n$ 이고 A 의 고유치는 1 뿐이며 이에 대응하는 고유공간은 벡터공간 F^n 이다.

증 명 (1) $\lambda \in F$ 를 A 의 고유치라 하고 $w \in F^n$ 를 λ 에 대응하는 A 의 고유벡터라고 하면, ${L_A}^2 = L_A$ 이므로

$$\begin{aligned} \lambda w = L_A(w) &= L_A(L_A(w)) = L_A(\lambda w) \\ &= \lambda L_A(w) = \lambda^2 w, \qquad w \neq \mathbf{0} \end{aligned}$$

이고 따라서 $\lambda = \lambda^2$ 이다. 그러므로, $\lambda = 0$ 또는 $\lambda = 1$ 이다.

(2) 먼저 $r(A) = 0$ 이면, $A = O_n$ 이다(정의 2.3.6). 한편, $r(A) = n$ 이면,

정리 3.1.10 에 의하여 A 는 정칙행렬이므로 $A^{-1}A^2 = A^{-1}A$ 이고 따라서 $A = I_n$ 이다. 그러므로 보기 6.2.4 에 의하여 (2) 가 성립한다.

정리 6.5.8 체 F 위의 n 차의 행렬 A 가 멱등행렬일 때, $B = I_n - A$ 이라고 하면, B 는 멱등행렬이고 다음이 성립한다.

(1) $F^n = \operatorname{im} L_A \oplus \ker L_A, \quad F^n = \operatorname{im} L_B \oplus \ker L_B,$

$$\begin{aligned}\operatorname{im} L_A &= \{ w \in F^n \mid L_A(w) = w\} \\ &= (A^T \text{의 행공간}) = \ker L_B, \quad \dim_F \operatorname{im} L_A = r(A)\end{aligned}$$

$$\begin{aligned}\ker L_A &= \{v \in F^n \mid L_A(v) = \mathbf{0}\} \\ &= \operatorname{im} L_B = (B^T \text{의 행공간}), \quad \dim_F \ker L_A = n - r(A)\end{aligned}$$

(2) $1 \le r(A) < n$ 즉 $A \ne O_n$, $A \ne I_n$ 이라고 하자.

이 때, A 의 고유치는 $1, 0$ 뿐이고 $1, 0$ 에 대응하는 A 의 고유공간은 각각 $\operatorname{im} L_A$, $\ker L_A$ 이다. 마찬가지로, B 의 고유치는 $1, 0$ 뿐이고 $1, 0$ 에 대응하는 B 의 고유공간은 각각 $\operatorname{im} L_B$, $\ker L_B$ 이다.

또, A 와 B 는 대각화 가능한 행렬이다. 실제로, 적당한 정칙행렬 P, Q 에 대하여

$$P^{-1}AP = \begin{bmatrix} I_r & O \\ O & O \end{bmatrix}, \quad Q^{-1}BQ = \begin{bmatrix} I_{n-r} & O \\ O & O \end{bmatrix}$$

이고, A 의 고유다항식 $f(x)$ 와 B 의 고유다항식 $g(x)$ 는 다음과 같다.

$$f(x) = x^{n-r}(x-1)^r, \qquad g(x) = x^r(x-1)^{n-r}$$

증 명 (1) 두 행렬 A, B 는 멱등행렬이고 따라서 두 선형변환 L_A, L_B 는 사영이다(보기 6.5.2). 따라서 정리 6.5.6, 정리 5.2.6 에 의하여 (1) 이 성립한다.

(2) $1 \le r(A) < n$ 일 때, 정리 6.5.7 에 의하여 $A \ne O_n$, $A \ne I_n$ 이고 (1) 에 의하여 $\operatorname{im} L_A \ne \{\mathbf{0}\}$, $\ker L_A \ne \{\mathbf{0}\}$ 이므로 $1, 0$ 은 A 의 고유치이다.

따라서 정리 6.5.7 에 의하여 A 의 고유치는 $1, 0$ 뿐이고 $1, 0$ 에 대응하는 고유공간은 각각 $\operatorname{im} L_A$, $\ker L_A$ 이다.

마찬가지로, B의 고유치는 1, 0 뿐이고 이들 고유치에 대응하는 고유공간은 각각 $\operatorname{im} L_B = \ker L_A$, $\ker L_B = \operatorname{im} L_A$ 이다.

이제

$$\mathscr{B}_1 = \{w_1, \cdots, w_r\}, \quad \mathscr{B}_2 = \{u_1, \cdots, u_{n-r}\}$$

를 각각 $\operatorname{im} L_A$, $\ker L_A$의 기저라고 하면, $\mathscr{B} = \mathscr{B}_1 \cup \mathscr{B}_2$, $\mathscr{C} = \mathscr{B}_2 \cup \mathscr{B}_1$ 는 모두 벡터공간 F^n 의 순서기저이다(정리 4.5.3). 따라서

$$w_1, \cdots, w_r, u_1, \cdots, u_{n-r} \text{ 와 } u_1, \cdots, u_{n-r}, w_1, \cdots, w_r$$

를 열벡터로 가지는 행렬을 각각 P, Q라고 하면, P와 Q는 정칙행렬이고,

$$L_A(w_j) = w_j, \qquad L_B(w_j) = \mathbf{0} = 0\,w_j \qquad (1 \le j \le r)$$

$$L_A(u_k) = \mathbf{0} = 0\,u_k, \quad L_B(u_k) = u_k \qquad (1 \le k \le n-r)$$

이므로 다음이 성립한다(정리 6.1.3).

$$[L_A]_{\mathscr{B}} = \begin{bmatrix} I_r & O \\ O & O \end{bmatrix} = D_1, \qquad P^{-1}AP = D_1,$$

$$[L_B]_{\mathscr{C}} = \begin{bmatrix} I_{n-r} & O \\ O & O \end{bmatrix} = D_2, \qquad Q^{-1}BQ = D_2$$

그러므로, A, B는 대각화 가능한 행렬이다. 또, A의 고유다항식 $f(x)$는 D_1의 고유다항식과 일치하고, B의 고유다항식 $g(x)$는 D_2의 고유다항식과 일치하므로 $f(x) = x^{n-r}(x-1)^r$, $g(x) = x^r(x-1)^{n-r}$ 이다(정리 6.2.5).

보기 6.5.3 실수체 $\mathbb{R}$ 위에서 다음 멱등행렬을 생각해 보자.

$$A = \begin{bmatrix} 1 & -1 \\ 0 & 0 \end{bmatrix}, \quad B = \begin{bmatrix} 0 & 1 \\ 0 & 1 \end{bmatrix} = I_2 - A$$

두 행렬 A, B의 고유치는 1과 0이다.

$$A^T = \begin{bmatrix} 1 & 0 \\ -1 & 0 \end{bmatrix} \longrightarrow \begin{bmatrix} 1 & 0 \\ 0 & 0 \end{bmatrix}$$

한편, 고유치 1, 0 에 대응하는 A의 고유공간은 각각 $\operatorname{im} L_A$, $\ker L_A$ 이고, 또 고유치 1, 0 에 대응하는 B의 고유공간은 각각 $\operatorname{im} L_B$, $\ker L_B$ 이며 다음이 성립한다.

$\text{im}\, L_A = (A^T \text{의 행공간}) = \langle (1,0) \rangle = \ker L_B,$ $\qquad B^T = \begin{bmatrix} 0 & 0 \\ 1 & 1 \end{bmatrix} \longrightarrow \begin{bmatrix} 1 & 1 \\ 0 & 0 \end{bmatrix}$

$\ker L_A = \text{im}\, L_B = (B^T \text{의 행공간}) = \langle (1,1) \rangle$

따라서 $w_1 = (1,0)$, $w_2 = (1,1)$ 이라고 하면,

$$\mathscr{B} = \{w_1, w_2\}, \qquad \mathscr{C} = \{w_2, w_1\}$$

는 모두 벡터공간 $\mathbb{R}^2$의 순서기저이고 다음이 성립한다(정리 6.4.4).

$$[L_A]_{\mathscr{B}} = \begin{bmatrix} 1 & 0 \\ 0 & 0 \end{bmatrix} = D_1, \quad P^{-1}AP = D_1, \quad P = \begin{bmatrix} 1 & 1 \\ 1 & 0 \end{bmatrix}$$

$$[L_B]_{\mathscr{C}} = \begin{bmatrix} 1 & 0 \\ 0 & 0 \end{bmatrix} = D_2, \quad Q^{-1}AQ = D_2, \quad Q = \begin{bmatrix} 1 & 0 \\ 1 & 1 \end{bmatrix}$$

한편, 선형변환 $L_A : \mathbb{R}^2 \longrightarrow \mathbb{R}^2$ 와 $L_B : \mathbb{R}^2 \longrightarrow \mathbb{R}^2$ 에 대하여

$$L_A(x_1, x_2) = (x_1 - x_2,\ 0), \quad L_B(x_1, x_2) = (x_2, x_2)$$

이므로, 좌표평면에서 직선

$$x_1 - x_2 = c \qquad (c \in \mathbb{R})$$

위의 점은 모두 L_A 에 의하여 점 $(c, 0)$ 으로 변환되고 직선

$$x_2 = d \qquad (d \in \mathbb{R})$$

위의 점은 모두 L_B 에 의하여 점 (d, d) 로 변환된다.

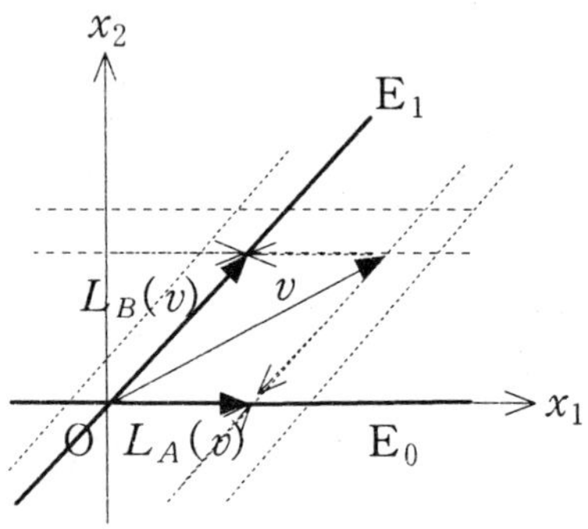

보기 6.5.4 실수체 $\mathbb{R}$ 위에서 다음과 같은 멱등행렬을 생각해 보자.

$$A = \begin{bmatrix} 1 & 0 & 0 \\ 0 & 1 & -\frac{1}{2} \\ 0 & 0 & 0 \end{bmatrix}, \qquad B = \begin{bmatrix} 0 & 0 & 0 \\ 0 & 0 & \frac{1}{2} \\ 0 & 0 & 1 \end{bmatrix} = I_3 - A$$

행렬 A, B의 고유다항식은 각각

$$f(x) = x(x-1)^2, \qquad g(x) = x^2(x-1)$$

이고 따라서 A의 고유치는 $\lambda_1 = 0$, $\lambda_2 = 1$ (이중근) 이며 B의 고유치는

$\mu_1 = 0$ (이중근), $\mu_2 = 1$ 이다.

그리고, 다음 결과를 얻는다.

$$A^T = \begin{bmatrix} 1 & 0 & 0 \\ 0 & 1 & 0 \\ 0 & -\frac{1}{2} & 0 \end{bmatrix} \longrightarrow \begin{bmatrix} 1 & 0 & 0 \\ 0 & 1 & 0 \\ 0 & 0 & 0 \end{bmatrix}$$

$$B^T = \begin{bmatrix} 0 & 0 & 0 \\ 0 & 0 & 0 \\ 0 & \frac{1}{2} & 1 \end{bmatrix} \longrightarrow \begin{bmatrix} 0 & 0 & 0 \\ 0 & 0 & 0 \\ 0 & 1 & 2 \end{bmatrix}$$

$\operatorname{im} L_A =$ (A^T의 행공간)

$= \langle (1,0,0), (0,1,0) \rangle$

$= \ker L_B$

$\ker L_A = \operatorname{im} L_B =$ (B^T의 행공간)

$= \langle (0,1,2) \rangle$

따라서

$w_1 = (1,0,0)$, $w_2 = (0,1,0)$, $w_3 = (0,1,2)$

이라고 하면,

$$\mathscr{B} = \{w_1,\ w_2,\ w_3\}, \quad \mathscr{C} = \{w_3,\ w_1,\ w_2\}$$

는 모두 벡터공간 $\mathbb{R}^3$ 의 순서기저이므로

$$P = \begin{bmatrix} 1 & 0 & 0 \\ 0 & 1 & 1 \\ 0 & 0 & 2 \end{bmatrix}, \qquad Q = \begin{bmatrix} 0 & 1 & 0 \\ 1 & 0 & 1 \\ 2 & 0 & 0 \end{bmatrix}$$

는 정칙행렬이고 다음이 성립한다(정리 6.5.8).

$$[L_A]_{\mathscr{B}} = \begin{bmatrix} 1 & 0 & 0 \\ 0 & 1 & 0 \\ 0 & 0 & 0 \end{bmatrix} = D_1, \quad P^{-1}AP = D_1$$

$$[L_B]_{\mathscr{C}} = \begin{bmatrix} 1 & 0 & 0 \\ 0 & 0 & 0 \\ 0 & 0 & 0 \end{bmatrix} = D_2, \quad Q^{-1}BQ = D_2$$

보기 6.5.5 체 F 위의 4 차의 멱등행렬은 다음 다섯 가지 종류로 분류된다.

O_4, I_4,

$$P\begin{bmatrix} 1 & 0 & 0 & 0 \\ 0 & 0 & 0 & 0 \\ 0 & 0 & 0 & 0 \\ 0 & 0 & 0 & 0 \end{bmatrix}P^{-1}, \ P\begin{bmatrix} 1 & 0 & 0 & 0 \\ 0 & 1 & 0 & 0 \\ 0 & 0 & 0 & 0 \\ 0 & 0 & 0 & 0 \end{bmatrix}P^{-1}, \ P\begin{bmatrix} 1 & 0 & 0 & 0 \\ 0 & 1 & 0 & 0 \\ 0 & 0 & 1 & 0 \\ 0 & 0 & 0 & 0 \end{bmatrix}P^{-1}$$

여기서, $P \in \operatorname{Mat}_4(F)$ 는 임의의 정칙행렬이다.

정리 6.5.9 체 F 위의 벡터공간 V에서 두 부분공간 W_1, W_2 에 대하여

$$V = W_1 \oplus W_2$$

일 때, 사상 T_1, T_2 를

$$T_1 : V \longrightarrow V, \quad T_1(w_1 + w_2) = w_1 \qquad (w_1 \in W_1,\ w_2 \in W_2)$$

$$T_2 : V \longrightarrow V, \quad T_2(w_1 + w_2) = w_2 \qquad (w_1 \in W_1,\ w_2 \in W_2)$$

으로 정의하면 다음이 성립한다.

(1) T_1, T_2 는 사영이고 $T_1 + T_2 = 1_V$, $T_2 \circ T_1 = T_1 \circ T_2 = 0_V$ 이다.

(2) $W_1 = \text{im}\, T_1 = \{ w \in V \mid T_1(w) = w \} = \ker T_2$,

$W_2 = \text{im}\, T_2 = \{ T_2(w) = w \} = \ker T_1$

여기서, T_1, T_2 를 각각 W_1, W_2 **위로의 사영**이라고 한다.

증 명 (1) 정리 6.5.2 에 의하여 각 벡터 $v \in V$ 는 단 한 가지 방법으로

$$v = w_1 + w_2 \quad (w_1 \in W_1, w_2 \in W_2)$$

으로 나타내어지므로 T_1 과 T_2 는 잘 정의된 사상이다. 그리고, 임의의 벡터 $v, v' \in V$ 와 $a \in F$ 에 대하여

$$v = w_1 + w_2, \quad v' = w_1' + w_2'$$
$$(w_1, w_1' \in W_1,\ w_2, w_2' \in W_2)$$

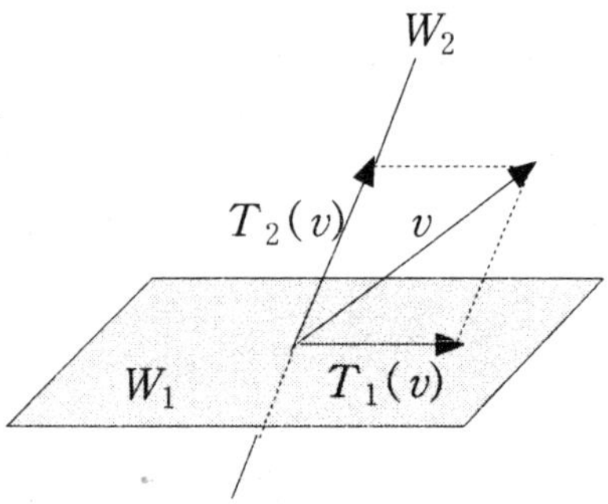

이라고 하면,

$$v + v' = (w_1 + w_1') + (w_2 + w_2'), \quad av = aw_1 + aw_2$$

이고 $w_1 + w_1'$, $aw_1 \in W_1$, $w_2 + w_2'$, $aw_2 \in W_2$ 이므로

$$T_1(v + v') = w_1 + w_1' = T_1(v) + T_1(v'),$$
$$T_1(av) = aw_1 = aT_1(v),$$
$$T_2(v + v') = w_2 + w_2' = T_2(v) + T_2(v'),$$
$$T_2(av) = aw_2 = aT_2(v)$$

이고 따라서 T_1, T_2 는 선형변환이다. 또한,

$$T_1{}^2(v) = T_1(T_1(v)) = T(w_1) = T(w_1 + \mathbf{0}) = w_1 = T_1(v),$$
$$T_2{}^2(v) = T_2(T_2(v)) = T_2(w_2) = T_2(\mathbf{0} + w_2) = w_2 = T_2(v)$$
$$(T_1 + T_2)(v) = T_1(v) + T_2(v) = w_1 + w_2 = v = 1_V(v),$$
$$(T_2 \circ T_1)(v) = T_2(T_1(v)) = T_2(w_1) = \mathbf{0} = 0_V(v),$$
$$(T_1 \circ T_2)(v) = T_1(T_2(v)) = T_1(w_2) = \mathbf{0} = 0_V(v)$$

이므로 T_1, T_2는 사영이고 $T_1 + T_2 = 1_V$, $T_2 \circ T_1 = T_1 \circ T_2 = 0_V$ 이다.

(2) V의 벡터 $v = w_1 + w_2$ $(w_1 \in W_1,\ w_2 \in W_2)$에 대하여

$$T_1(v) = w_1, \qquad T_1(w_1) = T_1(w_1 + \mathbf{0}) = w_1$$

이므로 $W_1 = \text{im } T_1 = \{ w \in V \mid T_1(w) = w \}$ 이고 또

$$v \in W_1 \iff w_2 = \mathbf{0} \iff T_2(v) = \mathbf{0} \iff v \in \ker T_2$$

이므로 $W_1 = \ker T_2$ 이고 따라서 $W_1 = \text{im } T_1 = \ker T_2$ 이다.

마찬가지로, $W_2 = \text{im } T_2 = \{ w \in V \mid T_2(w) = w \}$ 이다.

보기 6.5.6 실수체 $\mathbb{R}$ 위의 벡터공간 $\mathbb{R}^3$ 에서

$$W = \{(a, b, 0) \mid a, b \in \mathbb{R}\} = \langle (1,0,0), (0,1,0) \rangle,$$
$$U = \{(0, c, 2c) \mid c \in \mathbb{R}\} = \langle (0,1,2) \rangle$$

이라고 할 때, $\mathbb{R}^3 = W \oplus U$ 이다.

실제로, 임의의 벡터 $v = (x_1, x_2, x_3) \in \mathbb{R}^3$ 에 대하여

$$(x_1, x_2, x_3) = (a, b, 0) + (0, c, 2c)$$

라고 놓으면,

$$x_1 = a, \quad x_2 = b + c, \quad x_3 = 2c$$

이므로 v는 다음과 같이 단 한 가지 방법으로 W, U에 속하는 벡터의 합으로 나타내어진다.

$$v = (x_1, x_2, x_3) = (x_1, x_2 - \frac{x_3}{2}, 0) + (0, \frac{x_3}{2}, x_3)$$

따라서 다음과 같이 정의된 사상 T, S는 각각 W, U 위로의 사영이다.

$$T: \mathbb{R}^3 \longrightarrow \mathbb{R}^3,\ T(x_1, x_2, x_3) = (x_1, x_2 - \frac{x_3}{2}, 0)$$

$$S: \mathbb{R}^3 \longrightarrow \mathbb{R}^3,\ S(x_1, x_2, x_3) = (0, \frac{x_3}{2}, x_3)$$

그리고,

$$A = \begin{bmatrix} 1 & 0 & 0 \\ 0 & 1 & -\frac{1}{2} \\ 0 & 0 & 0 \end{bmatrix}, \qquad B = \begin{bmatrix} 0 & 0 & 0 \\ 0 & 0 & \frac{1}{2} \\ 0 & 0 & 1 \end{bmatrix}$$

이라고 하면, $T = L_A$, $S = L_B$ 이다. 그리고, A 와 B 는 멱등행렬이고 또 $B = I_3 - A$ 이며 다음이 성립한다(보기 6.5.5).

$$\text{im}\,T = W = \langle (1,0,0),\ (0,1,0) \rangle = (A^T \text{ 의 행공간}) = \ker S,$$

$$\ker T = U = \langle (0,1,2) \rangle = \text{im}\,S = (B^T \text{ 의 행공간}).$$

연 습 문 제 (6.5)

1. 실수체 $\mathbb{R}$ 위에서 다음 멱등행렬과 닮은 대각행렬을 구하여라.

(1) $A = \begin{bmatrix} 1 & -1 \\ 0 & 0 \end{bmatrix}$ (2) $A = \begin{bmatrix} 0 & 1 \\ 0 & 1 \end{bmatrix}$

2. 실수체 $\mathbb{R}$ 위의 다음 멱등행렬이 대각화 가능한 행렬임을 밝혀라.

$$A = \begin{bmatrix} \frac{1}{2} & \frac{1}{2} \\ \frac{1}{2} & \frac{1}{2} \end{bmatrix}, \qquad B = I_2 - A = \begin{bmatrix} \frac{1}{2} & -\frac{1}{2} \\ -\frac{1}{2} & \frac{1}{2} \end{bmatrix}$$

3. 체 F 위의 5 차의 멱등행렬을 분류하여라.

4. 체 F 위의 n 차의 두 행렬 A, B 가 서로 닮은 행렬일 때, A 가 멱등행렬이면 B 도 멱등행렬임을 증명하여라.

5. 벡터공간 $\mathbb{R}^2$ 에서 두 부분공간 $W_1 = \langle (1,\ 1) \rangle$, $W_2 = \langle (-1, 1) \rangle$ 에 대하여 $\mathbb{R}^2 = W_1 \oplus W_2$ 임을 밝히고, 이 직합에 의하여 결정되는 사영을 정의하여라.

6. 벡터공간 $\mathbb{R}^3$ 에서 두 부분공간

$$W_1 = \{(a, b, a-b) \mid a, b \in \mathbb{R}\}, \quad W_2 = \{(c, c, c) \mid c \in \mathbb{R}\}$$

에 대하여 $\mathbb{R}^3 = W_1 \oplus W_2$ 임을 밝히고, 또 이 직합에 의하여 결정되는 사영을 정의하여라.

7. 체 F 위의 벡터공간 V 의 두 부분공간 W_1, W_2 에 대하여 $V = W_1 + W_2$ 이고 $W_1 \cap W_2 \neq \{\mathbf{0}\}$ 이면, 각 벡터 $v \in V$ 는 여러 가지 방법으로

$$v = w_1 + w_2 \qquad (w_1 \in W_1,\ w_2 \in W_2)$$

와 같은 꼴로 나타내어짐을 밝혀라.

8. 실수체 $\mathbb{R}$ 위의 벡터공간 $\mathrm{Mat}_n(\mathbb{R})$ 에서, 대칭행렬 전체의 집합 $\mathrm{Sym}_n(\mathbb{R})$ 와 교대행렬 전체의 집합 $\mathrm{Alt}_n(\mathbb{R})$ 는 $\mathrm{Mat}_n(\mathbb{R})$ 의 부분공간을 이룬다(문제 4.2.7). 이 두 부분공간에 대하여 다음이 성립함을 증명하여라(문제 2.2.10 참조).
   (1) $\mathrm{Mat}_n(\mathbb{R}) = \mathrm{Sym}_n(\mathbb{R}) \oplus \mathrm{Alt}_n(\mathbb{R})$
   (2) $\mathrm{Sym}_n(\mathbb{R})$ 와 $\mathrm{Alt}_n(\mathbb{R})$ 의 차원은 각각 $\dfrac{n(n+1)}{2}$, $\dfrac{n(n-1)}{2}$ 이다.

9. 체 F 위의 벡터공간 V 에서 부분공간 W_1, W_2 에 대하여 $V = W_1 \oplus W_2$ 일 때, $W_1 \subseteq U \subseteq V$ 인 부분공간 U 에 대하여 $U = W_1 \oplus (W_2 \cap U)$ 임을 증명하여라.

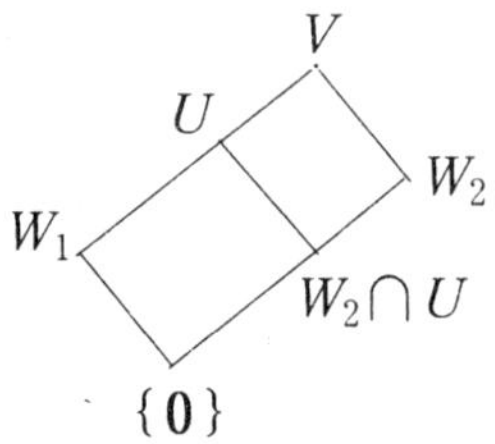

10. 체 F 위의 두 벡터공간 V, W 에 대하여 벡터공간

$$V \times W = \{(v, w) \mid v \in V,\ w \in W\}$$

가 정의된다(문제 4.4.14). 이 벡터공간에서

$$V_1 = \{(v, \mathbf{0}) \mid v \in V\}, \quad W_1 = \{(\mathbf{0}, w) \mid w \in W\}$$

이라고 할 때, $V_1 \cong V$, $W_1 \cong W$, $V \times W = V_1 \oplus W_1$ 임을 증명하여라.

11. 체 F 위의 벡터공간 V 에서 두 부분공간 W_1, W_2 에 대하여 $V = W_1 \oplus W_2$ 이면, $V \cong W_1 \times W_2$ 임을 증명하여라(문제 4.4.14 참조).

§ 6.6 동차 선형점화수열

이 절에서는 특수한 조건을 만족시키는 무한수열에 대하여 간단히 논한다. 다음과 같이 정의된 정수 a_n 을 **피보나치 수**(Fibonacci number)라고 한다.

(i) $a_0 = 1,\ a_1 = 1$

(ii) $a_{n+2} = a_n + a_{n+1} \qquad (n = 0, 1, 2, \cdots)$

그리고, 피보나치 수로 이루어진 무한수열

$\{a_n\}$: 1, 1, 2, 3, 5, 8, 13, 21, 34, 55, 89, 144, 233, 377, ⋯

을 **피보나치 수열**(Fibonacci sequence)이라고 한다([2] 참조).

정의 6.6.1 체 F 위의 무한수열 $\{a_n\}$ 이 다음 두 조건을 만족시킬 때, 이 무한수열을 (k 차의) **동차 선형점화수열**(同次 線型點化數列, homogeneous linear recurring sequence)이라고 한다.

(i) $a_0,\ a_1,\ \cdots,\ a_{k-1}$ 의 값은 미리 정해진다.

(ii) $a_{n+k} = c_0 a_n + c_1 a_{n+1} + \cdots + c_{k-1} a_{n+k-1} \qquad (n = 0, 1, 2, \cdots)$

$(c_0,\ c_1,\ \cdots,\ c_{k-1} \in F)$

여기서, 조건 (i) 의 $a_0,\ a_1,\ \cdots,\ a_{k-1}$ 을 $\{a_t\}$ 의 **초기 조건**(初期條件, initial condition)이라 하고 조건 (ii) 를 (k 차의) **동차 선형점화식**(同次 線型點化式, homogeneous linear recurring relation)이라고 한다.

정의에서 $\{a_n\}$ 은 $a_0, a_1, \cdots, a_{k-1}$ 에 따라 다음과 같이 차례로 결정된다.

$$
\begin{aligned}
a_k &= c_0 a_0 + c_1 a_1 + \cdots + c_{k-1} a_{k-1}, \\
a_{k+1} &= c_0 a_1 + c_1 a_2 + \cdots + c_{k-1} a_k, \\
a_{k+2} &= c_0 a_2 + c_1 a_3 + \cdots + c_{k-1} a_{k+1}, \\
a_{k+3} &= c_0 a_3 + c_1 a_4 + \cdots + c_{k-1} a_{k+2}, \\
&\vdots
\end{aligned}
$$

그리고, 동차 선형점화식

$$(*) \qquad a_{n+k} = c_0 a_n + c_1 a_{n+1} + \cdots + c_{k-1} a_{n+k-1}$$

는 다음과 같이 고쳐 쓸 수 있다.

$$\begin{bmatrix} u_{n+1} \\ u_{n+2} \\ \vdots \\ u_{n+k} \end{bmatrix} = A \begin{bmatrix} u_n \\ u_{n+1} \\ \vdots \\ u_{n+k-1} \end{bmatrix}, \qquad A = \begin{bmatrix} 0 & 1 & 0 & \cdots & 0 \\ 0 & 0 & 1 & \cdots & 0 \\ \vdots & \vdots & \cdots & \ddots & \vdots \\ 0 & 0 & 0 & \cdots & 1 \\ c_0 & c_1 & c_2 & \cdots & c_{k-1} \end{bmatrix}$$

따라서

$$\begin{bmatrix} u_1 \\ u_2 \\ \vdots \\ u_k \end{bmatrix} = A \begin{bmatrix} u_0 \\ u_1 \\ \vdots \\ u_{k-1} \end{bmatrix}, \quad \begin{bmatrix} u_2 \\ u_3 \\ \vdots \\ u_{k+1} \end{bmatrix} = A^2 \begin{bmatrix} u_0 \\ u_1 \\ \vdots \\ u_{k-1} \end{bmatrix}, \ \cdots,$$

이므로 다음이 성립함을 알 수 있다.

$$\begin{bmatrix} u_n \\ u_{n+1} \\ \vdots \\ u_{n+k} \end{bmatrix} = A^n \begin{bmatrix} u_0 \\ u_1 \\ \vdots \\ u_{k-1} \end{bmatrix} \qquad (n = 0, 1, 2, \cdots)$$

여기서,

$$f(x) = -c_0 - c_1 x + \cdots - c_{k-1} x^{k+1} + x^k$$

이라고 하면, A^T는 $f(x)$의 동반행렬이다(정리 6.4.2). 그런데,

$$\det A = \det A^T = (-1)^{n+1} c_0$$

이므로 $c_0 \neq 0$일 때 그리고 이때에만 A는 정칙행렬이고 A의 고유다항식은 $f(x)$이다(정리 6.4.2, 정리 6.2.5).

이러한 의미에서 다항식 $f(x)$를 동차 선형점화식 $(*)$를 만족시키는 동차 선형점화수열 $\{a_n\}$의 **고유다항식**이라 하고 방정식 $f(x) = 0$을 $\{a_n\}$의 **고유방정식**이라고 한다.

행렬 A가 대각화 가능한 행렬이면, 적당한 정칙행렬 P와 대각행렬 D에 대하여 $P^{-1}AP = D$이고 따라서 $A = PDP^{-1}$, $A^n = PD^nP^{-1}$이다.

체 F 위의 무한수열 $\{a_t\}$ 가 (2 차의) 동차 선형점화식

$$a_{n+2} = c_0 a_n + c_1 a_{n+1} \qquad (n = 0, 1, 2, \cdots)$$

을 만족시키는 동차 선형점화수열이라고 하자. 이 때,

$$\begin{bmatrix} a_n \\ a_{n+1} \end{bmatrix} = A^n \begin{bmatrix} a_0 \\ a_1 \end{bmatrix} \quad (n = 0, 1, 2, \cdots), \quad A = \begin{bmatrix} 0 & 1 \\ c_0 & c_1 \end{bmatrix}$$

이고 $\{a_t\}$ 의 고유다항식은 $f(x) = x^2 - c_1 x - c_0$ 이다.

특히, $c_0 = 0$ 인 경우에 $\{a_t\}$ 는 다음과 같은 무한수열이다.

$$\{a_t\} : \quad a_0,\ a_1,\ c_1 a_1,\ {c_1}^2 a_1,\ {c_1}^3 a_1,\ {c_1}^4 a_1,\ \cdots$$

보기 6.6.1 다음과 같이 정의된 동차 선형점화수열 $\{a_n\}$ 을 생각해 보자.

(i) $a_0 = 1,\ a_1 = 5$ (ii) $a_{n+2} = -6\,a_n + 5\,a_{n+1}$ $(n = 0, 1, 2, \cdots)$

이 때, 모든 양의 정수 n 에 대하여

$$\begin{bmatrix} a_n \\ a_{n+1} \end{bmatrix} = A^n \begin{bmatrix} 1 \\ 5 \end{bmatrix}, \qquad A = \begin{bmatrix} 0 & 1 \\ -6 & 5 \end{bmatrix}$$

이고 A 의 고유다항식은 $f(x) = x^2 - 5x + 6 = (x-2)(x-3)$ 이므로 A 의 고유치는 $\lambda_1 = 2,\ \lambda_2 = 3$ 이고 다음이 성립한다(보기 6.3.2).

$$P^{-1}AP = \begin{bmatrix} 2 & 0 \\ 0 & 3 \end{bmatrix} = D, \qquad P = \begin{bmatrix} 1 & 1 \\ 2 & 3 \end{bmatrix}$$

$$A^n = PD^nP^{-1} = \begin{bmatrix} 3 \cdot 2^n - 2 \cdot 3^n & 3^n - 2^n \\ 3 \cdot 2^{n+1} - 2 \cdot 3^{n+1} & 3^{n+1} - 2^{n+1} \end{bmatrix}$$

이고 따라서

$$\begin{bmatrix} a_n \\ a_{n+1} \end{bmatrix} = A^n \begin{bmatrix} 1 \\ 5 \end{bmatrix} = \begin{bmatrix} 3^{n+1} - 2^{n+1} \\ 3^{n+2} - 2^{n+2} \end{bmatrix}$$

이므로 다음 결과를 얻는다.

$$a_n = 3^{n+1} - 2^{n+1} \qquad (n = 0, 1, 2, \cdots)$$

정리 6.6.2 실수체 ℝ 또는 복소수체 ℂ 위의 무한수열 $\{a_n\}$ 이 다음과 같은 동차 선형점화식을 만족시키는 동차 선형점화수열이라고 하자.

$$a_{n+2} = c_0 a_n + c_1 a_{n+1} \qquad (n = 0, 1, 2, \cdots)$$

그리고, $c_0 \neq 0$ 일 때, $\{a_t\}$ 의 고유방정식

$$x^2 - c_1 x - c_0 = 0$$

이 복소수체 ℂ 안에서 두 근 λ_1, λ_2 를 가지면 $\{a_t\}$ 는 다음과 같다.

(1) $\lambda_1 \neq \lambda_2$ 인 경우 : $a_n = a\lambda_1^{\ n} + b\lambda_2^{\ n} \quad (n = 0, 1, 2, \cdots)$

(2) $\lambda_1 = \lambda_2$ 인 경우 : $a_n = (a + bn)\lambda_1^{\ n} \quad (n = 0, 1, 2, \cdots)$

여기서 a, b 는 a_0, a_1 의 값에 따라 결정되는 상수이다.

증 명 (1) 보기 6.6.1 과 동일한 방법으로 (1) 을 증명할 수 있다.

(2) $\lambda_1 = \lambda_2 = \lambda$ 일 때,

$$a_n = (a + bn)\lambda^n \qquad (n = 0, 1, 2, \cdots)$$

이 동차 선형점화식을 만족시킨다는 것을 증명하기로 한다.

이 때, $c_0 \neq 0$ 이므로 $\lambda \neq 0$ 이고

$$x^2 - c_1 x - c_0 = (x - \lambda)^2 = x^2 - 2\lambda x + \lambda^2$$

이므로 $c_1 = 2\lambda_1$, $\lambda_1^{\ 2} = -c_0 \neq 0$ 이다. 그리고,

$$\lambda_1^{\ n+2} - c_1\lambda_1^{\ n+1} - c_0\lambda_1^{\ n} = \lambda_1^{\ n}(\lambda_1^{\ 2} - c_1\lambda_1 - c_0) = 0$$

이므로 $a_n = (a + bn)\lambda_1^{\ n}$ 일 때 다음이 성립한다.

$$\begin{aligned} & a_{n+2} - c_1 a_{n+1} - c_0 a_n \\ &= (a + b(n+2))\lambda_1^{\ n+2} - c_1(a + b(n+1))\lambda_1^{\ n+1} \\ &\qquad\qquad - c_0(a + bn)\lambda_1^{\ n} \\ &= a(\lambda_1^{\ n+2} - c_1\lambda_1^{\ n+1} - c_0\lambda_1^{\ n}) + bn(\lambda_1^{\ n+2} - c_1\lambda^{\ n+1} - c_0\lambda_1^{\ n}) \\ &\quad + b\lambda_1^{\ n+1}(2\lambda_1 - c_1) = 0 \end{aligned}$$

그러므로, (2) 가 성립한다.

보기 6.6.2 Fibonacci 수열 $\{a_n\}$ 을 다시 생각해 보자.

(i) $a_0 = 1,\ a_1 = 1$

(ii) $a_{n+2} = a_n + a_{n+1} \quad (n \geq 0)$

먼저 $\{a_n\}$ 의 고유방정식은 $x^2 - x - 1 = 0$ 이고, 이 방정식은 두 근

$$\lambda_1 = \frac{1+\sqrt{5}}{2}, \quad \lambda_2 = \frac{1-\sqrt{5}}{2}$$

을 가지므로 다음과 같이 놓을 수 있다.

$$a_n = a\left(\frac{1+\sqrt{5}}{2}\right)^n + b\left(\frac{1-\sqrt{5}}{2}\right)^n \qquad (n \geq 0)$$

그런데, $a_0 = 1,\ a_1 = 1$ 이므로

$$a + b = 1, \quad \left(\frac{1+\sqrt{5}}{2}\right)a + \left(\frac{1-\sqrt{5}}{2}\right)b = 1$$

이고 따라서 $a = \dfrac{1+\sqrt{5}}{2\sqrt{5}},\ b = -\dfrac{1-\sqrt{5}}{2\sqrt{5}}$ 이므로 다음이 성립한다.

$$a_n = \frac{1}{\sqrt{5}}\left(\frac{1+\sqrt{5}}{2}\right)^{n+1} - \frac{1}{\sqrt{5}}\left(\frac{1-\sqrt{5}}{2}\right)^{n+1} \qquad (n \geq 0)$$

보기 6.6.3 실수체 $\mathbb{R}$ 에서 다음 동차 선형점화수열 $\{a_n\}$을 생각해 보자.

(i) $a_0 = 2,\ a_1 = 1$

(ii) $a_{n+2} = -4a_n + 4a_{n+1} \quad (n \geq 0)$

먼저 $\{a_n\}$ 의 고유방정식 $x^2 - 4x + 4 = 0$ 은 중근 $x = 2$ 를 가지므로

$$a_n = (a + bn)2^n \qquad (n \geq 0)$$

이라고 놓으면, $a_0 = 2,\ a_1 = 1$ 이므로 $a = 2,\ b = -\dfrac{3}{2}$ 이다. 즉,

$$a_n = \left(2 - \frac{3}{2}n\right)2^n \qquad (n \geq 0)$$

일반적인 동차 선형점화수열에 대해서는 [7] 을 참조하기 바란다.

연 습 문 제 (6.6)

1. 실수체 $\mathbb{R}$ 위의 무한수열 $\{a_n\}$ 이 다음 두 조건을 만족시키는 동차 선형점화수열일 때 일반항 a_n 을 구하여라.

   (i) $a_0 = 1,\ a_1 = -2$ (ii) $a_{n+2} = -6a_n + 5a_{n+1}\ (n \geq 0)$

2. 실수체 $\mathbb{R}$ 위의 무한수열 $\{a_n\}$ 이 다음 두 조건을 만족시키는 동차 선형점화수열일 때, 일반항 a_n 을 구하여라.

   (i) $a_0 = 0,\ a_1 = 8$ (ii) $a_{n+2} = 3a_n + 2a_{n+1}\ (n \geq 0)$

3. 실수체 $\mathbb{R}$ 위의 무한수열 $\{a_n\}$ 이 다음 두 조건을 만족시키는 동차 선형점화수열일 때, 일반항 a_n 을 구하여라.

   (i) $a_0 = 2,\ a_1 = 1$ (ii) $a_{n+2} = -4a_n + 4a_{n+1}\ (n \geq 0)$

4. 체 F 위에서 다음과 같은 k 차의 동차 선형점화식을 만족시키는 동차 선형점화수열 $\{a_n\}$ 전체의 집합을 Ω 라고 하자.

$$a_{n+k} = c_0 a_n + c_1 a_{n+1} + \cdots + c_{k-1} a_{n+k-1} \qquad (n = 0, 1, 2, \cdots)$$

   이 때, 다음이 성립함을 증명하여라.

   (1) 영수열 $\{0\}$ 은 Ω 에 속한다.

   (2) Ω 는 체 F 위의 벡터공간 F^{ω} 의 부분공간이다(보기 4.1.5 참조).

   즉, 임의의 $\{a_n\}, \{b_n\} \in \Omega$ 와 $c \in F$ 에 대하여 다음이 성립한다.

$$\{a_n\} + \{b_n\} = \{a_n + b_n\} \in \Omega, \quad c\{a_n\} = \{ca_n\} \in \Omega$$

   (3) 임의의 정수 $d\ (d \geq 0)$ 에 대하여 무한수열

$${}_d\{a_n\} : \ a_d,\ a_{d+1},\ a_{d+2},\ a_{d+3},\ a_{d+4},\ a_{d+5},\ \cdots$$

   은 Ω 에 속하는 무한수열이다.

§6.7 행렬의 무한급수

이 절에서는, 실수를 성분으로 가지는 행렬로 이루어진 무한수열에 대하여 극한과 무한급수를 정의하고 이에 관한 정리를 증명하기로 한다.

정의 6.7.1 실수체 $\mathbb{R}$ 위의 $m\times n$ 행렬로 이루어진 무한수열

$\{A_n\}$: $A_0, A_1, A_2, \cdots, A_k, \cdots$

에서, 각 정수 k (≥ 0)에 대하여 $A_k = [a_{ij,k}]_{m\times n}$이라고 하자.

이 때,

$$\lim_{k\to\infty} a_{ij,k} = a_{ij} \qquad (1 \leq i \leq m,\ 1 \leq j \leq n)$$

인 경우에 무한수열 $\{A_n\}$은 $m\times n$ 행렬 $A = [a_{ij}]_{m\times n}$에 **수렴한다**고 하고 이 사실을 $\lim\limits_{k\to\infty} A_k = A$ 로 나타낸다.

그리고, 이 경우에 **극한** $\lim\limits_{k\to\infty} A_k$는 존재한다고 말한다.

실수로 이루어진 무한수열 $\{a_n\}$에 대한 극한에 관한 정리를 이용하여 다음 정리를 쉽게 증명할 수 있다.

정리 6.7.2 실수체 $\mathbb{R}$ 위의 $m\times n$ 행렬로 이루어진 두 무한수열

$\{A_n\}$: $A_0, A_1, A_2, \cdots, A_k, \cdots$,

$\{B_n\}$: $B_0, B_1, B_2, \cdots, B_k, \cdots$

에 대하여 극한 $\lim\limits_{k\to\infty} A_k = A$, $\lim\limits_{k\to\infty} B_k = B$ 가 존재한다고 하자.

이 때, $\lim\limits_{k\to\infty} A_k^T$ 와 $\lim\limits_{k\to\infty} (A_k + B_k)$는 존재하고 그 극한은 다음과 같다.

(1) $\lim\limits_{k\to\infty} A_k^T = (\lim\limits_{k\to\infty} A_k)^T = A^T$

(2) $\lim\limits_{k\to\infty} (A_k + B_k) = \lim\limits_{k\to\infty} A_k + \lim\limits_{k\to\infty} B_k = A + B$

정리 6.7.3 실수체 ℝ 위에서 $m \times n$ 행렬로 이루어진 무한수열

$$\{A_n\} : \quad A_0, A_1, A_2, \cdots, A_k, \cdots$$

과 $n \times r$ 행렬로 이루어진 무한수열

$$\{B_n\} : \quad B_0, B_1, B_2, \cdots, B_k, \cdots$$

에 대하여 $\lim_{k \to \infty} A_k = A$ 와 $\lim_{k \to \infty} B_k = B$ 가 존재할 때, $\lim_{k \to \infty} A_k B_k$ 도 존재하고 그 극한은 $\lim_{k \to \infty} A_k B_k = (\lim_{k \to \infty} A_k)(\lim_{k \to \infty} B_k) = AB$ 이다.

특히, $\lim_{k \to \infty} A_k = A$ 가 존재할 때, $r \times m$ 행렬 P 와 $n \times r$ 행렬 Q 에 대하여 $\lim_{k \to \infty} PA_k$, $\lim_{k \to \infty} A_k Q$ 는 존재하고 $\lim_{k \to \infty} PA_k = PA$, $\lim_{k \to \infty} A_k Q = AQ$ 이다.

증 명 각 양의 정수 k 에 대하여

$$A_k = [a_{ij,k}]_{m \times n}, \quad B_k = [b_{ij,k}]_{n \times r}, \quad A_k B_k = [c_{ij,k}]_{m \times r}$$

이라 하고 $A = [a_{ij}]_{m \times n}$, $B = [b_{ij}]_{n \times r}$, $AB = [c_{ij}]_{m \times r}$ 이라고 하자.

이 때, $c_{ij,k} = \sum_{h=1}^{n} a_{ih,k} b_{hj,k}$, $c_{ij} = \sum_{h=1}^{n} a_{ih} b_{hj}$ 이고 또

$$\begin{aligned}
\lim_{k \to \infty} c_{ij,k} &= \lim_{k \to \infty} \left(\sum_{h=1}^{n} a_{ih,k} b_{hj,k} \right) \\
&= \sum_{h=1}^{n} \lim_{k \to \infty} a_{ih,k} b_{hj,k} = \sum_{h=1}^{n} (\lim_{k \to \infty} a_{ih,k})(\lim_{k \to \infty} b_{hj,k}) \\
&= \sum_{h=1}^{n} a_{ih} b_{hj} = c_{ij}
\end{aligned}$$

이므로 $\lim_{k \to \infty} A_k B_k = AB$ 이다.

정리 6.7.4 실수체 ℝ 위의 n 차의 행렬 A 와 정칙행렬 P 에 대하여

$$P^{-1} A P = D, \qquad D = \operatorname{diag}\{\lambda_1, \cdots, \lambda_n\}$$

일 때, $-1 < \lambda_i \leq 1 \ (1 \leq i \leq n)$ 이면 $\lim_{k \to \infty} A^k$ 는 존재한다.

증 명 가정에 의하여 $A = PDP^{-1}$ 이므로 양의 정수 k 에 대하여

$$A^k = PD^k P^{-1}, \qquad D^k = \operatorname{diag}\{\lambda_1{}^k, \cdots, \lambda_n{}^k\}$$

이고 $\lim_{k \to \infty} \lambda_i{}^k = 0$ 또는 $\lim_{k \to \infty} \lambda_i{}^k = 1$ 이므로 $\lim_{k \to \infty} D^k$ 는 존재한다.

따라서 정리 10.8.3에 의하여 다음 등식이 성립한다.

$$\lim_{k \to \infty} A^k = \lim_{k \to \infty} (P D^k P^{-1}) = P(\lim_{k \to \infty} D^k) P^{-1}$$

보기 6.7.1 실수체 $\mathbb{R}$ 위에서 다음 행렬을 생각해 보자.

$$A = \begin{bmatrix} \frac{5}{6} & \frac{1}{3} \\ \frac{1}{6} & \frac{2}{3} \end{bmatrix}$$

행렬 A 의 고유다항식은 $f(x) = x^2 - \frac{3}{2} + \frac{1}{2} = (x-1)(x - \frac{1}{2})$ 이고

따라서 A 의 고유치는 $\lambda_1 = 1$, $\lambda_2 = \frac{1}{2}$ 이다.

고유치 $\lambda_1 = 1$ 에 대응하는 A 의 고유공간 E_1 과 고유치 $\lambda_2 = \frac{1}{2}$ 에 대응하는 A 의 고유공간 E_2 는 다음과 같다.

$$I_2 - A = \begin{bmatrix} \frac{1}{6} & -\frac{1}{3} \\ -\frac{1}{6} & \frac{1}{3} \end{bmatrix} \to \begin{bmatrix} 1 & -2 \\ 0 & 0 \end{bmatrix}$$

$$\frac{1}{2} I_2 - A = \begin{bmatrix} -\frac{1}{3} & -\frac{1}{3} \\ -\frac{1}{6} & -\frac{1}{6} \end{bmatrix} \to \begin{bmatrix} 1 & 1 \\ 0 & 0 \end{bmatrix}$$

$\mathrm{E}_1 = \langle (2, 1) \rangle$,

$\mathrm{E}_2 = \langle (-1, 1) \rangle$

그러므로, 벡터공간 $\mathbb{R}^2$ 에서

$\mathscr{C} = \{(2, 1), (-1, 1)\}$

는 A 의 고유벡터로 이루어진 기저이므로

$$P = \begin{bmatrix} 2 & -1 \\ 1 & 1 \end{bmatrix}, \qquad D = \begin{bmatrix} 1 & 0 \\ 0 & \frac{1}{2} \end{bmatrix}$$

이라고 하면, P 는 정칙행렬이고 $P^{-1}AP = D$ 이다(정리 6.1.3).

따라서 모든 양의 정수 k 에 대하여 $P^{-1}A^kP = D^k$ 이므로 $A^k = PD^kP^{-1}$ 이고 다음 결과를 얻는다.

$$\lim_{k \to \infty} A^k = P(\lim_{k \to \infty} D^k) P^{-1} = P \begin{bmatrix} 1 & 0 \\ 0 & 0 \end{bmatrix} P^{-1} = \begin{bmatrix} \frac{2}{3} & \frac{2}{3} \\ \frac{1}{3} & \frac{1}{3} \end{bmatrix}$$

정리 6.7.5 실수체 $\mathbb{R}$ 위의 n 차의 행렬로 이루어진 무한수열

$\{A_n\}$: $A_0, A_1, A_2, \cdots, A_k, \cdots$

의 극한 $\lim_{k\to\infty} A_k = A$ 가 존재할 때 다음이 성립한다.

(1) $\lim_{k\to\infty} \det A_k = \det A$

(2) 모든 A_k 와 A 가 정칙행렬이면, $\lim_{k\to\infty} A_k^{-1} = A^{-1}$ 이다.

증 명 먼저 $A_k = [a_{ij,k}]_{n\times n}$, $A = [a_{ij}]_{n\times n}$ 이라고 하자.

이 때, 정의 3.1.1 에 의하여

$$\det A_k = \sum_{\sigma} (\operatorname{sgn} \sigma)\, a_{1j_1,k} \cdots a_{nj_n,k}$$

이고 $\lim_{k\to\infty} a_{1j_1,k} \cdots a_{nj_n,k} = a_{1j_1} \cdots a_{nj_n}$ 이므로 $\lim_{k\to\infty} \det A_k = \det A$ 이다.

그리고, 각 A_k 에서 $a_{ij,k}$ 의 여인수를 $A_{ij,k}$ 이라 하고 A 에서 a_{ij} 의 여인수를 A_{ij} 이라고 하면, $\lim_{k\to\infty} A_{ij,k} = A_{ij}$ 이다(정의 3.2.1).

따라서 $\det A_k \neq 0$, $\det A \neq 0$ 일 때,

$$A_k^{-1} = \frac{1}{\det A_k}[A_{ji,k}]_{n\times n}, \quad A^{-1} = \frac{1}{\det A}[A_{ji}]_{n\times n}$$

$$\lim_{k\to\infty} \frac{A_{ji,k}}{\det A_k} = \frac{A_{ji}}{\det A} \qquad (1 \le i, j \le n)$$

이므로 $\lim_{k\to\infty} A_k^{-1} = A^{-1}$ 이다.

보기 6.7.2 실수체 $\mathbb{R}$ 위에서 2 차의 행렬로 이루어진 무한수열

$\{A_n\}$: $A_0, A_1, A_2, \cdots, A_k, \cdots$

에서

$$A_k = \begin{bmatrix} 3 + \dfrac{1}{k+1} & 2 \\ 1 + \dfrac{1}{k+1} & 1 \end{bmatrix}$$

일 때, 모든 $k \ge 1$ 에 대하여 $\det A_k = 1 - \dfrac{1}{k+1} \neq 0$ 이고 다음이 성립한다.

$$A_k^{-1} = \begin{bmatrix} \dfrac{k+1}{k} & \dfrac{-2k-2}{k} \\ \dfrac{-k-2}{k} & \dfrac{3k+4}{k} \end{bmatrix}, \quad \lim_{k \to \infty} A_k = \begin{bmatrix} 3 & 2 \\ 1 & 1 \end{bmatrix} = A$$

$$\lim_{k \to \infty} \det A_k = 1, \qquad \det A = 1$$

그러므로, 다음 결과를 얻는다.

$$\lim_{k \to \infty} A_k^{-1} = \begin{bmatrix} 1 & -2 \\ -1 & 3 \end{bmatrix} = A^{-1}$$

정의 6.7.6 실수체 $\mathbb{R}$ 위의 $m \times n$ 행렬로 이루어진 무한수열

$$\{A_n\} : \quad A_0, A_1, A_2, \cdots, A_k, \cdots$$

에 대하여 형식적인 합

$$\sum_{k=0}^{\infty} A_k = A_0 + A_1 + \cdots + A_r + \cdots$$

를 이 무한수열의 **무한급수**(無限級數, infinite series)라고 한다. 또,

$$\lim_{r \to \infty} (A_0 + A_1 + \cdots + A_r) = S$$

가 존재할 때, $\sum_{k=0}^{\infty} A_k$는 **수렴한다**(收斂, convege)고 하고 S를 이 **무한급수의 합**이라고 하며 이것을 $\sum_{k=0}^{\infty} A_k = S$ 로 나타낸다.

실제로, $A_k = [a_{ij,k}]_{m \times n}$일 때, $\sum_{k=0}^{\infty} A_k$가 수렴하면 그 합은 다음과 같다.

$$\sum_{k=0}^{\infty} A_k = \begin{bmatrix} \sum_{k=0}^{\infty} a_{11,k} & \sum_{k=0}^{\infty} a_{12,k} & \cdots & \sum_{k=0}^{\infty} a_{1n,k} \\ \sum_{k=0}^{\infty} a_{21,k} & \sum_{k=0}^{\infty} a_{22,k} & \cdots & \sum_{k=0}^{\infty} a_{2n,k} \\ \vdots & \vdots & \cdots & \vdots \\ \sum_{k=0}^{\infty} a_{m1,k} & \sum_{k=0}^{\infty} a_{m2,k} & \cdots & \sum_{k=0}^{\infty} a_{mn,k} \end{bmatrix}$$

정리 6.7.7 실수체 $\mathbb{R}$ 위의 $m\times n$ 행렬로 이루어진 무한수열

$\{A_n\}$: $A_0, A_1, A_2, \cdots, A_k, \cdots$

에 대하여 $\sum_{k=0}^{\infty} A_k = S$ 일 때,

$$\sum_{k=0}^{\infty} {A_k}^T = (\sum_{k=0}^{\infty} A_k)^T = S^T$$

이고 또 $s\times m$ 행렬 P 와 $n\times s$ 행렬 Q 에 대하여 다음 두 등식이 성립한다.

$$\sum_{k=0}^{\infty} PA_k = P(\sum_{k=0}^{\infty} A_k) = PS,$$

$$\sum_{k=0}^{\infty} A_kQ = (\sum_{k=0}^{\infty} A_k)Q = SQ$$

증 명 각 정수 r ($r = 0, 1, 2, \cdots$) 에 대하여

$$(A_0 + \cdots + A_r)^T = {A_0}^T + \cdots + {A_r}^T$$

이므로 정리 6.7.2 에 의하여 첫째 등식이 성립하고, 또

$$P(A_0 + \cdots + A_r) = PA_0 + \cdots + PA_r,$$

$$(A_0 + \cdots + A_r)Q = A_0Q + \cdots + A_rQ$$

이므로 정리 6.7.3 에 의하여 둘째 등식과 셋째 등식이 성립한다.

임의의 실수 x 에 대하여 $\exp x$ 또는 e^x 를 다음과 같이 정의한다.

$$\exp x = \sum_{k=0}^{\infty} \frac{x^k}{k!} = 1 + \frac{x}{1!} + \frac{x^2}{2!} + \cdots + \frac{x^r}{r!} + \cdots$$

정리 6.7.8 실수체 $\mathbb{R}$ 위의 n 차의 행렬 $A = [a_{ij}]_{n\times n}$ 와 실수 t 에 대하여 다음과 같이 정의된 두 무한급수 $\exp A$, $\exp xA$ 는 수렴한다.

$$\exp A = \sum_{k=0}^{\infty} \frac{A^k}{k!} = I_n + \frac{A}{1!} + \frac{A^2}{2!} + \cdots + \frac{A^r}{r!} + \cdots$$

$$\exp (xA) = \sum_{k=0}^{\infty} \frac{x^kA^k}{k!} = I_n + \frac{xA}{1!} + \frac{x^2A^2}{2!} + \cdots + \frac{x^rA^r}{r!} + \cdots$$

행렬 $\exp A$, $\exp xA$ 를 각각 e^A, e^{xA} 로 나타내기도 한다.

증 명 이제 $M = \max\{|a_{ij}| : 1 \le i, j \le n\}$ 이라 하고 정수 $k\ (\ge 0)$ 에 대하여 $A^k = [a_{ij,k}]_{n\times n}$이라고 하자.

이 때, 각 k에 대하여 다음이 성립한다.

$$(*) \qquad |a_{ij,k}| \le (nM)^k \qquad (1 \le i, j \le n)$$

실제로, $k=0$ 일 때, $A^0 = I_n = [\delta_{ij}]_{n\times n}$ 이므로

$$|a_{ij,0}| = |\delta_{ij}| \le 1 = (nM)^0 \qquad (1 \le i, j \le n)$$

이고, 또 양의 정수 k 에 대하여 (*) 가 성립한다고 가정하면

$$\begin{aligned} |a_{ij,k+1}| &= \left|\sum_{h=1}^{n} a_{ih}\, a_{hj,k}\right| \le \sum_{h=1}^{n} |a_{ih}||a_{hj,k}| \\ &\le \sum_{h=1}^{n} M(nM)^k \le (nM)^{k+1} \qquad (1 \le i, j \le n) \end{aligned}$$

이므로 정수 $k\ (\ge 0)$ 에 대하여 (*) 는 성립한다.

그러므로,

$$\sum_{k=0}^{\infty}\left|\frac{a_{ij,k}}{k!}\right| \le \sum_{k=0}^{\infty}\frac{(nM)^k}{k!} = \exp(nM)$$

이고 따라서 $\sum_{k=0}^{\infty}\left|\frac{a_{ij,k}}{k!}\right|$ 는 수렴하므로 $\sum_{k=0}^{\infty}\frac{a_{ij,k}}{k!}$ 도 수렴한다.

그러므로, $\exp A = \sum_{k=0}^{\infty}\frac{A^k}{k!}$ 는 수렴한다.

마찬가지로, 임의의 실수 x에 대하여 $\exp(xA)$ 는 수렴한다.

보기 6.7.3 대각행렬 $A = \operatorname{diag}\{\lambda_1, \cdots, \lambda_n\}$ 에 대하여

$$x^k A^k = \operatorname{diag}\{{\lambda_1}^k x^k, \cdots, {\lambda_n}^k x^k\}$$

이므로 $\exp(xA)$ 는 다음과 같다.

$$\begin{aligned} \exp(xA) &= \operatorname{diag}\{\exp \lambda_1 x, \cdots, \exp \lambda_n x\} \\ &= \begin{bmatrix} e^{\lambda_1 x} & 0 & \cdots & 0 \\ \vdots & \vdots & \ddots & \vdots \\ 0 & 0 & \cdots & e^{\lambda_n x} \end{bmatrix} \end{aligned}$$

보기 6.7.4 실수체 ℝ 위의 행렬

$$A = \begin{bmatrix} 0 & -1 \\ 1 & 0 \end{bmatrix}$$

와 실수 x에 대하여 $\exp(xA)$는 다음과 같다.

$$\exp(xA) = \begin{bmatrix} \cos x & -\sin x \\ \sin x & \cos x \end{bmatrix}$$

실제로,

$$A^2 = \begin{bmatrix} -1 & 0 \\ 0 & -1 \end{bmatrix}, \quad A^3 = \begin{bmatrix} 0 & 1 \\ -1 & 0 \end{bmatrix}, \quad A^4 = \begin{bmatrix} 1 & 0 \\ 0 & 1 \end{bmatrix}$$

이므로 다음이 성립한다.

$$\exp(xA) = \sum_{k=0}^{\infty} \frac{x^k A^k}{k!} = I_n + \frac{xA}{1!} + \frac{x^2 A^2}{2!} + \cdots + \frac{x^r A^r}{r!} + \cdots$$

$$= \begin{bmatrix} 1 & 0 \\ 0 & 1 \end{bmatrix} + \begin{bmatrix} 0 & -x \\ x & 0 \end{bmatrix} + \begin{bmatrix} -\frac{x^2}{2!} & 0 \\ 0 & -\frac{x^2}{2!} \end{bmatrix} + \begin{bmatrix} 0 & \frac{x^3}{3!} \\ -\frac{x^3}{3!} & 0 \end{bmatrix} + \cdots$$

$$= \begin{bmatrix} 1 - \frac{x^2}{2!} + \frac{x^4}{4!} - \cdots & -x + \frac{x^3}{3!} - \frac{x^5}{5!} + \cdots \\ x - \frac{x^3}{3!} + \frac{xt^5}{5!} - \cdots & 1 - \frac{x^2}{2!} + \frac{x^4}{4!} - \cdots \end{bmatrix}$$

$$= \begin{bmatrix} \cos x & -\sin x \\ \sin x & \cos x \end{bmatrix}$$

정리 6.7.9 실수체 ℝ 위의 n차의 행렬 A와 n차의 정칙행렬 P에 대하여 다음이 성립한다.

(1) $\exp A^T = (\exp A)^T$

(2) $\exp(P^{-1}AP) = P^{-1}(\exp A)P$

증 명 각 정수 r $(r \geq 0)$에 대하여 다음이 성립한다.

$$I_n + \frac{A^T}{1!} + \frac{(A^T)^2}{2!} + \cdots + \frac{(A^T)^r}{r!} = (I_n + \frac{A}{1!} + \frac{A^2}{2!} + \cdots + \frac{A^r}{r!})^T,$$

$$I_n + \frac{P^{-1}AP}{1!} + \cdots + \frac{(P^{-1}AP)^r}{r!} = P^{-1}(I_n + \frac{A}{1!} + \cdots + \frac{A^r}{r!})P$$

따라서 정리 6.7.7 에 의하여 다음 두 등식이 성립한다.

$$\exp A^T = \sum_{k=0}^{\infty} \frac{(A^T)^k}{k!} = (\sum_{k=0}^{\infty} \frac{A^k}{k!})^T = (\exp A)^T$$

$$\begin{aligned}\exp(P^{-1}AP) &= \sum_{k=0}^{\infty} \frac{(P^{-1}AP)^k}{k!} \\ &= P^{-1}(\sum_{k=0}^{\infty} \frac{A^k}{k!})P = P^{-1}(\exp A)P\end{aligned}$$

보기 6.7.5 실수체 $\mathbb{R}$ 위에서 다음 행렬을 생각해 보자.

$$A = \begin{bmatrix} 8 & 2 & -8 \\ 13 & 3 & -14 \\ 10 & 2 & -10 \end{bmatrix}$$

행렬 A 의 고유다항식은

$$f(x) = x^3 - x^2 - 4x + 4 = (x-1)(x^2-4)$$

이므로 A 는 서로 다른 세 고유치 $1, 2, -2$ 를 가진다. 따라서 A 는 대각화 가능한 행렬이다(따름정리 6.4.5).

실제로, 고유치 $1, 2, -2$ 에 대응하는 A 의 고유공간은 각각

$$\langle(2,1,2)\rangle, \ \langle(1,1,1)\rangle, \ \langle(1,3,2)\rangle$$

이고

$$\mathscr{C} = \{(2,1,2), (1,1,1), (1,3,2)\}$$

는 고유벡터로 이루어진 벡터공간 $\mathbb{R}^3$ 의 기저이므로

$$P = \begin{bmatrix} 2 & 1 & 1 \\ 1 & 1 & 3 \\ 2 & 1 & 2 \end{bmatrix}$$

는 정칙행렬이고 다음이 성립한다(정리 6.1.3).

$$I_3 - A \longrightarrow \begin{bmatrix} 1 & 0 & -1 \\ 0 & 1 & -\frac{1}{2} \\ 0 & 0 & 0 \end{bmatrix}$$

$$2I_3 - A \longrightarrow \begin{bmatrix} 1 & 0 & -1 \\ 0 & 1 & -1 \\ 0 & 0 & 0 \end{bmatrix}$$

$$-2I_3 - A \longrightarrow \begin{bmatrix} 1 & 0 & -\frac{1}{2} \\ 0 & 1 & -\frac{3}{2} \\ 0 & 0 & 0 \end{bmatrix}$$

$$[L_A]_{\mathscr{C}} = \begin{bmatrix} 1 & 0 & 0 \\ 0 & 2 & 0 \\ 0 & 0 & -2 \end{bmatrix} = D,$$

$$P^{-1}AP = D$$

그러므로, 임의의 실수 x에 대하여 다음이 성립한다.

$$P^{-1}(xA)P = xD = \text{diag}\{x, 2x, -2x\},$$

$$xA = P(xD)P^{-1}$$

$$\exp(xD) = \text{diag}\{e^x, e^{2x}, e^{-2x}\},$$

$$\exp(xA) = P(\exp xD)P^{-1} = P\begin{bmatrix} e^x & 0 & 0 \\ 0 & e^{2x} & 0 \\ 0 & 0 & e^{2x} \end{bmatrix}P^{-1}$$

정리 6.7.10 실수체 $\mathbb{R}$ 위의 n차의 행렬 A, B에 대하여 다음이 성립한다.

(1) $AB = BA$일 때, $\exp(A+B) = (\exp A)(\exp B)$이다.

(2) $\exp O_n = I_n$

(3) $\exp A$는 정칙행렬이고 또 $(\exp A)^{-1} = \exp(-A)$이다.

(4) A가 교대행렬이면, $(\exp A)^{-1} = (\exp A)^T$이다.

증 명 (1) 상세한 증명 대신에 다음과 같이 증명하기로 한다.

가정에 의하여 $AB = BA$이므로 양의 정수 k에 대하여 다음 등식이 성립한다(보기 2.2.3).

$$\begin{aligned} \frac{(A+B)^k}{k!} &= \frac{1}{k!}\sum_{i=0}^{k}\frac{k!}{(k-i)!\,i!}A^{k-i}B^i \\ &= \sum_{i=0}^{k}\frac{A^{k-i}}{(k-i)!}\frac{B^i}{i!} \\ &= \frac{A^k}{k!} + \frac{A^{k-1}}{(k-1)!}\frac{B}{1!} + \frac{A^{k-2}}{(k-2)!}\frac{B}{2!} \\ &\quad + \cdots + \frac{A}{1!}\frac{B^{k-1}}{(k-1)!} + B^k \end{aligned}$$

따라서 다음 등식이 성립한다.

$$
\begin{aligned}
&(\exp A)(\exp B) \\
&= (I_n + \frac{A}{1!} + \frac{A^2}{2!} + \frac{A^3}{3!} + \cdots)(I_n + \frac{B}{1!} + \frac{B^2}{2!} + \frac{B^3}{3!} + \cdots) \\
&= I_n + (\frac{A}{1!} + \frac{B}{1!}) + (\frac{A^2}{2!} + \frac{A}{1!}\frac{B}{1!} + \frac{B^2}{2!}) \\
&\quad + (\frac{A^3}{3!} + \frac{A^2}{2!}\frac{B}{1!} + \frac{A}{1!}\frac{B^2}{2!} + \frac{B^3}{3!}) + \cdots \\
&= I_n + (A+B) + \frac{(A+B)^2}{2!} + \frac{(A+B)^3}{3!} + \cdots \\
&= \exp(A+B)
\end{aligned}
$$

(2) $\exp O_n = I_n + \dfrac{O_n}{1!} + \dfrac{O_n^{\ 2}}{2!} + \cdots + \dfrac{O_n^{\ r}}{r!} + \cdots = I_n$

(3) $A(-A) = (-A)A$ 이므로 (1), (2) 에 의하여 다음이 성립한다.

$$I_n = \exp O = \exp\{A+(-A)\} = \exp A \exp(-A)$$

따라서 $\exp A$ 는 정칙행렬이고, 또 $(\exp A)^{-1} = \exp(-A)$ 이다.

(4) A 가 교대행렬이면, $A^T = -A$ 이므로 위의 (3) 과 정리 6.7.9 에 의하여 다음이 성립한다.

$$(\exp A)^{-1} = \exp(-A) = \exp A^T = (\exp A)^T$$

위의 정리의 (1) 에서 '$AB = BA$' 는 반드시 필요한 조건이다. 다음 보기는 이러한 사실을 보여 주고 있다.

보기 6.7.6 실수체 $\mathbb{R}$ 위에서 다음 두 행렬을 생각해 보자

$$A = \begin{bmatrix} 1 & 1 \\ 0 & -1 \end{bmatrix}, \quad B = \begin{bmatrix} -1 & 0 \\ 0 & 1 \end{bmatrix}$$

분명히 $AB \neq BA$ 이고 또

$$\exp A = \begin{bmatrix} e & \dfrac{e-e^{-1}}{2} \\ 0 & e^{-1} \end{bmatrix}, \quad \exp B = \begin{bmatrix} e^{-1} & 0 \\ 0 & e \end{bmatrix}$$

이므로 다음 결과를 얻는다.

$$(\exp A)(\exp B) = \begin{bmatrix} 1 & \dfrac{e^2-1}{2} \\ 0 & 1 \end{bmatrix}$$

한편,

$$A + B = \begin{bmatrix} 1 & 1 \\ 0 & -1 \end{bmatrix} + \begin{bmatrix} -1 & 0 \\ 0 & 1 \end{bmatrix} = \begin{bmatrix} 0 & 1 \\ 0 & 0 \end{bmatrix},$$

$$(A+B)^2 = \begin{bmatrix} 0 & 1 \\ 0 & 0 \end{bmatrix}\begin{bmatrix} 0 & 1 \\ 0 & 0 \end{bmatrix} = \begin{bmatrix} 0 & 0 \\ 0 & 0 \end{bmatrix} = O_2,$$

$$(A+B)^3 = (A+B)^4 = \cdots = O_2$$

이므로

$$\exp(A+B) = I_2 + (A+B) + \frac{(A+B)^2}{2} + \cdots = \begin{bmatrix} 1 & 1 \\ 0 & 1 \end{bmatrix}$$

이고, 따라서 다음 결과를 얻는다.

$$\exp(A+B) = \begin{bmatrix} 1 & 1 \\ 0 & 1 \end{bmatrix} \neq \begin{bmatrix} 1 & \dfrac{e^2-1}{2} \\ 0 & 1 \end{bmatrix} = (\exp A)(\exp B)$$

분명히 다음 정리가 성립한다(정리 6.7.8).

정리 6.7.11 실수체 $\mathbb{R}$ 위의 n 차의 행렬

$$A = \begin{bmatrix} A_1 & O & \cdots & O \\ O & A_2 & \cdots & O \\ \vdots & \vdots & \ddots & \vdots \\ O & O & \cdots & A_r \end{bmatrix}$$

에 대하여 $\exp A$ 는 다음과 같다.

$$\exp A = \begin{bmatrix} \exp A_1 & O & \cdots & O \\ O & \exp A_2 & \cdots & O \\ \vdots & \vdots & \ddots & \vdots \\ O & O & \cdots & \exp A_r \end{bmatrix}$$

연 습 문 제 (6.7)

1. 다음 행렬에 대하여 $\lim_{k \to \infty} A^k$ 가 존재한다면 그 극한값을 구하여라.

(1) $A = \begin{bmatrix} 1 & 4 & -3 \\ -\frac{1}{2} & 3 & -\frac{1}{2} \\ -\frac{1}{2} & 2 & -\frac{1}{2} \end{bmatrix}$ (2) $A = \begin{bmatrix} \frac{1}{2} & 0 & 0 \\ 3 & 1 & 0 \\ -1 & 0 & 1 \end{bmatrix}$

2. 실수체 $\mathbb{R}$ 위의 n 차의 행렬 A 에 대하여 $\lim_{k \to \infty} A^k = O_n$ 이면

$$|\det A| < 1$$

임을 증명하여라.

3. 다음 행렬 A 와 실수 x 에 대하여 $\exp(xA)$ 를 구하여라.

(1) $A = \begin{bmatrix} 5 & -2 \\ 4 & -1 \end{bmatrix}$ (2) $A = \begin{bmatrix} 4 & 0 \\ 1 & 0 \end{bmatrix}$

4. 실수체 $\mathbb{R}$ 위의 행렬

$$A = \begin{bmatrix} 0 & 1 \\ 1 & 0 \end{bmatrix}$$

와 실수 x 에 대하여

$$\exp(xA) = \begin{bmatrix} \cosh x & \sinh x \\ \sinh x & \cosh x \end{bmatrix}$$

임을 밝혀라.

여기서, $\cosh x = \dfrac{e^x + e^{-x}}{2}$, $\sinh x = \dfrac{e^x - e^{-x}}{2}$ 이다.

제 7 장

유클리드 공간

이 장에서는, 제 3 장에 이어 유클리드 공간 $\mathscr{E}^n$의 직교기저, 직교정규기저, Gram-Schmidt의 직교정규화, 직교행렬, 직교변환, 대칭행렬과 이차형식, 이차곡선과 이차곡면의 분류 문제와 그리고 양의 정부호 대칭행렬에 대하여 논한다.

그리고, 행렬의 QR 분해, 대칭행렬의 특성을 이용한 행렬의 분해 문제 그리고 사영평면을 간단히 소개한다.

§7.1 직교정규기저

이 절에서는, 제 3 장에 이어 유클리드 공간 $\mathscr{E}^n$ 에 대하여 논한다.

유클리드 공간 $\mathscr{E}^n$ 의 임의의 두 벡터 $v=(a_1, \cdots, a_n)$, $w=(b_1, \cdots, b_n)$ 에 대하여 $v \cdot w$ 는 다음과 같다.

$$v \cdot w = a_1 b_1 + \cdots + a_n b_n$$

다음 정리는 정리 3.3.2 를 다시 쓴 것이다.

정리 7.1.1 유클리드 공간 $\mathscr{E}^n$ 에서 임의의 벡터 v, w, u 와 실수 $a \in \mathbb{R}$ 에 대하여 다음이 성립한다.

I.1 : $(v+u) \cdot w = v \cdot w + u \cdot w$, $\quad (a v) \cdot w = a(v \cdot w)$

I.2 : $v \cdot (u+w) = v \cdot u + v \cdot w$, $\quad v \cdot (a w) = a(v \cdot w)$

I.3 : $v \cdot w = w \cdot v$

I.4 : $v \cdot v \geq 0$ 이고, 특히 $v \cdot v = 0 \Leftrightarrow v = \mathbf{0} = (0, \cdots, 0)$ 이다.

정리 7.1.2 유클리드 공간 $\mathscr{E}^n$ 에서 다음이 성립한다.

(1) 각 벡터 w, v 에 대하여 다음 두 사상은 선형사상이다.

$$f_w : \mathscr{E}^n \longrightarrow \mathbb{R}, \ f_w(v) = v \cdot w$$

$$g_v : \mathscr{E}^n \longrightarrow \mathbb{R}, \ g_v(w) = v \cdot w$$

(2) 모든 벡터 $w \in \mathscr{E}^n$ 에 대하여 $v \cdot w = 0$ 이면, $v = \mathbf{0}$ 이다.

(3) 모든 벡터 $w \in \mathscr{E}^n$ 에 대하여 $v_1 \cdot w = v_2 \cdot w$ 이면, $v_1 = v_2$ 이다.

증 명 (1) 정리 7.1.1 의 I.1, 1.2 에 의하여 (1) 이 성립한다.

(2) 모든 벡터 $w \in \mathscr{E}^n$ 에 대하여 $v \cdot w = 0$ 이면, 특히 $v \cdot v = 0$ 이므로 정리 7.1.1 의 I.4 에 의하여 $v = \mathbf{0}$ 이다.

(3) 모든 $w \in \mathscr{E}^n$ 에 대하여 $v_1 \cdot w = v_2 \cdot w$ 이면, 모든 $w \in \mathscr{E}^n$ 에 대하여 $(v_1 - v_2) \cdot w = 0$ 이므로 (2) 에 의하여 $v_1 - v_2 = \mathbf{0}$ 즉 $v_1 = v_2$ 이다.

유클리드 공간 $\mathscr{E}^n$ 에서 벡터 $v = (a_1, \cdots, a_n)$ 에 대하여

$$\|v\| = \sqrt{v \cdot v} = \sqrt{{a_1}^2 + \cdots + {a_n}^2}$$

를 v 의 노름 또는 길이라 하고, 특히 $\|v\| = 1$ 일 때 v 를 단위벡터라고 한다. 그리고, 두 벡터 v, w 에 대하여 $d(v, w) = \|w - v\|$ 를 v, w 사이의 거리라고 한다. 다음 정리는 정리 3.3.5 를 고쳐 쓴 것이다.

정리 7.1.3 유클리드 공간 $\mathscr{E}^n$ 의 두 벡터 v, w 에 대하여 다음이 성립한다.

$$|v \cdot w| \le \|v\| \|w\| \qquad \text{(Cauchy-Schwartz 의 부등식)}$$

또, 두 벡터 v, w 가 일차종속일 때 그리고 이때에만 등호가 성립한다.

유클리드 공간 $\mathscr{E}^n$ 에서 영벡터가 아닌 벡터 v, w 에 대하여

$$\cos\theta = \frac{v \cdot w}{\|v\| \|w\|}$$

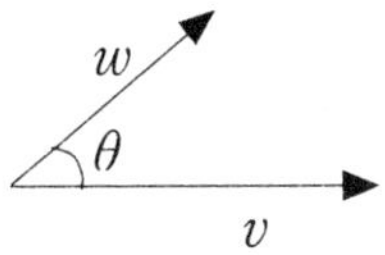

즉, $$v \cdot w = \|v\| \|w\| \cos\theta$$

인 실수 θ $(0 \le \theta < \pi)$ 를 v, w 사이의 각의 크기라 한다.

두 벡터 v, w 에 대하여 $v \cdot w = 0$ 일 때 v, w 는 서로 직교한다고 한다.

정리 7.1.4 유클리드 공간 $\mathscr{E}^n$ 에서 부분집합 $S\ (\neq \varnothing)$ 에 대하여

$$S^\perp = \{v \in \mathscr{E}^n \mid \text{모든 } w \in S \text{ 에 대하여 } v \cdot w = 0\}$$

이라고 하면, $S^\perp$ 은 유클리드 공간 $\mathscr{E}^n$ 의 부분공간이다.

부분공간 $S^\perp$ 을 S 의 **직교 보공간**(直交 補空間, orthogonal complement)이라고 한다. 여기서, $S^\perp$ 을 'S perp' 이라고 읽는다.

증 명 모든 $w \in S$ 에 대하여 $\mathbf{0} \cdot w = 0$ 이므로 $\mathbf{0} \in S^\perp \neq \varnothing$ 이다.

그리고, $v, v' \in S^\perp$, $a \in \mathbb{R}$ 이라고 하면, 임의의 $w \in S$ 에 대하여

$$(v + v') \cdot w = v \cdot w + v' \cdot w = 0 + 0 = 0,$$
$$(av) \cdot w = a(v \cdot w) = a0 = 0$$

이므로 $v + v' \in S^\perp$, $av \in S^\perp$ 이고 따라서 $S^\perp$은 $\mathscr{E}^n$ 의 부분공간이다.

정리 7.1.5 유클리드 공간 $\mathscr{E}^n$ 에서 W를 부분공간이라고 할 때

$$\mathscr{E}^n = W \oplus W^\perp \quad \text{즉} \quad \mathscr{E}^n = W + W^\perp, \quad W \cap W^\perp = \{\mathbf{0}\}$$

이고 $(W^\perp)^\perp = W$ 이다. 그리고, $\{\mathbf{0}\} \neq W \neq \mathscr{E}^n$ 일 때,

$$W = \langle v_1, \cdots, v_m \rangle, \quad v_i = (a_{i1}, a_{i2}, \cdots, a_{in}) \quad (1 \leq i \leq m)$$

이라 하고 $A = [a_{ij}]_{m \times n}$ 이라고 하면 다음이 성립한다.

(1) $W =$ (A 의 행공간), $\dim W = r(A)$, $1 \leq r(A) < n$

(2) $v \in W^\perp \Longleftrightarrow v \cdot v_1 = \cdots = v \cdot v_m = 0$

그리고, $W^\perp$ 은 동차 연립일차방정식

$$A \begin{bmatrix} x_1 \\ \vdots \\ x_n \end{bmatrix} = \begin{bmatrix} 0 \\ \vdots \\ 0 \end{bmatrix}$$

의 해공간이고 또 $\dim W^\perp = n - r(A) = n - \dim W$ 이다.

증 명 먼저 $W = \{\mathbf{0}\}$ 이면 $W^\perp = \mathscr{E}^n$ 이고, 또 $W = \mathscr{E}^n$ 이면 $W^\perp = \{\mathbf{0}\}$ 이므로 어느 경우에나 $\mathscr{E}^n = W \oplus W^\perp$, $(W^\perp)^\perp = W$ 이다.

이제 $\{\mathbf{0}\} \neq W \neq \mathscr{E}^n$ 이라고 하자.

정의 4.6.1 과 정리 4.6.4 에 의하여 (1) 이 성립한다.

먼저 $v \in W^\perp$ 이면, $v \cdot v_1 = \cdots = v \cdot v_m = 0$ 이다.

역으로, 벡터 $v \in \mathscr{E}^n$ 에 대하여 $v \cdot v_1 = \cdots = v \cdot v_m = 0$ 이면, 임의의 실수 $a_1, \cdots, a_m$ 에 대하여

$$v \cdot (a_1 v_1 + \cdots + a_m v_m) = a_1(v \cdot v_1) + \cdots + a_m(v \cdot v_m) = 0$$

이므로 $v \in W^\perp$ 이다. 따라서 $v = (x_1, \cdots, x_n)$ 에 대하여 다음이 성립한다.

$$\begin{aligned} v \in W^\perp &\Longleftrightarrow v \cdot v_i = 0 \text{ 즉} \\ &\Longleftrightarrow a_{i1}x_1 + \cdots + a_{in}x_n = 0 \quad (1 \leq i \leq m) \\ &\Longleftrightarrow A \begin{bmatrix} x_1 \\ \vdots \\ x_n \end{bmatrix} = \begin{bmatrix} 0 \\ \vdots \\ 0 \end{bmatrix} \end{aligned}$$

이 사실과 정리 5.2.6 에 의하여 (2) 가 성립한다.

그리고, $w \in W \cap W^{\perp}$ 이라고 하면, $w \cdot w = 0$ 이므로 $w = \mathbf{0}$ 이고, 따라서 $W \cap W^{\perp} = \{\mathbf{0}\}$ 이다. 그러므로, 정리 4.5.3 에 의하여

$$\dim_F(W + W^{\perp}) = \dim_F W + \dim_F W^{\perp} = n$$

이므로 $\mathscr{E}^n = W + W^{\perp}$ 이고 따라서 $\mathscr{E}^n = W \oplus W^{\perp}$ 이다(정의 6.5.1).

다음에 $w \in W$ 이라고 하면, 모든 벡터 $v \in W^{\perp}$ 에 대하여 $v \cdot w = 0$ 즉 $w \cdot v = 0$ 이므로 $w \in (W^{\perp})^{\perp}$ 이고 따라서 $W \subseteq (W^{\perp})^{\perp}$ 이다. 그리고, (2) 에 의하여 $\dim_F W^{\perp} = n - \dim_F W$ 이고, 이 등식은 부분공간 $W^{\perp}$ 에 대해서도 성립하므로

$$\dim_F(W^{\perp})^{\perp} = n - \dim_F W^{\perp} = \dim_F W$$

이고, 따라서 $(W^{\perp})^{\perp} = W$ 이다(따름정리 4.5.2).

보기 7.1.1 유클리드 공간 $\mathscr{E}^n$ 에서 벡터 $w = (a_1, \cdots, a_n) \neq (0, \cdots, 0)$ 에 대하여 $W = \langle w \rangle$ 이라고 하면 다음이 성립한다.

$$W^{\perp} = \{(x_1, \cdots, x_n) \in F^n \mid a_1x_1 + \cdots + a_nx_n = 0\}$$

또, 유클리드 공간 $\mathscr{E}^3$ 에서 두 벡터

$v = (a_1, a_2, a_3), \quad w = (b_1, b_2, b_3)$

가 일차독립일 때, $W = \langle v, w \rangle$ 의 직교 보공간 $W^{\perp} = \langle v \times w \rangle$ 은 다음과 같다(정리 3.4.2).

$$W^{\perp} = \left\langle \left(\begin{vmatrix} a_2 & a_3 \\ b_2 & b_3 \end{vmatrix}, -\begin{vmatrix} a_1 & a_3 \\ b_1 & b_3 \end{vmatrix}, \begin{vmatrix} a_1 & a_2 \\ b_1 & b_2 \end{vmatrix} \right) \right\rangle$$

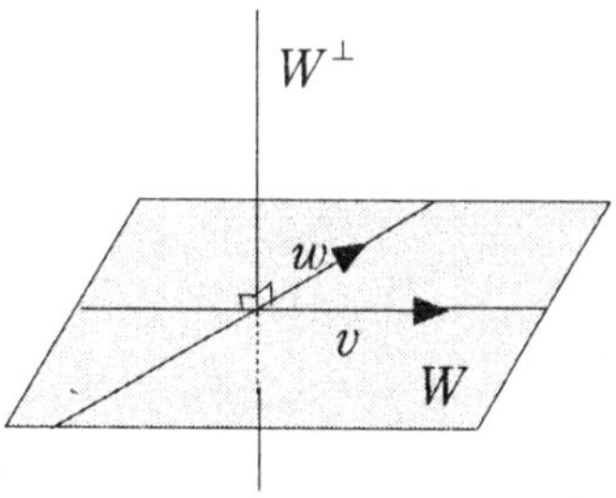

정의 7.1.6 유클리드 공간 $\mathscr{E}^n$ 에서 영벡터가 아닌 벡터 $v_1, \cdots, v_m$ 이 쌍마다 서로 직교할 때, 즉

$$v_i \neq \mathbf{0}, \qquad v_i \cdot v_j = 0 \qquad (1 \leq i \neq j \leq m)$$

일 때, $S = \{v_1, \cdots, v_m\}$ 를 **직교집합**(直交集合, orthogonal set)이라고 한다.

여기서, $m = 1$ 인 경우에는 $v_1 \neq \mathbf{0}$ 임을 뜻한다.

그리고, 부분공간 W에 대하여 $\mathscr{C} = \{v_1, \cdots, v_m\}$가 W의 기저인 동시에 직교집합일 때, $\mathscr{C}$를 W의 **직교기저**(直交基底, orthogonal basis)라고 한다.

특히, $\mathscr{B} = \{w_1, \cdots, w_m\}$가 W의 직교기저인 동시에 $w_1, \cdots, w_m$이 모두 단위벡터일 때, $\mathscr{B}$를 W의 **직교정규기저**(直交正規基底, orthonormal basis)라고 한다. 여기서, $m = 1$인 경우에는 $\|w_1\| = 1$임을 뜻한다.

보기 7.1.2 유클리드 공간 $\mathscr{E}^n$에서 표준기저 $\mathscr{B} = \{e_1, \cdots, e_n\}$는 직교정규기저이고 또

$$\{-e_1, \cdots, e_n\}, \quad \{e_1, \cdots, -e_n\}$$

도 또한 유클리드 공간 $\mathscr{E}^n$의 직교정규기저이다.

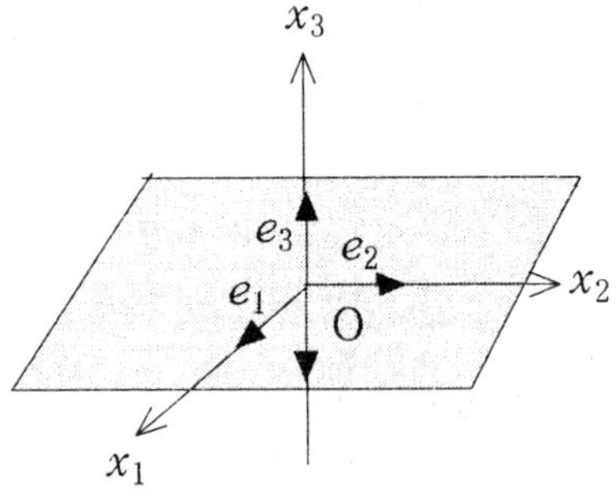

보기 7.1.3 유클리드 평면 $\mathscr{E}^2$에서 각 실수 θ $(0 \le \theta < 2\pi)$에 대하여

$$w_1 = (\cos\theta, \sin\theta),$$
$$w_2 = (-\sin\theta, \cos\theta)$$

이라고 할 때,

$$\mathscr{B} = \{w_1, w_2\}, \quad \mathscr{C} = \{w_1, -w_2\}$$

는 직교정규기저이다. 또, 유클리드 평면 $\mathscr{E}^2$의 직교정규기저는 모두 이와 같은 꼴이다.

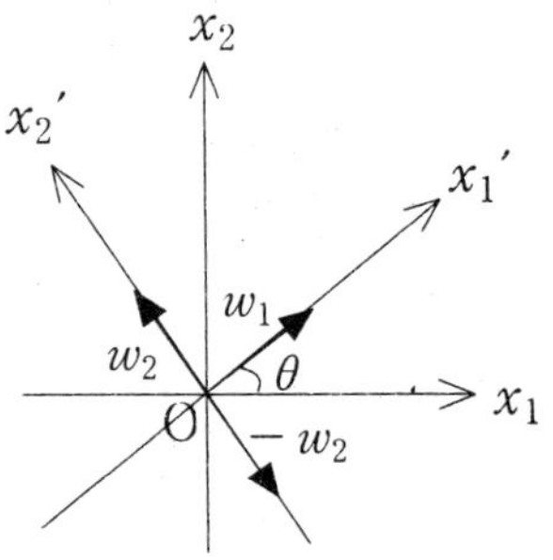

정리 7.1.7 유클리드 공간 $\mathscr{E}^n$에서 $S = \{v_1, \cdots, v_m\}$가 직교집합이면, 벡터 $v_1, \cdots, v_m$은 일차독립이다.

증 명 실수 $a_1, \cdots, a_m$에 대하여 $a_1v_1 + \cdots + a_mv_m = \mathbf{0}$이라고 가정하면,

$$\begin{aligned} 0 = \mathbf{0} \cdot v_i &= (a_1v_1 + \cdots + a_mv_m) \cdot v_i \\ &= a_1(v_1 \cdot v_i) + \cdots + a_m(v_m \cdot v_i) \\ &= a_i(v_i \cdot v_i) \qquad (1 \le i \le m) \end{aligned}$$

이고 $v_i \cdot v_i \neq 0$ 이므로 $a_i = 0$ 이다.

따라서 $v_1, \cdots, v_m$ 은 일차독립이다.

정리 7.1.8 유클리드 공간 $\mathscr{E}^n$ 의 부분공간 W 에 대하여 다음이 성립한다.

(1) $W = \langle v_1, \cdots, v_m \rangle$ 일 때, $\mathscr{B} = \{v_1, \cdots, v_m\}$ 가 직교집합이면 $\mathscr{B}$ 는 W 의 직교기저이고 또

$$\mathscr{C} = \{ \frac{v_1}{\|v_1\|}, \cdots, \frac{v_m}{\|v_m\|} \}$$

는 W 의 직교정규기저이다.

(2) $W = \langle w_1, \cdots, w_m \rangle$ 일 때, $\mathscr{B} = \{w_1, \cdots, w_m\}$ 가 W 의 직교정규기저이기 위한 필요충분조건은 다음이 성립하는 것이다.

$$w_i \cdot w_j = \delta_{ij} \qquad (1 \leq i, j \leq m)$$

특히, $\mathscr{B} = \{w_1, \cdots, w_n\}$ 가 유클리드 공간 $\mathscr{E}^n$ 의 직교정규기저이기 위한 필요충분조건은 다음이 성립하는 것이다.

$$w_i \cdot w_j = \delta_{ij} \qquad (1 \leq i, j \leq n)$$

증 명 (1) 집합 $\mathscr{B} = \{v_1, \cdots, v_m\}$ 가 직교집합이면, 정리 7.1.7 에 의하여 $v_1, \cdots, v_m$ 은 일차독립이고 $W = \langle v_1, \cdots, v_m \rangle$ 이므로 $\mathscr{B}$ 는 W 의 기저이고 $\mathscr{B}$ 는 W 의 직교기저이다. 그리고,

$$\frac{v_1}{\|v_1\|}, \cdots, \frac{v_m}{\|v_m\|}$$

은 서로 직교하는 단위벡터이므로 $\mathscr{C} = \{ \frac{v_1}{\|v_1\|}, \cdots, \frac{v_m}{\|v_m\|} \}$ 는 W 의 직교정규기저이다.

(2) $\mathscr{B} = \{w_1, \cdots, w_m\}$ 가 W 의 직교정규기저이면, 다음이 성립한다.

$$w_i \cdot w_j = \delta_{ij} \qquad (1 \leq i, j \leq m)$$

역으로 위의 관계식이 성립하면, 정리 7.1.7 에 의하여 $w_1, \cdots, w_m$ 은 일차독립이고 또 $W = \langle w_1, \cdots, w_m \rangle$ 이므로 $\mathscr{B} = \{w_1, \cdots, w_m\}$ 는 W 의 기저이고 따라서 직교정규기저이다.

정리 7.1.9 유클리드 공간 $\mathscr{E}^n$ 에서 $\mathscr{C} = \{v_1, \cdots, v_n\}$ 가 직교기저일 때, 임의 벡터 $v, w \in \mathscr{E}^n$ 에 대하여 다음이 성립한다.

(1) $v = \sum_{i=1}^{n} \dfrac{v \cdot v_i}{v_i \cdot v_i} v_i$

(2) $v \cdot w = \sum_{i=1}^{n} \dfrac{(v \cdot v_i)(w \cdot v_i)}{v_i \cdot v_i}, \qquad \|v\|^2 = \sum_{i=1}^{n} \dfrac{(v \cdot v_i)^2}{v_i \cdot v_i}$

특히, $\mathscr{B} = \{w_1, \cdots, w_n\}$ 가 유클리드 공간 $\mathscr{E}^n$ 의 직교정규기저일 때, 임의의 벡터 $v, w \in \mathscr{E}^n$ 에 대하여 다음이 성립한다.

$$v = (v \cdot w_1) w_1 + \cdots + (v \cdot w_n) w_n = \sum_{i=1}^{n} (v \cdot w_i) w_i$$

$$v \cdot w = \sum_{i=1}^{n} (v \cdot w_i)(w \cdot w_i) \qquad \text{(Parseval 의 항등식)}$$

$$\|v\|^2 = \sum_{i=1}^{n} (v \cdot w_i)^2$$

증 명 유클리드 공간 $\mathscr{E}^n$ 에서 $\mathscr{C} = \{v_1, \cdots, v_n\}$ 가 직교기저일 때, 임의의 두 벡터 v, w 는 단 한 가지 방법으로 다음과 같은 꼴로 나타내어진다.

$$v = a_1 v_1 + \cdots + a_n v_n, \quad w = b_1 v_1 + \cdots + b_n v_n \qquad (a_i, b_i \in \mathbb{R})$$

이 때, 각 $i \ (1 \le i \le n)$ 에 대하여

$$v \cdot v_i = a_1 (v_1 \cdot v_i) + \cdots + a_n (v_n \cdot v_i) = a_i (v_i \cdot v_i), \quad v_i \cdot v_i \neq 0$$

이므로 $a_i = \dfrac{v \cdot v_i}{v_i \cdot v_i}$ 이고, 마찬가지로 $b_i = \dfrac{w \cdot v_i}{v_i \cdot v_i}$ 이다.

따라서 $v = \sum_{i=1}^{n} \dfrac{v \cdot v_i}{v_i \cdot v_i} v_i$ 이다.

그리고, 다음이 성립한다.

$$\begin{aligned} v \cdot w &= \left(\sum_{i=1}^{n} a_i v_i\right) \cdot \left(\sum_{j=1}^{n} b_j v_j\right) = \sum_{i=1}^{n} \sum_{j=1}^{n} a_i b_j (v_i \cdot v_j) \\ &= \sum_{i=1}^{n} a_i b_i (v_i \cdot v_i) = \sum_{i=1}^{n} \frac{(v \cdot v_i)(w \cdot v_i)}{v_i \cdot v_i}, \end{aligned}$$

$$\|v\|^2 = v \cdot v = \sum_{i=1}^{n} \frac{(v \cdot v_i)^2}{v_i \cdot v_i}$$

보기 7.1.4 유클리드 공간 $\mathscr{E}^3$ 에서 세 벡터

$$v_1 = (2, -1, 0), \quad v_2 = (1, 2, -1), \quad v_3 = (1, 2, 5)$$

는 서로 직교하므로 $\mathscr{C} = \{v_1, v_2, v_3\}$ 는 직교기저이다. 그리고, 임의의 벡터 $v = (x_1, x_2, x_3) \in \mathscr{E}^3$ 에 대하여 다음이 성립한다.

$$\begin{aligned} v &= \frac{v \cdot v_1}{v_1 \cdot v_1} v_1 + \frac{v \cdot v_2}{v_2 \cdot v_2} v_2 + \frac{v \cdot v_3}{v_3 \cdot v_3} v_3 \\ &= \frac{2x_1 - x_2}{5} v_1 + \frac{x_1 + 2x_2 - x_3}{6} v_2 + \frac{x_1 + 2x_2 + 5x_3}{30} v_3 \end{aligned}$$

정리 7.1.10 유클리드 공간 $\mathscr{E}^n$ 에서 $\mathscr{B} = \{w_1, \cdots, w_n\}$ 가 직교[정규]기저일 때, 다음이 성립한다.

$$\langle w_1, \cdots, w_r \rangle^\perp = \langle w_{r+1}, \cdots, w_n \rangle \qquad (1 \le r < n)$$

증 명 임의의 벡터 $v \in \mathscr{E}^n$ 는 적당한 실수 $a_1, \cdots, a_n$ 에 대하여

$$v = a_1 w_1 + \cdots + a_r w_r + a_{r+1} w_{r+1} + \cdots + a_n w_n$$

와 같은 꼴로 나타내어진다. 그런데, 각 정수 i $(1 \le i \le r)$ 에 대하여

$$v \cdot w_i = a_1(w_1 \cdot w_i) + \cdots + a_n(w_n \cdot w_i) = a_i(w_i \cdot w_i)$$

이고 $w_i \cdot w_i \neq 0$ 이므로 다음이 성립한다(정리 7.1.5).

$$\begin{aligned} v \in \langle w_1, \cdots, w_r \rangle^\perp &\Longleftrightarrow v \cdot w_i = 0 \quad (1 \le i \le r) \\ &\Longleftrightarrow a_i = 0 \qquad (1 \le i \le r) \\ &\Longleftrightarrow v \in \langle w_{r+1}, \cdots, w_n \rangle \end{aligned}$$

그러므로, 정리가 성립한다.

보기 7.1.5 유클리드 공간 $\mathscr{E}^3$ 에서 세 벡터

$$w_1 = (2, -1, 0), \quad w_2 = (1, 2, -1), \quad w_3 = (1, 2, 5)$$

는 서로 직교하므로 $\mathscr{B} = \{w_1, w_2, w_3\}$ 는 $\mathscr{E}^3$ 의 직교기저를 이룬다. 따라서 $W = \langle w_1, w_2 \rangle$ 일 때, $W^\perp = \langle w_3 \rangle$ 이고 다음이 성립한다(보기 7.1.1).

$$W = (W^\perp)^\perp = \{(x_1, x_2, x_3) \in \mathscr{E}^3 \mid x_1 + 2x_2 + 5x_3 = 0\}$$

연 습 문 제 (7.1)

1. 유클리드 평면 $\mathscr{E}^2$ 에서 벡터 $w = (\frac{3}{5}, \frac{4}{5})$ 를 포함하는 직교정규기저를 구하여라.

2. 유클리드 평면 $\mathscr{E}^2$ 에서 $v_1 = (1,2)$, $v_2 = (2,-1)$ 이라고 할 때, $\mathscr{C} = \{v_1, v_2\}$ 는 $\mathscr{E}^2$ 의 직교기저임을 밝혀라.

   그리고, 임의의 벡터 $v = (x_1, x_2)$ 를 v_1, v_2 의 일차결합으로 나타내어라.

3. 유클리드 공간 $\mathscr{E}^4$ 에서 세 벡터

$$v_1 = (1,0,2,-1),\quad v_2 = (3,-2,0,3),\quad v_3 = (2,3,-1,0)$$

   에 대하여 $W = \langle v_1, v_2, v_3 \rangle$ 이라고 할 때, 다음 물음에 답하여라.

   (1) $\mathscr{B} = \{v_1, v_2, v_3\}$ 는 W 의 직교기저임을 밝혀라.

   (2) $W^{\perp}$ 를 구하여라.

   그리고, W 를 동차 일차방정식의 해공간으로 나타내어라.

   (3) 유클리드 공간 $\mathscr{E}^4$ 에서 v_1, v_2, v_3 를 포함하는 직교기저를 구하여라.

4. 유클리드 공간 $\mathscr{E}^3$ 에서 두 벡터

$$v_1 = (1,1,2),\quad v_2 = (1,2,3)$$

   에 대하여 $W = \langle v_1, v_2 \rangle$ 이라고 할 때, $W^{\perp}$ 을 구하고 부분공간 W 를 동차 일차방정식의 해공간으로 나타내어라.

5. 유클리드 공간 $\mathscr{E}^3$ 에서 두 벡터 $w_1 = (\frac{1}{\sqrt{2}}, 0, -\frac{1}{\sqrt{2}})$, $w_2 = (0,1,0)$ 는 서로 직교하는 단위벡터임을 밝혀라.

   그리고, 두 벡터 w_1, w_2 를 포함하는 유클리드 공간 $\mathscr{E}^3$ 의 직교정규기저를 구하여라.

§7.2 Gram-Schmidt의 직교화 과정

이 절에서는, 유클리드 공간 $\mathscr{E}^n$의 직교기저와 직교정규기저를 구하는 방법인 직교화 과정(直交化 過程, orthogonalization process)에 대하여 논한다.

정리 7.2.1 (Gram-Schmidt의 직교화 과정) 유클리드 공간 $\mathscr{E}^n$에서 일차독립인 r개의 벡터 $u_1, \cdots, u_r$에 대하여 $W = \langle u_1, \cdots, u_r \rangle$ 라 하고 $v_1, \cdots, v_r$와 $w_1, \cdots, w_r$를 다음과 같이 정하자.

$$v_1 = u_1$$

$$v_{k+1} = u_{k+1} - \sum_{i=1}^{k} \frac{u_{k+1} \cdot v_i}{v_i \cdot v_i} v_i \qquad (1 \le k \le r-1)$$

$$w_i = \frac{v_i}{\|v_i\|} \qquad (1 \le i \le r)$$

이 때, $\mathscr{B} = \{v_1, \cdots, v_r\}$는 W의 직교기저이고 또 $\mathscr{C} = \{w_1, \cdots, w_r\}$는 W의 직교정규기저이다.

증 명 먼저 $r = 1$인 경우에 $W = \langle u_1 \rangle$에 대하여 $u_1 \neq \mathbf{0}$이므로 $v_1 \neq \mathbf{0}$이고 $\|v_1\| = 1$이므로 $\{v_1\}$은 W의 직교기저이고 $\{v_1\}$은 W의 직교정규기저이다(정의 7.1.6 참조).

이제 $r \ge 2$일 때, $1 \le t < r$인 정수 t에 대하여 정리가 성립한다고 가정하자. 즉, $U = \langle u_1, \cdots, u_t \rangle$이라고 할 때, $\{v_1, \cdots, v_t\}$는 U의 직교기저이고 $\{w_1, \cdots, w_t\}$는 U의 직교정규기저라고 하자. 그리고, 일차독립인 벡터 $u_1, \cdots, u_t, u_{t+1}$에 대하여 벡터 v_{t+1}를

$$v_{t+1} = u_{t+1} - \sum_{i=1}^{t} \frac{u_{t+1} \cdot v_i}{v_i \cdot v_i} v_i$$

으로 정하고 $U' = \langle u_1, \cdots, u_t, u_{t+1} \rangle$이라고 하자.

이 때, 위의 등식에 의하여 벡터 v_{t+1}은 $v_1, \cdots, v_t, u_{t+1}$의 일차결합이고

또 가정에 의하여 $\langle v_1, \cdots, v_t \rangle = U = \langle u_1, \cdots, u_t \rangle$ 이므로 벡터 v_{t+1} 은 $u_1, \cdots, u_t, u_{t+1}$ 의 일차결합으로 나타낼 수 있다. 따라서

$$(*) \qquad \langle v_1, \cdots, v_t, v_{t+1} \rangle \subseteq \langle u_1, \cdots, u_t, u_{t+1} \rangle = U'$$

이고 또 U' 은 $t+1$ 차원 부분공간이다. 한편, $v_{t+1} = \mathbf{0}$ 이라고 가정하면,

$$u_{t+1} = \sum_{i=1}^{t} \frac{u_{t+1} \cdot v_i}{v_i \cdot v_i} v_i \in \langle v_1, \cdots, v_t \rangle = \langle u_1, \cdots, u_t \rangle$$

이므로 $u_1, \cdots, u_t, u_{t+1}$ 이 일차독립이라는 사실에 모순된다(정리 4.3.3).

따라서 $v_{t+1} \neq \mathbf{0}$ 이다.

그리고, 각 j $(1 \leq j \leq t)$ 에 대하여

$$\begin{aligned} v_{t+1} \cdot v_j &= u_{t+1} \cdot v_j - \sum_{i=1}^{t} \frac{u_{t+1} \cdot v_i}{v_i \cdot v_i} (v_i \cdot v_j) \\ &= u_{t+1} \cdot v_j - u_{t+1} \cdot v_j = 0 \end{aligned}$$

이므로 v_{t+1} 은 $v_1, \cdots, v_t$ 와 직교하고 또 가정에 의하여 $v_1, \cdots, v_t$ 는 서로 직교하므로 $\{v_1, \cdots, v_t, v_{t+1}\}$ 은 부분공간 $\langle v_1, \cdots, v_t, v_{t+1} \rangle$ 의 직교기저이다 (정리 7.1.8). 그러므로, $\langle v_1, \cdots, v_t, v_{t+1} \rangle$ 과 U' 은 모두 $t+1$ 차원 부분공간이므로 (*) 와 따름정리 4.5.2 에 의하여 $\langle v_1, \cdots, v_t, v_{t+1} \rangle = U'$ 이다. 따라서 $\{v_1, \cdots, v_t, v_{t+1}\}$ 는 U' 의 직교기저이다. 또,

$$w_{t+1} = \frac{v_{t+1}}{\|v_{t+1}\|}$$

이라고 하면, $\{w_1, \cdots, w_t, w_{t+1}\}$ 은 U' 의 직교정규기저이다(정리 7.1.8).

따라서 $r = t+1$ 인 경우에 정리가 성립한다.

그러므로, 수학적 귀납법에 의하여 정리가 성립한다.

유클리드 공간 $\mathscr{E}^n$ 에서 두 벡터 v, w 에 대하여 $\dfrac{v \cdot w}{v \cdot v}$ 를 v 에 관한 w 의 **푸리에 계수**(Fourier coefficient)라고 한다.

그람(Jorgen Pedersen Gram, 1850 ~ 1916) 은 덴마크 수학자이고 또 슈미트 (Erhard Schmidt, 1876 ~ 1959) 는 독일 수학자이며 푸리에(Jean Baptiste Joseph Fourier, 1768 ~ 1830) 는 프랑스 수학자이다.

보기 7.2.1 유클리드 공간 $\mathscr{E}^4$ 에서 세 벡터

$$u_1 = (1, -1, -1, 1), \quad u_2 = (2, 1, 0, 1), \quad u_3 = (2, 2, 1, 2)$$

가 일차독립인 벡터임을 쉽게 알 수 있다. 따라서 $W = \langle u_1, u_2, u_3 \rangle$ 이라고 하면, $\{u_1, u_2, u_3\}$ 는 W 의 기저이다.

이제 Gram-Schmidt 의 직교화 과정에 따라 세 벡터 v_1, v_2, v_3 를 다음과 같이 정하자.

$$v_1 = u_1 = (1, -1, -1, 1),$$

$$v_2 = u_2 - \frac{u_2 \cdot v_1}{v_1 \cdot v_1} v_1 = (2, 1, 0, 1) - \frac{2}{4}(1, -1 -1, 0)$$

$$= \frac{1}{2}(3, 3, 1, 1)$$

$$v_3 = u_3 - \frac{u_3 \cdot v_1}{v_1 \cdot v_1} v_1 - \frac{u_3 \cdot v_2}{v_2 \cdot v_2} v_2$$

$$= (2, 2, 1, 2) - \frac{1}{4}(1, -1, -1, 1) - \frac{3}{4}(3, 3, 1, 1)$$

$$= \frac{1}{2}(-1, 0, 1.2)$$

이 때, $\mathscr{B} = \{v_1, v_2, v_3\}$ 는 부분공간 W 의 직교기저이다. 그리고,

$$w_1 = \frac{v_1}{\|v_1\|} = \frac{1}{2}(1, -1, -1, 1) = (\frac{1}{2}, -\frac{1}{2}, -\frac{1}{2}, \frac{1}{2})$$

$$w_2 = \frac{v_2}{\|v_2\|} = \frac{1}{2\sqrt{5}}(3, 3, 1, 1) = (\frac{3\sqrt{5}}{10}, \frac{3\sqrt{5}}{10}, \frac{\sqrt{5}}{10}, \frac{\sqrt{5}}{10})$$

$$w_3 = \frac{v_3}{\|v_3\|} = \frac{\sqrt{6}}{6}(-1, 0, 1.2) = (\frac{-\sqrt{6}}{6}, 0, \frac{\sqrt{6}}{6}, \frac{\sqrt{6}}{3})$$

이라고 하면 $\mathscr{C} = \{w_1, w_2, w_3\}$ 는 부분공간 W 의 직교정규기저이다.

보기 7.2.2 유클리드 공간 $\mathscr{E}^3$ 에서 세 벡터

$$u_1 = (1, 1, 0), \quad u_2 = (2, 0, 1), \quad u_3 = (2, 2, 1)$$

를 열벡터로 가지는 행렬을 A 라고 하면, $\det A = -2 \neq 0$ 이므로 이들 세 벡터는 일차독립이고 따라서 $\{u_1, u_2, u_3\}$ 는 유클리드 공간 $\mathscr{E}^3$의 기저이다.

다음에 Gram-Schmidt 의 직교화 과정에 따라 v_1, v_2, v_3 를

$$v_1 = u_1 = (1, 1, 0),$$

$$v_2 = u_2 - \frac{u_2 \cdot v_1}{v_1 \cdot v_1} v_1 = (2, 0, 1) - (1, 1, 0) = (1, -1, 1),$$

$$v_3 = u_3 - \frac{u_3 \cdot v_1}{v_1 \cdot v_1} v_1 - \frac{u_3 \cdot v_2}{v_2 \cdot v_2} v_2$$

$$= (2, 2, 1) - \frac{4}{2}(1, 1, 0) - \frac{1}{3}(1, -1, 1) = \frac{1}{3}(-1, 1, 2)$$

으로 정하면 $\mathscr{B} = \{v_1, v_2, v_3\}$ 는 유클리드 공간 $\mathscr{E}^3$ 의 직교기저이다. 그리고,

$$w_1 = \frac{v_1}{\|v_1\|} = \frac{1}{\sqrt{2}}(1, 1, 0),$$

$$w_2 = \frac{v_2}{\|v_2\|} = \frac{1}{\sqrt{3}}(1, -1, 1),$$

$$w_3 = \frac{v_3}{\|v_3\|} = \frac{1}{\sqrt{6}}(-1, 1, 2)$$

이라고 하면 $\mathscr{C} = \{w_1, w_2, w_3\}$ 는 유클리드 공간 $\mathscr{E}^3$ 의 직교정규기저이다.

정리 7.2.2 유클리드 공간 $\mathscr{E}^n$ 의 부분공간 $W\ (\neq \{\mathbf{0}\})$ 에 대하여 다음이 성립한다.

(1) W 의 직교기저와 직교정규기저가 존재한다.

(2) W 의 직교 [정규] 기저 $\mathscr{C} = \{w_1, \cdots, w_r\}$ 에 적당한 벡터를 추가하여 $\mathscr{E}^n$ 의 직교 [정규] 기저 $\mathscr{B} = \{w_1, \cdots, w_r, w_{r+1}, \cdots, w_n\}$ 를 얻을 수 있다.

증 명 (1) 부분공간 W 의 기저 $\{u_1, \cdots, u_r\}$ 를 택하고 이에 직교화 과정을 밟으면, W 의 직교기저와 직교정규기저를 얻는다.

(2) 먼저 $r = n$ 이면, $\mathscr{C} = \{w_1, \cdots, w_r\}$ 는 유클리드 공간 $\mathscr{E}^n$ 의 직교[정규] 기저이다.

다음에 $r < n$ 인 경우에는 W 의 기저 $\mathscr{C} = \{w_1, \cdots, w_r\}$ 에 적당한 벡터를 첨가하여 유클리드 공간 $\mathscr{E}^n$ 의 기저 $\{w_1, \cdots, w_r, u_{r+1}, \cdots, u_n\}$ 을 얻을 수 있다(정리 4.4.8). 그리고, 이 기저에 Gram-Schmidt 의 직교화 과정을 밟으면, 직교 [정규] 기저 $\mathscr{B} = \{w_1, \cdots, w_r, w_{r+1}, \cdots, w_n\}$ 를 얻는다.

정리 7.2.3 유클리드 공간 $\mathscr{E}^n$ 에서 W 가 $\{\mathbf{0}\} \neq W \neq \mathscr{E}^n$ 인 부분공간일 때, $\mathscr{C} = \{v_1, \cdots, v_r\}$ 를 W 의 직교기저라 하고 임의의 $v \in \mathscr{E}^n$ 에 대하여

$$w = \sum_{i=1}^{r} \frac{v \cdot v_i}{v_i \cdot v_i} v_i, \quad v' = \sum_{i=1}^{r} \frac{2v \cdot v_i}{v_i \cdot v_i} v_i - v,$$

$$u = v - w$$

이라고 하면 다음이 성립한다.

(1) $v = w + u \qquad (w \in W,\ u \in W^{\perp})$

(2) 모든 벡터 $w' \in W,\ w' \neq w$ 에 대하여 $\| v - w \| < \| v - w' \|$ 이다.

(3) $v' = w - u, \quad \| v' \| = \| v \|$

(4) $\mathscr{E}^n = W \oplus W^{\perp}, \quad \dim W + \dim W^{\perp} = n$

여기서, $\|u\|$ 를 벡터 v 와 W 사이의 **거리**(distance)라고 한다.

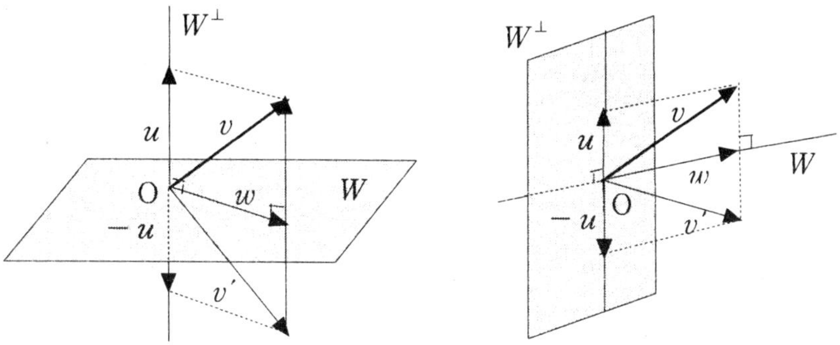

증 명 (1) 분명히 $w \in W$ 이고, 또 $u = v - w$ 이므로 $v = w + u$ 이다. 그리고, $W = \langle v_1, \cdots, v_r \rangle$ 이고 또 모든 $j\ (1 \leq j \leq r)$ 에 대하여

$$\begin{aligned} u \cdot v_j &= v \cdot v_j - w \cdot v_j \\ &= v \cdot v_j - \sum_{i=1}^{r} \frac{v \cdot v_i}{v_i \cdot v_i} (v_i \cdot v_j) \\ &= v \cdot v_j - v \cdot v_j = 0 \end{aligned}$$

이므로 정리 7.1.5 에 의하여 $u \in W^{\perp}$ 이다.

(2) 이제 $w' \in W,\ w' \neq w$ 이라고 하자. 이 때,

$$v - w' = (v - w) + (w - w'),$$

$$v - w \in W^{\perp},\ w - w' \in W$$

이므로 $v-w$, $w-w'$ 은 직교하고 따라서 피타고라스의 정리에 의하여

$$0 < \|v-w'\|^2 = \|v-w\|^2 + \|w-w'\|^2$$

이므로 $\|v-w\|^2 < \|v-w'\|^2$ 이다. 따라서 $\|v-w\| < \|v-w'\|$ 이다.

(3) 가정에 의하여 $v = w+u$, $v' = w-u$ 이고 또

$$u \cdot w = 0, \qquad (-u) \cdot w = 0$$

이므로 피타고라스의 정리(정리 3.3.11) 에 의하여

$$\begin{aligned}\|v'\|^2 &= \|w-u\|^2 = \|w\|^2 + \|-u\|^2 \\ &= \|w\|^2 + \|u\|^2 = \|w+u\|^2 = \|v\|^2\end{aligned}$$

이고 따라서 $\|v'\| = \|v\|$ 이다.

(4) 위의 (1) 에 의하여 $\mathscr{E}^n = W + W^{\perp}$ 이다. 그리고, $w \in W \cap W^{\perp}$ 이라고 하면, $w \cdot w = 0$ 이므로 $v = \mathbf{0}$ 이고 따라서 $W \cap W^{\perp} = \{\mathbf{0}\}$ 이다.

그러므로, $\mathscr{E}^n = W \oplus W^{\perp}$ 이고, $\dim W + \dim W^{\perp} = n$ 이다(정리 6.5.4).

위의 정리에서 $\mathscr{E}^n = W \oplus W^{\perp}$ 이므로 정리 6.5.2 에 의하여 각 $v \in \mathscr{E}^n$ 는 단 한 가지 방법으로

$$v = w + u \qquad\qquad (w \in W,\ u \in W^{\perp})$$

의 꼴로 나타내어지고 따라서 다음과 같은 선형변환이 정의된다.

$$T : \mathscr{E}^n \longrightarrow \mathscr{E}^n, \quad T(w+u) = w$$
$$S : \mathscr{E}^n \longrightarrow \mathscr{E}^n, \quad S(w+u) = u$$
$$R : \mathscr{E}^n \longrightarrow \mathscr{E}^n, \quad R(w+u) = w-u = v'$$

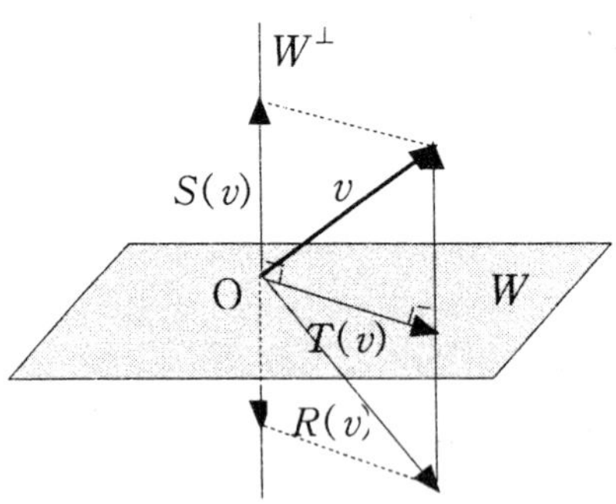

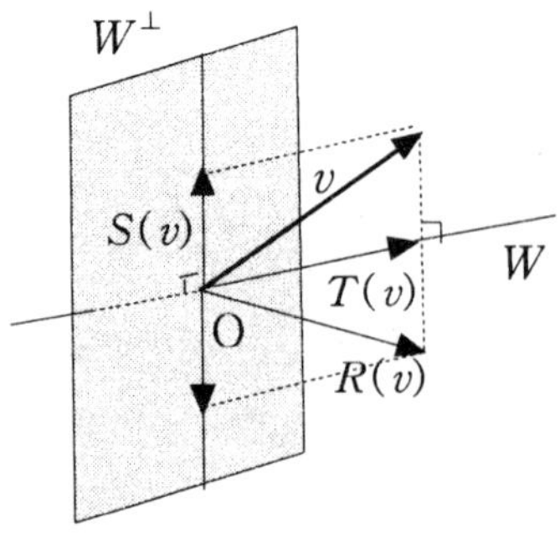

두 선형변환 T, S는 사영이다(정리 6.5.9). 이 사영을 각각 W, $W^\perp$ **위로의 직교정사영**(直交正射影, orthogonal projection)이라고 하며, R를 W에 관한 **반사이동**(反射移動, reflection)이라고 한다. 여기서,

$$\|S(v)\| = \|u\| = \|v - T(v)\|,$$
$$\|R(v)\| = \|v'\| = \|v\|$$

보기 7.2.3 유클리드 평면 $\mathscr{E}^2$에서 $v_1 = (2,1)$, $W = \langle v_1 \rangle$일 때, 벡터 $v = (3,5)$에 대하여 정리 7.2.3에서 정한 w, u, v'은 다음과 같다.

$$w = \frac{v \cdot v_1}{v_1 \cdot v_1} v_1 = \frac{11}{5}(2,1)$$
$$u = v - w = \frac{7}{5}(-1, 2),$$
$$v' = w - u = (\frac{29}{5}, -\frac{3}{5}),$$
$$\|v'\| = \|v\| = \sqrt{34}$$

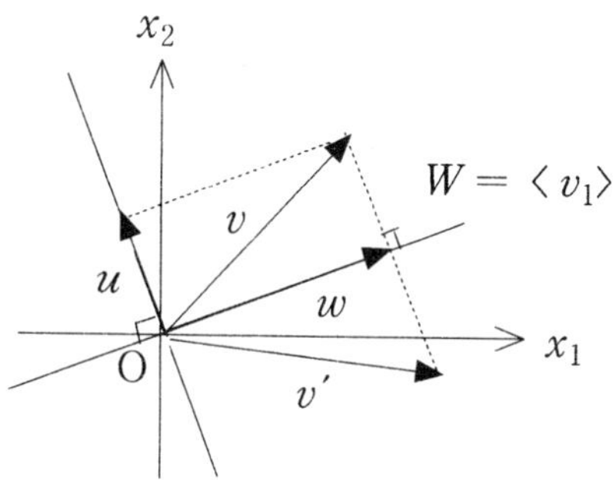

보기 7.2.4 유클리드 공간 $\mathscr{E}^3$에서 두 벡터

$$v_1 = (2, -1, 0), \quad v_2 = (1, 2, -1)$$

에 대하여 $W = \langle v_1, v_2 \rangle$이라고 하면, $\mathscr{C} = \{v_1, v_2\}$는 직교기저이다. 또,

$$W^\perp = \langle (1,2,5) \rangle,$$
$$W = \{(x_1, x_2, x_3) \in \mathscr{E}^3 \mid x_1 + 2x_2 + 5x_3 = 0\}$$

이고 임의의 벡터 $v = (x_1, x_2, x_3) \in W$에 대하여 다음이 성립한다.

$$v = \frac{v \cdot v_1}{v_1 \cdot v_1} v_1 + \frac{v \cdot v_2}{v_2 \cdot v_2} v_2 = \frac{2x_1 - x_2}{5} v_1 + \frac{x_1 + 2x_2 - x_3}{6} v_2$$

또, 세 벡터

$$v_1 = (2, -1, 0),\ v_2 = (1, 2, -1),\ v_3 = (1, 2, 5)$$

에 대하여 $\mathscr{B} = \{v_1, v_2, v_3\}$는 유클리드 공간 $\mathscr{E}^3$의 직교기저이다.

따라서 임의의 벡터 $v = (x_1, x_2, x_3) \in \mathscr{E}^3$에 대하여 다음이 성립한다.

$$v = \frac{v \cdot v_1}{v_1 \cdot v_1} v_1 + \frac{v \cdot v_2}{v_2 \cdot v_2} v_2 + \frac{v \cdot v_3}{v_3 \cdot v_3} v_3,$$

$$w = \frac{v \cdot v_1}{v_1 \cdot v_1} v_1 + \frac{v \cdot v_2}{v_2 \cdot v_2} v_2$$

$$u = v - w = \frac{v \cdot v_3}{v_3 \cdot v_3} v_3$$

$$= \frac{x_1 + 2x_2 + 5x_3}{30} v_3$$

$$\|u\| = \frac{|x_1 + 2x_2 + 5x_3|}{\sqrt{30}}$$

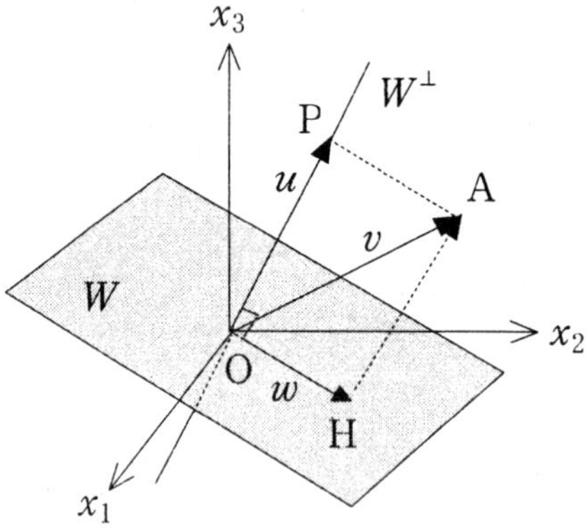

여기서, $\|\overrightarrow{AH}\|$ 는 점 A 와 부분 공간 W 사이의 거리이다(보기 3.4.1).

연 습 문 제 (7.2)

1. 유클리드 평면 $\mathscr{E}^2$ 에서 $u_1 = (1, 2)$, $u_2 = (1, 3)$ 라고 할 때, $\mathscr{B} = \{u_1, u_2\}$ 는 유클리드 평면 $\mathscr{E}^2$ 의 기저이다. 두 벡터 u_1, u_2 에 Gram-Schmidt 의 직교화 과정을 적용하여 유클리드 평면 $\mathscr{E}^2$ 의 직교기저와 직교정규기저를 구하여라.

2. 유클리드 공간 $\mathscr{E}^3$ 에서 다음 기저에 Gram-Schmidt 의 직교화 과정을 적용하여 직교정규기저를 구하여라.

   (1) $S = \{(2, 1, -2), (0, 1, 2), (1, 1, 1)\}$

   (2) $S = \{(1, 0, 1), (2, 3, 0), (3, 2, 3)\}$

3. 유클리드 공간 $\mathscr{E}^3$ 에서 벡터 $u = (1, 2, 3)$ 를 포함하는 유클리드 공간 $\mathscr{E}^3$ 의 직교기저를 구하여라.

4. 유클리드 공간 $\mathscr{E}^3$ 에서 Gram-Schmidt 의 직교화 과정을 적용하여 다음 부분 공간 W 의 직교기저와 직교정규기저를 구하여라.

   (1) $W = \langle (2, 0, 0), (3, 0, 5) \rangle$ (2) $W = \langle (1, -1, 1), (2, 1, 5) \rangle$

5. 유클리드 공간 $\mathscr{E}^3$ 에서 두 벡터 $w_1 = (1, -1, 1)$, $w_2 = (1, 2, 1)$ 에 대하여 $W = \langle w_1, w_2 \rangle$ 이라고 할 때, $\mathscr{C} = \{w_1, w_2\}$ 는 W 의 직교기저이다.

이 사실을 이용하여 다음 물음에 답하여라.

(1) $W^{\perp}$ 를 구하여라.

(2) 벡터 w_1, w_2 를 포함하는 유클리드 공간 $\mathscr{E}^3$ 의 직교기저 $\{w_1, w_2, w_3\}$ 를 구하고 임의의 벡터 $v = (x_1, x_2, x_3) \in \mathscr{E}^3$ 를 w_1, w_2, w_3 의 일차결합으로 나타내어라.

(3) 벡터 $v = (1, 4, 6)$ 를 $v = w + u$ $(w \in W,\ u \in W^{\perp})$ 의 꼴로 나타내어라.

6. 유클리드 공간 $\mathscr{E}^3$ 에서 두 벡터 $w_1 = (\frac{2}{7}, \frac{3}{7}, \frac{6}{7})$, $w_2 = (\frac{6}{7}, \frac{2}{7}, -\frac{3}{7})$ 에 대하여 $W = \langle w_1, w_2 \rangle$ 이라고 할 때, 다음 물음에 답하여라.

(1) W 위로의 직교정사영과 $W^{\perp}$ 위로의 직교정사영을 정의하여라.

(2) 벡터 $v = (1, 2, 3)$ 에 대하여 다음과 같은 벡터 $w \in W$ 를 구하여라.

$$w' \in W,\ w' \neq w \Longrightarrow \|v - w\| < \|v - w'\|$$

(3) 벡터 $v = (x_1, x_2, x_3)$ 와 부분공간 W 사이의 거리를 구하여라.

7. 유클리드 공간 $\mathscr{E}^4$ 에서 일차독립인 세 벡터

$$u_1 = (2, -1, 1, 2), \quad u_2 = (3, -1, 0, 4), \quad u_3 = (1, 1, 1, 1)$$

에 대하여 $W = \langle u_1, u_2, u_3 \rangle$ 이라고 할 때, 다음 물음에 답하여라.

(1) 세 벡터 u_1, u_2, u_3 에 Gram-Schmidt 의 직교화 과정을 적용하여 부분공간 W 의 직교기저와 직교정규기저를 구하여라.

(2) 벡터 $v = (1, 4, 0, 2)$ 를 $v = w + u$ $(w \in W,\ u \in W^{\perp})$ 로 나타내어라.

8. 유클리드 공간 $\mathscr{E}^n$ 에서 $w_1, \cdots, w_r$ 가 서로 직교하는 단위벡터일 때, 임의의 벡터 $v \in V$ 에 대하여 다음이 성립함을 증명하여라.

(1) $\|v\|^2 \geq \sum_{i=1}^{r} |v \cdot w_i|^2$ (Bessel 의 부등식)

(2) $\|v\|^2 = \sum_{i=1}^{r} |v \cdot w_i|^2 \Longleftrightarrow v = \sum_{i=1}^{r} (v \cdot w_i)\, w_i$

§7.3 직교행렬과 직교변환

이 절에서는, 실수체 ℝ 위의 특수한 n 차의 행렬과 유클리드 공간 $\mathscr{E}^n$ 위의 특수한 선형변환에 대하여 논한다.

정의 7.3.1 실수체 ℝ 위의 n 차의 행렬 A 에 대하여

$$AA^T = A^TA = I_n \quad 즉 \quad A^{-1} = A^T$$

일 때, A 를 **직교행렬**(直交行列, orthogonal matrix)이라고 한다.

정리 7.3.2 실수체 ℝ 위의 n 차의 $A = [a_{ij}]_{n\times n}$ 에 대하여

$$v_i = (a_{i1}, a_{i2}, \cdots, a_{in}) \qquad (1 \le i \le n)$$

$$w_j = (a_{1j}, a_{2j}, \cdots, a_{nj}) \qquad (1 \le j \le n)$$

이라고 할 때, 다음 세 조건은 서로 동치이다.

(1) A 는 직교행렬이다.

(2) 유클리드 공간 $\mathscr{E}^n$ 에서 $\mathscr{B} = \{v_1, \cdots, v_n\}$ 는 직교정규기저이다. 즉,

$$v_i \cdot v_j = \delta_{ij} \qquad (1 \le i, j \le n)$$

(3) 유클리드 공간 $\mathscr{E}^n$ 에서 $\mathscr{C} = \{w_1, \cdots, w_n\}$ 는 직교정규기저이다. 즉,

$$w_i \cdot w_j = \delta_{ij} \qquad (1 \le i, j \le n)$$

증 명 정리 3.1.9 에 의하여

$$AA^T = A^TA = I_n \Leftrightarrow AA^T = I_n \Leftrightarrow A^TA = I_n$$

이고 또 다음이 성립한다.

$$AA^T = I_n \Leftrightarrow \sum_{k=1}^{n} a_{ik}a_{jk} = \delta_{ij} \Leftrightarrow v_i \cdot v_j = \delta_{ij} \quad (1 \le i, j \le n)$$

$$A^TA = I_n \Leftrightarrow \sum_{k=1}^{n} a_{ki}a_{kj} = \delta_{ij} \Leftrightarrow w_i \cdot w_j = \delta_{ij} \quad (1 \le i, j \le n)$$

따라서 정리 7.1.8 에 의하여 (1), (2), (3) 은 서로 동치이다.

보기 7.3.1 유클리드 평면 $\mathscr{E}^2$ 의 직교정규기저는 적당한 θ $(0 \leq \theta < 2\pi)$ 에 대하여

$$\{(\cos\theta, \sin\theta), (-\sin\theta, \cos\theta)\},$$

$$\{(\cos\theta, \sin\theta), (\sin\theta, -\cos\theta)\}$$

와 같은 꼴이므로, 2 차의 직교행렬은 모두 다음과 같은 꼴이다(보기 7.1.3).

(1) $\det A = 1$ 인 경우

$$A = \begin{bmatrix} \cos\theta & -\sin\theta \\ \sin\theta & \cos\theta \end{bmatrix}$$

(2) $\det A = -1$ 인 경우

$$A = \begin{bmatrix} \cos\theta & \sin\theta \\ \sin\theta & -\cos\theta \end{bmatrix}$$

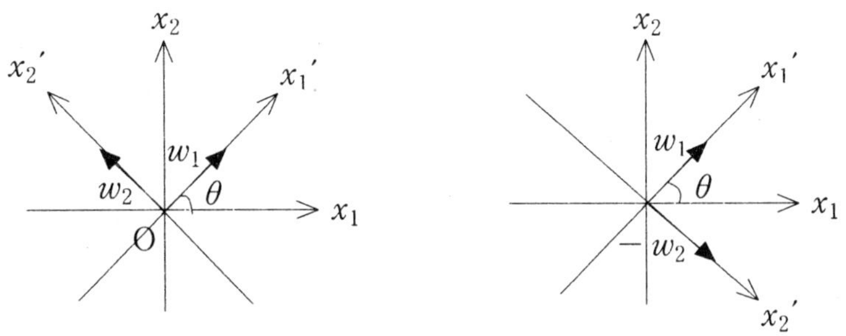

보기 7.3.2 유클리드 공간 $\mathscr{E}^n$ 에서 $\mathscr{B} = \{e_1, e_2, \cdots, e_n\}$ 를 표준기저라고 할 때, n 개의 벡터 $e_1, e_2, \cdots, e_n$ 을 일렬로 늘어놓아 얻는 순서기저

$$\mathscr{C} = \{e_{i_1}, e_{i_2}, \cdots, e_{i_n}\}$$

는 유클리드 공간 $\mathscr{E}^n$ 의 직교정규기저이고 따라서 $e_{i_1}, e_{i_2}, \cdots, e_{i_n}$ 를 행벡터로 가지는 행렬 P_i 는 직교행렬이다(정리 7.3.2).

이러한 직교행렬을 n 차의 **치환행렬**(置換行列, permutation matrix)이라고 한다. 치환행렬은 각 행과 각 열의 단 한 개의 성분만이 1 이고 그 밖의 성분은 모두 0 인 행렬이다. 한편, n 개의 벡터 $e_1, e_2, \cdots, e_n$ 을 일렬로 늘어놓는 방법의 개수는 $n!$ 이므로, n 차의 치환행렬은 모두 $n!$ 개 존재한다.

예를 들어, 2 차의 치환행렬은 다음 두 가지뿐이다.

$$\begin{bmatrix} 1 & 0 \\ 0 & 1 \end{bmatrix}, \qquad \begin{bmatrix} 0 & 1 \\ 1 & 0 \end{bmatrix}$$

그리고, 3 차의 치환행렬은 다음과 같은 6 개뿐이다.

$$\begin{bmatrix}1&0&0\\0&1&0\\0&0&1\end{bmatrix},\quad \begin{bmatrix}0&0&1\\1&0&0\\0&1&0\end{bmatrix},\quad \begin{bmatrix}0&1&0\\0&0&1\\1&0&0\end{bmatrix},$$

$$\begin{bmatrix}1&0&0\\0&0&1\\0&1&0\end{bmatrix},\quad \begin{bmatrix}0&0&1\\0&1&0\\1&0&0\end{bmatrix},\quad \begin{bmatrix}0&1&0\\1&0&0\\0&0&1\end{bmatrix}$$

정의 7.3.3 유클리드 공간 $\mathscr{E}^n$ 위의 선형변환 $T:\mathscr{E}^n \longrightarrow \mathscr{E}^n$ 가 유클리드 공간 $\mathscr{E}^n$ 의 표준내적을 보존시킬 때, 즉

$$T(v)\cdot T(w) = v\cdot w \qquad (v,\ w \in \mathscr{E}^n)$$

일 때, T 를 **직교변환**(直交變換, orthogonal transformation)이라고 한다.

정리 7.3.4 유클리드 공간 $\mathscr{E}^n$ 위의 선형변환 $T:\mathscr{E}^n \longrightarrow \mathscr{E}^n$ 에 대하여 다음 세 조건은 서로 동치이다.

(1) T 는 직교변환이다. 즉, $T(v)\cdot T(w) = v\cdot w \quad (v,\ w\in \mathscr{E}^n)$

(2) T 는 노름을 보존시킨다. 즉, $\|T(v)\| = \|v\| \quad (v \in \mathscr{E}^n)$

(3) 유클리드 공간 $\mathscr{E}^n$ 의 모든 직교정규기저 $\mathscr{B} = \{v_1, \cdots, v_n\}$ 에 대하여 $T(\mathscr{B}) = \{T(v_1), \cdots, T(v_n)\}$ 은 유클리드 공간 $\mathscr{E}^n$ 의 직교정규기저이다.

(4) 유클리드 공간 $\mathscr{E}^n$ 의 특정한 직교정규기저 $\mathscr{C} = \{w_1, \cdots, w_n\}$ 에 대하여 $T(\mathscr{C}) = \{T(w_1), \cdots, T(w_n)\}$ 은 유클리드 공간 $\mathscr{E}^n$ 의 직교정규기저이다.

증 명 (1) $\Longrightarrow$ (2) T 가 직교변환이면, $v\in \mathscr{E}^n$ 에 대하여 다음이 성립한다.

$$\|T(v)\|^2 = T(v)\cdot T(v) = v\cdot v = \|v\|^2 \text{ 즉 } \|T(v)\| = \|v\|$$

(2) $\Longrightarrow$ (1) 유클리드 공간 $\mathscr{E}^n$ 의 모든 벡터 v 에 대하여 $\|T(v)\| = \|v\|$ 이라고 하자. 이 때, 임의의 두 벡터 $v,\ w$ 에 대하여 다음이 성립한다.

$$\|T(v+w)\|^2 = \|v+w\|^2,\quad \|T(v)\|^2 = \|v\|^2,\quad \|T(w)\|^2 = \|w\|^2$$

$$\begin{aligned}\|v+w\|^2 &= (v+w)\cdot(v+w)\\ &= v\cdot v + 2v\cdot w + w\cdot w = \|v\|^2 + 2\,v\cdot w + \|w\|^2,\end{aligned}$$

$$\|T(v+w)\|^2 = (T(v)+T(w))\cdot(T(v)+T(w))$$
$$= \|T(v)\|^2 + 2T(v)\cdot T(w) + \|T(w)\|^2$$

따라서 $T(v)\cdot T(w) = v\cdot w$ 이다.

(1) $\Longrightarrow$ (3) T가 직교변환이면, 직교정규기저 $\mathscr{B} = \{v_1, \cdots, v_n\}$에 대하여

$$T(v_i)\cdot T(v_j) = v_i\cdot v_j = \delta_{ij} \qquad (1 \le i, j \le n)$$

이므로 $\{T(v_1), \cdots, T(v_n)\}$는 직교정규기저이다(정리 7.1.8).

(3) $\Longrightarrow$ (4) 이것은 분명히 성립한다.

(4) $\Longrightarrow$ (1) 특정한 직교정규기저 $\mathscr{C} = \{w_1, \cdots, w_n\}$에 대하여 $T(\mathscr{C})$가 직교정규기저라고 하자. 즉, 다음이 성립한다고 하자(정의 7.1.6).

$$w_i\cdot w_j = \delta_{ij}, \quad T(w_i)\cdot T(w_j) = \delta_{ij} \qquad (1 \le i, j \le n)$$

이 때, 정리 7.1.9에 의하여 임의의 두 벡터 v, w에 대하여

$$v = \sum_{i=1}^{n}(v\cdot w_i)\,w_i, \quad w = \sum_{i=1}^{n}(w\cdot w_i)\,w_i$$

$$T(v) = \sum_{i=1}^{n}(v\cdot w_i)\,T(w_i), \quad T(w) = \sum_{i=1}^{n}(v\cdot w_i)\,T(w_i)$$

$$T(v)\cdot T(w) = \sum_{i=1}^{n}(v\cdot w_i)(w\cdot w_i) = v\cdot w$$

이고 따라서 T는 직교변환이다.

정리 7.3.5 유클리드 공간 $\mathscr{E}^n$ 위의 선형변환 $T: \mathscr{E}^n \longrightarrow \mathscr{E}^n$가 직교변환일 때, 임의의 벡터 $v, w \in \mathscr{E}^n$에 대하여 다음이 성립한다.

(1) v와 $T(v)$의 길이는 같다.

(2) v, w가 이루는 각의 크기와 $T(v), T(w)$가 이루는 각의 크기는 같다.

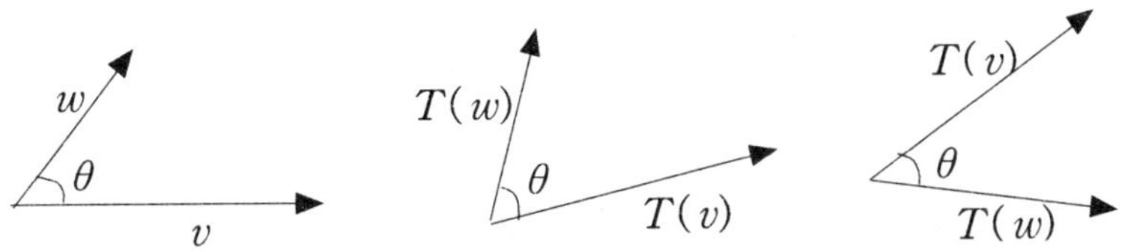

증 명 정리 7.3.4에 의하여 T가 직교변환일 때 임의의 벡터 $v, w \in \mathscr{E}^n$에 대하여 다음이 성립한다.

$$\|T(v)\| = \|v\|, \quad \|T(w)\| = \|w\|, \quad T(v) \cdot T(w) = v \cdot w$$

그리고, 두 벡터 v, w 가 이루는 각의 크기가 θ $(0 \leq \theta \leq \pi)$ 라고 하면, $v \cdot w = \|v\| \|w\| \cos \theta$ 이고 또

$$\begin{aligned} T(v) \cdot T(w) &= v \cdot w = \|v\| \|w\| \cos \theta \\ &= \|T(v)\| \|T(w)\| \cos \theta \end{aligned}$$

이므로 (1), (2) 가 성립한다.

실수체 $\mathbb{R}$ 위의 n 차의 행렬 A 에 의하여 정의된 사상 $L_A : \mathscr{E}^n \longrightarrow \mathscr{E}^n$ 는 선형변환이고, 역으로 $T : \mathscr{E}^n \longrightarrow \mathscr{E}^n$ 가 선형변환이면, 실수체 $\mathbb{R}$ 위의 적당한 n 차의 행렬 A 에 대하여 $T = L_A$ 이다(정리 5.5.9).

정리 7.3.6 실수체 $\mathbb{R}$ 위의 n 차의 행렬 A 가 직교행렬일 때 그리고 이때에만 $L_A : \mathscr{E}^n \longrightarrow \mathscr{E}^n$ 는 유클리드 공간 $\mathscr{E}^n$ 위의 직교변환이다.

그리고, 직교변환은 모두 이와 같이 직교행렬에 의하여 정해진다.

증 명 행렬 $A = [a_{ij}]_{n \times n}$ 의 열벡터를 차례로 $w_1, \cdots, w_n$ 이라고 할 때, 유클리드 공간 $\mathscr{E}^n$ 의 표준기저 $\mathscr{B} = \{e_1, \cdots, e_n\}$ 는 직교정규기저이고 또

$$L_A(e_j) = (a_{1j}, a_{2j}, \cdots, a_{nj}) = w_j \qquad (1 \leq j \leq n)$$

이므로

$$w_i \cdot w_j = \delta_{ij} \Leftrightarrow L_A(e_i) \cdot L_A(e_j) = \delta_{ij} \qquad (1 \leq i, j \leq n)$$

이고, 따라서 정리 7.3.2 와 정리 7.3.4 에 의하여 A 가 직교행렬일 때 그리고 이때에만 L_A 는 직교변환이다.

정리 7.3.7 직교행렬에 대하여 다음이 성립한다.

(1) A 가 직교행렬이면, A 는 정칙행렬이고 $A^{-1} = A^T$ 도 직교행렬이다.

(2) A, B 가 n 차의 직교행렬이면, AB 도 n 차의 직교행렬이다.

(3) 항등행렬 I_n 은 직교행렬이다.

(4) A 가 직교행렬이면, $\det A = \pm 1$ 이다.

증 명 (1) A 가 직교행렬이면,

$$AA^T = A^TA = I_n$$

이므로 A 는 정칙행렬이고 $A^{-1} = A^T$ 이다.

그리고, 위의 등식은 A^T 가 직교행렬임을 뜻한다.

(2) A, B 가 n 차의 직교행렬이면, $A^{-1} = A^T$, $B^{-1} = B^T$ 이므로

$$(AB)^{-1} = B^{-1}A^{-1} = B^TA^T = (AB)^T$$

이고 따라서 AB 는 직교행렬이다(정리 2.2.7, 정리 2.2.2 참조).

(3) $I_n^{-1} = I_n = I_n^T$ 이므로 항등행렬 I_n 은 직교행렬이다.

(4) A 가 직교행렬이면, $AA^T = I_n$ 이므로

$$1 = \det(AA^T) = (\det A)(\det A^T) = (\det A)^2$$

이고 따라서 $\det A = \pm 1$ 이다(정리 3.1.9, 정리 3.1.2 참조).

정리 7.3.8 유클리드 공간 $\mathcal{E}^n$ 위의 직교변환에 대하여 다음이 성립한다.

(1) T 가 직교변환이면, T 는 정칙 선형변환이고 또 T^{-1} 는 직교변환이다.

(2) T, S 가 직교변환이면, $S \circ T$ 는 직교변환이다.

(3) 항등 선형변환은 직교변환이다.

증 명 정리 7.3.6, 정리 7.3.7, 정리 5.5.9 에 의하여 정리가 성립한다.

여기서는 이 정리를 직접 증명하기로 한다.

(1) T 가 직교변환일 때, $v \in \ker T$ 이라고 하면 $T(v) = \mathbf{0}$ 이므로

$$0 = \|T(v)\| = \|v\|$$

이고 따라서 $v = \mathbf{0}$ 이므로 $\ker T = \{\mathbf{0}\}$ 이다.

따라서 T 는 정칙 선형변환이고, T 의 역사상 T^{-1} 가 정의된다(정리 5.5.8).

또, 임의의 벡터 $v \in \mathcal{E}^n$ 에 대하여 $T^{-1}(v) = w$ 이라고 하면, $T(w) = v$ 이고 또 T 는 직교변환이므로 $\|w\| = \|T(w)\| = \|v\|$ 이고 따라서

$$\|T^{-1}(v)\| = \|w\| = \|v\|$$

이므로, 정리 7.3.4 에 의하여 T^{-1} 는 직교변환이다.

(2) T, S가 직교변환일 때, 임의의 벡터 $v \in \mathscr{E}^n$ 에 대하여

$$\|(S \circ T)(v)\| = \|S(T(v))\| = \|T(v)\| = \|v\|$$

이므로 $S \circ T$는 직교변환이다(정리 7.3.4).

(3) $V = \mathscr{E}^n$ 이라고 할 때, 임의의 $v, w \in V$ 에 대하여

$$1_V(v) \cdot 1_V(w) = v \cdot w$$

이므로 1_V 는 직교변환이다.

정리 7.3.9 유클리드 공간 $\mathscr{E}^n$ 위의 선형변환 $T: \mathscr{E}^n \longrightarrow \mathscr{E}^n$가 직교변환일 때, 다음이 성립한다.

(1) T의 고유치가 존재한다면, 그 고유치는 1 또는 -1 이다.

(2) T가 고유치 $1, -1$ 을 가질 때, 1 에 대응하는 고유벡터 v 와 -1 에 대응하는 고유벡터 w는 서로 직교한다. 즉, $v \cdot w = 0$ 이다.

증 명 (1) 직교변환 T의 고유치 λ가 존재할 때, w를 λ에 대응하는 T의 고유벡터라고 하면 T는 직교변환이므로

$$\|w\| = \|T(w)\| = \|\lambda w\| = |\lambda| \|w\|, \quad \|w\| \neq 0$$

이고 따라서 $|\lambda| = 1$ 이므로 $\lambda = \pm 1$ 이다.

(2) 직교변환 T가 고유치 $1, -1$ 을 가질 때, 벡터 v, w를 각각 고유치 $1, -1$ 에 대응하는 고유벡터라고 하면,

$$v \cdot w = T(v) \cdot T(w) = v \cdot (-w) = -v \cdot w$$

이므로 $v \cdot w = 0$ 이고 따라서 v 와 w는 서로 직교한다.

정리 7.3.10 실수체 $\mathbb{R}$ 위의 n차의 직교행렬 A에 대하여 다음이 성립한다.

(1) A의 [L_A의] 고유치가 존재한다면, 그 고유치는 1 또는 -1 이다.

(2) A가 [L_A가] 고유치 $1, -1$ 을 가질 때, 1 에 대응하는 고유벡터 v와 -1 에 대응하는 고유벡터 w는 서로 직교한다. 즉, $v \cdot w = 0$ 이다.

(3) n이 홀수인 경우에, $\det A = 1$ 이면 1 은 A의 [L_A의] 고유치이고 $\det A = -1$ 이면 -1 은 A의 [L_A의] 고유치이다.

증 명 (1), (2) 정리 7.3.9 와 정리 7.3.6 에 의하여 (1), (2) 가 성립한다.
(3) 이제 n 이 홀수일 때, 직교행렬 A 의 고유다항식을 $f(x)$ 라고 하자. 즉,

$$f(x) = \det(xI_n - A)$$

먼저 $\det A = 1$ 이이라고 하자.
이 때, $\det A^T = \det A = 1$ 이고 n 이 홀수이므로 다음이 성립한다.

$$\begin{aligned} f(1) &= \det(I_n - A) = \det(I_n - A)\det A^T \\ &= \det((I_n - A)A^T) = \det(A^T - I_n) \\ &= \det(A - I_n)^T = \det(A - I_n) \\ &= (-1)^n \det(I_n - A) \\ &= -f(1) \end{aligned}$$

따라서 이 경우에 $f(1) = 0$ 이므로 1 은 A 의 고유치이다(정리 6.2.2).
다음에 $\det A = -1$ 이라고 하자.
이 때, $\det A^T = \det A = -1$ 이므로 다음이 성립한다.

$$\begin{aligned} f(-1) &= \det(-I_n - A) = (-1)^n \det(I_n + A) \\ &= -\det(I_n + A) = \det(I_n + A)\det A^T \\ &= \det((I_n + A)A^T) = \det(A^T + I_n) \\ &= \det(A + I_n)^T = \det(A + I_n) \\ &= (-1)^n \det(-I_n - A) \\ &= -f(-1) \end{aligned}$$

따라서 이 경우에 $f(-1) = 0$ 이므로 -1 은 A 의 고유치이다.

연 습 문 제 (7.3)

1. 실수체 ℝ 위의 다음 2 차의 행렬 A 가 직교행렬인지를 판정하여라.

(1) $A=\begin{bmatrix} 0 & 1 & 0 \\ -1 & 0 & 0 \\ 0 & 0 & -1 \end{bmatrix}$ (2) $A=\begin{bmatrix} 0 & 0 & 1 \\ 0 & 1 & 0 \\ 1 & 0 & 0 \end{bmatrix}$

2. 실수체 ℝ 위의 다음 3 차의 행렬 A 가 직교행렬인지를 판정하여라.

$$A=\begin{bmatrix} \frac{\sqrt{3}}{3} & -\frac{\sqrt{2}}{2} & \frac{\sqrt{6}}{6} \\ \frac{\sqrt{3}}{3} & \frac{\sqrt{2}}{2} & -\frac{\sqrt{6}}{3} \\ \frac{\sqrt{3}}{3} & 0 & \frac{\sqrt{6}}{6} \end{bmatrix}$$

3. 실수체 ℝ 위의 다음 3 차의 행렬 A 가 직교행렬이 되도록 실수 a, b, c, d 의 값을 정하여라.

(1) $A=\begin{bmatrix} \frac{1}{3} & \frac{2}{3} & a \\ b & \frac{2}{3} & c \\ \frac{2}{3} & d & \frac{2}{3} \end{bmatrix}$ (2) $A=\begin{bmatrix} \frac{1}{\sqrt{3}} & \frac{1}{\sqrt{3}} & a \\ b & c & \frac{1}{\sqrt{2}} \\ \frac{1}{\sqrt{6}} & d & \frac{1}{\sqrt{6}} \end{bmatrix}$

4. 유클리드 평면 $\mathscr{E}^3$ 위에서 다음과 같이 정의된 선형변환 $T : \mathscr{E}^3 \longrightarrow \mathscr{E}^3$ 가 직교변환인지를 판정하여라.

(1) $T(x_1, x_2, x_3) = (\frac{1}{\sqrt{2}}x_1 + \frac{1}{\sqrt{2}}x_2,\ \frac{1}{\sqrt{2}}x_2 - \frac{1}{\sqrt{2}}x_1,\ -x_3)$

(2) $T(x_1, x_2, x_3) = (\frac{1}{\sqrt{2}}x_2 + \frac{1}{\sqrt{2}}x_3,\ x_1,\ \frac{1}{\sqrt{2}}x_2 + \frac{1}{\sqrt{2}}x_3)$

(3) $T(x_1, x_2, x_3) = (\frac{1}{\sqrt{2}}x_2 - \frac{1}{\sqrt{2}}x_1,\ \frac{1}{\sqrt{2}}x_1 + \frac{1}{\sqrt{2}}x_2,\ -x_3)$

(4) $T(x_1, x_2, x_3) = (\frac{1}{\sqrt{2}}x_1 - \frac{1}{\sqrt{2}}x_3,\ x_2,\ \frac{1}{\sqrt{2}}x_2 + \frac{1}{\sqrt{2}}x_3)$

(5) $T(x_1, x_2, x_3) = (-x_1, -x_2, x_3)$

(6) $T(x_1, x_2, x_3) = (x_3, x_2, x_1)$

5. 실수체 $\mathbb{R}$ 위의 n차의 직교행렬 전체의 집합을 $O(n)$ 으로 나타낼 때, 다음이 성립함을 확인하여라.
   (1) $A, B \in O(n)$ 이면, $AB \in O(n)$ 이다.
   (2) $I_n \in O(n)$
   (3) $A \in O(n)$ 이면 $A^{-1} \in O(n)$ 이다.

6. 실수체 $\mathbb{R}$ 위의 n차의 직교행렬 중에서 그 행렬식의 값이 1인 직교행렬 전체의 집합을 $SO(n)$ 으로 나타낼 때, 다음이 성립함을 증명하여라.
   (1) $A, B \in SO(n)$ 이면, $AB \in SO(n)$ 이다.
   (2) $I_n \in SO(n)$ 이고, 또 $A \in SO(n)$ 이면 $A^{-1} \in SO(n)$ 이다.

7. 유클리드 공간 $\mathscr{E}^n$에서 사상 $T : \mathscr{E}^n \longrightarrow \mathscr{E}^n$에 대하여
$$\|T(v) - T(w)\| = \|v - w\| \qquad (v, w \in \mathscr{E}^n)$$
이고 $T(\mathbf{0}) = \mathbf{0}$일 때, 다음이 성립함을 증명하여라.
   (1) 모든 $v \in \mathscr{E}^n$에 대하여 $\|T(v)\| = \|v\|$이다.
   (2) 모든 $v, w \in \mathscr{E}^n$에 대하여 $T(v) \cdot T(w) = v \cdot w$이다.
   (3) T는 선형변환이고 따라서 직교변환이다.

8. 유클리드 공간 $\mathscr{E}^n$에서 사상 $f : \mathscr{E}^n \longrightarrow \mathscr{E}^n$에 대하여
$$\|f(v) - f(w)\| = \|v - w\| \qquad (v, w \in \mathscr{E}^n)$$
가 성립할 때, f를 **강체운동**(剛體運動, rigid motion)이라고 한다.
그리고, 각 벡터 $u \in \mathscr{E}^n$에 대하여 사상
$$T_u : \mathscr{E}^n \longrightarrow \mathscr{E}^n, \quad T_u(v) = v + u$$
를 **평행이동**(平行移動, translation)이라고 한다. 다음이 성립함을 증명하여라.
   (1) 직교변환과 평행이동은 강체운동이다.
   (2) 평행이동 T_u가 선형변환이면, $u = \mathbf{0}$이고 또 T_u는 항등사상이다.
   (3) 두 평행이동 T_u, T_w에 대하여 $T_w \circ T_u$는 평행이동이다.
   (4) 사상 $f : \mathscr{E}^n \longrightarrow \mathscr{E}^n$가 강체운동일 때,
$$T : \mathscr{E}^n \longrightarrow \mathscr{E}^n, \quad T(v) = f(v) - f(\mathbf{0})$$
   는 직교변환이고 또 $u = f(\mathbf{0})$이라고 하면 $f = T_u \circ T$이다.

§7.4 직교변환의 기하학적 성질

보기 7.3.1 에 의하면, 2 차의 직교행렬은 다음 두 가지 종류로 분류된다.

$$A = \begin{bmatrix} \cos\theta & -\sin\theta \\ \sin\theta & \cos\theta \end{bmatrix}, \qquad B = \begin{bmatrix} \cos\theta & \sin\theta \\ \sin\theta & -\cos\theta \end{bmatrix}$$

$$\det A = 1 \qquad\qquad \det B = -1 \qquad (0 \leq \theta < 2\pi)$$

따라서 유클리드 평면 $\mathscr{E}^2$ 위의 직교변환은 다음 두 가지 종류로 분류된다.

$$L_A : \mathscr{E}^2 \longrightarrow \mathscr{E}^2, \qquad L_B : \mathscr{E}^2 \longrightarrow \mathscr{E}^2$$

여기서,

$$L_A(x_1, x_2) = (x_1 \cos\theta - x_2 \sin\theta,\ x_1 \sin\theta + x_2 \cos\theta)$$
$$L_B(x_1, x_2) = (x_1 \cos\theta + x_2 \sin\theta,\ x_1 \sin\theta - x_2 \cos\theta)$$

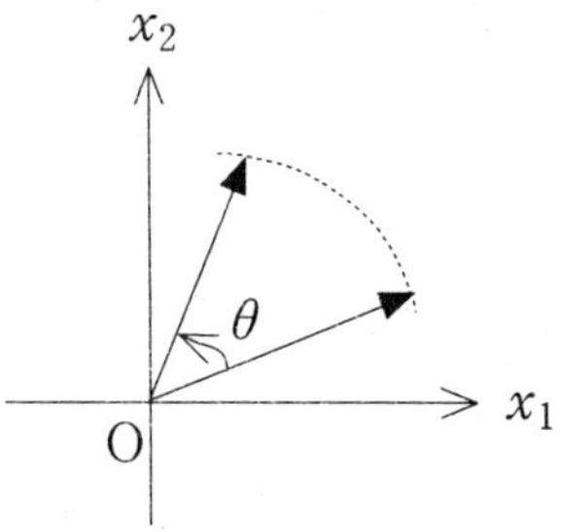

유클리드 평면 $\mathscr{E}^2$ 위의 직교변환 L_A 는 원점 둘레의 θ 만큼의 회전이동이고, 특히 $\theta \neq 0$, $\theta \neq \pi$ 이면 A 의 [L_A 의] 고유치는 존재하지 않는다(보기 6.2.5).

이제 직교변환 $L_B : \mathscr{E}^2 \longrightarrow \mathscr{E}^2$ 에 대하여 생각해 보자. 행렬 B 의 [L_B 의] 고유다항식은

$$f(x) = \det(xI_2 - B) = \begin{vmatrix} x - \cos\theta & -\sin\theta \\ -\sin\theta & x + \cos\theta \end{vmatrix}$$
$$= x^2 - \cos^2\theta - \sin^2\theta = x^2 - 1$$

이고 따라서 B 의 [L_B 의] 고유치는 $\lambda_1 = 1$, $\lambda_2 = -1$ 이다.

먼저 고유치 1 에 대응하는 B 의 고유공간을 E_1 이라고 하면, E_1 은

$$\begin{cases} (1 - \cos\theta)\, x_1 - \sin\theta\, x_2 = 0 \\ -\sin\theta\, x_1 + (1 + \cos\theta)\, x_2 = 0 \end{cases}$$

의 해공간이고, 정리 1.3.9 에 의하여

$$\cos\theta = 2\cos^2\frac{\theta}{2} - 1 = 1 - 2\sin^2\frac{\theta}{2}, \quad \sin\theta = 2\sin\frac{\theta}{2}\cos\frac{\theta}{2}$$

이므로 앞의 두 동차 일차방정식은 각각 다음과 같이 변형된다.

$$\sin^2\frac{\theta}{2}x_1 - \sin\frac{\theta}{2}\cos\frac{\theta}{2}x_2 = 0$$

$$\sin\frac{\theta}{2}\cos\frac{\theta}{2}x_1 - \cos^2\frac{\theta}{2}x_2 = 0$$

그런데, $\sin\frac{\theta}{2}$, $\cos\frac{\theta}{2}$ 중에서 하나는 0 이 아니므로 위의 두 식은 모두

$$\sin\frac{\theta}{2}x_1 - \cos\frac{\theta}{2}x_2 = 0$$

으로 변형되므로 $\mathrm{E}_1 = \langle(\cos\frac{\theta}{2}, \sin\frac{\theta}{2})\rangle$ 이다.

다음에 고유치 -1 에 대응하는 B 의 고유공간을 E_2 라고 하면, E_2 는

$$\begin{cases} (1+\cos\theta)x_1 + \sin\theta x_2 = 0 \\ \sin\theta x_1 + (1-\cos\theta)x_2 = 0 \end{cases}$$

의 해공간이고, 앞에서와 마찬가지로 위의 두 식은 모두

$$\cos\frac{\theta}{2}x_1 + \sin\frac{\theta}{2}x_2 = 0$$

으로 변형되므로 $\mathrm{E}_2 = \langle(-\sin\frac{\theta}{2}, \cos\frac{\theta}{2})\rangle$ 이고 또 $\mathrm{E}_2 = \mathrm{E}_1^{\perp}$ 이다.

그러므로,

$$w_1 = (\cos\frac{\theta}{2}, \sin\frac{\theta}{2}), \quad w_2 = (-\sin\frac{\theta}{2}, \cos\frac{\theta}{2})$$

이라고 하면, w_1, w_2 는 서로 직교하는 단위벡터이므로 $\mathscr{C} = \{w_1, w_2\}$ 는 B 의 고유벡터로 이루어진 유클리드 평면 $\mathscr{E}^2$ 의 직교정규기저이다.

그리고, 직교변환 $L_B : \mathscr{E}^2 \longrightarrow \mathscr{E}^2$ 에 대하여

$$L_B(w_1) = w_1,$$

$$L_B(w_2) = -w_2$$

이므로

$$P = \begin{bmatrix} \cos\frac{\theta}{2} & -\sin\frac{\theta}{2} \\ \sin\frac{\theta}{2} & \cos\frac{\theta}{2} \end{bmatrix}$$

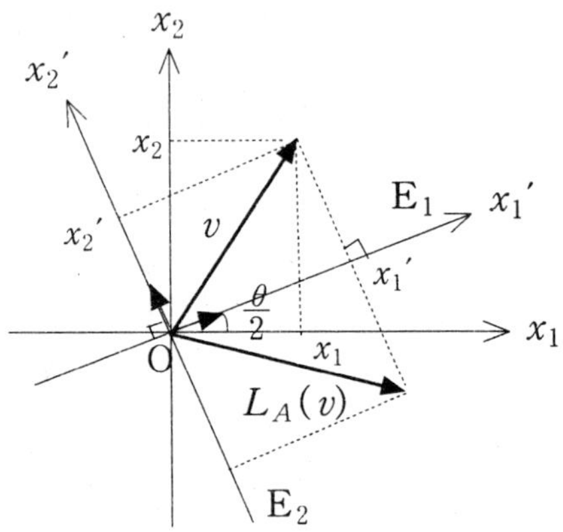

이라고 하면, P는 직교행렬이고 또 다음이 성립한다(정리 6.1.3).

$$P^{-1}BP = P^TBP = \begin{bmatrix} 1 & 0 \\ 0 & -1 \end{bmatrix},$$

$$\det P = 1$$

그리고, 임의의 $v = (x_1, x_2) \in \mathscr{E}^2$ 에 대하여

$$v = x_1' w_1 + x_2' w_2 \qquad 즉 \quad (v)_{\mathscr{C}} = (x_1', x_2')$$

이라고 하면,

$$L_B(v) = x_1' w_1 - x_2' w_2 \quad 즉 \quad (L_B(v))_{\mathscr{C}} = (x_1', -x_2')$$

이므로 L_B는 고유공간 $\mathrm{E}_1 = \langle w_1 \rangle$ 으로 결정되는 직선을 **반사축**(反射軸, axis of reflection)으로 가지는 **반사이동**(反射移動, reflection) 이며 그 반사축의 방정식은

$$\sin\frac{\theta}{2}\, x_1 - \cos\frac{\theta}{2}\, x_2 = 0$$

이고 (x_1, x_2) 와 (x_1', x_2') 사이에 다음 관계식이 성립한다(정리 6.1.3 참조).

$$\begin{bmatrix} x_1 \\ x_2 \end{bmatrix} = P\begin{bmatrix} x_1' \\ x_2' \end{bmatrix}, \qquad \begin{bmatrix} x_1' \\ x_2' \end{bmatrix} = P^{-1}\begin{bmatrix} x_1 \\ x_2 \end{bmatrix}$$

서로 직교하는 단위벡터 w_1, w_2 의 방향으로 x_1' 축과 x_2' 축을 택하여 만든 직교좌표계 O-$x_1'x_2'$ 의 두 축은 x_1 축과 x_2 축을 $\frac{\theta}{2}$ 만큼 회전한 것이다.

이제까지 얻은 결과로부터 다음이 성립함을 알 수 있다.

[I] $\det A = 1$ 이면, 직교변환 $L_A : \mathscr{E}^2 \longrightarrow \mathscr{E}^2$ 는 회전이동이다.

[II] $\det B = -1$ 이면, 직교변환 $L_B : \mathscr{E}^2 \longrightarrow \mathscr{E}^2$ 는 반사이동이며, B는 대각화 가능한 행렬이고 D와 닮은 행렬이다 .

보기 7.4.1 다음과 같은 2차의 직교행렬을 생각해 보자.

$$A = \begin{bmatrix} \frac{1}{2} & \frac{\sqrt{3}}{2} \\ \frac{\sqrt{3}}{2} & -\frac{1}{2} \end{bmatrix} = \begin{bmatrix} \cos\frac{\pi}{3} & \sin\frac{\pi}{3} \\ \sin\frac{\pi}{3} & -\cos\frac{\pi}{3} \end{bmatrix}$$

직교행렬 A 의 행렬식의 값은 $\det A = -1$ 이고, 고유다항식은

$$f(x) = \det(x I_2 - A) = \begin{vmatrix} x-\frac{1}{2} & -\frac{\sqrt{3}}{2} \\ -\frac{\sqrt{3}}{2} & x+\frac{1}{2} \end{vmatrix} = x^2 - 1$$

이므로 A 의 고유치는 $1, -1$ 이다.

그런데, 고유치 1 에 대응하는 A 의 고유공간 E 는 동차 일차방정식

$$I_2 - A = \begin{bmatrix} \frac{1}{2} & -\frac{\sqrt{3}}{2} \\ -\frac{\sqrt{3}}{2} & \frac{3}{2} \end{bmatrix} \longrightarrow \begin{bmatrix} \frac{1}{2} & -\frac{\sqrt{3}}{2} \\ 0 & 0 \end{bmatrix}$$

$$\frac{1}{2}x_1 - \frac{\sqrt{3}}{2}x_2 = 0 \text{ 즉 } x_1 - \sqrt{3}\,x_2 = 0$$

의 해공간이므로 $E_1 = \langle(\frac{\sqrt{3}}{2}, \frac{1}{2})\rangle$ 이고

따라서 고유치 -1 에 대응하는 고유공간은 $E_1{}^{\perp} = \langle(\frac{-1}{2}, \frac{\sqrt{3}}{2})\rangle$ 이다.

이제

$$w_1 = (\frac{\sqrt{3}}{2}, \frac{1}{2}), \quad w_2 = (-\frac{1}{2}, \frac{\sqrt{3}}{2})$$

이라고 하면, $\mathscr{C} = \{w_1, w_2\}$ 는 유클리드 평면 $\mathscr{E}^2$ 의 직교기저이므로

$$P = \begin{bmatrix} \frac{\sqrt{3}}{2} & -\frac{\sqrt{3}}{2} \\ \frac{1}{2} & \frac{1}{2} \end{bmatrix}$$

는 직교행렬이고 또 다음이 성립한다(정리 6.1.3).

$$P^{-1}AP = P^TAP = \begin{bmatrix} 1 & 0 \\ 0 & -1 \end{bmatrix},$$

$$\det P = 1$$

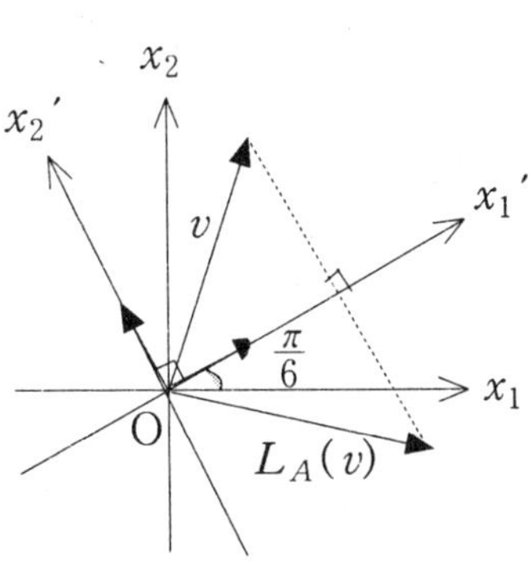

직교변환 L_A 는 반사이동이고 그 반사축의 방정식은 $x_1 - \sqrt{3}\,x_2 = 0$ 이다.

다음에 3 차의 직교행렬에 대하여 생각해 보자.

아래 직교행렬 중에서 처음 세 직교행렬의 행렬식의 값은 1 이고 나머지 세 직교행렬의 행렬식의 값은 -1 이다($0 \le \theta < 2\pi$).

$$A = \begin{bmatrix} \cos\theta & -\sin\theta & 0 \\ \sin\theta & \cos\theta & 0 \\ 0 & 0 & 1 \end{bmatrix}, \begin{bmatrix} 1 & 0 & 0 \\ 0 & \cos\theta & -\sin\theta \\ 0 & \sin\theta & \cos\theta \end{bmatrix}, \begin{bmatrix} \cos\theta & 0 & -\sin\theta \\ 0 & 1 & 0 \\ \sin\theta & 0 & \cos\theta \end{bmatrix},$$

$$\begin{bmatrix} \cos\theta & \sin\theta & 0 \\ \sin\theta & -\cos\theta & 0 \\ 0 & 0 & 1 \end{bmatrix}, \begin{bmatrix} 1 & 0 & 0 \\ 0 & \cos\theta & \sin\theta \\ 0 & \sin\theta & -\cos\theta \end{bmatrix}, B = \begin{bmatrix} 1 & 0 & 0 \\ 0 & 1 & 0 \\ 0 & 0 & -1 \end{bmatrix}$$

먼저 직교변환 $L_A : \mathscr{E}^3 \longrightarrow \mathscr{E}^3$ 에 대하여

$$L_A(x_1, x_2, 0) = (\cos\theta x_1 - \sin\theta x_2, \sin\theta x_1 + \cos\theta x_2, 0)$$

$$L_A(0, 0, x_3) = (0, 0, x_3)$$

이므로 1 은 고유치이고 L_A 는 x_3 축의 양의 방향에 관한 θ 만큼의 회전이동이다. 한편, 직교변환 $L_B : \mathscr{E}^3 \longrightarrow \mathscr{E}^3$ 에 대하여

$$L_B(x_1, x_2, 0) = (x_1, x_2, 0), \qquad L_B(0, 0, x_3) = -(0, 0, x_3)$$

이므로 1, -1 은 고유치이고 L_B 는 $x_1 x_2$-평면에 관한 반사이동이다.

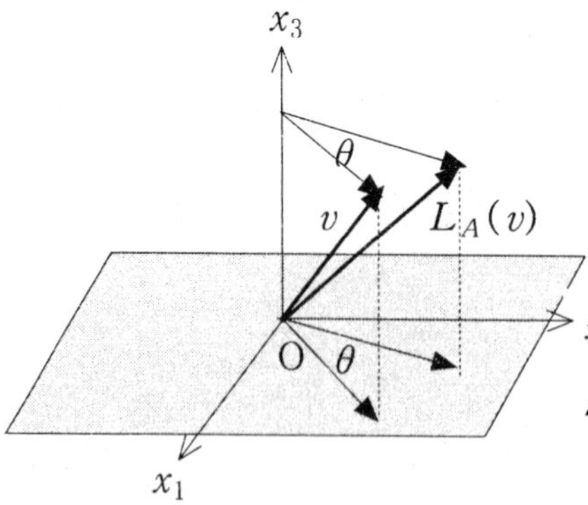

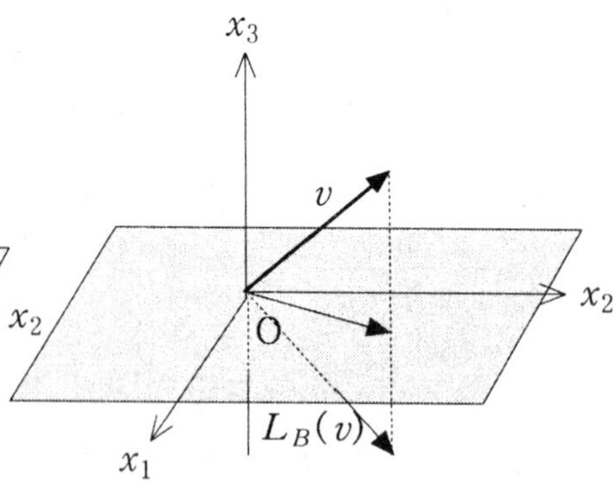

행렬 A 가 3 차의 직교행렬일 때, 정리 7.3.10 에 의하여 $\det A = 1$ 이면 1 은 A 의 고유치이고, $\det A = -1$ 이면 -1 은 A 의 고유치이다. 따라서 $\det A = 1$ 인 경우에 $\lambda = 1$ 이라 하고 $\det A = -1$ 인 경우에 $\lambda = -1$ 이라고 하면, λ 는 A 의 고유치이고 따라서 λ 에 대응하는 A 의 고유벡터가 존재한다. 이러한 A 의 고유벡터 중에서 단위벡터 w_1 를 택하여 $\mathrm{E} = \langle w_1 \rangle$

이라고 하자. 이 때, 유클리드 공간 $\mathscr{E}^3$ 에서 $\mathrm{E} = \langle w_1 \rangle$ 의 직교 보공간 $\mathrm{E}^\perp$ 은 2 차원 부분공간이다(정리 7.1.5). 그러므로, $\mathrm{E}^\perp$ 의 직교정규기저 $\{w_2, w_3\}$ 를 택하면, $\mathscr{C} = \{w_1, w_2, w_3\}$ 는 유클리드 공간 $\mathscr{E}^3$ 의 직교정규기저이고 따라서 w_1, w_2, w_3 를 열벡터로 가지는 행렬 P 는 직교행렬이다. 여기서, 필요하다면 w_2, w_3 의 순서를 바꾸어 $\det P = 1$ 이 되도록 할 수 있다(정리 3.1.3).

그리고, 직교변환 $L_A : \mathscr{E}^3 \longrightarrow \mathscr{E}^3$ 에 의한 w_1, w_2, w_3 의 상은

$$L_A(w_1) = \lambda w_1$$
$$L_A(w_2) = a w_1 + b_{22} w_2 + b_{32} w_3$$
$$L_A(w_3) = b w_1 + b_{23} w_2 + b_{33} w_3$$

와 같은 꼴이고, 이때 다음이 성립한다(정리 6.1.3).

$$P^{-1}AP = P^TAP = B, \qquad B = \begin{bmatrix} \lambda & a & b \\ 0 & b_{22} & b_{23} \\ 0 & b_{32} & b_{33} \end{bmatrix}$$

여기서 A 와 P 는 직교행렬이므로 B 도 직교행렬이다(정리 7.3.7). 따라서 $\lambda^2 + a^2 + b^2 = 1$, $\lambda^2 = 1$ 이므로 $a = b = 0$ 이다. 그리고, 행렬 B 를

$$B = \left[\begin{array}{c|cc} \lambda & 0 & 0 \\ \hline 0 & \multicolumn{2}{c}{B_1} \\ 0 & & \end{array}\right]$$

로 분할하면, B_1 은 2 차의 직교행렬이고 다음이 성립한다.

$$\det A = \det B = \lambda \det B_1, \qquad \lambda = \pm 1$$

그런데, $\det A = 1$ 이면 $\lambda = 1$ 이므로 $\det B_1 = 1$ 이고, 또 $\det A = -1$ 이면 $\lambda = -1$ 이므로 $\det B_1 = 1$ 이다.

그러므로, 앞에서 얻은 결과에 의하여 2 차의 직교행렬 B_1 은

$$B_1 = \begin{bmatrix} \cos\theta & -\sin\theta \\ \sin\theta & \cos\theta \end{bmatrix} \qquad (0 \le \theta < 2\pi)$$

와 같은 꼴의 직교행렬이다.

이제까지 얻은 결과로부터 다음 결론을 얻는다.

[I] det $A = 1$ 인 경우 : 이 경우에 적당한 직교행렬 P 에 대하여

$$P^{-1}AP = P^{T}AP = \begin{bmatrix} 1 & 0 & 0 \\ 0 & \cos\theta & -\sin\theta \\ 0 & \sin\theta & \cos\theta \end{bmatrix} \qquad (0 \le \theta < 2\pi)$$

이고 따라서 직교변환 $L_A : \mathscr{E}^3 \longrightarrow \mathscr{E}^3$ 에 대하여

$$L_A(w_1) = w_1$$
$$L_A(w_2) = \cos\theta\, w_2 + \sin\theta\, w_3$$
$$L_A(w_3) = -\sin\theta\, w_2 + \cos\theta\, w_3$$

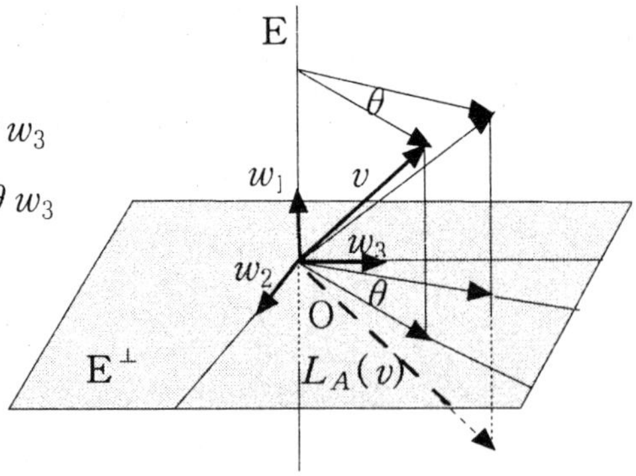

이므로 L_A 는 고유치 1 에 대응하는 고유벡터 w_1 의 방향으로 결정되는 반직선을 회전축으로 가지는 θ 만큼의 회전이동이다.

[II] det $A = -1$ 인 경우 : 이 경우에 적당한 직교행렬 P 에 대하여

$$P^{-1}AP = P^{T}AP = \begin{bmatrix} -1 & 0 & 0 \\ 0 & \cos\theta & -\sin\theta \\ 0 & \sin\theta & \cos\theta \end{bmatrix}$$
$$= \begin{bmatrix} -1 & 0 & 0 \\ 0 & 1 & 0 \\ 0 & 0 & 1 \end{bmatrix} \begin{bmatrix} 1 & 0 & 0 \\ 0 & \cos\theta & -\sin\theta \\ 0 & \sin\theta & \cos\theta \end{bmatrix} \qquad (0 \le \theta < 2\pi)$$

이고 따라서 직교변환 $L_A : \mathscr{E}^3 \longrightarrow \mathscr{E}^3$ 에 대하여

$$L_A(w_1) = -w_1$$
$$L_A(w_2) = \cos\theta\, w_2 + \sin\theta\, w_3$$
$$L_A(w_3) = -\sin\theta\, w_2 + \cos\theta\, w_3$$

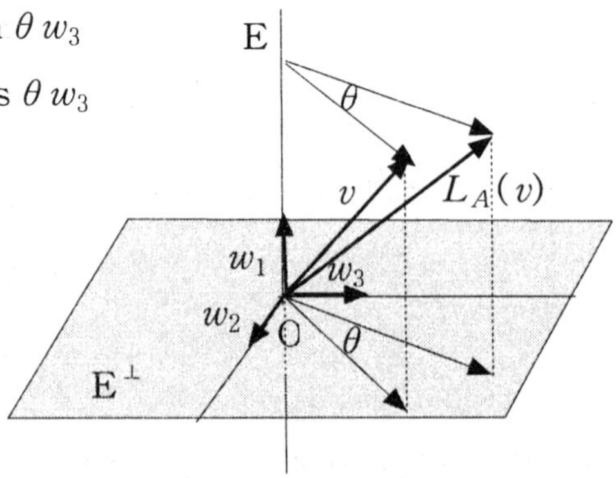

이므로 L_A 는 고유치 -1 에 대응하는 고유벡터 w_1 의 방향을 양의 방향으로 하는 직선을 회전축으로 가지는 θ 만큼의 회전이동과 또 이 회전축에 수직인 평면에 관한 반사이동과의 합성이다.

보기 7.4.2 다음 3 차의 직교행렬을 생각해 보자.

$$A = \begin{bmatrix} \frac{1}{3} & \frac{2}{3} & -\frac{2}{3} \\ -\frac{2}{3} & \frac{2}{3} & \frac{1}{3} \\ \frac{2}{3} & \frac{1}{3} & \frac{2}{3} \end{bmatrix}$$

분명히 $\det A = 1$ 이므로 정리 7.3.10 에 의하여 A 는 고유치 1 을 가지며 고유치 1 에 대응하는 고유공간은 $\mathrm{E} = \langle (0,1,1) \rangle$

$$I_3 - A \longrightarrow \begin{bmatrix} 1 & 0 & 0 \\ 0 & 1 & -1 \\ 0 & 0 & 0 \end{bmatrix}$$

이고 또 E 의 직교 보공간은 다음과 같다(보기 7.1.1).

$$\mathrm{E}^{\perp} = \{ (x_1, x_2, x_3) \in \mathscr{E}^3 \mid x_2 + x_3 = 0 \}$$

이제 $w_1 = (0, \frac{1}{\sqrt{2}}, \frac{1}{\sqrt{2}})$ 이라 하고 또 $\mathrm{E}^{\perp}$ 에 속하는 벡터 중에서 서로 직교하는 두 단위벡터

$$w_2 = (0,\ -\frac{1}{\sqrt{2}},\ \frac{1}{\sqrt{2}}), \quad w_3 = (1,\ 0,\ 0)$$

를 택하면,

$$\mathrm{E} = \langle w_1 \rangle, \quad \mathrm{E}^{\perp} = \langle w_2, w_3 \rangle$$

이고 $\mathscr{C} = \{w_1, w_2, w_3\}$ 는 유클리드 공간 $\mathscr{E}^3$ 의 직교정규기저이다. 따라서

$$P = \begin{bmatrix} 0 & 0 & 1 \\ \frac{1}{\sqrt{2}} & -\frac{1}{\sqrt{2}} & 0 \\ \frac{1}{\sqrt{2}} & \frac{1}{\sqrt{2}} & 0 \end{bmatrix}$$

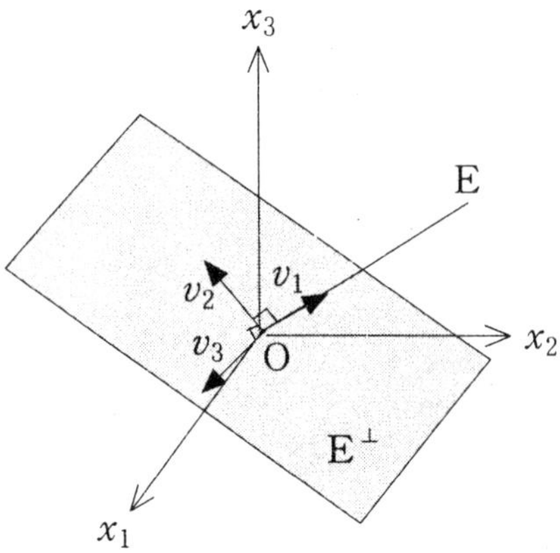

는 직교행렬이고 $\det P = 1$ 이며

$$L_A(w_1) = w_1$$

$$L_A(w_2) = \frac{1}{3} w_2 - \frac{\sqrt{8}}{3} w_3$$

$$L_A(w_3) = \frac{\sqrt{8}}{3} w_2 + \frac{1}{3} w_3$$

이므로 다음이 성립한다(정리 6.1.3).

$$P^{-1}AP = P^TAP = B, \qquad B = \begin{bmatrix} 1 & 0 & 0 \\ 0 & \frac{1}{3} & \frac{\sqrt{8}}{3} \\ 0 & -\frac{\sqrt{8}}{3} & \frac{1}{3} \end{bmatrix}$$

그리고,

$$\cos\theta = \frac{1}{3},$$

$$\sin\theta = \frac{\sqrt{8}}{3}$$

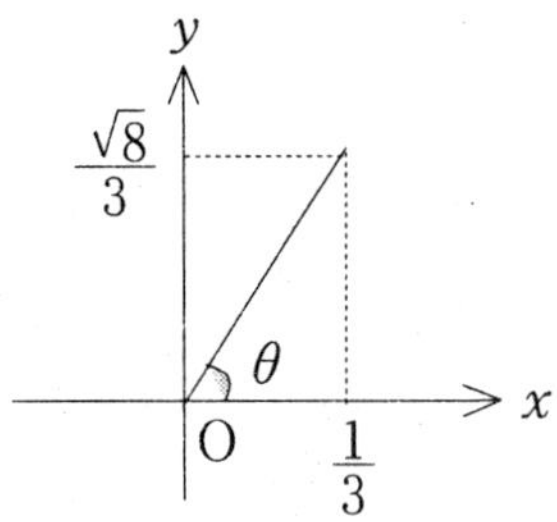

인 실수 θ $(0 < \theta < 2\pi)$를 택하면, 직교변환 L_A는 w_1의 방향을 양의 방향으로 하는 직선을 회전축으로 가지는 θ 만큼의 회전이동이다.

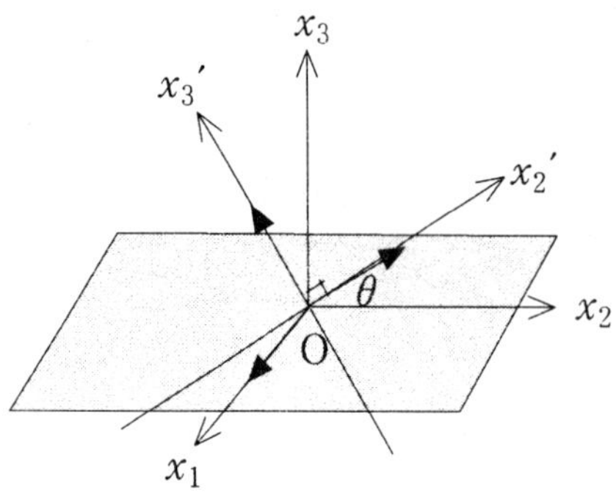

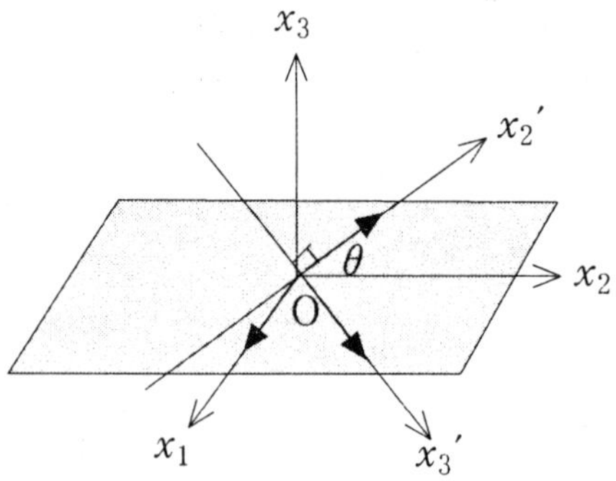

위의 보기에서 알아본 바와 같이, 2 차와 3 차의 직교행렬 A의 행렬식의 값이 1 이면 직교변환 L_A는 회전이동이다.

이 사실을 일반화하여, n 차의 직교행렬 A에 대하여 $\det A = 1$인 경우에 직교변환 $L_A : \mathscr{E}^n \longrightarrow \mathscr{E}^n$를 **회전이동**(回轉移動, rotation)이라고 한다.

연 습 문 제 (7.4)

1. 유클리드 평면 $\mathscr{E}^3$ 위에서 다음과 같이 정의된 선형변환 $T : \mathscr{E}^3 \longrightarrow \mathscr{E}^3$ 가 직교변환임을 밝히고 이 중에서 회전이동인 것과 반사이동인 것을 찾아라.

(1) $T(x_1, x_2) = (\frac{1}{2}x_1 + \frac{\sqrt{3}}{2}x_2, \frac{\sqrt{3}}{2}x_1 - \frac{1}{2}x_2)$

(2) $T(x_1, x_2) = (-\frac{4}{5}x_1 + \frac{3}{5}x_2, -\frac{3}{5}x_1 - \frac{4}{5}x_2)$

(3) $T(x_1, x_2) = (x_2, x_1)$

(4) $T(x_1, x_2) = (-x_2, x_1)$

2. 다음 직교행렬 A 에 의하여 정의된 직교변환 $L_A : \mathscr{E}^3 \longrightarrow \mathscr{E}^3$ 는 회전이동임을 밝혀라($0 \le \theta < 2\pi$).

(1) $A = \begin{bmatrix} 1 & 0 & 0 \\ 0 & \cos\theta & -\sin\theta \\ 0 & \sin\theta & \cos\theta \end{bmatrix}$ (2) $A = \begin{bmatrix} \frac{2}{3} & \frac{1}{3} & -\frac{2}{3} \\ \frac{1}{3} & \frac{2}{3} & \frac{2}{3} \\ \frac{2}{3} & -\frac{2}{3} & \frac{1}{3} \end{bmatrix}$

3. 다음 두 직교행렬 A, B 에 의하여 정의되는 두 선형변환 $L_A : \mathscr{E}^3 \longrightarrow \mathscr{E}^3$, $L_B : \mathscr{E}^3 \longrightarrow \mathscr{E}^3$ 가 회전이동인 경우에 그 회전축을 구하여라.

$$A = \begin{bmatrix} \frac{1+\sqrt{3}}{3} & \frac{1-\sqrt{3}}{3} & \frac{1}{3} \\ \frac{1}{3} & \frac{1+\sqrt{3}}{3} & \frac{1-\sqrt{3}}{3} \\ \frac{1-\sqrt{3}}{3} & \frac{1}{3} & \frac{1+\sqrt{3}}{3} \end{bmatrix}, \quad B = \begin{bmatrix} \frac{1}{\sqrt{3}} & \frac{1}{\sqrt{3}} & \frac{1}{\sqrt{3}} \\ -\frac{1}{\sqrt{2}} & 0 & \frac{1}{\sqrt{2}} \\ \frac{1}{\sqrt{6}} & -\frac{2}{\sqrt{6}} & \frac{1}{\sqrt{6}} \end{bmatrix}$$

4. 다음 직교행렬 A 에 대하여 고유치 -1 에 대응하는 고유공간을 구하여라.

(1) $A = \begin{bmatrix} -\frac{2}{3} & \frac{2}{3} & \frac{1}{3} \\ \frac{1}{3} & \frac{2}{3} & -\frac{2}{3} \\ \frac{2}{3} & \frac{1}{3} & \frac{2}{3} \end{bmatrix}$ (2) $A = \begin{bmatrix} \frac{1}{\sqrt{2}} & -\frac{1}{\sqrt{6}} & \frac{1}{\sqrt{3}} \\ -\frac{1}{\sqrt{2}} & -\frac{1}{\sqrt{6}} & \frac{1}{\sqrt{3}} \\ 0 & \frac{2}{\sqrt{6}} & \frac{1}{\sqrt{3}} \end{bmatrix}$

5. 유클리드 공간 $\mathscr{E}^n$ 위의 직교변환 T, S에 대하여 다음이 성립함을 밝혀라.

(1) T, S가 회전이동이면, $T \circ S$와 T^{-1}는 회전이동이다,

(2) T, S가 반사이동이면, $T \circ S$는 회전이동이고 T^{-1}는 반사이동이다.

(3) T가 반사이동이고 S가 회전이동이면, $T \circ S$와 $S \circ T$는 반사이동이다.

6. 유클리드 공간 $\mathscr{E}^n$에서 고정된 벡터 $w \neq \mathbf{0}$에 대하여

$$T : \mathscr{E}^n \longrightarrow \mathscr{E}^n, \quad T(v) = \frac{2v \cdot w}{w \cdot w} w - v$$

는 직교변환임을 증명하여라.

그리고, 다음 물음에 답하여라.

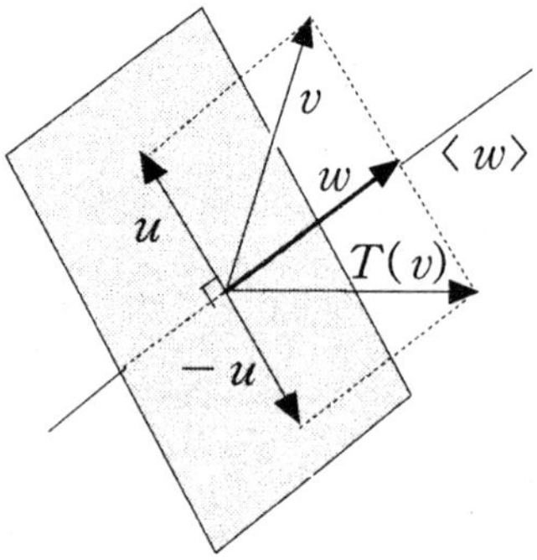

(1) 유클리드 평면 $\mathscr{E}^2$에서

$$w = \left(\cos\frac{\theta}{2}, \sin\frac{\theta}{2}\right)$$

인 경우에 $T(x_1, x_2)$를 구하여라.

(2) 유클리드 공간 $\mathscr{E}^3$에서

$$w = \left(0, \cos\frac{\theta}{2}, \sin\frac{\theta}{2}\right)$$

인 경우에 $T(x_1, x_2, x_3)$를 구하여라.

§7.5 대칭행렬과 이차형식

복소수 $\alpha = a + ib$에 대하여 α의 켤레복소수를 $\overline{\alpha} = a - ib$로 나타내고 복소수체 $\mathbb{C}$ 위의 행렬 $A = [\alpha_{ij}]_{n\times n}$에 대하여 $\overline{A} = [\overline{\alpha_{ij}}]_{n\times n}$이라고 하자.

정리 7.5.1 실수체 $\mathbb{R}$ 위의 n차의 행렬 A가 대칭행렬일 때 다음이 성립한다.

(1) A는 [L_A는] 중복을 허락하여 n 개의 실수인 고유치를 가진다.

(2) 두 실수 λ, μ가 A의 [L_A의] 서로 다른 고유치일 때, $v, w \in \mathcal{E}^n$를 각각 λ, μ에 대응하는 A의 [L_A의] 고유벡터라고 하면 v, w는 서로 직교한다.

증 명 행렬 A를 복소수체 $\mathbb{C}$ 위의 행렬로 생각하는 경우에, A의 성분은 모두 실수이므로 $\overline{A} = A$이고 또 A는 대칭행렬이므로 $A^T = A$이다.

이제 벡터공간 $\mathbb{C}^n$에서 임의의 벡터 $v = (x_1, \cdots, x_n)$, $w = (y_1, \cdots, y_n)$에 대하여 선형변환 $L_A : \mathbb{C}^n \longrightarrow \mathbb{C}^n$에 의한 상을 $L_A(v) = (x_1', \cdots, x_n')$, $L_A(w) = (y_1', \cdots, y_n')$이라고 하자. 이 때,

$$A\begin{bmatrix} x_1 \\ \vdots \\ x_n \end{bmatrix} = \begin{bmatrix} x_1' \\ \vdots \\ x_n' \end{bmatrix}, \quad A\begin{bmatrix} y_1 \\ \vdots \\ y_n \end{bmatrix} = \begin{bmatrix} y_1' \\ \vdots \\ y_n' \end{bmatrix}$$

이고 또 $[x_1' \ \cdots \ x_n'] = [x_1 \ \cdots \ x_n]A^T = [x_1 \ \cdots \ x_n]A$ 이므로

$$[x_1' \ \cdots \ x_n']\begin{bmatrix} y_1 \\ \vdots \\ y_n \end{bmatrix} = [x_1 \ \cdots \ x_n]A\begin{bmatrix} y_1 \\ \vdots \\ y_n \end{bmatrix} = [x_1 \ \cdots \ x_n]\begin{bmatrix} y_1' \\ \vdots \\ y_n' \end{bmatrix}$$

이고 따라서 다음이 성립한다.

(a) $x_1' y_1 + \cdots + x_n' y_n = x_1 y_1' + \cdots + x_n y_n'$

(b) 임의의 $v, w \in \mathbb{R}^n$에 대하여 $L_A(v) \cdot w = v \cdot L_A(w)$ 이다.

(1) 행렬 A를 복소수체 $\mathbb{C}$ 위의 행렬로 생각할 때, A는 중복을 허락하여 n개의 복소수인 고유근을 가진다.

이제 $\lambda \in \mathbb{C}$ 를 A의 고유치라 하고 $v = (x_1, \cdots, x_n) \in \mathbb{C}^n$를 이에 대응하는 고유벡터라고 하면, $L_A(v) = \lambda v = (\lambda x_1, \cdots, \lambda x_n)$ 이므로

$$A\begin{bmatrix} x_1 \\ \vdots \\ x_n \end{bmatrix} = \begin{bmatrix} \lambda x_1 \\ \vdots \\ \lambda x_n \end{bmatrix}, \quad A\begin{bmatrix} \overline{x_1} \\ \vdots \\ \overline{x_n} \end{bmatrix} = \overline{A}\begin{bmatrix} \overline{x_1} \\ \vdots \\ \overline{x_n} \end{bmatrix} = \begin{bmatrix} \overline{\lambda}\,\overline{x_1} \\ \vdots \\ \overline{\lambda}\,\overline{x_n} \end{bmatrix}$$

이고 따라서 (a)에 의하여

$$\lambda x_1 \overline{x_1} + \cdots + \lambda x_n \overline{x_n} = x_1 \overline{\lambda}\,\overline{x_1} + \cdots + x_n \overline{\lambda}\,\overline{x_n}$$

즉 $$(\lambda - \overline{\lambda})(|x_1|^2 + \cdots + |x_n|^2) = 0$$

이고 또 $\|v\|^2 = |x_1|^2 + \cdots + |x_n|^2 \neq 0$ 이므로 $\lambda = \overline{\lambda}$ 이다.

따라서 λ는 실수이다.

(2) 가정에 의하여 $v, w \in \mathscr{E}^n$, $L_A(v) = \lambda v$, $L_A(w) = \mu w$ 이고 또한 (b)에 의하여 $L_A(v) \cdot w = v \cdot L_A(w)$ 이다. 따라서

$$(\lambda v) \cdot w = v \cdot (\mu w) \quad \text{즉} \quad \lambda(v \cdot w) = \mu(v \cdot w)$$

이고 $\lambda \neq \mu$ 이므로, $v \cdot w = 0$ 이다.

정리 7.5.2 (스펙트럼 정리, spectral theorem) 실수체 $\mathbb{R}$ 위의 n차의 행렬 A가 대칭행렬일 때 그리고 이때에만 A는 직교행렬에 의하여 대각화된다.

실제로, A가 대칭행렬이면, 적당한 직교행렬 P와 대각행렬 D에 대하여 $P^{-1}AP = P^TAP = D$ 이고 또 유클리드 공간 $\mathscr{E}^n$에는 A의 고유벡터로 이루어진 직교정규기저 $\mathscr{C} = \{w_1, \cdots, w_n\}$가 존재한다.

증 명 정리 7.5.1에 의하여 대칭행렬 A는 중복을 허락하여 n개의 실수인 고유치를 가진다. 이 정리를 n에 관한 귀납법으로 증명한다.

먼저 $n = 1$인 경우에 1×1 행렬 $A = [a]$의 고유치는 a이고 직교행렬인 항등행렬 $I = [1]$에 대하여 $I^{-1}AI = I^TAI = A$ 이다.

이제 $n \geq 2$일 때, $n-1$차의 모든 대칭행렬에 대하여 정리가 성립한다고

가정하고 A 를 n 차의 대칭행렬이라고 하자. 그리고, A 의 한 고유치 λ_1 을 택하여 $v_1 \in \mathscr{E}^n$ 을 λ_1 에 대응하는 A 의 고유벡터라 하고 $w_1 = \dfrac{v_1}{\|v_1\|}$ 이라고 하자. 여기서, 벡터 w_1 은 고유치 λ_1에 대응하는 고유벡터이면서 단위벡터이므로 w_1 에 $n-1$ 개의 벡터 $w_2, \cdots, w_n$ 을 첨가하여 유클리드 공간 $\mathscr{E}^n$ 의 직교정규기저 $\mathscr{B} = \{w_1, w_2, \cdots, w_n\}$ 를 얻는다(정리 7.2.2). 그리고, L_A 에 의한 $w_1, w_2, \cdots, w_n$ 의 상은 다음과 같은 꼴의 일차결합으로 나타내어진다.

$$\begin{aligned} L_A(w_1) &= \lambda_1 w_1 \\ L_A(w_2) &= b_{12} w_1 + b_{22} w_2 + \cdots + b_{n2} w_n \\ &\vdots \\ L_A(w_n) &= b_{1n} w_1 + b_{2n} w_2 + \cdots + b_{nn} w_n \end{aligned}$$

이 때,

$$[L_A]_{\mathscr{B}} = \begin{bmatrix} \lambda_1 & b_{12} & \cdots & b_{1n} \\ 0 & b_{22} & \cdots & b_{2n} \\ \vdots & \vdots & \cdots & \vdots \\ 0 & b_{n2} & \cdots & b_{nn} \end{bmatrix} = B$$

이고, $w_1, \cdots, w_n$ 을 열벡터로 가지는 n 차의 행렬을 Q 라고 하면 Q 는 직교행렬이고 $Q^{-1}AQ = Q^TAQ = B$ 이다(정리 7.3.2, 정리 6.1.3 참조).

그리고, A 는 대칭행렬이므로

$$B^T = (Q^TAQ)^T = Q^TA^TQ = Q^TAQ = B$$

이고 따라서 B 는 대칭행렬이므로 $b_{12} = \cdots = b_{1n} = 0$ 이다. 그러므로,

$$B = \begin{bmatrix} \lambda_1 & 0 & \cdots & 0 \\ 0 & & & \\ \vdots & & B_1 & \\ 0 & & & \end{bmatrix}, \quad B_1 = \begin{bmatrix} b_{22} & \cdots & b_{2n} \\ \vdots & \cdots & \vdots \\ b_{n2} & \cdots & b_{nn} \end{bmatrix}$$

이라고 하면, B 가 대칭행렬이므로 B_1 은 $n-1$ 차의 대칭행렬이다.

따라서 귀납법 가정에 의하여 적당한 $n-1$ 차의 직교행렬 R_1 에 대하여

$$R_1^{-1}B_1R_1 = R_1^TB_1R_1 = \text{diag}\{\lambda_2, \cdots, \lambda_n\}$$

이고, 따라서

$$R = \begin{bmatrix} 1 & 0 & \cdots & 0 \\ 0 & & & \\ \vdots & & R_1 & \\ 0 & & & \end{bmatrix}, \quad D = \operatorname{diag}\{\lambda_1, \lambda_2, \cdots, \lambda_n\}$$

이라고 하면, R는 직교행렬이고 $R^{-1}BR = R^TBR = D$이다.

따라서 $P = QR$라고 하면, P는 직교행렬이고 다음이 성립한다.

$$\begin{aligned} P^{-1}AP = P^TAP &= (QR)^TA(QR) \\ &= R^T(Q^TAQ)R = R^TBR = D \end{aligned}$$

그리고, $P = [p_{ij}]_{n\times n}$이라 하고

$$w_j = (p_{1j}, p_{2j}, \cdots, p_{nj}) \qquad (1 \le j \le n)$$

이라고 하면, 정리 7.3.2에 의하여 $\mathscr{C} = \{w_1, \cdots, w_n\}$는 유클리드공간 $\mathscr{E}^n$의 직교정규기저이고 또 다음이 성립한다(정리 6.1.3).

$$L_A(w_j) = \lambda_j w_j \qquad (1 \le j \le n)$$

역으로, 직교행렬 P와 대각행렬 D에 대하여 $P^TAP = D$이면,

$$A^T = (PDP^T)^T = (P^T)^TD^TP^T = PDP^T = A$$

이므로 A는 대칭행렬이다.

정의 7.5.3 실수체 $\mathbb{R}$ 위의 n차의 대칭행렬 $A = [a_{ij}]_{n\times n}$에 대하여 다음과 같이 정의된 사상 $q : \mathbb{R}^n \longrightarrow \mathbb{R}$를 대칭행렬 A에 **대응하는 이차형식**(二次型式, quadratic form)이라고 한다.

$$\begin{aligned} q(x_1, \cdots, x_n) &= [x_1 \ \cdots \ x_n]\, A \begin{bmatrix} x_1 \\ \vdots \\ x_n \end{bmatrix} \\ &= \sum_{i=1}^{n}\sum_{j=1}^{n} a_{ij}x_ix_j = \sum_{i=1}^{n} a_{ii}{x_i}^2 + 2\sum_{i<j} a_{ij}x_ix_j \end{aligned}$$

여기서, 대칭행렬 A를 이차형식 q의 **행렬**이라고 한다.

보기 7.5.1 두 미지수 x_1, x_2 에 관한 식

$$q(x_1, x_2) = 2x_1{}^2 + 8x_1x_2 - 6x_2{}^2$$

은

$$q(x_1, x_2) = [x_1 \ \ x_2]\begin{bmatrix} 2 & 3 \\ 5 & -6 \end{bmatrix}\begin{bmatrix} x_1 \\ x_2 \end{bmatrix}$$

으로 나타낼 수 있고 또 대칭행렬을 써서 다음과 같이 나타낼 수 있다.

$$q(x_1, x_2) = [x_1 \ \ x_2]\begin{bmatrix} 2 & 4 \\ 4 & -6 \end{bmatrix}\begin{bmatrix} x_1 \\ x_2 \end{bmatrix}$$

정리 7.5.4 (주축 정리(主軸定理, principal axis theorem)) 사상 $q : \mathbb{R}^n \longrightarrow \mathbb{R}$ 가 n 차의 대칭행렬 $A = [a_{ij}]_{n \times n}$ 에 대응하는 이차형식일 때, 정리 7.5.2 에서와 같이 유클리드 공간 $\mathscr{E}^n$ 의 직교정규 기저 $\mathscr{C} = \{w_1, \cdots, w_n\}$ 와 직교행렬 P, 대각행렬 $D = \text{diag}\{\lambda_1, \cdots, \lambda_n\}$ 를 정하자.

이 때, 임의의 벡터 $v = (x_1, \cdots, x_n) \in \mathscr{E}^n$ 에 대하여

$$v = x_1{}' w_1 + \cdots + x_n{}' w_n$$

이라고 하면, $q(x_1, \cdots, x_n) = \lambda_1 x_1{}'^2 + \cdots + \lambda_n x_n{}'^2$ 이다.

증 명 가정과 정리 6.1.1 에 의하여

$$\begin{bmatrix} x_1 \\ \vdots \\ x_n \end{bmatrix} = P\begin{bmatrix} x_1{}' \\ \vdots \\ x_n{}' \end{bmatrix} \quad \text{즉} \quad [x_1 \ \cdots \ x_n] = [x_1{}' \ \cdots \ x_n{}']P^T$$

이므로 다음 등식이 성립한다.

$$q(x_1, \cdots, x_n) = [x_1 \ \cdots \ x_n]A\begin{bmatrix} x_1 \\ \vdots \\ x_n \end{bmatrix} = [x_1{}' \ \cdots \ x_n{}']P^TAP\begin{bmatrix} x_1{}' \\ \vdots \\ x_n{}' \end{bmatrix}$$

$$= [x_1{}' \ \cdots \ x_n{}']D\begin{bmatrix} x_1{}' \\ \vdots \\ x_n{}' \end{bmatrix} = \lambda_1 x_1{}'^2 + \cdots + \lambda_n x_n{}'^2$$

보기 7.5.2 실수체 $\mathbb{R}$ 위에서 다음과 같은 대칭행렬을 생각해 보자.

$$A = \begin{bmatrix} 5 & 2 \\ 2 & 2 \end{bmatrix}$$

행렬 A 의 [L_A 의] 고유다항식은

$$f(x) = \begin{vmatrix} x-5 & -2 \\ -2 & x-2 \end{vmatrix} = (x-1)(x-6)$$

이므로 A 의 고유치는 1, 6 이다. 그런데, E 를 고유치 1 에 대응하는 고유공간이라고 하면, E 는 동차 연립일차방정식

$$(I_4 - A)\begin{bmatrix} x_1 \\ x_2 \end{bmatrix} = \begin{bmatrix} 0 \\ 0 \end{bmatrix} \quad \text{즉} \quad \begin{bmatrix} -4 & -2 \\ -2 & -1 \end{bmatrix}\begin{bmatrix} x_1 \\ x_2 \end{bmatrix} = \begin{bmatrix} 0 \\ 0 \end{bmatrix}$$

의 해공간이므로 E 는 동차 일차방정식 $2x_1 + x_2 = 0$ 의 해공간이고 따라서 $\mathrm{E} = \langle(1, -2)\rangle$ 이다. 그리고,

$$\mathrm{E}^{\perp} = \langle(2,1)\rangle, \qquad L_A(2,1) = (12,6) = 6(2,1)$$

이므로 (2, 1) 은 고유치 6 에 대응하는 고유벡터이고 따라서 $\mathrm{E}^{\perp}$ 은 고유치 6 에 대응하는 고유공간이다(정리 7.5.2 참조). 이제

$$w_1 = \left(\frac{1}{\sqrt{5}}, \frac{-2}{\sqrt{5}}\right), \qquad w_2 = \left(\frac{2}{\sqrt{5}}, \frac{1}{\sqrt{5}}\right)$$

이라고 하면, $\mathrm{E} = \langle w_1 \rangle$, $\mathrm{E}^{\perp} = \langle w_2 \rangle$ 이고 $\mathscr{C} = \{w_1, w_2\}$ 는 유클리드 평면 $\mathscr{E}^2$ 의 직교정규기저이다. 따라서

$$P = \begin{bmatrix} \frac{1}{\sqrt{5}} & \frac{2}{\sqrt{5}} \\ \frac{-2}{\sqrt{5}} & \frac{1}{\sqrt{5}} \end{bmatrix}, \qquad D = \begin{bmatrix} 1 & 0 \\ 0 & 6 \end{bmatrix}$$

이라고 하면, P 는 직교행렬이고 $P^{-1}AP = P^T AP = D$, $\det P = 1$ 이다.

이제 행렬 A 에 의하여 정의된 이차형식 $q: \mathbb{R}^2 \longrightarrow \mathbb{R}$ 를 생각해 보자.

$$q(x_1, x_2) = [x_1 \ \ x_2]\, A \begin{bmatrix} x_1 \\ x_2 \end{bmatrix} = 5{x_1}^2 + 4x_1x_2 + 2{x_2}^2$$

임의의 벡터 $v=(x_1, x_2)$ 에 대하여 $v=x_1' w_1+x_2' w_2$ 이라고 하면,

$$\begin{bmatrix} x_1 \\ x_2 \end{bmatrix} = P \begin{bmatrix} x_1' \\ x_2' \end{bmatrix} \quad 즉 \quad \begin{cases} x_1 = \dfrac{1}{\sqrt{5}} x_1' + \dfrac{2}{\sqrt{5}} x_2' \\ x_2 = \dfrac{-2}{\sqrt{5}} x_1' + \dfrac{1}{\sqrt{5}} x_2' \end{cases}$$

이므로 $[x_1 \ x_2] = [x_1' \ x_2'] P^T$ 이고 따라서 다음이 성립한다.

$$q(x_1, x_2) = [x_1 \ x_2] A \begin{bmatrix} x_1 \\ x_2 \end{bmatrix} = [x_1' \ x_2'] P^T A P \begin{bmatrix} x_1' \\ x_2' \end{bmatrix}$$

$$= [x_1' \ x_2'] D \begin{bmatrix} x_1' \\ x_2' \end{bmatrix} = x_1'^{\,2} + 6 x_2'^{\,2}$$

보기 7.5.3 다음과 같은 정의된 이차형식 $q : \mathbb{R}^3 \longrightarrow \mathbb{R}$ 를 생각해 보자.

$$q(x_1, x_2, x_3) = 4x_1^2 + 4x_2^2 + 4x_3^2 + 4x_1x_2 + 4x_1x_3 + 4x_2x_3$$

이 이차형식의 행렬은 대칭행렬

$$A = \begin{bmatrix} 4 & 2 & 2 \\ 2 & 4 & 2 \\ 2 & 2 & 4 \end{bmatrix}$$

이고 대칭행렬 A 의 고유다항식은 다음과 같다.

$$f(x) = \begin{vmatrix} x-4 & -2 & -2 \\ -2 & x-4 & -2 \\ -2 & -2 & x-4 \end{vmatrix} = \begin{vmatrix} x-4 & -2 & -2 \\ -2 & x-4 & -2 \\ 0 & -(x-2) & x-2 \end{vmatrix}$$

$$= \begin{vmatrix} x-4 & -4 & -2 \\ -2 & x-6 & -2 \\ 0 & 0 & x-2 \end{vmatrix} = (x-2) \begin{vmatrix} x-4 & -4 \\ -2 & x-6 \end{vmatrix}$$

$$= (x-2)(x^2 - 10x + 16) = (x-2)^2 (x-8)$$

따라서 A 의 고유치는 다음과 같다.

$$\lambda_1 = 2 \ (\text{이중근}), \quad \lambda_2 = 8$$

$$2I_3 - A = \begin{bmatrix} -2 & -2 & -2 \\ -2 & -2 & -2 \\ -2 & -2 & -2 \end{bmatrix} \longrightarrow \begin{bmatrix} 1 & 1 & 1 \\ 0 & 0 & 0 \\ 0 & 0 & 0 \end{bmatrix}$$

이제 E 를 고유치 2 에 대응하는 고유공간이라고 하면, E 는 동차 일차방정식 $x_1 + x_2 + x_3 = 0$ 의 해공간이다. 따라서

$$\begin{aligned} \mathrm{E} &= \{(x_1, x_2, x_3) \in \mathscr{E}^3 \mid x_1 + x_2 + x_3 = 0\} \\ &= \langle (1, -1, 0), (1, 0, -1) \rangle, \\ \mathrm{E}^{\perp} &= \langle (1, 1, 1) \rangle \end{aligned}$$

이고 $\mathrm{E}^{\perp}$ 은 고유치 8 에 대응하는 고유공간이다(정리 7.5.1). 세 벡터

$$u_1 = (1, -1, 0), \quad u_2 = (1, 0, -1), \quad u_3 = (1, 1, 1)$$

에 Gram-Schmidt 의 직교화 과정(정리 7.2.1) 을 적용하여

$$v_1 = u_1,$$

$$v_2 = u_2 - \frac{u_2 \cdot v_1}{v_1 \cdot v_1} v_1 = \frac{1}{2}(1, 1, -2),$$

$$v_3 = u_3 = (1, 1, 1)$$

$$w_1 = \frac{v_1}{\| v_1 \|} = \frac{1}{\sqrt{2}}(1, -1, 0) = (\frac{1}{\sqrt{2}}, \frac{-1}{\sqrt{2}}, 0),$$

$$w_2 = \frac{v_2}{\| v_2 \|} = \frac{1}{\sqrt{6}}(1, 1, -2) = (\frac{1}{\sqrt{6}}, \frac{1}{\sqrt{6}}, \frac{2}{\sqrt{6}})$$

$$w_3 = \frac{v_3}{\| v_3 \|} = (\frac{1}{\sqrt{3}}, \frac{1}{\sqrt{3}}, \frac{1}{\sqrt{3}})$$

이라고 하면, $\mathscr{C} = \{w_1, w_2, w_3\}$ 는 유클리드 공간 $\mathscr{E}^3$ 의 직교기저이다. 따라서

$$P = \begin{bmatrix} -\frac{1}{\sqrt{2}} & -\frac{1}{\sqrt{6}} & \frac{1}{\sqrt{3}} \\ \frac{1}{\sqrt{2}} & -\frac{1}{\sqrt{6}} & \frac{1}{\sqrt{3}} \\ 0 & \frac{2}{\sqrt{6}} & \frac{1}{\sqrt{3}} \end{bmatrix}, \quad D = \begin{bmatrix} 2 & 0 & 0 \\ 0 & 2 & 0 \\ 0 & 0 & 8 \end{bmatrix}$$

이라고 하면, P 는 직교행렬이고 또 다음이 성립한다.

$$P^{-1}AP = P^T A P = D, \quad \det P = 1$$

그리고,

$$\begin{bmatrix} x_1 \\ x_2 \\ x_3 \end{bmatrix} = P \begin{bmatrix} x_1' \\ x_2' \\ x_3' \end{bmatrix} \quad \text{즉} \quad \begin{cases} x_1 = -\frac{1}{\sqrt{2}} x_1' - \frac{1}{\sqrt{6}} x_2' + \frac{1}{\sqrt{3}} x_3' \\ x_2 = \frac{1}{\sqrt{2}} x_1' - \frac{1}{\sqrt{6}} x_2' + \frac{1}{\sqrt{3}} x_3' \\ x_3 = \frac{2}{\sqrt{6}} x_2' + \frac{1}{\sqrt{3}} x_3' \end{cases}$$

이라고 하면 $q(x_1, x_2, x_3) = 2x_1'^2 + 2x_2'^2 + 8x_3'^2$ 이다.

보기 7.5.4 다음과 같이 정의된 이차형식 $q : \mathbb{R}^3 \longrightarrow \mathbb{R}$를 생각해 보자.

$$q(x_1, x_2, x_3) = x_1^2 + x_3^2 - 2x_1x_2 - 4x_1x_3 - 2x_2x_3$$

이차형식 q의 행렬은 대칭행렬

$$A = \begin{bmatrix} 1 & -1 & -2 \\ -1 & 0 & -1 \\ -2 & -1 & 1 \end{bmatrix}$$

이고, 이 행렬의 고유다항식은 $f(x) = (x-1)(x+2)(x-3)$ 이므로 A의 고유치는 $1, -2, 3$ 이고 고유치에 대응하는 고유공간은 각각 다음과 같다.

$$\mathrm{E}_1 = \langle (1, -2, 1) \rangle, \quad \mathrm{E}_2 = \langle (1, 1, 1) \rangle, \quad \mathrm{E}_3 = \langle (-1, 0, 1) \rangle$$

이제 $v_1 = (1, -2, 1)$, $v_2 = (1, 1, 1)$, $v_3 = (-1, 0, 1)$ 이라고 하면, 이들 세 벡터는 서로 직교한다(정리 7.5.2). 따라서

$$w_1 = \frac{v_1}{\| v_1 \|} = \left(\frac{1}{\sqrt{6}}, -\frac{2}{\sqrt{6}}, \frac{1}{\sqrt{6}}\right),$$

$$w_2 = \frac{v_2}{\| v_2 \|} = \left(\frac{1}{\sqrt{3}}, \frac{1}{\sqrt{3}}, \frac{1}{\sqrt{3}}\right),$$

$$w_3 = \frac{v_3}{\| v_3 \|} = \left(-\frac{1}{\sqrt{2}}, 0, \frac{1}{\sqrt{2}}\right)$$

이라고 하면, $\mathscr{C} = \{w_1, w_2, w_3\}$는 A의 고유벡터로 이루어진 유클리드 공간 $\mathscr{E}^3$의 직교 정규기저이고 따라서

$$P = \begin{bmatrix} \frac{1}{\sqrt{6}} & \frac{1}{\sqrt{3}} & -\frac{1}{\sqrt{2}} \\ -\frac{2}{\sqrt{6}} & \frac{1}{\sqrt{3}} & 0 \\ \frac{1}{\sqrt{6}} & \frac{1}{\sqrt{3}} & \frac{1}{\sqrt{2}} \end{bmatrix}, \qquad D = \begin{bmatrix} 1 & 0 & 0 \\ 0 & -2 & 0 \\ 0 & 0 & 3 \end{bmatrix}$$

이라고 하면 P는 직교행렬이고 $P^{-1}AP = P^TAP = D$ 이다. 그리고,

$$\begin{bmatrix} x_1 \\ x_2 \\ x_3 \end{bmatrix} = P \begin{bmatrix} x_1' \\ x_2' \\ x_3' \end{bmatrix} \quad \text{즉} \quad \begin{cases} x_1 = \frac{1}{\sqrt{6}} x_1' + \frac{1}{\sqrt{3}} x_2' - \frac{1}{\sqrt{2}} x_3' \\ x_2 = -\frac{2}{\sqrt{6}} x_1' + \frac{1}{\sqrt{3}} x_2' \\ x_3 = \frac{1}{\sqrt{6}} x_1' + \frac{1}{\sqrt{3}} x_2' + \frac{1}{\sqrt{2}} x_3' \end{cases}$$

이라고 하면, $q(x_1, x_2, x_3) = x_1'^{\,2} - 2x_2'^{\,2} + 3x_3'^{\,2}$ 이다.

연 습 문 제 (7.5)

1. 다음 식을 행렬을 써서 나타내어라.

(1) $2x_1y_1 + x_2y_1 + 3x_2y_2$

(2) $2x_1y_1 + 3x_1y_2 + 4x_2y_1 + 4x_2y_2 + x_2y_3 - x_3y_2 + 2x_3y_3$

2. 다음 식을 대칭행렬을 써서 나타내어라.

(1) $q(x_1, x_2) = 8{x_1}^2 + {x_2}^2 + 10x_1x_2$

(2) $q(x_1, x_2, x_3) = {x_1}^2 + 5x_1x_2 - {x_2}^2 + 6x_2x_3 + 2{x_3}^2$

3. 실수체 $\mathbb{R}$ 위에서 다음 대칭행렬은 직교행렬에 의하여 대각화됨을 밝혀라.

(1) $A = \begin{bmatrix} 2 & 3 \\ 3 & 4 \end{bmatrix}$ (2) $A = \begin{bmatrix} 1 & 3 \\ 3 & 1 \end{bmatrix}$ (3) $A = \begin{bmatrix} 1 & 4 \\ 4 & -3 \end{bmatrix}$

4. 실수체 $\mathbb{R}$ 위에서 다음 대칭행렬은 직교행렬에 의하여 대각화됨을 밝혀라.

(1) $A = \begin{bmatrix} 2 & 1 & 1 \\ 1 & 2 & 1 \\ 1 & 1 & 2 \end{bmatrix}$ (2) $A = \begin{bmatrix} 1 & 2 & 0 \\ 2 & 2 & 2 \\ 0 & 2 & 3 \end{bmatrix}$ (3) $A = \begin{bmatrix} 10 & 0 & 2 \\ 0 & 6 & 0 \\ 2 & 0 & 7 \end{bmatrix}$

5. 다음 식의 변수를 적당히 변환하여 이들 식을

$$\lambda_1 {x_1'}^2 + \lambda_2 {x_2'}^2 \quad \text{또는} \quad \lambda_1 {x_1'}^2 + \lambda_2 {x_2'}^2 + \lambda_3 {x_3'}^2$$

의 꼴로 나타내어라.

(1) $q(x_1, x_2) = {x_1}^2 + 8x_1x_2 - 3{x_2}^2$

(2) $q(x_1, x_2, x_3) = 2{x_1}^2 + 2{x_2}^2 + 2{x_3}^2 + 2x_1x_2 + 2x_1x_3 + 2x_2x_3$

(3) $q(x_1, x_2, x_3) = {x_1}^2 + {x_2}^2 - {x_3}^2 + 4x_1x_3 + 4x_2x_3$

6. 두 대칭행렬 $A, B \in \mathrm{Mat}_n(\mathbb{R})$ 에 대하여 다음이 성립함을 증명하여라.

(1) $A \neq O$ 이면, $\mathrm{tr}\, A^2 > 0$ 이다.

(2) $AB = BA$ 일 때 그리고 이때에만 AB 는 대칭행렬이다.

§7.6 이차곡선과 이차곡면

유클리드 평면 $\mathscr{E}^2$ 에서 실수를 계수로 가지는 x_1, x_2 에 관한 이차방정식

$$a x_1^2 + 2 h x_1 x_2 + b x_2^2 + 2 c x_1 + 2 d x_2 + e = 0$$

을 만족시키는 점 (x_1, x_2) 전체의 집합을 **이차곡선**(二次曲線, quadratic curve) 또는 **원뿔곡선**(圓錐曲線, conic)이라고 한다. 이제

$$q(x_1, x_2) = a x_1^2 + 2 h x_1 x_2 + b x_2^2$$
$$= [x_1 \ x_2] A \begin{bmatrix} x_1 \\ x_2 \end{bmatrix}, \qquad A = \begin{bmatrix} a & h \\ h & b \end{bmatrix}$$

이라고 하면, 대칭행렬 $A \ (\neq O_2)$ 는 중복을 허락하여 2 개의 실수인 고유치 λ_1, λ_2 를 가지며 유클리드 평면 $\mathscr{E}^2$ 에는 A 의 고유벡터로 이루어진 직교정규기저 $\mathscr{C} = \{w_1, w_2\}$ 가 존재한다(정리 7.5.1, 정리 7.5.2).

여기서 w_1, w_2 를 각각 λ_1, λ_2 에 대응하는 고유벡터라고 할 때,

$$w_1 = (\cos\theta, \sin\theta), \quad w_2 = (-\sin\theta, \cos\theta) \qquad (0 \le \theta < 2\pi)$$

이라고 놓을 수 있다(보기 7.1.3). 이 때,

$$P = \begin{bmatrix} \cos\theta & -\sin\theta \\ \sin\theta & \cos\theta \end{bmatrix}, \qquad D = \begin{bmatrix} \lambda_1 & 0 \\ 0 & \lambda_2 \end{bmatrix}$$

이라고 하면, P 는 직교행렬이고 $P^{-1}AP = P^T AP = D$, $\det P = 1$ 이다.

그리고,

$$\begin{bmatrix} x_1 \\ x_2 \end{bmatrix} = P \begin{bmatrix} x_1' \\ x_2' \end{bmatrix} \quad \text{즉} \quad \begin{cases} x_1 = \cos\theta x_1' - \sin\theta x_2' \\ x_2 = \sin\theta x_1' + \cos\theta x_2' \end{cases}$$

이라고 놓으면, $q(x_1, x_2) = \lambda x_1'^2 + \lambda_2 x_2'^2$ 이다(정리 7.5.4).

따라서 주어진 이차방정식은 다음과 같은 꼴로 변형된다.

$$(*) \qquad \lambda_1 x_1'^2 + \lambda_2 x_2'^2 - 2 c_1 x_1' - 2 c_2 x_2' + e = 0$$

한편, $A \neq O$ 이므로 λ_1, λ_2 중에서 적어도 하나는 0 이 아니므로 $\lambda_1 \neq 0$ 이라고 가정하기로 한다.

먼저 $\lambda_1 \neq 0$, $\lambda_2 \neq 0$ 인 경우에 등식 (*) 는

$$\lambda_1 (x_1' - \frac{c_1}{\lambda_1})^2 + \lambda_2 (x_2' - \frac{c_2}{\lambda_2})^2 = \frac{c_1^{\,2}}{\lambda_1^{\,2}} + \frac{c_2^{\,2}}{\lambda_1^{\,2}} - e$$

으로 고쳐 쓸 수 있으므로

$$\begin{cases} x_1'' = x_1' - \dfrac{c_1}{\lambda_1} \\ x_2'' = x_2' - \dfrac{c_2}{\lambda_2} \end{cases}$$

으로 놓으면 이 방정식은

$$\lambda_1 x_1''^{\,2} + \lambda_2 x_2''^{\,2} = r$$

와 같은 꼴로 변형된다.

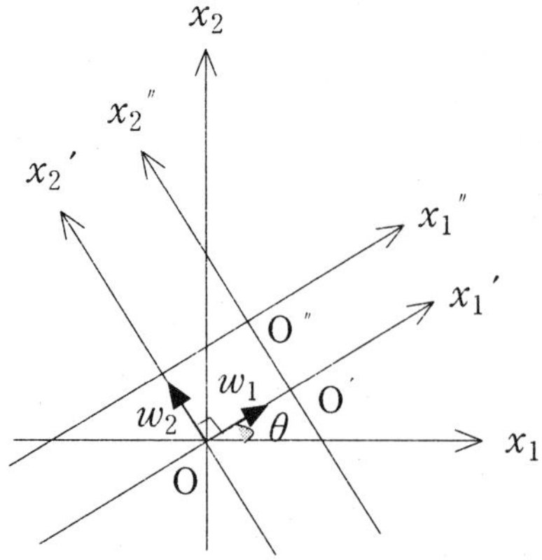

오른쪽 그림의 직교좌표계 $O - x_1' x_2'$ 은 본래의 직교좌표계 $O - x_1 x_2$ 를 원점 둘레로 θ 만큼 회전시킨 것이고, 또한 직교좌표계 $O'' - x_1'' x_2''$ 은 직교좌표계 $O - x_1' x_2'$ 을 평행이동시킨 것이다.

다음에 $\lambda_1 \neq 0$, $\lambda_2 = 0$ 인 경우에 방정식 (*) 는

$$\lambda_1 (x_1' - \frac{c_1}{\lambda_1})^2 - 2 c_2 x_2' = \frac{c_1^{\,2}}{\lambda_1^{\,2}} - e$$

으로 고쳐 쓸 수 있으므로

$$x_1'' = x_1' - \frac{c_1}{\lambda_1}, \qquad x_2'' = x_2'$$

으로 놓으면, 위의 방정식은 다음과 같은 꼴로 변형된다.

$$\lambda_1 x_1''^{\,2} - 2 c_2 x_2'' = s$$

그런데, $c_2 = 0$ 일 때 이 방정식은 $\lambda_1 x_1''^{\,2} = s$ 와 같고, $c_2 \neq 0$ 일 때

$$y_1 = x_1'', \qquad y_2 = x_2'' + \frac{s}{2 c_2}$$

로 놓으면 이 방정식은 $\lambda_1 y_1^{\,2} - 2 c_2 y_2 = 0$ 으로 변형된다.

앞에서 본 바와 같이 좌표축의 회전이동(원점 둘레의) 또는 평행이동을 유한 번 시행하면, 주어진 방정식은 다음과 같은 유형으로 변형된다.

(1-1) $\lambda_1 x_1^2 + \lambda_2 x_2^2 = r$ $\qquad (\lambda_1 \neq 0,\ \lambda_2 \neq 0)$

(1-2) $\lambda_1 x_1^2 = s$ 또는 $\lambda_1 x_1^2 - 2kx_2 = 0$ $\qquad (\lambda_1 \neq 0,\ \lambda_2 = 0)$

그러므로, 변수를 적절히 바꾸면 이차곡선의 방정식은 다음과 같이 분류된다. 이 방정식을 이차곡선의 방정식의 **표준형**(標準型, canonical form)이라고 한다. 여기서, a_1, a_2는 양의 실수이다.

① 타원(楕圓, ellipse)

$$\frac{x_1^2}{a_1^2} + \frac{x_2^2}{a_2^2} = 1$$

② 허타원(虛楕圓, imaginary ellipse)

$$\frac{x_1^2}{a_1^2} + \frac{x_2^2}{a_2^2} = -1$$

③ 점타원(點楕圓, point ellipse)

$$\frac{x_1^2}{a_1^2} + \frac{x_2^2}{a_2^2} = 0$$

④ 쌍곡선(雙曲線, hyperbola)

$$\frac{x_1^2}{a_1^2} - \frac{x_2^2}{a_2^2} = \pm 1$$

⑤ 서로 만나는 두 직선

$$\frac{x_1^2}{a_1^2} - \frac{x_2^2}{a_2^2} = 0 \quad \text{즉} \quad \frac{x_1}{a_1} \pm \frac{x_2}{a_2} = 0$$

⑥ 포물선(抛物線, parabola)

$$x_1^2 = 4px_2 \quad (p \neq 0)$$

⑦ 평행한 두 직선

$$x_1^2 = c^2 \quad (c \neq 0)$$

⑧ 평행한 두 허직선(虛直線)

$$x_1^2 = -c^2 \quad (c \neq 0)$$

⑨ 일치하는 두 직선

$$x_1^2 = 0$$

한편, 다음이 성립한다(정리 6.2.5, 정리 4.6.8 참조).

$$\det A = \det D = \lambda_1 \lambda_2,$$

$$r(A) = r(D) = 2 \Longleftrightarrow \lambda_1 \neq 0,\ \lambda_2 \neq 0$$

$$r(A) = r(D) = 1 \Longleftrightarrow \lambda_1 \neq 0,\ \lambda_2 = 0 \text{ 또는 } \lambda_1 = 0,\ \lambda_2 \neq 0$$

특히, $\det A = \lambda_1 \lambda_2 > 0$ 이면 이차곡선은 타원 또는 허타원, 점타원이고, 또 $\det A = \lambda_1 \lambda_2 < 0$ 이면 이차곡선은 쌍곡선 또는 서로 만나는 두 직선이다.

보기 7.6.1 다음과 같은 이차방정식을 생각해 보자.

$$5x_1^2 + 4x_1x_2 + 2x_2^2 - 6x_1 - 33 = 0$$

먼저 $q(x_1, x_2) = 5x_1^2 + 4x_1x_2 + 2x_2^2$ 에 대하여 보기 7.5.2 에서와 같이

$$P = \begin{bmatrix} \frac{1}{\sqrt{5}} & \frac{2}{\sqrt{5}} \\ -\frac{2}{\sqrt{5}} & \frac{1}{\sqrt{5}} \end{bmatrix}, \quad D = \begin{bmatrix} 1 & 0 \\ 0 & 6 \end{bmatrix}$$

$$\begin{bmatrix} x_1 \\ x_2 \end{bmatrix} = P \begin{bmatrix} x_1' \\ x_2' \end{bmatrix} \quad \text{즉} \quad \begin{cases} x_1 = \frac{1}{\sqrt{5}} x_1' + \frac{2}{\sqrt{5}} x_2' \\ x_2 = \frac{-2}{\sqrt{5}} x_1' + \frac{1}{\sqrt{5}} x_2' \end{cases}$$

이라고 놓으면, $q(x_1, x_2) = x_1'^2 + 6x_2'^2$ 이므로 주어진 이차방정식은 다음과 같이 변형된다.

$$x_1'^2 + 6x_2'^2 - \frac{6}{\sqrt{5}} x_1' - \frac{12}{\sqrt{5}} x_2' - 33 = 0$$

$$x_1'^2 - \frac{6}{\sqrt{5}} x_1' + 6(x_2'^2 - \frac{2}{\sqrt{5}} x_2') = 33$$

$$(x_1' - \frac{3}{\sqrt{5}})^2 + 6(x_2' - \frac{1}{\sqrt{5}})^2 = 6^2$$

그리고

$$\begin{cases} x_1'' = x_1' - \frac{3}{\sqrt{5}} \\ x_2'' = x_2' - \frac{1}{\sqrt{5}} \end{cases}$$

이라고 놓으면, 위의 방정식은

$$\frac{x_1''^2}{6^2} + \frac{x_2''^2}{(\sqrt{6})^2} = 1$$

로 변형된다.

그러므로, 주어진 이차방정식이 나타내는 이차곡선은 오른쪽 그림과 같은 타원이다.

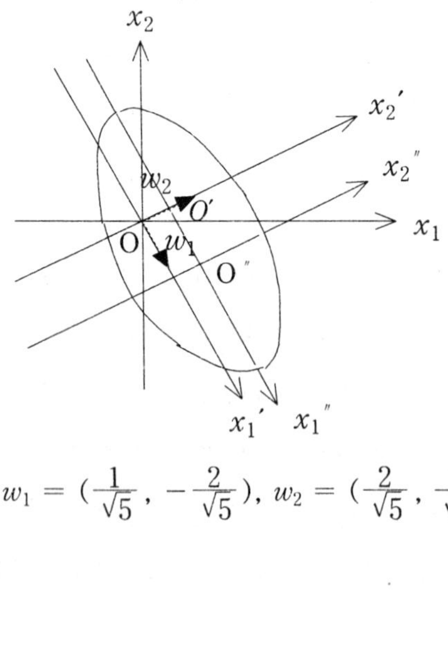

$w_1 = (\frac{1}{\sqrt{5}}, -\frac{2}{\sqrt{5}}),\ w_2 = (\frac{2}{\sqrt{5}}, \frac{1}{\sqrt{5}})$

유클리드 공간 $\mathscr{E}^3$ 에서 실수를 계수로 가지는 x_1, x_2, x_3 에 관한 이차방정식

$$a_{11}x_1^2 + a_{22}x_2^2 + a_{33}x_3^2 + 2a_{12}x_1x_2 + 2a_{13}x_1x_3 + 2a_{23}x_2x_3 + 2b_1x_1 + 2b_2x_2 + 2b_3x_3 + e = 0$$

을 만족시키는 점 (x_1, x_2, x_3) 전체의 집합을 **이차곡면**(二次曲面, quadratic surface)이라고 한다. 여기서,

$$\begin{aligned} q(x_1, x_2, x_3) &= a_{11}x_1^2 + a_{22}x_2^2 + a_{33}x_3^2 \\ &\quad + 2a_{12}x_1x_2 + 2a_{13}x_1x_3 + 2a_{23}x_2x_3 \\ &= [x_1\ x_2\ x_3]\,A\begin{bmatrix} x_1 \\ x_2 \\ x_3 \end{bmatrix}, \quad A = \begin{bmatrix} a_{11} & a_{12} & a_{13} \\ a_{12} & a_{22} & a_{23} \\ a_{13} & a_{23} & a_{33} \end{bmatrix} \end{aligned}$$

이라고 하면, 대칭행렬 $A\ (\neq O_3)$ 는 중복을 허락하여 3 개의 실수인 고유치 $\lambda_1, \lambda_2, \lambda_3$ 를 가지며 유클리드 공간 $\mathscr{E}^3$ 에는 A 의 고유벡터로 이루어진 직교정규기저 $\mathscr{C} = \{w_1, w_2, w_3\}$ 가 존재한다(정리 7.5.1, 정리 7.5.2).

여기서, w_1, w_2, w_3 를 각각 $\lambda_1, \lambda_2, \lambda_3$ 에 대응하는 A 의 고유벡터라 하고 w_1, w_2, w_3 를 열벡터로 가지는 행렬을 P 라고 하면, P 는 직교행렬이고 $P^TAP = \mathrm{diag}\{\lambda_1, \lambda_2, \lambda_3\}$ 이다. 또, 필요하다면 w_1, w_2 의 번호를 바꾸어 $\det P = 1$ 이라고 할 수 있다. 이제

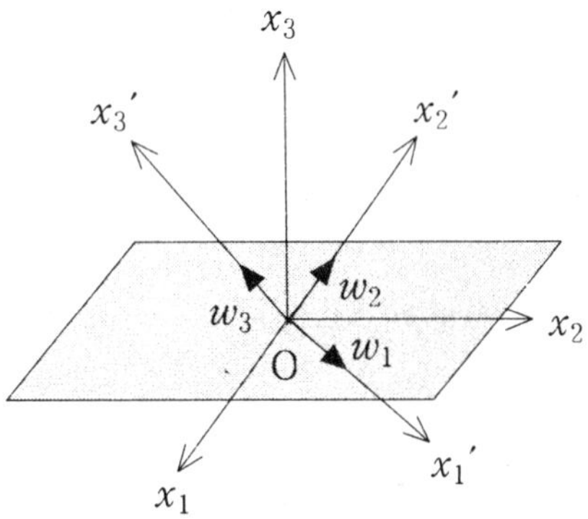

$$\begin{bmatrix} x_1 \\ x_2 \\ x_3 \end{bmatrix} = P\begin{bmatrix} x_1' \\ x_2' \\ x_3' \end{bmatrix}$$

이라고 하면,

$$q(x_1, x_2, x_3) = \lambda_1 x_1'^2 + \lambda_2 x_2'^2 + \lambda_3 x_3'^2$$

이고 주어진 이차 방정식은 다음과 같은 꼴로 변형된다.

$$\lambda_1 x_1'^2 + \lambda_2 x_2'^2 + \lambda_3 x_3'^2 - 2c_1x_1' - 2c_2x_2' - 2c_3x_3' + e = 0$$

그리고, 이차곡선의 경우와 마찬가지로, 변수를 적절히 바꾸면 이차곡면의 방정식은 다음과 같은 17 가지로 분류된다(여기서, a_1, a_2, a_3 는 양의 실수).

이러한 이차방정식을 이차곡면의 방정식의 **표준형**이라고 한다.

① 타원면(楕圓面, ellipsoid) $\dfrac{x_1^2}{a_1^2} + \dfrac{x_2^2}{a_2^2} + \dfrac{x_3^2}{a_3^2} = 1$

② 虛타원면 $\dfrac{x_1^2}{a_1^2} + \dfrac{x_2^2}{a_2^2} + \dfrac{x_3^2}{a_3^2} = -1$

③ 點타원면 $\dfrac{x_1^2}{a_1^2} + \dfrac{x_2^2}{a_2^2} + \dfrac{x_3^2}{a_3^2} = 0$

④ 일엽 쌍곡면(一葉 雙曲面, hyperboloid of 1 sheet) $\dfrac{x_1^2}{a_1^2} + \dfrac{x_2^2}{a_2^2} - \dfrac{x_3^2}{a_3^2} = 1$

⑤ 이엽 쌍곡면(二葉 雙曲面, hyperboloid of 2 sheets) $\dfrac{x_1^2}{a_1^2} + \dfrac{x_2^2}{a_2^2} - \dfrac{x_3^2}{a_3^2} = -1$

⑥ 타원뿔면(楕圓錐面, elliptic cone) $\dfrac{x_1^2}{a_1^2} + \dfrac{x_2^2}{a_2^2} - \dfrac{x_3^2}{a_3^2} = 0$

⑦ 타원포물면(楕圓抛物面, elliptic paraboloid) $\dfrac{x_1^2}{a_1^2} + \dfrac{x_2^2}{a_2^2} = 2x_3$

⑧ 쌍곡포물면(雙曲抛物面, hyperbolic paraboloid) $\dfrac{x_1^2}{a_1^2} - \dfrac{x_2^2}{a_2^2} = -2x_3$

⑨ 타원기둥면(楕圓柱面, elliptic cylinder) $\dfrac{x_1^2}{a_1^2} + \dfrac{x_2^2}{a_2^2} = 1$

⑩ 虛타원기둥면 $\dfrac{x_1^2}{a_1^2} + \dfrac{x_2^2}{a_2^2} = -1$

⑪ 點타원기둥면 $\dfrac{x_1^2}{a_1^2} + \dfrac{x_2^2}{a_2^2} = 0$

⑫ 쌍곡기둥면(雙曲柱面, hyperbolic cylinder) $\dfrac{x_1^2}{a_1^2} - \dfrac{x_2^2}{a_2^2} = 1$

⑬ 서로 만나는 두 평면 $\dfrac{x_1^2}{a_1^2} - \dfrac{x_2^2}{a_2^2} = 0$

⑭ 포물기둥면(抛物柱面, parabolic cylinder) $x_1^2 = 4px_2 \quad (p \neq 0)$

⑮ 서로 평행한 두 평면 $x_1^2 = c^2 \quad (c \neq 0)$

⑯ 서로 평행한 두 허평면 $x_1^2 = -c^2 \quad (c \neq 0)$

⑰ 일치하는 두 평면 $x_1^2 = 0$

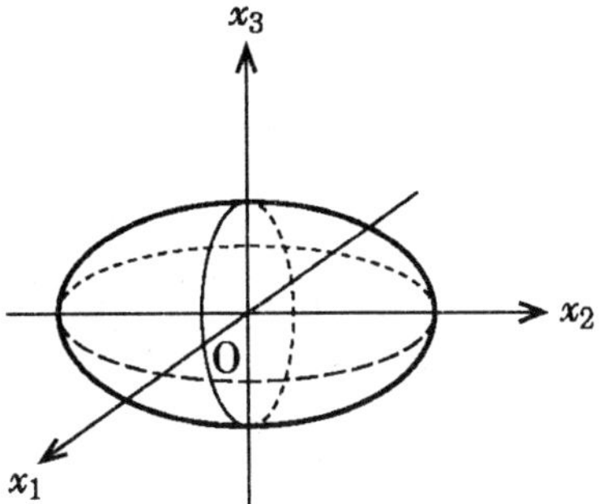

$$\frac{x_1^{\ 2}}{a_1^{\ 2}}+\frac{x_2^{\ 2}}{a_2^{\ 2}}+\frac{x_3^{\ 2}}{a_3^{\ 2}}=1$$

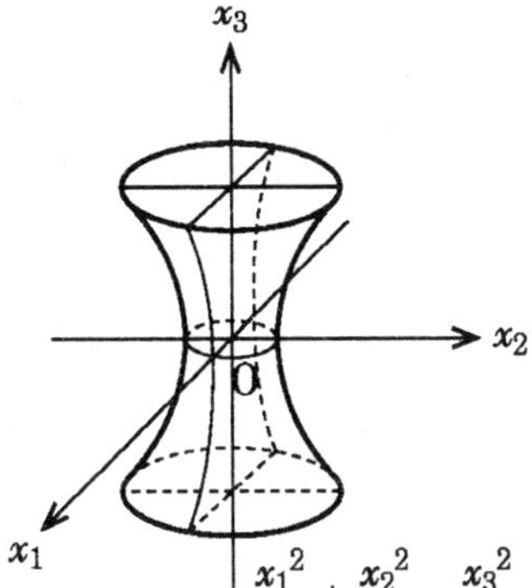

$$\frac{x_1^{\ 2}}{a_1^{\ 2}}+\frac{x_2^{\ 2}}{a_2^{\ 2}}-\frac{x_3^{\ 2}}{a_3^{\ 2}}=1$$

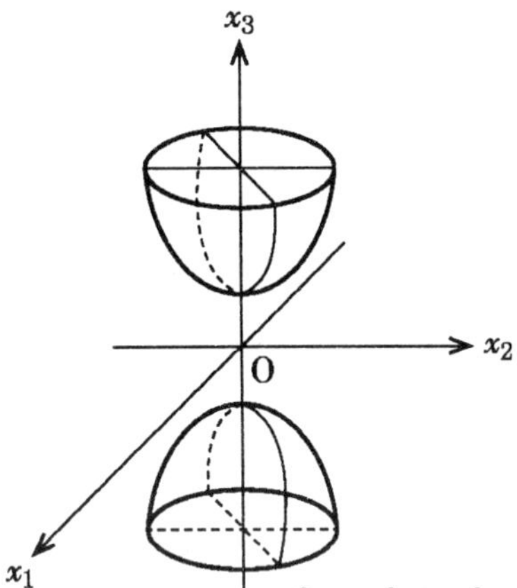

$$\frac{x_1^{\ 2}}{a_1^{\ 2}}+\frac{x_2^{\ 2}}{a_2^{\ 2}}-\frac{x_3^{\ 2}}{a_3^{\ 2}}=-1$$

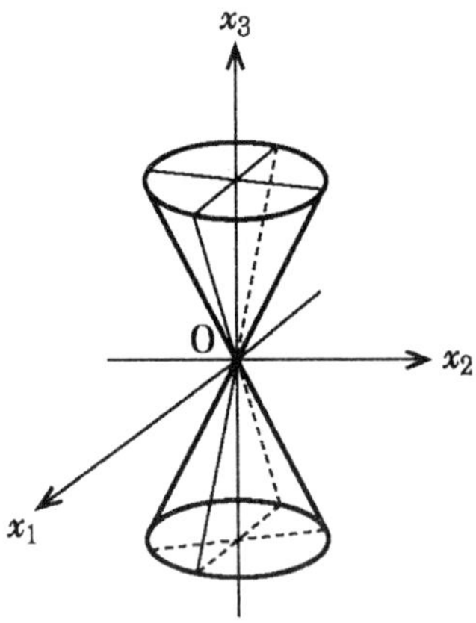

$$\frac{x_1^{\ 2}}{a_1^{\ 2}}+\frac{x_2^{\ 2}}{a_2^{\ 2}}-\frac{x_3^{\ 2}}{a_3^{\ 2}}=0$$

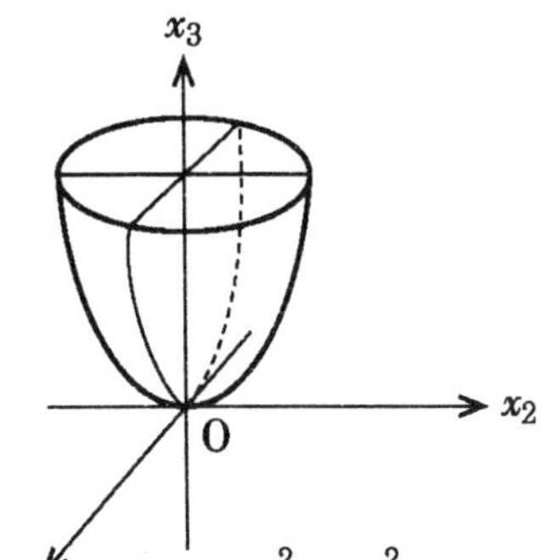

$$\frac{x_1^{\ 2}}{a_1^{\ 2}}+\frac{x_2^{\ 2}}{a_2^{\ 2}}=2x_3$$

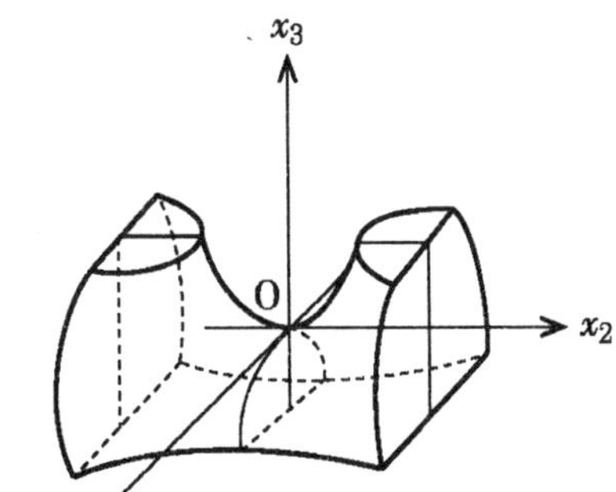

$$\frac{x_1^{\ 2}}{a_1^{\ 2}}-\frac{x_2^{\ 2}}{a_2^{\ 2}}=-2x_3$$

보기 7.6.2 다음과 같은 이차방정식을 생각해 보자.

$$x_1^2 + x_3^2 - 2x_1x_2 - 4x_1x_3 - 2x_2x_3 - 6x_1 + 2x_2 + 12x_3 + 5 = 0$$

먼저

$$q(x_1, x_2, x_3) = x_1^2 + x_3^2 - 2x_1x_2 - 4x_1x_3 - 2x_2x_3$$

이라고 할 때, 보기 7.5.4 에 의하여

$$P = \begin{bmatrix} \frac{1}{\sqrt{6}} & \frac{1}{\sqrt{3}} & -\frac{1}{\sqrt{2}} \\ -\frac{2}{\sqrt{6}} & \frac{1}{\sqrt{3}} & 0 \\ \frac{1}{\sqrt{6}} & \frac{1}{\sqrt{3}} & \frac{1}{\sqrt{2}} \end{bmatrix}, \quad D = \begin{bmatrix} 1 & 0 & 0 \\ 0 & -2 & 0 \\ 0 & 0 & 3 \end{bmatrix}$$

$$\begin{bmatrix} x_1 \\ x_2 \\ x_3 \end{bmatrix} = P \begin{bmatrix} x_1' \\ x_2' \\ x_3' \end{bmatrix} \quad \text{즉} \quad \begin{cases} x_1 = \frac{1}{\sqrt{6}} x_1' + \frac{1}{\sqrt{3}} x_2' - \frac{1}{\sqrt{2}} x_3' \\ x_2 = -\frac{2}{\sqrt{6}} x_1' + \frac{1}{\sqrt{3}} x_2' \\ x_3 = \frac{1}{\sqrt{6}} x_1' + \frac{1}{\sqrt{3}} x_2' + \frac{1}{\sqrt{2}} x_3' \end{cases}$$

이라고 하면 $q(x_1, x_2, x_3) = x_1'^2 - 2x_2'^2 + 3x_3'^2$ 이다.

따라서 주어진 방정식은 다음과 같이 변형된다.

$$x_1^2 - 2x_2^2 + 3x_3^2 + \frac{2}{\sqrt{6}} x_1' + \frac{8}{\sqrt{3}} x_2' + \frac{18}{\sqrt{2}} x_3' + 5 = 0,$$

$$(x_1' + \frac{1}{\sqrt{6}})^2 - 2(x_2' - \frac{2}{\sqrt{3}})^2 + 3(x_3' + \frac{3}{\sqrt{2}})^2 = 6$$

그리고

$$\begin{cases} x_1'' = x_1' + \frac{1}{\sqrt{6}} \\ x_2'' = x_2' - \frac{2}{\sqrt{3}} \\ x_3'' = x_3' + \frac{3}{\sqrt{2}} \end{cases}$$

로 놓으면, 위의 방정식은 다음과 같이 변형된다.

$$x_1''^2 - 2x_2''^2 + 3x_3''^2 = 6,$$

$$\frac{x_1''^2}{(\sqrt{6})^2} - \frac{x_2''^2}{(\sqrt{3})^2} + \frac{x_3''^2}{(\sqrt{2})^2} = 1$$

따라서 주어진 이차방정식은 일엽 쌍곡면을 나타낸다.

연 습 문 제 (7.6)

1. 두 변수 x_1, x_2 에 관한 식

$$f(x_1, x_2) = [x_1 \ \ x_2 \ \ 1]\begin{bmatrix} a & h & c \\ h & b & d \\ c & d & e \end{bmatrix}\begin{bmatrix} x_1 \\ x_2 \\ 1 \end{bmatrix}$$

는 다음과 같은 식을 나타낼 수 있음을 확인하여라.

$$f(x_1, x_2) = a{x_1}^2 + 2hx_1x_2 + b{x_2}^2 + 2cx_1 + 2dx_2 + e$$

그리고

$$g(x_1, x_2) = 2{x_1}^2 + 4x_1x_2 + 3{x_2}^2 + 5x_1 - 8x_2 + 3$$

을 위와 같은 꼴의 등식으로 나타내어라.

2. 다음 방정식의 표준형을 구하여라.

(1) $4{x_1}^2 + 12x_1x_2 + 9{x_2}^2 + 3x_1 - 4 = 0$

(2) ${x_1}^2 + 3x_1x_2 + {x_2}^2 + 2x_1 = 0$

3. 다음 방정식의 표준형을 구하고, 또 그 그래프를 그려라.

(1) $11{x_1}^2 + 6x_1x_2 + 19{x_2}^2 = 80$

(2) $5{x_1}^2 + 2x_1x_2 + 5{x_2}^2 - 8x_1 + 8x_2 = 16$

(3) $2{x_1}^2 + 4x_1x_2 - {x_2}^2 - 12x_1 = 0$

(4) $2{x_1}^2 - 4x_1x_2 + 5{x_2}^2 - 36 = 0$

4. 다음과 같은 세 변수 x_1, x_2, x_3 에 관한 이차방정식의 표준형을 구하여라.

(1) $2{x_1}^2 + 3{x_2}^2 + {x_3}^2 + 2\sqrt{2}x_1x_3 + 2\sqrt{2}x_1 + 2x_3 = 2$

(2) ${x_1}^2 - x_2x_3 + 2x_1 - 4x_2 + 3x_3 = 12$

5. 다음과 같은 세 변수 x_1, x_2, x_3 에 관한 이차방정식의 표준형을 구하여라.

$$2{x_1}^2 + 2{x_2}^2 + 5{x_3}^2 - 4x_1x_2 - 2x_1x_3 + 2x_2x_3 - 10x_1 - 6x_2 - 2x_3 = 0$$

§7.7 양의 정부호 대칭행렬

실수체 $\mathbb{R}$ 위의 n 차의 대칭행렬은 중복을 허락하여 n 개의 (실수인) 고유치를 가진다(정리 7.5.1).

정리 7.7.1 실수체 $\mathbb{R}$ 위의 n 차의 행렬 A 가 대칭행렬일 때, A 의 n 개의 고유치 중에서 중복을 허락하여 p 개의 고유치 $\lambda_1, \cdots, \lambda_p$ 는 양의 실수이고 t 개의 고유치 $\lambda_{p+1}, \cdots, \lambda_{p+t}$ 는 음의 실수이라고 하면 다음이 성립한다.

(1) 적당한 직교행렬 P 와 대각행렬

$$D = \operatorname{diag}\{\lambda_1, \cdots, \lambda_p, \lambda_{p+1}, \cdots, \lambda_{p+t}, 0, \cdots, 0\}$$

에 대하여 $P^T AP = P^{-1}AP = D$ 이고 $r(A) = r(D) = p+t$ 이다.

(2) 적당한 정칙행렬 Q 와 대각행렬

$$D' = \operatorname{diag}\{\underbrace{1, \cdots, 1}_{p}, \underbrace{-1, \cdots, -1}_{t}, 0, \cdots, 0\}$$

에 대하여 $Q^T AQ = D'$ 이다.

증 명 정리 7.5.2 에 의하여 적당한 직교행렬 P 에 대하여

$$P^T AP = P^{-1}AP = D,$$
$$D = \operatorname{diag}\{\lambda_1, \cdots, \lambda_p, \lambda_{p+1}, \cdots, \lambda_{p+t}, 0, \cdots, 0\}$$

이고 따라서 $r(A) = r(D) = p+t$ 이다(정리 4.6.8). 그리고,

$$R = \operatorname{diag}\{\frac{1}{\sqrt{\lambda_1}}, \cdots, \frac{1}{\sqrt{\lambda_p}}, \frac{1}{\sqrt{-\lambda_{p+1}}}, \cdots, \frac{1}{\sqrt{-\lambda_{p+t}}}, 1, \cdots, 1\},$$
$$Q = PR$$

이라고 하면, R 는 정칙행렬이므로 Q 도 정칙행렬이고 다음이 성립한다.

$$\begin{aligned} Q^T AQ &= (PR)^T A(PR) = R^T(P^T AP)R \\ &= R^T DR = \operatorname{diag}\{\underbrace{1, \cdots, 1}_{p}, \underbrace{-1, \cdots, -1}_{t}, 0, \cdots, 0\} \end{aligned}$$

보기 7.7.1 실수체 ℝ 위에서 다음 두 대칭행렬을 생각해 보자.

$$A = \begin{bmatrix} 0 & -2 & 0 \\ -2 & 0 & 3 \\ 0 & 3 & 0 \end{bmatrix}, \quad B = \begin{bmatrix} 4 & -3 & 1 \\ -3 & 1 & 2 \\ 1 & 2 & 2 \end{bmatrix}$$

대칭행렬 A 의 고유다항식은 $f(x) = x^3 - 13x = x(x^2 - 13)$ 이고 따라서 A 의 고유치는 $\sqrt{13}$, $-\sqrt{13}$, 0 이므로 $r(A) = 2$ 이고 적당한 정칙행렬 Q 에 대하여 $Q^T A Q = \operatorname{diag}\{1, -1, 0\}$ 이다.

한편, 대칭행렬 B 의 고유다항식은 $f(x) = x^3 - 7x^2 + 39$ 이고, B 는 실수인 고유치 λ_1, λ_2, λ_3 를 가진다(정리 7.5.1). 그런데, 정리 6.4.1 에 의하여

$$\operatorname{tr} B = \lambda_1 + \lambda_2 + \lambda_3 = 7, \quad \det B = \lambda_1 \lambda_2 \lambda_3 = -39 \neq 0$$

이므로 $r(B) = 3$ 이며 $\lambda_1, \lambda_2, \lambda_3$ 중에서 하나는 음수이고 나머지 둘은 양수이다. 따라서 적당한 정칙행렬 Q 에 대하여 $Q^T B Q = \operatorname{diag}\{1, 1, -1\}$ 이다.

정의 7.7.2 실수체 ℝ 위의 n 차의 대칭행렬 $A = [a_{ij}]_{n \times n}$ 에 대응하는 이차형식

$$q : \mathbb{R}^n \longrightarrow \mathbb{R}, \quad q(x_1, \cdots, x_n) = \sum_{i=1}^{n} \sum_{j=1}^{n} a_{ij} x_i x_j$$

에 대하여 다음 두 조건이 성립할 때, q 를 **양의 정부호**(陽의 定符號, positive definite) **이차형식**이라 하고 A 를 **양의 정부호 대칭행렬**이라고 한다.

(i) 모든 $(x_1, \cdots, x_n) \in \mathbb{R}^n$ 에 대하여 $q(x_1, \cdots, x_n) \geq 0$ 이다.

(ii) $q(x_1, \cdots, x_n) = 0 \Longleftrightarrow (x_1, \cdots, x_n) = (0, \cdots, 0)$

보기 7.7.2 실수 $d_1, \cdots, d_n$ 이 모두 양의 실수일 때, $A = \operatorname{diag}\{d_1, \cdots, d_n\}$ 는 양의 정부호 대칭행렬이다.

실제로, 다음과 같이 정의된 $q : \mathbb{R}^n \longrightarrow \mathbb{R}$ 는 양의 정부호 이차형식이다.

$$q(x_1, \cdots, x_n) = [x_1 \ \cdots \ x_n] A \begin{bmatrix} x_1 \\ \vdots \\ x_n \end{bmatrix} = d_1 x_1^2 + \cdots + d_n x_n^2$$

보기 7.7.3 임의의 양의 실수 d_1, d_2에 대하여 다음과 같이 정의된 이차형식 $q: \mathbb{R}^2 \longrightarrow \mathbb{R}$는 양의 정부호 이차형식이 아니다.

$$q(x_1, x_2) = [x_1 \ \ x_2]\begin{bmatrix} d_1 & 0 \\ 0 & -d_2 \end{bmatrix}\begin{bmatrix} x_1 \\ x_2 \end{bmatrix} = d_1 x_1^2 - d_2 x_2^2$$

실제로, $q(1,0) = d_1$, $q(0,1) = -d_2$, $q(\sqrt{d_2}, \sqrt{d_1}) = 0$ 이다.

보기 7.7.4 다음과 같이 정의된 이차형식 $q: \mathbb{R}^2 \longrightarrow \mathbb{R}$는 양의 정부호 이차형식이 아니다.

$$q(x_1, x_2) = [x_1 \ \ x_2]\begin{bmatrix} 1 & 1 \\ 1 & 1 \end{bmatrix}\begin{bmatrix} x_1 \\ x_2 \end{bmatrix} = x_1^2 + 2x_1x_2 + x_2^2$$

실제로, 모든 실수 x_1, x_2에 대하여

$$q(x_1, x_2) = x_1^2 + 2x_1x_2 + x_2^2 = (x_1 + x_2)^2 \geq 0$$

이지만, 모든 실수 x에 대하여 $q(x, -x) = 0$ 이다.

정리 7.7.3 실수체 $\mathbb{R}$ 위의 대칭행렬 $A = [a_{ij}]_{n \times n}$에 대하여

$$q: \mathbb{R}^n \longrightarrow \mathbb{R}, \ \ q(x_1, \cdots, x_n) = \sum_{i=1}^{n}\sum_{j=1}^{n} a_{ij} x_i x_j$$

를 A에 대응하는 이차형식이라고 할 때, 다음 두 조건은 서로 동치이다.

(1) A는 양의 정부호 대칭행렬이다. 즉, q는 양의 정부호 이차형식이다.

(2) A의 n개의 고유치는 모두 양의 실수이다.

증 명 대칭행렬 A는 중복을 허락하여 n개의 (실수인) 고유치 $\lambda_1, \cdots, \lambda_n$를 가지며 유클리드 공간 $\mathscr{E}^n$에는 A의 고유벡터로 이루어진 직교정규기저 $\mathscr{C} = \{w_1, \cdots, w_n\}$가 존재한다(정리 7.5.2). 그리고,

$$w_j = (p_{1j}, p_{2j}, \cdots, p_{nj}), \qquad L_A(w_j) = \lambda_j w_j \qquad (1 \leq j \leq n)$$

이라 하고 $P = [p_{ij}]_{n \times n}$, $D = \operatorname{diag}\{\lambda_1, \cdots, \lambda_n\}$이라고 하면, P는 직교행렬이고 $P^{-1}AP = P^TAP = D$이다. 또, 각 $v = (x_1, \cdots, x_n) \in \mathscr{E}^n$에 대하여 $v = x_1' w_1 + \cdots + x_n' w_n$이라고 하면, 다음이 성립한다(정리 7.5.4).

$$q(v) = q(x_1, \cdots, x_n) = \lambda_1 {x_1'}^2 + \cdots + \lambda_n {x_n'}^2$$

$$(x_1, \cdots, x_n) = (0, \cdots, 0) \Longleftrightarrow (x_1', \cdots, x_n') = (0, \cdots, 0)$$

따라서 $(x_1, \cdots, x_n) \in \mathscr{E}^n$ 가 영벡터가 아닌 벡터를 모두 택하면서 변하면, $(x_1', \cdots, x_n')$ 도 유클리드 공간 $\mathscr{E}^n$ 의 영벡터가 아닌 모든 벡터를 택하면서 변한다. 그러므로, $\lambda_1 > 0, \cdots, \lambda_n > 0$ 일 때, $(x_1, \cdots, x_n) \in \mathscr{E}^n$ 이 영벡터가 아닌 모든 벡터를 택하면서 변하면

$$q(x_1, \cdots, x_n) = \lambda_1 {x_1'}^2 + \cdots + \lambda_n {x_n'}^2 > 0$$

이므로 q 는 양의 정부호 이차형식이다. 한편, 예를 들어 $\lambda_1 \leq 0$ 인 경우에

$$q(w_1) = q(1\,w_1 + 0\,w_2 + \cdots + 0\,w_n) = \lambda_1 1 + \lambda_2 0 + \cdots + \lambda_n 0 = \lambda_1 \leq 0$$

이므로 q 는 양의 정부호 이차형식이 아니다.

정리 7.7.4 실수체 $\mathbb{R}$ 위의 n 차의 정칙행렬 Q 에 대하여 $A = Q^T Q$ 라고 할 때, 대칭행렬 A 에 대응하는 이차형식 $q: \mathbb{R}^n \longrightarrow \mathbb{R}$ 는 양의 정부호 이차형식이고 따라서 A 는 양의 정부호 대칭행렬이다.

증 명 먼저 $A^T = (Q^T Q)^T = Q^T Q = A$ 이므로, A 는 대칭행렬이다. 또, Q 가 정칙행렬이므로 다음과 같이 정의된 선형사상은 정칙 선형변환이다.

$$L_Q : \mathbb{R}^n \longrightarrow \mathbb{R}^n, \ (y_1, \cdots, y_n) = L_Q(x_1, \cdots, x_n)$$

$$\begin{bmatrix} y_1 \\ \vdots \\ y_n \end{bmatrix} = Q \begin{bmatrix} x_1 \\ \vdots \\ x_n \end{bmatrix} \quad \text{즉} \ [\, y_1 \ \cdots \ y_n \,] = [\, x_1 \ \cdots \ x_n \,] Q^T$$

이 때, 임의의 벡터 $(x_1, \cdots, x_n) \in \mathbb{R}^n$ 에 대하여

$$q(x_1, \cdots, x_n) = [\, x_1 \ \cdots \ x_n \,] A \begin{bmatrix} x_1 \\ \vdots \\ x_n \end{bmatrix} = [\, x_1 \ \cdots \ x_n \,] Q^T Q \begin{bmatrix} x_1 \\ \vdots \\ x_n \end{bmatrix}$$

$$= [\, y_1 \ \cdots \ y_n \,] \begin{bmatrix} y_1 \\ \vdots \\ y_n \end{bmatrix} = {y_1}^2 + \cdots + {y_n}^2$$

이고, 또 L_Q가 정칙 선형변환이므로 다음이 성립한다.

$$(x_1, \cdots, x_n) = (0, \cdots, 0) \iff (y_1, \cdots, y_n) = (0, \cdots, 0)$$

따라서 벡터 $(x_1, \cdots, x_n) \in \mathbb{R}^n$의 영벡터가 아닌 벡터를 택하면서 변하면

$$q(x_1, \cdots, x_n) = {y_1}^2 + \cdots + {y_n}^2 > 0$$

이므로 q는 양의 정부호 이차형식이고 A는 양의 정부호 대칭행렬이다.

정리 7.7.5 실수체 $\mathbb{R}$ 위의 n차의 행렬 A가 양의 정부호 대칭행렬일 때, 다음이 성립한다.

(1) 적당한 정칙행렬 Q에 대하여 $A = Q^T Q$이고, 또 적당한 정칙행렬 R에 대하여 $A = R^2$이다.

(2) $\det A > 0, \quad a_{ii} > 0 \quad (1 \le i \le n)$

증 명 대칭행렬 A가 양의 정부호 대칭행렬일 때, 정리 7.7.3 에 의하여 A의 n개의 고유치 $\lambda_1, \cdots, \lambda_n$은 모두 양의 실수이고 또 적당한 직교행렬 P에 대하여 다음이 성립한다(정리 7.5.2).

$$P^T A P = P^{-1} A P = \operatorname{diag}\{\lambda_1, \cdots, \lambda_n\}, \qquad P^T = P^{-1}$$

그런데, $\sqrt{\lambda_1}, \cdots, \sqrt{\lambda_n}$은 모두 양의 실수이므로

$$Q = \operatorname{diag}\{\sqrt{\lambda_1}, \cdots, \sqrt{\lambda_n}\} P^T, \qquad R = P \operatorname{diag}\{\sqrt{\lambda_1}, \cdots, \sqrt{\lambda_n}\} P^T$$

이라고 놓으면, Q와 R는 정칙행렬이고 또 다음이 성립한다.

$$\begin{aligned} Q^T Q &= P \operatorname{diag}\{\sqrt{\lambda_1}, \cdots, \sqrt{\lambda_n}\} \operatorname{diag}\{\sqrt{\lambda_1}, \cdots, \sqrt{\lambda_n}\} P^T \\ &= P \operatorname{diag}\{\lambda_1, \cdots, \lambda_n\} P^T = A, \\ R^2 &= P \operatorname{diag}\{\sqrt{\lambda_1}, \cdots, \sqrt{\lambda_n}\} P^T P \operatorname{diag}\{\sqrt{\lambda_1}, \cdots, \sqrt{\lambda_n}\} P^T \\ &= P \operatorname{diag}\{\sqrt{\lambda_1}, \cdots, \sqrt{\lambda_n}\} \operatorname{diag}\{\sqrt{\lambda_1}, \cdots, \sqrt{\lambda_n}\} P^T \\ &= P \operatorname{diag}\{\lambda_1, \cdots, \lambda_n\} P^T = A \end{aligned}$$

그리고, $\lambda_1 > 0, \cdots, \lambda_n > 0$이므로 $\det A = \lambda_1 \cdots \lambda_n > 0$이다(정리 6.5.1). 또한, A에 대응하는 이차형식 $q : \mathbb{R}^n \longrightarrow \mathbb{R}$는 양의 정부호 이차형식이므로 $a_{11} = q(1, 0, \cdots, 0), \cdots, a_{nn} = q(0, 0, \cdots, 1)$는 모두 양의 실수이다.

보기 7.7.5 실수체 $\mathbb{R}$ 위에서 다음 대칭행렬을 생각해 보자(보기 7.5.2 참조).

$$A = \begin{bmatrix} 5 & 2 \\ 2 & 2 \end{bmatrix}$$

행렬 A 의 고유치는 $1, 6$ 이므로 A 는 양의 정부호 대칭행렬이고, 또

$$P = \begin{bmatrix} \frac{1}{\sqrt{5}} & \frac{2}{\sqrt{5}} \\ -\frac{2}{\sqrt{5}} & \frac{1}{\sqrt{5}} \end{bmatrix}, \quad D = \begin{bmatrix} 1 & 0 \\ 0 & 6 \end{bmatrix}$$

이라고 하면, $P^{-1}AP = P^TAP = D, \quad A = PDP^T$ 이다.

그리고, $Q = \text{diag}\{1, \sqrt{6}\}P^T$, $R = P\,\text{diag}\{1, \sqrt{6}\}P^T$ 이라고 하면,

$$Q = \begin{bmatrix} 1 & 0 \\ 0 & \sqrt{6} \end{bmatrix} \begin{bmatrix} \frac{1}{\sqrt{5}} & -\frac{2}{\sqrt{5}} \\ \frac{2}{\sqrt{5}} & \frac{1}{\sqrt{5}} \end{bmatrix} = \begin{bmatrix} \frac{1}{\sqrt{5}} & -\frac{2}{\sqrt{5}} \\ \frac{2\sqrt{6}}{\sqrt{5}} & \frac{\sqrt{6}}{\sqrt{5}} \end{bmatrix},$$

$$R = \begin{bmatrix} \frac{1+4\sqrt{6}}{5} & \frac{-2+2\sqrt{6}}{5} \\ \frac{-2+2\sqrt{6}}{5} & \frac{4+\sqrt{6}}{5} \end{bmatrix}$$

이고 또 $Q^TQ = PDP^T = A, \quad R^2 = PDP^T = A$ 이다.

정리 7.7.6 실수체 $\mathbb{R}$ 위의 대칭행렬 $A = [a_{ij}]_{n \times n}$ 에 대하여 다음 두 조건은 서로 동치이다.

(1) A 는 양의 정부호 대칭행렬이다. 즉, 이차형식

$$q : \mathbb{R}^n \longrightarrow \mathbb{R}, \; q(x_1, \cdots, x_n) = \sum_{i=1}^{n} \sum_{j=1}^{n} a_{ij} x_i x_j$$

는 양의 정부호 이차형식이다.

(2) A 의 처음 r 개의 행과 처음 r 개의 열을 택하여 만든 $r \times r$ 부분행렬을 A_r 라고 할 때, 모든 $r \ (1 \le r \le n)$ 에 대하여 $|A_r| > 0$ 이다. 즉,

$$|A_1| = a_{11} > 0, \; |A_2| = \begin{vmatrix} a_{11} & a_{12} \\ a_{21} & a_{22} \end{vmatrix} > 0, \; \cdots, \; |A| = |A_n| > 0$$

증 명 (1) ⟹ (2) A 가 양의 정부호 대칭행렬일 때, 각 r $(1 \le r \le n)$ 에 대하여 q_r 를 대칭행렬 A_r 에 대응하는 이차형식이라고 하자. 즉,

$$q_r: \mathbb{R}^r \longrightarrow \mathbb{R}, \; q_r(x_1, \cdots, x_r) = \sum_{i=1}^{r} \sum_{j=1}^{r} a_{ij} x_i x_j$$

이 때, q 는 양의 정부호 이차형식이고 또 각 r $(1 \le r \le n)$ 에 대하여

$$q_r(x_1, \cdots, x_r) = q(x_1, \cdots, x_r, 0, \cdots, 0)$$

이므로, q_r 는 양의 정부호 이차형식이고 따라서 $|A_r| > 0$ 이다(정리 7.7.5).

(2) ⟹ (1) 모든 r $(1 \le r \le n)$ 에 대하여 $|A_r| > 0$ 이라고 가정하고 n 에 관한 귀납법으로 A 가 양의 정부호 대칭행렬임을 증명한다.

먼저 $n = 1$ 인 경우에

$$q(x_1) = a_{11} x_1^2, \qquad a_{11} > 0$$

이므로 q 는 양의 정부호 이차형식이고 따라서 A 는 양의 정부호 대칭행렬이다.

이제 $n \ge 2$ 인 경우에 모든 $n-1$ 차의 대칭행렬에 대하여 (2) ⟹ (1) 가 성립한다고 가정하자. 이 때, $n-1$ 차의 대칭행렬 A_{n-1} 에 대하여 (2) 가 성립하므로, 귀납법 가정에 의하여 A_{n-1} 은 양의 정부호 대칭행렬이고

$$q_{n-1}: \mathbb{R}^{n-1} \longrightarrow \mathbb{R}, \; q_{n-1}(x_1, \cdots, x_{n-1}) = \sum_{i=1}^{n-1} \sum_{j=1}^{n-1} a_{ij} x_i x_j$$

은 양의 정부호 이차형식이다.

한편, 정리 7.5.2 에 의하여, 유클리드 공간 $\mathcal{E}^n$ 에는 A 의 고유벡터로 이루어진 직교정규기저 $\mathscr{C} = \{w_1, \cdots, w_n\}$ 가 존재하고, 이때

$$L_A(w_j) = \lambda_j w_j \qquad\qquad (1 \le j \le n)$$

이라고 하면 $\lambda_1, \cdots, \lambda_n$ 은 A 의 고유치이므로 $|A| = |A_n| = \lambda_1 \cdots \lambda_n$ 이고 (정리 6.4.1), 또 가정에 의하여 $|A| > 0$ 이므로 $\lambda_1 \cdots \lambda_n > 0$ 이다.

이제 A 가 양의 정부호 대칭행렬이 아니라고 가정하자. 이 때, 정리 7.7.3 에 의하여 고유치 중에는 음수인 것이 적어도 두 개 존재한다. 여기서 λ_s, λ_t 가 음수라고 할 때, $w_s = (b_1, \cdots, b_n)$, $w_t = (c_1, \cdots, c_n)$ 에 대하여

$$b b_n + c c_n = 0, \quad b \ne 0 \;\; 또는 \;\; c \ne 0$$

인 두 실수 b, c 를 택하여 $v = b w_s + c w_t = (d_1, \cdots, d_n)$ 이라고 하면, w_s, w_t 는 일차독립이므로 $v \neq (0, \cdots, 0)$ 이고 $d_n = bb_n + cc_n = 0$ 이므로 $(d_1, \cdots, d_{n-1}) \neq (0, \cdots, 0)$ 이다. 그리고, 정리 7.5.1 에 의하여 $w_s \cdot w_t = 0$ 이고 또 $L_A(w_s) = \lambda_s w_s$, $L_A(w_t) = \lambda_t w_t$ 이므로 다음이 성립한다.

$$\begin{aligned} & q_{n-1}(d_1, \cdots, d_{n-1}) \\ &= [d_1 \ \cdots \ d_{n-1}]\, A_{n-1} \begin{bmatrix} d_1 \\ \vdots \\ d_{n-1} \end{bmatrix} = [d_1 \ \cdots \ d_{n-1} \ 0]\, A \begin{bmatrix} d_1 \\ \vdots \\ d_{n-1} \\ 0 \end{bmatrix} \\ &= v \cdot L_A(v) = (b\, w_s + c\, w_t) \cdot (b \lambda_s w_s + c \lambda_t w_t) \\ &= b^2 \lambda_s w_s \cdot w_s + c^2 \lambda_t w_t \cdot w_t = b^2 \lambda_s + c^2 \lambda_t < 0 \end{aligned}$$

그러나, 이것은 A_{n-1} 이 양의 정부호 대칭행렬이라는 사실에 모순된다. 그러므로, A 는 양의 정부호 대칭행렬이다.

보기 7.7.6 실수체 $\mathbb{R}$ 위의 대칭행렬

$$A = \begin{bmatrix} a & b \\ b & d \end{bmatrix}, \qquad B = \begin{bmatrix} a & b & c \\ b & d & e \\ c & e & k \end{bmatrix}$$

에 대하여 다음이 성립한다.

(1) 대칭행렬 A 에서 $a > 0$, $ad - b^2 > 0$ 일 때 그리고 이때에만 A 는 양의 정부호 대칭행렬이다.

(2) 대칭행렬 B 에서 $a > 0$, $ad - b^2 > 0$, $|B| > 0$ 일 때 그리고 이때에만 B 는 양의 정부호 대칭행렬이다.

연 습 문 제 (7.7)

1. 다음 대칭행렬이 양의 정부호 대칭행렬인지를 판정하여라.

(1) $A = \begin{bmatrix} 4 & 2 & -2 \\ 2 & 4 & 2 \\ -2 & 2 & 4 \end{bmatrix}$ (2) $A = \begin{bmatrix} 1 & 2 & 0 \\ 2 & 1 & 3 \\ 0 & 3 & -3 \end{bmatrix}$

2. 다음 대칭행렬이 양의 정부호 대칭행렬인지를 판정하여라.

(1) $A = \begin{bmatrix} 1 & -1 & -1 \\ -1 & 2 & 4 \\ -1 & 4 & 6 \end{bmatrix}$ (2) $A = \begin{bmatrix} 1 & -1 & 0 \\ -1 & 6 & -2 \\ 0 & -2 & 3 \end{bmatrix}$

3. 실수체 $\mathbb{R}$ 위에서 다음 대칭행렬 A가 양의 정부호 대칭행렬임을 밝히고, 또 $A = Q^T Q$, $A = R^2$ 인 정칙행렬 Q, R 를 구하여라.

(1) $A = \begin{bmatrix} 2 & 1 \\ 1 & 2 \end{bmatrix}$ (2) $A = \begin{bmatrix} 3 & 1 \\ 1 & 4 \end{bmatrix}$

4. 실수체 $\mathbb{R}$ 위에서 다음 대칭행렬 A가 양의 정부호 대칭행렬임을 밝히고 또 $A = Q^T Q$ 인 정칙행렬 Q 를 구하여라.

(1) $A = \begin{bmatrix} 2 & -1 & 0 \\ -1 & 2 & -1 \\ 0 & -1 & 2 \end{bmatrix}$ (2) $A = \begin{bmatrix} 2 & 1 & 1 \\ 1 & 2 & 1 \\ 1 & 1 & 3 \end{bmatrix}$

5. 실수체 $\mathbb{R}$ 위의 두 행렬 A, B가 모두 양의 정부호 대칭행렬이면, $A+B$도 양의 정부호 대칭행렬임을 증명하여라.

6. 다음과 같이 정의된 이차형식 $q : \mathbb{R}^2 \longrightarrow \mathbb{R}$가 양의 정부호 이차형식인지를 판정하여라.

(1) $q(x_1, x_2) = x_1^2 + x_1 x_2 + x_2^2$

(2) $q(x_1, x_2) = x_1^2 + 4x_1 x_2 + x_2^2$

(3) $q(x_1, x_2) = 29x_1^2 + 24x_1 x_2 + 5x_2^2 = (5x_1 + x_2)^2 + (2x_1 + x_2)^2$

7. 다음과 같이 정의된 이차형식 $q : \mathbb{R}^3 \longrightarrow \mathbb{R}$가 양의 정부호 이차형식인지를 판정하여라.

(1) $q(x_1, x_2, x_3) = (x_1 - x_2)^2 + (x_2 - x_3)^2 + (x_3 - x_1)^2$

(2) $q(x_1, x_2, x_3) = x_1^2 + (x_1 + x_2)^2 + (x_1 + x_2 + x_3)^2$

(3) $q(x_1, x_2, x_3) = x_1^2 + 2x_1 x_2 + x_1 x_3 + 4x_2 x_3 - x_2^2 + x_3^2$

§7.8 행렬의 QR 분해

이 절에서는, 실수체 $\mathbb{R}$ 위의 특수한 $m\times n$ 행렬에 대하여 논한다.

정리 7.8.1 유클리드 공간 $\mathscr{E}^m$ 의 부분공간 $W = \langle w_1, \cdots, w_n\rangle$ 에 대하여

$$w_j = (q_{1j}, q_{2j}, \cdots, q_{mj}) \qquad (1 \le j \le n)$$

이라 하고 $Q = [q_{ij}]_{m\times n}$ 이라고 할 때, 다음 두 조건은 서로 동치이다.

(1) $\mathscr{B} = \{w_1, \cdots, w_n\}$ 는 W 의 직교정규기저이다.

(2) $Q^TQ = I_n$

증 명 정리 7.1.8에 의하여 $\mathscr{B} = \{w_1, \cdots, w_n\}$ 가 W 의 직교정규기저이기 위한 필요충분조건은 다음이 성립하는 것이다.

$$[\, q_{1i} \;\; q_{2i} \;\; \cdots \;\; q_{mi}] \begin{bmatrix} q_{1j} \\ q_{2j} \\ \vdots \\ q_{mj} \end{bmatrix} = w_i \cdot w_j = \delta_{ij} \qquad (1 \le i, j \le n)$$

따라서 두 조건 (1), (2) 는 서로 동치이다.

실수체 $\mathbb{R}$ 위의 $m\times n$ 행렬 $A = [a_{ij}]_{m\times n}$ 의 n 개의 열벡터 $u_1, \cdots, u_n$ 이 유클리드 공간 $\mathscr{E}^m$ 에서 일차독립일 때, $W = \langle u_1, \cdots, u_n\rangle$ 이라 하고

$$(*) \qquad u_j = (a_{1j}, a_{2j}, \cdots, a_{mj}) \qquad (1 \le j \le n)$$

이라고 하자. 이 때, $\{u_1, \cdots, u_n\}$ 는 W 의 기저이므로 $\dim W = n \le m$ 이다.

이제 $u_1, \cdots, u_n$ 에 Gram-Schmidt 의 직교화 과정(정리 7.2.1)을 적용하여

$$v_1 = u_1$$

$$v_{k+1} = u_{k+1} - \sum_{i=1}^{k} \frac{u_{k+1} \cdot v_i}{v_i \cdot v_i} v_i \qquad (1 \le k \le n-1)$$

$$w_i = \frac{v_i}{\|v_i\|} \qquad (1 \le i \le n)$$

이라 하고 또 각 j $(1 \leq j \leq n)$에 대하여 $W_j = \langle u_1, \cdots, u_j \rangle$ 이라고 하면, $\mathscr{C}_j = \{w_1, \cdots, w_j\}$는 W_j의 직교정규기저이고 $\mathscr{C} = \{w_1, \cdots, w_n\}$는 W의 직교정규기저이므로 $u_1, \cdots, u_n$은 다음과 같은 꼴로 나타내어진다.

$$
\begin{aligned}
u_1 &= r_{11} w_1 \\
u_2 &= r_{12} w_1 + r_{22} w_2 \\
&\vdots \\
u_j &= r_{1j} w_1 + r_{2j} w_2 + \cdots + r_{jj} w_j \qquad (1 \leq j \leq n) \\
&\vdots \\
u_n &= r_{1n} w_1 + r_{2n} w_2 + \cdots + r_{nn} w_n
\end{aligned} \tag{**}
$$

여기서, $r_{11} \neq 0$, $r_{22} \neq 0$, $\cdots$, $r_{nn} \neq 0$ 이다. 실제로, $u_1 = r_{11} w_1$ 이므로 $r_{11} \neq 0$ 이다. 또, $2 \leq j \leq n$일 때 $r_{jj} = 0$ 이라고 가정하면, (**)에 의하여

$$u_j \in \langle w_1, \cdots, w_{j-1} \rangle = W_{j-1} = \langle u_1, \cdots, u_{j-1} \rangle$$

로 되어 정리 4.3.3에 모순되므로 $r_{jj} \neq 0$ 이다.

이제

$$w_j = (q_{1j}, q_{2j}, \cdots, q_{mj}) \qquad (1 \leq j \leq n)$$

이라고 하면, 두 등식 (*), (**)에 의하여 다음이 성립한다(보기 2.1.8 참조).

$$
\begin{bmatrix} a_{11} & a_{12} & \cdots & a_{1n} \\ a_{21} & a_{22} & \cdots & a_{2n} \\ \vdots & \vdots & \cdots & \vdots \\ a_{m1} & a_{m2} & \cdots & a_{mn} \end{bmatrix}
=
\begin{bmatrix} q_{11} & q_{12} & \cdots & q_{1n} \\ q_{21} & q_{22} & \cdots & q_{2n} \\ \vdots & \vdots & \cdots & \vdots \\ q_{m1} & q_{m2} & \cdots & q_{mn} \end{bmatrix}
\begin{bmatrix} r_{11} & r_{12} & \cdots & r_{1n} \\ 0 & r_{22} & \cdots & r_{2n} \\ \vdots & \vdots & \ddots & \vdots \\ 0 & 0 & \cdots & r_{nn} \end{bmatrix}
$$

따라서

$$
Q = [q_{ij}]_{m \times n}, \quad R = [r_{ij}]_{n \times n} = \begin{bmatrix} r_{11} & r_{12} & \cdots & r_{1n} \\ 0 & r_{22} & \cdots & r_{2n} \\ \vdots & \vdots & \ddots & \vdots \\ 0 & 0 & \cdots & r_{nn} \end{bmatrix}
$$

이라고 하면, $A = QR$이고 정리 7.8.1에 의하여 $Q^T Q = I_n$ 이다. 그러므로, $Q^T A = Q^T Q R = R$이고 또 $\det R = r_{11} r_{22} \cdots r_{nn} \neq 0$ 이므로 上삼각행렬 R는 정칙행렬이다. 이제까지 얻은 결과로부터 다음 정리를 얻는다.

정리 7.8.2 (QR 분해) 실수체 $\mathbb{R}$ 위의 $m\times n$ 행렬 A 에 대하여 A 의 n 개의 열벡터 $u_1, \cdots, u_n$ 가 일차독립이면, A 는 다음과 같은 곱으로 분해된다.

$$A = QR$$

여기서, $m\times n$ 행렬 Q 는 등식 $Q^TQ = I_n$ 을 만족시키는 행렬이고 또 n 차의 행렬 R 는 上삼각행렬인 정칙행렬이며 $R = Q^TA$, $Q = AR^{-1}$ 이다.

위의 정리에서 $r_{11} > 0$, $r_{22} > 0, \cdots, r_{nn} > 0$ 으로 놓을 수 있다. 실제로,

$$u_j = r_{1j}w_1 + r_{2j}w_2 + \cdots + r_{jj}w_j \qquad (1 \le j \le n)$$

에서 $r_{jj} < 0$ 인 경우에는 w_j, r_{jj} 를 각각 $-w_j$, $-r_{jj}$ 로 바꾸어 놓으면 된다. 그리고, $Q = AR^{-1}$ 이므로 $r(Q) = r(A) = n$ 이다(정리 4.6.8).

보기 7.8.1 실수체 $\mathbb{R}$ 위에서 다음과 같은 4×3 행렬을 생각해 보자.

$$A = \begin{bmatrix} 1 & 2 & 2 \\ -1 & 1 & 2 \\ -1 & 0 & 1 \\ 1 & 1 & 2 \end{bmatrix}$$

보기 7.2.1 에서 밝힌 바와 같이 행렬 A 의 세 열벡터

$$u_1 = (1,-1,-1,1), \quad u_2 = (2,1,0,1), \quad u_3 = (2,2,1,2)$$

는 일차독립이다. 이제 $W = \langle u_1, u_2, u_3 \rangle$ 이라 하고 Gram-Schmidt 의 직교화 과정을 적용하여 다음과 같이 v_1, v_2, v_3 와 w_1, w_2, w_3 를 구하면, W 의 직교기저 $\mathscr{B} = \{v_1, v_2, v_3\}$ 와 직교정규기저 $\mathscr{C} = \{w_1, w_2, w_3\}$ 를 얻는다.

$$v_1 = u_1 = (1,-1,-1,1),$$

$$v_2 = u_2 - \frac{u_2 \cdot v_1}{v_1 \cdot v_1} v_1 = (2,1,0,1) - \frac{2}{4}(1,-1-1,0) = \frac{1}{2}(3,3,1,1)$$

$$\begin{aligned} v_3 &= u_3 - \frac{u_3 \cdot v_1}{v_1 \cdot v_1} v_1 - \frac{u_3 \cdot v_2}{v_2 \cdot v_2} v_2 \\ &= (2,2,1,2) - \frac{1}{4}(1,-1,-1,1) - \frac{3}{4}(3,3,1,1) \\ &= \frac{1}{2}(-1,0,1.2) \end{aligned}$$

$$w_1 = \frac{v_1}{\|v_1\|} = \frac{1}{2}(1,-1,-1,1) = (\frac{1}{2}, -\frac{1}{2}, -\frac{1}{2}, \frac{1}{2})$$

$$w_2 = \frac{v_2}{\|v_2\|} = \frac{1}{2\sqrt{5}}(3,3,1,1) = (\frac{3\sqrt{5}}{10}, \frac{3\sqrt{5}}{10}, \frac{\sqrt{5}}{10}, \frac{\sqrt{5}}{10})$$

$$w_3 = \frac{v_3}{\|v_3\|} = \frac{\sqrt{6}}{6}(-1,0,1.2) = (-\frac{\sqrt{6}}{6}, 0, \frac{\sqrt{6}}{6}, \frac{\sqrt{6}}{3})$$

따라서

$$Q = \begin{bmatrix} \frac{1}{2} & \frac{3\sqrt{5}}{10} & -\frac{\sqrt{6}}{6} \\ -\frac{1}{2} & \frac{3\sqrt{5}}{10} & 0 \\ -\frac{1}{2} & \frac{\sqrt{5}}{10} & \frac{\sqrt{6}}{6} \\ \frac{1}{2} & \frac{\sqrt{5}}{10} & \frac{\sqrt{6}}{3} \end{bmatrix}, \quad R = Q^T A$$

이라고 하면, Q는 직교행렬이고 또

$$R = Q^T A = \begin{bmatrix} \frac{1}{2} & -\frac{1}{2} & -\frac{1}{2} & \frac{1}{2} \\ \frac{3\sqrt{5}}{10} & \frac{3\sqrt{5}}{10} & \frac{\sqrt{5}}{10} & \frac{\sqrt{5}}{10} \\ -\frac{\sqrt{6}}{6} & 0 & \frac{\sqrt{6}}{6} & \frac{\sqrt{6}}{3} \end{bmatrix} \begin{bmatrix} 1 & 2 & 2 \\ -1 & 1 & 2 \\ -1 & 0 & 1 \\ 1 & 1 & 2 \end{bmatrix}$$

$$= \begin{bmatrix} 2 & 1 & \frac{1}{2} \\ 0 & \sqrt{5} & \frac{3\sqrt{5}}{2} \\ 0 & 0 & \frac{\sqrt{6}}{2} \end{bmatrix}$$

이므로 $A = QR$이고 또 다음이 성립한다.

$$u_1 = 2w_1$$

$$u_2 = w_1 + \sqrt{5}\,w_2$$

$$u_3 = \frac{1}{2}w_1 + \frac{3\sqrt{5}}{2}w_2 + \frac{\sqrt{6}}{2}w_3$$

연 습 문 제 (7.8)

1. 실수체 $\mathbb{R}$ 위에서 다음과 같은 3 차의 행렬 A가 $A = QR$로 분해될 때, R를 결정하여라.

$$A = \begin{bmatrix} 2 & 8 & 2 \\ 1 & 7 & -1 \\ -2 & -2 & 1 \end{bmatrix}, \quad Q = \begin{bmatrix} \frac{2}{3} & \frac{1}{3} & \frac{2}{3} \\ \frac{1}{3} & \frac{2}{3} & -\frac{2}{3} \\ -\frac{2}{3} & \frac{2}{3} & \frac{1}{3} \end{bmatrix}$$

2. 실수체 $\mathbb{R}$ 위에서 다음과 같은 4×2 행렬 A가 $A = QR$로 분해될 때, R를 결정하여라.

$$A = \begin{bmatrix} 1 & 3 \\ 2 & 4 \\ -1 & -1 \\ 0 & 1 \end{bmatrix}, \quad Q = \begin{bmatrix} \frac{1}{\sqrt{6}} & \frac{1}{\sqrt{3}} \\ \frac{2}{\sqrt{6}} & 0 \\ -\frac{1}{\sqrt{6}} & \frac{1}{\sqrt{3}} \\ 0 & \frac{1}{\sqrt{3}} \end{bmatrix}$$

3. 실수체 $\mathbb{R}$ 위에서 다음 행렬 A를 정리 7.8.2 와 같이 곱 $A = QR$로 분해하여라(문제 7.2.1, 문제 7.2.5 참조).

(1) $A = \begin{bmatrix} 1 & 1 \\ 2 & 3 \end{bmatrix}$ (2) $A = \begin{bmatrix} 2 & 3 \\ 0 & 0 \\ 0 & 5 \end{bmatrix}$

4. 실수체 $\mathbb{R}$ 위에서 4×3 차의 행렬

$$A = \begin{bmatrix} 2 & 3 & 1 \\ -1 & -1 & 1 \\ 1 & 0 & 1 \\ 2 & 4 & 1 \end{bmatrix}$$

를 정리 7.8.2 에서와 같이 곱 $A = QR$로 분해하여라(문제 7.2.8 참조).

§7.9 대칭행렬과 행렬의 분해

이 절에서는, 대칭행렬의 특성을 이용하여 $m\times n$ 행렬 A를 세 개의 행렬의 곱으로 분해하는 방법에 대하여 논한다.

정리 7.9.1 실수체 $\mathbb{R}$ 위의 $m\times n$ 행렬 $A\ (\neq O_{m\times n})$에 대하여 n차의 대칭행렬 A^TA는 n개의 음이 아닌 실수인 고유치 $\lambda_1, \cdots, \lambda_n$을 가진다. 그리고, $w_j \in \mathscr{E}^n$를 고유치 λ_j에 대응하는 A^TA의 고유벡터라 하고

$$L_A(w_j) = v_j \qquad (1 \leq j \leq n)$$

이라고 하면, 다음이 성립한다.

$$v_i \cdot v_j = \lambda_j \delta_{ij}, \quad \lambda_i = \| v_i \|^2 \geq 0 \qquad (1 \leq i, j \leq n)$$

증 명 먼저 $(A^TA)^T = A^TA$ 이므로 A^TA는 n차의 대칭행렬이다.

따라서 A^TA는 중복을 허락하여 n개의 실수인 고유치 $\lambda_1, \cdots, \lambda_n$을 가지며(정리 7.5.1), 유클리드 공간 $\mathscr{E}^n$에는 A^TA의 고유벡터로 이루어진 직교정규기저 $\mathscr{C} = \{w_1, \cdots, w_n\}$가 존재한다(정리 7.5.2). 이제

$$L_{A^TA}(w_j) = \lambda_j w_j \qquad (1 \leq j \leq n)$$

$$w_j = (q_{1j}, q_{2j}, \cdots, q_{nj}) \qquad (1 \leq j \leq n)$$

이라 하고 선형사상 $L_A : \mathscr{E}^n \longrightarrow \mathscr{E}^m$에 의한 w_j의 상을

$$L_A(w_j) = v_j = (c_{1j}, c_{2j}, \cdots, c_{mj}) \in \mathscr{E}^m \qquad (1 \leq j \leq n)$$

이라고 하자. 이 때,

$$A^TA\begin{bmatrix} q_{1j} \\ q_{2j} \\ \vdots \\ q_{nj} \end{bmatrix} = \lambda_j \begin{bmatrix} q_{1j} \\ q_{2j} \\ \vdots \\ q_{nj} \end{bmatrix}, \quad A\begin{bmatrix} q_{1j} \\ q_{2j} \\ \vdots \\ q_{nj} \end{bmatrix} = \begin{bmatrix} c_{1j} \\ c_{2j} \\ \vdots \\ c_{mj} \end{bmatrix} \qquad (1 \leq j \leq n)$$

이므로 각 $i, j\ (1 \leq i, j \leq n)$에 대하여 다음이 성립한다.

$$v_i \cdot v_j = [\, c_{1i} \ c_{2i} \ \cdots \ c_{mi}\,]\begin{bmatrix} c_{1j} \\ c_{2j} \\ \vdots \\ c_{mj} \end{bmatrix} = [\, q_{1i} \ q_{2i} \ \cdots \ q_{ni}\,]A^TA\begin{bmatrix} q_{1j} \\ q_{2j} \\ \vdots \\ q_{nj} \end{bmatrix}$$

$$= \lambda_j [\, q_{1i} \ q_{2i} \ \cdots \ q_{ni}\,]\begin{bmatrix} q_{1j} \\ q_{2j} \\ \vdots \\ q_{nj} \end{bmatrix} = \lambda_j (w_i \cdot w_j) = \lambda_j \delta_{ij}$$

정리 7.9.2 실수체 $\mathbb{R}$ 위의 $m\times n$ 행렬 $A\ (\neq O_{m\times n})$ 에 대하여 n 차의 대칭행렬 A^TA 의 n 개의 음이 아닌 실수인 고유치를

$$\lambda_1 \geq \cdots \geq \lambda_r > 0, \qquad (1 \leq r \leq n)$$

$$\lambda_{r+1} = \cdots = \lambda_n = 0 \qquad (r < n \text{ 인 경우})$$

이라 하고 $\sigma_i = \sqrt{\lambda_i}\ \ (1 \leq i \leq n)$ 이라고 하자. 이 때, A 는

$$A = UDQ^T$$

와 같은 꼴로 나타낼 수 있다. 여기서, U 는 m 차의 직교행렬이고 Q 와 Q^T 는 n 차의 직교행렬이며 D 는 다음과 같은 $m\times n$ 행렬이다.

$$D = \begin{bmatrix} \sigma_1 & 0 & \cdots & 0 & \cdots & 0 \\ 0 & \sigma_2 & \cdots & 0 & \cdots & 0 \\ \vdots & \vdots & \vdots & \vdots & \cdots & \vdots \\ 0 & 0 & \ddots & 0 & \cdots & 0 \\ 0 & 0 & \cdots & \sigma_r & \cdots & 0 \\ 0 & 0 & \cdots & 0 & \cdots & 0 \\ \vdots & \vdots & \vdots & \vdots & \cdots & \vdots \\ 0 & 0 & \cdots & 0 & \cdots & 0 \end{bmatrix} r$$

실수 $\sigma_1, \sigma_2, \cdots, \sigma_n$ 을 A 의 **特異값**(特異值, singular value)라고 한다.

증 명 정리 7.9.1 의 증명에 의하여 유클리드 공간 $\mathscr{E}^n$ 은 A^TA 의 고유벡터로 이루어진 직교정규기저 $\mathscr{C} = \{w_1, \cdots, w_n\}$ 를 가지며

$$L_{A^TA}(w_j) = \lambda_j w_j, \quad w_j = (q_{1j}, q_{2j}, \cdots, q_{nj}) \qquad (1 \leq j \leq n)$$

$$L_A(w_j) = v_j = (c_{1j}, c_{2j}, \cdots, c_{mj}) \in \mathscr{E}^m \qquad (1 \leq j \leq n)$$

이라고 하면 다음이 성립한다.

$$v_i \cdot v_j = \lambda_j \delta_{ij}, \quad \lambda_i = \| v_i \|^2 \geq 0 \qquad (1 \leq i, j \leq n)$$

이제 정리에서와 같이 $\lambda_1, \cdots, \lambda_n$ 을 배열하고 $\sigma_i = \sqrt{\lambda_i}$ 이라고 하자.

이 때, $\mathscr{C} = \{w_1, \cdots, w_n\}$ 는 유클리드 공간 $\mathscr{E}^n$ 의 직교정규기저이므로 $Q = [q_{ij}]_{n \times n}$ 는 n 차의 직교행렬이다(정리 7.3.2). 그리고, 유클리드 공간 $\mathscr{E}^m$ 에서 $v_1, \cdots, v_r$ 는 모두 영벡터가 아니고 $v_{r+1} = \cdots = v_n = \mathbf{0}$ 이므로

$$u_i = \frac{v_i}{\| v_i \|} = \frac{1}{\sigma_i} v_i \qquad (1 \leq i \leq r)$$

이라고 하면,

$$u_i \cdot u_j = \frac{1}{\sigma_i \sigma_j} v_i \cdot v_j = \frac{\lambda_j}{\sigma_i \sigma_j} \delta_{ij} \qquad (1 \leq i, j \leq r)$$

$$\begin{aligned} \operatorname{im} L_A &= \langle L_A(w_1), L_A(w_2), \cdots, L_A(w_n) \rangle \\ &= \langle v_1, \cdots, v_n \rangle = \langle v_1, \cdots, v_r \rangle = \langle u_1, \cdots, u_r \rangle \end{aligned}$$

이므로 $\{u_1, \cdots, u_r\}$ 는 $\operatorname{im} L_A$ 의 직교정규기저이다.

여기서, $r < m$ 인 경우에 $s\ (r+s = m)$ 개의 벡터 $u_{r+1}, \cdots, u_m$ 을 추가하여 유클리드 공간 $\mathscr{E}^m$ 의 직교정규기저 $\mathscr{B} = \{u_1, \cdots, u_r, u_{r+1}, \cdots, u_m\}$ 를 얻을 수 있다(정리 7.2.2). 그리고,

$$\begin{aligned} u_j &= (u_{1j}, u_{2j}, \cdots, u_{mj}) \qquad (1 \leq j \leq m) \\ U &= [u_{ij}]_{m \times m} \end{aligned}$$

이라 하고 D를 정리에서와 같은 $m \times n$ 행렬이라고 하면, U는 m 차의 직교행렬이고 유클리드 공간 $\mathscr{E}^n$ 의 표준기저 $\mathscr{B} = \{e_1, \cdots, e_n\}$ 에 대하여 다음이 성립한다(보기 6.1.3 참조).

$$L_{AQ}(e_i) = L_A(L_Q(e_i)) = L_A(w_i) = v_i \qquad (1 \leq i \leq n)$$

$$\begin{aligned} L_{UD}(e_i) &= L_U(L_D(e_i)) = L_U(\sigma_i e_i) \\ &= \sigma_i L_U(e_i) = \sigma_i u_i = v_i \qquad (1 \leq i \leq n) \end{aligned}$$

그러므로, $L_{AQ} = L_{UD}$ 이므로 $AQ = UD$ 이고(정리 5.5.9) 또 Q 와 Q^T 는 n 차의 직교행렬이므로 $QQ^T = I_n$ 이다. 따라서 $A = UDQ^T$ 이다.

앞의 정리에서 직교행렬 Q, U는 각각 유클리드 공간 $\mathscr{E}^n$과 유클리드 공간 $\mathscr{E}^m$의 직교정규기저를 택하는 방법에 따라 달라질 수 있으며, 정리 4.6.8에 의하여 $r(A) = r(D) = r$이다. 한편, 선형사상 $L_A : \mathscr{E}^n \longrightarrow \mathscr{E}^m$은

$$L_{Q^T} : \mathscr{E}^n \longrightarrow \mathscr{E}^n, \quad L_D : \mathscr{E}^n \longrightarrow \mathscr{E}^m, \quad L_U : \mathscr{E}^m \longrightarrow \mathscr{E}^m$$

의 합성사상이고 Q^T, U는 각각 n차, m차의 직교행렬이므로 L_{Q^T}와 L_U는 직교변환이다(정리 7.3.6).

이제 유클리드 공간 $\mathscr{E}^n$의 임의의 벡터 $v = (x_1, x_2, \cdots, x_n)$에 대하여

$$L_{Q^T}(v) = v' = (y_1, y_2, \cdots, y_n) \in \mathscr{E}^n$$
$$L_D(v) = w = (z_1, z_2, \cdots, z_n) \in \mathscr{E}^m$$
$$L_U(w) = u = (u_1, u_2, \cdots, u_m) \in \mathscr{E}^m$$

이라고 하면, $w = (\sigma_1 y_1, \cdots, \sigma_r y_r, 0, \cdots, 0) \in \mathscr{E}^m$이고 정리 7.3.4에 의하여

$$\| v' \| = \| L_{Q^T}(v) \| = \| v \|,$$
$$\| u \| = \| L_U(w) \| = \| w \|,$$
$$L_A(v) = L_U(L_D(L_{Q^T}(v))) = L_U(w) = u$$

이므로 $\| L_A(v) \| = \| u \|$이고 다음이 성립한다.

$$\left(\frac{z_1}{\sigma_1}\right)^2 + \left(\frac{z_2}{\sigma_2}\right)^2 + \cdots + \left(\frac{z_r}{\sigma_r}\right)^2$$
$$= {y_1}^2 + \cdots + {y_r}^2 \le {y_1}^2 + \cdots + {y_n}^2 = \| v' \|^2 = \| v \|^2$$

따라서 유클리드 공간 $\mathscr{E}^n$에서의 곡선(곡면)

$${x_1}^2 + {x_2}^2 + \cdots + {x_n}^2 = c^2$$

은 선형사상 $L_{DQ^T} : \mathscr{E}^n \longrightarrow \mathscr{E}^m$에 의하여 유클리드 공간 $\mathscr{E}^m$에서 곡선(곡면)

$$\left(\frac{z_1}{\sigma_1}\right)^2 + \left(\frac{z_2}{\sigma_2}\right)^2 + \cdots + \left(\frac{z_r}{\sigma_r}\right)^2 = c^2$$

또는 그 내부에 있는 곡선(곡면)으로 변환되고 이는 직교변환 L_U에 의하여

$$\| (u_1 . \cdots, u_n) \| = \| (z_1, \cdots, z_n) \|$$

인 점 $(u_1 . \cdots, u_n)$으로 이루어진 동일한 모양의 곡선(곡면)으로 변환된다.

보기 7.9.1 다음과 같은 실수체 $\mathbb{R}$ 위의 3×2 행렬을 생각해 보자.

$$A = \begin{bmatrix} 1 & 1 \\ 1 & 0 \\ 0 & 1 \end{bmatrix}$$

이 때,

$$A^T A = \begin{bmatrix} 1 & 1 & 0 \\ 1 & 0 & 1 \end{bmatrix} \begin{bmatrix} 1 & 1 \\ 1 & 0 \\ 0 & 1 \end{bmatrix} = \begin{bmatrix} 2 & 1 \\ 1 & 2 \end{bmatrix}$$

이고, 대칭행렬 $B = A^T A$ 의 고유다항식은 다음과 같다.

$$f(x) = x^2 - 4x + 3 = (x-1)(x-3)$$

따라서 B 의 고유치는 $\lambda_1 = 3,\ \lambda_2 = 1$ 이므로 $r(B) = 2 < 3$ 이다. 그리고, 이들 고유치에 대응하는 B 의 고유공간은 각각 다음과 같다.

$$\mathrm{E}_1 = \langle (1,1) \rangle, \quad \mathrm{E}_2 = \langle (-1,1) \rangle$$

$$3I_2 - B = \begin{bmatrix} 1 & -1 \\ -1 & 1 \end{bmatrix}$$

그러므로,

$$w_1 = \left(\frac{1}{\sqrt{2}}, \frac{1}{\sqrt{2}}\right), \quad w_2 = \left(\frac{-1}{\sqrt{2}}, \frac{1}{\sqrt{2}}\right)$$

$$I_2 - B = \begin{bmatrix} -1 & -1 \\ -1 & -1 \end{bmatrix}$$

이라고 하면, $\mathscr{C} = \{w_1, w_2\}$ 는 유클리드 평면 $\mathscr{E}^2$ 의 직교정규기저이다.

그리고, $L_A(w_1) = v_1,\ L_A(w_2) = v_2$ 이라고 하면,

$$\begin{bmatrix} 1 & 1 \\ 1 & 0 \\ 0 & 1 \end{bmatrix} \begin{bmatrix} \frac{1}{\sqrt{2}} \\ \frac{1}{\sqrt{2}} \end{bmatrix} = \begin{bmatrix} \sqrt{2} \\ \frac{1}{\sqrt{2}} \\ \frac{1}{\sqrt{2}} \end{bmatrix}, \quad \begin{bmatrix} 1 & 1 \\ 1 & 0 \\ 0 & 1 \end{bmatrix} \begin{bmatrix} \frac{-1}{\sqrt{2}} \\ \frac{1}{\sqrt{2}} \end{bmatrix} = \begin{bmatrix} 0 \\ \frac{-1}{\sqrt{2}} \\ \frac{1}{\sqrt{2}} \end{bmatrix}$$

이므로 $v_1 = \left(\sqrt{2}, \frac{1}{\sqrt{2}}, \frac{1}{\sqrt{2}}\right)$, $v_2 = \left(0, \frac{-1}{\sqrt{2}}, \frac{1}{\sqrt{2}}\right)$ 이고 다음이 성립한다.

$$v_1 \cdot v_2 = 0, \quad \lambda_1 = \| v_1 \|^2 = 3, \quad \lambda_2 = \| v_2 \|^2 = 1,$$

$$\sigma_1 = \sqrt{\lambda_1} = \sqrt{3}, \qquad \sigma_2 = \sqrt{\lambda_2} = 1$$

따라서 두 벡터

$$u_1 = \frac{v_1}{\sigma_1} = \left(\frac{\sqrt{6}}{3}, \frac{\sqrt{6}}{6}, \frac{\sqrt{6}}{6}\right), \quad u_2 = \frac{v_2}{\sigma_2} = \left(0, \frac{-\sqrt{2}}{2}, \frac{\sqrt{2}}{2}\right)$$

는 서로 직교하는 단위벡터이고

$$u_3 = u_1 \times u_2 = (\frac{\sqrt{3}}{3}, -\frac{\sqrt{3}}{3}, -\frac{\sqrt{3}}{3})$$

는 u_1, u_2 와 수직인 단위벡터이다(정리 3.4.2).

그러므로, $\mathscr{B} = \{u_1, u_2, u_3\}$ 는 유클리드 공간 $\mathscr{E}^3$ 의 직교정규기저이고,

$$Q = \begin{bmatrix} \frac{1}{\sqrt{2}} & -\frac{1}{\sqrt{2}} \\ \frac{1}{\sqrt{2}} & \frac{1}{\sqrt{2}} \end{bmatrix}, \qquad Q^T = \begin{bmatrix} \frac{1}{\sqrt{2}} & \frac{1}{\sqrt{2}} \\ -\frac{1}{\sqrt{2}} & \frac{1}{\sqrt{2}} \end{bmatrix},$$

$$U = \begin{bmatrix} \frac{\sqrt{6}}{3} & 0 & \frac{\sqrt{3}}{3} \\ \frac{\sqrt{6}}{6} & -\frac{\sqrt{2}}{2} & -\frac{\sqrt{3}}{3} \\ \frac{\sqrt{6}}{6} & \frac{\sqrt{2}}{2} & -\frac{\sqrt{3}}{3} \end{bmatrix}, \quad D = \begin{bmatrix} \sqrt{3} & 0 \\ 0 & 1 \\ 0 & 0 \end{bmatrix}$$

이라고 하면, Q 와 Q^T 는 2 차의 직교행렬이고 또 U 는 3 차의 직교행렬이며 A 는 곱 $A = UDQ^T$ 로 분해된다.

선형사상 $L_A : \mathscr{E}^2 \longrightarrow \mathscr{E}^3$ 에 대하여 $L_A(x_1, x_2, x_3) = (x, y, z)$ 라고 하면,

$$x = x_1 + x_2, \quad y = x_2, \quad z = x_3$$

이므로 L_A 에 의하여 유클리드 평면 $\mathscr{E}^2$ 전체는 유클리드 공간 $\mathscr{E}^3$ 에서의 평면

$$x - y - z = 0$$

으로 변환된다. 그리고, 유클리드 평면 $\mathscr{E}^2$ 위에서의 원 $x_1^2 + x_2^2 = 1$ 은 선형사상 $L_{DQ^T} : \mathscr{E}^2 \longrightarrow \mathscr{E}^3$ 에 의하여 타원

$$\frac{z_1^2}{\sqrt{3}^2} + z_2^2 = 1$$

으로 변환되고 이 타원은 L_U 에 의하여 동일한 모양의 타원으로 변환된다.

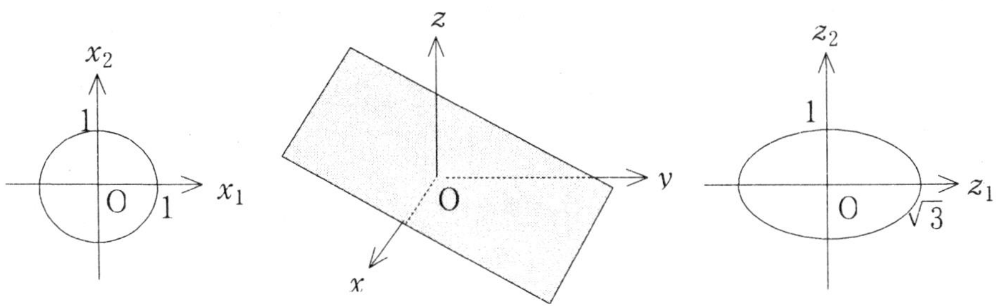

한편, 행렬 A는 다음과 같이 나타낼 수 있다.

$$A = \sqrt{3}\begin{bmatrix} \frac{\sqrt{6}}{3} \\ \frac{\sqrt{6}}{6} \\ \frac{\sqrt{6}}{6} \end{bmatrix}\begin{bmatrix} \frac{1}{\sqrt{2}} & \frac{1}{\sqrt{2}} \end{bmatrix} + \begin{bmatrix} 0 \\ -\frac{\sqrt{2}}{2} \\ \frac{\sqrt{2}}{2} \end{bmatrix}\begin{bmatrix} -\frac{1}{\sqrt{2}} & \frac{1}{\sqrt{2}} \end{bmatrix}$$

일반적으로 $A = UDQ^T$, $U = [u_{ij}]_{m\times m}$, $Q = [q_{ij}]_{n\times n}$에 대하여 다음이 성립함을 알 수 있다(보기 2.1.7, 보기 2.1.8 참조).

$$A = \sigma_1\begin{bmatrix} u_{11} \\ u_{21} \\ \vdots \\ u_{m1} \end{bmatrix}[q_{11}\ q_{21}\ \cdots\ q_{n1}] + \cdots + + \sigma_r\begin{bmatrix} u_{1r} \\ u_{2r} \\ \vdots \\ u_{mr} \end{bmatrix}[q_{1r}\ q_{2r}\ \cdots\ q_{nr}]$$

연 습 문 제 (7.9)

1. 실수체 $\mathbb{R}$ 위의 2×3 행렬

$$A = \begin{bmatrix} 1 & 1 & 0 \\ 0 & 0 & 1 \end{bmatrix}$$

에 대하여

$$Q = \begin{bmatrix} \frac{\sqrt{2}}{2} & 0 & -\frac{\sqrt{2}}{2} \\ \frac{\sqrt{2}}{2} & 0 & \frac{\sqrt{2}}{2} \\ 0 & 1 & 0 \end{bmatrix},\quad D = \begin{bmatrix} \sqrt{2} & 0 & 0 \\ 0 & 1 & 0 \end{bmatrix},\quad U = \begin{bmatrix} 1 & 0 \\ 0 & 1 \end{bmatrix}$$

이라고 할 때, 보기 7.9.1에서의 절차에 따라 $A = UDQ^T$임을 밝혀라.

그리고, 선형사상 $L_A : \mathscr{E}^3 \longrightarrow \mathscr{E}^2$에 대하여 $L_A(x_1, x_2, x_3) = (u_1, u_2, u_3)$이라고 할 때, 유클리드 공간 $\mathscr{E}^3$에서의 구 $x_1{}^2 + x_2{}^2 + x_3{}^2 = 1$은 유클리드 평면 $\mathscr{E}^2$에서의 곡선 $\frac{u_1{}^2}{2} + u_2{}^2 = 1$ 또는 그 내부에 있는 곡선으로 변환됨을 밝혀라.

§7.10 사영평면

한 집합 $\mathscr{P}$ $(\neq \varnothing)$ 와 $\mathscr{P}$ 의 공집합이 아닌 부분집합으로 이루어진 집합족(集合族) $\mathscr{L}$ $(\neq \varnothing)$ 에 대하여 $\mathscr{P}$ 의 원소와 $\mathscr{L}$ 의 원소 사이의 포함 관계를 논할 때 $\sigma = (\mathscr{P}, \mathscr{L})$ 를 **결합구조**(結合構造, incidence structure)라 하며 $\mathscr{P}$ 의 원소를 **점** 또는 **꼭지점**이라 하고 $\mathscr{L}$ 의 원소를 **직선**이라고 한다.

또, 점 a 와 직선 L 에 대하여 $a \in L$ 일 때, '점 a 는 직선 L 위에 있다.' 또는 '직선 L 은 점 a 를 지난다.' 고 한다.

서로 다른 네 점 p_1, p_2, p_3, p_4 중에서 어느 세 점을 택하더라도 이들 세 점이 한 직선 위에 있지 않을 때, $\{p_1, p_2, p_3, p_4\}$ 를 **사점도형**(四點圖形, four-point)이라 한다.

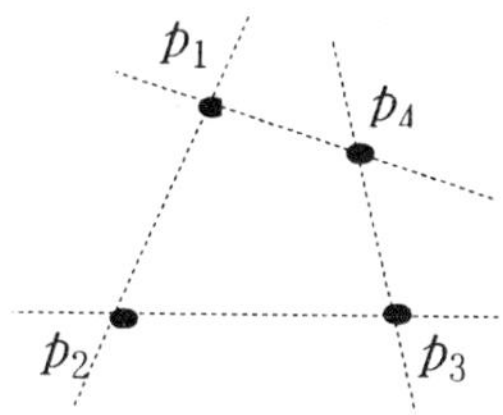

정의 7.10.1 결합구조 $\pi = (\mathscr{P}, \mathscr{L})$ 가 다음 세 조건을 만족시킬 때, 이 결합구조를 **사영평면**(射影平面, projective plane)이라고 한다.

P.1 : 임의의 서로 다른 두 점 a, b 에 대하여 두 점 a, b 를 지나는 직선이 단 하나 존재한다.

P.2 : 임의의 서로 다른 두 직선 L, M 에 대하여 두 직선 L, M 은 단 한 점에서 만난다.

P : π 에는 사점도형이 적어도 하나 존재한다.

체 F 위의 벡터공간 F^3 에서 각 1 차원 부분공간 $\langle(x_1, x_2, x_3)\rangle$ 를 새로이 '점' 으로 생각하여 이것을 $\langle x_1, x_2, x_3\rangle$ 로 나타내자. 또한, 2 차원 부분공간인 동차 일차방정식 $a_1x_1 + a_2x_2 + a_3x_3 = 0$ 의 해공간을 새로이 '직선' 으로 생각하여 이것을 $[a_1, a_2, a_3]$ 로 나타내고 방정식 $a_1x_1 + a_2x_2 + a_3x_3 = 0$ 을 이 직선의 방정식이라고 하자. 이 때,

$$\langle x_1, x_2, x_3\rangle \in [a_1, a_2, a_3] \iff a_1x_1 + a_2x_2 + a_3x_3 = 0$$

이고 정리 4.7.6 에 의하여 다음 정리가 성립한다.

정리 7.10.2 체 F에 대하여 다음 결합구조 $\pi = (\mathscr{P}, \mathscr{L})$는 사영평면이다.

$$\mathscr{P} = \{\langle x_1, x_2, x_3\rangle \mid (x_1, x_2, x_3) \in F^3 - \{(0,0,0)\}\},$$

$$\mathscr{L} = \{[a_1, a_2, a_3] \mid (a_1, a_2, a_3) \in F^3 - \{(0,0,0)\}\}$$

$$\langle x_1, x_2, x_3\rangle \in [a_1, a_2, a_3] \iff a_1x_1 + a_2x_2 + a_3x_3 = 0$$

$$\langle x_1, x_2, x_3\rangle = \langle y_1, y_2, y_3\rangle \iff \text{적당한 } k \in F,\ k \neq 0 \text{ 에 대하여 } (y_1, y_2, y_3) = k(x_1, x_2, x_3)$$

$$[a_1, a_2, a_3] = [b_1, b_2, b_3] \iff \text{적당한 } k \in F,\ k \neq 0 \text{ 에 대하여 } (b_1, b_2, b_3) = k(a_1, a_2, b_3)$$

실제로, 다음이 성립한다.

(1) 서로 다른 두 점 $\langle a_1, a_2, a_3\rangle$, $\langle b_1, b_2, b_3\rangle$ 에 대하여 이 두 점을 지나는 직선은 단 하나 존재하고 이 직선은

$$\left[\begin{vmatrix} a_2 & a_3 \\ b_2 & b_3 \end{vmatrix}, -\begin{vmatrix} a_1 & a_3 \\ b_1 & b_3 \end{vmatrix}, \begin{vmatrix} a_1 & a_2 \\ b_1 & b_2 \end{vmatrix}\right]$$

이고 이 직선의 방정식은 다음과 같다.

$$\begin{vmatrix} x_1 & x_2 & x_3 \\ a_1 & a_2 & a_3 \\ b_1 & b_2 & b_3 \end{vmatrix} = 0$$

(2) 서로 다른 두 직선 $[a_1, a_2, a_3]$, $[b_1, b_2, b_3]$ 에 대하여 이 두 직선은 단 한 점에서 만나고 그 교점은 다음과 같다.

$$\left\langle\begin{vmatrix} a_2 & a_3 \\ b_2 & b_3 \end{vmatrix}, -\begin{vmatrix} a_1 & a_3 \\ b_1 & b_3 \end{vmatrix}, \begin{vmatrix} a_1 & a_2 \\ b_1 & b_2 \end{vmatrix}\right\rangle$$

(3) $\{\langle 1,0,0\rangle, \langle 0,1,0\rangle, \langle 0,0,1\rangle, \langle 1,1,1\rangle\}$ 은 사점도형이다.

정의 7.10.3 정리 7.10.2 에서와 같이 정한 사영평면 $\pi = (\mathscr{P}, \mathscr{L})$를 체 F 위의 **사영평면**이라 하고 이 사영평면을 $\mathrm{PG}(2, F)$ 로 나타낸다.

정리 7.10.2 에 의하여 다음 정리가 성립한다.

정리 7.10.4 체 F 위의 사영평면 $\mathrm{PG}(2, F) = (\mathscr{P}, \mathscr{L})$ 에서 다음 세 조건은 서로 동치이다.

(1) 세 점 $\langle a_1, a_2, a_3 \rangle$, $\langle b_1, b_2, b_3 \rangle$, $\langle c_1, c_2, c_3 \rangle$ 는 한 직선 위에 있다.

(2) $\begin{vmatrix} a_1 & a_2 & a_3 \\ b_1 & b_2 & b_3 \\ c_1 & c_2 & c_3 \end{vmatrix} = 0$

(3) 세 직선 $[a_1, a_2, a_3]$, $[b_1, b_2, b_3]$, $[c_1, c_2, c_3]$ 는 한 점에서 만난다.

보기 7.10.1 사영평면 $\mathrm{PG}(2, \mathbb{R})$ 에서 서로 다른 두 점 $\langle 1,1,1 \rangle$, $\langle 2,3,4 \rangle$ 을 지나는 직선은 $[1, -2, 1]$ 이다. 실제로, 이 직선의 방정식은 다음과 같다.

$$\begin{vmatrix} x_1 & x_2 & x_3 \\ 1 & 1 & 1 \\ 2 & 3 & 4 \end{vmatrix} = 0 \quad \text{즉} \quad x_1 - 2x_2 + x_3 = 0$$

또, 서로 다른 두 직선 $[1,1,1]$, $[2,3,4]$ 는 점 $\langle 1, -2, 1 \rangle$ 에서 만난다. 실제로, 두 직선의 방정식

$$x_1 + x_2 + x_3 = 0, \quad 2x_1 + 3x_2 + 4x_3 = 0$$

을 연립한 연립방정식의 해는 다음과 같다.

$$\begin{cases} x_1 = t \\ x_2 = -2t \qquad (t \in \mathbb{R}) \\ x_3 = t \end{cases}$$

$$\begin{bmatrix} 1 & 1 & 1 \\ 2 & 3 & 4 \end{bmatrix} \longrightarrow \begin{bmatrix} 1 & 1 & 1 \\ 0 & 1 & 2 \end{bmatrix} \longrightarrow \begin{bmatrix} 1 & 0 & -1 \\ 0 & 1 & 2 \end{bmatrix}$$

체 F 위의 사영평면 $\mathrm{PG}(2, F) = (\mathscr{P}, \mathscr{L})$ 에서 각 점 $\langle x_1, x_2, x_3 \rangle$ 에 대하여 다음이 성립한다.

$$\langle x_1, x_2, x_3 \rangle = \begin{cases} \langle \dfrac{x_1}{x_3}, \dfrac{x_2}{x_3}, 1 \rangle & (x_3 \neq 0 \text{ 인 경우}) \\ \langle \dfrac{x_1}{x_2}, 1, 0 \rangle & (x_3 = 0,\ x_2 \neq 0 \text{ 인 경우}) \\ \langle 1, 0, 0 \rangle & (x_3 = x_2 = 0,\ x_1 \neq 0 \text{ 인 경우}) \end{cases}$$

$$\mathscr{P} = \{ \langle x, y, 1 \rangle \mid x, y \in F \} \cup \{ \langle x, 1, 0 \rangle \mid x \in F \} \cup \{ \langle 1, 0, 0 \rangle \}$$

$$\mathscr{L} = \{ \langle a, 1, c \rangle \mid a, c \in F \} \cup \{ \langle 1, 0, c \rangle \mid c \in F \} \cup \{ \langle 0, 0, 1 \rangle \}$$

체 F 위의 사영평면 PG$(2, F)$ 에서 임의의 $x, y \in F$ 에 대하여

$$\begin{vmatrix} 0 & 0 & 1 \\ x & y & 1 \\ x & y & 0 \end{vmatrix} = 0, \qquad \begin{vmatrix} 1 & 1 & 1 \\ x & x & 1 \\ x & x & 0 \end{vmatrix} = 0$$

이므로 세 점 $\langle 0,0,1\rangle$, $\langle x,y,1\rangle$, $\langle x,y,0\rangle$ 은 한 직선 위에 있고, 또 세 점 $\langle 1,1,1\rangle$, $\langle x,x,1\rangle$, $\langle x,x,0\rangle$ 은 한 직선 위에 있다.

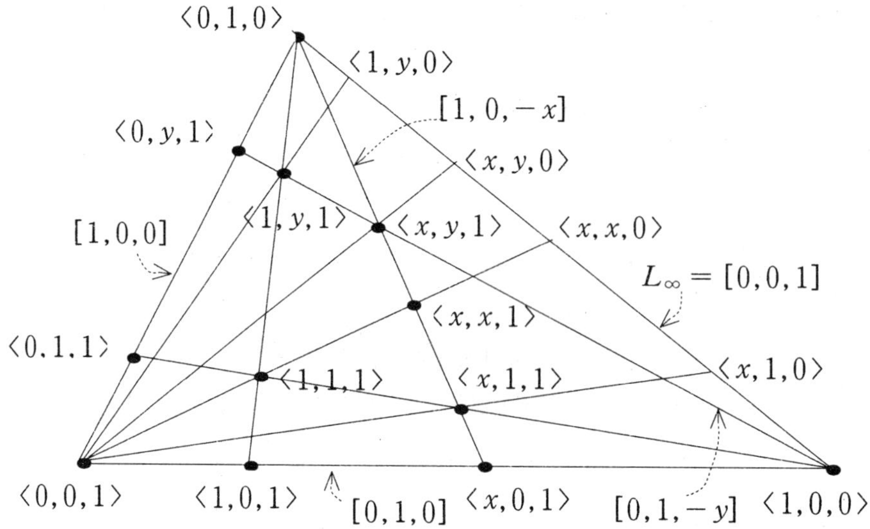

다음에 素數 p 에 대하여 p 개의 원소를 가진 체 $\mathbb{Z}_p = \{0, 1, \cdots, p-1\}$ 위의 사영평면 PG$(2, \mathbb{Z}_p) = (\mathscr{P}, \mathscr{L})$ 을 생각해 보자(§4.8, p. 171 참조).

여기서,

$$\mathscr{P} = \{\langle x,y,1\rangle \mid x, y \in \mathbb{Z}_p\} \cup \{\langle x,1,0\rangle \mid x \in \mathbb{Z}_p\} \cup \{\langle 1,0,0\rangle\}$$

$$\mathscr{L} = \{\langle a,1,c\rangle \mid a, c \in \mathbb{Z}_p\} \cup \{\langle 1,0,c\rangle \mid c \in \mathbb{Z}_p\} \cup \{\langle 0,0,1\rangle\}$$

이 사영평면에서

$$|\mathscr{P}| = |\mathscr{L}| = |\mathbb{Z}_p|^2 + |\mathbb{Z}_p| + 1 = p^2 + p + 1$$

이므로 이 사영평면은 p^2+p+1 개의 점과 p^2+p+1 개의 직선으로 이루어져 있다. 그리고, 임의의 직선 위에는 $p+1$ 개의 점이 존재하고 임의의 점을 지나는 직선은 꼭 $p+1$ 개 존재한다.

보기 7.10.2 체 $\mathbb{Z}_2$ 위의 사영평면 $PG(2, \mathbb{Z}_2) = (\mathscr{P}, \mathscr{L})$는 다음과 같다.

$$\mathscr{P} = \{\langle 0,0,1\rangle, \langle 1,0,1\rangle, \langle 0,1,1\rangle, \langle 1,1,1\rangle, \langle 1,0,0\rangle, \langle 0,1,0\rangle, \langle 1,1,0\rangle\}$$

$$\mathscr{L} = \{[1,0,0], [1,1,0], [1,1,0], [0,1,0], [0,1,1], [1,1,1], [0,0,1]\}$$

$$[1,0,0] = \{\langle 0,0,1\rangle, \langle 0,1,1\rangle, \langle 0,1,0\rangle\},$$
$$[1,1,0] = \{\langle 0,0,1\rangle, \langle 1,1,1\rangle, \langle 1,1,0\rangle\},$$
$$[1,0,1] = \{\langle 1,0,1\rangle, \langle 1,1,1\rangle, \langle 0,1,0\rangle\},$$
$$[0,1,0] = \{\langle 0,0,1\rangle, \langle 1,0,1\rangle, \langle 1,0,0\rangle\},$$
$$[0,1,1] = \{\langle 0,1,1\rangle, \langle 1,1,1\rangle, \langle 1,0,0\rangle\},$$
$$[1,1,1] = \{\langle 1,0,1\rangle, \langle 0,1,1\rangle, \langle 1,1,0\rangle\},$$
$$[0,0,1] = \{\langle 0,1,0\rangle, \langle 1,0,0\rangle, \langle 1,1,0\rangle\}$$

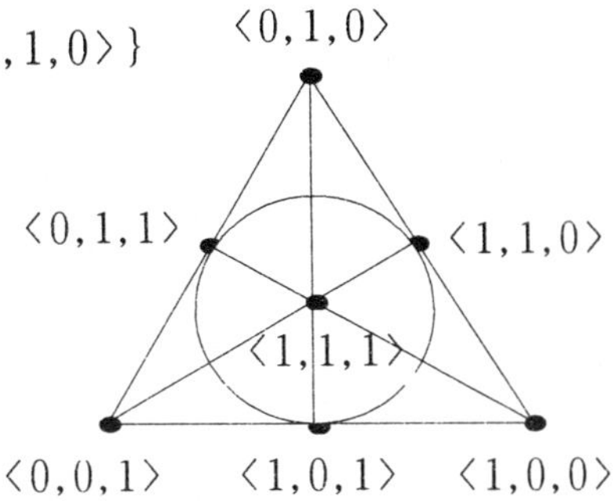

이 사영평면은 7개의 점과 7개의 직선으로 이루어져 있다. 그리고, 각 직선 위에는 꼭 3개의 점이 있고 각 점을 지나는 직선은 꼭 3개 있다.

보기 7.10.3 체 $\mathbb{Z}_3 = \{0, 1, 2\}$ 위의 사영평면 $PG(2, \mathbb{Z}_3) = (\mathscr{P}, \mathscr{L})$는 다음과 같다.

$$\mathscr{P} = \{\langle 0,0,1\rangle, \langle 0,1,1\rangle, \langle 0,2,1\rangle, \langle 1,0,1\rangle, \langle 1,1,1\rangle, \langle 1,2,1\rangle, \langle 2,0,1\rangle, \langle 2,1,1\rangle, \langle 2,2,1\rangle, \langle 0,1,0\rangle, \langle 1,1,0\rangle, \langle 2,1,0\rangle, \langle 1,0,0\rangle\}$$

$$\mathscr{L} = \{[0,0,1], [0,1,1], [0,2,1], [1,0,1], [1,1,1], [1,2,1], [2,0,1], [2,1,1], [2,2,1], [0,1,0], [1,1,0], [2,1,0], [1,0,0]\}$$

$$\langle x_1, x_2, x_3\rangle = \langle 2x_1, 2x_2, 2x_3\rangle, \quad [a_1, a_2, a_3] = [2a_1, 2a_2, 2a_3]$$

이 사영평면은 13개의 점과 13개의 직선으로 이루어져 있으며, 각 직선 위에는 꼭 4개의 점이 있고 또 각 점을 지나는 직선은 꼭 4개 있다.

$$[0,0,1]=[0,0,2],\quad [0,2,1]=[0,1,2],\quad [1,0,1]=[2,0,2]$$

$$[1,0,0]=[2,0,0]=\{\langle 0,0,1\rangle, \langle 0,1,1\rangle, \langle 0,2,1\rangle, \langle 0,1,0\rangle\},$$

$$[1,1,1]=[2,2,2]=\{\langle 2,0,1\rangle, \langle 1,1,1\rangle, \langle 0,2,1\rangle, \langle 2,1,0\rangle\}$$

$$[0,0,1]=[0,0,2]=\{\langle 1,0,0\rangle, \langle 0,1,0\rangle, \langle 1,1,0\rangle, \langle 1,2,0\rangle\}$$

$$[0,1,0]=[0,2,0]=\{\langle 0,0,1\rangle, \langle 1,0,1\rangle, \langle 2,0,1\rangle, \langle 1,0,0\rangle\}$$

$$[1,2,1]=[2,1,2]=\{\langle 2,0,1\rangle, \langle 0,1,1\rangle, \langle 1,2,1\rangle, \langle 1,1,0\rangle\}$$

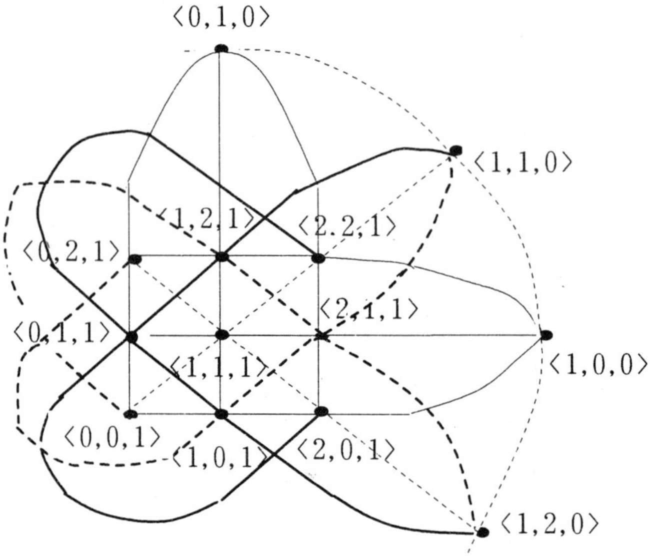

이 사영평면에서 점 $\langle 0,1,0\rangle$ 을 지나는 직선은 다음 4 개뿐이다.

$$[0,0,1],\quad [1,0,1],\quad [2,0,1],\quad [1,0,0]$$

또한, 두 점 $\langle 1,2,1\rangle$, $\langle 2,1,1\rangle$ 을 지나는 직선은 $[1,1,0]$ 이다. 실제로, 다음이 성립한다.

$$\begin{vmatrix} x_1 & x_2 & x_3 \\ 1 & 2 & 1 \\ 2 & 1 & 1 \end{vmatrix} = 0 \quad \text{즉} \quad x_1 + x_2 = 0$$

사영평면에 대한 상세한 논의는 [9] 를 참조하기 바란다.

유한체 위의 사영평면에서의 타원곡선(楕圓曲線, elliptic curve)에 관한 이론은 암호학에 이용된다([1], [6] 참조).

제 8 장

유니테리 공간과 내적공간

이 장에서는, 제 7 장에서 논한 유클리드 공간 $\mathscr{E}^n$에 대한 정의와 정리를 유니테리 공간 $\mathscr{C}^n$과 일반적인 내적공간에 대한 정의와 정리로 확장하고 또 벡터공간 $\mathbb{R}^n$ 위의 내적 전체를 결정한다.

또, 폐구간 $[a, b]$ 위에 정의된 연속함수 전체로 이루어진 벡터공간 $C[a, b]$ 위에 정적분을 이용한 내적을 도입한다.

§8.1 유니테리 공간

복소수 $\alpha = a + bi$ (a, b는 실수)에 대하여 α의 켤레복소수 $\overline{\alpha}$와 절대값 $|\alpha|$는 각각 다음과 같다.

$$\overline{\alpha} = a - bi, \quad |\alpha| = \sqrt{\alpha\overline{\alpha}} = \sqrt{a^2 + b^2}, \quad \alpha\overline{\alpha} = |\alpha|^2$$

정의 8.1.1 복소수체 $\mathbb{C}$ 위의 n차원 벡터공간

$$\mathbb{C}^n = \{(x_1, \cdots, x_n) \mid x_1, \cdots, x_n \in \mathbb{C}\}$$

에서 임의의 두 벡터 $v = (\alpha_1, \cdots, \alpha_n)$, $w = (\beta_1, \cdots, \beta_n)$에 대하여 $v \cdot w$를

$$v \cdot w = \sum_{i=1}^{n} \alpha_i \overline{\beta_i} = \alpha_1 \overline{\beta_1} + \cdots + \alpha_n \overline{\beta_n}$$

로 정하고, 사상

$$\mathbb{C}^n \times \mathbb{C}^n \longrightarrow \mathbb{C}, \quad (v, w) \longmapsto v \cdot w$$

를 벡터공간 $\mathbb{C}^n$ 위의 **표준내적**이라고 한다. 그리고, 이러한 표준내적이 정의되어 있는 벡터공간 $\mathbb{C}^n$을 **유니테리 n차원 공간**(unitary space)이라 하고 이것을 $\mathscr{C}^n$으로 나타낸다.

정리 8.1.2 유니테리 공간 $\mathscr{C}^n$에서 임의의 벡터 v, w, u와 복소수 $\alpha \in \mathbb{C}$에 대하여 다음이 성립한다.

I.1 : $(v+u) \cdot w = v \cdot w + u \cdot w, \quad (\alpha v) \cdot w = \alpha(v \cdot w)$

I.2 : $v \cdot (u+w) = v \cdot u + v \cdot w, \quad v \cdot (\alpha w) = \overline{\alpha}(v \cdot w)$

I.3 : $v \cdot w = \overline{w \cdot v}$

I.4 : $v \cdot v \geq 0$ 이고, 특히 $v \cdot v = 0 \Longleftrightarrow v = \mathbf{0} = (0, \cdots, 0)$ 이다.

위의 정리가 성립함은 분명하다. 예를 들면, 다음이 성립한다.

$$v \cdot v = \alpha_1 \overline{\alpha_1} + \cdots + \alpha_n \overline{\alpha_n} = |\alpha_1|^2 + \cdots + |\alpha_n|^2 \geq 0,$$

$$v \cdot v = 0 \Longleftrightarrow |\alpha_1|^2 + \cdots + |\alpha_n|^2 = 0 \Longleftrightarrow v = \mathbf{0}$$

유클리드 공간 $\mathscr{E}^n$ 에서 $v=(x_1, \cdots, x_n)$, $w=(y_1, \cdots, y_n)$ 에 대하여

$$v \cdot w = \sum_{i=1}^{n} x_i y_i = \sum_{i=1}^{n} x_i \overline{y_i}$$

이고 또 유클리드 공간 $\mathscr{E}^n$ 에 대한 정리 3.3.2 는 정리 8.1.2 와 동일하다.

보기 8.1.1 유니테리 공간 $\mathscr{C}^2$ 에서 두 벡터 $v=(1+i, 2)$, $w=(2+i, i)$ 에 대하여 $v \cdot w = (1+i)(2-i)+2(-i) = 3-i$, $w \cdot v = 3+i$ 이다.

유클리드 공간에서와 마찬가지로, 유니테리 공간 $\mathscr{C}^n$ 에서도 다음 두 정리가 성립한다(정리 3.3.3, 정리 7.1.2 의 증명 참조).

정리 8.1.3 유니테리 공간 $\mathscr{C}^n$ 에서 다음이 성립한다.

(1) $\mathbf{0} \cdot w = v \cdot \mathbf{0} = 0$, $\quad (-v) \cdot w = -(v \cdot w) = v \cdot (-w)$

(2) $(\sum_{i=1}^{n} a_i v_i) \cdot w = \sum_{i=1}^{n} a_i (v_i \cdot w)$, $\; v \cdot (\sum_{i=1}^{n} a_i w_i) = \sum_{i=1}^{n} \overline{a_i}(v \cdot w_i)$

정리 8.1.4 유니테리 공간 $\mathscr{C}^n$ 에서 다음이 성립한다.

(1) 각 벡터 $w \in \mathscr{C}^n$ 에 대하여 다음 사상은 선형사상이다.

$$f_w : \mathscr{C}^n \longrightarrow \mathbb{C}, \quad f_w(v) = (v, w)$$

(2) 모든 벡터 $w \in \mathscr{C}^n$ 에 대하여 $v \cdot w = 0$ 이면, $v = \mathbf{0}$ 이다.

(3) 모든 벡터 $w \in \mathscr{C}^n$ 에 대하여 $v_1 \cdot w = v_2 \cdot w$ 이면, $v_1 = v_2$ 이다.

(4) 모든 벡터 $v \in \mathscr{C}^n$ 에 대하여 $v \cdot w = 0$ 이면, $w = \mathbf{0}$ 이다.

(5) 모든 벡터 $v \in \mathscr{C}^n$ 에 대하여 $v \cdot w_1 = v \cdot w_2$ 이면, $w_1 = w_2$ 이다.

한편, 각 벡터 $v \in V$ 에 대하여 사상

$$g_v : \mathscr{C}^n \longrightarrow \mathbb{C}, \quad g_v(w) = v \cdot w$$

에 대하여

$$g_v(w_1 + w_2) = g_v(w_1) + g_v(w_2), \; g_v(a\,w) = \overline{a}\, g_v(w)$$

이므로, g_v 는 선형사상이 아니다.

정의 8.1.5 유니테리 공간 $\mathscr{C}^n$ 에서 벡터 $v = (x_1, \cdots, x_n)$ 에 대하여

$$\|v\| = \sqrt{v \cdot v} = \{\sum_{i=1}^{n} x_i \overline{x_i}\}^{\frac{1}{2}} = \{\sum_{i=1}^{n} |x_i|^2\}^{\frac{1}{2}}$$

를 v 의 **노름**(Norm) 또는 **길이**라고 한다.

특히, $\|v\| = 1$ 일 때, v 를 **단위벡터**라고 한다.

정리 8.1.6 유니테리 공간 $\mathscr{C}^n$ 에서 벡터 $v = (x_1, \cdots, x_n)$, $w = (y_1, \cdots, y_n)$ 에 대하여 다음이 성립한다.

$$|v \cdot w| \le \|v\|\,\|w\| \qquad \text{(Cauchy-Schwartz 의 부등식)}$$

그리고 두 벡터 v, w 가 일차종속일 때 그리고 이때에만 등호가 성립한다.

증 명 먼저 $w = \mathbf{0}$ 이면, $v \cdot w = 0 = \|v\|\|w\|$ 이고 또 $0\,v + 1\,w = \mathbf{0}$ 이므로 v, w 는 일차종속이다.

이제 $w \ne \mathbf{0}$ 이라고 하자. 이 때, 임의의 $\alpha \in \mathbb{C}$ 에 대하여 다음이 성립한다.

$$\begin{aligned} 0 \le \|v - \alpha w\|^2 &= (v - \alpha w) \cdot (v - \alpha w) \\ &= (v \cdot v) - \overline{\alpha}(v \cdot w) - \alpha(w \cdot v) + \alpha\overline{\alpha}(w \cdot w) \\ &= \|v\|^2 - \overline{\alpha}(v \cdot w) - \alpha\,\overline{(v \cdot w)} + \alpha\overline{\alpha}\,\|w\|^2 \end{aligned}$$

위의 부등식에서, 특히 $\alpha = \dfrac{v \cdot w}{w \cdot w} = \dfrac{v \cdot w}{\|w\|^2}$ 인 경우에

$$\begin{aligned} 0 &\le \left\|v - \frac{v \cdot w}{w \cdot w}\, w\right\|^2 \\ &= \|v\|^2 - \frac{|v \cdot w|^2}{\|w\|^2} - \frac{|v \cdot w|^2}{\|w\|^2} + \frac{|v \cdot w|^2}{\|w\|^2} \\ &= \|v\|^2 - \frac{|v \cdot w|^2}{\|w\|^2} \end{aligned}$$

이므로 $|v \cdot w|^2 \le \|v\|^2\|w\|^2$ 이다. 그리고, 다음이 성립한다.

$$\begin{aligned} v = \frac{v \cdot w}{w \cdot w}\, w &\Leftrightarrow \|v\|^2 - \frac{|v \cdot w|^2}{\|w\|^2} = 0 \\ &\Leftrightarrow |v \cdot w|^2 = \|v\|^2\|w\|^2 \\ &\Leftrightarrow |v \cdot w| = \|v\|\,\|w\| \end{aligned}$$

그런데, $v = \frac{v \cdot w}{w \cdot w} w$ 이면, 두 벡터 v, w 는 일차종속이다.

역으로, 벡터 v, w 가 일차종속이면, $w \neq \mathbf{0}$ 이므로 적당한 $\beta \in \mathbb{C}$ 에 대하여 $v = \beta w$ 이고 이때 $\frac{v \cdot w}{w \cdot w} = \frac{(\beta w) \cdot w}{w \cdot w} = \beta$ 이므로 $v = \frac{v \cdot w}{w \cdot w} w$ 이다.

복소수 $\alpha = a + bi$ 에 대하여 α 의 실수부분을 $\mathrm{Re}\,\alpha$ 로 나타낸다. 즉,

$$\mathrm{Re}\,\alpha = a, \quad \alpha + \overline{\alpha} = 2\,\mathrm{Re}\,\alpha, \quad |\mathrm{Re}\,\alpha| \leq \sqrt{a^2 + b^2} = |\alpha|$$

정리 8.1.7 유니테리 공간 $\mathscr{C}^n$ 에서 임의의 벡터 v, w, u 와 복소수 $\alpha \in \mathbb{C}$ 에 대하여 다음이 성립한다.

N.1 : $\|v\| \geq 0$ 이고, 또 $\|v\| = 0 \Leftrightarrow v = \mathbf{0}$ 이다.

N.2 : $\|\alpha v\| = |\alpha|\,\|v\|$ 이고, 특히 $v \neq \mathbf{0}$ 일 때 $\frac{v}{\|v\|}$ 는 단위벡터이다.

N.3 : $\|v + w\| \leq \|v\| + \|w\|$ (삼각형의 부등식)

증 명 N.1 : 정리 8.1.2 의 I.4 에 의하여 N.1 이 성립한다.

N.2 : $\|\alpha v\|^2 = (\alpha v) \cdot (\alpha v) = \alpha\overline{\alpha}(v \cdot v) = |\alpha|^2 \|v\|^2$

N.3 :
$$\begin{aligned}\|v + w\|^2 &= v \cdot v + v \cdot w + w \cdot v + w \cdot w \\ &= \|v\|^2 + v \cdot w + \overline{v \cdot w} + \|w\|^2 \\ &= \|v\|^2 + 2\,\mathrm{Re}\,(v \cdot w) + \|w\|^2 \\ &\leq \|v\|^2 + 2\,|v \cdot w| + \|w\|^2 \\ &\leq \|v\|^2 + 2\,\|v\|\,\|w\| + \|w\|^2 \\ &= (\|v\| + |w\|)^2\end{aligned}$$

보기 8.1.2 Cauchy-Schwartz 의 부등식과 삼각형의 부등식에 의하면, 임의의 복소수 $\alpha_1, \cdots, \alpha_n$, $\beta_1, \cdots, \beta_n$ 에 대하여 다음 부등식이 성립한다.

$$\left| \sum_{i=1}^{n} \alpha_i \overline{\beta_i} \right| \leq \left\{ \sum_{i=1}^{n} |\alpha_i|^2 \right\}^{\frac{1}{2}} \left\{ \sum_{i=1}^{n} |\beta_i|^2 \right\}^{\frac{1}{2}},$$

$$\left\{ \sum_{i=1}^{n} |\alpha_i + \beta_i|^2 \right\}^{\frac{1}{2}} \leq \left\{ \sum_{i=1}^{n} |\alpha_i|^2 \right\}^{\frac{1}{2}} + \left\{ \sum_{i=1}^{n} |\beta_i|^2 \right\}^{\frac{1}{2}}$$

정의 8.1.8 유니테리 공간 $\mathscr{C}^n$ 에서 두 벡터 v, w 에 대하여

$$d(v, w) = \|w - v\|$$

를 v 와 w 사이의 **거리**(distance)라고 한다.

위의 정리 8.1.7 에 의하여 다음 정리가 성립한다(정리 3.3.8 의 증명 참조).

정리 8.1.9 유니테리 공간 $\mathscr{C}^n$ 에서 임의의 벡터 v, w, u 와 복소수 $\alpha \in \mathbb{C}$ 에 대하여 다음이 성립한다.

D.1 : $d(v, w) \geq 0$ 이고, 특히 $d(v, w) = 0 \Longleftrightarrow v = w$ 이다.

D.2 : $d(v, w) = d(w, v)$

D.3 : $d(v, w) \leq d(v, u) + d(u, w)$

유클리드 공간 $\mathscr{E}^n$ 의 경우와는 달리 유니테리 공간 $\mathscr{C}^n$ 에서는 두 벡터가 이루는 각의 크기를 정할 수 없으나 直交性을 다음과 같이 정의한다(정리 3.3.9).

정의 8.1.10 유니테리 공간 $\mathscr{C}^n$ 에서 두 벡터 v, w 에 대하여 $v \cdot w = 0$ 즉 $w \cdot v = 0$ 일 때, v 와 w 는 서로 **직교한다** 또는 **수직**이라고 한다.

정리 3.3.11 과 정리 7.1.4 와 마찬가지로 다음 두 정리를 증명할 수 있다.

정리 8.1.11 (피타고라스의 정리) 유니테리 공간 $\mathscr{C}^n$ 에서 두 벡터 v, w 가 서로 직교하면, $\|v + w\|^2 = \|v\|^2 + \|w\|^2$ 이다.

정리 8.1.12 유니테리 공간 $\mathscr{C}^n$ 에서, 부분집합 $S\ (\neq \varnothing)$ 에 대하여

$$S^{\perp} = \{v \in \mathscr{C}^n \mid \text{모든 } w \in S \text{ 에 대하여 } v \cdot w = 0\}$$

이라고 하면, $S^{\perp}$ 은 유니테리 공간 $\mathscr{C}^n$ 의 부분공간이다.

부분공간 $S^{\perp}$ 을 S 의 **직교 보공간**(直交 補空間)이라고 한다.

정리 7.1.5 와 마찬가지로 다음 정리를 증명할 수 있다(문제 5 참조).

정리 8.1.13 유니테리 공간 $\mathscr{C}^n$ 에서 W 를 부분공간이라고 하자.
이 때, $W = \{\mathbf{0}\}$ 이면 $W = \mathscr{C}^n$ 이고, 또 $W = \mathscr{C}^n$ 이면 $W^\perp = \{\mathbf{0}\}$ 이며

$$\mathscr{C}^n = W \oplus W^\perp \quad \text{즉} \quad \mathscr{C}^n = W + W^\perp,\ W \cap W^\perp = \{\mathbf{0}\},$$

$$\dim W + \dim W^\perp = n, \quad (W^\perp)^\perp = W$$

이고, 특히 $\{\mathbf{0}\} \neq W \neq \mathscr{C}^n$ 일 때,

$$W = \langle v_1, \cdots, v_m \rangle, \quad v_i = (\alpha_{i1}, \alpha_{i2}, \cdots, \alpha_{in}) \qquad (1 \leq i \leq m)$$

이라 하고 $A = [\alpha_{ij}]_{m\times n}$, $\overline{A} = [\overline{\alpha_{ij}}]_{m\times n}$ 이라고 하면 다음이 성립한다.

(1) $W =$ (A 의 행공간), $\dim W = r(A)$, $1 \leq r(A) < n$

(2) $v \in W^\perp \Longleftrightarrow v \cdot v_1 = \cdots = v \cdot v_m = 0$

그리고, $W^\perp$ 은 동차 연립일차방정식

$$\overline{A}\begin{bmatrix} x_1 \\ \vdots \\ x_n \end{bmatrix} = \begin{bmatrix} 0 \\ \vdots \\ 0 \end{bmatrix} \quad \text{즉} \quad A\begin{bmatrix} \overline{x_1} \\ \vdots \\ \overline{x_n} \end{bmatrix} = \begin{bmatrix} 0 \\ \vdots \\ 0 \end{bmatrix}$$

의 해공간이고 $\dim W^\perp = n(A) = n - r(A) = n - \dim W$ 이다.

보기 8.1.3 유니테리 공간 $\mathscr{C}^n$ 에서 벡터 $v = (\alpha_1, \cdots, \alpha_n) \neq \mathbf{0}$ 에 대하여 $W = \langle v \rangle$, $U = W^\perp$ 이라고 하면 다음이 성립한다.

$$U = W^\perp = \{(x_1, \cdots, x_n) \in \mathscr{C}^n \mid \overline{\alpha_1}x_1 + \cdots + \overline{\alpha_n}x_n = 0\}$$

$$U^\perp = W = \langle (\alpha_1, \cdots, \alpha_n) \rangle = \langle v \rangle$$

보기 8.1.4 유니테리 공간 $\mathscr{C}^3$ 에서 $v = (\alpha_1, \alpha_2, \alpha_3)$, $w = (\beta_1, \beta_2, \beta_3)$ 가 일차독립일 때, $W = \langle v, w \rangle$ 이라고 하면 W 의 직교 보공간 $W^\perp$ 는 다음과 같다(정리 4.7.6 의 증명 참조).

$$W^\perp = \left\langle \left(\begin{vmatrix} \overline{\alpha_2} & \overline{\alpha_3} \\ \overline{\beta_2} & \overline{\beta_3} \end{vmatrix}, -\begin{vmatrix} \overline{\alpha_1} & \overline{\alpha_3} \\ \overline{\beta_1} & \overline{\beta_3} \end{vmatrix}, \begin{vmatrix} \overline{\alpha_1} & \overline{\alpha_2} \\ \overline{\beta_1} & \overline{\beta_2} \end{vmatrix} \right) \right\rangle$$

연 습 문 제 (8.1)

1. 유니테리 공간 $\mathscr{C}^3$ 에서 두 벡터 $v = (1+i, 2-i, 2)$, $w = (3i, 1, 2-i)$ 에 대하여 다음 물음에 답하여라.

   (1) $v \cdot w$, $\|v\|$, $\|w\|$, $\|v+w\|$ 를 구하여라.

   (2) $|v \cdot w| \le \|v\|\|w\|$, $\|v+w\| \le \|v\| + \|w\|$ 임을 확인하여라.

2. 유니테리 공간 $\mathscr{C}^n$ 에서 임의의 두 벡터 v, w 에 대하여 다음 등식이 성립함을 밝혀라(평행사변형의 법칙, 극 항등식).

   (1) $\|v+w\|^2 + \|v-w\|^2 = 2(\|v\| + \|w\|^2)$

   (2) $v \cdot w = \dfrac{1}{4}\{\|v+w\|^2 - \|v-w\|^2\} + \dfrac{i}{4}\{\|v+iw\|^2 + \|v-iw\|^2\}$

3. 유니테리 공간 $\mathscr{C}^n$ 에서 임의의 두 벡터 v, w 에 대하여 다음 등식이 성립함을 밝혀라.

   (1) $\|v+w\|^2 = \|v\|^2 + 2\,\mathrm{Re}(v \cdot w) + \|w\|^2$

   (2) $\|v-w\|^2 = \|v\|^2 - 2\,\mathrm{Re}(v \cdot w) + \|w\|^2$

   (3) $|\|v\| - \|w\|| \le \|v-w\|$

4. 유니테리 공간 $\mathscr{C}^n$ 에서 두 벡터 v, w 에 대하여 $v \cdot w$ 가 실수일 때, 다음이 성립함을 증명하여라.

   (1) $\|v+w\|^2 - \|v-w|^2 = 4v \cdot w$

   (2) $(v+w) \cdot (v-w) = 0 \Longleftrightarrow \|v\| = \|w\|$

5. 정리 8.1.13 을 증명하여라.

6. 유니테리 공간 $\mathscr{C}^3$ 에서 벡터

$$v_1 = (i, 2, 1+i), \quad v_2 = (1, 0, i), \quad v_3 = (1, 2, 1)$$

   에 대하여 $W_1 = \langle v_1 \rangle$, $W_2 = \langle v_2, v_3 \rangle$ 이라고 할 때, 부분공간 W_1, W_2 의 직교 보공간 $W_1^{\perp}$, $W_2^{\perp}$ 을 구하여라.

§8.2 직교정규기저

이 절에서는, 유니테리 공간의 직교정규기저에 대하여 논한다.

정의 8.2.1 유니테리 공간 $\mathscr{C}^n$ 에서 벡터 $v_1, \cdots, v_m$ 이 모두 영벡터가 아닌 동시에 서로 직교할 때, $S = \{v_1, \cdots, v_m\}$ 를 **직교집합**이라고 한다.

그리고, 부분공간 W 에 대하여 $\mathscr{C} = \{v_1, \cdots, v_m\}$ 가 W 의 기저인 동시에 직교집합일 때, $\mathscr{C}$ 를 W 의 **직교기저**라고 한다. 특히, $\mathscr{B} = \{w_1, \cdots, w_m\}$ 가 W 의 직교기저인 동시에 $w_1, \cdots, w_m$ 이 모두 단위벡터일 때, $\mathscr{B}$ 를 W 의 **직교정규기저**라고 한다. 여기서, $m = 1$ 인 경우에는 $\|w_1\| = 1$ 임을 뜻한다.

보기 8.2.1 유니테리 공간 $\mathscr{C}^n$ 에서 표준기저 $\mathscr{B} = \{e_1, \cdots, e_n\}$ 는 직교정규기저이고 $\{-e_1, \cdots, e_n\}$, $\{e_1, \cdots, -e_n\}$ 도 직교정규기저이다.

다음 세 정리는 정리 7.1.7 ~ 정리 7.1.10 과 마찬가지 방법으로 증명할 수 있다.

정리 8.2.2 유니테리 공간 $\mathscr{C}^n$ 에서 다음이 성립한다.

(1) $S = \{v_1, \cdots, v_m\}$ 가 직교집합이면, $v_1, \cdots, v_m$ 은 일차독립이다.

(2) $W = \langle v_1, \cdots, v_m \rangle$ 일 때, $\mathscr{B} = \{v_1, \cdots, v_m\}$ 가 직교집합이면, $\mathscr{B}$ 는 W 의 직교기저이고 $\mathscr{C} = \{\frac{v_1}{\|v_1\|}, \cdots, \frac{v_m}{\|v_m\|}\}$ 는 W 의 직교정규기저이다.

(3) $W = \langle w_1, \cdots, w_m \rangle$ 일 때, $\mathscr{C} = \{w_1, \cdots, w_m\}$ 가 W 의 직교정규기저이기 위한 필요충분조건은 다음이 성립하는 것이다.

$$w_i \cdot w_j = \delta_{ij} \qquad (1 \le i, j \le m)$$

특히, $\mathscr{B} = \{w_1, \cdots, w_n\}$ 가 유니테리 공간 $\mathscr{C}^n$ 의 직교정규기저이기 위한 필요충분조건은 다음이 성립하는 것이다.

$$(w_i, w_j) = \delta_{ij} \qquad (1 \le i, j \le n)$$

정리 8.2.3 유니테리 공간 $\mathscr{C}^n$ 에서 $\mathscr{C} = \{v_1, \cdots, v_n\}$ 가 직교기저일 때, 임의의 두 벡터 $v, w \in \mathscr{C}^n$ 에 대하여 다음이 성립한다.

(1) $v = \sum_{i=1}^{n} \frac{v \cdot v_i}{v_i \cdot v_i} v_i$

(2) $v \cdot w = \sum_{i=1}^{n} \frac{(v \cdot v_i)\overline{(w \cdot v_i)}}{v_i \cdot v_i}, \quad \|v\|^2 = \sum_{i=1}^{n} \frac{|v \cdot v_i|^2}{v_i \cdot v_i}$

특히, $\mathscr{B} = \{w_1, \cdots, w_n\}$ 가 직교정규기저일 때, 임의의 벡터 $v, w \in \mathscr{C}^n$ 에 대하여 다음이 성립한다.

$$v = \sum_{i=1}^{n} (v \cdot w_i)\, w_i$$

$$v \cdot w = \sum_{i=1}^{n} (v \cdot w_i)\overline{(w \cdot w_i)} \qquad \text{(Parseval 의 항등식)}$$

$$\|v\|^2 = \sum_{i=1}^{n} |v \cdot w_i|^2$$

정리 8.2.4 유니테리 공간 $\mathscr{C}^n$ 에서 $\mathscr{B} = \{v_1, \cdots, v_n\}$ 가 직교 [정규] 기저일 때, 정수 r $(1 \le r < n)$ 에 대하여 $\langle v_1, \cdots, v_r \rangle^{\perp} = \langle v_{r+1}, \cdots, v_n \rangle$ 이다.

정리 7.2.1 과 마찬가지로 다음 정리가 성립한다.

정리 8.2.5 (Gram-Schmidt 의 직교화 과정) 유니테리 공간 $\mathscr{C}^n$ 에서 일차독립인 r 개의 벡터 $u_1, \cdots, u_r$ 에 대하여 $W = \langle u_1, \cdots, u_r \rangle$ 라 하고 $v_1, \cdots, v_r$ 와 $w_1, \cdots, w_r$ 을 다음과 같이 정하자.

$$v_1 = u_1$$

$$v_{k+1} = u_{k+1} - \sum_{i=1}^{k} \frac{u_{k+1} \cdot v_i}{v_i \cdot v_i} v_i \qquad (1 \le k \le r-1)$$

$$w_i = \frac{v_i}{\|v_i\|} \qquad (1 \le i \le r)$$

이 때, $\mathscr{B} = \{v_1, \cdots, v_r\}$ 는 W 의 직교기저이고 또 $\mathscr{C} = \{w_1, \cdots, w_r\}$ 는 W 의 직교정규기저이다.

보기 8.2.2 유니테리 공간 $\mathscr{C}^3$ 에서 세 벡터

$$u_1 = (i, i, i), \quad u_2 = (0, i, i), \quad u_3 = (0, 0, i)$$

에 대하여

$$\begin{vmatrix} i & i & i \\ 0 & i & i \\ 0 & 0 & i \end{vmatrix} = i \begin{vmatrix} i & i \\ 0 & i \end{vmatrix} = -i \neq 0$$

이므로 $\{u_1, u_2, u_3\}$ 는 유니테리 공간 $\mathscr{C}^3$ 의 기저이다(정리 4.3.2).

이제 Gram-Schmidt 의 직교화 과정에 따라

$$v_1 = u_1 = (i, i, i),$$

$$v_2 = u_2 - \frac{u_2 \cdot v_1}{v_1 \cdot v_1} v_1 = (-\frac{2i}{3}, \frac{i}{3}, \frac{i}{3}),$$

$$v_3 = u_3 - \frac{u_3 \cdot v_1}{v_1 \cdot v_1} v_1 - \frac{u_3 \cdot v_2}{v_2 \cdot v_2} v_2 = (0, -\frac{i}{2}, \frac{i}{2})$$

이라고 하면, $\mathscr{B} = \{v_1, v_2, v_3\}$ 는 유니테리 공간 $\mathscr{C}^3$ 의 직교기저이고, 또

$$w_1 = \frac{v_1}{\|v_1\|} = (\frac{i}{\sqrt{3}}, \frac{i}{\sqrt{3}}, \frac{i}{\sqrt{3}}),$$

$$w_2 = \frac{v_2}{\|v_2\|} = (-\frac{2i}{\sqrt{6}}, \frac{i}{\sqrt{6}}, \frac{i}{\sqrt{6}}),$$

$$w_3 = \frac{v_3}{\|v_3\|} = (0, -\frac{i}{\sqrt{2}}, \frac{i}{\sqrt{2}})$$

이라고 하면 $\mathscr{C} = \{w_1, w_2, w_3\}$ 는 유니테리 공간 $\mathscr{C}^3$ 의 직교정규기저이다.

정리 7.2.2 의 증명과 마찬가지 방법으로 다음 정리를 증명할 수 있다.

정리 8.2.6 유니테리 공간 $\mathscr{C}^n$ 의 부분공간 $W(\neq \{\mathbf{0}\})$ 에 대하여 다음이 성립한다.

(1) W 의 직교기저와 직교정규기저가 존재한다.

(2) W 의 직교 [정규] 기저 $\mathscr{C} = \{w_1, \cdots, w_r\}$ 에 적당한 벡터를 추가하여 $\mathscr{C}^n$ 의 직교 [정규] 기저 $\mathscr{B} = \{w_1, \cdots, w_r, w_{r+1}, \cdots, w_n\}$ 를 얻을 수 있다.

정리 7.2.3 의 증명과 마찬가지 방법으로 다음 정리를 증명할 수 있다.

정리 8.2.7 유니테리 공간 $\mathscr{C}^n$ 에서 W 가 $\{\mathbf{0}\} \neq W \neq \mathscr{C}^n$ 인 부분공간일 때, $\mathscr{C} = \{v_1, \cdots, v_r\}$ 를 W 의 직교기저라 하고 임의의 벡터 v 에 대하여

$$w = \sum_{i=1}^{r} \frac{v \cdot v_i}{v_i \cdot v_i} v_i, \quad v' = \sum_{i=1}^{r} \frac{2v \cdot v_i}{v_i \cdot v_i} v_i - v$$

$$u = v - w$$

이라고 하면 다음이 성립한다.

(1) $v = w + u \qquad (w \in W,\ u \in W^{\perp})$

(2) 모든 벡터 $w' \in W$, $w' \neq w$ 에 대하여 $\| v - w \| \leq \| v - w' \|$ 이다.

(3) $v' = w - u, \qquad \| v' \| = \| v \|$

(4) $\mathscr{C}^n = W \oplus W^{\perp}$ 즉 $\mathscr{C}^n = W + W^{\perp}$, $W \cap W^{\perp} = \{\mathbf{0}\}$,
$\dim W + \dim W^{\perp} = n$

여기서, $\| u \|$ 를 벡터 v 와 부분공간 W 사이의 **거리**(distance)라고 한다.

위의 정리에서 $\mathscr{C}^n = W \oplus W^{\perp}$ 이므로 각 $v \in \mathscr{C}^n$ 는 단 한 가지 방법으로

$$v = w + u \qquad (w \in W,\ u \in W^{\perp})$$

의 꼴로 나타내어지므로 다음과 같은 선형변환이 정의된다(정리 6.5.9).

$$T : \mathscr{C}^n \longrightarrow \mathscr{C}^n, \quad T(w+u) = w$$

$$S : \mathscr{C}^n \longrightarrow \mathscr{C}^n, \quad S(w+u) = u$$

$$R : \mathscr{C}^n \longrightarrow \mathscr{C}^n, \quad R(w+u) = w - u = v'$$

특히, T, S 는 사영이며 이를 각각 W, $W^{\perp}$ **위로의 직교정사영**(直交正射影, orthogonal projection)이라 하고 또 선형변환 R 를 W 에 관한 **반사이동**(反射移動, reflection)이라고 한다. 여기서,

$$\| S(v) \| = \| u \| = \| v - T(v) \|,$$

$$\| R(v) \| = \| v' \| = \| v \|$$

연 습 문 제 (8.2)

1. 유니테리 공간 $\mathscr{C}^2$ 에서 벡터 $u_1 = (1+i,\ 4+i)$, $u_2 = (4+i,\ 3)$ 에 대하여 다음 물음에 답하여라.

(1) $\mathscr{B} = \{u_1,\ u_2\}$ 가 유니테리 공간 $\mathscr{C}^2$ 의 기저임을 밝혀라.

그리고, 기저 $\mathscr{B}$ 로부터 유니테리 공간 $\mathscr{C}^2$ 의 직교정규기저 $\mathscr{C} = \{w_1,\ w_2\}$ 를 구하여라.

(2) 벡터 $v = (1-i,\ 1)$ 를 $w_1,\ w_2$ 의 일차결합으로 나타내어라.

2. 유니테리 공간 $\mathscr{C}^3$ 에서 세 벡터

$$u_1 = (i, 0, 0),\quad u_2 = (0, 4i, i),\quad u_3 = (3i, 7i, 6i)$$

가 유니테리 공간 $\mathscr{C}^3$ 의 기저를 이룸을 밝히고 유니테리 공간 $\mathscr{C}^3$ 의 직교기저 $\mathscr{B} = \{v_1,\ v_2,\ v_3\}$ 와 직교정규기저 $\mathscr{C} = \{w_1,\ w_2,\ w_3\}$ 를 구하여라.

그리고, 벡터 $v = (x_1, x_2, x_3) \in \mathscr{C}^3$ 를 $v_1,\ v_2,\ v_3$ 의 일차결합으로 나타내고 또 v 를 w_1, w_2, w_3 의 일차결합으로 나타내어라.

3. 유니테리 공간 $\mathscr{C}^3$ 에서 세 벡터

$$v_1 = (i, 0, 0),\quad v_2 = (0, 4i, i),\quad v_3 = (0,\ -i, 4i)$$

가 직교기저를 이룸을 밝혀라.

그리고, 벡터 $v = (1+2i,\ 3-4i,\ 1-i)$ 를 $v_1,\ v_2,\ v_3$ 의 일차결합으로 나타내어라.

4. 유니테리 공간 $\mathscr{C}^n$ 에서 $w_1,\ \cdots,\ w_r$ 가 서로 직교하는 단위벡터일 때, 임의의 벡터 $v \in V$ 에 대하여 다음이 성립함을 증명하여라.

(1) $\|v\|^2 \geq \sum_{i=1}^{r} |v \cdot w_i|^2$ (Bessel 의 부등식)

(2) $\|v\|^2 = \sum_{i=1}^{r} |v \cdot w_i|^2 \iff v = \sum_{i=1}^{r} (v \cdot w_i)\, w_i$

§8.3 유니테리 행렬과 유니테리 변환

이 절에서는, 복소수체 $\mathbb{C}$ 위의 특수한 행렬과 유니테리 공간 $\mathscr{C}^n$ 위의 특수한 선형변환에 대하여 논한다.

정의 8.3.1 복소수체 $\mathbb{C}$ 위의 $m\times n$ 행렬 $A=[a_{ij}]_{m\times n}$ 에 대하여 A 의 각 (i, j) 성분 a_{ij} 를 $\overline{a_{ij}}$ 로 바꾸어 놓은 $m\times n$ 행렬 $\overline{A}=[\overline{a_{ij}}]_{m\times n}$ 를 A 의 **켤레행렬**(conjugate matrix)이라고 한다. 또, $\overline{A}$ 의 전치행렬인 $n\times m$ 행렬 $\overline{A}^T$ 를 A 의 **수반행렬**(隨伴行列, adjoint) 또는 **켤레 전치행렬**(conjugate transpose) 이라 하고 이것을 A^* 로 나타낸다. 즉,

$$A^*=\overline{A}^T=[\overline{a_{ji}}]_{n\times m}$$

보기 8.3.1 복소수체 $\mathbb{C}$ 위의 두 행렬

$$A=\begin{bmatrix} a_{11} & a_{12} & a_{13} \\ a_{21} & a_{22} & a_{23} \end{bmatrix}, \qquad X=[x_1 \quad x_2 \quad x_3]$$

에 대하여 다음이 성립한다.

$$\overline{A}=\begin{bmatrix} \overline{a_{11}} & \overline{a_{12}} & \overline{a_{13}} \\ \overline{a_{21}} & \overline{a_{22}} & \overline{a_{23}} \end{bmatrix}, \qquad \overline{X}=[\overline{x_1} \quad \overline{x_2} \quad \overline{x_3}],$$

$$A^*=\begin{bmatrix} \overline{a_{11}} & \overline{a_{21}} \\ \overline{a_{12}} & \overline{a_{22}} \\ \overline{a_{13}} & \overline{a_{23}} \end{bmatrix}, \qquad X^*=\begin{bmatrix} \overline{x_1} \\ \overline{x_2} \\ \overline{x_3} \end{bmatrix}$$

보기 8.3.2 다음은 복소수체 $\mathbb{C}$ 위의 행렬 사이의 관계를 보여 주고 있다.

$$A=\begin{bmatrix} 2i & 1-i \\ 5 & 2+3i \end{bmatrix}, \quad \overline{A}=\begin{bmatrix} -2i & 1+i \\ 5 & 2-3i \end{bmatrix}, \quad A^*=\begin{bmatrix} -2i & 5 \\ 1+i & 2-3i \end{bmatrix}$$

다음 두 정리가 성립함을 쉽게 알 수 있다(정리 2.1.4 참조).

정리 8.3.2 복소수체 $\mathbb{C}$ 위의 $m\times n$ 행렬 A, B와 복소수 $\alpha\in\mathbb{C}$ 에 대하여 다음이 성립한다.

(1) $A^* = \overline{A}^T = \overline{A^T}$, $\qquad (A^*)^T = \overline{A} = (A^T)^*$

(2) $\overline{\overline{A}} = A$, $\qquad (A^*)^* = A$

(3) $\overline{(A+B)} = \overline{A} + \overline{B}$, $\qquad (A+B)^* = A^* + B^*$

(4) $\overline{\alpha A} = \overline{\alpha}\,\overline{A}$, $\qquad (\alpha A)^* = \overline{\alpha} A^*$

(5) $A \in \mathrm{Mat}_{m\times n}(\mathbb{R})$ 이면, $\overline{A} = A$, $A^* = A^T$ 이다.

정리 8.3.3 복소수체 $\mathbb{C}$ 위의 n 차의 행렬 A, B 에 대하여 다음이 성립한다.

(1) $\overline{AB} = \overline{A}\,\overline{B}$, $\qquad (AB)^* = B^* A^*$

(2) $\overline{I_n} = I_n$, $\qquad {I_n}^* = I_n$

(3) A 가 정칙행렬이면, $\overline{A}$ 와 A^* 는 정칙행렬이고 그 역행렬은 다음과 같다.

$$\overline{A}^{-1} = \overline{A^{-1}}, \qquad (A^*)^{-1} = (A^{-1})^*$$

(4) $\det \overline{A} = \overline{\det A}$, $\quad \det A^* = \overline{\det A}$

보기 8.3.3 복소수체 $\mathbb{C}$ 위의 2 차의 행렬

$$A = \begin{bmatrix} 3i & 7 \\ 2 & -5i \end{bmatrix}$$

에 대하여 다음이 성립한다.

$$\det A = (3i)(-5i) - 14 = 1,$$

$$A^T = \begin{bmatrix} 3i & 2 \\ 7 & -5i \end{bmatrix}, \qquad A^{-1} = \begin{bmatrix} -5i & -7 \\ -2 & 3i \end{bmatrix}$$

$$A^* = \begin{bmatrix} -3i & 2 \\ 7 & 5i \end{bmatrix}, \qquad (A^*)^{-1} = \begin{bmatrix} 5i & -2 \\ -7 & -3i \end{bmatrix} = (A^{-1})^*$$

정의 8.3.4 복소수체 ℂ 위의 n 차의 행렬 A 가 등식

$$AA^* = A^*A = I_n \quad 즉 \quad A^{-1} = A^*$$

를 만족시킬 때, A 를 **유니테리 행렬**(unitary matrix)이라고 한다.

보기 8.3.4 실수체 ℝ 위의 행렬 A 에 대하여 $\overline{A} = A,\ A^* = A^T$ 이다. 따라서 A 가 직교행렬일 때, A 를 복소수체 ℂ 위의 행렬로 생각하면

$$AA^T = A^TA = I_n \quad 즉 \quad AA^* = A^*A = I_n$$

이므로 A 는 유니테리 행렬이다.

유니테리 행렬은 직교행렬과 유사한 성질을 가지고 있다(정리 7.3.2).

정리 8.3.5 복소수체 ℂ 위의 n 차의 $A = [a_{ij}]_{n\times n}$ 에 대하여

$$v_i = (a_{i1},\ a_{i2},\ \cdots,\ a_{in}) \qquad (1 \le i \le n)$$

$$w_j = (a_{1j},\ a_{2j},\ \cdots,\ a_{nj}) \qquad (1 \le j \le n)$$

이라고 할 때, 다음 세 조건은 서로 동치이다.

(1) A 는 유니테리 행렬이다.

(2) 유니테리 공간 $\mathscr{C}^n$ 에서 $\mathscr{B} = \{v_1,\ \cdots,\ v_n\}$ 는 직교정규기저이다. 즉,

$$v_i \cdot v_j = \delta_{ij} \qquad (1 \le i,\ j \le n)$$

(3) 유니테리 공간 $\mathscr{C}^n$ 에서 $\mathscr{C} = \{w_1,\ \cdots,\ w_n\}$ 는 직교정규기저이다. 즉,

$$w_i \cdot w_j = \delta_{ij} \qquad (1 \le i,\ j \le n)$$

증 명 정리 3.1.10 에 의하여 다음이 성립한다.

$$AA^* = A^*A = I_n \Leftrightarrow AA^* = I_n \Leftrightarrow A^*A = I_n$$

$$AA^* = I_n \Leftrightarrow \sum_{k=1}^{n} a_{ik}\overline{a_{jk}} = \delta_{ij} \Leftrightarrow (v_i,\ v_j) = \delta_{ij} \quad (1 \le i,\ j \le n)$$

$$A^*A = I_n \Leftrightarrow \sum_{k=1}^{n} \overline{a_{ki}}\,a_{kj} = \delta_{ij} \Leftrightarrow \sum_{k=1}^{n} a_{ki}\overline{a_{kj}} = \delta_{ij} \quad (1 \le i,\ j \le n)$$

$$\Leftrightarrow (w_i,\ w_j) = \delta_{ij} \quad (1 \le i,\ j \le n)$$

따라서 정리 8.2.2 에 의하여 정리가 성립한다.

보기 8.3.5 다음 행렬은 모두 유니테리 행렬이다(문제 2 참조).

$$\begin{bmatrix} i & 0 \\ 0 & i \end{bmatrix}, \quad \begin{bmatrix} 0 & i \\ i & 0 \end{bmatrix}, \quad \begin{bmatrix} i & 0 \\ 0 & -i \end{bmatrix}, \quad \begin{bmatrix} -i & 0 \\ 0 & -i \end{bmatrix},$$

$$A = \begin{bmatrix} \dfrac{e^{i\theta}}{\sqrt{2}} & \dfrac{e^{-i\theta}}{\sqrt{2}} \\ \dfrac{ie^{i\theta}}{\sqrt{2}} & -\dfrac{ie^{-i\theta}}{\sqrt{2}} \end{bmatrix} \qquad (e^{i\theta} = \cos\theta + i\sin\theta)$$

따라서 다음 집합은 모두 유니테리 공간 $\mathscr{C}^2$ 의 직교정규기저이다.

$$\{(i, 0), (0, i)\}, \qquad \{(i, 0), (0, -i)\},$$

$$\{(\frac{e^{i\theta}}{\sqrt{2}}, \frac{e^{-i\theta}}{\sqrt{2}}), (\frac{ie^{i\theta}}{\sqrt{2}}, -\frac{ie^{-i\theta}}{\sqrt{2}})\},$$

$$\{(\frac{e^{i\theta}}{\sqrt{2}}, \frac{ie^{i\theta}}{\sqrt{2}}), (\frac{e^{-i\theta}}{\sqrt{2}}, -\frac{ie^{-i\theta}}{\sqrt{2}})\}$$

정의 8.3.6 유니테리 공간 $\mathscr{C}^n$ 위의 선형변환 $T : \mathscr{C}^n \longrightarrow \mathscr{C}^n$ 가 유니테리 공간 $\mathscr{C}^n$ 의 표준내적을 보존시킬 때, 즉

$$T(v) \cdot T(w) = v \cdot w \qquad (v, w \in \mathscr{C}^n)$$

가 성립할 때, T 를 **유니테리 변환**(unitary transformation)이라고 한다.

유클리드 공간 $\mathscr{E}^n$ 위의 직교변환과 마찬가지 유니테리 변환에 대하여 다음 정리가 성립한다(정리 7.3.4 참조).

정리 8.3.7 유니테리 공간 $\mathscr{C}^n$ 위의 선형변환 $T : \mathscr{C}^n \longrightarrow \mathscr{C}^n$ 에 대하여 다음 네 조건은 서로 동치이다.

(1) T 는 유니테리 변환이다. 즉, $T(v) \cdot T(w) = v \cdot w \quad (v, w \in \mathscr{C}^n)$

(2) T 는 노름을 보존시킨다. 즉, $\|T(v)\| = \|v\| \quad (v \in \mathscr{C}^n)$

(3) 유니테리 공간 $\mathscr{C}^n$ 의 모든 직교정규기저 $\mathscr{B} = \{v_1, \cdots, v_n\}$ 에 대하여 $T(\mathscr{B}) = \{T(v_1), \cdots, T(v_n)\}$ 는 유니테리 공간 $\mathscr{C}^n$ 의 직교정규기저이다.

(4) 유니테리 공간 $\mathscr{C}^n$ 의 특정한 직교정규기저 $\mathscr{C} = \{w_1, \cdots, w_n\}$ 에 대하여 $T(\mathscr{C}) = \{T(w_1), \cdots, T(w_n)\}$ 는 유니테리 공간 $\mathscr{C}^n$ 의 직교정규기저이다.

증 명 (1) $\Longleftrightarrow$ (2) T가 유니테리 변환이면, 임의의 벡터 $v \in \mathscr{C}^n$에 대하여

$$\|T(v)\|^2 = T(v) \cdot T(v) = v \cdot v = \|v\|^2$$

이므로 $\|T(v)\| = \|v\|$ 이다.

역으로, 모든 벡터 $v \in \mathscr{C}^n$에 대하여 $\|T(v)\| = \|v\|$ 라고 하자.

이 때, 임의의 벡터 $v, w \in \mathscr{C}^n$ 와 와 $i = \sqrt{-1}$ 에 대하여

$$\begin{aligned} T(v) \cdot T(v) &= v \cdot v, \\ T(w) \cdot T(w) &= w \cdot w, \\ T(v+w) \cdot T(v+w) &= (v+w) \cdot (v+w), \\ T(v+iw) \cdot T(v+iw) &= (v+iw) \cdot (v+iw) \end{aligned}$$

이므로

$$\begin{aligned} T(v) \cdot T(w) + T(w) \cdot T(v) &= v \cdot w + w \cdot v, \\ T(v) \cdot T(w) - T(w) \cdot T(v) &= v \cdot w - w \cdot v \end{aligned}$$

이고 따라서 $T(v) \cdot T(w) = v \cdot w$ 이다.

그리고, 정리 7.3.4의 증명과 마찬가지 방법으로 (1) $\Longrightarrow$ (3) $\Longrightarrow$ (4) $\Longrightarrow$ (1) 임을 증명할 수 있다.

정리 8.3.7, 정리 8.3.5를 이용하여 정리 7.3.6의 증명과 마찬가지 방법으로 다음 정리를 증명할 수 있다.

정리 8.3.8 복소수체 $\mathbb{C}$ 위의 n차의 행렬 A가 유니테리 행렬일 때 그리고 이때에만 $L_A : \mathscr{C}^n \longrightarrow \mathscr{C}^n$는 유니테리 변환이다.

그리고, 유니테리 변환은 모두 이와 같이 유니테리 행렬에 의하여 정해진다.

정리 8.3.9 유니테리 행렬에 대하여 다음이 성립한다.

(1) A가 n차의 유니테리 행렬이면, A는 정칙행렬이고 또 $A^{-1} = A^*$ 도 n차의 유니테리 행렬이다.

(2) A, B가 n차의 유니테리 행렬이면, AB도 n차의 유니테리 행렬이다.

(3) 항등행렬 I_n은 유니테리 행렬이다.

(4) A가 n차의 유니테리 행렬이면, $|\det A| = 1$ 이다.

증 명 (1) A가 유니테리 행렬이면, $AA^* = A^*A = I_n$이므로 A는 정칙 행렬이고 $A^{-1} = A^*$이며 A^*는 유니테리 행렬이다.

(2) A, B가 유니테리 행렬이면, $A^{-1} = A^*$, $B^{-1} = B^*$이므로

$$(AB)^{-1} = B^{-1}A^{-1} = B^*A^* = (AB)^*$$

이고 따라서 AB는 유니테리 행렬이다(정리 7.2.3).

(3) ${I_n}^{-1} = I_n = {I_n}^*$이므로 항등행렬 I_n은 유니테리 행렬이다.

(4) A가 유니테리 행렬이면, $AA^* = I_n$이므로

$$1 = (\det A)(\det A^*) = (\det A)(\overline{\det A}) = |\det A|^2$$

이고 따라서 $|\det A| = 1$이다(정리 8.3.3 참조).

두 n차의 유니테리 행렬 A, B에 의하여 유니테리 변환 L_A, L_B가 정의되고 이때 $L_B \circ L_A = L_{BA}$이고 ${L_A}^{-1} = L_{A^{-1}}$이다(정리 5.5.9).

이 사실과 위의 정리에 의하여 다음이 성립한다.

정리 8.3.10 유니테리 공간 $\mathscr{C}^n$ 위에서 다음이 성립한다.

(1) T가 유니테리 변환이면, T는 정칙 선형변환이고 T^{-1}는 유니테리 변환이다.

(2) T, S가 유니테리 변환이면, $S \circ T$는 유니테리 변환이다.

(3) 항등 선형변환은 유니테리 변환이다.

위의 정리는 정리 7.3.8의 증명과 같은 방법으로 직접 증명할 수도 있다.

복소수체 $\mathbb{C}$ 위의 n차의 행렬 A은 n개의 복소수인 고유치를 가진다.

정리 8.3.11 복소수체 $\mathbb{C}$ 위의 n차의 행렬 A가 유니테리 행렬이면, A는 [L_A는] 중복을 허락하여 n개의 (복소수) 고유치를 가지며 다음이 성립한다.

(1) 복소수 λ가 A의 [L_A의] 고유치이면, $|\lambda| = 1$이고 $\lambda^{-1} = \overline{\lambda}$이다.

(2) 서로 다른 두 복소수 λ, μ가 A의 [L_A의] 고유치일 때, v, w를 각각 λ, μ에 대응하는 A의 [L_A의] 고유벡터라고 하면 $v \cdot w = 0$이다.

증 명 이제 $T = L_A$ 이라고 하자.

(1) 가정에 의하여 $T(w) = \lambda w$, $w \neq \mathbf{0}$ 이고 또

$$\|w\| = \|T(w)\| = \|\lambda w\| = |\lambda|\,\|w\|, \qquad \|w\| \neq 0$$

이므로 $|\lambda| = 1$ 이고 따라서 $\lambda^{-1} = \overline{\lambda}$ 이다.

(2) 가정과 정리 8.3.7 에 의하여

$$\begin{aligned} v \cdot w &= T(v) \cdot T(w) \\ &= (\lambda v) \cdot (\mu w) = \lambda \overline{\mu} (v \cdot w) \end{aligned}$$

이고 또 $\lambda \neq \mu$ 이므로 $\lambda \overline{\mu} = \lambda \mu^{-1} \neq 1$ 이다. 따라서 $v \cdot w = 0$ 이다.

보기 8.3.6 다음 행렬은 유니테리 행렬이다.

$$A = \begin{bmatrix} \dfrac{1+i}{2} & \dfrac{1+i}{2} \\ \dfrac{1-i}{2} & \dfrac{-1+i}{2} \end{bmatrix}$$

먼저

$$\operatorname{tr} A = i, \quad \det A = -1, \quad |\det A| = 1$$

이므로 A 의 고유다항식은 $f(x) = x^2 - ix - 1$ 이다(정리 6.3.1).

따라서 A 의 고유치는 다음과 같다.

$$\lambda_1 = \frac{\sqrt{3} + i}{2}, \quad \lambda_2 = \frac{-\sqrt{3} + i}{2}, \quad |\lambda_1| = |\lambda_2| = 1$$

고유치 λ_1, λ_2 에 대응하는 행렬 A 의 고유공간을 각각 E_1, E_2 이라고 하면, E_1, E_2 는 각각 동차 일차방정식

$$(\sqrt{3}-1)x_1 - (1+i)x_2 = 0,$$
$$(\sqrt{3}+1)x_1 + (1+i)x_2 = 0$$

$$\lambda_1 I_2 - A = \begin{bmatrix} \dfrac{\sqrt{3}-1}{2} & \dfrac{-1-i}{2} \\ \dfrac{-1+i}{2} & \dfrac{\sqrt{3}+1}{2} \end{bmatrix}$$

의 해공간이고 따라서 다음 결과를 얻는다(보기 5.2.4 참조).

$$\mathrm{E}_1 = \langle (1+i, \sqrt{3}-1) \rangle,$$
$$\mathrm{E}_2 = \langle (1+i, -\sqrt{3}-1) \rangle$$

$$\lambda_2 I_2 - A = \begin{bmatrix} \dfrac{-\sqrt{3}-1}{2} & \dfrac{-1-i}{2} \\ \dfrac{-1+i}{2} & \dfrac{-\sqrt{3}+1}{2} \end{bmatrix}$$

이제

$$v_1 = (1+i, \sqrt{3}-1), \quad v_2 = (1+i, -\sqrt{3}-1)$$

이라고 하면, v_1과 v_2는 서로 직교하므로 $\mathscr{B} = \{v_1, v_2\}$는 A의 고유벡터로 이루어진 직교기저이다. 따라서

$$w_1 = \frac{v_1}{\|v_1\|} = \left(\frac{1+i}{\sqrt{6-2\sqrt{3}}}, \frac{\sqrt{3}-1}{\sqrt{6-2\sqrt{3}}}\right),$$

$$w_2 = \frac{v_2}{\|v_2\|} = \left(\frac{1+i}{\sqrt{6+2\sqrt{3}}}, \frac{-\sqrt{3}-1}{\sqrt{6+2\sqrt{3}}}\right)$$

이라고 하면,

$$\mathrm{E}_1 = \langle w_1 \rangle, \quad \mathrm{E}_2 = \langle w_2 \rangle$$

이고 $\mathscr{C} = \{w_1, w_2\}$는 A의 고유벡터로 이루어진 유니테리 공간 $\mathscr{C}^2$의 직교정규기저이다. 그러므로,

$$P = \begin{bmatrix} \dfrac{1+i}{\sqrt{6-2\sqrt{3}}} & \dfrac{1+i}{\sqrt{6+2\sqrt{3}}} \\ \\ \dfrac{\sqrt{3}-1}{\sqrt{6-2\sqrt{3}}} & \dfrac{-\sqrt{3}-1}{\sqrt{6+2\sqrt{3}}} \end{bmatrix}$$

이라고 하면, 정리 8.3.5에 의하여 P는 2차의 유니테리 행렬이고 또 다음이 성립한다(정리 6.1.1).

$$P^{-1}AP = P^*AP = \begin{bmatrix} \lambda_1 & 0 \\ 0 & \lambda_2 \end{bmatrix} = \begin{bmatrix} \dfrac{\sqrt{3}+i}{2} & 0 \\ 0 & \dfrac{-\sqrt{3}+i}{2} \end{bmatrix}$$

일반적으로, 유니테리 행렬 A는 적당한 유니테리 행렬 P와 대각행렬 D에 대하여 $P^{-1}AP = P^*AP = D$로 된다. 다시 말하면, 유니테리 행렬은 유니테리 행렬에 의하여 대각화된다(따름정리 8.5.8 참조).

연 습 문 제 (8.3)

1. 다음 행렬이 유니테리 행렬인지를 판정하여라.

(1) $A = \begin{bmatrix} \dfrac{\sqrt{3}+i}{2\sqrt{2}} & \dfrac{1-\sqrt{3}\,i}{2\sqrt{2}} \\ \dfrac{1+\sqrt{3}\,i}{2\sqrt{2}} & \dfrac{i-\sqrt{3}}{2\sqrt{2}} \end{bmatrix}$ (2) $A = \begin{bmatrix} \dfrac{3i}{5} & \dfrac{4i}{5} \\ -\dfrac{4}{5} & \dfrac{3}{5} \end{bmatrix}$

2. 보기 8.3.5 에서 행렬 A 가 유니테리 행렬이고 또 $\det A = -i$ 임을 밝혀라.

3. 두 복소수 α, β 에 대하여 $|\alpha|^2 + |\beta|^2 = 1$ 일 때, 다음 행렬 A 가 유니테리 행렬임을 밝히고 또 $\det A$ 를 구하여라.

$$A = \begin{bmatrix} \alpha & \beta \\ -e^{i\theta}\overline{\beta} & e^{i\theta}\overline{\alpha} \end{bmatrix} \qquad (e^{i\theta} = \cos\theta + i\sin\theta)$$

4. 다음 행렬의 고유치와 각 고유치에 대응하는 고유공간을 구하여라.

(1) $A = \begin{bmatrix} 5 & 1-i \\ 1+i & 4 \end{bmatrix}$ (2) $A = \begin{bmatrix} 1 & 4i \\ 4i & 1 \end{bmatrix}$

5. 다음 행렬 A 에 대하여 $P^{-1}AP = P^*AP = D$ 인 유니테리 행렬 P 와 대각행렬 D 를 구하여라.

$$A = \begin{bmatrix} 1 & i \\ -i & 1 \end{bmatrix}$$

6. 다음 행렬 A 에 대하여 $P^{-1}AP = P^*AP = D$ 인 유니테리 행렬 P 와 대각행렬 D 를 구하여라.

(1) $A = \begin{bmatrix} \dfrac{3i}{5} & \dfrac{4i}{5} \\ -\dfrac{4}{5} & \dfrac{3}{5} \end{bmatrix}$ (2) $A = \begin{bmatrix} 2 & 3-3i \\ 3+3i & 5 \end{bmatrix}$

§8.4 에르미트 행렬과 에르미트 변환

유니테리 공간 $\mathscr{C}^n$ 위의 선형변환 T는 복소수체 $\mathbb{C}$ 위의 적당한 n차의 행렬 A에 의하여 선형변환 $L_A : \mathscr{C}^n \longrightarrow \mathscr{C}^n$ 와 같다(정리 5.5.8).

정의 8.4.1 복소수체 $\mathbb{C}$ 위의 n차의 행렬 A에 의하여 정의되는 선형변환을 $T = L_A$ 이라고 할 때, A의 수반행렬 A^*에 의하여 정의되는 선형변환 $L_{A^*} : \mathscr{C}^n \longrightarrow \mathscr{C}^n$ 를 T의 **수반변환**(隨伴變換, adjoint) 또는 **수반작용소**(隨伴作用素, adjoint operator)라 하고 이것을 T^*로 나타낸다. 즉, ${L_A}^* = L_{A^*}$ 이다.

보기 8.4.1 복소수체 $\mathbb{C}$ 위의 2차의 행렬

$$A = \begin{bmatrix} 2i & 5 \\ 1 & -3i \end{bmatrix}$$

에 대하여 다음이 성립한다.

$$A^{-1} = \begin{bmatrix} -3i & -5 \\ -1 & 2i \end{bmatrix}, \quad A^* = \begin{bmatrix} -2i & 1 \\ 5 & 3i \end{bmatrix},$$

$$(A^*)^{-1} = (A^{-1})^* = \begin{bmatrix} 3i & -1 \\ -5 & -2i \end{bmatrix}$$

따라서 $T = L_A$ 이라고 할 때, $T^* = L_{A^*}$ 이고 $T,\ T^{-1},\ T^*,\ (T^*)^{-1}$ 는 각각 다음과 같이 정의된 선형변환이다.

$$T : \mathscr{C}^2 \longrightarrow \mathscr{C}^2,\ T(x_1, x_2) = (2ix_1 + 5x_2,\ x_1 - 3ix_2)$$

$$T^{-1} : \mathscr{C}^2 \longrightarrow \mathscr{C}^2,\ T^{-1}(x_1, x_2) = (-3ix_1 - 5x_2,\ -x_1 + 2ix_2)$$

$$T^* : \mathscr{C}^2 \longrightarrow \mathscr{C}^2,\ T^*(x_1, x_2) = (-2ix_1 + x_2,\ 5x_1 + 3ix_2)$$

$$(T^*)^{-1} : \mathscr{C}^2 \longrightarrow \mathscr{C}^2,\ (T^*)^{-1}(x_1, x_2) = (3ix_1 - x_2,\ -5x_1 - 2ix_2)$$

정리 8.3.2 와 정리 8.3.3 에 의하여 다음이 성립함을 알 수 있다.

정리 8.4.2 유니테리 공간 $\mathscr{C}^n$ 위에서 선형변환 T, S와 복소수 $\alpha \in \mathbb{C}$ 에 대하여 다음이 성립한다.

(1) $(T^*)^* = T$

(2) $(T+S)^* = T^* + S^*, \qquad (\alpha T)^* = \overline{\alpha} T^*$

(3) $(T \circ S)^* = S^* \circ T^*, \qquad (1_V)^* = 1_V \qquad (V = \mathscr{C}^n)$

(4) T가 정칙행렬이면, T^*는 정칙행렬이고 $(T^*)^{-1} = (T^{-1})^*$ 이다.

정리 8.4.3 유니테리 공간 $\mathscr{C}^n$ 위에서 사상 $T : \mathscr{C}^n \longrightarrow \mathscr{C}^n$ 가 선형변환일 때, 임의의 벡터 $v, w \in \mathscr{C}^n$에 대하여 다음이 성립한다.

(1) $T(v) \cdot w = v \cdot T^*(w), \qquad T(v) \cdot T(w) = v \cdot (T^*(T(w))$

(2) $v \cdot T(w) = T^*(v) \cdot w, \qquad T(v) \cdot T(w) = (T^*(T(v)) \cdot w$

증 명 행렬 $A \in \mathrm{Mat}_n(\mathbb{C})$ 에 의하여 정의된 선형변환을 선형변환 T 라고 하면, $T = L_A$ 이고 $T^* = L_{A^*}$ 이다. 따라서 임의의 벡터

$$v = (x_1, \cdots, x_n), \quad w = (y_1, \cdots, y_n)$$

에 대하여 $T(v) = (x_1', \cdots, x_n')$, $T^*(w) = (y_1', \cdots, y_n')$이라고 하면,

$$T(v) \cdot w = x_1' \overline{y_1} + \cdots + x_n' \overline{y_n}, \quad v \cdot T^*(w) = x_1 \overline{y_1'} + \cdots + x_n \overline{y_n'}$$

이고 또

$$A \begin{bmatrix} x_1 \\ \vdots \\ x_n \end{bmatrix} = \begin{bmatrix} x_1' \\ \vdots \\ x_n' \end{bmatrix}, \quad A^* \begin{bmatrix} y_1 \\ \vdots \\ y_n \end{bmatrix} = \begin{bmatrix} y_1' \\ \vdots \\ y_n' \end{bmatrix}, \quad A^* = \overline{A^T},$$

$$[\,x_1' \ \cdots \ x_n'\,] = [\,x_1 \ \cdots \ x_n\,] A^T, \quad A^T \begin{bmatrix} \overline{y_1} \\ \vdots \\ \overline{y_n} \end{bmatrix} = \begin{bmatrix} \overline{y_1'} \\ \vdots \\ \overline{y_n'} \end{bmatrix}$$

이므로 다음이 성립한다.

$$[\,x_1' \ \cdots \ x_n'\,] \begin{bmatrix} \overline{y_1} \\ \vdots \\ \overline{y_n} \end{bmatrix} = [\,x_1 \ \cdots \ x_n\,] A^T \begin{bmatrix} \overline{y_1} \\ \vdots \\ \overline{y_n} \end{bmatrix} = [\,x_1 \ \cdots \ x_n\,] \begin{bmatrix} \overline{y_1'} \\ \vdots \\ \overline{y_n'} \end{bmatrix}$$

그러므로, $T(v) \cdot w = v \cdot T^*(w)$ 이다. 그리고, 이 등식에 의하여

$$T(v) \cdot T(w) = v \cdot (T^*(T(w))$$

이므로 (1) 이 성립한다. 마찬가지로, (2) 가 성립한다.

정리 8.4.4 유니테리 공간 $\mathscr{C}^n$ 위의 선형변환 $T: \mathscr{C}^n \longrightarrow \mathscr{C}^n$ 에 대하여 다음 조건은 서로 동치이다 ($V = \mathscr{C}^n$).

(1) T는 유니테리 변환이다. 즉, $T(v) \cdot T(w) = v \cdot w \quad (v, w \in \mathscr{C}^n)$

(2) $T \circ T^* = T^* \circ T = 1_V$, 즉 $T^{-1} = T^*$

증 명 (1)$\Longrightarrow$(2) 먼저 T가 유니테리 변환이면,

$$T(v) \cdot T(w) = v \cdot w \qquad (v, w \in \mathscr{C}^n)$$

이므로 정리 8.4.3 에 의하여

$$v \cdot w = T(v) \cdot T(w) = v \cdot (T^*(T(w)) \qquad (v, w \in \mathscr{C}^n)$$

이고 따라서 정리 8.1.4 에 의하여 모든 $w \in \mathscr{C}^n$ 에 대하여 $T^*(T(w)) = w$ 이므로 $T^* \circ T = 1_V$ 이다. 마찬가지로, $T \circ T^* = 1_V$ 이다.

(2)$\Longrightarrow$(1) $T^* \circ T = 1_V$ 이면, 정리 8.4.3 에 의하여

$$T(v) \cdot T(w) = v \cdot T^*(T(w)) = v \cdot w \qquad (v, w \in \mathscr{C}^n)$$

이므로 T는 유니테리 변환이다.

정의 8.4.5 복소수체 $\mathbb{C}$ 위의 n 차의 행렬 $A = [a_{ij}]_{n \times n}$ 에 대하여

$$A^* = A \quad 즉 \quad a_{ij} = \overline{a_{ji}} \ (1 \leq i, j \leq n)$$

일 때, A를 **에르미트 행렬**(Hermitian matrix) 또는 **자기수반행렬**(自己隨伴行列, self-adjoint matrix)이라고 한다.

행렬 $A = [a_{ij}]_{n \times n}$가 에르미트 행렬이면, 특히 $a_{11} = \overline{a_{11}}, \cdots, a_{nn} = \overline{a_{nn}}$ 이므로 대각선 위의 원소 $a_{11}, \cdots, a_{nn}$ 은 모두 실수이다.

에르미트(Charles Hermite, 1822 ~ 1901) 는 프랑스 수학자이다.

보기 8.4.2 다음 행렬은 모두 에르미트 행렬이다.

$$A = \begin{bmatrix} 1 & i \\ -i & 1 \end{bmatrix}, \qquad B = \begin{bmatrix} 1 & 2+i \\ 2-i & 3 \end{bmatrix}$$

즉, $A^* = (\overline{A})^T = A$, $B^* = (\overline{B})^T = B$ 이다.

그리고, 실수체 $\mathbb{R}$ 위의 n 차의 행렬 A 가 대칭행렬일 때, A 를 복소수체 $\mathbb{C}$ 위의 행렬로 생각하면 $A^* = A^T = A$ 이므로 A 는 에르미트 행렬이다.

정의 8.4.6 유니테리 공간 $\mathscr{C}^n$ 위의 선형변환 $T : \mathscr{C}^n \longrightarrow \mathscr{C}^n$ 가 등식

$$T^* = T$$

을 만족시킬 때, T 를 **에르미트 변환**(Hermitian transformation) 또는 **자기수반 변환**(自己隨伴變換, self-adjoint)이라고 한다.

정리 8.4.7 유니테리 공간 $\mathscr{C}^n$ 위의 선형변환 $T : \mathscr{C}^n \longrightarrow \mathscr{C}^n$ 에 대하여 다음 두 조건은 서로 동치이다.

(1) T 는 에르미트 변환이다. 즉, $T^* = T$ 이다.

(2) $T(v) \cdot w = v \cdot T(w) \qquad (v, w \in \mathscr{C}^n)$

증 명 먼저 $T^* = T$ 이면, 정리 8.4.3 에 의하여 다음이 성립한다.

$$T(v) \cdot w = v \cdot T^*(w) = v \cdot T(w) \qquad (v, w \in \mathscr{C}^n)$$

역으로, 조건 (2) 가 성립하면, 정리 8.4.3 에 의하여

$$v \cdot T(w) = T(v) \cdot w = v \cdot T^*(w) \qquad (v, w \in \mathscr{C}^n)$$

이므로 정리 8.1.4 에 의하여 모든 $w \in \mathscr{C}^n$ 에 대하여 $T(w) = T^*(w)$ 이고 따라서 $T = T^*$ 이다.

정리 8.4.8 복소수체 $\mathbb{C}$ 위의 n 차의 행렬 A 가 에르미트 행렬일 때 그리고 이때에만 $L_A : \mathscr{C}^n \longrightarrow \mathscr{C}^n$ 는 에르미트 변환이다.

또, 유니테리 공간 $\mathscr{C}^n$ 위의 에르미트 변환은 모두 이와 같이 에르미트 행렬에 의하여 정해진다.

증 명 정리 5.5.8 에 의하여

$$L_A = (L_A)^* \Leftrightarrow L_A = L_{A^*} \Leftrightarrow A = A^*$$

이므로 정리가 성립한다.

정리 8.4.9 복소수체 $\mathbb{C}$ 위의 n 차의 행렬 A 가 에르미트 행렬이면, 다음이 성립한다.

(1) A 는 [L_A 는] 중복을 허락하여 n 개의 실수인 고유치를 가진다.

(2) 두 실수 λ, μ 가 A 의 서로 다른 고유치일 때, v 와 w 를 각각 λ, μ 에 대응하는 A 의 [L_A 의] 고유벡터라고 하면 v 와 w 는 서로 직교한다.

증 명 (1) 에르미트 행렬 A 는 중복을 허락하여 n 개의 복소수인 고유치를 가지며 L_A 는 에르미트 변환이다(정리 8.4.8).

이제 λ 를 A 의 고유치라 하고 w 를 이에 대응하는 고유벡터라고 하면,

$$L_A(w) \cdot w = (\lambda w) \cdot w = \lambda w \cdot w,$$

$$w \cdot L_A(w) = w \cdot (\lambda w) = \overline{\lambda}(w \cdot w)$$

이고 또 정리 8.4.7 에 의하여 $L_A(w) \cdot w = w \cdot L_A(w)$ 이므로

$$\lambda(w \cdot w) = \overline{\lambda}(w \cdot w), \qquad w \cdot w \neq 0$$

이고 따라서 $\lambda = \overline{\lambda}$ 이므로, λ 는 실수이다.

(2) 정리 8.4.7 에 의하여

$$L_A(v) \cdot w = v \cdot L_A(w)$$

이고 또 가정에 의하여

$$L_A(v) \cdot w = (\lambda v) \cdot w = \lambda v \cdot w,$$

$$v \cdot L_A(w) = v \cdot (\mu w) = \overline{\mu}(v \cdot w) = \mu(v \cdot w)$$

이므로 $\lambda(v \cdot w) = \mu(v \cdot w)$ 이고 또 $\lambda \neq \mu$ 이므로 $v \cdot w = 0$ 이다.

실수체 $\mathbb{R}$ 위의 n 차의 대칭행렬은 에르미트 행렬이기도 하므로 위의 정리로부터 정리 7.5.1 을 얻는다.

사실, 정리 7.5.1 의 증명은 정리 8.4.9 의 증명과 본질적으로 동일하다.

보기 8.4.3 다음 행렬은 에르미트 행렬이다.

$$A = \begin{bmatrix} 5 & 1-i \\ 1+i & 4 \end{bmatrix}$$

행렬 A 의 고유다항식은

$$f(x) = x^2 - 9x + 18 = (x-3)(x-6)$$

이고 따라서 A 의 고유치는 $\lambda_1 = 3$, $\lambda_1 = 6$ 이다.

이제 고유치 λ_1, λ_2 에 대응하는 고유공간을 각각 $\mathrm{E}_1, \mathrm{E}_2$ 이라고 하면, 이들 고유공간은 각각 동차 일차방정식

$$3I_2 - A = \begin{bmatrix} -2 & -1+i \\ -1-i & -1 \end{bmatrix}$$

$$(-1-i)x_1 - x_2 = 0,$$

$$x_1 + (-1+i)x_2 = 0$$

$$6I_2 - A = \begin{bmatrix} 1 & -1+i \\ -1-i & 2 \end{bmatrix}$$

의 해공간이므로 다음이 성립한다.

$$\mathrm{E}_1 = \langle (1, -1-i) \rangle,$$

$$\mathrm{E}_2 = \langle (1-i, 1) \rangle$$

그런데, $v_1 = (1, -1-i)$ 와 $v_2 = (1-i, 1)$ 는 서로 직교하므로

$$w_1 = \frac{v_1}{\|v_1\|} = \left(\frac{1}{\sqrt{3}}, \frac{-1-i}{\sqrt{3}}\right),$$

$$w_2 = \frac{v_2}{\|v_2\|} = \left(\frac{1-i}{\sqrt{3}}, \frac{1}{\sqrt{3}}\right)$$

이라고 하면 $\mathscr{C} = \{w_1, w_2\}$ 는 유니테리 공간 $\mathscr{C}^2$ 의 직교정규기저이다.

따라서

$$P = \begin{bmatrix} \frac{1}{\sqrt{3}} & \frac{1-i}{\sqrt{3}} \\ \frac{-1+i}{\sqrt{3}} & \frac{1}{\sqrt{3}} \end{bmatrix}, \qquad D = \begin{bmatrix} 3 & 0 \\ 0 & 6 \end{bmatrix}$$

이라고 하면, P 는 유니테리 행렬이고 $P^{-1}AP = P^*AP = D$ 이다.

위의 보기와 같이, 유니테리 행렬과 에르미트 행렬은 유니테리 행렬에 의하여 대각화된다는 것을 증명할 수 있다(따름정리 8.5.8 참조).

연 습 문 제 (8.4)

1. 다음과 같은 에르미트 행렬 A에 대하여 $P^*AP = D$인 유니테리 행렬 P와 대각행렬 D를 구하여라.

$$A = \begin{bmatrix} 2 & 1+2i \\ 1-2i & 6 \end{bmatrix}$$

2. 다음 행렬 A가 직교행렬인 동시에 대칭행렬임을 밝혀라.

그리고, $P^{-1}AP = D$인 직교행렬 P와 대각행렬 D를 구하여라.

(1) $A = \begin{bmatrix} \frac{1}{3} & \frac{2}{3} & -\frac{2}{3} \\ \frac{2}{3} & \frac{1}{3} & \frac{2}{3} \\ -\frac{2}{3} & \frac{2}{3} & \frac{1}{3} \end{bmatrix}$ (2) $A = \begin{bmatrix} -\frac{1}{9} & -\frac{8}{9} & \frac{4}{9} \\ -\frac{8}{9} & -\frac{1}{9} & -\frac{4}{9} \\ \frac{4}{9} & -\frac{4}{9} & -\frac{7}{9} \end{bmatrix}$

3. 복소수체 $\mathbb{C}$ 위의 행렬

$$A = \begin{bmatrix} 1+i & 4+i \\ 4+i & 3 \end{bmatrix}$$

는 대칭행렬이지만 에르미트 행렬은 아님을 밝혀라.

그리고, A의 고유치 중에는 허수인 것이 있음을 밝혀라.

4. 유니테리 공간 $\mathscr{C}^n$ 위의 선형변환 $T : \mathscr{C}^n \longrightarrow \mathscr{C}^n$, $S : \mathscr{C}^n \longrightarrow \mathscr{C}^n$가 에르미트 변환일 때, 선형변환 $T \circ S : \mathscr{C}^n \longrightarrow \mathscr{C}^n$가 에르미트 변환이기 위한 필요충분 조건은 $T \circ S = S \circ T$인 것임을 증명하여라.

5. 복소수체 $\mathbb{C}$ 위의 n차의 행렬 A는 단 한 가지 방법으로

$$A = B + iC \qquad (B^* = B,\ C^* = C)$$

와 같은 꼴로 나타내어짐을 밝혀라.

§ 8.5 정규행렬과 정규변환

이 절에서는, § 8.4 에 이어 특수한 행렬과 선형변환에 대하여 논한다.

정의 8.5.1 복소수체 $\mathbb{C}$ 위의 n 차의 행렬 $A = [a_{ij}]_{n \times n}$ 가 등식

$$AA^* = A^*A$$

를 만족시킬 때, A 를 **정규행렬**(正規行列, normal matrix)이라고 한다.

보기 8.5.1 복소수체 $\mathbb{C}$ 위의 n 차의 행렬에 대하여 다음이 성립한다.

(1) 에르미트 행렬은 모두 정규행렬이다.

실제로, A 가 에르미트 행렬이면, $A^* = A$ 이므로 $A^*A = AA^*$ 이다.

(2) 유니테리 행렬은 모두 정규행렬이다.

실제로, A 가 유니테리 행렬이면, $AA^* = A^*A = I_n$ 이다.

(3) 대각행렬은 모두 정규행렬이다.

실제로, $A = \text{diag}\{a_1, \cdots, a_n\}$ 일 때, $A^* = \overline{A} = \text{diag}\{\overline{a_1}, \cdots, \overline{a_n}\}$ 이고 $AA^* = A^*A = \text{diag}\{a_1\overline{a_1}, \cdots, a_n\overline{a_n}\}$ 이다.

보기 8.5.2 실수체 $\mathbb{R}$ 위의 n 차의 행렬을 복소수체 $\mathbb{C}$ 위의 행렬로 생각할 때, 다음이 성립한다.

(1) 대칭행렬은 에르미트 행렬인 동시에 정규행렬이다.

(2) 직교행렬은 유니테리 행렬인 동시에 정규행렬이다.

(3) 교대행렬은 정규행렬이다.

보기 8.5.3 행렬

$$A = \begin{bmatrix} 1 & 1-i \\ -1-i & 1+i \end{bmatrix}$$

는 정규행렬이지만, 에르미트 행렬도 아니고 유니테리 행렬도 아니다.

정의 8.5.2 유니테리 공간 $\mathscr{C}^n$ 위의 선형변환 $T : \mathscr{C}^n \longrightarrow \mathscr{C}^n$가 등식

$$T \circ T^* = T^* \circ T$$

를 만족시킬 때, T를 **정규변환**(正規變換, normal transformation)이라고 한다.

정리 8.5.3 유니테리 공간 $\mathscr{C}^n$ 위의 선형변환 $T : \mathscr{C}^n \longrightarrow \mathscr{C}^n$에 대하여 다음이 성립한다.

(1) T가 정규변환이기 위한 필요충분조건은 다음이 성립하는 것이다.

$$T(v) \cdot T(w) = T^*(v) \cdot T^*(w) \qquad (v, w \in \mathscr{C}^n)$$

(2) T가 정규변환이면, 모든 $v \in \mathscr{C}^n$에 대하여 $\| T(v) \| = \| T^*(v) \|$이다.

증 명 (1) 모든 벡터 $v, w \in \mathscr{C}^n$에 대하여 다음이 성립한다(정리 8.4.3).

$$T(v) \cdot T(w) = v \cdot T^*(T(w)) = v \cdot (T^* \circ T)(w),$$

$$\begin{aligned} T^*(v) \cdot T^*(w) &= v \cdot (T^*)^*(T^*(w)) \\ &= v \cdot T(T^*(w)) = v \cdot (T \circ T^*)(w) \end{aligned}$$

따라서 T가 정규변환이면, $T \circ T^* = T^* \circ T$이므로 다음이 성립한다.

(*) $$T(v) \cdot T(w) = T^*(v) \cdot T^*(w) \qquad (v, w \in \mathscr{C}^n)$$

역으로, 위의 (*)가 성립한다고 하자. 이 때, 앞의 두 등식에 의하여

$$v \cdot (T^* \circ T)(w) = v \cdot (T \circ T^*)(w) \qquad (v, w \in \mathscr{C}^n)$$

이므로 모든 벡터 $w \in \mathscr{C}^n$에 대하여 $(T^* \circ T)(w) = (T \circ T^*)(w)$이고 (정리 8.1.4), 따라서 $T^* \circ T = T \circ T^*$이므로 T는 정규변환이다.

(2) T가 정규변환이면, 모든 $v \in \mathscr{C}^n$에 대하여

$$\| T(v) \|^2 = T(v) \cdot T(v) = T^*(v) \cdot T^*(v) = \| T^*(v) \|^2$$

이므로 $\| T(v) \| = \| T^*(v) \|$이다.

정리 8.5.4 복소수체 $\mathbb{C}$ 위의 n차의 행렬 A가 정규행렬일 때 그리고 이때에만 선형변환 $L_A : \mathscr{C}^n \longrightarrow \mathscr{C}^n$는 정규변환이다.

증 명 행렬정리 5.5.9에 의하여

$$L_A \circ L_{A^*} = L_{A^*} \circ L_A \Leftrightarrow AA^* = A^*A$$

이므로 정리가 성립한다.

위의 정리에 의하면, 유니테리 공간 $\mathscr{C}^n$ 위의 정규변환은 모두 복소수체 $\mathbb{C}$ 위의 n차의 정규행렬에 의하여 정해진다.

정리 8.5.5 복소수체 $\mathbb{C}$ 위의 n차의 행렬 A가 정규행렬이면, 모든 복소수 $\alpha \in \mathbb{C}$에 대하여 $A - \alpha I_n$은 정규행렬이다.

증 명 정리 8.3.2 에 의하여 $(A - \alpha I_n)^* = A^* - \overline{\alpha} I_n$ 이므로

$$(A-\alpha I_n)(A - \alpha I_n)^* = AA^* - \overline{\alpha} A - \alpha A^* - \alpha\overline{\alpha} I_n,$$

$$(A-\alpha I_n)^*(A - \alpha I_n) = A^*A - \alpha A^* - \overline{\alpha} A - \alpha\overline{\alpha} I_n$$

이고, 따라서 $AA^* = A^*A$ 이면

$$(A-\alpha I_n)(A - \alpha I_n)^* = (A-\alpha I_n)^*(A - \alpha I_n)$$

이므로 $A - \alpha I_n$는 정규행렬이다.

정리 8.5.6 복소수체 $\mathbb{C}$ 위의 n차의 행렬 A가 정규행렬일 때, 다음이 성립한다.

(1) 복소수 λ가 A의 [L_A 의] 고유치일 때, w가 λ에 대응하는 A의 고유벡터이면 $\overline{\lambda}$는 A^*의 고유치이고 w는 $\overline{\lambda}$에 대응하는 A^*의 고유벡터이다. 즉, $L_A(w) = \lambda w$ 이면, $L_{A^*}(w) = \overline{\lambda} w$ 이다.

(2) 복소수 λ, μ가 A의 서로 다른 고유치일 때, v와 w를 각각 λ, μ에 대응하는 A의 고유벡터라고 하면 $v \cdot w = 0$ 이다.

증 명 행렬 A는 중복을 허락하여 n개의 복소수인 고유치를 가진다.

(1) 복소수 λ가 A의 고유치일 때, w를 λ에 대응하는 A의 고유벡터라 하고 $B = A - \lambda I_n$이라고 하자.

이 때, 정리 8.5.5에 의하여 B는 정규행렬이므로 L_B는 정규변환이다. 또,

$L_A(w) = \lambda w$ 이므로 $L_B(w) = L_A(w) - \lambda w = \mathbf{0}$ 이고 따라서 정리 8.5.3 에 의하여 $\| L_{B^*}(w) \| = \| L_B(w) \| = 0$ 이므로 $L_{B^*}(w) = \mathbf{0}$ 이다.

한편, $B^* = A^* - \bar{\lambda} I_n$ 이므로

$$\mathbf{0} = L_{B^*}(w) = L_{A^*}(w) - \bar{\lambda} w$$

이고, 따라서 $L_{A^*}(w) = \bar{\lambda} w$ 이다.

(2) 정리 8.4.3 에 의하여 $L_A(v) \cdot w = v \cdot L_{A^*}(w)$ 이고 또 가정과 위의 (1) 에 의하여

$$L_A(v) \cdot w = (\lambda v) \cdot w = \lambda v \cdot w,$$

$$v \cdot L_{A^*}(w) = v \cdot (\bar{\mu} w) = \mu (v \cdot w)$$

이므로

$$\lambda (v \cdot w) = \mu (v \cdot w), \quad \lambda \neq \mu$$

이고 따라서 $v \cdot w = 0$ 이다.

유니테리 행렬과 에르미트 행렬은 정규행렬이므로 정리 8.5.6 은 유니테리 행렬과 에르미트 행렬에 대해서도 성립한다(정리 8.3.11, 정리 8.4.9 참조).

복소수체 $\mathbb{C}$ 위의 n 차의 행렬 A 가 유니테리 행렬에 의하여 대각화 가능한 행렬이면, A 는 반드시 정규행렬이다.

실제로, 적당한 유니테리 행렬 P 와 대각행렬 D 에 대하여

$$P^{-1}AP = P^*AP = D$$

이면, $A = PDP^*$ 이므로

$$AA^* = PDP^*(PDP^*)^* = PDP^*PD^*P^* = PDD^*P^*,$$

$$A^*A = (PDP^*)^*PDP^* = PD^*P^*PDP^* = PD^*DP^*$$

이고 $DD^* = D^*D$ 이므로 $AA^* = A^*A$ 이다.

정리 8.5.7 복소수체 $\mathbb{C}$ 위의 n 차의 행렬 A 가 정규행렬이면, 적당한 유니테리 행렬 P 와 대각행렬 D 에 대하여 다음이 성립한다.

$$P^{-1}AP = P^*AP = D$$

증 명 이 정리를 n에 관한 귀납법으로 증명한다.

먼저 $n=1$인 경우에 A는 $A=[\alpha]$와 같은 꼴의 1×1 행렬이고 이 때 A의 고유치는 α이고 유니테리 행렬인 1차의 항등행렬 $I=[1]$에 대하여 $I^{-1}AI=I^*AI=A=[\alpha]$이다.

이제 $n\geq2$일 때, $n-1$차의 모든 정규행렬에 대하여 정리가 성립한다고 가정하고 A를 n차의 정규행렬이라고 하자.

이 때, A의 한 고유치 λ_1을 택하여 v_1을 λ_1에 대응하는 A의 고유벡터라 하고 $w_1=\dfrac{v_1}{\|v_1\|}$이라고 하면, w_1은 고유치 λ_1에 대응하는 고유벡터인 단위벡터이므로 w_1에 $n-1$개의 벡터 $w_2, \cdots, w_n$을 첨가하여 유니테리 공간 $\mathscr{C}^n$의 직교정규기저 $\mathscr{B}=\{w_1, w_2, \cdots, w_n\}$를 얻는다(정리 8.2.6).

그런데, 선형변환 L_A에 의한 $w_1, w_2, \cdots, w_n$의 상은 다음과 같은 꼴의 $w_1, w_2, \cdots, w_n$의 일차결합으로 나타내어진다.

$$L_A(v_1)=\lambda_1 w_1$$
$$L_A(v_2)=b_{12}w_1+b_{22}w_2+\cdots+b_{n2}w_n$$
$$\vdots$$
$$L_A(v_n)=b_{1n}w_1+b_{2n}w_2+\cdots+b_{nn}w_n$$

이 때,

$$[L_A]_{\mathscr{B}}=\begin{bmatrix}\lambda_1 & b_{12} & \cdots & b_{1n}\\ 0 & b_{22} & \cdots & b_{2n}\\ \vdots & \vdots & \cdots & \vdots\\ 0 & b_{n2} & \cdots & b_{nn}\end{bmatrix}=B$$

이고, 또 $w_1, \cdots, w_n$을 열벡터로 가지는 n차의 행렬을 Q라고 하면 Q는 유니테리 행렬이고 $Q^{-1}AQ=Q^*AQ=B$이다(정리 8.3.5, 정리 6.1.1).

그리고, A는 정규행렬이므로 $AA^*=A^*A$이고 또

$$BB^*=(Q^*AQ)(Q^*AQ)^*=Q^*AQ, Q^*A^*Q=Q^*AA^*Q,$$
$$B^*B=(Q^*AQ)^*(Q^*AQ)=Q^*A^*QQ^*AQ=Q^*A^*AQ$$

이므로 $BB^*=B^*B$이고 따라서 B는 정규행렬이다. 특히, BB^*와 B^*B의 $(1,1)$ 성분을 비교하면

$$\lambda_1 \overline{\lambda_1} + b_{12} \overline{b_{12}} + \cdots + b_{1n} \overline{b_{1n}} = \lambda_1 \overline{\lambda_1}$$

즉,
$$| b_{12} |^2 + \cdots + | b_{1n} |^2 = 0$$

이므로 $b_{12} = \cdots = b_{1n} = 0$ 이다. 그러므로,

$$B = \begin{bmatrix} \lambda_1 & 0 & \cdots & 0 \\ 0 & & & \\ \vdots & & B_1 & \\ 0 & & & \end{bmatrix}, \quad B_1 = \begin{bmatrix} b_{22} & \cdots & b_{2n} \\ \vdots & \cdots & \vdots \\ b_{n2} & \cdots & b_{nn} \end{bmatrix}$$

이고 분명히 $B_1 B_1{}^* = B_1{}^* B_1$ 이므로 B_1 은 $n-1$ 차의 정규행렬이다. 그러므로, 귀납법 가정에 의하여 적당한 $n-1$ 차의 유니테리 행렬 R_1 에 대하여

$$R_1{}^{-1} B_1 R_1 = R_1{}^* B_1 R_1 = \text{diag}\,\{\lambda_2, \cdots, \lambda_n\}$$

이고, 따라서

$$R = \begin{bmatrix} 1 & 0 & \cdots & 0 \\ 0 & & & \\ \vdots & & R_1 & \\ 0 & & & \end{bmatrix}, \quad D = \text{diag}\,\{\lambda_1, \lambda_2, \cdots, \lambda_n\}$$

이라고 하면, R 는 유니테리 행렬이고 $R^{-1}BR = R^*BR = D$ 이다.

그러므로, $P = QR$ 라고 하면, P 는 유니테리 행렬이고 다음이 성립한다.

$$\begin{aligned} P^{-1}AP = P^*AP &= (QR)^* A(QR) \\ &= R^*(Q^*AQ)R = R^TBR = D \end{aligned}$$

이제 $P = [p_{ij}]_{n \times n}$ 이라 하고

$$w_j = (p_{1j}, p_{2j}, \cdots, p_{nj}) \qquad (1 \le j \le n)$$

이라고 하면, 정리 8.3.5 에 의하여 $\mathscr{C} = \{w_1, \cdots, w_n\}$ 는 유니테리 공간 $\mathscr{C}^n$ 의 직교정규기저이고 또

$$L_A(w_j) = \lambda_j w_j \qquad (1 \le j \le n)$$

이므로 정리가 성립한다(정리 6.1.1).

앞의 정리로부터 대칭행렬에 대한 정리인 정리 7.5.2 를 증명할 수 있다.

유니테리 행렬과 에르미트 행렬은 모두 정규행렬이므로 정리 8.5.7 에 의하여 다음 따름정리가 성립한다.

따름정리 8.5.8 복소수체 $\mathbb{C}$ 위의 n차의 유니테리 행렬과 에르미트 행렬은 모두 유니테리 행렬에 의하여 대각화된다.

실수체 $\mathbb{R}$ 위의 n차의 직교행렬 A를 복소수 $\mathbb{C}$ 위의 행렬로 생각하면, A는 정규행렬이므로 유니테리 행렬에 의하여 대각화된다(보기 7.4,2 참조).

보기 8.5.4 다음 직교행렬을 생각해 보자(보기 6.2.6 참조).

$$A = \begin{bmatrix} \cos\theta & -\sin\theta \\ \sin\theta & \cos\theta \end{bmatrix} \qquad (0 \leq \theta < 2\pi)$$

직교행렬 A의 행렬식은 $f(x) = x^2 - 2\cos\theta\, x + 1$이다.
따라서 $\theta \neq 0$, $\theta \neq \pi$인 경우에 A의 실수인 고유치는 존재하지 않는다.
한편, A를 복소수체 $\mathbb{C}$ 위의 행렬로 생각하면, A는 유니테리 행렬에 의하여 대각화된다. 실제로, 이 경우에 A의 고유치는

$$\lambda_1 = \cos\theta + i\sin\theta = e^{i\theta},$$

$$\lambda_2 = \cos\theta - i\sin\theta = e^{-i\theta}$$

이고, 이들 고유치에 대응하는 고유공간은 각각 동차 일차방정식

$$\lambda_1 I_2 - A = \begin{bmatrix} i\sin\theta & \sin\theta \\ -\sin\theta & i\sin\theta \end{bmatrix}$$

$$i\sin\theta\, x_1 + \sin\theta\, x_2 = 0,$$

$$\lambda_2 I_2 - A = \begin{bmatrix} -i\sin\theta & \sin\theta \\ -\sin\theta & -i\sin\theta \end{bmatrix}$$

$$-i\sin\theta\, x_1 + \sin\theta\, x_2 = 0$$

의 해공간이므로 λ_1, λ_2에 대응하는 고유공간은 각각 $\mathrm{E}_1 = \langle (i, 1) \rangle$, $\mathrm{E}_2 = \langle (-i, 1) \rangle$이다.

이제

$$v_1 = (i, 1), \quad v_2 = (-i, 1)$$

이라고 하면, 두 고유벡터 v_1, v_2는 서로 직교한다. 따라서

$$w_1 = \frac{v_1}{\|v_1\|} = \left(\frac{i}{\sqrt{2}}, \frac{1}{\sqrt{2}}\right), \quad w_2 = \frac{v_2}{\|v_2\|} = \left(-\frac{i}{\sqrt{2}}, \frac{1}{\sqrt{2}}\right)$$

이라고 하면, $\mathscr{C} = \{w_1, w_2\}$는 유니테리 공간 $\mathscr{C}^2$의 직교정규기저이고 또

$$P=\begin{bmatrix} \frac{i}{\sqrt{2}} & -\frac{i}{\sqrt{2}} \\ \frac{1}{\sqrt{2}} & \frac{1}{\sqrt{2}} \end{bmatrix}, \qquad D=\begin{bmatrix} e^{i\theta} & 0 \\ 0 & e^{-i\theta} \end{bmatrix}$$

이라고 하면 P는 유니테리 행렬이고 $P^{-1}AP = P^*AP = D$이다.

연 습 문 제 (8.5)

1. 다음 행렬이 정규행렬인지를 판정하여라.

$$A=\begin{bmatrix} 2 & 1+2i \\ 1-2i & 6 \end{bmatrix}, \quad B=\begin{bmatrix} 3 & 4+2i \\ 4-2i & 6 \end{bmatrix}, \quad C=\begin{bmatrix} i & 2+i \\ 2+i & 3 \end{bmatrix}$$

2. 복소수체 $\mathbb{C}$ 위의 n차의 上삼각행렬

$$A=\begin{bmatrix} \alpha_{11} & \alpha_{12} & \cdots & \alpha_{1n} \\ 0 & \alpha_{22} & \cdots & \alpha_{2n} \\ \vdots & \vdots & \ddots & \vdots \\ 0 & 0 & \cdots & \alpha_{nn} \end{bmatrix}$$

가 정규행렬이면, A는 대각행렬임을 증명하여라.

3. 복소수체 $\mathbb{C}$ 위에서 다음 행렬의 고유치와 고유공간을 구하여라.

(1) $A=\begin{bmatrix} 1 & 1 & 1 \\ 1 & 0 & 0 \\ 1 & 0 & 0 \end{bmatrix}$ (2) $A=\begin{bmatrix} 3 & i & -1 \\ -i & 5 & i \\ -1 & -i & 3 \end{bmatrix}$

4. 다음 행렬이 에르미트 행렬, 유니테리 행렬, 정규행렬인지를 판정하여라.
그리고, 이 행렬은 유니테리 행렬에 의하여 대각화됨을 밝혀라.

(1) $A=\begin{bmatrix} 1 & 1-i \\ -1-i & 1+i \end{bmatrix}$ (2) $A=\begin{bmatrix} 0 & i & 1 \\ -i & 0 & i \\ 1 & -i & 0 \end{bmatrix}$

5. 실수체 $\mathbb{R}$ 위의 n차의 교대행렬 A를 복소수체 $\mathbb{C}$ 위의 행렬로 생각할 때, A의 고유치는 0 또는 순허수임을 밝혀라.

§8.6 내적공간

이 절에서는, §3.3 과 §8.1 에서 논한 표준내적의 개념을 일반화한다.

정의 8.6.1 실수체 $\mathbb{R}$ 위의 유한차원 또는 무한차원 벡터공간 V 에서 임의의 벡터 $v, w, u \in V$ 와 실수 $a \in \mathbb{R}$ 에 대하여 다음 조건을 만족시키는 사상

$$(\cdot , \cdot) : V \times V \longrightarrow \mathbb{R}$$

를 V 의 **내적**(內積, inner product)이라고 한다.

I.1 : $(v+u, w) = (v, w) + (u, w)$, $\quad (av, w) = a(v, w)$

I.2 : $(v, u+w) = (v, u) + (v, w)$, $\quad (v, aw) = a(v, w)$

I.3 : $(v, w) = (w, v)$

I.4 : $(v, v) \geq 0$ 이고, 특히 $(v, v) = 0 \Leftrightarrow v = \mathbf{0}$ 이다.

또, 실수체 $\mathbb{R}$ 위의 벡터공간 V 위에 내적이 정의되어 있을 때, V 를 내적 $(\cdot , \cdot)$ 에 관한 **내적공간**(內積空間, inner product space) 이라 하고 이 내적공간을 **실 내적공간**(實 內積空間, real inner product space)이라고도 한다.

정의 8.6.2 복소수체 $\mathbb{C}$ 위의 유한차원 또는 무한차원 벡터공간 V 에서 벡터 $v, w, u \in V$ 와 복소수 $\alpha \in \mathbb{C}$ 에 대하여 다음 조건을 만족시키는 사상

$$(\cdot , \cdot) : V \times V \longrightarrow \mathbb{C}$$

를 벡터공간 V 의 **내적**이라고 한다.

I.1 : $(v+u, w) = (v, w) + (u, w)$, $\quad (\alpha v, w) = \alpha(v, w)$

I.2 : $(v, u+w) = (v, u) + (v, w)$, $\quad (v, \alpha w) = \overline{\alpha}(v, w)$

I.3 : $(v, w) = \overline{(w, v)}$

I.4 : $(v, v) \geq 0$ 이고, 특히 $(v, v) = 0 \Leftrightarrow v = \mathbf{0}$ 이다.

또, 복소수체 $\mathbb{C}$ 위의 벡터공간 V 위에 내적이 정의되어 있을 때, V 를 내적 $(\cdot , \cdot)$ 에 관한 **내적공간**이라 하고 이 내적공간을 **복소 내적공간**(複素 內積空間, complex inner product space)이라고도 한다.

복소수 α 가 실수일 때 그리고 이때에만 $\alpha = \overline{\alpha}$ 이다. 따라서 정의 8.1.2 에서 $(v, v) = \overline{(v, v)}$ 이므로 (v, v) 는 실수이므로 조건 I.4 를 논할 수 있고, 또 실수체 $\mathbb{R}$ 위의 내적공간과 복소수체 $\mathbb{C}$ 위의 내적공간을 함께 다룰 수 있다.

보기 8.6.1 실수체 $\mathbb{R}$ 위의 벡터공간 $\mathbb{R}^n$ 에 정의된 표준내적은 내적이고 또 표준내적이 정의되어 있는 유클리드 공간 $\mathscr{E}^n$ 은 내적공간이다(정의 3.3.1).

마찬가지로, 복소수체 $\mathbb{C}$ 위의 벡터공간 $\mathbb{C}^n$ 에 정의된 표준내적은 내적이고 또 표준내적이 정의되어 있는 유니테리 공간 $\mathscr{C}^n$ 은 내적공간이다(정의 8.1.1).

보기 8.6.2 실수체 $\mathbb{R}$ 위의 벡터공간 $\text{Mat}_{m\times n}(\mathbb{R})$ 와 벡터공간 $\mathbb{R}^{mn}$ 는 서로 동형이다(보기 5.3.5 참조). 따라서 벡터공간 $\text{Mat}_{m\times n}(\mathbb{R})$ 에서 임의의 두 행렬 $A = [a_{ij}]_{m\times n}$, $B = [b_{ij}]_{m\times n}$ 에 대하여

$$(A, B) = \sum_{i=1}^{m} \sum_{j=1}^{n} a_{ij} b_{ij}$$

로 정하면, 사상 $(\cdot, \cdot) : \text{Mat}_{m\times n}(\mathbb{R}) \times \text{Mat}_{m\times n}(\mathbb{R}) \longrightarrow \mathbb{R}$ 는 $\text{Mat}_{m\times n}(\mathbb{R})$ 의 내적이다. 이 내적을 $\text{Mat}_{m\times n}(\mathbb{R})$ 위의 **표준내적**이라고 한다.

마찬가지로, 복소수체 $\mathbb{C}$ 위의 벡터공간 $\text{Mat}_{m\times n}(\mathbb{C})$ 에서 임의의 두 행렬 $A = [\alpha_{ij}]_{m\times n}$, $B = [\beta_{ij}]_{m\times n}$ 에 대하여

$$(A, B) = \sum_{i=1}^{m} \sum_{j=1}^{n} \alpha_{ij} \overline{\beta_{ij}}$$

으로 정하면, 사상 $(\cdot, \cdot) : \text{Mat}_{m\times n}(\mathbb{C}) \times \text{Mat}_{m\times n}(\mathbb{C}) \longrightarrow \mathbb{C}$ 는 벡터공간 $\text{Mat}_{m\times n}(\mathbb{C})$ 의 내적이다. 이 내적을 $\text{Mat}_{m\times n}(\mathbb{C})$ 위의 **표준내적**이라고 한다.

예를 들면, $(A, A) = \sum_{i=1}^{m} \sum_{j=1}^{n} |\alpha_{ij}|^2 \geq 0$ 이다.

보기 8.6.3 체 F 가 실수체 $\mathbb{R}$ 또는 복소수체 $\mathbb{C}$ 일 때, 체 F 위의 벡터공간 V 에서 $(\cdot, \cdot) : V \times V \longrightarrow F$ 가 내적이면, 임의의 양의 실수 r 에 대하여

$$(\cdot, \cdot)' : V \times V \longrightarrow F, \quad (v, w)' = r(v, w)$$

도 또한 V 의 내적이다. 따라서 한 벡터공간에 여러 내적을 정의할 수 있다.

예를 들면, 다음 두 사상은 벡터공간 $\mathbb{R}^2$ 의 내적이다.

$$(\cdot, \cdot) : \mathbb{R}^2 \times \mathbb{R}^2 \longrightarrow \mathbb{R}, \ ((x_1, x_2), (y_1, y_2)) = x_1 y_1 + x_2 y_2$$

$$(\cdot, \cdot)' : \mathbb{R}^2 \times \mathbb{R}^2 \longrightarrow \mathbb{R}, \ ((x_1, x_2), (y_1, y_2))' = 2x_1 y_1 + 2x_2 y_2$$

정의에 의하여 다음 정리가 성립한다(정리 8.1.4 참조).

정리 8.6.3 체 F가 실수체 $\mathbb{R}$ 또는 복소수체 $\mathbb{C}$일 때, 체 F 위의 내적공간 V 에 대하여 다음이 성립한다.

(1) 각 벡터 $w \in V$ 에 대하여 다음 사상은 선형사상이다.

$$f_w : V \longrightarrow F, \ \ f_w(v) = (v, w)$$

(2) 모든 벡터 $w \in V$ 에 대하여 $(v, w) = 0$ 이면, $v = \mathbf{0}$ 이다.

(3) 모든 벡터 $w \in V$ 에 대하여 $(v_1, w) = (v_2, w)$ 이면, $v_1 = v_2$ 이다.

(4) 모든 벡터 $v \in V$ 에 대하여 $(v, w) = 0$ 이면, $w = \mathbf{0}$ 이다.

(5) 모든 벡터 $v \in V$ 에 대하여 $(v, w_1) = (v, w_2)$ 이면, $w_1 = w_2$ 이다.

정의 8.6.4 체 F가 실수체 $\mathbb{R}$ 또는 복소수체 $\mathbb{C}$일 때, 체 F 위의 내적공간 V 에서 벡터 $v \in V$ 에 대하여

$$\|v\| = \sqrt{(v, v)}$$

를 v의 **노름** 또는 **길이**라고 하고, 특히 $\|v\| = 1$ 일 때 v 를 **단위벡터**라고 한다. 그리고, 두 벡터 $v, w \in V$ 에 대하여 $d(v, w) = \|w - v\|$ 를 v 와 w 사이의 **거리**라고 한다.

정리 8.1.6, 정리 8.1.7과 동일한 방법으로 다음 두 정리를 증명할 수 있다.

정리 8.6.5 체 F가 실수체 $\mathbb{R}$ 또는 복소수체 $\mathbb{C}$일 때, 체 F 위의 내적공간 V에서 임의의 두 벡터 $v, w \in V$ 에 대하여 다음 부등식이 성립한다.

$$|(v, w)| \leq \|v\| \|w\| \qquad \text{(Cauchy-Schwartz 의 부등식)}$$

그리고, 위의 부등식에서 두 벡터 v, w 가 일차종속일 때 그리고 이때에만 등호가 성립한다.

정리 8.6.6 체 F가 실수체 $\mathbb{R}$ 또는 복소수체 $\mathbb{C}$일 때, 체 F 위의 내적공간 V에서 임의의 벡터 $v, w, u \in V$와 $\alpha \in F$에 대하여 다음이 성립한다.

N.1 : $\|v\| \geq 0$ 이고, 또 $\|v\| = 0 \Leftrightarrow v = \mathbf{0}$ 이다.

N.2 : $\|\alpha v\| = |\alpha| \, \|v\|$ 이고, 특히 $v \neq \mathbf{0}$ 일 때 $\dfrac{v}{\|v\|}$ 는 단위벡터이다.

N.3 : $\|v + w\| \leq \|v\| + \|w\|$ (삼각형의 부등식)

정리 8.6.7 체 F가 실수체 $\mathbb{R}$ 또는 복소수체 $\mathbb{C}$일 때, 체 F 위의 내적공간 V에서 임의의 벡터 $v, w, u \in V$에 대하여 다음이 성립한다.

D.1 : $d(v, w) \geq 0$ 이고, 특히 $d(v, w) = 0 \Leftrightarrow v = w$ 이다.

D.2 : $d(v, w) = d(w, v)$

D.3 : $d(v, w) \leq d(v, u) + d(u, w)$

정리 8.6.5에 의하면, 실수체 $\mathbb{R}$ 위의 내적공간에서 영벡터가 아닌 두 벡터 v, w에 대하여

$$\cos\theta = \frac{(v, w)}{\|v\| \, \|w\|} \qquad (0 \leq \theta \leq \pi)$$

인 실수 θ가 단 하나 존재한다. 이러한 실수 θ를 두 벡터 v, w 사이의 **각의 크기**라고 한다. 특히, $(v, w) = 0 \Leftrightarrow \theta = \dfrac{\pi}{2}$ 이다.

한편, 복소 내적공간에서는 두 벡터 사이의 각의 크기를 정할 수 없다.

정의 8.6.8 체 F가 실수체 $\mathbb{R}$ 또는 복소수체 $\mathbb{C}$일 때, 체 F 위의 내적공간 V에서 두 벡터 v, w에 대하여 $(v, w) = 0$ 즉 $(w, v) = 0$일 때 두 벡터 v, w는 서로 **직교한다** 또는 서로 **수직**이라고 한다.

내적공간에서도 다음 두 정리가 성립한다(정리 8.1.11, 정리 8.1.12 참조).

정리 8.6.9 (피타고라스의 정리) 체 F가 실수체 $\mathbb{R}$ 또는 복소수체 $\mathbb{C}$일 때, 체 F 위의 내적공간 V에서 두 벡터 v, w가 서로 직교하면 다음이 성립한다.

$$\|v + w\|^2 = \|v\|^2 + \|w\|^2$$

정리 8.6.10 체 F가 실수체 $\mathbb{R}$ 또는 복소수체 $\mathbb{C}$일 때, 체 F 위의 내적공간 V에서 부분집합 $S\ (\neq \varnothing)$에 대하여

$$S^{\perp} = \{v \in V \mid \text{모든 } w \in S \text{ 에 대하여 } (v, w) = 0\}$$

은 V의 부분공간이다. 이 부분공간을 S의 **직교 보공간**이라고 한다.

정의 8.6.11 체 F가 실수체 $\mathbb{R}$ 또는 복소수체 $\mathbb{C}$일 때, 체 F 위의 내적공간 V에서 벡터 $v_1, \cdots, v_m$이 모두 영벡터가 아닌 동시에 서로 직교할 때, $S = \{v_1, \cdots, v_m\}$를 **직교집합**이라고 한다.

여기서, $m = 1$인 경우에는 $v_1 \neq \mathbf{0}$임을 뜻한다.

그리고, V의 부분공간 W에 대하여 $\mathscr{C} = \{v_1, \cdots, v_m\}$가 W의 기저인 동시에 벡터 $v_1, \cdots, v_m$이 서로 직교할 때, $\mathscr{C}$를 W의 **직교기저**라고 한다.

특히, $\mathscr{B} = \{w_1, \cdots, w_m\}$가 W의 직교기저인 동시에 $w_1, \cdots, w_m$이 모두 단위벡터일 때, $\mathscr{B}$를 W의 **직교정규기저**라고 한다.

여기서, $m = 1$인 경우에는 $\|w_1\| = 1$임을 뜻한다.

다음 두 정리는 정리 7.1.7 ~ 정리 7.1.9와 마찬가지로 증명할 수 있다.

정리 8.6.12 체 F가 실수체 $\mathbb{R}$ 또는 복소수체 $\mathbb{C}$일 때, 체 F 위의 내적공간 V에서 다음이 성립한다.

(1) $S = \{v_1, \cdots, v_m\}$가 직교집합이면, $v_1, \cdots, v_m$은 일차독립이다.

(2) $W = \langle v_1, \cdots, v_m \rangle$일 때, $\mathscr{B} = \{v_1, \cdots, v_m\}$가 직교집합이면 $\mathscr{B}$는 W의 직교기저이고 또 $\mathscr{C} = \left\{ \dfrac{v_1}{\|v_1\|}, \cdots, \dfrac{v_m}{\|v_m\|} \right\}$는 W의 직교정규기저이다.

(3) $W = \langle w_1, \cdots, w_m \rangle$일 때, $\mathscr{C} = \{w_1, \cdots, w_m\}$가 W의 직교정규기저이기 위한 필요충분조건은 다음이 성립하는 것이다.

$$(w_i, w_j) = \delta_{ij} \qquad (1 \leq i, j \leq m)$$

특히, $\mathscr{B} = \{w_1, \cdots, w_n\}$가 내적공간 V의 직교정규기저이기 위한 필요충분조건은 다음이 성립하는 것이다.

$$(w_i, w_j) = \delta_{ij} \qquad (1 \leq i, j \leq n)$$

정리 8.6.13 체 F 가 실수체 $\mathbb{R}$ 또는 복소수체 $\mathbb{C}$ 일 때, 체 F 위의 n 차원 내적공간 V 에서 $\mathscr{B} = \{v_1, \cdots, v_n\}$ 가 직교기저일 때, 임의의 두 벡터 v, w 에 대하여 다음이 성립한다.

$$v = \sum_{i=1}^{n} \frac{(v, v_i)}{(v_i, v_i)} v_i, \qquad (v, w) = \sum_{i=1}^{n} \frac{(v, v_i)\overline{(w, v_i)}}{(v_i, v_i)},$$

$$\|v\|^2 = \sum_{i=1}^{n} \frac{|(v, v_i)|^2}{(v_i, v_i)}$$

특히, $\mathscr{C} = \{w_1, \cdots, w_n\}$ 가 직교정규기저일 때 다음이 성립한다.

$$v = \sum_{i=1}^{n} (v, w_i) w_i, \qquad \|v\|^2 = \sum_{i=1}^{n} |(v, w_i)|^2$$

$$(v, w) = \sum_{i=1}^{n} (v, w_i)\overline{(w, w_i)} \qquad \text{(Parseval 의 항등식)}$$

정리 8.6.14 체 F 가 실수체 $\mathbb{R}$ 또는 복소수체 $\mathbb{C}$ 일 때, 체 F 위의 n 차원 벡터공간 V 에서 $\mathscr{B} = \{v_1, \cdots, v_n\}$ 가 기저일 때, $(\cdot, \cdot)_{\mathscr{B}} : V \times V \longrightarrow F$ 를 다음과 같이 정의하자.

$$\left(\sum_{i=1}^{n} x_i v_i, \sum_{i=1}^{n} y_i v_i\right)_{\mathscr{B}} = \sum_{i=1}^{n} x_i \overline{y_i} = x_1 \overline{y_1} + \cdots + x_n \overline{y_n}$$

이 때, 이 사상은 V 위의 내적이고 $\mathscr{B} = \{v_1, \cdots, v_n\}$ 는 이와 같이 정의된 내적공간 V 의 직교정규기저이다.

증 명 임의의 두 벡터 $v, w \in V$ 는 단 한 가지 방법으로

$$v = \sum_{i=1}^{n} x_i v_i, \quad w = \sum_{i=1}^{n} y_i v_i \qquad (x_i, y_i \in F)$$

의 꼴로 나타낼 수 있으므로 $(\cdot, \cdot)_{\mathscr{B}} : V \times V \longrightarrow F$ 가 정의된다.

그리고, 사상이 V 위의 내적임을 쉽게 알 수 있고 또

$$(v_i, v_j) = \delta_{ij} \qquad (1 \le i, j \le n)$$

이므로 $\mathscr{B}$ 는 내적공간 V 의 직교정규기저이다.

정리 7.2.1 과 마찬가지로 다음 정리가 성립한다.

정리 8.6.15 (Gram-Schmidt 의 직교화 과정) 체 F 가 실수체 $\mathbb{R}$ 또는 복소수체 $\mathbb{C}$ 일 때, 체 F 위의 n 차원 내적공간 V 에서 r 개의 벡터 $u_1, \cdots, u_r$ 가 일차독립일 때, 벡터 $v_1, \cdots, v_r$ 와 $w_1, \cdots, w_r$ 를 다음과 같이 정하자.

$$v_1 = u_1$$

$$v_{k+1} = u_{k+1} - \sum_{i=1}^{k} \frac{(u_{k+1}, v_i)}{(v_i, v_i)} v_i \qquad (1 \le k \le r-1)$$

$$w_i = \frac{v_i}{\|v_i\|} \qquad (1 \le i \le r)$$

이 때, $W = \langle u_1, \cdots, u_r \rangle$ 이라고 하면, $\mathscr{B} = \{v_1, \cdots, v_r\}$ 는 W 의 직교기저이고 $\mathscr{C} = \{w_1, \cdots, w_r\}$ 는 W 의 직교정규기저이다.

정리 7.2.2, 정리 7.2.3 과 마찬가지로 다음 두 정리가 성립한다.

정리 8.6.16 체 F 가 실수체 $\mathbb{R}$ 또는 복소수체 $\mathbb{C}$ 일 때, 체 F 위의 n 차원 내적공간 V 에서 V 의 부분공간 $W(\neq \{\mathbf{0}\})$ 에 대하여 다음이 성립한다.

(1) W 의 직교기저와 직교정규기저가 존재한다.

(2) W 의 직교 [정규] 기저 $\mathscr{C} = \{w_1, \cdots, w_r\}$ 에 적당한 벡터를 추가하여 V 의 직교 [정규] 기저 $\mathscr{B} = \{w_1, \cdots, w_r, w_{r+1}, \cdots, w_n\}$ 를 얻을 수 있다.

정리 8.6.17 체 F 가 실수체 $\mathbb{R}$ 또는 복소수체 $\mathbb{C}$ 일 때, 체 F 위의 n 차원 내적공간 V 에서 W 가 $\{\mathbf{0}\} \neq W \neq V$ 인 부분공간이라고 하자.

(1) $\mathscr{C} = \{v_1, \cdots, v_r\}$ 가 W 의 직교기저일 때, 임의의 $v \in V$ 에 대하여

$$w = \sum_{i=1}^{r} \frac{(v, v_i)}{(v_i, v_i)} v_i, \qquad v' = \sum_{i=1}^{r} \frac{2(v, v_i)}{(v_i, v_i)} v_i - v$$

이라 하고 $u = v - w$ 이라고 하면 다음이 성립한다.

(a) $v = w + u \qquad (w \in W,\ u \in W^{\perp})$

(b) 모든 벡터 $w' \in W,\ w' \neq w$ 에 대하여 $\|v - w\| \le \|v - w'\|$ 이다.

(c) $v' = w - u, \quad \|v'\| = \|v\|$

(2) $V = W \oplus W^{\perp}$ 즉 $V = W + W^{\perp}, \quad W \cap W^{\perp} = \{\mathbf{0}\}$

$\dim W + \dim W^{\perp} = n$

앞의 정리에서 $\|u\|$를 벡터 v와 부분공간 W 사이의 **거리**라고 한다.

그리고, $V = W \oplus W^{\perp}$ 이므로 각 $v \in V$는 단 한 가지 방법으로

$$v = w + u \qquad (w \in W,\ u \in W^{\perp})$$

의 꼴로 나타내어지고 따라서 다음과 같은 사영이 정의된다(정리 6.5.9).

$$T : V \longrightarrow V, \quad T(w+u) = w$$
$$S : V \longrightarrow V, \quad S(w+u) = u$$

사영 T, S를 각각 $W, W^{\perp}$ **위로의 직교정사영**이라고 한다.

연 습 문 제 (8.6)

1. 벡터공간 $\mathbb{R}^2$ 위에서 다음과 같이 정의된 사상 $(\cdot, \cdot) : \mathbb{R}^2 \times \mathbb{R}^2 \longrightarrow \mathbb{R}$는 내적이 아님을 밝혀라.
   (1) $((x_1, x_2), (y_1, y_2)) = x_1 x_2 + y_1 y_2$
   (2) $((x_1, x_2), (y_1, y_2)) = x_1 y_1 - x_2 y_2$

2. 벡터공간 $\mathbb{C}^2$ 위에서 다음과 같이 정의된 사상 $(\cdot, \cdot) : \mathbb{C}^2 \times \mathbb{C}^2 \longrightarrow \mathbb{C}$가 내적인지를 판정하여라.
   (1) $((x_1, x_2), (y_1, y_2)) = x_1 y_1 + x_2 y_2$
   (2) $((x_1, x_2), (y_1, y_2)) = x_1 \overline{y_1} - x_2 \overline{y_2}$
   (3) $((x_1, x_2), (y_1, y_2)) = 2x_1 \overline{y_1} + 3x_2 \overline{y_2}$

3. 실수체 $\mathbb{R}$ 위의 내적공간 V에서 임의의 두 벡터 v, w에 대하여 다음 등식이 성립함을 증명하여라(극 항등식).

$$(v, w) = \frac{1}{4}\{\|v+w\|^2 - \|v-w\|^2\}$$

4. 복소수체 $\mathbb{C}$ 위의 내적공간 V에서 임의의 두 벡터 v, w에 대하여 다음 등식이 성립함을 증명하여라(극 항등식).

$$(v, w) = \frac{1}{4}\{\|v+w\|^2 - \|v-w\|^2\} + \frac{i}{4}\{\|v+iw\|^2 + \|v-iw\|^2\}$$

5. $F=\mathbb{R}$ 또는 $F=\mathbb{C}$ 일 때, 체 F 위의 내적공간 V의 두 벡터 v, w에 대하여 다음 등식이 성립함을 증명하여라(평행사변형의 법칙).

$$\|v+w\|^2+\|v-w\|^2=2(\|v\|^2+\|w\|^2)$$

6. $F=\mathbb{R}$ 또는 $F=\mathbb{C}$ 일 때, 체 F 위의 내적공간 V의 두 벡터 v, w에 대하여 여 다음 등식이 성립함을 증명하여라.

(1) $\|v+w\|^2=\|v\|^2+2\operatorname{Re}(v, w)+\|w\|\|^2$

(2) $\|v-w\|^2=\|v\|^2-2\operatorname{Re}(v, w)+\|w\|\|^2$

(3) $|\,\|v\|-\|w\|\,|\le\|v-w\|$

7. $F=\mathbb{R}$ 또는 $F=\mathbb{C}$ 일 때, 체 F 위의 유한차원 또는 무한차원 내적공간 V에서 $w_1, \cdots, w_r$가 서로 직교하는 단위벡터일 때, 임의의 벡터 $v\in V$에 대하여 다음이 성립함을 증명하여라.

(1) $\|v\|^2\ge\sum_{i=1}^{r}|(v, w_i)|^2$ (Bessel 의 부등식)

(2) $\|v\|^2=\sum_{i=1}^{r}|(v, w_i)|^2 \iff v=\sum_{i=1}^{r}(v, w_i)\,w_i$

8. 정리 8.6.14 에서와 같이 벡터공간 $\mathbb{R}^2$의 기저 $\mathscr{B}=\{(1,3),(4,2)\}$를 이용하여 벡터공간 $\mathbb{R}^2$의 내적 $(\cdot\,,\cdot)_{\mathscr{B}}:\ \mathbb{R}^2\times\mathbb{R}^2\longrightarrow\mathbb{R}$를 정의할 때, 임의의 두 벡터 $v=(a_1, a_2)$, $w=(b_1, b_2)$에 대하여 $(v, w)_{\mathscr{B}}$를 결정하여라.

9. $F=\mathbb{R}$ 또는 $F=\mathbb{C}$ 일 때, 체 F 위의 벡터공간 V 에서 두 사상

$$(\cdot\,,\cdot)_1:\ V\times V\longrightarrow F,\quad (\cdot\,,\cdot)_2:\ V\times V\longrightarrow F$$

가 벡터공간 V 위의 내적이면 사상

$$(\cdot\,,\cdot):\ V\times V\longrightarrow F,\quad (v, w)=(v, w)_1+(v, w)_2$$

는 벡터공간 V 위의 내적임을 증명하여라.

10. $F=\mathbb{R}$ 또는 $F=\mathbb{C}$ 일 때, 체 F 위의 두 벡터공간 V, W에 대하여 사상 $(\cdot\,,\cdot):\ W\times W\longrightarrow F$가 W 위의 내적이고 $T:\ V\longrightarrow W$가 일대일인 선형사상일 때, 다음과 같이 정의된 사상은 V 위의 내적임을 증명하여라.

$$(\cdot\,,\cdot)':\ V\times V\longrightarrow F,\quad (v, w)'=(T(v), T(w))$$

§8.7 벡터공간 $\mathbb{R}^n$의 내적

이 절에서는 벡터공간 $\mathbb{R}^n$의 내적에 대하여 논한다.
다음 정의는 유클리드 공간의 표준내적의 개념을 일반화한 것이다.

정의 8.7.1 실수체 $\mathbb{R}$ 위의 n차원 벡터공간 $\mathbb{R}^n$에서 사상

$$B:\ \mathbb{R}^n \times \mathbb{R}^n \longrightarrow \mathbb{R},\ \ (v, w) \longmapsto B(v, w)$$

가 임의의 벡터 $v, w, u \in \mathbb{R}^n$와 $a \in \mathbb{R}$에 대하여 다음 두 조건을 만족시킬 때, B를 벡터공간 $\mathbb{R}^n$ 위의 **쌍일차형식**(雙一次型式, bilinear form) 또는 **이중일차형식**(二重 一次型式)이라고 한다.

B.1 : $B(v+w, u) = B(v, u) + B(w, u),\ \ B(av, w) = aB(v, w)$

B.2 : $B(v, w+u) = B(v, w) + B(v, u),\ \ B(v, aw) = aB(v, w)$

그리고, 쌍일차형식 B가 다음 조건을 만족시킬 때, B를 **대칭 쌍일차형식**(對稱 雙一次型式)이라고 한다.

B.3 : $B(v, w) = B(w, v)$

정리 8.7.2 실수체 $\mathbb{R}$ 위의 n차의 행렬 $A = [a_{ij}]_{n\times n}$에 대하여 다음과 같이 정의된 사상 $B:\ \mathbb{R}^n \times \mathbb{R}^n \longrightarrow \mathbb{R}$는 벡터공간 $\mathbb{R}^n$ 위의 쌍일차형식이다.

$$\begin{aligned} B((x_1, \cdots, x_n), (y_1, \cdots, y_n)) &= [x_1\ \cdots\ x_n]\, A \begin{bmatrix} y_1 \\ \vdots \\ y_n \end{bmatrix} \\ &= \sum_{i=1}^{n} \sum_{j=1}^{n} a_{ij} x_i y_j \end{aligned}$$

그리고, 벡터공간 $\mathbb{R}^n$ 위의 쌍일차형식은 모두 이와 같은 꼴로 정의된다.
더욱이, A가 대칭행렬일 때 그리고 이때에만 B는 대칭 쌍일차형식이다.
여기서, B를 행렬 **A에 대응하는 쌍일차형식**이라 하고 A를 쌍일차 형식 B의 **행렬**이라고 한다.

증 명 사상 $B: \mathbb{R}^n \times \mathbb{R}^n \longrightarrow \mathbb{R}$가 쌍일차형식이다. 예를 들면,

$$v = (x_1, \cdots, x_n),\ w = (y_1, \cdots, y_n),\ u = (z_1, \cdots, z_n)$$

에 대하여 다음이 성립한다.

$$\begin{aligned} B(v+w, u) &= \sum_{i=1}^{n} \sum_{j=1}^{n} a_{ij}(x_i + y_i) z_j \\ &= \sum_{i=1}^{n} \sum_{j=1}^{n} a_{ij} x_i z_j + \sum_{i=1}^{n} \sum_{j=1}^{n} a_{ij} y_i z_j \\ &= B(v, u) + B(w, u) \end{aligned}$$

특히, $A = [a_{ij}]_{n \times n}$가 대칭행렬이면, $a_{ij} = a_{ji}\ \ (1 \le i, j \le n)$ 이므로

$$\begin{aligned} & B((x_1, \cdots, x_n), (y_1, \cdots, y_n)) \\ &= \sum_{i=1}^{n} \sum_{j=1}^{n} a_{ij} x_i y_j = \sum_{i=1}^{n} \sum_{j=1}^{n} a_{ji} x_i y_j \\ &= \sum_{j=1}^{n} \sum_{i=1}^{n} a_{ij} x_j y_i = \sum_{j=1}^{n} \sum_{i=1}^{n} a_{ij} y_i x_j \\ &= B((y_1, \cdots, y_n), (x_1, \cdots, x_n)) \end{aligned}$$

이고 따라서 B는 대칭 쌍일차형식이다.

이제 사상 $B: \mathbb{R}^n \times \mathbb{R}^n \longrightarrow \mathbb{R}$가 벡터공간 $\mathbb{R}^n$ 위의 쌍일차형식일 때, 벡터공간 $\mathbb{R}^n$의 표준기저 $\mathscr{B} = \{e_1, \cdots, e_n\}$에 대하여

$$B(e_i, e_j) = a_{ij} \qquad (1 \le i, j \le n)$$

이라 하고 또 $A = [a_{ij}]_{n \times n}$이라고 하자. 이 때, 벡터공간 $\mathbb{R}^n$의 임의의 두 벡터 $v = (x_1, \cdots, x_n)$, $w = (y_1, \cdots, y_n)$에 대하여 다음이 성립한다.

$$\begin{aligned} B(v, w) &= B\left(\sum_{i=1}^{n} x_i e_i, \sum_{j=1}^{n} y_j e_j\right) = \sum_{i=1}^{n} \sum_{j=1}^{n} x_i y_j B(e_i, e_j) \\ &= \sum_{i=1}^{n} \sum_{j=1}^{n} a_{ij} x_i y_j = [x_1\ \cdots\ x_n] A \begin{bmatrix} y_1 \\ \vdots \\ y_n \end{bmatrix} \end{aligned}$$

그리고, B가 대칭 쌍일차형식이면,

$$a_{ij} = B(e_i, e_j) = B(e_j, e_i) = a_{ji} \qquad (1 \le i, j \le n)$$

이므로 $A = [a_{ij}]_{n \times n}$는 대칭행렬이다.

실수체 $\mathbb{R}$ 위의 n 차의 대칭행렬 $A=[a_{ij}]_{n\times n}$에 대하여 다음과 같이 정의된 사상 $q:\ \mathbb{R}^n \longrightarrow \mathbb{R}$를 A에 대응하는 이차형식이라 하고 A를 이차형식 q의 행렬이라고 한다(정의 7.5.3).

$$q(x_1, \cdots, x_n) = [x_1 \ \cdots \ x_n]A\begin{bmatrix} x_1 \\ \vdots \\ x_n \end{bmatrix} = \sum_{i=1}^{n}\sum_{j=1}^{n} a_{ij}x_i x_j$$

보기 8.7.1 다음과 같이 정의된 사상 $B:\ \mathbb{R}^2 \times \mathbb{R}^2 \longrightarrow \mathbb{R}$는 쌍일차형식이다.

$$\begin{aligned} B((x_1, x_2), (y_1, y_2)) &= [x_1 \ \ x_2]\begin{bmatrix} 2 & 3 \\ 4 & -5 \end{bmatrix}\begin{bmatrix} y_1 \\ y_2 \end{bmatrix} \\ &= 2x_1y_1 + 3x_1y_2 + 4x_2y_1 - 5x_2y_2 \end{aligned}$$

보기 8.7.2 다음과 같이 정의된 사상 $B:\ \mathbb{R}^2 \times \mathbb{R}^2 \longrightarrow \mathbb{R}$와 $q:\ \mathbb{R}^2 \longrightarrow \mathbb{R}$는 각각 대칭 쌍일차형식, 이차형식이다.

$$\begin{aligned} B((x_1, x_2), (y_1, y_2)) &= [x_1 \ \ x_2]\begin{bmatrix} 2 & 3 \\ 3 & -5 \end{bmatrix}\begin{bmatrix} y_1 \\ y_2 \end{bmatrix} \\ &= 2x_1y_1 + 3x_1y_2 + 3x_2y_1 - 5x_2y_2 \end{aligned}$$

$$q(x_1, x_2) = [x_1 \ \ x_2]\begin{bmatrix} 2 & 3 \\ 3 & -5 \end{bmatrix}\begin{bmatrix} x_1 \\ x_2 \end{bmatrix} = 2x_1^2 + 6x_1x_2 - 5x_2^2$$

보기 8.7.3 다음과 같이 정의된 사상 $B:\ \mathbb{R}^3 \times \mathbb{R}^3 \longrightarrow \mathbb{R}$와 $q:\ \mathbb{R}^3 \longrightarrow \mathbb{R}$는 각각 대칭 쌍일차형식, 이차형식이다.

$$\begin{aligned} B((x_1, x_2, x_3), (y_1, y_2, y_3)) &= [x_1 \ \ x_2 \ \ x_3]\begin{bmatrix} 2 & 3 & 1 \\ 3 & -9 & 4 \\ 1 & 4 & 7 \end{bmatrix}\begin{bmatrix} y_1 \\ y_2 \\ y_3 \end{bmatrix} \\ &= 2x_1y_1 + 3x_1y_2 + x_1y_3 \\ &\quad + 3x_2y_1 - 9x_2y_2 + 4x_2y_3 + x_3y_1 + 4x_3y_2 + 7x_3y_3 \end{aligned}$$

$$q(x_1, x_2, x_3) = 2x_1^2 - 9x_2^2 + 7x_3^2 + 6x_1x_2 + 2x_1x_3 + 8x_2x_3$$

실수체 $\mathbb{R}$ 위의 n 차의 대칭행렬 $A=[a_{ij}]_{n\times n}$에 대응하는 이차형식

$$q:\ \mathbb{R}^n \longrightarrow \mathbb{R},\ q(x_1,\cdots,x_n)=\sum_{i=1}^{n}\sum_{j=1}^{n}a_{ij}x_ix_j$$

에 대하여 다음 두 조건이 성립할 때, q를 양의 정부호 이차형식이라 하고 또 A를 양의 정부호 대칭행렬이라고 한다(정의 7.7.2).

(i) 모든 $(x_1,\cdots,x_n)\in\mathbb{R}^n$에 대하여 $q(x_1,\cdots,x_n)\geq 0$ 이다.

(ii) $q(x_1,\cdots,x_n)=0 \Longleftrightarrow (x_1,\cdots,x_n)=(0,\cdots,0)$

벡터공간 $\mathbb{R}^n$에서 $(\cdot,\cdot):\ \mathbb{R}^n\times\mathbb{R}^n\longrightarrow\mathbb{R}$가 내적일 때, 정의 8.6.1 의 세 조건 I.1, I.2, I.3 은 이 내적이 대칭 쌍일차형식임을 뜻하므로 정리 8.7.2 에 의하여 이에 대응하는 대칭행렬 $A=[a_{ij}]_{n\times n}$가 존재한다. 즉, 벡터공간 $\mathbb{R}^n$의 벡터 $v=(x_1,\cdots,x_n)$, $w=(y_1,\cdots,y_n)$에 대하여 다음이 성립한다.

$$((x_1,\cdots,x_n),(y_1,\cdots,y_n))=\sum_{i=1}^{n}\sum_{j=1}^{n}a_{ij}x_iy_j$$

한편, 정의 8.6.1 의 조건 I.4 는 이차형식

$$q:\ \mathbb{R}^n\longrightarrow\mathbb{R},\ q(x_1,\cdots,x_n)=\sum_{i=1}^{n}\sum_{j=1}^{n}a_{ij}x_ix_j$$

가 양의 정부호 이차형식임을 뜻하고 따라서 A가 양의 정부호 대칭 행렬임을 뜻한다. 이로서 다음 정리를 얻는다.

정리 8.7.3 실수체 $\mathbb{R}$ 위의 n 차의 행렬 $A=[a_{ij}]_{n\times n}$가 양의 정부호 대칭행렬일 때, 다음과 같이 정의된 사상 $(\cdot,\cdot):\ \mathbb{R}^n\times\mathbb{R}^n\longrightarrow\mathbb{R}$는 벡터공간 $\mathbb{R}^n$의 내적이다.

$$\begin{aligned}((x_1,\cdots,x_n),(y_1,\cdots,y_n)) &= [x_1\ \cdots\ x_n]\,A\begin{bmatrix} y_1 \\ \vdots \\ y_n\end{bmatrix} \\ &= \sum_{i=1}^{n}\sum_{j=1}^{n}a_{ij}x_iy_j\end{aligned}$$

그리고, 벡터공간 $\mathbb{R}^n$의 내적은 모두 적당한 양의 정부호 대칭행렬 A에 의하여 위와 같이 정의된다.

보기 8.7.4 임의의 양의 실수 $d_1, \cdots, d_n$에 대하여 다음과 같이 정의된 사상 $(\cdot, \cdot): \mathbb{R}^n \times \mathbb{R}^n \longrightarrow \mathbb{R}$는 벡터공간 $\mathbb{R}^n$의 내적이다(보기 7.7.2).

$$((x_1, \cdots, x_n), (y_1, \cdots, y_n)) = d_1 x_1 y_1 + \cdots + d_n x_n y_n$$

정리 7.7.6과 정리 8.7.3에 의하여 다음 정리가 성립한다.

정리 8.7.4 실수체 $\mathbb{R}$ 위의 대칭행렬 $A = [a_{ij}]_{n\times n}$에 대하여 다음 두 조건은 서로 동치이다.

(1) 다음과 같이 정의된 $(\cdot, \cdot): \mathbb{R}^n \times \mathbb{R}^n \longrightarrow \mathbb{R}$는 벡터공간 $\mathbb{R}^n$의 내적이다.

$$((x_1, \cdots, x_n), (y_1, \cdots, x_n)) = [x_1 \ \cdots \ x_n] A \begin{bmatrix} y_1 \\ \vdots \\ y_n \end{bmatrix}$$

(2) A의 처음 r개의 행과 처음 r개의 열을 택하여 만든 $r\times r$ 부분행렬을 A_r라고 할 때, 모든 r $(1 \le r \le n)$에 대하여 $|A_r| > 0$이다. 즉,

$$|A_1| = a_{11} > 0, \quad |A_2| = \begin{vmatrix} a_{11} & a_{12} \\ a_{21} & a_{22} \end{vmatrix} > 0, \ \cdots, \ |A| = |A_n| > 0$$

보기 8.7.5 실수체 $\mathbb{R}$ 위의 대칭행렬

$$A = \begin{bmatrix} a & b \\ b & d \end{bmatrix}$$

에서 $a > 0$, $ad - b^2 > 0$일 때 그리고 이때에만 다음과 같이 정의된 사상 $(\cdot, \cdot): \mathbb{R}^2 \longrightarrow \mathbb{R}^2$는 벡터공간 $\mathbb{R}^2$의 내적이다.

$$\begin{aligned}((x_1, x_2), (y_1, y_2)) &= [x_1 \ x_2] A \begin{bmatrix} y_1 \\ y_2 \end{bmatrix} \\ &= ax_1y_1 + bx_1y_2 + bx_2y_1 + dx_2y_2\end{aligned}$$

보기 8.7.6 다음과 같이 정의된 $(\cdot,\cdot) : \mathbb{R}^2 \times \mathbb{R}^2 \longrightarrow \mathbb{R}$는 벡터공간 $\mathbb{R}^2$의 내적이 아니다.

(1) $$((x_1, x_2), (y_1, y_2)) = [x_1 \ \ x_2]\begin{bmatrix} 2 & 0 \\ 0 & -3 \end{bmatrix}\begin{bmatrix} y_1 \\ y_2 \end{bmatrix} = d_1x_1y_1 - d_2x_2y_2$$

(2) $$((x_1, x_2), (y_1, y_2)) = [x_1 \ \ x_2]\begin{bmatrix} 1 & 1 \\ 1 & 1 \end{bmatrix}\begin{bmatrix} y_1 \\ y_2 \end{bmatrix}$$
$$= x_1y_1 + x_1y_2 + x_2y_1 + x_2y_2$$

보기 8.7.7 실수체 $\mathbb{R}$ 위의 대칭행렬

$$A = \begin{bmatrix} a & b & c \\ b & d & e \\ c & e & k \end{bmatrix}$$

에서 $a > 0$, $ad - b^2 > 0$, $|A| > 0$일 때 그리고 이때에만 다음과 같이 정의된 사상 $(\cdot,\cdot) : \mathbb{R}^3 \longrightarrow \mathbb{R}^3$는 벡터공간 $\mathbb{R}^3$의 내적이다.

$$((x_1, x_2, x_3), (y_1, y_2, y_3)) = [x_1 \ \ x_2 \ \ x_3]B\begin{bmatrix} y_1 \\ y_2 \\ y_3 \end{bmatrix}$$

예를 들면, 실수체 $\mathbb{R}$ 위의 3 차의 대칭행렬

$$A = \begin{bmatrix} 2 & 1 & 1 \\ 1 & 2 & 1 \\ 1 & 1 & 3 \end{bmatrix}$$

에서

$$2 > 0, \quad \begin{vmatrix} 2 & 1 \\ 1 & 2 \end{vmatrix} = 3 > 0, \quad \det A = 7 > 0$$

이므로 다음과 같이 정의된 사상 $(\cdot,\cdot) : \mathbb{R}^3 \times \mathbb{R}^3 \longrightarrow \mathbb{R}$는 벡터공간 $\mathbb{R}^3$의 내적이다.

$$\begin{aligned}((x_1, x_2, x_3), (y_1, y_2, y_3)) &= 2x_1y_1 + x_1y_2 + x_1y_3 \\ &\quad + x_2y_1 + 2x_2y_2 + x_2y_3 \\ &\quad + x_3y_1 + x_3y_2 + 3x_3y_3\end{aligned}$$

연습문제 (8.7)

1. 다음 식을 행렬을 써서 나타내어라.

(1) $4x_1y_1 + 3x_1y_2 - 5x_2y_1 + 3x_2y_2$

(2) $2x_1y_1 - 3x_1y_2 - 5x_2y_1 + 4x_2y_2$

(3) ${x_1}^2 + 5x_1x_2 - {x_2}^2 + 6x_2x_3 + 2{x_3}^2$

2. 다음과 같이 정의된 사상 $B: \mathbb{R}^2 \times \mathbb{R}^2 \longrightarrow \mathbb{R}$ 가 쌍일차형식이 아닌 이유를 말하여라.

(1) $B((x_1, x_2), (y_1, y_2)) = 2x_1y_1 + x_2y_1 + 3x_2y_2 + 1$

(2) $B((x_1, x_2), (y_1, y_2)) = {x_1}^2 + x_1y_1 + x_2y_2$

3. 다음과 같이 정의된 사상 $(\cdot, \cdot): \mathbb{R}^2 \times \mathbb{R}^2 \longrightarrow \mathbb{R}$ 중에서 벡터공간 $\mathbb{R}^2$의 내적인 것을 찾아라.

(1) $((x_1, x_2), (y_1, y_2)) = 2x_1y_1 + 3x_2y_2$

(2) $((x_1, x_2), (y_1, y_2)) = 2x_1y_1 + x_1y_1 + x_2y_1 + 3x_2y_2$

(3) $((x_1, x_2), (y_1, y_2)) = 5x_1y_1 + 2x_1y_2 + 2x_2y_1 + 2x_2y_2$

(4) $(x_1, x_2), (y_1, y_2)) = [x_1 \ \ x_2]\begin{bmatrix} 2 & 1 \\ 1 & -1 \end{bmatrix}\begin{bmatrix} y_1 \\ y_2 \end{bmatrix}$

(5) $(x_1, x_2), (y_1, y_2)) = [x_1 \ \ x_2]\begin{bmatrix} 1 & 1 \\ 1 & 1 \end{bmatrix}\begin{bmatrix} y_1 \\ y_2 \end{bmatrix}$

4. 다음과 같이 정의된 사상 $(\cdot, \cdot): \mathbb{R}^3 \times \mathbb{R}^3 \longrightarrow \mathbb{R}$ 중에서 벡터공간 $\mathbb{R}^3$의 내적인 것을 찾아라.

(1) $((x_1, x_2, x_3), (y_1, y_2, y_3)) = x_1y_1 - x_1y_2 - x_2y_1 + 6x_2y_2 - 2x_2y_3 - 2x_3y_2 + 3x_3y_3$

(2) $((x_1, x_2, x_3), (y_1, y_2, y_3)) = x_1y_1 + x_1y_2 + x_1y_3 + x_2y_1 + 5x_2y_2 - 2x_2y_3 + x_3y_1 - 2x_3y_2 + 3x_3y_3$

§8.8 내적공간 위의 선형변환

유니테리 공간 $\mathscr{C}^n$ 에서는 유니테리 변환, 에르미트 변환, 정규변환이 정의된다. 이 절에서는, 유한차원 내적공간 V 위에서 이와 같은 선형변환을 정의하고 이러한 선형변환의 특성에 대하여 논한다.

정리 8.8.1 체 F가 실수체 $\mathbb{R}$ 또는 복소수체 $\mathbb{C}$일 때, 체 F 위의 n차원 내적공간 V에서 각 선형범함수 $f : V \longrightarrow F$에 대하여

$$f(v) = (v, w) \qquad (v \in V)$$

인 벡터 $w \in V$가 단 하나 존재한다.

증 명 이제 $\mathscr{B} = \{w_1, \cdots, w_n\}$를 V의 직교정규기저라 하고 선형범함수 $f : V \longrightarrow F$에 대하여 벡터 $w \in V$를 다음과 같이 정하자(정의 5.4.4 참조).

$$w = \sum_{i=1}^{n} \overline{f(v_i)}\, w_i$$

이 때, $(w_i, w_j) = \delta_{ij}$ 이므로

$$(w_i, w) = (w_i, \sum_{j=1}^{n} \overline{f(w_j)}\, w_j) \qquad (1 \leq i \leq n)$$

$$= \sum_{j=1}^{n} f(w_j)\,(w_i, w_j) = f(w_i)$$

이고 따라서 모든 벡터 $v = \sum_{i=1}^{n} a_i w_i \in V$에 대하여 다음이 성립한다.

$$f(v) = f(\sum_{i=1}^{n} a_i w_i) = \sum_{i=1}^{n} a_i f(w_i)$$

$$= \sum_{i=1}^{n} a_i (w_i, w) = (\sum_{i=1}^{n} a_i w_i, w) = (v, w)$$

그리고, 이와 같은 w가 하나뿐이다. 실제로, 벡터 $w, u \in V$에 대하여

$$f(v) = (v, w) = (v, u) \qquad (v \in V)$$

이라고 가정하면, 정리 8.6.3 에 의하여 $w = u$ 이다.

정리 8.8.2 체 F가 실수체 $\mathbb{R}$ 또는 복소수체 $\mathbb{C}$일 때, 체 F 위의 n차원 내적공간 V에서 각 선형변환 $T: V \longrightarrow V$에 대하여 다음 두 조건을 만족시키는 선형변환 $T^*: V \longrightarrow V$가 단 하나 존재한다.

(i) $(T(v), w) = (v, T^*(w)) \qquad (v, w \in V)$

(ii) $(v, T(w)) = (T^*(v), w) \qquad (v, w \in V)$

이러한 선형변환 T^*를 T의 **수반변환** 또는 **수반작용소**라고 한다.

증 명 각 벡터 $w \in V$에 대하여 사상

$$f_w : V \longrightarrow F, \quad f_w(v) = (v, w)$$

는 선형사상이고(정리 8.6.3) 따라서 $f_w \circ T : V \longrightarrow F$는 선형사상이다. 그리고, 임의의 벡터 $v \in V$에 대하여 다음이 성립한다.

$$(f_w \circ T)(v) = f_w(T(v)) = (T(v), w)$$

그러므로, 정리 8.8.1에 의하여 각 벡터 $w \in V$에 대하여 다음 조건을 만족시키는 벡터 $w' \in V$이 단 하나 존재한다.

$$(f_w \circ T)(v) = (v, w') \quad \text{즉} \quad (T(v), w) = (v, w') \qquad (v \in V)$$

이 사실에 의하여 사상

$$T^* : V \longrightarrow V, \quad T^*(w) = w'$$

가 정의되고 또 다음과 같이 조건 (i)가 성립한다.

$$(T(v), w) = (v, w') = (v, T^*(w)) \qquad (v, w \in V)$$

그리고, 위의 조건에 의하여

$$\begin{aligned}(v, T(w)) &= \overline{(T(w), v)} \\ &= \overline{(w, T^*(v))} = (T^*(v), w) \qquad (v, w \in V)\end{aligned}$$

이므로 조건 (ii)가 성립한다.

더욱이, 임의의 $v, w, u \in V$와 $\alpha \in F$에 대하여 다음이 성립한다.

$$\begin{aligned}(v, T^*(w+u)) &= (T(v), w+u) = (T(v), w) + (T(v), u) \\ &= (v, T^*(w)) + (v, T^*(u)) = (v, T^*(w) + T^*(u)),\end{aligned}$$

$$(v,\ T^*(\alpha w)) = (T(v),\ \alpha w) = \overline{\alpha}\,(T(v),\ w)$$
$$= \overline{\alpha}\,(v,\ T^*(w)) = (v,\ \alpha T^*(w))$$

따라서 정리 8.6.3 에 의하여 임의의 $v, w, u \in V$ 와 $\alpha \in F$ 에 대하여

$$T^*(w+u) = T^*(w) + T^*(u), \qquad T^*(\alpha w) = \alpha T^*(w)$$

이고, 따라서 T^* 는 선형변환이다.

이제 이러한 T^* 가 단 하나뿐임을 밝히기 위하여 선형변환 $S : V \longrightarrow V$ 에 대하여

$$(T(v),\ w) = (v,\ S(w)) \qquad (v,\ w \in V)$$

이라고 가정하면,

$$(v,\ S(w)) = (T(v),\ w) = (v,\ T^*(w)) \qquad (v,\ w \in V)$$

이므로 모든 벡터 $w \in V$ 에 대하여 $S(w) = T^*(w)$ 이고(정리 8.6.3), 따라서 $S = T^*$ 이다.

정리 8.8.3 체 F가 실수체 $\mathbb{R}$ 또는 복소수체 $\mathbb{C}$일 때, 체 F 위의 유한차원 내적공간 V 에서 두 선형변환 $T: V \longrightarrow V$, $S: V \longrightarrow V$ 와 $\alpha \in F$ 에 대하여 다음이 성립한다.

(1) $(T^*)^* = T$

(2) $(T+S)^* = T^* + S^*, \qquad (\alpha T)^* = \overline{\alpha}\, T^*$

(3) $(T \circ S)^* = S^* \circ T^*, \qquad (1_V)^* = 1_V$

(4) T가 정칙 선형변환이면, T^* 는 정칙 선형변환이고 $(T^*)^{-1} = (T^{-1})^*$ 이다.

증 명 임의의 벡터 $v, w \in V$ 에 대하여 다음이 성립한다.

$$(v,\ (T^*)^*(w)) = (T^*(v),\ w) = (v,\ T(w)),$$
$$(v,\ (T+S)^*(w)) = ((T+S)(v),\ w)$$
$$= (T(v)+S(v),\ w) = (T(v),\ w) + (S(v),\ w)$$
$$= (v,\ T^*(w)) + (v,\ S^*(w))$$
$$= (v,\ T^*(w) + S^*(w)) = (v,\ (T^*+S^*)(w))$$

$$\begin{aligned}(v, (\alpha T)^*(w)) &= ((\alpha T)(v), w) = (\alpha T(v), w) \\ &= \alpha(T(v), w) = \alpha(v, T^*(w)) \\ &= (v, \bar{\alpha} T^*(w)) = (v, (\bar{\alpha} T^*)(w)),\end{aligned}$$

$$\begin{aligned}(v, (T \circ S)^*(w)) &= ((T \circ S)(v), w) = (T(S(v)), w) \\ &= (S(v), T^*(w)) = (v, S^*(T^*(w))) \\ &= (v, (S^* \circ T^*)(w)),\end{aligned}$$

$$(v, 1_V{}^*(w)) = (1_V(v), w) = (v, w) = (v, 1_V(w))$$

따라서 정리 8.6.3 에 의하여 모든 벡터 $w \in V$ 에 대하여 다음이 성립한다.

$$(T^*)^*(w) = T(w),$$

$$(T+S)^*(w) = T^*(w) + S^*(w), \qquad (\alpha T)^*(w) = (\bar{\alpha} T^*)(w),$$

$$(T \circ S)^*(w) = (S^* \circ T^*)(w), \qquad (1_V)^*(w) = 1_V(w)$$

그러므로,

$$(T^*)^* = T, \quad (T+S)^* = T^* + S^*, \quad (\alpha T)^* = \bar{\alpha} T^*,$$

$$(T \circ S)^* = S^* \circ T^*, \quad (1_V)^* = 1_V$$

이고, 또

$$T \circ S = S \circ T = 1_V \Longleftrightarrow S^* \circ T^* = T^* \circ S^* = 1_V$$

이므로, T 가 정칙 선형변환이면 T 의 수반변환 T^* 도 정칙 선형변환이고 $(T^*)^{-1} = (T^{-1})^*$ 이다.

정의 8.8.4 체 F 가 실수체 $\mathbb{R}$ 또는 복소수체 $\mathbb{C}$ 일 때, 체 F 위의 유한차원 내적공간이라고 하자. 선형변환 $T : V \longrightarrow V$ 가 내적을 보전시킬 때, 즉

$$(T(v), T(w)) = (v, w) \qquad (v, w \in V)$$

일 때,

$F = \mathbb{R}$ 인 경우에 T 를 V 위의 **직교변환**이라 하고

$F = \mathbb{C}$ 인 경우에 T 를 V 위의 **유니테리 변환**이라고 한다.

다음 정리는 정리 8.3.7 의 증명과 마찬가지 방법으로 증명할 수 있다.

정의 8.8.5 체 F가 실수체 $\mathbb{R}$ 또는 복소수체 $\mathbb{C}$일 때, 체 F 위의 n차원 내적공간 V에서 선형변환 $T: V \longrightarrow V$에 대하여 다음 네 조건은 동치이다.

(1) T는 직교변환 [유니테리 변환] 이다.

(2) T는 노름을 보존시킨다. 즉,

$$\|T(v)\| = \|v\| \qquad (v \in V)$$

(3) 내적공간 V의 모든 직교정규기저 $\mathscr{B} = \{v_1, \cdots, v_n\}$에 대하여 $T(\mathscr{B}) = \{T(v_1), \cdots, T(v_n)\}$는 V의 직교정규기저이다.

(4) 내적공간 V의 특정한 직교정규기저 $\mathscr{C} = \{w_1, \cdots, w_n\}$에 대하여 $T(\mathscr{C}) = \{T(w_1), \cdots, T(w_n)\}$는 V의 직교정규기저이다.

다음 정리는 정리 8.4.4의 증명과 마찬가지 방법으로 증명할 수 있다.

정의 8.8.6 체 F가 실수체 $\mathbb{R}$ 또는 복소수체 $\mathbb{C}$일 때, 체 F 위의 유한차원 내적공간 V에서 선형변환 $T: V \longrightarrow V$에 대하여 다음 두 조건은 동치이다.

(1) T는 직교변환 [유니테리 변환] 이다.

(2) $T \circ T^* = T^* \circ T = 1_V$, 즉 $T^{-1} = T^*$

정의 8.8.7 체 F가 실수체 $\mathbb{R}$ 또는 복소수체 $\mathbb{C}$일 때, 체 F 위의 유한차원 내적공간 V에서 $T: V \longrightarrow V$가 선형변환이라고 하자.

(1) $T = T^*$일 때, T를 **에르미트 변환** 또는 **자기수반변환**이라고 한다.

(2) $T \circ T^* = T^* \circ T$일 때, T를 **정규변환**이라고 한다.

특히, 유니테리 변환과 에르미트 변환은 모두 정규변환이다.

정리 8.8.2를 이용하여 다음 두 정리를 증명할 수 있다(정리 8.4.7, 정리 8.5.3).

정의 8.8.8 체 F가 실수체 $\mathbb{R}$ 또는 복소수체 $\mathbb{C}$일 때, 체 F 위의 유한차원 내적공간 V에서 선형변환 $T: V \longrightarrow V$에 대하여 다음 두 조건은 동치이다.

(1) T는 에르미트 변환이다. 즉, $T^* = T$이다.

(2) $(T(v), w) = (v, T(w)) \qquad (v, w \in V)$

정리 8.8.9 체 F 가 실수체 $\mathbb{R}$ 또는 복소수체 $\mathbb{C}$ 일 때, 체 F 위의 유한차원 내적공간 V 에서 선형변환 $T : V \longrightarrow V$에 대하여 다음이 성립한다.

(1) T 는 정규변환이다. 즉, $T \circ T^* = T^* \circ T$

(2) $(T(v), T(w)) = (T^*(v), T^*(w)) \qquad (v, w \in V)$

정리 8.8.10 체 F가 실수체 $\mathbb{R}$ 또는 복소수체 $\mathbb{C}$ 일 때, 체 F 위의 n차원 내적공간 V 에서 $\mathscr{B} = \{w_1, \cdots, w_n\}$ 를 V 의 직교정규기저라고 하면 V 위의 선형변환 $T : V \longrightarrow V$ 에 대하여 $[T^*]_{\mathscr{B}} = [T]_{\mathscr{B}}^*$ 이다.

증 명 이제 $\mathscr{B} = \{w_1, \cdots, w_n\}$ 를 V 의 직교정규기저라고 하면, 임의의 벡터 $v \in V$ 에 대하여 $v = \sum_{i=1}^{n} (v, w_i)\, w_i$ 이다(정리 8.6.14). 따라서

$$T(w_j) = \sum_{i=1}^{n} (T(w_j), w_i)\, w_i \qquad (1 \leq j \leq n)$$

$$T^*(w_j) = \sum_{i=1}^{n} (T^*(w_j), w_i)\, w_i = \sum_{i=1}^{n} \overline{(w_i, T^*(w_j))}\, w_i$$

$$= \sum_{i=1}^{n} \overline{(T(w_i), w_j)}\, w_i, \qquad (1 \leq j \leq n)$$

이므로 정의 6.1.2 에 의하여

$$[T]_{\mathscr{B}} = [(T(w_j), w_i)]_{n \times n},$$

$$[T^*]_{\mathscr{B}} = [\overline{(T(w_i), w_j)}]_{n \times n}$$

이고 따라서 $[T^*]_{\mathscr{B}} = [T]_{\mathscr{B}}^*$ 이다(정의 8.3.1 참조).

따름정리 8.8.11 체 F 가 실수체 $\mathbb{R}$ 또는 복소수체 $\mathbb{C}$ 일 때, 체 F 위의 n차의 행렬 A 에 대하여 $L_A : F^n \longrightarrow F^n$ 의 수반변환 $L_A{}^* : F^n \longrightarrow F^n$ 는 L_{A^*} 와 같다. 즉, $L_A{}^* = L_{A^*}$ 이다.

증 명 이제 $\mathscr{B} = \{e_1, \cdots, e_n\}$ 를 벡터공간 F^n 의 표준기저이라고 하면,

$$[L_A{}^*]_{\mathscr{B}} = [L_A]_{\mathscr{B}}{}^* = A^* = [L_{A^*}]_{\mathscr{B}}$$

이고 따라서 $L_A{}^* = L_{A^*}$ 이다(정리 8.8.10, 정리 5.5.9).

정리 8.8.6 과 정리 8.8.8 ~ 정리 8.8.10 을 이용하면 다음 세 정리가 성립함을 증명할 수 있다(정의 8.8.4, 정의 8.8.7, 정의 8.4.5, 정의 8.5.1 참조).

정리 8.8.12 체 F가 실수체 $\mathbb{R}$ 또는 복소수체 $\mathbb{C}$일 때, 체 F 위의 n차원 내적공간 V에서 선형변환 $T: V \longrightarrow V$에 대하여 다음 조건은 서로 동치이다.

(1) T 는 유니테리 변환 [직교변환] 이다.

(2) V의 임의의 직교정규기저 $\mathscr{B} = \{v_1, \cdots, v_n\}$ 에 대하여 행렬 $[T]_{\mathscr{B}}$ 는 유니테리 행렬 [직교행렬] 이다.

(3) V의 특정한 직교정규기저 $\mathscr{C} = \{v_1, \cdots, v_n\}$ 에 대하여 행렬 $[T]_{\mathscr{C}}$ 는 유니테리 행렬 [직교행렬] 이다.

정리 8.8.13 체 F가 실수체 $\mathbb{R}$ 또는 복소수체 $\mathbb{C}$일 때, 체 F 위의 n차원 내적공간 V에서 선형변환 $T: V \longrightarrow V$ 에 대하여 다음 조건은 서로 동치이다.

(1) T 는 에르미트 변환이다.

(2) V의 임의의 직교정규기저 $\mathscr{B} = \{v_1, \cdots, v_n\}$ 에 대하여 행렬 $[T]_{\mathscr{B}}$ 는 에르미트 행렬이다.

(3) V의 특정한 직교정규기저 $\mathscr{C} = \{v_1, \cdots, v_n\}$ 에 대하여 행렬 $[T]_{\mathscr{C}}$ 는 에르미트 행렬이다.

정리 8.8.14 체 F가 실수체 $\mathbb{R}$ 또는 복소수체 $\mathbb{C}$일 때, 체 F 위의 n차원 내적공간 V에서 선형변환 $T: V \longrightarrow V$에 대하여 다음 조건은 서로 동치이다.

(1) T 는 정규변환이다.

(2) V의 임의의 직교정규기저 $\mathscr{B} = \{v_1, \cdots, v_n\}$ 에 대하여 행렬 $[T]_{\mathscr{B}}$ 는 정규행렬이다.

(3) V의 특정한 직교정규기저 $\mathscr{C} = \{v_1, \cdots, v_n\}$ 에 대하여 행렬 $[T]_{\mathscr{C}}$ 는 정규행렬이다.

§8.9 연속함수

폐구간 $[a, b]$ 에서 실수체 $\mathbb{R}$ 로의 연속함수 $f : [a, b] \longrightarrow \mathbb{R}$ 전체의 집합을 $C[a, b]$ 로 나타내고, 또 임의의 연속함수 $f, g \in C[a, b]$ 와 실수 $a \in \mathbb{R}$ 에 대하여 $f+g$ 와 af 를 다음과 같이 정의된 연속함수라고 하자.

$$f+g : [a, b] \longrightarrow \mathbb{R}, \ (f+g)(x) = f(x) + g(x),$$
$$af : [a, b] \longrightarrow \mathbb{R}, \ (af)(x) = af(x)$$

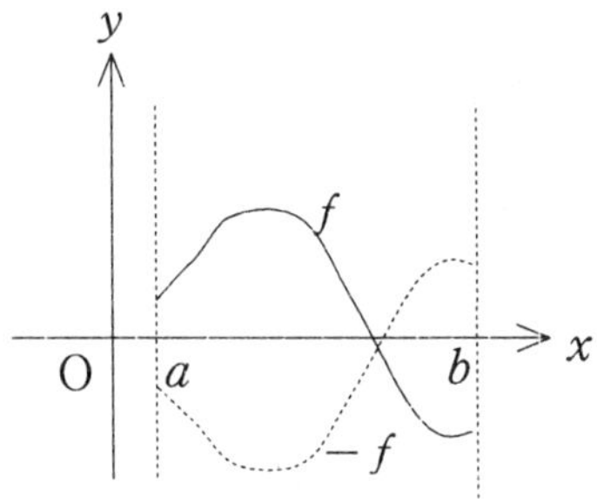

이 때, $C[a, b]$ 는 이와 같이 정의된 덧셈과 스칼라 곱셈에 관하여 실수체 $\mathbb{R}$ 위의 벡터공간을 이룬다. 여기서

$$0 : [a, b] \longrightarrow \mathbb{R}, \ 0(x) = 0$$

이고 각 $f : [a, b] \longrightarrow \mathbb{R}$ 에 대하여 $-f$ 는 다음과 같은 연속함수이다.

$$-f : [a, b] \longrightarrow \mathbb{R}, \ (-f)(x) = -f(x)$$

그리고, 임의의 두 연속함수 $f, g \in C[a, b]$ 에 대하여 (f, g) 를

$$(f, g) = \int_a^b f(x)\, g(x)\, dx$$

으로 정의하면, $(\cdot, \cdot) : C[a, b] \times C[a, b] \longrightarrow \mathbb{R}$ 는 벡터공간 $C[a, b]$ 위의 내적이다. 예를 들면, $f, h, g \in C[a, b]$ 와 $c \in \mathbb{R}$ 에 대하여 다음이 성립한다.

$$\begin{aligned}(f+h, g) &= \int_a^b (f(x) + h(x))\, g(x)\, dx \\ &= \int_a^b f(x)\, g(x)\, dx + \int_a^b h(x)\, g(x)\, dx = (f, g) + (h, g),\end{aligned}$$

$$(cf, g) = \int_a^b (c f(x))\, g(x)\, dx = c \int_a^b f(x)\, g(x)\, dx = c(f, g),$$

$$(f, f) = \int_a^b f(x)^2\, dx \geq 0, \quad (f, f) = 0 \Longleftrightarrow f = 0$$

이 내적을 $C[a, b]$ 의 **표준내적**이라고 한다.

표준내적이 정의되어 있는 내적공간 $C[a, b]$ 에서 두 연속함수 f, g 에 대하여 Cauchy-Schwartz 의 부등식과 삼각형의 부등식으로부터 다음 결과를 얻는다(정리 8.6.5, 정리 8.6.6 참조).

$$\left|\int_a^b f(x)\, g(x)\, dx\right| \le \left\{\int_a^b f(x)^2\, dx\right\}^{\frac{1}{2}} \left\{\int_a^b g(x)^2\, dx\right\}^{\frac{1}{2}}$$

$$\left|\int_a^b \{f(x))+g(x)\}\, dx\right|^{\frac{1}{2}} \le \left\{\int_a^b f(x))^2\, dx\right\}^{\frac{1}{2}} + \left\{\int_a^b g(x))^2\, dx\right\}^{\frac{1}{2}}$$

그리고, 내적공간 $C[0, 2\pi]$ 에서 양의 정수 m 에 대하여

$$f_0 \ :\ [0, 2\pi] \longrightarrow \mathbb{R},\ f_0(x) = \frac{1}{\sqrt{2\pi}},$$

$$f_k \ :\ [0, 2\pi] \longrightarrow \mathbb{R},\ f_k(x) = \frac{1}{\sqrt{\pi}} \sin kx \qquad (1 \le k \le m)$$

$$g_k \ :\ [0, 2\pi] \longrightarrow \mathbb{R},\ g_k(x) = \frac{1}{\sqrt{\pi}} \cos kx \qquad (1 \le k \le m)$$

이라고 할 때, $f_0, f_1, \cdots, f_m, g_1, \cdots, g_m$ 는 서로 직교하는 단위벡터이다.

실제로, $1 \le k,\ t \le m$ 에 대하여 다음이 성립한다(정리 1.3.9, 정리 1.3.10).

$$(f_k, f_k) = \int_0^{2\pi} \frac{1}{\pi} \sin^2 kx\, dx = \frac{1}{2\pi} \int_0^{2\pi} (1-\cos 2kx)\, dx$$

$$= 1 - \frac{1}{4\pi k} [\sin 2kx]_0^{2\pi} = 1,$$

$$(g_k, g_k) = \int_0^{2\pi} \frac{1}{\pi} \cos^2 kx\, dx = \frac{1}{2\pi} \int_0^{2\pi} (1+\cos 2kx)\, dx$$

$$= 1 + \frac{1}{4\pi k} [\sin 2kx]_0^{2\pi} = 1,$$

$$(f_k, f_t) = \int_0^{2\pi} \frac{1}{\pi} \sin kx \sin tx\, dx$$

$$= \frac{-1}{2\pi} \int_0^{2\pi} \{\cos (k+t)x - \cos (k-t)x\}\, dx = 0,$$

$$(f_k, g_t) = \int_0^{2\pi} \frac{1}{\pi} \sin kx \cos tx\, dx$$

$$= \frac{1}{2\pi} \int_0^{2\pi} \{\sin (k+t)x + \sin (k-t)x\}\, dx = 0$$

이 결과는 Fourier 급수 전개에 이용된다.

제 9 장

벡터공간과 선형변환

이 장에서는, 제 5 장과 제 6 장에 이어 일반적인 유한차원 벡터공간 위에서의 선형변환 전체로 이루어진 벡터공간과 $\mathrm{Mat}_n(F)$ 사이의 관계를 논하고, 또 유한차원 벡터공간 위에서의 선형변환의 고유치, 고유벡터, 고유공간과 선형변환의 대각화 가능성, 그리고 벡터공간이 여러 개의 부분공간들의 직합으로 분해되는 경우에 대하여 논한다.

§9.1 선형사상과 행렬

체 F 위의 벡터공간 V, W에 대하여 V에서 W로의 선형사상 전체의 집합 $\mathrm{Hom}_F(V, W)$는 체 F 위의 벡터공간을 이룬다(정리 5.4.1).

정의 9.1.1 체 F 위의 벡터공간 V와 W가 각각 n차원, m차원 벡터공간이고 $\mathscr{B} = \{v_1, \cdots, v_n\}$, $\mathscr{C} = \{w_1, \cdots, w_m\}$가 각각 V, W의 순서기저일 때, 선형사상 $T : V \longrightarrow W$에 대하여 다음이 성립한다고 하자.

$$T(v_1) = a_{11}w_1 + a_{21}w_2 + \cdots + a_{m1}w_m$$
$$T(v_2) = a_{12}w_1 + a_{22}w_2 + \cdots + a_{m2}w_m$$
$$\vdots$$
$$T(v_n) = a_{1n}w_1 + a_{2n}w_2 + \cdots + a_{mn}w_m$$

$$A = \begin{bmatrix} a_{11} & a_{12} & \cdots & a_{1n} \\ a_{21} & a_{22} & \cdots & a_{2n} \\ \vdots & \vdots & \cdots & \vdots \\ a_{m1} & a_{m2} & \cdots & a_{mn} \end{bmatrix}$$
$$\uparrow \quad \uparrow \quad \quad \uparrow$$
$$T(v_1)\ T(v_2) \quad T(v_n)$$

이 때, 행렬 $A = [a_{ij}]_{m\times n}$를 기저 $\mathscr{B}$, $\mathscr{C}$에 관한 T의 **행렬**이라 하고 이 행렬을 $[T]_{\mathscr{B}}^{\mathscr{C}}$로 나타낸다. 즉,

$$[T]_{\mathscr{B}}^{\mathscr{C}} = [a_{ij}]_{m\times n} \Longleftrightarrow T(v_j) = \sum_{i=1}^{m} a_{ij}w_i \quad (1 \le j \le n)$$

특히, $V = W$, $\mathscr{B} = \mathscr{C}$일 때, $[T]_{\mathscr{B}}^{\mathscr{B}}$를 $[T]_{\mathscr{B}}$로 나타낸다(정의 6.1.2).

보기 9.1.1 체 F 위의 두 벡터공간 F^n, F^m에 대하여

$$\mathscr{B} = \{e_1, \cdots, e_n\}, \quad \mathscr{C} = \{e_1', \cdots, e_m'\}$$

를 각각 F^n과 F^m의 표준기저라고 하자.

이 때, 체 F 위의 $m\times n$ 행렬 $A = [a_{ij}]_{m\times n}$에 의하여 정의되는 선형변환 $L_A : F^n \longrightarrow F^m$의 $\mathscr{B}$, $\mathscr{C}$에 관한 행렬은 A이다. 실제로,

$$L_A(e_j) = (a_{1j}, a_{2j}, \cdots, a_{mj}) = a_{1j}e_1' + a_{2j}e_2' + \cdots + a_{mj}e_m' \quad (1 \le j \le n)$$

이므로 $[L_A]_{\mathscr{B}}^{\mathscr{C}} = A$이다(정리 5.1.4).

보기 9.1.2 다음과 같이 정의된 선형사상을 생각해 보자.

$$T:\ \mathbb{R}^3 \longrightarrow \mathbb{R}^2,\quad T(x_1, x_2, x_3) = (x_1 + x_2 + 2x_3,\ 3x_1 - x_2 + 4x_3)$$

(1) 벡터공간 $\mathbb{R}^3$ 와 $\mathbb{R}^2$ 의 표준기저

$$\mathscr{B} = \{(1,0,0),\ (0,1,0),\ (0,0,1)\},\quad \mathscr{C} = \{(1,0),\ (0,1)\}$$

에 대하여 다음이 성립한다.

$$\begin{aligned} T(1,0,0) &= (1,3) = 1(1,0) + 3(0,1) \\ T(0,1,0) &= (1,-1) = 1(1,0) - 1(0,1) \\ T(0,0,1) &= (2,4) = 2(1,0) + 4(0,1) \end{aligned} \qquad [T]_{\mathscr{B}}^{\mathscr{C}} = \begin{bmatrix} 1 & 1 & 2 \\ 3 & -1 & 4 \end{bmatrix}$$

(2) 벡터공간 $\mathbb{R}^3$ 와 $\mathbb{R}^2$ 의 기저

$$\mathscr{B} = \{(1,0,0),\ (1,1,0),\ (1,1,2)\},\quad \mathscr{C} = \{(1,3),\ (2,2)\}$$

에 대하여 다음이 성립한다.

$$\begin{aligned} T(1,0,0) &= (1,3) = 1(1,3) + 0(2,2) \\ T(1,1,0) &= (2,2) = 0(1,3) + 1(2,2) \\ T(1,1,2) &= (6,10) = 2(1,3) + 2(2,2) \end{aligned} \qquad [T]_{\mathscr{B}}^{\mathscr{C}} = \begin{bmatrix} 1 & 0 & 2 \\ 0 & 1 & 2 \end{bmatrix}$$

유한차원 벡터공간 사이의 선형사상에 대해서는 다음이 성립한다.

정리 9.1.2 체 F 위의 벡터공간 V, W가 각각 n 차원, m 차원 벡터공간이고 $\mathscr{B} = \{v_1, \cdots, v_n\}$, $\mathscr{C} = \{w_1, \cdots, w_m\}$ 가 각각 V, W의 순서기저일 때, 사상

$$\Phi:\ \mathrm{Hom}_F(V, W) \longrightarrow \mathrm{Mat}_{m\times n}(F),\quad \Phi(T) = [T]_{\mathscr{B}}^{\mathscr{C}}$$

는 벡터공간 동형사상이고 따라서 다음이 성립한다.

$$\mathrm{Hom}_F(V, W) \cong \mathrm{Mat}_{m\times n}(F),$$
$$\dim_F \mathrm{Hom}_F(V, W) = nm = (\dim_F V)(\dim_F W)$$

실제로, 임의의 $T, S \in \mathrm{Hom}_F(V, W)$ 와 $a \in F$ 에 대하여 다음이 성립한다.

(i) $[T+S]_{\mathscr{B}}^{\mathscr{C}} = [T]_{\mathscr{B}}^{\mathscr{C}} + [S]_{\mathscr{B}}^{\mathscr{C}}$

(ii) $[aT]_{\mathscr{B}}^{\mathscr{C}} = a[T]_{\mathscr{B}}^{\mathscr{C}}$

(iii) Φ 는 일대일 대응이다.

증 명 선형사상 $T, S \in \mathrm{Hom}_F(V, W)$ 에 대하여

$$[T]_{\mathscr{B}}^{\mathscr{C}} = A = [a_{ij}]_{m\times n}, \qquad [S]_{\mathscr{B}}^{\mathscr{C}} = B = [b_{ij}]_{m\times n}$$

이라고 하자. 이 때,

$$T(v_j) = \sum_{i=1}^{m} a_{ij} w_i, \quad S(v_j) = \sum_{i=1}^{m} b_{ij} w_i \qquad (1 \le j \le n)$$

이므로, 각 벡터 $v_j \in \mathscr{B}$ 에 대하여

$$(T+S)(v_j) = T(v_j) + S(v_j) = \sum_{i=1}^{m} a_{ij} w_i + \sum_{i=1}^{m} b_{ij} w_i = \sum_{i=1}^{m} (a_{ij} + b_{ij}) w_i$$

$$(a\,T)(v_j) = a\,T(v_j) = a \sum_{i=1}^{m} a_{ij} w_i = \sum_{i=1}^{m} (a\,a_{ij}) w_i$$

이므로

$$[T+S]_{\mathscr{B}}^{\mathscr{C}} = [a_{ij} + b_{ij}]_{m\times n} = A + B = [T]_{\mathscr{B}}^{\mathscr{C}} + [S]_{\mathscr{B}}^{\mathscr{C}},$$

$$[a\,T]_{\mathscr{B}}^{\mathscr{C}} = [a\,a_{ij}]_{m\times n} = aA = a[T]_{\mathscr{B}}^{\mathscr{C}}$$

이고 따라서 (i), (ii) 가 성립한다.

그리고, $[T]_{\mathscr{B}}^{\mathscr{C}} = [S]_{\mathscr{B}}^{\mathscr{C}}$ 즉 $[a_{ij}]_{m\times n} = [b_{ij}]_{m\times n}$ 이면,

$$T(v_j) = \sum_{i=1}^{m} a_{ij} w_i = \sum_{i=1}^{m} b_{ij} w_i = S(v_j) \qquad (1 \le j \le n)$$

이므로 $T = S$ 이다(따름정리 5.3.7). 또, 임의의 $m \times n$ 행렬 $C = [c_{ij}]_{m\times n}$ 에 대하여

$$T(v_j) = \sum_{i=1}^{m} c_{ij} w_i \qquad (1 \le j \le n)$$

인 선형변환 $T: V \longrightarrow W$ 가 존재하고(정리 5.3.6) 이때 $[T]_{\mathscr{B}}^{\mathscr{C}} = C$ 이다. 따라서 Φ 는 일대일 대응이다.

그러므로, Φ 는 벡터공간 동형사상이다.

체 F 위의 n 차원 벡터공간 V 에서 $\mathscr{B} = \{v_1, \cdots, v_n\}$ 가 V 의 순서기저일 때, 다음과 같이 정의된 사상 $\phi_{\mathscr{B}}$ 는 동형사상이다(따름정리 5.3.10 의 증명).

$$\phi_{\mathscr{B}} : V \longrightarrow F^n, \quad \phi_{\mathscr{B}}(x_1 v_1 + \cdots + x_n v_n) = (x_1, \cdots, x_n)$$

정리 9.1.3 체 F 위의 n차원 벡터공간 V와 m차원 벡터공간 W에 대하여 $\mathscr{B} = \{v_1, \cdots, v_n\}$, $\mathscr{C} = \{w_1, \cdots, w_m\}$를 각각 V, W의 순서기저라 하고 또 $\phi_{\mathscr{B}}$와 $\phi_{\mathscr{C}}$를 각각 다음과 같이 정의된 동형사상이라고 하자.

$$\phi_{\mathscr{B}} : V \longrightarrow F^n, \quad \phi_{\mathscr{B}}(x_1 v_1 + \cdots + x_n v_n) = (x_1, \cdots, x_n)$$

$$\phi_{\mathscr{C}} : W \longrightarrow F^m, \quad \phi_{\mathscr{C}}(y_1 w_1 + \cdots + y_m w_m) = (y_1, \cdots, y_m)$$

이 때, 선형사상 $T : V \longrightarrow W$에 대하여

$$T(v_j) = \sum_{i=1}^{m} a_{ij} w_i \quad (1 \le j \le n), \qquad A = [a_{ij}]_{m \times n} = [T]_{\mathscr{B}}^{\mathscr{C}}$$

$$T(x_1 v_1 + \cdots + x_n v_n) = y_1 w_1 + \cdots + y_m w_m$$

이라고 하면 다음이 성립한다.

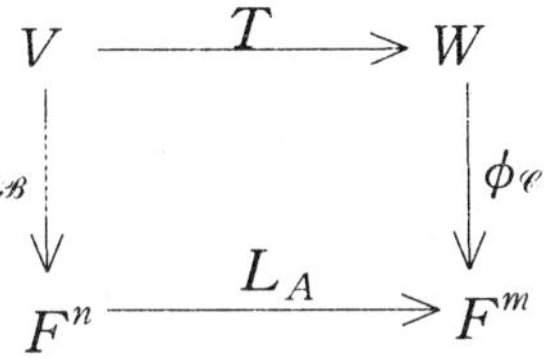

(1) $\begin{bmatrix} y_1 \\ \vdots \\ y_m \end{bmatrix} = A \begin{bmatrix} x_1 \\ \vdots \\ x_n \end{bmatrix}$,

$$\phi_{\mathscr{C}} \circ T = L_A \circ \phi_{\mathscr{B}}$$

(2) $\phi_{\mathscr{C}}(\mathrm{im}\, T) = \mathrm{im}\, L_A = (A\text{의 행공간}), \qquad r(T) = r(A)$

$\phi_{\mathscr{B}}(\ker T) = \ker L_A, \qquad n(T) = n - r(A) = n(A)$

증 명 (1) 가정에 의하여

$$\sum_{i=1}^{m} y_i w_i = T\Big(\sum_{j=1}^{n} x_j v_j\Big) = \sum_{j=1}^{n} x_j T(v_j)$$

$$= \sum_{j=1}^{n} x_j \Big(\sum_{i=1}^{m} a_{ij} w_i\Big) = \sum_{i=1}^{m} \Big(\sum_{j=1}^{n} a_{ij} x_j\Big) w_i$$

이고 또 $\mathscr{C} = \{w_1, \cdots, w_n\}$는 W의 기저이므로 다음이 성립한다(정리 4.4.2).

$$y_i = \sum_{j=1}^{n} a_{ij} x_j \qquad (1 \le i \le m)$$

즉, $\begin{bmatrix} y_1 \\ \vdots \\ y_m \end{bmatrix} = A \begin{bmatrix} x_1 \\ \vdots \\ x_n \end{bmatrix}, \quad L_A(x_1, \cdots, x_n) = (y_1, \cdots, y_m)$

그리고, 임의의 벡터 $v = x_1 v_1 + \cdots + x_n v_n \in V$에 대하여

$$\begin{aligned}(\phi_{\mathscr{C}} \circ T)(v) &= \phi_{\mathscr{B}}(T(v)) = \phi_{\mathscr{C}}(y_1 w_1 + \cdots + y_m w_m)\\ &= (y_1, \cdots, y_m) = L_A(x_1, \cdots, x_n)\\ &= L_A(\phi_{\mathscr{B}}(v)) = (L_A \circ \phi_{\mathscr{B}})(v)\end{aligned}$$

이므로 $\phi_{\mathscr{C}} \circ T = L_A \circ \phi_{\mathscr{B}}$ 이다.

(2) 분명히 $\phi_{\mathscr{C}} \circ T = L_A \circ \phi_{\mathscr{B}}$ 이고, 또 $\phi_{\mathscr{B}}$ 는 동형사상이므로

$$\phi_{\mathscr{C}}(\mathrm{im}\, T) = \phi_{\mathscr{C}}(T(V)) = L_A(\phi_{\mathscr{B}}(V)) = L_A(F^n) = \mathrm{im}\, L_A$$

이고 $\mathrm{im}\, L_A = (A$ 의 열공간) 이므로 다음이 성립한다(정리 5.2.6. 정리 5.2.5).

$$r(T) = \dim_F \mathrm{im}\, T = \dim_F \mathrm{im}\, L_A = r(A)$$

그리고, 벡터 $v = x_1 v_1 + \cdots + x_n v_n \in V$ 에 대하여

$$\begin{aligned}v \in \ker T &\Leftrightarrow T(v) = \mathbf{0}\\ &\Leftrightarrow \phi_{\mathscr{C}}(T(v)) = (0, \cdots, 0)\\ &\Leftrightarrow L_A(\phi_{\mathscr{B}}(v)) = (0, \cdots, 0)\\ &\Leftrightarrow L_A(x_1, \cdots, x_n) = (0, \cdots, 0)\\ &\Leftrightarrow \phi_{\mathscr{B}}(v) = (x_1, \cdots, x_n) \in \ker L_A\end{aligned}$$

이므로 $\phi_{\mathscr{B}}(\ker T) = \ker L_A$ 이다. 따라서 다음이 성립한다(정리 5.2.5).

$$\begin{aligned}n(T) &= \dim_F \ker T = \dim_F \ker L_A\\ &= n(A) = n - r(A)\end{aligned}$$

보기 9.1.3 실수체 $\mathbb{R}$ 위의 두 벡터공간 V, W 가 각각 3 차원, 2 차원 벡터공간일 때, $\mathscr{B} = \{v_1, v_2, v_3\}$, $\mathscr{C} = \{w_1, w_2\}$ 를 각각 V, W의 기저라 하고 선형변환 $T : V \longrightarrow W$ 에 대하여 다음이 성립한다고 하자.

$$\begin{aligned}T(v_1) &= w_1 + 2w_2\\ T(v_2) &= w_1 + 3w_2\\ T(v_3) &= w_2\end{aligned}$$

이 때,

$$[T]_{\mathscr{B}}^{\mathscr{C}} = \begin{bmatrix} 1 & 1 & 0 \\ 2 & 3 & 1 \end{bmatrix} = A$$

이고 또

$$T(x_1 v_1 + x_2 v_2 + x_3 v_3) = y_1 w_1 + y_2 w_2$$

이라고 하면,

$$\begin{bmatrix} y_1 \\ y_2 \end{bmatrix} = A \begin{bmatrix} x_1 \\ x_2 \\ x_3 \end{bmatrix} \quad \text{즉} \quad \begin{cases} y_1 = x_1 + x_2 \\ y_2 = 2x_1 + 3x_2 + x_3 \end{cases}$$

이므로 다음이 성립한다.

$$T(x_1 v_1 + x_2 v_2 + x_3 v_3) = (x_1 + x_2) w_1 + (2x_1 + 3x_2 + x_3) w_2$$

(1) 다음이 성립한다(정리 5.2.6).

$$A^T = \begin{bmatrix} 1 & 2 \\ 1 & 3 \\ 0 & 1 \end{bmatrix} \longrightarrow \begin{bmatrix} 1 & 0 \\ 0 & 1 \\ 0 & 0 \end{bmatrix}$$

$\operatorname{im} L_A =$ (A^T 의 행공간)

$= \langle (1, 0), (0, 1) \rangle = \mathbb{R}^2$

$\operatorname{im} T = \langle w_1, w_2 \rangle = W$

$r(T) = 2 = r(L_A) = r(A)$

(2) $\ker L_A$ 는 동차 연립일차방정식

$$A = \begin{bmatrix} 1 & 1 & 0 \\ 2 & 3 & 1 \end{bmatrix} \longrightarrow \begin{bmatrix} 1 & 0 & -1 \\ 0 & 1 & 1 \end{bmatrix}$$

$$A \begin{bmatrix} x_1 \\ x_2 \\ x_3 \end{bmatrix} = \begin{bmatrix} 0 \\ 0 \end{bmatrix}$$

의 해공간이고 그 해 전체는

$$\begin{bmatrix} x_1 \\ x_2 \\ x_3 \end{bmatrix} = t \begin{bmatrix} 1 \\ -1 \\ 1 \end{bmatrix} \quad (t \in \mathbb{R})$$

이므로 다음 결과를 얻는다(정리 5.2.6).

$$\ker L_A = \langle (1, -1, 1) \rangle, \quad n(L_A) = 1 = 3 - 2 = n(A)$$

$$\ker T = \langle v_1 - v_2 + v_3 \rangle, \quad n(T) = 1 = n(A)$$

보기 9.1.4 선형사상 $T : \mathbb{R}^2 \longrightarrow \mathbb{R}_3[x]$ 가 다음과 같이 정의된다고 하자.

$$T(a, b) = a + 2b + (3a + 6b)x + (2a + 4b)x^2$$

이 때, 벡터공간 $\mathbb{R}^2$ 의 표준기저 $\mathscr{B} = \{(1, 0), (0, 1)\}$ 와 벡터공간 $\mathbb{R}_3[x]$ 의 표준기저 $\mathscr{C} = \{1, x, x^2\}$ 에 대하여 다음이 성립한다.

$$T(1,0) = 1 + 3x + 2x^2$$

$$T(0,1) = 2 + 6x + 4x^2$$

$$[T]_{\mathscr{B}}^{\mathscr{C}} = \begin{bmatrix} 1 & 2 \\ 3 & 6 \\ 2 & 4 \end{bmatrix} = A$$

그리고, $T(a, b) = b_0 + b_1 x + b_2 x^2$ 이라고 하면,

$$\begin{bmatrix} b_0 \\ b_1 \\ b_2 \end{bmatrix} = A \begin{bmatrix} a \\ b \end{bmatrix}$$

이고 다음이 성립한다.

$$A^T = \begin{bmatrix} 1 & 3 & 2 \\ 2 & 6 & 4 \end{bmatrix} \longrightarrow \begin{bmatrix} 1 & 3 & 2 \\ 0 & 0 & 0 \end{bmatrix}$$

$$A = \begin{bmatrix} 1 & 2 \\ 3 & 6 \\ 2 & 4 \end{bmatrix} \longrightarrow \begin{bmatrix} 1 & 2 \\ 0 & 0 \\ 0 & 0 \end{bmatrix}$$

$\operatorname{im} L_A =$ (A^T 의 행공간) $= \langle (1,3,2) \rangle$,

$\operatorname{im} T = \langle 1 + 3x + 2x^2 \rangle$

$\ker L_A = \langle (-2,1) \rangle$,

$\ker T = \langle (-2,1) \rangle$

정리 9.1.4 체 F 위에서 V, W, U가 각각 n차원, m차원, r차원 벡터 공간이고

$$\mathscr{B} = \{v_1, \cdots, v_n\},\ \mathscr{C} = \{w_1, \cdots, w_m\},\ \mathscr{D} = \{u_1, \cdots, u_r\}$$

가 각각 V, W, U의 순서기저일 때,
두 선형사상

$$T : V \longrightarrow W, \quad S : W \longrightarrow U$$

과 합성사상 $S \circ T : V \longrightarrow U$ 에 대하여 다음이 성립한다.

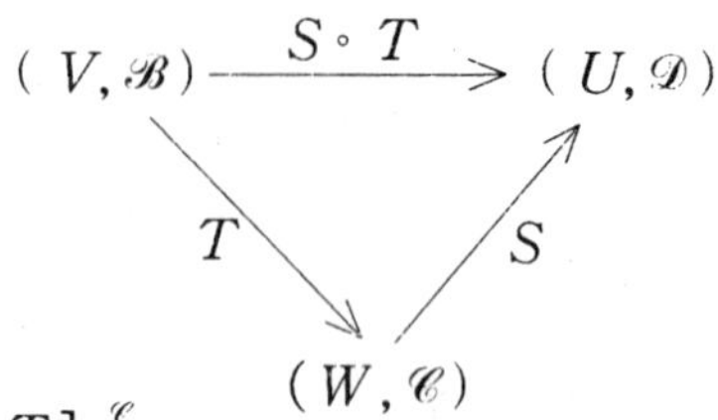

$$[S \circ T]_{\mathscr{B}}^{\mathscr{D}} = [S]_{\mathscr{C}}^{\mathscr{D}} [T]_{\mathscr{B}}^{\mathscr{C}}$$

증 명 $[T]_{\mathscr{B}}^{\mathscr{C}} = [a_{ij}]_{m \times n} = A$, $[S]_{\mathscr{C}}^{\mathscr{D}} = [b_{ij}]_{r \times m} = B$ 이라고 하면,

$$T(v_j) = \sum_{i=1}^{m} a_{ij} w_i \qquad (1 \le j \le n)$$

$$S(w_j) = \sum_{i=1}^{r} b_{ij} u_i \qquad (1 \le j \le m)$$

이므로 각 $v_j \in \mathscr{B}$에 대하여

$$(S\circ T)(v_j) = S(T(v_j)) = S(\sum_{i=1}^{m} a_{ij} w_i) = \sum_{i=1}^{m} a_{ij} S(w_i)$$
$$= \sum_{i=1}^{m} a_{ij}(\sum_{k=1}^{r} b_{ki} u_k) = \sum_{k=1}^{r} (\sum_{i=1}^{m} b_{ki} a_{ij}) u_k$$
$$= \sum_{i=1}^{r} (\sum_{k=1}^{m} b_{ik} a_{kj}) u_i$$

이므로 $[S\circ T]_{\mathscr{B}}^{\mathscr{D}} = BA = [S]_{\mathscr{C}}^{\mathscr{D}}[T]_{\mathscr{B}}^{\mathscr{C}}$ 이다.

연 습 문 제 (9.1)

1. 다음과 같이 정의된 선형사상 $T:\ \mathbb{R}^2 \longrightarrow \mathbb{R}_3[x]$ 에 대하여 im T 와 ker T 를 구하여라.

$$T(a,\ b) = a+2b+(3a+6b)x+(2a+4b)x^2$$

2. 벡터공간 $\mathbb{R}^2$ 의 순서기저 $\mathscr{B}=\{(7,3),\ (5,2)\}$ 와 벡터공간 $\mathbb{R}^3$ 의 순서기저 $\mathscr{C}=\{(1,3,1),\ (1,4,-2),\ (2,6,3)\}$ 에 관한 선형사상

$$T:\ \mathbb{R}^2 \longrightarrow \mathbb{R}^3,\ \ T(x_1, x_2) = (x_1-2x_2, 0, x_2)$$

의 행렬 $[T]_{\mathscr{B}}^{\mathscr{C}}$ 를 구하여라.

3. 실수체 $\mathbb{R}$ 위의 두 벡터공간 V, W 에서 $\mathscr{B}=\{v_1,\ v_2\}$, $\mathscr{C}=\{w_1,\ w_2,\ w_3\}$ 가 각각 V, W 의 순서기저일 때 다음과 같이 정의된 선형사상 $T:\ V\longrightarrow W$ 에 대하여 im T 와 ker T 를 구하여라.

$$T(x_1v_1+x_2v_2) = (x_1-2x_2)w_1+x_2w_2+(2x_1+3x_2)w_3$$

4. 다음 선형사상 T 에 대하여 im T 와 ker T 를 구하여라.

$$T:\ \mathbb{R}_3[x] \longrightarrow \mathbb{R}^2,\ \ T(a_0+a_1x+a_2x^2) = (a_0-a_1+a_2,\ a_1-a_2)$$

5. 실수체 $\mathbb{R}$ 위의 벡터공간 V 에서 $\mathscr{B}=\{w_1, w_2, w_3\}$ 가 순서기저일 때, 다음과 같이 정의된 선형변환 $T:\ V\longrightarrow V$ 의 im T 와 ker T 를 구하여라.

$$T(x_1v_1+x_2v_2+x_3v_3) = (x_1-x_2)v_1+x_2v_2+(x_1+2x_2)v_3$$

§9.2 선형변환과 행렬

이 절에서는, 체 F 위의 유한차원 벡터공간 V 위의 선형변환 전체로 이루어진 벡터공간 $\mathrm{End}_F(V)$ 에 대하여 논한다(정리 5.5.2 참조).

체 F 위의 n 차원 벡터공간 V 에서 $\mathscr{B} = \{v_1, \cdots, v_n\}$ 가 V 의 순서기저일 때, 선형변환 $T : V \longrightarrow V$ 에 대하여

$$T(v_j) = \sum_{i=1}^{n} a_{ij} v_i \quad (1 \le j \le n)$$

인 경우에 $[a_{ij}]_{n \times n}$ 을 기저 $\mathscr{B}$ 에 관한 T 의 행렬이라 하고 이 행렬을 $[T]_{\mathscr{B}}$ 로 나타낸다.

$$A = \begin{bmatrix} a_{11} & a_{12} & \cdots & a_{1n} \\ a_{21} & a_{22} & \cdots & a_{2n} \\ \vdots & \vdots & \cdots & \vdots \\ a_{n1} & a_{n2} & \cdots & a_{nn} \end{bmatrix}$$
$$\begin{matrix} \uparrow & \uparrow & & \uparrow \\ T(v_1) & T(v_2) & & T(v_n) \end{matrix}$$

즉, $[T]_{\mathscr{B}} = [T]_{\mathscr{B}}^{\mathscr{B}}$ 이다(정의 6.1.2).

$$[T]_{\mathscr{B}} = [a_{ij}]_{n \times n} \Longleftrightarrow T(v_j) = \sum_{i=1}^{n} a_{ij} v_i \quad (1 \le j \le n)$$

정리 9.2.1 체 F 위의 n 차원 벡터공간 V 에서 $\mathscr{B} = \{v_1, \cdots, v_n\}$ 를 V 의 순서기저라고 할 때, 사상

$$\Phi_{\mathscr{B}} : \mathrm{End}_F(V) \longrightarrow \mathrm{Mat}_n(F), \quad \Phi_{\mathscr{B}}(T) = [T]_{\mathscr{B}}$$

는 벡터공간 동형사상이고 따라서 다음이 성립한다.

$$\mathrm{End}_F(V) \cong \mathrm{Mat}_n(F), \quad \dim_F \mathrm{End}_F(V) = n^2 = (\dim_F V)^2$$

실제로, 임의의 $T, S \in \mathrm{End}_F(V)$ 와 $a \in F$ 에 대하여 다음이 성립한다.

(i) $[T+S]_{\mathscr{B}} = [T]_{\mathscr{B}} + [S]_{\mathscr{B}}$, $[aT]_{\mathscr{B}} = a[T]_{\mathscr{B}}$

(ii) $\Phi_{\mathscr{B}}$ 는 일대일 대응이다.

(iii) $[T \circ S]_{\mathscr{B}} = [T]_{\mathscr{B}}[S]_{\mathscr{B}}$, $[1_V]_{\mathscr{B}} = I_n$

(iv) T 가 정칙 선형변환일 때 그리고 이때에만 $[T]_{\mathscr{B}}$ 는 정칙행렬이다.
그리고, T 가 정칙 선형변환일 때, $[T^{-1}]_{\mathscr{B}} = [T]_{\mathscr{B}}^{-1}$ 이다.

(v) 체 F 위의 다항식 $f(x)$ 에 대하여 $[f(T)]_{\mathscr{B}} = f([T]_{\mathscr{B}})$ 이다.

증 명 정리 9.1.2 에 의하여 (i), (ii) 가 성립하므로 $\Phi_{\mathscr{B}}$ 는 벡터공간 동형사상

이고 따라서 $\mathrm{End}_F(V) \cong \mathrm{Mat}_n(F)$, $\dim_F \mathrm{End}_F(V) = n^2$ 이다(정리 5.3.9).

그리고, 정리 9.1.3 에 의하여 $[T \circ S]_{\mathscr{B}} = [T]_{\mathscr{B}}[S]_{\mathscr{B}}$ 이고, 또

$$1_V(v_j) = v_j = \sum_{i=1}^{n} \delta_{ij} v_i \qquad (1 \le j \le n)$$

이므로 $[1_V]_{\mathscr{B}} = [\delta_{ij}]_{n\times n} = I_n$ 이다. 따라서

$$T \circ S = S \circ T = 1_V \Leftrightarrow [T]_{\mathscr{B}}[S]_{\mathscr{B}} = [S]_{\mathscr{B}}[T]_{\mathscr{B}} = I_n$$

이므로 T 가 정칙 선형변환일 때 그리고 이때에만 $[T]_{\mathscr{B}}$ 는 정칙행렬이고, T 가 정칙 선형변환일 때 $[T^{-1}]_{\mathscr{B}} = [T]_{\mathscr{B}}^{-1}$ 이다.

또, $A = [T]_{\mathscr{B}}$ 일 때, 양의 정수 k 에 대하여 $[T^k]_{\mathscr{B}} = A^k$ 이므로 다항식 $f(x) = a_0 + a_1x + \cdots + a_mx^m$ 에 대하여 다음이 성립한다(정의 5.5.10).

$$\begin{aligned}[f(T)]_{\mathscr{B}} &= a_0 I + a_1[T]_{\mathscr{B}} + \cdots + a_m[T]_{\mathscr{B}}^m \\ &= a_0 I + a_1 A + \cdots + a_m A^m = f(A) = f([T]_{\mathscr{B}})\end{aligned}$$

보기 9.2.1 다음과 같은 벡터공간 $\mathbb{R}_3[x]$ 위의 선형변환을 생각해 보자.

$$T : \mathbb{R}_3[x] \longrightarrow \mathbb{R}_3[x], \quad T(a_0 + a_1x + a_2x^2) = a_1 + 2a_2x$$

$$S : \mathbb{R}_3[x] \longrightarrow \mathbb{R}_3[x], \quad S(a_0 + a_1x + a_2x^2) = (a_0 + a_1)x + 3a_2x^2$$

벡터공간 $\mathbb{R}_3[x]$ 의 표준기저 $\mathscr{B} = \{1, x, x^2\}$ 에 대하여 다음이 성립한다.

$$\begin{aligned} T(1) &= 0 = 0 + 0x + 0x^2 \\ T(x) &= 1 = 1 + 0x + 0x^2 \\ T(x^2) &= 2x = 0 + 2x + 0x^2 \end{aligned} \qquad [T]_{\mathscr{B}} = \begin{bmatrix} 0 & 1 & 0 \\ 0 & 0 & 2 \\ 0 & 0 & 0 \end{bmatrix}$$

$$\begin{aligned} S(1) &= x = 0 + 1x + 0x^2 \\ S(x) &= x = 0 + 1x + 0x^2 \\ S(x^2) &= 3x^2 = 0 + 0x + 3x^2 \end{aligned} \qquad [S]_{\mathscr{B}} = \begin{bmatrix} 0 & 0 & 0 \\ 1 & 1 & 0 \\ 0 & 0 & 3 \end{bmatrix}$$

그리고, $S \circ T : \mathbb{R}_3[x] \longrightarrow \mathbb{R}_3[x]$ 의 기저 $\mathscr{B}$ 에 관한 행렬은

$$[S \circ T]_{\mathscr{B}} = [S]_{\mathscr{B}}[T]_{\mathscr{B}} = \begin{bmatrix} 0 & 0 & 0 \\ 0 & 1 & 2 \\ 0 & 0 & 0 \end{bmatrix}$$

이고 따라서 $(S \circ T)(a_0 + a_1x + a_2x^2) = (a_1 + 2a_2)x$ 이다.

다음 정리는 정리 9.1.3 의 특수한 경우이다.

정리 9.2.2 체 F 위의 n 차원 벡터공간 V 에서 $\mathscr{B} = \{v_1, \cdots, v_n\}$ 가 V 의 순서기저일 때, $\phi_{\mathscr{B}}$ 를 다음과 같이 정의된 동형사상이라고 하자.

$$\phi_{\mathscr{B}} : V \longrightarrow F^n, \quad \phi_{\mathscr{B}}(x_1 v_1 + \cdots + x_n v_n) = (x_1, \cdots, x_n)$$

이 때, 선형변환 $T \in \mathrm{End}_F(V)$ 와 $v \in V$ 에 대하여

$$T(v_j) = \sum_{i=1}^{n} a_{ij} v_i \ (1 \le j \le n), \qquad A = [a_{ij}]_{n \times n} = [T]_{\mathscr{B}}$$

$$v = x_1 v_1 + \cdots + x_n v_n \quad \text{즉} \quad (v)_{\mathscr{B}} = (x_1, \cdots, x_n),$$

$$T(v) = y_1 v_1 + \cdots + y_n v_n \quad \text{즉} \quad T(v)_{\mathscr{B}} = (y_1, \cdots, y_n)$$

이라고 하면 다음이 성립한다.

(1) $\begin{bmatrix} y_1 \\ \vdots \\ y_n \end{bmatrix} = A \begin{bmatrix} x_1 \\ \vdots \\ x_n \end{bmatrix}$ 즉 $L_A(x_1, \cdots, x_n) = (y_1, \cdots, y_n)$

$\phi_{\mathscr{B}} \circ T = L_A \circ \phi_{\mathscr{B}}$

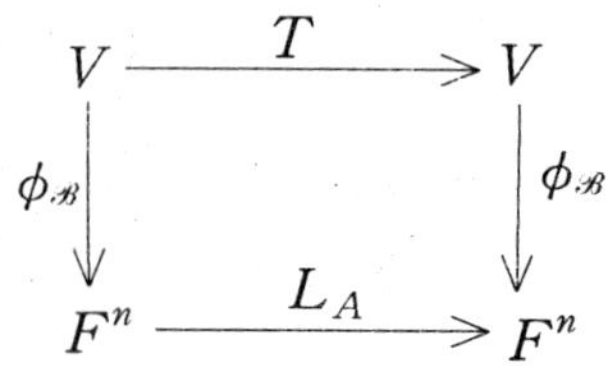

(2) $\phi_{\mathscr{B}}(\mathrm{im}\, T) = \mathrm{im}\, L_A$,

$r(T) = r(A)$,

$\phi_{\mathscr{B}}(\ker T) = \ker L_A$,

$n(T) = n(A) = n - r(A)$

(3) $T, S \in \mathrm{End}_F(V)$ 에 대하여

$[T]_{\mathscr{B}} = A, \ [S]_{\mathscr{B}} = B$

일 때, 다음이 성립한다.

$\phi_{\mathscr{B}} \circ T = L_A \circ \phi_{\mathscr{B}}$,

$\phi_{\mathscr{B}} \circ S = L_B \circ \phi_{\mathscr{B}}$

$\phi_{\mathscr{B}} \circ (S \circ T) = L_{BA} \circ \phi_{\mathscr{B}}$

$= (L_B \circ L_A) \circ \phi_{\mathscr{B}}$

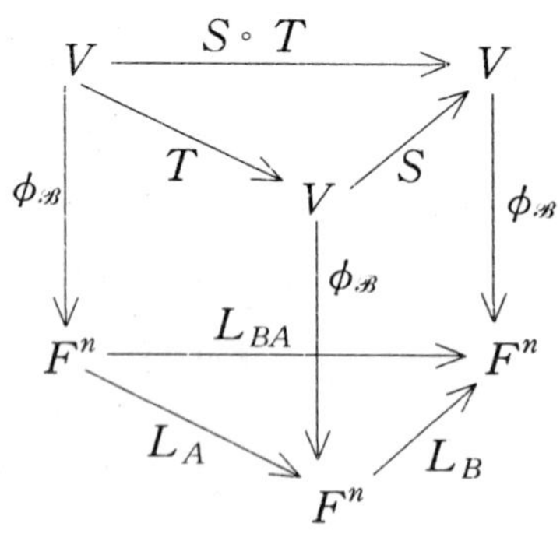

다음 두 보기를 생각해 보자.

보기 9.2.2 실수체 $\mathbb{R}$ 위의 3차원 벡터공간 V의 기저 $\mathscr{B}=\{v_1, v_2, v_3\}$에 대하여 $T: V \longrightarrow V$가 다음과 같이 정의된 선형변환이라고 하자.

$$T(x_1 v_1 + x_2 v_2 + x_3 v_3) = (x_1 + x_2 + x_3) v_1 + (2x_1 + 3x_2 - x_3) v_2 + (4x_1 + 5x_2 + x_3) v_3$$

이 때,

$$T(v_1) = v_1 + 2v_2 + 4v_3,\quad T(v_2) = v_1 + 3v_2 + 5v_3,\quad T(v_3) = v_1 - v_2 + v_3 \qquad [T]_{\mathscr{B}} = \begin{bmatrix} 1 & 1 & 1 \\ 2 & 3 & -1 \\ 4 & 5 & 1 \end{bmatrix} = A$$

이고, 임의의 벡터 $v \in V$에 대하여

$$v = x_1 v_1 + x_2 v_2 + x_3 v_3, \quad T(v) = y_1 v_1 + y_2 v_2 + y_3 v_3$$

이라고 하면 다음이 성립한다.

$$\begin{bmatrix} y_1 \\ y_2 \\ y_3 \end{bmatrix} = A \begin{bmatrix} x_1 \\ x_2 \\ x_3 \end{bmatrix} \quad 즉 \quad \begin{cases} y_1 = x_1 + x_2 + x_3 \\ y_2 = 2x_1 + 3x_2 - x_3 \\ y_3 = 4x_1 + 5x_2 + x_3 \end{cases}$$

(1) 다음 결과를 얻는다(정리 5.2.6).

$$\operatorname{im} L_A = (A^T \text{의 행공간}) = \langle (1,0,2), (0,1,1) \rangle,$$

$$\operatorname{im} T = \langle v_1 + 2v_3, v_1 + v_2 \rangle,$$

$$A^T = \begin{bmatrix} 1 & 2 & 4 \\ 1 & 3 & 5 \\ 1 & -1 & 1 \end{bmatrix} \longrightarrow \begin{bmatrix} 1 & 0 & 2 \\ 0 & 1 & 1 \\ 0 & 0 & 0 \end{bmatrix}$$

(2) $\ker L_A$는 동차 연립일차방정식

$$A \begin{bmatrix} x_1 \\ x_2 \\ x_3 \end{bmatrix} = \begin{bmatrix} 0 \\ 0 \\ 0 \end{bmatrix}$$

의 해공간이고, 그 해 전체는 다음과 같다.

$$\begin{bmatrix} x_1 \\ x_2 \\ x_3 \end{bmatrix} = t \begin{bmatrix} -4 \\ 3 \\ 1 \end{bmatrix} \quad (t \in \mathbb{R})$$

$$A = \begin{bmatrix} 1 & 1 & 1 \\ 2 & 3 & -1 \\ 4 & 5 & 1 \end{bmatrix} \longrightarrow \begin{bmatrix} 1 & 0 & 4 \\ 0 & 1 & -3 \\ 0 & 0 & 0 \end{bmatrix}$$

따라서 다음 결과를 얻는다.

$$\ker L_A = \{ t(-4,3,1) \mid t \in \mathbb{R} \} = \langle (-4,3,1) \rangle$$

$$\ker T = \{ t(-4v_1 + 3v_2 + v_3) \mid t \in \mathbb{R} \} = \langle -4v_1 + 3v_2 + v_3 \rangle$$

보기 9.2.3 벡터공간 $\mathbb{R}_3[x]$ 위에서 다음 선형변환을 생각해 보자.

$$T : \mathbb{R}_3[x] \longrightarrow \mathbb{R}_3[x], \quad T(a_0 + a_1 x + a_2 x^2) = a_0 x + a_1 x^2$$

벡터공간 $\mathbb{R}_3[x]$ 의 표준기저 $\mathscr{B} = \{1, x, x^2\}$ 에 대하여 다음이 성립한다.

$$\begin{aligned} T(1) &= x = 1 \cdot x \\ T(x) &= x^2 = 1 \cdot x^2 \\ T(x^2) &= 0 = 0 + 0x + 0x^2 \end{aligned} \qquad [T]_{\mathscr{B}} = \begin{bmatrix} 0 & 0 & 0 \\ 1 & 0 & 0 \\ 0 & 1 & 0 \end{bmatrix} = A$$

그리고,

$$T(a_0 + a_1 x + a_2 x^2) = b_0 + b_1 x + b_2 x^2$$

이라고 하면,

$$\begin{bmatrix} b_0 \\ b_1 \\ b_2 \end{bmatrix} = A \begin{bmatrix} a_0 \\ a_1 \\ a_2 \end{bmatrix}$$

이고 또

$$[T^2]_{\mathscr{B}} = A^2 = \begin{bmatrix} 0 & 0 & 0 \\ 0 & 0 & 0 \\ 1 & 0 & 0 \end{bmatrix}, \quad [T^3]_{\mathscr{B}} = A^3 = O_3$$

이므로 T^2, T^3 는 다음과 같이 정의된 선형변환이다.

$$T^2 : \mathbb{R}_3[x] \longrightarrow \mathbb{R}_3[x], \quad T^2(x_1, x_2, x_3) = a_0 x^2$$

$$T^3 : \mathbb{R}_3[x] \longrightarrow \mathbb{R}_3[x], \quad T^3(x_1, x_2, x_3) = 0$$

그리고, 다항식 $f(x) = 2x^3 + 3x^2 + 4x$ 에 대하여

$$f(T) = 2T^3 + 3T^2 + 4T = 3T^2 + 4T$$

이고 또 다음이 성립한다(정의 5.5.10).

$$\begin{aligned} [f(T)]_{\mathscr{B}} &= 2A^3 + 3A^2 + 4A \\ &= 3A^2 + 4A = \begin{bmatrix} 0 & 0 & 0 \\ 4 & 0 & 0 \\ 3 & 4 & 0 \end{bmatrix} \end{aligned}$$

따라서 $f(T) : \mathbb{R}_3[x] \longrightarrow \mathbb{R}_3[x]$ 는 다음과 같이 정의된 선형변환이다.

$$f(T)(a_0 + a_1 x + a_2 x^2) = 4a_0 x + (3a_0 + 4a_1)x^2$$

연습문제 (9.2)

1. 벡터공간 $\mathbb{R}^2$ 에서 기저 $\mathscr{B} = \{(1, 1), (-1, 1)\}$ 에 관한 선형변환

$$T : \mathbb{R}^2 \longrightarrow \mathbb{R}^2, \quad T(x_1, x_2) = (2x_1 - x_2, x_1 + x_2)$$

의 행렬을 구하고, 또 벡터 $v = (0, 1)$ 에 대하여 $(v)_{\mathscr{B}}$, $T(v)_{\mathscr{B}}$ 를 구하여라.

2. 벡터공간 $\mathbb{R}_n[x]$ 의 표준기저 $\mathscr{B} = \{1, x, x^2, \cdots, x^{n-1}\}$ 에 관한 선형변환

$$D : \mathbb{R}_n[x] \longrightarrow \mathbb{R}_n[x], \quad D(f(x)) = f'(x)$$

의 행렬을 구하여라.

3. 실수체 $\mathbb{R}$ 위의 벡터공간 V 에서 $\mathscr{B} = \{w_1, w_2, w_3\}$ 가 순서 기저일 때, 다음과 같이 정의된 선형변환 $T : V \longrightarrow V$ 의 $\operatorname{im} T$ 와 $\ker T$ 를 구하여라.

$$T(x_1 v_1 + x_2 v_2 + x_3 v_3) = (x_1 - x_2) v_1 + x_2 v_2 + (x_1 + 2x_2) v_3$$

4. 다음 선형사상 T 의 상공간 $\operatorname{im} T$ 와 핵 $\ker T$ 을 구하여라.

$$T : \mathbb{R}_3[x] \longrightarrow \mathbb{R}_3[x], \quad T(a_0 + a_1 x + a_2 x^2) = a_0 + (a_0 - a_1) x^2$$

5. 벡터공간 $\mathbb{R}_3[x]$ 에서 D 가 다음과 같이 정의된 선형변환이라고 하자.

$$D : \mathbb{R}_3[x] \longrightarrow \mathbb{R}_3[x], \quad D(a_0 + a_1 x + a_2 x^2) = a_0 + a_1 x$$

이 때, 벡터공간 $\mathbb{R}_3[x]$ 의 표준기저 $\mathscr{B} = \{1, x, x^2\}$ 에 관한 D 의 행렬을 구하여라. 또, 다항식 $f(x) = 2x^3 + 3x^2 + 4x$ 에 대하여 $f(D)$ 의 표준기저 $\mathscr{B}$ 에 관한 행렬을 구하고 $f(D)$ 를 정의하여라.

6. 벡터공간 $\mathbb{R}^2$ 에서 표준기저 $\mathscr{B} = \{(1, 0), (0, 1)\}$ 에 관한 선형변환

$$T : \mathbb{R}^2 \longrightarrow \mathbb{R}^2, \quad T(x_1, x_2) = (x_1 + x_2, x_1 - x_2)$$

의 행렬 $[T]_{\mathscr{B}}$ 를 구하여라.

또, 다항식 $f(x) = x^2 - x + 3$ 에 대하여 선형변환 $f(T) : \mathbb{R}^2 \longrightarrow \mathbb{R}^2$ 를 정의하여라.

§9.3 기저 바꾸기

이 절에서는, 벡터공간의 두 순서기저 사이의 관계에 대하여 논한다.

정리 9.3.1 체 F 위의 n 차원 벡터공간 V 에서 $\mathscr{B} = \{v_1, \cdots, v_n\}$ 가 V 의 순서기저일 때 다음이 성립한다.

(1) V 의 새로운 순서기저 $\mathscr{C} = \{w_1, \cdots, w_n\}$ 에 대하여

$$w_j = \sum_{j=1}^{n} p_{ij} v_i = p_{1j} v_1 + p_{2j} v_2 + \cdots + p_{nj} v_n \qquad (1 \le j \le n)$$

$$v_j = \sum_{i=1}^{n} q_{ij} w_i = q_{1j} w_1 + q_{2j} w_2 + \cdots + q_{nj} w_n \qquad (1 \le j \le n)$$

일 때, $P = [p_{ij}]_{n \times n}$, $Q = [q_{ij}]_{n \times n}$ 이라고 하면 P, Q 는 정칙행렬이고 $P^{-1} = Q$ 이다.

$$P = \begin{bmatrix} p_{11} & p_{12} & \cdots & p_{1n} \\ p_{21} & p_{22} & \cdots & p_{2n} \\ \vdots & \vdots & & \vdots \\ p_{n1} & p_{n2} & \cdots & p_{nn} \end{bmatrix}$$
$$\begin{matrix} \uparrow & \uparrow & & \uparrow \\ w_1 & w_2 & & w_n \end{matrix}$$

(2) 체 F 위의 n 차의 행렬 $P = [p_{ij}]_{n \times n}$ 가 정칙행렬일 때,

$$w_j = \sum_{i=1}^{n} p_{ij} v_i \quad (1 \le j \le n)$$

이라고 하면 $\mathscr{C} = \{w_1, \cdots, w_n\}$ 는 V 의 기저이다.

증 명 (1) 가정에 의하여 각 $v_j \in \mathscr{B}$ 에 대하여

$$v_j = \sum_{i=1}^{n} q_{ij} w_i = \sum_{i=1}^{n} q_{ij} \Big(\sum_{r=1}^{n} p_{ri} v_r \Big) = \sum_{r=1}^{n} \Big(\sum_{i=1}^{n} p_{ri} q_{ij} \Big) v_r$$

$$= \sum_{i=1}^{n} \Big(\sum_{k=1}^{n} p_{ik} q_{kj} \Big) v_i$$

이고 $\mathscr{B} = \{v_1, \cdots, v_n\}$ 는 V 의 기저이므로 다음이 성립한다(정리 4.4.2).

$$\sum_{k=1}^{n} p_{ik} q_{kj} = \delta_{ij} \qquad (1 \le i, j \le n)$$

따라서 $PQ = I_n$ 이므로 P 는 정칙행렬이고 $P^{-1} = Q$ 이다(정리 3.1.10).

(2) 다음과 같은 선형변환 $T : V \longrightarrow V$ 가 존재한다(정리 5.3.6).

$$T(v_j) = w_j = \sum_{i=1}^{n} p_{ij} v_i \qquad (1 \le j \le n)$$

그런데, $[T]_{\mathscr{B}} = P$ 이고 또 가정에 의하여 P는 정칙행렬이므로 T는 정칙선형변환이고(정리 9.2.1), 따라서 $\{T(v_1), \cdots, T(v_n)\}$ 즉 $\mathscr{C} = \{w_1, \cdots, w_n\}$는 V의 기저이다(정리 5.3.8).

정리 9.3.2 체 F 위의 n 차원 벡터공간 V에서 순서기저 $\mathscr{B} = \{v_1, \cdots, v_n\}$와 새로운 순서기저 $\mathscr{C} = \{w_1, \cdots, w_n\}$ 사이에 다음 관계식이 성립한다고 하자.

$$w_j = \sum_{i=1}^{n} p_{ij} v_i \qquad (1 \le j \le n)$$

이 때, $P = [p_{ij}]_{n \times n}$는 정칙행렬이고 다음이 성립한다.

(1) 각 벡터 $v \in V$에 대하여

$$v = \sum_{i=1}^{n} x_i v_i = \sum_{i=1}^{n} x_i w_i$$

이라고 하면, 이들 두 좌표벡터 사이에 다음 관계식이 성립한다.

$$\begin{bmatrix} x_1 \\ \vdots \\ x_n \end{bmatrix} = P \begin{bmatrix} x_1{}' \\ \vdots \\ x_n{}' \end{bmatrix}, \qquad \begin{bmatrix} x_1{}' \\ \vdots \\ x_n{}' \end{bmatrix} = P^{-1} \begin{bmatrix} x_1 \\ \vdots \\ x_n \end{bmatrix}$$

(2) 임의의 선형변환 $T \in \mathrm{End}_F(V)$에 대하여 $[T]_{\mathscr{C}} = P^{-1}[T]_{\mathscr{B}}P$ 이고 따라서 $[T]_{\mathscr{B}}$와 $[T]_{\mathscr{C}}$는 서로 닮은 행렬이다.

증 명 정리 9.3.1에 의하여 P는 정칙행렬이다.

(1) 가정에 의하여 $w_j = \sum_{i=1}^{n} p_{ij} v_i \quad (1 \le j \le n)$ 이므로

$$\sum_{i=1}^{n} x_i v_i = v = \sum_{j=1}^{n} x_j{}' w_j = \sum_{j=1}^{n} x_j{}' \left(\sum_{i=1}^{n} p_{ij} v_i\right)$$

$$= \sum_{i=1}^{n} \left(\sum_{j=1}^{n} x_j{}' p_{ij}\right) v_i = \sum_{i=1}^{n} \left(\sum_{j=1}^{n} p_{ij} x_j{}'\right) v_i$$

이고 $\mathscr{B} = \{v_1, \cdots, v_n\}$는 V의 기저이므로 다음이 성립한다(정리 4.4.2).

$$x_i = \sum_{j=1}^{n} p_{ij} x_j{}' \qquad (1 \le i \le n)$$

따라서 관계식 (1) 이 성립한다.

(2) 이제 $[T]_{\mathscr{B}} = [a_{ij}]_{n\times n}$, $[T]_{\mathscr{C}} = [b_{ij}]_{n\times n}$ 이라고 하면,

$$T(v_j) = \sum_{i=1}^{n} a_{ij} v_i, \quad T(w_j) = \sum_{i=1}^{n} b_{ij} w_i \quad (1 \le j \le n)$$

이고 또 $w_j = \sum_{i=1}^{n} p_{ij} v_i$ $(1 \le j \le n)$ 이므로 다음이 성립한다.

$$\begin{aligned} T(w_j) &= T(\sum_{i=1}^{n} p_{ij} v_i) = \sum_{i=1}^{n} p_{ij} T(v_i) = \sum_{i=1}^{n} p_{ij} (\sum_{r=1}^{n} a_{ri} v_r) \\ &= \sum_{r=1}^{n} (\sum_{i=1}^{n} a_{ri} p_{ij}) v_r = \sum_{i=1}^{n} (\sum_{k=1}^{n} a_{ik} p_{kj}) v_i, \\ T(w_j) &= \sum_{i=1}^{n} b_{ij} w_i = \sum_{i=1}^{n} b_{ij} (\sum_{r=1}^{n} p_{ri} v_r) \\ &= \sum_{r=1}^{n} (\sum_{i=1}^{n} p_{ri} b_{ij}) v_r = \sum_{i=1}^{n} (\sum_{k=1}^{n} p_{ik} b_{kj}) v_i \end{aligned}$$

그런데, $\mathscr{B} = \{v_1, \cdots, v_n\}$ 는 V 의 기저이므로, 이 두 등식에 의하여

$$\sum_{k=1}^{n} a_{ik} p_{kj} = \sum_{k=1}^{n} p_{ik} b_{kj} \qquad (1 \le i, j \le n)$$

이고 따라서 $[T]_{\mathscr{B}} P = P [T]_{\mathscr{C}}$ 즉 $[T]_{\mathscr{C}} = P^{-1} [T]_{\mathscr{B}} P$ 이다.

앞의 정리에서 선형변환 $T: V \longrightarrow V$ 와 벡터 $v \in V$ 에 대하여

$$[T]_{\mathscr{B}} = A, \quad [T]_{\mathscr{C}} = B,$$

$$v = \sum_{i=1}^{n} x_i v_i = \sum_{i=1}^{n} x_i' w_i, \quad T(v) = \sum_{i=1}^{n} y_i v_i = \sum_{i=1}^{n} y_i' w_i$$

이라고 하자. 이 때, 정리 9.3.2 에 의하여

$$\begin{bmatrix} x_1 \\ \vdots \\ x_n \end{bmatrix} = P \begin{bmatrix} x_1' \\ \vdots \\ x_n' \end{bmatrix}, \quad \begin{bmatrix} y_1 \\ \vdots \\ y_n \end{bmatrix} = P \begin{bmatrix} y_1' \\ \vdots \\ y_n' \end{bmatrix},$$

$$\begin{bmatrix} y_1 \\ \vdots \\ y_n \end{bmatrix} = A \begin{bmatrix} x_1 \\ \vdots \\ x_n \end{bmatrix}, \quad \begin{bmatrix} y_1' \\ \vdots \\ y_n' \end{bmatrix} = B \begin{bmatrix} x_1' \\ \vdots \\ x_n' \end{bmatrix}$$

이고 $PB = AP$ 이므로 $L_P \circ L_B = L_A \circ L_P$ 이다. 그리고, 동형사상

$$\phi_{\mathscr{B}} : V \longrightarrow F^n, \quad \phi_{\mathscr{B}}(x_1 v_1 + \cdots + x_n v_n) = (x_1, \cdots, x_n)$$

$$\phi_{\mathscr{C}} : V \longrightarrow F^n, \quad \phi_{\mathscr{C}}(x_1' w_1 + \cdots + x_n' w_n) = (x_1', \cdots, x_n')$$

에 대하여 $\phi_{\mathscr{B}} \circ T = L_A \circ \phi_{\mathscr{B}}$, $\phi_{\mathscr{C}} \circ T = L_B \circ \phi_{\mathscr{C}}$ 이다. 여기서

$$1_V(w_j) = w_j = \sum_{i=1}^{n} p_{ij} v_i \qquad (1 \le j \le n)$$

이므로 $[1_V]_{\mathscr{C}}^{\mathscr{B}} = [p_{ij}]_{n \times n} = P$ 이다.

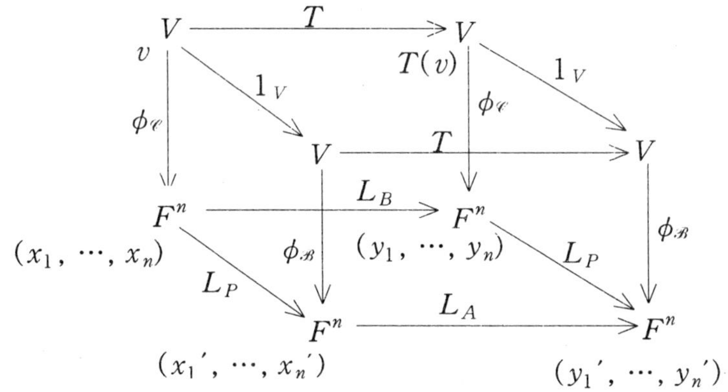

보기 9.3.1 실수체 $\mathbb{R}$ 위의 2 차원 벡터공간 V 에서 V 의 두 순서기저

$$\mathscr{B} = \{v_1, v_2\}, \quad \mathscr{C} = \{w_1, w_2\}$$

사이에 다음과 같은 관계가 있다고 하자.

$$w_1 = v_1 + v_2, \qquad w_2 = 2v_1 + 3v_2 \qquad P = \begin{bmatrix} 1 & 2 \\ 1 & 3 \end{bmatrix}$$

$$v_1 = 3w_1 - w_2, \qquad v_2 = -2w_1 + w_2 \qquad P^{-1} = \begin{bmatrix} 3 & -2 \\ -1 & 1 \end{bmatrix}$$

이 때, 벡터 $v \in V$ 에 대하여

$$v = x_1 v_1 + x_2 v_2 = x_1' w_1 + x_2' w_2$$

이라고 하면, 다음 관계식이 성립한다.

$$\begin{bmatrix} x_1 \\ x_2 \end{bmatrix} = \begin{bmatrix} 1 & 2 \\ 1 & 3 \end{bmatrix} \begin{bmatrix} x_1' \\ x_2' \end{bmatrix}, \qquad \begin{bmatrix} x_1' \\ x_2' \end{bmatrix} = \begin{bmatrix} 3 & -2 \\ -1 & 1 \end{bmatrix} \begin{bmatrix} x_1 \\ x_2 \end{bmatrix}$$

그리고, 선형변환 $T : V \longrightarrow V$ 에 대하여

$$T(v_1) = v_1 + v_2, \qquad T(v_2) = v_1 - v_2 \qquad [T]_{\mathscr{B}} = \begin{bmatrix} 1 & 1 \\ 1 & -1 \end{bmatrix}$$

이라고 하면, 다음이 성립한다.

$$\begin{aligned} T(w_1) &= T(v_1 + v_2) = T(v_1) + T(v_2) \\ &= v_1 + v_2 + v_1 - v_2 = 2v_1 = 6w_1 - 2w_2, \\ T(w_2) &= T(2v_1 + 3v_2) = 2T(v_1) + 3T(v_2) = 5v_1 - v_2 \\ &= 5(3w_1 - w_2) - (-2w_1 + w_2) = 17w_1 - 6w_2 \end{aligned}$$

$$[T]_{\mathscr{C}} = \begin{bmatrix} 6 & 17 \\ -2 & -6 \end{bmatrix} = P^{-1}[T]_{\mathscr{B}} P$$

정리 9.3.3 체 F 위의 n 차원 벡터공간 V 에서 $T : V \longrightarrow V$ 가 선형변환일 때, V 의 기저 $\mathscr{B}$ 에 관계없이 $\operatorname{tr}[T]_{\mathscr{B}}$ 와 $\det[T]_{\mathscr{B}}$ 는 일정하다.

증 명 벡터공간 V 에서 $\mathscr{B} = \{v_1, \cdots, v_n\}$, $\mathscr{C} = \{w_1, \cdots, w_n\}$ 를 V 의 두 순서기저라고 하면, 정리 9.3.2 에 의하여 적당한 정칙행렬 $P \in \mathrm{Mat}_n(F)$ 에 대하여 $[T]_{\mathscr{C}} = P^{-1}[T]_{\mathscr{B}} P$ 이다. 따라서 다음이 성립한다(정리 6.1.6).

$$\operatorname{tr}[T]_{\mathscr{B}} = \operatorname{tr}[T]_{\mathscr{C}}, \qquad \det[T]_{\mathscr{B}} = \det[T]_{\mathscr{C}}$$

그러므로, $\operatorname{tr}[T]_{\mathscr{B}}$ 와 $\det[T]_{\mathscr{B}}$ 는 기저 $\mathscr{B}$ 에 관계없이 일정하다.

정의 9.3.4 체 F 위의 n 차원 벡터공간 V 에서 $T : V \longrightarrow V$ 가 선형변환일 때, $\operatorname{tr}[T]_{\mathscr{B}}$ 와 $\det[T]_{\mathscr{B}}$ 는 V 의 기저 $\mathscr{B}$ 에 관계없이 일정하다.

이러한 의미에서 $\operatorname{tr}[T]_{\mathscr{B}}$, $\det[T]_{\mathscr{B}}$ 를 각각 T 의 **트레이스**, **행렬식**이라 하고 이것을 각각

$$\operatorname{tr} T, \quad \det T$$

로 나타낸다.

연 습 문 제 (9.3)

1. 실수체 $\mathbb{R}$ 위의 3 차원 벡터공간 V 의 기저 $\mathscr{B}=\{v_1, v_2, v_3\}$ 에 대하여

$$w_1 = v_1 + v_2 + v_3, \quad w_2 = v_1 + v_2, \quad w_3 = v_1$$

일 때, $\mathscr{C}=\{w_1, w_2, w_3\}$ 는 V 의 기저임을 밝혀라.

그리고, 선형변환 $T: V \longrightarrow V$ 에 대하여

$$[T]_{\mathscr{B}} = \begin{bmatrix} 1 & 0 & -2 \\ 0 & 1 & 0 \\ -3 & 4 & 7 \end{bmatrix}$$

일 때, 행렬 $[T]_{\mathscr{C}}$ 를 구하고 $T(w_1), T(w_2), T(w_3)$ 를 w_1, w_2, w_3 의 일차결합으로 나타내어라.

2. 벡터공간 $\mathbb{R}^2$ 에서 두 기저 $\mathscr{B}=\{(1,1),(-1,0)\}$, $\mathscr{C}=\{(0,1),(-1,3)\}$ 에 관한 선형변환

$$T: \mathbb{R}^2 \longrightarrow \mathbb{R}^2, \ T(x_1, x_2) = (4x_1 - x_2, 3x_1 + 2x_2)$$

의 행렬 $[T]_{\mathscr{B}}, [T]_{\mathscr{C}}$ 를 구하고 또 $[T]_{\mathscr{C}} = P^{-1}[T]_{\mathscr{B}}P$ 인 정칙행렬 P 를 구하여라. 그리고, 벡터 $v \in \mathbb{R}^2$ 에 대하여 $(v)_{\mathscr{B}} = (a, b)$ 일 때, 좌표벡터 $(v)_{\mathscr{C}}$ 와 $(T(v))_{\mathscr{C}}$ 를 구하여라.

3. 벡터공간 $\mathbb{R}^2$ 에서 순서기저 $\mathscr{C}=\{(1,3),(-1,4)\}$ 에 대하여 벡터공간 $\mathbb{R}^2$ 위의 선형변환 $T: \mathbb{R}^2 \longrightarrow \mathbb{R}^2$ 의 $\mathscr{C}$ 에 관한 행렬이

$$[T]_{\mathscr{C}} = \begin{bmatrix} 1 & -2 \\ 3 & 5 \end{bmatrix}$$

일 때, T 와 T^{-1} 를 정의하여라.

4. 체 F 위의 n 차의 행렬 A 와 정칙행렬 P 에 대하여

$$P^{-1}AP = \operatorname{diag}\{\lambda_1, \lambda_2, \cdots, \lambda_n\}$$

일 때, 정칙행렬 $Q = PC_{12}$ 에 대하여 $Q^{-1}AQ$ 를 구하여라(정의 2.3.1 참조).

§9.4 선형변환의 고유치와 고유벡터

이 절에서는, 선형변환의 고유치와 고유벡터에 대하여 논한다(§6.2 참조).

정의 9.4.1 체 F 위의 벡터공간 V에서 $T : V \longrightarrow V$가 선형변환일 때, $\lambda \in F$에 대하여

$$T(w) = \lambda w$$

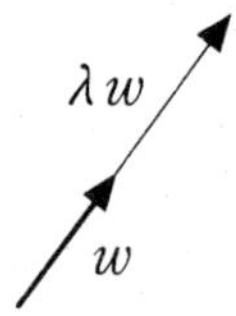

인 벡터 $w \in V$, $w \neq \mathbf{0}$가 존재하는 경우에 λ를 T의 **고유치** 또는 **특성치**라 하고 또 벡터 $w\ (\neq \mathbf{0})$를 고유치 λ에 대응하는 T의 **고유벡터** 또는 **특성벡터**라고 한다.

정리 9.4.2 체 F 위의 벡터공간 V에서 $T : V \longrightarrow V$가 선형변환일 때, $\lambda \in F$에 대하여

$$\mathrm{E}_\lambda = \{ w \in V \mid T(w) = \lambda w \}$$

이라고 하면 다음이 성립한다.

(1) $\mathrm{E}_\lambda = \ker(\lambda 1_V - T) = \ker(T - \lambda 1_V)$

(2) E_λ는 V의 부분공간이다.

(3) $\lambda \in F$가 T의 고유치일 때 그리고 이때에만 $\{\mathbf{0}\} \subsetneq \mathrm{E}_\lambda$이다.

특히, λ가 T의 고유치일 때, V의 부분공간 E_λ를 고유치 λ에 대응하는 T의 **고유공간** 또는 **특성공간**이라고 한다.

고유공간 E_λ는 영벡터와 λ에 대응하는 T의 고유벡터 전체로 이루어진 부분공간이다.

증 명 (1) 등식 $T(w) = \lambda w$와 다음 두 등식은 서로 동치이다.

$$(\lambda 1_V - T)(w) = \lambda w - T(w) = \mathbf{0},$$

$$(T - \lambda 1_V)(w) = T(w) - \lambda w = \mathbf{0}$$

따라서 다음이 성립한다.

$$\begin{aligned} E_\lambda &= \{ w \in V \mid T(w) = \lambda w \} \\ &= \ker(\lambda 1_V - T) = \ker(T - \lambda 1_V) \end{aligned}$$

(2) 정리 5.2.1 에 의하여 $E_\lambda = \ker(\lambda 1_V - T)$ 는 V 의 부분공간이다.

(3) 정의에 의하여 $T(w) = \lambda w$ 인 영벡터가 아닌 벡터 $w\ (\neq \mathbf{0})$ 가 존재할 때 그리고 이때에만 λ는 고유치이므로 (3) 이 성립한다.

정리 9.4.3 체 F 위의 n 차원 벡터공간 V 에서 선형변환 $T : V \longrightarrow V$ 와 V 의 임의의 기저 $\mathscr{B}$ 에 대하여 다음 조건은 서로 동치이다.

(1) $\lambda \in F$ 는 T 의 고유치이다.

(2) $\det(\lambda I_n - [T]_{\mathscr{B}}) = 0$ 즉 $\det([T]_{\mathscr{B}} - \lambda I_n) = 0$

(3) $\lambda \in F$ 는 $[T]_{\mathscr{B}}$ 의 고유치이다.

증 명 정리 9.2.1 에 의하면, 선형변환 $\lambda 1_V - T$, $T - \lambda 1_V$ 에 대하여

$$\begin{aligned} [\lambda 1_V - T]_{\mathscr{B}} &= \lambda I_n - [T]_{\mathscr{B}}, \\ [T - \lambda 1_V]_{\mathscr{B}} &= [T]_{\mathscr{B}} - \lambda I_n \end{aligned}$$

이고 $\det(\lambda I_n - [T]_{\mathscr{B}})$ 와 $\det([T]_{\mathscr{B}} - \lambda I_n)$ 는 $\mathscr{B}$에 관계없이 일정하게 결정된다(정리 9.3.3). 그리고, 다음이 성립한다.

$\lambda \in F$ 는 T 의 고유치이다.

$\Longleftrightarrow \ker(\lambda 1_V - T) = \ker(T - \lambda 1_V) \supsetneq \{\mathbf{0}\}$ (정리 9.4.2)

$\Longleftrightarrow \lambda 1_V - T$, $T - \lambda 1_V$ 는 정칙 선형변환이 아니다. (정리 5.5.8)

$\Longleftrightarrow \lambda I_n - [T]_{\mathscr{B}}$, $[T]_{\mathscr{B}} - \lambda I_n$ 는 정칙행렬이 아니다. (정리 9.2.1)

$\Longleftrightarrow \det(\lambda I_n - [T]_{\mathscr{B}}) = 0$, $\det([T]_{\mathscr{B}} - \lambda I_n) = 0$ (정리 3.1.10)

$\Longleftrightarrow \lambda \in F$ 는 $[T]_{\mathscr{B}}$ 의 고유치이다. (정리 6.2.2)

위의 정리에서 $\mathscr{B}$, $\mathscr{C}$ 를 V 의 기저라고 하면, 적당한 정칙행렬 P 에 대하여 $[T]_{\mathscr{C}} = P^{-1}[T]_{\mathscr{B}}P$ 이고 따라서 행렬 $[T]_{\mathscr{B}}$의 고유다항식과 고유치는 각각 행렬 $[T]_{\mathscr{C}}$ 의 고유다항식과 고유치와 일치한다(정리 9.2.2, 정리 6.2.8).

이 사실에 근거하여 선형변환의 고유다항식을 다음과 같이 정의한다.

정의 9.4.4 체 F 위의 n차원 벡터공간 V에서 선형변환 $T : V \longrightarrow V$에 대하여 V의 임의의 기저 $\mathscr{B}$에 관한 행렬 $[T]_{\mathscr{B}}$의 고유다항식

$$f(x) = \det(xI_n - [T]_{\mathscr{B}}) = x^n + a_n x^{n-1} + \cdots + a_1 x + a_0$$

를 T의 **고유다항식** 또는 **특성다항식**이라 하고 또 방정식 $f(x) = 0$을 T의 **고유방정식** 또는 **특성방정식**이라고 한다(정의 6.2.4 참조).

정리 9.4.3 와 정리 6.2.4 에 의하여 다음 정리가 성립한다.

정리 9.4.5 체 F 위의 n차원 벡터공간 V 위에서 선형변환 $T : V \longrightarrow V$의 고유다항식이 $f(x)$일 때, $\lambda \in F$가 T의 고유치이기 위한 필요충분조건은 $f(\lambda) = 0$인 것이다.

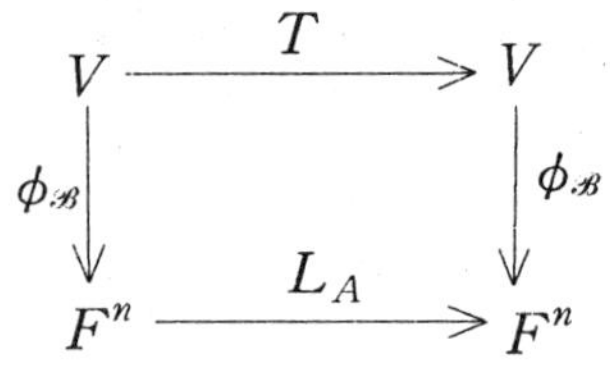

체 F 위의 n차원 벡터공간 V에서 선형변환 $T : V \longrightarrow V$의 고유공간은 정의에 따라 직접 구하거나 또는 V의 적당한 기저 $\mathscr{B} = \{v_1, \cdots, v_n\}$에 관한 행렬 $A = [T]_{\mathscr{B}}$의 고유공간을 구한 다음에 동형사상

$$\phi_{\mathscr{B}} : V \longrightarrow F^n, \quad \phi(x_1 v_1 + \cdots + x_n v_n) = (x_1, \cdots, x_n)$$

를 이용하여 선형변환 T의 고유공간을 구할 수 있다(정리 9.2.2).

보기 9.4.1 벡터공간 $\mathbb{R}_3[x]$ 위에서 다음 선형변환을 생각해 보자.

$$T : \mathbb{R}_3[x] \longrightarrow \mathbb{R}_3[x], \quad T(g(x)) = g(x) + xg'(x) + g'(x)$$

먼저 $\mathbb{R}_3[x]$의 표준기저 $\mathscr{B} = \{1, x, x^2\}$에 대하여 다음이 성립한다.

$$\begin{aligned} T(1) &= 1 \\ T(x) &= 1 + 2x \\ T(x^2) &= 2x + 3x^2 \end{aligned} \qquad A = [T]_{\mathscr{B}} = \begin{bmatrix} 1 & 1 & 0 \\ 0 & 2 & 2 \\ 0 & 0 & 3 \end{bmatrix}$$

그리고, $A = [T]_{\mathscr{B}}$이라고 하면, A와 T의 고유다항식은

$$f(x) = (x-1)(x-2)(x-3)$$

이므로 A 와 T 의 고유치는 $1, 2, 3$ 이다. 그런데, 고유치 $1, 2, 3$ 에 대응하는 A 의 고유공간은 각각 다음과 같다(보기 6.3.6).

$$W_1 = \langle(1,0,0)\rangle, \quad W_2 = \langle(1,1,0)\rangle, \quad W_3 = \langle(1,2,1)\rangle$$

따라서 벡터공간 동형사상 $\phi_{\mathscr{B}} : \mathbb{R}_3[x] \longrightarrow \mathbb{R}^3$ 를 이용하면, 선형변환 T 의 고유치 $1, 2, 3$ 에 대응하는 고유공간은 각각 다음과 같다.

$$\mathrm{E}_1 = \langle 1 \rangle = \{ a \mid a \in \mathbb{R} \},$$
$$\mathrm{E}_2 = \langle 1+x \rangle = \{ a(1+x) \mid a \in \mathbb{R} \},$$
$$\mathrm{E}_3 = \langle 1+2x+x^2 \rangle = \{ a(1+2x+x^2) \mid a \in \mathbb{R} \}$$

보기 9.4.2 체 F 위의 벡터공간 $V\ (\neq \{\mathbf{0}\})$ 에서 임의의 $\lambda \in F$ 에 대하여

$$\lambda 1_V : V \longrightarrow V, \quad (\lambda 1_V)(v) = \lambda v$$

의 고유치는 λ 뿐이고 이에 대응하는 고유공간은 $\mathrm{E}_\lambda = V$ 이다.

예를 들면, 영 선형변환 0_V 의 고유치는 0 뿐이고 이에 대응하는 고유공간은 V 이며, 항등선형변환 1_V 의 고유치는 1 뿐이고 이에 대응하는 고유공간은 V 이다.

정리 9.4.6 체 F 위의 n 차원 벡터공간 V 에서 선형변환 $T : V \longrightarrow V$ 에 대하여 $\lambda_1, \lambda_2 \in F$ 가 T 의 서로 다른 고유치일 때, λ_1, λ_2에 대응하는 T 의 고유공간을 각각 E_1, E_2 라고 하면 다음이 성립한다.

(1) $\mathrm{E}_1 \cap \mathrm{E}_2 = \{\mathbf{0}\}$

(2) $\mathscr{C}_1, \mathscr{C}_2$ 가 각각 E_1, E_2 의 기저이면, $\mathscr{C}_1 \cup \mathscr{C}_2$ 는 $\mathrm{E}_1 + \mathrm{E}_2$ 의 기저이고, 따라서 $\dim_F(\mathrm{E}_1 + \mathrm{E}_2) = \dim_F \mathrm{E}_1 + \dim_F \mathrm{E}_2$ 이다.

증 명 이제 $w \in \mathrm{E}_1 \cap \mathrm{E}_2$ 이라고 하면,

$$\lambda_1 w = T(w) = \lambda_2 w, \quad \lambda_1 \neq \lambda_2$$

이므로 $w = \mathbf{0}$ 이고 따라서 $\mathrm{E}_1 \cap \mathrm{E}_2 = \{\mathbf{0}\}$ 이다.

그러므로, 정리 4.5.3 에 의하여 정리의 (1), (2) 가 성립한다.

정리 9.4.7 체 F 위의 n차원 벡터공간 V에서 선형변환 $T : V \longrightarrow V$가 정칙 선형변환일 때, 다음이 성립한다.

(1) $\lambda \in F$가 T의 고유치이면, $\lambda \neq 0$이고 λ^{-1}는 T^{-1}의 고유치이며 λ에 대응하는 T의 고유공간은 λ^{-1}에 대응하는 T^{-1}의 고유공간과 일치한다. 즉,

$$\{w \in V \mid T(w) = \lambda w\} = \{w \in V \mid T^{-1}(w) = \lambda^{-1} w\}$$

(2) T의 서로 다른 고유치 전체의 집합이 $\{\lambda_1, \cdots, \lambda_r\}$이면, T^{-1}의 서로 다른 고유치 전체의 집합은 $\{{\lambda_1}^{-1}, \cdots, {\lambda_r}^{-1}\}$이다.

증 명 먼저 0이 T의 고유치이면, 이에 대응하는 고유공간은 $\ker T$이다. 한편, T는 정칙 선형변환이므로 $\ker T = \{\mathbf{0}\}$이고(정리 5.5.8), 따라서 0은 T의 고유치가 아니다.

이제 정리 6.3.5의 증명과 마찬가지 방법으로 (1), (2)를 증명할 수 있다.

정리 9.4.8 체 F 위의 벡터공간 V에서 선형변환 $T : V \longrightarrow V$에 대하여 $\lambda \in F$가 T의 고유치일 때, $w \in V$를 λ에 대응하는 T의 고유치라고 하면 다음이 성립한다.

(1) 모든 양의 정수 m에 대하여 $T^m(w) = \lambda^m w$이다.

즉, λ^m은 T^m의 고유치이고 w는 λ^m에 대응하는 T^m의 고유벡터이다.

(2) 체 F 위의 다항식 $g(x)$에 대하여 $g(T)(w) = g(\lambda)\, w$이다.

즉, $g(\lambda)$는 선형변환 $g(T) : V \longrightarrow V$의 고유치이고 또 w는 $g(\lambda)$에 대응하는 $g(T)$의 고유벡터이다.

증 명 (1) 정리 6.3.6에 의하여 (1)이 성립한다.

(2) $g(x) = b_m x^m + \cdots + b_1 x + b_0$일 때, (1)에 의하여 다음이 성립한다.

$$\begin{aligned} g(T)(w) &= (b_m T^m + \cdots + b_1 T + b_0 1_V)(w) \\ &= b_m T^m(w) + \cdots w + b_1 T(w) + b_0 w \\ &= b_m \lambda^m w + \cdots + b_1 \lambda w + b_0 w \\ &= (b_m \lambda^m + \cdots + b_1 \lambda + b_0)\, w = g(\lambda)\, w \end{aligned}$$

정리 6.4.3, 정리 6.4.4 와 마찬가지로 다음 두 정리가 성립한다.

정리 9.4.9 체 F 위의 n 차원 벡터공간 V 에서 선형변환 $T: V \longrightarrow V$ 에 대하여 $\lambda \in F$ 가 중복도 m 인 T 의 고유치일 때, E_λ 를 λ 에 대응하는 고유공간이라고 하면 $1 \leq \dim_F E_\lambda \leq m$ 이다.

특히, λ 가 중복도 1 인 고유치이면, $\dim_F E_\lambda = 1$ 이다.

정리 9.4.10 체 F 위의 n 차원 벡터공간 V 에서 선형변환 $T: V \longrightarrow V$ 에 대하여 $\lambda_1, \cdots, \lambda_r \in F$ 가 T 의 서로 다른 고유치일 때, 벡터 $w_1, \cdots, w_r$ 가 각각 $\lambda_1, \cdots, \lambda_r$ 에 대응하는 T 의 고유벡터이면 $w_1, \cdots, w_r$ 는 일차독립이다.

연 습 문 제 (9.4)

1. 벡터공간 $\mathbb{R}_3[x]$ 에서 다음과 같이 정의된 선형변환 $T: \mathbb{R}_3[x] \longrightarrow \mathbb{R}_3[x]$ 의 고유치가 존재할 때, T 의 고유치와 이에 대응하는 T 의 고유공간을 구하여라.

   (1) $T(a+bx+cx^2) = (3a-2b) + (a+4b)x + 5cx^2$

   (2) $T(a+bx+cx^2) = bx + 2cx^2$

2. 보기 9.4.1 에서 논한 선형변환 $T: \mathbb{R}_3[x] \longrightarrow \mathbb{R}_3[x]$ 는 정칙 선형변환임을 밝히고 T^{-1} 의 고유치와 고유공간을 구하여라.

3. 실수체 $\mathbb{R}$ 위의 벡터공간 $\mathrm{Mat}_2(\mathbb{R})$ 에서 선형변환

$$\Phi: \mathrm{Mat}_2(\mathbb{R}) \longrightarrow \mathrm{Mat}_2(\mathbb{R}), \ \phi(A) = A^T$$

   의 고유치는 1 과 -1 뿐임을 밝혀라.

   그리고, 고유치 $1, -1$ 에 대응하는 Φ 의 고유공간을 구하여라.

4. 체 F 위의 벡터공간 V 위에서 선형변환 $T: V \longrightarrow V$ 에 대하여 $\lambda \in F$ 가 T 의 고유치일 때, 벡터 $w \in V$ 가 λ 에 대응하는 T 의 고유벡터이면 모든 원소 $k \in F$, $k \neq 0$ 에 대하여 kw 는 λ 에 대응하는 고유벡터임을 증명하여라.

§9.5 선형변환의 대각화

체 F 위의 n차의 행렬 A가 적당한 대각행렬 $D \in \mathrm{Mat}_n(F)$와 닮은 행렬일 때, 즉 적당한 정칙행렬 $P \in \mathrm{Mat}_n(F)$에 대하여 $P^{-1}AP = D$일 때, A를 대각화 가능한 행렬이라고 한다(정의 6.3.1).

정의 9.5.1 체 F 위의 n차원 벡터공간 V에서 $T \in \mathrm{End}_F(V)$에 대하여 V의 적당한 기저 $\mathscr{C} = \{w_1, \cdots, w_n\}$와 $\lambda_1, \cdots, \lambda_n \in F$이 존재하여

$$T(w_j) = \lambda_j w_j \qquad (1 \le j \le n)$$

일 때, 즉

$$[T]_{\mathscr{C}} = \begin{bmatrix} \lambda_1 & 0 & \cdots & 0 \\ 0 & \lambda_2 & \cdots & 0 \\ \vdots & \vdots & \ddots & \vdots \\ 0 & 0 & \cdots & \lambda_n \end{bmatrix} = \mathrm{diag}\{\lambda_1, \lambda_2, \cdots, \lambda_n\}$$

일 때, T를 **대각화 가능한 선형변환**이라고 한다.

위의 정의에서 각 λ_j는 T의 고유치이고 w_j는 λ_j에 대응하는 고유벡터이다.

보기 9.5.1 체 F 위의 n차원 벡터공간 V에서, 임의의 $\lambda \in F$에 대하여

$$\lambda 1_V : V \longrightarrow V, \quad (\lambda 1_V)(v) = \lambda v$$

는 대각화 가능한 선형변환이다.

정리 9.5.2 체 F 위의 n차원 벡터공간 V에서 선형변환 $T \in \mathrm{End}_F(V)$가 대각화 가능한 선형변환이면, T의 고유다항식 $f(x)$는 체 F 위에서

$$f(x) = (x - \lambda_1)^{n_1} \cdots (x - \lambda_r)^{n_r} \qquad (n_i \ge 1)$$

과 같은 꼴로 인수분해된다.

여기서, $\lambda_1, \cdots, \lambda_r$는 T의 서로 다른 고유치 전체이다.

증 명 선형변환 T가 대각화 가능한 선형변환이면, V의 적당한 기저 $\mathscr{C}$에 대하여 $[T]_{\mathscr{C}} = D = \operatorname{diag}\{\lambda_1, \cdots, \lambda_n\}$ 이고 따라서 T의 고유다항식은

$$f(x) = (x - \lambda_1) \cdots (x - \lambda_n)$$

이므로 정리가 성립한다(정의 9.4.4).

정리 9.5.3 체 F 위의 n차원 벡터공간 V에서 선형변환 $T \in \operatorname{End}_F(V)$에 대하여 다음 조건은 서로 동치이다.

(1) T는 대각화 가능한 선형변환이다.

(2) V에 T의 고유벡터로 이루어진 기저 $\mathscr{C} = \{w_1, \cdots, w_n\}$가 존재한다.

(3) V의 임의의 기저 $\mathscr{B}$에 대하여 $[T]_{\mathscr{B}}$는 대각화 가능한 행렬이다.

(4) V의 특정한 기저 $\mathscr{B}$에 대하여 $[T]_{\mathscr{B}}$는 대각화 가능한 행렬이다.

증 명 (1) $\Longleftrightarrow$ (2) 정의 9.4.1에 의하여 (1)과 (2)는 서로 동치이다.

(1) $\Longrightarrow$ (3) V의 적당한 기저 $\mathscr{C}$에 대하여 $[T]_{\mathscr{C}}$가 대각행렬이라고 할 때, $\mathscr{B}$를 V의 임의의 기저라고 하면, 정리 9.3.2에 의하여 적당한 정칙행렬 P에 대하여 $P^{-1}[T]_{\mathscr{B}}P = [T]_{\mathscr{C}}$ 이므로 $[T]_{\mathscr{B}}$는 대각화 가능한 행렬이다.

(3) $\Longrightarrow$ (4) 이것은 분명히 성립한다.

(4) $\Longrightarrow$ (1) V의 특정한 기저 $\mathscr{B} = \{v_1, \cdots, v_n\}$에 대하여 행렬 $[T]_{\mathscr{B}}$가 대각화 가능한 행렬이라고 하자. 이 때, 적당한 정칙행렬 $P = [p_{ij}]_{n \times n}$와 대각행렬 $D = \operatorname{diag}\{\lambda_1, \cdots, \lambda_n\}$에 대하여 $P^{-1}[T]_{\mathscr{B}}P = D$이다. 이제

$$w_j = \sum_{i=1}^{n} p_{ij} v_i \qquad (1 \le j \le n)$$

이라고 하면, 정리 9.3.1에 의하여 $\mathscr{C} = \{w_1, \cdots, w_n\}$는 벡터공간 V의 기저이고 정리 9.3.2에 의하여 $[T]_{\mathscr{C}} = P^{-1}[T]_{\mathscr{B}}P = D$ 이므로 T는 대각화 가능한 선형변환이다.

정리 9.5.4 체 F 위의 n차원 벡터공간 V에서 선형변환 $T \in \operatorname{End}_F(V)$가 n개의 서로 다른 고유치 $\lambda_1, \cdots, \lambda_n \in F$를 가지면, T는 대각화 가능한 선형변환이다.

증 명 벡터 $w_1, \cdots, w_n$를 각각 $\lambda_1, \cdots, \lambda_n$에 대응하는 T의 고유벡터라고 하면, 정리 9.4.10 에 의하여 $w_1, \cdots, w_n$는 일차독립이므로 $\mathscr{C} = \{w_1, \cdots, w_n\}$는 n차원 벡터공간 V의 기저이다. 따라서 V의 기저 $\mathscr{C}$는 T의 고유벡터로 이루어진 기저이므로 정리 9.5.3 에 의하여 T는 다각화 가능한 선형변환이다.

정리 9.5.5 체 F 위의 n차원 벡터공간 V에서 선형변환 $T \in \mathrm{End}_F(V)$가 대각화 가능한 선형변환일 때 다음이 성립한다.

(1) 모든 양의 정수 m에 대하여 T^m은 대각화 가능한 선형변환이다.

(2) T가 정칙 선형변환이면, T^{-1}도 대각화 가능한 행렬이다.

증 명 T가 대각화 가능한 선형변환일 때, 정리 9.5.3 에 의하여 V의 기저 $\mathscr{B}$에 대하여 $[T]_{\mathscr{B}} = A$는 대각화 가능한 행렬이다.

그런데, 정리 9.2.1 에 의하면, 모든 양의 정수 m에 대하여 $[T^m]_{\mathscr{B}} = A^m$이고 A^m은 대각화 가능한 행렬이다(정리 6.3.3). 또, T가 정칙 선형변환이면, A는 정칙행렬이고 $[T^{-1}]_{\mathscr{B}} = A^{-1}$이며 정리 6.3.3 에 의하여 A^{-1}는 대각화 가능한 행렬이다. 따라서 정리 9.5.3 에 의하여 (1), (2) 가 성립한다.

정의 9.5.6 체 F 위의 벡터공간 V에서 선형변환 $T : V \longrightarrow V$가 적당한 양의 정수 m에 대하여

$$T^m = 0_V$$

일 때, T를 **멱영 선형변환**(冪零 線型變換, nilpotent linear transformation)이라고 한다. 또, 멱영 선형변환 $T\ (\neq 0_V)$에 대하여 $T^m = 0_V$, $T^{m-1} \neq 0_V$인 양의 정수 m을 멱영 선형변환 T의 **지수**(指數, exponent) 라고 한다.

한편, 영 선형변환 0_V의 지수는 1 로 정한다.

정의 9.5.6, 정의 6.3.5 와 정리 9.2.1 에 의하여 다음 정리가 성립한다.

정리 9.5.7 체 F 위의 n차원 벡터공간 V에서 $\mathscr{B}$가 V의 순서기저일 때, 선형변환 $T : V \longrightarrow V$가 지수 m인 멱영 선형변환이기 위한 필요충분조건은 행렬 $[T]_{\mathscr{B}}$가 지수 m인 멱영행렬인 것이다.

보기 9.5.2 체 F 위의 벡터공간 $V = F^n$ 에서 선형변환

$$T : V \longrightarrow V, \quad T(x_1, x_2, \cdots, x_n) = (0, x_1, x_2, \cdots, x_{n-1})$$

는 멱영 선형변환이다. 실제로, 임의의 $v = (x_1, x_2, \cdots, x_n) \in V$ 에 대하여

$$\begin{aligned} T(x_1, x_2, \cdots, x_n) &= (0, x_1, x_2, \cdots, x_{n-1}) \\ T^2(x_1, x_2, \cdots, x_n) &= (0, 0, x_1, \cdots, x_{n-2}) \\ &\vdots \\ T^{n-1}(x_1, x_2, \cdots, x_n) &= (0, 0, 0, \cdots, x_1) \\ T^n(x_1, x_2, \cdots, x_n) &= (0, 0, 0, \cdots, 0) \end{aligned}$$

이므로 $T^{n-1} \neq 0_V$, $T^n = 0_V$이고 따라서 T는 지수 n인 멱영 선형변환이다.

한편, 벡터공간 V 의 표준기저 $\mathscr{B} = \{e_1, \cdots, e_n\}$ 에 관한 T의 행렬은

$$[T]_{\mathscr{B}} = \begin{bmatrix} 0 & 0 & \cdots & 0 & 0 \\ 1 & 0 & \cdots & 0 & 0 \\ 0 & 1 & \cdots & 0 & 0 \\ \vdots & \vdots & \ddots & \vdots & \vdots \\ 0 & 0 & \cdots & 1 & 0 \end{bmatrix}$$

이므로 행렬 $[T]_{\mathscr{B}}$ 는 지수 n인 멱영행렬이다(보기 6.3.8 참조).

정리 9.5.8 체 F 위의 n차원 벡터공간 V 에서 선형변환 $T : V \longrightarrow V$ 가 멱영 선형변환일 때, 다음이 성립한다.

(1) $T = 0_V$ 이면, T 의 고유치는 0 뿐이고 고유치 0 에 대응하는 고유공간은 V이며 T는 대각화 가능한 선형변환이다.

(2) $T \neq 0_V$ 이면, T 의 고유치는 0 뿐이고 고유치 0 에 대응하는 T의 고유공간을 E_0 라고 하면, $E_0 \neq V$ 이며 T는 대각화 가능한 선형변환이 아니다.

증 명 (1) $T = 0_V$ 이면, 모든 $v \in V$ 에 대하여 $T(v) = \mathbf{0} = 0\,v$ 이므로 (1) 이 성립한다.

(2) $T \neq 0_V$ 일 때, T가 지수 m인 멱영 선형변환이라고 하자.

이 때, $\lambda \in F$ 를 T의 고유치라 하고 $w \in V$, $w \neq \mathbf{0}$ 를 λ 에 대응하는 T의 고유치라고 하면 정리 9.4.8 에 의하여

$$\lambda^m w = T^m(w) = 0_V(w) = \mathbf{0} = 0\,w, \quad w \neq \mathbf{0}$$

이므로 $\lambda^m = 0$ 이고 따라서 $\lambda = 0$ 이다.

한편, T가 일대일 사상이면, $T^m = 0_V$도 일대일 사상이어야 하므로 T는 일대일 사상이 아니고 따라서 $\ker T \neq \{\mathbf{0}\}$ 이다(정리 5.2.2).

그러므로, T의 고유치는 0 뿐이고 고유치 0 에 대응하는 T의 고유공간은

$$\mathrm{E}_0 = \{w \in V \mid T(w) = 0\,w = \mathbf{0}\} = \ker T$$

이고 $T \neq 0_V$이므로 $\ker T \neq V$ 이고 따라서 T는 대각화 가능한 선형변환이 아니다(정의 9.5.1).

체 F 위의 벡터공간 V 위에서 선형변환 $T : V \longrightarrow V$가 등식 $T^2 = T$를 만족시킬때, T 를 사영이라 하고 체 F 위의 n차의 행렬 A가 등식 $A^2 = A$를 만족시킬 때, A를 멱등행렬이라고 한다(정의 6.5.1).

정리 9.5.9 체 F 위의 유한차원 또는 무한차원 벡터공간 $V\ (\neq \{\mathbf{0}\})$ 에서 선형변환 $T : V \longrightarrow V$가 사영일 때, $S = 1_V - T$이라고 하면 S는 사영이고 다음이 성립한다.

(1) $V = \operatorname{im} T \oplus \ker T$ 즉 $V = \operatorname{im} T + \ker T,\ \operatorname{im} T \cap \ker T = \{\mathbf{0}\}$

$V = \operatorname{im} S \oplus \ker S$ 즉 $V = \operatorname{im} S + \ker S,\ \operatorname{im} S \cap \ker S = \{\mathbf{0}\}$

$$\operatorname{im} T = \{w \in V \mid T(w) = w\} = \ker S,$$
$$\ker T = \operatorname{im} S = \{w \in V \mid S(w) = w\}$$

(2) $\operatorname{im} T = \{\mathbf{0}\} \Longleftrightarrow T = 0_V, \quad V = \operatorname{im} T \Longleftrightarrow T = 1_V$

(3) $\operatorname{im} T \neq \{\mathbf{0}\},\ \ V \neq \operatorname{im} T$이라고 하자.

이 때, T와 S의 고유치는 $1, 0$ 뿐이다. 그리고, 고유치 $1, 0$ 에 대응하는 T의 고유공간은 각각 $\operatorname{im} T$, $\ker T$이고 또 고유치 $1, 0$ 에 대응하는 S의 고유공간은 각각 $\operatorname{im} S$, $\ker S$ 이다.

증 명 (1), (2) 정리 6.5.6 에 의하여 (1) 이 성립하고 또 (2) 가 성립한다.

(3) $V \neq \ker T,\ \ V \neq \operatorname{im} T$이라고 하자.

이 때, (1) 에 의하여 1 과 0 은 T, S 의 고유치이다. 그리고, $\lambda \in F$ 를 T 의 고유치라 하고 $w \in V$, $w \neq \mathbf{0}$ 를 λ 에 대응하는 T 의 고유벡터라고 하면,

$$\begin{aligned} \lambda w = T(w) &= T(T(w)) = T(\lambda w) \\ &= \lambda T(w) = \lambda^2 w, \qquad w \neq \mathbf{0} \end{aligned}$$

이므로 $\lambda = \lambda^2$ 이고 따라서 $\lambda = 0$ 또는 $\lambda = 1$ 이다.

마찬가지로, S 에 대해서도 위의 결과가 성립하므로 T, S 의 고유치는 모두 1, 0 뿐이다. 그러므로, (1) 에 의하여 (3) 이 성립한다.

정리 9.2.1 과 정리 9.5.9, 정리 6.5.9 에 의하여 다음 두 따름정리가 성립한다.

따름정리 9.5.10 체 F 위의 n 차원 벡터공간 V 에서 $\mathscr{B}$ 가 T 의 순서기저일 때, 선형변환 $T : V \longrightarrow V$ 가 사영이기 위한 필요충분조건은 행렬 $[T]_{\mathscr{B}}$ 가 멱등행렬인 것이다.

그리고, T 가 사영이면, T 는 대각화 가능한 선형변환이다.

실제로, $\dim_F \operatorname{im} T = r$ 일 때, V 의 적당한 순서기저 $\mathscr{C}$ 에 대하여 $\mathscr{C}$ 에 관한 T 의 행렬은 다음과 같다.

$$[T]_{\mathscr{C}} = \begin{bmatrix} I_r & O \\ O & O_{n-r} \end{bmatrix}$$

따름정리 6.5.11 체 F 위의 n 차원 벡터공간 V 에서 두 부분공간 W_1, W_2 에 대하여 $V = W_1 \oplus W_2$ 일 때, 사상 T_1, T_2 를

$$\begin{aligned} T_1 &: V \longrightarrow V, \quad T_1(w_1 + w_2) = w_1 \qquad (w_1 \in W_1,\ w_2 \in W_2) \\ T_2 &: V \longrightarrow V, \quad T_2(w_1 + w_2) = w_2 \qquad (w_1 \in W_1,\ w_2 \in W_2) \end{aligned}$$

으로 정의하면 T_1, T_2 는 사영이고 따라서 T_1, T_2 는 대각화 가능한 선형변환이다. 실제로, $\dim_F W_1 = r$, $\dim_F W_2 = n - r$ 이라고 하면, V 의 적당한 순서기저 $\mathscr{B}$, $\mathscr{C}$ 에 대하여 다음이 성립한다.

$$[T_1]_{\mathscr{B}} = \begin{bmatrix} I_r & O \\ O & O_{n-r} \end{bmatrix}, \qquad [T_2]_{\mathscr{C}} = \begin{bmatrix} I_{n-r} & O \\ O & O_r \end{bmatrix}$$

다음 정리에서는, 정리 9.4.10 을 좀더 엄밀히 논하기로 하자.

정리 9.5.12 체 F 위의 n 차원 벡터공간 V 에서 선형변환 $T \in \mathrm{End}_F(V)$ 에 대하여 $\lambda_1, \cdots, \lambda_r \in F$ 가 T 의 서로 다른 고유치일 때, 각 $i\ (1 \le i \le r)$ 에 대하여 λ_i 에 대응하는 T 의 고유공간을 E_i 이라고 하면 다음이 성립한다.

(1) $u_1 + \cdots + u_r = \mathbf{0}$ ($u_i \in \mathrm{E}_i$) 이면, $u_1 = \cdots = u_r = \mathbf{0}$ 이다.

(2) 각 i $(1 \le i \le r)$ 에 대하여 $\mathscr{C}_i = \{w_{i1}, \cdots, w_{in_i}\}$ 를 E_i 의 기저라고 하면, 벡터 $w_{11}, \cdots, w_{1n_1}, \cdots, w_{r1}, \cdots, w_{rn_r}$ 는 일차독립이다.

증 명 (1) 이제

$$u_1 + \cdots + u_r = \mathbf{0} \qquad (u_1 \in \mathrm{E}_1, \cdots, u_r \in \mathrm{E}_r)$$

일 때, $u_1, \cdots, u_r$ 중에서 영벡터가 아닌 벡터가 존재한다고 가정하고 이러한 벡터 전체를 $u_{i_1}, \cdots, u_{i_k}$ 이라고 하자. 이 때,

$$u_{i_1} + \cdots + u_{i_k} = \mathbf{0}$$

이고 $u_{i_1}, \cdots, u_{i_k}$ 는 각각 서로 다른 고유치 $\lambda_{i_1}, \cdots, \lambda_{i_k}$ 에 대응하는 고유벡터이므로 정리 9.4.8 에 의하여 일차독립이고 따라서 모순이 생긴다.

그러므로, $u_1 = \cdots = u_r = \mathbf{0}$ 이다.

(2) 적당한 $a_{11}, \cdots, a_{1n_1}, \cdots, a_{r1}, \cdots, a_{rn_r} \in F$ 에 대하여

$$a_{11}w_{11} + \cdots + a_{1n_1}w_{1n_1} + \cdots + a_{r1}w_{r1} + \cdots + a_{rn_r}w_{rn_r} = \mathbf{0}$$

이라고 가정하자. 이 때,

$$u_1 = a_{11}w_{11} + \cdots + a_{1n_1}w_{1n_1}, \ \cdots, \ u_r = a_{r1}w_{r1} + \cdots + a_{rn_r}w_{rn_r}$$

이라고 놓으면, $u_1 \in \mathrm{E}_1, \cdots, u_r \in \mathrm{E}_r$ 이고 또 $u_1 + \cdots + u_r = \mathbf{0}$ 이므로 (1) 에 의하여

$$u_1 = \mathbf{0}, \cdots, u_r = \mathbf{0}$$

이고, 따라서 가정에 의하여

$$a_{11} = \cdots = a_{1n_1} = 0, \ \cdots, \ a_{r1} = \cdots = a_{rn_r} = 0$$

이므로 벡터 $w_{11}, \cdots, w_{1m_1}, \cdots, w_{r1}, \cdots, w_{rm_r}$ 는 일차독립이다.

정리 9.5.13 체 F 위의 n차원 벡터공간 V에서 선형변환 $T \in \mathrm{End}_F(V)$에 대하여 T의 고유다항식 $f(x)$가

$$f(x) = (x-\lambda_1)^{n_1} \cdots (x-\lambda_r)^{n_r} \qquad (n_i \geq 1)$$

으로 인수분해된다고 하자(여기서 $\lambda_1, \cdots, \lambda_r \in F$는 서로 다른 고유치).

이 때, 각 i $(1 \leq i \leq r)$에 대하여 고유치 λ_i에 대응하는 T의 고유공간을 E_i라고 하면, 다음 세 조건은 서로 동치이다.

(1) T는 대각화 가능한 선형변환이다.

(2) $\dim_F \mathrm{E}_1 = n_1, \ \cdots, \ \dim_F \mathrm{E}_r = n_r$

(3) $\dim_F \mathrm{E}_1 + \cdots + \dim_F \mathrm{E}_r = n$

증 명 (1) $\Longrightarrow$ (2) T가 대각화 가능한 선형변환이면, V에 다음과 같은 기저 $\mathscr{C} = \{w_{11}, \cdots, w_{1n_1}, \ \cdots, \ w_{r1}, \cdots, w_{rn_r}\}$가 존재한다(정의 9.5.1).

$$\begin{aligned} T(w_{11}) &= \lambda_1 w_{11}, \\ &\vdots \\ T(w_{1n_1}) &= \lambda_1 w_{1n_1} \\ &\vdots \\ T(w_{r1}) &= \lambda_r w_{r1} \\ &\vdots \\ T(w_{rn_r}) &= \lambda_r w_{rn_r} \end{aligned}$$

이 때, 각 i $(1 \leq i \leq r)$에 대하여 $\mathrm{E}_i = \langle w_{i1}, \cdots, w_{in_i} \rangle$이고 또 n_i개의 벡터 $w_{i1}, \cdots, w_{in_i}$는 일차독립이므로, $\mathscr{C}_i = \{w_{i1}, \cdots, w_{in_i}\}$는 E_i의 기저이고 따라서 $\dim_F \mathrm{E}_i = n_i$이다.

(2) $\Longrightarrow$ (1) 이제 $\dim_F \mathrm{E}_1 = n_1, \ \cdots, \ \dim_F \mathrm{E}_r = n_r$라고 하자. 이 때, 각 i $(1 \leq i \leq r)$에 대하여 $\mathscr{C}_i = \{w_{i1}, \ \cdots, \ w_{in_i}\}$를 고유공간 E_i의 기저라고 하면, 정리 9.5.12에 의하여 $w_{11}, \cdots, w_{1n_1}, \ \cdots, \ w_{r1}, \cdots, w_{rn_r}$는 일차독립이고 $n_1 + \cdots + n_r = n$이므로 $\mathscr{C} = \{w_{11}, \cdots, w_{1n_1}, \cdots, w_{r1}, \cdots, w_{rn_r}\}$는 V의 기저이다(정리 4.4.8). 따라서 T는 대각화 가능한 선형변환이다.

(2)$\Longrightarrow$(3) $n_1 + \cdots + n_r = n$ 이므로 분명히 (2)$\Longrightarrow$(3) 이다.

(3)$\Longrightarrow$(2) $n_1 + \cdots + n_r = n$ 이고 또 정리 9.4.9 에 의하여

$$1 \le \dim_F \mathrm{E}_1 \le n_1, \quad \cdots, \quad 1 \le \dim_F \mathrm{E}_r \le n_r$$

이므로 (3)$\Longrightarrow$(2) 이다.

연 습 문 제 (9.5)

1. 다음과 같이 정의된 선형변환 $T : \mathbb{R}^3 \longrightarrow \mathbb{R}^3$ 가 대각화 가능한 선형변환인지를 판정하여라.

   (1) $T(x_1, x_2, x_3) = (x_2, x_1, x_3)$

   (2) $T(x_1, x_2, x_3) = (x_1 + 2x_2 + 3x_3,\ -3x_2 - 6x_3,\ 2x_2 + 4x_3)$

2. 체 F 위의 n 차원 벡터공간 V 에서 선형변환 $T : V \longrightarrow V$ 가 대각화 가능한 선형변환일 때, 모든 양의 정수 m 에 대하여 T^m 도 대각화 가능한 선형변환임을 증명하여라.

3. 체 F 위의 n (≥ 2) 차원 벡터공간 V 위에서 선형변환 $T : V \longrightarrow V$ 에 대하여 λ_1, λ_2 를 T 의 서로 다른 고유치라 하고 고유치 λ_1, λ_2 에 대응하는 T 의 고유공간을 각각 $\mathrm{E}_1, \mathrm{E}_2$ 라고 할 때, $\dim_F \mathrm{E}_1 = n-1$ 이면, $\dim_F \mathrm{E}_2 = 1$ 이고 T 는 대각화 가능한 선형변환임을 증명하여라.

4. 체 F 위의 n (≥ 2) 차원 벡터공간 V 에서 $\mathscr{B} = \{v_1, v_2, \cdots, v_n\}$ 가 V 의 기저일 때, 선형변환 $T : V \longrightarrow V$ 에 대하여 다음이 성립한다고 하자.

$$T(v_i) = v_{i+1} \quad (1 \le i \le n-1), \qquad T(v_n) = \mathbf{0}$$

   이 때, T 의 기저 $\mathscr{B}$ 에 관한 행렬 $A = [T]_{\mathscr{B}}$ 를 구하여라.
   그리고, 다음 물음에 답하여라.

   (1) T 는 지수 n 인 멱영 선형변환임을 밝히고, 또 $A^2, \cdots, A^n$ 을 구하여라.

   (2) A 의 고유치와 이 고유치에 대응하는 A 의 고유공간을 구하여라.

   (3) T 의 고유치와 이 고유치에 대응하는 T 의 고유공간을 구하여라.

§9.6 선형변환의 대각화 가능성

다음 정의는 정의 6.5.1 을 일반화한 것이다.

정의 9.6.1 체 F 위의 벡터공간 V 에서 V의 부분공간 $W_1, \cdots, W_m$ 에 대하여 다음 두 조건이 성립한다고 하자.

(i) $V = W_1 + \cdots + W_m = \{w_1 + \cdots + w_m \mid w_1 \in W_1, \cdots, w_r \in W_m\}$

(ii) $W_i \cap (W_1 + \cdots + W_{i-1} + W_{i+1} + \cdots + W_r) = \{\mathbf{0}\} \qquad (1 \le i \le m)$

이 때, V 를 부분공간 $W_1, \cdots, W_m$ 의 **직합**(直合)이라 하고 또 이 사실을

$$V = W_1 \oplus \cdots \oplus W_m$$

로 나타낸다. 그리고, V는 부분공간 $W_1, \cdots, W_m$ 의 **직합으로 분해된다**고 하고 $W_1, \cdots, W_m$ 를 V 의 **직합인자**라고 한다.

보기 9.6.1 벡터공간 $\mathbb{R}^4$ 에서 세 부분공간

$W_1 = \{(a, b, 0, 0) \mid a, b \in F\}, \quad W_2 = \{(0, 0, c, 0) \mid c \in F\},$

$W_3 = \{(0, 0, 0, d) \mid d \in F\}$

에 대하여 $\mathbb{R}^4 = W_1 \oplus W_2 \oplus W_3$ 이다(문제 1).

정리 9.6.2 체 F 위의 벡터공간 V 에서 V 의 부분공간 $W_1, \cdots, W_m$ 에 대하여 다음 세 조건은 서로 동치이다.

(1) $V = W_1 \oplus \cdots \oplus W_m$

(2) $V = W_1 + \cdots + W_m, \quad W_i \cap (W_1 + \cdots + W_{i-1}) = \{\mathbf{0}\} \quad (2 \le i \le m)$

(3) 각 $v \in V$ 는 단 한 가지 방법으로 다음과 같은 꼴로 나타내어진다.

$$v = w_1 + \cdots + w_m \qquad (w_1 \in W_1, \cdots, w_m \in W_m)$$

(4) $V = W_1 + \cdots + W_m$ 이고, 또

$w_1 + \cdots + w_m = \mathbf{0} \quad (w_i \in W_i)$ 이면 $w_1 = \cdots = w_m = \mathbf{0}$ 이다.

증 명 이 정리는 정리 6.5.2를 일반화한 것이다.

(1) ⟹ (2) 조건 (1)이 성립한다고 하자.

이 때, $W = W_1 + \cdots + W_m$ 이고, 또 각 i $(2 \leq i \leq m)$ 에 대하여

$$\begin{aligned} & W_i \cap (W_1 + \cdots + W_{i-1}) \\ & \subseteq W_i \cap (W_1 + \cdots + W_{i-1} + W_{i+1} + \cdots + W_m) = \{\mathbf{0}\} \end{aligned}$$

이므로 $W_i \cap (W_1 + \cdots + W_{i-1} = \{\mathbf{0}\}$ 이다.

(2) ⟹ (3) 조건 (2)가 성립한다고 하자. 이 때, $V = W_1 + \cdots + W_m$ 이므로 각 $v \in V$ 는

$$v = w_1 + \cdots + w_m \qquad (w_i \in W_i)$$

의 꼴로 나타내어진다. 그리고,

$$v = w_1 + \cdots + w_m = u_1 + \cdots + u_m \qquad (w_i,\, u_i \in W_i)$$

이라고 가정하면, 각 i $(1 \leq i \leq m)$ 에 대하여

$$\begin{aligned} w_m - u_m &= (u_1 - w_1) + \cdots + (u_{m-1} - w_{m-1}) \\ &\in W_m \cap (W_1 + \cdots + W_{m-1}) = \{\mathbf{0}\} \end{aligned}$$

이므로 $w_m - u_m = \mathbf{0}$ 즉 $w_m = u_m$ 이다.

이러한 절차를 되풀이하면, 차례로 $w_{m-1} = u_{m-1}, \cdots, w_1 = u_1$ 이다.

(3) ⟹ (4) 조건 (3)이 성립한다고 하자. 이 때,

$$V = W_1 + \cdots + W_m$$

이고, 또

$$w_1 + \cdots + w_m = \mathbf{0} \qquad (w_1 \in W_1, \cdots, w_m \in W_m)$$

이라고 가정하면

$$w_1 + \cdots + w_m = \mathbf{0} = \mathbf{0} + \cdots + \mathbf{0}$$

이므로 (3)에 의하여

$w_1 = \cdots = w_m = \mathbf{0}$ 이다.

(4) ⟹ (1) 조건 (3)이 성립할 때, 각 i $(1 \leq i \leq r)$ 에 대하여

$$w_i \in W_i \cap (W_1 + \cdots + W_{i-1} + W_{i+1} + \cdots + W_m)$$

이라고 하면, w_i 는

$$w_i = w_1 + \cdots + w_{i-1} + w_{i+1} + \cdots + w_m \quad (w_1 \in W_1, \cdots, w_m \in W_m)$$

와 같은 꼴로 나타내어지고 이때

$$w_1 + \cdots + w_{i-1} + (-w_i) + w_{i+1} + \cdots + w_m = \mathbf{0}$$

이므로 조건 (3)에 의하여 $w_i = \mathbf{0}$ 이다. 따라서 각 i $(1 \le i \le r)$ 에 대하여

$$W_i \cap (W_1 + \cdots + W_{i-1} + W_{i+1} + \cdots + W_m) = \{\mathbf{0}\}$$

이므로 $V = W_1 \oplus \cdots \oplus W_m$ 이다.

다음 정리는 정리 6.5.4를 일반화한 것이다.

정리 9.6.3 체 F 위의 유한차원 벡터공간 V 의 부분공간 $W_1, \cdots, W_m$ 에 대하여 다음 네 조건은 서로 동치이다.

(1) $V = W_1 \oplus \cdots \oplus W_m$

(2) 각 W_i 의 임의의 기저 $\mathscr{B}_i$ 에 대하여 $\mathscr{B} = \mathscr{B}_1 \cup \cdots \cup \mathscr{B}_m$ 는 V 의 기저이고 또 $\mathscr{B}_i \cap \mathscr{B}_j = \varnothing$ $(1 \le i \ne j \le m)$ 이다.

(3) 각 W_i 의 특정한 기저 $\mathscr{C}_i$ 에 대하여 $\mathscr{C} = \mathscr{C}_1 \cup \cdots \cup \mathscr{C}_m$ 는 V 의 기저이고 또 $\mathscr{C}_i \cap \mathscr{C}_j = \varnothing$ $(1 \le i \ne j \le m)$ 이다.

(4) $V = W_1 + \cdots + W_m, \quad \dim_F V = \dim_F W_1 + \cdots + \dim_F W_m$

증 명 (1) $\Longrightarrow$ (2) $V = W_1 \oplus \cdots \oplus W_m$ 일 때, 각 i $(1 \le i \le m)$ 에 대하여 $\mathscr{B}_i$ 를 W_i 의 기저라고 하자. 이 때, 각 벡터 $v \in V$ 는 단 한 가지 방법으로

$$v = w_1 + \cdots + w_m \qquad (w_1 \in W_1, \cdots, w_m \in W_m)$$

의 꼴로 나타내어지고, 또 각 $w_i \in W_i$ 는 단 한 가지 방법으로 $\mathscr{B}_i$ 에 속해 있는 벡터들의 일차결합으로 나타내어진다(정리 3.4.2). 따라서 각 $v \in V$ 는 단 한 가지 방법으로 $\mathscr{B} = \mathscr{B}_1 \cup \cdots \cup \mathscr{B}_m$ 에 속해 있는 벡터들의 일차결합으로 나타내어지므로 $\mathscr{B}$ 는 V 의 기저이다.

그리고, $1 \le i \ne j \le m$ 일 때,

$$(W_i \cap W_j) \subseteq (W_i \cap (W_1 + \cdots + W_{i-1} + W_{i+1} + \cdots + W_m)) = \{\mathbf{0}\}$$

이므로 $W_i \cap W_j = \{\mathbf{0}\}$ 이고 따라서 $\mathscr{B}_i \cap \mathscr{B}_j = \varnothing$ 이다.

(2) $\Longrightarrow$ (3) 이것은 분명하다.

(3) $\Longrightarrow$ (1) 조건 (3) 이 성립한다고 하자. 이 때, 다음이 성립한다(정리 3.2.8).

$$V = \langle \mathscr{C}_1 \cup \cdots \cup \mathscr{C}_m \rangle = \langle \mathscr{C}_1 \rangle + \cdots + \langle \mathscr{C}_m \rangle = W_1 + \cdots + W_m$$

이제 각 i $(1 \le i \le m)$ 에 대하여

$$w \in W_i \cap (W_1 + \cdots + W_{i-1} + W_{i+1} + \cdots + W_m), \quad w \neq \mathbf{0}$$

인 벡터 w 가 존재한다고 가정하자. 이 때, w 는 W_i 의 기저 $\mathscr{C}_i$ 에 속해 있는 벡터들의 자명하지 않은 일차결합(즉, 적어도 한 스칼라가 0 이 아닌 일차결합)으로 나타내어지고, w 는

$$\mathscr{C}_1 \cup \cdots \cup \mathscr{C}_{i-1} \cup \mathscr{C}_{i+1} \cup \cdots \cup \mathscr{C}_m$$

에 속해 있는 벡터들의 자명하지 않은 일차결합으로 나타내어진다. 그러나, 이것은 $\mathscr{C}$ 가 V 의 기저라는 사실에 모순된다. 그러므로,

$$W_i \cap (W_1 + \cdots + W_{i-1} + W_{i+1} + \cdots + W_m) = \{\mathbf{0}\}$$

이고, 따라서 $V = W_1 \oplus \cdots \oplus W_m$ 이다.

(3) $\Longrightarrow$ (4) 조건 (3) 이 성립하면, 다음이 성립한다.

$$V = \langle \mathscr{C} \rangle = \langle \mathscr{C}_1 \rangle + \cdots + \langle \mathscr{C}_m \rangle = W_1 + \cdots + W_m,$$

$$\begin{aligned} \dim_F V &= |\mathscr{C}| = |\mathscr{C}_1| + \cdots + |\mathscr{C}_m| \\ &= \dim_F W_1 + \cdots + \dim_F W_m \end{aligned}$$

(4) $\Longrightarrow$ (3) 조건 (4) 가 성립한다고 가정하고, 각 W_i 의 특정한 기저 $\mathscr{C}_i$ 에 대하여 $\mathscr{C} = \mathscr{C}_1 \cup \cdots \cup \mathscr{C}_m$ 이라고 하자. 이 때, 다음이 성립한다.

$$V = W_1 + \cdots + W_m = \langle \mathscr{C}_1 \rangle + \cdots + \langle \mathscr{C}_m \rangle = \langle \mathscr{C} \rangle,$$

$$\dim_F V = \dim_F W_1 + \cdots + \dim_F W_m = |\mathscr{C}_1| + \cdots + |\mathscr{C}_m|,$$

$$|\mathscr{C}| = |\mathscr{C}_1 \cup \cdots \cup \mathscr{C}_m| \le |\mathscr{C}_1| + \cdots + |\mathscr{C}_m| = \dim_F V$$

그러므로, $\dim_F V = |\mathscr{C}|$ 이므로 $\mathscr{C} = \mathscr{C}_1 \cup \cdots \cup \mathscr{C}_m$ 는 V 의 기저이고 또 $\mathscr{C}_i \cap \mathscr{C}_j = \varnothing$ $(1 \le i \neq j \le m)$ 이다.

정리 9.6.4 체 F 위의 n차원 벡터공간 V에서 선형변환 $T \in \mathrm{End}_F(V)$에 대하여 T의 고유다항식 $f(x)$ 가

$$f(x) = (x-\lambda_1)^{n_1} \cdots (x-\lambda_r)^{n_r} \qquad (n_i \geq 1)$$

으로 인수분해된다고 하자(여기서 $\lambda_1, \cdots, \lambda_r \in F$는 서로 다른 고유치).

이 때, 각 i $(1 \leq i \leq r)$에 대하여 고유치 λ_i에 대응하는 T의 고유공간을 E_i이라고 하면 다음 조건 (1) ~ (7)은 모두 서로 동치이다.

(1) T는 대각화 가능한 선형변환이다.

(2) $V = \mathrm{E}_1 + \cdots + \mathrm{E}_r$

(3) $V = \mathrm{E}_1 \oplus + \cdots \oplus \mathrm{E}_r$

(4) 각 고유공간 E_i의 임의의 기저 $\mathscr{B}_i$에 대하여 $\mathscr{B} = \mathscr{B}_1 \cup \cdots \cup \mathscr{B}_r$는 V의 기저이고 또 $\mathscr{B}_i \cap \mathscr{B}_j = \varnothing$ $(1 \leq i \neq j \leq r)$이다.

(5) 각 고유공간 E_i의 특정한 기저 $\mathscr{C}_i$에 대하여 $\mathscr{C} = \mathscr{C}_1 \cup \cdots \cup \mathscr{C}_r$는 V의 기저이고 또 $\mathscr{C}_i \cap \mathscr{C}_j = \varnothing$ $(1 \leq i \neq j \leq n)$이다.

(6) $\dim_F \mathrm{E}_1 + \cdots + \dim_F \mathrm{E}_r = n = \dim_F V$

(7) $\dim_F \mathrm{E}_1 = n_1, \cdots, \dim_F \mathrm{E}_r = n_r$

증 명 가정에 의하여 $\lambda_1, \cdots, \lambda_r$는 T의 서로 다른 고유치 전체이다.

(1) $\Longrightarrow$ (2) 조건 (1)이 성립한다고 하자.

이 때, V에는 T의 고유벡터로 이루어진 기저 $\mathscr{C} = \{w_1, \cdots, w_n\}$가 존재한다(정리 9.3.12). 그런데, $w_1, \cdots, w_n$는 모두 $\mathrm{E}_1 + \cdots + \mathrm{E}_r$에 속하므로

$$V = \langle w_1, \cdots, w_n \rangle \subseteq \mathrm{E}_1 + \cdots + \mathrm{E}_r$$

이고 따라서 $V = \mathrm{E}_1 + \cdots + \mathrm{E}_r$이다.

(2) $\Longrightarrow$ (3) $V = \mathrm{E}_1 + \cdots + \mathrm{E}_r$일 때,

$$u_1 + \cdots + u_r = \mathbf{0} \qquad (u_1 \in \mathrm{E}_1, \cdots, u_r \in \mathrm{E}_r)$$

이면 정리 9.5.12에 의하여 $u_1 = \cdots = u_r = \mathbf{0}$이다.

따라서 정리 9.6.2에 의하여 $V = \mathrm{E}_1 \oplus + \cdots \oplus \mathrm{E}_r$이다.

(3) $\Longrightarrow$ (1) 조건 (3) 이 성립할 때, 각 E_i 에 대하여 $\mathscr{B}_i$ 를 E_i 의 기저라고 하자. 이 때, 정리 9.6.3 에 의하여 $\mathscr{B} = \mathscr{B}_1 \cup \cdots \cup \mathscr{B}_r$ 는 V 의 기저이고 따라서 $\mathscr{B}$ 는 T 의 고유벡터로 이루어진 기저이다.

그러므로, 정리 9.5.3 에 의하여 T 는 대각화 가능한 선형변환이다.

(3) $\Longrightarrow$ (4) $\Longrightarrow$ (5) $\Longrightarrow$ (6)

이것은 정리 9.6.3 에 의하여 성립한다.

(1) $\Longleftrightarrow$ (6) $\Longleftrightarrow$ (7)

이것은 정리 9.5.13 에 의하여 성립한다.

앞의 정리 9.6.4 에 의하여 다음 따름정리가 성립한다.

따름정리 9.6.5 체 F 위의 n 차의 행렬 A 의 고유다항식 $f(x)$ 가

$$f(x) = (x - \lambda_1)^{n_1} \cdots (x - \lambda_r)^{n_r} \qquad (n_i \geq 1)$$

으로 인수분해된다고 하자(여기서 $\lambda_1, \cdots, \lambda_r \in F$ 는 서로 다른 고유치).

이 때, 각 i $(1 \leq i \leq r)$ 에 대하여 고유치 λ_i 에 대응하는 A 의 [L_A 의] 고유공간을 E_i 이라고 하면 다음 조건 (1) ~ (7) 은 서로 동치이다.

(1) A 는 대각화 가능한 행렬이고 L_A 는 대각화 가능한 선형변환이다.

(2) $F^n = \mathrm{E}_1 + \cdots + \mathrm{E}_r$

(3) $F^n = \mathrm{E}_1 \oplus \cdots \oplus \mathrm{E}_r$

(4) 각 고유공간 E_i 의 임의의 기저 $\mathscr{B}_i$ 에 대하여 $\mathscr{B} = \mathscr{B}_1 \cup \cdots \cup \mathscr{B}_r$ 는 F^n 의 기저이고 또 $\mathscr{B}_i \cap \mathscr{B}_j = \varnothing$ $(1 \leq i \neq j \leq r)$ 이다.

(5) 각 고유공간 E_i 의 특정한 기저 $\mathscr{C}_i$ 에 대하여 $\mathscr{C} = \mathscr{C}_1 \cup \cdots \cup \mathscr{C}_r$ 는 F^n 의 기저이고 또 $\mathscr{C}_i \cap \mathscr{C}_j = \varnothing$ $(1 \leq i \neq j \leq n)$ 이다.

(6) $\dim_F \mathrm{E}_1 + \cdots + \dim_F \mathrm{E}_r = n$

(7) $\dim_F \mathrm{E} = n, \cdots, \dim_F \mathrm{E}_r = n_r$

다음 정리는 정리 6.5.9 를 일반화한 것이다(문제 4 참조).

정리 9.6.6 체 F 위의 벡터공간 V에서 부분공간 $W_1, \cdots, W_m$ 에 대하여

$$V = W_1 \oplus \cdots \oplus W_m$$

일 때, 각 $i\ (1 \le i \le m)$ 에 대하여 사상 T_i 를

$$T_i : V \longrightarrow V, \quad T_1(w_1 + \cdots + w_m) = w_i$$
$$(w_1 \in W_1, \cdots, w_m \in W_m)$$

으로 정의하면 다음이 성립한다.

(1) 각 $i\ (1 \le i \le m)$ 에 대하여 T_i 는 사영이고 또 $\mathrm{im}\, T_i$ 와 $\ker T_i$ 는 다음과 같다.

$$\mathrm{im}\, T_i = W_i = \{v \in V \mid T_i(v) = v\},$$
$$\ker T_i = W_1 + \cdots + W_{i-1} + W_{i+1} + \cdots + W_m$$

(2) $T_1 + \cdots + T_m = 1_V$,

$$T_i \circ T_j = 0_V \quad (1 \le i \ne j \le m)$$

(3) 각 $r\ (1 \le r < m)$ 에 대하여

$$T = T_1 + \cdots + T_r, \quad S = T_{r+1} + \cdots + T_m$$

이라고 하면, T와 S는 사영이고 그 상과 핵은 다음과 같다.

$$\mathrm{im}\, T = W_1 + \cdots + W_r = \{ w \in V \mid T(w) = w\} = \ker S,$$
$$\ker T = W_{r+1} + \cdots + W_m = \{ w \in V \mid S(w) = w\} = \mathrm{im}\, S$$

여기서, T_i 를 부분공간 W_i **위로의 사영**이라고 한다.

위의 정리에서, 벡터공간 V 가 유한차원 벡터공간이면, 각 T_i 와 T, S 는 대각화 가능한 선형변환이다(따름정리 9.5.10).

연 습 문 제 (9.6)

1. 보기 9.6.1 에서 $\mathbb{R}^4 = W_1 \oplus W_2 \oplus W_3$ 임을 밝혀라.

2. 벡터공간 $\mathbb{R}^3$ 위의 사상 $T:\ \mathbb{R}^3 \longrightarrow \mathbb{R}^3$ 가 다음과 같이 정의된 선형변환일 때, 벡터공간 $\mathbb{R}^3$는 T의 고유공간의 직합으로 분해됨을 밝혀라.

$$T(x_1, x_2, x_3) = (3x_1 - 2x_2 - x_3, -2x_1 + 6x_2 + 2x_3, 4x_1 - 10x_2 - 3x_3)$$

3. 체 F 위의 벡터공간 V에서 $V = W_1 \oplus \cdots \oplus W_m$ 일 때,

$$W = W_1 + \cdots + W_r, \quad U = W_{r+1} + \cdots + W_m \qquad (1 \le r < m)$$

이라고 하면 $V = W \oplus U$ 임을 증명하여라.

4. 정리 9.6.6 을 증명하여라.

5. 체 F 위의 벡터공간 $V_1, \cdots, V_m$에 대하여 곱집합

$$V_1 \times \cdots \times V_m = \{(v_1, \cdots, v_m) \mid v_1 \in V_1, \cdots, v_m \in V_m\}$$

위에 덧셈과 스칼라 곱셈을 다음과 같이 정의하자.

$$(v_1, \cdots, v_m) + (w_1, \cdots, w_m) = (v_1 + w_1, \cdots, v_m + w_m),$$
$$a(v_1, \cdots, v_m) = a(v_1, \cdots, a v_m) \qquad (a \in F)$$

이 때, 다음이 성립함을 증명하여라(문제 4.4.14 참조).

(1) $V_1 \times \cdots \times V_m$은 체 F 위의 벡터공간을 이룬다.

(2) 각 i $(1 \le i \le m)$에 대하여

$$W_i = \{(\mathbf{0}, \cdots, v_i, \cdots, \mathbf{0}) \mid v_i \in V_i\}$$

이라고 할 때, $W_i \cong V_i$이고 $V_1 \times \cdots \times V_m = W_1 \oplus \cdots \oplus W_m$이다.

6. 체 F 위의 벡터공간 V 에서 $V = W_1 \oplus \cdots \oplus W_m$ 이면, $V \cong W_1 \times \cdots \times W_m$ 임을 증명하여라(문제 5 참조).

제10장

선형변환과 행렬의 표준형

이 장에서는, 유한차원 벡터공간 위의 선형변환과 행렬의 표준형에 대하여 논한다.

실제로, 유한차원 벡터공간 위의 선형변환과 행렬의 최소다항식과 고유다항식 사이의 관계를 논하고 선형변환과 행렬의 유리 표준형과 Jordan 표준형에 대하여 논한다.

Jordan 표준형 만을 논하는 경우에 대해서는 [해설 10]의 자료를 이용하기 바란다.

§ 10.1 불변 부분공간

이 절에서는 벡터공간의 특수한 부분공간에 대하여 논한다.

정의 10.1.1 체 F 위의 벡터공간 V에서 선형변환 $T: V \longrightarrow V$에 대하여 V의 부분공간 W가 조건

$$w \in W \Longrightarrow T(w) \in W$$

을 만족시킬 때, 즉 $T(W) \subseteq W$일 때, W를 V의 **T-불변(不變) 부분공간** (T-invariant subspace)이라고 한다.

그리고, W가 V의 T-불변 부분공간일 때, W 위의 선형변환

$$T_W: W \longrightarrow W, \quad T_W(w) = T(w)$$

를 T에 의하여 **유도된**(誘導된, induced) **선형변환**이라고 한다.

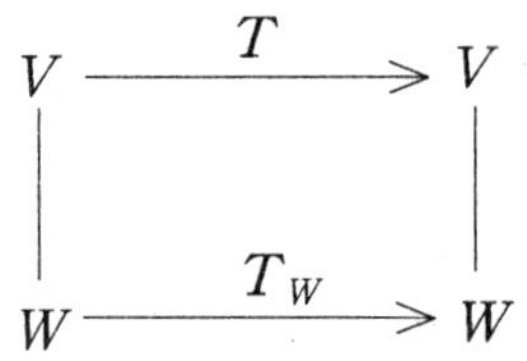

위의 정의에서 벡터공간 V 자체와 $\{\mathbf{0}\}$는 V의 T-불변 부분공간이다.

보기 10.1.1 벡터공간 $\mathbb{R}^3$에서 선형변환

$$T: \mathbb{R}^3 \longrightarrow \mathbb{R}^3, \quad T(x_1, x_2, x_3) = (x_1 + x_2 + 2x_3,\ x_1 - x_2 + x_3,\ 2x_3)$$

에 대하여 $W = \{(a, b, 0) \mid a, b \in \mathbb{R}\}$는 T-불변 부분공간이다.

실제로, $(a, b, 0) \in W$에 대하여 $T(a, b, 0) = (a + b, a - b, 0) \in W$이다.

보기 10.1.2 체 F 위의 벡터공간 V에서 선형변환 $T: V \longrightarrow V$에 대하여 $\lambda \in F$가 T의 고유치일 때, λ에 대응하는 T의 고유공간

$$\mathrm{E}_\lambda = \{w \in V \mid T(w) = \lambda w\}$$

는 V의 T-불변 부분공간이다. 실제로, E_λ는 V의 부분공간이고(정리 9.4.2) 또 임의의 $w \in \mathrm{E}_\lambda$에 대하여 $T(w) = \lambda w \in \mathrm{E}_\lambda$이다.

정리 10.1.2 체 F 위의 벡터공간 V 에서 두 선형변환 $T, S \in \operatorname{End}_F(V)$ 에 대하여 다음이 성립한다.

(1) $T \circ S = S \circ T$ 이면, $\operatorname{im} S$ 와 $\ker S$ 는 V 의 T-불변 부분공간이다.

(2) $\operatorname{im} T$ 와 $\ker T$ 는 V 의 T-불변 부분공간이다.

증 명 (1) 정리 5.2.1 에 의하여 $\operatorname{im} S$ 와 $\ker S$ 는 V 의 부분공간이다.
그리고, $w \in \operatorname{im} S$ 이라고 하면, 적당한 $v \in V$ 에 대하여 $w = S(v)$ 이고

$$T(w) = T(S(v)) = S(T(v)) \in \operatorname{im} S$$

이므로 $\operatorname{im} S$ 는 T-불변 부분공간이다.
또, 임의의 벡터 $w \in \ker S$ 에 대하여

$$S(T(w)) = T(S(w)) = T(\mathbf{0}) = \mathbf{0}$$

이므로 $T(w) \in \ker S$ 이고, 따라서 $\ker S$ 는 T-불변 부분공간이다.
(2) $T \circ T = T \circ T$ 이므로 (1) 에 의하여 (2) 가 성립한다.

정리 10.1.3 체 F 위의 벡터공간 V 에서 선형변환 $T \in \operatorname{End}_F(V)$ 에 대하여 다음이 성립한다.

(1) 체 F 위의 다항식 $g(x)$ 에 대하여 선형변환 $g(T)$ 의 상 $\operatorname{im} g(T)$ 와 핵 $\ker g(T)$ 는 모두 V 의 T-불변 부분공간이다.

(2) 임의의 $\lambda \in F$ 와 양의 정수 k 에 대하여

$$\ker(\lambda 1_V - T)^k = \{w \in V \mid (\lambda 1_V - T)^k(w) = \mathbf{0}\}$$

는 V 의 T-불변 부분공간이다.

증 명 (1) 이제 $g(x) = b_m x^m + \cdots + b_1 x + b_0$ 이라고 하면,

$$\begin{aligned} T \circ g(T) &= T \circ (b_m T^m + \cdots + b_1 T + b_0 1_V) \\ &= b_m T^{m+1} + \cdots + b_1 T^2 + b_0 T \\ &= (b_m T^m + \cdots + b_1 T + b_0 1_V) \circ T = g(T) \circ T \end{aligned}$$

이므로 정리 10.1.2 에 의하여 (1) 이 성립한다.
(2) 위의 (1) 에 의하여 (2) 가 성립한다.

정리 10.1.4 체 F 위의 n 차원 벡터공간 V 에서 선형변환 $T \in \mathrm{End}_F(V)$ 에 대하여 $W \neq \{\mathbf{0}\}$ 가 V 의 T-불변 부분공간일 때, $f(x)$ 와 $f_W(x)$ 를 각각 선형변환 $T : V \longrightarrow V$ 와 $T_W : W \longrightarrow W$ 의 고유다항식이라고 하면 $f_W(x)$ 는 $f(x)$ 의 약수이다.

증 명 먼저 $W = V$ 이면, $f_W(x) = f(x)$ 이다.

이제 $\{\mathbf{0}\} \neq W \neq V$ 일 때, $\dim_F W = r$ 이라 하고 $\mathscr{C} = \{w_1, \cdots, w_r\}$ 를 W 의 기저라고 하면, $\mathscr{C}$ 에 적당한 s 개의 벡터 $u_1, \cdots, u_s$ 를 첨가하여 V 의 기저 $\mathscr{B} = \{w_1, \cdots, w_r, u_1, \cdots, u_s\}$ 를 얻을 수 있다(정리 4.4.8).

그런데, W 는 T-불변 부분공간이므로 $T(w_1), \cdots, T(w_r) \in W$ 이고 따라서 $T(w_1), \cdots, T(w_r), T(u_1), \cdots, T(u_s)$ 는 다음과 같은 꼴로 나타내어진다.

$$
\begin{aligned}
T(w_1) &= a_{11} w_1 + \cdots + a_{r1} w_r = T_W(w_1) \\
&\ \vdots \\
T(w_r) &= a_{1m} w_1 + \cdots + a_{rr} w_r = T_W(w_r) \\
T(u_1) &= b_{11} w_1 + \cdots + b_{r1} w_r + c_{11} u_1 + \cdots + c_{s1} u_s \\
&\ \vdots \\
T(u_s) &= b_{1s} w_1 + \cdots + b_{rs} w_r + c_{1s} u_1 + \cdots + c_{ss} u_s
\end{aligned}
$$

이 때, $A = [a_{ij}]_{m \times m}$, $B = [b_{ij}]_{m \times s}$, $C = [c_{ij}]_{s \times s}$ 이라고 하면

$$
[T]_{\mathscr{B}} = \begin{bmatrix} A & B \\ O_{s \times m} & C \end{bmatrix}, \qquad [T_W]_{\mathscr{C}} = A
$$

이므로 다음이 성립한다(정리 3.2.4 참조).

$$
\begin{aligned}
f(x) &= \det(x I_n - [T]_{\mathscr{B}}) = \begin{vmatrix} xI_m - A & -B \\ O_{s \times m} & xI_s - C \end{vmatrix} \\
&= \det(x I_m - A) \det(x I_r - C) \\
&= f_W(x) \det(xI_s - C)
\end{aligned}
$$

그러므로, $f_W(x)$ 는 $f(x)$ 의 약수이다.

보기 10.1.3 다음과 같이 정의된 선형변환 $T: \mathbb{R}^4 \longrightarrow \mathbb{R}^4$ 를 생각해 보자.

$$T(x_1, x_2, x_3, x_4) = (x_1 + x_2 + 2x_3 - x_4,\ 3x_2 + x_4,\ 2x_3 - x_4,\ x_3 + x_4)$$

부분공간 $W = \{(a, b, 0, 0) \mid a, b \in \mathbb{R}\}$ 에 대하여

$$T(a, b, 0, 0) = (a + b, 3b, 0, 0) \in W$$

이므로 W는 T-불변 부분공간이다. 그리고, $\mathscr{B} = \{e_1, e_2, e_3, e_4\}$ 를 벡터공간 $\mathbb{R}^4$ 의 표준기저라 하면, $\mathscr{C} = \{e_1, e_2\}$ 는 W 의 기저이고 다음이 성립한다.

$$\begin{aligned} T(e_1) &= (1,0,0,0) = e_1 \\ T(e_2) &= (1,3,0,0) = e_1 + 3e_2 \\ T(e_3) &= (2,0,2,1) = 2e_1 + 2e_3 + e_4 \\ T(e_4) &= (-1,1,-1,1) = -e_1 + e_2 - e_3 + e_4 \end{aligned}$$

$$[T]_{\mathscr{B}} = \begin{bmatrix} 1 & 1 & 2 & -1 \\ 0 & 3 & 0 & 1 \\ 0 & 0 & 2 & -1 \\ 0 & 0 & 1 & 1 \end{bmatrix}, \quad [T_W]_{\mathscr{C}} = \begin{bmatrix} 1 & 1 \\ 0 & 3 \end{bmatrix}$$

따라서 T 의 고유다항식 $f(x)$ 와 T_W 의 고유다항식 $f_W(x)$ 는 다음과 같다.

$$\begin{aligned} f(x) = \det(xI_4 - [T]_{\mathscr{B}}) &= \begin{vmatrix} x-1 & -1 & -2 & 1 \\ 0 & x-3 & 0 & -1 \\ 0 & 0 & x-2 & 1 \\ 0 & 0 & -1 & x-1 \end{vmatrix} \\ &= (x-1)(x-3)(x^2 - 3x + 3), \end{aligned}$$

$$f_W(x) = \det(xI_2 - [T_W]_{\mathscr{C}}) = \begin{vmatrix} x-1 & -1 \\ 0 & x-3 \end{vmatrix} = (x-1)(x-3)$$

연 습 문 제 (10.1)

1. 선형변환 $T: \mathbb{R}^3 \longrightarrow \mathbb{R}^3$ 가 다음과 같이 정의된 선형변환이라고 하자.

$$T(x_1, x_2, x_3) = (2x_1 + 2x_2,\ -x_1 + x_3,\ -6x_2 + 2x_3)$$

이 때, $W = \{(x_1, x_2, x_3) \in \mathbb{R}^3 \mid 3x_1 + x_3 = 0\}$ 는 벡터공간 $\mathbb{R}^3$ 의 T-불변 부분공간임을 밝혀라.

2. 벡터공간 $\mathbb{R}^4$ 위에서 $T: \mathbb{R}^4 \longrightarrow \mathbb{R}^4$ 가 다음과 같은 선형변환이라고 하자.

$$T(x_1, x_2, x_3, x_4) = (-x_2+5x_3-3x_4,\ x_1-x_4,\ 3x_3-2x_4,\ 5x_3-3x_4)$$

이 때, 벡터공간 $\mathbb{R}^4$ 의 두 부분공간

$$W_1 = \{(a, b, 0, 0) \mid a, b \in \mathbb{R}\},$$
$$W_2 = \{(a, 0, b, a) \mid a, b \in \mathbb{R}\}$$

는 T-불변 부분공간이고 또 $\mathbb{R}^4 = W_1 \oplus W_2$ 임을 밝혀라.

3. 체 F 위의 벡터공간 V 에서의 두 선형변환 $T: V \longrightarrow V$, $S: V \longrightarrow V$ 에 대하여 $T \circ S = S \circ T$ 일 때, E_λ 를 T 의 고유치 λ 에 대응하는 고유공간이라고 하면 E_λ 는 T-불변 부분공간인 동시에 S-불변 부분공간임을 밝혀라.

4. 체 F 위의 n 차원 벡터공간 V 에서 $\mathscr{B} = \{v_1, v_2, \cdots, v_n\}$ 가 V 의 기저이고 또 $T: V \longrightarrow V$ 가 선형변환일 때, 각 i $(1 \le i \le n)$ 에 대하여 $\langle v_1, \cdots, v_i \rangle$ 가 모두 T-불변 부분공간이면 행렬 $[T]_{\mathscr{B}}$ 는 어떤 꼴의 행렬인지 말하여라.

5. 체 F 위의 벡터공간 V 에서 $T \in \mathrm{End}_F(V)$ 에 대하여 다음이 성립함을 밝혀라.
   (1) V 의 부분공간 W 가 T-불변 부분공간인 동시에 $\dim_F W = 1$ 이면, 모든 벡터 $w \in W$, $w \neq \mathbf{0}$ 는 T 의 고유벡터이다.
   (2) W_1, W_2 가 V 의 T-불변 부분공간이면, $W_1 \cap W_2$ 와 $W_1 + W_2$ 는 T-불변 부분공간이다.

6. 체 F 위의 벡터공간 V 에서 선형변환 $T: V \longrightarrow V$ 에 대하여 W 가 V 의 T-불변 부분공간일 때, 다음이 성립함을 밝혀라.
   (1) $\lambda \in F$ 가 선형변환 $T_W: W \longrightarrow W$ 의 고유치일 때, $w \in W$ 가 고유치 λ 에 대응하는 T_W 의 고유벡터이면 λ 는 T 의 고유치이고 w 는 고유치 λ 에 대응하는 T 의 고유벡터이다.
   (2) $\lambda \in F$ 가 선형변환 $T_W: W \longrightarrow W$ 의 고유치일 때, E_W 를 λ 에 대응하는 T_W 의 고유공간이라 하고 E 를 λ 에 대응하는 T 의 고유공간이라고 하면 $\mathrm{E}_W = W \cap \mathrm{E}$ 이다.

§10.2 순환 부분공간

이 절에서는, 유한차원 벡터공간에서 선형변환 T의 특수한 T-불변 부분공간과 다항식에 대하여 논한다.

정리 10.2.1 체 F 위의 벡터공간 V에서 선형변환 $T \in \mathrm{End}_F(V)$와 벡터 $w \in V$, $w \neq \mathbf{0}$에 대하여

$$\mathbf{C}_w = \{g(T)(w) \mid g(x) \in F[x]\}$$

이라고 하면, $\mathbf{C}_w$는 V의 T-불변 부분공간이다.

증 명 임의의 다항식 $g_1(x), g_2(x), g(x) \in F[x]$와 $a \in F$에 대하여

$$h(x) = g_1(x) + g_2(x), \quad k(x) = a\,g(x), \quad l(x) = x\,g(x)$$

이라고 하면

$$\begin{aligned} g_1(T)(w) + g_2(T)(w) &= (g_1(T) + g_2(T))(w) \\ &= h(T)(w) \in \mathbf{C}_w, \end{aligned}$$

$$a(g(T)(w)) = (a\,g(T))(w) = k(T)(w) \in \mathbf{C}_w$$

이므로 $\mathbf{C}_w$는 V의 부분공간이고 또

$$T(g(T)(w)) = (T \circ g(T))(w) = l(T)(w) \in \mathbf{C}_w$$

이므로 $\mathbf{C}_w$는 T-불변 부분공간이다.

정의 10.2.2 체 F 위의 벡터공간 V에서 선형변환 $T \in \mathrm{End}_F(V)$와 벡터 $w \in V$, $w \neq \mathbf{0}$에 대하여

$$\mathbf{C}_w = \{g(T)(w) \mid g(x) \in F[x]\}$$

를 w에 의하여 생성된 ***T*-순환 부분공간**(循環 部分空間, T-cyclic subspace)이라고 한다. 특히, $V = \mathbf{C}_w$일 때, V를 ***T*-순환 벡터공간**(T-cyclic space)이라 하고 w를 T에 대한 V의 **순환벡터**(cyclic vector)라고 한다.

정리 10.2.3 체 F 위의 n 차원 벡터공간 V 에서 선형변환 $T \in \mathrm{End}_F(V)$ 와 벡터 $w \in V$, $w \neq \mathbf{0}$ 에 대하여 다음 두 조건 (1), (2) 를 만족시키는 양의 정수 m $(1 \leq m \leq n)$ 과 $a_0, a_1, \cdots, a_{m-1} \in F$ 가 존재한다.

(1) $w, T(w), \cdots, T^{m-1}(w)$ 는 일차독립이다.

(2) $T^m(w) = -a_0 w - a_1 T(w) - \cdots - a_{m-1} T^{m-1}(w)$

즉, $a_0 w + a_1 T(w) + \cdots + a_{m-1} T^{m-1}(w) + T^m(w) = \mathbf{0}$

이 경우에

$$p_w(x) = a_0 + a_1 x + \cdots + a_{m-1} x^{m-1} + x^m$$

이라고 하면, $p_w(x)$ 는 다음 세 조건을 만족시키고 또 이와 같은 다항식은 단 하나 뿐이다.

(i) $p_w(x)$ 는 모닉 다항식이고 $1 \leq \deg p_w(x) \leq n$ 이다.

(ii) $p_w(T)(w) = \mathbf{0}$ 즉

$$a_0 w + a_1 T(w) + \cdots + a_{m-1} T^{m-1}(w) + T^m(w) = \mathbf{0}$$

(iii) 체 F 위의 다항식 $g(x)$ 에 대하여 $g(T)(w) = \mathbf{0}$ 일 때 그리고 이때에만 $p_w(x) \mid g(x)$ 이다.

더욱이, $\mathbf{C}_w = \langle w, T(w), \cdots, T^{m-1}(w) \rangle$ 이고 또

$$\mathscr{C} = \{w, T(w), \cdots, T^{m-1}(w)\}$$

는 $\mathbf{C}_w$ 의 기저이며 $\dim_F \mathbf{C}_w = m = \deg p_w(x)$ 이다.

여기서, 위의 세 조건 (i), (ii), (iii) 를 만족시키는 다항식 $p_w(x)$ 를 벡터 w 의 **T-최소다항식**(T-minimum polynomial)이라고 한다.

증 명 먼저 $w \neq \mathbf{0}$ 이므로 w 는 일차독립이고, $\dim_F V = n$ 이므로 $n+1$ 개의 벡터 $w, T(w), \cdots, T^n(w)$ 는 일차종속이다(정리 4.4.8). 따라서 다음 두 조건을 만족시키는 정수 m $(1 \leq m \leq n)$ 이 존재한다.

(a) $w, T(w), \cdots, T^{m-1}(w)$ 는 일차독립이다.

(b) $w, T(w), \cdots, T^{m-1}(w), T^m(w)$ 는 일차종속이다.

이 때, 정리 4.3.8 에 의하여

$$T^m(w) \in \langle w,\ T(w), \cdots, T^{m-1}(w)\rangle$$

이므로, $T^m(w)$ 는 적당한 원소 $a_0, a_1, \cdots, a_{m-1} \in F$ 에 대하여

$$T^m(w) = -a_0 w - a_1 T(w) - \cdots - a_{m-1} T^{m-1}(w)$$

와 같은 꼴로 나타내어지고 따라서 두 조건 (1), (2) 가 성립한다. 여기서,

$$p_w(x) = a_0 + a_1 x + \cdots + a_{m-1} x^{m-1} + x^m$$

이라고 하면, 두 조건 (i), (ii) 가 성립한다.

이제 임의의 다항식 $g(x) \in F[x]$ 에 대하여 $h(x), r(x) \in F[x]$ 를

$$g(x) = h(x)\, p_w(x) + r(x),$$
$$r(x) = b_0 + b_1 x + \cdots + b_{m-1} x^{m-1}$$

인 다항식이라고 하면, $g(T) = h(T) \circ p_w(T) + r(T)$, $p_w(T)(w) = \mathbf{0}$ 이므로

$$(*) \qquad \begin{aligned} g(T)(w) &= h(T)(p_w(T)(w)) + r(T)(w) \\ &= h(T)(\mathbf{0}) + r(T)(w) = \mathbf{0} + r(T)(w) \\ &= b_0 w + b_1 T(w) + \cdots + b_{m-1} T^{m-1}(w) \end{aligned}$$

이고, 따라서 다음이 성립한다.

$$\begin{aligned} \mathbf{C}_w &= \{g(T)(w) \mid g(x) \in F[x]\} \\ &= \{b_0 w + b_1 T(w) + \cdots + b_{m-1} T^{m-1}(w) \mid b_0, b_1, \cdots, b_{m-1} \in F\} \\ &= \langle w,\ T(w), \cdots, T^{m-1}(w)\rangle \end{aligned}$$

또한, 조건 (a) 에 의하여 벡터 $w, T(w), \cdots, T^{m-1}(w)$ 는 일차독립이므로 $\mathscr{C} = \{w, T(w), \cdots, T^{m-1}(w)\}$ 는 $\mathbf{C}_w$ 의 기저이고 $\dim_F \mathbf{C}_w = m$ 이다.

그리고, $g(T)(w) = \mathbf{0}$ 이면, (*) 에 의하여

$$b_0 w + b_1 T(w) + \cdots + b_{m-1} T^{m-1}(w) = \mathbf{0}$$

이고 $w, T(w), \cdots, T^{m-1}(w)$ 는 일차독립이므로 $b_0 = b_1 = \cdots = b_{m-1} = 0$ 이고 따라서 $g(x) = h(x)\, p_w(x)$ 이므로 $p_w(x) \mid g(x)$ 이다.

역으로, 적당한 다항식 $h(x) \in F[x]$ 에 대하여 $g(x) = h(x)p_w(x)$ 이라고 하면, $g(T) = h(T) \circ p_w(T)$ 이므로

$$g(T)(w) = h(T)(p_w(T)(w)) = h(T)(\mathbf{0}) = \mathbf{0}$$

이고, 따라서 (iii) 가 성립한다.

또, 다항식 $q(x) \in F[x]$ 가 세 조건 (i), (ii), (iii) 를 만족시킨다면,

$$p_w(x) \mid q(x), \quad q(x) \mid p_w(x)$$

이고 $q(x)$, $p_w(x)$ 는 모닉 다항식이므로 $q(x) = p_w(x)$ 이다.

보기 10.2.1 벡터공간 $\mathbb{R}^3$ 위에서 선형변환

$$T: \mathbb{R}^3 \longrightarrow \mathbb{R}^3, \quad T(x_1, x_2, x_3) = (-x_2 + x_3, x_1 + x_3, 3x_3)$$

와 벡터 $w = e_1 = (1,0,0)$ 에 대하여 다음이 성립한다.

$$\begin{aligned} w &= (1,0,0), \\ T(w) &= (0,1,0), \\ T^2(w) &= T(T(w)) = T(0,1,0) = (-1,0,0) = -w \end{aligned}$$

그런데, 두 벡터 w, $T(w)$ 는 일차독립이고 $w + T^2(w) = \mathbf{0}$ 이므로

$$\begin{aligned} \mathbf{C}_w = \langle w, T(w) \rangle &= \langle (1,0,0), (0,1,0) \rangle \\ &= \{(a,b,0) \mid a, b \in \mathbb{R}\} \end{aligned}$$

이고, 벡터 w 의 T-최소다항식은 $p_w(x) = 1 + x^2$ 이다.

보기 10.2.2 체 F 위의 n 차원 벡터공간 V 에서 선형변환 $T \in \mathrm{End}_F(V)$ 에 대하여 $\lambda \in F$ 가 T 의 고유치일 때, $w \in V$ 를 λ 에 대응하는 T 의 고유벡터라고 하면, $w \neq \mathbf{0}$ 이고

$$T(w) = \lambda w \ \text{즉} \ -\lambda w + T(w) = \mathbf{0}$$

이므로

$$\mathbf{C}_w = \langle w \rangle = \{tw \mid t \in F\}$$

이고 또 w 의 T-최소다항식은 $p_w(x) = -\lambda + x$ 이다.

정리 10.2.4 체 F 위의 n차원 벡터공간 V에서 선형변환 $T \in \mathrm{End}_F(V)$과 벡터 $w \in V$, $w \neq \mathbf{0}$에 대하여 $W = \mathbf{C}_w$이라 하고

$$p_w(x) = a_0 + a_1 x + \cdots + a_{m-1}x^{m-1} + x^m$$

를 w의 T-최소다항식이라고 하면 다음이 성립한다.

(1) 부분공간 W의 기저 $\mathscr{C} = \{w, T(w), \cdots, T^{m-1}(w)\}$에 관한 선형변환 $T_W : W \longrightarrow W$의 행렬 $[T_W]_{\mathscr{C}}$는 $p_w(x)$의 동반행렬과 같다(정리 6.4.2). 즉

$$[T_W]_{\mathscr{C}} = \begin{bmatrix} 0 & 0 & \cdots & 0 & -a_0 \\ 1 & 0 & \cdots & 0 & -a_1 \\ 0 & 1 & \cdots & 0 & -a_2 \\ \vdots & \vdots & \ddots & \vdots & \vdots \\ 0 & 0 & \cdots & 1 & -a_{m-1} \end{bmatrix}$$

(2) 선형변환 $T_W : W \longrightarrow W$의 고유다항식은 $p_w(x)$이다.

(3) 다항식 $f(x)$를 T의 고유다항식이면, $p_w(x) \mid f(x)$이다.

특히, $V = \mathbf{C}_w$이면, $f(x) = p_w(x)$이다.

증 명 부분공간 는 T-불변 부분공간이므로 선형변환 $T_W : W \longrightarrow W$가 정의되고, $\mathscr{C} = \{w, T(w), \cdots, T^{m-1}(w)\}$에 대하여 다음이 성립한다.

$$\begin{aligned} T_W(w) &= T(w) &&= T(w) \\ T_W(T(w)) &= T^2(w) &&= T^2(w) \\ &\vdots \\ T_W(T^{m-2}(w)) &= T^{m-1}(w) &&= T^{m-1}(w) \\ T_W(T^{m-1}(w)) &= T^m(w) &&= -a_0 w - a_1 T(w) - \cdots - a_{m-1}T^{m-1}(w) \end{aligned}$$

따라서 행렬 $[T_W]_{\mathscr{C}}$는 $p_w(x)$의 동반행렬이므로 그 고유다항식은 $p_w(x)$이다(정리 6.4.2). 그러므로, T_W의 고유다항식은 $p_w(x)$이고, 또 $f(x)$를 T의 고유다항식이라고 하면 $p_w(x) \mid f(x)$이다(정리 10.1.4).

특히, $V = \mathbf{C}_w$이면, 두 다항식 $p_w(x)$, $f(x)$는 n차의 다항식이고 따라서 $p_w(x) = f(x)$이다.

보기 10.2.3 다음과 같이 정의된 선형변환 $T: \mathbb{R}^3 \longrightarrow \mathbb{R}^3$ 를 생각해 보자.

$$T(x_1, x_2, x_3) = (3x_1 - 2x_2,\ -x_1 + 3x_2 - x_3,\ -5x_1 + 7x_2 - x_3)$$

벡터 $w = (0,0,1)$ 에 대하여 세 벡터

$$w = (0,0,1),\quad T(w) = (0,-1,-1),\quad T^2(w) = (2,-2,-6)$$

는 일차독립이다. 그런데, 벡터공간 $\mathbb{R}^3$ 는 3 차원 벡터공간이므로

$$\mathbb{R}^3 = \langle w,\ T(w),\ T^2(w) \rangle = \mathbf{C}_w$$

이고 따라서 벡터공간 $\mathbb{R}^3$ 은 $\mathscr{C} = \{w, T(w), T^2(w)\}$ 를 기저로 가지는 T-순환 벡터공간이다. 한편,

$$T^3(w) = (10,-2,-18) = 4w - 8T(w) + 5T^2(w)$$

이므로 w 의 T-최소다항식은

$$p_w(x) = -4 + 8x - 5x^2 + x^3$$

이고 행렬

$$[T]_{\mathscr{C}} = \begin{bmatrix} 0 & 0 & 4 \\ 1 & 0 & -8 \\ 0 & 1 & 5 \end{bmatrix}$$

는 $p_w(x)$ 의 동반행렬이고 따라서 행렬 $[T]_{\mathscr{C}}$ 와 선형변환 T 의 고유다항식은 $p_w(x)$ 이다(정리 6.4.2).

정리 10.2.5 (Cayley-Hamilton 의 정리) 체 F 위의 n 차원 벡터공간 V 에서 선형변환 $T \in \mathrm{End}_F(V)$ 에 대하여 T 의 고유다항식이

$$f(x) = x^n + a_{n-1}x^{n-1} + \cdots + a_1 x + a_0$$

일 때, 다음이 성립한다.

$$f(T) = T^n + a_{n-1}T^{n-1} + \cdots + a_1 T + a_0 1_V = 0_V$$

증 명 분명히 $f(T)(\mathbf{0}) = \mathbf{0}$ 이다. 그리고, 임의의 벡터 $w \in V$, $w \neq \mathbf{0}$ 에 대하여 $p_w(x)$ 를 w 의 T-최소다항식이라고 하면, 정리 10.2.4 에 의하여 $p_w(x) \mid f(x)$ 이므로 $f(x) = h(x)\, p_w(x)$ 인 다항식 $h(x)$ 가 존재한다.

이 때, $f(T) = h(T)p_w(T)$ 이므로 다음 등식이 성립한다.

$$f(T)(w) = h(T)(p_w(T)(w)) = h(T)(\mathbf{0}) = \mathbf{0}$$

따라서 모든 $w \in V$ 에 대하여 $f(T)(w) = \mathbf{0}$ 이므로 $f(T) = 0_V$ 이다.

정리 10.2.6 (Cayley-Hamilton 의 정리) 체 F 위의 n 차의 행렬 A 에 대하여 A 의 고유다항식이

$$f(x) = x^n + a_{n-1}x^{n-1} + \cdots + a_1 x + a_0$$

일 때, $f(A) = O_n$ 이다. 즉,

$$f(A) = A^n + a_{n-1}A^{n-1} + \cdots + a_1 A + a_0 I_n = O_n$$

증 명 선형변환 $L_A : F^n \longrightarrow F^n$ 의 고유다항식은 A 의 고유다항식 $f(x)$ 와 일치하므로 정리 10.2.5 에 의하여 $f(L_A) = 0_{F^n}$ 이다.

한편, 벡터공간 F^n 의 표준기저 $\mathscr{B} = \{e_1, \cdots, e_n\}$ 에 대하여 $[L_A]_{\mathscr{B}} = A$ 이므로 $f(A) = [f(L_A)]_{\mathscr{B}} = O_n$ 이다(보기 6.1.3, 정리 9.2.1).

케일리(Arthur Cayley, 1821 ~ 1895) 는 잉글랜드의 수학자이고 또 해밀턴(Willliam Rowan Hamiton, 1805 ~ 1865)은 아일랜드의 수학자이다.

보기 10.2.4 체 F 위의 2 차의 행렬

$$A = \begin{bmatrix} a & b \\ c & d \end{bmatrix}$$

의 고유다항식은 $f(x) = x^2 - (a+d)x + (ad-bc)$ 이고 $f(A) = O_2$ 이다.

실제로, 다음이 성립한다.

$$\begin{aligned} f(A) &= A^2 - (a+d)A + (ad-bc)I_2 \\ &= A(A - (a+d)I_2) + (ad-bc)I_2 \\ &= \begin{bmatrix} a & b \\ c & d \end{bmatrix}\begin{bmatrix} -d & b \\ c & -a \end{bmatrix} + (ad-bc)I_2 = O_2 \end{aligned}$$

멱영행렬과 멱영 선형변환에 대해서는 정의 6.3.5 와 정의 9.5.6 을 참조하기 바란다.

정리 10.2.7 체 F 위의 n 차원 벡터공간 V 에서 $T \in \mathrm{End}_F(V)$ 가 지수 $m\ (\geq 1)$ 인 멱영 선형변환일 때, $w \in V$ 를 $T^{m-1}(w) \neq \mathbf{0}$, $T^m(w) = \mathbf{0}$ 인 벡터라고 하면 다음이 성립한다.

(1) $w, T(w), \cdots, T^{m-1}(w)$ 는 일차독립이고, 따라서

$$\mathbf{C}_w = \langle w, T(w), \cdots, T^{m-1}(w) \rangle$$

이고 $\mathbf{C}_w$ 는 $\mathscr{C} = \{w, T(w), \cdots, T^{m-1}(w)\}$ 를 기저로 가지는 T-불변 부분공간이다.

(2) $p_w(x) = x^m,\ \ 1 \leq m \leq n,\ \ T^m = 0_V,\ \ \ T^n = 0_V$

(3) 0 은 T 의 고유치이고 또 T 의 고유치는 0 뿐이다.

그리고, 벡터 $w, T(w), \cdots, T^{m-1}(w)$ 중에서 고유치 0 에 대응하는 고유벡터는 $T^{m-1}(w)$ 뿐이다.

(4) $W = \mathbf{C}_w$ 일 때, 선형변환 $T_W : W \longrightarrow W$ 의 기저 $\mathscr{C}$ 에 관한 행렬 $[T_W]_{\mathscr{C}}$ 는 $p_w(x)$ 의 동반행렬이다(정의 6.3.7). 즉,

$$[T_W]_{\mathscr{C}} = \begin{bmatrix} 0 & 0 & \cdots & 0 & 0 \\ 1 & 0 & \cdots & 0 & 0 \\ 0 & 1 & \cdots & 0 & 0 \\ \vdots & \vdots & \ddots & \vdots & \vdots \\ 0 & 0 & \cdots & 1 & 0 \end{bmatrix}_{m \times m}$$

특히, 선형변환 T 가 지수 n 인 멱영 선형변환이면, $V = \mathbf{C}_w$ 이고 $\mathscr{C}$ 는 V 의 기저이며 $[T]_{\mathscr{C}}$ 는 위와 같은 꼴의 n 차의 행렬이고 T 의 고유다항식은 $f(x) = p_w(x) = x^n$ 이다.

증 명 먼저 $T^{m-1} \neq 0_V$, $T^m = 0_V$ 이므로 $T^{m-1}(w) \neq \mathbf{0}$, $T^m(w) = \mathbf{0}$ 인 벡터 $w \in V$, $w \neq \mathbf{0}$ 가 존재한다(여기서, $T^0 = 1_V$).

(1) 벡터 $w, T(w), \cdots, T^{m-1}(w)$ 가 일차독립임을 밝히기 위하여

$$a_0 w + a_1 T(w) + \cdots + a_{m-1} T^{m-1}(w) = \mathbf{0} \qquad (a_0, \cdots, a_{m-1} \in F)$$

이라고 가정하자. 이 때, 위의 등식의 양변에 있는 벡터의 T^{m-1}에 의한 상을 생각하면, $T^m(w) = T^{m+1}(w) = \cdots = \mathbf{0}$ 이므로

$$a_0 T^{m-1}(w) = \mathbf{0}, \quad T^{m-1}(w) \neq \mathbf{0}$$

이고 따라서 $a_0 = 0$ 이므로 위의 등식에 의하여 다음이 성립한다.

$$a_1 T(w) + \cdots + a_{m-1} T^{m-1}(w) = \mathbf{0}$$

이와 같은 논법을 되풀이하면,

$$a_0 = a_1 = \cdots = a_{m-1} = 0$$

을 얻으므로 $w, T(w), \cdots, T^{m-1}(w)$ 는 일차독립이다.

따라서 정리 10.2.3 에 의하여 (1) 이 성립한다.

(2) $T^{m-1}(w) \neq \mathbf{0}$, $T^m(w) = \mathbf{0}$ 이므로

$$p_w(x) = x^m$$

이고 따라서 $1 \leq m \leq n$ 이다(정리 10.2.3 참조).

그리고, $T^m = 0_V$ 이고 $m \leq n$ 이므로 $T^n = 0_V$ 이다.

(3) 먼저 $\lambda \in F$를 T의 고유치라 하고 벡터 $u \in V$를 λ에 대응하는 T의 고유벡터라고 하면, 정리 9.4.8 에 의하여

$$\mathbf{0} = T^m(u) = \lambda^m u, \qquad u \neq \mathbf{0}$$

이므로 $\lambda^m = 0$ 이고 따라서 $\lambda = 0$ 이다. 또,

$$T(T^{m-1}(w)) = T^m(w) = \mathbf{0}, \qquad T^{m-1}(w) \neq \mathbf{0}$$

이므로 0 은 T의 고유치이다. 그러므로, T의 고유치는 0 뿐이다. 그리고,

$$T(T^i(w)) = T^{i+1}(w) \neq \mathbf{0} \qquad (1 \leq i < m-1)$$

이므로 벡터 $w, T(w), \cdots, T^{m-1}(w)$ 중에서 고유치 0 에 대응하는 고유벡터는 $T^{m-1}(w)$ 뿐이다.

(4) $W = \mathbf{C}_w$ 일 때, 정리 10.2.4 에 의하여 $T_W : W \longrightarrow W$ 의 기저 $\mathscr{C}$ 에 관한 행렬 $[T_W]_{\mathscr{C}}$ 는 $p_w(x) = x^m$ 의 동반행렬과 일치한다(정리 6.4.2).

정리 10.2.7 과 정리 6.4.7 에 의하여 다음 따름정리가 성립한다.

따름정리 10.2.8 체 F 위의 n차의 행렬 A가 지수 m인 멱영행렬일 때, 다음이 성립한다.

(1) $A^m = O_n, \quad 1 \le m \le n, \quad A^n = O_n$

(2) 0 은 A의 고유치이고 또 A의 고유치는 0 뿐이다.

특히, A가 지수 n인 멱영행렬이면, 적당한 정칙행렬 P에 대하여

$$P^{-1}AP = \begin{bmatrix} 0 & 0 & \cdots & 0 & 0 \\ 1 & 0 & \cdots & 0 & 0 \\ 0 & 1 & \cdots & 0 & 0 \\ \vdots & \vdots & \ddots & \vdots & \vdots \\ 0 & 0 & \cdots & 1 & 0 \end{bmatrix}$$

이고 또 A의 고유다항식은 $f(x) = x^n$ 이다.

보기 10.2.5 체 F 위에서

$$A = \begin{bmatrix} 0 & 0 & 0 \\ 1 & 0 & 0 \\ 0 & 1 & 0 \end{bmatrix}, \qquad B = \begin{bmatrix} 0 & 0 & 0 \\ 1 & 0 & 0 \\ 0 & 0 & 0 \end{bmatrix}$$

이라고 할 때, A는 지수 3 인 멱영행렬이고 B는 지수 2 인 멱영행렬이다.

그리고, 이 두 행렬의 고유다항식은 모두 $f(x) = x^3$ 이다.

이 사실로부터 체 F 위의 6 차의 행렬

$$C = \left[\begin{array}{ccc:ccc} 0 & 0 & 0 & 0 & 0 & 0 \\ 1 & 0 & 0 & 0 & 0 & 0 \\ 0 & 1 & 0 & 0 & 0 & 0 \\ \hdashline 0 & 0 & 0 & 0 & 0 & 0 \\ 0 & 0 & 0 & 1 & 0 & 0 \\ 0 & 0 & 0 & 0 & 1 & 0 \end{array}\right], \qquad D = \left[\begin{array}{ccc:cc:c} 0 & 0 & 0 & 0 & 0 & 0 \\ 1 & 0 & 0 & 0 & 0 & 0 \\ 0 & 1 & 0 & 0 & 0 & 0 \\ \hdashline 0 & 0 & 0 & 0 & 0 & 0 \\ 0 & 0 & 0 & 1 & 0 & 0 \\ \hdashline 0 & 0 & 0 & 0 & 0 & 0 \end{array}\right]$$

가 모두 지수 3 인 멱영행렬이고 그 고유다항식은 모두 $f(x) = x^6$ 임을 알 수 있다.

연 습 문 제 (10.2)

1. 선형변환 $T: \mathbb{R}^3 \longrightarrow \mathbb{R}^3$ 가 다음과 같이 정의된다고 하자.

$$T(x_1, x_2, x_3) = (3x_1 - 2x_2,\ -x_1 + 3x_2 - x_3,\ -5x_1 + 7x_2 - x_3)$$

이 때, $w = (1,1,0)$ 에 대하여

$$\mathbf{C}_w = \langle w, T(w), T^2(w) \rangle = \mathbb{R}^3$$

임을 증명하고, w 의 T-최소다항식 $p_w(x)$ 와 T 의 고유다항식을 구하여라.

2. 벡터공간 $\mathbb{R}_3[x]$ 위의 선형변환

$$T: \mathbb{R}_3[x] \longrightarrow \mathbb{R}_3[x], \quad T(f(x)) = f'(x)$$

에 대하여 $f(x) = x^2$ 에 의하여 생성된 T-순환 부분공간을 구하여라.

3. 실수체 $\mathbb{R}$ 위의 행렬

$$A = \begin{bmatrix} 1 & 0 & 1 \\ 3 & 2 & 4 \\ 1 & 0 & 1 \end{bmatrix}$$

와 다음과 같은 다항식 $g(x)$ 에 대하여 $B = g(A)$ 를 구하고 또 선형변환 $L_B: \mathbb{R}^3 \longrightarrow \mathbb{R}^3$ 의 핵 $\ker L_B$ 를 구하여라.

(1) $g(x) = x-2$ (2) $g(x) = (x-2)^2$ (3) $g(x) = x(x-2)$

4. 다음 선형변환은 지수 n 인 멱영 선형변환임을 밝혀라.

$$T: \mathbb{R}_n[x] \longrightarrow \mathbb{R}_n[x], \quad T(f(x)) = f'(x)$$

5. 체 F 위의 n 차원 벡터공간 V 에서 선형변환 $T \in \mathrm{End}_F(V)$ 에 대하여 벡터 $w \in V$, $w \neq \mathbf{0}$ 에 의하여 생성된 T-순환 부분공간 $\mathbf{C}_w$ 가 1 차원 부분공간이면 w 는 T 의 고유벡터임을 밝혀라.

6. 체 F 위의 2 차원 벡터공간 V 위에서 $T: V \longrightarrow V$ 가 선형변환이면, 적당한 $\lambda \in F$ 에 대하여 $T = \lambda 1_V$ 이거나 또는 V 는 T-순환 벡터공간임을 밝혀라.

§ 10.3 최소다항식과 고유다항식

먼저 이 절에서 필요한 다항식에 관한 사항을 소개한다(§ 1.3 참조).

정의 10.3.1 체 F 위의 다항식 $f_1(x), \cdots, f_n(x)$ 에 대하여 다음 두 조건을 만족시키는 다항식 $d(x) \in F[x]$ 를 이들 다항식의 **최대공약수**(最大公約數, greast common divisor)라 하고, 이것을 $\gcd\{f_1(x), \cdots, f_n(x)\}$ 로 나타낸다.

(i) $d(x) \mid f_1(x), \cdots, d(x) \mid f_n(x)$

즉, $d(x)$ 는 $f_1(x), \cdots, f_n(x)$ 의 공약수(公約數)이다.

(ii) $e(x) \mid f_1(x), \cdots, e(x) \mid f_n(x)$ 이면, $e(x) \mid d(x)$ 이다.

즉, $f_1(x), \cdots, f_n(x)$ 의 공약수는 모두 $d(x)$ 의 약수이다.

정의 10.3.2 체 F 위의 다항식 $f_1(x), \cdots, f_n(x)$ 에 대하여 다음 두 조건을 만족시키는 다항식 $l(x) \in F[x]$ 를 이들 다항식의 **최소공배수**(最小公倍數, least common multiple)라 하고 이것을 $\mathrm{lcm}\{f_1(x), \cdots, f_n(x)\}$ 로 나타낸다.

(i) $f_1(x) \mid l(x), \cdots, f_n(x) \mid l(x)$

즉, $l(x)$ 는 $f_1(x), \cdots, f_n(x)$ 의 공배수(公倍數)이다.

(ii) $f_1(x) \mid c(x), \cdots, f_n(x) \mid c(x)$ 이면, $l(x) \mid c(x)$ 이다.

즉, $f_1(x), \cdots, f_n(x)$ 의 공배수는 모두 $l(x)$ 의 배수이다.

다항식 $f_1(x), \cdots, f_n(x)$ 가 모두 영다항식이 아닌 경우에 이들 다항식의 최대공약수와 최소공배수는 모닉 다항식이라고 생각한다(정의 1.3.2).

다항식 $f_1(x), \cdots, f_n(x)$ 의 최대공약수가 1 일 때 이들 다항식은 **서로 소**라고 한다. 다음 정리의 증명은 생략하기로 한다([1], 정리 4.2.4 참조).

정리 10.3.3 체 F 위의 다항식 $f_1(x), \cdots, f_n(x)$ 에 대하여 다음이 성립한다.

(1) 다항식 $d(x)$ 가 이들 다항식의 최대약수이면, 체 F 위의 적당한 다항식 $s_1(x), \cdots, s_n(x)$ 에 대하여 다음과 같은 꼴로 나타내어진다.

$$d(x) = f_1(x)\,s_1(x) + \cdots + f_n(x)\,s_n(x)$$

(2) 다항식 $f_1(x), \cdots, f_r(x)$ 가 서로 소이기 위한 필요충분조건은 다음과 같은 체 F 위의 다항식 $s_1(x), \cdots, s_n(x)$ 가 존재하는 것이다.

$$f_1(x)\,s_1(x) + \cdots + f_n(x)\,s_n(x) = 1$$

정의 10.3.4 체 F 위의 다항식 $f(x) \in F[x]$, $\deg f(x) \geq 1$ 에 대하여

$$f(x) = g(x)\,h(x),$$

$$1 \leq \deg g(x) < \deg f(x), \quad 1 \leq \deg h(x) < \deg f(x)$$

인 다항식 $g(x), h(x) \in F[x]$ 가 존재하지 않을 때, $f(x)$ 를 체 F 위의 **기약다항식**(旣約多項式, irreible polynomial)이라고 한다.

정리 10.3.5 체 F 위의 모닉 다항식 $f(x) \in F[x]$, $\deg f(x) \geq 1$ 에 대하여 $q_1(x), \cdots, q_r(x)$ 를 다항식 $f(x)$ 의 서로 다른 모닉 기약인수(旣約因數, 기약다항식인 인수) 전체라고 하면, $f(x)$ 는 다음과 같이 인수분해된다.

$$f(x) = q_1(x)^{n_1} \cdots q_r(x)^{n_r} \qquad (n_i \geq 1)$$

위와 같은 분해를 $f(x)$ 의 **표준분해**(標準分解, standard decomposition)라고 한다.

정리 10.3.6 체 F 위의 n 차의 행렬 A 에 대하여, 다음 세 조건을 만족시키는 체 F 위의 다항식 $p(x)$ 가 단 하나 존재한다.

(i) $p(x)$ 는 모닉 다항식이고 $\deg p(x) \geq 1$ 이다.

(ii) $p(A) = O_n$

(iii) 다항식 $g(x) \in F[x]$ 에 대하여 $g(A) = O_n$ 이면, $p(x) \mid g(x)$ 이다.

이러한 다항식 $p(x)$ 를 A 의 **최소다항식**(最小多項式, minimum polynomial) 이라고 한다.

증 명 체 F 위의 벡터공간 $\mathrm{Mat}_n(F)$ 는 n^2 차원 벡터공간이다.

따라서 정리 4.4.8 에 의하여 n^2+1 개의 행렬 $I_n, A, A^2, \cdots, A^{n^2}$ 은 일차종속이므로 적어도 하나는 0 이 아닌 $a_0, a_1, \cdots, a_{n^2} \in F$ 에 대하여

$$a_0 I_n + a_1 A + a_2 A^2 + \cdots + a_{n^2} A^{n^2} = O_n$$

이고, 따라서 $k(x) = a_0 + a_1 x + a_2 x^2 + \cdots + a_{n^2} x^{n^2}$ 이라고 하면, $k(x)$ 는 영다항식이 아니고 $k(A) = O_n$ 이다.

따라서 두 조건 (i), (ii) 를 만족시키는 다항식은 존재한다.

이와 같은 다항식 중에서 그 차수가 가장 작은 다항식을 $p(x)$ 라 하고 그 차수를 m (≥ 1) 이라고 하자.

이 때, $p(A) = O_n$ 이다. 그리고, 적당한 다항식 $h(x) \in F[x]$ 에 대하여 $g(x) = h(x)\,p(x)$ 이면, 다음 등식이 성립한다.

$$g(A) = h(A)\,p(A) = h(A)\,O_n = O_n$$

역으로, 다항식 $g(x) \in F[x]$ 에 대하여 $g(A) = O_n$ 일 때,

$$g(x) = h(x)\,p(x) + r(x),$$

$$r(x) \text{ 는 영다항식 또는 } 0 \leq \deg\, r(x) < m$$

이라고 하자(정리 1.3.4). 이 때,

$$\begin{aligned} O_n = g(A) &= h(A)\,p(A) + r(A) \\ &= h(A)\,O_n + r(A) = r(A) \end{aligned}$$

이므로 $r(x)$ 는 영다항식이고 $p(x) \mid g(x)$ 이다. 따라서 (iii) 가 성립한다.

또, 다항식 $p(x),\ q(x) \in F[x]$ 가 세 조건 (i), (ii), (iii) 를 만족시킨다면,

$$p(x) \mid q(x), \qquad q(x) \mid p(x)$$

이고 $p(x),\ q(x)$ 의 최고차 항의 계수가 1 이므로 $q(x) = p(x)$ 이다.

체 F 위의 벡터공간 V 가 n 차원 벡터공간일 때, V 위의 선형변환 전체로 이루어진 벡터공간 $\mathrm{End}_F(V)$ 는 $\mathrm{Mat}_n(F)$ 과 동형이고 따라서 n^2 차원 벡터공간이다(정리 9.2.1).

그러므로, 정리 10.3.6 의 증명과 마찬가지 방법으로 다음을 증명할 수 있다.

정리 10.3.7 체 F 위의 n 차원 벡터공간 V 에서 $T \in \mathrm{End}_F(V)$ 라고 할 때, 다음 세 조건을 만족시키는 체 F 위의 다항식 $p(x)$ 가 단 하나 존재한다.

(i) $p(x)$ 는 모닉 다항식이고 $\deg p(x) \geq 1$ 이다.

(ii) $p(T) = 0_V$

(iii) 다항식 $g(x) \in F[x]$ 에 대하여 $g(T) = 0_V$ 이면 $p(x) \mid g(x)$ 이다.

이러한 다항식 $p(x)$ 를 선형변환 T 의 **최소다항식**이라고 한다.

보기 10.3.1 체 F 위의 n 차의 행렬 A 가 멱등행렬이라고 하자(정의 6.5.1). 이 때, $g(x) = x^2 - x$ 이라고 하면, $g(A) = A^2 - A = O_n$ 이므로 $p(x)$ 를 A 의 최소다항식이라고 할 때 $p(x) \mid x(x-1)$ 이고 따라서 다음 중에서 하나가 성립한다.

(1) $p(x) = x$ 인 경우 : $A = O_n$

(2) $p(x) = x-1$ 인 경우 : $A - I_n = O$ 즉 $A = I_n$

(3) $p(x) = x^2 - x$ 인 경우 : $A \neq O_n$, $A \neq I_n$, $A^2 = A$

마찬가지로, n 차원 벡터공간 V 에서 $T \in \mathrm{End}_F(V)$ 가 사영일 때, $p(x)$ 를 T 의 최소다항식이라고 하면 위에서와 유사한 결과가 성립한다.

보기 10.3.2 체 F 위의 n 차원 벡터공간 V 위의 선형변환 $T \in \mathrm{End}_F(V)$ 가 지수 m (≥ 1) 인 멱영 선형변환일 때, $p(x)$ 를 T 의 최소다항식이라고 하면 다음이 성립한다(정의 9.5.6, 정리 10.2.7).

$$p(x) = x^m, \quad 1 \leq m \leq n, \quad T^m = 0_V, \quad T^n = 0_V$$

또, 체 F 위의 n 차의 행렬 A 가 지수 $m\ (\geq 1)$ 인 멱영행렬일 때, $p(x)$ 를 A 의 최소다항식이라고 하면 다음이 성립한다(정의 6.3.5, 따름정리 10.2.8).

$$p(x) = x^m,\ 1 \leq m \leq n,\ A^n = O_n$$

정리 10.3.8 체 F 위의 n 차원 벡터공간 V 에서 $T \in \mathrm{End}_F(V)$ 에 대하여 $f(x)$, $p(x)$ 를 각각 T 의 고유다항식, 최소다항식이라 하고 $w \in V,\ w \neq \mathbf{0}$ 에 대하여 $p_w(x)$ 를 w 의 T-최소다항식이라 하고 하면 다음이 성립한다.

$$p(x) \mid f(x), \quad 1 \leq \deg p(x) \leq \deg f(x) = n$$
$$p_w(x) \mid p(x), \quad 1 \leq \deg p_w(x) \leq \deg p(x)$$

특히, $V = \mathbf{C}_w$ 이면, $p_w(x) = p(x) = f(x)$ 이다.

증 명 Cayley-Hamilton 의 정리(정리 10.2.5) 에 의하여 $f(T) = 0_V$ 이므로 $p(x) \mid f(x)$ 이고 따라서 $1 \leq \deg p(x) \leq \deg f(x) = n$ 이다(정리 10.3.7). 그리고, $p(T) = 0_V$ 이므로 벡터 $w \in V,\ w \neq \mathbf{0}$ 에 대하여 $p(T)(w) = \mathbf{0}$ 이고, 따라서 다음이 성립한다(정리 10.2.3.).

$$p_w(x) \mid p(x), \quad 1 \leq \deg p_w(x) \leq \deg p(x)$$

특히, $V = \mathbf{C}_w$ 이면, 정리 10.2.4 에 의하여 $p_w(x) = f(x)$ 이고 $p(x) \mid f(x)$ 이므로 $p_w(x) = p(x) = f(x)$ 이다.

정리 10.3.9 체 F 위의 n 차의 행렬 A 에 대하여 $f(x)$, $p(x)$ 를 각각 A 의 고유다항식, 최소다항식이라고 하면 다음이 성립한다.

$$p(x) \mid f(x), \quad 1 \leq \deg p(x) \leq \deg f(x) = n$$

증 명 Cayley-Hamilton 의 정리(정리 10.2.6) 에 의하여 $f(A) = O$ 이므로, $p(x) \mid f(x)$ 이다(정리 10.3.6).

따라서 $1 \leq \deg p(x) \leq \deg f(x) = n$ 이다.

보기 10.3.3 실수체 $\mathbb{R}$ 위의 행렬

$$A = \begin{bmatrix} 1 & 2 \\ 3 & 4 \end{bmatrix}$$

의 고유다항식은 $f(x) = x^2 - 5x - 2$ 이다. 이제 $p(x)$ 를 A 의 최소다항식이라고 하면, $p(x) \mid f(x)$ 이다. 또, 모든 실수 a 에 대하여 $A - aI_2 \neq O_2$ 이므로 $p(x) \neq x - a$ 이고 따라서 $p(x) = f(x)$ 이다.

정리 10.3.10 체 F 위의 n 차원 벡터공간 V 에서 $T \in \mathrm{End}_F(V)$ 에 대하여 $W\ (\neq \{\mathbf{0}\})$ 를 V 의 T-불변 부분공간이라 하고 또 $T_W : W \longrightarrow W$ 를 T 에 의하여 유도된 W 위의 선형변환이라고 하자.

이 때, 다항식 $f(x)$, $p(x)$ 를 각각 T 의 고유다항식, 최소다항식이라 하고 $f_W(x)$, $p_W(x)$ 를 각각 T_W 의 고유다항식, 최소다항식이라고 하면 다음이 성립한다.

$$p_W(x) \mid f_W(x), \quad f_W(x) \mid f(x), \quad p_W(x) \mid p(x)$$

특히, 벡터 $w \in V$, $w \neq \mathbf{0}$ 에 대하여 $W = \mathbf{C}_w$ 일 때, $p_w(x)$ 를 w 의 T-최소다항식이라고 하면 $p_w(x) = p_W(x) = f_W(x)$ 이다.

증 명 정리 10.3.8 과 정리 10.2.4 에 의하여 다음이 성립한다.

$$p_W(x) \mid f_W(x), \qquad f_W(x) \mid f(x)$$

그리고, $p(T) = 0_V$ 이므로 모든 벡터 $w \in W$ 에 대하여

$$p(T_W)(w) = p(T)(w) = \mathbf{0}$$

이고 따라서 $p(T_W) = 0_W$ 이므로 $p_W(x) \mid p(x)$ 이다(정리 10.2.3).

특히, 벡터 $w \in V$, $w \neq \mathbf{0}$ 에 대하여 $W = \mathbf{C}_w$ 일 때, $p_w(x)$ 를 w 의 T-최소다항식이라고 하면 정리 10.2.4 에 의하여 $p_w(x) = f_W(x)$ 이고 또 $p_W(x) \mid f_W(x)$ 이므로 $p_w(x) = p_W(x) = f_W(x)$ 이다.

정리 10.3.11 체 F 위의 n 차원 벡터공간 V 위에서 $T: V \longrightarrow V$가 선형변환일 때, V의 임의의 기저 $\mathscr{B} = \{v_1, \cdots, v_n\}$에 대하여 T의 고유다항식과 최소다항식은 각각 $[T]_{\mathscr{B}}$의 고유다항식, 최소다항식과 일치한다.

증 명 이제 $A = [T]_{\mathscr{B}}$이라고 하면, T의 고유다항식과 A의 고유다항식은 일치하고(정의 9.4.4), 임의의 $g(x) \in F[x]$에 대하여 $[g(T)]_{\mathscr{B}} = g(A)$이다(정리 9.2.1,). 그리고, 정리 9.2.1에 의하여

$$g(T) = 0_V \Longleftrightarrow g(A) = O_n$$

이므로, T와 A의 최소다항식은 일치한다.

위의 정리에 의하여 다음 따름정리가 성립한다(정리 5.5.9).

따름정리 10.3.12 체 F 위의 n차의 행렬 A의 고유다항식과 최소다항식은 각각 선형변환 $L_A: F^n \longrightarrow F^n$의 고유다항식, 최소다항식과 일치한다.

정리 10.3.13 체 F 위의 n차의 행렬 A, B가 서로 닮은 행렬이면, A의 고유다항식과 최소다항식은 각각 B의 고유다항식, 최소다항식과 일치한다.

증 명 두 행렬 A, B가 서로 닮은 행렬이면, 적당한 n차의 정칙행렬 P에 대하여 $B = P^{-1}AP$이고 정리 6.2.5에 의하여 A와 고유다항식과 B의 고유다항식은 일치한다. 그리고, 모든 양의 정수 k에 대하여

$$B^k = (P^{-1}AP)^k = P^{-1}A^kP, \qquad P^{-1}I_nP = I_n$$

이므로 임의의 다항식 $g(x) = b_0 + b_1x + \cdots + b_mx^m$에 대하여

$$\begin{aligned} g(B) &= b_0I_n + b_1B + \cdots + b_mB^m \\ &= b_0P^{-1}I_nP + b_1P^{-1}AP + \cdots + b_mP^{-1}A^mP \\ &= P^{-1}(b_0I_n + b_1A + \cdots + b_mA^m)P = P^{-1}g(A)P \end{aligned}$$

이고 따라서 $g(A) = O_n \Longleftrightarrow g(B) = O_n$이다.

그러므로, A 의 최소다항식과 B 의 최소다항식은 일치한다(정리 10.3.6).

정리 10.3.14 체 F 위의 n 차의 다항식

$$f(x) = c_0 + c_1 x + \cdots + c_{n-1}x^{n-1} + x^n$$

에 대하여 A 를 $f(x)$ 의 동반행렬이라고 하면, A 의 [L_A 의] 최소다항식과 고유다항식은 모두 $f(x)$ 이다.

증 명 행렬 A 의 [L_A 의] 고유다항식은 $f(x)$ 이다(정리 6.4.2).

한편, 벡터공간 F^n 의 표준기저 $\mathscr{B} = \{e_1, e_2, \cdots, e_n\}$ 에 대하여

$$L_A(e_1) = e_2$$
$$L_A(e_2) = e_3$$
$$\vdots$$
$$L_A{}^{n-1}(e_1) = L_A(e_{n-1}) = e_n$$

$$A = \begin{bmatrix} 0 & 0 & \cdots & 0 & -c_0 \\ 1 & 0 & \cdots & 0 & -c_1 \\ 0 & 1 & \cdots & 0 & -c_2 \\ \vdots & \vdots & \ddots & \vdots & \vdots \\ 0 & 0 & \cdots & 1 & -c_{n-1} \end{bmatrix}$$

$$\begin{aligned} L_A{}^n(e_1) &= L_A(e_n) = (-c_0, -c_1, \cdots, -c_{n-1}) \\ &= -c_0 e_1 - c_1 e_2 - \cdots - c_{n-1} e_n \\ &= -c_0 e_1 - c_2 L_A(e_1) - \cdots - c_{n-1} L_A{}^{n-1}(e_1) \end{aligned}$$

이므로 $\mathbf{C}_{e_1} = \langle e_1, e_2, \cdots, e_n \rangle = F^n$ 이고 또 e_1 의 L_A-최소다항식은

$$p_{e_1}(x) = c_0 + c_1 x + \cdots + c_{n-1}x^{n-1} + x^n = f(x)$$

이므로 L_A 와 A 의 최소다항식과 고유다항식은 모두 $f(x)$ 이다(정리 10.3.8).

보기 10.3.4 실수체 $\mathbb{R}$ 위의 행렬

$$A = \begin{bmatrix} 0 & 0 & -4 \\ 1 & 0 & 3 \\ 0 & 1 & -2 \end{bmatrix}$$

의 최소다항식 $p(x)$ 와 고유다항식 $f(x)$ 는 다음과 같다.

$$p(x) = f(x) = 4 - 3x + 2x^2 + x^3$$

정리 10.3.15 체 F 위의 n 차원 벡터공간 V 에서 $\mathscr{B} = \{v_1, \cdots, v_n\}$ 가 V 의 기저일 때, 선형변환 $T : V \longrightarrow V$ 의 최소다항식을 $p(x)$ 라고 하면 $p(x)$ 는 $v_1, \cdots, v_n$ 의 T-최소다항식 $p_{v_1}(x), \cdots, p_{v_n}(x)$ 의 최소공배수과 같다. 즉,

$$p(x) = \text{lcm}\{p_{v_1}(x), \cdots, p_{v_n}(x)\}$$

증 명 이제 $l(x)$ 를 $p_{v_1}(x), \cdots, p_{v_n}(x)$ 의 최소공배수라고 하자,

이 때, 정리 10.3.8 에 의하여 $p(x)$ 는 다항식 $p_{v_1}(x), \cdots, p_{v_n}(x)$ 의 공배수이고 따라서 $p(x)$ 는 $l(x)$ 의 배수이다(정의 10.3.2).

그리고, $l(x)$ 는 $p_{v_1}(x), \cdots, p_{v_n}(x)$ 의 공배수이므로 각 i $(1 \le i \le n)$ 에 대하여 $l(x) = h_i(x)\, p_{v_i}(x)$ 인 다항식 $h_i(x) \in F[x]$ 가 존재하고 이때

$$l(T) = h_i(T) \circ p_{v_i}(T), \quad p_{v_i}(T)(v_i) = \mathbf{0}$$

이므로 $l(T)(v_i) = h_i(T)(p_{v_i}(T)(v_i)) = h_i(T)(\mathbf{0}) = \mathbf{0}$ 이다. 한편, 임의의 벡터 $v \in V$ 는

$$v = a_1 v_1 + \cdots + a_n v_n \qquad (a_1, \cdots, a_n \in F)$$

와 같은 꼴로 나타내어지고 이때

$$l(T)(v) = a_1\, l(T)(v_1) + \cdots + a_n\, l(T)(v_n) = \mathbf{0} + \cdots + \mathbf{0} = \mathbf{0}$$

이므로 $l(T) = 0_V$ 이고 따라서 $p(x) \mid l(x)$ 이다(정리 10.3.7).

그러므로, $p(x) = l(x) = \text{lcm}\{p_{v_1}(x), \cdots, p_{v_n}(x)\}$ 이다.

보기 10.3.5 실수체 $\mathbb{R}$ 위에서 다음 행렬을 생각해 보자.

$$A = \begin{bmatrix} 0 & -9 & 0 \\ 1 & 6 & 0 \\ 0 & 0 & 3 \end{bmatrix}$$

두 벡터 $e_1 = (1,0,0)$, $L_A(e_1) = (0,1,0)$ 은 일차독립이고

$$L_A{}^2(e) = (-9,6,0) = -9\,e_1 + 6\,L_A(e_1)$$

이므로 e_1 의 L_A-최소다항식은 다음과 같다.

$$p_{e_1}(x) = 9 - 6x + x^2 = (x-3)^2$$

마찬가지로, e_2, e_3 의 L_A-최소다항식은 각각

$$p_{e_2}(x) = 9 - 6x + x^2 = (x-3)^2,$$

$$p_{e_3}(x) = x - 3$$

이고 이들 세 다항식의 최소공배수는 $(x-3)^2$ 이다.

따라서 A 의 [L_A 의] 최소다항식은 $p(x) = (x-3)^2$ 이다.

한편, A 의 [L_A 의] 고유다항식 $f(x)$ 는 다음과 같다.

$$f(x) = \begin{vmatrix} x & 9 & 0 \\ -1 & x-6 & 0 \\ 0 & 0 & x-3 \end{vmatrix} = (x-3)\begin{vmatrix} x & 9 \\ -1 & x-6 \end{vmatrix}$$

$$= (x-3)(x^2-6x+9) = (x-3)^3$$

정리 10.3.16 체 F 위의 n 차원 벡터공간 V 에서 선형변환 $T \in \mathrm{End}_F(V)$ 에 대하여 $f(x)$ 와 $p(x)$ 를 각각 T 의 고유다항식, 최소다항식이라고 하면, $\lambda \in F$ 에 대하여 다음이 성립한다.

$$f(\lambda) = 0 \Longleftrightarrow p(\lambda) = 0$$

증 명 먼저 $f(\lambda) = 0$ 이라고 하자.

이 때, λ 는 T 의 고유치이므로 $w \in V$ 를 이에 대응하는 T 의 고유벡터라고 하면, 정리 9.4.8 에 의하여 $p(T)(w) = p(\lambda)w$ 이고 $p(T) = 0_V$ 이므로

$$\mathbf{0} = p(T)(w) = p(\lambda)w, \qquad w \neq \mathbf{0}$$

이고 따라서 $p(\lambda) = 0$ 이다.

역으로, $p(\lambda) = 0$ 이라고 하자. 이 때, 정리 10.3.8 에 의하여 $p(x) \mid f(x)$ 이므로 적당한 다항식 $h(x) \in F[x]$ 에 대하여 $f(x) = h(x)p(x)$ 이고 따라서 $f(\lambda) = h(\lambda)p(\lambda) = h(\lambda)0 = 0$ 이다.

정리 10.3.17 체 F 위의 n 차원 벡터공간 V 에서 선형변환 $T : V \longrightarrow V$ 에 대하여 $f(x)$, $p(x)$ 를 각각 T 의 고유다항식, 최소다항식이라고 하면 다음이 성립한다.

(1) $f(x)$ 가 서로 다른 $\lambda_1, \cdots, \lambda_r \in F$ 에 대하여

$$f(x) = (x - \lambda_1)^{n_1} \cdots (x - \lambda_r)^{n_r} \qquad (n_i \geq 1)$$

과 같이 인수분해되면, $p(x)$ 는 다음과 같을 꼴로 인수분해된다.

$$p(x) = (x - \lambda_1)^{m_1} \cdots (x - \lambda_r)^{m_r} \qquad (1 \leq m_i \leq n_i)$$

(2) T 가 n 개의 서로 다른 고유치 $\lambda_1, \cdots, \lambda_n$ 을 가지면,

$$f(x) = p(x) = (x - \lambda_1) \cdots (x - \lambda_n)$$

이고 T 는 대각화 가능한 선형변환이다.

증 명 먼저 $f(\lambda_i) = 0$ 이므로 정리 10.3.16 에 의하여 $p(\lambda_i) = 0$ 이고 따라서 $x - \lambda_i$ 는 $p(x)$ 의 인수이다(정리 1.3.6). 그런데, $\lambda_1, \cdots, \lambda_r$ 는 모두 서로 다르므로 다항식 $x - \lambda_1, \cdots, x - \lambda_r$ 는 모두 $p(x)$ 의 인수이고, 정리 10.3.8 에 의하여 $p(x) \mid f(x)$ 이므로 $p(x)$ 는 정리에서와 같은 꼴로 인수분해된다.

특히, T 가 n 개의 서로 다른 고유치 $\lambda_1, \cdots, \lambda_n$ 을 가지면,

$$f(x) = p(x) = (x - \lambda_1) \cdots (x - \lambda_n)$$

이고 따라서 T 는 대각화 가능한 선형변환이다(정리 9.5.4).

정리 10.3.16, 정리 10.3.17 에 의하여 다음이 성립한다(정리 5.5.9).

따름정리 10.3.18 체 F 위의 n 차의 행렬 A 에 대하여 $f(x)$ 와 $p(x)$ 를 각각 A 의 [L_A 의] 고유다항식, 최소다항식이라고 하면 다음이 성립한다.

(1) $\lambda \in F$ 에 대하여 $f(\lambda) = 0 \Longleftrightarrow p(\lambda) = 0$ 이다.

(2) 정리 10.3.17 에서 T 를 A 로 바꾸면, 이 정리의 (1), (2) 가 성립한다.

보기 10.3.6 실수체 $\mathbb{R}$ 위에서 다음 행렬을 생각해 보자.

$$A = \begin{bmatrix} 3 & -1 & 0 \\ 0 & 2 & 0 \\ -1 & 1 & 2 \end{bmatrix}$$

행렬 A 의 고유다항식은 $f(x) = (x-2)^2(x-3)$ 이다.

따라서 A 의 최소다항식은

$$p(x) = (x-2)^m (x-3) \qquad (1 \le m \le 2)$$

와 같은 꼴이고, 또 실제 계산에 의하여

$$(A - 2I_3)(A - 3I_3) = O_3$$

이므로, A 의 최소다항식은 $p(x) = (x-2)(x-3)$ 이다.

연 습 문 제 (10.3)

1. 벡터공간 $\mathbb{R}^2$ 위의 선형변환

$$T: \mathbb{R}^2 \longrightarrow \mathbb{R}^2, \ T(x_1, x_2) = (3x_1 - 2x_2, 7x_1 - 4x_2)$$

에 대하여 두 벡터 $e_1 = (1,0)$, $e_2 = (0,1)$ 에 대한 T-최소다항식을 구하고 T 의 최소다항식을 구하여라. 그리고, 임의의 벡터 $w \in \mathbb{R}^2$, $w \neq \mathbf{0}$ 에 대하여 w 의 T-최소다항식은 모두 같음을 밝혀라.

2. 다음 선형변환의 최소다항식을 구하여라.

(1) $T: \mathbb{R}^2 \longrightarrow \mathbb{R}^2, \ T(x_1, x_2) = (x_1 + x_2, x_1 - x_2)$

(2) $T: \mathbb{R}_2[x] \longrightarrow \mathbb{R}_2[x], \ T(f(x)) = f(x) + f'(x)$

3. 실수체 $\mathbb{R}$ 위에서 다음 행렬의 고유다항식과 최소다항식을 구하여라.

(1) $A = \begin{bmatrix} 1 & 0 \\ 0 & 2 \end{bmatrix}$ (2) $A = \begin{bmatrix} -3 & 1 \\ 6 & 2 \end{bmatrix}$

4. 실수체 $\mathbb{R}$ 위에서 다음 행렬의 고유다항식과 최소다항식을 구하여라.

(1) $A = \begin{bmatrix} 3 & 2 & -1 \\ -2 & -2 & 2 \\ 3 & 6 & -1 \end{bmatrix}$ (2) $A = \begin{bmatrix} 2 & -1 & 2 \\ 2 & -1 & 1 \\ -4 & 1 & -4 \end{bmatrix}$

5. 체 F 위의 벡터공간 V 가 1 차원 벡터공간일 때, 선형변환 $T : V \longrightarrow V$ 에 대하여 다음이 성립함을 증명하여라.

(1) 모든 벡터 $w \in V$, $w \neq \mathbf{0}$ 에 대하여 $V = \mathbf{C}_w = \langle w \rangle$ 이다.

(2) T 의 최소다항식 $p(x)$ 와 고유다항식 $f(x)$ 는 적당한 $\lambda \in F$ 에 대하여 $f(x) = p(x) = x - \lambda$ 이다.

6. 벡터공간 $\mathbb{R}^2$ 위의 선형변환 T 의 최소다항식이

$$p(x) = x^2 + 4x + 5$$

일 때, 임의의 벡터 $w \in \mathbb{R}^2$, $w \neq \mathbf{0}$ 에 대하여 $\mathscr{C} = \{w, T(w)\}$ 는 벡터공간 $\mathbb{R}^2$ 의 기저임을 밝히고 또 기저 $\mathscr{C}$ 에 관한 T 의 행렬을 구하여라.

7. 복소수체 $\mathbb{C}$ 위의 n 차원 벡터공간 V 위에서 $T : V \longrightarrow V$ 가 선형변환일 때, 임의의 벡터 $v \in V$, $v \neq \mathbf{0}$ 에 대하여 v 의 T-최소다항식이 모두 서로 같으면 적당한 복소수 λ 에 대하여 $T = \lambda 1_V$ 임을 증명하여라.

8. 체 F 위의 n 차원 벡터공간 V 에서 선형변환 $T \in \mathrm{End}_F(V)$ 의 최소다항식이

$$p(x) = b_0 + b_1 x + \cdots + b_{m-1} x^{m-1} + x^m$$

일 때, T 가 정칙 선형변환이기 위한 필요충분조건은

$$p(0) = b_0 \neq 0$$

인 것임을 증명하여라. 그리고, T 가 정칙 선형변환인 경우에

$$T^{-1} = -b_0^{-1}(T^{m-1} + b_{m-1}T^{m-2} + \cdots + b_1 1_V)$$

임을 증명하여라.

§10.4 분해 정리

이 절에서는, 유한차원 벡터공간 V 위의 선형변환 T에 대하여 V가 T-불변 부분공간의 직합으로 분해되는 경우에 대하여 논한다(§9.6 참조).

정의 10.4.1 체 F 위의 n차의 행렬 A가

$$A = \begin{bmatrix} A_1 & O & \cdots & O \\ O & A_2 & \cdots & O \\ \vdots & \vdots & \ddots & \vdots \\ O & O & \cdots & A_r \end{bmatrix}$$

와 같이 n_i차의 행렬 A_i들로 분해될 때, A를 다음과 같이 나타낸다.

$$A = \text{diag}\{A_1, \cdots, A_r\} \text{ 또는 } A = A_1 \oplus \cdots \oplus A_r$$

정리 10.4.2 체 F 위의 n차원 벡터공간 V에서 $T \in \text{End}_F(V)$에 대하여 다음과 같은 V의 T-불변 부분공간 $W_1, \cdots, W_r$가 존재한다고 하자.

$$V = W_1 \oplus \cdots \oplus W_r, \quad 1 \leq \dim_F W_i = n_i < n \ (1 \leq i \leq r)$$

이 때, 각 $i\ (1 \leq i \leq r)$에 대하여

$$T_i : W_i \longrightarrow W_i, \quad T_i(w) = T(w)$$

를 T에 의하여 유도된 W_i 위의 선형변환이라고 하면 다음이 성립한다.

(1) 각 $i\ (1 \leq i \leq r)$에 대하여 $\mathscr{C}_i = \{w_{i1}, w_{i2}, \cdots, w_{in_i}\}$를 W_i의 기저라고 하면, $\mathscr{C} = \mathscr{C}_1 \cup \cdots \cup \mathscr{C}_r$는 V의 기저이고 또 $\mathscr{C}$에 관한 T의 행렬은 다음과 같다.

$$[T]_{\mathscr{C}} = \text{diag}\{[T_1]_{\mathscr{C}_1}, \cdots, [T_r]_{\mathscr{C}_r}\}$$

(2) $T_1, \cdots, T_r$의 고유다항식이 각각 $f_1(x), \cdots, f_r(x)$일 때, T의 고유다항식 $f(x)$는 다음과 같다.

$$f(x) = f_1(x) \cdots f_r(x)$$

증 명 (1) 먼저 $V = W_1 \oplus \cdots \oplus W_r$ 이므로 각 부분공간 W_i 의 임의의 기저 $\mathscr{C}_i$ 에 대하여 $\mathscr{C} = \mathscr{C}_1 \cup \cdots \cup \mathscr{C}_r$ 는 V 의 기저이다(정리 9.4.3 참조). 그리고, 각 i $(1 \le i \le r)$ 에 대하여 $\mathscr{C}_i = \{w_{i1}, w_{i2}, \cdots, w_{in_i}\}$ 를 W_i 의 기저라고 하면, W_i 는 T-불변 부분공간이므로 $T(w_{i1}), \cdots, T(w_{in_i}) \in W_i$ 이다. 따라서 $\mathscr{C}$ 에 속해 있는 벡터들의 T 에 의한 상은 다음과 같은 꼴이다.

$$
\begin{aligned}
T(w_{11}) &= a_{11}w_{11} + a_{21}w_{12} + \cdots + a_{n_1 1}w_{1n_1} \\
T(w_{12}) &= a_{12}w_{11} + a_{22}w_{12} + \cdots + a_{n_1 2}w_{1n_1} \\
&\ \ \vdots \\
T(w_{1n_1}) &= a_{1n_1}w_{11} + a_{2n_1}w_{12} + \cdots + a_{n_1 n_1}w_{1n_1} \\
&\ \ \vdots \\
T(w_{r1}) &= \qquad\qquad c_{11}w_{r1} + c_{21}w_{r2} + \cdots + c_{n_r 1}w_{rn_r} \\
T(w_{r2}) &= \qquad\qquad c_{12}w_{r1} + c_{22}w_{r2} + \cdots + c_{n_r 2}w_{rn_r} \\
&\ \ \vdots \\
T(w_{rn_r}) &= \qquad\qquad c_{1n_s}w_{r1} + c_{2n_r}w_{r2} + \cdots + c_{n_r n_r}w_{rn_r}
\end{aligned}
$$

이 때, 선형변환 $T_i : W_i \longrightarrow W_i$ 에 대하여

$$T_i(w_{ij}) = T(w_{ij}) \qquad (1 \le i \le r,\ 1 \le j \le n_i)$$

이므로 $A_1 = [a_{ij}]_{n_1 \times n_1}, \cdots, A_r = [c_{ij}]_{n_r \times n_r}$ 이라고 하면,

$$[T]_{\mathscr{C}} = \begin{bmatrix} A_1 & O & \cdots & O \\ \vdots & \vdots & \ddots & \vdots \\ O & O & \cdots & A_r \end{bmatrix}, \qquad [T_i]_{\mathscr{C}_i} = A_i \quad (1 \le i \le r)$$

이므로 $[T]_{\mathscr{C}} = \text{diag}\,\{[T_1]_{\mathscr{C}_1}, \cdots, [T_r]_{\mathscr{C}_r}\}$ 이고 따라서 (1) 이 성립한다.

(2) 위의 (1) 에 의하여 다음이 성립한다.

$$
\begin{aligned}
f(x) = \det(xI_n - A) &= \begin{vmatrix} xI_{n_1} - A_1 & \cdots & O \\ \vdots & \ddots & \vdots \\ O & \cdots & xI_{n_r} - A_r \end{vmatrix} \\
&= \det(xI_{n_1} - A_1) \cdots \det(xI_{n_r} - A_r) = f_1(x) \cdots f_r(x)
\end{aligned}
$$

정리 10.4.3 (분해 정리, 分解 定理) 체 F 위의 n 차원 벡터공간 V에서 선형변환 $T \in \mathrm{End}_F(V)$ 의 최소다항식 $p(x)$ 의 표준분해가

$$p(x) = q_1(x)^{m_1} \cdots q_r(x)^{m_r} \qquad (m_i \geq 1)$$

일 때, 각 i $(1 \leq i \leq r)$ 에 대하여

$$W_i = \ker q_i(T)^{m_i} = \{ w \in V \mid q_i(T)^{m_i}(w) = \mathbf{0} \}$$

이라고 하면 다음이 성립한다.

(1) $V = W_1 \oplus \cdots \oplus W_r$ 이고, 각 W_i 는 V 의 T-불변 부분공간이다.

(2) 모든 양의 정수 k에 대하여 $\ker q_i(T)^k \subseteq W_i = \ker q_i(T)^{m_i}$ 이다.

(3) 각 W_i 에 대하여 $T_i : W_i \longrightarrow W_i$ 를 T 에 의하여 유도된 선형변환이라고 하면, T_i 의 최소다항식은 $q_i(x)^{m_i}$ 이다.

증 명 먼저 $p(T) = 0_V$ 이므로 $\ker p(T) = V$ 이다(정리 10.3.7).

따라서 $r = 1$ 인 경우에

$$p(x) = q_1(x)^{m_1}, \qquad W_1 = \ker q_1(T)^{m_1} = \ker p(T) = V$$

이고 또 모든 양의 정수 k에 대하여 $\ker q_1(T)^k \subseteq V = \ker q_1(T)^{m_1}$ 이고 $T_1 = T$ 이므로 정리가 성립한다.

다음에 $r \geq 2$ 인 경우에 대하여 정리가 성립함을 증명한다.

(1) 정리 10.1.3 에 의하여 각 $W_i = \ker q_i(T)^{m_i}$ 는 V 의 T-불변 부분공간이다. 이제 각 i $(1 \leq i \leq r)$ 에 대하여

$$f_i(x) = \frac{p(x)}{q_i(x)^{m_i}} = q_1(x)^{m_1} \cdots q_{i-1}(x)^{m_{i-1}} q_{i+1}(x)^{m_{i+1}} \cdots q_r(x)^{m_r}$$

이라고 하자. 이 때, $p(x) = q_i(x)^{m_i} f_i(x)$ 이므로

$$q_i(T)^{m_i} \circ f_i(T) = p(T) = 0_V$$

이고 따라서 임의의 벡터 $v \in V$ 에 대하여 다음이 성립한다.

$$q_i(T)^{m_i}(f_i(T)(v)) = p(T)(v) = \mathbf{0}$$

즉, $$f_i(T)(v) \in \ker q_i(T)^{m_i} = W_i \qquad (1 \leq i \leq r)$$

그리고, $f_1(x), \cdots, f_r(x)$ 는 분명히 서로 소이므로, 정리 10.3.3 에 의하여

$$1 = s_1(x)f_1(x) + \cdots + s_r(x)f_r(x)$$

인 다항식 $s_1(x), \cdots, s_r(x)$ 가 존재한다. 이 때, 임의의 벡터 $v \in V$ 에 대하여

$$v = s_1(T)((f_1(T)(v)) + \cdots + s_r(T)(f_r(T)(v))$$

이고 위의 증명에 의하여

$$s_1(T)(f_1(T)(v)) \in W_1, \ \cdots, \ s_r(T)(f_r(T)(v)) \in W_r$$

이므로 $v \in W_1 + \cdots + W_r$ 이고, 따라서 $V = W_1 + \cdots + W_r$ 이다.

다음에 $w_1 + \cdots + w_r = \mathbf{0}$ $(w_i \in W_i)$ 이라고 가정하자.

이 때, 각 i $(1 \le i \le r)$ 에 대하여 다음이 성립한다.

$$\begin{aligned} & f_i(T)(w_1) + \cdots + f_i(T)(w_r) \\ &= f_i(T)(w_1 + \cdots + w_r) = f_i(T)(\mathbf{0}) = \mathbf{0} \end{aligned}$$

한편, $1 \le i \ne j \le r$ 인 정수 j 에 대하여 $f_i(x) = h_i(x)q_j(x)^{m_j}$ 인 다항식 $h_i(x)$ 가 존재하고 $w_j \in W_j = \ker q_j(T)^{m_j}$ 이므로 다음이 성립한다.

$$f_i(T)(w_j) = h_i(T)(q_j(T)^{m_j}(w_j)) = h_i(T)(\mathbf{0}) = \mathbf{0}$$

이므로 위의 등식에 의하여 $f_i(T)(w_i) = \mathbf{0}$ 이다.

그리고, $f_i(x)$ 와 $q_i(x)^{m_i}$ 은 서로 소이므로 정리 10.3.3 에 의하여

$$1 = s(x)f_i(x) + t(x)\,q_i(x)^{m_i}$$

인 다항식 $s(x)$, $t(x)$ 가 존재하고 이때

$$1_V = s(T) \circ f_i(T) + t(T) \circ q_i(T)^{m_i}$$

이고 위의 증명에 의하여 $f_i(T)(w_i) = \mathbf{0}$ 이므로 다음이 성립한다.

$$\begin{aligned} w_i &= s(T)(f_i(T)(w_i)) + t(T)(q_i(T)^{m_i}(w_i)) \\ &= s(T)(\mathbf{0}) + t(T)(\mathbf{0}) = \mathbf{0} \end{aligned}$$

따라서 $w_1 + \cdots + w_r = \mathbf{0}$ $(w_i \in W_i)$ 이면, $w_1 = \cdots = w_r = \mathbf{0}$ 이다.

그러므로, 정리 9.6.4 에 의하여 $V = W_1 \oplus \cdots \oplus W_r$ 이다.

(2) 양의 정수 k에 대하여 $w \in \ker q_i(T)^k$ 이라고 하자.

이 때, $V = W_1 \oplus \cdots \oplus W_r$ 이므로 w는 단 한 가지 방법으로

$$w = w_1 + \cdots + w_r \qquad (w_i \in W_i)$$

와 같은 꼴로 나타내어지고(정리 9.4.2) 또 $q_i(T)^k(w) = \mathbf{0}$ 이므로

$$q_i(T)^k(w_1) + \cdots + q_i(T)^k(w_r) = q_i(T)^k(w) = \mathbf{0}$$

$$q_i(T)^k(w_1) \in W_1, \quad \cdots, \quad q_i(T)^k(w_r) \in W_r$$

이므로 다음이 성립한다(정리 9.6.4).

$$(*) \qquad q_i(T)^k(w_1) = \cdots = q_i(T)^k(w_r) = \mathbf{0}$$

한편, $1 \leq i \neq j \leq r$ 일 때, $q_i(x)^k$ 과 $q_j(x)^{m_j}$ 는 서로 소이므로 정리 10.3.3에 의하여

$$1 = g(x)\, q_i(x)^k + h(x)\, q_j(x)^{m_j}$$

인 다항식 $g(x),\ h(x) \in F[x]$ 가 존재하고, 이때

$$1_V = g(T) \circ q_i(T)^k + h(T) \circ q_j(T)^{m_j},$$

$$w_j \in W_j = \ker q_j(T)^{m_j}$$

이므로

$$q_j(T)^{m_j}(w_j) = \mathbf{0}$$

이고 또 (*)에 의하여 $q_i(T)^k(w_j) = \mathbf{0}$ 이므로 다음이 성립한다.

$$\begin{aligned} w_j &= g(T)(q_i(T)^k(w_j)) + h(T)(q_j(T)^{m_j}(w_j)) \\ &= g(T)(\mathbf{0}) + h(T)(\mathbf{0}) = \mathbf{0} \end{aligned}$$

따라서 $w = \mathbf{0} + \cdots + w_i + \cdots + \mathbf{0} = w_i$ 이므로 $w \in W_i$ 이다.

그러므로, 모든 양의 정수 k에 대하여 $\ker q_i(T)^k \subseteq W_i$ 이다.

(3) 각 i $(1 \leq i \leq r)$에 대하여 $p_i(x)$ 를 $T_i : W_i \longrightarrow W_i$ 의 최소다항식이라고 하자. 이 때, 임의의 $w_i \in W_i$에 대하여 $T_i(w_i) = T(w_i)$ 이므로

$$q_i(T_i)^{m_i}(w_i) = q_i(T)^{m_i}(w_i) = \mathbf{0}$$

이고, 따라서 $q_i(T_i)^{m_i} = 0_{W_i}$ 이므로 $p_i(x) \mid q_i(x)^{m_i}$ 이다(정리 10.3.7).

그런데,

$$p(x) = q_1(x)^{m_1} \cdots q_r(x)^{m_r} = q_i(x)^{m_i} f_i(x)$$

이라고 하면, 앞의 (1) 에서 증명한 바와 같이 임의의 벡터 $v \in V$ 에 대하여 $f_i(T)(v) \in W_i$ 이고 또 $p_i(x)$ 는 T_i 의 최소다항식이므로

$$\begin{aligned}(p_i(T) \circ f_i(T))(v) &= p_i(T)(f_i(T)(v)) \\ &= p_i(T_i)(f_i(T)(v)) = \mathbf{0}\end{aligned}$$

이고, 따라서 $p_i(T) \circ f_i(T) = 0_V$ 이다.

한편, T 의 최소다항식은 $p(x)$ 이므로 정리 10.3.7 에 의하여

$$p(x) \mid p_i(x) f_i(x) \quad \text{즉} \quad q_i(x)^{m_i} f_i(x) \mid p_i(x) f_i(x)$$

이고 따라서 $q_i(x)^{m_i} \mid p_i(x)$ 이다. 그러므로, $p_i(x) = q_i(x)^{m_i}$ 이다.

정리 10.4.4 체 F 위의 n 차원 벡터공간 V 에서 선형변환 $T \in \operatorname{End}_F(V)$ 에 대하여 $\lambda_1, \cdots, \lambda_r \in F$ 를 T 의 서로 다른 고유치 전체라 하고 $p(x)$ 를 T 의 최소다항식이라고 할 때, 다음 두 조건은 서로 동치이다.

(1) T 는 대각화 가능한 선형변환이다.

(2) $p(x) = (x-\lambda_1) \cdots (x-\lambda_r)$

증 명 (1) $\Longrightarrow$ (2) 선형변환 T 가 대각화 가능한 선형변환이라고 하자. 이 때, 정리 9.5.2 에 의하여 T 의 고유다항식 $f(x)$ 는

$$f(x) = (x-\lambda_1)^{n_1} \cdots (x-\lambda_r)^{n_r} \qquad (n_i \geq 1)$$

과 같이 인수분해되므로 정리 10.3.17 에 의하여 $x-\lambda_1, \cdots, x-\lambda_r$ 는 $p(x)$ 의 약수이므로 $q(x) = (x-\lambda_1) \cdots (x-\lambda_r)$ 이라고 하면 $q(x) \mid p(x)$ 이다.

그리고, 정리 9.5.3 에 의하여 벡터공간 V 에는 T 의 고유벡터로 이루어진 기저 $\mathscr{C} = \{w_1, \cdots, w_n\}$ 가 존재하고 이때 $w_i \in \mathscr{C}$ 가 고유치 λ_k 에 대응하는 T 의 고유벡터이라고 하면,

$$T(w_i) = \lambda_k w_i \quad \text{즉} \quad (T - \lambda_k 1_V)(w_i) = \mathbf{0}$$

이므로 다음이 성립한다.

$$q(T)(w_i) = ((T-\lambda_1 1_V)\circ\cdots\circ(T-\lambda_r 1_V))(w_i) = \mathbf{0}$$

그러므로, V 의 임의의 벡터

$$v = a_1 w_1 + \cdots + a_n w_n \qquad (a_1, \cdots, a_n \in F)$$

에 대하여

$$q(T)(v) = a_1 q(T)(w_1) + \cdots + a_n q(T)(w_n) = \mathbf{0}$$

이므로 $q(T) = 0_V$ 이고 따라서 $p(x) \mid q(x)$ 이다(정리 10.3.7).

그러므로, $p(x) = q(x) = (x-\lambda_1)\cdots(x-\lambda_r)$ 이다.

(2) ⟹ (1) 이제 T 의 최소다항식이 $p(x) = (x-\lambda_1)\cdots(x-\lambda_r)$ 이라고 할 때, 각 i $(1 \le i \le r)$ 에 대하여

$$\mathrm{E}_i = \ker(T - \lambda_i 1_V) = \{ w \in V \mid T(w) = \lambda_i w \}$$

이라고 하자. 이 때, 각 E_i 는 고유치 λ_i 에 대응하는 T 의 고유공간이고 또 정리 10.4.3 에 의하여 $V = \mathrm{E}_1 \oplus \cdots \oplus \mathrm{E}_r$ 이므로 정리 9.6.7 에 의하여 T 는 대각화 가능한 선형변환이다.

앞의 정리에 의하여 다음 따름정리가 성립한다.

따름정리 10.4.5 체 F 위의 n 차의 행렬 A 에 대하여 $\lambda_1, \cdots, \lambda_r \in F$ 를 A 의 서로 다른 고유치 전체라 하고 $p(x)$ 를 A 의 최소다항식이라고 할 때, 다음 두 조건은 서로 동치이다.

(1) A 는 대각화 가능한 행렬이다.

(2) $p(x) = (x-\lambda_1)\cdots(x-\lambda_r)$

보기 10.4.1 실수체 $\mathbb{R}$ 위의 2 차의 행렬 A 에 대하여 등식

$$A^2 - 3A + 2I_2 = O_2$$

가 성립한다고 하자. 이 때, $g(x) = x^2 - 3x + 2$ 이라고 하면,

$$g(x) = (x-1)(x-2)$$

이므로 $g(A) = O_2$ 이고 따라서

$$(A-I_2)(A-2I_2) = O_2$$

이므로 A의 최소다항식 $p(x)$는 $g(x)$의 약수이다. 따라서 다음 셋 중에서 하나가 성립하고 A는 대각화 가능한 행렬이다.

(1) $p(x) = x-1$인 경우

이 경우에 $A = I_2$이고 그 고유다항식은 $f(x) = (x-1)^2$이다.

(2) $p(x) = x-2$인 경우

이 경우에 $A = 2I_2$이고 그 고유다항식은 $f(x) = (x-2)^2$이다.

(3) $p(x) = (x-1)(x-2)$인 경우

이 경우에 적당한 정칙행렬 P에 대하여

$$P^{-1}AP = \begin{bmatrix} 1 & 0 \\ 0 & 2 \end{bmatrix} \quad 즉 \quad A = P\begin{bmatrix} 1 & 0 \\ 0 & 2 \end{bmatrix}P^{-1}$$

이고 그 고유다항식은 $f(x) = p(x) = (x-1)(x-2)$이다.

연 습 문 제 (10.4)

1. 실수체 $\mathbb{R}$ 위에서 다음 행렬에 대하여 아래 물음에 답하여라.

$$A = \begin{bmatrix} 2 & 0 & 0 & 0 & 0 \\ 1 & 2 & 0 & 0 & 0 \\ 0 & 1 & 2 & 0 & 0 \\ 0 & 0 & 0 & 3 & 0 \\ 0 & 0 & 0 & 1 & 3 \end{bmatrix}$$

(1) A의 고유다항식 $f(x)$를 구하고 고유치와 고유공간을 구하여라.

(2) A의 최소다항식 $p(x)$를 구하여라.

2. 실수체 $\mathbb{R}$ 위의 2차의 행렬 A에 대하여 등식

$$A^3 - 2A^2 + A = O_2$$

가 성립하고 또 A가 대각화 가능한 행렬일 때, 행렬 A의 최소다항식 $p(x)$와 고유다항식 $f(x)$를 구하여라.

3. 체 F 위의 n차원 벡터공간 V 위에서 선형변환 $T : V \longrightarrow V$의 최소다항식

$$p(x) = b_0 + b_1 x + \cdots + b_{n-1} x^{n-1} + x^n$$

가 n차의 기약다항식일 때, 임의의 벡터 $w \in V$, $w \neq \mathbf{0}$에 대하여

$$\mathscr{C} = \{w, T(w), \cdots, T^{n-1}(w)\}$$

는 V의 기저임을 밝히고, 기저 $\mathscr{C}$에 관한 T의 행렬을 구하여라.

4. 체 F 위의 n차원 벡터공간 V 위에서 선형변환 $T : V \longrightarrow V$의 고유다항식 $f(x)$가 체 F 위에서 일차다항식의 곱

$$f(x) = (x - \lambda_1)(x - \lambda_2) \cdots (x - \lambda_n)$$

으로 인수분해될 때, V의 T-불변 부분공간 W ($\neq \{\mathbf{0}\}$)에 대하여 선형변환 $T_W : W \longrightarrow W$의 고유다항식은 체 F 위에서 일차다항식의 곱으로 인수분해됨을 밝혀라.

5. 체 F 위의 유한차원 벡터공간 V에서 선형변환 $T : V \longrightarrow V$에 대하여 V의 부분공간 W ($\neq \{\mathbf{0}\}$)가 V의 T-불변 부분공간일 때, T에 의하여 유도된 선형변환 $T_W : W \longrightarrow W$에 대하여 다음이 성립함을 밝혀라.

   (1) 다항식 $p(x)$와 $p_W(x)$가 각각 선형변환 T와 T_W의 최소다항식이면, $p_W(x) \mid p(x)$이다.

   (2) T가 대각화 가능한 선형변환이면, T_W도 대각화 가능한 선형변환이다.

6. 체 F 위의 n차원 벡터공간 V의 적당한 기저 $\mathscr{C} = \{w_1, \cdots, w_n\}$에 대하여 $T, S \in \mathrm{End}_F(V)$의 기저 $\mathscr{C}$에 관한 행렬 $[T]_{\mathscr{C}}$, $[S]_{\mathscr{C}}$가 모두 대각행렬인 경우에 T와 S는 **동시에 대각화 가능한**(simultaneously diagonalizable) 선형변환이라고 한다.

   두 선형변환 $T, S \in \mathrm{End}_F(V)$에 대하여 다음이 성립함을 밝혀라.

   (1) T, S가 동시에 대각화 가능한 선형변환이면, $T \circ S = S \circ T$이다.

   (2) T, S가 대각화 가능한 선형변환일 때, $T \circ S = S \circ T$이면 T와 S는 동시에 대각화 가능한 선형변환이다.

§ 10.5 유리 표준형

벡터공간 V 위의 선형변환 $T \in \mathrm{End}_F(V)$ 와 벡터 $w \in V$, $w \neq \mathbf{0}$ 에 대하여 $\mathbf{C}_w$ 는 w 에 의하여 생성된 T-순환 부분공간을 나타낸다(정의 9.3.2).

이 정리의 증명은 생략하고 그 내용만을 이해하여도 좋다(정의 6.5.1 참조).

정리 10.5.1 체 F 위의 n 차원 벡터공간 V 에서 선형변환 $T \in \mathrm{End}_F(V)$ 의 최소다항식 $p(x)$ 가 모닉 기약다항식 $q(x) \in F[x]$ 에 대하여

$$p(x) = q(x)^m \qquad (m \geq 1)$$

으로 인수분해되면, 다음 두 조건을 만족시키는 벡터 $w \in V$, $w \neq \mathbf{0}$ 와 V 의 T-불변 부분공간 U 가 존재한다.

(i) $p(T)(w) = q(T)^m(w) = \mathbf{0}, \quad q(T)^{m-1}(w) \neq \mathbf{0}$

(ii) $V = \mathbf{C}_w \oplus U$

증 명 분명히 $p(T) = q(T)^m$, $q(T)^{m-1} \neq 0_V$ 이므로 조건 (i)를 만족시키는 벡터 $w \in V$, $w \neq \mathbf{0}$ 가 존재하며, 이때 $p(x)$ 는 w 의 T-최소다항식이다(정리 10.3.3). 그리고, $V = \mathbf{C}_w$ 이면, $V = \mathbf{C}_w \oplus \{\mathbf{0}\}$ 이다.

다음에 $V \neq \mathbf{C}_w$ 이라 하고 U 를 $\mathbf{C}_w \cap U = \{\mathbf{0}\}$ 인 V 의 T-불변 부분공간 중에서 그 차원이 가장 큰 부분공간이라고 하자. 이 때, $V \neq \mathbf{C}_w + U$ 이라고 가정하고 모순이 생긴다는 사실을 밝혀 $V = \mathbf{C}_w \oplus U$ 임을 증명하기로 한다.

이제 $V \neq \mathbf{C}_w + U$ 이라 가정하고 $v \in V$, $v \notin \mathbf{C}_w + U$ 이라고 하자.

이 때, $q(T)^m(v) = \mathbf{0} \in \mathbf{C}_w + U$ 이므로 적당한 양의 정수 s $(1 \leq s < m)$ 에 대하여 다음이 성립한다.

(*) $\qquad q(T)^s(v) \in \mathbf{C}_w + U, \qquad q(T)^{s-1}(v) \notin \mathbf{C}_w + U$

그런데, $\mathbf{C}_w = \{ g(T)(w) \mid g(x) \in F[x] \}$ 이므로 적당한 다항식 $g(x)$

와 벡터 $u \in U$ 에 대하여

$$(**) \qquad q(T)^s(v) = g(T)(w) + u$$

이고, 또 $q(x)$ 와 서로 소인 다항식 $h(x)$ 에 대하여 $g(x)$ 를

$$g(x) = q(x)^k h(x) \qquad (k \geq 0)$$

로 나타낼 수 있다. 이 때,

$$\begin{aligned} \mathbf{0} &= q(T)^m(v) = q(T)^{m-s}(q(T)^s(v)) \\ &= q(T)^{m-s}(g(T)(w) + u) \\ &= q(T)^{m-s}(g(T)(w)) + q(T)^{m-s}(u) \\ &= q(T)^{m-s}(q(T)^k(h(T)(w))) + q(T)^{m-s}(u) \\ &= q(T)^{m-s+k}(h(T)(w)) + q(T)^{m-s}(u) \end{aligned}$$

이므로

$$q(T)^{m-s+k}(h(T)(w)) = -q(T)^{m-s}(u)$$

이고 또 $q(T)^{m-s+k}(h(T)(w)) \in \mathbf{C}_w$, $q(T)^{m-s}(u) \in U$ 이다.

그런데, $\mathbf{C}_w \cap U = \{\mathbf{0}\}$ 이므로 $q(T)^{m-s+k}(h(T)(w)) = \mathbf{0}$ 이다. 한편, $q(x)^m = p(x)$ 는 w 의 T-최소다항식이므로 $q(x)^m \mid q(x)^{m-s+k}(x)\,h(x)$ 이고(정리 10.2.3), 두 다항식 $q(x)$, $h(x)$ 는 서로 소이므로 $m-s+k \geq m$ 즉 $1 \leq s \leq k$ 이다. 그러므로,

$$w' = q(T)^{s-1}(v) - (q(T)^{k-1} \circ h(T))(w)$$

이라고 놓으면, (*) 에 의하여 $q(T)^{s-1}(v) \notin \mathbf{C}_w + U$ 이지만

$$(q(T)^{k-1} \circ h(T))(w) \in \mathbf{C}_w \subseteq \mathbf{C}_w + U$$

이므로 $w' \notin \mathbf{C}_w + U$ 이다. 따라서 $U' = \mathbf{C}_w + U$ 라고 놓으면, $U \subsetneq U'$ 이고 U' 은 V 의 T-불변 부분공간이다.

다음에 $u' \in \mathbf{C}_w \cap U'$ 이라고 하자.

이 때, 체 F 위의 적당한 다항식 $j(x)$, $k(x)$ 와 벡터 $u_1 \in U$ 에 대하여

$$(***) \qquad u' = j(T)(w) = k(T)(w') + u_1$$

이고, 따라서 $k(T)(w') = j(T)(w) + (-u_1) \in \mathbf{C}_w + U$ 이다.

한편, $q(x)$ 가 $k(x)$ 의 약수가 아니라고 가정하면, $q(x)^m$ 과 $k(x)$ 는 서로소이므로

$$s(x)\,k(x) + t(x)\,q(x)^m = 1$$

인 다항식 $s(x), t(x)$ 가 존재하고

$$\begin{aligned} w' = 1_V(w') &= s(T)(k(T)(w') + t(T)(q(T)^m(w')) \\ &= s(T)(k(T)(w') \in \mathbf{C}_w + U \end{aligned}$$

으로 되어 모순이 생긴다. 그러므로, $q(x) \mid k(x)$ 이다.

따라서 적당한 다항식 $c(x)$ 에 대하여 $k(x) = c(x)\,q(x)$ 이고 이때 (**) 에 의하여

$$\begin{aligned} q(T)(w') &= q(T)^s(v) - (q(T)^k \circ h(T))(w) \\ &= q(T)^s(v) - g(T)(w) = u \in U \end{aligned}$$

이므로

$$l(T)(w') = c(T)(q(T)(w')) = c(T)(u) \in U$$

이고 따라서 (***) 에 의하여

$$u' = k(T)(w) = l(T)(w') + u_1 \in U$$

이므로 $u' \in \mathbf{C}_w \cap U = \{\mathbf{0}\}$ 이고 따라서 $u' = \mathbf{0}$ 이다.

그러므로, $\mathbf{C}_w \cap U' = \{\mathbf{0}\}$ 이다.

그러나, 이것은 U 가 $\mathbf{C}_w \cap U = \{\mathbf{0}\}$ 인 T-불변 부분공간 중에서 차원이 가장 큰 부분공간이라는 사실에 모순된다. 따라서 $V = \mathbf{C}_w \oplus U$ 이다.

정리 10.5.2 (순환 분해 정리) 체 F 위의 n 차원 벡터공간 V 에서 선형변환 $T \in \mathrm{End}_F(V)$ 의 고유다항식 $f(x)$ 가 기약다항식 $q(x)$ 에 대하여

$$f(x) = q(x)^e \qquad (e \geq 1)$$

와 같이 인수분해될 때, T 의 최소다항식 $p(x)$ 는

$$p(x) = q(x)^m \qquad (1 \leq m \leq e)$$

의 꼴로 인수분해되고 다음 세 조건 (i), (ii), (iii) 를 만족시키는 t 개의 벡터 $w_1, \cdots, w_t \in V$ $(w_i \neq \mathbf{0})$ 와 t 개의 양의 정수 $s_1, \cdots, s_t$ 가 존재한다.

(i) $V = \mathbf{C}_{w_1} \oplus \cdots \oplus \mathbf{C}_{w_t}$ 이고, 여기서 각 $\mathbf{C}_{w_i}$ 는

$$\mathscr{C}_i = \{w_i,\ T(w_i),\ \cdots,\ T^{ds_i - 1}(w_i)\}, \quad d = \deg q(x)$$

를 기저로 가지는 T-불변 부분공간이다.

(ii) 벡터 w_i 의 T-최소다항식은 $q(x)^{s_i}$ 이다.

(iii) $m = s_1 \geq \cdots \geq s_t \geq 1, \quad s_1 + \cdots + s_t = e$

더욱이 $\mathscr{C} = \mathscr{C}_1 \cup \cdots \cup \mathscr{C}_t$ 는 V 의 기저이고 $[T]_{\mathscr{C}}$ 는 다음과 같다.

$$[T]_{\mathscr{C}} = \mathrm{diag}\{C_1, C_2, \cdots, C_t\} = \begin{bmatrix} C_1 & O & \cdots & O \\ O & C_2 & \cdots & O \\ \vdots & \vdots & \ddots & \vdots \\ O & O & \cdots & C_t \end{bmatrix}$$

여기서, 각 C_i 는 다항식 $q(x)^{s_i}$ 의 동반행렬이다(정리 6.4.2).

증 명 정리 10.3.9 에 의하여 $p(x) \mid f(x)$ 이므로 $p(x)$ 는

$$p(x) = q(x)^m \qquad (1 \leq m \leq e)$$

으로 인수분해된다. 이제 정리를 $n = \dim_F V$ 에 관한 귀납법으로 증명한다.

먼저 $n = 1$ 이면, 모든 벡터 $w \in V,\ w \neq \mathbf{0}$ 에 대하여 $V = \mathbf{C}_w$ 이고 또 T 의 최소다항식과 고유다항식은

$$f(x) = p(x) = x - \lambda$$

와 같은 꼴이므로 $t = 1,\ s_1 = 1$ 이라고 놓으면 정리가 성립한다(문제 10.3.5).

다음에 $n = \dim_F V \geq 2$ 이라 하고 또 차원이 n 보다 작은 모든 벡터공간에 대하여 정리가 성립한다고 가정하자.

이 때, $p(T) = q(T)^m = 0_V,\ \ q(T)^{m-1} \neq 0_V$ 이므로

$$q(T)^{m-1}(w_1) \neq \mathbf{0}, \quad q(T)^m(w_1) = \mathbf{0}$$

인 벡터 $w_1 \in V,\ w_1 \neq \mathbf{0}$ 이 존재한다. 그런데, $q(x)$ 는 기약다항식이므로 w_1 의 T-최소다항식은 $p(x) = q(x)^m$ 이다(정리 10.2.3). 그리고, $V = \mathbf{C}_{w_1}$ 인 경우에 $f(x) = p(x)$ 이므로 $t = 1,\ s_1 = m$ 이라고 놓으면, (i), (ii), (iii) 가 성립한다(정리 10.2.4).

이제 $V \neq \boldsymbol{C}_{w_1}$ 인 경우를 생각해 보자. 정리 10.5.1 에 의하여

$$V = \boldsymbol{C}_{w_1} \oplus U, \qquad 1 \leq \dim_F U < n$$

인 V의 T-불변 부분공간 U가 존재한다. 또, $T_U : U \longrightarrow U$를 T에 의하여 유도된 U 위의 선형변환이라 하고 $f_U(x)$, $p_U(x)$ 를 각각 T_U의 고유다항식, 최소다항식이라고 하면, 정리 10.3.10 에 의하여 $f_U(x) \mid f(x)$, $p_U(x) \mid p(x)$ 이므로 $s_1 = m$ 이라고 하면, 다음과 같은 정수 k, s_2 가 존재한다.

$$f_U(x) = q(x)^k \qquad (1 \leq k \leq e)$$

$$p_U(x) = q(x)^{s_2} \qquad (1 \leq s_2 \leq s_1 = m)$$

그런데, $1 \leq \dim_F U < n$ 이므로 귀납법 가정에 의하여 다음 세 조건을 만족시키는 벡터 $w_2, \cdots, w_t \in U$ ($w_i \neq \mathbf{0}$)와 양의 정수 $s_2, \cdots, s_t$ 가 존재한다.

(i)′ $U = \mathbf{C}_{w_2}' \oplus \cdots \oplus \mathbf{C}_{w_t}'$

여기서 $\mathbf{C}_{w_i}'$ 를 벡터 $w_i \in U$ 에 의하여 생성된 T_U-순환 부분공간이다.

(ii)′ 각 i $(2 \leq i \leq t)$ 에 대하여 w_i 의 T_U-최소다항식은 $q(x)^{s_i}$ 이다.

(iii)′ $s_2 \geq \cdots \geq s_t \geq 1, \quad \dim_F U = s_2 + \cdots + s_t$

그런데, 각 i $(2 \leq i \leq t)$ 에 대하여

$$\begin{aligned}\mathbf{C}_{w_i}' &= \{g(T_U)(w_i) \mid g(x) \in F[x]\} \\ &= \{g(T)(w_i) \mid g(x) \in F[x]\} = \mathbf{C}_{w_i}\end{aligned}$$

이고 또 w_i 의 T-최소다항식은 $q(x)^{s_i}$ 이며

$$\mathscr{C}_i = \{w_i, T(w_i), \cdots, T^{ds_i - 1}(w_i)\}, \quad d = \deg q(x)$$

는 $\mathbf{C}_{w_i}$ 의 기저이다(정리 10.2.3). 그리고, 다음이 성립한다(정리 9.4.2).

$$V = \mathbf{C}_{w_1} \oplus U = \mathbf{C}_{w_1} \oplus \mathbf{C}_{w_2} \oplus \cdots \oplus \mathbf{C}_{w_t}$$

다음에

$$T_i : \mathbf{C}_{w_i} \rightarrow \mathbf{C}_{w_i} \qquad (1 \leq i \leq t)$$

를 T 에 의하여 유도된 선형변환이라고 하자.

이 때, T_i 의 고유다항식과 최소다항식은 $q(x)^{s_i}$ 이다(정리 10.3.10). 따라서 정리 10.4.2 에 의하여 T 의 고유다항식은

$$q(x)^e = f(x) = q(x)^{s_1} \cdots q(x)^{s_t} = q(x)^{s_1 + \cdots + s_t}$$

이므로 다음이 성립한다.

$$m = s_1 \geq s_2 \geq \cdots \geq s_t \geq 1, \quad s_1 + \cdots + s_t = e$$

그러므로, 세 조건 (i), (ii), (iii) 가 성립한다.

특히, 조건 (i) 에 의하여 $\mathscr{C} = \mathscr{C}_1 \cup \cdots \cup \mathscr{C}_t$ 는 V 의 기저이다(정리 9.6.5).

그리고, 정리 10.4.2 에 의하여 기저 $\mathscr{C}$ 에 관한 T 의 행렬은

$$[T]_{\mathscr{C}} = \text{diag}\{[T_1]_{\mathscr{C}_1}, \cdots, [T_t]_{\mathscr{C}_t}\}$$

이고, 정리 10.2.4 에 의하여 행렬 $C_i = [T_i]_{\mathscr{C}_i}$ 는 $q(x)^{s_i}$ 의 동반행렬이다.

앞의 정리에서 양의 정수 t 와 $s_1, \cdots, s_t$ 는 단 한 가지로 정해지지만, 벡터 $w_1, \cdots, w_t$ 는 일정하게 정해지지는 않는다(증명 생략).

정리 10.5.2 에 의하여 다음 따름정리가 성립한다(따름정리 10.3.12 참조).

따름정리 10.5.3 체 F 위의 n 차의 행렬 A 의 고유다항식 $f(x)$ 가

$$f(x) = q(x)^e \quad (\, q(x) \text{ 는 기약다항식, } e \geq 1)$$

으로 인수분해될 때, A 의 최소다항식 $p(x)$ 는

$$p(x) = q(x)^m \qquad (1 \leq m \leq e)$$

의 꼴이고 다음과 같은 t 개의 양의 정수 $s_1, \cdots, s_t$ 가 존재한다.

$$m = s_1 \geq \cdots \geq s_t \geq 1, \quad s_1 + \cdots + s_t = e$$

그리고, 적당한 정칙행렬 P 에 대하여 다음이 성립한다.

$$P^{-1}AP = \text{diag}\{C_1, C_2, \cdots, C_t\} = \begin{bmatrix} C_1 & O & \cdots & O \\ O & C_2 & \cdots & O \\ \vdots & \vdots & \ddots & \vdots \\ O & O & \cdots & C_t \end{bmatrix}$$

여기서, 각 C_i 는 다항식 $q(x)^{s_i}$ 의 동반행렬이다(정리 6.4.2 참조).

보기 10.5.1 실수체 $\mathbb{R}$ 위에서 다음과 같은 행렬을 생각해 보자.

$$A = \begin{bmatrix} 6 & -9 & 6 \\ -1 & 6 & -2 \\ -3 & 9 & -3 \end{bmatrix}$$

행렬 A 의 고유다항식은 다음과 같다(문제 6.2.2).

$$f(x) = x^3 - 9x^2 + 27x - 27 = (x-3)^3$$

그런데, $A - 3I_3 \neq O_3$ 이고 $(A - 3I_3)^2 = O_3$ 이므로 A 의 최소다항식은 $p(x) = (x-3)^2$ 이다. 그러므로, $q(x) = x - 3$ 이라고 하면, 다음 결과를 얻는다(정리 10.5.2 참조).

$$f(x) = q(x)^3, \quad p(x) = q(x)^2$$

$$m = s_1 = 2, \quad s_2 = 1, \qquad s_1 + s_2 = 3$$

$$q(x)^2 = p(x) = x^2 - 6x + 9, \quad q(x) = x - 3$$

따라서 적당한 정칙행렬 $P \in \mathrm{Mat}_3(\mathbb{R})$ 에 대하여 다음이 성립한다.

$$P^{-1}AP = \begin{bmatrix} 0 & -9 & 0 \\ 1 & 6 & 0 \\ 0 & 0 & 3 \end{bmatrix}$$

실제로, $w_1 = e_1 = (1,0,0)$ 에 대하여

$L_A(w_1) = (6,-1,-3)$,

$L_A{}^2(w_1) = (27,-6,-18) = -9\,w_1 + 6L_A(w_1)$

$\mathbf{C}_{w_1} = \langle (1,0,0), (6,-1,-3) \rangle = \{(x_1, x_2, x_3) \in \mathbb{R}^3 \mid 3x_2 - x_3 = 0\}$

이고(정리 4.7.6), 또 w_1 의 L_A-최소다항식은 다음과 같다.

$$p_{w_1}(x) = x^2 - 6x + 9 = p(x)$$

다음에 $\mathbb{R}^3 = \mathbf{C}_{w_1} \oplus \mathbf{C}_{w_2}$ 인 벡터 $w_2 \in \mathbb{R}^3$, $w_2 \neq (0,0,0)$ 을 구해 보자.

먼저 $\mathbf{C}_{w_2}$ 는 1 차원 L_A-불변 부분공간이므로 w_2 는 L_A 의 고유벡터이고 또 $w_2 \notin \mathbf{C}_{w_1}$ 이다. 그리고, 고유치 3 에 대응하는 A 의 고유공간을 E 라고

$$3I_3 - A = \begin{bmatrix} -3 & 9 & -6 \\ 1 & -3 & 2 \\ 3 & -9 & 6 \end{bmatrix} \longrightarrow \begin{bmatrix} 1 & -3 & 2 \\ 0 & 0 & 0 \\ 0 & 0 & 0 \end{bmatrix}$$

하면, E 는 동차 일차방정식 $x_1 - 3x_2 + 2x_3 = 0$ 의 해공간이다.

이제 $w_2 = (3,1,0) \in$ E 를 택하면, $w_2 \notin \mathbf{C}_{w_1}$ 이므로 $\mathbb{R}^3 = \mathbf{C}_{w_1} \oplus \mathbf{C}_{w_2}$ 이고 따라서 $\mathscr{C} = \{w_1, L_A(w_1), w_2\}$ 는 $\mathbb{R}^3$의 기저이고 다음이 성립한다.

$$[L_A]_{\mathscr{C}} = \begin{bmatrix} 0 & -9 & 0 \\ 1 & 6 & 0 \\ 0 & 0 & 3 \end{bmatrix} = P^{-1}AP, \qquad P = \begin{bmatrix} 1 & 6 & 3 \\ 0 & -1 & 1 \\ 0 & -3 & 0 \end{bmatrix}$$

정리 10.5.4 체 F 위의 n 차원 벡터공간 V 에서 선형변환 $T \in \mathrm{End}_F(V)$ 의 고유다항식 $f(x)$ 의 표준분해가

$$f(x) = q_1(x)^{n_1} \cdots q_r(x)^{n_r} \qquad (n_i \geq 1)$$

일 때, T 의 최소다항식 $p(x)$ 의 표준분해는

$$p(x) = q_1(x)^{m_1} \cdots q_r(x)^{m_r} \qquad (1 \leq m_i \leq n_i)$$

과 같은 꼴이며 각 i $(1 \leq i \leq r)$ 에 대하여

$$W_i = \ker q_i(T)^{m_i} = \{w \in V \mid q_i(T)^{m_i}(w) = \mathbf{0}\}$$

이라 하고 $d_i = \deg q_i(x)$ 이라고 하면 다음 (1) ~ (5) 가 성립한다.

(1) $V = W_1 \oplus \cdots \oplus W_r$ 이고, 각 W_i 는 T-불변 부분공간이다.

(2) 모든 양의 정수 k 에 대하여 $\ker q_i(T)^k \subseteq \ker q_i(T)^{m_i} = W_i$ 이다.

(3) 각 i $(1 \leq i \leq r)$ 에 대하여 $T_i : W_i \longrightarrow W_i$ 를 T 에 의하여 유도된 선형변환이라고 하면 T_i 의 고유다항식과 최소다항식은 각각

$$q_i(x)^{n_i}, \qquad q_i(x)^{m_i}$$

이고 $\dim_F W_i = \deg q_i(x)^{n_i} = d_i n_i$ 이다.

(4) 각 i $(1 \leq i \leq r)$ 에 대하여 다음 세 조건을 만족시키는 t_i 개의 벡터 $w_{i1}, \cdots, w_{it_i} \in W_i$ 와 양의 정수 $s_{i1}, \cdots, s_{it_i}$ 가 존재한다.

(i) $W_i = \mathbf{C}_{w_{i1}} \oplus \cdots \oplus \mathbf{C}_{w_{it_i}}$ 이고, 여기서 각 $\mathbf{C}_{w_{ij}}$ 는

$$\mathscr{C}_{ij} = \{w_{ij},\ T(w_{ij}),\ \cdots,\ T^{d_i s_{ij} - 1}(w_{ij})\}$$

를 기저로 가지는 T-불변 부분공간이다.

(ii) 각 j $(1 \leq j \leq t_i)$ 에 대하여 w_{ij} 의 T-최소다항식은 $q_i(x)^{s_{ij}}$ 이다.

(iii) $m_i = s_{i1} \geq \cdots \geq s_{it_i} \geq 1, \quad s_{i1} + \cdots + s_{it_i} = n_i$

(5) 각 i $(1 \leq i \leq r)$ 에 대하여 $\mathscr{C}_i = \mathscr{C}_{i1} \cup \cdots \cup \mathscr{C}_{it_i}$ 는 W_i 의 기저이고 $\mathscr{C} = \mathscr{C}_1 \cup \cdots \cup \mathscr{C}_r$ 는 V 의 기저이며 $[T]_{\mathscr{C}}$ 는 다음과 같다.

$$\begin{aligned}[T]_{\mathscr{C}} &= \text{diag}\,\{[T_1]_{\mathscr{C}_1}, \cdots, [T_t]_{\mathscr{C}_t}\} \\ &= \text{diag}\,\{C_{11}, \cdots, C_{1t_1}, \cdots, C_{r1}, \cdots, C_{rt_r}\}\end{aligned}$$

여기서, 각 C_{ij} 는 다항식 $q_i(x)^{s_{ij}}$ 의 동반행렬이다.

증 명 정리 10.3.8 에 의하여 $p(x) \mid f(x)$ 이므로 $p(x)$ 를

$$p(x) = q_1(x)^{m_1} \cdots q_s(x)^{m_s} \qquad (1 \leq m_i \leq n_i)$$

으로 나타낼 수 있다. 이 때, 정리 10.4.3 에 의하여 다음이 성립한다.

(1)′ $V = W_1 \oplus \cdots \oplus W_s$ 이고, 여기서 각 W_i 는 T-불변 부분공간이다.

(2)′ 모든 양의 정수 k 에 대하여 $\ker q_i(T)^k \subseteq \ker q_i(T)^{m_i} = W_i$ 이다.

(3)′ 각 i $(1 \leq i \leq s)$ 에 대하여 $T_i : W_i \longrightarrow W_i$ 를 T 에 의하여 유도된 선형변환이라고 하면, T_i 의 최소다항식은 $q_i(x)^{m_i}$ 이다.

한편, 각 i $(1 \leq i \leq s)$ 에 대하여 $f_i(x)$ 를 T_i 의 고유다항식이라고 하면, 정리 10.4.2 에 의하여 $f(x) = f_1(x) \cdots f_s(x)$ 이다.

그리고, 정리 10.5.2 를 $W_1, \cdots, W_s$ 위의 선형형변환 $T_1 \cdots, T_s$ 에 대하여 적용하면, 각 i $(1 \leq i \leq s)$ 에 대하여 조건 (4) 의 세 조건을 만족시키는 t_i 개의 벡터 $w_{i1}, \cdots, w_{it_i} \in W_i$ 와 양의 정수 $s_{i1}, \cdots, s_{it_i}$ 가 존재하고, 또

$$s_{i1} + \cdots + s_{it_i} = e_i \qquad (1 \leq i \leq s)$$

이라고 하면, 정리 10.5.2 의 증명에 의하여

$$f_i(x) = q_i(x)^{e_i} \qquad (1 \leq i \leq s)$$

이므로 다음이 성립한다.

$$q_1(x)^{n_1} \cdots q_r(x)^{n_r} = f(x) = f_1(x) \cdots f_s(x) = q_1(x)^{e_1} \cdots q_s(x)^{e_s}$$

따라서 $r = s$, $n_1 = e_1$, $\cdots$, $n_s = e_s$ 이므로 위의 결과와 정리 10.5.2 에 의하여 (1) ~ (5) 가 성립한다.

앞의 정리에서 각 i $(1 \le i \le r)$ 에 대하여 양의 정수 t_i 와 $s_{i1}, \cdots, s_{it_i}$ 는 유일하게 정해지지만, 벡터 $w_{i1}, \cdots, w_{it_i}$ 는 유일하지는 않으며 C_{ij} 의 순서를 무시한다면 $[T]_{\mathscr{C}}$ 는 유일하게 결정된다.

행렬 $[T]_{\mathscr{C}}$ 를 T 의 **유리 표준형**(有理 標準型, rational canonical form)이라고 한다. 그리고, 각 i $(1 \le i \le r)$ 에 대하여

$$q_i(x)^{s_{i1}}, \cdots, q_i(x)^{s_{it_i}} \qquad (s_{i1} + \cdots + s_{it_i} = n_i)$$

를 T 의 $\boldsymbol{q_i(x)}$**-단인자**(單因子, elementary divisor)라 하고 또

$$q_1(x)^{s_{11}}, \cdots, q_1(x)^{s_{1t_1}}, \cdots, q_r(x)^{s_{r1}}, \cdots, q_r(x)^{s_{rt_r}}$$

를 T 의 **단인자계**(單因子系, system of elementary divisors)라고 한다.

그리고, 체 F 위의 n 차의 행렬 A 에 대하여 선형변환 $L_A : F^n \longrightarrow F^n$ 의 유리 표준형 B 를 A 의 **유리 표준형**이라 하고 L_A 의 단인자와 단인자계를 각각 A 의 **단인자**, **단인자계**라고 한다.

정리 10.5.4 에 의하여 다음 두 따름정리가 성립한다.

따름정리 10.5.5 체 F 위의 n 차의 행렬 A 의 고유다항식의 표준분해가

$$f(x) = q(x)^{n_1} \cdots q(x)^{n_r} \qquad (n_i \ge 1)$$

일 때, A 의 최소다항식 $p(x)$ 의 표준분해는

$$p(x) = q(x)^{m_1} \cdots q(x)^{m_r} \qquad (1 \le m_i \le n_i)$$

와 같은 꼴이고 A 의 유리 표준형은 다음과 같은 꼴이다.

$$[T]_{\mathscr{C}} = \operatorname{diag}\{C_{11}, \cdots, C_{1t_1}, \cdots, C_{r1}, \cdots, C_{rt_r}\}$$

여기서, $m_i = s_{i1} \ge \cdots \ge s_{it_i} \ge 1$, $s_{i1} + \cdots + s_{it_i} = n_i$ 이고 각 C_{ij} 는 다항식 $q_i(x)^{s_{ij}}$ 의 동반행렬이다.

그리고, 적당한 정칙행렬 $P \in \mathrm{Mat}_n(F)$ 에 대하여 $B = P^{-1}AP$ 이다.

따름정리 10.5.6 체 F 위의 n 차원 벡터공간 V 에서 $T : V \longrightarrow V$를 선형변환이라 하고 또 A를 체 F 위의 n 차의 행렬이라고 하자.

이 때, T의 [A 의] 최소다항식 $p(x)$ 의 표준분해가

$$p(x) = q_1(x)^{m_1} \cdots q_r(x)^{m_r} \qquad (m_i \geq 1)$$

이면, T의 [A 의] 고유다항식 $f(x)$ 의 표준분해는 다음과 같은 꼴이다.

$$f(x) = q_1(x)^{n_1} \cdots q_r(x)^{n_r} \qquad (1 \leq m_i \leq n_i)$$

보기 10.5.2 실수체 $\mathbb{R}$ 위의 7 차의 행렬 A 에 대하여 A 의 고유다항식 $f(x)$ 와 최소다항식 $p(x)$ 가 각각 다음과 같다고 하자.

$$f(x) = (x^2+x+2)^2(x-3)^3,$$
$$p(x) = (x^2+x+2)^2(x-3)^2$$

이 때, 선형변환 $L_A : \mathbb{R}^7 \longrightarrow \mathbb{R}^7$ 에 대하여

$$m_1 = 2, \quad s_{11} = m_1, \qquad s_{11} = n_1 = 2$$
$$m_2 = 2, \quad s_{21} = m_2 = 2, \quad s_{22} = 1, \quad s_{21} + s_{22} = n_2 = 3$$

이므로 A 의 단인자계는

$$(x^2+x+2)^2, \quad (x-3)^2, \quad x-3$$

이고

$$(x^2+x+2)^2 = 4+4x+5x^2+2x^3+x^4,$$
$$(x-3)^2 = 9-6x+x^2,$$
$$x-3 = -3+x$$

이므로 A 의 유리 표준형은 다음과 같다.

$$B = \left[\begin{array}{cccc|cc|c} 0 & 0 & 0 & -4 & 0 & 0 & 0 \\ 1 & 0 & 0 & -4 & 0 & 0 & 0 \\ 0 & 1 & 0 & -5 & 0 & 0 & 0 \\ 0 & 0 & 1 & -2 & 0 & 0 & 0 \\ \hline 0 & 0 & 0 & 0 & 0 & -9 & 0 \\ 0 & 0 & 0 & 0 & 1 & 6 & 0 \\ \hline 0 & 0 & 0 & 0 & 0 & 0 & 3 \end{array}\right]$$

보기 10.5.3 실수체 $\mathbb{R}$ 위에서 다음 행렬을 생각해 보자.

$$A = \begin{bmatrix} 0 & -1 & 0 & -1 & 0 \\ 0 & 0 & 4 & 0 & -4 \\ -2 & 0 & 3 & -2 & -2 \\ 1 & 0 & -1 & 2 & 1 \\ -2 & 1 & 3 & -2 & -2 \end{bmatrix}$$

벡터공간 $\mathbb{R}^5$ 에서 $\mathscr{B} = \{e_1, e_2, e_3, e_4, e_5\}$ 를 표준기저라고 하자.

먼저 벡터 $e_1 = (1, 0, 0, 0, 0)$ 에 대하여 다음이 성립한다.

$$e_1 = (1, 0, 0, 0, 0),$$
$$L_A(e_1) = (0, 0, -2, 1, -2),$$
$$L_A{}^2(e_1) = (-1, 0, -4, 2, -4) = -e_1 + 2L_A(e_1)$$

따라서

$$\mathbf{C}_{e_1} = \langle (e_1, L_A(e_1)) \rangle = \langle (1, 0, 0, 0), (0, 0, -2, 1, -2) \rangle$$

이고 e_1 의 L_A-최소다항식은 $x^2 - 2x + 1$ 즉 $(x-1)^2$ 이다.

다음에 $e_2 = (0, 1, 0, 0, 0)$ 를 택하면, $e_2 \notin \mathbf{C}_{e_1}$ 이고, 또

$$e_2 = (0, 1, 0, 0, 0),$$
$$L_A(e_2) = (-1, 0, 0, 0, 1),$$
$$L_A{}^2(e_2) = (0, -4, 0, 0, 0) = -4e_2$$

이므로,

$$\mathbf{C}_{e_2} = \langle (e_2, L_A(e_2)) \rangle = \langle (0, 1, 0, 0, 0), (-1, 0, 0, 0, 1) \rangle$$

이고 e_2 의 L_A-최소다항식은 $x^2 + 4$ 이다.

마찬가지로, e_3, e_4, e_5 의 L_A-최소다항식은 각각

$$(x-2)^2(x^2+4), \quad (x-1)^2, \quad (x-1)^2(x^2+4)$$

이므로, A 의 [L_A 의] 최소다항식 $p(x)$ 는 다음과 같다(정리 10.3.15 참조).

$$p(x) = (x-1)^2(x^2+4)$$

그런데, A 의 [L_A 의] 고유다항식 $f(x)$ 는 5 차 다항식이므로

$$f(x) = (x-1)^3(x^2+4)$$

이고, 따라서 A 의 단인자계는 $(x-1)^2$, $x-1$, x^2+4 이다.

그러므로, A 의 유리 표준형은 다음과 같다.

$$B = \left[\begin{array}{cc:c:cc} 0 & -1 & 0 & 0 & 0 \\ 1 & 2 & 0 & 0 & 0 \\ \hdashline 0 & 0 & 1 & 0 & 0 \\ \hdashline 0 & 0 & 0 & 0 & -4 \\ 0 & 0 & 0 & 1 & 0 \end{array}\right]$$

이제 $V = \mathbb{R}^5$ 이라 하고

$$W_1 = \ker(L_A - 1_V)^2, \qquad W_2 = \ker(L_A{}^2 + 4 \cdot 1_V)$$

$$\mathrm{E}_1 = \ker(L_A - 1_V)$$

이라고 하면, $\mathrm{E}_1 \subseteq W_1$ 이고 또 E_1 은 고유치 $\lambda_1 = 1$ 에 대응하는 A 의 고유공간이며 다음이 성립한다(정리 10.5.4).

$$V = W_1 \oplus W_2, \quad \dim W_1 = 3, \quad \dim W_2 = 2$$

부분공간 W_1 과 E_1 은 각각 다음 동차 연립일차방정식의 해공간이다.

$$(A - I_5)^2 \begin{bmatrix} x_1 \\ x_2 \\ x_3 \\ x_4 \\ x_5 \end{bmatrix} = \begin{bmatrix} 0 \\ 0 \\ 0 \\ 0 \\ 0 \end{bmatrix}, \qquad (A - I_5) \begin{bmatrix} x_1 \\ x_2 \\ x_3 \\ x_4 \\ x_5 \end{bmatrix} = \begin{bmatrix} 0 \\ 0 \\ 0 \\ 0 \\ 0 \end{bmatrix}$$

그런데, $(A - I_5)^2$ 은 기본 행 변형에 의하여 다음과 같이 변형된다.

$$(A - I_5)^2 = \begin{bmatrix} 0 & 2 & -3 & 0 & 3 \\ 0 & -3 & -8 & 0 & 8 \\ 0 & 0 & 0 & 0 & 0 \\ 0 & 0 & 0 & 0 & 0 \\ 0 & -2 & 3 & 0 & -3 \end{bmatrix} \longrightarrow \begin{bmatrix} 0 & 1 & 0 & 0 & 0 \\ 0 & 0 & 1 & 0 & -1 \\ 0 & 0 & 0 & 0 & 0 \\ 0 & 0 & 0 & 0 & 0 \\ 0 & 0 & 0 & 0 & 0 \end{bmatrix},$$

따라서 위의 첫째 동차 연립일차방정식의 해 전체는

$$\begin{bmatrix} x_1 \\ x_2 \\ x_3 \\ x_4 \\ x_5 \end{bmatrix} = t_1 \begin{bmatrix} 1 \\ 0 \\ 0 \\ 0 \\ 0 \end{bmatrix} + t_2 \begin{bmatrix} 0 \\ 0 \\ 0 \\ 1 \\ 0 \end{bmatrix} + t_3 \begin{bmatrix} 0 \\ 0 \\ 1 \\ 0 \\ 1 \end{bmatrix} \qquad (t_1,\ t_2,\ t_3 \in \mathbb{R})$$

이므로 $W_1 = \langle (1,0,0,0,0),\ (0,0,0,1,0),\ (0,0,1,0,1) \rangle$ 이다.

한편, 행렬 $A-I_5$ 은 기본 행 변형에 의하여 다음과 같이 변형된다.

$$A-I_5=\begin{bmatrix}-1&-1&0&-1&0\\0&-1&4&0&-4\\-2&0&2&-2&-2\\1&0&-1&1&1\\-2&1&3&-2&-3\end{bmatrix}\longrightarrow\begin{bmatrix}1&0&0&0&0\\0&1&0&0&0\\0&0&1&0&-1\\0&0&0&1&0\\0&0&0&0&0\end{bmatrix}$$

따라서 위의 둘째 동차 연립일차방정식의 해 전체는

$$\begin{bmatrix}x_1\\x_2\\x_3\\x_4\\x_5\end{bmatrix}=t\begin{bmatrix}0\\0\\1\\0\\1\end{bmatrix}\qquad(t\in\mathbb{R})$$

이므로 $\mathrm{E}_1=\langle(0,0,1,0,1)\rangle$ 이다. 한편,

$$w_1=(1,0,0,0)\in W_1-\mathrm{E}_1$$

을 택하면, 앞에서 얻은 결과에 의하여

$$\mathbf{C}_{w_1}=\langle w_1,\ L_A(w_1)\rangle=\langle(1,0,0,0),(0,0,-2,1,-2)\rangle$$

이고 또

$$w_3=(0,0,1,0,1)\in\mathrm{E}_1$$

를 택하면, $w_3\notin\mathbf{C}_{w_1}$ 이고 $L_A(w_3)=w_3$ 이므로 $\mathbf{C}_{w_3}=\langle w_3\rangle$ 이다. 따라서

$$W_1=\mathbf{C}_{w_1}\oplus\mathbf{C}_{w_3}$$

이고, 벡터

$$w_4=e_2=(0,1,0,0)$$

를 택하면, 앞의 결과에 의하여 다음이 성립한다.

$$L_A(w_4)=(-1,0,0,0),$$

$$L_A{}^2(w_4)=-4\,w_4$$

$$\mathbf{C}_{w_4}=\langle(w_4,\ L_A(w_4))\rangle$$

$$=\langle(0,1,0,0,0),(-1,0,0,0,1)\rangle=W_2$$

W_1

w_1	
$L_A(w_1)$	w_3

W_2

w_4
$L_A(w_4)$

그러므로, $\mathscr{C}=\{w_1,\ L_A(w_1),\ w_3,\ w_4,\ L_A(w_4)\}$ 는 V 의 기저이고, 다음이 성립한다.

$$\begin{aligned} L_A(w_1) &= L_A(w_1) \\ L_A(L_A(w_1)) &= -w_1 + 2L_A(w_1) \\ L_A(w_3) &= w_3 \\ L_A(w_4) &= L_A(w_4) \\ L_A(L_A(w_4)) &= -4w_4 \end{aligned}$$

따라서 $B = [T]_{\mathscr{C}}$ 이라고 하면 다음 결과를 얻는다.

$$B = \begin{bmatrix} 0 & -1 & 0 & 0 & 0 \\ 1 & 2 & 0 & 0 & 0 \\ 0 & 0 & 1 & 0 & 0 \\ 0 & 0 & 0 & 0 & -4 \\ 0 & 0 & 0 & 1 & 0 \end{bmatrix}$$

$$P^{-1}AP = B, \qquad P = \begin{bmatrix} 1 & 0 & 0 & 0 & -1 \\ 0 & 0 & 0 & 1 & 0 \\ 0 & -2 & 1 & 0 & 0 \\ 0 & 1 & 0 & 0 & 0 \\ 0 & -2 & 1 & 0 & 1 \end{bmatrix}$$

한편, 행렬 A 의 고유다항식과 최소다항식

$$f(x) = (x-1)^2(x^2+4),$$

$$p(x) = (x-1)^2(x^2+4)$$

는 복소수체 $\mathbb{C}$ 위에서 다음과 같이 인수분해된다.

$$f(x) = (x-1)^3(x-2i)(x+2i),$$

$$p(x) = (x-1)^2(x-2i)(x+2i)$$

따라서 A 를 복소수체 $\mathbb{C}$ 위의 행렬로 생각할 때 A 의 단인자계는

$$(x-1)^2, \quad x-1, \quad x-2i, \quad x+2i$$

이고 A 의 유리 표준형은 다음과 같다.

$$B = \left[\begin{array}{cc|c|c|c} 0 & -1 & 0 & 0 & 0 \\ 1 & 2 & 0 & 0 & 0 \\ \hline 0 & 0 & 1 & 0 & 0 \\ \hline 0 & 0 & 0 & 2i & 0 \\ \hline 0 & 0 & 0 & 0 & -2i \end{array}\right]$$

보기 10.5.4 체 F 위의 2 차의 행렬 A 에 대하여 A 의 고유다항식이

$$f(x) = x^2 + a_1x + a_0$$

일 때, A 의 최소다항식 $p(x)$ 와 A 의 유리 표준형 B 는 $f(x)$ 의 특성에 따라 다음 세 가지 경우로 분류된다.

(1) $f(x)$ 가 체 F 위에서 기약다항식인 경우

$$p(x) = f(x), \quad B = \begin{bmatrix} 0 & -a_0 \\ 1 & -a_1 \end{bmatrix}$$

(2) 서로 다른 $\lambda_1, \lambda_2 \in F$ 에 대하여 $f(x) = (x-\lambda_1)(x-\lambda_2)$ 인 경우

$$p(x) = f(x), \quad B = \begin{bmatrix} \lambda_1 & 0 \\ 0 & \lambda_2 \end{bmatrix}$$

(3) 원소 $\lambda \in F$ 에 대하여 $f(x) = (x-\lambda)^2$ 인 경우

$$p(x) = (x-\lambda)^2, \quad B = \begin{bmatrix} 0 & -a_0 \\ 1 & -a_1 \end{bmatrix}$$

$$p(x) = x-\lambda, \quad B = \begin{bmatrix} \lambda & 0 \\ 0 & \lambda \end{bmatrix}$$

연 습 문 제 (10.5)

1. 실수체 $\mathbb{R}$ 위의 4 차의 행렬

$$A = \begin{bmatrix} 0 & -1 & 5 & -3 \\ 1 & 0 & 0 & -1 \\ 0 & 0 & 3 & -2 \\ 0 & 0 & 5 & -3 \end{bmatrix}$$

의 고유다항식과 최소다항식은 각각

$$f(x) = (x^2+1)^2, \quad p(x) = x^2+1$$

임을 증명하여라. 그리고, 행렬 A 의 유리 표준형 B 를 구하고, $B = P^{-1}AP$ 인 정칙행렬 P 를 구하여라.

2. 실수체 $\mathbb{R}$ 위의 4 차의 행렬

$$A = \begin{bmatrix} 2 & 0 & 0 & 0 \\ 1 & 2 & 0 & 0 \\ 0 & 1 & 2 & 0 \\ 0 & 0 & 0 & 2 \end{bmatrix}$$

의 고유다항식 $f(x)$ 와 최소다항식 $p(x)$ 를 구하고, 또 A 의 유리 표준형 B 를 구하여라.

그리고, 두 벡터 $e_3 = (0, 0, 1, 0)$, $e_4 = (0, 0, 0, 1)$ 에 대하여

$$\mathbb{R}^4 = \mathbf{C}_{e_3} \oplus \mathbf{C}_{e_4}$$

임을 밝히고, $B = P^{-1}AP$ 인 정칙행렬 P 를 구하여라.

3. 실수체 $\mathbb{R}$ 위에서 다음 행렬의 유리 표준형을 구하여라.

(1) $A = \begin{bmatrix} 1 & 0 & 0 \\ 1 & 1 & 0 \\ 0 & 1 & 1 \end{bmatrix}$ (2) $A = \begin{bmatrix} 1 & 0 & 0 \\ 1 & 1 & 0 \\ 0 & 0 & 1 \end{bmatrix}$

4. 실수체 $\mathbb{R}$ 위에서 다음 행렬의 유리 표준형을 구하여라.

$$A = \begin{bmatrix} 0 & -4 & 12 & -7 \\ 1 & -1 & 3 & -3 \\ 0 & -1 & 6 & -4 \\ 0 & -1 & 8 & -5 \end{bmatrix}$$

5. 실수체 $\mathbb{R}$ 위에서 행렬 A 의 단인자계가 다음과 같을 때, A 의 유리 표준형을 구하여라. 또, 이 행렬을 복소수체 $\mathbb{C}$ 위의 행렬로 생각할 때의 A 의 단인자계를 구하고 A 의 유리 표준형을 구하여라.

(1) $(x-4)^2$, $x-4$, $x-4$ (2) $(x^2+4)^2$, $(x+2)^2$

(3) $(x^2+9)^2$, x^2+9 (4) $(x^2+2x+2)^3$

6. 실수체 $\mathbb{R}$ 위의 7 차의 행렬 A 에 대하여 다음 물음에 답하여라.

(1) 행렬 A 의 고유다항식이 $f(x) = (x-1)^3(x^2+x+1)^2$ 일 때, 가능한 A 의 최소다항식 $p(x)$ 와 단인자계를 구하여라.

(2) 행렬 A 의 최소다항식이 $p(x) = (x-1)^2(x^2+x+1)$ 일 때, 가능한 A 의 고유다항식 $f(x)$ 와 단인자계를 구하여라.

7. 체 F 위의 n 차원 벡터공간 V 에서 $T \in \mathrm{End}_F(V)$ 의 최소다항식 $p(x)$ 가 모닉 기약다항식 $q(x) \in F[x]$ 에 대하여 $p(x) = q(x)^m$ $(m \geq 1)$ 으로 인수분해될 때, 다음이 성립함을 밝혀라.

   (1) $W = \ker(q(T)^{m-1})$ 는 V 의 T-불변 부분공간이고 $W \neq V$ 이다.

   (2) $U = \mathrm{im}\, q(T)$ 는 V 의 T-불변 부분공간이고 선형변환 $T_U : U \longrightarrow U$ 의 최소다항식은 $q(x)^{m-1}$ 이다.

8. 체 F 위의 n 차원 벡터공간 V 에서의 선형변환 $T : V \longrightarrow V$ 에 대하여 T 의 고유다항식 $f(x)$ 의 표준분해가

$$f(x) = q_1(x)\, q_2(x)$$

   일 때, 다음이 성립함을 밝혀라.

   (1) 다음 두 조건을 만족시키는 벡터 $w_1, w_2 \in V$ 가 존재한다.

      (i) $V = \mathbf{C}_{w_1} \oplus \mathbf{C}_{w_2}$

      (ii) 각 w_i 의 T-최소다항식은 $q_i(x)$ 이다.

   (2) 다음 두 조건을 만족시키는 벡터 $w \in V$ 가 존재한다.

      (i) $V = \mathbf{C}_w$

      (ii) w 의 T-최소다항식은 $f(x)$ 와 일치한다.

9. 체 F 위의 n 차원 벡터공간 V 에서의 선형변환 $T : V \longrightarrow V$ 가 대각화 가능한 선형변환일 때, T 의 유리 표준형은 대각행렬임을 밝혀라.

§ 10.6 기본 Jordan 행렬

이 절에서는, 특수한 선형변환과 행렬에 대하여 논한다.

보기 10.6.1 체 F 위의 5차원 벡터공간 V에서 선형변환 $T: V \longrightarrow V$의 기저 $\mathscr{C} = \{v_1, v_2, v_3, v_4, v_5\}$에 관한 행렬 $[T]_{\mathscr{C}}$가 다음과 같다고 하자.

$$[T]_{\mathscr{C}} = \left[\begin{array}{ccc:cc} \lambda & 0 & 0 & 0 & 0 \\ 1 & \lambda & 0 & 0 & 0 \\ 0 & 1 & \lambda & 0 & 0 \\ \hdashline 0 & 0 & 0 & \lambda & 0 \\ 0 & 0 & 0 & 1 & \lambda \end{array}\right] = A$$

이 때, 행렬 A와 선형변환 T의 고유다항식은 $f(x) = (x-\lambda)^5$이고 그 고유치는 λ 뿐이다. 그리고, 행렬

$$A - \lambda I_5 = \begin{bmatrix} 0 & 0 & 0 & 0 & 0 \\ 1 & 0 & 0 & 0 & 0 \\ 0 & 1 & 0 & 0 & 0 \\ 0 & 0 & 0 & 0 & 0 \\ 0 & 0 & 0 & 1 & 0 \end{bmatrix}$$

에 대하여 $(A-\lambda I)^2 \neq O_5$, $(A-\lambda I)^3 = O_5$이므로 $A - \lambda I_5$는 지수 3인 멱영행렬이고 따라서 A와 T의 최소다항식은 $p(x) = (x-\lambda)^3$이다. 실제로,

$(T-\lambda 1_V)(v_1) = v_2, \quad (T-\lambda 1_V)(v_2) = v_3,$

$(T-\lambda 1_V)(v_3) = \mathbf{0}, \quad (T-\lambda 1_V)(v_4) = v_5,$

$(T-\lambda 1_V)(v_5) = \mathbf{0},$

$(T-\lambda 1_V)^2(v_1) = v_3$, $(T-\lambda 1_V)^2(v_2) = \cdots = (T-\lambda 1_V)^2(v_5) = \mathbf{0}$,

$(T-\lambda 1_V)^3(v_1) = \cdots = (T-\lambda 1_V)^3(v_5) = \mathbf{0}$

이므로

$$(T-\lambda 1_V)^2 \neq 0_V, \quad (T-\lambda 1_V)^3 = 0_V$$

이고, 또 다음이 성립한다.

$$\mathrm{E}_\lambda = \ker(T-\lambda 1_V) = \langle v_3, v_5 \rangle, \quad \dim_F \mathrm{E}_\lambda = 2$$
$$\ker(T-\lambda 1_V)^2 = \langle v_2, v_3, v_4, v_5 \rangle,$$
$$\ker(T-\lambda 1_V)^3 = \langle v_1, v_2, v_3, v_4, v_5 \rangle = V$$

정리 10.6.1 체 F 위의 n 차원 벡터공간 V 에서 선형변환 $T \in \mathrm{End}_F(V)$ 의 고유다항식 $f(x)$ 가 체 F 위에서

$$f(x) = (x-\lambda)^n$$

으로 인수분해될 때, T 의 최소다항식 $p(x)$ 는

$$p(x) = (x-\lambda)^m \qquad (1 \le m \le n)$$

의 꼴로 인수분해되고 E_λ 를 고유치 λ 에 대응하는 T 의 고유공간이라고 할 때 다음 조건을 만족시키는 t 개의 벡터 $w_1, \cdots, w_t \in V$ $(w_i \neq \mathbf{0})$ 와 t 개의 양의 정수 $s_1, \cdots, s_t$ 가 존재한다.

(i) $V = \mathbf{C}_1 \oplus \cdots \oplus \mathbf{C}_t$ 이고, 여기서 각 $\mathbf{C}_i$ 는

$$\mathscr{C}_i = \{w_i, (T-\lambda 1_V)(w_i), \cdots, (T-\lambda 1_V)^{s_i-1}(w_i)\}$$

를 기저로 가지는 T-불변 부분공간이다.

(ii) 각 벡터 w_i 의 T-최소다항식은 $(x-\lambda)^{s_i}$ 이다.

(iii) $m = s_1 \ge \cdots \ge s_t \ge 1, \quad s_1 + \cdots + s_t = n$

(iv) $t = \dim_F \mathrm{E}_\lambda$

더욱이 $\mathscr{C} = \mathscr{C}_1 \cup \cdots \cup \mathscr{C}_t$ 는 V 의 기저이고 또 $[T]_{\mathscr{C}}$ 는 다음과 같다.

$$[T]_{\mathscr{C}} = \begin{bmatrix} J_1 & O & \cdots & O \\ O & J_2 & \cdots & O \\ \vdots & \vdots & \ddots & \vdots \\ O & O & \cdots & J_t \end{bmatrix}, \quad J_i = \begin{bmatrix} \lambda & 0 & \cdots & 0 & 0 \\ 1 & \lambda & \cdots & 0 & 0 \\ 0 & 1 & \cdots & 0 & 0 \\ \vdots & \vdots & \ddots & \vdots & \vdots \\ 0 & 0 & \ddots & \lambda & 0 \\ 0 & 0 & \cdots & 1 & \lambda \end{bmatrix}_{s_i \times s_i}$$

증 명 정리 10.5.2 에 의하여 T 의 최소다항식은 $p(x) = (x-\lambda)^m$ 의 꼴이다. 이제 $S = T - \lambda 1_V$ 이라고 하면, $S : V \longrightarrow V$ 는 V 위의 선형변환이고 양의 정수 k 에 대하여

$$S^k = 0_V \Leftrightarrow (T-\lambda 1_V)^k = 0_V$$

이므로 S 의 최소다항식은 $p_1(x) = x^m$ 이고 고유다항식은 $f_1(x) = x^n$ 이다. 따라서 S 에 정리 10.5.2 를 적용하면, 다음 세 조건을 만족시키는 영벡터가 아닌 t 개의 벡터 $w_1, \cdots, w_t \in V$ 와 t 개의 양의 정수 $s_1, \cdots, s_t$ 가 존재한다.

(i)′ $V = \mathbf{C}_1 \oplus \cdots \oplus \mathbf{C}_t$

여기서, 각 $\mathbf{C}_i$ 는 $\mathscr{C}_i = \{w_i, S(w_i), \cdots, S^{s_i-1}(w_i)\}$ 를 기저로 가지는 S-불변 부분공간이다.

(ii)′ 각 벡터 w_i 의 S-최소다항식은 x^{s_i} 이다.

(iii)′ $m = s_1 \geq \cdots \geq s_t \geq 1, \quad s_1 + \cdots + s_t = n$

특히, (i)′ 에 의하여 $\mathscr{C} = \mathscr{C}_1 \cup \cdots \cup \mathscr{C}_t$ 는 V 의 기저이다(정리 9.6.5). 그러므로, 임의의 벡터 $v \in V$ 는

$$v = \sum_{i=1}^{t} \sum_{j=0}^{s_i-1} a_{ij} S^j(w_i) \qquad (a_{ij} \in F)$$

의 꼴로 나타내어지고 또 조건 (ii)‘ 에 의하여 $S^{s_i}(w_i) = \mathbf{0}$ 이므로

$$\begin{aligned} S(v) = \mathbf{0} &\Leftrightarrow \sum_{i=1}^{t} \sum_{j=0}^{s_i-1} a_{ij} S^{j+1}(w_i) = \mathbf{0} \\ &\Leftrightarrow a_{ij} = 0 \quad (1 \leq i \leq t,\ 0 \leq j < s_i - 1) \\ &\Leftrightarrow v \in \langle S^{s_1-1}(w_1), \cdots, S^{s_t-1}(w_t) \rangle \end{aligned}$$

이고, 따라서 다음이 성립한다.

(iv)′ $\ker S = \langle S^{s_1-1}(w_1), \cdots, S^{s_t-1}(w_t) \rangle, \quad \dim_F \ker S = t$

그런데, 부분공간 $\mathbf{C}_i$ 는 S-불변 부분공간이고 $T = S + \lambda 1_V$ 이므로 분명히 $\mathbf{C}_i$ 는 T-불변 부분공간이고 따라서 (i), (iii) 가 성립한다. 또, (ii)′ 에 의하여 w_i 의 S-최소다항식은 x^{s_i} 이고, $S = T - \lambda 1_V$ 이므로 w_i 의 T-최소다항식은 $(x-\lambda)^{s_i}$ 이고 따라서 정리의 (ii) 가 성립한다.

그리고, $\mathrm{E}_\lambda = \ker(T - \lambda 1_V) = \ker S$ 이므로 (iv)′ 에 의하여

$$\mathrm{E}_\lambda = \langle (T-\lambda 1_V)^{s_1-1}(w_1), \cdots, (T-\lambda 1_V)^{s_t-1}(w_t) \rangle$$

이고 따라서 $\dim_F E_\lambda = t$ 이므로 정리의 (iv) 가 성립한다.

더욱이, 각 $\mathbf{C}_i$ 에 대하여 $T_i : \mathbf{C}_i \longrightarrow \mathbf{C}_i$, $S_i : \mathbf{C}_i \longrightarrow \mathbf{C}_i$ 를 각각 T, S 에 의하여 유도된 선형변환이라고 하면,

$$T_i = S_i + \lambda 1_i \qquad (1_i \text{ 는 } \mathbf{C}_i \text{ 위의 항등변환})$$

이고 또

$$[S]_{\mathscr{C}} = \operatorname{diag}\{[S_1]_{\mathscr{C}_1}, \cdots, [S_t]_{\mathscr{C}_t}\}$$
$$[T]_{\mathscr{C}} = \operatorname{diag}\{[T_1]_{\mathscr{C}_1}, \cdots, [T_t]_{\mathscr{C}_t}\}$$

이며 각 $[S_i]_{\mathscr{C}_i}$ 는 다항식 x^{s_i} 의 동반행렬이다(정리 10.5.2). 또,

$$[T_i]_{\mathscr{C}_i} = [S_i]_{\mathscr{C}_i} + \lambda I_{s_i} = J_i \qquad (1 \leq i \leq t)$$

이므로 $[T]_{\mathscr{C}} = \operatorname{diag}\{J_1, \cdots, J_t\}$ 이다.

앞의 정리에서 양의 정수 t 와 $s_1, \cdots, s_t$ 는 단 한 가지로 정해지지만, 벡터 $w_1, \cdots, w_t$ 는 일정하게 정해지지는 않으며, $J_1, \cdots, J_t$ 의 순서를 무시한다면 행렬 $[T]_{\mathscr{C}} = \operatorname{diag}\{J_1, \cdots, J_t\}$ 는 유일하게 결정된다.

행렬 $[T]_{\mathscr{C}}$ 를 T 의 **조르당 표준형**(Jordan 標準型, Jordan canonical form)이라 하고 각 J_i 를 고유치 λ 를 가진 s_i 차의 **기본 Jordan 행렬**(elementary Jordan matrix)이라고 한다. 특히 $s_i = 1$ 인 경우에 $J_i = [\lambda]$ 이다.

그리고, 체 F 위의 n 차의 행렬 A 에 대하여 선형변환 $L_A : F^n \longrightarrow F^n$ 의 Jordan 표준형을 A 의 **Jordan 표준형**이라고 한다.

여기서

$$P^{-1}J_iP = \begin{bmatrix} \lambda & 1 & 0 & \cdots & 0 \\ 0 & \lambda & 1 & \cdots & 0 \\ 0 & 0 & \ddots & \ddots & 0 \\ \vdots & \vdots & \cdots & \vdots & \vdots \\ 0 & 0 & \cdots & \lambda & 1 \\ 0 & 0 & \cdots & 0 & \lambda \end{bmatrix}, \qquad P = \begin{bmatrix} 0 & 0 & \cdots & 0 & 1 \\ 0 & 0 & \cdots & 1 & 0 \\ \vdots & \vdots & \vdots & \cdots & \vdots \\ 0 & 1 & \cdots & 0 & 0 \\ 1 & 0 & \cdots & 0 & 0 \end{bmatrix}$$

이고, $P^{-1}J_iP$ 를 기본 Jordan 행렬이라고도 한다.

보기 10.6.2 체 F 위의 4 차의 행렬 A 가 지수 m 인 멱영행렬이라고 하면, A 의 고유다항식과 최소다항식은 각각 다음과 같다(보기 10.3.2 참조).

$$f(x) = x^4, \qquad p(x) = x^m \qquad (1 \le m \le 4)$$

(1) $p(x) = x$ 인 경우에 $A = O_4$ 이다.

(2) $p(x) = x^2$ 인 경우에 $A \neq O_4$, $A^2 = O_4$ 이다. 그리고,

$$m = 2 = s_1, \ s_2 = 2, \qquad t = 2 = n(A)$$

또는 $$m = 2 = s_1, \ s_2 = 1, \ s_3 = 1, \ t = 3 = n(A)$$

이고 이에 따라 A 의 Jordan 표준형은 다음과 같다.

$$B = \begin{bmatrix} 0 & 0 & 0 & 0 \\ 1 & 0 & 0 & 0 \\ 0 & 0 & 0 & 0 \\ 0 & 0 & 1 & 0 \end{bmatrix} \quad \text{또는} \quad B = \begin{bmatrix} 0 & 0 & 0 & 0 \\ 1 & 0 & 0 & 0 \\ 0 & 0 & 0 & 0 \\ 0 & 0 & 0 & 0 \end{bmatrix}$$

그리고, 적당한 정칙행렬 P 에 대하여 $B = P^{-1}AP$ 이다.

(3) $p(x) = x^3$ 인 경우에

$$m = 3 = s_1, \ s_2 = 1, \ t = 2 = n(A)$$

이고 A 의 Jordan 표준형은 다음과 같다.

$$B = \begin{bmatrix} 0 & 0 & 0 & 0 \\ 1 & 0 & 0 & 0 \\ 0 & 1 & 0 & 0 \\ 0 & 0 & 0 & 0 \end{bmatrix}$$

그리고, 적당한 정칙행렬 P 에 대하여 $B = P^{-1}AP$ 이다.

(4) $p(x) = x^4$ 인 경우에

$$m = 4 = s_1, \ s_1 = 4, \ t = 1 = n(A)$$

이고 A 의 Jordan 표준형은 다음과 같다.

$$B = \begin{bmatrix} 0 & 0 & 0 & 0 \\ 1 & 0 & 0 & 0 \\ 0 & 1 & 0 & 0 \\ 0 & 0 & 1 & 0 \end{bmatrix}$$

그리고, 적당한 정칙행렬 P 에 대하여 $B = P^{-1}AP$ 이다.

보기 10.6.3 실수체 ℝ 위의 다음 행렬을 생각해 보자.

$$A = \begin{bmatrix} 1 & -1 & 4 \\ 1 & -1 & -4 \\ -1 & 2 & 6 \end{bmatrix}$$

행렬 A 의 고유다항식은 다음과 같다.

$$f(x) = \begin{vmatrix} x-1 & 1 & -4 \\ -1 & x+1 & 4 \\ 1 & -2 & -6 \end{vmatrix}$$

$$= x^3 - 6x^2 + 12x - 8 = (x-2)^3$$

2	1	-6	12	-8
		2	-8	8
	1	-4	4	0

따라서 A 의 고유치는 $\lambda = 2$ 뿐이다. 그리고, A 의 최소다항식 $p(x)$ 는

$$x-2, \quad (x-2)^2, \quad (x-2)^3$$

중의 하나이며

$$A - 2I_3 = \begin{bmatrix} -1 & -1 & 4 \\ 1 & -3 & -4 \\ -1 & 2 & 4 \end{bmatrix}, \quad (A - 2I_3)^2 = \begin{bmatrix} -4 & 12 & 16 \\ 0 & 0 & 0 \\ -1 & 3 & 4 \end{bmatrix}$$

는 모두 영행렬이 아니므로 $p(x) = (x-2)^3 = f(x)$ 이다. 그러므로,

$$m = 3 = s_1, \qquad t = 1$$

이고 A 의 Jordan 표준형은 다음과 같다.

$$B = \begin{bmatrix} 2 & 0 & 0 \\ 1 & 2 & 0 \\ 0 & 1 & 2 \end{bmatrix}$$

이제 $V = \mathbb{R}^3$ 이라 하고

$$\mathrm{H} = \{ w \in V \mid (A - 2 1_V)^2(w) = \mathbf{0} \}$$

이라고 하자. 이 때, H 는 동차 연립일차방정식

$$(A - 2I_3)^2 \begin{bmatrix} x_1 \\ x_2 \\ x_3 \end{bmatrix} = \begin{bmatrix} 0 \\ 0 \\ 0 \end{bmatrix}$$

$$(A - 2I_3)^2 = \begin{bmatrix} -4 & 12 & 16 \\ 0 & 0 & 0 \\ -1 & 3 & 4 \end{bmatrix} \longrightarrow \begin{bmatrix} 1 & -3 & -4 \\ 0 & 0 & 0 \\ 0 & 0 & 0 \end{bmatrix}$$

의 해공간이고 이 해공간은 동차 일차 방정식

$$x_1 - 3x_2 - 4x_3 = 0$$

의 해공간과 일치하므로 H 는 다음과 같다.

$$\mathrm{H} = \{(x_1, x_2, x_3) \in V \mid x_1 - 3x_2 - 4x_4 = 0\}, \quad \dim_{\mathbb{R}} \mathrm{H} = 2$$

또, 고유치 2 에 대응하는 A 의 고유공간 E 는 동차 연립일차방정식

$$(A - 2I_3)\begin{bmatrix} x_1 \\ x_2 \\ x_3 \end{bmatrix} = \begin{bmatrix} 0 \\ 0 \\ 0 \end{bmatrix} \qquad A - 2I_3 = \begin{bmatrix} -1 & -1 & 4 \\ 1 & -3 & -4 \\ -1 & 2 & 4 \end{bmatrix} \longrightarrow \begin{bmatrix} 1 & 0 & -4 \\ 0 & 1 & 0 \\ 0 & 0 & 0 \end{bmatrix}$$

의 해공간이므로 다음이 성립한다.

$$\mathrm{E} = \langle (4, 0, 1) \rangle \subset \mathrm{H}_1$$

그런데, 벡터 $w_1 = (1, 0, 0) \notin \mathrm{H}$ 을 택하면

$$(A - 2I_3)\begin{bmatrix} 1 \\ 0 \\ 0 \end{bmatrix} = \begin{bmatrix} -1 \\ 1 \\ -1 \end{bmatrix}, \quad (A - 2I_3)\begin{bmatrix} -1 \\ 1 \\ -1 \end{bmatrix} = \begin{bmatrix} -4 \\ 0 \\ -1 \end{bmatrix}$$

이므로

$$w_2 = (-1, 1, -1), \; w_3 = (-4, 0, -1)$$

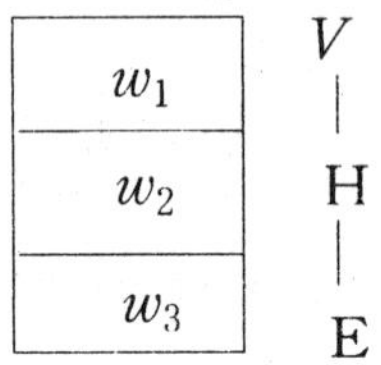

이라고 하면 $w_2 \in \mathrm{H}$, $w_3 \in \mathrm{E}$ 이므로 다음이 성립한다.

$$(L_A - 21_V)(w_1) = (-1, 1, -1) = w_2,$$
$$L_A(w) - 2w_1 = w_2 \quad 즉 \quad L_A(w_1) = 2w_1 + w_2$$
$$(L_A - 21_V)(w_2) = (-4, 0, -1) = w_3$$
$$L_A(w_2) - 2w_2 = w_3 \quad 즉 \quad L_A(w_2) = 2w_2 + w_3$$
$$(L_A - 21_V)(w_3) = \mathbf{0} \qquad 즉 \quad L_A(w_3) = 2w_3$$

따라서 $\mathbf{C} = \langle w_1, (L_A - 21_V)(w_1), (L_A - 21_V)^2(w_1) \rangle$ 이라고 하면, $\mathbf{C} = \langle w_1, w_2, w_3 \rangle = V$ 이므로 $\mathscr{C} = \{w_1, w_2, w_3\}$ 는 V의 기저이고 또 다음이 성립한다(정리 6.1.3).

$$\begin{aligned} L_A(w_1) &= 2w_1 + w_2 \\ L_A(w_2) &= \qquad 2w_2 + w_3 \\ L_A(w_3) &= \qquad\qquad 2w_3 \end{aligned} \qquad [L_A]_{\mathscr{C}} = \begin{bmatrix} 2 & 0 & 0 \\ 1 & 2 & 0 \\ 0 & 1 & 2 \end{bmatrix} = B$$

$$B = P^{-1}AP, \quad P = \begin{bmatrix} 1 & -1 & -4 \\ 0 & 1 & 0 \\ 0 & -1 & -1 \end{bmatrix}$$

보기 10.6.4 실수체 $\mathbb{R}$ 위에서 다음 행렬을 생각해 보자.

$$A = \begin{bmatrix} 0 & 2 & 1 \\ -4 & 6 & 2 \\ 4 & -4 & 0 \end{bmatrix}$$

먼저 행렬 A 의 고유다항식은

$$f(x) = x^3 - 6x^2 + 12x - 8 = (x-2)^3$$

이므로 행렬 A 의 고유치는 $\lambda = 2$ 뿐이다. 따라서 A 의 최소다항식 $p(x)$ 는 $x-2$, $(x-2)^2$, $(x-2)^3$ 중의 하나와 같고 또

$$A - 2I_3 = \begin{bmatrix} -2 & 2 & 1 \\ -4 & 4 & 2 \\ 4 & -4 & -2 \end{bmatrix} \neq O_3, \qquad (A - 2I_3)^2 = O_3$$

이므로 $p(x) = (x-2)^2$ 이다. 따라서 A 의 Jordan 표준형은 다음과 같다.

$$B = \left[\begin{array}{cc:c} 2 & 0 & 0 \\ 1 & 2 & 0 \\ \hdashline 0 & 0 & 2 \end{array}\right]$$

이제 $V = \mathbb{R}^3$ 이라 하고 E 를 고유치 $\lambda = 2$ 에 대응하는 고유공간이라고 하면, E 는 동차 연립일차방정식

$$(A - 2I_3)\begin{bmatrix} x_1 \\ x_2 \\ x_3 \end{bmatrix} = \begin{bmatrix} 0 \\ 0 \\ 0 \end{bmatrix}$$

$$A - 2I_3 = \begin{bmatrix} -2 & 2 & 1 \\ -4 & 4 & 2 \\ 4 & -4 & -2 \end{bmatrix} \longrightarrow \begin{bmatrix} 2 & -2 & -1 \\ 0 & 0 & 0 \\ 0 & 0 & 0 \end{bmatrix}$$

의 해공간이고 이 해공간은 동차 일차 방정식

$$2x_1 - 2x_2 - x_3 = 0$$

의 해공간과 일치하므로 E 는 다음과 같다.

$$\mathrm{E} = \{(x_1, x_2, x_3) \in V \mid 2x_1 - 2x_2 - x_3 = 0\}, \qquad \dim \mathrm{E} = 2$$

그런데, 벡터 $w_1 = (1, 0, 0) \in V - \mathrm{E}$ 를 택하면,

$$(A - 2I_3)\begin{bmatrix} 1 \\ 0 \\ 0 \end{bmatrix} = \begin{bmatrix} -2 \\ -4 \\ 4 \end{bmatrix}$$

이므로 $w_2 = (-2, -4, 4)$ 이라고 할 때 $w_2 \in \mathrm{E}$ 이므로 다음이 성립한다.

$$(L_A - 2\,1_V)(w_1) = (-2, -4, 4) = w_2$$
$$L_A(w_1) - 2\,w_1 = w_2 \quad \text{즉} \quad L_A(w_1) = 2\,w_1 + w_2$$
$$(L_A - 2\,1_V)(w_2) = \mathbf{0} \quad \text{즉} \quad L_A(w_2) = 2\,w_2$$

따라서

$$\mathbf{C}_1 = \langle\, w_1,\ (L_A - 2\,1_V)(w_1)\,\rangle = \langle\, w_1,\ w_2\,\rangle$$

이라고 하면, $\mathbf{C}_1$ 은 동차 일차방정식

$$\begin{vmatrix} x_1 & x_2 & x_3 \\ 1 & 0 & 0 \\ -2 & -4 & 4 \end{vmatrix} = 0 \quad \text{즉} \quad x_2 + x_3 = 0$$

의 해공간이므로 다음이 성립한다(정리 4.7.2).

$$\mathbf{C}_1 = \{(x_1, x_2, x_3) \in V \mid x_2 + x_3 = 0\}$$

다음에 벡터 $w_3 = (1, 1, 0) \notin \mathbf{C}_1$ 를 택하면, $w_3 \in \mathrm{E}$ 이므로 $L_A(w_3) = 2\,w_3$ 이고 $\mathbf{C}_2 = \langle\, w_3 \,\rangle$ 라고 하면 다음이 성립한다.

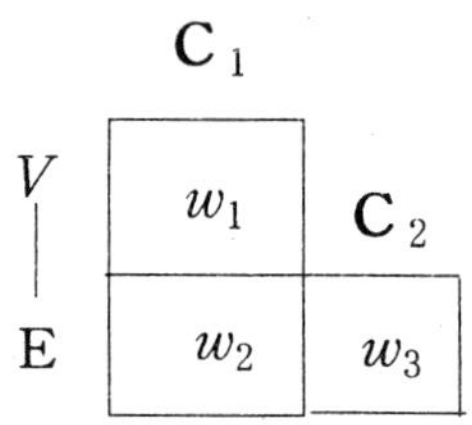

$$V = \mathbf{C}_1 \oplus \mathbf{C}_2 = \langle\, w_1,\ w_2,\ w_3 \,\rangle$$

그러므로,

$$\mathscr{C} = \{\, w_1,\ w_2,\ w_3 \} = \{(1,0,0), (-2,-4,4), (1,1,0)\}$$

는 V 의 기저이고, 또 다음이 성립한다(정리 6.1.3).

$$\begin{aligned} L_A(w_1) &= 2\,w_1 + w_2 \\ L_A(w_2) &= \quad\ \ 2\,w_2 \\ L_A(w_3) &= \qquad\quad 2\,w_3 \end{aligned} \qquad [L_A]_{\mathscr{C}} = \begin{bmatrix} 2 & 0 & 0 \\ 1 & 2 & 0 \\ 0 & 0 & 2 \end{bmatrix} = B$$

$$B = P^{-1}AP, \qquad P = \begin{bmatrix} 1 & -2 & 1 \\ 0 & -4 & 1 \\ 0 & 4 & 0 \end{bmatrix}$$

연 습 문 제 (10.6)

1. 실수체 $\mathbb{R}$ 위의 4 차원 벡터공간 V 위에서 선형변환 $T : V \longrightarrow V$ 의 고유다항식이 $f(x) = (x-3)^4$ 일 때, T 의 가능한 최소다항식과 Jordan 표준형을 구하여라.

2. 실수체 $\mathbb{R}$ 위의 행렬을

$$A = \begin{bmatrix} 2 & 2 & -1 \\ -1 & -1 & 1 \\ -1 & -2 & 2 \end{bmatrix}$$

에 대하여 다음 물음에 답하여라.

(1) 행렬 A 의 고유다항식 $f(x)$ 와 A 의 최소다항식 $p(x)$ 는 각각

$$f(x) = (x-1)^3, \quad p(x) = (x-1)^2$$

임을 확인하고 또 A 의 Jordan 표준형 B 를 구하여라.

(2) A 의 고유치 $\lambda = 1$ 에 대응하는 고유공간 E 를 구하고, 또

$$B = P^{-1}AP$$

인 정칙행렬 P 를 구하여라.

3. 실수체 $\mathbb{R}$ 위의 4 차원 벡터공간 V 에서 기저 $\mathscr{B} = \{v_1, v_2, v_3, v_4\}$ 에 관한 선형변환 $T : V \longrightarrow V$ 의 행렬 $[T]_{\mathscr{B}}$ 가 다음과 같다고 하자.

$$[T]_{\mathscr{B}} = \begin{bmatrix} 7 & 1 & 2 & 2 \\ 1 & 4 & -1 & -1 \\ -2 & 1 & 5 & -1 \\ 1 & 1 & 2 & 8 \end{bmatrix}$$

이 때, 다음 물음에 답하여라.

(1) 행렬 $[T]_{\mathscr{B}}$ 의 고유다항식은 $f(x) = (x-6)^4$ 임을 밝혀라.

(2) $\mathrm{E} = \ker(T - 61_V)$ 를 구하여라.

(3) $W = \ker(T - 61_V)^2$ 를 구하여라.

§ 10.7 Jordan 표준형

이 절에서는, § 10.6 에 이어 특수한 경우에 대하여 논한다.

정리 10.7.1 체 F 위의 n 차원 벡터공간 V 에서 선형변환 $T \in \mathrm{End}_F(V)$ 의 고유다항식이 $f(x) = (x-\lambda_1)^{n_1} \cdots (x-\lambda_r)^{n_r}$ 일 때, T 의 최소다항식은

$$p(x) = (x-\lambda_1)^{m_1} \cdots (x-\lambda_r)^{m_r} \qquad (1 \le m_i \le n_i)$$

과 같은 꼴이며, 각 i $(1 \le i \le r)$ 에 대하여

$$\mathrm{H}_i = \ker (T-\lambda_i 1_V)^{m_i} = \{ w \in V \mid (T-\lambda_i 1_V)^{m_i}(w) = \mathbf{0} \},$$
$$\mathrm{E}_i = \ker (T-\lambda_i 1_V) = \{ w \in V \mid T(w) = \lambda w \}$$

이라고 하면 다음이 성립한다.

(1) $V = \mathrm{H}_1 \oplus \cdots \oplus \mathrm{H}_r$ 이고 각 H_i 는 T-불변 부분공간이다.

(2) 모든 양의 정수 k 에 대하여

$$\mathrm{E}_i \subseteq \ker (T - \lambda_i 1_V)^k \subseteq \ker (T - \lambda_i 1_V)^{m_i} = \mathrm{H}_i$$

(3) 각 i $(1 \le i \le r)$ 에 대하여 $T_i : \mathrm{H}_i \longrightarrow \mathrm{H}_i$ 를 T 에 의하여 유도된 선형변환이라 하고 $f_i(x)$, $p_i(x)$ 를 각각 T_i 의 고유다항식, 최소다항식이라고 하면 $f_i(x) = (x-\lambda_i)^{n_i}$, $p_i(x) = (x-\lambda_i)^{m_i}$, $\dim_F \mathrm{H}_i = n_i$ 이다.

(4) 각 i $(1 \le i \le r)$ 에 대하여 다음 세 조건을 만족시키는 t_i 개의 벡터 $w_{i1}, \cdots, w_{it_i} \in \mathrm{H}_i$ 와 t_i 개의 양의 정수 $s_{i1}, \cdots, s_{it_i}$ 가 존재한다.

(i) $\mathrm{H}_i = \mathbf{C}_{i1} \oplus \cdots \oplus \mathbf{C}_{it_i}$ 여기서 각 $\mathbf{C}_{ij}$ 는

$$\mathscr{C}_{ij} = \{ w_{ij}, (T - \lambda_i 1_V)(w_{ij}), \cdots, (T - \lambda_i 1_V)^{s_{ij}-1}(w_{ij}) \}$$

를 기저로 가지는 T-불변 부분공간이다.

(ii) 각 벡터 w_{ij} 의 T-최소다항식은 $(x-\lambda_i)^{s_{ij}}$ 이다.

(iii) $m_i = s_{i1} \ge \cdots \ge s_{it_i} \ge 1$, $\quad s_{i1} + \cdots + s_{it_i} = n_i$

(iv) $t_i = \dim_F \mathrm{E}_i$

더욱이, 각 i $(1 \le i \le r)$ 에 대하여 $\mathscr{C}_i = \mathscr{C}_{i1} \cup \cdots \cup \mathscr{C}_{it_i}$ 는 H_i 의 기저이고 $\mathscr{C} = \mathscr{C}_1 \cup \cdots \cup \mathscr{C}_r$ 는 V 의 기저이며 $[T]_{\mathscr{C}}$ 는 다음과 같다.

$$[T]_{\mathscr{C}} = \mathrm{diag}\{J_1, \cdots, J_r\}, \quad J_i = \mathrm{diag}\{J_{i1}, \cdots, J_{it_i}\}$$

$$[T]_{\mathscr{C}} = \mathrm{diag}\{J_{11}, \cdots, J_{1t_1}, \cdots, J_{r1}, \cdots, J_{rt_r}\},$$

$$J_{ij} = \begin{bmatrix} \lambda_i & 0 & \cdots & 0 & 0 \\ 1 & \lambda_i & \cdots & 0 & 0 \\ 0 & 1 & \cdots & 0 & 0 \\ \vdots & \vdots & \ddots & \vdots & \vdots \\ 0 & 0 & \ddots & \lambda_i & 0 \\ 0 & 0 & \cdots & 1 & \lambda_i \end{bmatrix}_{s_{ij} \times s_{ij}}$$

여기서, 행렬 $[T]_{\mathscr{C}}$ 를 선형변환 T 의 **Jordan 표준형**이라고 한다.

증 명 정리 10.5.4 에 의하여 정리의 (1), (2), (3) 이 성립한다.

또, 각 i $(1 \le i \le r)$ 에 대하여 선형변환 $T_i : \mathrm{H}_i \longrightarrow \mathrm{H}_i$ 에 정리 10.6.1 을 적용하면 정리의 (4) 를 얻는다.

더욱이 각 i $(1 \le i \le r)$ 에 대하여 $\mathscr{C}_i = \mathscr{C}_{i1} \cup \cdots \cup \mathscr{C}_{it_i}$ 는 H_i 의 기저이고 다음이 성립한다(정리 10.6.1).

$$[T_i]_{\mathscr{C}_i} = \mathrm{diag}\{J_{i1}, \cdots, J_{it_i}\}$$

따라서 정리 10.4.2 에 의하여 $\mathscr{C} = \mathscr{C}_1 \cup \cdots \cup \mathscr{C}_r$ 는 V 의 기저이고 다음이 성립한다.

$$\begin{aligned}[T]_{\mathscr{C}} &= \mathrm{diag}\{[T_1]_{\mathscr{C}_1}, \cdots, [T_r]_{\mathscr{C}_r}\}, \\ &= \mathrm{diag}\{J_{11}, \cdots, J_{1t_1}, \cdots, J_{r1}, \cdots, J_{rt_r}\}\end{aligned}$$

앞의 정리에서 각 i $(1 \le i \le r)$ 에 대하여 양의 정수 t_i 와 $s_{i1}. \cdots, s_{it_i}$ 는 유일하게 정해지지만 벡터 $w_{i1}, \cdots, w_{it_i}$ 는 유일하지는 않으며 J_{ij} 의 순서를 무시한다면 Jordan 표준형 $[T]_{\mathscr{C}}$ 는 유일하게 결정된다.

그리고, 체 F 위의 n 차의 행렬 A 에 대하여 선형변환 $L_A : F^n \longrightarrow F^n$ 의 Jordan 표준형 B 를 A 의 **Jordan 표준형**이라고 한다.

앞의 정리에 의하여 다음 세 따름정리가 성립한다.

따름정리 10.7.2 체 F 위의 n 차의 행렬 A 의 고유다항식이

$$f(x) = (x-\lambda_1)^{n_1} \cdots (x-\lambda_r)^{n_r} \qquad (n_i \geq 1)$$

일 때, A 의 최소다항식은

$$p(x) = (x-\lambda_1)^{m_1} \cdots (x-\lambda_r)^{m_r} \qquad (1 \leq m_i \leq n_i)$$

과 같은 꼴이고 또 A 의 [L_A 의] Jordan 표준형 B 는 다음과 같은 꼴의 행렬이다.

$$B = \operatorname{diag}\{J_{11}, \cdots, J_{1t_1}, \cdots, J_{r1}, \cdots, J_{rt_r}\}$$
$$m_i = s_{i1} \geq \cdots \geq s_{it_i} \geq 1, \quad s_{i1} + \cdots + s_{it_i} = n_i$$
$$t_i = n(A - \lambda_i I_n) = n - r(A - \lambda_i I_n)$$

그리고, 적당한 정칙행렬 $P \in \mathrm{Mat}_n(F)$ 에 대하여 $B = P^{-1}AP$ 이다.

따름정리 10.7.3 체 F 위의 n 차원 벡터공간 V 에서 T 를 V 위의 선형변환이라 하고 또 A 를 체 F 위의 n 차의 행렬이라고 하자.

이 때, T 의 [A 의] 최소다항식 $p(x)$ 의 표준분해가

$$p(x) = (x-\lambda_1)^{m_1} \cdots (x-\lambda_r)^{m_r} \qquad (m_i \geq 1)$$

이면, T 의 [A 의] 고유다항식 $f(x)$ 의 표준분해는 다음과 같은 꼴이다.

$$f(x) = (x-\lambda_1)^{n_1} \cdots (x-\lambda_r)^{n_r} \qquad (1 \leq m_i \leq n_i)$$

따름정리 10.7.4 체 F 위의 n 차원 벡터공간에서의 선형변환 T 와 체 F 위의 n 차의 행렬 A 가 중복을 허락하여 n 개의 고유치 $\lambda_1, \lambda_2, \cdots, \lambda_n \in F$ 를 가질 때, T 와 A 의 Jordan 표준형은 다음과 같은 꼴이다.

$$B = \begin{bmatrix} \lambda_1 & 0 & \cdots & 0 & 0 & 0 \\ * & \lambda_2 & \cdots & 0 & 0 & 0 \\ 0 & * & \cdots & 0 & 0 & 0 \\ \vdots & \vdots & \ddots & \ddots & \vdots & \\ 0 & 0 & \cdots & * & \lambda_{n-1} & 0 \\ 0 & 0 & \cdots & 0 & * & \lambda_n \end{bmatrix} \qquad (*\text{ 는 } 0 \text{ 또는 } 1)$$

보기 10.7.1 실수체 $\mathbb{R}$ 위의 8 차원 벡터공간 V에서 선형변환 T의 고유다항식 $f(x)$ 와 최소다항식 $p(x)$ 가 각각 다음과 같다고 하자.

$$f(x) = x^4(x-2)^2(x-3)^2, \quad p(x) = x^3(x-2)^2(x-3)$$

이 때, T의 고유치는 $\lambda_1 = 0$, $\lambda_2 = 2$, $\lambda_3 = 3$ 이다. 이제

$$\mathrm{H}_1 = \ker T^3, \ \mathrm{H}_2 = \ker (T-2 1_V)^2, \ \mathrm{H}_3 = \ker (T-3 1_V)$$

이라 하고 또 E_1, E_2, E_3 를 각각 고유치 $\lambda_1 = 0$, $\lambda_2 = 2$, $\lambda_3 = 3$ 에 대응하는 고유공간이라고 하면 다음이 성립한다.

$$V = \mathrm{H}_1 \oplus \mathrm{H}_2 \oplus \mathrm{H}_3$$

$$\begin{array}{lll} \dim \mathrm{H}_1 = n_1 = 4, & m_1 = 3 = s_{11},\ s_{12} = 1, & \dim \mathrm{E}_1 = t_1 = 2, \\ \dim \mathrm{H}_2 = n_2 = 2, & m_2 = 2 = s_{21}, & \dim \mathrm{E}_2 = t_2 = 1, \\ \dim \mathrm{H}_3 = n_3 = 2 & m_3 = 1 = s_{31},\ s_{32} = 1, & \dim \mathrm{E}_3 = t_3 = 2 \end{array}$$

따라서 선형변환 T의 Jordan 표준형은 다음과 같다.

$$B = \begin{bmatrix} 0 & 0 & 0 & 0 & 0 & 0 & 0 & 0 \\ 1 & 0 & 0 & 0 & 0 & 0 & 0 & 0 \\ 0 & 1 & 0 & 0 & 0 & 0 & 0 & 0 \\ 0 & 0 & 0 & 0 & 0 & 0 & 0 & 0 \\ 0 & 0 & 0 & 0 & 2 & 0 & 0 & 0 \\ 0 & 0 & 0 & 0 & 1 & 2 & 0 & 0 \\ 0 & 0 & 0 & 0 & 0 & 0 & 3 & 0 \\ 0 & 0 & 0 & 0 & 0 & 0 & 0 & 3 \end{bmatrix}$$

보기 10.7.2 다음 행렬을 생각해 보자(보기 10.5.3 참조)

$$A = \begin{bmatrix} 0 & -1 & 0 & -1 & 0 \\ 0 & 0 & 4 & 0 & -4 \\ -2 & 0 & 3 & -2 & -2 \\ 1 & 0 & -1 & 2 & 1 \\ -2 & 1 & 3 & -2 & -2 \end{bmatrix}$$

(1) A를 실수체 $\mathbb{R}$ 위의 행렬로 생각하는 경우

행렬 A의 고유다항식 $f(x)$ 와 최소다항식 $p(x)$ 는 실수체 $\mathbb{R}$ 위에서

$$f(x) = (x-1)^3(x^2+4), \quad p(x) = (x-1)^2(x^2+4)$$

으로 인수분해되므로 A 의 유리 표준형은 다음과 같다(보기 10.5.3).

$$B = \begin{bmatrix} 0 & -1 & 0 & 0 & 0 \\ 1 & 2 & 0 & 0 & 0 \\ 0 & 0 & 1 & 0 & 0 \\ 0 & 0 & 0 & 0 & -4 \\ 0 & 0 & 0 & 1 & 0 \end{bmatrix}$$

그러나, 실수체 $\mathbb{R}$ 위에서 A 의 Jordan 표준형은 없다.

(2) A 를 복소수체 $\mathbb{C}$ 위의 행렬로 생각하는 경우

행렬 A 의 고유다항식 $f(x)$ 와 최소다항식 $p(x)$ 는 복소수체 $\mathbb{C}$ 위에서

$$f(x) = (x-1)^3(x-2i)(x+2i), \quad p(x) = (x-1)^2(x-2i)(x+2i)$$

로 인수분해되므로, A 의 유리 표준형과 Jordan 표준형은 다음과 같다.

$$B = \begin{bmatrix} 0 & -1 & 0 & 0 & 0 \\ 1 & 2 & 0 & 0 & 0 \\ 0 & 0 & 1 & 0 & 0 \\ 0 & 0 & 0 & 2i & 0 \\ 0 & 0 & 0 & 0 & -2i \end{bmatrix}, \quad B = \begin{bmatrix} 1 & 0 & 0 & 0 & 0 \\ 1 & 1 & 0 & 0 & 0 \\ 0 & 0 & 1 & 0 & 0 \\ 0 & 0 & 0 & 2i & 0 \\ 0 & 0 & 0 & 0 & -2i \end{bmatrix}$$

보기 10.7.3 실수체 $\mathbb{R}$ 위에서 다음 행렬을 생각해 보자.

$$A = \begin{bmatrix} 3 & 1 & -2 \\ -1 & 0 & 5 \\ -1 & -1 & 4 \end{bmatrix}$$

행렬 A 의 고유다항식은 다음과 같다.

$$f(x) = x^3 - 7x^2 + 16x - 12 = (x-2)^2(x-3)$$

이므로 A 의 고유치는 $\lambda_1 = 2$ (이중근), $\lambda_2 = 3$ 이고, A 의 최소다항식은 다음 중의 하나이다.

$$p(x) = (x-2)(x-3) \quad \text{또는} \quad p(x) = (x-2)^2(x-3)$$

한편,

$$A-2I_3 = \begin{bmatrix} 1 & 1 & -2 \\ -1 & -2 & 5 \\ -1 & -1 & 2 \end{bmatrix}, \quad A-3I_3 = \begin{bmatrix} 0 & 1 & -2 \\ -1 & -3 & 5 \\ -1 & -1 & 1 \end{bmatrix}$$

이고 $(A-2I_3)(A-3I_3) \neq O_3$ 이므로 A 의 최소다항식은 다음과 같다.

$$p(x) = (x-2)^2(x-3) = f(x)$$

따라서 A 의 Jordan 표준형 B 는 다음과 같다.

$$B = \left[\begin{array}{cc:c} 2 & 0 & 0 \\ 1 & 2 & 0 \\ \hdashline 0 & 0 & 3 \end{array}\right]$$

이제 $V = \mathbb{R}^3$ 이라 하고

$$\mathrm{H}_1 = \ker(L_A - 2\,1_V)^2, \quad \mathrm{E}_1 = \ker(L_A - 2\,1_V)$$

$$\mathrm{H}_2 = \ker(L_A - 3\,1_V), \quad \mathrm{E}_2 = \ker(L_A - 3\,1_V)$$

이라고 하면, $\mathrm{E}_1 \subset \mathrm{H}_1$, $\mathrm{E}_2 = \mathrm{H}_2$ 이고 다음이 성립한다(정리 10.7.1).

$$V = \mathrm{H}_1 \oplus \mathrm{H}_2, \qquad \dim \mathrm{H}_1 = 2, \quad \dim \mathrm{H}_2 = 1$$

먼저 H_1 은 동차 일차방정식

$$(A-2I_3)^2 \begin{bmatrix} x_1 \\ x_2 \\ x_3 \end{bmatrix} = \begin{bmatrix} 0 \\ 0 \\ 0 \end{bmatrix}$$

의 해공간이고 이것은 동차 일차방정식

$$(A-2I_3)^2 = \begin{bmatrix} 2 & 1 & -1 \\ -4 & -2 & 2 \\ -2 & -1 & 1 \end{bmatrix} \longrightarrow \begin{bmatrix} 2 & 1 & -1 \\ 0 & 0 & 0 \\ 0 & 0 & 0 \end{bmatrix}$$

$$2x_1 + x_2 - x_3 = 0$$

의 해공간과 일치하므로 다음 결과를 얻는다.

$$\mathrm{H}_1 = \{(x_1, x_2, x_3) \in V \mid 2x_1 + x_2 - x_3 = 0\}$$

한편, E_1 은 동차 연립일차방정식

$$(A-2I_3) \begin{bmatrix} x_1 \\ x_2 \\ x_3 \end{bmatrix} = \begin{bmatrix} 0 \\ 0 \\ 0 \end{bmatrix}$$

$$A - 2I_3 = \begin{bmatrix} 1 & 1 & -2 \\ -1 & -2 & 5 \\ -1 & -1 & 2 \end{bmatrix} \longrightarrow \begin{bmatrix} 1 & 0 & 1 \\ 0 & 1 & -3 \\ 0 & 0 & 0 \end{bmatrix}$$

의 해공간이므로 $\mathrm{E}_1 = \langle(-1, 3, 1)\rangle$ 이다.

그런데, 벡터 $w_1 = (1, -2, 0) \in \mathrm{H}_1 - \mathrm{E}_1$ 을 택하면

$$(A-2I_3)\begin{bmatrix} 1 \\ -2 \\ 0 \end{bmatrix} = \begin{bmatrix} -1 \\ 3 \\ 1 \end{bmatrix}, \quad (A-2I_3)\begin{bmatrix} -1 \\ 3 \\ 1 \end{bmatrix} = \begin{bmatrix} 0 \\ 0 \\ 0 \end{bmatrix}$$

이므로 $w_2 = (-1, 3, 1)$ 이라고 하면

$$(L_A - 2\,1_V)(w_1) = w_2$$

$$\text{즉}\quad L_A(w_1) = 2w_1 + w_2$$

$$(L_A - 2\,1_V)(w_2) = \mathbf{0}$$

$$\text{즉}\quad L_A(w_2) = 2w_2$$

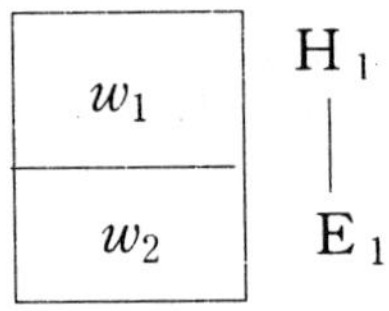

이고 $\mathrm{H}_1 = \langle w_1, w_2 \rangle$, $\mathrm{E}_1 = \langle w_2 \rangle$ 이다.

다음에 $\mathrm{H}_2 = \mathrm{E}_2$는 동차 연립일차방정식

$$(A - 3I_3)\begin{bmatrix} x_1 \\ x_2 \\ x_3 \end{bmatrix} = \begin{bmatrix} 0 \\ 0 \\ 0 \end{bmatrix} \qquad A - 3I_3 = \begin{bmatrix} 0 & 1 & -2 \\ -1 & -3 & 5 \\ -1 & -1 & 1 \end{bmatrix} \longrightarrow \begin{bmatrix} 1 & 0 & 1 \\ 0 & 1 & -2 \\ 0 & 0 & 0 \end{bmatrix}$$

이므로 다음 결과를 얻는다.

$$\mathrm{H}_2 = \mathrm{E}_2 = \langle(-1, 2, 1)\rangle$$

이고, 따라서 $w_3 = (-1, 2, 1) \in \mathrm{H}_2$ 를 택하면,

$$V = \mathrm{H}_1 \oplus \mathrm{H}_2 = \langle w_1, w_2, w_3 \rangle$$

이고 또

$$\mathscr{C} = \{w_1, w_2, w_3\} = \{(1, -2, 0), (-1, 3, 1), (-1, 2, 1)\}$$

는 V의 기저이다. 그리고, 다음이 성립한다.

$$\begin{aligned} L_A(w_1) &= 2w_1 + w_2 \\ L_A(w_2) &= 2w_2 \\ L_A(w_3) &= 3w_3 \end{aligned} \qquad [L_A]_{\mathscr{C}} = \begin{bmatrix} 2 & 0 & 0 \\ 1 & 2 & 0 \\ 0 & 0 & 3 \end{bmatrix} = B$$

$$B = P^{-1}AP, \qquad P = \begin{bmatrix} 1 & -1 & -1 \\ -2 & 3 & 2 \\ 0 & 1 & 1 \end{bmatrix}$$

정리 10.7.5 체 F 위의 n차의 두 행렬 A, B가 모두 중복을 허락하여 n개의 고유치 $\lambda_1, \cdots, \lambda_n$을 가진다고 하자. 이들 고유치를 같은 순서로 정리하여 얻은 A, B의 Jordan 표준형을 J_A, J_B라고 할 때, A와 B가 서로 닮은 행렬이기 위한 필요충분조건은 $J_A = J_B$인 것이다.

증 명 먼저 두 행렬 A, B가 서로 닮은 행렬이면, A의 고유다항식과 최소다항식은 각각 B의 고유다항식, 최소다항식과 일치하고(정리 10.3.13). 따라서 $J_A = J_B$ 이다(따름정리 10.7.2).

이제 $J_A = J_B$ 이라고 하자. 따름정리 10.7.2 에 의하여 적당한 두 정칙행렬 P, Q에 대하여 $J_A = P^{-1}AP$, $J_B = Q^{-1}BQ$ 이고 이때

$$P^{-1}AP = Q^{-1}BQ \quad 즉 \quad B = (PQ^{-1})^{-1}A(PQ^{-1})$$

이므로 A와 B는 서로 닮은 행렬이다.

보기 10.7.4 실수체 $\mathbb{R}$ 위에서 다음 행렬을 생각해 보자.

$$A = \begin{bmatrix} -3 & 3 & -2 \\ -7 & 6 & -3 \\ 1 & -1 & 2 \end{bmatrix}, \qquad B = \begin{bmatrix} 0 & 1 & -1 \\ -4 & 4 & -2 \\ -2 & 1 & 1 \end{bmatrix},$$

$$C = \begin{bmatrix} 0 & -1 & -1 \\ -3 & -1 & -2 \\ 7 & 5 & 6 \end{bmatrix}, \qquad D = \begin{bmatrix} 0 & 1 & 2 \\ 0 & 1 & 1 \\ 0 & 0 & 2 \end{bmatrix}$$

행렬 A, B, C의 고유다항식은 모두

$$f(x) = (x-1)(x-2)^2$$

이지만 D의 고유다항식은

$$g(x) = x(x-1)(x-2)$$

이므로 D는 A, B, C 어느 행렬과도 닮은 행렬이 아니다.

그런데, 세 행렬 A, B, C의 고유치는

$$\lambda_1 = 1, \quad \lambda_2 = 2$$

뿐이고 이들 고유치의 순서에 따라 A, B, C의 Jordan 표준형 J_A, J_B, J_C는 각각 다음과 같다.

$$J_A = \begin{bmatrix} 1 & 0 & 0 \\ 0 & 2 & 0 \\ 0 & 1 & 2 \end{bmatrix}, \quad J_B = \begin{bmatrix} 1 & 0 & 0 \\ 0 & 2 & 0 \\ 0 & 0 & 2 \end{bmatrix}, \quad J_C = \begin{bmatrix} 1 & 0 & 0 \\ 0 & 2 & 0 \\ 0 & 1 & 2 \end{bmatrix}$$

따라서 A와 C는 서로 닮은 행렬이지만, A와 B는 닮은 행렬이 아니고 또 B와 C도 서로 닮은 행렬이 아니다.

정리 10.7.1 에서 논한 T-불변 부분공간 H_i에 대하여 다시 생각해 보자.

정의 10.7.6 체 F 위의 벡터공간 V에서 $T: V \longrightarrow V$를 선형변환이라 하고 $\lambda \in F$ 라고 하자. 적당한 양의 정수 i에 대하여

$$(T-\lambda 1_V)^i(w) = \mathbf{0}$$

인 벡터 $w \in V$, $w \neq \mathbf{0}$가 존재할 때, w를 λ에 대응하는 T의 **일반 고유벡터**(一般 固有벡터, geralized eigenvector)라고 한다.

정리 10.7.7 체 F 위의 벡터공간 V 에서 선형변환 $T: V \longrightarrow V$ 에 대하여 $\lambda \in F$에 대응하는 T의 일반 고유벡터가 존재하면 λ는 T의 고유치이다.

증 명 적당한 양의 정수 i에 대하여 $(T-\lambda 1_V)^i(w) = \mathbf{0}$ 이면,

$$(T-\lambda 1_V)^{k-1}(w) \neq \mathbf{0}, \qquad (T-\lambda 1_V)^k(w) = \mathbf{0}$$

인 양의 정수 k가 존재하고, 이때

$$u = (T-\lambda 1_V)^{k-1}(w) \neq \mathbf{0},$$

$$(T-\lambda 1_V)(u) = (T-\lambda 1_V)^k(w) = \mathbf{0}$$

즉 $T(u) = \lambda u$ 이므로 λ는 T의 고유치이다.

정리 10.7.8 체 F 위의 n차원 벡터공간 V에서 선형변환 $T \in \mathrm{End}_F(V)$에 대하여 $\lambda \in F$가 T의 고유치일 때, 각 양의 정수 i에 대하여

$$\mathrm{H}_{\lambda, i} = \ker(T-\lambda 1_V)^i = \{ w \in V \mid (T-\lambda 1_V)^i(w) = \mathbf{0} \}$$

이라고 하면 다음 (1) ~ (3)이 성립한다.

(1) 각 양의 정수 i에 대하여 $\mathrm{H}_{\lambda, i}$는 V의 T-불변 부분공간이다.
특히, $\mathrm{H}_{\lambda, 1}$은 λ에 대응하는 T의 고유공간 E_λ와 일치한다.

(2) 각 양의 정수 i에 대하여 $\mathrm{H}_{\lambda, i} \subseteq \mathrm{H}_{\lambda, i+1}$이다.

(3) 등식 $\mathrm{H}_{\lambda, k} = \mathrm{H}_{\lambda, k+1}$를 만족시키는 가장 작은 양의 정수 k가 존재하고 이때 다음 결과를 얻는다.

$$\{\mathbf{0}\} \subsetneq \mathrm{H}_{\lambda, 1} \subsetneq \cdots \subsetneq \mathrm{H}_{\lambda, k-1} \subsetneq \mathrm{H}_{\lambda, k},$$

$$\mathrm{H}_{\lambda k} = \mathrm{H}_{\lambda, k+1} = \mathrm{H}_{\lambda, k+2} = \cdots$$

증 명 (1) 따름정리 10.1.3에 의하여 부분공간 $\mathrm{H}_{\lambda,i} = \ker(T-\lambda 1_V)^i$ 는 V의 T-불변부분공간이고, 특히 다음이 성립한다(정리 9.4.2).

$$\mathrm{H}_{\lambda,1} = \ker(T-\lambda 1_V) = \mathrm{E}_\lambda$$

(2) 이제 $S = T-\lambda 1_V$ 이라고 하자. 이 때, $w \in \mathrm{H}_{\lambda,i}$ 이라고 하면,

$$S^{i+1}(w) = S(S^i(w)) = S(\mathbf{0}) = \mathbf{0}$$

이므로 $w \in \mathrm{H}_{\lambda,i+1}$ 이다. 따라서 $\mathrm{H}_{\lambda,i} \subseteq \mathrm{H}_{\lambda,i+1}$ 이다.

(3) 가정에 의하여 λ가 T의 고유치이므로 $\{\mathbf{0}\} \subsetneq \mathrm{H}_{\lambda,1} = \mathrm{E}_\lambda$ 이다. 또,

$$\{\mathbf{0}\} \subsetneq \mathrm{H}_{\lambda,1} \subseteq \cdots \subseteq \mathrm{H}_{\lambda,i} \subseteq \mathrm{H}_{\lambda,i+1} \subseteq \cdots \subseteq V$$

이고 또 V는 유한차원 벡터공간이므로, 등식 $\mathrm{H}_{\lambda,k} = \mathrm{H}_{\lambda,k+1}$ 을 만족시키는 가장 작은 양의 정수 k가 존재한다.

이 때, $S = T-\lambda 1_V$ 이라 하고 $w \in \mathrm{H}_{\lambda,k+2}$ 이라고 하면,

$$\mathbf{0} = S^{k+2}(w) = S^{k+1}(S(w))$$

이므로 $S(w) \in \mathrm{H}_{\lambda,k+1} = \mathrm{H}_{\lambda,k}$ 이고 따라서

$$S^{k+1}(w) = S^k(S(w)) = \mathbf{0}$$

이므로 $w \in \mathrm{H}_{\lambda,k+1}$ 이다. 그러므로, $\mathrm{H}_{\lambda,k+2} \subseteq \mathrm{H}_{\lambda,k+1}$ 이다.

그리고, $\mathrm{H}_{\lambda,k+1} \subseteq \mathrm{H}_{\lambda,k+2}$ 이므로 $\mathrm{H}_{\lambda,k+1} = \mathrm{H}_{\lambda,k+2}$ 이다.

따라서 (3)이 성립한다.

앞의 정리의 (3)에서 $\mathrm{H}_\lambda = \mathrm{H}_{\lambda,k}$ 이라고 하면, 모든 양의 정수 i에 대하여 $\mathrm{H}_{\lambda,i} \subseteq \mathrm{H}_\lambda$ 이고 따라서 H_λ는 λ에 대응하는 T의 일반 고유벡터 전체와 영벡터로 이루어진 T-불변 부분공간이다. 여기서, 부분공간 H_λ를 λ에 대응하는 T의 **일반 고유공간**(一般 固有空間, generalized eigenspace)이라고 한다.

마찬가지로, 체 F 위의 n차의 행렬 $A = [a_{ij}]_{n\times n}$에 대하여 $\lambda \in F$가 선형변환 $L_A : F^n \longrightarrow F^n$의 고유치일 때, λ에 대응하는 L_A의 일반 고유벡터를 A의 **일반 고유벡터**라 하고 L_A의 일반 고유공간 H_λ를 A의 **일반 고유공간**이라고 한다.

실제로, $\lambda \in F$가 A의 [L_A의] 고유치일 때, 각 양의 정수 i에 대하여

$$\mathrm{H}_{\lambda, i} = \ker (L_A - \lambda 1_V)^i \qquad (V = F^n)$$

는 다음 동차 연립일차방정식의 해공간이다.

$$(A - \lambda I_n)^i \begin{bmatrix} x_1 \\ \vdots \\ x_n \end{bmatrix} = \begin{bmatrix} 0 \\ \vdots \\ 0 \end{bmatrix} \quad \text{즉} \quad (\lambda I_n - A)^i \begin{bmatrix} x_1 \\ \vdots \\ x_n \end{bmatrix} = \begin{bmatrix} 0 \\ \vdots \\ 0 \end{bmatrix}$$

그리고, 일반 고유공간 H_λ는 고유치 λ에 대응하는 A의 일반 고유벡터 전체와 영벡터로 이루어진 부분공간이다.

앞의 정리 10.7.8 과 정리 10.7.1 의 (2) 에 의하여 다음이 성립한다.

정리 10.7.9 체 F 위의 n차원 벡터공간 V에서 선형변환 $T \in \mathrm{End}_F(V)$와 n차의 행렬 A의 고유다항식 $f(x)$와 최소다항식 $p(x)$의 표준분해가

$$f(x) = (x - \lambda_1)^{n_1} \cdots (x - \lambda_r)^{n_r} \qquad (n_i \geq 1)$$

$$p(x) = (x - \lambda_1)^{m_1} \cdots (x - \lambda_r)^{m_r} \qquad (1 \leq m_i \leq n_i)$$

일 때, 각 고유치 λ_i에 대응하는 T와 A의 일반 고유공간은 다음과 같다.

$$\mathrm{H}_{\lambda_i} = \ker (T - \lambda_i 1_V)^{m_i} = \{ w \in V \mid (T - \lambda_i 1_V)^{m_i}(w) = \mathbf{0} \}$$

보기 10.7.5 실수체 $\mathbb{R}$ 위의 다음 행렬을 생각해 보자.

$$A = \begin{bmatrix} 1 & 0 & 0 \\ 0 & 2 & 0 \\ 0 & 1 & 2 \end{bmatrix}$$

행렬 A의 고유다항식은

$$f(x) = (x-1)(x-2)^2$$

이므로 A의 고유치는 $\lambda_1 = 1$, $\lambda_2 = 2$ (이중근)이다.

그런데,

$$(A - I_3)^i = \begin{bmatrix} 0 & 0 & 0 \\ 0 & 1 & 0 \\ 0 & i & 1 \end{bmatrix} \qquad (i \geq 1)$$

이므로 다음이 성립한다.

$$\begin{aligned} E_{\lambda_1} &= H_{\lambda_1,1} = \langle(1,0,0)\rangle \\ &= H_{\lambda_1,2} = H_{\lambda_2,3} = \cdots \\ H_{\lambda_1} &= \langle(1,0,0)\rangle \end{aligned}
\qquad
(A-I_3)^i = \begin{bmatrix} 0 & 0 & 0 \\ 0 & 1 & 0 \\ 0 & i & 1 \end{bmatrix} \longrightarrow \begin{bmatrix} 0 & 1 & 0 \\ 0 & 0 & 1 \\ 0 & 0 & 0 \end{bmatrix}$$

그리고,

$$A-2I_3 = \begin{bmatrix} -1 & 0 & 0 \\ 0 & 0 & 0 \\ 0 & 1 & 0 \end{bmatrix}, \quad (A-2I_3)^i = \begin{bmatrix} (-1)^i & 0 & 0 \\ 0 & 0 & 0 \\ 0 & 0 & 0 \end{bmatrix} \quad (i \geq 2)$$

이고 이들 행렬은 기본 행 변형에 의하여 다음과 같이 변형된다.

$$A-2I_3 = \begin{bmatrix} -1 & 0 & 0 \\ 0 & 0 & 0 \\ 0 & 1 & 0 \end{bmatrix} \longrightarrow \begin{bmatrix} 1 & 0 & 0 \\ 0 & 1 & 0 \\ 0 & 0 & 0 \end{bmatrix},$$

$$(A-2I_3)^i = \begin{bmatrix} (-1)^i & 0 & 0 \\ 0 & 0 & 0 \\ 0 & 0 & 0 \end{bmatrix} \longrightarrow \begin{bmatrix} 1 & 0 & 0 \\ 0 & 0 & 0 \\ 0 & 0 & 0 \end{bmatrix}$$

따라서 다음이 성립한다.

$$E_{\lambda_2} = H_{\lambda_2,1} = \langle(0,0,1)\rangle$$

$$H_{\lambda_2,2} = \{(0,x_2,x_3) \mid x_2, x_3 \in \mathbb{R}\} = H_{\lambda_2,3} = H_{\lambda_2,4} = \cdots$$

$$H_{\lambda_2} = \{(0,x_2,x_3) \mid x_2, x_3 \in \mathbb{R}\}$$

실수체 $\mathbb{R}$ 위의 n 차의 행렬 A 의 고유다항식 $f(x)$ 의 표준분해가

$$f(x) = (x-\lambda_1)^{n_1} \cdots (x-\lambda_r)^{n_r} \qquad (n_i \geq 1)$$

이라고 하자. 이 때, B를 A 의 Jordan 표준형이라고 하면, 적당한 정칙행렬 P 에 대하여 $B = P^{-1}AP$ 이고 B는 다음과 같은 꼴이다(따름정리 10.7.2).

$$B = \operatorname{diag}\{J_1, \cdots, J_r\}, \quad J_i = \operatorname{diag}\{J_{i1}, \cdots, J_{it_i}\}$$

$$J_{ij} = \begin{bmatrix} \lambda_i & 0 & \cdots & 0 & 0 \\ 1 & \lambda_i & \cdots & 0 & 0 \\ 0 & 1 & \cdots & 0 & 0 \\ \vdots & \vdots & \ddots & \vdots & \vdots \\ 0 & 0 & \ddots & \lambda_i & 0 \\ 0 & 0 & \cdots & 1 & \lambda_i \end{bmatrix}$$

따라서 임의의 실수 x 에 대하여

$$xB = P^{-1}(xA)P, \quad xA = P(xB)P^{-1},$$

$$xB = \text{diag}\{xJ_1, \cdots, xJ_r\}, \quad xJ_i = \text{diag}\{xJ_{i1}, \cdots, xJ_{it_i}\}$$

이므로 정리 6.7.10에 의하여

$$\exp(xB) = \text{diag}\{\exp(xJ_1), \cdots, \exp(xJ_r)\},$$

$$\exp(xJ_i) = \text{diag}\{\exp(xJ_{i1}), \cdots, \exp(xJ_{it_i})\}$$

이고 따라서 다음이 성립한다.

$$\exp(xA) = P(\exp xB)P^{-1}$$

$$= P\begin{bmatrix} \exp(xJ_1) & O & \cdots & O \\ O & \exp(xJ_2) & \cdots & O \\ \vdots & \vdots & \ddots & \vdots \\ O & O & \cdots & \exp(xJ_r) \end{bmatrix} P^{-1}$$

그러므로, $\exp(xA)$를 구하려면, 먼저 각 기본 Jordan 행렬 J_{ij}에 대하여 $\exp(xJ_{ij})$를 구해야 한다.

이제 λ 를 고유치로 가지는 s차의 기본 Jordan 행렬

$$J = \begin{bmatrix} \lambda & 0 & 0 & \cdots & 0 & 0 \\ 1 & \lambda & 0 & \cdots & 0 & 0 \\ 0 & 1 & \lambda & \cdots & 0 & 0 \\ \vdots & \vdots & \vdots & \ddots & \vdots & \vdots \\ 0 & 0 & 0 & \cdots & \lambda & 0 \\ 0 & 0 & 0 & \cdots & 1 & \lambda \end{bmatrix}_{s\times s}$$

와 임의의 실수 x에 대하여 $\exp xJ$를 구해 보자. 먼저

$$N = J - \lambda I_s = \begin{bmatrix} 0 & 0 & 0 & \cdots & 0 & 0 \\ 1 & 0 & 0 & \cdots & 0 & 0 \\ 0 & 1 & 0 & \cdots & 0 & 0 \\ \vdots & \vdots & \vdots & \ddots & \vdots & \vdots \\ 0 & 0 & 0 & \cdots & 0 & 0 \\ 0 & 0 & 0 & \cdots & 1 & 0 \end{bmatrix}_{s\times s}$$

이라고 하면, s차의 행렬 N은 지수 s인 멱영행렬이고 따라서 다음이 성립한다(따름정리 10.2.8 참조).

$$\exp(xN) = \sum_{k=0}^{\infty} \frac{x^k}{k!} N^k = I + \frac{x}{1!} N + \frac{x^2}{2!} N^2 + \cdots + \frac{x^{s-1}}{(s-1)!} N^{s-1}$$

$$= \begin{bmatrix} 1 & 0 & 0 & \cdots & 0 & 0 & 0 & 0 \\ x & 1 & 0 & \cdots & 0 & 0 & 0 & 0 \\ \frac{x^2}{2!} & x & 1 & \cdots & 0 & 0 & 0 & 0 \\ \frac{x^3}{3!} & \frac{x^2}{2!} & x & \cdots & \vdots & \vdots & \vdots & \vdots \\ \vdots & \vdots & \ddots & & \ddots & \vdots & \vdots & \vdots \\ \frac{x^{s-2}}{(s-2)!} & \cdots & \cdots & & \frac{x^2}{2!} & x & 1 & 0 \\ \frac{x^{s-1}}{(s-1)!} & \frac{x^{s-2}}{(s-2)!} & \cdots & \cdots & \cdots & \frac{x^2}{2!} & x & 1 \end{bmatrix}$$

그리고,

$$xJ = \lambda x I_s + xN, \quad (\lambda x I_s)(xN) = (xN)(\lambda x I_s)$$

이므로 $\exp(xJ)$ 는 다음과 같다(정리 6.7.10).

$$\exp(xJ) = \exp(\lambda x I_s + xN) = \{\exp(\lambda x I_s)\}\{\exp(xN)\}$$

$$= \underset{s \times s}{\begin{bmatrix} e^{\lambda x} & 0 & \cdots & 0 \\ \vdots & \vdots & \ddots & \vdots \\ 0 & 0 & \cdots & e^{\lambda x} \end{bmatrix}} \exp(xN) = e^{\lambda x} \exp(xN)$$

보기 10.7.6 실수체 $\mathbb{R}$ 위에서 다음 행렬을 생각해 보자(보기 10.7.3).

$$A = \begin{bmatrix} 3 & 1 & -2 \\ -1 & 0 & 5 \\ -1 & -1 & 4 \end{bmatrix}$$

행렬 A 의 고유다항식 $f(x)$ 와 최소다항식 $p(x)$ 는 일치하고

$$f(x) = p(x) = (x-2)^2(x-3)$$

이고 따라서 A 의 Jordan 표준형 B 는 다음과 같다.

$$B = \begin{bmatrix} 2 & 0 & 0 \\ 1 & 2 & 0 \\ 0 & 0 & 3 \end{bmatrix} = P^{-1}AP, \quad P = \begin{bmatrix} 1 & -1 & -1 \\ -2 & 3 & 2 \\ 0 & 1 & 1 \end{bmatrix}$$

이 때, 실수 x에 대하여 $xB = P^{-1}(xA)P$, $xA = P(xB)P^{-1}$ 이고

$$B = \operatorname{diag}\{J_1, J_2\}, \qquad J_1 = \begin{bmatrix} 2 & 0 \\ 1 & 2 \end{bmatrix}, \qquad J_2 = [\,3\,]$$

이라고 놓으면 다음이 성립한다.

$$\exp(xJ_1) = e^{2x}\begin{bmatrix} 1 & 0 \\ x & 1 \end{bmatrix}, \qquad \exp(xJ_2) = [\,e^{3x}\,]$$

$$\exp(xB) = \operatorname{diag}\{\exp(xJ_1), \exp(xJ_2)\}$$

$$= \begin{bmatrix} e^{2x} & 0 & 0 \\ xe^{2x} & e^{2x} & 0 \\ 0 & 0 & e^{3x} \end{bmatrix}$$

$$\exp(xA) = \exp\{P(xB)P^{-1}\} = P(\exp xB)P^{-1}$$

$$= P\begin{bmatrix} e^{2x} & 0 & 0 \\ xe^{2x} & e^{2x} & 0 \\ 0 & 0 & e^{3x} \end{bmatrix}P^{-1}$$

연 습 문 제 (10.7)

1 실수체 ℝ 위의 5 차의 행렬 A의 최소다항식이 $p(x) = (x+4)^3$ 일 때, A의 고유다항식과 A의 가능한 Jordan 표준형을 구하여라.

2. 실수체 ℝ 위의 5 차의 행렬 A에 대하여 다음 물음에 답하여라.

(1) 행렬 A의 고유다항식이 $f(x) = (x-1)^3(x-3)^2$ 일 때, A의 가능한 최소다항식과 가능한 Jordan 표준형을 구하여라.

(2) A의 최소다항식이 $p(x) = (x-1)^2(x-3)$ 일 때, A의 가능한 고유다항식과 가능한 Jordan 표준형을 구하여라.

3. 실수체 ℝ 위의 4 차의 행렬 A의 최소다항식이 $p(x) = x^4 + 8x^2 + 16$ 일 때, A의 고유다항식을 구하여라. 그리고, A를 복소수체 ℂ 위의 행렬로 생각할 때의 A의 Jordan 표준형을 구하여라.

4. 실수체 $\mathbb{R}$ 위의 다음 행렬에 대한 물음에 답하여라.

$$A = \begin{bmatrix} 2 & 0 & 0 & 0 & 0 \\ 1 & 2 & 0 & 0 & 0 \\ 0 & 0 & 2 & 0 & 0 \\ 0 & 0 & 0 & 3 & 0 \\ 0 & 0 & 0 & 1 & 3 \end{bmatrix}$$

(1) A 의 고유다항식 $f(x)$ 와 최소다항식 $p(x)$ 를 구하여라.

(2) 고유치 $\lambda = 2$ 에 대응하는 A 의 고유공간 E_λ 를 구하여라.

(3) 다음 두 동차 연립일차방정식의 해공간을 구하여라.

$$(A-2I_5)\begin{bmatrix} x_1 \\ x_2 \\ \vdots \\ x_5 \end{bmatrix} = \begin{bmatrix} 0 \\ 0 \\ \vdots \\ 0 \end{bmatrix}, \quad (A-2I_5)^3\begin{bmatrix} x_1 \\ x_2 \\ \vdots \\ x_5 \end{bmatrix} = \begin{bmatrix} 0 \\ 0 \\ \vdots \\ 0 \end{bmatrix}$$

5. 실수체 $\mathbb{R}$ 위에서 다음 행렬의 Jordan 표준형을 구하여라.

(1) $A = \begin{bmatrix} 1 & -1 & 1 \\ -1 & 1 & -1 \\ -1 & 1 & -1 \end{bmatrix}$ (2) $A = \begin{bmatrix} -3 & 3 & -2 \\ -7 & 6 & -3 \\ 1 & -1 & 2 \end{bmatrix}$

(3) $A = \begin{bmatrix} 2 & 0 & 0 \\ 3 & -1 & 0 \\ 1 & -1 & 2 \end{bmatrix}$ (4) $A = \begin{bmatrix} 2 & 0 & 0 \\ -1 & 3 & 0 \\ 1 & -1 & 2 \end{bmatrix}$

6. 실수체 $\mathbb{R}$ 위의 행렬 A 의 Jordan 표준형 B 를 구하고, 또 $P^{-1}AP = B$ 인 정칙행렬 P 를 구하여라.

(1) $A = \begin{bmatrix} 11 & -4 & -5 \\ 21 & -8 & -11 \\ 3 & -1 & 0 \end{bmatrix}$ (2) $A = \begin{bmatrix} 1 & 1 & 2 \\ 0 & 1 & 2 \\ 0 & 0 & 2 \end{bmatrix}$

7. 다음과 같은 행렬 A 와 실수 x 에 대하여 $\exp(xA)$ 를 구하여라.

(1) $A = \begin{bmatrix} 2 & 0 & 0 \\ 0 & 3 & 0 \\ 0 & 1 & 3 \end{bmatrix}$ (2) $A = \begin{bmatrix} 2 & 0 & 0 & 0 \\ 1 & 2 & 0 & 0 \\ 0 & 1 & 2 & 0 \\ 0 & 0 & 1 & 2 \end{bmatrix}$

8. 실수체 $\mathbb{R}$ 위의 n 차의 행렬 A 가 중복을 허락하여 n 개의 실수인 고유치를 가질 때, $\det(\exp A) = \exp(\mathrm{tr}\, A) > 0$ 임을 증명하여라.

참고 문헌

1. 박승안 · 김응태, 현대대수학 제 9 판, 경문사, 2019

2. 박승안· 김응태, 정수론 제 9 판, 경문사, 2019

3. 박승안, 신판 선형대수학, 경문사, 2020

4. 박승안, 선형대수학 개론, 경문사, 2020

5. 박승안, 대수학과 암호학, 경문사, 1999

6. 박승안, 암호학과 부호이론, 제 2 판, 경문사, 2008

7. 박승안, 이산수학, 제 3 판, 2012

8. 박승안, 유한군의 표현론, 경문사, 2004

9. 박승안, 사영평면과 디자인 제 3 판, 경문사, 2012

10. 박승안, 수학교사와 대수학, 제2판, 경문사, 2012

11. Anton, H., Elementary linear algebra, 5th ed., John Wiley, New York, 1987

12. Artin, E., Geometric algebra, Interscience, New York, 1957

13. Artin, M., Algebra, Prentice Hall, Englewood Cliffs, New Jersey, 1991

14. Batten, L. M., The theory of finite linear spaces, Cambridge University Press, Cambridge, 1993

15. Blauhut, R.E., Theory and practice of error control codes, Addison-Wesley, Reading, Mass., 1984

16. ___________, Algebraic codes for data transformation, Cambridge University Press, 2003

17. Curtis, C.W., Linear algebra : an introductory approach, 3 rd ed., Allyn and Bacon, Boston, 1974

18. Friedberg S.H, Insel, A.J., and L.E. Spence, Linear algebra, 4 th ed., Pearson New International Edition, 2014

19. __________________, Elementary linear algebra : A matrix approach, Prentice-Hall, Upper Saddle River, New Jersey, 2000

20. Hoffman K., and R. Kunze, Linear algebra, Prentice-Hall, Englewood Cliffs, N.J., 1961

21. Hohn, F.E., Elementary matrix algebra, 3rd ed., The Macmillan Co., New York, 1973

22. Johnson, L.W., R.D Riess and J.T., Arnold, Introduction to linear algebra, 3 rd ed., Addison-Wesley Pub .Co., New York, 1993

23. Lay D., Lay S. and Mcdonald J., Linear Algebra and its Applications, 5 th ed. Pearson Education, 2019

24. Leon, S.J., Linear algebra with Application, 7 th ed., Pearson Education International, 2006

25. Lidl, R., and G. Pilz, Applied abstract algebra, 2 nd ed., Springer-Verlag, New York, 1998

26. Mansfield, L.E., Linear algebra with geometric applications, Marcel Dekker, New York, 1976

27. Poole David, Linear algebra : a modern introduction, 4 th edition, Cengage Learning Stamford 2015

28. Rorres, C., and H. Anton, Applications of linear algebra, Willey, New York, 1984

29. Spence L.E., Insel, A.J. and S.H. Friedberg, Elementary linear algebra, Prentice-Hall, Englewood Cliffs, N.J., 2000

30. Strang, Gilbert, Linear algebra and its Applications, 4 th ed., Brooks/Cole Cengage Learning, 2006

31. Strang, Gilbert, Introduction to Linear algebra, 4 th ed., Wellesley-Cambridge Press, 2009

32. Usmani, R. A., Applied linear algebra, Pure and applied mathematics, Springer-Verlag, New York, 1987

33. van Lint, J. H., Introduction to coding theory, 2 nd ed., Springer-Verlag, New York, 1992

기호 찾아보기

찾아보기

(ㅂ)

(ㅅ)

(ㅇ)

(ㅈ)

□ 박 승 안 □

서울대학교 사범대학 수학과 졸업 이학사
서울대학교 대학원 수학과 졸업 이학석사
University of Illinois at Urbana-Champaign 대학원 수학과
이학석사, 이학박사
서강대학교 이과대학 수학과 교수
University of Illinois at Urbana-Champaign 수학과 객원교수

현재 : 서강대학교 명예교수

저서 : 현대대수학, 제 9 판(공저), 정수론, 제 9 판(공저),
유한군의 표현론, 대수학과 암호학,
신판 선형대수학, 선형대수학 개론,
이산수학, 제 3 판, 수학교사와 대수학, 제 2 판,
암호학과 부호이론, 제 2 판, 사영평면과 디자인, 제 2 판

신판 선형대수학

2020 년 8 월 30 일 발행

저 자 : 박승안
펴낸이 : 조경희
펴낸곳 : 경문사
서울특별시 마포구 와우산로 174
전화 : (02) 332-2004
FAX : (02) 336-5193
등록 : 1979. 11. 9. 제 1979-000023 호
가격 : 34,000원
ISBN : 979-11-6073-387-7
www.kyungmoon.com

해설과 연습문제 풀이, 보충문제 풀이를
북이오(https://buk.io/@kb4045)에서
구매할 수 있습니다.